책 구입 시 드리는 혜택

❶ 전 과목 핵심 이론 동영상 강의 평생 제공
❷ 우수회원 인증 후 2017년 ~ 2019년 3개년 추가 기출문제
   (해설 포함) 제공
❸ 최근 CBT 복원 기출문제 수록

2025 개정 13판

단기완성 새로운 출제기준에 따른

토목산업기사 필기

손영선 저

꼭! 합격 하세요

전 과목 핵심 이론 동영상 강의 평생 제공
우수회원 인증 후 2017년 ~ 2019년 3개년 추가 기출문제 제공
문제 해설을 이해하기 쉽도록 자세히 설명

*제공되는 동영상 강의는 출제기준 변경 전 강의이니 참고 영상으로 보세요.

무료 동영상 강의 - 저자 1대1 질의응답 카페 운영

Daum 손영선의 토목기사 https://cafe.daum.net/ecivil

머리말

토목산업기사는 도로, 철도, 교량, 터널, 공항, 항만, 댐, 하천, 해안, 플랜트 등의 구조물을 건설하거나 종합적인 국토개발과 국토건설사업의 조사, 계획, 설계 및 시공 등의 업무를 수행하는데 필요한 전문적인 지식과 기술을 겸비한 인력을 양성하기 위하여 제정한 자격제도로서 1차 필기시험과 2차 실기시험으로 나누어 출제됩니다.

1차 필기시험의 연간 응시인원을 100%로 볼 때 1차 필기시험의 합격생 비율은 약 10~15% 정도이며, 2차 실기시험을 통과한 최종합격자도 필기시험 합격자와 큰 차이를 보이지 않습니다. 즉, 자격증의 취득 여부는 2차 실기시험보다는 1차 필기시험에서 좌우된다고 할 수 있겠습니다.

1차 필기시험의 출제 과목은 구조설계, 측량 및 토질, 수자원설계 등 3과목으로 어렵지 않게 공부할 수 있습니다.

그러나 모든 수험생은 **적게 공부하고, 적은 시간을 투자해서 쉽게 빨리** 자격증을 손에 넣고 싶어 합니다. 과연 가능할까요…?

가능합니다. 본 교재와 함께 지원하는 **학습시스템**이면 가능합니다.

★ 빨리 합격하는 시스템 ★

1. 빨리 쉽게 합격하기 위해서는 **핵심을 중점으로 하는 적은 내용을 반복적으로 공부하여야** 합니다.
   ☞ 이에 본 교재와 함께 핵심이론 동영상강좌를 무료로 제공하여 핵심 내용이 무엇인지 쉽게 파악할 수 있도록 구성하였습니다. 아울러 핵심이론 강좌는 반복 청강하는데 큰 부담이 없을 정도의 분량으로 최소 3회 정도 반복 청강하시길 권합니다.

2. **적게 공부하고 꾸준히 공부하여야** 합니다.
   ☞ 휴일을 제외한 평일 하루 24시간 중 십분의 일인 2시간 24분은 반드시 공부하셔야 합니다.

3. 이론과 문제풀이 등 **동일패턴으로 자연스럽게 반복**되어지는 공부를 하여야 합니다.
   ☞ 교재의 이론과 문제풀이 및 동영상 강좌는 동일 패턴으로 구성되어 있어 자연스럽게 반복되어지도록 하여 학습 효율을 극대화 하였습니다.

끝으로 이 책이 나오기까지 수고해주신 세진북스 관계자 여러분께 깊은 감사를 드리며, 본 교재는 수험생 여러분의 노력과 땀에 보답하고 여러분께 가장 사랑받는 교재가 되고자 저의 수십년간의 강의 경험을 정성껏 담았습니다. 계속해서 꾸준히 보완하고 다듬어서 대한민국의 NO.1 교재의 자리를 굳히기 위해 최선을 다하겠습니다.

저자 손영선

출제기준

1. 필기

직무분야	건설	중직무분야	토목	자격종목	토목산업기사	적용기간	2023. 1. 1. ~ 2025. 12. 31

- **직무내용**: 도로, 공항, 철도, 하천, 교량, 댐, 터널, 상하수도, 사면, 항만 및 해양시설물 등 다양한 건설사업을 계획, 설계, 시공, 관리 등을 수행하는 직무이다.

필기검정방법	객관식	문제수	60	시험시간	1시간 30분

필기과목명	출제문제수	주요항목	세부항목	세세항목
구조설계	20	1. 역학적인 개념 및 건설 구조물의 해석	1. 힘과 모멘트	1. 힘 2. 모멘트
			2. 단면의 성질	1. 단면 1차 모멘트와 도심 2. 단면 2차 모멘트 3. 단면 상승 모멘트 4. 회전반경 5. 단면계수
			3. 재료의 역학적 성질	1. 응력과 변형률 2. 탄성계수
			4. 정정구조물	1. 반력 2. 전단력 3. 휨모멘트
			5. 보의 응력	1. 휨응력 2. 전단응력
			6. 보의 처짐	1. 보의 처짐 2. 보의 처짐각 3. 기타 처짐 해법
			7. 기둥	1. 단주 2. 장주
		2. 철근콘크리트 및 강구조	1. 철근콘크리트	1. 설계일반 2. 설계하중 및 하중조합 3. 휨과 압축 4. 전단 5. 철근의 정착과 이음 6. 슬래브, 벽체, 기초, 옹벽 등의 구조물 설계
			2. 프리스트레스트 콘크리트	1. 기본개념 및 재료 2. 도입과 손실
			3. 강구조	1. 기본개념 2. 인장 및 압축부재 3. 휨부재 4. 접합 및 연결
측량 및 토질	20	1. 측량학 일반	1. 측량기준 및 오차	1. 측지학개요 2. 좌표계와 측량원점 3. 국가기준점 4. 측량의 오차와 정밀도
		2. 기준점 측량	1. 위성측위시스템(GNSS)	1. 위성측위시스템(GNSS) 개요 2. 위성측위시스템(GNSS) 활용
			2. 삼각측량	1. 삼각측량의 개요 2. 삼각측량의 방법 3. 수평각 측정 및 조정
			3. 다각측량	1. 다각측량 개요 2. 다각측량 외업 3. 다각측량 내업
			4. 수준측량	1. 정의, 분류, 용어 2. 야장기입법 3. 교호수준측량

필기과목명	출제 문제수	주요항목	세부항목	세세항목
		3. 응용 측량	1. 지형측량	1. 지형도 표시법 2. 등고선의 일반개요 3. 등고선의 측정 및 작성 4. 공간정보의 활용
			2. 면적 및 체적 측량	1. 면적계산 2. 체적계산
			3. 노선측량	1. 노선측량 개요 및 방법(추가) 2. 중심선 및 종횡단 측량 3. 단곡선 계산 및 이용방법 4. 완화곡선의 종류 및 특성 5. 종곡선의 종류 및 특성
			4. 하천측량	1. 하천측량의 개요 2. 하천의 종횡단측량
		4. 토질역학	1. 흙의 물리적 성질과 분류	1. 흙의 기본성질 2. 흙의 구성 3. 흙의 입도분포 4. 흙의 소성특성 5. 흙의 분류
			2. 흙속에서의 물의 흐름	1. 투수계수 2. 물의 2차원 흐름 3. 침투와 파이핑
			3. 지반내의 응력분포	1. 지중응력 2. 유효응력과 간극수압 3. 모관현상
			4. 흙의 압밀	1. 압밀이론 2. 압밀시험 3. 압밀도
			5. 흙의 전단강도	1. 흙의 파괴이론과 전단강도 2. 흙의 전단특성 3. 전단시험 4. 간극수압계수
			6. 토압	1. 토압의 종류 2. 토압 이론
			7. 흙의 다짐	1. 흙의 다짐특성 2. 흙의 다짐시험
			8. 사면의 안정	1. 사면의 파괴거동
		5. 기초공학	1. 기초일반	1. 기초일반 2. 기초의 종류 및 특성
			2. 지반조사	1. 시추 및 시료 채취 2. 원위치 시험 및 물리탐사
			3. 얕은기초와 깊은기초	1. 지지력 2. 침하
			4. 연약지반개량	1. 사질토 지반개량공법 2. 점성토 지반개량공법 3. 기타 지반개량공법
수자원설계	20	1. 수리학	1. 물의성질	1. 점성계수 2. 압축성 3. 표면장력 4. 증기압
			2. 정수역학	1. 압력의 정의 2. 정수압 분포 3. 정수력 4. 부력
			3. 동수역학	1. 오일러방정식과 베르누이식 2. 흐름의 구분 3. 연속방정식 4. 운동량방정식 5. 에너지 방정식

출제기준

필기과목명	출제 문제수	주요항목	세부항목	세세항목
			4. 관수로	1. 마찰손실 2. 기타손실 3. 관망 해석
			5. 개수로	1. 효율적 흐름 단면 2. 비에너지 및 도수 3. 점변 부등류 4. 오리피스 및 위어
		2. 상수도계획	1. 상수도 시설 계획	1. 상수도의 구성 및 계통 2. 계획급수량의 산정 3. 수원 4. 수질기준
			2. 상수관로 시설	1. 도수, 송수계획 2. 배수, 급수계획 3. 펌프장 계획
			3. 정수장 시설	1. 정수방법 2. 정수시설 3. 배출수 처리시설
		3. 하수도계획	1. 하수도 시설계획	1. 하수도의 구성 및 계통 2. 하수의 배제방식 3. 계획하수량의 산정 4. 하수의 수질
			2. 하수관로 시설	1. 하수관로 계획 2. 펌프장 계획 3. 우수조정지 계획
			3. 하수처리장 시설	1. 하수처리 방법 2. 하수처리 시설 3. 오니(Sludge)처리 시설

2. 실기

직무분야	건설	중직무분야	토목	자격종목	토목산업기사	적용기간	2023. 1. 1. ~ 2025. 12. 31

• **직무내용** : 도로, 공항, 철도, 하천, 교량, 댐, 터널, 상하수도, 사면, 항만 및 해양시설물 등 다양한 건설사업을 계획, 설계, 시공, 관리 등을 수행하는 직무이다.
• **수행준거** : 1. 토목시설물에 대한 기본설계, 실시설계 등의 각 설계단계에 따른 설계를 할 수 있다.
              2. 설계도면에 대한 지식을 가지고 시공 및 건설사업관리 직무를 수행할 수 있다.

실기검정방법	작업형	시험시간	3시간 정도

실기과목명	주요항목	세부항목	세세항목
토목설계 및 시공실무	1. 도로설계 도면 작성	1. 위치도·일반도 작성하기	1. 설계도면 작성기준에 의해 설계자의 의도를 정확히 전달하고 표현이 불확실한 부분이 최소화 되도록 설계도면을 작성할 수 있다. 2. 도로 노선에 표준이 되고 과업기준에 적합한 축척 범위로 표준횡단면도, 편경사도 등과 같은 과업특성을 파악하고 표준화된 내용을 일반도에 적용할 수 있다.
		2. 종평면도·횡단면도 작성하기	1. 종단면도 아래 제원표는 공통도면 작성기준의 테이블 작성규정에 따라 측점, 지반고, 계획고, 땅깎기 및 흙쌓기, 편경사, 종단곡선 및 평면곡선 정보와 기점거리 등을 기입하여 종단계획을 수립할 수 있다.
	2. 구조물 도면 작성	1. 구조물 상·하부구조 일반도 작성하기	1. 설계기준을 기초로 하여 주요 구조부의 치수를 결정하고 도면화 할 수 있다. 2. 각 도면별로 상호간에 불일치하는 내용이 없도록 관련 도면을 동시에 비교, 검토할 수 있다. 3. 주요 부재와 일반 부재에 대해 요구되는 구조형식 및 상세를 작성할 수 있다.
	3. 토공 도면파악	1. 기본도면 파악하기	1. 토공 도면을 확인하여 종평면도, 횡단면도, 상세도로 구분할 수 있다.
		2. 도면 기본지식 파악하기	1. 토공 도면의 기능과 용도를 파악할 수 있다. 2. 토공 도면에서 지시하는 내용을 파악할 수 있다. 3. 토공 도면에 표기된 각종 기호의 의미를 파악할 수 있다.

차례 Contents

핵심요점정리

PART 1   구조설계   13

Chapter 01   역학적인 개념 및 건설 구조물의 해석 ──── 14

- 1-1 힘과 모멘트 ·· 14
- 1-2 단면의 성질 ·· 18
- 1-3 구조물의 개론 ··· 23
- 1-4 정정보의 정하중 ·· 24
- 1-5 정정보의 동하중 ·· 28
- 1-6 재료의 역학적 성질 ······································ 29
- 1-7 보의 응력 ·· 33
- 1-8 기　둥 ·· 35

Chapter 02   철근콘크리트 및 강구조 ──────── 38

- 2-1 철근콘크리트 기본 개념 ································ 38
- 2-2 설계일반 ··· 49
- 2-3 강도설계법 ·· 53
- 2-4 전　단 ·· 63
- 2-5 철근 상세 ·· 73
- 2-6 철근의 정착과 이음 ······································ 74
- 2-7 기　둥 ·· 81
- 2-8 슬래브 ·· 88
- 2-9 옹　벽 ·· 93
- 2-10 확대기초 ·· 96
- 2-11 프리스트레스트 콘크리트 ····························· 99
- 2-12 강구조 ··· 110

PART 2 측량 및 토질

Chapter 01 측량학 일반 — 122
- 1-1 측량학 개론 — 122

Chapter 02 기준점 측량 — 128
- 2-1 수준측량 — 128
- 2-2 다각측량(트래버스측량) — 132
- 2-3 GPS 및 GIS — 142
- 2-4 삼각측량 — 147

Chapter 03 응용 측량 — 150
- 3-1 지형측량 — 150
- 3-2 면적과 체적 산정 — 153
- 3-3 노선측량 — 158
- 3-4 하천측량 — 164

Chapter 04 토질역학 — 166
- 4-1 흙의 구조와 기본적 성질 — 166
- 4-2 흙의 분류 — 173
- 4-3 흙 속의 물의 흐름 — 178
- 4-4 유효응력과 지중응력 — 185
- 4-5 흙의 압밀 — 190
- 4-6 흙의 전단강도 — 194
- 4-7 토 압 — 205
- 4-8 흙의 다짐 — 209
- 4-9 사면의 안정 — 215

Chapter 05 기초공학 — 217
- 5-1 지반조사 — 217
- 5-2 얕은 기초 — 220
- 5-3 깊은 기초 — 228
- 5-4 연약지반 개량공법 — 236

Contents

PART 3 수자원설계 — 245

Chapter 01 수 리 학 — 246
- 1-1 유체의 기본적 성질 … 246
- 1-2 정수역학 … 250
- 1-3 동수역학 … 257
- 1-4 오리피스와 위어 … 267
- 1-5 관 수 로 … 274
- 1-6 개 수 로 … 282

Chapter 02 상수도계획 — 290
- 2-1 상수도 시설계획 … 290
- 2-2 수원과 취수 … 297
- 2-3 수질 관리 및 기준 … 314
- 2-4 상수관로 시설 … 323
- 2-5 정수장 시설 … 338

Chapter 03 하수도계획 — 361
- 3-1 하수도 시설계획 … 361
- 3-2 하수관로 시설 … 369
- 3-3 하수처리장 시설 … 388
- 3-4 펌프장 시설 … 415

과년도 출제문제

2020년도
- 2020년 6월 6일 시행 ∗ 424
- 2020년 8월 22일 시행 ∗ 462
- 2020년 9월 CBT 시행 ∗ 500

2021년도
- 2021년 3월 CBT 시행 ∗ 540
- 2021년 5월 CBT 시행 ∗ 573
- 2021년 9월 CBT 시행 ∗ 605

2022년도
- 2022년 3월 CBT 시행 ∗ 640
- 2022년 5월 CBT 시행 ∗ 679
- 2022년 9월 CBT 시행 ∗ 717

2023년도
- 2023년 3월 CBT 시행 ∗ 758
- 2023년 5월 CBT 시행 ∗ 777
- 2023년 9월 CBT 시행 ∗ 796

2024년도
- 2024년 2월 CBT 시행 ∗ 816
- 2024년 5월 CBT 시행 ∗ 838
- 2024년 7월 CBT 시행 ∗ 860

Part 01 구조설계

Chapter 1　역학적인 개념 및 건설 구조물의 해석

Chapter 2　철근콘크리트 및 강구조

Part 01 구조설계

Chapter 1
역학적인 개념 및 건설 구조물의 해석

 ## 1-1 힘과 모멘트

1. 힘의 3요소

① 크기 : 길이로 표시
② 방향 : 각으로 표시(θ)
③ 작용점 : 좌표로 표시(x, y)

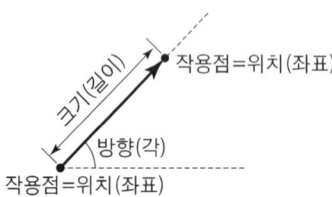

2. 힘의 분해

(1) 힘의 분력

① $F_x = F \cdot \cos\theta$
② $F_y = F \cdot \sin\theta$

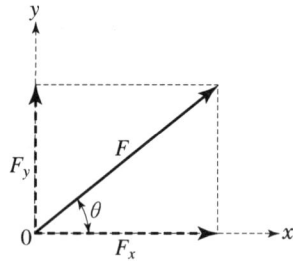

3. 힘의 합성

(1) 도해법

① 시력도 : 크기와 방향을 구함 — 시력도가 폐합되면 합력은 0이 된다.
② 연력도 : 작용점을 구함

(2) 계산식

① 일반식

㉠ 합력의 크기 : $R = \sqrt{\sum H^2 + \sum V^2}$

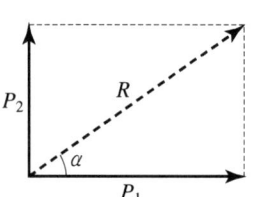

ⓒ 합력의 방향 : $\tan\alpha = \dfrac{\Sigma V}{\Sigma H}$ 에서

$$\therefore \alpha = \tan^{-1}\dfrac{\Sigma V}{\Sigma H}$$

② 각 α를 이루고 있는 두 힘의 합성

$$R = \sqrt{F_1^2 + F_2^2 + 2 \cdot F_1 \cdot F_2 \cdot \cos\alpha}$$

$$\alpha = \tan^{-1}\dfrac{F_2\sin\alpha}{F_1 + F_2\cos\alpha}$$

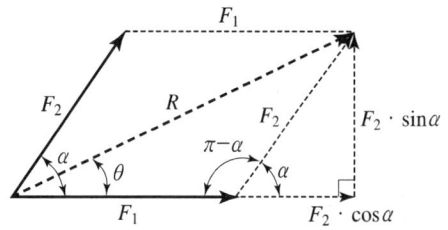

4. 힘모멘트

$M_o = P \cdot l$ (Moment = 가하는 힘 × 힘의 중심으로부터 힘의 작용점까지의 수직거리, 시계방향 : +   반시계방향 : −)

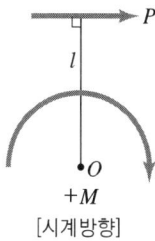 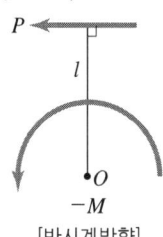

[시계방향]　　　　[반시계방향]

5. 자연계의 힘

자연계의 힘 : 하나의 힘('0'이 아닌 값) 또는 우력('0'인 값)으로 나타낸다.

6. 우력(짝힘)과 우력모멘트

(1) 우력

① 크기가 같고 방향만이 반대인 2개의 나란한 1쌍의 힘
② 우력의 크기는 우력모멘트로 나타낸다.

(2) 우력모멘트

모든 점에서 모멘트 값 일정

$M_A = Pl$

$M_B = Pl$

$M_O = P(l+x) - Px = Pl$

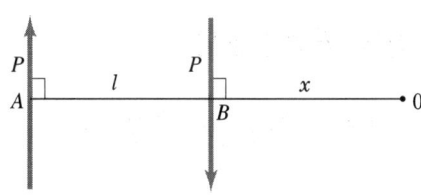

7. 바리논의 정리

여러 개의 평면력들의 1점에 대한 모멘트의 합은 이들 평면력의 합력이 그 점에 대한 모멘트와 같다.

(1) 합력의 크기

$$R = P_1 + P_2 + P_3 + P_4$$

(2) 합력의 방향

아래 방향

(3) 합력의 작용점

$$R \cdot x = P_1 \cdot x_1 + P_2 \cdot x_2 + P_3 \cdot x_3$$

$$x = \frac{P_1 \cdot x_1 + P_2 \cdot x_2 + P_3 \cdot x_3 + P_4 \cdot x_4}{R}$$

8. 힘의 이동

(1) 힘의 직선이동

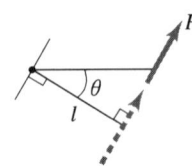

(2) 힘의 평행이동

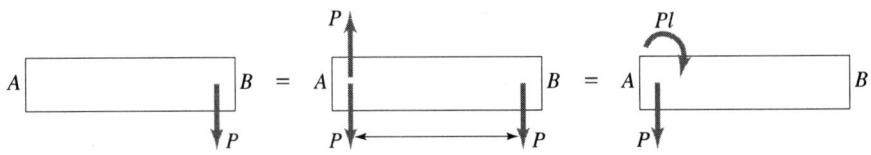

9. 힘의 평형방정식

$$\sum V = 0, \ \sum H = 0, \ \sum M = 0$$

10. 라미의 정리

① 한 점에 작용하는 3개의 힘이 평형을 이룰 때 각 힘은 힘들 간의 사이각을 이용한 sin법칙이 적용되어 힘을 해석하는 정리
② 시력도는 폐합된다.

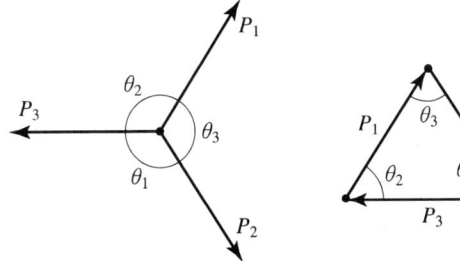

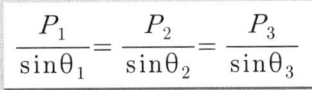

$$\frac{P_1}{\sin\theta_1} = \frac{P_2}{\sin\theta_2} = \frac{P_3}{\sin\theta_3}$$

11. 도르레

고정도르레는 힘과 무게의 크기가 같으므로 힘에 대한 이익은 없으나 힘의 방향을 변화시켜 쉽게 들어 올릴 수 있게 한다.

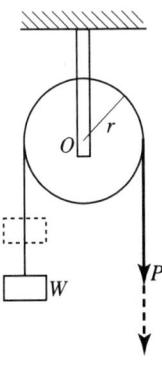

Part 01 구조설계

1-2 단면의 성질

1. 기본 도형의 도심 및 면적

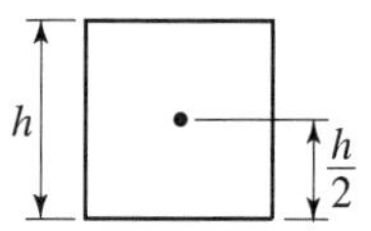 정사각형 (h×h)	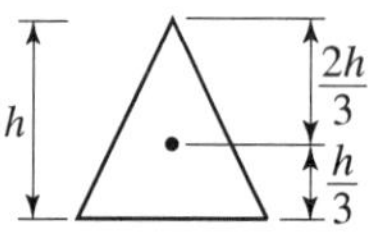 삼각형 (b, h)	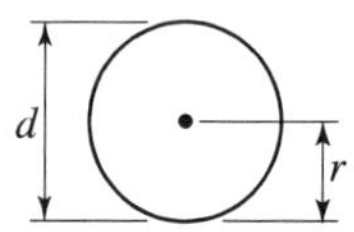 원 (d)	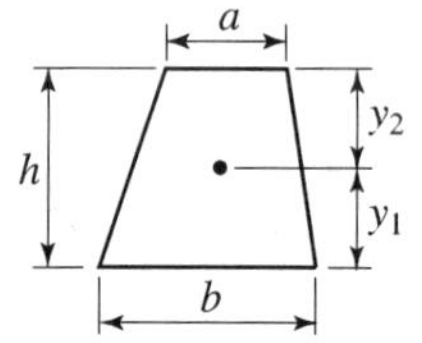 사다리꼴 (a, b, h)
$y = \dfrac{h}{2}$ $A = bh$	$y_1 = \dfrac{h}{3}$ $y_2 = \dfrac{2h}{3}$ $A = \dfrac{1}{2}bh$	$y = \dfrac{D}{2}$ $A = \dfrac{\pi D^2}{4} = \pi r^2$	$y_1 = \dfrac{h}{3} \times \dfrac{2a+b}{a+b}$ $y_2 = \dfrac{h}{3} \times \dfrac{a+2b}{a+b}$ $A = \dfrac{a+b}{2}h$
$y = ax$	$y = ax^2$	$y = ax^3$	$y = ax^2$
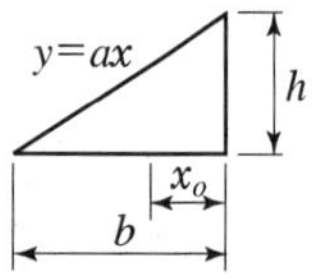 $x_o = \dfrac{1}{3}b$ $A = \dfrac{1}{2}bh$	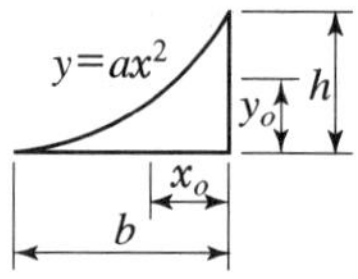 $x_o = \dfrac{1}{4}b$ $A = \dfrac{1}{3}bh$ $y_o = \dfrac{3}{10}h$	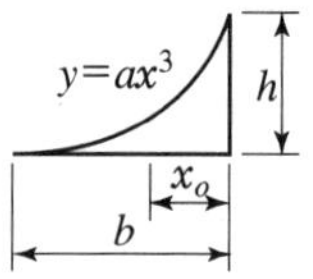 $x_o = \dfrac{1}{5}b$ $A = \dfrac{1}{4}bh$	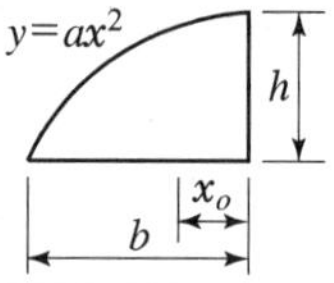 $x_o = \dfrac{3}{8}b$ $A = \dfrac{2}{3}bh$ $y_o = \dfrac{2}{5}h$

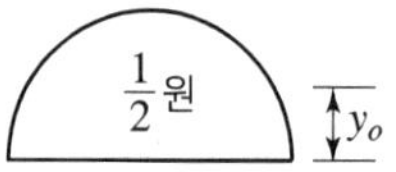 $\dfrac{1}{2}$원 D : 직경 r : 반지름	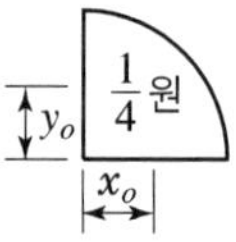 $\dfrac{1}{4}$원 D : 직경 r : 반지름
$y_o = \dfrac{4r}{3\pi}$ $A = \dfrac{\pi D^2}{8} = \dfrac{\pi r^2}{2}$	$y_o = x_o = \dfrac{4r}{3\pi}$ $A = \dfrac{\pi D^2}{16} = \dfrac{\pi r^2}{4}$

2. 단면모멘트

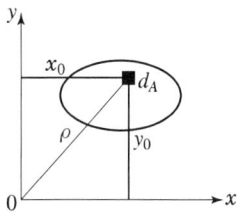

단면모멘트	기 본 식	평행축정리	공식포인트	부 호	단 위
단면 1차 모멘트	$G_x = \int_A y dA$ $G_y = \int_A x dA$	$G_x = G_X + Ay_0$ $G_y = G_Y + Ax_0$	$G_X = 0$ $G_Y = 0$	+−0	cm³ m³
단면 2차 모멘트	$I_X = \int_A y^2 dA$ $I_y = \int_A x^2 dA$	$I_x = I_X + Ay_0^2$ $I_y = I_Y + Ax_0^2$	I_X, I_Y = 최소	+	cm⁴ m⁴
단면 상승 모멘트	$I_{xy} = \int_A xy dA$	$I_{xy} = I_{XY} + x_0 y_0 A$	I_{XY}가 대칭축이면 '0'	+−0	cm⁴ m⁴
단면 2차 극모멘트	$I_P = \int_A \rho^2 dA$	$I_p = I_P + A\rho^2$ $= I_x + I_y$	축회전에 관계없이 I_p 값은 일정	+	cm⁴ m⁴

여기서, A : 단면적

x_o, y_o : 도심으로부터 구하고자하는 축까지 수직거리

G_x, G_y : 도심이 아닌축에 대한 단면 1차모멘트

G_X, G_Y : 도심축에 대한 단면 1차모멘트

I_x, I_y : 도심이 아닌 축에 대한 단면 2차 모멘트

I_X, I_Y : 도심 축에 대한 단면 2차 모멘트

I_{xy} : 도심이 아닌 축의 단면 상승 모멘트

I_{XY} : 도심 축에 대한 단면 상승 모멘트

I_p : 도심이 아닌 점에 대한 단면 2차 극 모멘트

I_P : 도심에 대한 단면 2차 극 모멘트

(1) 단면1차모멘트

① 단면1차모멘트 일반

단면모멘트	기 본 식	평행축정리	공식포인트	부 호	단 위
단면 1차 모멘트	$G_x = \int_A y dA$ $G_y = \int_A x dA$	$G_x = G_X + Ay_0$ $G_y = G_Y + Ax_0$	$G_X = 0$ $G_Y = 0$	+−0	cm³ m³

여기서, A : 단면적
x_o, y_o : 도심으로부터 구하고자하는 축까지 수직거리
G_x, G_y : 도심이 아닌 축에 대한 단면 1차모멘트
G_X, G_Y : 도심축에 대한 단면 1차모멘트

② 단면1차모멘트 계산 : 바리논의 정리 응용

$$y = \frac{G_x}{A} \quad x = \frac{G_y}{A}$$

(2) 단면 2차 모멘트

① 단면2차모멘트 일반

단면모멘트	기 본 식	평행축정리	공식포인트	부 호	단 위
단면 2차 모멘트	$I_X = \int_A y^2 dA$ $I_Y = \int_A x^2 dA$	$I_x = I_X + Ay_0^2$ $I_y = I_Y + Ax_0^2$	I_X, I_X=최소	+	cm^4 m^4

여기서, A : 단면적
x_o, y_o : 도심으로부터 구하고자하는 축까지 수직거리
I_x, I_y : 도심이 아닌 축에 대한 단면 2차 모멘트
I_X, I_Y : 도심 축에 대한 단면 2차 모멘트

② 단면2차모멘트 계산

$$I_x = I_X + Ay_0^2$$
$$I_y = I_Y + Ax_0^2$$

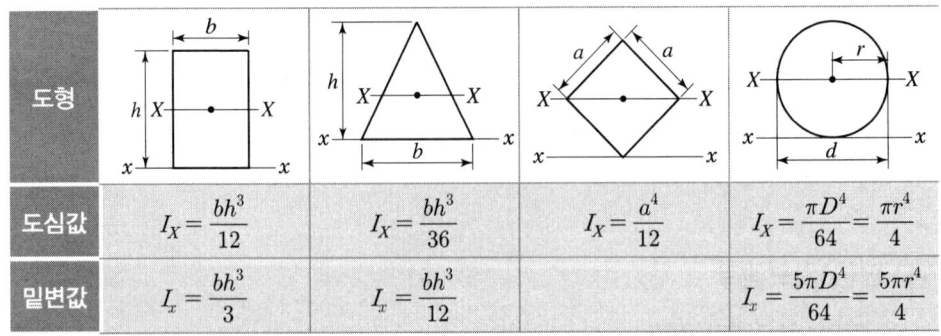

도형				
도심값	$I_X = \dfrac{bh^3}{12}$	$I_X = \dfrac{bh^3}{36}$	$I_X = \dfrac{a^4}{12}$	$I_X = \dfrac{\pi D^4}{64} = \dfrac{\pi r^4}{4}$
밑변값	$I_x = \dfrac{bh^3}{3}$	$I_x = \dfrac{bh^3}{12}$		$I_x = \dfrac{5\pi D^4}{64} = \dfrac{5\pi r^4}{4}$

※ 정다각형은 축회전에 관계없이 $I_{도심}$ 값은 일정하다.

(3) 단면 상승 모멘트

① 단면상승모멘트 일반

단면모멘트	기본식	평행축정리	공식포인트	부호	단위
단면 상승 모멘트	$I_{xy} = \int_A xy\, dA$	$I_{xy} = I_{XY} + x_0 y_0 A$	I_{XY}가 대칭축 이면 '0'	+-0	cm^4 m^4

여기서, A : 단면적
  x_o, y_o : 도심으로부터 구하고자하는 축까지 수직거리
  I_{xy} : 도심이 아닌 축의 단면 상승 모멘트
  I_{XY} : 도심 축에 대한 단면 상승 모멘트

② 단면상승모멘트 계산
  $I_{xy} = x_0 y_0 A$

(4) 단면 2차 극모멘트

$$I_p = I_x + I_y = I_{x1} + I_{y1} = I_{\min} + I_{\max}$$

여기서, $I_{\min}, I_{\max}$: 주단면 2차 모멘트

3. 주단면 2차 모멘트

(1) 주 축

주단면 2차 모멘트가 일어나는 축
  ① $I_{\max}$ 축   ② $I_{\min}$ 축   ③ 대칭축

(2) 주단면 2차 모멘트

$$I_{\min}^{\max} = \frac{I_x + I_y}{2} \pm \sqrt{\left(\frac{I_x - I_y}{2}\right)^2 + I_{xy}^2}$$

4. 단면 2차 반경(회전반경)

(1) 일반식

$$r = \sqrt{\frac{I}{A}}$$

(2) 기본 도형의 단면 2차 반경

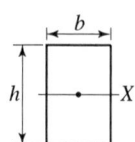

$$r_x = \sqrt{\frac{I_X}{A}} = \sqrt{\frac{\frac{bh^3}{12}}{bh}} = \frac{h}{\sqrt{12}}$$

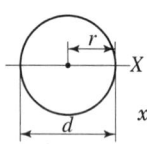

$$r_x = \sqrt{\frac{I_X}{A}} = \sqrt{\frac{\frac{bh^3}{36}}{\frac{bh}{2}}} = \frac{h}{\sqrt{18}}$$

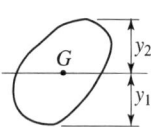

$$r_x = \sqrt{\frac{I_X}{A}} = \sqrt{\frac{\frac{\pi d^4}{64}}{\frac{\pi d^2}{4}}} = \frac{d}{4}$$

5. 단면 계수

(1) 일반식

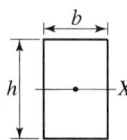

$$Z_1 = \frac{I_X}{y_1} \qquad Z_2 = \frac{I_X}{y_2}$$

(2) 기본 도형의 단면 계수

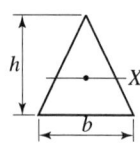

$$Z_x = \frac{I_X}{y} = \frac{\frac{bh^3}{12}}{\frac{h}{2}} = \frac{bh^2}{6}$$

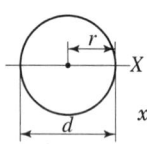

$$Z_{x1} = \frac{I_X}{y_1} = \frac{\frac{bh^3}{36}}{\frac{2}{3}h} = \frac{bh^2}{24} \qquad Z_{x2} = \frac{I_X}{y_2} = \frac{\frac{bh^3}{36}}{\frac{1}{3}h} = \frac{bh^2}{12}$$

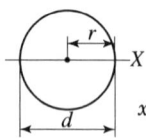

$$Z_x = \frac{I_X}{y} = \frac{\frac{\pi d^4}{64}}{\frac{d}{2}} = \frac{\pi d^3}{32}$$

1-3 구조물의 개론

1. 구조물 일반

(1) 작용상태에 따른 하중

① 집중 하중   ② 등분포 하중   ③ 등변분포 하중

 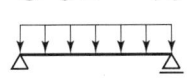 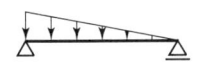 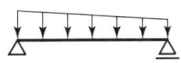

④ 모멘트 하중   ⑤ 간접 하중   ⑥ 이동 하중

 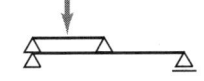 

⑦ 연행 하중

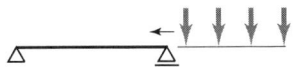

(2) 지점과 반력

① 이동지점(roller support) : 수직반력만 발생

② 회전지점(hinged support) : 수직반력과 수평반력 발생

③ 고정지점(fixed support) : 수직반력과 수평반력 및 휨모멘트 반력 발생

종류	지점 구조 상태	기호	반력 수
이동지점 (roller support)			$R=1$ 수직반력 1개
회전지점 (hinged support)			$R=2$ 수직반력 1개 수평반력 1개
고정지점 (fixed support)			$R=3$ 수직반력 1개 수평반력 1개 모멘트 반력 1개

1-4 정정보의 정하중

1. 반력

$$R_1' = \frac{P \cdot b}{l}$$

$$R_2' = \frac{P \cdot a}{l}$$

$$R_1'' = -\frac{M}{l} = -\frac{P \cdot e}{l}$$

$$R_2'' = \frac{M}{l} = \frac{P \cdot e}{l}$$

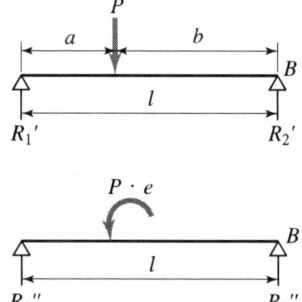

2. 단면력

(1) 단면력의 종류

① 전단력(S) : 보 축방향에 수직한 힘으로 보를 전단하려는 힘
② 휨모멘트(M) : 보에 작용하는 모멘트로 보를 굽히어 휠려고 하는 힘
③ 축방향력(축력, A) : 보 축방향에 수평한 힘으로 보를 압축하거나 인장하는 힘

(2) 자유물체도

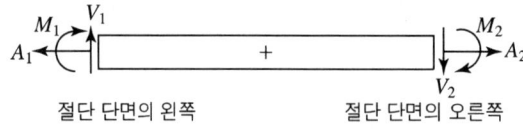

절단 단면의 왼쪽   절단 단면의 오른쪽

(3) 단면력계산

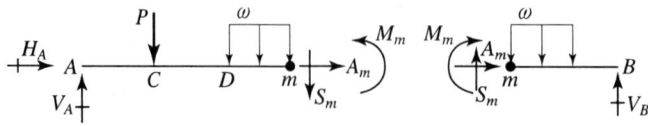

m점에서의 단면력

- $\sum M = 0 \Rightarrow m$점의 모멘트값 M_m을 구한다.
- $\sum V = 0 \Rightarrow m$점의 전단력값 S_m을 구한다.
- $\sum H = 0 \Rightarrow m$점의 축방향력(축력)값 A_m을 구한다.

3. 단면력도

(1) 단면력도 기준표

단면력 하 중	전단력	휨모멘트	축방향력
수직하중이 없는 구간	상수	상수, 1차	상수
집중하중	상수	1차	상수
등분포하중	1차	2차	
등변분포하중	2차	3차	

상수 : 평행직선
1차 : 경사직선
2차, 3차 : 곡선,
(곡선의 방향은 일반적으로 (+) 방향을 배부르게 한다.)

4. 대칭하중

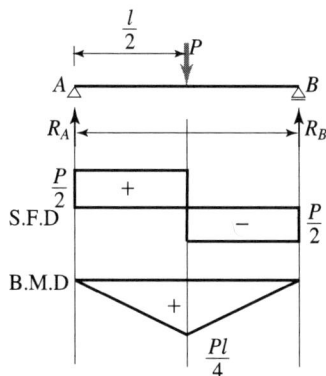

$$R_A = R_B = \frac{P}{2} \quad M_{\max} = \frac{Pl}{4}$$

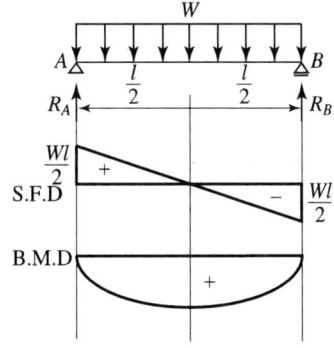

$$R_A = R_B = \frac{wl}{2} \quad M_{\max} = \frac{wl^2}{8}$$

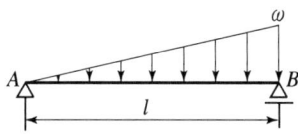

$$R_A = \frac{Wl}{6} \quad R_B = \frac{Wl}{3} \quad M_{\max} = \frac{Wl^2}{9\sqrt{3}}$$

$S = 0$인 점은 A로부터 $\dfrac{l}{\sqrt{3}}$인 위치에 있다.

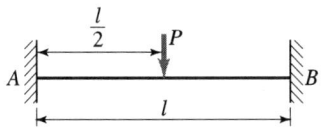

$$M_A = M_B = -\frac{Pl}{8}$$

$$M_{\max} = \frac{Pl}{8}$$

5. 겔버보

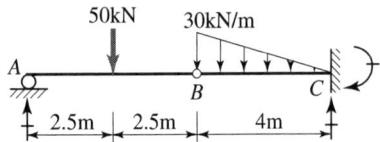

(1) 겔버보 푸는 순서

① 단순보 ⇒ 내민보 ⇒ 외팔보의 순으로 푼다.
   (힌지점에서 위쪽에 걸쳐지는 보(①)부터 해석)
② 위쪽에 걸쳐지는 보 부분의 활절지점의 반력을 구한 후 아래쪽보에 위쪽보의 반력과 크기는 같고 방향이 반대인 외력을 작용시켜 계산한다.

[구조물로써 성립]   [구조물로써 성립 안함]

AB 단순보에서 B점은 지점과 같이 반력 R_B가 일어나고, BC 캔틸레버보에서는 R_B와 크기가 같고 방향이 반대인 하중이 B점에 작용하는 것 같이 느껴진다.

단순보에서
$\sum M_C = 0$
$(V_A)(5) - (50)(2.5) = 0$
$\therefore V_A = 25\text{kN}$

※ 대칭하중이므로 양지점에서 반력은 전하중의 절반씩 받는다. 고로
　　$V_A = R_B = 25\text{kN}$

켄틸레버보에서
$\sum V = 0$
$-25 - \left(\dfrac{1}{2}\right)(30)(4) + V_C = 0$
$\therefore V_C = 85\text{kN}$
$\sum M_C = 0$
$-(25)(4) - \left(\dfrac{1}{2}\right)(30)(4)(4)\left(\dfrac{2}{3}\right) + M_C = 0$
$\therefore M_C = 260\text{kN}$

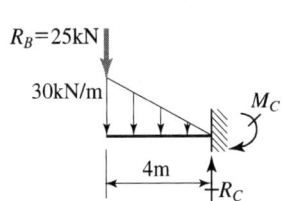

6. 간접보

(1) 간접보 해석

각 구간별 대칭하중이므로

$$P_1 = P_2 = P_3 = P_4 = \frac{\omega\lambda}{2}$$

$P_1{'} = P_1 \qquad P_2{'} = 2P_2$

$P_3{'} = 2P_3 \qquad P_4{'} = P_4$

위(직접보)의 구간별 하중을 아래의 간접보(단순보)에 작용시켜 위의 간접보를 아래의 직접보로 바꾸어 놓은 후 바꾸어 놓은 직접보만을 보고 지금까지 풀어왔던 보 해석방식으로 반력과 단면력 등을 계산하면 된다.

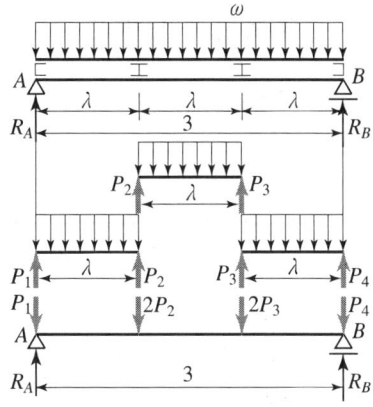

1-5 정정보의 동하중

1. 절대최대 휨모멘트

집중하중이 이동하는 단순보의 절대최대휨모멘트값 계산

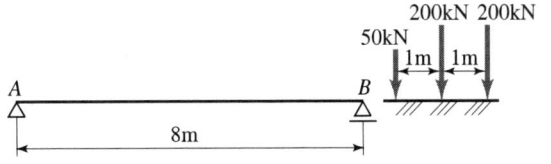

① 합력 $R = 50 + 200 + 200 = 450\,\text{kN}$
② 합력 작용 위치
$(450)(x) = (200)(1) + (200)(2)$
$x = \dfrac{200 + 400}{450} = 1.333\,\text{m}$

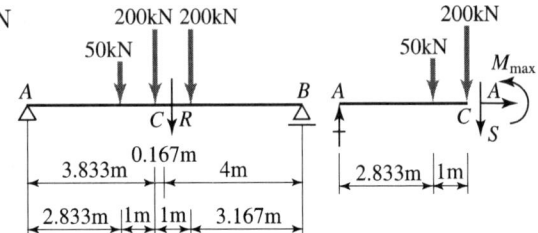

③ 선택하중
R과 가까운 하중
$P_2 = 200\,\text{kN}$을 선택
④ 이등분점
$d = 1.333 - 1 = 0.333\,\text{m}$
$\dfrac{d}{2} = \dfrac{0.333}{2} = 0.167\,\text{m}$
⑤ 이등분점 = 보의 중앙점
⑥ 절대 최대휨모멘트 생기는 위치 : 선택된 하중 $P_2 = 200\,\text{kN}$이 작용되고 있는 위치
   인 A점으로부터 3.833m 떨어진 곳
⑦ 절대 최대 휨모멘트
   ㉠ 반력 : 전체구조물에서
   $\sum M_B = 0$
   $(R_A)(8) - (50)(5.167) - (200)(4.167) - (200)(3.167) = 0$
   $\therefore R_A = 215.64\,\text{kN}\,(\uparrow)$
   ㉡ 절대최대휨모멘트
   $\therefore M_{absmax} = (215.64)(3.833) - (50)(1) = 776.55\,\text{kN}\cdot\text{m}$

1-6 재료의 역학적 성질

1. 프와송비

$$\text{프와송비} = \frac{\text{하중에 직각방향인 변형률}}{\text{하중방향의 변형률}}$$

$$= \frac{\text{가로 변형률}}{\text{세로 변형률}}$$

$$\nu = \frac{\beta}{\epsilon} = \frac{-\Delta d/d}{\Delta l/l} = -\frac{\Delta dl}{\Delta ld} = -\frac{1}{m}$$

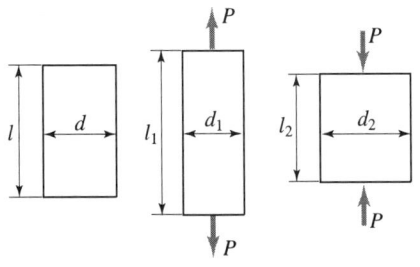

여기서, ν : 프와송비, m : 프와송수

2. 후크의 법칙

탄성한도 내에서 응력은 그 변형도에 비례하고 후크의 법칙이 성립한다.

① 비례한도(Proportional limit ; A점)
② 탄성한도(Elasticity limit ; B점)
③ 항복점(Yielding Point ; C점, D점)
 • 상항복점(Upper Yielding Point ; C점)
 • 하항복점(Lower Yielding Point ; D점)
④ 극한강도(Ultimate Strength ; E점)
⑤ 파괴강도(Breaking strength ; F점)

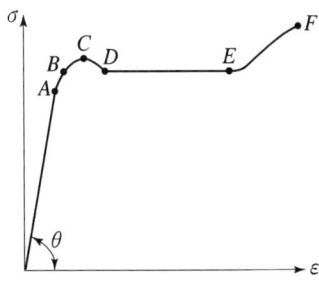

[구조용 강재의 인장시험 했을 때의 응력 변형률 선도]

※ $O-A$ 구간에서는 후크의 법칙이 성립하므로 응력(σ)과 변형률(ϵ)은 비례한다.

(1) 탄성계수(종탄성계수, 영계수) : kg/cm²

$$\tan\theta = E = \frac{\sigma}{\epsilon} = \frac{\frac{P}{A}}{\frac{\Delta l}{l}} = \frac{Pl}{A\Delta l}$$

여기서, σ : 응력(P/A), kg/cm², ϵ : 변형률($\Delta l/l$), E : 탄성계수(kg/cm²)

(2) 전단 탄성계수(횡탄성계수 ; G) : kg/cm²

(3) 체적 탄성계수 : K

(4) 탄성계수들의 관계

① 탄성계수와 전단탄성계수의 관계

$$G = \frac{E}{2(1+\nu)} = \frac{E}{2\left(1+\dfrac{1}{m}\right)} = \frac{mE}{2(m+1)}$$

② 탄성계수와 체적탄성계수의 관계

$$K = \frac{E}{3(1-2\nu)} = \frac{E}{3\left(1-2\dfrac{1}{m}\right)} = \frac{mE}{3(m-2)}$$

3. 단축응력

(1) 일반응력

① 경사단면의 법선응력(수직응력) ; σ_θ

$$\sigma_\theta = \frac{N}{A'} = \frac{P\cos\theta}{\dfrac{A}{\cos\theta}} = \frac{P}{A}\cos^2\theta = \sigma_x\cos^2\theta$$

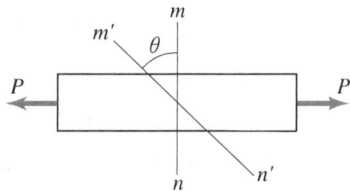

② 경사단면의 접선응력(전단응력) ; τ_θ

$$\tau_\theta = \frac{S}{A'} = \frac{P\sin\theta}{\dfrac{A}{\cos\theta}}$$
$$= \frac{P}{A}\sin\theta\cos\theta$$
$$= \frac{P}{A}\frac{1}{2}\sin2\theta = \frac{\sigma_x}{2}\sin2\theta$$

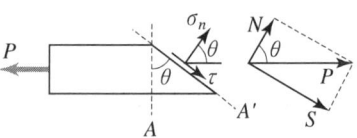

4. 주응력 및 주평면

(1) 최대 · 최소 주응력

$$\sigma_{\min}^{\max} = \frac{1}{2}(\sigma_x + \sigma_y) \pm \sqrt{\left(\frac{\sigma_x - \sigma_y}{2}\right)^2 + \tau_{xy}^2} = \frac{1}{2}(\sigma_x + \sigma_y) \pm \frac{1}{2}\sqrt{(\sigma_x - \sigma_y)^2 + 4\tau_{xy}^2}$$

제 1 장 역학적인 개념 및 건설 구조물의 해석

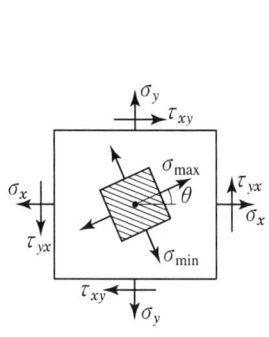 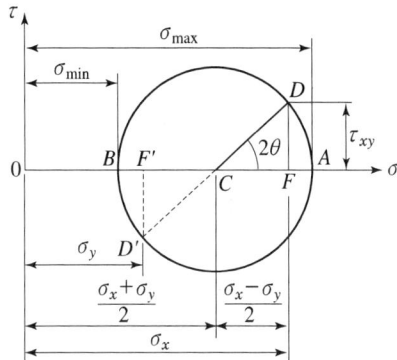

(2) 주응력 방향(θ)

$$\tan 2\theta = -\frac{2\tau_{xy}}{\sigma_x - \sigma_y}$$

(3) 최대 · 최소 전단응력

$$\tau_{\min}^{\max} = \pm \sqrt{\left(\frac{\sigma_x - \sigma_y}{2}\right)^2 + \tau_{xy}^2} = \pm \frac{1}{2}\sqrt{(\sigma_x - \sigma_y)^2 + 4\tau_{xy}^2}$$

(4) 모아원의 이해

① 1축 응력

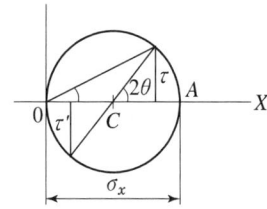

② 2축 응력

㉠ σ_x와 σ_y가 인장

㉡ σ_x 인장, σ_y 압축

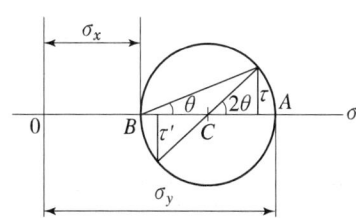 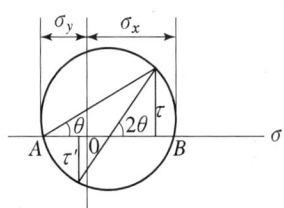

주 응력은 최대최소응력이므로 $\overline{OA}$와 $\overline{OB}$가 된다.

ⓒ σ_x와 σ_y가 같을 때   ⓔ $|\sigma_x|=|\sigma_y|$

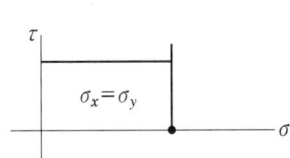
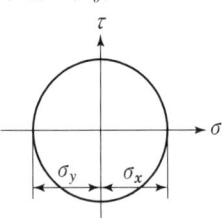

ⓜ 중립축에서의 모아응력원($\sigma = 0$, $\tau \neq 0$)

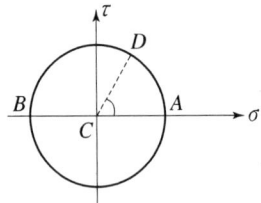

5. 최대 수직응력설과 최대 전단응력설

(1) 최대 수직응력설

$\sigma = \dfrac{P}{A}\cos^2\theta$에서 $\theta = 0°$일 때 σ는 최대가 된다. $\boxed{\sigma_{\max} = \dfrac{P}{A} = \sigma_x}$

(2) 최대 전단응력설

$\tau = \dfrac{P}{A}\dfrac{1}{2}\sin2\theta$에서 $\theta = 45°$일 때 τ는 최대가 된다. $\boxed{\tau_{\max} = \dfrac{1}{2}\dfrac{P}{A} = \dfrac{\sigma_{\max}}{2} = \dfrac{\sigma_x}{2}}$

6. 3축응력과 변형률의 관계

(1) 선변형률

$\epsilon_x = \dfrac{\sigma_x}{E} - \nu\dfrac{\sigma_y}{E} - \nu\dfrac{\sigma_z}{E}$ $\epsilon_y = \dfrac{\sigma_y}{E} - \nu\dfrac{\sigma_x}{E} - \nu\dfrac{\sigma_z}{E}$ $\epsilon_z = \dfrac{\sigma_z}{E} - \nu\dfrac{\sigma_x}{E} - \nu\dfrac{\sigma_y}{E}$

(2) 체적변형률

$\epsilon_v = \dfrac{\Delta V}{V} = \epsilon_x + \epsilon_y + \epsilon_z = \dfrac{\sigma_x - \nu\sigma_y - \nu\sigma_z + \sigma_y - \nu\sigma_x - \nu\sigma_z + \sigma_z - \nu\sigma_x - \nu\sigma_y}{E}$

$= \dfrac{(\sigma_x + \sigma_y + \sigma_z)(1-2\nu)}{E}$

1-7 보의 응력

1. 휨응력(Bending Stress)

(1) 휨응력 일반식

$$\sigma = \frac{M}{Z} = \frac{M}{I}y$$

여기서, M : 휨모멘트, Z : 단면계수, I : 단면2차모멘트, y : 도심축으로부터 연단까지의 거리

(2) 휨응력 분포도

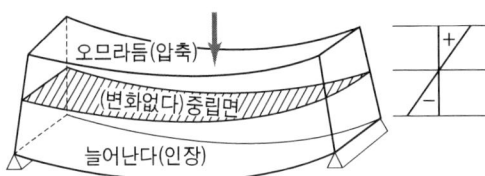

2. 전단응력

(1) 전단응력 일반식

$$\tau = \frac{S}{A} = \frac{S}{Ib}G_x$$

여기서, S : 전단력, I : 단면2차모멘트, b : 단면폭
 G : 구하고자 하는 점의 위부분 또는 아래부분의 중립축에 대한 단면1차모멘트

(2) 전단응력 분포도

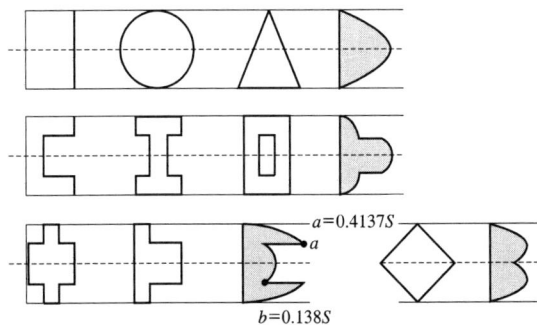

(3) 보의 전단응력(균일재보)

① 일반식

$$\tau = 전단계수 \times 평균전단응력 = \lambda \times \tau_{aver} = \lambda \times \frac{S}{A}$$

여기서, S : 전단력, A : 단면적

㉠ 구형단면 　　$\tau_{\max(중앙)} = \frac{3}{2}\frac{S}{A}$

㉡ 원형단면 　　$\tau_{\max(중앙)} = \frac{4}{3}\frac{S}{A}$

㉢ 삼각형단면 　$\tau_{\max(중앙)} = \frac{3}{2}\frac{S}{A}$

　　　　　　　　$\tau_{도심} = \frac{4}{3}\frac{S}{A}$

㉣ I형단면 　　　$\tau_{\max(중앙)} = S \cdot \frac{G}{I \cdot b_{\min}}$

㉤ 마름모꼴단면 　$\tau_{\max} = \frac{9}{8}\frac{S}{A}$

마름모꼴 단면은 도심으로부터 상 · 하측으로 $\frac{a}{4 \cdot \sqrt{2}}$ 의 위치에서 전단응력이 최대이다.

1-8 기   둥

1. 단주와 장주의 구별

(1) 최대 세장비 ; λ

$$\lambda = \frac{l}{r_{\min}}$$

여기서, l : 부재길이

$r_{\min}$: 최소 회전반경 $= \sqrt{\dfrac{I_{\min}}{A}}$

A : 면적

$I_{\min}$: 최소 주단면 2차 모멘트

(구형일 경우 $\dfrac{bh^3}{12}$ 에서 h를 짧은변 쪽으로 잡아 I를 구한다.)

(2) 유효세장비

$$\lambda_k = \frac{kl}{r_{\min}}$$

여기서, kl : 기둥의 좌굴길이

2. 단   주

(1) 단주의 압축응력(단주상의 A, B, C, D, F 점의 응력)

	(중앙)	(x축)	(y축)
$\sigma_A =$	$-\sigma_{중앙}$	$-\sigma_x$	$-\sigma_y$
$\sigma_B =$	$-\sigma_{중앙}$	$-\sigma_x$	$+\sigma_y$
$\sigma_C =$	$-\sigma_{중앙}$	$+\sigma_x$	$+\sigma_y$
$\sigma_D =$	$-\sigma_{중앙}$	$+\sigma_x$	$-\sigma_y$
$\sigma_F =$	$-\sigma_{중앙}$	$-\sigma_x$	$+\sigma_y$

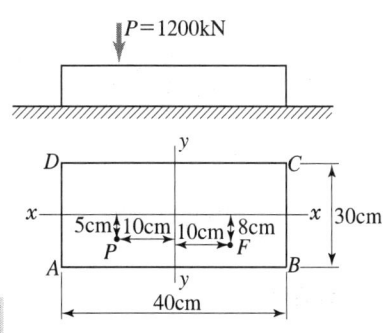

$$\sigma = \sigma' \pm \sigma''_x \pm \sigma''_y = -\frac{P}{A} \pm \frac{Pe_y}{I_x}y \pm \frac{Pe_x}{I_y}x$$

$$\sigma_A = -\frac{1200000}{(400)(300)} \overset{(중앙)}{-} \frac{(1200000)(50)}{\frac{(400)(300)^3}{12}}(150) \overset{(x축 휨응력)}{-} \frac{(1200000)(100)}{\frac{(300)(400)^3}{12}}(200)$$

$$= -10 - 10 - 15 = -35\,\mathrm{MPa}$$

$$\sigma_B = -\frac{1200000}{(400)(300)} - \frac{(1200000)(50)}{\frac{(400)(300)^3}{12}}(150) + \frac{(1200000)(100)}{\frac{(300)(400)^3}{12}}(200)$$

$$= -10 - 10 + 15 = -5\,\mathrm{MPa}$$

$$\sigma_C = -\frac{1200000}{(400)(300)} + \frac{(1200000)(50)}{\frac{(400)(300)^3}{12}}(150) + \frac{(1200000)(100)}{\frac{(300)(400)^3}{12}}(200)$$

$$= -10 + 10 + 15 = 15\,\mathrm{MPa}$$

$$\sigma_D = -\frac{1200000}{(400)(300)} + \frac{(1200000)(50)}{\frac{(400)(300)^3}{12}}(150) - \frac{(1200000)(100)}{\frac{(300)(400)^3}{12}}(200)$$

$$= -10 + 10 - 15 = -15\,\mathrm{MPa}$$

$$\sigma_F = -\frac{1200000}{(400)(300)} - \frac{(1200000)(50)}{\frac{(400)(300)^3}{12}}(80) + \frac{(1200000)(100)}{\frac{(300)(400)^3}{12}}(100)$$

$$= -10 - 5.33 + 7.5 = -7.83\,\mathrm{MPa}$$

(2) 단주의 핵

① 핵

인장응력이 생기지 않고 압축응력만 생기는 구간을 핵이라 한다.

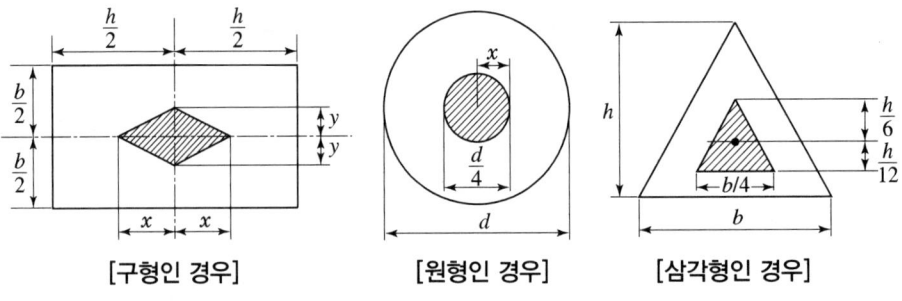

[구형인 경우]   [원형인 경우]   [삼각형인 경우]

② 핵거리(x)

㉠ 구형 : $\left(\dfrac{h}{6}, \dfrac{b}{6}\right)$ ㉡ 원형 : $\dfrac{d}{8}$ ㉢ 삼각형 : $\left(\dfrac{b}{8}, \dfrac{h}{6}, \dfrac{h}{12}\right)$

3. 장 주

(1) 좌굴방향

① 최대주축방향(I_{max} 축 방향)
② 최소주축과 직각방향(I_{min} 축과 직각방향)
③ 단변방향
④ 장변방향과 직각방향

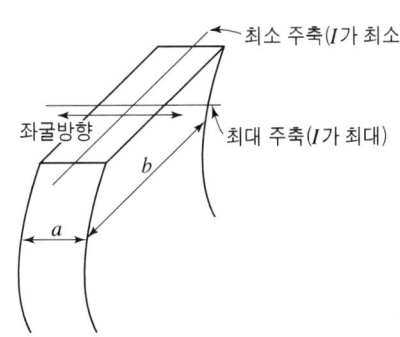

(2) 오일러 공식

(a)	(b)	(c)	(d)

① 좌굴길이(kl) = $2l$, l , $0.7l$, $0.5l$
② 강도(내력, n) = $1/4$, 1 , 2 , 4

$$n = \frac{l^2}{(kl)^2}$$

③ 좌굴하중(P_b)

$$P_b = \frac{\pi^2 EI}{l_k^2} = \frac{n\pi^2 EI}{l^2}$$

여기서, $l_k(kl)$: 좌굴길이
 n : 지지조건에 따른 강도(내력)
 단, $I = I_{min}$ (구형에서는 $\frac{bh^3}{12}$, h : 단변)
 h : 안전이 고려되는 방향의 변의 길이(단면이 약한쪽으로 좌굴되므로 일반적으로 단변)

④ 좌굴응력(σ_b)

$$\sigma_b = \frac{P_b}{A} = \frac{\pi^2 EI}{l_k^2 A} = \frac{n\pi^2 EI}{l^2 A} \text{에서 } r = \sqrt{\frac{I}{A}} \text{ 이므로 } \frac{I}{A} \text{ 대신 } r^2 \text{을 대입하면}$$

$$\sigma_b = \frac{\pi^2 E}{l_k^2} r^2 = \frac{n\pi^2 E}{l^2} r^2 = \frac{\pi^2 E}{\left(\frac{l_k}{r}\right)^2} = \frac{n\pi^2 E}{\left(\frac{l}{r}\right)^2} = \frac{\pi^2 E}{\lambda_k^2} = \frac{n\pi^2 E}{\lambda^2}$$

Chapter 2 철근콘크리트 및 강구조

2-1 철근콘크리트 기본 개념

1. 콘크리트 강도

(1) 배합강도(f_{cr})

콘크리트의 배합을 정할 때 목표로 하는 압축강도
① 압축강도의 표준편차 s를 이용하는 경우
　㉠ 배합강도(f_{cr})는 다음 식과 같이 구조계산에서 정해진 설계기준압축강도(f_{ck})와 내구성 기준 압축강도(f_{cd})중에서 큰 값으로 결정된 품질기준강도(f_{cq})보다 크게 정한다.

$$f_{cq} = \max(f_{ck}, f_{cd})(\text{MPa})$$

　㉡ 레디믹스트 콘크리트의 경우에는 현장 콘크리트의 품질변동을 고려하여 배합강도(f_{cr})를 호칭강도(f_{cn})보다 크게 정한다.
　㉢ 레디믹스트 콘크리트 사용자는 다음 식에 따라 기온보정강도(T_n)를 더하여 생산자에게 호칭강도(f_{cn})로 주문하여야 한다.

$$f_{cn} = f_{cq} + T_n(\text{MPa})$$

여기서, T_n : 기온보정강도(MPa)

[콘크리트 강도의 기온에 따른 보정값(T_n)]

결합재 종류	재령 (일)	콘크리트 타설일로부터 재령까지의 예상평균기온의 범위(℃)		
보통포틀랜드 시멘트 플라이애시 시멘트 1종 고로슬래그 시멘트 1종	28	18 이상	8 이상~18 미만	4 이상~8 미만
	42	12 이상	4 이상~12 미만	–
	56	7 이상	4 이상~7 미만	–
	91	–	–	–
플라이애시 시멘트 2종	28	18 이상	10 이상~18 미만	4 이상~10 미만
	42	13 이상	5 이상~13 미만	4 이상~5 미만
	56	8 이상	4 이상~8 미만	–
	91	–	–	–
고로슬래그 시멘트 2종	28	18 이상	13 이상~18 미만	4 이상~13 미만
	42	14 이상	10 이상~14 미만	4 이상~10 미만
	56	10 이상	5 이상~10 미만	4 이상~5 미만
	91	–	–	–
콘크리트 강도의 기온에 따른 보정값 T_n (MPa)		0	3	6

ⓔ 배합강도(f_{cr})는 호칭강도(f_{cn}) 범위를 35 MPa 기준으로 분류한 아래의 계산식 중 각 두 식에 의한 값 중 큰 값으로 정하여야 한다. 단, 현장 배치플랜트인 경우는 아래 식에서 호칭강도(f_{cn}) 대신에 기온보정강도(T_n)가 고려된 품질기준강도(f_{cq})를 사용한다.

ⓐ $f_{cn} \leq 35\mathrm{MPa}$인 경우

$f_{cr} = f_{cn} + 1.34s$

$f_{cr} = (f_{cn} - 3.5) + 2.33s$

평균 소요배합강도는 위의 식에 의해 계산된 두 값 중에서 큰 값보다 커야 한다.

ⓑ $f_{cn} > 35\mathrm{MPa}$인 경우

$f_{cr} = f_{cn} + 1.34s$

$f_{cr} = 0.9f_{cn} + 2.33s$

평균 소요배합강도는 위의 식에 의해 계산된 두 값 중에서 큰 값보다 커야 한다.

호칭강도를 고려하지 않는 경우의 배합강도(콘크리트구조설계기준)

압축강도 표준편차를 이용하는 경우

① $f_{ck} \leq 35\text{MPa}$인 경우
  $f_{cr} = f_{ck} + 1.34s\,[\text{MPa}]$
  $f_{cr} = (f_{ck} - 3.5) + 2.33s\,[\text{MPa}]$ 이 두 식에 의한 값 중 큰 값으로 정한다.

② $f_{ck} > 35\text{MPa}$인 경우
  $f_{cr} = f_{ck} + 1.34s\,[\text{MPa}]$
  $f_{cr} = 0.9f_{ck} + 2.33s\,[\text{MPa}]$ 이 두 식에 의한 값 중 큰 값으로 정한다.

여기서, f_{cr} : 배합강도, f_{ck} : 설계기준강도, s : 압축강도의 표준편차[MPa]

ⓒ 콘크리트 압축강도의 표준편차는 실제 사용한 콘크리트를 30회 이상 시험한 실적으로부터 결정한다.

ⓓ 압축강도의 시험횟수가 29회 이하이고 15회 이상인 경우는 시험에서 구한 표준편차에 보정계수를 곱한 값을 표준편차로 하고, 명시되지 않은 경우에는 보간법으로 보정계수를 구한다.

[시험 횟수가 29회 이하일 때 표준편차의 보정계수]

시험 횟수	표준편차의 보정계수
15	1.16
20	1.08
25	1.03
30 이상	1.00

② 시험횟수 14회 이하인 경우 또는 기록이 없는 경우

콘크리트 압축강도의 표준편차를 알지 못할 때, 또는 압축강도의 시험횟수가 14회 이하인 경우 콘크리트의 배합강도는 다음과 같이 정할 수 있다.

호칭강도 f_{cn}(MPa)	배합강도 f_{cr}(MPa)
21MPa 미만	$f_{cr} = f_{cn} + 7$
21MPa 이상 35Pa 이하	$f_{cr} = f_{cn} + 8.5$
35MPa 초과	$f_{cr} = 1.1f_{cn} + 10$

(2) 설계기준강도(f_{ck})

설계기준강도란 콘크리트 부재를 설계할 때 기준으로 한 압축강도

(3) 휨인장강도(할렬인장강도=파괴계수 ; f_{ru})

콘크리트가 균열이 시작될 때의 콘크리트 인장응력

$$f_{ru} = 0.63\lambda\sqrt{f_{ck}}$$

여기서, λ : 경량콘크리트계수
(보통중량콘크리트 1.0, 모래경량콘크리트 0.85, 전경량콘크리트 0.75)

(4) 콘크리트 인장강도(휨부재 설계시 무시)

콘크리트의 인장강도는 콘크리트 압축강도의 약 10%, 즉 $f_t = \left(\dfrac{1}{9} \sim \dfrac{1}{13}\right)f_{ck}$ 이다.

(5) 콘크리트 부재의 전단강도

전단강도(V_c)는 콘크리트 인장강도보다 20~30% 크게 고려하며, 압축강도의 약 12%이다.

(6) 콘크리트 강도 크기순

압축강도 > 휨강도 > 전단강도 > 인장강도

(7) 경량콘크리트 계수 사용

경량콘크리트의 경우 각종 공식 및 규정에서 $\sqrt{f_{ck}}$ 앞에 경량콘크리트계수 λ를 곱한다.

(8) 호칭강도

호칭강도(nominal strength)는 레디믹스트 콘크리트 주문시 KS F 4009의 규정에 따라 사용되는 콘크리트 강도로서, 구조물 설계에서 사용되는 설계기준압축강도나 배합설계 시 사용되는 배합강도와는 구분되며, 기온, 습도, 양생 등 시공적인 영향에 따른 보정값을 고려하여 주문한 강도를 말한다.

① 레디믹스트 콘크리트의 경우에는 배합강도(f_{cr})를 호칭강도(f_{cn})보다 크게 정한다.
② 레디믹스트 콘크리트 사용자는 다음 식에 따라 기온보정강도(T_n)를 더하여 생산자에게 호칭강도(f_{cn})로 주문하여야 한다.

$$f_{cn} = f_{cq} + T_n (\text{MPa})$$

여기서, T_n : 기온보정강도(MPa)

2. 철근 콘크리트가 일체식 구조체로 성립하는 이유

① 콘크리트와 철근의 부착강도가 크다.(부착력이 크다.)

② 콘크리트 속에 묻힌 철근은 부식하지 않는다.(방청효과)
③ 콘크리트와 철근(강재)은 열에 대한 팽창계수가 거의 같다.

3. 응력-변형률 곡선과 탄성계수

(1) 콘크리트의 응력-변형률 곡선

① 최대압축응력에 대응하는 변형률 : 대략 0.002
② 변형률 연화역
③ 파괴시 극한 변형률 : 0.003

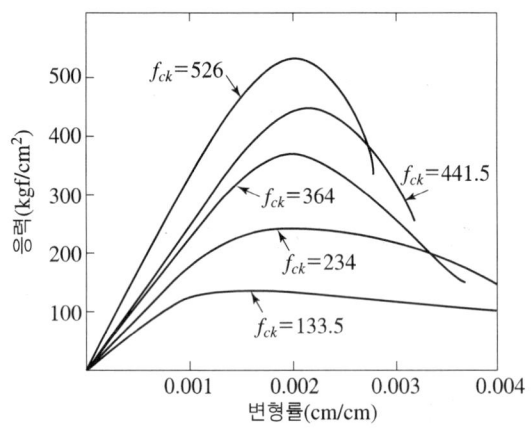

(2) 콘크리트의 탄성계수 ; E_c

① 초기 접선탄성계수 : 응력-변형률 곡선에서 초기 선형상태의 기울기
② 할선 계수(시컨트계수) : 콘크리트의 압축강도의 $0.5f_{ck}$에 해당하는 압축응력점과 원점을 연결한 직선의 기울기. 일반적으로 말하는 콘크리트의 탄성계수
③ 접선계수 : $0.5f_{ck}$에 해당하는 압축응력점의 접선 기울기

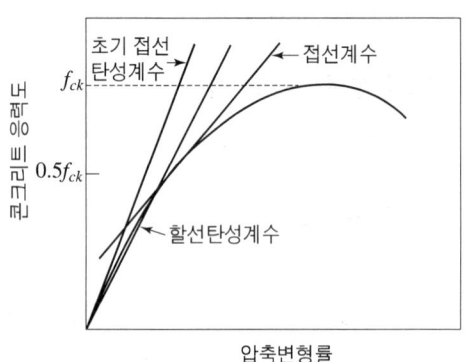

(3) 콘크리트구조설계기준에 따른 콘크리트 탄성계수

구분 조건	일 반 식	$m_c = 2,300 kg/m^3$일 경우
$(m_c = 1.45 \sim 2.5 t/m^3)$	$E_c = 0.077\, m_c^{1.5} \sqrt[3]{f_{cu}}$ (MPa)	$E_c = 8,500 \sqrt[3]{f_{cu}}$ (MPa)
$E_c = 0.85\, E_{ci}$	$E_{ci} = 1.18\, E_c$	

여기서, $f_{cu} = f_{ck} + \Delta f$ (MPa)
  m_c : 콘크리트의 단위중량
  E_c : 콘크리트의 할선탄성계수(MPa)
  E_{ci} : 콘크리트의 초기접선탄성계수(MPa)-초기접선탄성계수는 크리프 계산에 사용된다.
  Δf : f_{ck}가 40MP 이하이면 4MPa, 60MPa 이상이면 6MPa 그 사이는 직선보간으로 구한다.

4. 철근의 응력-변형률 곡선

① 비례한도(A점)
② 탄성한도(B점) : 0.02%의 영구변형이 생기는 응력
③ 항복점(C점, D점) : 이후로는 하중을 제거해도 변형이 커진다.
　상항복점(C점)
　하항복점(D점)
④ 극한강도(E점)
⑤ 파괴강도(F점)

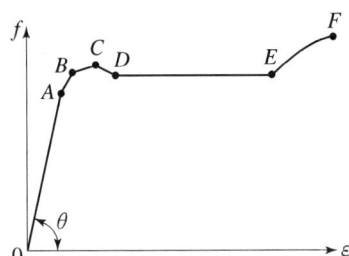

5. 철근의 탄성계수

$$E_s = 2.0 \times 10^5 \, \text{MPa}$$

 프리스트레싱 긴장재의 탄성계수 : $E_{ps} = 2.0 \times 10^5 \, \text{MPa}$
형강의 탄성계수 : $E_{ss} = 2.05 \times 10^5 \, \text{MPa}$

6. 탄성계수비(보통콘크리트 일 때)

$$n = \frac{E_s}{E_c} = \frac{2 \times 10^5}{8,500 \sqrt[3]{f_{cu}}} \geq 6$$
$$f_{cu} = f_{ck} + \Delta f \, (\text{MPa})$$

여기서, Δf : f_{ck}가 40MP 이하이면 4MPa, 60MPa 이상이면 6MPa 그 사이는 직선보간으로 구한다.

7. 콘크리트의 크리프와 건조수축

(1) 콘크리트의 크리프(Creep)

시간의 증가에 따라 일정하중하(지속하중)에서 서서히 발생되는 소성변형
① 크리프의 일반적 성질
　㉠ 하중 재하 후 28일 동안 총 크리프 변형률의 50%가 진행되고, 4개월 이내에 전체

크리프 양의 80%, 2년 이내에 90%가 생기며, 4~5년 후면 크리프의 발생이 거의 완료(최종변형률)된다.

　　ⓒ 콘크리트의 압축응력이 설계기준강도의 50%(f_{ck}의 1/2 이하) 이내인 경우 크리프는 응력에 비례한다. $\epsilon \propto f$

② 크리프 변형률

크리프 변형률은 탄성변형률의(크리프처짐은 탄성처짐의) 1.5~3배 정도에 달한다.

$$\epsilon_c = \frac{f_c}{E_c}\phi = \epsilon_e \phi = \frac{\Delta l}{l}$$

여기서, ϵ_c : 크리프 변형률
　　　　f_c : 콘크리트에 작용하는 응력
　　　　E_c : 콘크리트의 탄성계수
　　　　ϵ_e : 탄성 변형률

조 건	크리프 계수 (ϕ)
보통 콘크리트	1.5~3.0
수중 콘크리트	1.0
옥외 구조물	2.0
옥내 구조물	3.0

(2) 콘크리트의 건조수축(자연수축)

습윤상태에 있는 콘크리트가 건조하여 수축하는 체적변형 현상

① 건조수축에 의한 응력

　　㉠ 부재의 변형이 구속되어 있지 않은 경우
　　　• 콘크리트는 철근의 저항에 의해 인장변형률(ϵ_{ct})이 발생한다.
　　　• 철근에는 압축변형률(ϵ_{sc})이 발생한다.

② 부재의 변형이 구속되어 있는 경우

　　㉠ 콘크리트는 철근의 저항에 의해 인장변형률(ϵ_{ct})이 발생한다.
　　㉡ 철근의 압축변형률(ϵ_{sc})은 0이다.

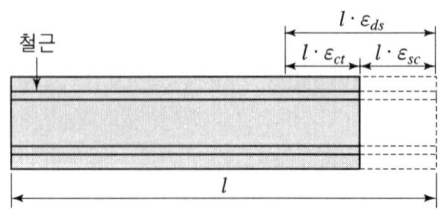

[건조수축에 의한 응력]

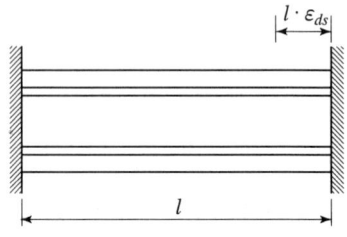

[부재의 변형이 구속되어 있는 경우]

크리프	건조수축
① 하중이 처음 재하되는 시기의 콘크리트 재령이 클수록 크리프는 적다.	① 단위수량이 적으면 건조수축은 적다.
② 물-시멘트비가 적으면 크리프는 적다.	② 물-시멘트비가 적으면 건조수축은 적다.
③ 단위시멘트량이 적으면 크리프는 적다.	③ 단위시멘트량이 적으면 건조수축은 적다.
④ 상대습도가 크면 클수록 크리프는 적게 생긴다.	④ 상대습도가 증가하면 건조수축은 줄어든다.
⑤ 많은 철근량이 효과적으로 배근되면 크리프는 감소된다.	⑤ 철근이 많을수록 건조수축은 적다.
⑥ 입도가 좋은 골재를 사용하면 크리프는 감소된다.	⑥ 골재가 연질일수록 건조수축이 크다. 흡수율이 큰 골재를 사용하면 건조수축이 커진다.
⑦ 고온증기양생을 한 콘크리트는 크리프가 적다.	⑦ 고온에서는 물의 증발이 빨라지므로 건조수축이 증가된다.
⑧ 콘크리트에 작용하는 응력이 적을수록 크리프는 감소된다.	⑧ 습윤양생하면 건조수축은 적다.
	⑨ 잘 다지면 공극수가 방출되므로 건조수축이 적다.
	⑩ 시멘트 종류와 품질에 따라 달라지는데 분말도가 큰 시멘트는 수축률이 크므로 건조수축이 많이 생긴다.

8. 철 근

(1) 철근의 종류

① 원형철근(Round Bar ; SR)
② 이형철근(Deformed Bar ; SD)

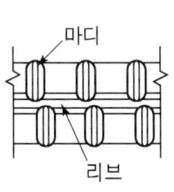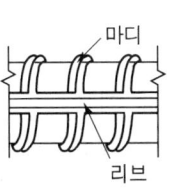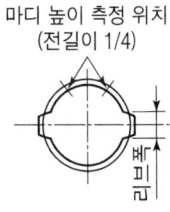

[이형철근의 형태]

(2) 철근의 표기

① SR300 : 항복강도 30kg/mm^2 또는 300MPa   재질의 원형철근
② SD400 : 항복강도 40kg/mm^2 또는 400MPa   재질의 이형철근

(3) 철근의 설계강도

① 철근의 설계기준항복강도 f_y는 600MPa를 초과하지 않아야 한다.
② 전단철근의 설계기준항복강도 f_y는 500MPa를 초과하지 않아야 한다. 다만, 용접이형철망을 사용할 경우 전단철근의 설계기준항복강도 f_y는 600MPa를 초과하여 취할 수 없다.
③ 프리스트레싱 긴장재와는 달리 철근의 항복강도에 대한 상한값을 600MPa로 규정하고 있는데 이는 철근의 설계기준항복강도가 400MPa 이상의 항복강도를 가지고 뚜렷한 항복점과 항복마루가 나타나지 않는 철근, 철선 및 용접처망의 f_y값은 변형률 0.0035에 상응하는 응력의 값으로 사용하여야 하기 때문이다.

(4) 이형철근을 주로 사용하는 이유

① 부착강도가 좋다.(부착응력이 크다.)
② 이형철근 사용의 주목적은 부착효과 증대에 있다.

(5) 용도에 따른 철근의 종류

① 주철근 : 설계하중에 의해 그 단면적이 정해지는 철근
  ㉠ 휨철근 : 정철근, 부철근
  ㉡ 전단철근 : 절곡철근, 스터럽(직각 스터럽, 경사스터럽)
    • 전단보강철근이라고도 한다.
    • 전단응력에 의한 균열(사인장 응력에 의한 균열)을 제어할 목적으로 배근
  ㉢ 축방향철근 : 종방향 철근, 옵셋 굽힘 철근
② 부철근
  ㉠ 배력철근
    • 집중 하중을 분포시킴
    • 균열을 제어할 목적으로 배근
    • 주철근과 직각에 가까운 방향으로 배근
    • 건조수축과 온도변화에 따른 콘크리트의 균열을 방지하기 위해 배근
  ㉡ 수축 · 온도철근 : 건조수축 또는 온도 변화에 의하여 콘크리트에 발생하는 균열을 방지하기 위한 목적으로 배근되는 철근으로서 배력철근의 일종

9. 철근 간격

(1) 보의 주철근

① 수평순간격
  ㉠ 25mm 이상
  ㉡ 굵은골재최대치수의 4/3배 이상
  ㉢ 철근 공칭지름 이상
② 연직순간격
  ㉠ 25mm 이상
  ㉡ 상하 철근 동일 연직면 내에 위치

(2) 기둥(나선철근, 띠철근)

① 순간격
  ㉠ 40mm 이상
  ㉡ 굵은골재최대치수의 4/3배 이상
  ㉢ 철근지름의 1.5배 이상
② 나선철근의 최소순간격은 25mm 이상, 75mm 이하로 한다.

(3) 슬래브

① 주철근
  ㉠ 최대 휨모멘트 발생 단면 : 슬래브 두께의 2배 이하, 300mm 이하
  ㉡ 기타 단면 : 슬래브 두께의 3배 이하, 450mm 이하
② 수축 및 온도철근(배력 철근) : 슬래브 두께의 5배 이하, 450mm 이하

(4) 다발철근

① 보에서 D35를 초과하는 철근은 다발로 사용치 않는다.
② 철근 다발의 지름은 등가단면적으로 환산되는 한 개의 지름으로 보아야 한다.
③ 여러개의 철근다발은 이형철근으로 4개 이하, 스터럽이나 띠철근으로 둘러싸야 한다.
④ 철근다발의 철근단은 모두 지점에서 끝나게 하지 않는다면 철근지름의 40배 이상 서로 엇갈리게 끝내야 한다.

10. 철근의 최소 피복두께(덮개)

콘크리트 표면과 그에 가장 가까이 배근된 철근 표면 사이의 콘크리트 두께를 말한다.

(1) 덮개를 두는 이유

① 철근의 부식 및 산화 방지
② 부착강도 확보
③ 내화성 확보

(2) 철근다발의 덮개

① 일반적인 경우에는 50mm를 초과하지 않아도 된다.
② 영구적으로 흙에 접하는 경우에는 80mm 이상으로 한다.
③ 수중에서 타설하는 콘크리트의 경우에는 100mm 이상으로 한다.

2-2 설계일반

1. 허용응력 설계법

사용하중을 사용하여 사용성이 중요시 되는 탄성개념의 설계법

(1) 설계 가정

① 보축에 직각인 단면은 휨을 받아 변형된 후에도 평면을 유지한다.(베르누이의 가정)
② 응력과 변형도는 정비례한다 (Hooke's Law)
③ 단면내의 철근과 콘크리트의 응력은 중립축으로부터 거리에 비례한다
④ 콘크리트의 인장응력은 무시한다
⑤ 철근과 콘크리트의 탄성계수비는 정수이다
⑥ 변형은 중립축으로 부터의 거리에 비례한다.

(2) 설계 개념

$$f_{ca} \geq f_c \qquad f_{sa} \geq f_s$$

여기서, f_{ca}, f_{sa} : 콘크리트 및 철근의 허용응력
f_c, f_s : 사용하중에 의한 콘크리트 및 철근의 응력

(3) 허용응력

① 콘크리트의 허용응력

$$f_{ca} = \frac{f_{ck}}{2.5} = 0.4 f_{ck}$$

② 철근의 허용응력

$$f_{sa} = \frac{f_y}{2.0} = 0.5 f_y$$

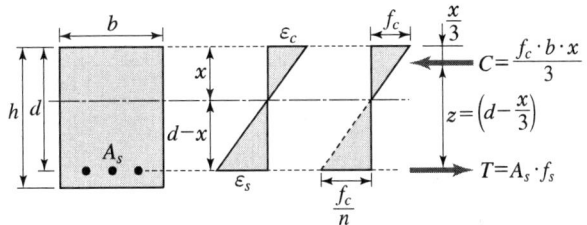

[단철근 직사각형 보]

(4) 안전율

① 콘크리트의 안전율 : 2.5
② 철근의 안전율 : 2.0

2. 강도 설계법

안전성이 중요시 되는 소성개념의 설계법

(1) 설계가정

① 변형률은 중립축으로부터의 거리에 비례한다. 깊은보 설계시 비선형 변형률 분포를 고려하여야 하며, 이때 대신 스트럿-타이 모델을 적용할 수도 있다.

② 휨모멘트 또는 휨모멘트와 축력을 동시에 받는 부재의 콘크리트 압축연단의 극한변형률은 콘크리트의 설계기준압축강도가 40MPa 이하인 경우에는 0.0033으로 가정하며, 40MPa을 초과할 경우에는 매 10MPa의 강도 증가에 대하여 0.0001씩 감소시킨다. 콘크리트의 설계기준압축강도가 90MPa을 초과하는 경우에는 성능실험을 통한 조사연구에 의하여 콘크리트 압축연단의 극한변형률을 선정하고 근거를 명시하여야 한다.

③ 콘크리트의 인장강도는 철근콘크리트 부재 단면의 축강도와 휨강도 계산에서 무시할 수 있다.

④ $f_s \le f_y$일 때 $f_s = \epsilon_s E_s$, $f_s > f_y$일 때 $f_s = f_y$

⑤ 콘크리트의 압축응력 분포와 콘크리트의 변형률 사이의 관계는 직사각형, 사다리꼴, 포물선형 또는 강도의 예측에서 광범위한 실험의 결과와 실질적으로 일치하는 어떤 형상으로도 가정할 수 있다.

⑥ 포물선-직선 형상의 응력-변형률 관계에 의하여 콘크리트에 작용하는 압축응력의 평균값은 $\alpha(0.85f_{ck})$로, 압축연단으로부터 합력의 작용위치는 중립축 깊이 c에 대한 β의 비율로 나타내며, 응력분포의 각 변수 및 계수는 다음 표 값을 적용한다.

f_{ck}(MPa)	≤40	50	60	70	80	90
n	2.0	1.92	1.50	1.29	1.22	1.20
ε_{co}	0.002	0.0021	0.0022	0.0023	0.0024	0.0025
ε_{cu}	0.0033	0.0032	0.0031	0.003	0.0029	0.0028
α	0.80	0.78	0.72	0.67	0.63	0.59
β	0.40	0.40	0.38	0.37	0.36	0.35

(2) 설계개념

$$S_d = \phi S_n \ge S_u = r S_i$$

여기서, S_d : 설계 강도
S_n : 공칭 강도
S_u : 계수하중(소요하중=극한하중)
S_i : 사용하중
ϕ : 강도감소계수
r : 하중증가계수

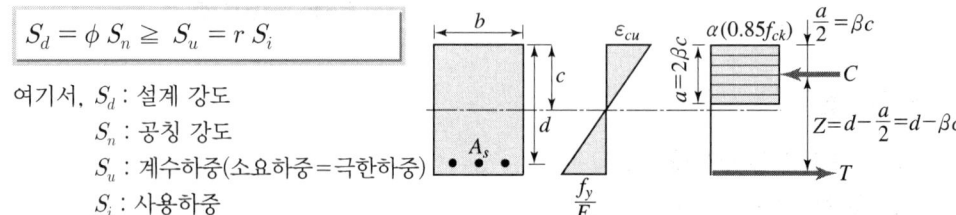

[강도설계법에 의한 보의 변형률과 응력]

① 강도감소계수(ϕ)

부재 또는 하중의 종류		ϕ
① 인장지배단면		0.85
② 전단력과 비틀림모멘트		0.75
③ 압축지배단면	나선철근으로 보강된 철근콘크리트 부재	0.70
	그 외의 철근콘크리트 부재	0.65
④ 콘크리트의 지압력(포스트텐션 정착부나 스트럿-타이 모델은 제외)		0.65
⑤ 포스트텐션 정착구역		0.85
⑥ 스트럿-타이 모델과 그 모델에서	스트럿, 절점부 및 지압부	0.75
	타이	0.85
⑦ 긴장재 묻힘길이가 정착 길이보다 작은 프리텐션 부재의 휨 단면	부재의 단부부터 전달길이 단부까지	0.75
⑧ 무근 콘크리트의 휨모멘트, 압축력, 전단력, 지압력		0.55

- 인장지배단면 : $\epsilon_t \geq 0.005$인 경우. 단, $f_y > 400$MPa일 때는 $\epsilon_t \geq 2.5f_y$인 경우.
- 압축지배단면 : $\epsilon_t \leq \epsilon_y$인 경우.
- 위 ③항은 공칭강도에서 최외단 인장 철근의 순인장 변형률 ϵ_t가 압축지배와 인장지배단면 사이일 경우에는, ϵ_t가 압축지배 변형률 한계에서 0.005로 증가함에 따라 ϕ값을 압축지배 단면에 대한 값에서 0.85까지 증가시킨다.
- 위 ⑦항은 전달길이 단부에서 정착길이 단부사이의 ϕ값은 0.75에서 0.85까지 선형적으로 증가시킨다. 다만, 긴장재가 부재 단부까지 부착되지 않은 경우에는, 부착력 저하 길이의 끝에서부터 긴장재가 매입된다고 가정하여야 한다.
  - ϵ_t : 공칭축강도에서 최외단 인장철근의 순인장변형률 : 유효 프리스트레스 힘, 크리프, 건조수축 및 온도에 의한 변형률은 제외함
  - ϵ_y : 철근의 설계기준 항복변형률

ρ/ρ_b로 나타내는 인장지배단면에 대한 순인장변형률 한계

f_y=400MPa 철근을 사용한 직사각형 단면에 대하여 순인장변형률 0.005는 ρ/ρ_b 비율로 0.625에 해당한다.

f_y= 400MPa인 철근 및 긴장재에 대한 c/d_t에 따른 ϕ값의 변화

(단, c : 공칭강도에서 중립축의 깊이
  d_t : 최외단 압축연단에서 최외단 인장철근까지 거리
  c/d_t 한계는 f_y=400MPa 철근을 사용한 경우와
    프리스트레스된 단면인 경우 압축지배단면 0.6, 인장지배단면 0.375)

① 나선 : $\phi = 0.70 + 0.15\left[\left(\dfrac{1}{(c/d_t)} - \dfrac{5}{3}\right)\right]$

② 기타 : $\phi = 0.65 + 0.2\left[\left(\dfrac{1}{(c/d_t)} - \dfrac{5}{3}\right)\right]$

② 하중증가계수(r)

하중 조합 형태	계수 하중
D와 L이 작용하는 경우	$U = 1.2D + 1.6L$ $U = 1.4D$ ┐ 둘 중 큰 값

여기서, D : 사하중(고정하중), L : 활하중(이동하중)

(3) 안전율

강도감소계수와 하중증가계수를 사용하여 안전을 확보한다.

① 강도감소계수를 사용하는 이유
  ㉠ 재료 품질의 변동
  ㉡ 구조 및 부재의 중요도
  ㉢ 설계 계산의 불확실량
  ㉣ 시공상 단면 치수 오차(시공 기술 등에 관련된 다소 불리한 오차)
  ㉤ 시험 오차에서 오는 재료차

② 하중증가계수를 사용하는 이유
  ㉠ 사용 중에 추가되는 초과 사하중
  ㉡ 예기치 못한 초과 활하중
  ㉢ 차량의 대형화·중량화에 따른 활하중의 증가 등의 영향을 반영한 계수
  ㉣ 예상을 초과한 하중 및 구조해석의 단순화로 인하여 발생되는 초과요인에 대비하기 위한 계수이다.

3. 한계상태 설계법

구조물의 파괴 확률 또는 신뢰성 이론에 근거하여 안전성과 사용성을 하나의 설계체제 안에서 합리적으로 다루려는 설계법이다.

2-3 강도설계법

1. 단철근직사각형보

(1) 설계 기본식

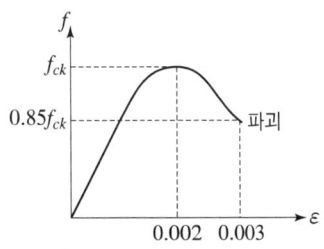

$$M_d = \phi M_n \geq M_u = r M_i$$

콘크리트 파괴시 압축응력분포형은 포물선이다.

(2) 설계 공식

일반적인($f_{ck} \leq 40\text{MPa}$)인 경우에는 $\eta = 1$이므로 기존과 동일하게 응력 값으로 $0.85f_{ck}$를 사용하며, f_{ck}가 40MPa를 초과하는 경우에는 모든 공식에 있어 $0.85f_{ck}$에 η를 곱하여 사용한다. ($0.85f_{ck} \rightarrow \eta 0.85f_{ck}$)

[등가직사각형 응력분포 변수 값]

f_{ck}(MPa)	≤40	50	60	70	80	90
ε_{cu}	0.0033	0.0032	0.0031	0.003	0.0029	0.0028
η	1.00	0.97	0.95	0.91	0.87	0.84
β_1	0.80	0.80	0.76	0.74	0.72	0.70

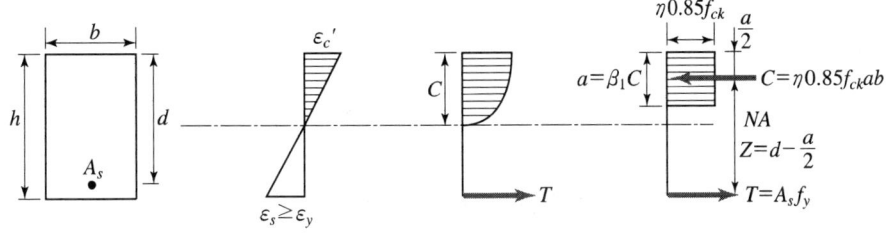

(a) 단철근 직사각형 보   (b) 변형률   (c) 실제 응력분포   (d) 등가 응력분포

① 등가직사각형 응력분포의 깊이 ; a

㉠ $C = T$ (여기서, C와 T는 우력)

$$\eta 0.85 f_{ck} ab = A_s f_y \qquad \therefore a = \frac{A_s f_y}{\eta 0.85 f_{ck} b}$$

여기서, a : 등가직사각형 깊이 b : 폭
　　　　c : 중립축 깊이 d : 유효깊이

㉡ $a = \beta_1 c$

② 단면의 공칭 휨강도(단면저항 모멘트 : 주어진 단면에서 저항할 수 있는 모멘트)
[우력 모멘트]

$$M_n = M_{rc} = M_{rs} = T \cdot z = C \cdot z$$

$$= A_s f_y \left(d - \frac{a}{2} \right) = \eta 0.85 f_{ck} ab \left(d - \frac{a}{2} \right)$$

$a = \dfrac{A_s f_y}{\eta 0.85 f_{ck} b}$ 이므로 $q = \rho \dfrac{f_y}{\eta f_{ck}}$ 라 놓으면

$$M_n = f_y \rho b d^2 (1 - 0.59q) = \eta f_{ck} q b d^2 (1 - 0.59q)$$

③ 설계 휨강도

$$M_d = \phi M_n = \phi M_{rc} = \phi M_{rs} = \phi T \cdot z = \phi C \cdot z$$

$$= \phi A_s f_y \left(d - \frac{a}{2} \right) = \phi \eta 0.85 f_{ck} ab \left(d - \frac{a}{2} \right)$$

$$M_d = \phi M_n = \phi f_y \rho b d^2 (1 - 0.59q) = \phi f_{ck} q b d^2 (1 - 0.59q)$$

(3) 균형보 개념

압축측 연단 콘크리트의 최대 변형이 ϵ_{cu}에 도달할 때 인장철근의 최대 변형이 항복점 변형($\epsilon_s = \epsilon_y = f_y / E_s$)에 동시 도달하는 보

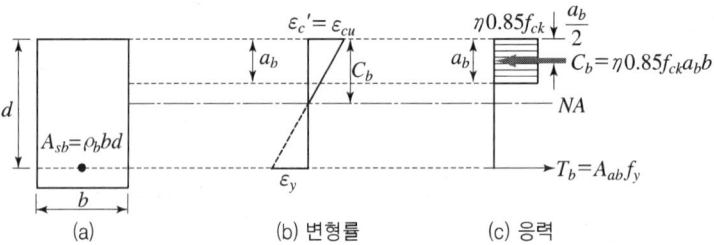

(a)   (b) 변형률   (c) 응력

① 균형단면이 되기 위한 중립축 위치(c)

$$\epsilon_c : \epsilon_c + \epsilon_s = c : d$$

$$c = \frac{\epsilon_c}{\epsilon_c + \epsilon_s} d = \frac{\epsilon_{cu}}{\epsilon_{cu} + \dfrac{f_y}{E_s}} d = \frac{\epsilon_{cu}}{\epsilon_{cu} + \dfrac{f_y}{200,000}} d = \frac{a}{\beta_1}$$

② 단철근 직사각형보의 균형철근비(ρ_b)

$$\rho_b = \eta 0.85 \frac{f_{ck}}{f_y} \beta_1 \frac{c}{d} = \eta 0.85 \frac{f_{ck}}{f_y} \beta_1 \frac{\epsilon_{cu}}{\epsilon_{cu} + \dfrac{f_y}{200,000}}$$

③ 균형 철근량 : $A_{sb} = \rho_b \cdot b \cdot d$

(4) 단철근 직사각형보의 휨철근량 제한

① 철근비

$$\rho = \frac{A_s}{bd}$$

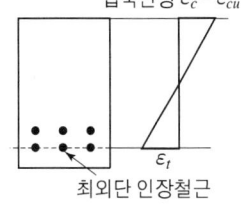

② 최외단 인장철근

최 외단 인장철근의 순인장변형률 ϵ_t는

ϵ_t = 공칭강도에서 최외단 인장철근의 인장변형률
- 프리스트레스, 크리프, 건조수축, 온도변화에 의한 변형률

㉠ 지배단면에 따른 강도감소계수

구 분	순인장변형률 조건	강도감소계수
압축지배 단면	ϵ_y 이하	0.65
변화구간 단면	$\epsilon_y \sim 0.005$ (또는 $2.5\epsilon_y$)	0.65~0.85
인장지배 단면	0.005 이상($f_y >$ 400MPa인 경우 $2.5\epsilon_y$ 이상)	0.85

㉡ 지배단면 변형률 한계 및 해당 철근비

철근의 설계기준 항복강도	압축지배 변형률 한계 ϵ_y	인장지배 변형률 한계
300MPa	0.0015	0.005
350MPa	0.00175	0.005
400MPa	0.002	0.005
500MPa	0.0025	0.00625($2.5\epsilon_y$)
600MPa	0.003	0.0075($2.5\epsilon_y$)

㉢ 최소허용변형률

철근의 설계기준 항복강도	휨부재 허용값	
	최소 허용변형률($\epsilon_{a,\min}$)	해당 철근비($\rho_{\max}$)
300MPa	0.004	$0.658\rho_b$
350MPa	0.004	$0.692\rho_b$
400MPa	0.004	$0.726\rho_b$
500MPa	0.005($2\epsilon_y$)	$0.699\rho_b$
600MPa	0.006($2\epsilon_y$)	$0.677\rho_b$

③ 최소허용변형률

순인장변형률(ϵ_t)은 휨부재의 최소 허용변형률 이상이어야 한다.

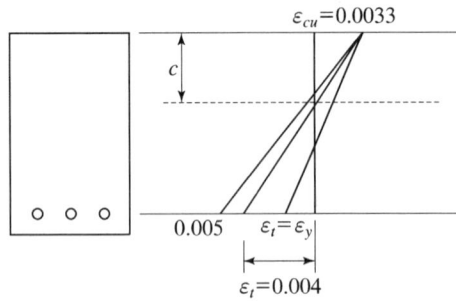

④ 최대 철근

㉠ 최대철근비

$$\rho_{\max} = \eta 0.85 \frac{f_{ck}}{f_y} \beta_1 \frac{\epsilon_{cu}}{\epsilon_{cu} + \epsilon_{a,\min}} = \frac{\epsilon_{cu} + \epsilon_y}{\epsilon_{cu} + \epsilon_{a,\min}} \rho_b$$

- $f_y = 300\mathrm{MPa}$인 경우 $\rho_{\max} = 0.658\rho_b$
- $f_y = 350\mathrm{MPa}$인 경우 $\rho_{\max} = 0.692\rho_b$
- $f_y = 400\mathrm{MPa}$인 경우 $\rho_{\max} = 0.726\rho_b$
- $f_y = 500\mathrm{MPa}$인 경우 $\rho_{\max} = 0.699\rho_b$
- $f_y = 600\mathrm{MPa}$인 경우 $\rho_{\max} = 0.677\rho_b$

㉡ 최대철근량

$A_{s\max} = \rho_{\max} b d$

⑤ 최소철근

㉠ 해석에 의하여 인장철근 보강이 요구되는 휨부재의 모든 단면에 대하여 설계휨강도가 다음 조건을 만족하도록 인장철근을 배치하여야 한다.

$\phi M_n \geq 1.2 M_{cr}$

여기서, M_{cr} : 휨부재의 균열휨모멘트

㉡ 부재의 모든 단면에서 해석에 의해 필요한 철근량보다 1/3 이상 인장철근이 더 배치되어 다음 식의 조건을 만족하는 경우는 상기 ㉠의 규정을 적용하지 않을 수 있다.

$\phi M_n \geq \dfrac{4}{3} M_u$

(5) 보의 파괴 형태

① 균형파괴(평형파괴)
  ㉠ 균형철근보
  ㉡ 이상적인 파괴형태
  ㉢ 설계의 기준을 제시
  ㉣ $\rho = \rho_b$: 콘크리트와 철근이 동시에 파괴되는 이상적인 파괴

② 연성파괴(인장파괴)
  ㉠ 저보강보
  ㉡ 과소철근보
  ㉢ 인장지배단면
  ㉣ 인장측 철근이 먼저 파괴되는 가장 바람직한 파괴 형태
  ㉤ 사전 붕괴 징후를 보이며 점진적으로 콘크리트가 파괴되는 형태

③ 취성파괴(압축파괴)
  ㉠ 과보강보
  ㉡ 과다철근보
  ㉢ 압축지배단면
  ㉣ $\rho > \rho_{\max}$: 압축측 콘크리트의 취성파괴가 일어난다.
  ㉤ $\rho < \rho_{\min}$: 인장측 콘크리트의 취성파괴가 일어난다.
  ㉥ 콘크리트가 먼저 갑작스럽게 파괴되는 형태
  ㉦ 사전 징후 없이 갑자기 파괴되는 형태

2. 복철근 직사각형보

(1) 복철근보를 사용하는 이유

① 단면의 치수(특히 유효높이)가 제한되어 설계모멘트가 외력에 의한 작용모멘트를 견딜 수 없는 경우 ($M_d < M_u$)

② 정(+) · 부(−)의 휨모멘트를 교대로 받는 경우

복철근보를 사용하는 이유

① 단면의 치수(특히 유효높이)가 제한되어 설계모멘트가 외력에 의한 작용모멘트를 견딜 수 없는 경우($M_d < M_u$)
  ㉠ 복철근보로 함으로써 저항모멘트의 증가로 보강성을 증대
  ㉡ 취성을 줄인다.
  ㉢ 연성을 키워준다.

② 정(+)·부(−)의 휨모멘트를 교대로 받는 경우
　㉠ 정모멘트는 단철근보로도 충분하나
　㉡ 부의 휨모멘트 작용시 복철근보로 하여 부의 휨모멘트 작용시 압축철근이 인장철근의 역할을 하도록 하여야 한다.
③ 보의 강성을 증대시키기 위해
④ 연성을 키우기 위해
⑤ 처짐을 작게 해야 하는 경우
⑥ 건조수축과 크리프의 영향을 감소시키기 위해
⑦ 비틀림모멘트를 받을 때

압축철근 사용 효과
① 지속하중에 의한 장기처짐(총처짐)을 감소시킨다.
② 연성을 증가시켜 모멘트 재분배가 가능하게 한다.
③ 철근의 조립을 쉽게 할 수 있다.

(2) 압축철근이 항복할 경우의 복철근 직사각형보의 설계휨강도($f_s{'} = f_y$인 경우)

일반적인($f_{ck} \leq 40\text{MPa}$)인 경우에는 $\eta = 1$이므로 기존과 동일하게 응력 값으로 $0.85f_{ck}$를 사용하며, f_{ck}가 40MPa를 초과하는 경우에는 모든 공식에 있어 $0.85f_{ck}$에 η를 곱하여 사용한다. ($0.85f_{ck} \rightarrow \eta 0.85f_{ck}$)

① 등가직사각형 응력분포의 깊이 ; a
$C_1 = T_1$ (여기서, C_1와 T_1는 우력)
$\eta 0.85 f_{ck} ab = (A_s - A_s{'})f_y$
$$\therefore a = \frac{(A_s - A_s{'})f_y}{\eta 0.85 f_{ck} b} = \frac{(\rho - \rho')df_y}{\eta 0.85 f_{ck}}$$
$A_s = \rho bd \qquad A_s{'} = \rho' bd$

② 단면의 공칭 휨강도 ; M_n

[우력 모멘트]

$$M_n = M_{n1} + M_{n2} = C_1 \cdot z_1 + C_2 \cdot z_2 = T_1 \cdot z_1 + T_2 \cdot z_2$$
$$= (A_s - A_s')f_y\left(d - \frac{a}{2}\right) + A_s' f_y(d - d')$$

③ 설계 휨강도 ; M_d

$$M_d = M_{d1} + M_{d2} = \phi(A_s - A_s')f_y\left(d - \frac{a}{2}\right) + \phi A_s' f_y(d - d')$$
$$= \phi\left\{(A_s - A_s')f_y\left(d - \frac{a}{2}\right) + A_s' f_y(d - d')\right\}$$

(3) 균형보 개념

인장철근의 최대 변형이 항복점 변형($\epsilon_s = \epsilon_y = f_y/E_s$)에 도달할 때 압축철근의 변형도 항복점 변형에 도달하고 콘크리트 변형률이 ϵ_{cu}에 도달하는 보

① 균형단면이 되기 위한 압축철근의 변형률(ϵ_s')

$$\epsilon_c : \epsilon_s' = c : c - d'$$
$$\epsilon_{cu} : \epsilon_s' = c : c - d'$$
$$\epsilon_s' = \epsilon_{cu}\frac{c - d'}{c} = \epsilon_{cu} - \epsilon_{cu}\frac{d'}{c}$$

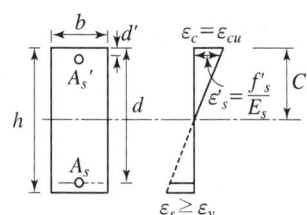

② 균형단면이 되기 위한 중립축 위치(c)

$$\epsilon_{cu}\frac{c - d'}{c} \geq \frac{f_y}{E_s} \text{에서}$$

$$\therefore c = \frac{\epsilon_{cu}}{\epsilon_{cu} - \frac{f_y}{E_s}}d' = \frac{\epsilon_{cu}}{\epsilon_{cu} - \frac{f_y}{200,000}}d' = \frac{\epsilon_{cu}E_s}{\epsilon_{cu}E_s - f_y}d'$$

③ 복철근 직사각형보의 균형철근비(ρ_b')

$$\rho_b' = \rho_b + \rho' = \eta 0.85\frac{f_{ck}}{f_y}\beta_1\frac{c}{d} + \rho' = \eta 0.85\frac{f_{ck}}{f_y}\beta_1\frac{\epsilon_{cu}}{\epsilon_{cu} + \frac{f_y}{200,000}} + \rho'$$

(4) 복철근 직사각형보의 휨철근량 제한

① 철근비

  ㉠ 인장철근비 $\rho = \dfrac{A_s}{bd}$

  ㉡ 압축철근비 $\rho' = \dfrac{A_s'}{bd}$

② 최대 인장철근
  ㉠ 최대 인장철근비(ρ'_{max})
    $$\rho'_{max} = \eta 0.85 \frac{f_{ck}}{f_y}\beta_1 \frac{\epsilon_{cu}}{\epsilon_{cu}+\epsilon_{a,min}} + \rho'\frac{f_s'}{f_y} = \frac{\epsilon_{cu}+\epsilon_y}{\epsilon_{cu}+\epsilon_{a,min}}\rho_b + \rho'\frac{f_s'}{f_y}$$
    압축철근이 항복하는 경우 $f_s' = f_y$를 대입하여 구할 수 있다.
  ㉡ 최대 인장철근량($A'_{s\,max}$)
    $$A'_{s\,max} = \rho'_{max} bd$$

3. 단철근 T형보

직사각형보에서 중립축 하단의 인장부 콘크리트를 인장 철근의 배치에 필요한 넓이의 콘크리트만을 남겨두고 나머지는 도려내어 자중을 줄이고 재료를 절약하여 경제적인 단면을 만들기 위한 보

(1) T형보의 명칭

T형보는 플랜지와 복부로 구성된다.
① 플랜지 : 휨에 저항
② 복부(웨브) : 전단에 저항

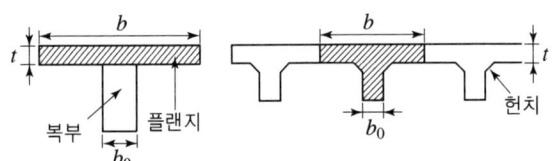

[T형보의 단면]

(2) T형보의 유효폭

① 대칭 T형보
  ㉠ $8t_1 + 8t_2 + b_w$
  ㉡ 보경간의 1/4
  ㉢ 양슬래브 중심간 거리
  셋 중 가장 작은 값을 유효폭으로 결정한다.

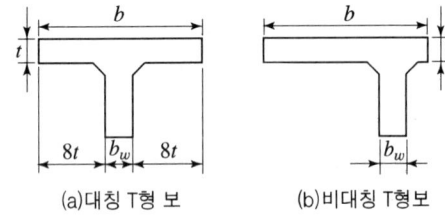

[플랜지의 유효폭]

② 비대칭 T형 단면
  ㉠ $6t + b_w$
  ㉡ 보경간의 $\frac{1}{12} + b_w$
  ㉢ 인접보와의 내측거리(l_o)의 $\frac{1}{2} + b_w$
  셋 중 가장 작은 값을 유효폭으로 결정한다.

(3) T형보의 판별

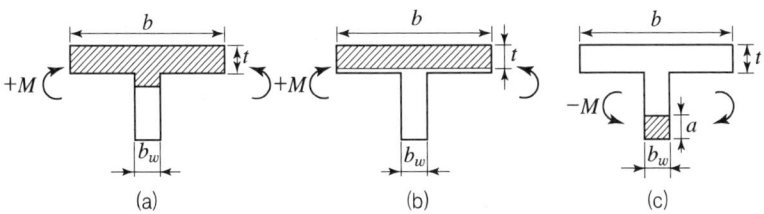

(a) : 정의 모멘트를 받고 있는 경우, T형보로 설계
(b) : 정의 모멘트를 받고 있는 경우, 폭을 b로 하는 직사각형보로 설계
(c) : 부의 모멘트를 받고 있는 경우, 폭을 b_w로 하는 직사각형보로 설계

[T형 단면의 판정]

(4) 단철근 T형보의 설계휨강도

일반적인($f_{ck} \leq 40\text{MPa}$)인 경우에는 $\eta = 1$이므로 기존과 동일하게 응력 값으로 $0.85f_{ck}$를 사용하며, f_{ck}가 40MPa를 초과하는 경우에는 모든 공식에 있어 $0.85f_{ck}$에 η를 곱하여 사용한다. ($0.85f_{ck} \rightarrow \eta 0.85f_{ck}$)

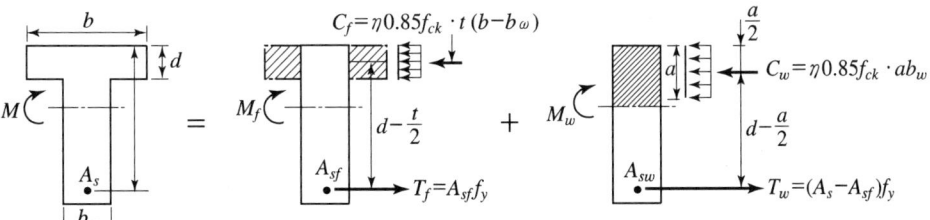

[T형 단면 보의 해석]

① 플랜지의 내민 부분 콘크리트 압축력(C_f)과 비기는 철근 단면적 ; A_{sf}

$C_f = T_f$ (여기서, C_f와 T_f는 우력)

$\eta 0.85 f_{ck} t(b - b_w) = A_{sf} f_y \qquad \therefore A_{sf} = \dfrac{\eta 0.85 f_{ck} t(b - b_w)}{f_y}$

② 복부 콘크리트 압축력(C_w)과 비길 수 있는 철근과 비교한 등가직사각형 응력깊이 ; a

$C_w = T_w$ (여기서, C_w와 T_w는 우력)

$\eta 0.85 f_{ck} a b_w = (A_s - A_{sf}) f_y \qquad \therefore a = \dfrac{(A_s - A_{sf}) f_y}{\eta 0.85 f_{ck} b_w}$

③ 단면의 공칭 휨강도 ; M_n(단면저항 모멘트 : 주어진 단면에서 저항할 수 있는 모멘트)

[우력 모멘트]

$$M_n = M_{nf} + M_{nw} = T_f \cdot z_f + T_w \cdot z_w = A_{sf} f_y \left(d - \frac{t}{2}\right) + (A_s - A_{sf}) f_y \left(d - \frac{a}{2}\right)$$

여기서, M_{nf} : 내민 플랜지 콘크리트의 설계 휨강도
M_{nw} : T단면에서 내민플랜지 콘크리트부분을 뺀 복부만의 콘크리트의 설계휨강도

④ 설계모멘트

$$M_d = \phi M_{nf} + \phi M_{nw} = \phi T_f \cdot z_w + \phi T_w \cdot z_w$$
$$= \phi A_{sf} f_y \left(d - \frac{t}{2}\right) + \phi (A_s - A_{sf}) f_y \left(d - \frac{a}{2}\right)$$
$$= \phi \left\{ A_{sf} f_y \left(d - \frac{t}{2}\right) + (A_s - A_{sf}) f_y \left(d - \frac{a}{2}\right) \right\}$$

(5) 균형보 개념

단철근 T보의 균형철근비($\overline{\rho_b}$)　　$\overline{\rho_b} = (\rho_b + \rho_g) \dfrac{b_w}{b}$

(6) 단철근 T형보의 휨철근량 제한

① 인장철근비　　$\overline{\rho} = \dfrac{A_s}{b_w d}$

② 내민 플랜지와 비기는 철근비　　$\rho_f = \dfrac{A_{sf}}{b_w d}$

③ 최대 철근비

$\Sigma H = 0$이라는 힘의 평형조건식을 적용하여 최소 허용변형률에 해당하는 철근비가 최대철근비라는 조건을 적용하여 구할 수 있다.

㉠ 최대 철근비($\overline{\rho}_{\max}$)

$$\overline{\rho}_{\max} = \eta 0.85 \frac{f_{ck}}{f_y} \beta_1 \frac{\epsilon_{cu}}{\epsilon_{cu} + \epsilon_{a,\min}} + \rho_f = \frac{\epsilon_{cu} + \epsilon_y}{\epsilon_{cu} + \epsilon_{a,\min}} \rho_b + \rho_f$$

여기서, $\rho_f = \dfrac{A_{sf}}{b_w d}$

㉡ 최대 철근량($\overline{A_{s\,\max}}$)

$$\overline{A_{s\,\max}} = \overline{\rho}_{\max} b_w d$$

2-4 전 단

1. 최대 설계강도(설계항복강도)

① 전단철근 : $f_y \leq f_{\max} = 500\,\mathrm{MPa}$
② 휨철근 : $f_y \leq f_{\max} = 600\,\mathrm{MPa}$

2. 전단에 대한 위험단면

① 1방향 개념 : d만큼 떨어진 곳
② 2방향 개념 : $d/2$만큼 떨어진 곳

3. 전단철근

(1) 전단철근의 종류

① 스터럽
　㉠ 수직스터럽 : 주철근에 직각 방향으로 배치한 스터럽
　㉡ 경사스터럽 : 주철근에 45° 이상의 경사로 배치한 스터럽
② 굽힘철근(절곡철근) : 주철근을 30° 이상의 경사로 구부린 철근

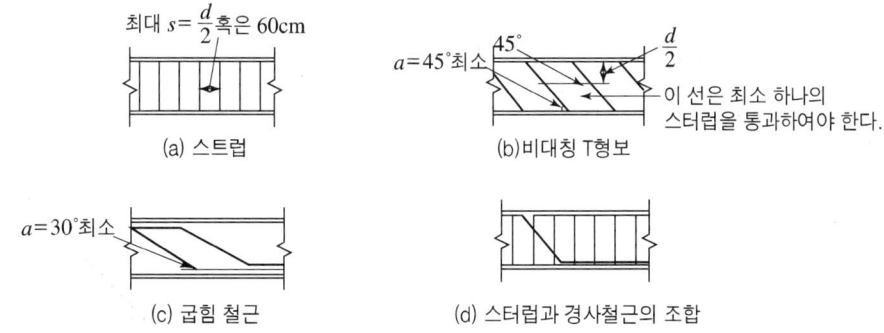

(a) 스트럽 (b) 비대칭 T형보
(c) 굽힘 철근 (d) 스터럽과 경사철근의 조합

③ **전단철근의 병용** : 전단응력이 크게 작용되는 지점 부근에서 사용된다.
　㉠ 수직스터럽과 굽힘철근의 병용
　㉡ 경사스터럽과 굽힘철근의 병용
　㉢ 수직스터럽과 경사스터럽을 굽힘철근과 병용
④ **용접철망** : 부재의 축에 직각으로 배치
⑤ **나선철근**

⑥ 원형 띠철근
⑦ 후프철근

(2) 전단철근 일반

① 전단철근의 배근 방법
　㉠ 지점 부근 : 전단철근의 병용 배근
　㉡ 지점에서 약간 중심부 : 스터럽만 배근
　㉢ 중앙 부근 : 전단철근 배근하지 않는다.
② 종방향 철근을 구부려 전단철근으로 사용 할 때는 그 경사길이의 중앙 3/4만이 굽힘 철근으로서 유효하다.

4. 전단보강된 단면의 전단

(1) 수직 스터럽이 배치된 단면

사인장 균열단면의 공칭전단력 ; V_n

$$V_n = V_c + V_d + V_{iy} + V_s$$

여기서, V_c : 콘크리트가 부담하는 전단력(균열이 발생되지 않을 때 까지만 저항)
　　　　V_d : 인장철근의 수평연결작용(도웰작용 ; dowel action)
　　　　V_{iy} : 거치른 균열면의 맞물림력(interlocking force)에 의한 수직 내력
　　　　V_s : 전단철근이 부담하는 전단력

V_d와 V_{iy}는 그 값이 0에 가까워 일반적으로 무시한다.

$$V_n = V_c + V_s$$

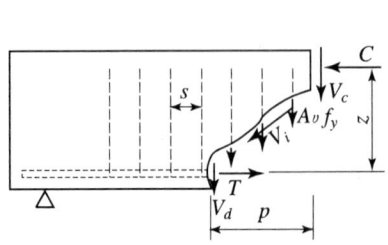
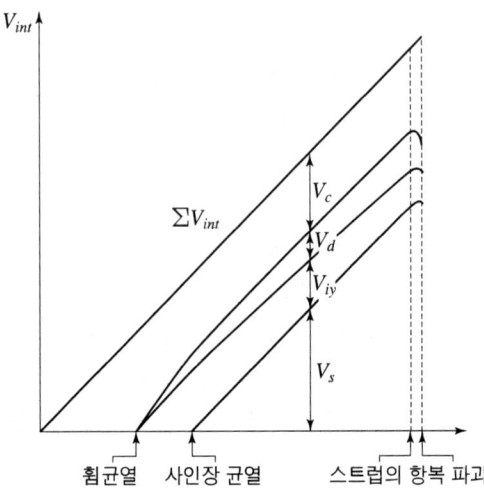

(2) 스터럽의 단면적

① 수직스터럽의 단면적

$$V_s = nA_v f_y = \frac{d}{s} A_v f_y \text{에서 } A_v = \frac{V_s s}{f_y d}$$

② 경사 스터럽 또는 1개의 굽힘철근의 단면적

$$A_v = \frac{V_s}{f_y \sin\alpha}$$

③ 여러개의 경사 스터럽 또는 여러 곳에서 구부린 굽힘철근의 단면적

$$A_v = \frac{V_s s}{f_y (\sin\alpha + \cos\alpha) d}$$

5. 전단설계

(1) 설계원칙

$$V_d = \phi V_n \geqq V_u$$

여기서, V_d : 설계 전단강도 V_n : 공칭 전단강도 V_u : 계수 전단력 ϕ : 강도감소계수

(2) 설계규정

① 콘크리트가 부담하는 전단강도 ; V_c

㉠ 약산식

- 전단력과 휨모멘트만을 받는 부재

$$V_c = \frac{1}{6} \lambda \sqrt{f_{ck}} b_w d \,(\text{N})$$

여기서, λ : 경량콘크리트계수
(보통중량콘크리트 1.0 모래경량콘크리트 0.85 전경량콘크리트 0.75)

- 축방향 압축력을 받는 부재

$$V_c = \frac{1}{6} \left(1 + \frac{N_u}{14 A_g}\right) \lambda \sqrt{f_{ck}} b_w d \,(\text{N})$$

여기서, $\frac{N_u}{14 A_g}$의 단위는 N/mm^2

ⓛ 정밀식

$$V_c = \left(0.16\lambda\sqrt{f_{ck}} + 17.6\frac{\rho_w V_u d}{M_u}\right)b_w d \leq 0.29\lambda\sqrt{f_{ck}}\,b_w d\,(\mathrm{N})$$

여기서, $\rho_w = \dfrac{A_s}{b_w d}$

M_u는 전단을 검토하는 단면에서 V_u와 동시에 발생하는 계수 휨모멘트로서 $\dfrac{V_u d}{M_u} \leq 1.0$으로 취하여야 한다.

설계기준강도(f_{ck})의 제한

① 전단과 정착 및 이음에서는 고강도 콘크리트의 사용으로 콘크리트의 강도가 과대평가되는 것을 방지하기 위하여 설계기준강도(f_{ck})를 제한한다.

② $f_{ck} \leq$ 70MPa(700kgf/cm²), $\sqrt{f_{ck}} \leq$ 8.4MPa(26.5kgf/cm²)

② 전단철근이 부담하는 전단강도 ; V_s

㉠ 수직 스터럽을 배치한 경우

$$V_s = nA_v f_y = \frac{d}{s}A_v f_y$$

여기서, n : 균열선과 교차하는 수직 스터럽의 수 $n = \dfrac{d}{s}$
d : 보의 유효깊이 ≥ 0.8h
s : 전단철근의 간격
A_v : 스터럽의 단면적
f_y : 스터럽의 항복응력

㉡ 원형 띠철근, 후프철근 또는 나선철근을 배치한 경우

$$V_s = nA_v f_{yt} = \frac{d}{s}A_v f_{yt}$$

여기서, n : 균열선과 교차하는 수직 스터럽의 수 $n = \dfrac{d}{s}$
d : 보의 유효깊이 = 0.8 × D(부재 단면 지름)
s : 전단철근의 간격
A_v : 종방향 철근과 평행하게 잰 간격 s내에 배치된 나선철근, 후프철근 또는 원형 띠철근의 두가닥 면적
f_{yt} : 전단철근의 항복응력

ⓒ 여러 개의 경사 스터럽 또는 여러 개의 굽힘철근을 배치한 경우

$$V_s = \frac{d(\sin\alpha + \cos\alpha)}{s} A_v f_y$$

여기서, α : 경사 스터럽과 부재축의 사이각
　　　　s : 종방향 철근과 평행한 방향의 철근 간격

ⓓ 한 개의 경사 스터럽 또는 한 개의 굽힘철근을 배치한 경우

$$V_s = A_v f_y \sin\alpha \leq 0.25 \sqrt{f_{ck}}\, b_w d (\text{N})$$

(3) 전단철근의 최대 전단강도

$$V_s \leq 0.2\left(1 - \frac{f_{ck}}{250}\right) f_{ck} b_w d$$

(4) 공칭 전단강도 ; V_n

$$V_n = V_c + V_s$$

(5) 설계 전단강도 ; V_d

$$V_d = \phi V_n = \phi(V_c + V_s)$$

6. 전단철근의 설계

(1) 이론상 전단철근이 필요없는 경우

$V_u \leq \phi V_c = \phi \frac{1}{6} \lambda \sqrt{f_{ck}}\, b_w d (\text{N})$ 인 경우

① 이론상 전단철근이 필요없다.
② 그러나 이러한 경우에도 V_u가 ϕV_c의 1/2보다 작지 않으면 최소량의 전단철근을 배치해야 한다.

(2) 최소 전단철근

① 일반

$\frac{1}{2}\phi V_c < V_u \leq \phi V_c$ 인 경우 전단철근의 최소단면적은

$$A_{v\min} = 0.0625\sqrt{f_{ck}}\frac{b_w s}{f_{yt}} \geq 0.35\frac{b_w s}{f_{yt}}$$

여기서, $A_{v\min}$: 최소 전단철근 단면적, 단위 mm^2
　　　　b_w : 폭, 단위 mm
　　　　s : 전단철근 간격, 단위 mm

② 최소전단철근을 적용하지 않아도 되는 예외규정
　㉠ 보의 총높이가 250mm 이하 일 때
　㉡ I형보, T형보에 있어서 플랜지 두께의 2.5배 또는 복부폭의 1/2중 큰값보다 높이가 작은 보
　㉢ 슬래브
　㉣ 확대기초 : 기초판, 바닥판이라고도 하며 폭이 넓고 깊이가 얕은 구조
　㉤ 장선구조
　㉥ 교대 벽체 및 날개벽, 옹벽의 벽체, 암거 등과 같이 휨이 주거동인 판부재
　㉦ 순 단면의 깊이가 35mm를 초과하지 않는 속 빈 부재에 작용하는 계수전단력이 $0.5\phi V_{cw}$를 초과하지 않은 경우
　㉧ 보의 깊이가 600mm를 초과하지 않고 설계기준압축강도가 40MPa을 초과하지 않는 강섬유콘크리트 보에 작용하는 계수전단력이 $\phi(\sqrt{f_{ck}/6})b_w d$를 초과하지 않는 경우
　㉨ 전단철근이 없이 계수 휨모멘트와 전단력에 저항할 수 있음을 실험에 의해 확인할 수 있는 경우

7. 전단철근의 최대간격

(1) 수직 스터럽의 최대간격 ; s

① $V_s \leq \frac{1}{3}\lambda\sqrt{f_{ck}}\,b_w d(N)$인 경우
　㉠ 철근 콘크리트 : 수직스터럽의 간격은 $0.5d$ 이하, 600mm 이하
　　（ $s \leq \frac{d}{2}$, $s \leq 600mm$）
　㉡ 프리스트레스트 부재 : 수직스터럽의 간격은 $0.75h$ 이하, 600mm 이하
　　（$s \leq \frac{3h}{4}$, $s \leq 600mm$）

② $0.2\left(1-\dfrac{f_{ck}}{250}\right)f_{ck}b_w d(\text{N}) \geqq V_s > \dfrac{1}{3}\lambda\sqrt{f_{ck}}\,b_w d(\text{N})$인 경우

$V_s \leqq \dfrac{1}{3}\lambda\sqrt{f_{ck}}\,b_w d(\text{N})$인 경우의 규정된 최대 간격을 $\dfrac{1}{2}$로 감소시켜야 한다.

(2) 경사 스터럽과 굽힘 철근의 최대간격 ; s

① $V_s \leqq \dfrac{1}{3}\lambda\sqrt{f_{ck}}\,b_w d(\text{N})$인 경우

부재의 중간높이 $0.5d$에서 반력점 방향으로 주인장철근까지 연장된 45° 선과 한 번 이상 교차되도록 배치해야 한다. 따라서, 간격은 $0.75d$ 이하라야 한다.

② $\dfrac{2}{3}\sqrt{f_{ck}}\,b_w d(\text{N}) \geqq V_s > \dfrac{1}{3}\lambda\sqrt{f_{ck}}\,b_w d(\text{N})$인 경우

부재의 중간높이 $0.5d$에서 반력점 방향으로 주인장철근까지 연장된 45° 선과 두 번 이상 교차되도록 배치해야 한다. 따라서, 간격은 $0.375d$ 이하라야 한다.

(3) 어떠한 경우라도 $V_s \leqq \dfrac{2}{3}\sqrt{f_{ck}}\,b_w d(\text{N})$이어야 한다.

① $V_s > \dfrac{2}{3}\sqrt{f_{ck}}\,b_w d(\text{N})$인 경우

㉠ 사인장응력(연성파괴)과 사압축응력(취성파괴)이 동시에 커지게 된다.

㉡ 결국 취성파괴를 피하고 연성파괴로 유도하기 위해 $V_s \leqq \dfrac{2}{3}\sqrt{f_{ck}}\,b_w d(\text{N})$의 규정을 둔 것이다.

㉢ 대책 : 단면치수(b와 d)를 크게 만들어 $V_s \leqq \dfrac{2}{3}\sqrt{f_{ck}}\,b_w d(\text{N})$가 되도록 만들어야 한다.

8. 전단마찰 발생 단면

① 서로 다른 시기에 친 두 콘크리트 사이의 접합면
② 서로 다른 재료 사이의 접합면
③ 균열이 발생하거나 발생할 가능성이 있는 단면
④ 프리캐스트보와 슬래브 사이의 접합면
⑤ 콘크리트와 강재 사이의 접합면
⑥ 기둥과 브래킷(bracket) 또는 내민받침(corbel) 사이의 접합면
⑦ 프리캐스트구조에서 부재요소의 접합면

9. 깊은 보

(1) 깊은 보(deep beam)의 개념

깊은 보는 한쪽 면이 하중을 받고 반대쪽 면이 지지되어 하중과 받침부 사이에 압축대가 형성되는 구조요소로서 다음 중 하나에 해당하는 부재를 말한다.
① 순경간 l_n이 부재 깊이의 4배 이하인 부재
② 받침부 내면에서(받침부로부터) 부재 깊이의 2배 이하인 위치에 집중하중이 작용하는 경우는 집중하중과 받침부 사이의 구간

(2) 깊은 보의 설계 일반

① 깊은 보는 비선형 변형률 분포를 고려하여 설계하거나
② 스트럿-타이 모델에 따라 설계하여야 한다.
③ 횡좌굴을 고려하여야 한다.
④ 깊은 보의 V_n은 $\frac{5}{6}\sqrt{f_{ck}}\,b_w d$ 이하라야 한다.
⑤ 깊은 보의 강도는 전단에 의해 지배된다.

10. 비틀림 설계

(1) 개념

비틀림에 대한 설계는 박벽관(Thin-Walled Tube)과 입체트러스 해석법에 근거를 두고 있다.

(2) 비틀림 설계 원칙

① 일반사항
  ㉠ 콘크리트에 의한 비틀림강도(T_c)는 설계식의 단순화를 위해 무시되었다. 따라서 콘크리트의 전단강도 V_c는 비틀림과 상관없이 일정하다.
  ㉡ 비틀림 설계시 보의 가운데 부분은 무시되며, 이는 안전측의 결과를 가져다준다.
  ㉢ 보는 관으로 생각할 수 있다. 비틀림은 관의 중심선을 따라서 일주하는 일정한 전단흐름을 통해서 저항된다.

② 비틀림이 고려되지 않아도 되는 경우
   ㉠ 철근콘크리트 부재

   $$T_u < \phi(\lambda\sqrt{f_{ck}}/12)\frac{A_{cp}^2}{p_{cp}}$$

   여기서, p_{cp} : 단면의 외부둘레길이
   A_{cp} : 콘크리트 단면의 바깥둘레로 둘러싸인 단면적으로서, 뚫린 단면의 경우 뚫린 면적을 포함한다.

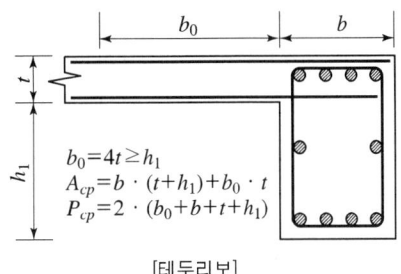

[테두리보]

   ㉡ 프리스트레스트 콘크리트 부재

   $$T_u < \phi(\lambda\sqrt{f_{ck}}/12)\frac{A_{cp}^2}{p_{cp}}\sqrt{1+\frac{f_{pc}}{(\lambda\sqrt{f_{ck}}/3)}}$$

   ㉢ $T_u < \dfrac{T_{cr}}{4}$ 인 경우 비틀림은 무시할 수 있다.

   이 경우의 균열 비틀림 모멘트(T_{cr})는 철근콘크리트 부재의 경우

   $$T_{cr} = \frac{1}{3}\lambda\sqrt{f_{ck}}\frac{A_{cp}^2}{p_{cp}}$$

   여기서, T_u : 계수 비틀림 모멘트, T_{cr} : 균열 비틀림 모멘트

(3) 비틀림 철근의 상세

① 비틀림 철근
   ㉠ 부재축에 수직인 폐쇄스터럽 또는 폐쇄띠철근
   ㉡ 부재축에 수직인 횡방향 강선으로 구성된 폐쇄용접철망
   ㉢ 철근콘크리트보에서 나선철근

② 횡방향 비틀림 철근
   횡방향 비틀림 철근은 다음 중에서 하나의 방법에 의해 정착되어야 한다.
   ㉠ 종방향 철근 주위로 135° 표준 갈고리에 의해 정착
   ㉡ 정착부를 둘러싸는 콘크리트가 플랜지나 슬래브 또는 기타 유사한 부재에 의해 박리가 일어나지 않도록 된 영역에서는 다음 규정에 따라 정착하여야 한다.
   ㉢ 종방향 비틀림 철근은 양단에 정착되어야 한다.
   ㉣ 비틀림 모멘트를 받는 속빈 단면에서는 횡방향 비틀림철근의 중심선에서 단면 내벽까지의 거리가 $0.5\,A_{oh}/p_h$ 이상이 되어야 한다.
   ㉤ 횡방향 비틀림철근의 간격은 $p_h/8$ 보다 작아야 하고, 또한 300mm보다 작아야 한다.

ⓑ 비틀림에 요구되는 종방향 철근은 폐쇄스터럽의 둘레를 따라 300mm 이하의 간격으로 분포시켜야 한다. 종방향 철근이나 긴장재는 스터럽의 내부에 배치 되어야 하며, 스트럽의 각 모서리에 최소한 하나의 종방향 철근이나 긴장재가 있어야 한다. 종방향 철근의 직경은 스터럽 간격의 1/24 이상이 되어야 하며, $D10$ 이상의 철근이어야 한다.

ⓢ 비틀림철근은 계산상으로 필요한 위치에서 $(b_t + d)$ 이상의 거리까지 연장시켜 배치되어야 한다.

(4) 비틀림 단면

비틀림에 저항하는 유효단면의 보가 슬래브와 일체로 되거나 완전한 합성구조로 되어 있는 경우의 비틀림 단면은 슬래브의 위 또는 아래로 내민 깊이 중 큰 깊이만큼을 보의 양측으로 연장한 슬래브 부분을 포함한 단면으로서, 보의 한 측으로 연장되는 거리를 슬래브 두께의 4배 이하로 한 단면을 말한다.

2-5 철근 상세

1. 철근가공

(1) 주철근의 표준갈고리

① 180° 표준 갈고리
② 90° 표준 갈고리

(2) 스터럽과 띠철근의 표준갈고리

① 90° 표준갈고리
② 135° 표준갈고리

여기서, d_b : 갈고리 공칭지름, mm

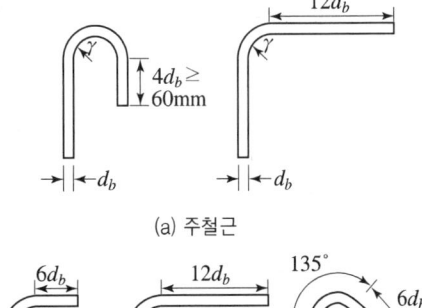

(a) 주철근

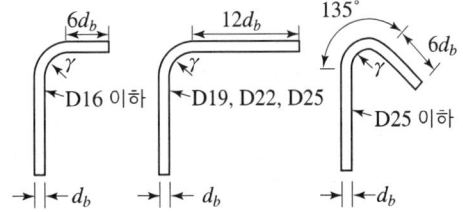

(b) 스터럽 또는 띠철근

2. 최소 구부림의 내면반지름

(1) 주철근의 180° 표준갈고리와 90° 표준갈고리의 구부리는 내면 반지름

철근 크기	최소 내면 반지름
D10~D25	$3d_b$
D29~D35	$4d_b$
D38 이상	$5d_b$

(2) 스터럽과 띠철근용 표준갈고리의 내면 반지름

철근 크기	최소 내면 반지름
~D16	$2d_b$
D19~D25	$3d_b$
D29~D35	$4d_b$
D38 이상	$5d_b$

(3) 굽힘 철근

구부리는 내면반지름은 $5d_b$ 이상이라야 한다.

(4) 라멘구조

모서리 부분의 외측 철근의 구부리는 내면 반지름은 $10d_b$ 이상이라야 한다.

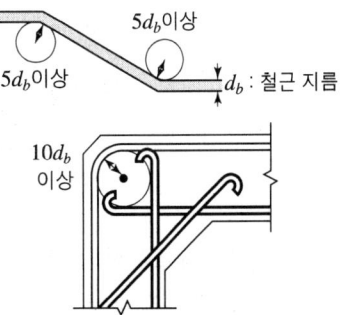

2-6 철근의 정착과 이음

1. 부착과 정착

① 부착(bond) : 철근과 콘크리트와의 경계면에서 활동(미끄러짐)에 대한 저항성
② 정착(anchorage) : 철근의 끝부분이 콘크리트 속에서 빠져 나오지 않도록 고정하는 것

2. 철근의 부착

(1) 부착효과를 일으키는 작용

작용	설명
① 교착작용	시멘트풀과 철근 표면의 교착작용
② 마찰작용	철근표면과 콘크리트의 마찰작용
③ 역학작용	이형철근 표면의 굴곡에 의한 기계적 작용

(2) 부착에 영향을 미치는 요인

① **철근의 표면상태** : 원형철근보다 이형철근이 부착강도가 좋다.
② **콘크리트의 강도** : 콘크리트의 압축강도와 인장강도가 클수록 부착강도가 크다.
③ **철근의 지름** : 동일한 단면적에 대해 굵은 철근 보다는 가는 철근을 여러개 사용하는 것이 부착에 좋다.
④ **철근이 묻힌 위치 및 방향**
　㉠ 수평철근의 부착강도는 연직철근 부착강도의 1/2~1/4 정도로 작다.
　㉡ 수평철근의 경우 상부철근의 부착강도는 하부철근의 부착강도보다 작다.

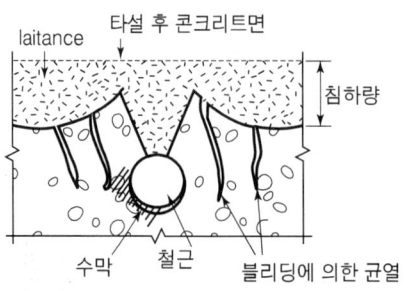
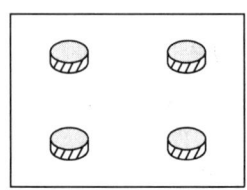

⑤ **덮개(피복두께)** : 충분한 두께의 콘크리트가 필요하다.
⑥ **다지기** : 적절한 다짐은 부착강도를 증가시킨다.

3. 철근의 정착

(1) 정착방법

① 묻힘길이(매입길이)에 의한 방법
② 표준 갈고리에 의한 방법 : 압축철근의 정착에는 유효하지 않다.
③ 확대머리 이형철근 및 기계적 인장 정착
④ 이들을 조합하는 방법

4. 묻힘(매입)길이에 의한 방법

(1) 인장 이형철근 및 이형철선의 정착

① 인장 이형철근 및 이형철선의 기본정착길이 ; l_{db}

$$l_{db} = \frac{0.6 \; d_b f_y}{\lambda \sqrt{f_{ck}}}$$

② 인장 이형철근 및 이형철선의 정착길이 ; l_d

$$l_d = l_{db} \times \text{보정계수} = \frac{0.6 \, d_b f_y}{\lambda \sqrt{f_{ck}}} \times \text{보정계수} \geq 300\text{mm}$$

㉠ 고려해야 하는 보정계수가 여러개일 경우 모두 곱한다.
㉡ 배근된 철근량이 소요철근량을 초과하는 경우 : $\left(\dfrac{\text{소요} \; A_s}{\text{배근} \; A_s} \right)$

   다만, f_y를 발휘하도록 정착을 특별히 요구하는 경우는 적용되지 않는다.
㉢ 보정계수
  ⓐ α = 철근배근 위치계수
   • 상부철근(정착길이 또는 이음부 아래 300mm를 초과되게 굳지 않은 콘크리트를 친 수평철근) : 1.3
   • 기타 철근 : 1.0
  ⓑ β = 철근 도막계수
   • 피복 두께가 $3d_b$ 미만 또는 순간격이 $6d_b$ 미만인 에폭시 도막철근 또는 철선 : 1.5
   • 기타 에폭시 도막철근 또는 철선 : 1.2
   • 아연도금 철근 : 1.0
   • 도막되지 않은 철근 : 1.0

ⓒ λ = 경량콘크리트계수
- f_{sp}값이 규정되어 있지 않은 경량콘크리트
   $\lambda = 0.75$, 전경량콘크리트
   $\lambda = 0.85$, 모래경량콘크리트
- f_{sp}가 규정되어진 경량콘크리트 : $\dfrac{\sqrt{f_{sp}}}{0.56 f_{ck}} \leq 1.0$
- 일반콘크리트 : 1.0
   여기서, f_{sp} : 경량콘크리트의 평균 쪼갬 인장강도(MPa)

ⓓ 에폭시 도막철근이 상부철근인 경우에 상부철근의 보정계수 α와 에폭시 도막 계수 β의 곱 $\alpha\beta$가 1.7보다 클 필요는 없다.

(2) 압축 이형철근의 정착

① 압축 이형철근의 기본정착길이 ; l_{db}

$$l_{db} = \frac{0.25\, d_b f_y}{\lambda \sqrt{f_{ck}}} \geq 0.043\, d_b f_y$$

② 압축 이형철근의 정착길이 ; l_d

$$l_d = l_{db} \times 보정계수 = \frac{0.25\, d_b f_y}{\lambda \sqrt{f_{ck}}} \times 보정계수 \geq 200\text{mm}$$

(3) 보정계수 종류

① 철근 배치 위치 계수
② 철근 도막 계수
③ 경량골재 콘크리트 계수

5. 다발철근의 정착

(1) 인장 또는 압축을 받는 하나의 다발철근 내에 있는 개개 철근의 정착길이

① 3개의 철근으로 구성된 다발철근에 대해서 다발 철근이 아닌 경우
   각 철근의 정착길이에 20%를 증가시킨다.
② 4개의 철근으로 구성된 다발철근에 대해서 다발 철근이 아닌 경우
   각 철근의 정착길이에 33%를 증가시킨다.

(2) 다발철근의 정착길이 계산시 순간격, 피복 두께 및 도막계수, 그리고 구속효과 관련 항을 계산할 경우에는 다발철근 전체와 동등한 단면적과 도심을 가지는 하나의 철근으로 취급한다.

6. 표준갈고리를 갖는 인장 이형철근의 정착

(1) 표준 갈고리의 기본정착길이 ; l_{hb}

$$l_{hb} = \frac{0.24\beta d_b f_y}{\lambda \sqrt{f_{ck}}}$$

여기서, β : 철근도막계수, λ : 경량콘크리트계수

(2) 단부에 표준갈고리가 있는 인장 이형철근의 정착길이 ; l_{dh}

$$l_{dh} = l_{hb} \times \text{보정계수} = \frac{0.24\beta d_b f_y}{\lambda \sqrt{f_{ck}}} \times \text{보정계수} \geq 8d_b \text{ 또한 } 150\text{mm}$$

7. 확대머리 이형철근 및 기계적 인장 정착

(1) 확대머리 이형철근의 인장에 대한 정착길이

$$l_{dt} = 0.19 \frac{\beta d_b f_y}{\sqrt{f_{ck}}} \geq 8d_b \text{ 또한 } 150\text{mm}$$

여기서, β : 철근도막계수(에폭시 도막철근 1.2, 기타 1.0)

(2) 위 식을 적용하기 위한 만족 조건(7가지)

① 철근의 설계기준항복강도는 400MPa 이하이어야 한다.
② 콘크리트의 설계기준압축강도는 40MPa 이하이어야 한다.
③ 철근의 지름은 35mm 이하이어야 한다.
④ 보통중량콘크리트를 사용한다. 경량콘크리트에 적용 불가하며,
⑤ 확대머리의 순지압면적(A_{brg})은 $4A_b$ 이상이어야 한다.
　여기서, A_{brg} : 확대머리 이형철근의 순지압면적으로 확대머리 전체 면적에서 철근 단면적을 제외한 면적(mm^2)
　A_b : 철근 1개의 단면적(mm^2)

⑥ 순피복두께는 $2d_b$ 이상이어야 한다.

⑦ 철근 순간격은 $4d_b$ 이상이어야 한다. 다만, 상하 기둥이 있는 보-기둥 접합부의 보 주철근으로 사용되는 경우, 접합부의 횡보강철근이 0.3% 이상이고 확대머리의 뒷면이 횡보강철근 바깥 면부터 50mm 이내에 위치하면 철근 순간격은 $2.5d_b$ 이상으로 할 수 있다.

8. 휨철근 정착

(1) 정착에 대한 위험 단면(휨철근)

① 지간내의 최대 응력점
② 지간내에서의 인장 철근이 절단되는 점
③ 지지점
④ 지간내에서의 인장 철근이 끝나는 점
⑤ 모멘트 부호가 바뀌는 반곡점
⑥ 지간내에서의 인장 철근이 절곡되는 점

(2) 휨철근 정착 일반

휨철근은 다음 조건 중 하나를 만족하지 않는 한 인장구역에서 절단할 수 없으며, 원칙적으로 전체 철근량의 50%를 초과하여 한 단면에서 절단하지 않아야 한다.

① 절단점에서 V_u 가 $\frac{2}{3}\phi V_n$ 을 초과하지 않는 경우

② 절단점에서 $\frac{3}{4}d$ 이상의 구간까지 절단된 철근 또는 철선을 따라 전단과 비틀림에 대해 필요한 양을 초과하는 스터럽이 배치되어 있는 경우, 이때 초과되는 스터럽의 단면적 A_v와 간격 s는 다음과 같아야 한다.

$$A_v \geq \frac{0.42b_w s}{f_y} \qquad s \leq \frac{d}{8\beta_b}$$

여기서, β_b는 그 단면에서 전체 인장철근량에 대한 절단철근량의 비

③ D35 이하의 철근에서 연속철근이 절단점에서 휨에 필요한 철근량의 2배 이상 배치되어 있고 V_n가 $\frac{3}{4}\phi V_n$을 초과하지 않는 경우

9. 철근 이음 방법

① 겹침이음 : D35 이하의 철근에서 사용, 보편적으로 가장 많이 사용한다.
② 맞댐이음(용접이음) : D35 이상의 철근에서 사용한다.
③ 기계적 이음
④ 가스압접이음

10. 이음 일반

(1) 겹침이음

① D35를 초과하는 철근은 겹침이음을 하지 않아야 하며, 겹침이음을 허용하는 경우는 다음과 같다.
  ㉠ D35 이하의 철근
  ㉡ 서로 다른 크기의 철근을 압축부에서 겹침이음하는 경우 D35 이하의 철근과 D35를 초과하는 철근
② 다발철근의 겹침이음

다발철근 개수	이음길이 증가량
3개	20%
4개	33%

(2) 용접이음과 기계적 이음

구 분	이음 성능의 확보
용접이음	용접용 철근을 사용해야 하며, 철근의 설계기준항복강도 f_y의 125% 이상을 발휘할 수 있는 완전 용접이어야 한다.
기계적 이음	철근의 설계기준항복강도 f_y의 125% 이상을 발휘할 수 있는 완전 기계적 연결이어야 한다.

11. 인장 이형철근 및 이형철선의 이음

(1) 인장 겹침이음에 대한 요구조건

$\dfrac{\text{배근}A_s}{\text{소요}A_s}$	소요겹침이음 길이 내의 이음된 철근 A_s의 최대(%)	
	50 이하	50 초과
2 이상	A급	B급
2 미만	B급	B급

(2) 이음 규정

구 분	이음길이	비 고
A급 이음	$1.0\,l_d$	① 300mm 이상이어야 한다. ② l_d는 인장 이형철근의 정착길이이다. $l_d = l_{db} \times 보정계수 = \dfrac{0.6\,d_b f_y}{\sqrt{f_{ck}}} \times 보정계수$ • l_b는 300mm 최소값은 적용하지 않는다.
B급 이음	$1.3\,l_d$	• 초과철근량에 대한 보정계수 $\left(\dfrac{소요 A_s}{배근 A_s}\right)$는 적용하지 않아야 한다. • 상부철근, 경량 콘크리트, 에폭시 도막철근에 대한 기준의 보정계수는 적용하여야 한다. • 순간격, 피복두께 및 횡철근의 효과를 고려하는 보정계수도 적용하여야 한다.

(3) 서로 다른 크기의 철근을 인장겹침이음하는 경우, 이음길이는 크기가 큰 철근의 정착길이와 크기가 작은 철근의 겹침이음길이 중 큰 값 이상이어야 한다.

12. 압축 이형철근의 이음

(1) 압축철근의 겹침이음길이 : l_s

$$l_s = \left(\dfrac{1.4 f_y}{\lambda \sqrt{f_{ck}}} - 52\right) d_b$$

구 분	이음 길이	비 고
$f_y \leq 400\text{MPa}$	$0.072 f_y d_b$ 보다 길 필요 없다.	어느 경우에나 300mm 이상이어야 한다. 이 때 콘크리트의 설계기준강도가 21MPa 미만인 경우는 겹침이음길이를 1/3 증가시켜야 한다. 압축철근의 겹침이음길이는 인장철근의 겹침이음길이 보다 길 필요는 없다
$f_y > 400\text{MPa}$	$(0.13 f_y - 24) d_b$ 보다 길 필요 없다.	

13. 단부 지압이음

(1) 단부 지압이음을 사용할 수 있는 경우

단부 지압이음에서 최소 전단저항을 확보하기 위해서 단부 지압이음의 사용을 제한한다.
① 폐쇄띠철근을 배치한 압축부재
② 폐쇄스터럽을 배치한 압축부재
③ 나선철근을 배치한 압축부재

2-7 기 둥

1. 기둥 정의

① 압축력을 받는 연직 또는 연직에 가까운 부재
② 그 높이가 단면 최소 치수의 3배 이상의 것을 말한다.
③ 그 높이가 단면 최소 치수의 3배 미만의 것은 받침대(Pedestal)라고 한다.
④ 기둥은 길이의 영향을 반드시 고려 할 것
⑤ 기둥의 길이란 같은 단면 또는 균등 변화 단면이 계속되는 부분의 길이이다.

2. 단주와 장주의 구별

(1) 유효 세장비

$$\text{유효 세장비} = \frac{kl_u}{r}$$

여기서, k : 압축부재에서 유효좌굴길이 계수 l_u : 압축부재의 비지지 길이
　　　　r : 압축부재의 단면 회전반경 kl_u : 기둥의 유효 길이-변곡점 사이의 길이

$$r = \sqrt{\frac{I}{A}}$$

직사각형 압축부재 : $r = 0.3t$, 원형 압축부재 : $r = 0.25t$
I : 부재 단면의 단면 2차 모멘트 A : 단면적
t : 직사각형 압축부재의 경우 t는 단면의 짧은 변의 길이
t : 원형 압축부재의 경우 t는 단면의 지름

(2) 횡방향 상대 변위가 방지된(구속된) 경우 : 횡구속 골조의 압축부재

$$\frac{kl_u}{r} \leq 34 - 12\left(\frac{M_1}{M_2}\right) : \text{단주로 간주할 수 있는 조건(장주효과 무시)}$$

여기서, M_1 : 재래적인 라멘해석에 의해 구한 압축 부재의 계수 단모멘트 중 작은값
　　　　　　[단일 곡률이면 양(+), 이중 곡률이면 음(-)]
　　　　M_2 : 재래적인 라멘해석에 의해 구한 압축 부재의 계수 단모멘트 중 큰 값
　　　　　　[항상 양(+)]

$$34 - 12\left(\frac{M_1}{M_2}\right) \leq 40$$

횡변위에 저항하는 구조요소 중 기둥을 제외한 구조요소의 전체 총 강성이 해당 층에 있는 기둥 전체 강성의 12배 보다 큰 골조는 횡구속 골조로 간주할 수 있다.

(3) 횡방향 상대 변위가 방지되지 않은 경우 : 비횡구속 골조의 압축부재

$$\frac{kl_u}{r} \leq 22 : 단주로 간주할 수 있는 조건(장주효과 무시)$$

3. 구조세목

(1) 압축부재의 설계단면(삭제되었으나 중요한 내용으로 남겨둔다.)

구 분	띠철근 압축부재	나선철근 압축부재
단면치수	단면의 최소 치수는 200mm 이상	단면의 심부 지름은 200mm 이상
단면적	60,000mm² 이상	-
콘크리트 설계기준강도	-	21MPa 이상

심부 지름 : 나선 철근의 중심선이 그리는 원의 지름

(2) 등가 원형 단면

정사각형, 8각형 또는 다른 형상의 단면을 가진 압축부재 설계에서 전체 단면적을 사용하는 대신에 실제 형상의 최소 치수에 해당하는 지름을 가진 원형단면을 사용할 수 있다.

(3) 철 근

① 압축부재의 철근량 제한

구 분	띠철근 기둥	나선철근 기둥
축방향 철근비 ρ_g	1~8% (0.01~0.08)	
축방향철근의 최소 개수	직사각형 단면 : 4개 원형 단면 : 4개 삼각형 단면 : 3개	6개 (원형)
축방향 철근 지름	16mm 이상	

② 축방향 철근비 ; ρ_g

$$축방향 철근비\ \rho_g = \frac{축방향\ 철근\ 단면적\ (A_{st})}{기둥\ 총\ 단면적\ (A_g)} = 0.01 \sim 0.08$$

③ 축방향 철근의 순간격
  ㉠ 40mm 이상
  ㉡ 축방향철근 지름의 1.5배 이상
  ㉢ 굵은 골재 최대 치수의 4/3배 이상

(4) 띠철근 및 나선철근

① 띠철근

축방향 철근의 직경	띠 철근의 직경
D32 이하	D10 이상
D35 이상	D13 이상

② 띠철근의 수직 간격
  ㉠ 단면 최소 치수 이하
  ㉡ 축방향 철근 지름의 16배 이하
  ㉢ 띠철근 지름의 48배 이하

③ 나선 철근
  ㉠ 나선 철근의 지름 : 현장치기 콘크리트인 경우, 나선 철근의 지름은 10mm 이상
  ㉡ 나선 철근의 수직 순간격 : 25mm 이상, 75mm 이하
  ㉢ 나선 철근의 항복 강도 f_y는 700MPa 이하로 하여야 하며, 400MPa을 초과하는 경우에는 겹침이음을 할 수 없다.
  ㉣ 나선 철근은 정착을 위해서 나선 철근 끝에서 추가로 1.5회전 만큼 더 확보하여야 한다.
  ㉤ 나선 철근의 겹침이음시 겹침이음길이
    ⓐ 이형 철근 또는 철선인 경우 : 지름의 48배 이상, 300mm 이상
    ⓑ 원형 철근 또는 철선인 경우 : 지름의 72배 이상, 300mm 이상
  ㉥ 나선철근비 ; ρ_s

$$\frac{\text{나선 철근의 전체적}}{\text{심부 체적}} = \frac{\left(\frac{\pi d_b^2}{4}\right) \cdot (\pi D_s)}{\left(\frac{\pi D_s^2}{4}\right) \cdot s} = \frac{\pi d_b^2}{D_s \cdot s}$$

$$\rho_s \geq 0.45 \left(\frac{A_g}{A_c} - 1\right) \frac{f_{ck}}{f_y}$$

여기서, D_s : 심부 지름 (200mm 이상) s : 나선 철근의 간격 (25~75mm)
    d_b : 나선 철근의 지름 (10mm 이상) A_c : 심부 단면적
    A_g : 총 단면적 f_{ck} : 콘크리트의 설계 기준 강도
    f_y : 나선 철근의 항복 강도 (700MPa 이하)

4. 단주의 설계

(1) P-M 상관도(축하중-모멘트 상관도)

① A점 : P_o, $M = 0$

② B점 : 최소편심거리($e_{\min}$)
- 최대 허용 축하중($P_{n\max}$) 발생
- 축방향 압축력만 작용
  - 나선 철근 기둥 : $e_{\min} = 0.05t$
  - 띠 철근 기둥 : $e_{\min} = 0.10t$

여기서, t : 부재 전체의 두께

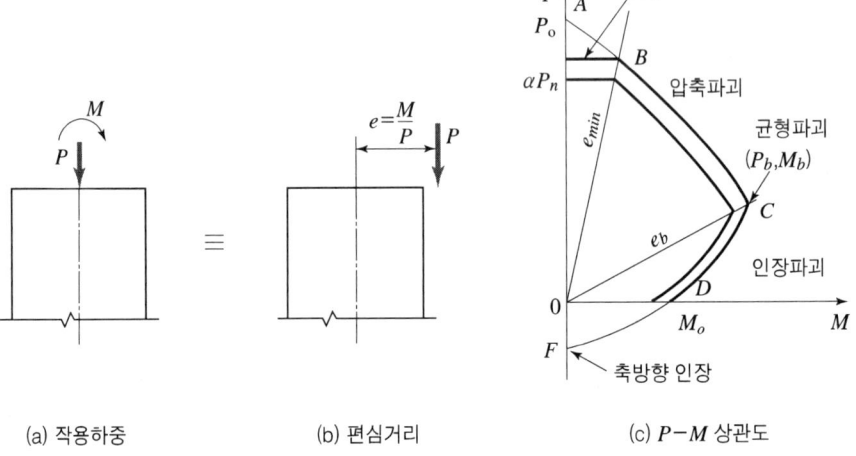

(a) 작용하중　　(b) 편심거리　　(c) P-M 상관도

> **참고**
> 시공오차 및 예상치 않은 편심하중에 대비하여 수정계수 α를 곱하여 구한다.
> $$P_{n\max} = \alpha P_n = \alpha P_o$$
> 여기서, α : 나선 철근 기둥 0.85, 띠 철근 기둥 0.80

(2) 기둥의 파괴상태

구 간	파괴상태	편심거리	축하중	내　용
AC 구간	압축파괴	$e < e_b$	$P > P_b$	축하중의 영향 많음
C점	균형파괴	$e = e_b$	$P = P_b$	
CD 구간	인장파괴	$e > e_b$	$P < P_b$	휨모멘트 영향 많음

(3) 단주의 설계(강도 설계법)

① 합성 부재(철근 콘크리트)

$$P_u \leq P_{d\max} = \alpha P_d = \alpha \phi P_n = \phi P_{n\max}$$

여기서, P_u : 계수 축강도 $P_{d\max}$: 최대 설계 축강도
P_d : 설계 축강도
α : 수정 계수(시공상의 오차, 예상치 못한 편심하중 등을 고려)
　　나선 철근 : $\alpha = 0.85$, 띠 철근 : $\alpha = 0.80$
ϕ : 강도감소계수
　　나선 철근 : $\phi = 0.70$, 띠 철근 : $\phi = 0.65$
P_n : 공칭 축강도 $P_{n\max}$: 최대 축강도

② 중심 축하중을 받는 경우

$$\begin{aligned} P_u \leq P_{d\max} &= \phi P_{n\max} = \alpha \phi [0.85 f_{ck}(A_g - A_{st}) + f_y A_{st}] \\ &= \alpha \phi [0.85 f_{ck} A_c + f_y A_{st}] \end{aligned}$$

같은 양의 축방향 철근배근시 나선철근 기둥이 띠철근 기둥보다 14.4%정도 더 강하다.
$0.85 \times 0.70 \times P_n$ / $0.80 \times 0.65 \times P_n = 1.144$

③ 편심 축하중을 받는 경우

$$\begin{aligned} P_n &= C_c + C_s - T_s \\ P_u &\leq P_d = \phi P_n = \phi (C_c + C_s - T_s) \end{aligned}$$

㉠ 인장 철근이 항복하는 경우

$$\begin{aligned} P_u \leq P_d = \phi P_n &= \phi (C_c + C_s - T_s) \\ &= \phi [0.85 f_{ck} ab + f_y A_s{'} - f_y A_s] \end{aligned}$$

㉡ 인장 철근이 항복하지 않는 경우

$$\begin{aligned} P_u \leq P_d = \phi P_n &= \phi (C_c + C_s - T_s) \\ &= \phi [0.85 f_{ck} ab + f_y A_s{'} - f_s A_s] \end{aligned}$$

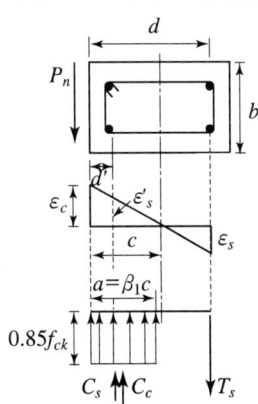

5. 장주의 설계

(1) 좌굴방향

① 최대주축방향(I_{max} 축 방향)
② 최소주축과 직각방향(I_{min} 축과 직각방향)
③ 단변방향
④ 장변방향과 직각방향

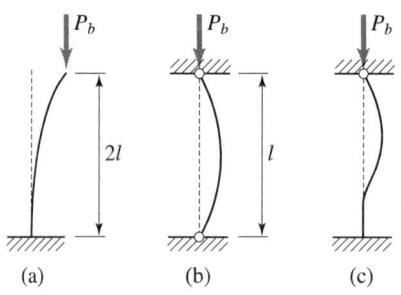

(2) 오일러 공식

① 좌굴길이(kl) = $2l$ l $0.7l$ $0.5l$
② 강도(내력, n) = $1/4$ 1 2 4

$$n = \frac{l^2}{(kl)^2}$$

③ 좌굴하중(P_b)

$$P_b = \frac{\pi^2 EI}{l_k^2} = \frac{n\pi^2 EI}{l^2}$$

여기서, $l_k(kl)$: 좌굴길이
n : 지지조건에 따른 강도(내력)
단, $I = I_{min}$ (구형에서는 $\frac{bh^3}{12}$, h : 단변)
h : 안전이 고려되는 방향의 변의 길이(단면이 약한쪽으로 좌굴되므로 일반적으로 단변)

④ 좌굴응력(σ_b)

$\sigma_b = \frac{P_b}{A} = \frac{\pi^2 EI}{l_k^2 A} = \frac{n\pi^2 EI}{l^2 A}$ 에서 $r = \sqrt{\frac{I}{A}}$ 이므로 $\frac{I}{A}$ 대신 r^2을 대입하면

$$\sigma_b = \frac{\pi^2 E}{l_k^2} r^2 = \frac{n\pi^2 E}{l^2} r^2 = \frac{\pi^2 E}{\left(\frac{l_k}{r}\right)^2} = \frac{n\pi^2 E}{\left(\frac{l}{r}\right)^2} = \frac{\pi^2 E}{\lambda_k^2} = \frac{n\pi^2 E}{\lambda^2}$$

6. 확대 계수 휨모멘트 ; M_c

$$M_c = \delta_{ns} M_2$$

(1) 횡구속골조에 대한 휨모멘트 확대계수

압축부재 양단 사이의 부재 곡률의 영향을 반영하기 위한 계수

$$\delta_{ns} = \frac{C_m}{1 - \dfrac{P_u}{0.75 P_c}} \geqq 1.0$$

$$C_m = 0.6 + 0.4 \frac{M_1}{M_2}$$

7. 벽체

벽체는 계수연직축력이 $A_g f_{ck}$ 이하이어야 하며, 공칭강도에 도달할 때 인장철근의 변형률이 0.004 이상이어야 한다.

(1) 벽체의 수직 및 수평 최소 철근비

다음의 규정을 따라야 한다. 다만, 요구되는 전단보강 철근의 소요량이 더 많을 경우에는 그 소요량을 적용하여야 한다.(수직철근비 < 수평철근비)
① 벽체의 전체 단면적에 대한 최소 수직철근비
  - 설계기준항복강도 400MPa 이상으로서 D16 이하의 이형철근 ‥ 0.0012
  - 기타 이형철근 ·· 0.0015
  - 지름 16mm 이하의 용접철망 ····································· 0.0012
② 벽체의 전체 단면적에 대한 최소 수평철근비
  - 설계기준항복강도 400MPa 이상으로서 D16 이하의 이형철근 ‥ 0.0020
  - 기타 이형철근 ·· 0.0025
  - 지름 16mm 이하의 용접철망 ····································· 0.0020

2-8 슬래브

1. 하중 경로에 따른 슬래브의 분류

$$변장비(\lambda) = \frac{장변\ 경간\ 길이(L)}{단변\ 경간\ 길이(B)}$$

(1) 1방향 슬래브(One-way Slab)

$$\lambda = \frac{장변\ 경간\ 길이(L)}{단변\ 경간\ 길이(B)} > 2$$

① 슬래브 하중의 90% 정도가 단변 방향으로 전달되는 구조로 하중이 단변방향으로만 전단되는 것으로 보고 설계한다.
② 주철근을 단변에 평행하게 배근하고 장변방향으로는 온도조절 철근을 배근한다.

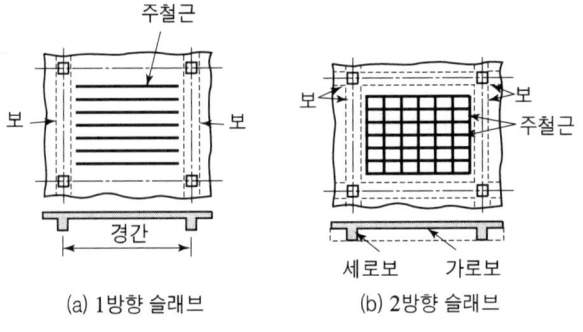

(a) 1방향 슬래브   (b) 2방향 슬래브

(2) 2방향 슬래브(Two-way Slab)

$$\lambda = \frac{장변\ 경간\ 길이(L)}{단변\ 경간\ 길이(B)} \leq 2$$

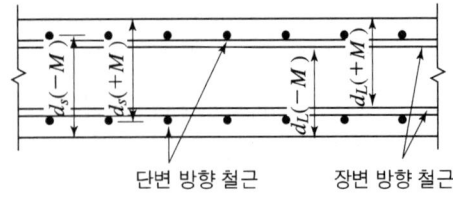

① 슬래브 하중이 단변과 장변 2방향으로 전달된다.
② 슬래브 평면이 정방형인 경우는 주철근을 2방향으로 일정하게 직교 배치한다.
③ 슬래브 평면이 직사각형인 경우 장변 방향보다 단변 방향에 더 많은 주철근을 배근한다.
④ 2방향 슬래브에서 단변의 하중 분담률이 장변에 비해 크므로 단변 방향의 철근을 슬래브 표면 가까이에 배치한다.

2. 1방향 슬래브의 설계

$$\frac{L}{B} > 2, \quad \frac{B}{L} \leq 0.5$$

여기서, L : 장변 경간 길이 　　　　B : 단변 경간 길이

(1) 설계 방법

단변을 경간으로 하는 단위 폭(b=1m)의 직사각형보로 보고 설계 한다.
① **설계 방법의 종류** : ㉠ 정밀해석 ㉡ 근사해법
② **정밀해석** : 구조물의 설계는 최대 응력이 발생하도록 하중을 실어서 판이론의 정밀해석을 하는 것이 원칙이다.
③ **근사해법** : 연속보 또는 1방향 슬래브가 다음 조건을 모두 만족하는 경우에 근사해법을 적용 휨모멘트 계수를 사용하여 모멘트를 구할 수 있다.

$$M = (\text{휨모멘트 계수}) \times w_n l_n^2$$

여기서, w_n : 계수 고정하중과 계수 활하중의 합
　　　　l_n : 부재 양쪽 받침면 사이의 순경간

[근사해법 적용 조건]
㉠ 2경간 이상인 경우
㉡ 인접 2경간의 차이가 짧은 경간의 20% 이상 차이가 나지 않는 경우
㉢ 등분포 하중이 작용하는 경우
㉣ 활하중이 고정하중의 3배를 초과하지 않는 경우
㉤ 부재 단면 크기가 일정한 경우

(2) 연속 휨부재 부모멘트 재분배

① 근사해법에 의해 휨모멘트를 계산한 경우를 제외하고, 어떠한 가정의 하중을 적용하여 탄성이론에 의하여 산정한 연속 휨부재 받침부의 부모멘트는 20% 이내에서 $1,000\epsilon_t \%$ 만큼 증가 또는 감소시킬 수 있다.
② 경간 내의 단면에 대한 휨모멘트의 계산은 수정된 부모멘트를 사용하여야 한다.
③ 부모멘트의 재분배는 휨모멘트를 감소시킬 단면에서 최외단 인장철근의 순인장변형률 ϵ_t가 0.0075 이상인 경우에만 가능하다.

3. 2방향 슬래브의 설계

$$1 \leq \frac{L}{B} \leq 2 \qquad 0.5 < \frac{B}{L} \leq 1$$

여기서, L : 장변 경간 길이 $\qquad B$: 단변 경간 길이

(1) 설계 방법

① 설계 방법의 종류 : ㉠ 직접설계법
㉡ 등가 골조법(등가 뼈대법)

(2) 직접설계법 : 근사적인 설계방법

① 직접설계법 적용 조건
㉠ 각 방향으로 3경간 이상이 연속되어야 한다.
㉡ 슬래브판들은 단변 경간에 대한 장변 경간의 비가 2 이하인 직사각형이어야 한다.
㉢ 각 방향으로 연속한 받침부 중심 간 경간 길이의 차이는 긴 경간의 1/3 이하이어야 한다.
㉣ 연속한 기둥 중심선으로부터 기둥의 어긋남은 그 방향 경간의 최대 10% 이하이어야 한다.
㉤ 모든 하중은 슬래브판 전체에 등분포 된 연직하중이어야 하며, 활하중은 고정하중의 2배 이하이어야 한다.
㉥ 모든 변에서 보가 슬래브판을 지지할 경우, 직교하는 두 방향에서 다음 식에 해당하는 보의 상대강성은 다음 식을 만족하여야 한다.

$$0.2 \leq \frac{\alpha_1 l_2{}^2}{\alpha_2 l_1{}^2} \leq 5.0$$

여기서, l_1 : 휨 모멘트 계산방향의 경간
l_2 : 휨 모멘트 계산방향에 수직한 방향의 경간
α_1, α_2 : 각각 l_1, l_2 방향으로의 α
α : 보의 양측 또는 한 측에 인접하여 있는 슬래브판의 중심선에 의해 구획된 폭으로 이루어진 슬래브의 휨강성에 대한 보의 휨강성의 비

㉦ 직접설계법으로 설계된 슬래브 시스템은 연속 휨부재의 부휨모멘트 재분배 규정에서 허용된 모멘트 재분배를 적용할 수 없다. 휨모멘트 재분배는 고려하는 방향에서 슬래브판에 대한 전체 정적 계수휨모멘트가 $\dfrac{w_u\, l_2\, l_n^2}{8}$ 식에 의해 요구된 휨모

멘트보다 작지 않은 범위 내에서 정 및 부계수휨모멘트는 10 %까지 수정할 수 있다.

ⓔ 2방향 슬래브의 여러 역학적 해석조건을 만족시키는 것을 입증한다면 위 ㉠에서부터 ㉤까지의 제한 규정을 다소 벗어나도 직접설계법을 적용할 수 있다.

② 설계 모멘트
  ㉠ 전체 정적 계수모멘트 : M_o
  ㉡ 정(+) 및 부(-) 계수 휨모멘트
    [내부 경간에서의 분배율] ⓐ 부 계수 휨 모멘트 : $0.65M_o$
    ⓑ 정 계수 휨 모멘트 : $0.35M_o$

③ 2방향 슬래브의 전단
  ㉠ 전단에 대한 위험 단면
    ⓐ 보 또는 벽체에 지지되는 경우 : 전단 응력이 작아서 보의 경우에 준하며, 전단보강이 거의 필요 없다.
    ⓑ 4변이 지지된 슬래브 : 전단 보강이 거의 필요하지 않다.
    ⓒ 전단에 대한 위험 단면 : 지지면 둘레에서 d(유효 깊이)/2만큼 떨어진 주변 단면

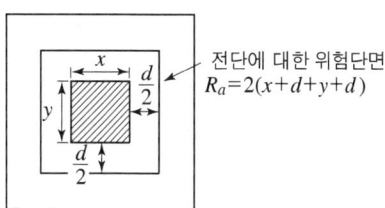

[2방향 슬래브의 위험단면]

4. 2방향 슬래브의 설계

$$1 \leq \frac{L}{B} \leq 2 \qquad 0.5 < \frac{B}{L} \leq 1$$

여기서, L : 장변 경간 길이
  B : 단변 경간 길이

(1) 2방향 슬래브의 하중 분담

2방향 슬래브의 중앙에서의 처짐 값은 단변과 장변이 모두 동일하다는 것을 이용하여 하중을 분배한다.

$$\delta_s = \delta_L$$

여기서, δ_s : 단변의 중앙 처짐
  δ_L : 장변의 중앙 처짐

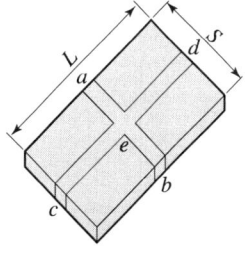

[2방향 슬래브]

① 등분포하중이 작용하는 경우
  ㉠ 장변 방향이 부담하는 하중 : L 방향 부담 하중, cd 방향 부담 하중

$$w_L = \frac{S^4}{L^4 + S^4} w$$

  ㉡ 단변 방향이 부담하는 하중 : cd 방향 부담 하중, ab 방향 부담 하중

$$w_s = \frac{L^4}{L^4 + S^4} w$$

  여기서, w : 작용 등분포하중
      w_s : 단변 방향이 부담하는 등분포하중
      w_L : 장변 방향이 부담하는 등분포하중
      S : 단변 방향의 경간
      L : 장변 방향의 경간
      E : 탄성계수
      I : 단면 2차 모멘트
      EI : 휨강성

② 집중하중이 작용하는 경우
  ㉠ 장변 방향이 부담하는 하중 – ab 방향 부담 하중, cd 방향 부담 하중

$$P_L = \frac{S^3}{L^3 + S^3} P$$

  ㉡ 단변 방향이 부담하는 하중 – cd 방향 부담 하중, ab 방향 부담 하중

$$P_s = \frac{L^3}{L^3 + S^3} P$$

  여기서, P : 작용 집중하중 P_s : 단변 방향이 부담하는 집중하중
      P_L : 장변 방향이 부담하는 집중하중

2-9 옹 벽

1. 옹벽의 설계

(1) 옹벽의 구조해석

① 캔틸레버식 옹벽(역T형 옹벽)
  ㉠ 저판 : 전면벽과의 접합부를 고정단으로 간주한 캔틸레버로 가정하여 단면을 설계
  ㉡ 전면벽(추가철근) : 저판에 의해 지지된 캔틸레버로 설계

② 부벽식 옹벽
  ㉠ 앞부벽 : 직사각형보로 설계
  ㉡ 뒷부벽 : T형보의 복부로 설계
  ㉢ 앞부벽식옹벽과 뒷부벽식 옹벽의 전면벽과 저판
   • 전면벽(추가철근) : 3변 지지된 2방향 슬래브로 설계할 수 있다.
   • 저판 : 정확한 방법이 사용되지 않는 한 뒷부벽 또는 앞부벽 간의 거리를 경간으로 가정하여 고정보 또는 연속보로 설계할 수 있다.

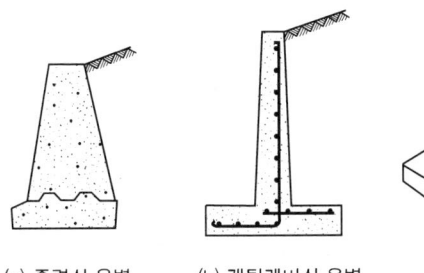

(a) 중력식 옹벽   (b) 캔틸레버식 옹벽   (c) 부벽식 옹벽

(2) 설계 검토시 공통사항

① 뒷굽판 : 활동에 대해 안정하도록 길이를 정하여야 한다.
② 벽체 : 토압에 안정하도록 정하여야 한다.
③ 압굽판 : 지반반력에 안정하도록 정하여야 한다.

(3) 역T형 옹벽의 인장철근 배근 위치

① 벽체의 후면
② 압굽판의 하면
③ 뒷굽판의 상면

 **옹벽설계 일반사항**
① 옹벽은 상재하중, 뒤채움 흙의 중량, 옹벽의 자중 및 옹벽에 작용되는 토압, 필요에 따라서는 수압에 견디도록 설계하여야 한다.
② 무근콘크리트 옹벽은 자중에 의하여 저항력을 발휘하는 중력식 형태로 설계하여야 한다.
③ 토압의 계산은 토질역학의 원리에 의거하여 필요한 지반특성계수를 측정하여 정하여야 한다.

2. 옹벽의 안정조건

(1) 전도에 대한 안정 조건

① 반드시 옹벽에 작용하는 모든 외력의 합력이 저판의 중앙 1/3안에 들어와야 한다.
② 합력이 중앙 1/3 이내에 들어오지 않을 경우 전도에 대해 불안정하게 된다.

$$\text{안전율 } F_S = \frac{M_r}{M_o} = \frac{\sum Wx}{Hy} \geqq 2.0$$

여기서, $\sum W$: 수직력의 총화(옹벽의 자중+저판상부 흙 무게)
H : 수평력

(2) 활동에 대한 안정 조건

$$\text{안전율 } F_S = \frac{H_r}{H} = \frac{f(\sum W)}{H} \geqq 1.5$$

여기서, H_r : 수평저항력(마찰력+점착력+수동토압)
마찰력=마찰계수×수직력의 총화(옹벽 자중+뒷굽판위의 흙무게)
점착력=점착계수×저판폭
수동토압=수동토압계수×수직토압의 총화
H : 수평력(주동토압)
f : 콘크리트 저판과 기초지반과의 마찰계수
$\sum W$: 수직력의 총화

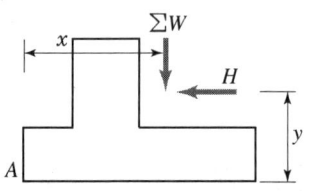

(3) 지반 지지력(침하)에 대한 안정 조건

① 지지 지반에 작용하는 최대 압력이 지반의 허용지지력을 초과하지 않아야 한다.

$$F_S = \frac{q_a}{q_{\max}} \geqq 1.0 \qquad q_a = \frac{q_u}{3}$$

여기서, q_a : 지반의 허용지지력
$q_{\max}$: 최대 지지반력
q_u : 지반의 극한지지력

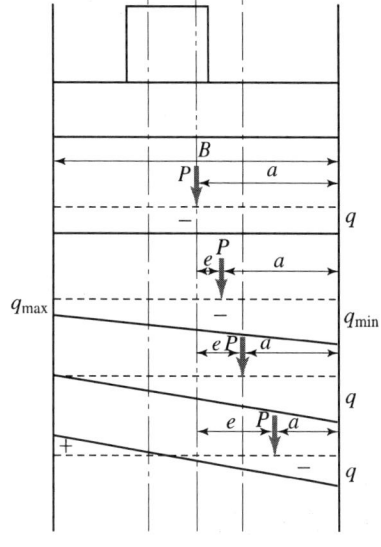

$e = 0$, $q = \dfrac{P}{A} = \dfrac{P}{B}$

$e < \dfrac{B}{6}$(핵안), $q_{\max} = \dfrac{P}{B}\left(1 + \dfrac{6e}{B}\right)$

$\qquad\qquad\qquad q_{\min} = \dfrac{P}{B}\left(1 - \dfrac{6e}{B}\right)$

$e = \dfrac{B}{6}$(중앙 $\dfrac{1}{3}$ 핵점), $q = \dfrac{2P}{A} = \dfrac{2P}{B}$

$e > \dfrac{B}{6}$(핵밖), $q = \dfrac{2P}{3a}$

※ 하중과 먼 곳이 하중 분포의 꼭짓점 또는 적은 쪽이 된다.

2-10 확대기초

1. 확대기초 분류

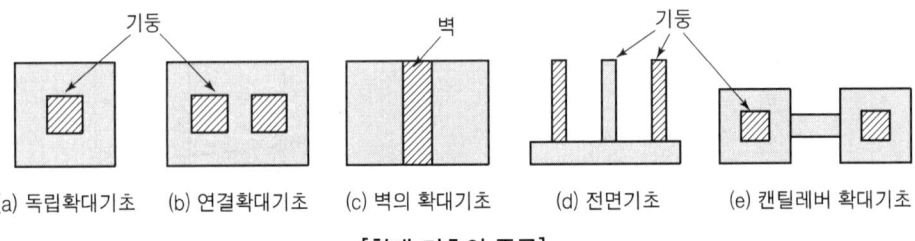

[확대 기초의 종류]

2. 설계 일반

① 2개 이상의 기둥, 주각, 벽체를 지지하는 기초판은 계수하중과 반력에 견디도록 설계하여야 한다.
② 기초판의 밑면적, 말뚝의 개수와 배열은 하중계수를 곱하지 않은 사용하중을 적용하여야 한다.
③ 기초판이 원형 또는 정다각형인 콘크리트 기둥은 같은 면적의 정사각형 부재로 취급할 수 있다.
④ 기초판 윗면부터 하단 철근까지의 깊이는 직접 기초의 경우는 150 mm 이상, 말뚝 기초의 경우는 300 mm 이상으로 하여야 한다.
⑤ 확대기초 저면과 지반사이에는 인장응력이 생기지 않고 압축응력만 발생한다고 본다.

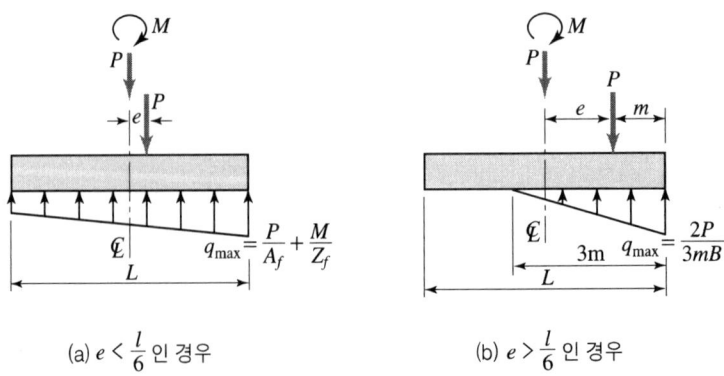

(a) $e < \dfrac{l}{6}$ 인 경우   (b) $e > \dfrac{l}{6}$ 인 경우

3. 확대 기초 저면적 계산

(1) 중심 하중을 받는 기초

① 기초저면 지반반력 총 수직하중

$$q_{max} = \frac{P}{A} \leq q_a$$
$$P = q_a A = (사하중 + 활하중 + 단위중량 \times A \times 두께)$$

여기서, P : 총 수직하중(확대기초에 작용하는 하중)
q_a : 지반의 허용 지지력
A : 기초판 설계면적(최소면적) $A = l \times b$

② 확대기초 저면적

$$A = \frac{P}{q_{max}} = \frac{P}{q_a}$$

4. 확대기초 설계

(1) 휨모멘트에 의한 설계

① 휨모멘트에 대한 위험단면(콘크리트 기둥, 받침대 또는 벽체를 지지하는 기초판)
  ㉠ 등 및 받침대 또는 벽체의 외면(전면)을 위험단면으로 본다.
  ㉡ 기둥의 단면이 원형 또는 정다각형일 때는 같은 단면적의 정사각형으로 고쳐서 그 단면의 앞면(전면)을 위험단면으로 본다.

② 콘크리트 기둥의 휨모멘트 계산
  ㉠ $a-a$ 단면의 휨모멘트 ; M_{a-a}

$$M_{a-a} = q_u \left[\frac{L-t}{2} \times S \right] \frac{L-t}{4} = q_u S \frac{(L-t)^2}{8}$$

  ㉡ 휨응력

$$q_u = \frac{P}{A} = \frac{P}{B \times L}$$

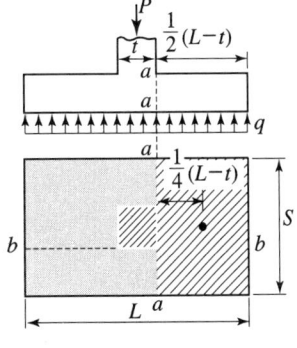

[휨모멘트 계산]

(2) 전단에 대한 설계

① 전단력에 대한 위험단면
  ㉠ 1방향 개념 : 기둥 또는 벽면에서 d만큼 떨어진 곳을 위험단면으로 본다.
  ㉡ 2방향 개념 : $\frac{d}{2}$만큼 떨어진 곳을 위험단면으로 보며, 펀칭전단의 우려가 있다.

② 전단력 계산

㉠ 1방향 개념의 경우 : $V_u = q_u \left[\dfrac{L-t}{2} - d \right] S$

㉡ 2방향 개념의 경우

ⓐ 4주변장의 합 ; $b' = 4B = 4(t+d)$

ⓑ 전단력 ; $V = q_u [S \times L - (t+d)^2]$

$q_u = \dfrac{P}{A} = \dfrac{P}{S \times L}$

ⓒ 전단응력 ; $v = \dfrac{V}{b'd}$

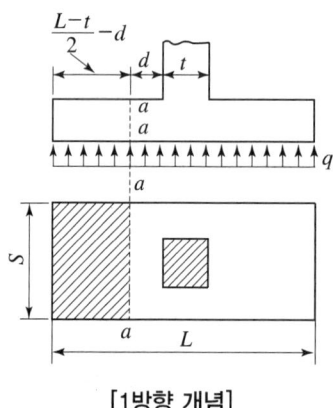

[1방향 개념]

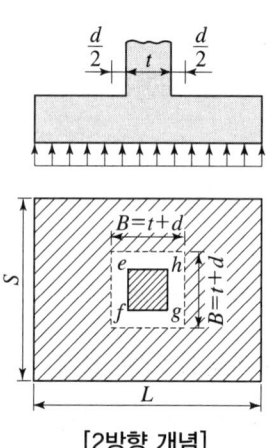

[2방향 개념]

2-11 프리스트레스트 콘크리트

1. PSC의 장단점
(1) 장 점
① PSC는 설계하중하에서는 균열이 발생되지 않아 강재부식의 위험이 없어 내구성과 수밀성이 양호하다.
② 초과 하중에 의해 균열이 발생해도 초과 하중이 제거되면 균열은 복원된다.
③ PS강재를 절곡 또는 곡선배치할 경우 긴장력의 수직분력만큼의 전단력이 작아져 복부 단면을 얇게 할 수 있어 부재 자중이 경감된다.
④ 전단면의 콘크리트가 유효하게 이용된다.
⑤ 전단면의 콘크리트가 유효하고 부재의 자중이 경감되므로 경량구조와 장대구조에 적합하고 외관이 양호하다.
⑥ PSC는 PS강재를 긴장시킬 때 최대응력을 받은 상태이므로 이 때 안전이 확보되었다면 그 이후 하중들에 대해서도 안전하게 되어 구조물의 안전성이 높게 된다.
⑦ 자중이 경감과 프리스트레스력으로 인해 처짐이 작다.
⑧ 포스트텐션 프리캐스트(Post-tensioned Precast) 부재의 연결시공이 가능하고 분할시공, 현장치기시공이 가능하며, 이 때 거푸집 및 동바리공 등이 불필요하다.

(2) 단 점
① PSC는 RC에 비해 강성이 작으므로 진동하기 쉽고 변형되기 쉽다.
② PS강재는 고강도 강재로서 고온하에서 강도가 급격히 감소한다.(내화성이 적다.)
③ PSC는 하중 크기나 방향에 민감하여 설계, 제조, 운반 및 가설시 세심한 주의가 요구된다.
④ PSC는 RC에 비해 고강도 콘크리트와 고강도 강재 등 재료의 단가가 비싸고 정착장치, 시스, 기타 부수장치와 그라우팅 비용이 추가된다.

2. 프리스트레싱 방법
① **기계적 방법** : 잭(jack)을 이용하여 PS강재를 긴장하여 정착하는 방법으로 가장 많이 사용된다.
② **화학적 방법** : 팽창시멘트를 사용하여 PS강재를 긴장시키는 방법이다.
③ **전기적 방법** : PS강재를 직류 전기로 가열시켜 전기 저항에 의해 늘어난 PS강재를 콘크리트에 정착시키는 방법이다.

3. PSC의 분류

(1) 프리스트레싱 도입 시기에 따른 분류

① 프리텐셔닝(pre-tensioning) : 콘크리트 치기 전에 미리 PS 강재를 긴장시킨다.
② 포스트텐셔닝(post-tensioning) : 콘크리트 경화 후에 PS 강재를 긴장시킨다.

(2) 프리스트레싱 정도에 따른 분류

① 완전 프리스트레싱(full prestressting) : 설계하중하에서 부재 단면에 인장응력이 발생하지 않도록 설계하는 방법이다.
② 부분 프리스트레싱(partial prestressting) : 설계하중하에서 부재 단면에 약간의 인장응력이 발생하도록 설계하는 방법이다.

4. 프리텐션 방식과 포스트텐션 방식

(1) PS강재 긴장 시기

프리텐션(Pre-tension) 방식	포스트텐션(Post-tension)방식
콘크리트 경화 이전에 PS강재를 긴장시킨다.	콘크리트 경화 이후에 PS강재를 긴장시킨다.

(2) 작업 순서

프리텐션(Pre-tension) 방식	포스트텐션(Post-tension)방식
① 지주와 인장대 설치 ② 거푸집 조립 ③ PS강재 긴장 ④ 콘크리트 타설(양생 → 응결 → 경화) ⑤ PS강재의 긴장력 이완	① 거푸집 조립 및 시스 배치 ② 콘크리트 타설(양생 → 응결 → 경화) ③ 시스 속에 PS강재 삽입 ④ PS강재 긴장 후 정착 ⑤ 그라우팅

(3) 프리스트레스 도입 방식

프리텐션(Pre-tension) 방식	포스트텐션(Post-tension)방식
PS강재와 콘크리트의 부착력에 의해 프리스트레스가 도입된다.	부재단의 정착장치에 의해 프리스트레스가 도입된다.

[프리텐션 방식]

[포스트텐션 방식]

(4) 공 법

프리텐션(Pre-tension) 방식	포스트텐션(Post-tension)방식
공장 생산에 사용한다. ① 연속식(Long-Line Method) • 여러 개의 거푸집을 인장대에 일렬로 배치하고 1회의 긴장으로 한번에 다수의 부재를 제작하는 방식이다. • 넓은 부지와 공장 설비가 필요하다. • 대량생산이 가능하다. ② 단독식(Individual Mold Method) • 거푸집 자체를 인장대로 하여 1회 긴장에 1개의 부재를 제작하는 방식이다. • 거푸집 비용이 많이 들지만 거푸집 회전율이 높다. • 제조 공장을 분산시킬 수 있고, 그에 따른 운반비용 절감이 가능하다.	현장 생산에 사용한다. 정착방법에 따른 구분 ① 쐐기식(마찰저항을 이용한 정착방법) • Freyssinet 공법 • Grum & Bilfinger 공법 • Magnel 공법 • Held & Franke AG 공법 • VSL 공법 • CCL공법 ② 지압식(너트와 지압판에 의한 정착방법) • BBRV 공법 • Dywidag 공법 • Lee-Macall 공법 • Prescon 공법 • Texas P.I 공법 ③ 루프식 • Leoba 공법 • Baur-Leonhardt 공법

(5) 장 점

프리텐션(Pre-tension) 방식	포스트텐션(Post-tension)방식
① 공장제품으로 품질 우수 ② 대량생산이 가능 ③ 시스 등 정착장치 불필요	① 긴장재의 곡선 배치 가능 ② 대형부재의 제작 가능 ③ 콘크리트 경화 후에 긴장하므로 부재 자체를지지대로 이용하므로 별도의 지지대가 불필요하므로 프리스트레스 도입이 용이하다. ④ 프리캐스트 PSC 부재의 결합·조립이 용이 ⑤ 비부착식은 재긴장 가능

(6) 단 점

프리텐션(Pre-tension) 방식	포스트텐션(Post-tension)방식
① PS강재의 곡선 배치가 곤란 ② 대형부재 제작에 부적합 ③ 부재의 정착단에는 소정의 긴장력이 도입되지 않으므로 설계에 주의한다.	① 비부착식은 부착식에 비해 파괴강도가 낮고 균열폭이 증가한다. ② 제품의 품질 신뢰도 확보가 어렵다.

(7) 포스트 텐션 방식에서의 부착식과 미부착식

부착식(Bonded Method)	미부착식(Unbonded Method)
시스 속을 그라우팅한 경우 : 강재가 부식되지 않는다.	시스 속을 그라우팅하지 않은 경우 : 강재 부식 우려

5. 콘크리트 강도

도입방식	설계기준강도	프리스트레스 도입시 콘크리트 압축강도	
프리텐션 방식	35MPa	30MPa	
포스트텐션 방식	30MPa	다발강연선	28MPa
		단일강연선, 강봉	17MPa

6. PS강재 품질 요구 조건

① 고인장강도를 가져야 한다.
② 항복비가 커야 한다.

$$\text{항복비} = \frac{\text{항복응력}}{\text{인장강도}} \times 100(\%) \geq 80\%$$

③ 릴랙세이션(Relaxation)이 작아야 한다.
④ 직선성(신직성)이 좋아야 한다.
⑤ 높은 연성과 인성이 있어야 한다.
⑥ 피로강도가 커야 한다.
⑦ 콘크리트와의 부착강도가 커야 한다.
⑧ 응력부식에 대한 저항성이 커야 한다.

7. PS강재의 탄성계수 ; E_{ps}

$$E_{ps} = 2.0 \times 10^5 \text{MPa}$$

8. PS강재의 종류

① PS강선(Wire)
② PS강연선(Strand)
③ PS강봉(Bar)
④ PS강재의 인장강도 크기순 : PS강연선 > PS강선 > PS강봉

9. PS강재의 릴랙세이션(응력이완)

PS강재를 긴장한 후 일정한 변위하에서 시간의 경과에 따라 응력이 감소되는 현상

PS강재의 종류	겉보기 릴랙세이션 값, r
PS강선 및 PS강연선	5 %
PS강봉	3 %
저릴랙세이션 PS강재	1.5 % 또는 실험값

10. PSC의 기본개념

해 석 방 법	기 본 개 념
정밀 해석	균등질보 개념(응력법, 기본개념법)
	강도법(내력모멘트법, C-선법)
근사 해석	하중평형법(등가하중법)

(1) 균등질보개념(응력개념법, 기본개념법)

콘크리트에 프리스트레스트를 도입하면 콘크리트가 탄성 재료로 전환된다고 생각으로 전단면 유효 응력으로 설계하는 개념이다.

① 긴장재를 직선으로 도심축과 일치시킨 경우

$$f_c = \frac{P}{A} \pm \frac{M}{I} y$$

② 강재를 직선으로 편심배치시킨 경우

$$f_{\substack{\text{상연응력(압축측)} \\ \text{하연응력(인장측)}}} = \frac{P}{A} \mp \frac{Pe}{I} y \pm \frac{M}{I} y$$

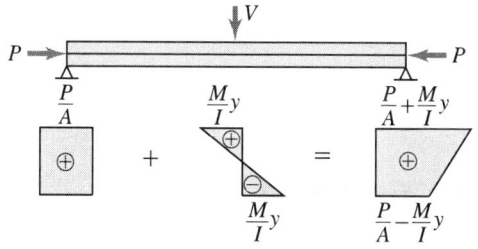

[직선으로 도심에 배치]

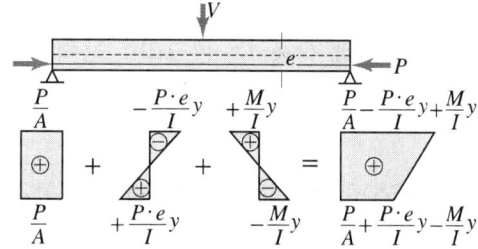

[직선으로 편심에 배치]

③ 긴장재를 절곡 또는 곡선 배치한 경우

$$f_{\substack{\text{상연응력(압축측)} \\ \text{하연응력(인장측)}}} = \frac{P\cos\theta}{A} \mp \frac{P\cos\theta e}{I} y \pm \frac{M}{I} y$$

θ가 미소하여 $\cos\theta \fallingdotseq 1$이므로

$$f\begin{subarray}{l}\text{상연응력(압축측)}\\ \text{하연응력(인장측)}\end{subarray} = \frac{P}{A} \mp \frac{Pe}{I}y \pm \frac{M}{I}y$$

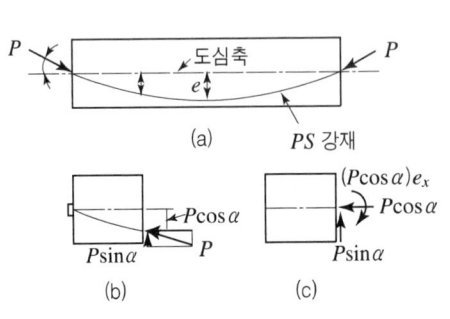

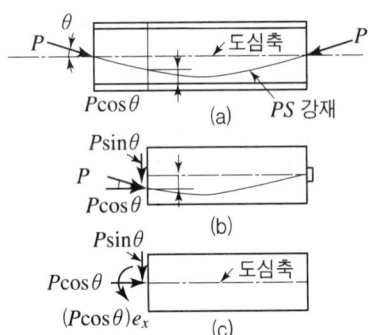

(2) 강도개념(내력모멘트개념, C-선 개념)

PSC보를 RC보처럼 생각하여 콘크리트는 압축력을 받고 긴장재는 인장력을 받게 하여 두 힘의 우력모멘트로 외력에 의한 휨모멘트에 저항시킨다는 개념이다.

① 평형방정식 적용

$\sum H = 0$에서 $C = T = P$

② 단면 모멘트

$M = T \cdot z = C \cdot z = P \cdot z$

$z = \dfrac{M}{P}$

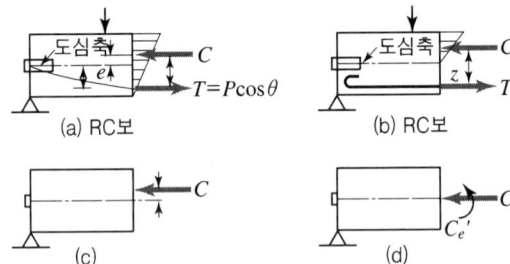

③ C가 작용하는 편심거리

$e' = z - e$

④ 단면에 작용하는 콘크리트 응력

$f_c = \dfrac{C}{A} \pm \dfrac{Ce'}{I}y = \dfrac{P}{A} \pm \dfrac{Pe'}{I}y$

(3) 하중평형개념(Load Balancing Concept) : 등가하중개념

① 긴장재를 곡선으로 배치한 경우

㉠ 상향력

$$\dfrac{ul^2}{8} = P \cdot s \qquad \therefore u = \dfrac{8Ps}{l^2}$$

여기서, P : 프리스트레스 크기
  s : 포물선의 sag
  u : 프리스트레스에 의한 등분포 상향력

ⓛ 순하향 하중

순하향 하중 $= w - u$

여기서, w : 설계하중(등분포하중)

- $w = u$이면 단순보에서는
$$f = \frac{P}{A}$$
- $w \neq u$이면
$$M = \frac{(w-u)l^2}{8}$$
$$f_c = \frac{P}{A} \pm \frac{M}{I}y$$

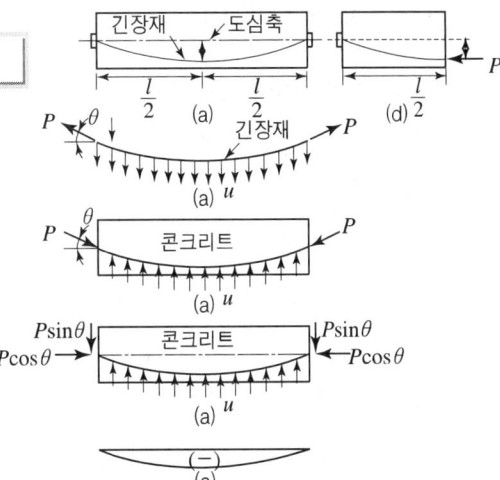

② 긴장재를 직선 절곡하여 배치한 단순보의 경우

㉠ 상향력

$$\frac{Ul}{4} = P \cdot s \qquad \therefore U = \frac{4Ps}{l}$$

여기서, P : 프리스트레스 크기
  s : 직선의 sag
  u : 프리스트레스에 의한 집중 상향력

- $\sum V = 0 \qquad \therefore U = 2P\sin\theta$

ⓛ 순하향 하중

순하향 하중 $= V - U$

여기서, V : 설계하중(집중하중)

- $V = U$이면 단순보에서는 $f = \dfrac{P}{A}$
- $V \neq U$이면 $M = \dfrac{(V-U)l}{4}$
$$f_c = \frac{P}{A} \pm \frac{M}{I}y$$

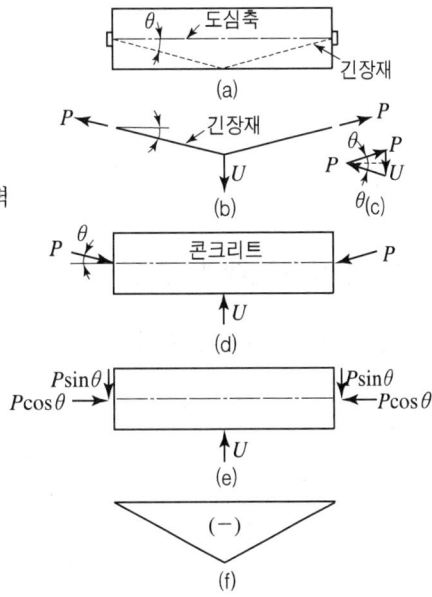

11. 프리스트레스 도입

(1) 프리스트레스의 도입시기

① 프리텐션 방식 : 부착에 의해 도입

$$f_{ci} \geq 1.7 f_{ci}{'}$$
$$\geq 30\,\text{MPa}$$

여기서, f_{ci} : 프리스트레스를 도입하고자 할 때 부재의 콘크리트 압축강도
$f_{ci}{'}$: 프리스트레스 도입 직후 콘크리트에 생기는 최대 압축 응력

② 포스트텐션 방식 : 정착에 의해 도입

$$f_{ci} \geq 1.7 f_{ci}{'}$$
$$\geq 28\,\text{MPa(다발강연선)},\ 17\text{MPa(단일강연선, 강봉)}$$

다만, 시험 등을 통해 입증된 경우에는 책임기술자의 승인을 얻은 후에 인장측에 두어야 한다.

도 입 방 식	설계기준강도	프리스트레스 도입시 콘크리트 압축강도	
프리텐션 방식	35MPa	30MPa	
포스트텐션 방식	30MPa	다발강연선	28MPa
		단일강연선, 강봉	17MPa

12. 프리스트레스 손실

(1) 프리스트레스 손실 원인

① 프리스트레스 도입시 : 즉시 손실
  ㉠ 콘크리트의 탄성변형(수축)
  ㉡ PS강재와 시스 사이의 마찰(포스트텐션 방식에만 해당)
  ㉢ 정착단의 활동
② 프리스트레스 도입후 : 시간적 손실
  ㉠ 콘크리트의 건조수축
  ㉡ 콘크리트의 크리프
  ㉢ PS강재의 리랙세이션(Relaxation)

13. 프리스트레스 즉시 손실(탄성 손실, 순간 손실)

(1) 콘크리트의 탄성변형에 의한 손실

① 탄성 변형률

$$\epsilon_e = \frac{f_c}{E_c}$$

여기서, ϵ_e : 탄성 변형률 f_c : 콘크리트에 작용하는 응력
E_c : 콘크리트의 탄성계수

② 프리스트레스 손실량

㉠ 프리텐션 부재의 손실량

$$\Delta f_{Pe} = \epsilon_{ps} \cdot E_{Ps} = \epsilon_c \cdot E_{Ps} = \frac{f_c}{E_c} \cdot E_{Ps} = n \cdot f_c$$

여기서, Δf_{Pe} : 콘크리트 탄성변형에 의한 프리스트레스 손실량
ϵ_{ps} : PS강재의 변형률
f_c : 프리스트레스 도입 직후 콘크리트의 압축응력
ϵ_c : 콘크리트의 변형률
E_c : 프리스트레스를 도입할 때 콘크리트의 탄성계수
E_{Ps} : PS강재의 탄성계수
n : 탄성계수비

㉡ 포스트텐션 부재의 손실량

ⓐ 여러 개의 긴장재를 동시에 긴장할 경우 : 콘크리트 탄성변형으로 인한 응력 손실량 없음

$\Delta f_{Pe} = 0$

ⓑ 여러 개의 긴장재를 순차적으로 긴장할 경우 : 콘크리트의 탄성변형도 순차적으로 발생

• 평균 감소량

$$\Delta f_{Peever} = \frac{1}{2} \times 최초\ 긴장재의\ 응력\ 감소량 = \frac{1}{2} n \cdot f_c$$

• 응력 감소량

$$\Delta f_{Pe} = \frac{1}{2} n \cdot f_c \frac{N-1}{N}$$

여기서, N : 긴장재의 긴장 횟수(긴장재의 수)

(2) 정착장치의 활동에 의한 손실

$$\Delta f_{Pe} = \epsilon \cdot E_P$$

여기서, E_P : PS강재의 탄성계수 Δl : 정착단의 변형량
　　　　ϵ : 정착단의 변형률 l : PS강재의 길이

① 일단 정착의 경우 $\epsilon = \dfrac{\Delta l}{l}$

② 양단 정착의 경우 $\epsilon = 2\dfrac{\Delta l}{l}$

(3) PS강재와 시스 사이의 마찰에 의한 손실

① l_x 만큼 떨어진 점에서의 PS강재의 인장력 ; P_x

$$P_x = P_s e^{-(kl_x + \mu\alpha)}$$

여기서, k : 긴장재의 길이 1 m에 대한 파상 마찰
　　　　　계수(/m)
　　　　l_x : 인장단으로부터 생각하는 단면까지의 긴장재의 길이(m)
　　　　μ : 각변화 1 radian에 대한 곡률 마찰계수(/rad)
　　　　α : l_x 구간에서 각 변화의 합계(rad)

② 근사식

$(kl_x + \mu\alpha) \leq 0.3$ 인 경우 다음의 근사식을 사용할 수 있다.

$$P_x = P_o / (1 + kl_x + \mu\alpha)$$

여기서, 감소율 $= kl_x + \mu\alpha$

14. 프리스트레스 시간적 손실(장기 손실)

(1) 콘크리트의 시간적 손실

① 콘크리트의 크리프 손실

$$\epsilon_c = \dfrac{f_c}{E_c}\phi = \epsilon_e \cdot \phi$$

여기서, ϵ_c : 크리프 변형률 ϕ : 크리프 계수
　　　　　　　　　　　　　　　　・보통 콘크리트 : $\phi = 1.6 \sim 3.2$
　　　　　　　　　　　　　　　　・프리텐션 : $\phi = 2.0$
　　　　　　　　　　　　　　　　・포스트 텐션 : $\phi = 1.6$
　　　　　　　　　　　　　　　　・특별한 자료가 없는 경우 2.35로 사용해도 좋다.

㉠ 프리스트레스 손실량

$$\Delta f_P = \epsilon_s \cdot E_{Ps} = \epsilon_c \cdot E_{Ps} = \phi \cdot \frac{f_c}{E_c} \cdot E_{Ps} = \phi \cdot n \cdot f_c$$

㉡ 인장력 손실량

$$\Delta P = A_P \cdot \Delta f_P$$

② 콘크리트 건조수축에 의한 손실

$$\Delta f_P = \epsilon_{cs} \cdot E_P$$

여기서, ϵ_{cs} : 콘크리트의 건조수축 변형률
　　　　E_P : PS강재의 탄성계수

③ PS강재의 릴랙세이션에 의한 손실

$$\Delta f_P = r \cdot f_{pi}$$

여기서, r : 겉보기 릴랙세이션

PS강재의 종류	겉보기 릴랙세이션 값, r
PS강선 및 PS강연선	5 %
PS강봉	3 %
저릴랙세이션 PS강재	1.5 % 또는 실험값

2-12 강구조

1. 강재 연결방법의 병용

접합의 병용	응력 부담
리벳 + 볼트	리벳이 응력 부담한다.
리벳 + 고장력 볼트	각각 허용 응력 부담한다.
리벳 + 용접	용접이 응력 부담한다.
용접 + 고장력 볼트	용접이 응력 부담 (단, 고장력 볼트를 먼저 체결한 후 용접할시는 각각 허용 응력을 부담한다.)

2. 리벳이음 접합보의 파괴 형태

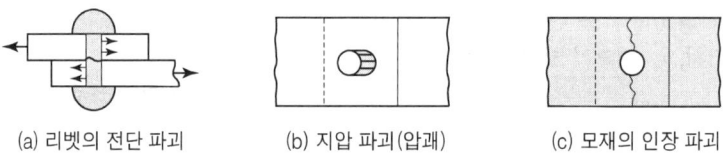

(a) 리벳의 전단 파괴　　(b) 지압 파괴(압괘)　　(c) 모재의 인장 파괴

[접합부의 파괴 형태]

3. 리벳의 응력 검토

(1) 허용전단강도(P_s)

① 단 전단(1면 전단)

$$P_s = v_{sz} \times A = v_{sa} \times \frac{\pi d^2}{4}$$

여기서, v_{sa} : 허용전단응력
　　　　A : 리벳단면적
　　　　d : 리벳직경

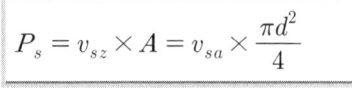

1면 전단
[전단 파괴]

② 복 전단(2면 전단)

$$P_s = v_{sa} \times 2A = v_{sa} \times 2\frac{\pi d^2}{4}$$

2면 전단
[지압 파괴]

(2) 허용지압강도(P_b)

$$P_b = f_{ba} \times A_b = f_b \times dt$$

여기서, f_{ba} : 허용지압응력
        A_b : 지압을 받는 면적
        d : 리벳직경
        t : 판두께
            t는 1면전단의 그림에서는 t_1과 t_2 중 작은 값
                2면전단의 그림에서는 t_2와 t_1+t_3값 중 작은 값을 사용

(3) 리벳 값(리벳강도 ; P_n) 결정

허용전단강도(P_s)와 허용지압강도(P_b) 중 작은 값이 리벳 값(리벳강도 ; P_n)이 된다.

(4) 소요리벳 개수

$$n = \frac{P}{P_n}$$

여기서, n : 소요 리벳의 개수 P : 작용외력 P_n : 리벳 값(리벳강도)

4. 판의 강도

(1) 판의 인장강도(P_{si})

$$P_{si} = f_{si} \times A_n$$

여기서, f_{si} : 판의 허용 인장응력
        A_n : 부재의 순 단면적

① 부재의 순단면적(A_n)

$$A_n = b_n \times t$$

여기서, b_n : 부재의 순폭
        t : 부재의 두께
            t는 1면전단의 그림에서는 t_1과 t_2 중 작은 값
                2면전단의 그림에서는 t_2와 t_1+t_3값 중 작은 값을 사용한다.

② 순폭(b_n)

㉠ 리벳이 일직선상으로 배치된 경우

$$b_n = b_g - nd'$$

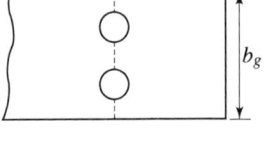

여기서, b_g : 총폭
  n : 리벳 구멍 개수
  d' : 리벳구멍 지름
  d : 리벳 지름

㉡ 리벳이 지그재그로 배치된 경우

- $ABCD$ 단면 : $b_n = b_g - d' - d'$
- $ABECD$ 단면 : $b_n = b_g - d' - 2w$
- $ABEF$ 단면 : $b_n = b_g - d' - w$
- $ABEGH$ 단면 : $b_n = b_g - d' - 2w$

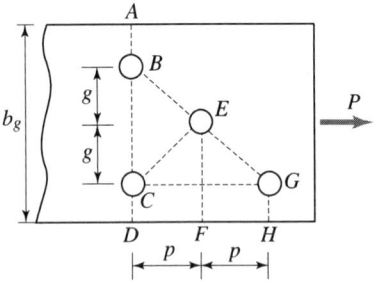

$$w = d' - \frac{p^2}{4g}$$

여기서, p : 리벳의 응력방향의 간격(pitch)
  g : 리벳의 응력에 직각방향의 간격(gauge)

㉢ L형강의 경우

- $d' \leqq \dfrac{p^2}{4g}$ 인 경우 : $b_n = b_g - d'$

- $d' > \dfrac{p^2}{4g}$ 인 경우 :

  $b_n = b_g - d' - w$ $b_g = b_1 + b_2 - t$

  $g = g' - t$ $w = d' - \dfrac{p^2}{4g}$

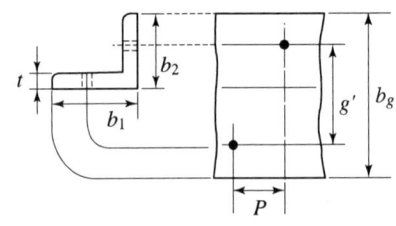

리벳 구멍 지름(강구조 연결 설계기준 허용응력설계법)
① 리벳 지름 $d < 20\text{mm}$ 인 경우, 리벳 구멍 지름 $d' = d + 1\text{mm}$
② 리벳 지름 $d \geq 20\text{mm}$ 인 경우, 리벳 구멍 지름 $d' = d + 1.5\text{mm}$

(2) 판의 압축강도(P_{ti})

$$P_{ti} = f_{ti} \times A_g$$

여기서, f_{ti} : 판의 허용 압축응력 A_g : 부재의 총 단면적

① 부재의 총 단면적(A_g)

$$A_g = b_g \times t$$

여기서, b_g : 부재의 총 폭
       t : 부재의 두께
       t는 1면전단의 그림에서는 t_1과 t_2 중 작은 값
          2면전단의 그림에서는 t_2와 t_1+t_3값 중 작은 값을 사용

5. 용접이음의 응력 검토

(1) 용접부 강도

용접부 강도 = 용접면적 × 허용응력

(2) 용접 면적

용접면적 = 목두께 × 유효길이

(3) 용접부의 목두께(유효두께)

① 전단면 용입홈용접의 목두께 : 모재면의 90° 방향으로 측정, 두께가 다를 경우 얇은 부재의 두께로 한다.

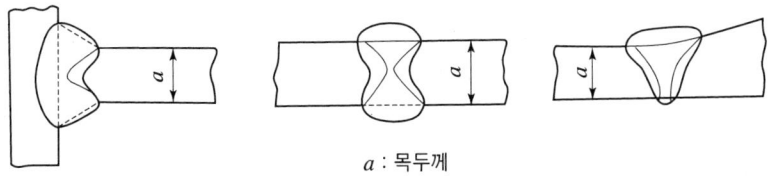

a : 목두께

[전단면 용입홈용접의 목두께]

② 부분 용입홈용접의 목두께 : 모재면에서 최단거리를 잰다.

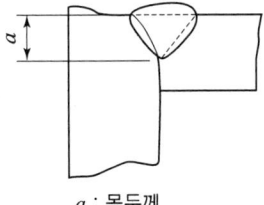

a : 목두께

(4) 필렛용접의 목두께

모재면의 45° 방향으로 측정

$$\text{목두께} : a = \frac{S}{\sqrt{2}} = 0.707\,S$$

여기서, a : 목두께

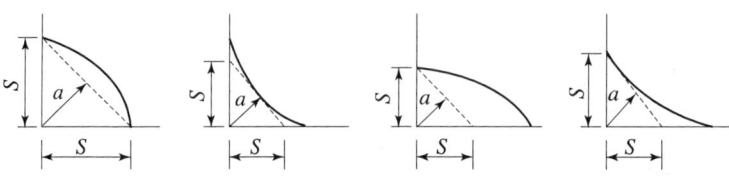

[필렛용접의 목두께]

(5) 용접부 유효길이

① 홈용접

홈용접의 유효길이는 투영시킨 길이로 한다.

㉠ 용접선이 응력방향에 직각인 경우

$$\text{유효길이}\ l = l$$

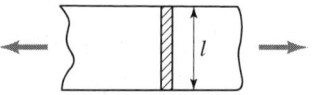

㉡ 용접선이 응력방향에 직각이 아닌 경우

$$\text{유효길이}\ l = l_1 \sin\alpha$$

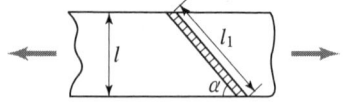

② 필렛용접

필렛용접의 유효길이는 용접부 길이의 합으로 나타낸다.

㉠ 전면 및 측면 필렛용접

$$\text{유효길이}\ l = (l_1 - 2s) + 2(l_2 - 2s)$$

여기서, s : 필렛용접치수

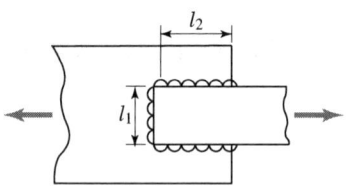

㉡ 측면 필렛 용접

$$\text{유효길이}\ l = (l_1 - 2s) + (l_2 - 2s)$$

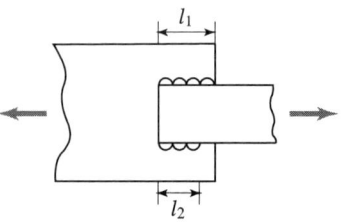

6. 축방향력 또는 전단력을 받는 용접이음의 응력

(1) 축방향력(인장, 압축)을 받는 경우

$$f = \frac{P}{\sum al}$$

여기서, f : 용접부에 생기는 수직응력, MPa P : 용접부에 작용하는 외력, N
 a : 용접의 목두께(유효두께), mm l : 용접의 유효길이, mm

(2) 전단력을 받는 경우

$$v = \frac{P}{\sum al}$$

여기서, v : 용접부에 생기는 전단응력, MPa P : 용접부에 작용하는 외력, N
 a : 용접의 목두께(유효두께), mm l : 용접의 유효길이, mm

7. 휨모멘트를 받는 용접이음부의 응력

(1) 전단면 용입홈용접

휨모멘트를 받는 경우에는 전단면 용입홈용접이 원칙이다.

$$f = \frac{M}{I} y$$

(2) 필렛용접

$$f = \frac{M}{I} y$$

여기서, f : 이음부에 생기는 수직응력, MPa
 M : 이음부의 설계에 쓰이는 휨모멘트, MPa
 I : 목두께를 이음면에 전개한 단면의 중립축 둘레의 단면2차 모멘트, mm^4
 y : 목두께를 이음면에 전개한 단면의 중립축에서 응력을 계산하는 점까지의 거리, mm

(3) 용접부 변형

① 용접부 변형의 원인

용접부 변형은 용접과정에서 발생하는 용융금속의 수축에 의한 인장응력에 기인하며, 이 인장응력은 용착량, 용접 방법, 용접 속도, 모재의 형상, 용접 형상 등의 영향을 받는다.
㉠ 모재의 영향 : 모재의 열팽창계수가 크고, 열 전달이 잘 되는 재료일수록 용접부 변형이 발생하기 쉽다.
㉡ 용접 형상의 영향
- V형 이음부에서는 각 변화가 한 방향에서만 일어나지만 X형 이음부에서는 뒷면 용접시 발생하는 각 변화가 반대 방향이므로 앞면 용접의 각 변화와 상쇄되어 전체적인 각 변형이 작게 된다.
- V형 이음의 경우에는 대구경의 용접봉을 쓰는 것이 각 변형을 줄이는데 좋다.
- X형 이음의 경우에는 양면의 대칭도(상하 개선 비율)를 적절하게 조절하면 각 변형을 거의 없다시피 줄일 수 있으며, 일반적인 대칭 비율은 6:4 또는 7:3 정도이다.
㉢ 용접 속도의 영향
- 용접 Arc가 이음선을 따라 진행하면 그 용접 지점으로부터 열이 사방으로 확산하게 되고 선행 용접 지점에서 발생되는 열은 아직 용접하지 않은 부분에 변형을 초래하게 된다.
- 용접 속도를 빠르게 하는 것이 각 변형 방지에 유효하다. 이는 선행 용접 지점에서 전파되는 용접열이 용접 속도가 느릴수록 많아지고 용접 속도가 빠를수록 적어지기 때문이다.
㉣ 용접 방법의 영향
고 능률의 대 입열 용접일수록 많은 용융금속이 발생하게 되면서 응고 수축에 의한 응력이 크게 작용하므로, 용접부 변형을 최소화하기 위해서는 가능한 저 입열 용접 방법을 적용하는 것이 좋다.

② **용접 변형의 종류**
㉠ 면내변형 : 횡수축, 길이방향 수축, 회전변형
㉡ 면외변형 : 각 변형(횡 굴곡), 각 변형(종 굴곡), 좌굴변형, 비틀림 변형

③ **용접 변형의 특징**
㉠ 횡수축
용접 각장이 두께의 3/4를 초과하지 않은 필릿 용접부 한 필릿 당 0.8mm 정도 수축하며, 60°V 그루브 맞대기 용접부는 한 비드 당 1.5~3mm 정도 수축한다.
㉡ 길이 방향 수축
필릿 용접부에서는 용접 길이 3m 당 0.8mm 정도 수축하며, 맞대기 용접부에서는 용접 길이 3m 당 3mm 정도 수축한다.
㉢ 회전 변형
용접의 스타트에서 회전 변형이 일어나기 쉽고 일반적으로 일렉트로 슬래그 용

접의 경우는 좁아지고 서브머지드 용접의 경우는 벌어진다.
ⓛ 각 변형(종 굴곡)
용접길이가 길고 부재의 중립축과 용접 열원의 위치가 일치하지 않은 경우에 용접 굽힘 모멘트에 의해 발생하며, Built-up계 용접 시 주로 발생된다.
ⓜ 좌굴변형
용접 입열량과 부재의 폭/두께의 비에 의해 영향을 받으며 주로 박판 용접 시 발생하는 데, 용접 중의 과도 변형과 용접에 의한 수축에 의해 발생한다.

④ **용접 변형의 방지**(대책)
용접부 변형을 방지하기 위해서는 먼저 변형의 원인을 정확하게 파악하여야 하고 그에 따라 적합한 대안을 마련하여야 한다.
㉠ 가능한 한 이음의 모양은 용접부 단면이 대칭이 되도록 하는 것이 좋으며 이를 위해서는 V 보다는 X 그루브(Groove)를 사용하는 것이 용접 변형 방지에 유리하다.
㉡ 용융금속이 많으면 그만큼 응고 응력이 많이 발생한다는 것을 의미하므로, 이음의 크기가 요구되는 강도 이상이 되지 않도록 하여 용착량이 과다하지 않도록 설계한다.
㉢ 가능한 용접 패스(Pass)수를 적게 하는 것이 좋으나 이는 ②항과 상반되는 개념이다. 즉, Multil layer 일수록 용접부 변형이 심해진다.
㉣ 용접 속도를 빠르게 하는 것이 좋다. 용접속도가 느리면 그만큼 용융금속의 응고가 늦어지기 때문에 많은 용융 금속이 발생한다.
㉤ 예열과 함께 용접을 실시하는 것도 변형 방지에 좋다.
㉥ 용접 이음부에 예상 변형의 반대로 변형각을 사전에 주어 용접부에 예상되는 용접 변형을 상쇄시킨다.

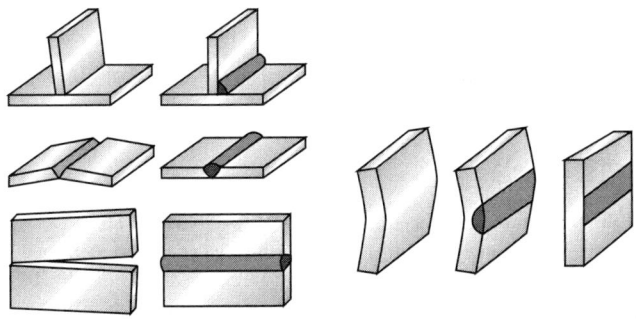

[미리 각 변형을 준 용접 Joint의 형상]

㉦ 예상되는 변형의 반대 방향으로 사전에 튼튼한 JIG를 설치하여 견고하게 고정

함으로써 변형을 억제한다. 그러나 이는 변형 방지에는 효과가 있지만 용접부 잔류 응력 측면에서는 매우 불리한 방법이다.

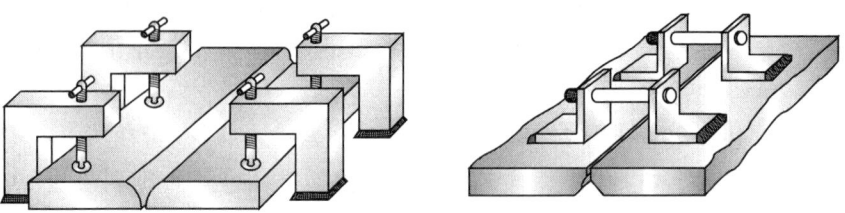

[변형 방지 JIG를 사용한 용접부의 강제 구속]

- ◎ 용접 길이를 가능하면 적게 실시하고, 용접변형이 작게 되는 이음을 선택한다.
- ㉢ 용접선을 따라 용접부 이면에 물로써 강제 냉각시켜 변형을 최소화 하는 Water / Copper Cooling 방법을 도입한다.(Cu-Cooling방법과 유사한 방법)
- ㉣ 피닝(Peening)을 실시한다. Peening은 햄머(Hammer) 등으로 용접 부위를 타격하는 방법으로 일종의 소성 변형(Plastic Deformation)을 부여함으로서 잔류 응력을 완화하는 방법이다.
  - 용접 금속은 응고하면서 내부적으로 수축에 따른 Tensile Strength가 걸리며, 이를 외부에서 인위적인 Compressive Deformation으로 상쇄해 주면 그만큼 잔류 응력(변형)은 감소하게 되는 원리이다.
  - 그러나 초층 및 최종층의 Bead는 가공 경화를 받아 균열의 위험성이 있으므로 피하여야 하며, 슬래그(Slag) 제거를 위한 치핑(Chipping)은 피닝(Peening)으로 간주하지 않는다.
- ㉠ 열 분포를 고르게 하기 위해 용접 순서를 조절(후퇴법, 대칭법 등)한다.
  - 용접 과정에서 발생하는 열로 인한 용접부 변형의 최소화를 위해 용접을 일률적으로 한 방향에서 실시하지 않고 부분적으로 실시하여 용접열이 고르게 분포되도록 용접 순서를 조절한다.
  - 그러나 이는 용접 변형 방지 측면에서는 좋지만, 용접부의 품질면에서는 불리하다.
- ⑤ **용접 변형의 교정**

  용접 변형은 발생하지 않도록 방지하는 것이 원칙이며, 여러 가지 방지 대책을 수립하였음에도 불구하고 용접 변형이 허용범위를 넘는 경우에는 변형교정을 실시하여야 한다.
  - ㉠ 냉간가압법 : 실온에서 기계적인 힘을 가하여 변형을 교정하는 방법으로 타격법과 롤러법, 피닝법이 있다.
  - ㉡ 국부가열냉각법 : 변형이 생긴 용접구조 부재를 국부적으로 가열한 후 즉시 냉각

시킴으로써 발생하는 수축을 이용하여 인장응력을 발생시켜 굽힘 변형을 교정하는 방법이다.
ⓒ 가열가압법 : 변형이 생긴 부분을 열간가공 온도(연강 : 500~600℃)로 가열하면서 압력을 가하여 변형을 교정하는 방법이다.
ⓓ 박판의 좌굴변형 방지법
- 응력법 : 모재판에 인장구속응력을 주어 인장 상태에서 프레임과 용접함으로써 용접변형을 방지하는 방법이다.
- 가열법 : 모재판을 가열하여 열팽창을 일으킨 상태에서 프레임과 용접함으로써 용접변형을 방지하는 방법이다.

(4) 용접 이음의 장·단점

① 일반적인 장점
   ⓐ 재료가 절약된다.   ⓑ 공정수가 감소한다.
   ⓒ 제품 성능과 수명이 향상된다.   ⓓ 이음 효율이 높다.

② 용접의 단점
   ⓐ 용접 부 재질 변화 우려가 있다.   ⓑ 수축변형 및 잔류응력 발생한다.
   ⓒ 재질에 따라 용접산화가 일어난다.   ⓓ 응력 집중이 일어나기 쉽다.
   ⓔ 품질검사가 곤란하다.   ⓕ 균열이 발생하기 쉽다.

리벳이음에 비해 용접 이음의 장점
① 구조가 간단하다.   ② 재료가 절약된다.
③ 공수를 절감할 수 있다.   ④ 경비가 절감된다.
⑤ 기밀, 수밀 유지가 쉽다.   ⑥ 자동화가 가능하다.
⑦ 이음 효율이 높다.

8. 고장력 볼트의 강도와 개수

(1) 1마찰면당 고장력 볼트 1개의 허용강도 : P_{nb}

$$P_{nb} = v_{sa} \times A = v_{sa} \times \frac{\pi D^2}{4}$$

여기서, v_{sa} : 허용전단응력, A : 볼트 단면적, d : 볼트 직경

(2) 소요 고장력 볼트 개수

① 1면 마찰

$$n = \frac{P}{P_{nb}}$$

여기서, n : 소요 고장력 볼트의 개수
 P : 작용력
 P_{nb} : 고장력 볼트의 허용강도

② 2면 마찰

$$n = \frac{1}{2}\frac{P}{P_{nb}}$$

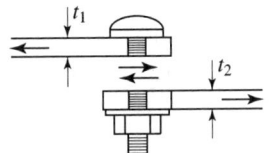

(a) 1면 전단(t_1, t_2 중 작은 쪽을 t로 한다.)

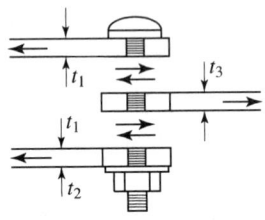

(b) 2면 전단((t_1+t_2)와 t_3 중 작은 쪽을 t로 한다.)

Part 02

측량 및 토질

Chapter 1 측량학 일반
Chapter 2 기준점 측량
Chapter 3 응용 측량
Chapter 4 토질역학
Chapter 5 기초공학

Chapter 1

측량학 일반

 ## 1-1 측량학 개론

1. 측량의 정의

점의 위치를 구하는 것

2. 측량지역 면적에 따른 분류

(1) 소지측량(평면측량, 국지측량) : 지구 곡률을 고려하지 않는 측량

$$정도(정밀도)\ h = \frac{d-D}{D} = \frac{1}{m} = \frac{1}{10^6} = \frac{D^2}{12r^2}$$

여기서, r : 지구반경 = 6370km

① 평면으로 간주되는 거리 (정도 $\frac{1}{100만}$ 일 때)

$\frac{1}{10^6} = \frac{D^2}{12r^2}$ 에서

직경 $D = \sqrt{\frac{12r^2}{10^6}} = \sqrt{\frac{12 \times 6370^2}{10^6}} \fallingdotseq 22.1\text{km}$

반경 $r = 11\text{km}$

② 거리허용오차(정도 $\frac{1}{100만}$ 일 때)

$\frac{d-D}{D} = \frac{D^2}{12r^2}$ 에서 $d - D = \frac{D^3}{12r^2} = \frac{22.1^3}{12 \times 6370^2} = 0.000022\,\text{km} = 22\,\text{mm}$

③ 평면간주면적(정도 $\frac{1}{100\text{만}}$ 일 때)

$$A = \frac{\pi \times 22.1^2}{4} \fallingdotseq 400\text{km}^2$$

(2) 대지측량(측지측량)

지구 곡률을 고려하는 측량

3. 구과량

$\epsilon'' =$ 구면삼각형 내각 $- 180°$
$\quad = (A + B + C) - 180°$
$\quad = \dfrac{F}{R^2}\rho''$

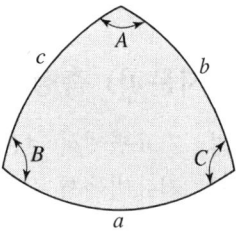

여기서, ϵ'' : 구과량, F : 삼각형의 면적
R : 지구반경

4. 측지학

(1) 기하학적 측지학

① 측지학적 3차원 위치결정　② 사진 측정
③ 길이 및 시의 결정　　　　④ 수평 위치의 결정
⑤ 높이의 결정　　　　　　　⑥ 천문 측량
⑦ 위성 측지　　　　　　　　⑧ 하해 측지
⑨ 면적 및 체적의 산정　　　⑩ 지도 제작

(2) 물리학적 측지학

① 지구의 형상 해석　　　　② 지구 조석
③ 중력 측정　　　　　　　　④ 지자기 측정
⑤ 탄성파 측정　　　　　　　⑥ 지구 극운동 및 자전운동
⑦ 지각 변동 및 균형　　　　⑧ 지구의 열
⑨ 대륙의 부동　　　　　　　⑩ 해양의 조류

5. 지구의 물리측정

(1) 지자기 3요소

① 편각 : 자북선과 진북선이 이루는 각
② 복각 : 자북선과 수평분력이 이루는 각
③ 수평분력 : 전자장의 수평성분

여기서, F : 전자장
H : 수평분력(X : 진북방향성분, Y : 동서방향성분)
Z : 연직분력
D : 편각
I : 복각

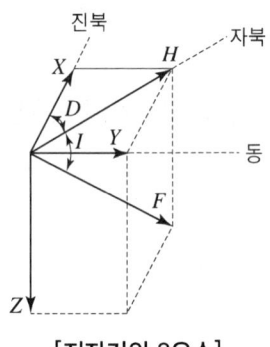

[지자기의 3요소]

6. 탄성파(지운파) 측정

① 굴절법 : 지표면에서 낮은 곳
② 반사법 : 지표면에서 깊은 곳

7. 지구 형상

지구의 형상은 물리적 표면, 타원체, 지오이드로 구분한다.

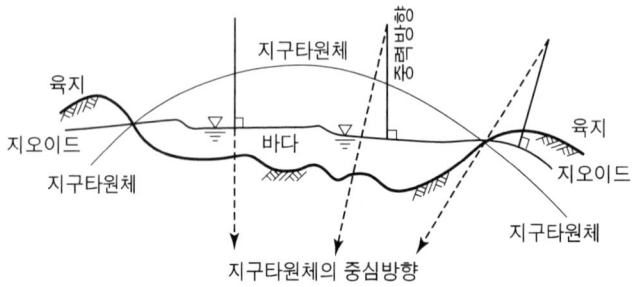

(1) 물리적 표면

(2) 타원체

(3) 지오이드

평균해수면을 육지 내부까지 연장했을 때의 가상적인 곡면
① 등포텐셜면(중력이 같은점 연결)이다.
② 육지에서는 타원체 위에 존재하고 바다에서는 아래에 존재한다.
③ 지하물질의 밀도에 따라 굴곡이 있다.(불규칙한 지형)
④ 위치에너지($E = mgh = 0$)가 '0'이다.

(4) 지구타원체

① 부피와 모양이 지구의 모양을 비교적 실제와 가깝게 나타낸 회전 타원체를 지구타원체라 하며, 지구타원체는 굴곡이 없이 매끈한 면이다.
② 어느 지역의 측량좌표계의 기준이 되는 지구타원체를 준거타원체(또는 기준타원체)라고 하며, 준거타원체는 지오이드와 거의 일치한다.

측정자	측정한 해	적도반지름 a(km)	극반지름 b(km)	편평률 P
Bessel	1841	6,377.397	6,356.7	1 : 299.2
Clark	1880	6,378.249	6,356.515	1 : 293.5
Hayford	1909	6,378.388	6,356.909	1 : 297.5

8. 우리나라 측량 원점

(1) 평면직각좌표 원점

일반측량에서 많이 쓰인다.

명 칭	경 도	위 도
동해원점	동경 131°00'00"	북위 38°
동부원점	동경 129°00'00"	북위 38°
중부원점	동경 127°00'00"	북위 38°
서부원점	동경 125°00'00"	북위 38°

(2) 경 · 위도 원점

수원 국립지리원내에 설치하였다.

(3) 수준 원점

① 인하공대 내에 위치
② 표고 : 26.6871m.

(4) 지적 원점

① 지적도상 좌표에 음(−)의 값이 생기지 않게 하기 위하여 종거(X축) 600,000m, 횡거(Y축) 200,000m를 더한다.

(5) U.T.M 좌표

① 지구를 회전타원체로 간주, Bessel값 사용.
② 경도의 원점은 중앙 자오선상에 있고 지구 전체를 경도 6°씩 60개의 구역으로 등분

③ 자오선의 축척계수는 0.9996m이다.
④ UTM좌표의 적용범위는 남·북위 각 80°까지이며 그보다 큰 위도지역은 평사 투영법을 사용한다.

9. 오 차

(1) 오차 종류

① 정오차 : 누차, 정차, 자연적 오차, 상차
  ㉠ 일어나는 원인이 명확
  ㉡ 일정한 방향, 일정한 양의 오차 발생
  ㉢ 항상 같은 방향, 같은 크기로 발생
  ㉣ 간단히 조정 가능
  ㉤ 측정횟수(n)에 비례 : $E = e \cdot n$

② 부정오차 : 우연오차, 우차, 추차, 확률오차
  ㉠ 발생 원인이 분명하지 않음
  ㉡ 예측 불가능, 처리방법 불확실
  ㉢ 불규칙한 성질, 방향이 일정치 않음
  ㉣ 완전히 조정 불가능, 통계학 처리(최소자승법, 오차론)로 소거
  ㉤ 측정횟수(n)의 제곱근에 비례 : $E = e \cdot \sqrt{n}$

③ 착오 : 오차로 보지 않는다.

측량시 오차 조정(오차 전파의 법칙)

$$E = \sqrt{m_1^2 + m_2^2 + m_3^2 + \cdots} = \sqrt{(e_1 \cdot n)^2 + (e_2 \cdot \sqrt{n})^2}$$

(2) 오차의 3대 법칙

① 극히 큰 오차는 거의 생기지 않는다.
② 큰 오차는 작은 오차보다 발생할 확률이 낮다.
③ 양(+)오차와 음(−)오차가 발생할 확률은 같다.

(3) 중등오차(m_o ; 평균제곱오차)

① n회(전체) 관측지 $m_o = \pm \sqrt{\dfrac{V^2}{n(n-1)}}$

② 1회(개개) 관측지 $\quad m_o = \pm \sqrt{\dfrac{V^2}{n-1}}$

③ 경중률을 고려하는 경우 $\quad m_o = \pm \sqrt{\dfrac{[PVV]}{[P](n-1)}}$

(4) 확률오차(r_o) $\quad r_o = \pm 0.6745 m_o$

10. 경중률(P : 무게)

$P \propto n(측정횟수) \propto \dfrac{1}{L(거리)}\{직접수준측량\} \propto \dfrac{1}{L^2}\{간접수준측량\} \propto \dfrac{1}{m(오차)^2} \propto h^2\{정밀도\}$

$$\text{최확값, 조정량} = \dfrac{P_1 E_1 + P_2 E_2 + P_3 E_3 + \cdots}{\sum P}$$

11. 정도(정밀도) ; h

$$h = \dfrac{1}{m} = \dfrac{E}{L} = \dfrac{m_o}{L_o} = \dfrac{r_o}{L_o} = \dfrac{\Delta l}{l} = \dfrac{\Delta \theta}{\rho} = \dfrac{E_1}{\sum l}$$

여기서, m : 축척분모수, E : 참오차, L : 정확치, m_o : 중등오차, L_o : 최확치, r_o : 확률오차
Δl : 거리오차, l : 측정치, $\Delta \theta$: 각오차, ρ : 206265″, E_1 : 폐합오차

Chapter 2 기준점 측량

 2-1 수준측량

1. 용 어

① **수평면** : 연직선에 직각되는 곡면
② **수평선** : 수평면에 평행한 곡선
③ **지평면** : 수평면의 한점에 접하는 평면
④ **지평선** : 지평면에 평행한 직선
⑤ **후시**(B.S) : 알고있는 점(기지점)에 세운 표척의 읽음 값
⑥ **전시**(F.S) : 구하고자 하는 점(미지점)에 세운 표척의 읽음 값
⑦ **기계고**(I.H) : 평균해수면에서 레벨 망원경 시준선까지의 높이
⑧ **지반고**(G.H) : 평균해수면으로 부터 표척을 세운점의 표고
⑨ **이기점**(T.P) : 전시 및 후시를 동시에 읽는 점(전시와 후시의 연결점)
⑩ **중간점**(I.P) : 전시만 취하는 점

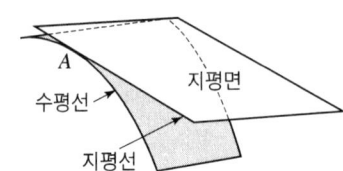

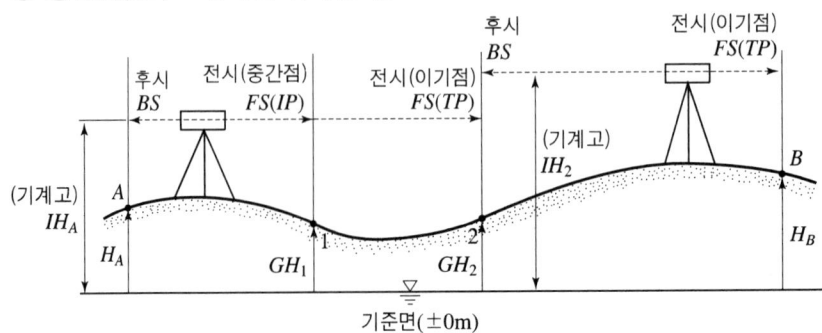

2. 레벨구조

(1) 기포관

① 기포관 감도 : 기포 한 눈금(2mm)이 움직이는 중심각의 변화

$$R : n \cdot s = D : l = \rho'' : n \cdot \theta''$$

여기서, R : 기포관의 반경
n : 기포 이동 눈금수
s : 기포 1눈금 간격(2mm)
D : 수평거리
l : 표척독치차($l_1 - l_2$)
ρ'' : 206265″
θ'' : 기포관의 감도
$n \cdot s$: 기포 이동량

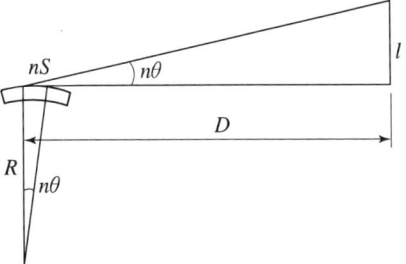

3. 전시와 후시 거리를 같게 함으로써 제거되는 오차

(1) 시준축 오차 소거

기포관축 ≠ 시준선(레벨조정의 불안정으로 생기는 오차 소거)
전시와 후시거리를 같게 취하는 가장 중요한 이유이다.

(2) 자연적 오차 소거

① 구차 : 지구의 곡률에 의한 오차 $E_c = \dfrac{D^2}{2R}$

② 기차 : 광선의 굴절에 의한 오차 $E_r = -\dfrac{KD^2}{2R}$

③ 양차 : 구차와 기차의 합 $E = \dfrac{D^2}{2R}(1-K)$

(3) 조준나사 작동에 의한 오차 소거

4. 직접 수준측량

① 기계고(I.H) = 지반고(G.H) + 후시(B.S)
② 지반고(G.H) = 기계고(I.H) − 전시(F.S)
③ 계획고(F.H) = 첫측점의 계획고 ± (추가거리 × 구배)
④ 절토고 = 지반고 − 계획고 = ⊕
⑤ 성토고 = 지반고 − 계획고 = ⊖
⑥ 두 점간의 고저차 H = Σ후시(B.S) − Σ전시(F.S)

5. 교호수준측량

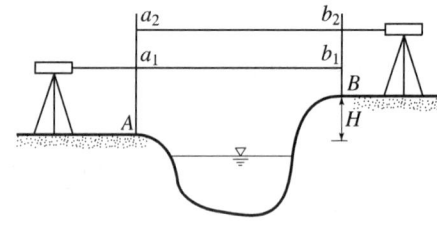

전시와 후시의 거리를 같게 하는 것과 동일한 효과를 주기 위한 것이다.

$$H = \frac{(a_1 - b_1) + (a_2 - b_2)}{2}$$

표척의 읽음값	$a_1 > b_1,\ a_2 > b_2$	$a_1 < b_1,\ a_2 < b_2$
A점	지반이 낮다.	지반이 높다.
B점	지반이 높다.	지반이 낮다.
B점의 표고(H_B)	$H_B = H_A + h$	$H_B = H_A - h$

6. 오차(e)와 노선거리(L)와의 관계

(1) 직접수준측량 $e_1 : e_2 = \sqrt{L_1} : \sqrt{L_2}$

(2) 간접수준측량 $e_1 : e_2 = L_1 : L_2$

7. 야장 기입법

(1) 기고식

① 중간점이 많을 경우에 사용하는 방법
② 완전한 검산을 할 수 없는 단점이 있다.
③ 야장 정리 방법
  ㉠ 기계고 = 전 이기점의 지반고 + 전 이기점의 후시
  ㉡ 지반고 = 기계고 − 전시(FS ; 중간점 포함)
  [검산] $\Sigma BS - \Sigma FS(TP) =$ 지반고차

(2) 고차식

① 중간 측점의 지반고가 필요 없고

② 2점 간의 높이를 구하는 것이 목적일 때 사용하는 방법
③ 야장 정리 방법
지반고＝전 측점의 지반고＋전 측점의 후시－전시
[검산] $\Sigma BS - \Sigma FS =$ 지반고차

(3) 승강식

① 완전한 검산을 할 수 있다.
② 정밀한 측량에 적합하다.
③ 중간점이 많을 때에는 불편하다.
④ 야장 정리 방법
　㉠ 승 : 이기점의 후시－전시(중간점 포함)＝＋
　㉡ 강 : 이기점의 후시－전시(중간점 포함)＝－
　㉢ 지반고＝전 이기점의 지반고＋승(－강)
　[검산] • $\Sigma BS - \Sigma FS =$ 지반고차
　　　　• Σ 승(TP)－Σ 강(TP)＝지반고차

2-2 다각측량(트래버스측량)

1. 트래버스 측량 일반

(1) 트래버스 측량의 정의

트래버스 측량(Traversing)이란 측량하는 구역을 골조로 둘러싸고 측점의 각도와 점과 점 사이의 거리를 재는 것으로, 기준점을 연결하여 이루어지는 다각형에 대한 변의 길이와 각을 측정하여 측점의 위치를 결정하는 측량이다. 여기서 골조로 둘러 싸는 것이 매우 중요한데 이는 그림을 그릴 때 우선 전체의 구도를 생각한 뒤에 세밀한 부분을 그리듯이 측량도 상세하게 재기 전에 골조로 측량 구역을 둘러싸서 기초가 되는 점을 정한 다음에 세부를 측량하는 것이다.

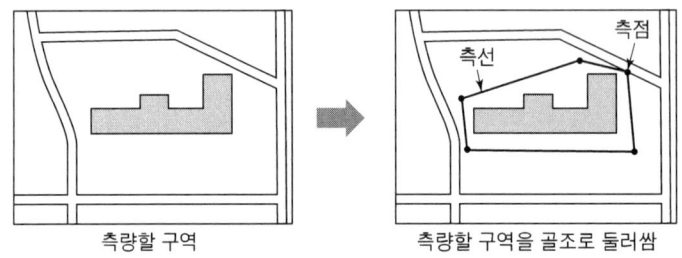

측량할 구역 → 측량할 구역을 골조로 둘러쌈

① 일반적으로 트래버스의 절점을 이루는 트래버스 점에 대한 각측량과 트래버스선에 대한 거리측량에 의하여 트래버스 형상을 확인하는데, 각측량에서는 트랜싯이 거리측량에서는 각종 줄자가 일반적으로 사용되며, 다각측량 또는 도근측량이라고도 한다.
② 도근측량(Topographic Control Surveying)이란 삼각점, 지적삼각점, 지적삼각보조점 등을 기초로 하여 세부측량의 기초가 되는 도근점을 설치하기 위하여 실시하는 측량을 말한다.

(2) 트래버스 측량의 특징

① 국가 기본삼각점이 멀리 배치되어 있어 좁은 지역에 세부측량의 기준이 되는 점을 추가 설치할 경우에 편리하다.
② 복잡한 시가지나 지형의 기복이 심하여 시준이 어려운 지역의 측량이나 선로(도로, 하천, 철도)와 같이 좁고 긴 곳의 측량에 적합하다.
③ 거리와 각을 관측하여 도식해법에 의하여 모든 점의 위치를 결정할 경우 편리하다.
④ 국가 높이기준점 측량에 사용된다.

(3) 트래버스 측량의 순서

① 1단계 : 계획

실제로 측점을 정하기 전에 지도상에서 측량할 지역의 어디에 측점(트래버스점)을 둘 것인지, 어떻게 골조를 만들 것인지 계획한다.

② 2단계 : 답사 · 선점

실제로 현지에 가서 계획한 측점의 전망이 좋은지를 확인하고, 필요에 따라 측점을 변경해 측점의 위치를 결정한다.

③ 3단계 : 조표(말뚝박기)

측점이 결정되었으면 측점을 표시할 말뚝을 박는다. 3단계까지 끝나면 다음과 같은 평면도가 완성된다.

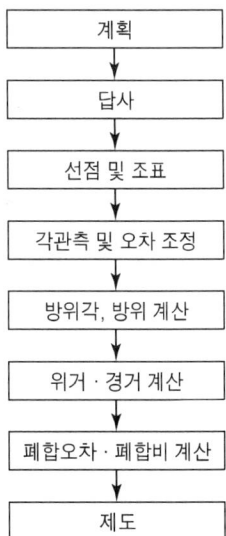

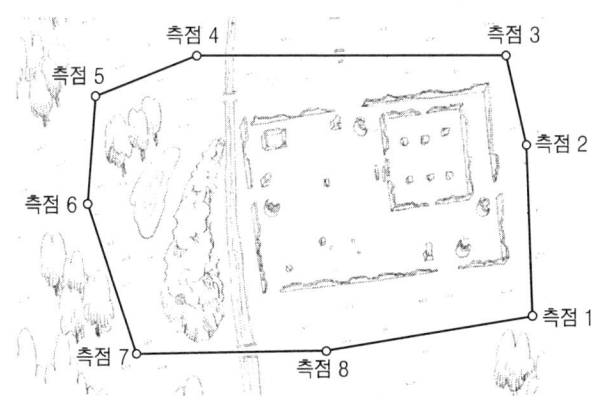

④ 4단계 : 실측(각 측량 · 거리 측량)

골조의 각도와 변의 길이를 측량한다.

⑤ 계산 · 작도

평면도를 만들기 위한 계산과 작도를 한다.

(4) 트래버스 측량의 선점시 주의 사항

① 트래버스의 노선은 가능한 폐합 또는 결합이 되게 한다.
② 거리측량과 각 측량의 정확도가 균형이 되게 한다.
③ 측점간 거리는 가능한 한 단순화 한다.
④ 결합 트래버스의 출발점과 결합점 간의 거리는 가능한 단거리로 한다.
⑤ 지반이 견고하고 기계 세우기 및 관측이 쉬운 장소가 좋다.
⑥ 세부 측량을 할 때 각 측점을 그대로 사용할 수 있는 곳이 좋다.

⑦ 측점은 수준점으로도 사용될 수 있으므로 수준측량을 감안하여 선점하는 것이 좋다.
⑧ 측점 간의 거리가 너무 짧으면 측점수가 많아져 비용이 많이 들며 정밀도가 떨어지므로 가능한 길게 하고 측점수는 적게 한다.
⑨ 하나의 측점에서는 한정된 범위밖에 측량할 수 없기 때문에 이를 고려하여 기준점을 설치한다.

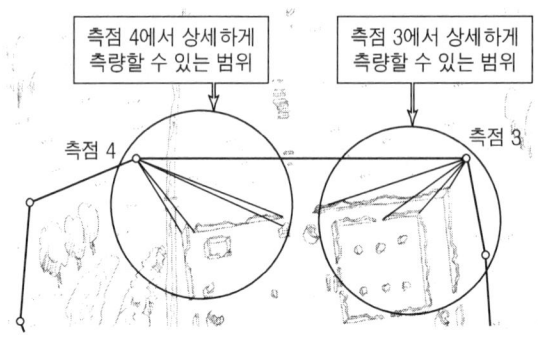

2. 트래버스의 종류

여러 개의 측선이 연달아 이어진 다면형의 모양을 트래버스(traverse)라고 하며 형태는 폐합트래버스와 개방트래버스가 있다. 트래버스 망(traverse net work)은 트래버스를 망 모양으로 설치한 것을 말하며, 망 전체를 동시에 평균 계산을 할 수 있어 중요한 다면측량에 이용된다.

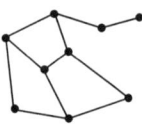

(1) 개방 트래버스

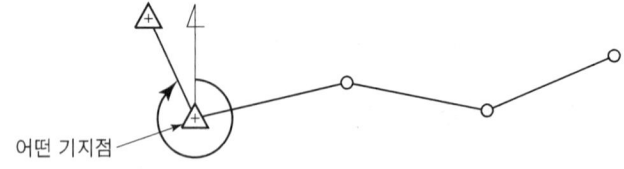

① 임의 점에서 시작하여 임의 점에서 끝나거나 기지점에서 출발해서 몇 개의 새로운 트래버스점에서 끝나는 기지점 사이를 연결하지 않는 트래버스이다. 기지점이란 삼각점 등 방위나 좌표값이 정확한 점을 말하며 일반적으로 △로 표시한다.
② 시·종점 또는 종점이 되는 트래버스점이 기지점이 아니기 때문에 오차가 있어도 점검할 방법이 없으므로 정도가 낮다.

③ 노선측량의 답사 등의 높은 정확도를 요구하지 않는 측량에 이용되는 트래버스이다.
④ 측점의 수를 적게 해서 오차를 줄이는 노력이 필요하다.
⑤ 평면도를 만들 때에는 좀더 세밀한 측량(평판 측량)을 위해 폐합 트래버스나 결합 트래버스로 둘러싼 범위에서 떨어진 위치에 기준점이 필요한 경우가 있는데 이러한 경우에 개방 트래버스가 쓰인다.

(2) 폐합 트래버스

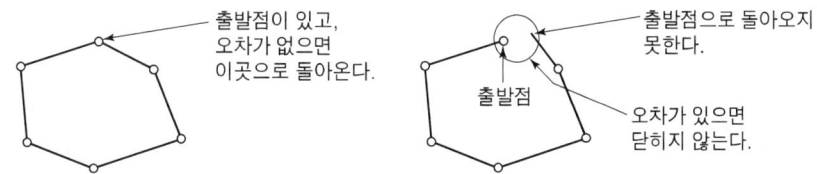

① 한 측점에서 출발하여 최후에는 다시 출발점으로 돌아오는 트래버스로 트래버스가 닫혀 있는 모양이 되기 때문에 폐합 트래버스라고 한다.
② 다각형은 측점의 수로 내각의 합계 값(°)을 구할 수 있기 때문에 측량한 내각과 계산으로 구해진 값을 비교하면 오차가 어느 정도인지 알 수 있어서 비교적 정도가 좋고 일반적으로 많이 쓰이고 있다.
③ 오차 값은 측점의 수로 균등하게 나눠서 출발점에 돌아오도록 보정한다.
④ 폐합 트래버스는 어느 정도 좁은 소규모 지역의 측량에 많이 이용한다.

(3) 결합 트래버스

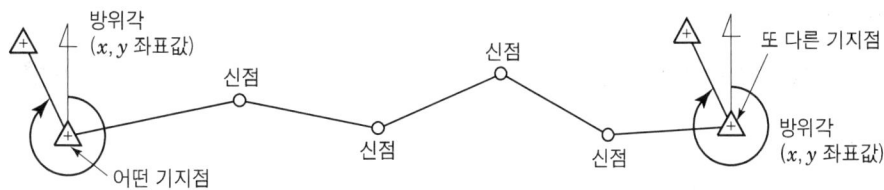

① 결합 트래버스는 어느 한 기지점에서 출발해서 새로운 트래버스점을 몇 개 정도 경유해 다른 기지점에 도달시키는 트래버스이다.
② 일반적으로 기지점으로는 삼각점을 이용한다.
③ 결합 트래버스는 2개의 기지점을 사용하기 때문에 트래버스 측량 중에서 가장 정확도가(신뢰성이) 높다.
④ 결합 트래버스는 대규모 지역의 측량에 많이 이용하고 있으며, 측량할 범위가 넓으면 오차가 조금씩 쌓이는 것을 피할 수 없기 때문에, 마지막 기지점에 도달할 수 있도록 오차값을 측점의 수로 균등하게 나눠서 보정한다.

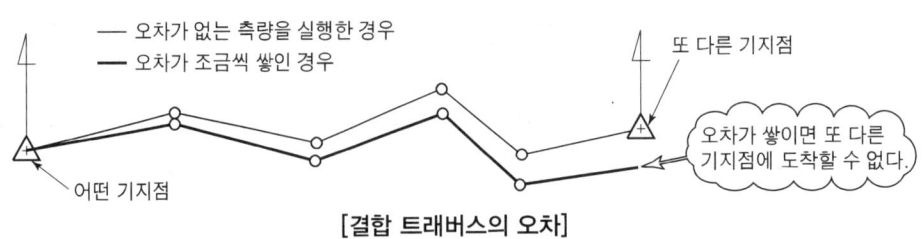

[결합 트래버스의 오차]

3. 수평각 측정법

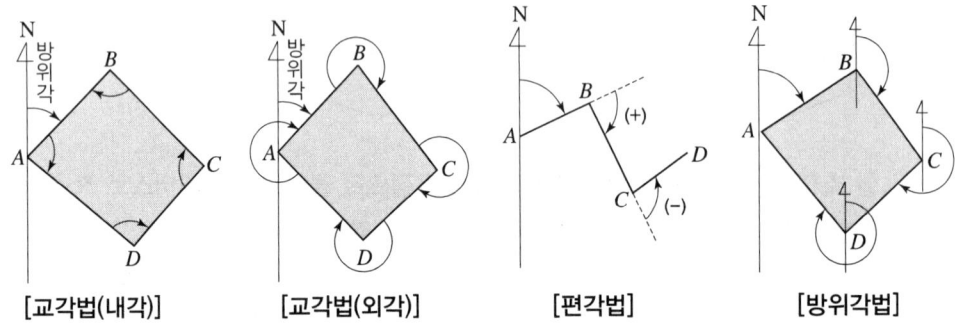

[교각법(내각)]   [교각법(외각)]   [편각법]   [방위각법]

(1) 교각법

교각법이란 두 측선이 이루는 각을 관측하는 방법으로 좁은 각은 내각 넓은 각은 외각이 된다.

(2) 편각법

편각법이란 각 측선이 그 앞 측선의 연장과 이루는 각을 관측하는 방법을 말한다.

(3) 방위각법

방위각법이란 각 측선이 일정한 기준선과 이루는 각을 시계 방향(우회)으로 관측하는 방법을 말하며, 다음과 같은 특징이 있다.
① 지역이 험준하고 복잡한 지역에서는 적합하지 않다.
② 각관측값의 계산과 제도가 편리하고 신속히 관측할 수 있다.
③ 방위각을 직접 관측함에 따라 관측값의 계산은 편리하나 한번 오차가 생기면 그 영향이 끝까지 미친다.

4. 관측각 오차

(1) 폐합 트래버스

① 내각 관측시 오차 $E = [\alpha] - 180°(n-2)$
② 외각 관측시 오차 $E = [\alpha] - 180°(n+2)$
③ 편각 관측시 오차 $E = [\alpha] - 360°$
여기서, $[\alpha]$: 각 관측치의 합, n : 측각수

(2) 결합 트래버스

① $W_a > W_b$인 경우 : $E = W_a - W_b + [\alpha] - 180(n+1)$

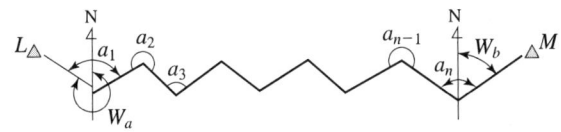

② $W_a ≒ W_b$인 경우 : $E = W_a - W_b + [\alpha] - 180(n-1)$

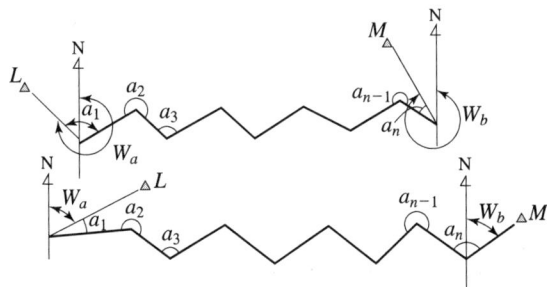

③ $W_a < W_b$인 경우 : $E = W_a - W_b + [\alpha] - 180(n-3)$

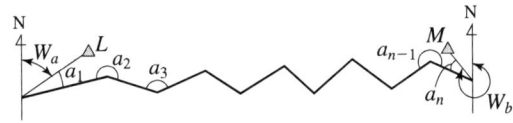

5. 측각오차의 허용범위

① 시가지 : $20''\sqrt{n} \sim 30''\sqrt{n} = 0.3'\sqrt{n} \sim 0.5'\sqrt{n}$
② 평탄지 : $30''\sqrt{n} \sim 60''\sqrt{n} = 0.5'\sqrt{n} \sim 1.0'\sqrt{n}$
③ 산림지 : $90''\sqrt{n} \qquad\qquad = 1.5'\sqrt{n}$

6. 방위각 계산

(1) 방위각

진북을 기준으로 시계방향으로 그 측선에 이르는 각

(2) 교각법에 의한 방위각계산

전측선의 방위각 $\pm 180°\mp$그 측점의 교각

① 진행방향에서 좌측각을 측정할 경우 $\beta = \alpha + 180° + a_2$

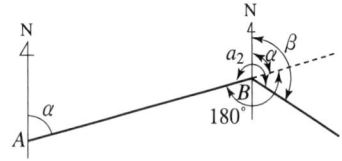

② 진행방향에서 우측각을 측정할 경우 $\beta = \alpha + 180° - a_2$

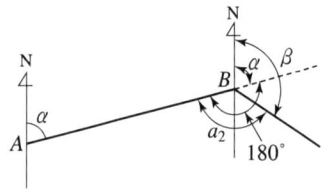

(3) 편각법에 의한 방위각계산

어떤 측선의 방위각 = (하나 앞 측선의 방위각) ± (편각)
여기서, 우편각은 (+), 좌편각은 (-)

(4) 방위각 계산 일반사항

① 방위각이 360°를 넘으면 360°를 감(-)한다.
② 방위각이 (-)값이 나오면 360°를 가(+)한다.

(5) 역방위각

역방위각 = 방위각 + 180°

7. 방위 계산

(1) 방위

상 한	방위각(α)	방 위
제1상한	$0° \sim 90°$	$N\alpha_1 E$
제2상한	$90° \sim 180°$	$S(180-\alpha_2)E$
제3상한	$180° \sim 270°$	$S(\alpha_3 - 180°)W$
제4상한	$270° \sim 360°$	$N(360°-\alpha_4)W$

(2) 역방위

N → S
S → N
E → W
W → E

8. 위거 및 경거 계산

(1) 위거(Latitude)

측선이 NS선에 투영된 길이

$$L_{AB} = \overline{AB} \cdot \cos\theta$$

상한	위거	경거
제1상한	+	+
제2상한	−	+
제3상한	−	−
제4상한	+	−

(2) 경거(Departure)

측선이 EW선에 투영된 길이

$$D_{AB} = \overline{AB} \cdot \sin\theta$$

9. 위거와 경거를 이용한 거리 및 방위각 계산

(1) AB의 거리

$$AB = \sqrt{(X_B - X_A)^2 + (Y_B - Y_A)^2}$$

(2) AB의 방위각

$$\tan\theta = \frac{Y}{X} = \frac{Y_B - Y_A}{X_B - X_A}$$

X	Y	상한
+	+	1상한
−	+	2상한
−	−	3상한
+	−	4상한

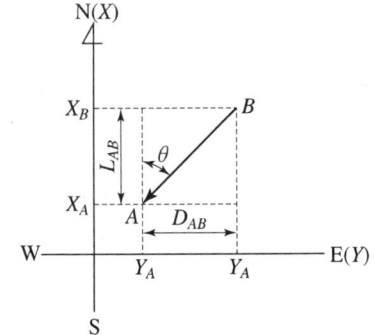

10. 합위거, 합경거 계산

(1) A점(X_A, Y_A)를 알고 B점(X_B, Y_B)를 구하는 방법

$\begin{cases} AB\,위거 = \overline{AB} \times \cos\theta \\ AB\,경거 = \overline{AB} \times \sin\theta \end{cases}$

$\begin{cases} X_B = X_A + AB측선위거 \\ Y_B = Y_A + AB측선경거 \end{cases}$

여기서, θ : AB측선의 방위각

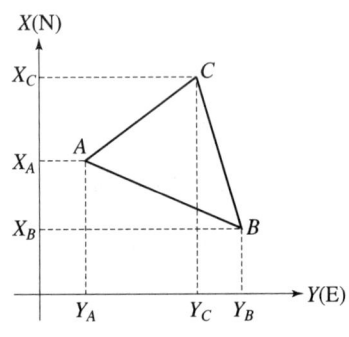

(2) B점(X_B, Y_B)를 알고 C점(X_C, Y_C)를 구하는 방법

$\begin{cases} BC\,위거 = \overline{BC} \times \cos\theta \\ BC\,경거 = \overline{BC} \times \sin\theta \end{cases}$ $\begin{cases} X_C = X_B + BC측선위거 \\ Y_C = Y_B + BC측선경거 \end{cases}$

여기서, θ : BC측선의 방위각

11. 트래버스의 조정

(1) 폐합오차의 조정

① 컴퍼스법칙
  ㉠ 각관측과 거리관측의 정밀도가 비슷할 때 조정하는 방법
  ㉡ 각측선길이에 비례하여 폐합오차를 배분

$$위거조정량 = \frac{그\;측선거리}{전\;측선거리} \times 위거오차 = \frac{L}{\sum L} \times E_L$$

$$경거조정량 = \frac{그\;측선거리}{전\;측선거리} \times 경거오차 = \frac{L}{\sum L} \times E_D$$

② 트랜싯법칙
  ㉠ 각관측의 정밀도가 거리관측의 정밀도 보다 높을 때 조정하는 방법
  ㉡ 위거, 경거의 크기에 비례하여 폐합오차를 배분

$$위거조정량 = \frac{그\ 측선의\ 위거}{|위거절대치의\ 합|} \times 위거오차 = \frac{L}{\sum |L|} \times E_L$$

$$경거조정량 = \frac{그\ 측선의\ 경거}{|경거절대치의\ 합|} \times 경거오차 = \frac{D}{\sum |D|} \times E_D$$

12. 면적 계산

(1) 배횡거

① 횡거 : 측선의 중점으로부터 자오선에 내린 수선의 길이
② 배횡거 계산
  ㉠ 첫 측선의 배횡거 = 첫 측선의 경거
  ㉡ 임의 측선의 배횡거 = 하나 앞 측선의 배횡거 + 하나 앞 측선의 경거
                    + 그 측선의 경거
  ㉢ 마지막 측선의 배횡거 = 하나 앞 측선의 배횡거 + 하나 앞 측선의 경거
                       + 그 측선의 경거
                    = 마지막 측선의 경거와 같다.(부호만 반대)

(2) 면 적

① 배면적 = 배횡거 × 위거
② 면적 = $\frac{배면적}{2}$

2-3 GPS 및 GIS

1. 위성측위시스템(GPS)

(1) 인공위성에 의한 위치결정 시스템

① GNSS(Global Navigation Satellite System ; 위성을 이용한 전파항법 시스템)
  ㉠ 수십 개의 위성을 이용하여 전 세계의 모든 지역에서 언제든지 위치와 시각 서비스 제공이 가능할 뿐만 아니라 수신기가 저렴하고 오차가 적어 응용범위가 매우 다양하다.
  ㉡ GNSS는 군사 분야의 각종 항법시스템에 적용 할뿐만 아니라, 항공, 육상, 해양 등의 민간 분야와 국가 주요 인프라 기반 기술로 널리 쓰이고 있다.
  ㉢ 미국의 GPS, 러시아의 GLONASS가 전지구적으로 가동되고 있으며, 중국의 베이더(Compass), 진행 중인 EU의 Galileo프로젝트가 있으며, 인도나 일본의 경우 자국의 지역을 커버하는 지역위성항법시스템을 개발·구축하여 사용하고 있다.
  ㉣ 라이넥스(RINEX(Receiver Independent Exchange Format))는 GNSS 관측 데이터의 저장과 교환에 사용되는 세계 표준의 GNSS 데이터 자료형식이다.
  ㉤ GNSS 관측자료의 계산을 위해서 모든 기지점에 대한 측지좌표성과(위도, 경도)와 보정타원체고를 사용해야 한다.
  ㉥ 보정타원체고는 기지점의 측지좌표성과(위도, 경도)를 이용하여 합성 지오이드 모델로부터 계산된 지오이드고와 기지점의 표고성과를 더하여 계산한다.
  ㉦ 기지점의 측지좌표성과가 없을 경우에는 기지점에서 관측한 GNSS 자료와 위성기준점 데이터를 이용하여 측지좌표성과를 산출하여 사용하며, 기지점의 측지좌표 계산은 공공삼각점측량 방법을 준용한다.

② NNSS(Navy Navigation Satellite System ; 미 해군 위성항법시스템)
  ㉠ 인공위성을 이용하는 측량 중 원래 항행용으로 개발되었으나 오늘날 극운동 또는 지구의 자전속도 변동조사 및 범세계적 측지학적 위치결정에 이용되고 있다.
  ㉡ 거리관측은 인공위성 전파의 도플러(Dopple) 효과를 이용한다.
  ㉢ 미국에서 1959년 시작하여 1964년 실용화되었다.
  ㉣ WGS-72좌표를 사용한다.
  ㉤ 정확도(이동체가 정지하고 있는 경우 ±수100m정도)가 좋지 않아 측량에 이용되기는 곤란하다.

③ VLBI(Very Long Baseline Interferometer ; 초장기선전파 간섭계)

④ SRL(Satellite LASER Ranging ; 인공위성 레이저측정기)
⑤ GPS(Global Positioning System ; 위성측위시스템)
  ㉠ GPS는 NNSS의 발전형으로 인공위성을 이용한 세계위치 결정체계로 정확한 위치를 알고 있는 위성에서 발사한 전파를 수신하여 관측점까지 소요시간을 관측함으로써 관측점의 위치를 구하는 체계이다.
  ㉡ 거리관측은 전파의 도달 소요시간을 이용한다.
  ㉢ 1970년대에 계획·개발에 착수하여 1992년 24기의 인공위성이 운용되므로 완전한 시스템이 구축되어 실용화가 시작되어 GPS 전파의 정확도 향상 및 위성궤도의 향상, 새로운 수신 기술 개발 등으로 여러 분야에서 급진적인 발전과 응용되고 있다.
  ㉣ WGS-84좌표를 사용한다.
  ㉤ 우천시에도 위치 결정이 가능하다.
  ㉥ 2점 이상의 관측시 관측점 간의 시통을 필요로 하지 않는다.
  ㉦ 수신점간의 높이를 결정하는데 이용되기도 한다.

(2) GPS 구성개요

우주부문 (Space Segment)	① 주임무 : 전파신호 발사 ② 27개 NAVSTAR GPS 위성으로 구성 ③ 위성의 궤도 : 고도 약 20,200km, ④ 주기 : 0.5 항성일(약 11시간 58분) ⑤ 위성의 배치 : 1궤도에 간격으로 4개(3개 + 예비 1개), 6개 궤도면(경도 매 60° 마다) 총 24개 배치 ⑥ 3차원 후방교회법에 의해 위치 결정
제어부문 (Control Segment)	① 주임무 　• 궤도와 시각결정을 위한 위성의 추적 　• 위성의 작동상태 감독 　• 전리층 및 대류층의 주기적 모형화 　• 위성시간의 동일화 및 위성으로의 자료전송 　• SA(Selective Availability)의 ON/OFF 책임, ② 1개의 주제어국과 5개의 추적국, 3개의 지상관제소로 구성
사용자부문 (User Segment)	① 주임무 : 위성으로부터 전파를 수신받아 수신기의 위치, 속도, 시간, 거리 등을 계산 ② GPS수신기 및 안테나, 자료처리 소프트웨어 등으로 구성 ③ 수신기의 정확도와 용도에 따른 다양한 종류가 있음 ④ 군사용(Military User)과 민간용(Civilian User)이 있음

(3) 정밀도 저하율(DOP)

GPS도 후방교회법과 마찬가지로 기준점의 배치가 정확도에 영향을 주게 되므로 GPS의 측위 정확도의 영향을 표시하는 계수로 정밀도 저하율(DOP)이 사용된다.

[DOP의 종류]
① GDOP : 기하학적 정밀도 저하율
② PDOP : 3차원위치 정밀도 저하율, 3~5 정도 적당
③ HDOP : 수평위치 정밀도 저하율, 2.5 이하 적당
④ VDOP : 수직(높이) 정밀도 저하율
⑤ RDOP : 상대 정밀도 저하율
⑥ TDOP : 시간 정밀도 저하율

2. 지형공간정보체계 (GSIS ; Geo-Spatial Information System)

(1) 개 요

국토계획, 지역계획, 자원개발계획, 공사계획 등 각종 계획의 입안과 추진을 성공적으로 수행하기 위해 토지, 자원, 환경 또는 이와 관련된 사회, 경제적 현황에 대한 방대한 양의 정보를 수집하기 위하여 이와 관련된 각종 정보 등을 전산기(computer)에 의해 종합적, 연계적으로 처리하는 방식

(2) 분 류

3. 지리정보시스템(GIS ; Geographic Information System)

(1) 정 의

① 인간의 의사결정 능력을 향상시켜 주고, 그에 따른 자료의 관찰과 수집에서부터 보존과 분석, 작성된 정보의 사용 및 조작 등의 정보시스템(information system)을 기초로 하여 지표의 공간 참조 데이터(geo-reference data) 및 지리적인 좌표값에 대한 자료를 취급하기 위해 설계된 시스템을 지리정보시스템(GIS)이라고 한다.
② 모든 형태의 지리정보를 효율적으로 수집, 저장, 갱신, 처리, 분석, 표현하기 위해 구축된 하드웨어와 소프트웨어 및 지리자료, 인적자원의 통합체를 지리정보시스템(GIS)이라고 한다.
③ GIS를 하나의 시스템으로 이해하고, 그 운영측면에서 보면 GIS는 특별한 목적을 위해 지표공간으로부터 공간정보를 수집, 저장, 변환, 표시하기 위해 사용되는 컴퓨터 관련 하드웨어와 소프트웨어의 집합체를 의미한다.

(2) GIS의 구성요소

① 컴퓨터 하드웨어　　② 컴퓨터 소프트웨어
③ 공간데이터 베이스　　④ 인적자원

(3) 자료처리체계

① 전반적 작업과정

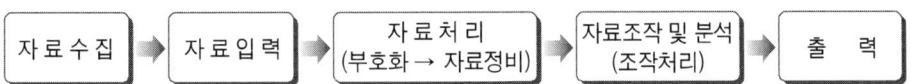

② 자료입력 과정

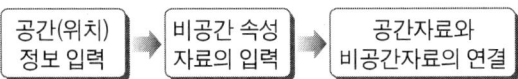

③ 원격측정자료변환 시스템 체계

4. 원격탐사(RS ; Remote Sensing)

(1) 개 요

지상이나 항공기 및 인공위성 등의 탑재기(platform)에 설치된 탐측기(sensor)를 이용하여 지표, 지상, 지하, 대기권 및 우주 공간의 대상들에서 반사 혹은 방사되는 전자기파를 탐지하고 이들 자료로부터 토지, 환경, 도시 및 자원에 대한 필요한 정보를 얻어 이를 해석하는 기법으로 직접적인 접근 없이 관찰 대상에 대한 정보를 보다 신속하고 광역적으로 획득할 수 있다.

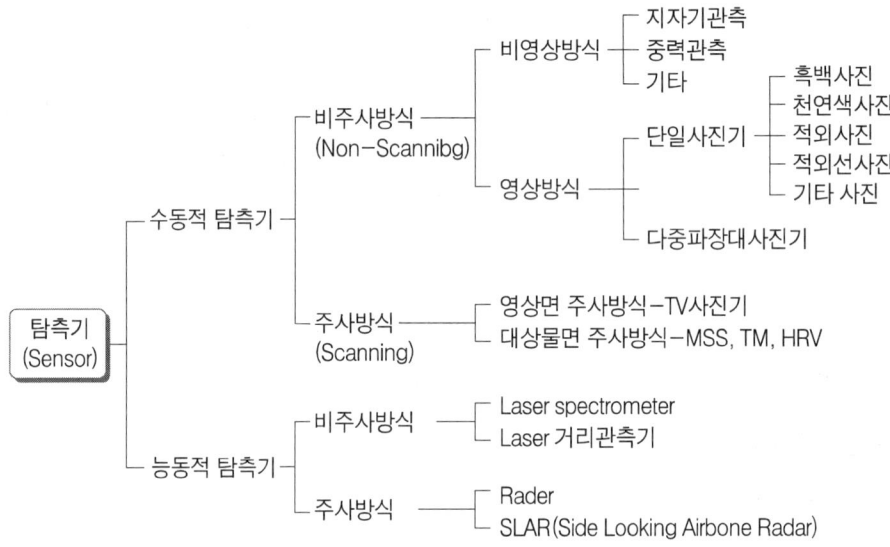

5. 위성영상

(1) 영상의 해상력 구분

① 공간해상력(Spatial Resolution)
공간해상력이란 개개의 pixel이 표현가능한 지상의 면적을 의미한다.
② 분광해상력(Spectral Resolution)
분광해상력이란 센서가 기록가능한 전자기 스펙트럼의 파장범위를 말한다.
③ 방사해상력(Radiometric Resolution)
방사해상력이란 전자기파 에너지의 크기를 구분하는 단계를 말한다.
④ 시간해상도(Temporal Resolution, 주기해상도)
시간해상도란 데이터를 취득하는 주기를 말한다.

2-4 삼각측량

1. 삼각측량 정의

기준점의 위치를 정밀하게 결정하는 측량법

2. 삼각망 종류

① 단 삼각망 : 삼각형 한 개로 이루어진 삼각망
② 단열 삼각망 : 폭이 좁고 거리가 먼 지역에 이용
　㉠ 폭이 좁고 길이가 긴 지역에 적합하다.
　㉡ 노선·하천·터널 측량 등에 이용한다.
③ 유심 삼각망 : 넓은 지역의 측량에 이용
　㉠ 동일 측점에 비해 포함 면적이 가장 넓다.
　㉡ 넓은 지역에 적합하다.
④ 사변형 삼각망 : 조건식의 수가 가장 많아, 시간과 비용이 많이 들며 가장 정밀도가 높다.
　㉠ 조정이 복잡하고 시간과 비용이 많이 든다.
　㉡ 조건식의 수가 가장 많아 정도가 가장 높다.
　㉢ 기선삼각망에 이용된다.

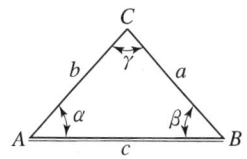

[단 삼각망]

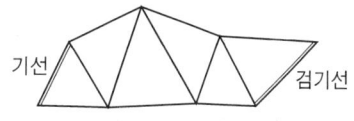

[단열 삼각망]

[유심 삼각망]　[사변형 삼각망]

3. 삼각측량 일반

종류	삼각등급	표시	평균변장	협각	조정법	관측제한오차	폐합차
측지학적측량 (대지삼각측량)	1등삼각점 (대삼각본점)	◎	30km	약 60°	조건식조정	5″	2″ 이내
	2등삼각점 (대삼각보점)	◎	10km	30~120°	좌표조정	7″	5″ 이내
평면측량 (평면삼각측량)	3등삼각점 (소삼각1등점)	●	5km	25~130°	좌표조정	10″	
	4등삼각점 (소삼각2등점)	○	2.5km	15° 이상	간략조정	20″	

4. 기선 삼각망 선점

(1) 기선확대횟수(최종확대변)

① 1회 확대는 기선 길이의 3배 이내
② 2회 확대는 8배 이내
③ 3회 확대는 10배 이내
※ 10배 이상은 확대 못함

5. 조건식 계산

① 각조건식수= $l - P + 1$
② 변조건식수= $B + l - 2P + 2$
③ 점조건식수= $w - l'' + 1$
④ 총조건식수=각조건식수+변조건식수+점조건식수= $B + a - 2P + 3$

여기서, l : 측정할 변수, P : 측점수, B : 기선수
 a : 측정할 각의 수, w : 한 측점에서 측정할 각수, l'' : 한 측점에서 측정할 변수

6. 삼각측량 오차

(1) 구 차

지구 곡률에 의한 오차

$$e_1 = + \frac{D^2}{2R}$$

여기서, D : 두점간의 구면(수평, 평면)거리, R : 지구곡률반지름(6,370km)

(2) 기 차

광선(빛)의 굴절에 따른 오차

$$e_2 = - \frac{KD^2}{2R}$$

여기서, K : 굴절계수

(3) 양차 : 구차 + 기차

$$e = e_1 + e_2 = \frac{D^2}{2R} - \frac{KD^2}{2R} = \frac{D^2}{2R}(1 - K)$$

7. 편심관측

$T + x_1 = t + x_2$

$T = t + x_2 - x_1$

여기서, x_1과 x_2는 sin법칙에 의해 구한다.

$\dfrac{e}{\sin x_1} = \dfrac{S_1'}{\sin(360° - \phi)}$

$x_1 = \sin^{-1} \dfrac{e}{S_1'} \sin(360° - \phi)$

$\dfrac{e}{\sin x_2} = \dfrac{S_2'}{\sin(360° - \phi + t)}$

$\therefore \ x_2 = \sin^{-1} \dfrac{e}{S_2'} \sin(360 - \phi + t)$

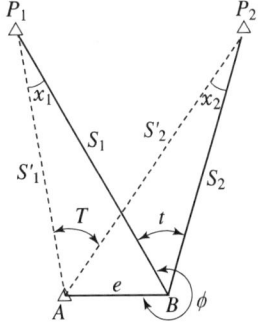

8. 삼각측량 성과표

삼각측량 성과표 기록 내용은 다음과 같다.
① 삼각점 등급 및 점의 종류, 부호 및 명칭
② 경도, 위도
③ **평면직각좌표**(원점4개에 기준한 좌표)
④ 삼각점의 표고
  ㉠ 대부분 삼각 측량에 의하여 구한 값
  ㉡ 정확하지 않음
⑤ 방향각
⑥ **진북 방향각** : 성과표에 있는 방향각을 방위각으로 환산하기 위해서는 방향각에서 진북방향각을 대수적으로 빼준다.

Chapter 3 응용 측량

3-1 지형측량

1. 등고선

평균해수면으로부터의 높이가 같은 선

(1) 등고선 간격

① 등고선의 간격은 주곡선의 간격을 말한다.

② 주곡선의 간격은 축척분모수의 $\frac{1}{2,000}$로 한지만, $\frac{1}{25,000}$과 $\frac{1}{50,000}$ 지도축척은 예외이다.

(2) 등고선 종류

등고선 종류	기 호	$\frac{1}{10,000}$	$\frac{1}{25,000}$	$\frac{1}{50,000}$
계 곡 선	굵은 실선 (━━━━)	25m	50m	100m
주 곡 선	가는 실선 (────)	5m	10m	20m
간 곡 선	가는 파선 (------)	2.5m	5m	10m
조 곡 선	가는 점선 (……………)	1.25m	2.5m	5m

(3) 등고선의 성질

① 같은 등고선 상에 있는 점들의 높이는 같다.
② 한 등고선은 도면 내·외에서 반드시 폐합하는 곡선이다.
③ 높이가 다른 등고선은 동굴이나 절벽을 제외하고는 교차하지 않는다.

④ 급경사지는 간격이 좁고 완경사지는 간격이 넓다.
⑤ 최대 경사 방향은(등고선 사이의 최단 거리 방향은) 등고선과 직각으로 교차한다.
⑥ 등고선이 계곡을 통과할 때는 계곡을 직각방향으로 횡단한다.
⑦ 등고선은 지물(건물, 도로 등)과 만나는 경우 끊겼다 이어진다.
⑧ 유역이나 집수면적은 능선을 따라 구분되어야 한다.

(4) 지성선

지도의 골격을 나타내는 선
① U선(계곡선, 합수선) : 지표면의 가장 낮은 곳을 연결한 선
② ㅗ선(능선, 분수선) : 지표면의 가장 높은 곳을 연결한 선
③ 경사 변환선 : 경사의 크기가 다른 두 면의 교선

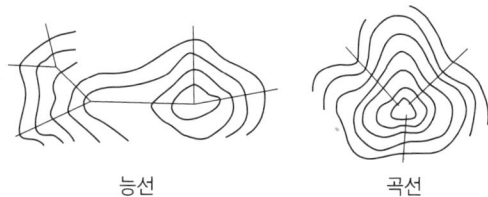

능선   곡선

④ 최대 경사선(유하선) : 경사가 최대로 되는 방향을 표시한 선으로 등고선에 직각이며, 등고선 간의 최단거리가 되고 물이 흐르는 유하선이 된다.

(5) 등고선 그리는 방법

① 목측으로 하는 방법 : 경험이 필요하다.
② 투사척을 사용하는 방법 : 투사지에 의한 방법
③ 계산으로 하는 방법

$D : H = x : h$에서

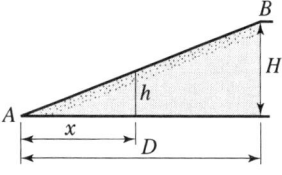

여기서, H : AB간 표고 h : 등고선 표고의 높이
        D : AB간 수평거리 x : 구하는 등고선까지 거리

2. 지형도 표시법

(1) 자연적 도법

① 우모법(게바법, 영선법)
    ㉠ 선의 굵기, 길이 및 방향 등으로 땅의 모양을 표시하는 방법

　　　　　ⓒ 경사가 급하면 선이 굵고 짧은 선, 완만하면 가늘고 긴 선으로 표시
　　　　　ⓒ 소의 털 모양으로 지형을 표시
　　② 음영법(명암법)

(2) 부호적 도법

　① 점고법
　　　　　㉠ 임의 점의 표고를 도상에 숫자로 표시
　　　　　ⓒ 하천, 항만, 해양 등의 심천을 나타내는 경우에 사용
　② 등고선법
　③ 채색법

3-2 면적과 체적 산정

1. 면적계산

(1) 경계선이 직선으로 된 경우 면적계산

① 삼사법

삼각형의 밑변과 높이를 측정했을 때

$$A = \frac{1}{2}ah$$

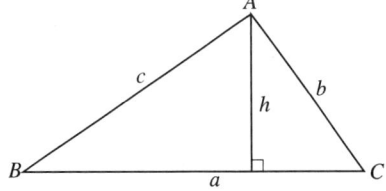

② 이변법

두 변과 사이각 θ을 측정했을 때

$$A = \frac{1}{2}ab\sin\gamma = \frac{1}{2}ac\sin\beta = \frac{1}{2}bc\sin\alpha$$

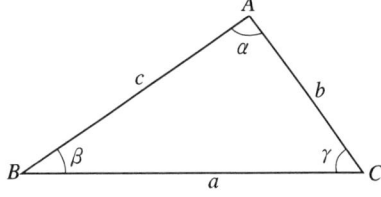

③ 삼변법(헤론의 공식)

$$A = \sqrt{S(S-a)(S-b)(S-c)}$$

여기서, $S = \frac{1}{2}(a+b+c)$

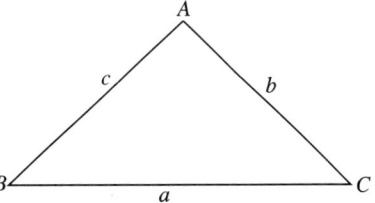

(2) 경계선이 곡선으로 된 경우 면적계산

① 사다리꼴공식
② 심프슨(Simpson)의 제1법칙

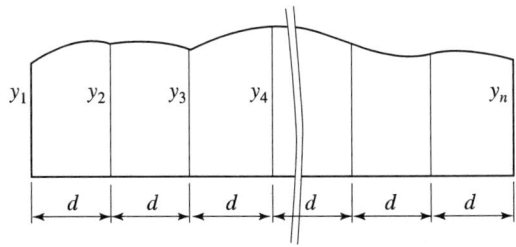

$$A = \frac{d}{3}\{y_1 + y_n + 4(y_2 + y_4 + \cdots\cdots + y_{n-1}) + 2(y_3 + y_5 \cdots\cdots + y_{n-2})\}$$

$$A = \frac{d}{3}(y_1 + y_n + 4\sum y_{짝수} + 2\sum y_{홀수})$$

③ 심프슨(Simpson)의 제2법칙

$$A = \frac{3d}{8}\{y_1 + y_n + 3(y_2 + y_3 + y_5 + y_6 + \cdots +) + 2(y_4 + y_7 + \cdots +)\}$$

(3) 좌표법

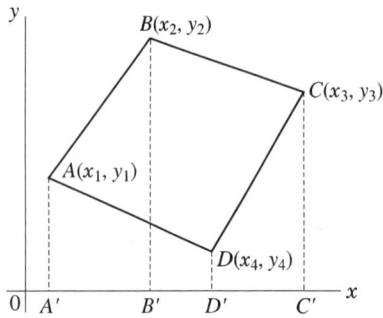

각 측점들의 좌표를 알고 있을 때

$$A = \frac{1}{2}\{y_1(x_n - x_2) + y_2(x_1 - x_3) + y_3(x_2 - x_4) + \cdots + y_n(x_{n-1} - x_1)\}$$

$$= \frac{1}{2}\{y_n(x_{n-1} - x_{n+1})\}$$

또는

$$A = \frac{1}{2}\{x_1(y_n - y_2) + x_2(y_1 - y_3) + x_3(y_2 - y_4) + \cdots + x_n(y_{n-1} - y_1)\}$$

$$= \frac{1}{2}\{x_n(y_{n-1} - y_{n+1})\}$$

(4) 구적기(플래니미터)법

① 극침을 도형 밖에 놓았을 때
  ㉠ 도면의 축척과 구적기의 축척이 같을 경우

$$A = C \cdot n$$

여기서, C : 플래니미터정수, $n : (n_2 - n_1)$

  ㉡ 도면의 축척과 구적기의 축척이 다를 경우

$$A = \left(\frac{S}{L}\right)^2 \cdot a \cdot n$$

여기서, S : 도형의 축척분모수, a : 단위면적, L : 구적기의 축척분모수

ⓒ 도면의 축척 종(세로), 횡(가로)이 다를 경우

$$A = \left(\frac{S}{L}\right)^2 \cdot C \cdot n = \left(\frac{S_1 \cdot S_2}{L^2}\right) \cdot C \cdot n$$

② 극침을 도형 안에 놓았을 때
　㉠ 도면의 축척과 구적기의 축척이 같을 경우

$$A = C \cdot (n + n_o)$$

　㉡ 도면의 축척과 구적기의 축척이 다를 경우

$$A = \left(\frac{S}{L}\right)^2 \cdot C \cdot (n + n_o)$$

③ 측간의 길이

$$a = \frac{m^2}{1,000} d\pi L \text{에서 } L = \frac{1,000 \cdot a}{m^2 \cdot d \cdot \pi}$$

여기서, d : 측륜의 직경, L : 측간의 길이, $\dfrac{d\pi}{1,000}$: 측륜 한 눈금의 크기

2. 면적 분할

(1) 삼각형의 분할

① 한 변에 평행한 직선에 의한 분할
　㉠ 1변에 평행한 직선에 따른 분할

$$\frac{\triangle ADE}{\triangle ABC} = \frac{m}{m+n} = \left(\frac{DE}{BC}\right)^2 = \left(\frac{AD}{AB}\right)^2 = \left(\frac{AE}{AC}\right)^2$$

$$\therefore AD = AB\sqrt{\frac{m}{m+n}}$$

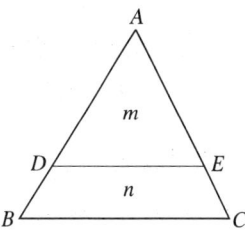

　㉡ 1변의 임의의 정점을 통하는 분할

$$\frac{\triangle ADE}{\triangle ABC} = \frac{m}{m+n} = \left(\frac{AD \cdot AE}{AB \cdot AC}\right)$$

$$\therefore AD = \frac{AB \cdot AC}{AE} \cdot \frac{m}{m+n}$$

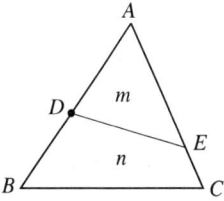

ⓒ 삼각형의 꼭지점(정점)을 통하는 분할 :

$$\frac{\triangle ABD}{\triangle ABC} = \frac{m}{m+n} = \frac{BD}{BC}, \left(\frac{\triangle ABD}{\triangle ABC} = \frac{\frac{BD \times h}{2}}{\frac{BC \times h}{2}}\right)$$

$$\therefore \overline{BD} = \overline{BC} \cdot \frac{m}{m+n}$$

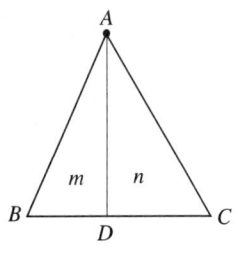

3. 체적측량

(1) 단면법

① 양단면평균법

$$V = \frac{1}{2}(A_1 + A_2) \cdot l$$

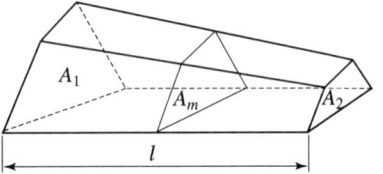

여기서, A_1, A_2 : 양끝단면적, A_m : 중앙단면적
l : A_1에서 A_2까지의 길이

② 중앙단면법(Middle area formula)

$$V = A_m \cdot l$$

③ 각주공식(Prismoidal farmula)

$$V = \frac{l}{6}(A_1 + 4A_m + A_2)$$

④ 단면법의 체적산정 크기순
양단면평균법 > 각주공식 > 중앙단면법

(2) 점고법

① 직사각형으로 분할하는 경우

㉠ 토량

$$V_o = \frac{A}{4}(\Sigma h_1 + 2\Sigma h_2 + 3\Sigma h_3 + 4\Sigma h_4)$$

(단, $A = a \times b$)

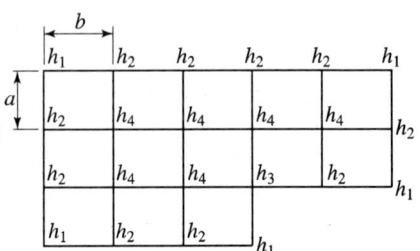

㉡ 계획고

$$h = \frac{V_o}{nA}$$ (단, n : 사각형의 분할개수)

② 삼각형으로 분할하는 경우
  ㉠ 토량
  $$V_o = \frac{A}{3}(\sum h_1 + 2\sum h_2 + 3\sum h_3 + 4\sum h_4$$
  $$+ 5\sum h_5 + 6\sum h_6 + 7\sum h_7 + 8\sum h_8)$$
  (단, $A = \frac{1}{2}a \times b$)

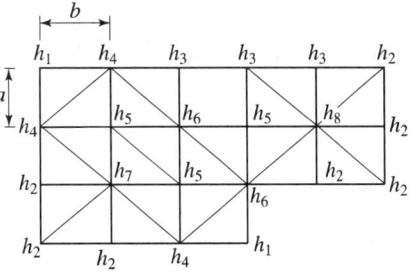

  ㉡ 계획고 $h = \dfrac{V_o}{nA}$

(3) 등고선법

$$V_0 = \frac{h}{3}\{A_0 + A_n + 4(A_1 + A_3 + \cdots) + 2(A_2 + A_4 + \cdots)\}$$

여기서, $A_0, A_1, A_2 \cdots\cdots$: 각 등고선 높이에 따른 면적
       n : 등고선의 간격

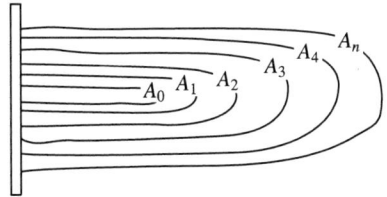

3-3 노선측량

1. 정 의

노선측량은 도로, 철도, 수로, 관로, 송전선로, 갱도와 같이 길이에 비하여 폭이 좁은 지역의 구조물 설계와 시공을 목적으로 시행하는 측량

2. 노선측량 순서

지형측량 → 중심선측량 → 종횡단측량 → 용지측량 → 시공측량

3. 노선 선정시 고려 사항

① 가능한 한 직선으로 할 것
② 가능한 한 경사가 완만할 것
③ 토공량이 적으며 절토량과 성토량이 같을 것
④ 절토의 운반거리가 짧을 것
⑤ 배수가 완전할 것

4. 곡선의 종류

(1) 수평 곡선

노선의 방향이 변화되는 위치에 설치
① 원곡선
  ㉠ 단곡선(simple curve)
  ㉡ 복심곡선(compound curve) : 반지름이 다른 2개의 원곡선이 1개의 공통접선을 갖고 접선의 같은 쪽에서 연결
  ㉢ 반향곡선(reverse curve) : 반지름이 다른 2개의 원곡선이 1개의 공통접선의 양쪽에서 서로 곡선 중심을 가지고 연결
  ㉣ 배향곡선(hairpin curve) : 반향곡선을 연속시킨 형태로 산지에서 기울기를 낮추기 위해 사용
② 완화곡선
  ㉠ 3차 포물선(cubic spiral) : 철도

ⓒ 클로소이드(clothoid) : 고속도로 IC
ⓒ 렘니스케이트(lemniscate) : 시가지 지하철

(2) 수직 곡선

① 원곡선(circular curve) : 철도
② 2차 포물선(pararabola) : 도로

5. 노선의 경사 표기

① 경사 $1 : m$

② 도로의 경사(백분율) $\dfrac{m}{100}$, m%

③ 철도의 경사(천분율) $\dfrac{m}{1,000}$, m‰

6. 단곡선

(1) 단곡선의 각부 명칭

① 교점($I.P$) : V
② 곡선시점($B.C$) : A
③ 곡선종점($E.C$) : B
④ 곡선중점($S.P$) : P
⑤ 교각($I.A$ 또는 I) : $\angle DVB$
    가장 중요한 요소
⑥ 접선길이($T.L$) : $\overline{AV} = \overline{BV}$
⑦ 곡선반지름(R) : $\overline{OA} = \overline{OB}$
    가장 먼저 결정해야할 요소
⑧ 곡선길이($C.L$) : $\overset{\frown}{AB}$
⑨ 중앙종거(M) : $\overline{PQ}$
⑩ 외할길이($S.L$) : $\overline{VP}$
⑪ 현길이(L) : $\overline{AB}$
⑫ 편각(δ) : $\angle VAG$

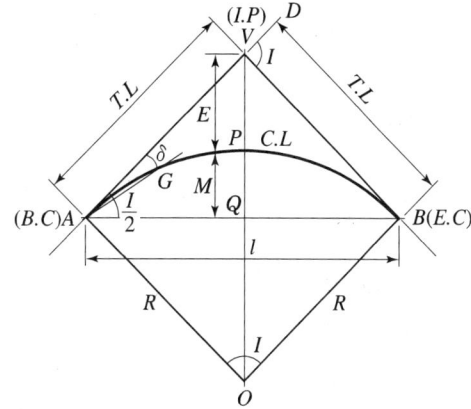

(2) 단곡선의 공식

① 접선길이

$$TL = R \cdot \tan \frac{I}{2}$$

② 곡선길이

$$CL = \frac{\pi}{180°} \cdot R \cdot I \quad (2\pi R : CL = 360 : I)$$

③ 외할($E = SL$)

$$E = l - R = R \cdot \sec \frac{I}{2} - R = R\left(\sec \frac{I}{2} - 1\right)$$

④ 중앙종거(M)

$$M = R - x = R - R \cdot \cos \frac{I}{2} = R\left(1 - \cos \frac{I}{2}\right)$$

※ 중앙종거와 곡률 반경의 관계 $R = \dfrac{C^2}{8M}$

⑤ 장현

$$C = 2R \cdot \sin \frac{I}{2} \quad \left(\sin \frac{I}{2} = \frac{C}{2R}\right)$$

⑥ 편각(δ)

$$\delta = \frac{l}{2R} \times \frac{180°}{\pi} = \frac{l}{R} \times \frac{90°}{\pi} = 1718.87' \frac{l}{R}$$

⑦ 곡선시점($B.C$) = $I.P - T.L$

⑧ 곡선종점($E.C$) = $B.C + C.L$

⑨ 시단현(l_1) = BC점부터 BC 다음 말뚝까지의 거리

⑩ 종단현(l_2) = EC점부터 EC 바로 앞 말뚝까지의 거리

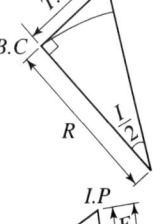
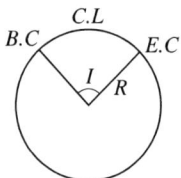
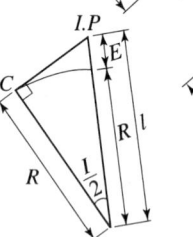
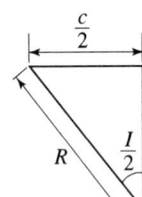

7. 편각설치법

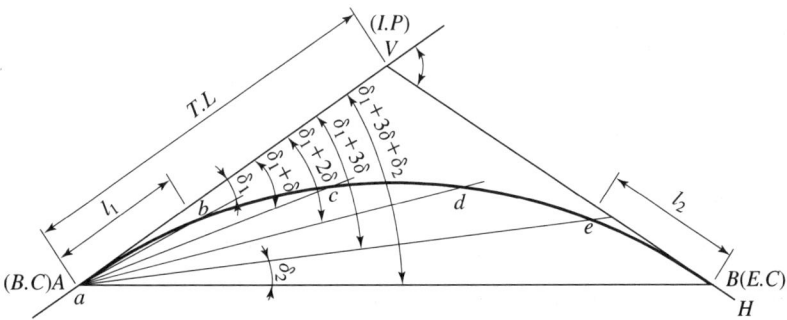

① 시단편각 $\delta_1 = \dfrac{l_1}{R} \times \dfrac{90°}{\pi}$

② 종단편각 $\delta_2 = \dfrac{l_2}{R} \times \dfrac{90°}{\pi}$

③ 20m 편각 $\delta = \dfrac{l}{R} \times \dfrac{90°}{\pi}$

8. 중앙종거법(1/4법)

① 기 설치된 곡선의 검사 또는 조정에 편리
② 말뚝이나 중심간격을 20m마다 설치할 수 없는 결점

$M_1 = R\left(1 - \cos\dfrac{I}{2}\right)$

$M_2 = R\left(1 - \cos\dfrac{I}{4}\right) = \dfrac{M_1}{4}$

$M_3 = R\left(1 - \cos\dfrac{I}{8}\right) = \dfrac{M_2}{4} = \dfrac{M_1}{16}$

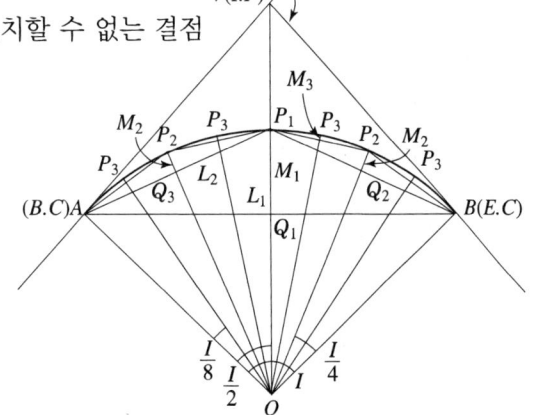

9. 완화곡선

(1) 완화곡선 종류

① 3차 포물선 : 철도에 많이 사용
② Lemniscate 곡선 : 지하철에 사용
③ Clothoid 곡선 : 고속도로 I.C에 주로 이용
※ 2차 포물선 : 도로에서 완화곡선을 넣을 경우 사용

(2) 완화곡선의 정의
① 차량을 안전하게 통과시키기 위하여 직선부와 원곡선 사이에 넣는 특수 곡선이다.
② 반지름이 무한대로부터 차차 작아져서 원곡선의 반지름이 R이 되는 곡선이다.
③ 캔트 및 슬랙이 0에서 차차 커져 원곡선에서 정해진 값이 된다.
④ 곡률이 곡선장에 비례하여 증대하는 곡선의 일종이다.

(3) 완화곡선의 성질
① 곡선반경은 완화곡선의 시점에서 무한대, 종점에서 원곡선 R로 된다.
② 완화곡선의 접선은 시점에서 직선에, 종점에서 원호에 접한다.
③ 완화곡선에 연한 곡선반경은 감소율은 캔트의 증가율과 같다.
④ 완화곡선의 종점에서의 캔트는 원곡선의 캔트와 같다.
⑤ 완화곡선의 곡률($1/R$)은 곡선길이에 비례한다.

(4) 용 어

종 류	원심력 고려	곡선부 탈선 방지
도 로	편물매(편구배)	확 폭
철 도	Cant	Slack

① 캔트

$$C = \frac{SV^2}{Rg}$$

여기서, C : 캔트, S : 궤간(레일간격), V : 차량속도, R : 곡선반경, g : 중력가속도

② 확도(확폭)

$$\epsilon = \frac{L^2}{2R}$$

여기서, ϵ : 확폭량, L : 곡선길이, R : 반경

③ 완화곡선의 길이

$$L = \frac{N}{1,000} \cdot C = \frac{N}{1,000} \cdot \frac{SV^2}{Rg}$$

여기서, C : Cant, N : 완화곡선 정수(300~800)

④ 이정

$$f = \frac{L^2}{24R}$$

여기서, f : 이정량, L : 완화곡선장, R : 곡선반경

(5) 클로소이드 곡선

① 곡율($1/R$)이 곡선장에 비례하는 곡선
② 클로소이드의 기본식에서 매개변수 A값을 A^2으로 쓰는 이유는 우측변의 차원(dimention)이 거리^{2}이므로 이와 단위를 일치시키기 위한 것이다. 즉, 양변의 차원을 일치시키기 위해서 A^2을 쓰는 것이다.

$$A^2 = RL$$

여기서, A : 매개변수(m), R : 곡선반경(m), L : 곡선장(m)

(6) 종단곡선

① 종곡선 길이 $l = \dfrac{R}{2}(m-n)$ 여기서, m, n : 구배(경사)

② 도로의 구배 $i = \dfrac{m-n}{100}$

③ 철도의 구배 $i = \dfrac{m-n}{1,000}$

④ 종거

    ㉠ 곡선반경이 주어지는 경우(철도) $y = \dfrac{x^2}{2R}$

    ㉡ 곡선반경이 주어지지 않는 경우 $y = \dfrac{1}{2R}(m-n)x^2$

3-4 하천측량

1. 하천 측량의 정의

하천의 개수공사나 하천 공작물의 계획, 설계, 시공에 필요한 자료를 얻기 위해서 실시하는 측량

2. 하천 측량의 종류

① **평면측량** : 골조측량과 세부측량
② **수준측량** : 종 · 횡단 수준측량을 실시
③ **유량측량** : 각 측점에서 수위관측, 유속관측, 심천측량을 통한 유량을 계산 후 유량 곡선 작성

3. 평면 측량의 범위

① 유제부의 경우
　㉠ 제외지 : 전 지역
　㉡ 제내지 : 300m 내외
② 무제부의 경우 : 물이 흐르는 곳 전부와 홍수시 도달하는 물가선으로부터 100m 정도 넓게
③ 하천공사의 경우 : 하구에서 상류의 홍수 피해가 미치는 지점까지
④ 사방공사의 경우 : 수원지까지

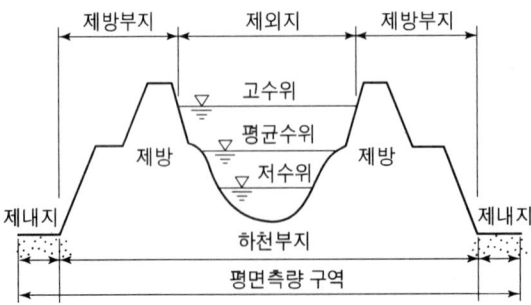

4. 하천 수위

① 평균 최저수위 : 항선, 수력발전, 관개 등의 이수(수리)목적에 이용
② 평균 최고수위 : 제방, 교량, 배수 등의 치수목적에 이용
③ 갈수위(량) : 355일 이상 이보다 적어지지 않는 수위(유량)
④ 저수위(량) : 275일 이상 이보다 적어지지 않는 수위(유량)
⑤ 평수위(량) : 185일 이상 이보다 적어지지 않는 수위(유량)
⑥ 홍수위(량) : 최대수위(유량)
⑦ 수애선(水涯線, Water Side Line) : 육지와 물과의 경계선(평수위에 의해 정해진다.)

5. 유속측정

(1) 부자에 의한 유속 측정법

(2) 평균유속계산 방법

① 1점법 : $V_m = V_{0.6}$

② 2점법 : $V = \dfrac{1}{2}(V_{0.2} + V_{0.8})$

③ 3점법 : $V_m = \dfrac{1}{4}(V_{0.2} + 2V_{0.6} + V_{0.8})$

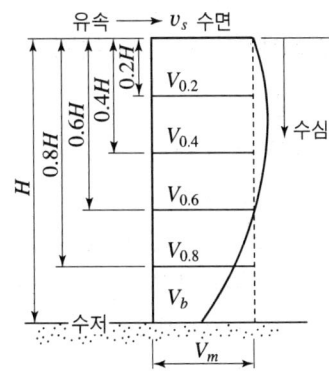

여기서, V_m : 평균유속
$V_{0.2}$: 수심 $0.2H$ 되는 곳의 유속
$V_{0.6}$: 수심 $0.6H$ 되는 곳의 유속
$V_{0.8}$: 수심 $0.8H$ 되는 곳의 유속

④ 4점법 : $V_m = \dfrac{1}{5}\left[(V_{0.2} + V_{0.4} + V_{0.6} + V_{0.8}) + \dfrac{1}{2}\left(V_{0.2} + \dfrac{V_{0.8}}{2}\right)\right]$

여기서, $V_{0.4}$: 수심 $0.4H$ 되는 곳의 유속

Chapter 4
토질역학

4-1 흙의 구조와 기본적 성질

1. 흙의 구조

(1) 비점성토의 구조 및 특징

① 단립구조
  ㉠ 자갈, 모래, 실트 등의 비점성토에서 볼 수 있는 대표적인 구조
  ㉡ 가장 단순한 흙 입자의 배열
  ㉢ 입자가 크고 모가 날수록 강도가 크다.
  ㉣ 입자 사이에 점착력이 없어 마찰력에 의해 맞물려 있어 상당히 안전하다.

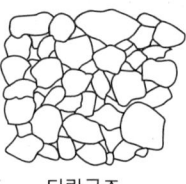
단립구조

② 봉소구조
  ㉠ 아주 가는 모래나 실트가 물속에 침강될 때 발생하는 구조
  ㉡ 흙 입자가 서로 접촉 위치를 지미려는 힘에 의해 아치(arch)를 형성하는 구조
  ㉢ 단립구조보다 간극비가 크다.
  ㉣ 충격과 진동에 약하다.

봉소구조

(2) 점성토의 구조 및 특징

① 면모구조
  ㉠ 두 입자 사이에 인력이 반발력보다 우세하여 서로를 향하여 접근하려는 현상으로 인해 생긴 구조이다.

ⓒ 면과 단의 연결구조이다.
　　　ⓓ 해수 또는 담수에서 점토 입자가 퇴적되면 그 퇴적층은 면모구조를 갖게 된다.
　　　ⓔ 분산 구조보다 투수성과 강도가 크다.
　　　ⓕ 간극비, 압축성 등이 커서 기초지반으로 부적당하다.
　② 분산구조(이산구조)
　　　㉠ 인력보다 반발력이 우세하여 입자들이 서로 떨어지려 하는 구조이다.
　　　㉡ 면과 면의 연결구조이다.
　　　㉢ 면모구조보다 투수성과 강도가 작다.

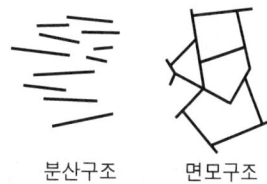
분산구조　　면모구조

(3) 입자 모형이 판상인 점토광물의 종류와 특징

① 카올리나이트(kaolimite)
　㉠ 공학적으로 가장 안전된 구조를 이룬다.
　㉡ 결합력이 커서 활성이 작고, 크기가 가장 크다.
　㉢ 물에 포화되더라도 팽창성이 작다.
② 일라이트(illite)
　㉠ 두 개의 규소판 사이에 한 개의 알루미늄판이 결합된 3층 구조가 무수히 많이 연결되어 형성된 점토광물이다.
　㉡ 각 3층 구조 사이에는 칼륨이온(K^+)으로 결합되어 있다.
　㉢ 중간 정도의 결합력을 가진다.
③ 몬모릴로나이트(montmorillonite)
　㉠ 공학적으로 가장 불안전하다.　　㉡ 결합력이 매우 작아 활성도 크다.
　㉢ 점토함유율 높다.　　㉣ 소성지수가 크다.
　㉤ 수축, 팽창이 크다.

2. 흙의 주상도와 상태 정수

① 공극비(e)　$e = \dfrac{V_v}{V_s} = \dfrac{n}{100-n}$

　　　　　　　$e = \dfrac{G_s \cdot \gamma_w}{\gamma_d} - 1$

② 공극률(n)　$n = \dfrac{V_v}{V} \times 100 = \dfrac{e}{1+e} \times 100$

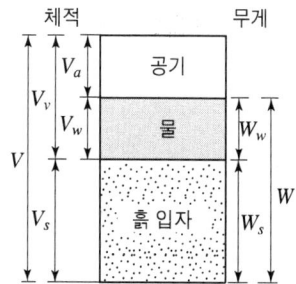

③ 함수비(w) $w = \dfrac{W_w}{W_s} \times 100$

④ 함수율(w') $w' = \dfrac{W_w}{W} \times 100$

⑤ 포화도(S) : 공극 속에 물이 차 있는 정도

$$S = \dfrac{V_w}{V_v} \times 100$$

⑥ 체적과 중량의 상관관계 $S \cdot e = w \cdot G_s$

⑦ 습윤중량과 건조중량의 관계 $W_s = \dfrac{W}{1 + \dfrac{w}{100}}$

⑧ 비중(G_s) $G_s = \dfrac{\gamma_s}{\gamma_w} = \dfrac{W_s}{V_s} \cdot \dfrac{1}{\gamma_w}$

3. 단위중량

① 습윤단위중량 $\gamma_t = \dfrac{W}{V} = \dfrac{G_s \cdot (1 + \dfrac{w}{100})}{1+e} \cdot \gamma_w = \dfrac{G_s + \dfrac{S \cdot e}{100}}{1+e} \cdot \gamma_w$

② 건조단위중량 $\gamma_d = \dfrac{W_s}{V} = \dfrac{G_s}{1+e} \cdot \gamma_w$

③ 포화단위중량 $\gamma_{sat} = \dfrac{G_s + e}{1+e} \cdot \gamma_w$

④ 수중단위중량 $\gamma_{sub} = \gamma_{sat} - \gamma_w = \dfrac{G_s - 1}{1+e} \cdot \gamma_w$

⑤ 습윤단위무게와 건조단위무게의 관계 $r_d = \dfrac{r_t}{1 + \dfrac{w}{100}}$

⑥ 간극비 $e = \dfrac{G_s \cdot r_w}{r_d} - 1$

⑦ 상대밀도 : 사질토의 다짐 정도를 표시

$$D_r = \dfrac{e_{\max} - e}{e_{\max} - e_{\min}} \times 100 = \dfrac{\gamma_{d\max}}{\gamma_d} \dfrac{\gamma_d - \gamma_{d\min}}{\gamma_{d\max} - \gamma_{d\min}} \times 100$$

4. 흙의 연경도

함수량이 감소함에 따라 액성, 소성, 반고체, 고체 상태로 변하는 성질

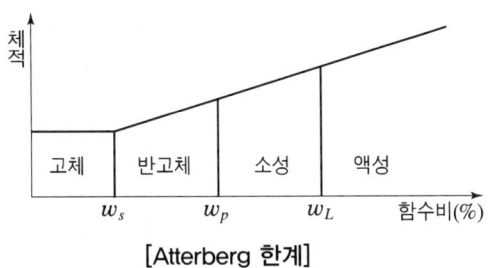

[Atterberg 한계]

(1) 액성한계(w_L)

① 액성상태에서 소성상태로 변하는 경계 함수비
② 소성을 나타내는 최대함수비
③ 점성 유체가 되는 최소함수비
④ 점토분이 많을수록 액성한계가와 소성지수가 크며, 함수비 변화에 대한 수축, 팽창이 크다.
⑤ 자연함수비가 액성한계보다 크거나 같아지면 그 지반은 대단히 연약한 상태

(2) 소성한계(w_p)

① 반고체에서 소성상태로 변하는 경계 함수비
② 소성을 나타내는 최소함수비
③ 반고체 영역의 최대함수비

(3) 수축한계(w_s)

① 고체에서 반고체상태로 변하는 경계 함수비
② 고체 영역의 최대함수비
③ 반고체 상태를 유지할 수 있는 최소함수비
④ 함수량을 감소해도 체적이 감소하지 않고 함수비가 증가하면 체적이 증대

(1) 소성도표를 이용한 수축한계의 결정방법

① 제안자 : Casagrande

② 순서

㉠ A선과 U선을 연장한 교점 B를 결정한다.
㉡ B점과 특정 흙의 액성한계와 소성지수를 나타내는 A점을 연결한다.
㉢ 직선 AB와 X축(액성한계)과의 교점 C를 수축한계로 결정한다.

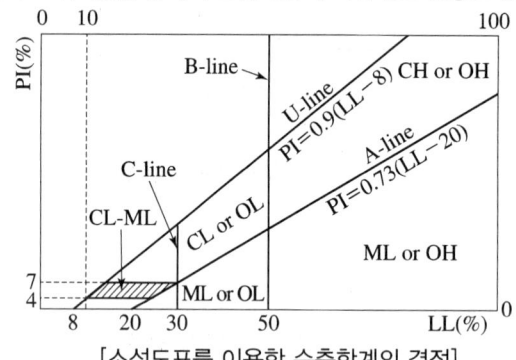

[소성도표를 이용한 수축한계의 결정]

(2) 수축한계(w_s)

$$w_s = w - \Delta w = w - \left[\frac{(V-V_0)}{W_s} \cdot \gamma_w \times 100\right]$$

$$w_s = \left(\frac{1}{R} - \frac{1}{G_s}\right) \times 100(\%)$$

여기서, w : 습윤토의 함수비(%) W_s : 노건조 시료의 중량(g)
　　　　V : 습윤시료의 체적(cm³) V_0 : 노건조 시료의 체적(cm³)
　　　　G_s : 흙의 비중

(3) 수축비(Shrinkage ratio, R)

① 개요 : 수축한계 이상의 부분에 있어서의 체적변화와 이에 대응하는 함수비의 변화와의 비를 말한다.

② 공식 : $R = \dfrac{W_s}{V_0} \cdot \dfrac{1}{\gamma_w}$

③ 단위 : 무차원

(4) 소성지수 : 흙이 소성상태로 존재할 수 있는 함수비의 범위

$$PI = w_L - w_p$$

① 점토의 함유율이 클수록 소성지수는 증가한다.
② 소성지수가 클수록 연약지반이다.

(5) 수축지수 : 흙이 반고체 상태로 존재할 수 있는 함수비의 범위

$$SI = w_p - w_s$$

(6) 액성지수 : 흙이 자연상태에서 함유하고 있는 함수비의 정도로서 흙의 안정성 파악에 사용된다.

$$LI = \frac{w_n - w_p}{I_P} = \frac{w_n - w_p}{w_L - w_p}$$

① 액성지수 $LI < 0$: 전단시 흙이 잘게 쪼개진다.
② 액성지수 $0 \leq LI \leq 1$: 일반적인 보통의 흙 상태(소성 상태)
③ 액성지수 $LI \geq 1$: 아주 예민한 구조인 액성상태

(7) 연경지수 : 액성한계와 자연함수비의 차를 소성지수로 나눈 값

$$CI = \frac{w_L - w_n}{I_P} = \frac{w_L - w_n}{w_L - w_p}$$

① $CI = 1$: 비예민성 흙
② $CI = 0$: 불안정한 액성상태

(8) 유동지수 : 유동곡선의 기울기

$$FI = \frac{w_1 - w_2}{\log N_2 - \log N_1} = \frac{w_1 - w_2}{\log \frac{N_2}{N_1}}$$

(9) 터프니스지수 : 유동지수에 대한 소성지수의 비

$$TI = \frac{PI}{FI} = \frac{소성지수}{유동지수}$$

① TI 가 클수록 Colloid가 많은 흙이다.
② TI 가 클수록 활성도가 크다.

(10) 컨시스턴시(consistency)

N	상대밀도(%)	흙의 상태
0~4	0~15	대단히 느슨
4~10	15~50	느슨
10~30	50~70	중간
30~50	70~85	조밀
50 이상	8~100	대단히 조밀

5. 활성도

활성도(A) : 점토 함유율에 대한 소성지수로 활성도가 클수록 불안정해지며 소성지수가 커진다.

$$A = \frac{소성지수(I_p)}{2\mu인\ 점토의\ 중량백분율(\%)}$$

① 카올리나이트(kaolimite) : $A \leq 0.75$
② 일라이트(illite) : $0.75 < A < 1.25$
③ 몬모릴로나이트(montmorillonite) : $A \geq 1.25$

4-2 흙의 분류

1. 입도분포곡선(입경가적곡선)

(1) 유효입경(D_{10})

통과중량 백분율 10%에 해당되는 입자의 지름

(2) 균등계수(C_u)

입도분포가 좋고 나쁜 정도를 나타내는 계수

$$C_u = \frac{D_{60}}{D_{10}}$$

여기서, D_{60} : 통과중량 백분율 60%에 해당되는 입자의 지름

① 균등계수(C_u)가 크면 : 입경가적곡선 기울기 완만, 입도분포 양호(골고루 잘 섞임)
② 균등계수(C_u)가 작으면 : 입경가적곡선의 기울기가 급, 입도분포 불량

(3) 곡률계수(C_g)

$$C_g = \frac{D_{30}^2}{D_{10} \cdot D_{60}}$$

여기서, D_{30} : 통과중량 백분율 30%에 해당되는 입자의 지름

(4) 양입도인 경우

① 흙일 때 : $C_u > 10$, 그리고 $C_g = 1 \sim 3$
② 모래일 때 : $C_u > 6$, 그리고 $C_g = 1 \sim 3$
③ 자갈일 때 : $C_u > 4$, 그리고 $C_g = 1 \sim 3$

(5) 빈입도인 경우

균등계수(C_u)와 곡률계수(C_g) 둘 중 어느 하나라도 만족하지 못하면 입도분포가 나쁘다.

(6) 입도분포의 형태

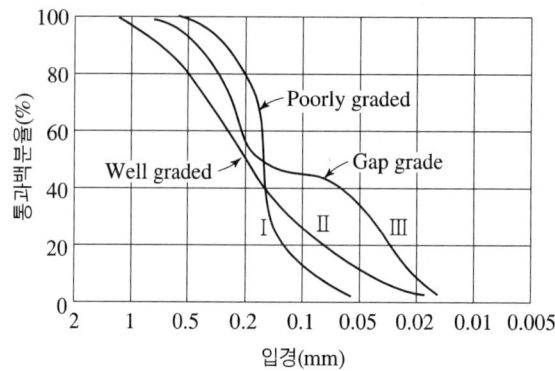

① 곡선 Ⅰ : 대부분의 입자가 거의 균등하여 입도분포가 불량하다.(빈입도, Poorly graded)
② 곡선 Ⅱ : 흙 입자가 크고 작은 것이 고루 섞여 있어 입도분포가 양호하다.(양입도, Well graded)
③ 곡선 Ⅲ : 2종류 이상의 흙들이 섞여 있어 균등계수는 크지만 곡률계수가 만족되지 않아 빈입도이다.(Gap graded)

항 목 \ 곡선 종류	곡선 Ⅰ	곡선 Ⅱ
입도분포	빈입도	양입도
균등계수	작다	크다
입자분포	입자 균등	입자 고루 분포
간 극 비	크다	작다
투수계수	크다	작다
다짐효과	적다	크다
공학적 성질	불량	양호
곡선의 경사	급	완만

2. 흙 분류

(1) 흙 분류에 필요한 요소

통일분류법(USCS)	AASHTO분류법
① No.200체 통과율 ② No.4체 통과율 ③ 액성한계 ④ 소성한계 ⑤ 소성지수	① 군지수(GI) ② No.200체 통과율 ③ 액성한계 ④ 소성지수

(2) 에터버그(Atterberg) 한계를 이용한 흙의 분류

Atterberg 한계, 특히 액성한계, 소성한계, 소성지수를 써서 흙의 물리적 성질을 지수적으로 구분하는 방법이다.

① 소성 도표(plasticity chart)

세립토를 분류하는데 이용하는 방법이다.

㉠ 제1문자 결정

ⓐ 아터버그한계 시험을 실시하여 A선을 기준으로 점토와 실트를 구분한다.
- A선 위 : 점토
- A선 아래 : 실트 또는 유기질토

ⓑ 노건조 상태의 액성한계와 자연 상태의 액성한계의 비가 0.75 미만이면 유기질토로 분류한다.

㉡ 제2문자 결정

ⓐ 액성한계가 50% 이상 : 고압축성(H)
ⓑ 액성한계가 50% 이하 : 저압축성(L)

② 컨시스턴시 지수와 액성지수

흙의 컨시스턴시 지수는 생각하는 흙의 함수비가 소성 영역의 어느 부분에 해당하는가를 보여주는 하나의 지수이다.

3. 통일분류법

(1) 분류방법

① 조립토와 세립토

㉠ No.200체(0.075mm) 통과율 50% 미만 : 조립토
㉡ No.200체(0.075mm) 통과율 50% 이상 : 세립토

② 조립토의 분류방법

㉠ 제1문자 결정(흙의 종류)

ⓐ No.4체(4.75mm) 통과율 50% 미만 : 자갈(G)
ⓑ No.4체(4.75mm) 통과율 50% 이상 : 모래(S)

㉡ 제2문자 결정(흙의 속성 : 입도, 소성, 압축성)

ⓐ No.200체 통과율 5% 미만

균등계수와 곡률계수에 의해
- 양입도(균등계수 $C_u > 4$, 곡률계수 $1 \leq C_g \leq 3$) : W
- 빈입도 : P

ⓑ No.200체 통과율 5%~12%
입도와 소성 특성에 적합한 이중기호로 분류
ⓒ No.200체 통과율 12% 이상
- No.40체 통과량에 대한 아터버그한계 시험 실시
- 소성도표를 사용하여 A선 아래에 위치하면 실트(M)로 분류
- 소성도표를 사용하여 A선 위에 위치하면 점토(C)로 분류

※ A선 방정식 : $I_p = 0.73(w_L - 20)$

③ 세립토의 분류방법
㉠ 제1문자 결정
ⓐ 아터버그한계 시험을 실시하여 A선을 기준으로 A선 위는 점토, A선 아래는 실트 또는 유기질토로 구분한다.
ⓑ 노건조 상태의 액성한계와 자연 상태의 액성한계의 비가 0.75 미만이면 유기질토로 분류한다.
㉡ 제2문자 결정
ⓐ 액성한계가 50% 이상 : 고압축성(H)
ⓑ 액성한계가 50% 이하 : 저압축성(L)

(2) 통일분류법에 사용되는 기호

흙의 종류		제1문자	흙의 특성	제2문자	
조립토	자갈	G	입도분포 양호, 세립분 5% 이하	W	조립토
	모래	S	입도분포 불량, 세립분 5% 이하	P	
세립토	실트	M	세립분 12% 이상, A선 아래에 위치, 소성지수 4이하	M	조립토
	점토	C	세립분 12% 이상, A선 위에 위치, 소성지수 7이상	C	
	유기질의 실트 및 점토	O	압축성 낮음, $w_L \leq 50$	L	세립토
유기질토	이탄	Pt	압축성 높음, $w_L \geq 50$	H	

4. AASHTO 분류법

(1) AASHTO 분류

① 흙의 입도, 액성한계, 소성지수, 군지수 등을 사용한다.
② A-1에서 A-7까지 7개의 군으로 분류하고 각각을 세분하여 총 12개의 군으로 분류한다.

③ 조립토와 세립토의 분류
　㉠ 조립토의 분류 : No.200 체 통과량 35% 이하(G, S)
　㉡ 세립토의 분류 : No.200 체 통과량 35% 이상(M, C, O)

(2) 군지수(GI ; group index)

$$GI = 0.2a + 0.005ac + 0.01bd$$

여기서, a : #200체 통과중량 백분율 -35, 0~40의 정수
　　　　b : #200체 통과중량 백분율 -15, 0~40의 정수
　　　　c : $w_L - 40$, 0~20의 정수
　　　　d : $I_p - 10$, 0~20의 정수

① GI값이 음($-$)의 값을 가지면 0으로 한다.
② GI값은 가장 가까운 정수로 반올림한다.
③ 군지수의 상한선은 없다. 그러나 a, b, c, d의 상한값을 사용하면 20이 되므로 0~20까지의 정수를 가진다.
④ 군지수가 클수록 공학적 성질이 불량하며, 도로 노반재료로 부적당하다.

5. 통일분류법과 AASHTO 분류법의 차이점

① 조립토와 세립토의 분류
　통일분류법에서는 No.200체 통과량 50%를 기준으로 하지만 AASHTO 분류법에서는 35%를 기준으로 한다.
② 모래와 자갈의 분류
　통일분류법에서는 No.4체를 기준으로 하지만 AASHTO 분류법에서는 No.10체를 기준으로 한다.
③ 통일분류법에서는 자갈질 흙과 모래질 흙의 구분이 명확하나 AASHTO 분류법에서는 명확하지 않다.
④ 유기질 흙은 통일분류법에는 있으나 AASHTO 분류법에는 없다.

4-3 흙 속의 물의 흐름

1. 흙의 모관현상

(1) 모관상승고(h_c)

$$h_c = \frac{4 \cdot T \cdot \cos\alpha}{\gamma_w \cdot D}$$

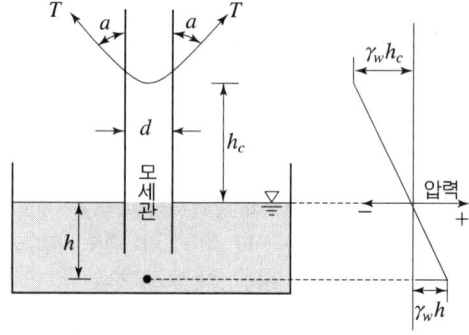

(2) 표준온도(15℃)에서의 모관상승고

표준온도(15℃)에서는 표면장력 $T = 0.075\text{g/cm}$ 이고, 접촉각 $\alpha = 0°$ 이면 $\cos 0° = 1$ 이므로

$$h_c = \frac{4 \cdot T \cdot \cos\alpha}{\gamma_w \cdot D} = \frac{4 \times 0.075 \times \cos 0°}{1 \times D} = \frac{0.3}{D}$$

(3) Hazen 공식

$$h_c = \frac{c}{e \cdot D_{10}}$$

여기서, c : 입자의 모양, 상태에 의한 상수($0.1 \sim 0.5\text{cm}^2$)
       e : 공극비
       D_{10} : 유효입경(cm)

2. Darcy의 법칙

(1) 전수두(h_t)

$$h_t = \frac{u}{\gamma_w} + z$$

여기서, 속도수두는 무시한다.

(2) 동수경사(i)

$$i = \frac{수두차}{이동거리} = \frac{\Delta h}{L}$$

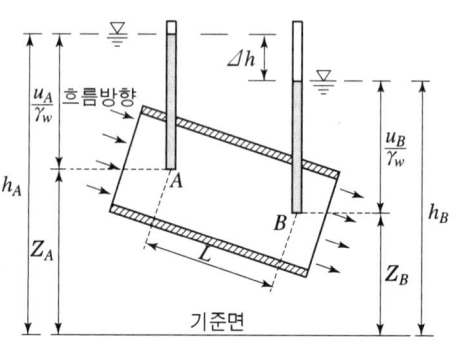

(3) Darcy의 법칙 : 층류에서 성립

$$v = K \cdot i = K \cdot \dfrac{h}{L}$$

(4) 전투수량(Q)

$$Q = q \cdot t = A \cdot v \cdot t = A \cdot K \cdot i \cdot t$$

여기서, q : 단위시간당 유량
          A : 시료의 전단면적

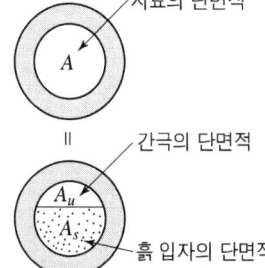

(5) 실제 침투속도(v_s)

실제 침투속도(v_s)는 평균유속(v)보다 크다.

$$v_s = \dfrac{v}{\dfrac{n}{100}}$$

3. 투수계수

(1) 투수계수 : 유속과 같은 차원을 갖는다.

$$K = D_s^2 \cdot \dfrac{\gamma_w}{\eta} \cdot \dfrac{e^3}{1+e} \cdot C$$

여기서, D_s : 흙입자의 입경(보통 D_{10}) γ_w : 물의 단위중량 (g/cm³)
          η : 물의 점성계수(g/cm · sec) e : 공극비
          C : 합성형상계수(composite shape factor)
          K : 투수계수(cm/sec)

(2) 투수계수에 영향을 미치는 요소

요소	상관관계
간극비	$K_1 : K_2 = \dfrac{e_1^3}{1+e_1} : \dfrac{e_2^3}{1+e_2}$ (조립토에서 $K_1 : K_2 ≒ e_1^2 : e_2^2$)
점성계수	$K_1 : K_2 = \dfrac{1}{\eta_1} : \dfrac{1}{\eta_2}$

(3) 투수계수의 결정

① 정수위투수 시험

$K = 10^{-2} \sim 10^{-3}$ cm/sec의 투수계수가 큰 모래지반 적용

$$K = \frac{Q \cdot L}{A \cdot h \cdot t}$$

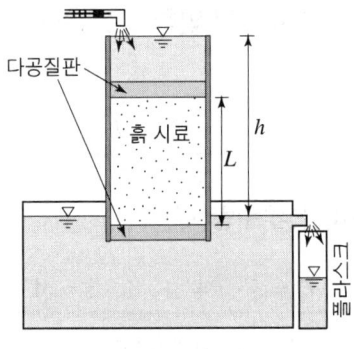

[정수위 투수시험]

② 변수위투수 시험

$K = 10^{-3} \sim 10^{-6}$ cm/sec의 투수성이 작은 흙(실트, 점토) 적용

$$K = \frac{2.3 \cdot a \cdot L}{A \cdot T} \log \frac{h_1}{h_2}$$

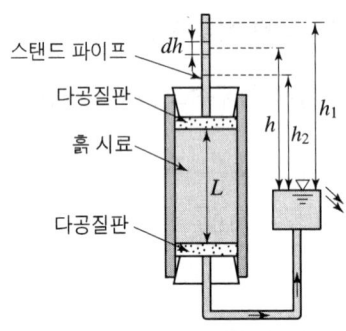

[변수위 투수시험]

③ 압밀 시험 : $K = 10^{-7}$ cm/sec 이하의 불투수성 흙(점토)

$$K = C_v \cdot m_v \cdot \gamma_w = C_v \cdot \frac{a_v}{1+e_1} \cdot \gamma_w$$

여기서, C_v : 압밀계수(cm²/sec)

m_v : 체적변화계수(cm²/kg) $m_v = \frac{a_v}{1+e_1}$

(4) Hazen 공식

$$K = C \cdot D_{10}^2 \text{ (cm/sec)}$$

여기서, C : 100~150/cm·sec
D_{10} : 유효입경(cm)

4. 비균질 흙의 평균투수계수

(1) 수평방향 평균투수계수(K_h)

$$K_h = \frac{1}{H}(K_1 \cdot H_1 + K_2 \cdot H_2 + K_3 \cdot H_3)$$

여기서, $H = H_1 + H_2 + H_3$

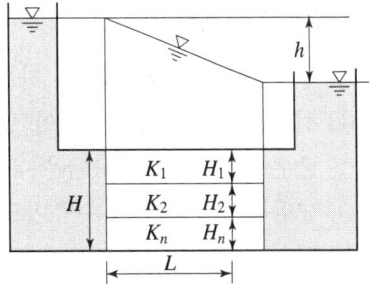

[수평방향 평균투수계수]

(2) 수직방향 평균투수계수(K_z)

$$K_z = \frac{H}{\dfrac{H_1}{K_1} + \dfrac{H_2}{K_2} + \dfrac{H_3}{K_3}}$$

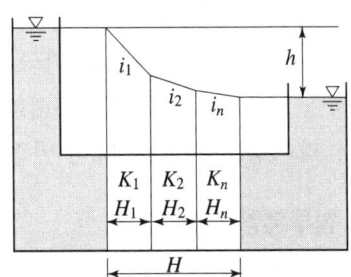

[수직방향 평균투수계수]

(3) 등가등방성 투수계수(K')

$$K' = \sqrt{K_h \cdot K_z}$$

(4) 투수계수 크기 비교

① 수평방향 투수계수 > 수직방향의 투수계수
② 수평방향의 투수계수 > 등가등방성 투수계수

5. 유 선 망

(1) 유선망 특성

① 각 유로의 침투유량은 같다.
② 각 등수두면 간의 손실수두는 같다.
③ 유선과 등수두선은 서로 직교한다.
④ 유선망으로 되는 사각형은 이론상 정사각형이 므로 유선망의 폭과 길이는 같다.
⑤ 침투속도 및 동수구배는 유선망 폭에 반비례한다.
⑥ 유선은 다른 유선과 교차하지 않는다.
⑦ 유선망은 경계조건을 만족하여야 한다.

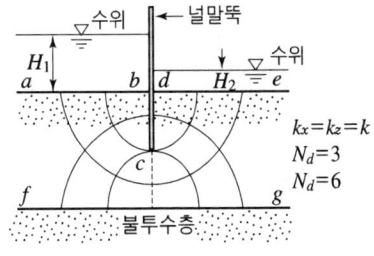

[유선망]

(2) 유선망 경계조건

① 투수층의 상류표면(ab), 하류표면(de)은 등수두선이다.
② 선 ab와 de는 등수두선이므로 모든 유선은 이 선에 직교한다.
③ 불투수층의 경계면(fg)은 유선이다.
④ 널말뚝(acd)도 불투수층이므로 유선이다.
⑤ 선 bcd, fg는 유선이므로 모든 등수두선은 이 선에 직교한다.

(3) 유선망 작도 목적

① 침투 수량을 알 수 있다.(유선망 작도의 주된 목적)
② 임의의 점에 작용하는 간극수압을 알 수 있다.
③ 동수경사의 결정이 가능하다.
④ 파이핑(piping)에 대한 안전 검토를 할 수 있다.

(4) 침투유량(q)

$$q = K \cdot H \cdot \frac{N_f}{N_d}$$

여기서, q : 침투유량　　H : 전수두차　　N_f : 유로수　　N_d : 등수두면의 수

(5) 간극수압

① 임의의 점에서의 전수두(h_t)

$$h_t = \frac{n_d}{N_d} \cdot H$$

여기서, n_d : 하류에서부터 구하는 점까지의 등수두면 수

② 위치수두(h_e)

하류수면을 기준으로 위에 있는 경우 (+)값을 기준선 아래에 위치하는 경우 (−)값을 가진다.

③ 압력수두(h_p)

$$h_p = h_t - h_e$$

④ 간극수압(u_p)

$$u_p = \gamma_w \cdot h_p$$

6. 침윤선(seepage line)

(1) 정 의

흙댐의 제체 통해 물이 통과할 때의 최상부 자유수면

(2) 침윤선의 성질

① 제체 내의 흐름의 최외측에 해당한다.
② 유선의 일종이다.
③ 형상은 포물선으로 가정한다.
④ 자유수면이므로 압력수두는 0이고 위치수두만 존재한다.

(3) 경계조건

① 상류측 경사 AE는 전수두가 동일하므로 등수두선에 해당한다.
② 불투수층과의 경계면 AD는 최하부 유선에 해당한다.
③ 하류측 경사 CD는 등수두선도, 유선도 아니다.
④ ED는 최상단의 유선으로 침윤선에 해당한다.
⑤ 필터가 있을 경우에는 필터층은 전수두가 0인 등수두선이다.

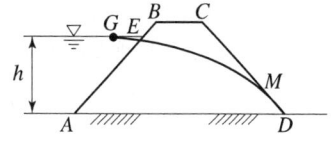

[침윤선의 경계조건]

7. 불포화토

(1) 개 념

자연지반은 지하수위로 인해 포화토와 불포화토로 나뉘어진다. 지반의 공극이 물로 가득 채워져 있는 경우를 포화토, 일부만 물이 채워져 있는 경우를 불포화토(부분포화토)라고 한다.

(2) 불포화토의 특징

① 불포화토는 포화토보다 투수계수가 낮게 측정된다.
　㉠ 공극에서 발생하는 표면장력(물과 공기의 압력차에 의함)과 표면력(물분자를 결합하는 힘)이 발생하게 되고 이는 각각 모세관 현상과 흡착 현상의 원인이 되며,
　㉡ 이 현상으로 인해 불포화영역에서 부의 간극수압이 발생하게 되어 유효응력과 물의 흐름을 변화시키게 되기 때문이다.
　㉢ 모관력은 간극의 크기에 영향을 받고 표면력은 흙입자 표면의 성질이나 양에 영

향을 받는다.

ㄹ. 모관력을 모관흡수력(matric suction)이라고도 하며, 모관흡수력은 간극 공기압과 간극 수압의 차로 표현되며 간극공기압이 대기압과 같다면 이것은 부 간극 수압이 된다. 모관흡수력은 전흡수력의 주요 성분을 이루고 표면장력을 일으켜 모관현상을 발생시킨다.

② 국내건설공사에서 성토재료로 활용하는 경우가 많은 화강풍화토는 대부분 불포화토에 해당한다.

③ 불포화토는 부의 간극수압의 영향으로 겉보기 점착력을 보임과 동시에 마찰각도 커지며, 간극 속에 공기의 함입으로 투수성이 저하하는 등 완전포화토와는 다른 흐름의 거동특성을 나타낸다.

④ 불포화상태에서는 축응력의 증가로 체적변화가 발생하므로 유효응력이 증가한다.

ㄱ. 불포화상태에서는 축응력의 증가로 체적변화가 발생하며 공극이 감소하면서 유효응력이 증가한다.

ㄴ. 그러나 계속적인 공극의 감소는 결국에는 포화상태에 도달하게 되며, 포화 된 이후의 거동은 포화토와 같게 됨에 따라 다음과 같은 그래프가 그려진다.

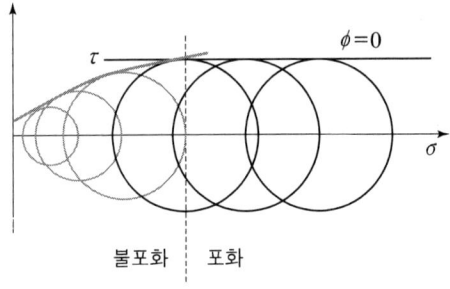

4-4 유효응력과 지중응력

1. 유효응력과 간극수압의 관계

(1) 전응력(σ)

$$\sigma = \gamma_{sat} \cdot h$$

(2) 간극수압(중립응력 ; u)

$$u = \gamma_w \cdot h_w + \gamma_w \cdot h = \gamma_w \cdot (h_w + h)$$

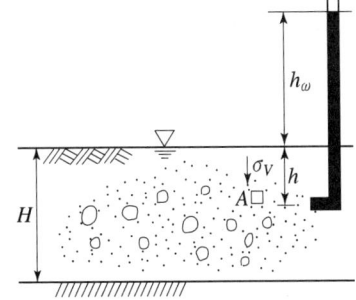

(3) 유효응력(σ') : 지반 내에서 흙의 파괴 및 강도를 지배한다.

$$\sigma' = \sigma - u = +\gamma_{sat} \cdot h - \gamma_w \cdot h_w - \gamma_w \cdot h$$

2. 유효 응력과 모관압력의 관계

(1) 모관포텐셜

① 완전히 포화된 흙의 모관포텐셜

$$u = -\gamma_w \cdot h$$

여기서, h : 지하수면으로부터 구하고자 하는 임의지점까지 측정한 높이

② 부분적으로 포화된 흙의 모관포텐셜

$$u = -\frac{S}{100} \cdot \gamma_w \cdot h$$

(2) 해석방법

모관상승 현상이 있는 부분은 (−)공극수압이 생겨 유효응력이 증가하게 된다.

$$\sigma' = \sigma - u = \sigma - (-\gamma_w \cdot h) = \sigma + \gamma_w \cdot h$$

3. 침투수가 있는 경우의 토층 내부 응력

(1) 단위면적당 침투수압(F)

$$F = i \cdot \gamma_w \cdot z$$

여기서, z : 임의의 점의 깊이

① 단위체적당 침투수압(j)

$$j = i \cdot \gamma_w = \frac{\Delta h}{L} \cdot \gamma_w$$

② 전 침투수압(J)

$$J = i \cdot \gamma_w \cdot L \cdot A = \gamma_w \cdot \Delta h \cdot A$$

(2) 상향 침투

상향침투시 유효응력은 침투수압만큼 감소하고 간극수압은 침투수압만큼 증가한다.

(3) 하향 침투

하향침투시 유효응력은 침투수압만큼 증가하고 간극수압은 침투수압만큼 감소한다.

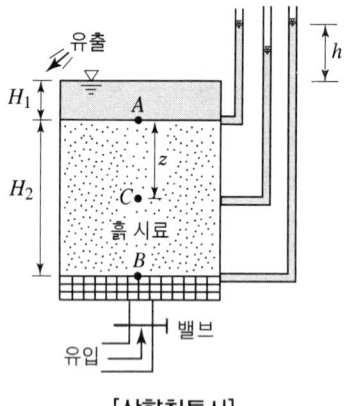

[상향침투시]

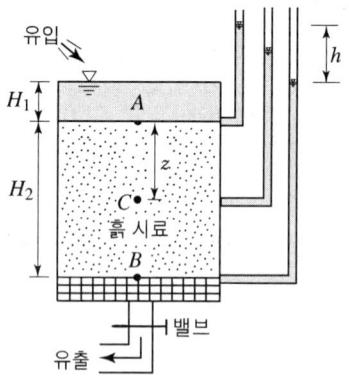

[하향침투시]

지점	정수압상태의 유효응력	침투수압	상향침투시 유효응력	하향침투시 유효응력
A지점	$\sigma_A' = 0$	$F = 0$	$\sigma_A' = 0$	$\sigma_A' = 0$
C지점	$\sigma_C' = \gamma_{sub} \cdot z$	$F = i \cdot \gamma_w \cdot z$	$\sigma_C' = \gamma_{sub} \cdot z - i \cdot \gamma_w \cdot z$	$\sigma_C' = \gamma_{sub} \cdot z + i \cdot \gamma_w \cdot z$
B지점	$\sigma_B' = \gamma_{sub} \cdot H_2$	$F = i \cdot \gamma_w \cdot H_2$	$\sigma_B' = \gamma_{sub} \cdot H_2 - i \cdot \gamma_w \cdot H_2$	$\sigma_B' = \gamma_{sub} \cdot H_2 + i \cdot \gamma_w \cdot H_2$

지점	정수압상태의 간극수압	침투수압	상향침투시 간극수압	하향침투시 간극수압
A지점	$u_A = \gamma_w \cdot H_1$	$F = 0$	$u_A = \gamma_w \cdot H_1$	$u_A = \gamma_w \cdot H_1$
C지점	$u_C = \gamma_w \cdot (H_1 + z)$	$F = i \cdot \gamma_w \cdot z$	$\sigma_C' = \gamma_w \cdot (H_1 + z) + i \cdot \gamma_w \cdot z$	$\sigma_C' = \gamma_w \cdot (H_1 + z) - i \cdot \gamma_w \cdot z$
B지점	$u_B = \gamma_w \cdot (H_1 + H_2)$	$F = i \cdot \gamma_w \cdot H_2$	$u_B = \gamma_w \cdot (H_1 + H_2) + i \cdot \gamma_w \cdot H_2$	$u_B = \gamma_w \cdot (H_1 + H_2) - i \cdot \gamma_w \cdot H_2$

4. 분사현상(Quick sand)

(1) 한계동수경사(i_c)

$$i_c = \frac{\gamma_{sub}}{\gamma_w} = \frac{G_s - 1}{1 + e}$$

(2) 분사현상(Quick sand)

모래 지반에서 유효응력이 0(zero)이 되는 곳이 분사현상이 일어나는 한계점이 된다.

① 분사현상이 일어나지 않을 조건

㉠ $i < i_c = \dfrac{\gamma_{sub}}{\gamma_w} = \dfrac{G_s - 1}{1 + e}$ (안전율을 1로 보는 경우)

㉡ $F_s = \dfrac{i_c}{i} = \dfrac{\frac{G_s - 1}{1 + e}}{\frac{h}{L}} >$ 고려 안전율

② 분사현상이 일어날 조건

㉠ $i \geq i_c = \dfrac{\gamma_{sub}}{\gamma_w} = \dfrac{G_s - 1}{1 + e}$ (안전율을 1로 보는 경우)

㉡ $F_s = \dfrac{i_c}{i} = \dfrac{\frac{G_s - 1}{1 + e}}{\frac{h}{L}} \leq$ 고려 안전율

(3) 안전율

$$F_s = \frac{i_c}{i} = \frac{\frac{G_s - 1}{1 + e}}{\frac{h}{L}}$$

여기서, L : 널말뚝의 관입깊이

5. 히빙(heaving)현상

(1) 개 념

① 널말뚝(sheet pile) 주변 등에서 토괴중량의 불균형으로 인하여 굴착저면이 부풀어 오르는 현상이다.
② 주로 점토지반에서 발생한다.

(2) 히빙의 안정점토(Terzaghi식)

$$F_s = \frac{5.7\,C}{\gamma_t H - \dfrac{CH}{0.7B}} > 1.5$$

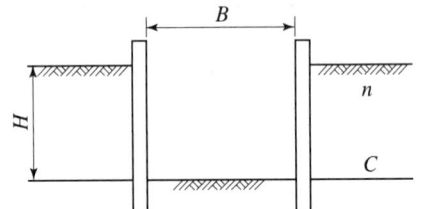

(3) 히빙 방지대책

① 흙막이의 근입깊이를 깊게 한다.
② 표토를 제거하여 하중을 적게 한다.
③ 굴착저면에 하중을 가한다.
④ 지반 개량을 한다.

6. 지중응력

(1) 집중하중에 의한 응력증가

① 연직응력 증가량($\Delta\sigma_z$)

$$\Delta\sigma_z = \frac{3\cdot Q\cdot Z^3}{2\cdot \pi \cdot R^5} = \frac{Q}{z^2}\cdot I$$

여기서, $R = \sqrt{r^2 + z^2}$

② 영향계수(I, 영향값, 부시네스크지수)

$$I = \frac{3\cdot z^5}{2\cdot \pi \cdot R^5} = \frac{3}{2\cdot \pi}\frac{1}{(1+r^2/z^2)^{5/2}}$$

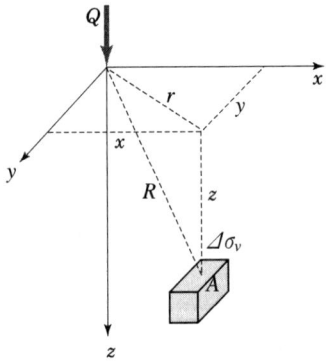

 선하중 작용시 편심거리 x만큼 떨어진 곳에서의 연직응력 증가량($\Delta\sigma_z$)

$$\Delta\sigma_z = \frac{2\cdot Q\cdot Z^3}{\pi\cdot (x^2+z^2)^2}$$

(2) 사각형 등분포하중에 의한 응력증가

① 연직응력 증가량($\Delta\sigma_z$)

사각형 등분포하중 모서리 직하의 깊이 z 점

$$\Delta\sigma_z = q_s \cdot I$$

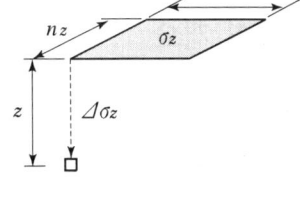

② 영향계수

$$I = f(m, n)$$

여기서, $m = \dfrac{B}{z}$, $n = \dfrac{L}{z}$ 이다.

③ 직사각형 단면 내부의 A점 아래의 지중응력

$$\Delta\sigma_z = \sigma_z \cdot I(Ahae) + \sigma_z \cdot I(Aebf) + \sigma_z \cdot I(Afcg) + \sigma_z \cdot I(Agdh)$$

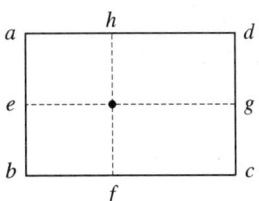

④ 직사각형 단면 외부의 G점 아래의 지중응력

$$\Delta\sigma_z = \sigma_z \cdot I(GEBI) - \sigma_z \cdot I(GEAH) - \sigma_z \cdot I(GFCI) + \sigma_z \cdot I(GFDH)$$

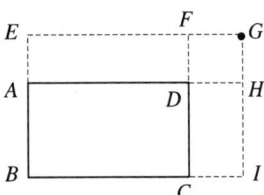

(3) 2 : 1분포법(약산법)

$$\Delta\sigma_z = \dfrac{Q}{(B+z)\cdot(L+z)} = \dfrac{q_s \cdot B \cdot L}{(B+z)\cdot(L+z)}$$

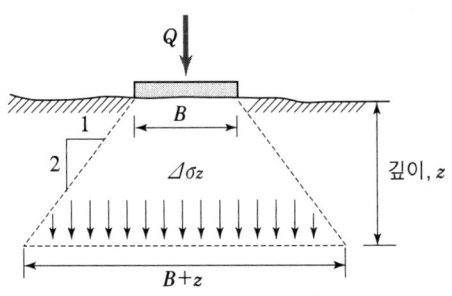
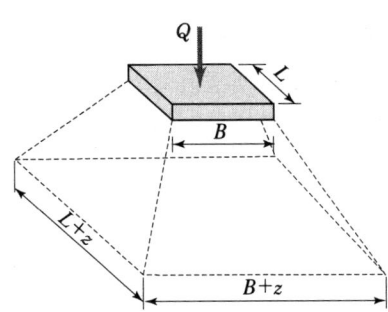

4-5 흙의 압밀

1. 압밀의 개요

(1) 압 밀
흙의 간극속에서 물이 흘러나감으로써 오랜 시간에 걸쳐 흙이 압축되는 현상

(2) Terzaghi의 압밀 시험
압밀시험(Testing for Consolidation of Soil)은 압밀에 의한 지반의 침하량과 침하속도를 구하기 위한 시험으로 지반을 시험하여야 하므로 불교란시료를 사용하는 시험이라 할 수 있다.

① 압밀 원리

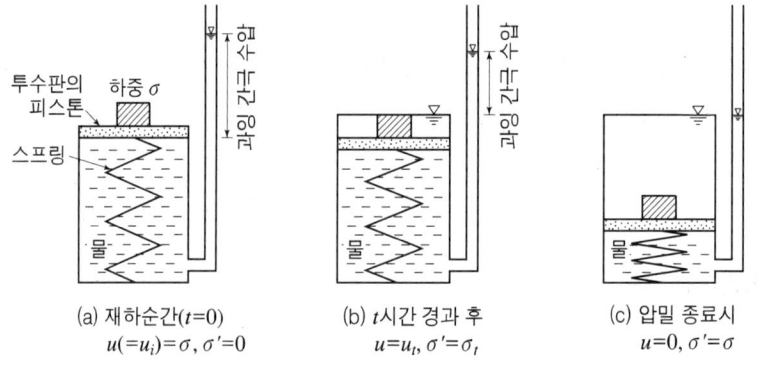

(a) 재하순간($t=0$)
$u(=u_i)=\sigma, \sigma'=0$

(b) t시간 경과 후
$u=u_t, \sigma'=\sigma_t$

(c) 압밀 종료시
$u=0, \sigma'=\sigma$

② 과잉간극수압(u_e) : 외부하중으로 인하여 간극수에 작용하는 간극수압
③ 초기과잉간극수압(u_i) : 시간 $t=0$일 때의 과잉간극수압
④ 간극수압과 유효응력의 관계

경과 시간(t)	과잉간극수압(u_e)	유효응력(σ')	피스톤에 가해진 힘(σ)
압밀순간($t=0$)	$u_e = u_i$	$\sigma' = 0$	$\sigma = u_i$
압밀진행($0<t<\infty$)	u_e	σ'	$\sigma = \sigma' + u_e$
압밀종료($t=\infty$)	$u_e = 0$	σ'	$\sigma = \sigma'$

(3) Terzaghi의 1차원 압밀 가정
① 흙은 균질하다.
② 흙은 완전히 포화되어 있다.

③ 흙 입자와 물은 비압축성이다.
④ 투수와 압축은 1차원이다. 즉, 연직으로만 발생한다.
⑤ 물의 흐름은 Darcy의 법칙에 따른다.
⑥ 흙의 성질은 압력의 크기에 관계없이 일정하다.

(4) 침하의 종류

① 즉시침하(탄성침하, immediate settlement) : 함수비의 변화없이 탄성변형에 의해 일어나는 침하
② 1차 압밀침하 : 과잉공극수압이 소산되면서 빠져나간 물만큼 흙이 압축되어 발생하는 침하
③ 2차 압밀침하
   ㉠ 과잉공극수압이 완전히 소산된 후에 발생하는 침하
   ㉡ 흙 구조의 소성적 재조정 때문에 발생하는 압축변형
   ㉢ 원인 : 하중의 지속적인 재하로 인한 creep 변형
   ㉣ 점토층의 두께가 클수록, 소성이 클수록, 유기질이 많이 함유된 흙일수록 2차 압밀침하량이 크다.

2. 압밀관련 지수

(1) 압밀도(U) : 압밀의 진행정도

① 압밀량

$$U = \frac{현재의 \ 압밀량}{최종 \ 압밀량} \times 100 = \frac{\Delta H_t}{H} \times 100(\%)$$

여기서, ΔH_t : 임의 시간 t에서의 침하량 H : 어느 하중에 의한 최종압밀침하량

② 과잉간극수압의 소산정도

$$U = \frac{소산된 \ 과잉간극수압}{초기과잉간극수압} \times 100 = \frac{u_i - u_e}{u_i} \times 100 = \left(1 - \frac{u_e}{u_i}\right) \times 100(\%)$$

③ 시간계수 : 압밀도는 시간계수의 함수가 된다.

$$U = f(T_v) \propto \frac{C_v \cdot t}{d^2}$$

   ㉠ 압밀도 $\propto$ 압밀계수(C_v)

ⓛ 압밀도 ∝ 압밀시간(t)
ⓒ 압밀도는 배수거리(d)의 제곱에 반비례한다.

④ 압밀계수(C_v)

압밀계수(Coefficient of Consolidation) 값은 시료의 시간-침하량 곡선으로부터 구해지며, Taylor(1942)가 제안한 방법과 Casagra nde와 Fadum(1940)이 제안한 방법의 두가지가 있으며, 압밀계수는 지반의 압밀침하에 소요되는 시간을 추정하는데 사용된다.

㉠ $\sqrt{t}$ 법

U-$\sqrt{t}$ 의 이론곡선에서 U ~ 60% 까지는 거의 지거선이고 이 직선의 기울기의 1/1.15 배 되는 기울기로 그은 직선과 이론곡선이 만나는 점의 압밀도가 90% 이다.

$$C_v = \frac{T_{90} \cdot d^2}{t_{90}} = \frac{0.848 d^2}{t_{90}}$$

여기서, T_{90} : 압밀도 90%에 해당되는 시간계수($T_{90} = 0.848$)
　　　　t_{90} : 압밀도 90%에 소요되는 압밀시간

㉡ $\log t$ 법

$$C_v = \frac{T_{50} \cdot d^2}{t_{50}} = \frac{0.197 d^2}{t_{50}}$$

여기서, T_{50} : 압밀도 50%에 해당되는 시간계수($T_{50} = 0.197$)
　　　　t_{50} : 압밀도 50%에 소요되는 압밀시간

⑤ 압축계수(a_v)

$$a_v = \frac{e_1 - e_2}{P_2 - P_1}$$

⑥ 압축 지수(C_c)

$$C_c = \frac{e_1 - e_2}{\log P_2 - \log P_1}$$

㉠ C_c값의 추정(Terzaghi와 Peck의 제안식, 1967)
　　ⓐ 교란된 시료　$C_c = 0.007(W_L - 10)$
　　ⓑ 불교란 시료　$C_c = 0.009(W_L - 10)$

점성토의 교란
포화된 점성토 지반에 모래말뚝 등을 지중에 설치하면 주변 지반을 밀게되어 교란이 일어나게 되고 교란 전보다 조밀하게 되어 투수성이 저하되어 수평방향의 압밀계수가 감소하게 된다.
① 교란 전 : 수평방향 압밀계수＞연직방향 압밀계수
② 교란 후 : 수평방향 압밀계수≒연직방향 압밀계수

⑦ 팽창지수(C_s)

$$C_s = \left(\frac{1}{5} \sim \frac{1}{10}\right) C_c$$

⑧ 과압밀비(OCR)

$$\mathrm{OCR} = \frac{P_c}{P_o}$$

여기서, P_c : 선행압밀하중, P_o : 유효상재하중(유효연직응력)
㉠ OCR < 1 : 압밀이 진행중인 점토
㉡ OCR = 1 : 정규압밀점토
㉢ OCR > 1 : 과압밀점토

⑨ 압밀시험 성과

하중단계	그래프	구할 수 있는 계수	
전하중 단계	$e - \log P$	선행압밀하중(P_c) 팽창지수(C_s)	압축지수(C_c)
각하중 단계	$\sqrt{t} - d$ $\log t - d$	압밀계수(C_v) 압축계수(a_v)	체적변화계수(m_v) 투수계수(K)

⑩ 압밀곡선으로부터 구할 수 있는 요소

구분 \ 곡선	시간-침하량 곡선	하중-간극비 곡선
공통	① 압축계수 ② 체적변화계수	① 압축계수 ② 체적변화계수
차이점	① 압밀계수 ② 투수계수 ③ 1차 압밀비 ④ 압밀시간 산정 ⑤ 각 하중 단계마다 작성	① 압축지수 ② 선행압밀하중 ③ 압밀 침하량 산정 ④ 전 하중 단계에서 작성

4-6 흙의 전단강도

1. 전단강도

전단저항의 최대치로서 활동면에서 전단에 의해 발생하는 최대저항력

(1) Mohr-Coulomb의 파괴규준

$$\tau_f = c + \sigma' \tan\phi$$

여기서, τ_f : 전단강도　　　　c : 흙의 점착력(cohesion of soil)
　　　　σ' : 유효수직응력　　ϕ : 흙의 내부마찰각(angle of internal friction)

(2) Mohr-Coulomb의 파괴포락선

① 일반흙(Ⓐ)
　$c \neq 0$, $\phi \neq 0$이므로 $\tau = c + \sigma' \tan\phi$
② 모래(Ⓑ)
　$c = 0$, $\phi \neq 0$이므로 $\tau = \sigma' \tan\phi$
③ 점토(Ⓒ)
　$c \neq 0$, $\phi = 0$이므로 $\tau = c$

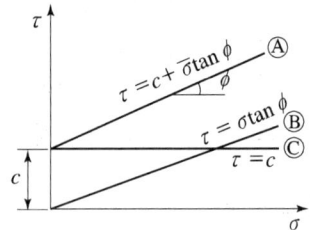

2. Mohr 응력원

(1) 수직응력

$$\sigma_f = \frac{\sigma_1 + \sigma_3}{2} + \frac{\sigma_1 - \sigma_3}{2} \cos 2\theta$$

(2) 전단응력

$$\tau_f = \frac{\sigma_1 - \sigma_3}{2} \sin 2\theta$$

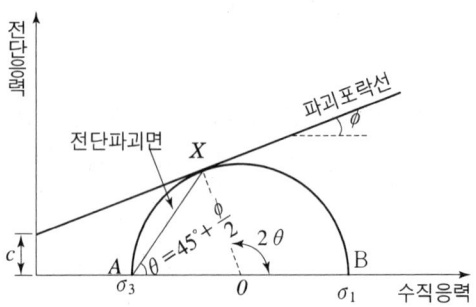

(3) 내부마찰각

$$\sin\phi = \frac{\dfrac{\sigma_1 - \sigma_3}{2}}{\dfrac{\sigma_1 + \sigma_3}{2}} = \frac{\sigma_1 - \sigma_3}{\sigma_1 + \sigma_3} \text{에서}$$

$$\phi = \sin^{-1}\frac{\sigma_1 - \sigma_3}{\sigma_1 + \sigma_3}$$

(4) 파괴면과 최대주응력면이 이루는 각은 θ이다.

$$\theta = 45° + \frac{\phi}{2}$$

3. 전단강도 정수를 결정하기 위한 시험

(1) 대표적인 전단시험 종류

실내시험	• 직접전단시험	• 일축압축시험	• 삼축압축시험
현장시험	• 베인전단시험	• 원추관입시험	• 표준관입시험

(2) 직접 전단시험

직접전단 시험은 상하로 분리된 전단상자 속에 시료를 넣고 수직하중을 가한 상태로 수평력을 가하여 전단상자 상하단부의 분리면을 따라 강제로 파괴를 일으켜서 간편하게 지반의 강도정수를 결정할 수 있는 시험이다.

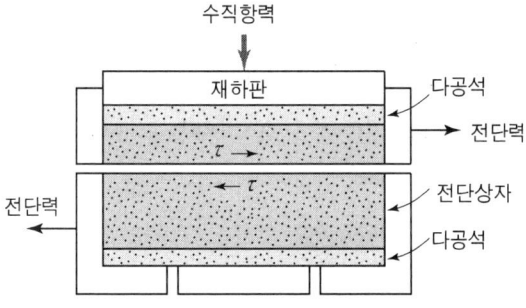

① 일반사항
  ㉠ 직접전단시험에서는 수직응력이 전체 전단면에서 등분포 된다고 가정한다. 공

시체가 너무 두꺼우면 수직응력의 분포가 부등할 수 있으며 전단 중에 시료가 휘어지기 때문에 전단 상자 벽과 공시체가 밀착하지 않을 수 있다. 따라서 큰 단면의 특수 전단시험에서도 공시체의 두께는 수 cm 정도가 되어야 한다.
  ⓒ 공시체의 단면은 원형 또는 정사각형이며 대개 원형단면을 많이 사용한다.
  ⓒ 수직응력 σ은 수직하중 P를 시료의 단면적으로 나누어 구하고 전단응력 τ는 수평력 S를 시료의 단면적 A로 나누어 계산한다.

$$\sigma = \frac{P}{A} \qquad \tau = \frac{S}{A}$$

  ⓔ 이렇게 하여 수직하중을 3, 4회 다른 크기로 시험하여 각 수직응력에 대한 최대 전단응력의 값을 구하면 Coulomb의 파괴식으로부터 점착력 c와 전단저항각 ϕ를 결정할 수 있다.

$$\tau = c + \sigma \tan\phi$$

② **직접전단 시험의 분류**
직접전단 시험은 배수조건에 따라 다음과 같이 분류한다.
  ㉠ 급속시험(Quick Test, Q시험) : 수직하중을 가하고 압밀이 되기 전에 전단시킨다. 만약에 시료가 점착력이 있고 포화상태이면 과잉 간극수압이 발생한다. 이 시험은 삼축시험의 UU(비압밀 비배수)시험과 유사하나, 전단시 배수되는 점이 다르다.
  ㉡ 압밀급속시험(Consolidated Quick Test, Qc시험) : 수직하중을 가하고 수직변위가 정지할 때까지 관찰한 다음에 전단력을 가하여 급속히 전단시킨다. 이 시험은 삼축 시험의 CU(압밀 배수)시험과 CD(압밀 비배수)시험의 중간이라고 볼 수 있다. 전단 중에 어느 정도의 과잉간극수압이 발생된다.

③ **시험개요**
  ㉠ 급속시험(Quick Test, Q시험)
  ㉡ 압밀급속시험(Consolidated Quick Test, Qc시험)
  ㉢ 압밀 완속시험(Consolidated Slow Test, S시험)

④ **시험장비**

⑤ **시험방법**
  ㉠ 사질토
  ㉡ 점성토

⑥ **계산방법**
  ㉠ 1면 전단 : $\tau = \dfrac{S}{A}$

    ⓒ 2면 전단 : $\tau = \dfrac{S}{2A}$

  ⑦ 결과의 정리
    ㉠ 데이터 쉬트를 정리한다.
    ㉡ 데이터에는 다음의 값을 기록해야 한다.
    ㉢ 초기조건 및 압밀과정 정리
    ㉣ 전단과정정리
    ㉤ 강도정수(c, ø) 의 결정
  ⑧ 결과이용
  ⑨ 직접 전단시험 특징
    ㉠ 배수 조절이 어렵고 공극수압 측정을 못한다.
    ㉡ 시료의 경계에 응력이 집중된다.
    ㉢ 전단면이 미리 정해진다.
    ㉣ 시험이 간단하고 결과분석이 빠르다.

(3) 일축압축시험

 ① 특징
   ㉠ $\sigma_3 = 0$인 상태의 삼축압축시험이다.
   ㉡ ϕ가 작은 점성토에서만 시험이 가능하다.
   ㉢ UU-test(비압밀비배수시험)
   ㉣ Mohr원이 하나밖에 그려지지 않는다.

 ② 일축압축 시험시의 압축응력

$$\sigma = \dfrac{P}{A_0} = \dfrac{P}{\dfrac{A}{1-\epsilon}} = \dfrac{P(1-\epsilon)}{A}$$

 ③ 일축압축강도

$$q_u = 2c \tan\left(45° + \dfrac{\phi}{2}\right)$$

  $\phi = 0$인 점토의 일축압축강도는
  $q_u = 2c$

(4) 표준관입시험(SPT)

 ① N 치
  지름 5.1cm, 길이 81cm의 중공식 샘플러를 드릴로드(drill rod)에 연결시켜 시추

공 속에 넣고 처음 15cm는 교란되지 않은 원지반에 도달하도록 관입시킨 후 63.5kg의 해머를 76cm의 높이에서 자유낙하시켜 지반에 sampler를 30cm 관입시키는데 필요한 타격횟수 N치를 구한다.

② N치의 수정
  ㉠ Rod 길이에 대한 수정 : Rod 길이가 길수록 N치가 크게 나오므로 이를 수정

  $$N_1 = N'\left(1 - \frac{x}{200}\right)$$

  여기서, N' : 실측 N값 x : Rod 길이(m)

  ㉡ 토질에 의한 수정 : $N_1 > 15$일 때 수정

  $$N_2 = 15 + \frac{1}{2}(N_1 - 15)$$

  ㉢ 상재압에 의한 수정

  $$N = N'\left(\frac{5}{1.4P+1}\right)(\text{kg/cm}^2)$$

  여기서, P : 유효상재하중(kg/cm^2) ≤ 2.8kg/cm^2

③ N, ϕ의 관계(Dunham 공식)
  ㉠ 토립자가 모나고 입도가 양호 : $\phi = \sqrt{12N} + 25$
  ㉡ 토립자가 모나고 입도가 불량 : $\phi = \sqrt{12N} + 20$
     토립자가 둥글고 입도가 양호 : $\phi = \sqrt{12N} + 20$
  ㉢ 토립자가 둥글고 입도가 불량 : $\phi = \sqrt{12N} + 15$

④ N, q_u의 관계

$$q_u = \frac{N}{8} \, (\text{kg/cm}^2)$$

$\phi = 0$이면 $c = \frac{N}{16}$ ($\because q_u = 2c$)

⑤ N값과 모래의 상대밀도 관계

N값	상대밀도
2~4	아주 느슨
4~10	느슨
10~30	보통
30~50	조밀
50 이상	아주 조밀

㉠ 양질의 지반 판정 : N값이 30~50, 점성토의 경우에는 20~30이면 양질의 지지층으로 판정해도 좋다.
㉡ 견고한 지반 판정 : N값이 50이상, 점성토의 경우에는 30이상이면 견고한 지층으로 판단이 가능하다.

⑥ N값과 점토의 컨시스턴시 관계

N값	컨시스턴시	일축압축강도(kg/cm²)
2 미만	대단히 연약	0.25 미만
2~4	연약	0.25~0.5
4~08	중간	0.5~1.0
8~15	견고	1.0~2.0
15~30	대단히 견고	2.0~4.0
30 이상	고결	4.0 이상

⑦ 표준관입시험 특성
㉠ 표준관입시험의 N값으로 모래지반의 상대밀도를 추정할 수 있다.
㉡ N값으로 점토지반의 연경도에 관한 추정이 가능하다.
㉢ 지층의 변화를 판단할 수 있는 시료를 얻을 수 있다.
㉣ 표준관입시험에서의 시료는 교란시료가 채취된다.

N값의 이용

[개요] ① 실험의 간편성 및 결과와 여러 지반 특성과의 상관관계에 대한 관계식이 점성토 및 사질토에 대해 제안되어 있어 개략적인 지반의 특성 파악에 많이 이용된다.
② 원지반 시료 채취가 불가능한 사질토 지반에 대해 많이 이용된다.
③ 점성토 지반에 대해서는 그 신뢰성이 다소 결여된다고 알려져 있다.

모래 지반	점토 지반
① 상대밀도	① 연경도(컨시스턴시)
② 내부마찰각	② 일축압축강도
③ 침하에 대한 허용지지력	③ 점착력
④ 지지력계수	④ 파괴에 대한 극한지지력
⑤ 탄성계수	⑤ 파괴에 대한 허용지지력

⑧ 예민비
예민비가 클수록 흙을 다시 이겼을 때 강도 변화가 큰 점토이다.

$$S_t = \frac{q_u}{q_{ur}}$$

여기서, q_u : 자연상태의 일축압축강도
q_{ur} : 흐트러진 상태의 일축압축강도

(5) 베인시험

극히 연약한 점토층에서 시료를 채취하지 않고 원위치에서 전단강도(점착력)를 측정

전단강도

$$C_u = \frac{M_{\max}}{\pi D^2 \left(\dfrac{H}{2} + \dfrac{D}{6}\right)}$$

여기서, C_u : 점토의 점착력(kg/cm^2)
   $M_{\max}$: 최대 회전 모멘트(kg·cm)
   H : 베인의 높이(cm)
   D : 베인의 폭(cm)

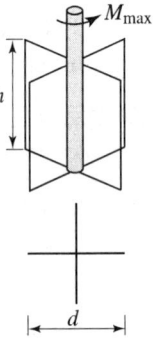

[베인전단시험기]

(6) 배수방법에 따른 분류

① 비압밀 비배수 전단시험
   (Unconsolidated Undrain test, UU-test, Q-test)
   ㉠ 시료 내에 간극수의 배출을 허용하지 않은 상태에서 구속압력(σ_3)을 가하고 비배수 상태에서 축차응력($\sigma_1 - \sigma_3$)을 가하여 전단시키는 시험
   ㉡ 즉각적인 함수비의 변화나 체적의 변화가 없다.
   ㉢ 전단 중에 공극수압을 측정하지 않는 전응력 시험이다.
   ($\phi = 0$, $c \neq 0$, $\tau_f = c$)

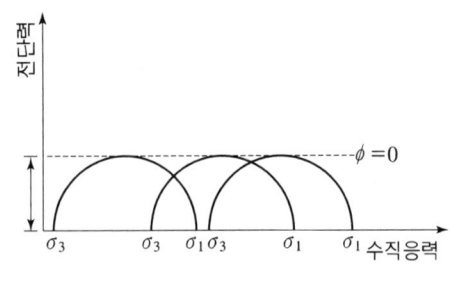

[포화점토의 Mohr 원]

② 압밀 비배수 전단시험(Consolidated Undrain test, CU-test 또는 $\overline{CU}$-test)
   ㉠ 시료에 구속압력(σ_3)을 가하고 간극수압이 0이 될 때까지 압밀시킨 후 비배수 상태에서 축차응력($\sigma_1 - \sigma_3$)을 가하여 전단시키는 시험
   ㉡ 간극수압계를 이용하여 공극수압을 측정하고 이를 통해 유효응력으로 전단강도 정수를 결정한다.
   ㉢ 삼축압축시험의 가장 일반적인 시험방법
   ㉣ 압밀 배수 전단시험에서 구한 전단강도정수와 거의 동일하므로 $\overline{CU}-test$로 대체가능하다.

③ 압밀 배수 전단시험(Consolidated Drain test, CD-test)
  ㉠ 시료에 구속압력(σ_3)을 가하여 압밀한 후, 시료 중의 공극수의 배수가 허용되도록 축차응력($\sigma_1 - \sigma_3$)을 가하는 시험
  ㉡ 시험 중에 공극수압이 발생하지 않도록 하므로 몇 일 또는 몇 주일이 걸려 비경제적이다.

④ 배수방법에 따른 적용의 예

배수방법	적용
비압밀 비배수 (UU-test)	① 점토지반이 시공 중 또는 성토한 후 급속한 파괴가 예상되는 경우 ② 압밀이나 함수비의 변화가 없이 급속한 파괴가 예상되는 경우 ③ 재하속도가 과잉공극수압의 소산속도보다 빠른 경우 ④ 즉각적인 함수비의 변화, 체적의 변화가 없는 경우 ⑤ 점토지반의 단기적 안정해석하는 경우
압밀 비배수 (CU-test)	① 성토 하중으로 어느 정도 압밀된 후 급속한 파괴가 예상되는 경우 ② 기존의 제방, 흙 댐에서 수위가 급강하할 때의 안정해석하는 경우 ③ 사전압밀(Pre-loading) 후 급격한 재하시의 안정해석하는 경우
압밀 배수 (CD-test)	① 성토 하중에 의하여 압밀이 서서히 진행되고 파괴도 극히 완만하게 진행될 때 ② 공극수압의 측정이 곤란한 경우 ③ 점토지반의 장기적 안정해석하는 경우 ④ 흙 댐의 정상류에 의한 장기적인 공극수압을 산정하는 경우 ⑤ 과압밀점토의 굴착이나 자연사면의 장기적 안정해석하는 경우 ⑥ 투수계수가 큰 모래지반의 사면 안정해석하는 경우

4. 점성토의 전단 특성

(1) 예민비(Sensitivity)

① 개요

교란된 흙의 일축압축강도에 대한 교란되지 않은 흙의 일축압축강도의 비

② 예민비(S_t)

$$S_t = \frac{q_u}{q_{ur}}$$

여기서, q_u : 자연 상태의 일축압축강도
    q_{ur} : 재성형한 시료의 일축압축강도

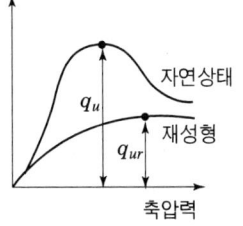

[일축압축시험 결과]

③ 예민비에 따른 점토의 분류

예민비(S_t)	분류	공학적 성질
약 1	비예민성 점토	예민비가 커질수록
1~8	예민성 점토	- 강도의 변화가 크다
8~64	quick clay	- 공학적 성질이 나쁘다
64 초과	axtra quick clay	- 설계시 안전율을 크게 잡아야 한다.

(2) 딕소트로피(Thixotrophy)

재성형(Remolding)한 시료를 함수비의 변화없이 그대로 방치하여 두면 시간이 경과되면서 강도가 회복되는 현상

(3) 리칭(Leaching) 현상

해수에 퇴적된 점토가 담수에 의해 오랜 시간에 걸쳐 염분이 빠져 나가 강도가 저하되는 현상

(4) 실내시험에 의한 점토의 강도 증가율(C_u/P) 산정 방법

① 소성지수(I_P)에 의한 방법
  ㉠ $I_P > 0.5$인 경우 : $C_u/P = 0.45(I_P)^{1/2}$
  ㉡ $C_u/P = 0.11 + 0.0037 I_P$
② 비배수 전단강도에 의한 방법
③ 압밀비배수 삼축압축시험에 의한 방법
④ 액성지수에 의한 방법 : $I_P > 0.5$인 경우 $C_u/P = 0.18(I_L)^{1/2}$
⑤ 액성한계에 의한 방법 : $w_L > 0.2$인 경우 $C_u/P = 0.5 w_L$

5. 사질토의 전단 특성

(1) Dilatancy 현상

전단상자 속의 시료가 조밀한 경우에는 체적이 증가하나 느슨한 경우에는 체적이 감소한다. 이와 같은 전단변형에 따른 용적변화를 Dilatancy라 한다.

흙 종류	체적변화	다일러턴시	간극수압
촘촘한 모래 (과압밀 점토)	팽창	(+) 다일러턴시	감소(-)
느슨한 모래 (정규 압밀 점토)	수축	(-) 다일러턴시	증가(+)

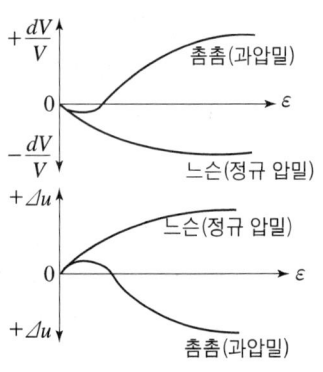

[체적 변화 및 간극수압의 변화]

(2) 액화(액상화) 현상 (liquifaction)

① 정의 : 느슨하고 포화된 모래지반에 지진, 발파 등의 충격하중이 작용하면 체적이 수축함에 따라 공극수압이 증가하여 유효응력이 감소되기 때문에 전단강도가 작아져 현탁액과 같은 상태로 되는 현상
② 방지 대책
㉠ 자연간극비를 한계간극비 이하로 한다.
㉡ 간극수압제거 : vertical drain 공법, gravel drain 공법
㉢ 지하수위 제거 : well point 공법, deep well 공법
㉣ 밀도증가 : vibro flotation 공법, sand compaction pile 공법

6. 간극수압계수

(1) 정 의

점토에 압력이 가해지면 과잉간극수압이 발생하는 데, 이 때 전응력의 증가량에 대한 간극수압의 변화량의 비를 간극수압계수라 한다.

$$\text{간극수압계수} = \frac{\Delta u}{\Delta \sigma}$$

(2) 간극수압계수

① B 계수

㉠ 등방압축시의 간극수압계수 : $B = \dfrac{\Delta u}{\Delta \sigma_3}$

㉡ B 계수 특징
ⓐ 완전포화($S = 100\%$)이면 $B = 1$ 이다.
ⓑ 완전건조($S = 0$)이면 $B = 0$ 이다.
ⓒ 불포화의 경우 B 계수 값은 0과 1사이의 값을 갖는다.

② D 계수

축차응력 작용시의 간극수압계수

$$D = \frac{\Delta u}{\Delta \sigma_1 - \Delta \sigma_3}$$

③ A 계수

㉠ 3축압축시의 간극수압은 등방압축시의 간극수압과 축차응력 작용시의 간극수압이 동시에 작용하여 발생한다.

ⓒ 등방압축시의 간극수압과 축차응력 작용시의 간극수압의 합

$$\Delta u = B \cdot \Delta \sigma_3 + D \cdot (\Delta \sigma_1 - \Delta \sigma_3) = B \cdot [\Delta \sigma_3 + A \cdot (\Delta \sigma_1 - \Delta \sigma_3)]$$

여기서, $A = \dfrac{D}{B}$

ⓒ 완전 포화된 흙의 경우는 $B = 1$이므로

$$A = \dfrac{\Delta u - \Delta \sigma_3}{\Delta \sigma_1 - \Delta \sigma_3}$$

ⓔ 압밀비배수시험의 경우
  ⓐ 구속압을 일정($\Delta \sigma_3 = 0$)하게 유지하고 전단

$$A = \dfrac{\Delta u}{\Delta \sigma_1}$$

  ⓑ A계수를 이용하여 흙의 종류를 개략적으로 파악할 수 있다.
   • A계수 값 0.5~1 : 정규압밀 점토
   • A계수 값 −0.5~0 : 과압밀 점토

4-7 토 압

1. 토압의 종류

① **정지토압**(P_o) : 수평(횡)방향으로 변위가 없을 때의 토압
② **주동토압**(P_a) : 벽체가 뒤채움 흙의 압력에 의해 배면 흙으로부터 떨어지도록 작용하는 토압
② **수동토압**(P_p) : 주동토압이 발생할 때 뒤채움 흙 쪽으로 압축하는 수평(횡)방향의 토압

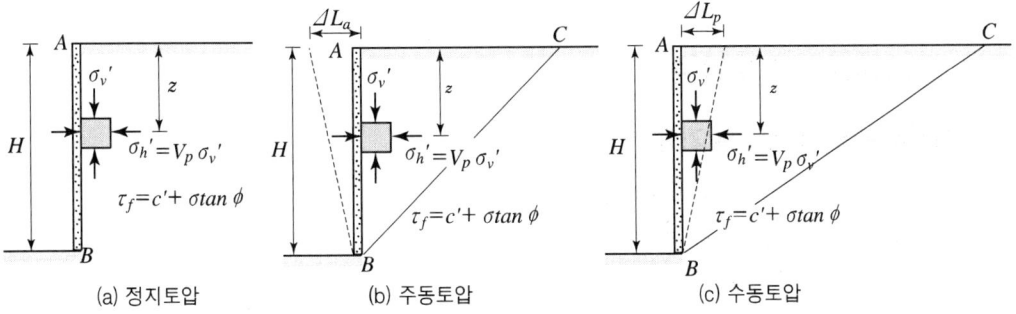

(a) 정지토압　　(b) 주동토압　　(c) 수동토압

2. 정지토압계수(K_o)

① 일반식

$$K_0 = \frac{\sigma_h}{\sigma_v}$$

② 경험식 - 사질토인 경우(Jaky, 1944)

$$K_0 = 1 - \sin\overline{\phi}$$

여기서, $\overline{\phi}$: 유효응력으로 구한 전단저항각

③ 정지토압계수 추정식

$$K_0 = 0.19 + 0.233 \log(PI)$$

3. Rankine의 토압계수

① 주동토압계수 $K_a = \dfrac{1-\sin\phi}{1+\sin\phi} = \tan^2\left(45° - \dfrac{\phi}{2}\right) = \dfrac{1}{K_p}$

② 수동토압계수 $K_p = \dfrac{1+\sin\phi}{1-\sin\phi} = \tan^2\left(45° + \dfrac{\phi}{2}\right) = \dfrac{1}{K_a}$

4. 토압크기 순서

$P_p > P_o > P_A \qquad K_p > K_o > K_A$

5. Rankine의 토압론

(1) Rankine의 토압론 가정

① 흙은 균질이고 비압축성이다.
② 지표면은 무한히 넓게 존재한다.
③ 흙은 입자간의 마찰에 의해 평형을 유지하므로 벽마찰은 무시한다.
④ 토압은 지표면에 평행하게 작용한다.
⑤ 중력만 작용하고 지반은 소성평형상태에 있다.

(2) 지표면이 수평인 경우 연직벽에 작용하는 토압

① 주동토압 $P_a = \dfrac{1}{2}\gamma H^2 K_a$

② 수동토압 $P_P = \dfrac{1}{2}\gamma H^2 K_P$

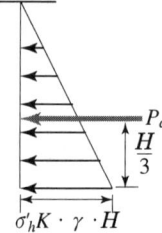

(3) 점착고

인장균열 깊이 $Z_c = \dfrac{2c}{\gamma} \dfrac{1}{\tan\left(45° - \dfrac{\phi}{2}\right)} = \dfrac{2c}{\gamma}\tan\left(45° + \dfrac{\phi}{2}\right)$

(4) 한계고

$$H_c = 2Z_c = \frac{4c}{\gamma} \tan\left(45° + \frac{\phi}{2}\right)$$

① 구조물의 설치없이 사면이 유지되는 높이
② 토압의 합력이 0이 되는 깊이

(5) 등분포 재하시의 토압($c=0$, $i=0$)

① 주동 및 수동토압

$$P_a = \frac{1}{2}\gamma H^2 K_a + q_s K_a H$$

$$P_P = \frac{1}{2}\gamma H^2 K_P + q_s K_P H$$

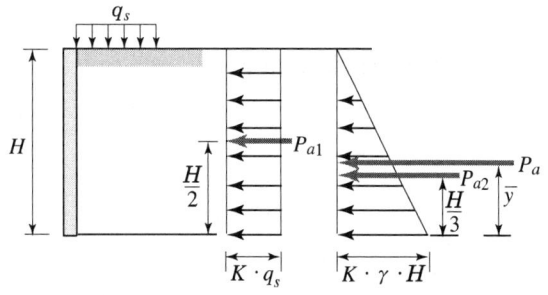

② 주동토압이 작용하는 작용점 위치(y)

$$P_{a1} \cdot \frac{H}{2} + P_{a2} \cdot \frac{H}{3} = P_a \cdot y \text{에서 } y = \frac{P_{a1} \cdot \frac{H}{2} + P_{a2} \cdot \frac{H}{3}}{P_a}$$

여기서, $P_a = P_{a1} + P_{a2}$

(6) 뒤채움 흙이 이질층인 경우($c=0$, $i=0$)

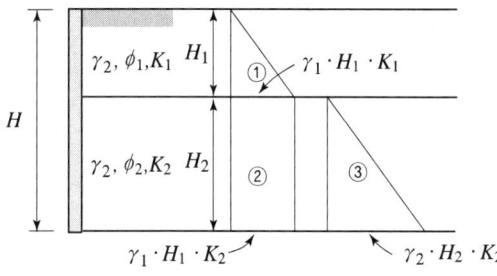

① 주동 및 수동토압

$$P_a = \frac{1}{2}\gamma_1 H_1^2 K_{a1} + \gamma_1 H_1 H_2 K_{a2} + \frac{1}{2}\gamma_2 H_2^2 K_{a2}$$

$$P_P = \frac{1}{2}\gamma_1 H_1^2 K_{P1} + \gamma_1 H_1 H_2 K_{P2} + \frac{1}{2}\gamma_2 H_2^2 K_{P2}$$

② 주동토압이 작용하는 작용점 위치(y)

$$P_{a1}\left(\frac{H_1}{3}+H_2\right)+P_{a2}\cdot\frac{H_2}{2}+P_{a3}\cdot\frac{H_2}{3}=P_a\cdot y \text{에서}$$

$$y=\frac{P_{a1}\left(\frac{H_1}{3}+H_2\right)+P_{a2}\cdot\frac{H_2}{2}+P_{a3}\cdot\frac{H_2}{3}}{P_a}$$

여기서, $P_a = P_{a1} + P_{a2} + P_{a3}$

(7) 지하수위가 있는 경우

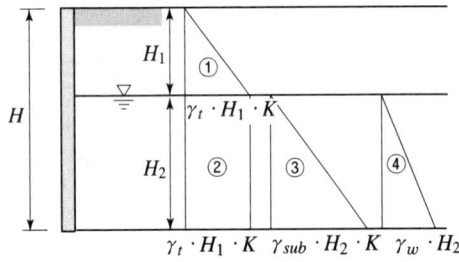

① 주동 및 수동토압

$$P_a = \frac{1}{2}\gamma H_1^2 K_a + \gamma H_1 H_2 K_a + \frac{1}{2}\gamma_{sub} H_2^2 K_a + \frac{1}{2}\gamma_w H_2^2$$

$$P_P = \frac{1}{2}\gamma H_1^2 K_P + \gamma H_1 H_2 K_P + \frac{1}{2}\gamma_{sub} H_2^2 K_P + \frac{1}{2}\gamma_w H_2^2$$

② 주동토압이 작용하는 작용점 위치(y)

$$P_{a1}\left(\frac{H_1}{3}+H_2\right)+P_{a2}\cdot\frac{H_2}{2}+P_{a3}\cdot\frac{H_2}{3}+P_{a4}\cdot\frac{H_2}{3}=P_a\cdot y \text{에서}$$

$$y=\frac{P_{a1}\left(\frac{H_1}{3}+H_2\right)+P_{a2}\cdot\frac{H_2}{2}+P_{a3}\cdot\frac{H_2}{3}+P_{a4}\cdot\frac{H_2}{3}}{P_a}$$

 연직옹벽에서 지표면의 경사각과 옹벽배면과 흙과의 마찰각이 같은 경우는 Coulomb의 토압과 Rankine의 토압은 같다.

4-8 흙의 다짐

1. 다짐(Compaction)

(1) 정 의

다짐이란 흙에 타격, 진동, 누름 등의 인위적 힘(에너지)을 가하여 간극 내의 공기를 배출시킴으로써 입자를 치밀하게 하여 흙의 단위중량을 증대시키는 것을 말한다.

(2) 다짐 효과

① 흙의 전단강도를 증가시켜 사면 안정성을 개선한다.
② 부착력이 증대하고 투수성이 감소한다.
③ 압축성이 감소되므로 지반의 침하가 감소한다.
④ 지반의 흡수성이 감소한다.
⑤ 상대밀도가 증가하므로 단위중량이 증대된다.
⑥ 동상, 팽창, 수축 등을 감소시킨다.

2. 다짐이론

(1) 다짐곡선

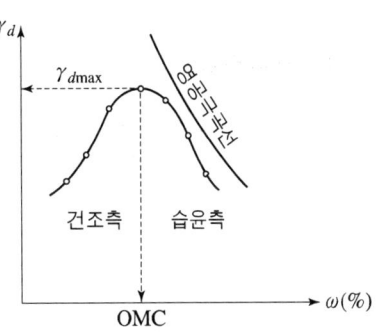

함수비와 다져진 흙의 건조단위중량과의 관계곡선
① **최적함수비(OMC)**
  흙이 가장 잘 다져지는 함수비
② **최대 건조단위중량** : OMC에서 얻어진다.

(2) 함수비 변화에 따른 흙 상태의 변화

① 제 1 단계 : 수화단계(반고체 영역)
  ㉠ 반고체상으로 수분이 절대적으로 부족하여 흙입자간의 접착이 없다.
  ㉡ 큰 공극이 존재하여 단위중량이 작다.
  ㉢ 충격력이 가해지면 개개의 입자가 이동하게 되어 다짐효과가 적다.

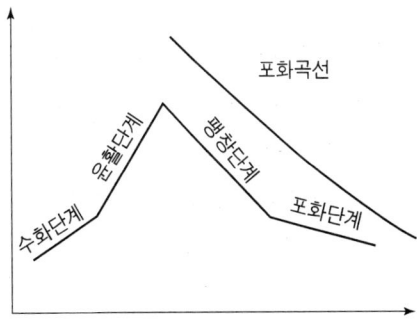

② 제 2 단계 : 윤활단계(탄성 영역)
  ㉠ 물의 일부분이 자유수로서 흙입자 사이에 윤활역할을 하게 된다.
  ㉡ 다짐시 입자간의 접착이 이루어져 공극비가 줄고 안정된 상태가 된다.
  ㉢ 흙은 조밀하게 되어 함수비가 증가함에 따라 건조단위중량이 증가한다.
  ㉣ 최대함수비 부근에서 최적함수비(OMC)가 나타난다.
③ 제 3 단계 : 팽창단계(소성 영역)
  ㉠ 최적함수비를 넘으면 증가분의 물이 윤활역할 뿐만 아니라 다져진 순간에 잔류 공기를 압축시킨다.
  ㉡ 다짐 충격에 의해 흙이 압축되었다가 충격 제거시 다시 팽창한다.
④ 제 4 단계 : 포화단계(반점성 영역)
  ㉠ 함수비가 더욱 증가하면 증가된 수분은 흙입자와 치환되며, 모든 공기를 배제하며 포화시킨다.
  ㉡ 흙입자가 수분에 의하여 치환된 만큼 건조단위중량이 감소한다.

(3) 다짐도(C_d)

다짐의 정도를 말하며, 보통 90~95%의 다짐도가 요구된다.

$$C_d = \frac{\text{현장의 } \gamma_d}{\text{실내 다짐시험에 의한 } \gamma_{d\max}} \times 100\,(\%)$$

(4) 다짐에너지

$$E_c = \frac{W_R \cdot H \cdot N_B \cdot N_L}{V}\,(\text{kg} \cdot \text{cm}/\text{cm}^3)$$

여기서, W_R : Rammer 무게(kg) N_B : 다짐횟수 N_L : 다짐층수
       H : 낙하고(cm) V : Mold의 체적(cm^3)

3. 다짐한 흙의 특성

(1) 다짐 효과에 영향을 미치는 요소(다짐곡선의 특성)

① 다짐에너지 : 다짐에너지를 크게할수록 최적함수비는 감소하고 최대 건조단위중량은 증가한다.
② 토질특성(동일한 에너지로 다지는 경우)
  ㉠ 조립토일수록 최적함수비는 작고 최대 건조단위중량은 크다.
  ㉡ 입도분포가 양호할수록 최적함수비는 작고 최대 건조단위중량은 크다.

ⓒ 점성토에서 소성이 증가할수록 최적함수비는 크고 최대건조단위중량은 작다.
ⓓ 점성토일수록 다짐곡선이 평탄하고 최적함수비가 높아서 함수비의 변화에 따른 다짐효과가 작다.

(2) 흙의 종류에 따른 다짐곡선의 성질

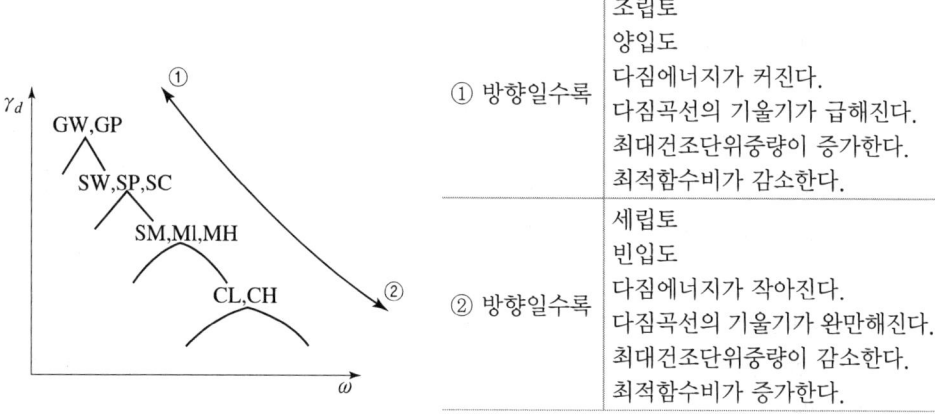

① 방향일수록	조립토 양입도 다짐에너지가 커진다. 다짐곡선의 기울기가 급해진다. 최대건조단위중량이 증가한다. 최적함수비가 감소한다.
② 방향일수록	세립토 빈입도 다짐에너지가 작아진다. 다짐곡선의 기울기가 완만해진다. 최대건조단위중량이 감소한다. 최적함수비가 증가한다.

(3) 다짐한 점성토의 공학적 특성

① **흙의 구조** : 건조측에서 다지면 면모구조가 되고 습윤측에서 다지면 이산구조가 된다.
② **투수계수** : 최적함수비보다 약간 습윤측에서 투수계수가 최소가 된다.
③ **전단강도**
  ㉠ 건조측에서는 다짐에너지가 증가할수록 강도가 증가하나 습윤측에서는 다짐에너지의 크기에 따른 강도의 증감을 거의 무시할 수 있다.
  ㉡ 동일한 다짐에너지에서는 건조측이 습윤측보다 전단강도가 훨씬 크다.
④ **팽창성** : 건조측에서 다지면 팽창성이 크고 최적함수비에서 다지면 팽창성이 최소이다.
⑤ **압축성** : 낮은 압력에서는 건조측에서 다진 흙이 압축성이 작고 높은 압력에서는 입자가 재배열되므로 오히려 건조측에서 다진 흙이 압축성이 커진다.

몰드 속에 있는 흙의 함수비는 다짐에너지에 거의 영향을 받지 않는다.

4. 현장 단위중량 측정 방법

(1) 현장단위중량 결정 방법

① 고무막법 ② 모래치환법
③ 절삭법 ④ 방사선 밀도 측정기에 의한 방법

(2) 모래치환법(들밀도 시험, KS F 2311)

① 목적 : 흙의 단위중량을 현장에서 직접 구할 목적으로 시험한다.

② 시험용 모래
  ㉠ No.10 체를 통과하고 No.200 체에 남는 모래를 사용한다.
  ㉡ 모래를 사용하는 이유는 시험구멍의 체적을 측정하기 위한 것이다.

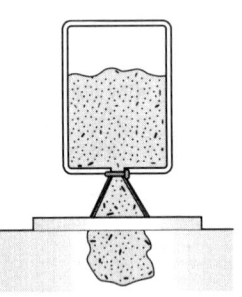

[모래치환법]

③ 결과계산
  ㉠ 습윤단위중량
$$\gamma_t = \frac{W}{V} = = \frac{G_s + \dfrac{S \cdot e}{100}}{1+e} \cdot \gamma_w$$

  ㉡ 건조단위중량
$$\gamma_d = \frac{W_s}{V} = \frac{G_s}{1+e} \cdot \gamma_w$$

  ㉢ 습윤단위무게와 건조단위무게의 관계
$$r_d = \frac{r_t}{1+\dfrac{w}{100}}$$

  ㉣ 상대 다짐도
$$U = \frac{\gamma_d}{\gamma_{dmax}} \times 100(\%)$$

5. 포장설계에 적용되는 토질시험

(1) 평판재하시험(PBT) KS F 2310

① 정의 : 지반의 지내력 및 노상, 노반의 지반반력계수, 콘크리트 포장과 같은 강성포장의 두께를 결정하기 위함
② 평판재하시험 종료 조건
　㉠ 침하량이 15mm에 달한 경우
　㉡ 하중강도가 그 지반의 항복점을 넘는 경우
　㉢ 하중강도가 현장에서 예상되는 최대접지 압력을 초과하는 경우

(2) 지반반력계수

$$K = \frac{q}{y}$$

여기서, K : 지지력 계수(kg/cm^3)
　　　　q : 침하량 y(cm)일 때의 하중강도(kg/cm^2)
　　　　y : 침하량(콘크리트 포장인 경우 0.125cm가 표준)

(3) 재하판의 크기에 따른 지지력 계수

재하판의 두께는 2.2cm 이상이고 지름이 30cm, 40cm, 75cm의 원형 또는 정방형의 강판을 사용

$$K_{30} = 2.2\,K_{75} \qquad K_{40} = 1.5\,K_{75}$$

여기서, K_{30}, K_{40}, K_{75} : 지름이 각각 30cm, 40cm, 75cm의 재하판을 사용하여 구해진 지지력 계수 (kg/cm^3)

(4) 재하판 크기에 대한 보정

① 지지력
　㉠ 점토지반일 때 재하판 폭에 무관하다.

$$q_{u(기초)} = q_{u(재하판)}$$

　㉡ 모래지반일 때 재하판 폭에 비례한다.

$$q_{u(기초)} = q_{u(재하판)} \cdot \frac{B_{(기초)}}{B_{(재하판)}}$$

② 침하량
　㉠ 점토지반일 때 재하판 폭에 비례한다.

$$S_{(기초)} = S_{(재하판)} \cdot \frac{B_{(기초)}}{B_{(재하판)}}$$

　㉡ 모래지반일 때 침하량은 재하판의 크기가 커지면 약간 커지긴 하지만 폭 B에 비례하는 정도는 못된다.

$$S_{(기초)} = S_{(재하판)} \left[\frac{2B_{(기초)}}{B_{(기초)} + B_{(재하판)}} \right]^2$$

(5) 노상토 지지력비 시험(CBR) KS F 2320

아스팔트 포장과 같은 가요성 포장의 두께를 산정하기 위함

① $CBR = \dfrac{실험단위하중}{표준단위하중} \times 100(\%) = \dfrac{실험하중}{표준하중} \times 100(\%)$

② $\begin{cases} CBR_{2.5} > CBR_{5.0} \cdots\cdots CBR_{2.5} \\ CBR_{2.5} < CBR_{5.0} \text{이면 재실험하고 재시험 후} \end{cases}$

$\begin{cases} CBR_{2.5} > CBR_{5.0} \cdots\cdots CBR_{2.5} \\ CBR_{2.5} < CBR_{5.0} \cdots\cdots CBR_{5.0} \end{cases}$

③ 팽창비 $= \dfrac{다이얼게이지\ 최종\ 읽음 - 다이얼게이지\ 최초\ 읽음}{공시체의\ 최초\ 높이} \times 100(\%)$

4-9 사면의 안정

1. 사면의 파괴 형태

(1) 단순사면

파괴형상은 원호에 가까운 곡면을 이룬다.
① 사면 내 파괴 : 견고한 지층이 얕은 곳에 있는 경우
② 사면 선단파괴 : 사면의 경사가 급하고 비점착성의 토질
③ 저부파괴 : 사면의 경사가 완만하고 점착성의 토질

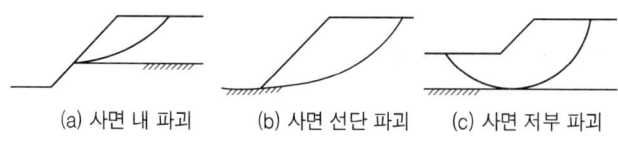

(a) 사면 내 파괴   (b) 사면 선단 파괴   (c) 사면 저부 파괴

[단순사면의 파괴 형상]

2. 사면활동의 원인

(1) 사면활동의 원인

전단응력의 증대나 전단강도의 감소로 사면 내에 발생된 전단응력이 사면의 전단강도보다 커지면 사면활동이 일어난다.

전단응력 증대 원인	전단강도 감소 원인
① 외력 작용	① 흡수에 의한 점토지반 팽창
② 함수비 증가로 흙의 단위중량 증가	② 간극수압 증가
③ 굴착으로 인한 균열 발생	③ 흙 다짐 불충분
④ 인장응력에 의한 인장균열 발생	④ 수축, 팽창, 인장으로 인한 미세 균열
⑤ 지진, 폭파 등으로 인한 진동	⑤ 불안정한 흙 속에 발생하는 변형
⑥ 자연 또는 인공에 의해 지하공동 형성	⑥ 동결된 흙이나 아이스렌즈의 융해
⑦ 균열 내의 물 유입으로 수압 증가	⑦ 느슨한 사질토의 진동

3. 사면 안전율

(1) 원형 활동면에 대해

$$F_s = \frac{\text{활동에 저항하는 힘의 모멘트}}{\text{활동을 일으키는 힘의 모멘트}} = \frac{M_r}{M_d}$$

(2) 평면 활동면에 대해

$$F_s = \frac{활동면상의\ 전단강도의\ 합}{활동면상의\ 실제\ 전단응력의\ 합} = \frac{\tau_f}{\tau_d} = \frac{c + \overline{\sigma} \tan \phi}{c_d + \overline{\sigma} \tan \phi_d}$$

(3) 복합 활동면의 경우

$$F_s = \frac{운동에\ 저항하려는\ 힘}{운동을\ 일으키려는\ 힘}$$

4. 흙댐의 안정

(1) 상류측 사면이 가장 위험할 때
① 시공 직후
② 수위 급강하시

(2) 하류측 사면이 가장 위험할 때
① 시공 직후
② 정상 침투시

Chapter 5 기초공학

5-1 지반조사

1. 개 요

지반조사란 지반의 토층 구성, 두께, 상태 및 토질 특성을 알기 위한 조사로 기초의 설계, 시공에 필요한 자료를 얻기 위해 실시하는 조사이다.

2. 지반조사 방법

(1) 보링(Boring)

지반에 구멍을 뚫어 심층지반을 조사하는 방법

① 보링 목적
  ㉠ 흐트러진(교란) 시료 및 흐트러지지 않은(불교란) 시료의 채취
  ㉡ 지반의 토질 구성 확인
  ㉢ 지층 변화 관측
  ㉣ 지하수위 관측
  ㉤ 시추공에서 원위치시험 실시
  ㉥ 현장투수시험 실시

② 보링 종류
  ㉠ 오거 보링(auger boring) : 흐트러진 시료 채취
  ㉡ 충격식 보링(percyssion boring) : 코아 채취 불가능
  ㉢ 회전식 보링(rotary boring) : 코아 채취 가능

 **오거 보링(auger boring)**
나선형으로 된 송곳을 인력으로 지중에 틀어박는 방법으로 가장 간단하며, 깊이 10m 이내의 점토층에 사용된다.
① 수세식 보링 : 비교적 연약한 토사에 수압을 이용하여 탐사하는 방식으로 선단에 충격을 주어 이중관을 박고 물을 뿜어내어 파진 토사와 물을 같이 배출한다. (깊이 30m 정도의 연결층에 상용)
② 충격식 보링 : 경질층을 깊이 파는 데 이용되는 방식으로 와이어 로프 끝에 있는 충격날의 상하 작동에 의한 충격으로 토사 암석을 파쇄·천공하고 파쇄된 토사는 배출한다. 굴진속도가 빠르고 비용도 싸지만 분말상의 교란된 시료만 얻어진다.
③ 회전식 보링 : 지층의 변화를 연속적으로 비교적 정확히 알고자 할 때 이용하는 방식으로 불교란 시료의 채취가 가능하며, Rod의 선단에 첨부하는 Bit를 회전시켜 천공하는 방법이다.

③ 시료의 교란 판정
  ㉠ 면적비 : 면적비가 10% 이하 이면 불교란 시료로 본다.

$$A_r = \frac{D_0^2 - D_e^2}{D_e^2} \times 100$$

여기서, D_0 : 샘플러의 외경, D_e : 샘플러의 내경

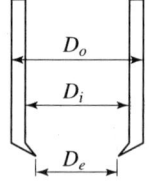
[샘플러의 규격]

④ 암석의 시료 채취
  ㉠ 회수율(TCR) : 코어채취율

$$TCR = \frac{회수된\ 암석조각들의\ 길이\ 합}{코어의\ 이론상\ 길이} \times 100(\%)$$

  ㉡ 암질지수(RQD)

$$RQD = \frac{10cm\ 이상으로\ 회수된\ 암석조각들의\ 길이\ 합}{코어의\ 이론상\ 길이} \times 100(\%)$$

암질지수(RQD, %)	암 질
0~25	매우 불량
25~50	불 량
50~75	보 통
75~90	양 호
90~100	매우 양호

(2) 사운딩(Sounding)

① **정의** : Rod 선단에 설치한 저항체를 지중에 넣어 관입, 인발 및 회전 등에 대한 저항 치로부터 지반의 특성을 파악하는 지반조사 방법으로 지반의 형상을 알기 위한 보조 수단이므로 예비조사에 사용하는 경우가 많다.

② **종류**
　㉠ 정적 사운딩 : 일반적으로 점성토에 유효하다.
　　　ⓐ 휴대용 원추관입시험
　　　ⓑ 화란식 원추관입시험
　　　ⓒ 스웨덴식 관입시험
　　　ⓓ 이스키미터 시험
　　　ⓔ 베인전단시험 : 회전에 의해서만 지반의 강도를 측정한다.
　㉡ 동적 사운딩 : 일반적으로 조립토에 유효하다.
　　　ⓐ 동적 원추관입시험
　　　ⓑ 표준관입시험(SPT) : 사질토에 가장 적합하나 점성토에서도 쓰인다.

5-2 얕은 기초

1. 기초

구조물의 하중을 기초가 놓이는 지반 상에 전달하는 것이다.

(1) 기초의 필요조건

① 최소한의 근입깊이(D_f)를 확보하여 동해에 안정하도록 하여야한다.
② 침하량이 허용치 이내에 들어야 한다.
③ 지지력에 대해 안정해야 한다.
④ 경제적, 기술적으로 시공이 가능하여야 한다.

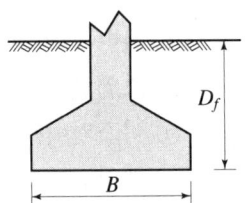

2. 얕은 기초(직접 기초)의 종류

(1) 얕은 기초(직접 기초) 정의

얕은 기초(직접 기초)란 $\dfrac{D_f}{B} \leq 1$ 인 기초를 말하며, 독립 푸팅, 복합 푸팅, 켄틸레버 푸팅, 연속 푸팅, 전면 기초(Mat 기초) 등이 있다.

(2) 얕은 기초의 종류

① 독립 푸팅 기초
② 복합 푸팅 기초
③ 캔틸레버 푸팅 기초
④ 연속 푸팅 기초
⑤ 전면 기초 : 전면기초(mat foundation)는 모든 기둥이나 받침을 하나의 연속된 확대기초로 지지하도록 만든 기초로 기초 지반이 연약한 경우와 전체기초내의 부등침하를 줄여야 할 때 많이 설계된다.

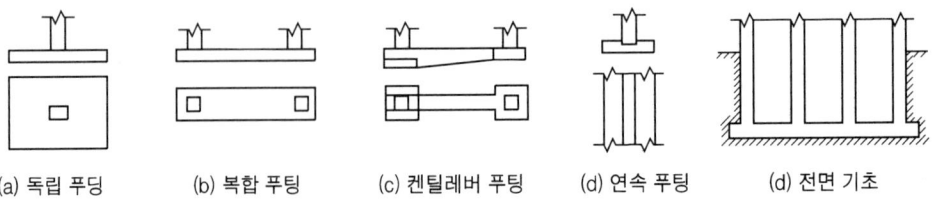

(a) 독립 푸딩　　(b) 복합 푸팅　　(c) 켄틸레버 푸팅　　(d) 연속 푸팅　　(d) 전면 기초

3. 얕은 기초의 극한지지력

(1) 지반의 파괴 형태

① 전반전단파괴
  ㉠ q_u 보다 큰 하중이 가해지면 침하가 급격히 일어나고 주위 지반이 융기하며 지표면에 균열이 생긴다.
  ㉡ 지반 내의 파괴면이 지표면까지 확장된다.
  ㉢ 조밀한 모래나 굳은 점토지반에서 일어난다.
  ㉣ 하중-침하곡선에서 피크(peak)점이 뚜렷하다.

② 국부전단파괴
  ㉠ 활동파괴면이 명확하지 않으며, 파괴의 발달이 지표면까지 도달하지 않고 지반 내에서만 발생한다.
  ㉡ 약간의 융기와 흙 속에서의 국부적 파괴가 일어난다.
  ㉢ 느슨한 모래나 연약한 점토지반에서 일어난다.
  ㉣ 하중-침하곡선에서 피크(peak)점이 뚜렷하지 않으며, 경사가 더욱 급해져서 직선으로 변하는 하중 q_u가 극한지지력이다.

③ 관입전단파괴
  ㉠ 기초 지반 관입시 주위 지반이 융기하지 않고 오히려 기초를 따라 침하를 일으키며 파괴가 진행된다.
  ㉡ 기초 침하시 아래 지반이 기초의 하중으로 다져지므로 기초가 침하할 수록 하중은 증가한다.
  ㉢ 아주 느슨한 모래나 아주 연약한 점토지반에서 일어난다.
  ㉣ 하중-침하곡선의 경사가 급해져 곡률이 최대가 되는 직선에 가깝게 변하는 하중 q_u가 극한지지력이다.

(2) Terzaghi의 가정

① 연속기초에 적용되는 지지력 공식이다.
② 기초 저부는 거칠다.
③ 근입깊이까지의 흙 중량은 상재하중으로 가정한다.
④ 근입깊이에 대한 전단강도는 지지력 계산시 무시한다.

(3) Terzaghi의 기초 파괴 형상(전반전단파괴)

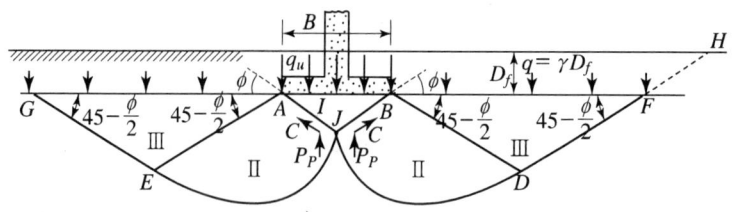

[Terzaghi의 기초 파괴 형상]

① 영역 Ⅰ
  ㉠ 기초 바로 밑 삼각형 영역 ABJ
  ㉡ 탄성영역(흙쐐기 이론)
  ㉢ 직선 AJ, BJ는 수평선과 ϕ의 각도를 이룬다.
② 영역 Ⅱ
  ㉠ 원호 JE, JD는 대수나선 원호이다.
  ㉡ 과도영역 또는 방사전단영역
③ 영역 Ⅲ
  ㉠ Rankine의 수동 영역
  ㉡ 흙의 선형 전단파괴 영역
  ㉢ EG, DF는 직선이다.
④ 파괴 순서
  Ⅰ → Ⅱ → Ⅲ
⑤ 영역 Ⅲ에서의 수평선과의 각은 $45° - \dfrac{\phi}{2}$이다.
⑥ FH선상의 전단강도는 무시한다.

(4) Terzaghi의 수정지지력 공식

$$q_{ult} = \alpha c N_c + \beta \gamma_1 B N_\gamma + \gamma_2 D_f N_q$$

여기서, N_c, N_γ, N_q : 지지력 계수로서 ϕ의 함수이다.
  c : 기초 저면 흙의 점착력(t/m^2)
  B : 기초의 최소폭(m)
  γ_1 : 기초 저면보다 하부에 있는 흙의 단위중량(t/m^3)
  γ_2 : 기초 저면보다 상부에 있는 흙의 단위중량(t/m^3)
    단, γ_1, γ_2는 지하수위 아래에서는 수중단위중량(γ_{sub})을 사용한다.
  D_f : 근입깊이(m)
  α, β : 기초 모양에 따른 형상계수(shape factor)

구분	연속	정사각형	직사각형	원형
α	1.0	1.3	$1+0.3\dfrac{B}{L}$	1.3
β	0.5	0.4	$0.5-0.1\dfrac{B}{L}$	0.3

여기서, B : 구형의 단변길이
　　　　L : 구형의 장변길이

① 지하수위의 영향

　㉠ 기초하중면 아래쪽의 경우 기초폭보다 깊으면 지지력에 영향이 없다.

　㉡ 기초하중면 위에 있는 경우 지하수위 아래쪽 흙의 밀도를 고려하여 평균밀도를 사용한다.

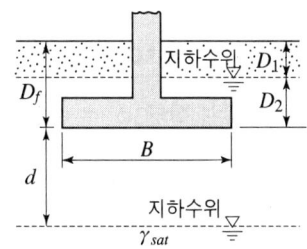

$D_1=0$인 경우(지표면)	$r_1'=r_{sub}$	$q=r_{sub}D_f$
$0 \le D_1 \le D_f$인 경우(기초저면상단)	$r_1'=r_{sub}$	$q=r_2D_1+r_{sub}D_2$
$D_1=D_f$인 경우(기초저면)	$r_1'=r_{sub}$	$q=r_2D_f$
$0 \le d \le B$인 경우(기초저면하단)	$r_1'=r_{sub}+\dfrac{d}{B}(r_1-r_{sub})$	$q=r_2D_f$
$B<d$(지하수영향 안 받는다.)	$r_1'=r_1$	$q=r_2D_f$

② 국부전단파괴의 극한지지력

국부전단파괴의 극한지지력은 전반전단파괴의 극한지지력보다 작다.

$$c_l = \frac{2}{3}c \qquad \phi_l = \tan^{-1}\left(\frac{2}{3}\tan\phi\right)$$

③ 점토($\phi=0°$) 지반에 설치한 연속기초의 극한지지력

　㉠ 내부마찰각이 $\phi=0°$이므로, $N_c=5.7$, $N_r=0$, $N_q=1$이다.

　㉡ 점토 지반에 설치한 기초의 극한지지력은 기초의 폭과는 관계가 없다.

$$q_{ult} = \alpha \cdot c \cdot N_c + \beta \cdot \gamma_1 \cdot B \cdot N_r + \gamma_2 \cdot D_f \cdot N_q = 5.7c + \gamma \cdot D_f$$

④ 점토($\phi=0°$) 지반의 지표면에 설치($D_f=0$)하는

　㉠ 연속기초의 극한지지력

　　• 내부마찰각이 $\phi=0°$이므로, $N_c=5.7$, $N_r=0$, $N_q=1$이다.

　　• $q_{ult}=5.7c$

　㉡ 매끄러운 연속기초의 극한지지력

　　극한지지력 $q_{ult}=5.7c$의 10%정도 감소하여 $q_{ult}=5.14c$

⑤ 모래 지반에서 연속기초의 극한지지력

모래 지반에서는 점착력이 $c = 0(\text{zero})$이므로

$$q_u = \alpha \cdot c \cdot N_c + \beta \cdot \gamma_1 \cdot B \cdot N_r + \gamma_2 \cdot D_f \cdot N_q$$
$$\quad = 0 + \beta \cdot \gamma_1 \cdot B \cdot N_r + \gamma_2 \cdot D_f \cdot N_q$$

4. Skempton 공식

비배수 상태($\phi_u = 0$)인 포화점토 적용

$$q_u = cN_c + \gamma D_f$$

여기서, N_c : Skempton의 지지력계수($\dfrac{D_f}{B}$에 의해 결정된다.)

γ : 전응력 해석이므로 γ_{sat}을 사용한다.

5. Meyerhof 공식

메이어호프는 지지층의 모래와 자갈지반의 ϕ가 현실적으로 결정되지 않기 때문에 말뚝 선단지반의 콘지지력 q_c를 측정함으로써 실용적으로 식을 제안한다.

(1) 근입의 깊은 말뚝에 대한 지지력공식

$$q_{ult} = c\overline{N_c} + \sigma_o \overline{N_\sigma} + \gamma B \overline{N_r}$$

여기서, $\overline{N_c}$, $\overline{N_\sigma}$, $\overline{N_r}$: 지지력 계수(전단저항각 ϕ의 함수)
   c : 점착력(kN/m^2)
   B : 말뚝 지름(m)
   γ : 단위체적중량(kN/m^3)
   σ_o : 기초 측면에 작용하는 측압(kN/m^2)

(2) 기타 지지력공식

$$q_u = 3NB\left(1 + \dfrac{D_f}{B}\right) \qquad q_u = \dfrac{3}{40}q_c B\left(1 + \dfrac{D_f}{B}\right)$$

여기서, q_u : 극한지지력(t/m^2)
   N : 표준관입시험의 N치
   q_c : cone의 관입저항(t/m^2)

6. 허용지지력

$$q_a = \frac{q_u}{F_s}$$

여기서, $F_s = 3$이다.

7. 얕은 기초의 침하

(1) 점토층의 침하

$$S = S_i + S_c + S_s$$

여기서, S : 총침하량 S_i : 즉시침하량 S_c : 압밀침하량 S_s : 2차 압밀침하량

① 즉시침하(탄성침하 ; S_i)

$$S_i = qB\frac{1-\mu^2}{E}I_w$$

여기서, q : 기초의 하중강도(t/m²) B : 기초의 폭(m) μ : 지반의 푸아송(poisson)비
  E : 흙의 탄성계수(흙일 때는 변형계수라 한다.) I_w : 침하에 의한 영향값

② 압밀침하(S_c)
  ㉠ 일반적으로 1차 압밀침하를 말하며, 간극의 물이 빠져나가면서 지반의 체적이 감소되어 일어난다.
  ㉡ 과잉간극수압이 0~100%일 때 발생되는 침하를 말한다.

③ 2차 압밀침하
  ㉠ 과잉간극수압이 완전 소멸 후 구조의 재조정에 의해 발생되는 침하를 말한다.
  ㉡ 과잉간극수압이 0이 된 후에도 계속되는 침하를 말한다.

8. 재하 시험에 의한 지지력 결정

(1) 장기 허용지지력

$$q_a = q_t + \frac{1}{3} \cdot \gamma \cdot D_f \cdot N_q$$

여기서, q_t : 재하 시험에 의한 항복강도의 $\frac{1}{2}$ 또는 극한강도의 $\frac{1}{3}$ 중 작은 값(t/m²)
  D_f : 기초에 근접된 최저 지반면에서 기초 하중면까지의 깊이(m)
  N_q : 지지력계수

(2) 단기 허용지지력

$$q_a = 2\ q_t + \frac{1}{3} \cdot \gamma \cdot D_f \cdot N_q$$

9. 접지압과 침하량 분포

(1) 점토지반

① 연성기초
  ㉠ 접지압 : 일정
  ㉡ 침하량 : 기초 중앙부에서 최대
② 강성기초
  ㉠ 접지압 : 양단부에서 최대
  ㉡ 침하량 : 일정

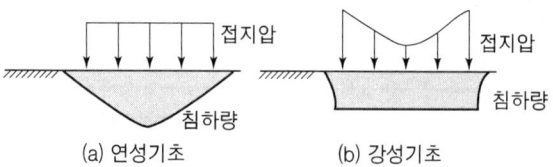

[점토지반의 접지압과 침하량 분포]

(2) 모래지반

① 연성기초
  ㉠ 접지압 : 일정
  ㉡ 침하량 : 기초 양단부에서 최대
② 강성기초
  ㉠ 접지압 : 중앙부에서 최대
  ㉡ 침하량 : 일정

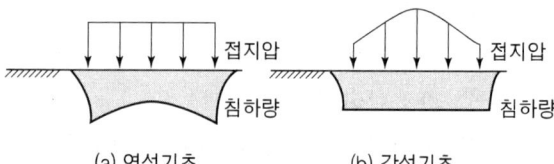

[모래지반의 접지압과 침하량 분포]

10. 보상기초

(1) 순압력

기초의 근입깊이 만큼의 해당 흙에 의한 압력을 제외한 기초의 단위면적당 하중

$$q_{net} = \frac{Q}{A} - r \cdot D_f$$

여기서, D_f : 기초의 근입깊이

(2) 완전보상기초

① 정의

　기초에 있어서 근입깊이가 증가함에 따라 기초에 작용하는 순압력이 0이 되는 기초

② 완전보상기초의 깊이

$$q_{net} = \frac{Q}{A} - r \cdot D_f \text{에서 } D_f = \frac{Q}{A \cdot r}$$

여기서, D_f : 완전보상기초의 근입깊이

5-3 깊은 기초

1. 깊은 기초 개요

깊은 기초란 $\dfrac{D_f}{B} > 1$인 기초를 말한다.

(1) 깊은 기초의 종류

① 말뚝 기초
② 피어 기초
③ 케이슨 기초

(2) 지지방법에 의한 분류
　　(지지력 전달상태에 따른 분류)

① 선단지지 말뚝
② 마찰말뚝
③ 하부지반지지 말뚝

[지지방법에 따른 말뚝의 분류]

(3) 기능에 따른 분류(사용목적에 따른 분류)

① 다짐 말뚝
② 인장 말뚝
③ 활동방지 말뚝
④ 횡력 저항 말뚝

(4) 사용재료에 따른 분류

① 나무 말뚝(Wooden pile)
② 원심력 철근 콘크리트 말뚝(RC-Pile)
③ 프리스트레스트 콘크리트 말뚝
④ 강말뚝
⑤ 말뚝 재료의 조합에 의한 분류
　㉠ 이음 말뚝(Connected Pile) : 같은 재료로 된 말뚝을 2개이상 이은 말뚝
　㉡ 합성 말뚝(Composite Pile) : 다른 재료로 된 말뚝을 이은 말뚝

(5) 현장콘크리트 말뚝(Cast-in-place concrete pile)

① Franky 말뚝 : 콘크리트를 외관 속에 채워서 Drop hammer로 콘크리트를 타격하여 소정의 깊이까지 관입한 후 구근을 형성한 후 외관을 잡아 빼면서 콘크리트를 다져 만든 말뚝
　㉠ 무각
　㉡ 해머가 콘크리트를 타격
　㉢ 소음 진동이 작아 시가지 공사에 적당

② Pedestal 말뚝 : 케이싱을 직접 타격하여 내관과 외관을 지반에 관입한 후 선단부에 구근을 만들고 콘크리트를 투입 케이싱을 인발하면서 다짐을 되풀이하여 만든 말뚝
　㉠ 무각
　㉡ 해머가 직접 케이싱을 타격
　㉢ 소음과 진동이 크다.

③ Raymond 말뚝 : 내, 외관을 동시에 지중에 관입한 후 내관을 빼내고, 외관 속에 콘크리트를 쳐서 만든 말뚝
　㉠ 유각

(6) 말뚝의 타입 방법

① 타입식
② 진동식 : 바이블로 해머(Vibro-hammer)가 말뚝에 종방향의 진동을 주어 항타하는 방법
③ 압입식
④ 사수식(Water jet) : 기성 말뚝의 내부 또는 외측에 파이프를 설치하여 압력수를 말뚝 선단부에서 분출시켜 말뚝을 관입하는 공법이다.

(7) 말뚝의 타입순서

① 중앙부로부터 외측으로 향해 말뚝을 타입한다.
② 육지로부터 바닷가 쪽으로 타입한다.
③ 기존 구조물 부근일 경우 인접 구조물이 있는 곳으로부터 바깥쪽으로 타입한다.

(8) 말뚝기초의 지반거동

① 주동말뚝은 말뚝이 지표면에서 수평력을 받는 경우 말뚝이 변형함에 따라 지반이 저항하게 된다.
② 수동말뚝은 어떤 원인에 의해 지반이 먼저 변형하고 그 결과 말뚝에 측방토압이 작용하게 된다.

③ 말뚝에 작용한 하중은 말뚝 주변의 마찰력과 말뚝선단의 지지력에 의하여 주변 지반에 전달된다.
④ 기성말뚝을 타입하면 전단파괴를 일으키며 말뚝 주위의 지반은 교란된다.
⑤ 말뚝타입 후 지지력의 증가 또는 감소현상을 시간효과(time effect)라 한다.

2. 말뚝기초의 지지력

(1) 정역학적 지지력 공식

① Terzaghi의 공식

㉠ 극한지지력

$$R_u = R_p + R_f = q_p A_p + f_s A_s$$

여기서, R_u : 말뚝의 극한지지력(t)
R_p : 말뚝의 선단지지력(t)
R_f : 말뚝의 주면마찰력(t)
q_p : 단위 선단지지력(t/m^2)
f_s : 단위 마찰저항력(t/m^2)
A_p : 말뚝의 선단지 지면적(m^2)
A_s : 말뚝의 주면적(m^2)

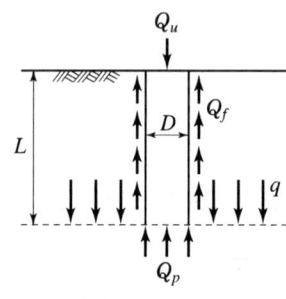

㉡ 허용지지력

$$R_a = \frac{R_u}{F_s} \quad (F_s = 3)$$

② Meyerhof의 공식

㉠ 극한지지력

$$R_u = R_p + R_f = 40 N A_p + \frac{1}{5} \overline{N_s} A_s + \frac{1}{2} \cdot \overline{N_c} \cdot A_c$$

여기서, A_p : 말뚝의 선단단면적(m^2)
N : 말뚝 선단 부위의 N치
$\overline{N_s}$: 말뚝둘레의 모래층의 N치의 평균치
$\overline{N_c}$: 말뚝 둘레의 점토층의 평균 N치
A_s : 모래층의 말뚝의 주면적(m^2)($A_s = U \cdot l_s$)
U : 말뚝의 주변 길이(m)
l_c : 점토층 내의 말뚝 길이(m)

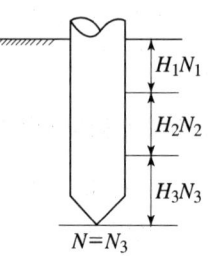

ⓛ 말뚝 둘레의 모래층의 평균 N치($\overline{N_s}$)

$$\overline{N_s} = \frac{N_1 \cdot H_1 + N_2 \cdot H_2 + N_3 \cdot H_3}{H_1 + H_2 + H_3}$$

ⓒ 허용지지력

$$R_a = \frac{R_u}{F_s}(F_s = 3)$$

③ Dörr의 공식
④ Dunham 공식

(2) 동역학적 지지력 공식

① Hiley 공식

말뚝머리에서 측정되는 리바운드량을 이용하여 극한지지력을 구하는 공식이다.

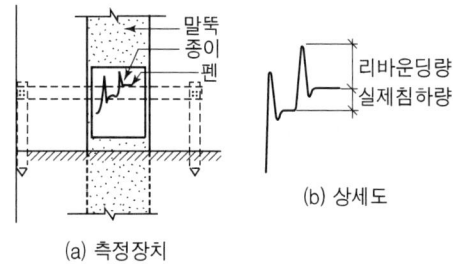

(a) 측정장치 (b) 상세도

㉠ 극한지지력

$$R_u = \frac{W_h \cdot h \cdot e}{S + \frac{1}{2}(C_1 + C_2 + C_3)} \left(\frac{W_h + n^2 W_p}{W_h + W_p} \right)$$

여기서, W_h : 해머의 무게(t) h : 낙하고(cm)
S : 말뚝의 최종 관입량(cm) n : 반발계수
W_p : 말뚝의 무게(t) e : hammer 효율
C_1, C_2, C_3 : 말뚝, 지반, cap cushion의 탄성변형량(cm)

㉡ 허용지지력

$$R_a = \frac{R_u}{F_s}(F_s = 3)$$

② Engineering News 공식
  ㉠ 극한지지력

  - Drop hammer $\quad R_u = \dfrac{W_r h}{S+2.54}$
  - 단동식 steam hammer $\quad R_u = \dfrac{W_r h}{S+0.254}$
  - 복동식 steam hammer $\quad R_u = \dfrac{(W_r + A_p P)h}{S+0.254}$

  여기서, A_p : 피스톤의 면적(cm^2) P : hammer에 작용하는 증기압(t/cm^2)
  S : 타격당 말뚝의 평균관입량(cm) H : 낙하고(cm)

  ㉡ 허용지지력

  $$R_a = \dfrac{R_u}{F_s} \ (F_s = 6)$$

③ Sander 공식
  ㉠ 극한지지력

  $$R_u = \dfrac{W_h h}{S}$$

  ㉡ 허용지지력

  $$R_a = \dfrac{R_u}{F_s} \ (F_s = 8) = \dfrac{W_h h}{8S}$$

④ Weisbach 공식
  ㉠ 극한지지력

  $$Q_u = \dfrac{A \cdot E}{L} \cdot \left(-S + \sqrt{S^2 + W_h \cdot H \cdot \dfrac{2L}{A \cdot E}} \right)$$

  여기서, A : 말뚝의 단면적(m^2) E : 말뚝의 탄성계수(t/m^2)
  L : 말뚝의 길이(m) S : 말뚝의 최종관입량(m)

  ㉡ 허용지지력

  $$Q_a = 0.15 Q_u$$

3. 주면마찰력과 부마찰력

(1) 주면마찰력

말뚝주위 표면과 흙 사이의 마찰력을 말한다.

① 모래의 마찰저항력

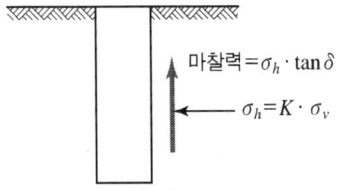

$$f_s = K \cdot \sigma_v' \cdot \tan\delta$$

여기서, K : 토압계수
δ : 흙과 말뚝의 마찰각
σ_v' : 유효연직응력

유효연직응력은 말뚝의 깊이가 깊을수록 증가하지만 한계깊이 이상에서는 일정하며, 한계깊이는 말뚝지름의 15~20배이다.

② 점토의 마찰저항력

㉠ α 방법 : 전응력으로 마찰저항력을 구하는 방법

$$f_s = \alpha \cdot c_u$$

여기서, α : 부착계수

㉡ β 방법 : 유효응력으로 얻은 강도정수로 구하는 방법

$$f_s = \beta \cdot \sigma_v'$$

여기서, β : $K \cdot \tan\phi$ σ_v' : 유효연직응력
ϕ : 교란된 점토의 내부마찰각 K : 정지토압계수

㉢ λ 방법 : 전응력과 유효응력을 조합하여 평균마찰저항력을 구하는 방법

$$f_{av} = \lambda \cdot (\sigma_v' + 2 \cdot c_u)$$

여기서, σ_v' : 전체 근입깊이에 대한 평균 유효연직응력
c_u : 평균 비배수 전단강도

(2) 부마찰력

주면마찰력은 보통 상향으로 작용하여 지지력에 가산되었으나 말뚝 주위의 지반이 말뚝보다 더 많이 침하하게 되면 주면마찰력이 하향으로 발생하여 하중역할을 하게 되는 주면마찰력을 부마찰력이라 한다.

$$R_{nf} = f_n A_s$$

여기서, f_n : 단위면적당 부마찰력(연약점토시 $f_n = \dfrac{1}{2} q_u$)
A_s : 부마찰력이 작용하는 부분의 말뚝 주면적

① 발생원인
  ㉠ 지반 중에 연약 점토층의 압밀침하 진행
  ㉡ 연약한 점토층 위의 성토(사질토) 하중에 의한 침하
     (상대변위의 속도가 클수록 부마찰력은 크다.)
  ㉢ 지하수위 저하
  ㉣ 진동으로 인한 압밀침하 발생
  ㉤ 지표면에 과적재물을 장기적으로 적재한 경우
  ㉥ pile 간격을 조밀하게 시공했을 때
  ㉦ 매립된 생활쓰레기 중에 시공된 관측정
  ㉧ 붕적토에 시공된 말뚝 기초

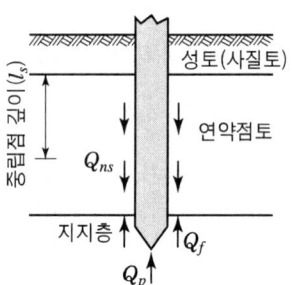

② 부마찰력을 줄이는 방법
  ㉠ 항타 이전에 연약지반을 개량하여 지지력을 확보한다.
  ㉡ 말뚝지름보다 크게 Pre-boring한다.
  ㉢ 지하수위를 미리 저하시킨다.
  ㉣ 표면적이 작은 말뚝(H-형강말뚝)을 사용한다.
  ㉤ 말뚝지름보다 약간 큰 케이싱(Casing)을 박는다.
  ㉥ 말뚝 표면에 역청재를 칠한다.
  ㉦ 이중관을 사용한다.
  ㉧ 말뚝에 진동을 주지 않는다.
  ㉨ 천공하여 벤토나이트 안정액을 넣고 말뚝을 박는다.

4. 군항(무리말뚝)

(1) 판정기준

2개 이상의 말뚝에서 지중응력의 중복여부로 판정

$$D = 1.5\sqrt{\gamma L}$$

여기서, D : 말뚝에 의한 지중응력이 중복되지 않기 위한 말뚝 간격
  γ : 말뚝 반지름
  L : 말뚝 길이

① $D > d$: 군항(group pile)
② $D < d$: 단항(single pile)
  여기서, d : 말뚝의 중심간격

(2) 군항의 허용지지력

① $R_{ag} = ENR_a$

여기서, E : 군항의 효율
N : 말뚝개수
R_a : 말뚝 1개의 허용지지력

② $E = 1 - \dfrac{\phi}{90}\left[\dfrac{(m-1)n + m(n-1)}{mn}\right]$

③ $\phi = \tan^{-1}\dfrac{D}{S}$

여기서, S : 말뚝 간격(m) D : 말뚝 직경(m)
m : 각 열의 말뚝 수 n : 말뚝 열의 수

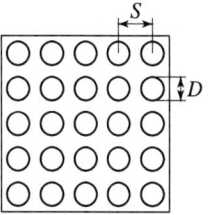

5-4 연약지반 개량공법

1. 연약지반 개량공법

(1) 점성토 지반 개량공법 : 치환, 압밀, 탈수에 의한다.

① 치환공법
  ㉠ 기계적 굴착치환
  ㉡ 폭파치환
  ㉢ 강제치환
  ㉣ 동치환 공법

② 강제 압밀공법
  ㉠ Prelooding 공법(여성토 공법)
  ㉡ 압성토 공법

③ 탈수공법
  ㉠ Sand Drain Method
  ㉡ Paper Drain Method

④ 배수공법
  ㉠ Well Point Method
  ㉡ Deep Well Method

⑤ 고결공법
  ㉠ 생석회말뚝공법
  ㉡ 소결공법
  ㉢ 전기침투압(강제배수공법의 일종)
  ㉣ 전기화학·용융공법

⑥ JSP(Jumbo Special Pile)
  연약지반 개량공법으로 초고압의 제트를 이용하여 연약지반의 내력을 증가시키는 지반고결제의 주입공법이며, Double Rod선단에 Jetting Nozzle을 장착하여 시멘트주입재를 분사하면서 회전하게 하여 지반을 강화시키는 공법이다.
  ㉠ 특징
    ⓐ 시공의 확실성이 있다.
    ⓑ 초고압분류수로 지반을 파쇄하여 파쇄부분만 시공하므로 손실이 적다.
    ⓒ 소형으로 경제성이 우수하다.

ⓒ 시공순서
  ⓐ 지반조건에 따라 Rod의 회전속도를 조절하여 계획심도까지 굴착한다.
  ⓑ 초고압 Air Jet를 이용하여 시멘트주입재를 분사한다.
ⓒ 적용범위
  ⓐ 단일원추, 연속벽체 등의 형식으로 기초지반의 지지력 증대에 사용한다.
  ⓑ 지중의 누수방지 차수공법으로 사용한다.
  ⓒ 토압경감 토류벽용으로 사용한다.

(2) **사질토 지반 개량공법** : 진동, 충격에 의한다.

① **진동다짐공법**(바이브로 플로테이션(Vibroflotation) 공법)
② **다짐말뚝공법**
③ **폭파다짐공법**
④ **전기충격공법**
⑤ **약액주입**
⑥ **동압밀공법**(동다짐공법)
⑦ 다짐 모래 말뚝 공법(Compozer 공법)

2. 점토지반 개량공법

(1) 종 류

① 치환공법
② pre-loading 공법(사전압밀공법)

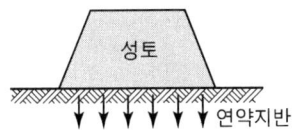

③ Sand drain 공법

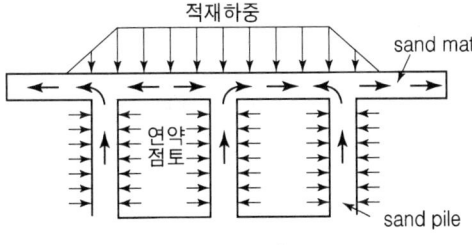

sand drain 공법

㉠ Sand drain의 배열
　　ⓐ 정삼각형 배열 : $d_e = 1.05d$
　　ⓑ 정사각형 배열 : $d_e = 1.13d$
　　　여기서, d_e : drain의 영향원 지름
　　　　　　d : drain의 간격

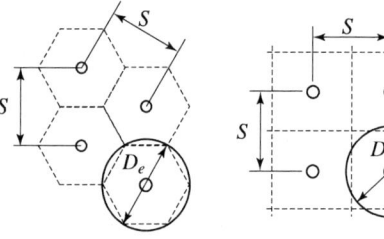

삼각형 배치($D_e = 1.05S$)　　사각형 배치($D_e = 1.13S$)

㉡ 수평, 연직방향 투수를 고려한 전체적인 평균압밀도

$$U = 1 - (1 - U_h) \cdot (1 - U_v)$$

여기서, U_h : 수평방향의 평균압밀도　　U_v : 연직방향의 평균압밀도

㉢ Sand drain의 간격이 길이의 1/2 이하인 경우에 연직방향 투수는 무시한다.

④ Paper Drain 공법(card board wicks method)
㉠ 정의 : 모래말뚝 대신에 합성수지로 된 card board를 땅 속에 박아 압밀을 촉진시키는 공법
㉡ 등치환산원 : Paper Drain의 설계시 Sand drain의 직경으로 환산한 효과를 기준으로 설계하는데 사용한다.

$$D = \alpha \frac{2A + 2B}{\pi}$$

여기서, D : drain paper의 등치환산원의 지름　　α : 형상계수(0.75)
　　　　A, B : drain 폭과 두께(cm)

⑤ Sand Drain 공법에 비해 Paper Drain 공법의 장단점
㉠ 장점
　　ⓐ 비교적 시공속도가 빠르다.(초기 배수효과가 빠르다)
　　ⓑ 얕은 심도에서 공사비가 저렴하다.
　　ⓒ Drain 단면이 깊이, 방향에 대해서 일정하다.
　　ⓓ Drain Board의 중량이 가벼워서 운반, 취급이 용이하다.
　　ⓔ 타설에 의해 지반을 교란시키지 않는다.
㉡ 단점
　　ⓐ 장기간 사용시 열화현상이 생겨 배수효과가 감소한다.

샌드 매트(Sand mat)의 역할
① 상부의 배수층 역할
② 성토 내의 지하 배수층 형성
③ 시공기계의 주행성(trafficability) 확보

⑥ Pack Drain Method

Sand Drain의 결점인 절단, 잘록함 등을 보완하기 위해 개발한 공법으로 합성 섬유로 된 포대에 모래를 채워 만든 포대형 Sand Drain 공법이다.

⑦ 전기침투공법
⑧ 침투압공법(MAIS 공법)
⑨ 생석회말뚝공법(chemico pile)

3. 사질토지반 개량공법

(1) 종 류

① 바이브로플로테이션(Vibroflotation) 공법
② 다짐말뚝공법
③ 폭파다짐공법
④ 전기충격공법
⑤ 약액주입공법
⑥ 동압밀공법(동 다짐 공법)
⑦ 다짐모래 말뚝공법(sand compaction pile 공법=compozer 공법)

(2) 약액주입공법

① 일반사항
   ㉠ 약액주입공법은 주입율, 충전율 및 배합비가 중요하며 반드시 시험 그라우팅을 실시하여 토질에 적합한 주입량을 정하여야 한다.
   ㉡ 겔 타임(gel-time)은 그라우트를 혼합한 후 서서히 점성이 증가하면서 마침내 유동성을 상실하고 고화(겔화)할 때까지의 소요시간을 말하며 약액주입공법에서 주요 고려해야할 사항이다.

② 주입량 산정기준

$$Q = V\lambda [\text{m}^3]$$

여기서, Q : 주입량(m^3)
V : 대상토량(m^3)
λ : 주입률 $\lambda = n\alpha(1+b)$
여기서, n : 간극률, α : 충전율, b : 손실률(10%)

4. 일시적 지반 개량공법

(1) 웰포인트(Well point) 공법

Well point라는 흡수관을 지중에 여러 개 관입하여 지하수위를 저하시켜 dry work를 하기 위한 강제배수공법이다.

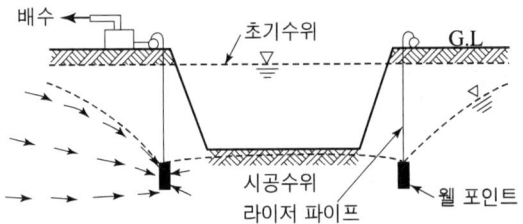

[웰포인트(Well point) 공법]

① 실트질 모래지반에 효과적이다.(점토지반에는 곤란하다.)
② 사질토 : 굴착시엔 boiling 방지
   점성토 : 압밀촉진에 이용
③ Well point 간격은 2m 내, 배수가능 심도는 6m이다.

(2) deep well 공법(깊은우물 공법)

$\phi 0.3 \sim 1.5m$ 정도의 깊은 우물을 판 후 strainer를 부착한 casing(우물관)을 삽입하여 지하수를 펌프로 양수함으로써 지하수위를 저하시키는 중력식 배수공법이다.

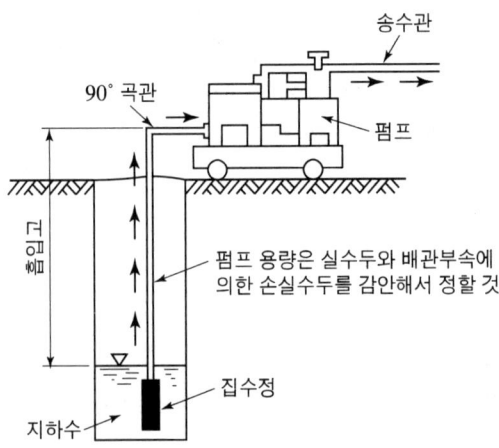

[deep well 공법(깊은우물 공법)]

① 적용
  ㉠ 용수량이 매우 많아 well point의 적용이 곤란한 경우
  ㉡ 투수계수가 큰 사질토층의 지하수위 저하시
  ㉢ heaving이나 boiling 현상이 발생할 우려가 있는 경우
② 특징
  ㉠ 양수량이 많다.
  ㉡ 고양정의 pump 사용시 깊은 대수층의 양수가 가능하다.

(3) 대기압공법(진공압밀공법)

비닐 등으로 지표면을 덮은 다음 진공 pump로서 내부의 압력을 내려 대기압하중으로 압밀을 촉진시키는 공법

(4) 동결공법

동결관(1.5~3인치)을 땅 속에 박고 액체질소 같은 냉각제를 흐르게 하여 주위의 흙을 동결시키는 공법

5. 기타 개량공법

(1) 동다짐 공법(동압밀 공법, Dynamic Consolidation Method)

지반 개량을 위해 지반에 중량 10~200ton인 큰 중추를 높이 10~40m에서 자유낙하시켜 충격 및 진동 에너지로 지반을 다지는 공법으로, 해안 매립지, 쓰레기 매립지 등에 사용된다.
① 광범위한 토질에 적용 가능하다.
② 지반 내 장애물이 있어도 시공이 가능하다.
③ 타격에너지를 증가시키면, 깊은 심도까지도 개량이 가능하다.
④ 전면적에 걸쳐 확실한 개량이 가능하다.
⑤ 특별한 약품이나 재료를 필요로 하지 않는다.

$$D = a\sqrt{W \cdot H}$$

여기서, D : 개량대상심도(m)
       a : 보정계수 (0.3~0.7)
       W : 추의 무게(ton)
       H : 낙하고(m)

(2) 동치환 공법(Dynamic replacement method)

중량 10~200ton인 큰 중추를 높이 10~40m에서 자유낙하시켜 큰 타격에너지를 이용하여 연약지반 상에 미리 포설하여 놓은 쇄석 또는 모래, 자갈 등의 재료를 타격하여 지반으로 관입시켜 연약지반을 개량하는 공법

(3) Under pinning 공법

인접된 기존구조물에 대하여 기초 부분을 신설, 개축 또는 보강하는 공법을 총칭한다.
① 기존 기초의 지지력을 보강하는 경우
② 인접한 건물의 기초에 접하여 굴착하는 경우
③ 기초구조물 아래에 다른 구조물을 신설할 경우
④ 구조물을 이동하는 경우

(4) 토목섬유(Geosynthetics)

① 토목섬유의 기능
  ㉠ 배수 기능   ㉡ 여과 기능
  ㉢ 분리 기능   ㉣ 보강 기능
  ㉤ 방수 및 차단 기능

② 토목섬유의 종류
  ㉠ Geotextile   ㉡ Geomembrane
  ㉢ Geogrid   ㉣ Geocomposite

6. 동 상

(1) 동상을 일으키기 위한 조건

① 물의 공급이 충분해야 한다.(모관상승고가 커야한다.)
② 0℃ 이하의 온도가 오래 지속되어야 한다.
③ 동상을 받기 쉬운 흙(실트)이 존재해야 한다.(투수계수가 적어야 한다.)

(2) 동상량의 지배 인자

① 모관 상승고의 크기
② 흙의 투수성
③ 동결온도의 지속시간
④ 동결심도

(3) 동결심도(frost depth)

데라다(寺田) 공식

$$Z = C\sqrt{F} = C\sqrt{\theta \cdot t}$$

여기서, Z : 동결심도(cm)
  F : 동결지수(℃ · day)
    F(℃ · day) = 기온 × 일수 = 0℃ 이하의 기온 × 지속시간(지속일수)
  θ : 0℃ 이하의 온도
  t : 지속시간(day)
  C : 지역에 따른 상수(3~5, 우리나라에서는 일반적으로 4를 쓴다.)

(4) 동상의 방지대책

① 배수구를 설치하여 지하수위 등의 주변 지반으로부터의 물의 유입을 막는다.
② 지하수위 위에 배수층(조립의 차단층)을 설치하여 모관수의 상승 및 지하수의 상승을 방지한다.
③ 동상 예상 지반은 동결깊이 내에 있는 흙을 동결하기 어려운 재료(자갈, 쇄석, 석탄재 등)로 치환한다.
④ 지표면 근처에 단열재(석탄재, 코크스) 및 열선 등을 넣어 지반을 보온한다.
⑤ 지표의 흙을 화학약품 처리($CaCl_2$, $NaCl$, $MgCl_2$)하여 동결온도를 낮춘다.
⑥ 구조물의 기초를 동결심도 이하로 굴착하여 설치한다.

(5) 흙의 동상과 연화

① 흙의 동상현상은 대기의 온도가 0℃ 이하로 내려가면 지표면의 물이 얼기 시작하여 추위가 계속되면 땅 속의 물도 얼기 시작하면서 땅이 얼어 지표면이 부풀어 오르는 현상을 말한다.
② 흙의 연화현상은 동결된 지반이 기온이 상승하면 아이스 렌즈(Ice Lense)가 녹기 시작하며, 녹은 물이 적절하게 배수되지 않으면 녹은 흙의 함수비는 얼기 전보다 훨씬 증가하여 지반이 연약해지고 강도가 떨어지는 현상을 말한다.

Part 03

수자원설계

Chapter 1 수 리 학
Chapter 2 상수도계획
Chapter 3 하수도계획

Chapter 1 수리학

1-1 유체의 기본적 성질

1. 물리량

(1) 중량(g, kg, ton)

$$W = mg$$

여기서, m : 질량, g : 중력가속도(9.8m/sec^2, 980cm/sec^2)

(2) 밀도(비질량 g/cm^3, t/m^3)

$$\rho = \frac{m}{V}$$

여기서, m : 질량, V : 체적

① 물의 밀도는 3.98℃(약 4℃)에서 최대이며 온도의 증감시 값이 작아진다.
② 물의 밀도는 $\rho = 1\text{g/cm}^3$(공학단위로 $102\text{kg} \cdot \text{sec}^2/\text{m}^4$)이다.

(3) 단위중량(비중량 g/cm^3, t/m^3)

$$w = \frac{W}{V} = \frac{mg}{V} = \rho g$$

여기서, W : 중량, m : 질량, g : 중력가속도, ρ : 밀도

① 물의 단위중량은 3.98℃(약 4℃)에서 최대이며 온도의 증감시 값이 작아진다.
② 순수한 물인 경우 $w = 1\text{g/cm}^3 = 1\text{t/m}^3$이다.
③ 해수의 경우 $w' = 1.025\text{g/cm}^3 = 1.025\text{t/m}^3$이다.

(4) 비중(무차원)

$$\text{비중} = \frac{\text{물체의 단위중량}}{\text{물의 단위중량}} = \frac{\text{물체의 밀도}}{\text{물의 밀도}}$$

(5) 비체적(cm^3/g, m^3/t, 단위중량의 역수)

$$V_s = \frac{V}{W}$$

(6) 점성(내부마찰)

형태가 변화할 때 나타나는 유체(流體 : 액체나 기체)의 저항으로 서로 붙어 있는 부분이 떨어지지 않으려는 성질이다.

(7) 전단응력(내부마찰력 ; 단위면적당 마찰력의 크기 g/cm^2, kg/cm^2)

$$\tau = \mu \frac{dv}{dy}$$

여기서, μ : 점성계수 $\frac{dv}{dy}$: 속도의 변화율(속도계수)

① 점성으로 인하여 유체 내부에는 전단응력이 발생한다.
② 유체 내부에 상대속도가 없으면 전단응력이 작용하지 않는다.
③ 마찰력의 원인은 점성이며, 점성은 액체 분자간의 응집력에 의한 것으로 온도가 상승하면 응집력이 약해지므로 점성이 작아진다.

(8) 점성계수(μ ; 1poise = 1g/cm · sec)

물체가 외력에 대해 계속해서 연속적으로 저항하는 성질로서 물체가 외력에 대해 계속해서 연속적으로 저항하는 성질로서 수온이 증가하면 감소하고 수온이 낮을수록 크다.

(9) 동점성계수(ν ; 1stokes = 1cm^2/sec)

$$\nu = \frac{\mu}{\rho}$$

여기서, μ : 점성계수 ρ : 밀도

(10) 유동계수

$$\text{유동계수} = \frac{1}{\mu}$$

여기서, μ : 점성계수

2. 물리적 특성

(1) 압축률(C ; cm²/kg, cm²/g ; 압축계수)

$$C = \frac{\frac{\Delta V}{V}}{\Delta P} = \frac{1}{E}$$

여기서, ΔP : 압력의 변화량($P_2 - P_1$) ΔV : 체적의 변화량($V_2 - V_1$)

물은 10℃ 상태에서 1기압에 대해 약 $\frac{5}{100,000}$씩 압축된다.

(2) 체적탄성계수(E)

$$E = \frac{\Delta P}{\frac{\Delta V}{V}} = \frac{1}{C}$$

여기서, C : 압축률

(3) 물에 작용하는 힘

① **응집력** : 같은 액체 분자 사이의 인력
② **부착력** : 액체 분자와 고체 분자 사이의 인력
③ **표면장력** : 물과 공기가 맞닿는 면에서 생기는 힘

(4) 표면장력(T ; dyne/cm, g/cm)

① 물방울에 작용하는 표면장력

$$\sum F_y = 0$$
$$P \cdot \frac{\pi d^2}{4} = T \cdot \pi d$$
$$\therefore T = \frac{Pd}{4}$$

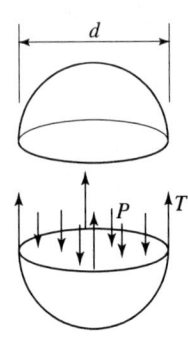

여기서, P : 물방울 내부의 압력 강도

② 비눗방울에 작용하는 표면장력

$$T = \frac{Pd}{2} \text{ (바깥쪽과 안쪽 모두 공기에 접하고 있으므로 표면장력이 2개)}$$

(5) 모세관현상

모세관 현상은 액체의 부착력(표면장력)과 응집력의 차이 때문에 발생하며, 모세관 현상에 의하여 상승한 액체기둥은 표면장력에 의한 상방향의 힘과 중력에 의한 하방향의 힘에 의해 평형을 이루어 정지상태를 유지하게 된다.

① 모세관을 연직으로 세운 경우

$$w \cdot h_c \cdot \frac{\pi d^2}{4} = T\cos\theta \cdot \pi d$$

$$h_c = \frac{4T\cos\theta}{wd}$$

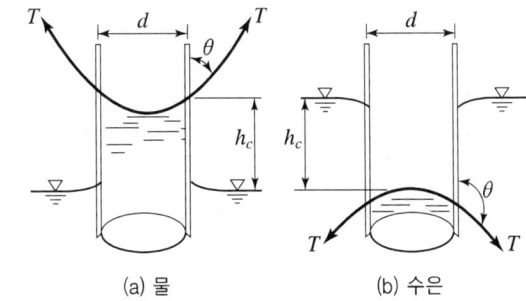

(a) 물   (b) 수은

② 2개의 연직평판을 세운 경우

$$w \cdot h_c \cdot db = T\cos\theta \cdot 2b$$

$$h_c = \frac{2T\cos\theta}{wd}$$

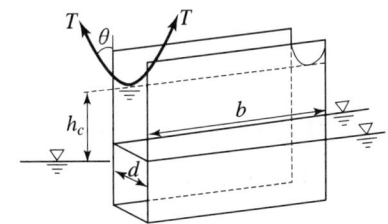

3. 뉴턴 유체(Newtonian fluid)

전단응력과 속도구배와 정비례하는 관계를 갖는 유체

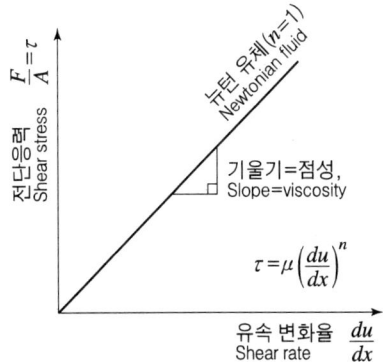

1-2 정수역학

1. 정 수 압

(1) 정수압의 성질
① 면의 양측에는 상대적인 운동이 없다.
② 점성력이 존재하지 않는다.
③ 수압은 항상 면에 직각으로 작용한다.
④ 수압은 수심에 비례한다.
⑤ 깊이가 같은 임의 점에 대한 수압은 항상 같다.(등압면)
⑥ 정수 중의 임의의 한 점에 작용하는 정수압강도는 모든 방향에 대하여 동일하다.

(2) 정수압강도

$$p = \frac{P}{A}$$

여기서, p : 정수압강도(kg/cm^2) P : 압력(kg)
       A : 정수압이 작용하는 면적(cm^2)

① 수면에서 h 깊이의 정수압강도
  ㉠ 계기압력 : 대기압을 기준($p_a = 0$)으로 한 압력

  $$p = wh$$

  ㉡ 절대압력

  절대압력 = 계기압력 + 대기압력
  $p = p_a + wh$

② 표준 대기압 : 공기층의 무게에 의하여 지구표면이 받는 압력
  ㉠ 1기압은 0℃에서 1cm^{2}당 76cm의 수은기둥의 무게와 같다.
  ㉡ 1기압(표준대기압) = 76cmHg = 13.5951 × 76 = 1033.23g/cm^2 = 10.33t/m^2
                    = 1.013 × 10^{5}N/m^2 = 1.013bar = 1,013milibar
                    = 1013.25hPa = 1033cmH$_2$O

2. 수 압 기

(1) 파스칼의 정리

① 정수중의 한 점에 압력을 가하면 그 압력은 물속의 모든 곳에 같은 크기로 전달된다.
② 수압기 원리

$$\frac{P_A}{a_A} = \frac{P_B}{a_B} + wh$$

P_1과 P_2가 충분히 크면 wh는 미소하므로 생략하여

$$\frac{P_A}{a_A} = \frac{P_B}{a_B}$$

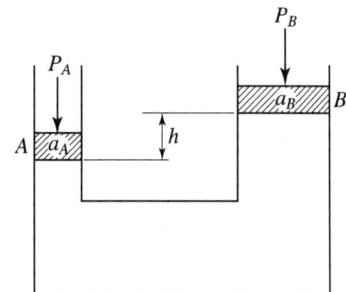

(2) 수압기 응용

① $lP_A = LP_0$에서 $P_A = \dfrac{L}{l}P_0$ 이므로

$$P_B = \frac{a_B}{a_A} \cdot \frac{L}{l} \cdot P_0$$

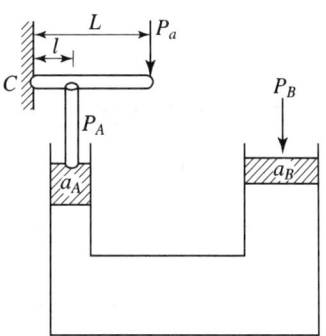

3. 액 주 계

(1) U자형 액주계

$$p_A + w_1 h_1 = w_2 h_2$$
$$p_A = w_2 h_2 - w_1 h_1$$

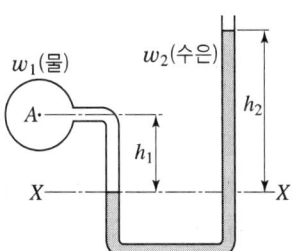

(2) 역U자형 액주계

$$p_A - w_1 h_1 - w_2 h_2 = p_B - w_1 h_3$$
$$p_A - p_B = w_1(h_1 - h_3) + w_2 h_2$$

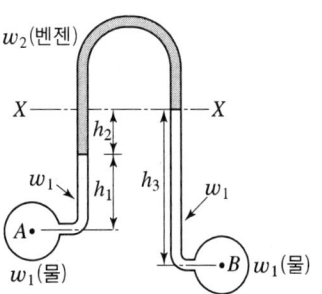

4. 전 수 압

(1) 일반 사항

① 수압
  ㉠ 정수압 : 단위면적당 힘(kg/m^2, kN/m^2)
  ㉡ 전수압 : 전체 작용하는 힘의 크기(kg, kN)

(2) 평면에 작용하는 전수압

① 수평 평면에 작용하는 전수압

$$P = pA = whA$$

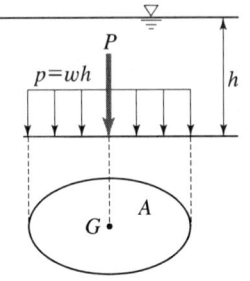

② 수직 평면에 작용하는 수압
  ㉠ 전수압

$$P = w \int_A h \, dA = wh_G A$$

여기서, I_G : 물체 단면의 중립축에 대한 단면2차 모멘트

  ㉡ 수면으로부터 전수압 작용위치까지의 깊이(h_C)

$$h_C = h_G + \frac{I_X}{h_G A}$$

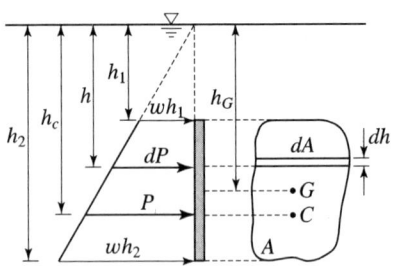

③ 경사진 평면에 작용하는 수압
  ㉠ 전수압

$$P = wh_G A = wS_G \sin\theta A$$

  ㉡ 전수압의 작용점 위치까지의 깊이(h_C)

$$S_C = S_G + \frac{I_Y}{S_G A} = h_G + \frac{I_Y \sin^2\theta}{h_G A}$$

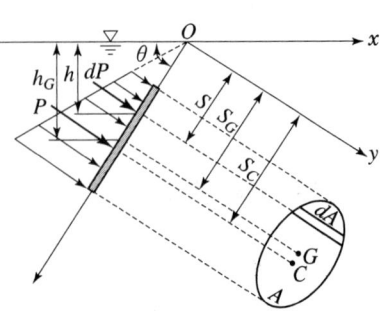

제1장 수리학

④ 곡면에 작용하는 전수압

$$P = \sqrt{P_H^2 + P_V^2}$$

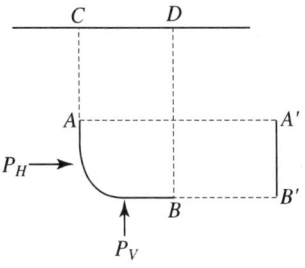

㉠ 수평분력 ; P_H

$$P_H = wh_G A$$

여기서, A : 연직투영면적($A'B' \times b$)
h_G : 연직투영면적의 도심까지 거리

㉡ 수직방향분력 ; P_V

$$P_V = wV$$

여기서, V : 물기둥 $CABD$의 체적($CABD$의 면적 $\times b$)

⑤ 중복곡면이 있는 경우
㉠ 수평방향 중복

$$P_H = P_{HBC} - P_{HAB} = P_L - P_R$$

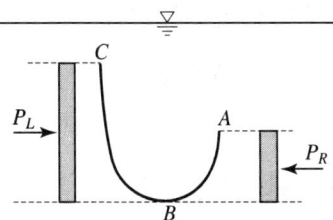

㉡ 수직방향 중복

$$P_V = P_{VECBH} - P_{VFABH}$$

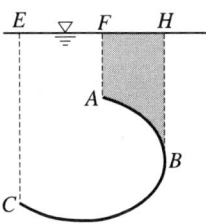

(3) 수압에 의한 원관의 두께(t)

$$t = \frac{pD}{2\sigma_{ta}}$$

여기서, T : 관 단면의 인장력
P : 수압이 관의 반단면에 미치는 힘
p : 관 속의 수압강도
l : 관의 길이
σ : 관의 인장응력
t : 관의 두께

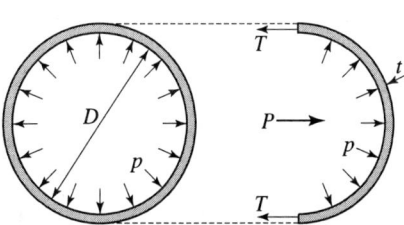

5. 부 체

(1) 부력(B)

물체가 수중에 있을 때 물체가 받는 연직상향 분력의 힘

$$B = w'V'$$

여기서, B : 부력, w' : 물의 단위중량, V' : 수중부분의 체적

① 물체가 떠있을 때

$$W = B$$

② 물체가 물속에 잠겨 있을 때

$$W' = W - B$$

여기서, W : 물체 무게, B : 부력, W' : 물 속 물체의 무게

(2) 아르키메데스 원리

아르키메데스의 원리란 물속에서 물체는 자신이 밀어올린 부피의 물의 무게만큼 가벼워진다는 것으로 물이 물체를 밀어 올리는 힘인 부력 때문이다.

(3) 부체의 안정조건

① 용어 설명
    ㉠ 부심(C) : 부체가 배제한 물의 무게 중심(배수용적의 중심)
    ㉡ 경심(M) : 부체의 중심선과 부력의 작용선과의 교점
    ㉢ 경심고 : 중심에서 경심까지의 거리($\overline{MG}$)
    ㉣ 부양면 : 부체가 수면에 의해 절단되는 가상면
    ㉤ 흘수 : 부양면에서 물체의 최하단까지의 깊이

② 부체의 안정조건
    ㉠ M이 G보다 위에 있으면 부체는 안정하다.[그림 (a)]
    ㉡ M이 G보다 아래에 있으면 부체는 불안정하다.[그림 (b)]
    ㉢ M과 G가 일치하면 부체는 중립상태이다.[그림 (c)]

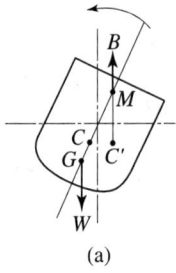
(a)

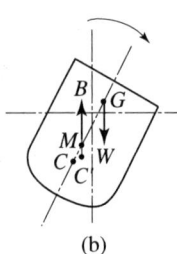
(b)

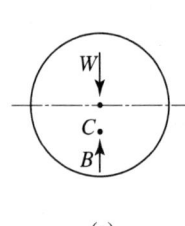
(c)

③ 부체의 안정조건식

$$\overline{MG}(h) = \frac{I_X}{V} - \overline{GC}$$

㉠ 안 정 : $\overline{MG}(h) > 0$, $\frac{I_X}{V} > \overline{GC}$

㉡ 불안정 : $\overline{MG}(h) < 0$, $\frac{I_X}{V} < \overline{GC}$

㉢ 중 립 : $\overline{MG}(h) = 0$, $\frac{I_X}{V} = \overline{GC}$

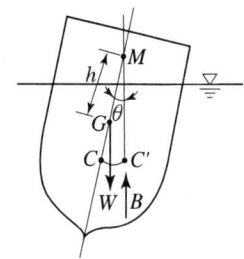

여기서, V : 부체의 수중부분의 체적
I_X : 최소 단면 2차 모멘트
$\overline{MG}$: 경심고
$\overline{GC}$: 중심과 부심 사이의 거리

6. 상대정지

(1) 수평 가속도를 받는 액체

$$\tan\theta = \frac{H-h}{\frac{l}{2}} = \frac{\alpha}{g}$$

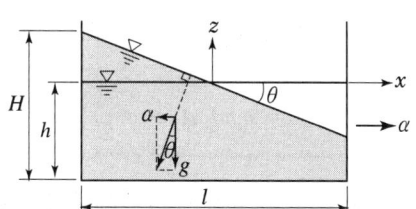

(2) 연직 가속도를 받는 액체

① 연직 상향의 가속도를 받는 수압

$$p = wh\left(1 + \frac{\alpha}{g}\right)$$

② 연직 하향의 가속도를 받는 수압

$$p = wh\left(1 - \frac{\alpha}{g}\right)$$

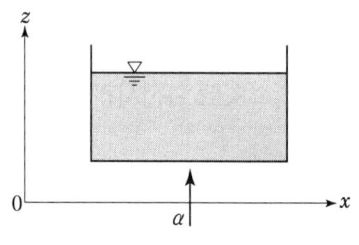

(3) 회전 등가속도를 받는 액체

물이 들어 있는 원통을 일정한 각속도 ω로 회전시키면 물의 점성 때문에 물 전체가 같은 각속도 ω로 회전한다.

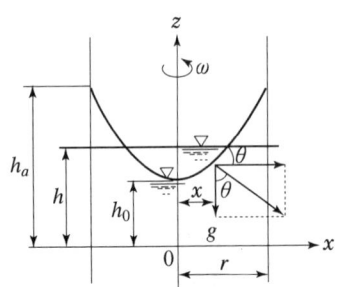 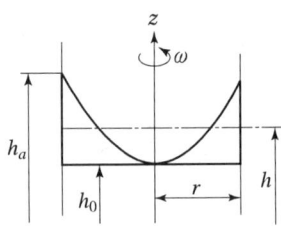

① 회전시 중심의 수심(h_0), 회전시 외주의 수심(h_a)

  ㉠ $h_0 = \dfrac{1}{2}\left(2h - \dfrac{\omega^2}{2g}r^2\right)$

  ㉡ $h_a = \dfrac{1}{2}\left(2h + \dfrac{\omega^2}{2g}r^2\right)$

② 회전시 원통의 밑면에 작용하는 전수압

$$P_z = whA = wh\pi r^2$$

③ 회전시 원통의 측면에 작용하는 전측면수압

$$P_x = wh_G A = w\dfrac{h_a}{2}2\pi r h_a = \pi r w h_a^2$$

④ 정지시 원통의 측면에 작용하는 전측면수압

$$P'_x = wh_G A = w\dfrac{h}{2}2\pi r h = \pi r w h^2$$

⑤ 각속도로 회전시킨 추의 수면식

$$h = \dfrac{1}{2}(h_a + h_o)$$

1-3 동수역학

1. 흐름의 종류와 특징

(1) 흐름의 특성

① 유선(stream line)
어느 순간에 있어서 각 입자의 속도 벡터가 접선이 되는 가상의 곡선을 말한다.
㉠ 하나의 유선은 다른 유선과 교차하지 않는다.
㉡ 정류시 유선과 유적선은 일치한다.

② 유관(stream tube)
유체 내부에 한 개의 폐곡선을 생각하여 그 곡선상의 각 점에서 유선을 그리면 유선은 일종의 경계면을 형성하여 하나의 관 모양이 되며 이러한 가상적인 관을 말한다.

③ 유적(流積)
수로를 흐름 방향에 대해 직각으로 절단한 수로 단면 중 유체가 점하고 있는 부분을 말한다.

④ 유적선(stream path line)
유체 입자의 운동 경로를 말한다.
㉠ 실제 배 등이 흘러간 방향(거리)을 말하며 자취가 남는다.
㉡ 흐름의 특성이 시간에 따라 변하지 않을 때는 유선과 일치한다.

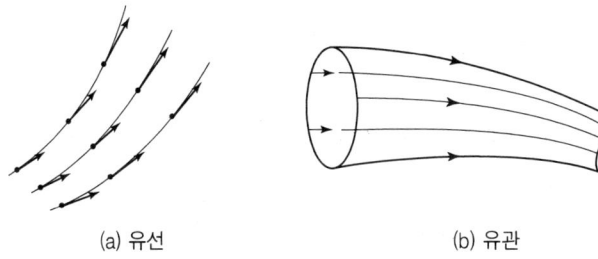

(a) 유선 　　　　　　　 (b) 유관

(2) 흐름의 종류

① 시간에 따른 분류
㉠ 정류(정상류) : 시간에 따라 유동특성(유량, 속도, 압력, 밀도, 유적 등)이 변하지 않는 흐름

$$\frac{\partial Q}{\partial t} = 0, \ \frac{\partial V}{\partial t} = 0, \ \frac{\partial \rho}{\partial t} = 0$$

ⓒ 부정류 : 시간에 따라 유동특성(유량, 속도, 압력, 밀도, 유적 등)이 변하는 흐름

$$\frac{\partial Q}{\partial t} \neq 0, \ \frac{\partial V}{\partial t} \neq 0, \ \frac{\partial \rho}{\partial t} \neq 0$$

② 공간에 따른 분류

ⓐ 등류(등속정류) : 정류 중에서 어느 단면에서나 유속과 수심이 변하지 않는 흐름

$$\frac{\partial v}{\partial t} = 0, \ \frac{\partial v}{\partial l} = 0$$

ⓒ 부등류 : 정류 중에서 수류의 단면에 따라 유속과 수심이 변하는 흐름

$$\frac{\partial v}{\partial t} = 0, \ \frac{\partial v}{\partial l} \neq 0$$

③ **층류와 난류**

ⓐ 층류 : 유체입자가 흐름방향에 수직한 속도성분을 갖지 않고 서로 층을 이루면서 흐르는 흐름

ⓒ 난류 : 유체입자가 상하좌우로 불규칙하게 뒤섞여 흐트러지면서 흐르는 흐름

ⓒ 손실수두에 의한 층류와 난류의 판정

$$h_L = kV^n$$

여기서, k, n : 관의 지름, 내부의 상태에 따라 정해지는 상수
실험결과에 의하면 층류일 때 $n = 1$이고, 난류일 때 $n = 1.8 \sim 2.0$이다.

ⓔ 한계유속

- 상한계유속(V_a) : 층류에서 난류로 변화할 때의 한계유속
- 하한계유속(V_c) : 난류에서 층류로 변화할 때의 한계유속

ⓜ Reynold수에 의한 층류와 난류의 판정

$$\text{Reynold수} : R_e = \frac{VD}{\nu}$$

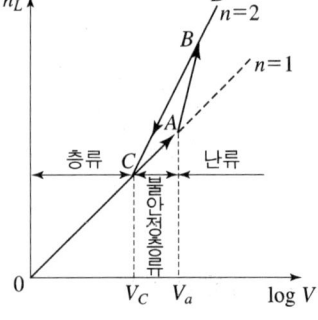

여기서, V : 유속, D : 관경, ν : 동점성계수

- $R_e < 2,000$: 층류($R_{ec} = 2,000$)
- $2,000 < R_e < 4,000$: 천이영역, 불안정층류(층류와 난류가 공존한다.)
- $R_e > 4,000$: 난류

④ 상류와 사류
　㉠ 상류
　　• 하류부의 교란이 상류쪽으로 전달되는 흐름
　　• 물의 유속 흐름이 장파전달 속도보다 작은 흐름
　㉡ 사류
　　• 하류부의 교란이 상류흐름에 영향을 주지 않는 흐름
　　• 물의 유속 흐름이 장파전달 속도보다 큰 흐름
　㉢ 푸르너 수에 의한 상류와 사류의 판정

$$\text{푸르너 수} : F_r = \frac{V}{\sqrt{gh}}$$

여기서, V : 물의 유속, $\sqrt{gh}$: 장파의 전달 속도

　　• $F_r < 1$: 상류
　　• $F_r = 1$: 한계류(한계수심, 한계유속)
　　• $F_r > 1$: 사류

(3) 경계층

① 개념

흐르고 있는 유체는 어떤 물체의 표면에 가까이 접근할수록 유속이 느려지는 것과 같이 물이나 공기와 같은 점도가 낮은 유체가 물체의 주위를 흐를 때 Reynolds 수가 비교적 높은 경우 평판 위의 흐름과 같이 흐름이 두 층으로 구분된다.

　㉠ 첫째 층 : 물체 표면에 극히 가까운 얇은 층으로 점성의 영향이 크게 나타나는 층이다.
　　• 유체의 속도 u에 대한 속도기울기 $\frac{du}{dy}$ 는 유체가 물체 표면에서 멀어질수록 매우 크다.
　　• 유체의 점성의 크기가 작아도 전단응력 τ의 값은 커지게 된다.
　㉡ 둘째 층 : 얇은 층의 바깥 전체의 영역으로 점성에 의한 영향은 거의 받지 않는다.
　　• 법선 방향의 속도기울기가 작다.
　　• 물체 표면에 따라 흐르는 얇은 첫째 층을 경계층(boundary layer)이라 한다.
　　• 층류경계층(laminar boundary) : 경계층 내의 흐름이 층류인 경우
　　• 난류경계층(turbulent boundary) : 경계층 내의 흐름이 난류인 경우
　　• 천이영역(transition region) : 층류 경계층에서 난류 경계층으로 바꾸어지는 사이의 경계층

- 층류저층(laminar sub-layer) : 난류 경계층에서 경계층 내의 고체면에 가까운 저항으로 존재하는 또 다른 유동층

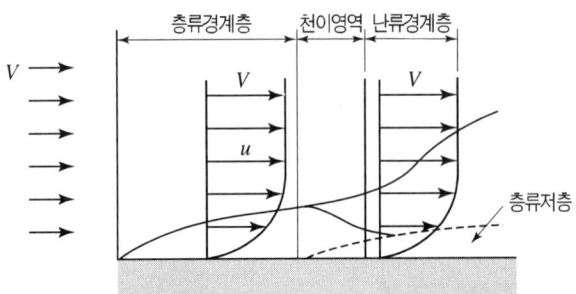

② **경계층의 두께**

  ㉠ 경계층의 두께 결정

  유체가 흐르는 물체의 표면에 x, y축을 세우고 경계층의 외부의 속도를 자유흐름속도(free stream velocity) V라고 하면, 물체 표면에서 속도 u가 $0.99V$에 해당하는 점까지의 y좌표를 경계층의 두께 δ라 한다.

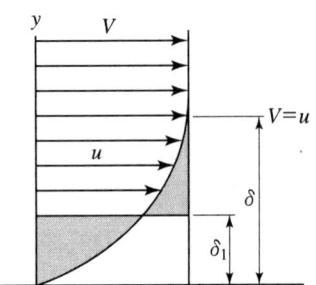

  ㉡ 경계층의 배제두께

  경계층의 형성으로 인해 관성력이 큰 이상유체의 영역 내에서 유선이 점성력이 큰 점성유체에 의해 바깥쪽으로 밀려나는 평균적 거리를 말한다.

$$\delta_1 = \int_0^\delta \left(1 - \frac{u}{V}\right) dy$$

  여기서, δ_1 : 경계층의 배제두께(displacement thickness)

③ **박리현상(Flow Separation)**

  ㉠ 유체가 벽면을 따라 흐를 때 하류 방향으로 압력의 증가가 일어나면, 벽에서 멀리 떨어진 부분의 유체는 유속이 빠르고 관성력이 크기 때문에 높은 압력에 견디면서 하류까지 진행할 수 있으나, 벽면에 가까운 유속이 느린 유체는 점성 때문에 관성력이 작아 압력을 견디면서 하류까지 흘러가기 어렵게 되어 흐름이 어느 한

점에서 벽면으로부터 분리되어 그 뒤에 소용돌이가 생기게 되어 마치 공기의 흐름이 표면에서 떨어져 나가는 것처럼 되는 현상을 경계층의 박리(separation)라고 한다.

ⓒ 물체의 뒤쪽 부분의 압력이 물체의 앞쪽 부분의 압력보다 낮음으로 인해, 뒤쪽의 흐름이 앞으로 흐르려고 하는 역흐름 현상(Reserve Flow)을 동반하게 되고 이로 인해 심한 소용돌이가 발생하게 된다.

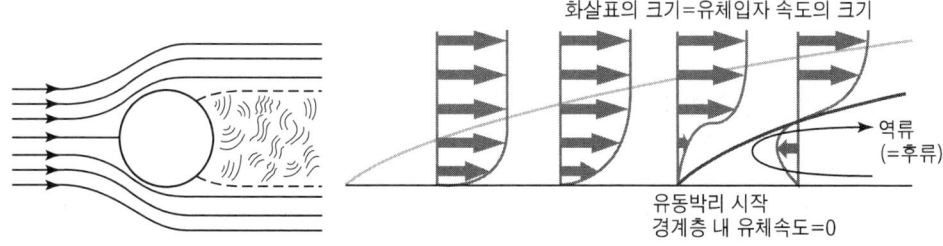

ⓒ 박리현상은 항력을 증가시킬뿐만 아니라 양력을 상당 부분 감소시켜 심할 경우 비행사고 등으로 이어지기도 한다. 따라서 박리현상을 늦추거나 예방하는 방법을 잘 강구하여야 한다.

2. 연속방정식

(1) 연속방정식(1차원 흐름)

① 비압축성 유체일 때

$$Q = A_1 V_1 = A_2 V_2$$

여기서, Q : 체적유량(volume flow rate)
단위 : m^3/sec

3. 베르누이의 정리

(1) 베르누이의 정리(Bernoulli's theorem)

① 베르누이 정리는 유체역학의 기본법칙 중 하나로 1738년 D.베르누이가 발표하였으며, 점성과 압축성이 없는 이상적인 유체가 규칙적으로 흐르는 경우에 대해 속도와 압력, 높이의 관계를 수량적으로 나타낸 법칙이다.

② 베르누이 정리는 유체의 위치에너지와 운동에너지의 합이 일정하다는 법칙에서 유도한다.

③ 베르누이 정리는 점성을 무시할 수 있는 완전유체가 규칙적으로 흐르는 경우에만 적용할 수 있고, 실제 유체에 대해서는 적당히 변형된다.

$$H_t = \frac{V^2}{2g} + \frac{P}{w} + Z = \text{const}$$

여기서, $\frac{V^2}{2g}$: 유속수두 $\frac{P}{w}$: 압력수두

Z : 위치수두 H_t : 총수두

베르누이의 정리 가정
① 흐름은 정류이다.
② 임의의 두 점은 같은 유선상에 있어야 한다.
③ 마찰에 의한 에너지 손실이 없는 비점성, 비압축성 유체인 이상유체의 흐름이다.

정체압(총압력, stagnation pressure)
① 베르누이 방정식에 의해서 정체압은 대기압+유체 압력으로 계산이 된다. 즉, 정수압을 빼고 정압과 동압을 합쳐서 정체압이라고 한다.
   총압력＝정압력+동압력
② 손실을 고려하지 않을 경우
   에너지 수두공식 $\frac{V^2}{2g} + \frac{p}{w} + Z$ 에서 에너지 공식으로 바꾸기 위해 $w = \rho g$를 곱하면
   $\frac{\rho V^2}{2} + P + Zw$ 에서 정체압 P_t 는 $P_t = \frac{\rho V^2}{2} + P$ 이다.

(2) 손실을 고려한 베르누이의 정리

$$H_t = \frac{V_1^2}{2g} + \frac{P_1}{w} + Z_1$$
$$= \frac{V_2^2}{2g} + \frac{P_2}{w} + Z_2 + h_L$$

① 에너지선
  ㉠ 기준수평면에서 $\left(Z + \frac{P}{w} + \frac{V^2}{2g}\right)$
    의 점들을 연결한 선이다.
  ㉡ 에너지경사 : $I = \frac{h_L}{l}$

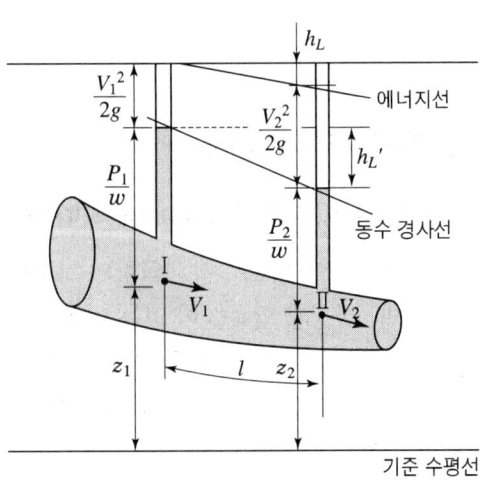

기준 수평선

② 동수경사선(수두경사선)
　㉠ 기준수평면에서 $\left(Z+\dfrac{P}{w}\right)$의 점들을 연결한 선이다.
　㉡ 동수경사 : $I=\dfrac{h'_L}{l}$

4. 베르누이 방정식 응용

(1) 토리첼리의 정리

$$\dfrac{V_1^2}{2g}+\dfrac{P_1}{w}+Z_1=\dfrac{V_2^2}{2g}+\dfrac{P_2}{w}+Z_2$$

$$0+0+h=\dfrac{V_2^2}{2g}+0+0$$

$$V_2=\sqrt{2gh}$$

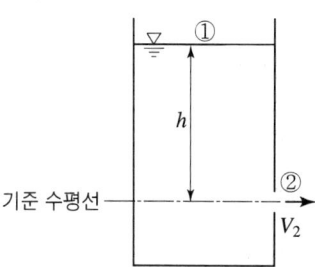

(2) 피토관

$$\dfrac{V_1^2}{2g}+\dfrac{P_1}{w}+Z_1=\dfrac{V_2^2}{2g}+\dfrac{P_2}{w}+Z_2$$

$$\dfrac{V_1^2}{2g}+h_1+0=0+(h_1+h)+0$$

$$V_1=\sqrt{2gh}$$

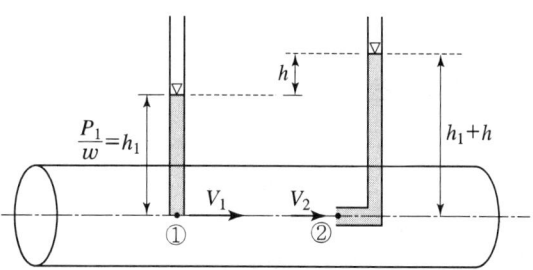

(3) 벤투리미터

① 피조미터 사용시의 유량

$$Q=C\dfrac{A_1A_2}{\sqrt{A_1^2-A_2^2}}\sqrt{2gH}$$

여기서, C : 0.96~0.99

② U자형 액주계 사용시의 유량

$$Q=\dfrac{A_1A_2}{\sqrt{A_1^2-A_2^2}}\sqrt{2gh\left(\dfrac{w'-w}{w}\right)}$$

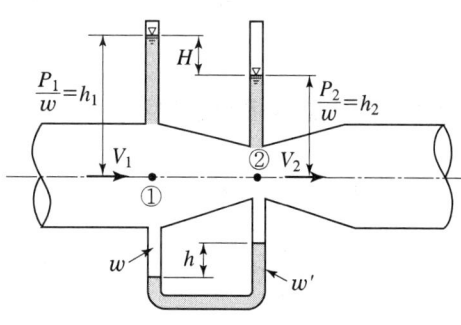

(4) 보정계수

① 에너지 보정계수(α)

㉠ $\alpha = \int_A \left(\dfrac{v}{V}\right)^3 \dfrac{dA}{A}$

㉡ 평균속도 V를 사용한 베르누이의 정리

$$\alpha_1 \dfrac{V_1^2}{2g} + \dfrac{P_1}{w} + Z_1 = \alpha_2 \dfrac{V_2^2}{2g} + \dfrac{P_2}{w} + Z_2$$

㉢ 원관 속의 층류 : $\alpha = 2.0$

② 운동량 보정계수(η)

㉠ $\eta = \int_A \left(\dfrac{v}{V}\right)^2 \dfrac{dA}{A}$

㉡ 평균속도 V를 사용한 운동량 방정식

$$\sum F = \dfrac{w}{g} Q [(\eta V)_2 - (\eta V)_1]$$

5. 충 격 력

$$P_x = P_y = \dfrac{w}{g} Q(V_2 - V_1) \qquad P = \sqrt{P_x^2 + P_y^2}$$

여기서, V_1 : 물이 들어오는 속도 V_2 : 물이 나가는 속도

① 벽이 물에 가한 힘 : $P = \dfrac{w}{g} Q(V_2 - V_1)$

② 물이 벽에 가한 힘 : $P = \dfrac{w}{g} Q(V_1 - V_2)$

(1) 직각으로 충돌하는 경우

$$P = P_x = \dfrac{w}{g} Q(V_1 - V_2)$$
$$= \dfrac{w}{g} Q(V - 0) = \dfrac{w}{g} QV = \dfrac{w}{g} A V^2$$
$$P_y = 0$$

여기서, A : 수맥의 단면적

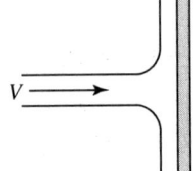

(2) 경사지게 충돌한 경우

$$P = P_x = \frac{w}{g}Q(V_1 - V_2) = \frac{w}{g}Q(V\sin\theta - 0)$$

$$= \frac{w}{g}QV\sin\theta = \frac{w}{g}AV^2\sin\theta$$

$$P_y = 0$$

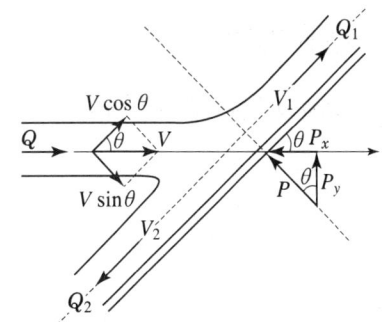

(3) 정지한 곡면에 충돌하는 경우

$$P_x = \frac{w}{g}Q(V_1 - V_2) = \frac{w}{g}Q(V - V\cos\theta)$$

$$= \frac{w}{g}AV^2(1 - \cos\theta)$$

$$P_y = \frac{w}{g}Q(V_1 - V_2) = \frac{w}{g}Q(0 - V\sin\theta)$$

$$= -\frac{w}{g}AV^2\sin\theta$$

$$P = \sqrt{P_x^2 + P_y^2}$$

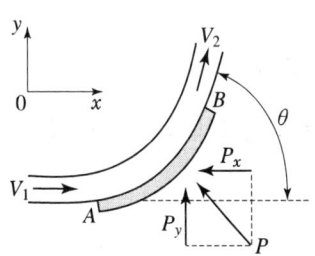

(4) 흐름의 방향이 180° 바뀌는 경우

$$P_x = \frac{w}{g}Q(V_1 - V_2) = \frac{w}{g}Q\{V - (-V)\}$$

$$= \frac{2w}{g}QV = \frac{2w}{g}AV^2$$

$$P_y = 0$$

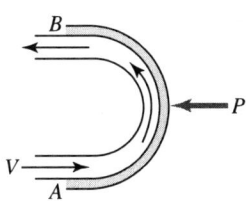

(5) 움직이는 판에 작용하는 충격력

① 판이 수맥과 같은 방향으로 u속도로 움직이는 경우

㉠ 평판

$$P_x = \frac{w}{g}Q(V_1 - V_2) = \frac{w}{g}Q((V-u) - 0)$$

$$= \frac{w}{g}Q(V-u) = \frac{w}{g}A(V-u)^2$$

$$P_y = 0$$

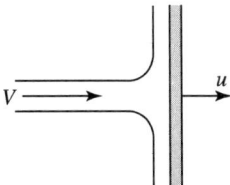

6. 유체 저항

(1) 유체의 전저항력(항력)

흐르는 유체 속에 있는 물체가 유체로부터 받는 힘

$$D = C_D A \frac{\rho V^2}{2}$$

여기서, D : 유체의 전저항력, C_D : 저항계수(항력계수), A : 흐름방향의 물체 투영면적

$\frac{\rho V^2}{2}$: 동압력

(2) 항력계수

구의 형체인 경우 항력계수(저항계수)

$$C_D = \frac{24}{R_e}$$

1-4 오리피스와 위어

1. 오리피스

물통의 측벽 또는 바닥에 구멍을 뚫어서 물을 유출시킬 때의 작은 구멍을 오리피스라 한다.

(1) 오리피스의 구분

① 큰 오리피스 : $H < 5d$
② 작은 오리피스 : $H > 5d$

여기서, H : 수면에서 오리피스까지의 수심
d : 오리피스의 직경(사각형의 경우는 수심)

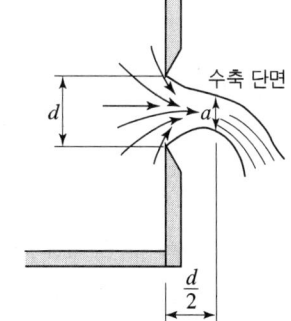

(2) 수축계수(C_a)

$$C_a = \frac{a}{A}$$

여기서, A : orifice의 단면적, a : 수축단면의 단면적

(3) 오리피스 유속

① 이론유속(이상적 유속)

$$V_r = \sqrt{2gh}$$

여기서, h : 압력수두($h = \frac{P}{w} + Z$)

② 실제유속

$$V = C_v \sqrt{2gh}$$

여기서, C_v : 유속계수, 0.95~0.99 $C_v = \frac{실제유속}{이론유속}$

(4) 오리피스 유량

① 유량계수(C) $C = C_a \cdot C_v$
② 실제유량 $Q = CAV_r = C_a C_v A\sqrt{2gh} = CA\sqrt{2gh}$
여기서, A : 오리피스 단면적
③ 이론유량 $Q = A \cdot V_r = A\sqrt{2gh}$

(5) 오리피스의 유량 계산

① 큰 오리피스(직사각형 단면)

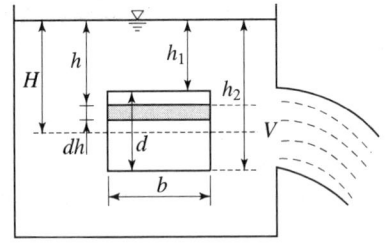

㉠ $Q = \dfrac{2}{3} C b \sqrt{2g} \left(h_2^{\frac{3}{2}} - h_1^{\frac{3}{2}} \right)$

㉡ 접근유속 V_a를 고려할 때의 유량

$Q = \dfrac{2}{3} C b \sqrt{2g} \left[(h_2 + h_a)^{\frac{3}{2}} - (h_1 + h_a)^{\frac{3}{2}} \right]$

② 작은 오리피스

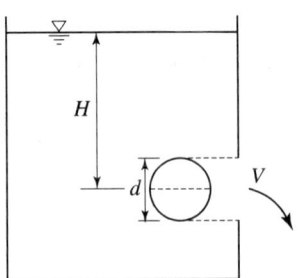

㉠ $Q = C_a C_v A \sqrt{2gh} = CA \sqrt{2gh}$

여기서, h : 압력수두 ($h = \dfrac{P}{w} + Z$)

㉡ 접근유속 V_a를 고려할 때의 유량

$Q = Ca \sqrt{2g(h + h_a)}$

여기서, h_a : 접근유속수두 ($h_a = \alpha \dfrac{V_a^2}{2g}$)

③ 수중 오리피스

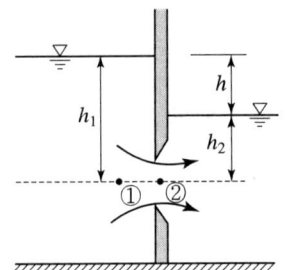

㉠ 완전 수중 오리피스

유출수가 모두 수중으로 유출된다.

$Q = Ca \sqrt{2gh}$

㉡ 불완전 수중 오리피스

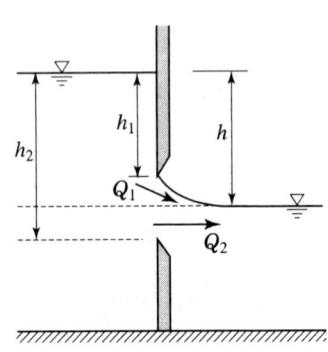

유출수의 일부가 수중으로 유출된다.

$Q = Q_1 + Q_2 =$ 큰 오리피스 + 수중 오리피스

$Q = \dfrac{2}{3} C_1 b \sqrt{2g} (h^{\frac{3}{2}} - h_1^{\frac{3}{2}}) + C_2 b (h_2 - h) \sqrt{2gh}$

(6) 배수시간

① 보통 오리피스의 배수시간

$$T = \frac{2A}{Ca\sqrt{2g}}\left(h_1^{\frac{1}{2}} - h_2^{\frac{1}{2}}\right)$$

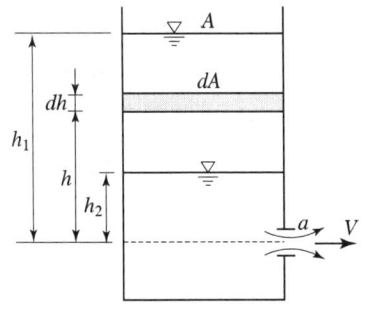

② 수중의 오리피스의 배수시간

$$T = \frac{2A_1 A_2}{Ca\sqrt{2g}(A_1 + A_2)}\left(h_1^{\frac{1}{2}} - h_2^{\frac{1}{2}}\right)$$

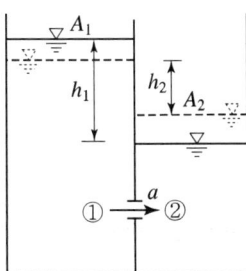

여기서, A_1, A_2 : 탱크수면의 면적
      a : 오리피스 단면적
      h_1 : 탱크수면의 최초 수위차
          (초기의 ①번 수중과 ②번 수중의 높이차)
      h_2 : 탱크수면의 나중 수위차
          (T시간 후 ①번 수중과 ②번 수중의 높이차)

(7) 수 문

① 수문을 통해 물이 얼마나 유출 되는지 해석
② 큰 (사각형)오리피스 해석과 동일하다.

(8) 노 즐

노즐로부터 사출되는 jet의 경로

① 연직높이 $y = \dfrac{V^2}{2g}\sin^2\theta$

② 수평거리 $x = \dfrac{V^2}{g}\sin 2\theta$

여기서, V : jet의 유속
       θ : 수평면과의 경사각

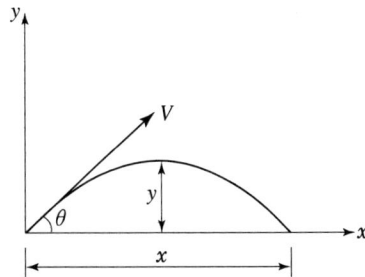

(9) 단관(mouth piece)

① 표준 단관

표준 단관(standard short tube)이란 단관의 길이가 직경의 2~3배이고 유입단이 날카로운 각을 이루는 단관을 말한다.

㉠ 사출 수맥은 처음 수축했다가 다시 확대되어 관을 채우는 형태를 한다.

㉡ 수축계수는 $C_a = 1$로 보며, 유량계수는 $C = 0.78 \sim 0.83$(보통 $C = 0.82$)이다.

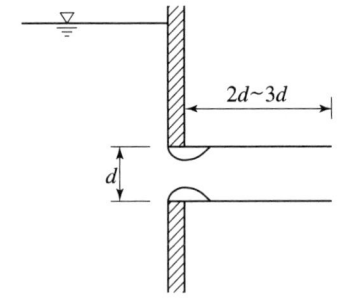

② Borda 단관

Borda 단관(Borda's mouth piece)이란 짧은 원통형 관이 수조 내로 돌입한 것을 말한다.

㉠ 관의 유입단이 날카로워 완전수축이 일어나며, 관의 길이는 $\dfrac{d}{2}$ 정도로 분류가 관에 접하지 않는다.

㉡ 수축계수는 보통 $C_a = 0.52$로 보며, 유속계수는 $C_v = 0.98$, 유량계수는 $C = 0.51$이며, 유량은 $Q = C_a\sqrt{2gh}$ 이다.

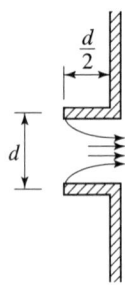

2. 위 어

(1) 수맥의 수축

① **면수축** : 위어의 상류 약 $2h$ 되는 곳에서부터 위어까지 계속적으로 수면강하가 일어나 축소되는 것
② **정수축**(마루부 수축) : 위어 마루부의 날카로움 때문에 일어나는 수축

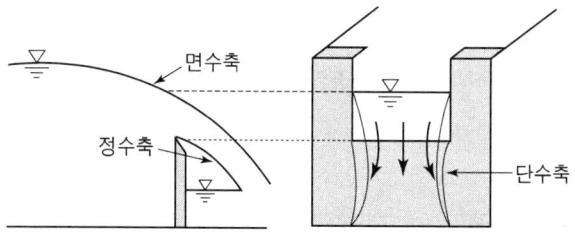

③ **단수축** : 위어의 측면의 날카로움 때문에 월류폭이 수축하는 것
　㉠ 일단수축 : 단수축이 한쪽 측면에서만 일어난다.
　㉡ 양단수축 : 단수축이 양쪽 측면에서 일어난다.

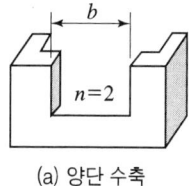 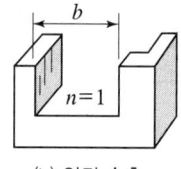 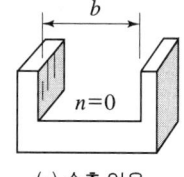

　(a) 양단 수축　　　　(b) 일단 수축　　　　(c) 수축 없음

④ **연직수축** = 정수축 + 면수축
⑤ **완전수축** = 정수축 + 단수축

(2) 위어 유량

① 예연 위어
　㉠ 구형 위어
$$Q = \frac{2}{3} C b \sqrt{2g}\, h^{\frac{3}{2}}$$
　접근유속을 고려하면
$$Q = \frac{2}{3} C b \sqrt{2g} \left[(h+h_a)^{\frac{3}{2}} - h_a^{\frac{3}{2}} \right]$$

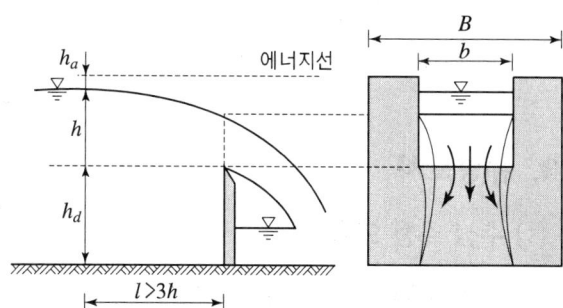

ⓒ Francis 공식(미국, 1883년)

$C = 0.623$으로 불변하다고 가정

$$\frac{2}{3}C\sqrt{2g} = \frac{2}{3} \times 0.623 \times \sqrt{2 \times 9.8} \fallingdotseq 1.84$$

$$Q = 1.84 b_o h^{\frac{3}{2}}$$

접근유속 V_a를 고려하면

$$Q = 1.84 b_o \left[(h + h_a)^{\frac{3}{2}} - h_a^{\frac{3}{2}}\right]$$

여기서, b_o : 유효폭($b_o = b - 0.1nh$), n : 단수축의 수, h : 월류수심

ⓒ 삼각위어

$$Q = \frac{4}{15}C \cdot 2h\tan\frac{\theta}{2} \cdot \sqrt{2g}\, h^{\frac{3}{2}} = \frac{8}{15}C\tan\frac{\theta}{2}\sqrt{2g}\, h^{\frac{5}{2}}$$

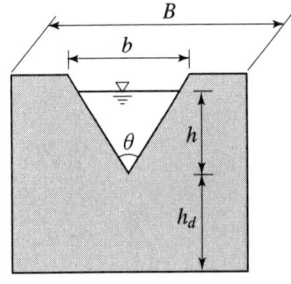
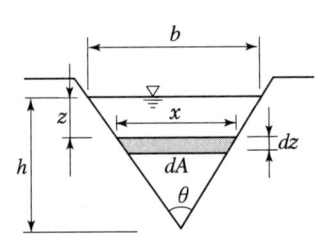

② 광정위어

월류수심 h에 비해 위어 정부의 폭 l이 대단히 넓은 위어

$$Q = 1.7 Cb H^{\frac{3}{2}}$$

$$H = h + \alpha \frac{v^2}{2g}$$

= 위치수두 + 속도수두

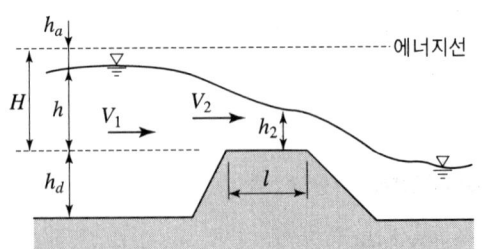

3. 유량오차

(1) 수심 측정 오류

① 오리피스 $Q = CA\sqrt{2gh}$

$$\frac{dQ}{Q} = \frac{1}{2}\frac{dh}{h}$$

② 사각형 위어 $Q = \dfrac{2}{3} Cb \sqrt{2g}\, h^{\frac{3}{2}}$

$\dfrac{dQ}{Q} = \dfrac{3}{2} \dfrac{dh}{h}$

③ 삼각형 위어 $Q = \dfrac{8}{15} C \tan\dfrac{\theta}{2} \sqrt{2g}\, h^{\frac{5}{2}}$

$\dfrac{dQ}{Q} = \dfrac{5}{2} \dfrac{dh}{h}$

④ 프란시스 공식 사용시(Francis 공식)(미국, 1883년)

$Q = 1.84 b_o h^{\frac{3}{2}}$

$\dfrac{dQ}{Q} = \dfrac{3}{2} \dfrac{dh}{h}$

(2) 폭 측정 오류

$\dfrac{dQ}{Q} = \dfrac{db}{b}$

1-5 관수로

1. 관수로 일반

① 압력(흐름 발생 원인)과 점성력(흐름에 저항)에 지배 받는 흐름
② 자유수면(공기와 물이 접하는 면)을 갖지 않는다.

(1) 용어정리

① 윤변(P) : 물과 관벽이 닿는 면
② 경심(동수반경, 수리반경 ; R)

$$R = \frac{A}{P} \qquad \text{※ 원형 단면 수로의 경심 } R = \frac{D}{4}$$

여기서, A : 유수 단면적(통수 단면적, 관에 물이 흐르는 면적), D : 지름

2. 층류의 유량, 유속분포, 마찰력 분포

(1) 유량(Hazen-Poiseuille식)

$$Q = \frac{\pi \Delta p}{8\mu l} r^4 = \frac{\pi w h_L}{8\mu l} r^4$$

(2) 유속분포

① 평균유속

$$V_m = \frac{Q}{A} = \frac{Q}{\pi r^2} = \frac{w h_L}{8\mu l} r^2$$

② 최대유속

$$V_{\max} = 2 V_m$$

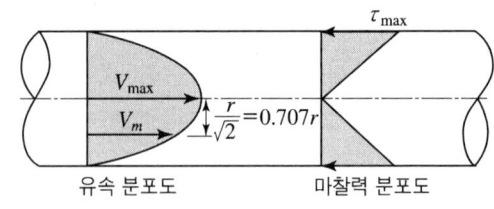

유속 분포도   마찰력 분포도

㉠ V는 r의 2승에 비례하므로 중심축에서는 $V_{\max}$이다.
㉡ 관벽에서는 $V = 0$인 포물선이다.

(3) 마찰력분포

① 마찰력

$$\tau = \mu \cdot \frac{dV}{dr} = \mu \cdot \frac{wh_L}{4\mu l} \cdot 2r = \frac{wh_L}{2l} \cdot r$$
$$\tau = w \cdot R \cdot I$$

② 마찰력분포
  ㉠ τ는 r에 비례하므로 중심축에서는 $\tau = 0$이다.
  ㉡ 관벽에서는 $\tau_{\max}$인 직선이다.

③ 마찰속도(전단속도)

$$U_* = \sqrt{\frac{\tau}{\rho}} = V\sqrt{\frac{f}{8}} = \sqrt{gRI}$$

3. 마찰 손실

(1) 마찰손실수두(Darcy-weisbach 공식) : 관수로의 최대손실

$$h_L = f \frac{l}{D} \frac{V^2}{2g}$$

여기서, f : 마찰손실계수, V : 평균유속

(2) 마찰손실계수(f)

① 층류(관수로의 경우 $R_e \leq 2000$)

$$f = \frac{64}{R_e}$$

② 난류

$$f = \phi'\left(\frac{1}{R_e}, \frac{e}{D}\right)$$

여기서, $\frac{e}{D}$: 상대조도(relative roughness ; 관직경과 관벽 요철과의 상대적 크기)
  D : 관의 지름
  e : 조도(관벽의 요철의 높이차를 말한다.)

> **조도계수**(coefficient of roughness, rou-ghness coefficient, 粗度係數)
> 조도계수란 유수에 접하는 수로의 벽면의 거친 정도를 표시하는 계수로 단위는 $\mathrm{m}^{-1/3}\mathrm{sec}$ 이다.

③ Chézy 식

$$f = \frac{8g}{C^2}$$

④ Manning 식

$$f = 124.5n^2 D^{-\frac{1}{3}}$$

(3) 미소손실수두

미소손실수두 = 미소손실계수 × 속도수두

- 미소손실은 관로가 긴 경우에는 거의 무시할 수 있다.
- 관의 길이가 짧은 경우에는 마찰손실 못지 않게 총 손실의 중요한 부분을 차지하므로 미소손실수두를 고려한다.

$$h_f = \Sigma f_f \frac{V^2}{2g}$$

여기서, h_f : 미소손실수두, Σf_f : 미소소실계수 합

① 유입손실수두 : 관로의 유입에 의한 손실수두

f_e : 유입손실계수(유입구의 형상에 따라 현저한 차이가 있으나, 일반적으로 0.5이다.)

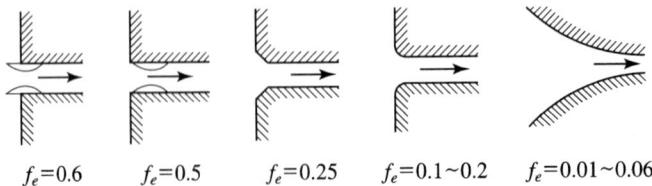

$f_e = 0.6$ $f_e = 0.5$ $f_e = 0.25$ $f_e = 0.1 \sim 0.2$ $f_e = 0.01 \sim 0.06$

② 단면 급확대 손실수두   ③ 단면 급축소 손실수두
④ 점확 손실수두   ⑤ 점축 손실수두
⑥ 굴절 손실수두   ⑦ 만곡 손실수두

⑧ 밸브 손실수두
⑨ 유출 손실수두 : 관로의 출구점에서의 손실수두
　f_o : 유출손실계수(일반적으로 1.0이다.)

(4) 병렬 관수로의 손실수두

① 병렬 관수로의 손실수두는 각 관로마다 손실의 크기가 동일하다.
② 124 손실수두와 134손실수두는 동일하다.

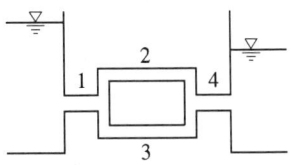

4. 관로의 평균 유속공식

(1) Chézy의 평균유속공식

$$V = C\sqrt{RI} \text{ (m/sec)}$$

① Chézy의 평균유속계수　$C = \sqrt{\dfrac{8g}{f}}$ 혹은 $f = \dfrac{8g}{C^2}$

② 경심(동수반경 ; R)　$R = \dfrac{A}{P}$

여기서, A : 통수단면적
　　　　P : 윤변(물이 접촉하는 관의 주변길이)

(2) Manning의 평균유속공식

$$V = \dfrac{1}{n} R^{\frac{2}{3}} I^{\frac{1}{2}} \text{ (m/sec)}$$

① C와 n 과의 관계　$C = \dfrac{1}{n} R^{\frac{1}{6}}$

② f와 n 과의 관계　$f = 124.5 n^2 D^{-\frac{1}{3}}$

(3) Hazen-williams의 평균유속공식

$$V = 0.849 C R^{0.63} I^{0.54} \text{ (m/sec)}$$

5. 관로시스템

(1) 단일 관수로 내의 흐름해석

① 두 수조를 연결하는 등단면관수로

㉠ 관 속의 평균유속
$$V = \sqrt{\dfrac{2gH}{f_e + f\dfrac{l}{D} + f_0}}$$

㉡ 관 속을 흐르는 유량
$$Q = AV = \dfrac{\pi D^2}{4}\sqrt{\dfrac{2gH}{f_e + f\dfrac{l}{D} + f_o}}$$

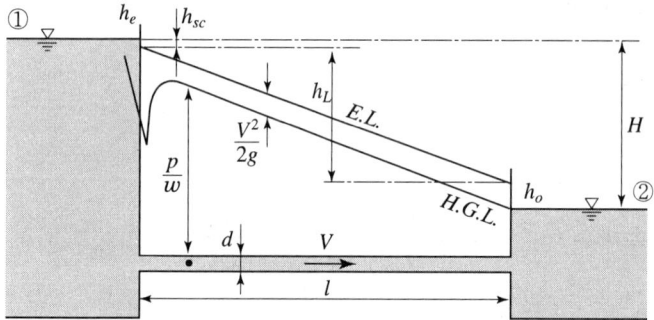

(2) 병렬관수로

① 연속방정식

$$Q_1 = Q_2 + Q_3 = Q_4$$

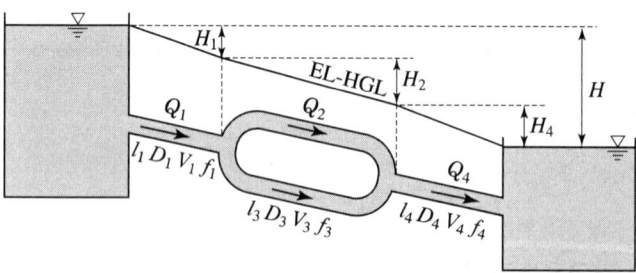

② 베르누이방정식

$$H_1 = f_1 \dfrac{l_1}{D_1}\dfrac{V_1^2}{2g} \qquad H_2 = f_2 \dfrac{l_2}{D_2}\dfrac{V_2^2}{2g} = H_3 \qquad H_4 = f_4 \dfrac{l_4}{D_4}\dfrac{V_4^2}{2g}$$

$$\therefore H = H_1 + H_2 + H_4 = H_1 + H_3 + H_4 \;(\because H_2 = H_3)$$

③ 병렬관수로 : 손실수두는 서로 같고($H_2 = H_3$), 총유량은 합한 것($Q_2 + Q_3$)과 같다.
④ 직렬관수로 : 손실수두는 합한 것과 같고 유량은 서로 같다.

(3) 사이펀 : 실제 가능 높이 약 8m

높은 수조에서 낮은 수조로 관수로를 통해 송수할 때 관의 일부가 동수경사선보다 높은 경우의 관수로

① 양쪽이 수로로 연결된 경우

$$V = \sqrt{\frac{2gH}{f_e + f\frac{l}{D} + f_0}}$$

② 한 쪽만 수로인 경우

$$V = \sqrt{\frac{2gH}{1 + f\frac{l}{D} + \Sigma f_f}}$$

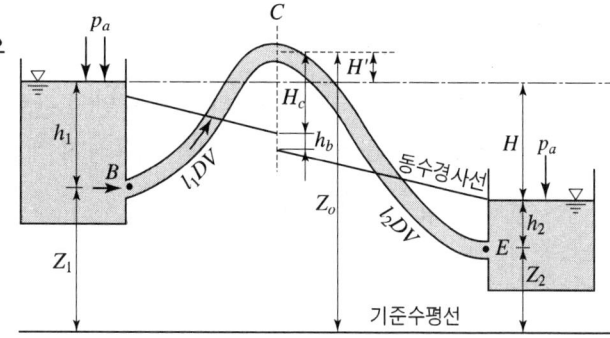

6. 유수에 의한 동력

(1) 수차(발전기)의 동력

물의 위치에너지를 전기에너지로 바꾸어 주는 장치

$$E = wQH_e (\text{kg} \cdot \text{m/sec}) = wQ(H - \Sigma h_L)$$

여기서, H_e : 유효낙차, H : 수차의 자연낙차

$$E = 9.8Q(H - \Sigma h_L)\eta (\text{kW}) = \frac{1,000}{75} Q(H - \Sigma h_L)\eta (\text{HP})$$

(2) 펌프의 동력

$$E = 9.8 \frac{Q(H + \Sigma h_L)}{\eta} (\text{kW}) = \frac{1,000}{75} \frac{Q(H + \Sigma h_L)}{\eta} (\text{HP})$$

여기서, Q : 양수량(m³/sec)
H_p : 펌프의 전양정($H + \Sigma h_L$, m)
η : 펌프의 효율(%)

7. 관로를 통한 송수시 문제 사항

(1) 수격작용(water hammer)

관수로에 물이 흐르고 있을 때 밸브를 급히 잠그면 유속이 0이 되면서 수압이 현저히 상승하게 되고 물이 역류하면서 관벽에 충격을 주는 압력을 수격압이라 하며 이러한 작용을 수격작용이라 한다.

① 압력변화 최대치

1방향 압력조정수조를 설치한 펌프계 단일 관로에서 수격작용으로 인한 압력 변화의 최대치는 Joukowsky 공식을 이용하여 계산할 수 있다.

㉠ 급폐쇄($T < \dfrac{2L}{a}$)의 경우

$$\Delta H_{\max} = \dfrac{av_o}{g}$$

㉡ 완폐쇄($T > \dfrac{2L}{a}$)의 경우

$$\Delta H_{\max} = H_o \left[1 + \dfrac{1}{2} N \left(N \pm \sqrt{N^2 + 4} \right) \right]$$ (단, +는 밸브의 폐쇄 시, -는 개방 시)

$$N = \dfrac{2v_o}{gTH_o}$$

여기서, T : 밸브의 개폐시간(sec), L : 관의 길이(m), a : 압력파의 전파속도(m/sec)
$\Delta H_{\max}$: 최대상승압력수두(m), v_o : 밸브의 폐쇄 전의 관내 평균유속(m/sec)
H_o : 관로의 수두 차(m)

$$a = -\dfrac{1420}{\sqrt{1 + \dfrac{k}{E}\dfrac{D}{t}}}$$

여기서, D : 관경(mm), k : 물의 체적탄성률, t : 관의 두께(mm), E : 관의 탄성계수
k/E값 : 강관 0.01, 주철관 0.02, 흄관 0.1

(2) 서징(surging)

수격작용에 의한 수격파가 서지탱크 내로 유입하여 물이 진동하며 수면이 상승하게 되는 진동현상

(3) 공동현상(cavitation phenomenon)

유수 중에 국부적인 부압(−)이 생겨 증기압 이하로 되면 물속에 용해되어 있던 공기가 분리되어 물속에 공기덩어리를 조성하게 되는 현상

(4) 피팅(pitting)

발생한 공동은 흐름방향으로 유하되고 압력이 큰 곳으로 이동하면서 순간적으로 압궤하면서 고체면에 강한 충격을 주는 작용

1-6 개수로

1. 정의

① 유수 표면이 대기와 접하는 자유수면을 가지는 흐름
  (관수로와 같이 폐합단면에서도 흐름이 자유수면을 가질 경우 개수로로 취급한다.)
② 중력에 의해 흐름이 발생하며 압력의 영향을 받지 않는다.

2. 용어

① 윤변(P) : 물과 관벽이 닿는 면으로 마찰이 작용하는 주변길이
② 경심(동수반경, 수리반경 ; R)

$$R = \frac{A}{P}$$

여기서, A : 통수단면적, P : 윤변(마찰이 작용하는 주변길이)

③ 수리수심(D)

$$D = \frac{A}{B}$$

여기서, B : 수로의 폭

④ 단면계수
  ㉠ 한계류 계산을 위한 단면계수

$$Z = A\sqrt{D} = A\sqrt{\frac{A}{B}}$$

  ㉡ 등류 계산을 위한 단면계수

$$Z = AR^m$$

⑤ 마찰력

$$\tau_0 = w\frac{A}{P}\sin\theta = wRI$$

3. 개수로 흐름의 분류

(1) 유속계에 의한 평균유속 측정

① 부등류와 등류

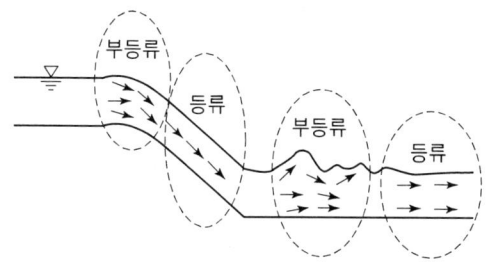

② 급변류와 점변류

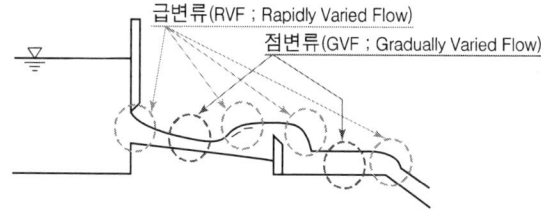

3. 평균유속

(1) 유속계에 의한 평균유속 측정

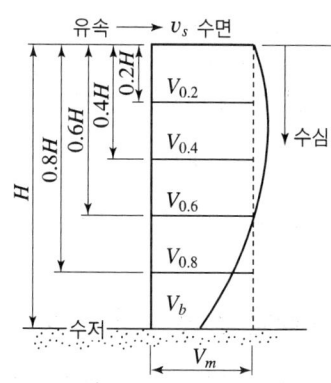

① 표면법

$$V_m = 0.85\,V_s$$

여기서, V_s : 표면유속

② 1점법

$$V_m = V_{0.6}$$

③ 2점법

$$V_m = \frac{V_{0.2} + V_{0.8}}{2}$$

④ 3점법

$$V_m = \frac{V_{0.2} + 2V_{0.6} + V_{0.8}}{4}$$

여기서, $V_{0.2}$, $V_{0.6}$, $V_{0.8}$: 표면에서 수심의 20%, 60%, 80%의 유속

(2) 평균유속공식

① Chézy 공식

$$V = C\sqrt{RI} \text{ (m/sec)}$$

② Manning 공식

$$V = \frac{1}{n} R^{\frac{2}{3}} I^{\frac{1}{2}} \text{ (m/sec)}$$

5. 등류 계산을 위한 수리지수

(1) 유량

$$Q = AV = ACR^m I^n = KI^n$$

(2) 통수능

$$K = ACR^m$$

여기서, K : 통수능(Conveyance)

① Manning공식 사용

$$K = \frac{1}{n} A R^{\frac{2}{3}}$$

② 단면형조도가 주어진 경우

$$K^2 = C_1 h^M$$

여기서, M : 수리지수(hydraulic exponent)

6. 수리학상 유리한 단면

(1) 수리학적으로 유리한 단면의 특성

① 일정한 단면적에 대하여 최대유량이 흐르는 수로의 단면을 수리상 유리한 단면이라 한다.
② 반원에 외접하는 단면(반원에 내접하는 단면)이 수리상 가장 유리한 단면이다.
③ 최대유량이 흐르는 조건
④ 경심(동수반경)이 최대이거나, 윤변이 최소일 때 성립한다.

(2) 직사각형 단면수로

$$h = \frac{B}{2}, \ R_{\max} = \frac{h}{2}$$

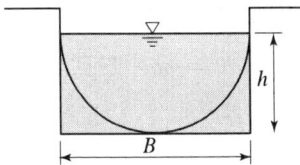

(3) 사다리꼴 단면수로

가장 경제적인 제형 단면은 $\theta = 60°$로 정육각형의 절반일 때이다.

$$l = \frac{B}{2}, \ R_{\max} = \frac{h}{2}$$

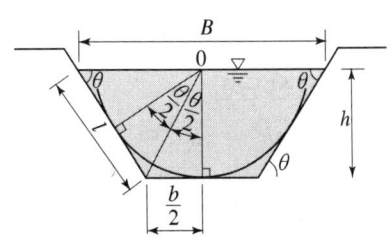

(4) 원형 단면수로

$Q_{\max}$일 때 수심은 $h = 0.94D$

여기서, D : 관로 지름

7. 흐름 판별

(1) 비에너지(H_e)

수로바닥을 기준으로 한 단위무게의 물이 가지는 흐름의 에너지

$$H_e = h + \alpha \frac{V^2}{2g}$$

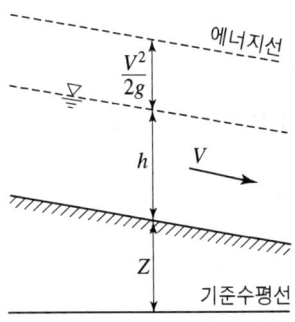

여기서, α : 에너지 보정계수

(2) 한계수심

- 비에너지가 최소되는 수심을 한계수심이라 한다.
- 유량(Q)이 최대가 되는 수심을 한계수심이라 한다.
- 한계수심 $h_c = \frac{2}{3} H_e$
- 일반식 $h_c = \left(\frac{n\alpha Q^2}{ga^2}\right)^{\frac{1}{2n+1}}$ $A = ah^n$

여기서, a : 어떤 면적을 산정하는데 필요한 계수

- 대응수심

여기서, h_1 : 초기수심, h_2 : 공액수심

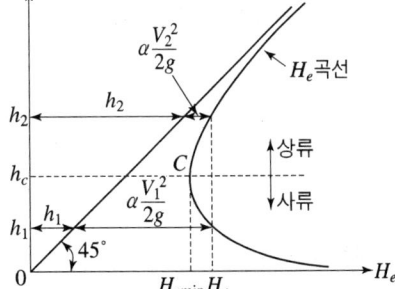

① 직사각형 단면

$A = ah^n = bh$ 이므로 $a = b$, $n = 1$ 이다.

$$h_c = \left(\frac{\alpha Q^2}{gb^2}\right)^{\frac{1}{3}}$$

여기서, b : 수면폭

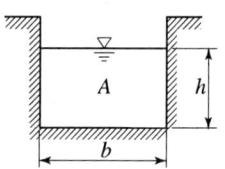

② 포물선 단면

$A = ah^n = ah^{1.5}$ 이므로 $a = a$, $n = 1.5$ 이다.

$$h_c = \left(\frac{1.5\alpha Q^2}{ga^2}\right)^{\frac{1}{4}}$$

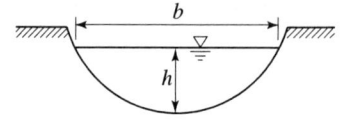

③ 삼각형 단면

$A = ah^n = mh^2$ 이므로 $a = m$, $n = 2$ 이다.

$$h_c = \left(\frac{2\alpha Q^2}{gm^2}\right)^{\frac{1}{5}}$$

여기서, m : 측벽의 경사값

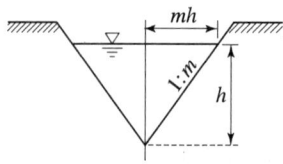

(3) 한계경사(I_c)

한계수심일 때의 수로경사로서 지배단면(상류에서 사류로 변하는 단면)에서의 경사

$$I_c = \frac{g}{\alpha C^2}$$

(4) 한계유속(V_c)

한계수심으로 흐를 때의 유속

$$V_c = \sqrt{\frac{gh_c}{\alpha}} \qquad \text{한계류일 때 } V_c = \sqrt{gh_c}$$

여기서, V_c : 한계유속

(5) 프루드수

$$F_r = \frac{\alpha V}{\sqrt{gh}}$$

상류	한계류	사류
$F_r < 1$	$F_r = 1$	$F_r > 1$
$h > h_c$	$h = h_c$	$h < h_c$
$V < V_c$	$V = V_c$	$V > V_c$
$I < I_c$	$I = I_c$	$I > I_c$

(6) Reynolds수

레이놀즈수는 흐르는 유체입자의 점성을 나타내는 것으로 점성력에 대한 관성력의 비로 나타낸다.

$$R_e = \frac{관성력}{점성력} \quad (여기서,\ R_e : 레이놀즈\ 수)$$

$$R_e = \frac{VR}{\nu} \left(R_{ec} ≒ \frac{2000}{4} = 500 \right)$$

여기서, 층류 : $R_e < 500$, 난류 : $R_e > 500$

(7) 한계류

① 유량이 일정할 때 비에너지(specific energy)가 최소이다.
② 비에너지가 일정할 때 유량이 최대이다.
③ 프루드(Froude)수가 1이다.

8. 한계류 계산을 위한 단면계수와 수리지수

(1) 단면계수

$$Z_c = \frac{Q}{\sqrt{g}}$$

(2) 수리지수

$$Z_c^2 = C_2 h^M$$

여기서, Z_c : 단면계수, h : 수심, M : 수리지수

9. 비력(충력치)

(1) 충력치(비력)

$$M = \eta \frac{Q}{g} V + h_G A = \text{const}(일정)$$

여기서, M : 충력치

(2) 도 수

도수란 사류에서 상류로 변할 때 불연속적으로 수면이 뛰는 현상으로 도수 후에는 유속은 느려지고 물의 깊이가 갑자기 증가하며 에너지의 급격한 손실이 있다.

① 도수 후의 상류의 수심(도수고)

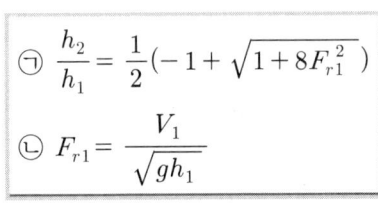

㉠ $\dfrac{h_2}{h_1} = \dfrac{1}{2}(-1 + \sqrt{1 + 8F_{r1}^2})$

㉡ $F_{r1} = \dfrac{V_1}{\sqrt{gh_1}}$

여기서, h_1 : 도수 전의 사류의 수심
 h_2 : 도수 후의 상류의 수심
 V_1, V_2 : 도수 전후의 평균유속
 F_{r1} : 도수전 후루두수

② 도수에 의한 에너지 손실

$$\Delta H_e = \dfrac{(h_2 - h_1)^3}{4h_1 h_2}$$

③ 완전도수와 파상도수

㉠ 완전도수 : $\dfrac{h_2}{h_1}$ 가 클 때 수면은 급사면을 이루고 상승하며 급사면에 큰 맴돌이가 발생

$F_{r1} \geqq \sqrt{3}$ 일 때 발생

- 약도수 : $\sqrt{3} \leqq F_{r1} < 2.5$
- 동요도수(진동도수) : $2.5 \leqq F_{r1} < 4.5$
- 정상도수 : $4.5 \leqq 4.5 \leqq F_{r1} < 9.0$
- 강도수 : $9.0 \leqq F_{r1}$

㉡ 파상도수(불완전도수) : $\dfrac{h_2}{h_1}$ 가 크지 않을 때 도수부분은 파상을 이루고 맴돌이도 크지 않다.

$1 < F_r < \sqrt{3}$ 일 때 발생

㉢ 무도수 : $F_r = 1$ 이면 한계류이므로 도수는 일어나지 않는다.

④ 도수의 길이 : 도수 표면소용돌이의 길이

⑤ 도수의 길이 산정 공식

　㉠ Safranez 공식 : $l = 4.5h_2$

　㉡ Smetana 공식 : $l = 6(h_2 - h_1)$

　㉢ Woycicki 공식 : $l = \left(8 - 0.05\dfrac{h_2}{h_1}\right)(h_2 - h_1)$

　㉣ Ludin 공식 : $l = h_2\left(4.5 - \dfrac{V_1}{V_c}\right)$

　　여기서, V_c : 한계유속(critical velocity)

　㉤ Bakhmeteff-Matzke 공식

　㉥ 미국 개척국 : $l = 6.1h_2$

Chapter 2 상수도계획

2-1 상수도 시설계획

1. 상수도 구성 요소

(1) 상수도 구성 3요소

① 충분한 수량 : 적정량
② 양호한 수질 : 유지
③ 적절한 수압 : 원활한 공급과 관련

(2) 상수도의 분류

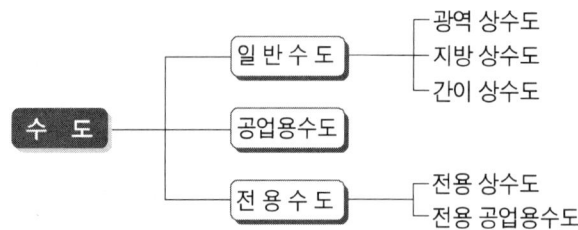

① 일반수도
  ㉠ 광역상수도 : 2 이상의 지방자치단체에 원수 또는 정수를 공급하는 수도
  ㉡ 지방상수도 : 지방자치단체가 관할지역 주민, 인근 지방자치단체에게 원수 또는 정수를 공급하는 수도
  ㉢ 간이상수도 : 지방자치단체가 급수인구 100인 이상 2,500인 이내에게 정수를 공급하는 일반수도(1일 공급량이 20~500m^3)

2. 상수도 시설의 구성

상수도 시설 계통 : 수원(집수) → 취수 → 도수 → 정수 → 송수 → 배수 → 급수

① **수원(집수)** : 원수의 공급원(천수, 지표수, 지하수 등)
② **취수** : 수원에서 필요한 수량을 취입하는 과정
③ **도수** : 수원에서 취수한 원수를 정수하기 위해 정수장의 착수정 전까지 운반하는 시설
④ **정수** : 원수의 수질을 사용목적에 적합하게 개선하는 과정(가장 핵심 공정)

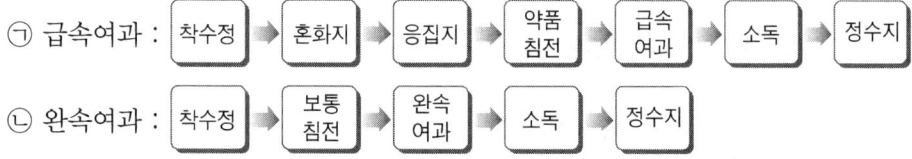

⑤ **송수** : 정수된 물을 배수지까지 수송하는 과정
⑥ **배수** : 배수지로 송수된 물을 배수관을 통해 급수지역으로 보내는 과정
⑦ **급수** : 사용자 또는 소비지에 급수관을 통해 공급하는 과정

3. 상수도 시설 결정

① 계획년수 → ② 인구추정 → ③ 상수도보급율

4. 상수도 시설의 계획년차

① 상수도시설의 신설 및 확장은 보통 5~15년 간의 경제성을 고려하여 결정
  ㉠ 큰 댐, 대구경 관로 : 계획기간 25~50년
  ㉡ 여과지, 정호(井戶), 배수관로 : 이자율이 3% 이하인 경우 계획기간 20~25년, 이자율이 3% 이상인 경우 계획기간 10~15년
  ㉢ 관경 30cm 이상인 관 : 계획기간 20~25년
  ㉣ 관경 30cm 이하인 관 : 수요에 따라 결정
② 도시계획상 장래 발전가능성을 고려하여 결정
  ㉠ 계획년도를 너무 길게 하면 공사비가 과대해지며
  ㉡ 계획년차가 너무 짧으면 자주 확장 공사를 해야 하므로 신중하게 고려

5. 계획급수구역 및 인구

(1) 계획급수구역 : 계획년도에 급수가 되는 지역으로 결정

(2) 계획급수인구

① 급수인구는 급수구역 내의 상주인구만을 고려
② 계획급수인구 : 상수도의 물을 공급 받는 인구＝급수구역 내 총 인구×상수도보급률(%)
③ 계획급수인구의 계획년한 : 보통 15～20년을 표준

> $l$pcd＝liter per capita day [l/인·일]
> 1ton＝1m³＝1,000l

(3) 급수보급률

① 급수보급률(%)＝$\dfrac{급수인구}{급수구역내총인구} \times 100$

② Goodrich공식(급수율 공식)

$$P = 180\,t^{-0.10}$$

여기서, P : 연평균 소비율에 대한 비율(급수보급률, %)
　　　　t : 시간[day]

③ 대도시의 보급률이 소도시보다 높다.
④ 항만 및 공업도시의 보급률이 일반도시보다 높다.

6. 계획급수인구의 추정

과거 약 20년간의 인구증감 자료와 도시의 특수성과 발전 가능성 등을 고려하여 추정방법을 결정한다.

(1) 등차급수법

① 매년 인구증가가 일정하다고 보고 계산
② 연평균 인구증가수에 의한 방법
③ 발전이 느린 도시
④ 추정인구가 과소 평가될 우려가 있다.

$$P_n = P_0 + na \qquad a = \frac{P_0 - P_t}{t}$$

여기서, P_n : 현재로부터 n년 후의 추정인구
P_0 : 현재인구
n : 계획년수[년]
a : 연평균 인구증가수
P_t : 현재로부터 t년 전의 인구

(2) 등비급수법

① 연평균 인구증가율에 의한 방법
② 크게 발전할 가망성이 있는 도시
③ 발전중인 도시(인구가 활발히 증가되는 도시)
④ 인구 추정이 과대 평가될 우려가 있다.

$$P_n = P_0(1+r)^n \qquad r = \left(\frac{P_0}{P_t}\right)^{\frac{1}{t}} - 1$$

여기서, r : 연평균 인구증가율

(3) 최소자승법 : 통계학적 방법

① 과거의 인구통계 자료를 이용 미래 인구를 분석하고 예측
② 과거자료 많을수록 정확성 및 신뢰성 증가

$$y = ax + b \qquad a = \frac{n\sum xy - \sum x \sum y}{n\sum x^2 - \sum x \cdot \sum x}, \quad b = \frac{\sum x^2 \sum y - \sum x \sum xy}{n\sum x^2 - \sum x \cdot \sum x}$$

여기서, n : 통계년수
x : 기준년으로부터의 경과년수
y : 추정인구

(4) 지수함수법(지수곡선법)

$$P_n = P_0 + A \cdot n^a$$

여기서, n : 통계년수
P_n : 계획연도에서의 인구의 지수
P_0 : 현재인구를 100으로 했을 때 실적 초과 연도의 인구지수
A, a : 상수(정수)
n : 기준년으로부터 계획연도까지의 경과 연수

(5) 로지스틱 곡선법(logistic curve method)

① "인구의 증가에 대한 저항은 인구의 증가속도에 비례한다"고 한 통계학자 Gedol의 이론
② S 곡선법이라고도 하며 포화인구추정법
③ 포화인구를 추정하는 것이 어렵다.
④ 가장 정확한 방법이다.

$$P = \frac{K}{1+e^{(a-bx)}} = \frac{K}{1+me^{(-ax)}}$$

여기서, P : 기준년으로부터 x년 후의 인구
K : 포화인구
x : 기준년부터의 경과년수
e : 자연대수의 밑
m, a, b : 상수(최소자승법으로 구한다.)

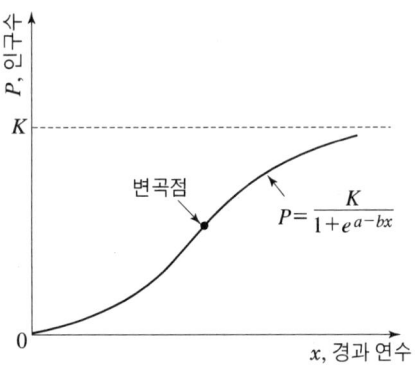

(6) 감소 증가율법

① 인구가 매년 감소하는 비율로 증가한다는 가정에 기초한 방법
② 포화인구를 먼저 추정하여 장래이구를 예측하는 방법
③ 포화인구를 추정하는 것이 어렵다.

$$P_n = P_o + (K - P_o)(1 - e^{-bn})$$

여기서, K : 포화인구 b : 감소증가율 상수 e : 자연대수의 밑

(7) 비상관법(Ratio and Correlation method)

어떤 도시의 인구증가율이 다른 대 도시의 인구증가율과 관계있다는 가정 하에 장래인구를 추정하는 방법

$$\frac{P_1}{P_1 R} = \frac{P_2}{P_2 R} = K_R$$

여기서, P_1 : 현재인구 P_2 : 추정인구
$P_1 R$: 다른 지역의 현재인구 $P_2 R$: 다른 지역의 추정인구 K_R : 비례(비율)상수

(8) 타 도시 비교법

① 인구증가상황이 유사한 타도시와 인구-시간(년도) 곡선을 비교하는 방법
② 실적을 비교 연장하는 방법
③ 도표 상에서 개략적으로 인구를 추정하는 방법

(9) 생잔 모형에 의한 조성법(Cohort method)

7. 계획급수량

(1) 계획급수량의 산정

① 계획 1일 평균급수량

㉠ 계획 1일 평균급수량 = $\dfrac{1년간 총급수량}{365}$

㉡ 재정계획(財政計劃)에 필요한 수량 : 약품, 전력사용량의 산정, 유지관리비, 상수도요금의 산정 등

㉢ 계획 1일 최대급수량의 70~85%를 표준

㉣ 계획 1일 평균급수량
= 계획 1일 최대급수량 × [0.7(중소도시), 0.8 (대도시, 공업도시)]

㉤ 계획1일 평균사용수량을 기반으로 산출된다.

② 계획 1일 최대급수량

㉠ 1년 365일 중 가장 많이 쓰는 날의 급수량

㉡ 상수도시설 규모 결정의 기준가 되는 수량

㉢ 계획 1일 최대급수량
= 계획 1인 1일 최대급수량 × 계획 급수인구
= 계획 1일 평균급수량 × [1.3(대도시, 공업도시), 1.5(중소도시)]

③ 계획시간 최대급수량

㉠ 1일 중에 사용수량이 최대가 될 때의 1시간당의 급수량

㉡ 아침과 저녁시간이 최대이고, 활동이 없는 오전(1시에서 4시)에 최소

㉢ 계획시간 최대급수량

$= \dfrac{계획1일 최대급수량}{24} \times \begin{matrix} 1.3(대도시, 공업도시) \\ 1.5(중소도시) \\ 2.0(농촌, 주택단지) \end{matrix}$

계획급수량 종류	연평균 1일 사용 수량에 대한 비율(%)	수도구조물의 명칭
1일 평균급수량	100	수원지, 저수지, 유역면적의 결정
1일 최대급수량	150	취수, 도·송수, 정수(여과지 면적), 배수시설 중 송수관구경이나 배수지의 결정
시간 최대급수량	225	배수본관의 구경결정(배수시설의 기준), 배수펌프의 용량 결정

① 급수량(상수 소비량, 상수 요구량) 단위 : lpcd(liter per capita day)

② 불명수량 : 누수 등으로 인한 수량. 누수는 배수관 및 급수관의 접합부분, 소화전과 공공시설, 시공불량 등으로 발생한다.

8. 기본사항의 결정

기본계획이 수립될 때에는 다음 각 항에 의한 기본사항이 정리되어야 한다.
① **계획(목표)년도** : 기본계획에서 대상이 되는 기간으로 계획수립시부터 15~20년간을 표준으로 한다.
② **계획급수구역** : 계획년도까지 배수관이 부설되어 급수되는 구역은 여러 가지 상황들이 종합적으로 고려되어 결정되어야 한다.
③ **계획급수인구** : 계획급수인구는 계획급수구역 내의 인구에 계획급수보급률을 곱하여 결정된다. 계획급수보급률은 과거의 실적이나 장래의 수도시설계획 등이 종합적으로 검토되어 결정된다.
④ **계획급수량** : 계획급수량은 원칙적으로 용도별 사용수량을 기초로 하여 결정된다.

2-2 수원과 취수

1. 수 원

(1) 수원의 종류

① **천수**(우수, 눈, 우박) : 최근 대기오염으로 수질 악화, 도서지방 등 특수지역에서 사용
② **지표수**(하천수, 호소수, 저수지수 등) : 수원으로 가장 널리 사용
③ **지하수**(천층수, 심층수, 용천수, 복류수 등) : CO_2가 많이 함유되어 있어 경도가 높은 단점이 있으나 수질이 깨끗하다.
④ **해수** : 해수는 해역에 존재하는 해수와 해수가 침투하여 지하에 존재하는 물을 말하며, 도서(島嶼) 지역에서는 해수를 담수화하여 상수원으로 사용하고 있다.

(2) 수원의 취수지점 선정 시 비교 조사 항목

① 수원으로서의 구비요건을 갖추어야 한다.
② 수리권 확보가 가능한 곳이어야 한다.
③ 상수도시설의 건설 및 유지관리가 용이하며 안전하고 확실해야 한다.
④ 상수도시설의 건설비 및 유지관리비가 가능한 저렴해야 한다.
⑤ 장래의 확장을 고려할 때 유리한 곳이어야 한다.
⑥ 상수원보호구역의 지정, 수질의 오염방지 및 관리에 무리가 없는 지점이어야 한다.

(3) 수원의 구비요건

① 수량이 풍부해야 한다.(최대갈수시에도 계획취수량의 확보가 가능해야 한다.)
② 수질이 좋아야 한다. 이는 정수처리비용 절감과 급수시설의 유지관리 용이 및 수돗물이 인체에 미치는 해를 최소화 할 수 있다.
③ 가능한 한 높은 곳에 위치함으로써 도수, 송수 및 배수가 자연유하식으로 되는 것이 바람직하다. 그렇지 못한 경우에는 펌프를 사용하는 가압식으로 되어야 하므로 펌프시설을 설치하기 위한 건설비와 운영비가 요구된다.
④ 수돗물 소비지에서 가까운 곳에 위치해야 한다. 이는 건설비와 운영비면에서 경제적이다.
⑤ 연간 수량 변동이 적은 곳이어야 한다.(계절적 수량·수질의 변동이 적은 곳)
⑥ 가능하면 주위에 오염원이 없어야 한다.
⑦ 장래 수도시설의 확장이 용이한 곳이어야 한다.
⑧ 취수 및 관리가 용이해야 한다.

2. 지하수

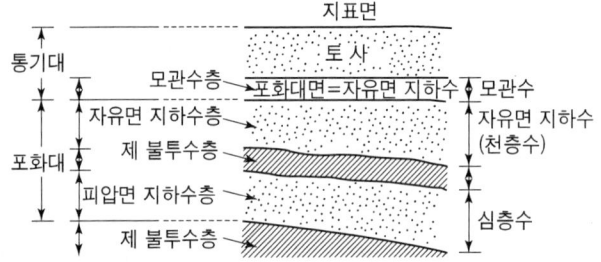

(1) 천층수
제1불투수층 위에 고인 물로 자유면 지하수

(2) 심층수
제1불투수층과 제2불투수층 사이의 피압면 지하수
① 무균 또는 이에 가까운 상태의 물
② 수온 대체로 일정
③ 일반적으로 지하수 중 가장 깨끗한 물

(3) 복류수
① 하천이나 호소의 바닥 또는 변두리의 자갈, 모래층에 함유되어 있는 물
② 광물질(Fe, Mn) 함유량이 적고 부유물질 함량이 적다.
③ 수질이 양호하여 침전과정을 생략할 수 있다.

(4) 용천수
피압지하수면이 지표면 상부에 있을 경우 지표로 용출하는 지하수
① 용천수는 지하수가 종종 자연적으로 지표로 분출되는 것으로 그 성질도 지하수와 비슷하다.
② 그러나 용천수는 얕은 층의 물이 솟아 나오는 경우가 많으므로 수질이 불량한 경우도 있다.
③ 바위틈이나 석회암층으로 흘러나오는 물은 토양의 정화작용 없이 그대로 흘러나올 가능성이 있으므로 주의할 필요가 있다.
④ 용천수의 수원이 깊은지 얕은지의 판단은 수온을 조사하는 것이 가장 간단하며 기온 변화에 따라 수온이 변화하는 것은 얕은 수원으로 보는 것이 좋다.

3. 취 수

취수시설은 수원의 종류에 따라 취수지점의 상황과 취수량의 대소 등을 고려하여 취수보, 취수탑, 취수문, 취수관거, 취수틀, 집수매거, 얕은 우물, 깊은 우물 중에서 가장 적절한 것을 선정한다.

(1) 계획 취수량

계획취수량을 확보하기 위하여 필요한 저수용량의 결정에 사용하는 계획 기준 년은 원칙적으로 10개년에 제1위 정도의 갈수(30~40년 기록 중에서 3번재 정도의 갈수)를 표준으로 한다.

① 계획 1일 최대급수량을 기준으로 하며 기타 필요한 작업용수를 포함한 손실수량 등을 고려한다.
② 지하수의 침투나 누수 등을 고려하여 계획 1일 최대급수량의 10%정도 증가된 수량으로 결정한다.

(2) 지표수의 취수

① 취수지점의 선정시 고려 사항
  ㉠ 계획취수량을 안정적으로 취수할 수 있어야 한다.
   - 하천수를 취수하는 경우 장래에도 유로의 변화, 하상의 상승 또는 저하의 우려가 적고 유속이 완만한 지점이 바람직하다.
   - 호소수를 취수하는 경우 취수지점은 연간을 통하여 수위가 안정되어 있어서 갈수가 되더라도 계획취수량을 확실하게 취수할 수 있고 또 유입하천에서 유입되는 토사 등에 의하여 취수에 영향이 생기지 않을 지점을 선정해야 한다.
  ㉡ 장래에도 양호한 수질을 확보할 수 있어야 한다.
   - 하천수를 취수하는 경우 하수가 유입되는 지점을 피해야 하며, 부득이한 경우에는 상류오염원의 하수를 차집하여 취수지점의 하류로 유도 방류하는 시설을 설치하는 것이 바람직하다. 하구 가까이에 선정하는 경우에는 해수의 영향이 없는 지점을 선정해야 한다. (하수 및 폐수의 유입이 없어야 하고, 바닷물의 역류에 의한 영향이 없는 곳)
   - 호소수를 취수하는 경우 태풍이나 계절풍 등에 의하여 호소바닥의 침전물질이 교란되어 수질이 극심하게 오염되는 지점, 강풍일 때의 파랑에 의하여 호안의 침식이 우려되는 지점, 호안의 사태 및 절벽붕괴 등으로 탁도에 영향을 미치는 지점, 또한 부유물이 집합되는 지점은 피해야 한다.
  ㉢ 구조상의 안정을 확보할 수 있어야 한다. 가능한 한 양호한 지반에 축조하는 것이

바람직하지만, 부득이하게 연약지반상에 축조해야 할 때에는 충분한 기초공사를 해야 한다.
ㄹ. 하천관리시설 또는 다른 공작물에 근접하지 않아야 한다. 취수시설의 설치에 의한 하상의 변화로 부근 시설에 영향을 미치지 않도록 다른 시설에서 멀리 이격하여 설치한다. 선박의 운항이 있는 곳에서는 기름오염, 시설의 손상 등을 피하기 위하여 항로에서 가능한 한 멀리 떨어진 지점으로 한다.
ㅁ. 하천개수계획을 실시함에 따라 취수에 지장이 생기지 않아야 한다. 하천의 개수로 인하여 제방의 위치나 유로 등이 변경되는 경우가 많으므로 하천기본계획 등에 의한 하천공사계획을 조사하여 하천관리자와 협의한 다음에 취수지점을 선정해야 한다.

② 수원의 종류에 따른 취수지점을 선정하기 위해서는 다음에 열거된 각 항목을 비교 조사한다.
㉠ 수원으로서의 구비요건을 갖추어야 한다.
㉡ 수리권 확보가 가능한 곳이어야 한다.
㉢ 상수도시설의 건설 및 유지관리가 용이하며 안전하고 확실해야 한다.
㉣ 상수도시설의 건설비 및 유지관리비가 가능한 저렴해야 한다.
㉤ 장래의 확장을 고려할 때 유리한 곳이어야 한다.
㉥ 상수원보호구역의 지정, 수질의 오염방지 및 관리에 무리가 없는 지점이어야 한다.

(3) 취수문

취수문은 하안에 직접 취수구를 설치하는 방식으로 취수구 시설에서 스크린, 수문 또는 수위조절판을 설치하여 일체가 되어 작동하게 되는 취수시설이다.

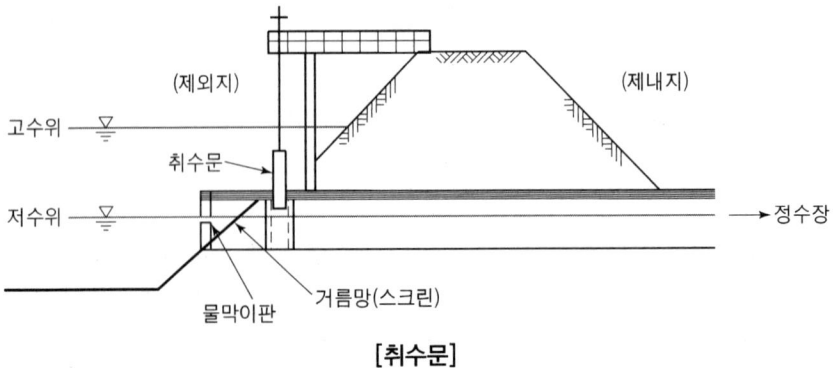

[취수문]

① 취수문의 위치와 구조
　㉠ 양질이고 견고한 지반에 설치한다. 부득이한 사유로 사력층과 같은 지반에 축조되어야 하는 경우에는 기초공사를 충분히 하여 견고한 구조로 해야 한다.
　㉡ 수문의 크기를 결정할 때에는 모래나 자갈의 유입을 가능한 한 적게 하기 위하여 유입속도는 1m/s 이하를 표준으로 한다.
　㉢ 문설주(gate post)에는 수문 또는 수위조절판을 설치하여 취수량을 조절하고, 문설주의 구조는 일반적으로 철근콘크리트로 축조한다.
　㉣ 한랭지에서는 동절기간의 적설이나 결빙 등으로 수문의 개폐에 지장이 일어나지 않도록 빙설을 용이하게 제거할 수 있도록 고려한다.(원적외선히터에 의한 동결방지나 눈녹임, 제설이나 제빙 등이 용이하게 하는 비점착성 에폭시로 도장하기도 하며, 기름의 오염과 쓰레기 대책으로 그물망이나 오일펜스 등을 설치하는 경우도 있다.)
　㉤ 수문의 전면에는 스크린을 설치한다.
② 유사시설
　하천에 설치되는 취수문은 홍수시에 자갈이나 모래가 유입·침전되어 취수를 어렵게 하는 경우가 많아 취수문 부근에 침사지를 설치하는 것이 바람직하다. 그러나 침사지 설치하기 곤란한 경우에 설치하는 소규모의 제사설비를 유사시설이라 한다.
③ 취수문의 크기와 유입속도
　취수문을 통한 유입속도가 0.8m/s 이하가 되도록 취수문의 크기를 정한다.
④ 취수문 일반사항
　㉠ 상류에 건설시 유리하다.
　㉡ 대부분 자연유하식이다.
　㉢ 직접 하안(河岸)에 설치되므로 토사의 유입이 우려되어 지반이 견고하고 토사의 유입이 적은 지점에 설치하여야 한다.
　㉣ 농업용수 및 하천유량이 안정된 곳의 취수에 사용
　㉤ 겨울철에 결빙 문제가 발생하기 쉽다.

(4) 취수보

취수보는 하천에 보를 쌓아올려서 계획수위를 확보함으로써 안정된 취수를 가능하도록 하기 위하여 하천을 횡단하여 만들어지는 시설이고, 인양식(lifting) 수문 또는 기복식(shutter) 수문 등으로 이루어진 보의 본체와 취수구로 이루어진다.

- 취수보는 비교적 대량으로 취수하는 경우, 농업용수 등의 다른 이수와 합동으로 취수하는 경우, 하천의 유황이 불안정한 경우, 개발이 진행되고 있는 하천 등으로 정확한 취수조정을 필요로 하는 경우 등에 적합하다.

- 보는 통상 하천수위를 조정하는 것이며 유수를 저류함으로써 유량을 조절하는 경우는 적다.

① 취수보의 위치와 구조
　㉠ 유심이 취수구에 가까우며 안정되고 홍수에 의한 하상변화가 적은 지점으로 한다.
　㉡ 원칙적으로 홍수의 유심방향과 직각의 직선형으로 가능한 한 하천의 직선부에 설치한다.
　㉢ 침수 및 홍수시의 수면상승으로 인하여 상류에 위치한 하천공작물 등에 미치는 영향이 적은 지점에 설치한다.
　㉣ 고정보의 상단 또는 가동보의 상단 높이는 계획하상높이, 현재의 하상높이 및 장래의 하상변동 등을 고려하여 유수소통에 지장이 없는 높이로 한다.
　㉤ 원칙적으로 철근콘크리트구조로 한다.

② 가동보
　㉠ 계획취수위의 확보, 유심의 유지, 토사의 배제, 홍수의 소통 등의 기능을 충분히 할 수 있어야 한다.
　㉡ 유심을 유지하고 원활한 취수를 가능하게 하기 위하여 배사문(排砂門)을 설치한다.
　㉢ 홍수의 유하에 대비하여 홍수배출구(spillway)를 설치한다.
　㉣ 수문은 원칙적으로 강구조로 한다.
　㉤ 가동보의 수문에는 인양식 수문 및 기복식(shutter) 수문의 2종류가 있다.

③ 취수보의 높이
　㉠ 취수보의 높이는 계획취수량을 확실하게 취수할 수 있도록 정하되, 일반적으로 계획취수위에 필요한 여유고를 더한 높이로 한다. 여유고는 파랑 등에 대한 것으로 보통 10~15cm로 한다.
　㉡ 보의 계획담수위(湛水位 : design filling level)는 원칙적으로 고수위의 높이보다 50cm 낮은 높이로 하고 제내지반고보다 높지 않은 것으로 하지만, 지형의 상황 등에 따라 부득이한 경우에는 성토 등에 의하여 제내지반 또는 고수위부에 특별한 조치가 필요하다.
　㉢ 기복보(shutter weir)의 높이는 계획수심(계획고수위와 계획하상고의 차)의 1/2 이하 및 직고(直高)를 3m 이하로 한다.

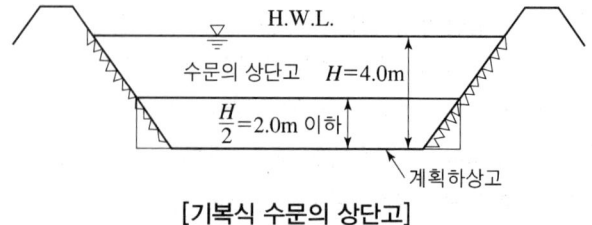

[기복식 수문의 상단고]

④ 물받이(apron)
   ㉠ 월류수 또는 수문의 일부 개방에 의한 강한 수류에 의하여 보의 하류가 세굴되는 것을 방지하기 위하여 물받이를 설치하며, 물받이는 철근콘크리트구조를 원칙으로 한다.
   ㉡ 하류면의 물받이는 양압력에 견딜 수 있는 구조로 한다. 물받이의 두께는 보의 상하류 수위차에 의하여 생기는 양압력, 물의 무게, 시공시의 상재하중 등을 고려하여 정하되, 일반적으로 50cm 이상 1m 정도의 두께로 한다. 또 상류측 물받이의 두께는 하류측의 1/2~2/3 정도로 한다.

⑤ 취수구의 구조
   ㉠ 계획취수량을 언제든지 취수할 수 있고 취수구에 토사가 퇴적되거나 유입되지 않도록 스크린, 제수문, 배사문(sand flash port) 및 여수로(spillway) 등을 설치해야 하며 또한 유지관리가 용이해야 한다.
   ㉡ 높이는 배사문(排砂門)의 바닥높이보다 0.5~1.0m 이상 높게 한다.
   ㉢ 유입속도는 0.4~0.8m/s를 표준으로 한다.
   ㉣ 취수구의 폭은 계획취수량을 유입할 수 있도록 바닥높이와 유입속도를 표준치의 범위로 유지하도록 결정한다. 폭의 표준은 인력권양인 경우에는 1~2m, 기계인 상식에서는 3~6m이다.
   ㉤ 제수문의 전면에는 스크린을 설치한다.
   ㉥ 지형이 허용하는 한 취수구로부터 유입되는 수류가 원활하게(정류하여) 도수로로 유입되도록 점차 감축시키는 접속부인 취수유도수로(driving channel access)를 설치한다.
   ㉦ 계획취수위는 계획취수량을 확실히 취수하여 도수로에 도수하기 위하여 취수구로부터 도수로기점까지의 각종 손실수두를 계산하여 필요수두를 결정한다.

⑥ 부대설비
   취수보에는 필요에 따라 관리교, 어도, 배의 통항, 유목로, 갑문, 경보설비 등을 설치한다.

⑦ 방조제
   ㉠ 해수가 역류할 가능성이 있는 곳에는 방조제를 설치한다.
   ㉡ 방조제의 높이는 현지의 최고조수위 이상으로 하되, 폭풍시의 파랑에 의한 역월류를 고려하여 방조제의 높이를 최고조수위보다 50 cm 이상 높게 하는 것이 안전하다.

(5) 취수언

취수언은 하천의 흐름방향과 직각 방향으로 댐을 축조하여 물을 저장 취수하는 시설이다.

(6) 취수탑

취수탑은 하천, 호소, 댐의 내에 설치된 탑모양의 구조물로 측벽에 만들어진 취수구에서 직접 탑내로 취수하는 시설이다.

① **취수탑의 위치 및 구조**
  ㉠ 연간을 통하여 최소수심이 2m 이상으로 하천에 설치하는 경우에는 유심이 제방에 되도록 근접한 지점으로 한다. (취수탑은 탑의 설치 위치에서 갈수수심이 최소 2m 이상이 아니면, 계획취수량의 취수에 필요한 취수구의 설치가 곤란하다.)
  ㉡ 우물통침하(井筒沈下)공법으로 설치하는 취수탑은 그 하단에 강판제의 커브슈(curb-shoe)를 부착하고 철근콘크리트의 벽을 두껍게 하고 배력철근을 충분히 배치한다.
  ㉢ 세굴이 우려되는 경우에는 돌이나 또는 콘크리트공 등으로 탑주위의 하상을 보강(床止 : for stabilizing)한다.
  ㉣ 수면이 결빙되는 경우에는 취수에 지장을 미치지 않는 위치에 설치한다.(한랭지에서 수면이 결빙되는 경우에 결빙되지 않는 깊이에 취수구를 설치해야 한다. 제방에 근접하여 설치하는 경우에는 결빙이 발달되기 쉬우므로 특히 주의해야 한다.)

② **취수탑의 형상 및 높이**
  ㉠ 취수탑의 횡단면은 환상으로서 원형 또는 타원형으로 한다. 하천에 설치하는 경우에는 원칙적으로 타원형으로 하며 장축방향을 흐름방향과 일치하도록 설치한다.
  ㉡ 취수탑의 내경은 필요한 수의 취수구를 적절히 배치할 수 있는 크기로 한다.
  ㉢ 취수탑의 상단 및 관리교의 하단은 하천, 호소 및 댐의 계획최고수위보다 높게 한다.(하천에 설치하는 경우, 탑의 상단 및 관리교의 하단은 계획고수 유량에 따라 계획고수위보다 0.6~2m 정도 높게 한다)

③ **취수탑의 취수구**
  ㉠ 최하단에 설치하는 취수구는 계획최저수위를 기준으로 하고 갈수시에도 계획취수량을 확실히 취수할 수 있는 설치위치로 한다.
  ㉡ 취수구의 형상은 슬루스게이트(제수문) 또는 제수밸브 등의 모양과 관계가 있으므로 단면형상은 장방형 또는 원형 등으로 하는 것이 좋다.
  ㉢ 전면에는 협잡물을 제거하기 위한 스크린을 설치해야 하며, 일반적으로 스크린에는 3~5cm 간격으로 철제격자를 취수구의 전면에 설치한다.
  ㉣ 취수탑의 내측이나 외측에 슬루스게이트(제수문), 버터플라이밸브 또는 제수밸브 등을 설치한다.

ⓜ 수면이 결빙되는 경우에도 취수에 지장을 주지 않도록 유의하되, 결빙대책이 필요한 경우 송풍기로 수면을 동요시키는 등의 방법이 있다.

④ 취수탑 부대설비

취수탑에는 관리교, 조명설비, 유목제거기, 협잡물제거설비 및 피뢰침을 설치한다.

⑤ 취수탑 일반사항

㉠ 연간의 수위 변화가 크거나 또는 적당한 깊이에서의 취수가 요구될 때 사용
㉡ 여러개의 취수구를 설치하여 수위의 변화에 대응
㉢ 여러 수위에서 취수가 가능
㉣ 취수탑은 수심이 적어도 2m 정도가 되지 않으면 설치하기가 어렵다.
㉤ 건설비가 많이 소요되는 단점이 있다.

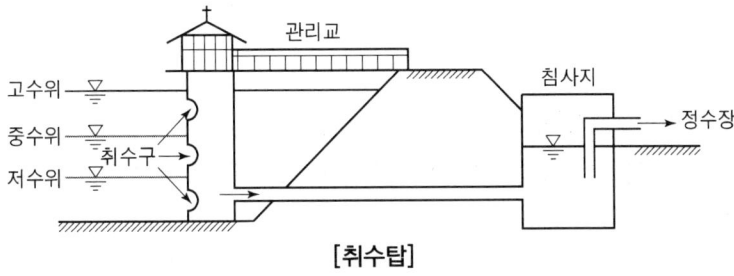

[취수탑]

(7) 취수관거

취수관거는 그 취수구를 제방법선에 직각으로 설치하고 직접 관거 내로 표류수를 취수하여 자연유하로 제내지에 도수하는 시설이다. 유황이 안정되고 유량변화가 적은 하천에서의 취수에 알맞으며, 유지관리가 비교적 용이하다.

① 취수구 일반사항

㉠ 철근콘크리트구조로 한다.
㉡ 설치높이는 장래의 하상변동을 고려하여 결정한다.
㉢ 전면에 수위조절판이나 스크린을 설치한다.
  • 수위조절판은 하상의 변화에 따라 하상과 취수구의 설치고와의 높이를 조절하는 외에 토사의 유입방지 및 지수를 겸하여 설치한다.
  • 관거 내의 평균유속은 자연유하로 0.6~1m/s이다.
㉣ 원칙적으로 관거의 상류부에 제수문 또는 제수밸브를 설치한다.
㉤ 관거의 연장이 커지는 경우에는 모래 등을 관거 내로 유입시키지 않기 위하여 유사시설(sand pit)을 설치하는 경우가 있다.
  • 유사시설의 깊이는 30~50cm, 길이는 3m 정도를 표준으로 하며 배사작업 등을 위하여 맨홀을 설치한다.

• 고수위부에 설치할 때에는 유사시설의 상단 끝은 고수위부와 같은 높이로 하고 맨홀을 구비한 상판구조로 한다.

② 관거의 구조
㉠ 관거에 작용하는 내압 및 외압에 견딜 수 있는 구조로 한다.
㉡ 관거를 제외지에 부설하는 경우에 원칙적으로 계획고수부지고에서 2m 이상 깊게 매설한다.
㉢ 관거가 제방을 횡단하는 경우에는 원칙적으로 유연(柔軟)한 구조로 한다. 또 비상시에 지수가 확실하고 용이하게 이루어지도록 원칙적으로 제수밸브 등을 설치한다.
㉣ 시공한 다음 제방에 영향을 주지 않도록 제방법면의 보호공을 설치한다.
㉤ 사고 등에 대비하기 위하여 가능한 한 2열 이상으로 부설한다.

(8) 취수틀

취수틀은 하천이나 호소의 하부 수중에 매몰시켜 만드는 상자형 또는 원통형의 취수시설이다. 측벽에 만드는 다수의 개구에 의하여 취수하는 것으로 중소량의 취수용이다.

① 취수틀의 위치 및 구조
㉠ 하천이나 호소의 바닥이 안정되어 있는 곳에 설치한다.
㉡ 선박의 항로에서 벗어나 있어야 한다. 부득이 항로에 근접되는 지점에는 충분한 수심을 확보한다.(선박의 항행에 장애를 받지 않도록 최소수심이 3 m 이상인 곳에 설치하는 것이 바람직하다.)
㉢ 철근콘크리트 틀의 본체를 하천이나 호소의 바닥에 견고하게 고정시킨다.
• 개구가 손상되지 않도록 또한 토사 등으로 쉽게 폐색되지 않도록 개구의 주위는 견고한 나무틀, 콘크리트틀 등으로 방호하고, 더욱 틀의 내외에 사석, 콘크리트치기를 한다.
• 취수틀 내의 유입속도는 0.5~1m/s를 표준으로 한다.

(9) 침사지

침사지는 원수와 동시에 유입된 모래를 침강, 제거하기 위한 시설이다.

① 침사지의 위치 및 형상
㉠ 침사지는 유입되는 모래를 신속하게 침전, 제거하기 위하여 가능한 한 취수구에 근접하여 제내지에 설치한다.
㉡ 지의 형상은 장방형으로 하고 유입부 및 유출부를 각각 점차 확대·축소시킨 형태로 한다.
㉢ 청소, 점검, 수리 등을 고려하여 지수는 2지 이상으로 한다.

② **침사지의 구조**
  ㉠ 원칙적으로 철근콘크리트구조로 하며 부력에 대해서도 안전한 구조로 한다.
  ㉡ 표면부하율은 200~500mm/min을 표준으로 하며, 체류시간은 계획취수량의 10~20분을 표준으로 한다.
  ㉢ 침강된 모래가 재부상되어 움직이지 않도록 지내평균유속은 2~7cm/s를 표준으로 한다.
  ㉣ 지의 길이는 폭의 3~8배를 표준으로 한다.
  ㉤ 지의 고수위는 계획취수량이 유입될 수 있도록 취수구의 계획최저수위 이하로 정한다.
  ㉥ 지의 상단높이는 고수위보다 0.6~1m의 여유고를 둔다.
  ㉦ 지의 유효수심은 3~4m를 표준으로 하고, 퇴사심도를 0.5~1m로 한다.
  ㉧ 바닥은 모래배출을 위하여 중앙에 배수로(pitt)를 설치하고, 길이방향에는 배수구로 향하여 1/100, 가로방향은 중앙배수로를 향하여 1/50 정도의 경사를 둔다.
  ㉨ 한랭지에서 저온으로 지의 수면이 결빙되거나 강설로 수중에 눈얼음 등이 보이는 곳에서는 기능장애를 방지하기 위하여 지붕을 설치한다.

③ **침사지의 부대설비**
  ㉠ 유입구와 유출구에는 제수밸브 또는 슬루스게이트 등을 설치한다.
  ㉡ 지하수위가 높은 지점에 설치하는 경우에는 안전을 위하여 부상방지설비를 설치한다.
  ㉢ 필요에 따라 제진설비로서 스크린 및 제거기를 설치한다.
  ㉣ 필요에 따라 침사탈수설비를 설치한다.

(10) 지하수 취수

지하수는 지층수(formation water)와 암장수(fissure water)의 두 가지 형태로 존재하며, 지하수의 취수 시에는 원칙적으로 예비조사와 수문지질조사(지표지질조사, 전기탐사, 탄성파탐사, 시추조사, 전기검층 등)를 한다.

- 지층수(formation water or pore water) : 물이 포화되어 있는 틈이 흙 입자의 틈인 경우를 말하며, 지층수는 자유지하수(free groundwater)와 피압지하수(confined groundwater)로 구분된다.
- 암장수(fissure water) : 물이 포화되어 있는 틈이 암석의 균열(cracks), 공극(fissure) 및 틈새(gaps) 등인 경우

① **천층수와 심층수 취수** : 천층수는 제1불투수층 위에 고인물로 자유면 지하수이며, 심층수는 제1불투수층과 제2불투수층 사이의 피압면 지하수이다.

㉠ 불투수층 통과 여부에 따른 우물 구분
- 천정호 : 불투수성 지층을 통과하지 않은 지하수(천층수)의 취수에 사용한다.
- 심정호 : 불투수성 지층을 통과하는 지하수(심층수)의 취수에 사용한다.

㉡ 구조에 의한 우물 구분
- 굴정호 : 우물 내경 1~5m 정도, 깊이 8~30m 범위로 천정호의 수리를 적용할 수 있는 우물이다.
- 관정호 : 강관을 특수한 방법으로 지하 심수층까지 박아 펌프로 양수하는 방법이다.

② **용천수의 취수** : 용천수는 원수로 그대로 사용할 수 있으므로, 수량이 풍부할 경우에는 이를 취수함에 있어 자연상태에서 용출하는 그대로의 수질을 오염시키지 않아야 하므로 용천수가 지상으로 용출하기 전에 취수하는 방법을 강구해야 한다.

㉠ 집수정
- 용천수가 한 지점에서 집중적으로 용출하는 경우
- 용출지점을 적당히 파고 용출부에다 집수정을 축조한 다음, 이를 저수조로 겸용할 수 있도록 하며 도수관을 집수정 내에 설치하여 취수한다.

㉡ 집수매거 : 용천수가 산복(山腹), 산록(山磈) 등에서 등고선을 따라 연속적으로 용출하는 경우

③ **복류수의 취수** : 하상(하천바닥)에 집수매거를 매설하여(부설깊이 지하 3~5m 정도) 취수

④ **취수지점의 선정**
㉠ 기존 우물 또는 집수매거의 취수에 영향을 주지 않아야 한다.(영향권 내의 기존 우물의 수위 강하량을 10~20cm 이하로 되는 지점을 선정)
㉡ 연해부의 경우에는 해수의 영향을 받지 않아야 한다.
㉢ 얕은 우물이나 복류수인 경우에는 오염원으로부터 15m 이상 떨어져서 장래에도 오염의 영향을 받지 않는 지점이어야 한다.
㉣ 복류수인 경우에 장래 일어날 수 있는 유로변화 또는 하상저하 등을 고려하고 하천개수계획에 지장이 없는 지점을 선정한다. 그리고 하상 원래의 지질이 이토질(泥土質)인 지점은 피한다.

⑤ **채수층의 결정**
채수층은 굴착 중에 얻은 다음 자료를 참고로 선정한다.
㉠ 지층이 변할 때마다 채취한 지질시료
㉡ 굴착 중인 점토수(泥水 : drilling mud)의 양적인 변화와 질적인 변화, 용천수 또는 일수(逸水 : spill water) 등의 유무
㉢ 전기저항탐사의 결과

② CCTV 수중카메라 촬영
⑩ 대수성시험팩커 설치 및 양수시험
⑥ 양수량의 결정
  ㉠ 한 개의 우물에서 계획취수량을 얻는 경우의 적정 양수량은 양수시험에 의해 판단한다.
  ㉡ 여러 개의 우물(기존 우물 포함)에서 계획취수량을 얻는 경우에는 우물 상호간의 영향권을 고려하여 개수를 결정하고, 양수량은 양수시험과 부근 우물의 수위관측으로 수위가 계속하여 강하하지 않는 안전 양수량으로 한다.

(11) 집수매거(infiltration galleries)

집수매거는 하천부지의 하상 밑이나 구하천 부지 등의 땅속에 매설하여 집수기능을 갖는 관거이며 복류수나 자유수면을 갖는 지하수(자유지하수)를 취수하는 시설이다.

① 집수매거의 위치 및 구조
  ㉠ 집수매거의 부설 방향은 복류수의 상황을 정확하게 파악하여 효율적으로 취수할 수 있도록 한다.
    • 집수매거는 복류수의 흐름방향에 대하여 지형이나 용지 등을 고려하여 가능한 한 직각으로 설치하는 것이 효율적이다.
    • 복류수가 풍부한 곳에서는 흐름방향에 평행하게 또는 평행에 가깝게 매설하는 경우도 있다.
    • 취수량을 많게 하기 위하여 집수매거의 본관에서 지관을 1개 내지 몇 개를 분기하는 경우도 있다
  ㉡ 집수매거는 노출되거나 유실될 우려가 없도록 충분한 깊이로 매설한다.
    • 집수매거는 가능한 한 직접 지표수의 영향을 받지 않도록 하기 위하여 매설깊이는 5 m 이상으로 하는 것이 바람직하지만, 대수층의 상황, 불투수층의 깊이 및 수질 등을 고려하여 결정한다.
    • 제외지에 있어서는 저수로의 하상에서 2m 이상으로 한다.
  ㉢ 집수매거의 길이는 시험우물 등에 의한 양수시험 결과에 따라 정한다. 이때에 집수개구부지점에서의 유입속도는 모래의 소류한계속도 이하를 표준으로 한다.
    • 시험정 등에 의하여 양수량의 결정에서 설명된 양수시험을 참고로 하여 집수매거의 조건에 적합한 수리공식을 사용하여 길이를 결정한다.
    • 또한 길이를 결정할 때에는 모래 등에 의하여 집수공을 폐색시키지 않도록 유입속도는 모래의 소류한계유속 이하로 한다.
  ㉣ 철근콘크리트조의 유공관 또는 권선형 스크린관을 표준으로 한다.
    • 철근콘크리트유공관 및 권선형 스크린관(3.10.3 집수개구부(공) 참조)은 어

느 것이나 녹슬지 않고 강도 및 내구성이 있는 재질로 한다.
- 관거의 형상은 원형을 표준으로 한다.
- 내경은 부설한 다음의 점검, 수리 등 유지관리에 편리하도록 900mm 이상으로 하는 것이 바람직하다.

ⓜ 세굴의 우려가 있는 제외지에 설치할 경우에는 철근콘크리트틀 등으로 방호한다.
- 제외지에서 세굴될 우려가 있는 경우에는 관거가 이동되거나 유실되는 것을 방지하기 위하여 철근콘크리트로 된 보호틀 등으로 방호해야 하며
- 하상보강공(reinformed concrete frame) 등을 하고 또 기초지반이 불량한 장소에는 관거의 부등침하를 방지하기 위하여 말뚝치기, 통나무(wooden bases) 등을 사용한다.

② 집수개구부(공)
집수개구부의 공경은 효율적으로 취수할 수 있고 막힐 우려가 적은 크기로 한다.

③ 집수매거의 경사 및 거내유속
ⓐ 집수매거는 수평 또는 흐름방향으로 향하여 완경사로 하고 집수매거의 유출단에서 매거내의 평균유속은 1m/s 이하로 한다.
ⓑ 전체적으로 균형있게 취수하기 위하여 집수매거의 경사는 될 수 있으면 수평 또는 1/500 이하의 완경사로 하는 것이 좋다.
ⓒ 또한 집수매거내의 유속은 집수매거의 크기와 집수개구부에서의 유입속도 등과의 관계로부터 집수매거의 유출단에서 평균유속은 1m/s 이하로 한다.

④ 집수매거의 접합정
ⓐ 집수매거에는 종단, 분기점, 기타 필요한 곳에 접합정을 설치한다.
ⓑ 점검이나 그 밖의 작업이 크기를 용이하도록 정하고 철근콘크리트의 수밀구조로 한다.

⑤ 집수매거의 조인트 및 되메우기
ⓐ 조인트는 관종에 따라 슬립식 공조인트로, 소켓삽입조인트, 플랜지조인트 및 새들조인트로 한다.
ⓑ 집수매거의 주위에는 안쪽에서 바깥쪽으로 굵은 자갈, 중자갈, 잔자갈의 순서로 각각 그 두께를 50 cm 이상 충전하여 필터층을 설치하고 그 위에 토사로 되메운다.

4. 저수지의 용량 결정

저수지의 용량결정 방법에는 가정법, 유량누가곡선법, 강우자료 이용법, 물수지계산법, 유량 도표법 등이 있다.

(1) 저수지 용량

- 댐 축조 지점에 있어서 10년에 1회 발생할 정도의 갈수년을 기준
- 강우가 많은 지방에서는 급수량의 120일분을 기준으로 저수지 용량을 결정
- 강우가 적은 지방은 200일분을 기준으로 저수지 용량을 결정

① 가정법 : 대략의 용량을 결정

$$C = \frac{5,000}{\sqrt{0.8\,R}}$$

여기서, C : 용량(1일 계획급수량의 배수)
R : 연평균강우량[mm]

(2) 유출량 누가곡선법(Ripple's Method)

저수지의 유효 용량을 유량 누가 곡선 도표를 이용하여 도식적으로 구하는 방법

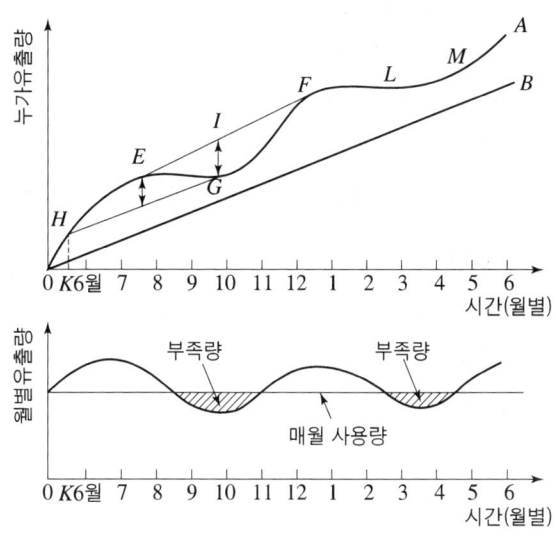

[하천 유출량 누가곡선(Ripple's method)]

[그래프 작성법]

① OA 곡선 : 과거 수년간에 걸친 매월 우량을 조사한 후 매월의 증발 등에 의한 손실수량을 조사해 매월의 유출량을 계산하여 누가곡선 OA를 그린다.

② OB 직선 : 매월의 소요수량인 누가곡선 OB를 그린다.(변화가 극히 적어 직선으로 간주)

③ EG와 LM구간 : OA곡선과 OB직선이 서로 접근하려는 구간으로 유출량이 소요량보다 적은 시기(저수지 수위가 낮아짐)를 나타내며, G나 M에 다다르면 저수지가 바

닥을 드러내게 된다.)
④ EG에 있어서의 부족 수량 : 가뭄 기간으로 E점에서 OB직선에 평행하게 EF직선을 긋고 여기서 최대 세로길이 IG를 구할 수 있다. 이 IG가 구하는 부족수량이다.
⑤ LM구간에서의 부족수량도 같은 방법으로 구할 수 있으며, 이러한 여러 개의 구간 최대 세로길이 중에서 가장 큰 것을 택하면 이것이 바로 이상적인 소요 저수지 용량이다.
⑥ 저수를 시작하는 날 : G에서 OB에 평행하게 그어 OA곡선과 만나는 점 H에 해당하는 날인 K로 부터 저수하기 시작한다.
⑦ E, F : 만수위
⑧ GF구간 : G에서 저수위가 다시 상승하기 시작하여 F에서 만수위가 된다.

(3) 물수지 계산법

저수시설의 유효저수량은 다음 각 항에 기초를 두고 결정한다.
① 유효저수량은 계획기준년에 있어서 물수지(저수시설 지점의 하천유량과 계획취수량과의 차)를 계산하여 결정한다.
② 물수지 계산에서는 계획취수량을 확실하게 취수할 수 있어야 하며 또한 하천유수의 정상적인 기능유지에 지장을 주지 않아야 한다.
③ 추운 지방에서는 취수지점 결빙으로 인한 영향을 고려한다.

(4) 유량도표에 의한 방법

매월 또는 매분기마다 하천유량의 변화를 그려 넣고 이것에 매월 또는 매분기마다의 계획 취수량을 기입하여 이들에 둘러싸인 면적 중 최대(그 기간에 있어서의 총공급량, 즉 필요저수용량)를 구하는 방법이다.

5. 해수 담수화

지표수만으로 충분한 상수원 개발이 곤란한 일부 해안지역과 도서지역에서 계절에 관계없이 안정된 수자원으로 해수를 이용하는 해수담수화시설을 도입함으로써 갈수기에 대비하고 장래 상수의 안정공급에 이바지할 수 있다.

(1) 해수담수화시설의 특징

① 계절에 영향을 받지 않고, 안정된 수량을 확보할 수 있다.
② 건설에 장기간이 소요되는 댐의 개발에 비하여 상대적으로 단기간에 건설할 수 있다.
③ 지표수의 취수에 따른 관련 기관과의 복잡한 문제발생이 적고, 수도사업자가 독자적으로 도입할 수 있다.

(2) 해수담수화시설의 유의할 사항

① 하천수를 이용하여 상수를 생산하는 방법에 비하여, 전기요금, 막 교체비 등의 운영비가 상대적으로 많이 소요된다.
② 에너지의 절약대책이나 농축해수의 방류로 인한 생태계에의 영향에 관한 대책 등 환경적 측면에서의 문제점을 고려해야 한다.

(3) 해수담수화 방식의 분류

① 상변화(相變化) 방식
    ㉠ 증발법 : 다단플래쉬법, 다중효용법, 증기압축법, 투과기화법
    ㉡ 결정법 : 냉동법, 가스수화물법
② 상불변(相不變)방식
    ㉠ 막법 : 역삼투법, 전기투석법
    ㉡ 용매추출법

(4) 해수담수화를 위한 일반적인 방법

일반적으로 증발법, 전기투석법, 역삼투법의 3가지 방식을 이용한다. 기술적으로는 증발법이 가장 빨리 상용화되었고 다음으로 전기투석법이 개발되었다. 최근에는 에너지 소비량이 적고 운전 및 유지관리가 용이한 역삼투법의 비중이 점차 커지고 있다.

① 증발법
    증발법은 해수를 가열하여 증기를 발생시켜서 그 증기를 응축하여 담수를 얻는 방법이다. 현재 실용화되어 있는 증발법은 다단플래쉬법, 다중효용법, 증기압축법의 3가지 방식이 있다.

② 전기투석법
    전기투석법은 이온에 대하여 선택투과성을 갖는 양이온교환막과 음이온교환막을 교대로 다수 배열하고 전류를 통과시킴으로써 농축수와 희석수를 교대로 분리시키는 방법이다.

③ 역삼투법
    역삼투법은 물은 통과시키지만 염분은 통과시키기 어려운 성질을 갖는 반투막을 사용하여 담수를 얻는 방법이다.
    ㉠ 해수의 삼투압은 일반 해수에서는 약 $2.4MPa$(약 $24.5kgf/cm^2$)이다.
    ㉡ 이 삼투압 이상의 압력을 해수에 가하면, 해수 중의 물이 반투막을 통하여 삼투압과 반대로 순수 쪽으로 밀려나오는 원리를 이용하여 해수로부터 담수를 얻는다.

2-3 수질 관리 및 기준

1. 수질관리 용어

(1) 미량 농도의 단위

① ppm(part per million)
$$= 100만분율(1/10^6) = mg/kg(mg/l) = g/ton(g/m^3) = 10^{-3} kg/m^3$$

② ppb(part per billion)
$$= 10억분율(1/10^9) = mg/ton(g/m^3) = g/kg$$

(2) pH(수소이온농도)

① pH < 7이면 산성, pH = 7이면 중성, pH > 7이면 알칼리성
② pH + pOH = 14
③ 산성은 [H$^+$]가 [OH$^-$]에 비하여 크고, 알칼리성은 [OH$^-$]가 과잉이라는 것을 의미

$$pH = -\log[H^+] = \log\frac{1}{[H^+]}$$

$$pOH = -\log[OH^-] = \log\frac{1}{[OH^-]}$$

(3) 용존산소(DO) : 수중에 용해되어 있는 산소

① 용존산소(DO)는 수중에 용해되어 있는 산소
② 오염된 물은 용존산소량이 낮다.
③ BOD가 큰 물은 용존산소량이 낮다.
④ 수중의 염류 농도가 증가할수록 용존산소의 농도는 감소한다.
⑤ 수중의 온도가 높을수록 용존산소 농도는 감소한다.
⑥ 수면의 교란 상태가 클수록, 수압이 낮을수록 용존산소량은 증가한다.
⑦ 용존산소량이 적은 물은 혐기성 분해가 일어나기 쉽다.
⑧ 수중 어패류에 대한 용존산소의 최소 생존농도는 5ppm 이상이다.
⑨ 용존산소의 농도가 2ppm 이하로 되면 악취가 발생하기 시작한다.
⑩ 호기성 세균 : 용존산소를 소비하면서 유기물을 분해
⑪ 혐기성 세균 : 산소 없는 상태에서 유기물 분해

(4) 생물화학적 산소요구량(BOD)

수중의 미생물이 호기성상태에서 유기물을 분해하여 안정화시키는데 요구되는 산소량

① 수중의 미생물이 호기성 상태에서 유기물을 분해하여 안정화시키는 데 요구되는 산소량
② 수중의 유기물의 함량을 간접적으로 나타내는 방법
③ BOD의 측정은 시료수를 20℃의 암실에서 5일간 배양했을 때 소비된 용존산소(DO)량으로 표시(BOD_5)
④ 물의 유기물의 오염 정도를 표시하기 위하여 가장 많이 사용되는 지표
⑤ 가정하수, 하천수는 BOD로 측정하고 공장폐수는 COD로 측정하는 경우가 많다.

2. BOD 측정

(1) 계산식

① BOD 감소반응식(E. B. Phelps의 1차 반응식)

$$L_t = L_a \cdot 10^{-K_1 \cdot t} = L_a \cdot e^{-K_1 \cdot t}$$

여기서, L_t : t일 후의 잔존BOD[mg/l]
K_1 : 탈산소계수[day^{-1}], K_1은 20℃에서 0.1이다.
수온이 다를 경우의 보정치 $K_1(t℃) = K_1(20℃) \times 1.047^{t-20}$ [day^{-1}]
t : 경과일수[day]
L_a : 최초BOD 또는 최종BOD(BOD_u)[mg/l]

② BOD 소모량 공식

$$Y = L_a - L_t = L_a(1 - 10^{-K_1 t}) = L_a(1 - e^{-K_1 t})$$

여기서, Y : t일 동안에 소비된(분해된) BOD(t일 간의 BOD)

③ BOD 부하량 계산

$$\text{BOD 총량} = \text{BOD 농도} \times \text{유량}$$

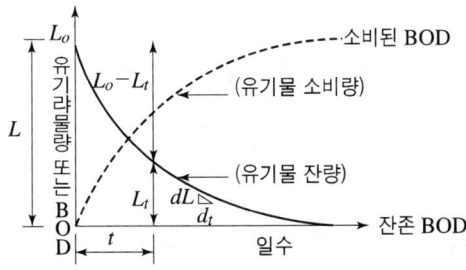

[소비 BOD와 잔존 BOD의 관계]

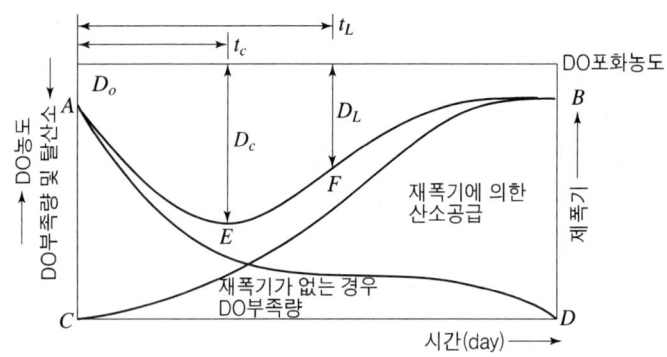

[용존산소부족곡선(DO sag curve)]

3. 화학적 산소요구량(COD)

① BOD와 더불어 주로 유기물질을 간접적으로 나타내는 지표
② 산화제로 산화시킬 때 소요되는 산화제의 양을 산소량으로 환산한 값
③ 공장폐수는 유해물질을 함유하고 있어 BOD측정이 불가능하므로 COD로 측정
④ COD는 단시간(1~3시간)에 측정이 가능하다는 장점이 있다.

4. 대장균군(coliform group, E-Coil)

① 인체의 대장에 기생하는 균
② 음료수의 오염 지표로 많이 사용
③ 대장균군의 검출 의의
　㉠ 대장균은 인체에 해로운 균은 아니지만 소화기 계통의 전염병균이 대장균군과 같이 존재하기 때문에 대장균의 유무로써 다른 세균의 유무를 추정할 수 있고, 수인성 전염균 등의 병원균을 추정하는 간접 지표가 된다.
　㉡ 대장균보다 검출이 용이하고 검출속도가 빠르다.
　㉢ 시험이 간편하며, 정확성이 보장된다.
　㉣ 음용수 수질기준은 검수 50ml에 대하여 검출되지 않아야 한다.
④ 최확수(MPN ; Most Probable Number)
　㉠ 일정량의 시료 내에 존재하는 대장균의 수
　㉡ 분석 결과를 통계적으로 계산한 값으로 최확수 또는 최적수라고 한다.
　㉢ 통상 100ml의 시료 내에 존재하는 수

5. 확산에 의한 오염물질의 희석

$$C_m = \frac{C_1 Q_1 + C_2 Q_2}{Q_1 + Q_2}$$

여기서, C_m : 완전혼합 후의 혼합유량의 평균농도[mg/l]
  C_1 : 합류 전 오수의 농도[mg/l] C_2 : 합류 전 하천수의 농도[mg/l]
  Q_1 : 합류 전 오수의 유량[m³/day] Q_2 : 합류 전 하천수의 유량[m³/day]

6. 자정작용

- 생활하수나 공장폐수로 인해 수질이 악화된 하천이나 호소가 상당 기간이 지남에 따라 수질이 서서히 양호해져서 원래의 상태로 회복되는 현상
- 하천 등의 자정작용은 미생물 등에 의한 생물학적 자정작용이 주역할을 한다.

(1) 자정계수를 크게 해주는 인자(용존산소 DO가 증가하는 상황)

① 수온이 낮을 것
② 하천의 유속이 급류일 것
③ 하천의 수심은 얕을 것
④ 하상이 자갈, 모래 등으로 바닥구배가 클 것

$$f = \frac{K_2}{K_1}$$

여기서, f : 자정계수 K_1 : 탈산소계수[1/day]
  K_2 : 재폭기계수[1/day]
  – 재폭기 > 탈산소 : 자정작용이 유지된다.
  – 재폭기 < 탈산소 : 자정작용이 파괴되어 물이 오염되기 시작

7. 하천의 자정단계(Whipple의 4단계)

(1) 자정단계

분해지대 → 활발한 분해지대 → 회복지대 → 정수지대

① **분해지대** : 물이 오염되면서 분해가 시작되는 단계
② **활발한 분해지대** : 호기성미생물의 활발에 의해 용존산소가 없게 되어 부패상태에 도달하게 된다.
③ **회복지대** : 물리적으로 물이 깨끗해져 분해물이 없어지고 용존산소가 증가
④ **정수지대** : 마치 오염되지 않은 자연수처럼 보이며, 용존산소가 풍부하다.

(2) 정화현상의 조건

① 재폭기 활발 ② 낮은 수온 유지
③ 급류 유속 ④ 낮은 수심
⑤ 하천 유량의 증가 ⑥ 오염원 감소

8. 성층현상

(1) 계절에 따른 성층현상

성층현상은 수온 변화가 가장 큰 원인인데, 이는 수온의 변화에 따른 물의 밀도 변화가 근본원인 때문이다.
① 겨울 : 물은 비교적 양호한 상태(겨울의 정체현상)
② 봄 : 조금만 바람 불어도 뒤섞임(전도현상), 수질 악화
③ 여름 : 온도차가 커져서 순환현상(수직운동)은 상층에 국한(성층현상 가장 두드러짐)
④ 가을 : 정체현상은 파괴되고 다시 전도현상, 수질 악화

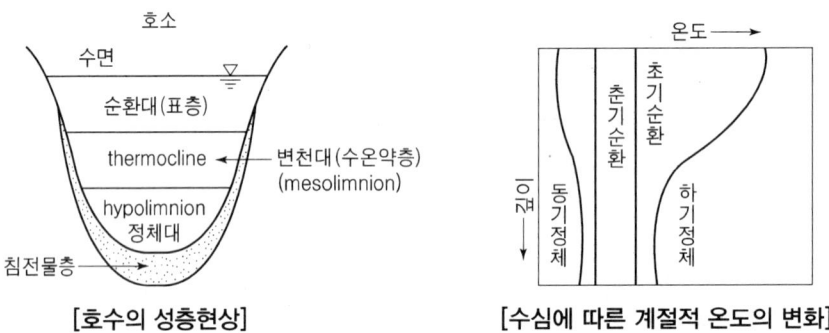

[호수의 성층현상]   [수심에 따른 계절적 온도의 변화]

(2) 성층현상 일반

① 호소수 또는 댐 물을 직접 취수하는 경우에는 성층현상에 의해 수심에 따라 계절적으로 수질이 변동한다. 또한 표층부근에 각종 미생물이나 조류가 발생하거나 홍수시에 탁도가 증가하며 수심에 따라 수온이 현저하게 다른 경우가 있으므로 양질의 물을 선택하여 취수할 수 있도록 깊이에 따른 취수구를 배치하는 것이 필요하다.
② 깊은 호소나 댐에서는 계절적인 온도성층현상이 생기며 깊이에 따라 수질이 현저히 변화하는 경우도 있다. 따라서 계절에 의한 미생물의 종류, 양, 수온, 영양염류, pH, DO, COD 및 탁도에 대하여 계절별, 깊이별로 이들 분포를 조사해야 한다.

9. 부영양화 현상

(1) 특 징

① 영양염류인 질소(N)와 인(P)이 물속에 많이 잔류하게 되면 조류나 플랭크톤이 과다 번식
② 과다 번식한 조류나 플랭크톤은 서로 생존경쟁을 하며 이 과정에서 일부는 바닥으로 침전 깊은 곳에서 혐기성 분해를 일으킴
③ 혐기성 분해로 인해 황산가스(H_2S), 암모니아(NH_3), 메탄가스(CH_4) 등을 생성시켜 악취를 풍기고 수질 저하로 이어지고 다시 유기물로 인해 물속에 분해됨
④ 유기물로 인해 분해되면서 영양염류인 질소(N)와 인(P)이 다시 생김
⑤ 다시 발생된 영양염류인 질소(N)와 인(P)을 소비하면서 상기 과정을 반복
⑥ 조류의 영향으로 물에 맛과 냄새가 발생되어 정수에 어려움을 유발시킨다.
⑦ 부영양화는 수심이 낮은 호소에서도 잘 발생된다.

(2) 부영양화 방지 대책

① 영양물질(질소(N)와 인(P)) 유입의 억제
② 호소 내에서의 처리 방안
　㉠ 호소 내 또는 유입지천에 철 또는 알루미늄염을 첨가하여 영양염류의 불활성화
　㉡ 외부의 수류를 끌어 들여 수 교환율을 높임
　㉢ 성층파괴를 위한 심층폭기나 강제 순환
　㉣ 수심이 깊은 호소에서 영양염류농도가 높은 심층수의 방류
　㉤ 저질토를 합성수지 등으로 도포하여 저질토에서 나오는 물질을 차단
　㉥ 영양염류가 농축되어 있는 저질토의 준설
　㉦ 차광막을 설치하여 조류증식에 필요한 광을 차단함
　㉧ 수체로부터의 수초 및 부착조류의 제거
　㉨ 생물학적 제어
　㉩ 화학적 처리 → 황산동($CuSO_4$) 살포하여 조류를 제거

10. 저수지 수질보전 대책

① 바닥 퇴적물의 준설
② 상류유역의 오염원 관리
③ 약제 살포
④ 저수 유동의 최대화

11. 음용수(먹는 물)의 수질기준 : 먹는 물 관리법 및 규칙(2015.12.2. 개정)에 따름

구분		항목	기준
미생물		① 일반세균 ② 대장균군	1mL 중 100CFU 이하 100mL 중 불검출
건강상 유해 영향 무기물질		① 납(Pb) ② 불소(F) ③ 비소(As) ④ 셀레늄(Se) ⑤ 수은(Hg) ⑥ 시안(CN) ⑦ 6가 크롬(Cr^{+6}) ⑧ 암모니아성 질소(NH_3-N) ⑨ 질산성 질소(NO_3-N) ⑩ 카드뮴(Cd) ⑪ 보론(붕소 ; B)	0.01mgL 이하 1.5mg/L 이하 0.01mg/L 이하 0.01mg/L 이하 0.001mg/L 이하 0.01mg/L 이하 0.05mg/L 이하 **0.5mg/L 이하** **10mg/L 이하** 0.005mg/L 이하 1.0mg/L 이하
건강상 유해영향 유기물질	휘발성 유기물질	① **페놀** ② 트리클로로 에탄 ③ 테트라클로로 에틸렌 ④ 트리클로로 에틸렌 ⑤ 디클로로 메탄 ⑥ 벤젠 ⑦ 톨루엔 ⑧ 에틸 벤젠 ⑨ 크실렌 ⑩ 디클로로 에틸렌 ⑪ 사염화 탄서	**0.005mg/L 이하** 0.1mg/L 이하 0.01mg/L 이하 0.03mg/L 이하 0.02mg/L 이하 0.01mg/L 이하 0.7mg/L 이하 0.3mg/L 이하 0.5mg/L 이하 0.03mg/L 이하 0.002mg/L 이하
	농약	① 다이아지논 ② 파라티온 ③ 페니트로티온 ④ 카바릴 ⑤ 디브로모-3-클로로프로판 ⑥ 다이옥산	0.02mg/L 이하 0.06mg/L 이하 0.04mg/L 이하 0.07mg/L 이하 0.003mg/L 이하 0.05mg/L 이하
소독제 및 소독부산물질에 관한 기준		① 유리잔류염소 ② **총트리할로메탄(THMs)** ③ 클로로포름 ④ 클로랄 하이드레이트 ⑤ 디브로모 아세토니트릴 ⑥ 디클로로 아세토니트릴 ⑦ 트리클로로 아세노티트릴 ⑧ 할로아세틱 에시드(HAA) ⑨ 브로모 디클로로메탄 ⑩ 디브로모 클로로메탄 ⑪ 포름알데히드	4.0mg/L 이하 **0.1mg/L 이하** 0.08mg/L 이하 0.03mg/L 이하 0.1mg/L 이하 0.09mg/L 이하 0.004mg/L 이하 0.1mg/L 이하 0.03mg/L 이하 0.1mg/L 이하 0.5mg/L 이하

구분	항목	기준
심미적 영향물질	① 경도	300mg/L 이하
	② 과망간산칼륨 소비량	100mg/L 이하
	③ 냄새	무냄새
	④ 맛	무미
	⑤ 동	1mg/L 이하
	⑥ 색도	5도 이하
	⑦ 세제(음이온 계면활성제 ; ABS)	0.5mg/L 이하
	⑧ 수소이온농도(pH)	5.8~8.5
	⑨ 아연(Zn)	3mg/L 이하
	⑩ 염소이온(Cl^-)	250mg/L 이하
	⑪ 증발 잔류물(TS)	500mg/L 이하
	⑫ 철(Fe)	0.3mg/L 이하
	⑬ 망간(Mn)	0.3mg/L 이하 (수돗물 : 0.05mg/L 이하)
	⑭ 탁도	1NTU 이하 (수돗물 : 0.5NTU 이하)
	⑮ 황산이온(SO_4^{-2})	200mg/L 이하
	⑯ 알루미늄(Al)	0.2mg/L 이하

12. 수도전에서 먹는 물의 잔류염소

구 분	유리잔류염소	결합잔류염소
평상시	항상 0.2mg/L 이상 유지	1.5mg/L 이상 유지
비상시 (수인성 전염병 유행 등)	0.4mg/L 이상 유지	1.8mg/L 이상 유지

13. 상수원수(하천) 수질기준

상수 원수	1급	2급	3급
pH	6.5~8.5	6.5~8.5	6.5~8.5
BOD	1mg/L 이하	3mg/L 이하	5mg/L 이하
SS	25mg/L 이하	25mg/L 이하	25mg/L 이하
DO	7.5mg/L 이상	5mg/L 이상	5mg/L 이상
대장균 군수 (MPN/100mL)	50 이하	1,000 이하	5,000 이하

14. 경 도

경도에는 일시 경도(temporary hardness)와 영구 경도(permanent hardness)로 구별되고 양자를 합한 것을 총경도(Total hardness)라 한다.

(1) 일시 경도(temporary hardness)

만약 칼슘(Ca_2^+)과 마그네슘(Mg_2^+) 등이 알칼리도를 이루는 탄산염(CO_3^{2-}), 중탄산염(HCO_3^-) 등과 결합한 존재로 있을 때는 이를 탄산 경도(carbonate hardness)라 하며, 끓임에 의해서 침전이 형성되어 연수화(softening)되므로 일시 경도라고도 한다.

(2) 영구 경도(permanent hardness)

반면 칼슘(Ca_2^+)과 마그네슘(Mg_2^+) 등이 산 이온인 SO_4^{2-}, Cl^-, NO_3^-, SiO_3^-와 화합물을 이루고 있을 때 나타나는 경도를 비탄산 경도(non-carbonate hardness)라고 하며, 이들은 끓임에 의해서 제거되지 않으므로 영구 경도라고도 한다.

2-4 상수관로 시설

1. 계획 도·송수량

도수시설(송수시설)은 노후관 개량, 누수사고, 청소 등에도 중단 없이 계획 도수량(계획 송수량)을 안정적으로 공급할 수 있도록 도수관로(송수관로)의 복선화 또는 네트워크화를 구축한다
① **계획도수량** : 계획취수량을 기준으로 한다.(계획취수량은 계획1일 최대급수량을 기준)
② **계획송수량** : 계획 1일 최대급수량을 기준으로 한다. 또한 누수 등의 손실량을 고려하여 10% 여유수량으로 증가시킨다.

2. 도수 및 송수방식과 노선의 선정

도수방식의 선정에는 취수원에서 정수장까지의 고저 관계, 계획도수량, 노선의 입지조건, 건설비, 유지관리비 등을 종합적으로 비교·검토하여 결정하고, 송수방식은 정수장과 배수지와의 표고차, 계획송수량의 다소 및 노선의 입지조건을 비교 검토하여 가장 바람직한 방식을 결정한다.
송수는 관수로로 하는 것을 원칙으로 하되 저수로로 할 경우에는 터널 또는 수밀성의 암거로 한다.

(1) 자연유하식
① 도수, 송수가 안전하고 확실하다.(신뢰성이 높다)
② 유지관리가 용이하여 관리비가 적게 소요되므로 경제적이다.
③ 수로(水路)가 길어지면 건설비가 많이 든다.
④ 수원의 위치가 높고 도수로가 길 때 적당하다.
⑤ 양수장치에 따른 동력비가 없다.
⑥ 정전시 단수의 염려가 없다.
⑦ 운전요원의 인건비가 감소된다.
⑧ 수압과 수량의 조절이 어렵다.

(2) 펌프 압송식
① 수원이 급수지역과 가까운 곳에 있을 경우에 적당하다.
② 자연유하식에 비해 전력비 등 유지관리비가 많이 든다.

③ 정전, 펌프 고장 등으로 도수 및 송수의 안정성과 확실성이 부족하다.
④ 관수로에만 이용할 수 있고, 수압으로 인한 누수의 위험이 존재한다.
⑤ 지하수가 수원일 경우 적당하다.

도수 및 송수 방식 적용
① 자연유하식 : 높은 곳에서 낮은 곳으로
② 펌프압송식 : 낮은 곳에서 높은 곳으로

(3) 도수 및 송수관로의 노선 선정시 유의사항

① 물이 최소저항으로 수송되도록 한다.
② 가급적 단거리가 되어야 한다.
③ 이상 수압을 받지 않아야 한다.
④ 수평·수직이 급격한 굴곡을 피하고, 어떤 경우라도 최소동수경사선 이하가 되도록 노선을 선정한다.
⑤ 가능한 공사비를 절약할 수 있는 위치이어야 한다.
⑥ 관로 도중에 감압을 위한 접합정(junction well)을 설치해야 한다.
⑦ 관내의 마찰손실수두가 최소가 되도록 한다.
⑧ 개수로의 노선 선정은 관수로에 비해 난점이 많다.
⑨ 개수로는 노선 중 역사이펀, 교량, 터널이 필요할 때가 많아 관수로를 일부 혼용한다.
⑩ 양수 연장이 길 경우 관로에 안전밸브, 조압수조, 역지밸브를 설치하여 수격작용에 대비하여야 한다.
⑪ 원칙적으로 공공도로 또는 수도용지로 한다.

3. 관로의 종류

(1) 개수로

① 수면이 대기(大氣)와 접하고 경사로 인한 중력작용으로 유하하며 자유수면을 가진다.
② 개수로 내의 흐름을 지배하는 힘과 흐름을 지속시키는 요소는 중력(重力)과 관성력(慣性力)이다.

(2) 관수로

① 관이 항상 만수(滿水)로 되어 압력에 의해 흐르는 수로를 말하며 자유수면이 없다.
② 관수로 내의 흐름을 지배하는 힘과 흐름을 지속시키는 요소는 점성력과 두 단면의 압력차이다.

③ 관의 평균유속
  ㉠ 도수관의 평균유속의 최대 및 최소 한도 : 자연유하식인 경우에는 허용 최대한도를 3.0m/s로 하고, 도수관의 평균 유속 최소 한도는 원수를 수송하므로 모래입자 등의 침전을 방지하기 위하여 0.3m/sec 이상으로 한다.
  ㉡ 펌프가압식인 경우에는 경제적인 관경에 대한 유속으로 한다.
  ㉢ 송수관의 유속은 도수관의 유속에 준한다.

4. 수로와 수리

(1) 개수로

① Manning공식

$$V = \frac{1}{n} R^{2/3} I^{1/2}$$

② Ganguillet-Kutter공식

$$V = \frac{23 + \frac{1}{n} + \frac{0.00155}{I}}{1 + \left(23 + \frac{0.00155}{I}\right)\frac{n}{\sqrt{R}}} \sqrt{RI}$$

여기서, V : 평균유속[m/sec] R : 경심[m](R=단면적/윤변)
I : 수면구배(동수구배)($I = h_L/L$) n : 조도계수

(2) 관수로

① 평균유속

Hazen-Williams유속공식 : 관수로에서 Hazen-Williams공식이 많이 사용된다.

$$V = 0.35464 CD^{0.63} I^{0.54} = 0.84935 CR^{0.63} I^{0.54}$$

여기서, V : 평균유속[m/sec] C : 유속계수 D : 관의 내경[m]
I : 수면구배(동수구배)($I = h_L/L$) R : 경심[m]($R = D/4$)

② 관수로 내의 수두손실

Darcy-Weisbach의 마찰손실수두 공식

$$h_L = f \frac{L}{D} \frac{V^2}{2g}$$

여기서, h_L : 수두손실[m] f : 마찰계수[-] L : 관의 길이[m]
D : 관의 직경[m] V : 유속[m/sec] g : 중력가속도[9.8m/sec^2]

(3) 손실수두

① 입구손실수두 $h_e = f_e \dfrac{V^2}{2g}$

② 출구손실수두 $h_o = f_o \dfrac{V^2}{2g}$

③ 관마찰손실수두 $h_f = f \dfrac{L}{D} \cdot \dfrac{V^2}{2g}$ (Darcy–Weisbach공식)

(4) 손실계수

① 유입손실계수 $f_e \fallingdotseq 0.5$
② 유출손실계수 $f_o \fallingdotseq 1.0$
③ 관마찰손실계수 f
  ㉠ 관이 신주철관일 때 $f = 0.02$
  ㉡ 관이 구주철관일 때 $f = 0.04$
  ㉢ 흐름이 층류일 때 $f = \dfrac{64}{R_e}$
  ㉣ 흐름이 난류일 때 $f = 0.3164 R_e^{-1/4}$
  ㉤ Manning의 n을 알 때 $f = \dfrac{124.5 n^2}{D^{1/3}}$
  ㉥ Chezy의 C를 알 때 $f = \dfrac{8g}{C^2}$
④ L/D가 3000보다 크면 장관이므로 관마찰 손실수두만 고려한다.

(5) 유속공식

① Manning 공식 $V = \dfrac{1}{n} R^{2/3} I^{1/2}$

② Chezy 공식 $V = C\sqrt{RI}$

③ Ganguillet–Kutter $V = \left(\dfrac{23 + 1/n + 0.00155/I}{1 + (23 + 0.00155/I)n/\sqrt{R}} \right) \sqrt{RI}$

④ Forchheimer $V = \dfrac{1}{n_f} R^{0.7} I^{0.5}$

⑤ Hazen–Williams $V = 0.35464\, CD^{0.63} I^{0.54}$

(6) 이형관 보호

수압에 의해 곡선부에 작용하는 외항력의 크기(P)

$$P = 2pA\sin\frac{\alpha}{2}$$

여기서, p : 관내의 수압(kg/cm^2, MPa) A : 관 단면적(cm^2, mm^2) α : 곡선 각도

(7) 관의 두께 결정

$$t = \frac{pD}{2\sigma_{ta}}$$

여기서, t : 관의 두께(cm, mm) p : 관내 수압(kg/cm^2, MPa)
       D : 관의 내경(cm, mm) σ_{ta} : 관의 허용인장응력(kg/cm^2, MPa)

(8) 수압시험에 의한 누수량 산정(미국수도협회)

$$L = \frac{ND\sqrt{p}}{3290}$$

여기서, L : 허용 누수량(L/hr) N : 관의 이음수
       D : 관의 내경(mm) p : 시험 수압강도(kg/cm^2)

5. 부속설비

(1) 관수로의 부속설비

① 제수 밸브(gate valve)

격자점에 설치하여 단수량 또는 통수량을 조절하는 장치

㉠ 도·송·배수관의 시점, 종점, 분기장소, 연결관, 주요한 배수설비(이토관), 중요한 역사이펀부, 교량, 철도횡단 등에는 원칙적으로 제수밸브를 설치한다.

㉡ 제수밸브실은 도로의 종류별, 배관의 구경별 및 현장의 설치조건에 따라 소형, 중형, 대형으로 구분하며 밸브실 전후 관로의 안정성을 확보한다.

㉢ 제수밸브실은 설치 및 유지관리가 용이하도록 충분한 공간을 확보하며 이상수압이 발생하였을 때 즉시 감지하기 위한 수압계의 설치와 배수 및 점검을 위한 설비를 갖추어야 한다.

㉣ 밸브는 수질에 영향을 주지 않아야 한다.

② 공기 밸브(air valve)

관 내 공기를 자동적으로 배제 또는 흡입하는 시설로 배수본관의 돌출부(凸部, 철

부)에 설치

㉠ 관로의 종단도상에서 상향 돌출부의 상단에 설치해야 하지만 제수밸브의 중간에 상향 돌출부가 없는 경우에는 높은 쪽의 제수밸브 바로 앞에 설치한다.

㉡ 관경 400mm 이상의 관에는 반드시 급속공기밸브 또는 쌍구공기밸브를 설치하고, 관경 350mm 이하의 관에 대해서는 급속공기밸브 또는 단구공기밸브를 설치한다.

㉢ 공기밸브에는 보수용의 제수밸브를 설치한다.

㉣ 매설관에 설치하는 공기밸브에는 밸브실을 설치하며, 밸브실의 구조는 견고하고 밸브를 관리하기 용이한 구조로 한다.

㉤ 한랭지에서는 적절한 동결방지대책을 강구한다.

③ **역지 밸브**(check valve)
펌프 압송중에 정전이 되어 물이 역류하면 펌프를 손상시킬 수 있어 물의 역류를 방지하는 장치

④ **안전 밸브**(safety valve)
관수로 내에 이상수압이 발생하였을 때 관의 파열을 막기 위하여 자동적으로 물을 배출하여 관로의 안전을 도모하기 위한 밸브

⑤ **배 슬러지 밸브**(이토 밸브, drain valve)
관로 내에 퇴적하는 찌꺼기를 배출하고 유지관리를 위해 관 내를 청소하거나 정체수를 배출하기 위해 관로의 오목부(凹部, 요부)에 설치한다.

⑥ **접합정**
물의 흐름을 원활히 하기 위하여 수로의 분기, 합류 및 관수로로 변하는 곳, 관로의 분기점, 정수압의 조정이 필요한 곳, 동수경사의 조정이 필요한 곳에 설치한다.

㉠ 원형 또는 각형의 콘크리트 혹은 철근콘크리트로 축조한다. 아울러 구조상 안전한 것으로 충분한 수밀성과 내구성을 지니며 용량은 계획도수량의 1.5분 이상으로 한다.

㉡ 유입속도가 큰 경우에는 접합정 내에 월류벽 등을 설치하여 유속을 감쇄시킨 다음 유출관으로 유출되는 구조로 한다. 또 수압이 높은 경우에는 필요에 따라 수압 제어용 밸브를 설치한다.

㉢ 유출관의 유출구의 중심 높이는 저수위에서 관경의 2배 이상 낮게 하는 것을 원칙으로 한다.

㉣ 필요에 따라 양수장치, 배수설비(이토관), 월류장치를 설치하고 유출구와 배수설비(이토관)에는 제수밸브 또는 제수문을 설치한다.

㉤ 점검이나 그 밖의 작업이 크기를 용이하도록 정하되 접합정의 내경은 집수매거 내의 점검이나 모래의 반출을 용이하게 할 수 있도록 1m 이상으로 한다. 지표수

나 오수가 침입하지 않도록 철근콘크리트의 수밀구조로 하고 맨홀을 설치하는 것이 일반적이다.

⑦ **맨홀** : 암거의 경우 내부의 점검, 보수, 청소를 위해 100~500m 간격으로 설치한다.

 **신축이음관**
① 신축자재가 아닌 노출되는 관로 등에는 20~30m 마다 신축이음관을 설치하고, 연약지반이나 구조물과의 접합부(tie-in point) 등 부등침하의 우려가 있는 장소에는 휨성이 큰 신축이음관을 설치한다.
② 매설되는 수도용 강관의 관로부에는 별도의 신축이음관이 필요하지 않으나 제수밸브, 펌프 등 관로의 중간에 자유단이 발생하는 경우에는 밸브실 내에 신축이음관을 설치하고 밸브실 통과부에는 관이 축방향으로 변위될 수 있게 하되 외부지하수 등이 침입할 수 없는 구조로 한다.

6. 상수도관의 접합

① 소켓 접합(socket joint)
② 칼라 접합(collar joint)
③ 메커니컬 접합(mechanical joint)
④ 플랜지 접합(flange joint)
⑤ 타이튼 접합(tyton joint)
⑥ 내면접합

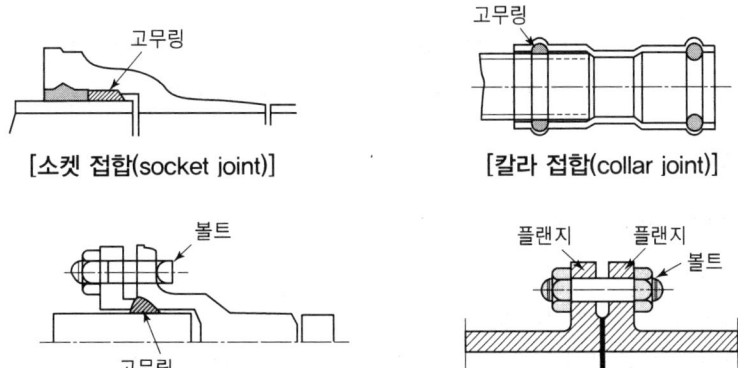

7. 관로의 매설위치 및 깊이

① 공공도로에 관을 매설할 경우에는 「도로법」 및 관계법령에 따라야 하며 도로관리기관과 협의하여야 한다.

② 관로의 매설깊이는 관종 등에 따라 다르지만 일반적으로 관경 900mm 이하는 120cm 이상, 관경 1,000mm 이상은 150cm 이상으로 하고, 도로하중을 고려할 필요가 없을 경우에는 그렇게 하지 않아도 된다. 도로하중을 고려해야 할 위치에 대구경의 관을 부설할 경우에는 매설깊이를 관경보다 크게 해야 한다.
③ 도로하중을 고려할 필요가 있으나 지반이 암반인 경우 등으로 부득이하게 매우 얕게 매설해야 할 경우에는 별도로 관을 보호하는 조치를 강구한다.
④ 한랭지에서 관의 매설깊이는 동결심도보다 깊게 한다.
⑤ 매설위치는 태풍이나 지진, 홍수 등 비상시에도 관로의 구조에 영향이 최소화될 수 있는 곳으로 한다.

8. 배수계획

(1) 계획배수량

계획배수량은 원칙적으로 해당 배수구역의 계획시간최대배수량으로 한다.
① **평상시** : 해당 배수구역의 계획 시간 최대배수량을 기준

$$q = K \times \frac{Q}{24}$$

여기서, q : 계획시간최대배수량(m^3/h)
Q : 계획1일최대급수량(m^3/d)
$\frac{Q}{24}$: 시간평균배수량(m^3/h)
K : 시간계수(계획시간최대배수량의 시간평균배수량에 대한 비율)

② **화재시** : 계획 1일 최대급수량의 1시간당 수량+소화용수량 기준

(2) 배수지

정수를 저장하였다가 배수량의 시간적 변화를 조절하는 곳
① **배수지의 위치**
   ㉠ 배수지는 가능한 한 급수지역의 중앙 가까이 설치한다.
   ㉡ 배수지는 붕괴의 우려가 있는 비탈의 상부나 하부 가까이는 피해야 한다.
② **배수지의 높이**
   ㉠ 자연유하식 배수지의 표고는 최소동수압(1.5kgf/cm^2, 수두 15m)이 확보되는 높이여야 한다.
   ㉡ 급수블록 내의 압력은 동일한 것이 이상적이지만, 급수구역 내에서 지반의 고저차가 심할 경우(표고차가 30m 이상)에는 고지구, 저지구 또는 고지구, 중지구,

저지구의 2~3개의 급수지역으로 분할하는 것이 바람직하다.

고저차가 심하더라도 그 지역이 비교적 작은 범위일 경우에는 별도의 배수지를 만들지 않고 저지구에는 감압밸브를 설치하여 일정수압 이하로 압력을 낮추고, 고지구에는 가압펌프를 설치하여 일정수압 이상으로 수압을 상승시키는 편이 경제적일 수도 있다.

(3) 배수지의 구조와 용량

① 배수지의 구조
  ㉠ 구조적으로나 위생적으로 안전하고 충분한 내구성과 내진성 및 수밀성을 가져야 한다.
  ㉡ 한랭지나 혹서시 수온 유지가 필요할 때에는 적당한 보온대책을 강구해야 한다.
  ㉢ 지하수위가 높은 장소에 축조할 경우 부력에 의한 부상방지 대책을 강구해야 한다.
  ㉣ 검사, 청소 및 수선 등으로 비울 때가 있으므로 유지관리상 지수는 2지 이상으로 하는 것을 원칙적으로 한다.

② **배수지의 유효용량** : 시간변동조정용량과 비상대처용량을 합하여 급수구역의 계획 1일최대급수량의 12시간분 이상을 표준으로 하여야 하며 지역특성과 상수도시설의 안정성 등을 고려하여 결정한다.

③ 배수지의 수위
  ㉠ 배수지의 유효수심은 고수위와 저수위의 수위차를 의미하며, 3~6m를 표준으로 한다.
  ㉡ 최고수위는 시설 전체에 대한 수리적인 조건에 의해 결정해야 한다.
  ㉢ 정수지의 저수위 이하의 물은 유출되지 않도록 유출관을 설치하고 저수위 이하의 물과 바닥의 침전물을 배출할 수 있는 배출관을 설치해야 한다.

④ 배수지의 여유고와 바닥경사
  ㉠ 배수지의 여유고는 고수위로부터 슬래브까지는 30cm 이상의 여유고를 가진다.
  ㉡ 바닥은 저수위보다 15 cm이상 낮게 해야 한다.
  ㉢ 바닥에는 필요에 따라 청소 등의 배출을 위해 적당한 경사를 두어야 한다.

9. 배수탑과 고가탱크

배수탑과 고가탱크는 배수구역내에 배수지를 설치할 적당한 높은 장소를 구할 수 없는 경우에 배수량의 조절이나 펌프가압구역의 수압조절 등을 목적으로 지표면 상부에 설치하는 정수저류지이다. 배수탑은 탑의 내부도 충수되지만, 고가탱크는 저수조(tank)를 고가지지물로 지지한 것이다.

(1) 배수탑과 고가탱크의 구조
① 구조적으로나 위생적으로 안전하고 충분한 내구성과 수밀성을 가져야 한다.
② 탱크가 비었을 때의 풍압 및 만수시의 진동이나 지진력에 대하여 안전한 구조로 한다.
③ 한랭지에서 시설을 보호할 필요가 있는 경우에는 적당한 보온단열장치를 설치한다.
④ 여유고는 수리계산에 의거하여 정한다.

(2) 배수탑과 고가탱크의 위치와 높이
배수지의 위치와 높이에 준한다.

(3) 배수탑과 고가탱크의 용량
배수지 용량에 준한다.

10. 배수관
배수관에는 덕타일주철관, 도복장강관, 스테인리스강관, 경질폴리염화비닐관 및 수도용 폴리에틸렌관 등을 사용하는데 이들을 선정할 때에는 수압과 외압에 대한 안전성, 환경조건, 시공조건을 고려하여 최적인 것을 선정한다.

(1) 배수관의 수압
① 급수관을 분기하는 지점에서 배수관내의 최소동수압은 150kPa(약 $1.53 kgf/cm^2$) 이상을 확보한다.
  ㉠ 2층 건물에의 직결급수를 가능하게 하기 위해서는 배수관의 최소동수압은 150~200kPa(약 $1.53~2.04 kgf/cm^2$)를 표준으로 한다.
  ㉡ 3층, 4층 및 5층에 대한 표준최소동수압은 각각 200~250, 250~300 및 300~350kPa이다.
② 급수관을 분기하는 지점에서 배수관내의 최대정수압은 700kPa(약 $7.1 kgf/cm^2$)를 초과하지 않아야 한다.

(2) 배수관의 관경
① 관로의 동수압은 평상시에는 그 구역에 필요한 최소동수압 이상으로 유지되도록 하며, 또한 수압필요를 가능한 한 균등하게 되도록 결정한다.
② 관경을 결정함에 있어 배수지, 배수탑 및 고가탱크의 수위는 항상 저수위를 기준으로 한다.
③ 단구소화전을 설치한 배수관의 최소관경은 도시 주거지역에는 150 mm 이상, 업무지구에는 200mm 이상을 원칙으로 한다. 다만, 소화전을 설치하지 않는 경우나 산재된 주거지역에는 80mm를 최소관경으로 할 수 있다.

(3) 배수관의 매설 위치와 깊이

① 공공도로에 관을 부설하는 경우에는 「도로법」및 관계법령에 따라야 하며 도로관리자의 허가조건 또는 협약에 따른다. 그리고 배수본관은 도로의 중앙쪽으로 배수지관은 보도 또는 차도의 편도 측에 부설한다.
② 배수관을 다른 지하매설물과 교차 또는 인접하여 부설할 때에는 사고발생을 방지하기 위하여 적어도 30cm 이상의 간격을 두어야 한다.
③ 한랭지에서 관의 매설깊이는 동결심도보다도 깊게 한다. 한랭지에서 토지의 동결심도가 표준매설깊이 보다 깊을 때에는 동결심도 이하에 매설하지만, 어쩔 수 없이 매설심도를 확보할 수 없는 경우에는 단열매트 등 적당한 조치를 강구한다.

(4) 위험한 접속(dangerous connection)

배수관은 수도사업자가 경영하는 상수도와 전용수도 이외의 관로 또는 시설과 직접 연결해서는 안 된다.
① 수도사업자가 경영하는 상수도와 위생관리가 잘 된 전용상수도와는 상호 배수관으로 연결하여 물을 융통하거나 비상시 등에 대비하여 연결관을 배치하는 것은 지장이 없다.
② 그러나 공업용수도 등과 배수관을 서로 연결하는 것은 절대로 피해야 한다. 또한 오염의 원인이 되기 쉬운 우물물의 급수관 등과 연결해서도 안 된다. 이들 연결관에 제수밸브나 체크밸브 등을 설치하였더라도 밸브가 고장이 났을 경우나 제수밸브의 조작착오 등으로 오염된 물이 혼입될 위험이 있기 때문이다.

(5) 배수관 배치

① **격자식**(망목식) : 관을 그물모양으로 서로 연결하는 것
② **수지상식** : 간선은 주도로를 따라 매설하며 지선은 수지상으로 나누어져 말단으로 갈수록 가늘어진다.

	격자식(망목식)	수지상식
장점	• 물이 정체하지 않는다. • 수압을 유지하기 쉽다. • 단수시 그 대상지역이 좁아진다. • 화재시 등 사용량의 변화에 대처하기가 쉽다.	• 관망의 수리계산이 간단하다. • 제수 밸브가 적게 설치된다. • 시공이 쉽다.
단점	• 관망의 수리계산이 복잡하다. • 관거의 포설시 건설비가 많이 소요된다.	• 수량을 서로 보충할 수 없다. • 관의 말단에 물이 정체하여 수질을 악화시킨다. • 관경이 커야 하므로 비경제적이다.

(6) 배수관망의 해석

① 등치관법
　㉠ 수지상식 계산시 좋다.
　㉡ 격자식의 예비 계산시 좋다.

$$L_2 = L_1 \left(\frac{D_2}{D_1}\right)^{4.87} \qquad Q_2 = Q_1 \left(\frac{L_1}{L_2}\right)^{0.54}$$

② Hardy-Cross법(반복근사해법, 시산법(Try and error method))
　㉠ 격자식 같은 관망이 복잡한 경우에 사용
　㉡ 기본 가정
　　ⓐ 각 분기점 또는 합류점에 유입하는 수량은 그 점에서 정지하지 않고 전부 유출한다.
　　ⓑ 각 폐합관에 있어서 시계방향 또는 반시계방향으로 흐르는 관로의 손실수두의 합은 0이다.
　　ⓒ 마찰 이외의 손실은 무시한다.

11. 급수설비

(1) 급수설비 개념

급수설비라 함은 수도사업자가 일반 수요자에게 원수나 정수를 공급하기 위하여 설치한 배수관으로부터 분기하여 설치된 급수관(옥내급수관을 포함한다)·계량기·저수조·수도꼭지, 그 밖에 급수를 위하여 필요한 기구를 말한다

(2) 급수방식

급수방식에는 직결식, 저수조식 및 직결·저수조 병용식이 있으며, 급수방식은 급수전의 높이, 수요자가 필요로 하는 수량, 수돗물의 사용용도, 수요자의 요망사항 등을 고려하여 결정한다.

① 직결식 급수방식
　㉠ 직결식(직결 직압식) : 배수관의 압력으로 직접 급수
　㉡ 가압식(직결 가압식) : 급수관의 도중에 직결급수용 가압펌프설비(가압급수설비)를 설치하여 급수
　㉢ 배수관의 최소동수압 : 직결급수를 위해서는 3층건물은 200kPa(약 2kgf/cm^2), 4층건물은 250kPa(약 2.5kgf/cm^2), 5층건물은 300kPa(약 3kgf/cm^2)이 필요하다.

② **저수조식 급수방식** : 급수관으로부터 수돗물을 일단 저수조에 받아서 급수
  ㉠ 배수관의 수압이 낮아 직접 급수가 불가능할 경우
  ㉡ 일시에 많은 수량 또는 항상 일정한 수량을 필요로 하는 경우
  ㉢ 급수관의 고장에 따른 단수나 감수시에도 어느 정도의 급수를 지속시킬 필요가 있을 경우
  ㉣ 배수관 수압이 과대하여 급수장치에 고장을 일으킬 염려가 있을 경우
  ㉤ 약품을 사용하는 공장 등으로부터 역류에 의하여 배수관의 수질을 오염시킬 우려가 있는 경우
③ **직결·저수조 병용식** : 하나의 건물에 직결식과 저수조식의 양쪽 급수방식을 병용

(3) 급수시설

① **급수관**

급수설비에서 주요 부분은 급수관이다. 급수관은 충분한 강도를 가지며 내식성이 크고 수질에 나쁜 영향을 주지 않는 재질의 것이라야 한다.

㉠ 급수관의 관경은 배수관의 계획최소동수압에서도 그 계획사용수량을 충분히 공급할 수 있는 크기로 하며, 또한 경제성도 고려하여 합리적인 크기로 한다.

㉡ 급수관은 시멘트라이닝 덕타일주철관, 경질 폴리염화비닐관, 폴리에틸렌관 등이며 이외에도 스테인리스강관과 동관 등이 있다. 급수관은 내구성과 강도가 우수하고 또한 수질에 나쁜 영향을 미치지 않는 것을 사용한다. 특히 급수관의 접합부는 취약하므로 접합부는 간단하고 확실한 구조와 기능을 갖는 것이어야 한다.

㉢ 급수관의 분기는 다음과 같이 한다.
  ⓐ 배수관에서 급수관을 분기하기 위하여 천공하는 경우에는 배수관의 강도, 내면 도포막 등에 나쁜 영향을 주지 않도록 한다.
  ⓑ 배수관에서 급수관을 분기하는 경우 관경이 50mm 이하인 경우에는 천공기를 사용하여 새들붙이분수전전으로 분기하고, 급수관의 관경이 80mm 이상일 경우에는 배수관을 절관하여 T자형관으로 연결하거나 또는 부단수철관천공기(不斷水鐵管穿孔機)를 사용하여 할정자관으로 분기한다. 그러나 이형관에서는 새들붙이분수전 등을 설치해서는 안 된다. 또한 접합부 부근에 분수전을 설치하는 경우에는 유지관리를 고려하여 접합부로부터 30cm 이상 이격시켜야 한다.
  ⓒ 급수관을 새들붙이분수전 등으로 분기할 경우에는 배수관의 천공에 의한 내력 감소를 방지하고 급수설비 상호간의 유량에 미치는 나쁜 영향을 방지하며 시공에 대한 작업여건을 고려하여 그 간격을 30cm 이상으로 한다.

ⓓ 급수관을 T자형관 또는 할정자관으로 분기하는 경우에는 급수관의 관경은 배수관의 관경보다 작은 것으로 한다. 이는 급수관은 일반적으로 그 관경이 크고 사용수량도 많아 급수로 인한 인근 수요가에게 미치는 영향이 크기 때문이다.
ⓔ 급수관의 매설심도는 일반적으로 60cm 이상으로 하는 것이 바람직하나 매설장소의 여건을 고려하여 그 지방의 동결심도 이하로 매설한다.

② 급수관의 마찰손실수두
㉠ 직경 50mm 이하의 급수관 : 마찰손실수두를 Weston식으로 구한다.
㉡ 직경 80mm 이상의 급수관 : 송·배수관의 경우에 준한다.
(마찰손실수두 Darcy-Weisbach공식)
ⓐ Weston공식에 의한 관마찰손실수두

$$h_f = \left(0.0126 + \frac{0.1739 - 0.1087D}{\sqrt{v}}\right) \cdot \frac{L}{D} \cdot \frac{v^2}{2g}$$

ⓑ Darcy-Weisbach공식에 의한 관마찰손실수두

$$h_f = f\frac{L}{D} \cdot \frac{v^2}{2g}$$

12. 교차연결

(1) **정의** : 연결관에 수압차를 두는 것은 교차연결의 발생원이 된다.
① 음용수를 공급하는 수도에 공업용 수도 등의 배수관을 서로 연결한 것을 말한다.
② 압력저하 또는 진공발생으로 연결된 관으로부터 수질이 불명확한 물의 유입이 가능하게 되는 현상

(2) **교차연결의 방치대책**
① 수도관과 하수관을 같은 위치에 매설하지 않는다.
② 수도관의 진공발생을 방지하기 위한 공기 밸브를 부착한다.
③ 연결관에 제수 밸브, 역지 밸브 등을 설치한다.
④ 오염된 물의 유출구를 상수관보다 낮게 설치한다.
⑤ 급수시 물의 역류를 방지하기 위해 저수탱크를 설치한다.

13. 급수기구

급수기구란 급수관에 직결되는 급수설비의 구성으로 급수관과 연결하여 사용되는 분수전, 지수전, 급수전, 역류방지기구, 안전기구 및 각종 물 사용 특수기구 등을 말하며

구조와 재질은 다음 각 항에 적합해야 한다.
① 사용목적의 용도에 구조와 성능이 적합할 것
② 위생상 무해한 재료로 구성할 것
③ 부식 및 누수가 없고 유지관리가 용이할 것
④ 한랭지용은 정체수를 용이하게 배출시킬 수 있는 구조일 것
⑤ 기타 급수기구별(내압성능기준, 수충격 한계 성능기준, 역류방지 성능기준, 내한성능기준, 내구성능기준)로 필요한 성능을 갖출 것

14. 관 갱생공법

관의 갱생은 배수관 정비계획의 일환으로 관망기술진단의 결과를 이용하여 배수관망 전체를 계획적으로 시행한다.
① 관내의 크리닝은 관경과 시공연장 등의 조건에 따라 적절한 방법을 채택한다. 기존 관 내의 세척(cleaning)에 일반적으로 사용되는 공법은 다음과 같다.
  ㉠ 스크레이퍼(scraper)공법 : 유연한 축의 주위에 탄력성이 큰 스크레이퍼를 방사상으로 여러 단을 설치한 구조의 기구를 사용하는 방식이고 수압을 이용하여 추진하는 수압식과 피아노선 등에 의한 견인식이 있다.
  ㉡ 로터리(rotary)공법
  ㉢ 제트(jet)공법 : 특수고압펌프로 물을 10~15MPa(102~153kgf/cm^2)로 가압하여 특수노즐(nozzle)을 통하여 관내면에서 후방의 경사방향으로 분사되는 제트류의 반동을 이용하여 전진시키면서 관석을 제거하는 공법으로 주로 관경 400mm까지의 에폭시수지도료의 라이닝공법에 사용된다.
  ㉣ 폴리픽(polly pig)공법 : 특수우레탄제의 포탄형 물체를 관로세척용 장치구 또는 맨홀을 통하여 관내에 장치하고 압력이 있는 압력수를 가하여 돌출부에 제트류를 일으킴으로써 관벽의 손상없이 관내에 부착된 스케일 및 이물질을 압류시키는 방법으로 기존관 및 신설관 세척에도 사용된다.
  ㉤ 에어샌드(air sand)공법 : 폴리픽공법의 원리와 비슷하나 규사를 이용하여 관내의 스케일을 세척하는 공법이다.
② 관내의 라이닝(lining)은 수질에 나쁜 영향을 주지 않고 접착성과 수밀성 및 내구성을 가진 것이라야 한다.

2-5 정수장 시설

1. 정수장 계획

(1) 정수시설의 계획정수량과 시설능력

① 계획정수량은 계획1일최대급수량을 기준으로 하고, 여기에 작업용수와 기타용수를 고려하여 결정한다.
② 소비자에게 고품질의 수도 서비스를 중단없이 제공하기 위하여 정수시설은 유지보수, 사고대비, 시설 개량 및 확장 등에 대비하여 적절한 예비용량을 갖춤으로서 수도 시스템으로서의 안정성을 높여야 한다. 이를 위하여 예비용량을 감안한 정수시설의 가동율은 75% 내외가 적정하다.

(2) 정수방법의 선정조건

정수방법을 선정할 때에는 원수수질 상황과 정수수질의 관리목표를 중심으로 다음 사항을 종합적으로 검토해야 한다.
① 원수수질
② 정수수질의 관리목표
③ 정수시설의 규모
④ 정수시설의 운전제어와 유지관리기술의 수준

(3) 정수처리공정의 선정

일반적으로 제거대상은 불용해성 성분과 용해성 성분으로 나누어 진다.
① **불용해성 성분** : 불용해성 성분으로는 탁질, 조류 및 일반세균이나 대장균군이 있다.
② **용해성 성분** : 용해성 성분으로는 농약이나 기타 일반유기화학물질, 소독부산물 및 그 전구물질, 그 이외에 철, 망간, 경도, 불소, 암모니아성질소, 질산성질소, 침식성 유리탄산 등의 무기물이 있다.

(4) 정수처리공정 선정 일반사항

① 정수처리공정을 선정할 때에는 우선 불용해성 성분에 관하여 적절한 처리방식을 선택하며 그 다음 필요에 따라 용해성 성분을 처리하기 위한 처리방식을 조합시키는 것이 일반적이다. 다만, 수질이 양호한 지하수를 수원으로 하는 경우에는 소독만으로 수질기준을 만족하는 경우도 많다.
② 불용해성 성분을 제거하는 유효하고 대표적인 처리방식으로 완속여과방식, 급속여

과방식 및 막여과방식이 있다.
③ 불용해성 성분 처리방식으로는 용해성 성분을 충분히 제거할 수 없기 때문에 필요에 따라 고도정수처리 등의 특수처리방식을 추가하는 것을 고려해야 한다.

질산화과정
① 단백질이 분해되어 암모니아를 만들고 니트로소모나스 세균에 의해 아질산성 질소, 니트로박터 세균에 의해 질산성 질소가 만들어지는데 이 질소화합물들이 2, 3차 독성이 있어 인간에게 해는 없지만, 하천의 자정정화 정도를 가늠할 수 있는 중요한 요소이다.
② 암모니아, 아질산성질소, 질산성질소 중 암모니아가 많으면 가까운 시일에 오염이 되었다는 뜻이고, 질산성 질소가 높을수록 오염된지 오랜시간이 경과되었다는 것을 의미한다.

(5) 고도정수처리 등

① 일반정수 처리방식으로는 용해성 성분을 충분히 제거할 수 없기 때문에 제거대상으로 되는 용해성 물질의 종류와 농도에 따라 고도정수처리 등의 처리방법을 단독 또는 조합하여 사용할 필요가 있다.
② 고도정수처리란 일반적인 정수처리방식으로 제거하기 어려운 원수의 냄새물질(2-MIB, geosmin 등의 곰팡이 냄새), 색도, 미량유기물질, 소독부산물 전구물질, 암모니아성질소, 음이온계면활성제, 휘발성 유기물질, 등을 제거하는 방식이다. 따라서 제거하려는 대상물질에 따라 고도정수시설인 활성탄처리시설, 오존처리시설 등을 단독 또는 조합하여 도입할 필요가 있다.
③ 또 철, 망간, 침식성유리탄산, 불소, 암모니아성질소, 질산성질소, 경도 등을 처리할 목적으로 전염소처리, 폭기처리(aeration), 알칼리제처리 등 각각의 물질제거에 알맞은 처리방법을 도입할 필요도 있다.

2. 정수처리 계통도

(1) 완속여과일 경우

(2) 급속여과일 경우(일반적으로 많이 이용)

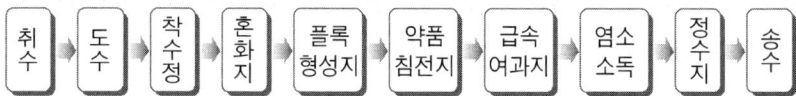

(3) 고도정수처리의 경우

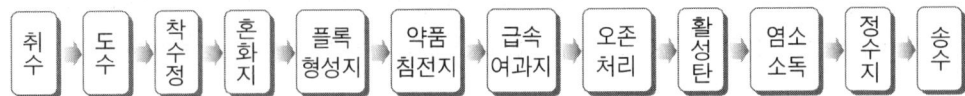

3. 착수정

착수정은 도수시설에서 도수되는 원수의 수위동요를 안정시키고 원수량을 조절하여 다음에 연결되는 약품주입, 침전, 여과 등 일련의 정수작업이 정확하고 용이하게 처리될 수 있도록 하기 위하여 설치되는 시설이다.

(1) 착수정의 구조와 형상

① 착수정은 2지 이상으로 분할하는 것이 원칙이나 분할하지 않는 경우에는 반드시 우회관을 설치하며 배수설비를 설치한다.
② 형상은 일반적으로 직사각형 또는 원형으로 하고 유입구에는 제수밸브 등을 설치한다.
③ 수위가 고수위 이상으로 올라가지 않도록 월류관이나 월류위어를 설치 한다.
④ 착수정의 고수위와 주변벽체의 상단 간에는 60cm 이상의 여유를 두어야 한다.
⑤ 부유물이나 조류 등을 제거할 필요가 있는 장소에는 스크린을 설치한다.

(2) 착수정의 용량과 설비

① 착수정의 용량은 체류시간을 1.5분 이상으로 하고 수심은 3~5m 정도로 한다. 그러나 소규모 정수장에서 체류시간을 1.5분 정도로 하면 표면적이 너무 작아지거나 또는 수심이 깊게 되어 유지관리가 곤란하게 되므로 표면적이 $10m^2$ 이상 되도록 체류시간을 연장하는 것이 바람직하다.
② 원수수량을 정확하게 측정하기 위하여 유량측정장치를 설치한다. 유량측정장치는 위어나 유량계로 하고 유량계를 설치할 경우에는 유량계실을 설치한다.
③ 필요에 따라 분말활성탄을 주입할 수 있는 장치를 설치하는 것이 바람직하다.
④ 착수정에는 원수수질을 파악할 수 있도록 채수설비와 수질측정장치를 설치하는 것이 바람직하다.

4. 침 전

침전공정 방식에는 독립된 입자로 침전시키는 보통침전과 응집제를 사용하여 입자가 플록을 형성하여 침전시키는 약품침전으로 나누어진다.

(1) 침전형태

① Ⅰ형 침전 : 독립입자의 침전(자유침전)
  입자 상호간에 아무런 간섭 없이 침전하는 형태
② Ⅱ형 침전 : 응결입자의 침전
  응집성 입자들이 침전하면서 입자들과 충돌 엉겨서 큰 입자로 침전하는 형태
③ Ⅲ형 침전 : 지역침전 또는 방해침전
  부유물의 농도가 큰 경우 입자간에 간섭(방해)를 일으켜 침전속도가 점차 감소되며, 부유물들간에 뚜렷한 경계면이 형성하는 침전형태
④ Ⅳ형 침전 : 압축침전
  침전된 입자들이 그 자체의 무게로 계속 압축을 가하여 입자들이 서로 접촉한 사이로 물이 빠져나가며 계속 농축되는 현상

(2) Stokes의 법칙

$Re < 0.5$ 이하인 작은 구형 독립입자의 경우에 사용

$$V_s = \left(\frac{\rho_s - \rho}{18\mu}\right) g d^2$$

여기서, V_s : 입자의 침강속도[cm/sec] ρ_s : 입자의 밀도[g/cm^3]
  ρ : 물의 밀도[g/cm^3] μ : 액체의 점성계수[g/cm·sec]
  g : 중력가속도[cm/sec^2] d : 입자의 지름[cm]

(3) 침전지 관계식

① 침전지에서 침강입자가 완전히 제거될 수 있는 조건

$$V_s \geq \frac{Q}{A}$$

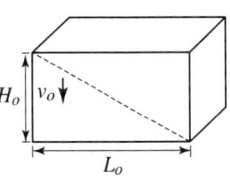

여기서, V_s : 입자의 침강속도[m/day]
  Q/A : 침전지 내에서의 표면적 부하[m^3/m^2·day]

표면적 부하(surface loading rate) = 수면적 부하 = 표면침전율
$$L_s = \frac{유입수량(\text{m}^3/\text{day})}{표면적(\text{m}^2)} = \frac{Q}{A} = \frac{H}{t}$$

② 침전지에서 100% 제거될 수 있는 입자의 침강속도

$$V_0 = \frac{H_o}{t} = \frac{Q}{A}$$

여기서, V_0 : 완전제거가 가능한 입자 중 최소 입자지름의 침강속도[m/day]

③ 침강속도가 V_0 보다 작은 입자의 침전제거효율

$$E = \frac{h}{h_0} = \frac{V_s \times t}{V_0 \times t} = \frac{V_s}{V_0} = \frac{V_s}{\frac{Q}{A}} = \frac{V_s A}{Q}$$

④ 체류시간

$$t = \frac{V}{Q}$$

여기서, t : 체류시간[day] V : 침전지 용적[m³] Q : 유입수량[m³/day]

⑤ 월류부하

$$월류부하[m^3/m/day] = \frac{Q}{L}$$

여기서, Q : 유입수량[m³/day] L : 월류 위어의 길이[m]

⑥ 침전효율에 영향을 주는 인자
  ㉠ 침전지의 수표면적 : 클수록 효율은 양호해 진다.
  ㉡ 유체의 흐름 : 등류로서 층류이어야 한다.
  ㉢ 수온 : 높을수록 좋다.
  ㉣ 체류시간 : 길수록 좋다.
  ㉤ 입자의 직경 및 응결성 : 클수록 좋다.
  ㉥ 플록의 침강속도 V_s를 크게 하면 좋다
  ㉦ 유량 Q를 적게하면 좋다.

5. 보통침전

보통침전이란 원수를 자연상태 그대로 중력만에 의하여 부유물질을 가라앉히는 침전 방법

[일반사항] ① 체류시간은 약 8시간 정도이다.
② 침전지 내의 평균유속은 30cm/min 이하로 한다.
③ 표면부하율은 5~10mm/min을 표준으로 한다.
④ 오수위와 침전지 벽체 상단까지의 여유고는 30cm 이상으로 한다.

6. 약품침전

탁질(濁質)에 대해서는 약품을 첨가함으로써 개개의 입자를 응집시켜 대형화되고 침전을 촉진시키는 침전

(1) 일반사항

① 응집제 주입량은 실험실에서 원수에 대한 자 테스트(jar test) 실험을 통하여 적정 주입량을 결정한다.

② **응집제** : 황산반토(황산알루미늄), 고분자 응집제(PAC), 명반, 황산제일철, 황산제이철 등

③ **교반조건** : 입자농도가 높고, 불균일할수록 응집 좋음

$$G = \sqrt{\frac{P}{\mu V}} = \sqrt{\frac{W}{\mu}}$$

여기서, G : 속도경사[sec^{-1}]　　P : 동력[watt]　　μ : 점성계수[kg/m·sec]
　　　　V : 응집지 부피[m]　　W : 단위용적당 동력[watt/m]

④ 유출부에서 월류부하(유출수량/위어전장)는 $500m^3/m \cdot day$ 이하가 바람직하나 $350 \sim 400m^3/m \cdot day$ 정도가 한계이다.

⑤ 침전지 용량은 계획정수량의 3~5시간분, 평균유속은 0.4m/min 이하를 표준으로 한다.

(2) 응집제

응집제의 종류는 원수의 수량, 탁도(최고치와 시간적 변화) 등의 수질, 여과방식 및 배출수처리방식 등에 관하여 적절해야 하고 위생적으로 지장이 없어야 한다.

① 황산알루미늄(황산반토 : $Al_2(SO_4)_3 \cdot 18H_2O$) : 저렴, 무독성 때문에 대량 첨가가 가능하고 거의 모든 수질에 적합하다.

② 폴리염화알루미늄(PACl : Poly Aluminum Chloride)

③ 알루민산나트륨(sodium aluminate : $NaAlO_2$)

④ 철염계 응집제
　㉠ 황산제일철(ferrous sulfate : $FeSO_4$)
　㉡ 황산제이철(ferric sulfate : $Fe_2(SO_4)_3$)
　㉢ 염화제이철($FeCl_3$)

(3) 응집 보조제

보다 무겁고 신속히 침강하는 플록 만드는 목적으로 사용되어 응집을 촉진시키고 응집제의 사용량을 절감할 수 있다.

(4) 응집 교반 시험(jar test)

응집제와 응집 보조제를 선택한 후 적정 pH를 찾고 그 pH치에서 최적 주입량을 결정하는 시험이다. 응집제 주입 후 급속 교반 후 완속 교반을 하는데 그 이유는 플록을 깨뜨리지 않기 위함이다.

(5) 알칼리제

① 알칼리제 사용목적 : 응집제 사용시 소모되는 알칼리도를 보충하기 위한 것이다.
② 알칼리제 종류
  ㉠ 소석회 : $Ca(OH)_2$, 물의 경도를 증가시키며 용해도가 작다.
  ㉡ 생석회 : CaO
  ㉢ 소다회 : Na_2CO_3, 고가이나 경도의 증가가 없고 용해도가 크다.
  ㉣ 가성소다
    • $NaOH$, 용액으로 취급이 편리하고 자동 주입으로 용이하다.
    • 최근 큰 정수장에서 널리 이용하고 있으며, 동결점이 높은 것이 결점이다.
    • 한냉시 희석저장·보온이 필요하며, 응집보조제를 사용하는 것이 좋다.
    • 강우에 의해 원수 탁도가 높은 경우 동절기 수온이 낮은 시기에 이용할 수 있다.

7. 침전지

침전지는 현탁물질이나 플록의 대부분을 중력침강작용으로 제거함으로써 후속되는 여과지의 부담을 경감시키기 위하여 설치한다.

(1) 횡류식 침전지의 구성과 구조

보통침전지와 약품침전지의 구성과 구조는 아래 규정에 따른다.
① 침전지의 수는 청소, 검사 및 수리 등을 고려하여 원칙적으로 2지 이상으로 한다.
② 배치는 각 침전지에 균등하게 유출입될 수 있도록 수리적으로 고려하여 결정한다.
③ 각 지마다 독립하여 사용가능한 구조로 한다.
④ 침전지의 형상은 직사각형으로 하고 길이는 폭의 3~8배 이상으로 한다.
⑤ 유효수심은 3~5.5m로 하고 슬러지 퇴적심도로서 30cm 이상을 고려하되 슬러지 제거설비와 침전지의 구조상 필요한 경우에는 합리적으로 조정할 수 있다.
⑥ 고수위에서 침전지 벽체 상단까지의 여유고는 30cm 이상으로 한다.
⑦ 침전지 바닥에는 슬러지 배제에 편리하도록 배수구(排水溝)를 향하여 경사지게 한다. 침전지 바닥의 중앙에 배수구(排水溝)를 설치하여 양측에서 배수구를 향하여 1/200~1/300의 경사로 하고 또 이 배수구 바닥도 배수구(排水口)로 향하도록 경

사지면 배출작업이 용이하다.
⑧ 필요에 따라 복개 등을 한다.
  ㉠ 동절기에 결빙될 우려가 있는 경우에는 복개하여 보온하는 등의 조치가 바람직하다.
  ㉡ 복개는 햇빛에 의한 밀도류의 발생방지, 부유 및 부착조류의 성장억제, 조류에 의한 스컴 발생방지, 염소소비량의 저감, 경사판 등 침강장치의 열화방지, 바람의 영향방지, 쓰레기나 낙엽의 유입방지 대책으로서도 유효하다.

(2) 횡류식 침전지의 용량과 평균유속
  ① 보통침전지(응집처리를 하지 않은 것)
    ㉠ 표면부하율은 5~10mm/min를 표준으로 한다. 표면부하율을 5~10mm/min로 하고 깊이를 횡류식 침전지의 구성과 구조로 정하면, 체류시간은 약 8시간 정도로 되는데 이는 고탁도시에 응집처리하는 경우의 실례로 보아도 이 값이면 충분하다.
    ㉡ 유속이 너무 크면 침전을 저해하거나 침전된 슬러지를 부상시킬 우려가 있기 때문에 경험상으로 침전지 내의 평균유속은 0.3m/min 이하를 표준으로 한다.
  ② 약품침전지(응집처리를 수반하는 단층침전지)
    ㉠ 단층침전지에 대한 기준으로 실제 침전지에서의 침전효율이 감소되거나 수질변동으로 인한 침전능력에 여유를 보아서 표면부하율은 15~30mm/min으로 한다.
    ㉡ 침전지 내의 평균유속은 0.4m/min 이하를 표준으로 한다.

(3) 고속응집침전지
  ① 고속응집침전지를 선택 시 고려해야할 조건
    ㉠ 원수 탁도는 10NTU 이상이어야 한다.
    ㉡ 최고 탁도는 1,000NTU 이하인 것이 바람직하다.
    ㉢ 탁도와 수온의 변동이 적어야 한다.
    ㉣ 처리수량의 변동이 적어야 한다.
  ② 고속응집침전지의 지수와 구조
    ㉠ 표면부하율은 40~60mm/min을 표준으로 한다.
    ㉡ 용량은 계획정수량의 1.5~2.0시간분으로 한다.
    ㉢ 경사판 등의 침강장치를 설치하는 경우에는 슬러지 계면의 상부에 설치한다.
    ㉣ 슬러지 배출설비는 지내의 잉여슬러지를 수시로 또는 상시 연속으로 충분하게 배출할 수 있는 구조로 한다.
    ㉤ 침전지를 청소하거나 고장인 경우에도 정수처리에 지장이 없는 침전지의 지수로 한다.

8. 여 과

(1) 총 여과면적

$$A = \frac{Q}{V}$$

여기서, Q : 계획정수량[m³/day] V : 여과속도[m/day] A : 총여과면적[m²]

(2) 1개(지)의 여과지 면적[m²]

$$a = \frac{A}{N}$$

여기서, A : 총여과지 면적[m²] a : 1지 여과지 면적[m²]
N : 여과지 개수(지수)(단, 예비지 불포함)

직접여과(direct filtration)와 내부여과(in-line filtration)

1. 직접여과를 채택할 때에는 다음 각 항을 따른다.
   ① 원수수질이 양호하고 장기적으로 안정되어 있어야 한다.
   ② 응집과 여과의 관리가 적절하고 충분한 수질검사가 이루어져야 한다.
   ③ 일반적인 정수처리공정과 비교할 때 침전공정이 생략된 방식으로 통상적으로 수질변화가 적고 비교적 양호한 수질에서는 일반정수처리공정에 비해 설치비 및 운영비가 적게 소요되며, 원수수질이 악화되는 경우에는 일반적인 응집 · 침전과 급속여과방식으로 대처할 수 있는 설비를 갖춘다.
2. 내부여과를 채택할 때에는 다음 항을 따른다.
   ① 응집제를 여과지에 유입되는 관로에 주입하는 방식으로 일반 정수처리공정과 비교하여 응집공정 및 침전공정이 생략된 상태이다.
   ② 이러한 방식은 원수의 수질변화가 큰 원수나 최적응집제주입량이 과다한 원수에서는 사용이 어렵다.

(3) 완속여과

모래층과 모래층 표면에 증식한 미생물군(생물막)에 의하여 수중의 불순물을 포착(捕捉)하여 산화분해하는 정수방법이다.

① 완속여과지의 구조와 형상
   ㉠ 여과지 깊이는 하부집수장치의 높이에 자갈층과 모래층 두께, 모래면 위의 수심과 여유고를 더하여 2.5~3.5m를 표준으로 한다.
   ㉡ 여과지의 형상은 직사각형을 표준으로 한다.
   ㉢ 배치는 몇 개 여과지를 접속시켜 1열이나 2열로 하고, 그 주위는 유지관리상 필

요한 공간을 둔다.
ⓔ 주위벽 상단은 지반보다 15cm 이상 높여 여과지 내로 오염수나 토사 등의 유입을 방지해야 한다.
ⓕ 한랭지에서는 여과지의 물이 동결될 우려가 있는 경우나 또한 공중에서 날아드는 오염물질로 물이 오염될 우려가 있는 경우에는 여과지를 복개한다.

② 여과속도
완속여과지의 여과속도는 4~5m/d를 표준으로 한다. 다만, 원수수질이 양호하고 특별한 지장이 없을 경우에는 그 보다 빠르게 할 수 있다. 그러나 여과속도를 너무 빠르게 하면 여과지속일수가 단축되고 유지관리상 장애가 있으므로 8m/d까지를 한계로 한다

③ 여과면적과 여과지수
㉠ 여과면적은 계획정수량을 여과속도로 나누어 구한다.
㉡ 여과지의 수는 예비지를 포함하여 2지 이상으로 하고 10지마다 1지 비율로 예비지를 둔다.

④ 여과모래와 모래층 두께
㉠ 여과모래의 품질은 입도분포가 적절하고 협잡물이 적으며 마모되기 어렵고 위생상 지장이 없는 것으로 안정적이고 효율적으로 여과할 수 있어야 한다. 선정표준의 각 항목은 다음과 같다.
ⓐ 외관은 먼지나 점토질 등의 불순물이 적으며 편평하거나 취약한 모래를 많이 포함하지 않아야 하고 석영질이 많고 단단하며 균질의 모래이어야 한다.
ⓑ 유효경은 0.3~0.45mm이어야 한다. 고운 모래일수록 여과층에서 세균과 미립자를 제거하는 효과는 크지만, 반면 고운 모래는 폐색되기 쉽고 삭취회수가 많아져서 비경제적이므로 작업상 및 경제적인 관점에서 완속여과지용 모래의 유효경은 0.3~0.45mm가 바람직하다.
ⓒ 균등계수는 2.0 이하이어야 한다. 완속여과는 표면여과이므로 급속여과와 같이 세척에 따라 굵은 입자(粗粒子)와 고운 입자(細粒子)가 상하로 분리되지 않으므로 균등계수의 상한은 그렇게 중요한 의미를 갖지 않는다. 그러나 균등계수가 너무 크면 세립자와 조립자의 여재가 치밀한 여과층을 구성함으로써 높은 저지율(阻止率)을 나타내는 반면 손실수두가 너무 커진다. 또 오사세척으로 장시간 작은 입자들이 유출되어 전체 입경분포가 변하며 유효경을 증대시키게 된다.
ⓓ 최대경은 2mm이내로 또 최소경은 0.18mm으로 하며 부득이할 경우에도 그 입경을 초과하는 것이 1% 이하라야 한다.
ⓔ 그 외에 세척탁도, 강열감량, 비중, 마멸률, 염산가용률 등은 여과층의 두께

와 여재를 참조한다.
		ⓛ 모래층의 두께는 70~90cm를 표준으로 한다.
	⑤ 자갈층의 두께와 여과자갈
		㉠ 여과자갈의 품질은 자갈의 형상이나 입경 등이 적절하고 협잡물이 적고 위생상 지장이 없는 것으로 모래층을 충분하게 지지할 수 있어야 한다.
		ⓛ 여과자갈의 입경과 자갈층의 두께는 하부집수장치에 맞춰 적절하게 정하고 또한 조립자를 아래층에, 세입자를 위층에 순서대로 깔아야 한다.
	⑥ 하부집수장치
		㉠ 하부집수장치는 여과지의 모든 부분에서 균등하게 여과할 수 있는 구조로 배치한다.
		ⓛ 하부집수장치와 바닥에는 배수(drain)를 고려하여 필요한 경사(주거에는 1/200, 지거에는 1/150 정도)를 둔다.

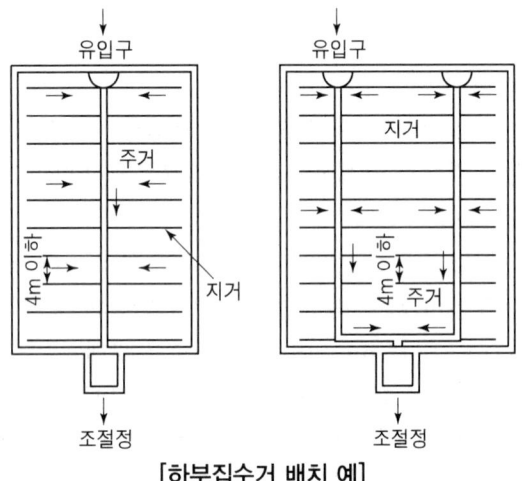

[하부집수거 배치 예]

	⑦ 수심과 여유고
		㉠ 여과지의 모래면 위의 수심은 90~120cm를 표준으로 한다.
		ⓛ 고수위에서 여과지 상단까지의 여유고는 30cm 정도로 한다.

(4) 급속여과(rapid sand filtration)

원수 중의 현탁물질을 약품침전한 후에 분리하는 방법

① 급속여과지의 구조와 방식
	㉠ 여과 및 여과층의 세척이 충분하게 이루어질 수 있어야 한다. 여과기능은 합리성, 효율성 및 경제성 등을 추구하며 여과지의 규모와 용도에 따라 많은 형식이 개발되고 있다. 이들은 다음과 같이 분류된다.

ⓐ 여과층의 구성에 따라 단층과 다층
ⓑ 물 흐름 방향에 따라 하향류와 상향류
ⓒ 여재로는 모래와 안트라사이트(각각 단층인 경우와 다층인 경우)
ⓓ 여과속도에 따라 단층은 120~150m/d, 다층인 경우 120~240m/d를 표준으로 한다.
ⓔ 수리적으로 중력식과 압력식
ⓕ 여과수량의 시간변화에 따라 정속여과와 감쇠여과
ⓖ 여과수량의 조절방식에 따라 유량제어형, 수위제어형, 자연평형형376 상수도시설기준
ⓗ 세척수의 공급방식으로부터는 고가형 세척탱크 또는 세척펌프에 의해 공급하는 형식과 여과지 정수거의 물 또는 다른 여과지에서 여과수를 공급하는 형식
ⓘ 처리하는 미여과수의 종류로부터는 응집·침전처리한 물을 여과하는 일반적인 여과방식과 응집만을 한 물을 처리하는 직접여과방식
ⓛ 급속여과지는 중력식과 압력식이 있으며 중력식을 표준으로 한다.

② **여과면적과 지수 및 형상**
㉠ 여과면적은 계획정수량을 여과속도로 나누어 계산한다.
㉡ 여과지 수는 예비지를 포함하여 2지 이상으로 하고 10지를 넘을 경우에는 여과지수의 1할 정도를 예비지로 설치하는 것이 바람직하다.
㉢ 여과지 1지의 여과면적은 150m^2 이하로 한다.
㉣ 형상은 직사각형을 표준으로 한다. 이는 여과지의 형상은 직사각형이 원형이나 부채꼴보다 건설측면에서 유리하고 유지관리 면에서도 문제가 적기 때문이다. 길이와 폭의 비가 너무 크게 되면 지내로 유입되는 수류의 균일성이 확보되기 어려워지므로 대개 5 : 1 이하를 목표로 한다.

③ **여과유량조절**
급속여과지에는 여과유량을 조절하는 기구를 구비한다

④ **여과속도**
여과속도는 120~150m/d를 표준으로 한다.

⑤ **여과층 두께와 여과모래**
㉠ 여과모래는 입도분포가 적절하고 협잡물이 적으며 마모되지 않고 위생상 지장이 없는 것으로 안정적이고 효율적으로 여과하고 세척할 수 있는 것이어야 한다.
㉡ 모래층의 두께는 여과모래의 유효경이 0.45~0.7mm의 범위인 경우에는 60~70cm를 표준으로 한다. 다만, 유효경이 그 이상으로 크게 되는 경우에는 실험 등에 의하여 합리적으로 여과층의 두께를 증가시킬 수 있다.

⑥ 자갈층 두께와 여과자갈
  ㉠ 여과자갈의 입경과 자갈층의 두께는 하부집수장치에 적합하도록 결정한다.
  ㉡ 여과자갈은 그 형상이 구형(球形)에 가깝고 경질이며 청정하고 균질인 것이 좋으며 먼지나 점토질 등 불순물을 포함하지 않아야 하고 모래층을 충분히 지지할 수 있어서 안정적이고 효율적으로 세척할 수 있어야 한다.
  ㉢ 조립여과자갈을 하층에, 세립여과자갈을 상층에 배치하는 것을 표준으로 하며 입도의 순서대로 깔아야 한다.

⑦ 하부집수장치
  하부집수장치는 균등하고 유효하게 여과되고 세척될 수 있는 구조로 한다

⑧ 수심과 여유고
  ㉠ 여과지 여재표면상의 수심은 여과 중에 부압을 발생시키지 않는 수심으로 한다.
  ㉡ 고수위로부터 여과지 상단까지의 여유고는 30cm 정도로 한다.

[완속여과와 급속여과의 비교]

구분	완속여과	급속여과
여과속도	4~5m/day	120~150m/day
모래층 두께	70~90cm	60~120cm
세균 제거율	98~99.5%	95~98%
모래 유효경	0.3~0.45mm	0.45~1.0mm
균등계수	2.0 이하	1.7 이하
여과작용	여과, 흡착, 생물학적 응결작용	여과, 응결, 침전

※ 급속여과에서 여과모래 유효경이 0.4~0.7mm의 범위인 경우에는 모래층 두께 60~70cm 표준
※ 급속여과 유효경에 따른 모래층 두께
  • 여과모래 유효경 0.4~0.7mm의 범위인 경우 : 모래층 두께 60~70cm 표준
  • 여과모래 유효경 0.4~1.0mm의 범위인 경우 : 모래층 두께 60~120cm 표준

⑨ 세척방식
  여과층의 세척은 역세척과 표면세척을 조합한 방식을 표준으로 하고 여과층이 유효하게 세척되어야 하며 필요에 따라 공기세척을 조합할 수 있다.
  ㉠ 세척방식 일반
    ⓐ 표준방식 : 표준방식은 표면세척과 역세척을 조합한 것으로 여과층표면의 탁질을 물 흐름에 의한 전단력으로 파괴하고 이어서 여과층이 유동화 상태로 될 때까지 역세척 유속을 높여서 여재 상호간의 충돌·마찰이나 물 흐름에 의한 전단력으로 부착탁질을 벗겨서 여과층으로부터 배출시킨다.
    ⓑ 공기세척과 역세척을 조합한 방식 : 상승기포의 미진동으로 부착탁질을 벗긴 다음 역세척으로 여과층으로부터 배출시키는 방법으로 air scouring과

subfluidization으로 collapsepulsing 현상을 일으켜 역세척 효율이 향상되는 것으로 개발되었는데, 탁질을 여과층 내부까지 침입시키는 여과지, 여과층이 깊은 여과지 또는 여과재의 입경이 큰 여과지에서는 내부에 억류된 탁질을 효율적으로 제거시키는 방법으로 공기세척이 유효하다.
- ⓒ 표면세척 : 표면세척은 여과층의 표층부에 압력수를 고속으로 분사시키고 강력한 수류에 의한 전단에너지로 진흙상태인 표층부를 파쇄하여 세척효과를 높이고자 하는 것이다.
- ⓒ 역세척 : 역세척은 2단계로 되어 있으며 1단계는 역세척수로 여과층을 유동화 상태로 만들고, 국소적인 단락류나 작은 소용돌이에 의한 여재 상호간의 충돌과 마찰이나 물 흐름에 의한 전단력으로 부착탁질을 박리하여 분리하는 단계이다.
- ⓔ 공기세척 : 공기세척방식은 여과층의 하부에서 공기를 불어넣어 여재에 부착된 탁질을 박리시키는 방법으로 역세척과 병용하며 또한 이 경우에는 표면세척은 하지 않는 것이 보통이다.
- ⓜ 역세척 수량
    - ⓐ 역세척에는 염소가 잔류하고 있는 정수를 사용한다.
    - ⓑ 역세척에 필요한 수량과 수압 및 시간은 충분한 역세척 효과를 얻을 수 있도록 한다.
        - 유효경 0.6mm, 균등계수 1.3인 모래층에서는 수온 20℃인 경우에 약 0.3m/분의 역세척속도이면 유동되고 팽창되기 시작하지만, 탁질성분을 여재로부터 떨어뜨리고 충분히 배출하기에는 부족하다.
        - 역세척속도를 0.6m/분으로 하면 팽창률은 약 20%가 되어서 모래층은 적당한 유동상태로 되며 모래입자의 상호 충돌과 마찰이나 수류에 의한 전단력으로 부착 탁질이 떨어져서 모래층으로부터 원활하게 배출된다.
        - 역세척효과를 높이기 위해서는 여과층을 이와 같은 유동상태로 하는 것이 중요하다. 그러므로 여과층을 20~30% 팽창시켜서 유동상태를 유지할 수 있고 여과층으로 부터 배출된 탁질이 빨리 배출될 수 있는 역세척속도를 설정한다.
        - 역세척속도를 0.9m/분 이상으로 하면, 여재가 트로프로 배출될 우려가 있으므로 피하는 것이 좋다.

9. 소 독

수중의 세균, 바이러스 등의 미생물을 죽여 무해화 하는 것을 말한다.

(1) 염소처리

염소는 통상 소독목적으로 여과 후에 주입하지만, 소독이나 살조(殺藻)작용과 함께 강력한 산화력을 가지고 있기 때문에 오염된 원수에 대한 정수처리대책의 일환으로 응집·침전 이전의 처리과정에서 주입하는 전염소처리와, 침전지와 여과지의 사이에서 주입하는 중간염소처리가 있다.

- 세균제거 : 원수 중의 일반세균이 1mL 중 5,000CFU 이상 혹은 대장균군(MPN)이 100mL 중 2,500 이상 존재하는 경우에 여과 전에 세균을 감소시켜 안전성을 높여야 하고 또 침전지나 여과지의 내부를 위생적으로 유지해야 한다.
- 생물처리 : 조류, 소형동물, 철박테리아 등이 다수 생식하고 있는 경우에는 이들을 사멸시키고 또한 정수시설 내에서 번식하는 것을 방지한다.
- 철과 망간의 제거 : 원수 중에 철과 망간이 용존하여 후염소처리시 탁도나 색도를 증가시키는 경우에는 미리 전염소 또는 중간염소처리하여 불용해성 산화물로 존재 형태를 바꾸어 후속공정에서 제거한다.
- 암모니아성질소와 유리물등의 처리 : 암모니아성질소, 아질산성질소, 황화수소, 페놀류, 기타 유기물 등을 산화한다.
- 맛과 냄새의 제거 : 황화수소의 냄새, 하수의 냄새, 조류 등의 냄새 등을 제거하는데 효과가 있지만, 종류에 따라서는 염소에 의하여 맛과 냄새를 더 강하게 하거나 새로운 냄새를 유발시키는 경우가 있다.

① 전염소처리
  ㉠ 염소제 주입점은 취수시설, 도수관로, 착수정, 혼화지, 염소혼화지 등으로 교반이 잘 일어나는 지점으로 한다.
    ⓐ 전염소처리는 염소제를 침전지 이전에 주입하는 방법이므로 처리목적에 따라 적절한 장소에 주입한다.
    ⓑ 특히 암모니아성질소를 파괴하기 위하여 전염소처리를 할 경우에는 반응시간을 충분히 확보하기 위하여 염소혼화지를 별도로 설치하거나 착수정 이전에서 주입하는 방식을 고려할 수 있다.
    ⓒ 이 경우 파괴점 이후에 잔류가능한 유리잔류염소에 의한 트리할로메탄의 생성에 유의하며 필요에 따라 탈염소공정(분말활성탄 등)의 추가를 고려한다.
  ㉡ 염소제 주입률은 처리목적에 따라 필요로 하는 염소량 및 원수의 염소요구량 등을 고려하여 산정한다.

ⓒ 염소제의 종류, 주입량, 저장·주입·제해설비 등에 관해서는 소독설비에 준한다.
② 중간염소처리
ⓐ 염소제 주입지점은 침전지와 여과지 사이에서 잘 혼화되는 장소로 한다. : 이 방식은 주로 트리할로메탄의 전구물질(부식질 등), 곰팡이냄새의 원인물질을 수중에 방출하는 남조류인 아나베나(Anabaena)나 포르미디움(Phormidium) 등, 전염소처리를 하면 군체가 깨져서 세포가 분산되어 여과수에 누출될 우려가 있는 남조류인 마이크로시스티스(Microcystis) 등을 응집·침전으로 어느 정도 제거한 다음에 염소처리를 함으로써 트리할로메탄과 곰팡이냄새의 생성을 최소화하기 위하여 채택한다.
ⓑ 염소제 주입률은 전염소처리에 준한다.
ⓒ 염소제의 종류, 주입량, 저장·주입·제해 설비 등에 관해서는 소독설비에 준한다.

(2) 염소소독(후염소처리)

폐수처리나 정수처리과정에서 가장 많이 사용되는 살균제이다.
① 염소살균법의 장단점
ⓐ 설비 및 주입방법이 비교적 간단하며 소요되는 비용이 적고 유지관리비도 싸다.
ⓑ 설비는 간단하고 비교적 가격이 싸므로 전염병 유행시 임시적으로 사용할 수 있다.
ⓒ 설비가 간단하며 다른 정화법과 병용이 용이하고 다른 정화시설의 능력을 현저히 높일 수 있다.
ⓓ 살균력이 강하다.
ⓔ 살균에 지속성이 있다.
ⓕ 염소의 사용으로 발암물질인 트리할로메탄(THM)의 생성은 불가피하여 트리할로메탄을 총량으로 규제하고 있다.
② 염소에 의한 살균 효과
ⓐ 소독 효과가 우수하고 잔류성이 있는 것이 특징이다.
ⓑ 접촉시간 48시간까지 부활현상은 일어나지 않는다.

부활현상(after growth)
염소로 소독할 때 일단 사멸되었다고 본 세균이 시간이 경과함에 따라 재차 증식하는 현상

ⓒ 염소의 소독효과는 pH, 반응시간, 수온, 염소를 소비하는 물질에 따라 달라지며, pH가 소독력에 가장 큰 영향을 끼친다.

ⓔ 염소의 소독효과는 pH가 4~5정도로 낮은 쪽이 살균효과가 가장 높다.
　　ⓜ 수온이 높을 때가 낮을 때 보다 살균효과가 높다.
　　ⓗ 물이 산성일수록 수중의 치아염소산(HOCl)의 증가로 염소 살균효과를 증대시킨다.
③ **유리잔류염소 및 결합잔류염소**
　ⓐ 유리잔류염소 : 물에 용해되었을 때는 다음과 같이 가수분해된다.
　　$Cl_2 + H_2O \rightleftharpoons HOCl + H^+ + Cl$
　　$HOCl \rightleftharpoons H^+ + OCl^-$
　　수중에서 HOCl, OCl^- 형태로 존재하는 염소를 유리잔류염소라 한다.
　ⓑ 결합잔류염소 : 대표적인 형태가 클로라민(chloramine)이다.
　　• 살균 후 냄새와 맛을 나타내지 않는다.
　　• 살균에 지속성이 있다.
　　• 유리잔류염소에 비해 살균력이 약하다.
④ **살균력의 세기**
　오존(O_3) > 이산화염소(ClO_2) > 차아염소산(HOCl) > 차아염소산이온(OCl^-) > 클로라민 순
⑤ **상수도에서의 잔류염소 기준치**
　ⓐ 세균의 부활을 막기 위해 급수관에서는 평시에도 0.2ppm(mg/l) 이상의 잔류염소가 남도록 주입한다.
　ⓑ 전염병 유행시에는 0.4ppm(mg/l) 이상의 잔류염소가 남도록 주입한다.
⑥ **염소요구량**
　ⓐ 물속의 유기물 및 무기물을 산화·분해하는데 필요한 주입염소량
　ⓑ 염소요구(량) 농도 = 염소주입량 농도 – 잔류염소농도
　　　　　여기서, 염소주입량 = 염소요구(량) + 잔류염소(량) = 염소량/유량
　ⓒ 염소요구량 = 염소요구 농도 × 유량 × (1/순도)
⑦ **염소주입률**
　ⓐ 수도꼭지에서 유지하고자 하는 유리잔류염소농도 또는 결합잔류염소농도는 이질균(Dysentery bacteria), 장티푸스균(Typhoid fever bacteria) 등의 병원성 미생물을 소독하기에 충분한 농도이어야 하며, 평상시에는 유리잔류염소로 0.1mg/L(결합잔류염소로 0.4mg/L) 이상, 소화기계 수인성전염병 유행시 또는 광범위하게 단수한 다음 급수를 재개할 때 등에는 유리잔류염소로 0.4mg/L(결합잔류염소로 1.8mg/L) 이상으로 유지하여야 한다.
　ⓑ 물과 접촉하는 상수도시설에 의하여 소비되는 염소량으로는 배수지에서의 소비량, 송·배수관에서의 소비량, 급수관에서의 소비량, 펌프와 계량기 등에서의 소비량이며 시설에 따라 거의 일정하다.

ⓒ 물의 염소요구량 또는 염소소비량은 수중의 유기물, 철, 망간, 암모니아성질소, 유기성질소 등 피산화물(被酸化物)에 의하여 소비되는 염소량이며 원수에 대하여 수질변동기를 포함한 염소소비량을 측정한다.

⑧ 염소 주입량과 잔류 염소량의 관계 그래프

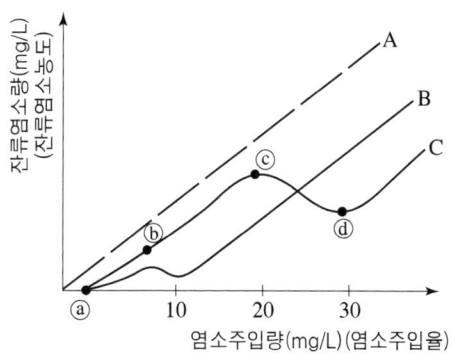

ⓐⓑ : 환원성 무기 및 유기성분에 의한 염소 소비 구간
ⓑⓒ : 결합 잔류 염소(클로라민) 형성 구간
ⓒⓓ : 클로라민 분해(산화) 구간
 ⓓ : 파괴점(불연속점)

㉠ A정수장의 염소 요구량이 가장 적다.
㉡ B정수장에서 파괴점 염소 소독을 행하려면 최소한 10mmg/L 이상의 염소를 주입해야 한다.
㉢ C정수장의 물에 15mg/L의 염소를 주입하면 다량의 클로라민이 생성된다.
㉣ C정수장의 곡선형은 전염소 처리시에 나타나는 형으로 유기 및 무기성분과 함께 암모니아 화합물 또는 유기성 질소 화합물을 많이 포함한 물에서 볼 수 있다.

(3) 염소살균 이외의 살균법

① 오존(ozone, O_3)

오존은 원수(전오존), 침전수(중오존), 여과수(후오존)에 주입할 수 있으며 원수에 주입하는 전오존처리는 색도성분이 많은 경우에 적합하나, 현탁물질에 의한 오존소비량이 많아진다. 따라서 일반적으로는 침전수 또는 여과수에 오존을 주입하는 예가 많다.

㉠ 오존주입지점은 처리대상물질과 처리목적 등에 따라 선정한다.
  ⓐ 냄새와 색도제거를 목적으로 하는 경우
  ⓑ 응집효과의 개선을 목적으로 하는 경우
  ⓒ 유기염소화합물의 생성저감을 목적으로 하는 경우
㉡ 장점 : ⓐ 살균력이 아주 강하다.
  ⓑ 물에 화학물질이 남지 않는다.
  ⓒ THMs가 생성되지 않는다.
㉢ 단점 : ⓐ 가격이 고가이다.

　　　　　　ⓑ 소독의 잔류효과 없다.
　　　　　　ⓒ 복잡한 오존장치가 필요하다.
　　　　　　ⓓ 배출오존의 생성 및 대기 방출로 위생 및 환경상 부정적 요인
　　② 자외선 소독법
　　　　약품을 주입하지 않는 자연 친화적 소독법
　　　　㉠ 장점 : ⓐ 인체에 위해성이 없다.
　　　　　　　　ⓑ 화학적 부작용이 적어 안전하다.
　　　　　　　　ⓒ 접촉시간이 짧다.
　　　　㉡ 단점 : ⓐ 잔류 효과가 없어 일반화 되어 있지 않다.
　　　　　　　　ⓑ 고가이며, 소독의 성공 여부를 즉시 측정할 수 없다.
　③ 브롬, 요오드
　④ 은화합물
　⑤ 이산화염소

맛과 냄새 제거는 맛과 냄새의 종류에 따라 폭기, 염소처리, 분말 또는 입상활성탄처리, 오존 처리 및 오존 · 입상활성탄 처리를 한다.

(4) 고도정수처리

제거요소	고도처리 방법
인	Anaerobic Oxic법(혐기호기조합법)
	Phostrip법
질소	3단 활성 슬러지법
질소, 인	Anaerobic Anoxic Oxic법(혐기무산소호기조합법)

① 활성탄 처리 : 맛과 냄새의 제거에 주로 사용된다.
② 오존 처리
③ 생물학적 전처리
④ 암모니아 스트리핑법 : 고도처리 방법의 하나로 질소를 제거하기 위해 사용한다.
⑤ 혐기무산소호기조합법 : 질소와 인을 동시에 제거하기 위해 이용되는 고도처리 시스템이다.

(5) 색도제거

색도가 높을 경우에는 색도를 제거하기 위하여 응집침전처리, 활성탄처리 또는 오존처리를 한다.

(6) 정수시설 내에서 조류를 제거하는 방법

① 약품으로 조류를 산화시켜 침전처리 등으로 제거하는 방법
  염소제나 황산구리 등의 살조제로 처리하는 방법이다.
② 여과로 제거하는 방법
  ㉠ 그물눈이 작은 그물망을 친 마이크로스트레이너로 조류를 기계적으로 여과하여 제거하는 방법
  ㉡ 침전처리수에 응집제를 주입하여 여과층에서 제거하는 방법
  ㉢ 모래여과층의 상부에 안트라사이트를 포설한 다층여과지로 조류를 제거하는 방법

실제(현장) 소독능값(CT계산값)의 산정
① CT계산값 = 잔류소독제 농도(mg/L) × 소독제 접촉시간(분)
② 소독제 접촉시간 = $\dfrac{정수지용량}{정수유량}$ × 장폭비에 따른 환산 계수

(7) 활성탄 처리

활성탄은 형상에 따라 분말활성탄과 입상활성탄으로 나누어진다. 분말활성탄과 입상활성탄은 처리형태에 따라 사용하는 것이 구분되지만, 활성탄으로서 물성과 흡착기작 등은 동일하다.

[분말활성탄처리와 입상활성탄처리의 장단점]

항 목	분말활성탄	입상활성탄
① 처리시설	○ 기존시설을 사용하여 처리할 수 있다.	△ 여과지를 만들 필요가 있다.
② 단기간 처리하는 경우	○ 필요량만 구입하므로 경제적이다.	△ 비경제적이다.
③ 장기간 처리하는 경우	△ 경제성이 없으며, 재생되지 않는다.	○ 탄층을 두껍게 할 수 있으며 재생하여 사용할 수 있으므로 경제적이다.
④ 미생물의 번식	○ 사용하고 버리므로 번식이 없다.	△ 원생동물이 번식할 우려가 있다.
⑤ 폐기시의 애로	△ 탄분을 포함한 흑색슬러지는 공해의 원인이다.	○ 재생사용할 수 있어서 문제가 없다.
⑥ 누출에 의한 흑수현상	△ 특히 겨울철에 일어나기 쉽다.	○ 거의 염려가 없다.
⑦ 처리관리의 난이	△ 주입작업을 수반한다.	○ 특별한 문제가 없다.

○ : 유리, △ : 불리

① 활성탄 처리 대상

활성탄처리는 응집, 침전, 모래여과 등 통상적인 정수처리로 제거되지 않는 맛·냄새의 원인물질(2-MIB, geosmin 등), 합성세제, 페놀류, 트리할로메탄과 그 전구물질(부식질 등), 트리클로로에틸렌 등의 휘발성유기화합물질, 농약 등의 미량유해물질, 상수원의 상류수계에서 사고 등에 의하여 일시적으로 유입되는 화학물질, 그 밖의 유기물 등을 제거하기 위하여 적용된다.

② 활성탄처리방식

비상시 또는 단기간 사용할 경우에는 분말활성탄처리가 적합하고 연간으로 연속 또는 비교적 장기간 사용할 경우에는 입상활성탄처리가 유리하다고 알려져 있다.

③ 등온흡착평형(isotherm)

일정온도에서 활성탄과 피흡착물질이 함유된 물을 접촉시켜 평형상태에 도달하였을 때와 액상농도와 그 농도에서 활성탄흡착량과의 관계를 나타낸 것을 등온흡착선이라 한다. 등온흡착선을 수식화한 것을 등온흡착모델(isotherm model)이라 하며 Freundlich 모델, Langmuir 모델 및 B.E.T.(Brunauer, Emmet, and Teller)모델이 많이 사용된다.

㉠ Freundlich 모델

압력에 따르는 흡착의 변화는(특히 적절하게 낮은 압력에서는) 흔히 다음과 같은 Freundlich의 흡착등온식으로 표현될 수 있다.

$$q = KC^{\frac{1}{n}} \qquad \log q = \frac{1}{n}\log C + \log K$$

여기서, q : 활성탄의 단위 무게당 피흡착물질의 흡착량(mg/g-활성탄)

$$q = \frac{X}{M}$$

M : 수량대비 활성탄 사용량(%)
X : 활성탄 M량 사용시 오염물질 제거량(%)
C : 활성탄흡착후 피흡착물의 액상평형농도(mg/L)
k, n : 상수

ⓐ $q = KC^{\frac{1}{n}}$ 식의 양변에 log를 취하면 $\log q = \frac{1}{n}\log C + \log K$ 로 되며 log-log 그래프용지에 $C(x축)$와 $q(y축)$의 관계를 그림으로 나타내면 직선을 얻게 되고 기울기로부터 $1/n$값을 $C=$ 일 때의 절편으로부터 K값을 얻는다.

ⓑ Freundlich 모델에서 $1/n$의 값이 $0.1 \sim 0.5$인 경우에는 저농도에서 많이 흡착되어 효과적이나 $1/n > 2$인 경우에는 사용활성탄량을 증가시키더라도 피흡착물질의 농도가 저하됨에 따라 흡착량이 크게 저하되기 때문에 비효율적이다.

ⓒ Freundlich 모델에 기초를 둔 등온흡착선은 log-log그래프상에서 많은 경우 거의 직선을 나타내지만 부식질과 같은 다성분계인 경우에는 평형농도구간에 따라 곡선과 직선이 혼재하는 경우가 있다.

ⓛ Langmuir 모델

Langmuir는 흡착제의 표면과 흡착되는 가스분자와의 사이에 작용하는 결합력이 약한 화학흡착에 의한 것이며, 흡착의 결합력은 단분자층이 두께에 제한된다고 생각하여, 피흡착물질의 양과 가스압력 간의 관계를 이론적으로 유도하였다. 즉, 흡착에서 결합력이 작용하는 한계는 단지 단분자(mono layer) 측의 두께정도라고 보아 그 이상 떨어지게 되면 흡착은 일어나지 않는다는 모델에 이론적 근거를 두고 있어 Langmuir 흡착은 단분자층흡착이라고도 한다.

$$q = \frac{abC}{1+bC}$$

여기서, C : 액상의 농도 q : 흡착량
a : 최대흡착량에 관한 상수 b : 흡착에너지에 관한 상수

위 식을 다시 정리하면

$$\frac{1}{q} = \frac{1}{ab} \cdot \frac{1}{C} + \frac{1}{a}$$

이때 Langmuir형 흡착평형이 성립할 경우 $1/q$와 $1/C$를 각각 종축과 횡축으로 하여 그려보면 직선을 얻을 수 있다.

ⓒ B.E.T.(Brunauer, Emmett & Teller) 모델

Langmuir의 단분자 모델에 대하여 Brunauer, Emmett 및 Teller 등은 흡착제의 표면에 분자가 점점 쌓여 무한정으로 흡착할 수 있다는 다분자층흡착 모델을 세워서 다음과 같은 등온흡착식을 유도하였다.

$$q = \frac{V_m A_m C}{(C_s - C)[1+(A_m - 1)(C/C_s)]}$$

여기서, C : 포화농도
V_m, A_m : 단분자층흡착시 최대흡착량과 흡착에너지 상수

위 식을 변형하면

$$\frac{C}{q(C_s - C)} = \frac{1}{A_m V_m} \pm \left(\frac{A-1}{A_m V_m}\right)\frac{C}{C_s}$$

종축에 $\dfrac{C}{q(C_s - C)}$를, 횡축에 $\dfrac{C}{C_s}$를 그려보면 직선이 얻어진다.

④ 파과(breakthrough)
  ㉠ 고정층에 피흡착물질이 포함된 물을 통수시키면 제거하고자 하는 피흡착물질은 고정층의 최초유입부에서 대부분 흡착되며, 이 부분을 흡착대(adsorption zone)라 한다.
  ㉡ 운전이 계속되면서 고정층의 유입부측으로부터 점차로 포화가 진행되어 흡착대는 고정층의 아래쪽으로 이동한다.
  ㉢ 흡착대의 끝이 고정층의 출구부근에 도달하면 유출수 중의 피흡착물질 농도는 급격히 증가하게 되며 궁극적으로는 유입수의 농도에 근접한다.
  ㉣ 처리수량 또는 처리시간을 x축으로 하고 유출농도를 y축으로 한 농도변화도를 파과곡선(breakthrough curve)이라 한다.
  ㉤ 파과곡선의 모양은 피흡착물질별 흡착능, 입자의 외부와 내부의 확산속도, 운전조건 등에 따라 다르다.
  ㉥ 페놀과 같이 흡착속도가 빠른 물질인 경우는 전형적인 S자형 곡선이 되지만 부식질이나 계면활성제와 같이 분자량이 크고 흡착속도가 느린 물질은 전형적인 S자형 파과곡선을 나타내지 않는 경우가 많다.
  ㉦ 일반적으로 유출농도가 처리목표농도에 도달한 시점에서 활성탄을 재생하거나 교체한다.

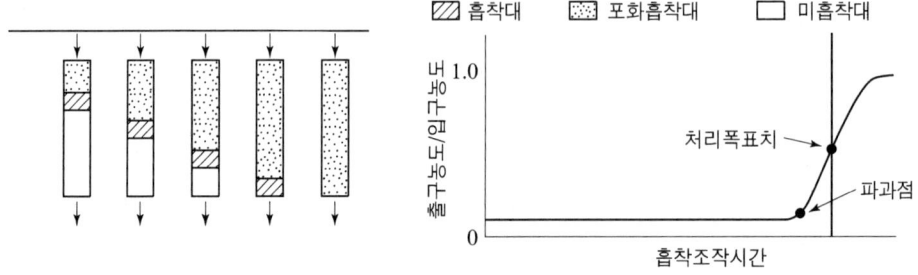

[흡착대의 이동과 파과]

Chapter 3 하수도계획

3-1 하수도 시설계획

하수도 시설은 하수와 분뇨를 정하게 처리하여 지역사회의 건전한 발전과 공중위생의 향상에 기여하고 공공수역의 수질을 보전함(국민의 건강보호에 기여하기 위함)을 목적으로 하며, 하수도 시설 계통 선정 시 우선적으로 분류식과 합류식 여부를 결정하여야 한다.

하수도 시설의 목적은 아래와 같다.
① 하수의 배제와 이에 따른 생활환경의 개선
② 침수방지
③ 공공수역의 수질보전과 건전한 물순환의 회복
④ 지속발전 가능한 도시구축에 기여

1. 하수 배제방식

(1) 분류식 하수도(→위생적 관점에서 유리함)

오수관과 우수관으로 각각 분리하여 배제
① 장점
  ㉠ 하수에 우수가 포함되지 않으므로 하수 처리장의 부하를 경감시키고, 처리비용을 절감할 수 있다.
  ㉡ 우수는 그대로 방류하므로 양수시설의 용량은 오수량에 의해서만 결정된다.
  ㉢ 분류식은 방류장소를 마음대로 선정할 수 있다.
  ㉣ 우천시나 청천시 월류의 우려가 없다.
  ㉤ 분류식은 합류식에 비해 유속의 변화폭이 적다.

ⓑ 전 오수를 처리장으로 유입한다.
ⓢ 수량이 균일하다.
ⓞ 처리 수질이 일정하다.
② 단점
㉠ 오수관과 우수관을 별도로 설치해야 되므로 공사비가 많이 소요된다.
㉡ 도로의 폭이 좁고 여러 가지 지하매설물이 교차되어 있는 기존 시가지에서는 시공상 곤란한 점이 많이 따른다.
㉢ 우수 초기에 오염도가 비교적 큰 노면배수가 우수관거를 통해 공공수역으로 직접 방류되어 하천을 오염시킨다.
㉣ 분류식의 오수관거는 소구경이기 때문에 합류식에 비해 경사가 급해지고, 매설깊이가 깊어진다.
㉤ 우수관 및 오수관 구별이 명확하지 않는 곳에서는 오접의 가능성이 있다.

(2) 합류식 하수도(→경제적 관점에서 유리함)
하수와 우수를 동일 관거에 의하여 배제
① 장점
㉠ 분류식에 비해 구배를 완만하게 할 수 있으므로 매설깊이를 낮게 할 수 있다.
㉡ 강우 초기에 우수에 의하여 오염된 노면배수를 하수처리장까지 운반하여 처리할 수 있다.
㉢ 합류식은 사설하수에 연결하기 쉽다.
㉣ 시공상 분류식보다 건설비가 적게 소요된다.
㉤ 우천시에 수세효과가 있다.
㉥ 분류식에 비해 청소 검사 등이 유리하다.
② 단점
㉠ 강우시 계획오수량의 일정배율 이상의 것은 우수토실 또는 펌프장으로부터 하천 등 공공수역에 직접 방류된다.
㉡ 하수처리장으로 유입되는 오수부하량이 크므로 처리비용이 많이 소요된다.
㉢ 우천시에 처리장으로 다량의 토사가 유입하여 장기간에 걸쳐 수로바닥, 침전시 및 슬러지 소화조 등에 퇴적한다.
③ 강우시 미처리 오수 일부가 하천 등 공공 수역에 방류되는 문제점에 대한 대책
㉠ 실시간으로 제어하는 방법
㉡ 스월 조절조(Swirl Regulator) 설치
㉢ 우수체수지 설치

2. 하수관거 배치방식

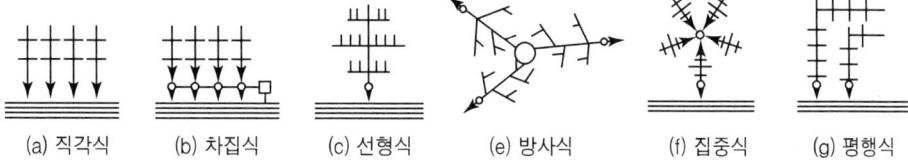

(a) 직각식   (b) 차집식   (c) 선형식   (e) 방사식   (f) 집중식   (g) 평행식

(1) 직각식 또는 수직식
하수관거를 방류 수면에 직각으로 배치하는 방식

(2) 차집식
하천의 오염을 방지하기 위하여 하천에 연하여 나란히 차집관거를 설치 오수를 하류지점으로 수송하고 그 곳에 하수종말처리장을 설치 하수를 배수시키는 방식

(3) 선형식(선상식)
지형이 한 방향으로 경사되어 있거나 하수처리 관계상 전 지역의 하수를 어떤 한정된 장소로 집중시켜야 하는 경우 그 배수계통을 나뭇가지형으로 배치하는 방식

(4) 방사식
지역이 광대해서 하수를 한 곳으로 모으기 힘들 때, 배수구역을 수개 또는 그 이상으로 나누어 중앙(중앙부가 높다)부터 방사형으로 배관하여 배수와 하수를 처리

(5) 집중식
한개 지역의 장소로 향하여 하수를 집중 흐르게 하여 펌프로 양수하여 처리하는 방식

(6) 평행 또는 고저단식
고저차가 심할 때 고저에 따라 고지대, 저지대 등으로 구분하여 별도의 배수계통을 형성하는 방식

3. 하수도의 기본계획

① **계획목표년도**
원칙적으로 20년 후를 목표로 계획을 수립

② **계획구역**
계획구역은 투자효과와 경제성, 유지관리, 수역 목표 수질 달성 등을 고려하여 결정한다.

③ 계획 목표 연도 인구추정
상수도 시설의 계획 급수 인구 추정방법과 동일하다.
④ 하수도 기본계획시 조사 항목
   ㉠ 하수 배제 방식 : 분류식 또는 합류식 결정
   ㉡ 하수도 계획 구역 및 배수계통
   ㉢ 계획 인구 및 포화 인구의 밀도
   ㉣ 주요 간선 펌프장 및 하수처리장의 위치 : 하천과 수로의 종·횡 단면도를 이용하여 결정한다.
   ㉤ 오수량 및 지하수량, 우수 유출량

4. 계획 오수량

계획오수량 = 생활오수량 + 공장폐수량 + 지하수량 + 기타배수량(농경지 하수 포함 안됨)

(1) 각 계획 오수량의 관계

① 계획 1일 최대 오수량 : 하수처리 시설의 처리용량을 결정하는 기준
   계획 1일 최대 오수량 = 계획 1인 1일 최대 오수량 × 계획인구 + 공장폐수량 + 지하수량 + 기타
   ※ 지하수량 = 1인1일 최대오수량의 10~20%
② 계획 1일 평균 오수량 : 하수처리장 유입하수의 수질을 추정하는 데 사용
   계획 1일 평균 오수량 = 계획 1일 최대 오수량 × 70~80%
   ㉠ 중소도시 : 70%
   ㉡ 대도시, 공업도시 : 80%
③ 계획시간 최대 오수량 : 하수관거, 오수펌프 설비 등의 크기 및 용량을 결정하는데 기준

$$\text{계획시간 최대 오수량} = \frac{\text{계획1인1일최대오수량} \times \text{계획인구}}{24} \times \text{증가배수}(1.3 \sim 1.8)$$

   ㉠ 대도시, 공업도시 : 1.3
   ㉡ 중소도시 : 1.5
   ㉢ 아파트, 주택단지 : 1.8
④ 합류식에서 우천시 계획오수량
   합류식에서 우천시 계획오수량 = 계획시간 최대 오수량 × 3배 이상

(2) 첨두율(peaking factor)

하수량의 평균유량에 대한 비 $\left(\dfrac{실시간하수량}{평균하수량}\right)$

① 첨두율은 소구경일수록 크고 대구경일수록 작다.
② 첨두율은 인구수가 적을수록 크고 인구수가 많을수록 작다.

5. 계획 우수량

(1) 우리나라 계획 우수량

우리나라 계획 우수량은 우수 배제계획에서 확률 연수는 하수관거의 경우 10~30년, 빗물펌프장의 경우 30~50년을 원칙으로 하며, 지역의 특성 또는 방재상 필요성에 따라 이보다 크게 또는 작게 정할 수 있다.

(2) 강수량 자료의 해석

① 강우강도 : 단위시간에 내린 강우량으로 [mm/hr]로 표시
② 지속기간 : 강우가 계속되는 기간으로 통상 분[min]으로 표시
③ 생기빈도 : 일정한 기간 동안에 어떤 크기의 호우가 발생할 횟수를 의미하는 것으로 연수[year]로 표시
④ 유달시간(T) : 강우로 인한 유수가 그 유역 내의 가장 먼 지점으로부터 유역출구까지 도달하는데 소요되는 시간(min)

(3) 우수유출량의 산정식(합리식)

$$Q = \dfrac{1}{360} C \cdot I \cdot A \quad \text{또는} \quad Q = \dfrac{1}{3.6} C \cdot I \cdot A$$

여기서, Q : 최대 계획우수유출량[m³/sec] C : 유출계수[무차원]
I : 유달시간(T) 내의 평균 강우강도[mm/hr] A : 배수면적[ha] 또는 [km²]

(4) 강우강도

① Talbolt형 : $I = \dfrac{a}{t+b}$

② Sherman형 : $I = \dfrac{a}{t^n}$

③ Japanese형 : $I = \dfrac{a}{\sqrt{t}+b}$

여기서, I : 강우강도[mm/hr] t : 강우지속시간[min] a, b, n : 정수

(5) 유출계수

하수관거에 유입하는 우수유출량과 전강우량의 비

$$C = \frac{\sum C_i A_i}{\sum A_i} = \frac{C_1 A_1 + C_2 A_2 + C_3 A_3}{A_1 + A_2 + A_3}$$

(6) 유달시간

유달시간이란 어떤 지점의 강우가 하류의 계획대상이 되는 어떤 지점까지 도달하는데 필요한 시간을 말하며, 유입시간과 유하시간의 합으로 나타낸다.

유달시간(T) = 유입시간(t_1) + 유하시간(t_2)

① 유입시간(t_1) : 유역의 가장 먼 곳에 내린 우수가 하수관거의 입구에 유입하기까지의 시간(min)

② 유하시간(t_2) : 하수관거 내에 유입된 우수가 계획 대상지점까지 흘러가는데 소요되는 시간(min)

$$t_2 = \frac{L}{v}$$

여기서, L : 관거길이(m)
　　　 v : 관거내의 평균유속(m/min)
　　　 V : 관거 내 평균유속[m/min] 또는 V=[m/sec]

(1) 유입시간의 표준값

우리나라에서 일반적으로 사용되고 있는 유입시간		미국토목학회	
인구밀도가 큰 지역	5분	완전포장 및 하수도가 완비된 밀집지구	5분
인구밀도가 적은 지역	10분		
간선오수관거	5분	비교적 경사도가 적은 발전지구	10~15분
지선오수관거	7~10분		
평균	7분	평지의 주택지구	20~30분

(2) 유입시간 계산식

① Kerby식

　유입시간을 산출하는 산정식으로서 Kerby식이 비교적 많이 쓰이고 있다.

$$t_1 = 1.44 \left(\frac{L \cdot n}{S^{1/2}} \right)^{0.467}$$

　여기서, t_1 : 유입시간(min)
　　　　 L : 지표면거리(m)
　　　　 S : 지표면의 평균경사

n : 조도계수와 유사한 지체계수

표면형태	n
매끄러운 불투수표면(smooth impervious surface)	0.02
매끄러운 나대지(smooth bare packed soil)	0.10
경작지나 기복이 있는 나대지(poor grass, cultivated row crops or moderately bare surfaces)	0.20
활엽수(deciduous timberland)	0.50
초지 또는 잔디(pasture or average grass)	0.40
침엽수, 깊은 표토층을 가진 활엽수림지대(conifer timberland, deciduous timberland with deep forest litter, or dense grass)	0.80

② 스에이시(末石)식

이론으로 유입시간을 구하는 방법은 특성곡선법에 의해 근사적으로 구하며 스에이시(末石)식에 의한다.

$$t_1 = \left(\frac{n_e \cdot L}{S^{1/2} \cdot I^{2/3}}\right)^{3/5}$$

여기서, n_e : 최소단배수구역의 등가조도계수(等價粗度係數)

I : 설계강우강도

(7) 지체현상

배수구역의 가장 먼 곳에서 내린 우수가 배수구역의 최하류 지점에 도달할 때까지 강우가 계속되지 않는 한, 각 유역의 물이 동시에 최하류 지점에 모이는 경우가 없을 때 이것을 지체현상이라 한다.

① 지체현상 발생 조건

$$T > t, \; 즉 \; L/V > t$$

여기서, T : 유달시간 t : 강우시간
V : 관 내의 평균유속[m/min] L : 하수관의 최장거리[m]

② 지체계수

강우지속시간을 유달시간(L/V)로 나눈 수치로써, 지체현상은 이 계수 값이 1보다 작을 때 발생한다. 한편 강우지속시간이 유달시간과 같거나 긴 경우 즉, 지체현상이 나타나지 않을 때 강우지속시간 이후 전 배수면에 내린 비는 목표지점을 일시에 통과하여 최대 우수유출량을 나타내는데, 이때의 유량은 합리식이나 실험식으로 구할 수 있다.

(8) 계획 우수량 산정시 고려사항

① 유출계수
② 배수면적

③ 확률연수
④ 설계강우

6. 계획 하수량

(1) 분류식

① 오수관거 : 계획시간 최대 오수량
② 우수관거 : 계획 우수량

(2) 합류식

① 합류관거 : 계획시간 최대 오수량+계획우수량
② 차집관거 : 우천시 계획오수량(계획시간 최대 오수량의 3배 이상)
　우천시 계획오수량 산정시 생활 오수량 외에 우천시 오수관거에 유입되는 빗물의 양과 지하수의 침입량을 측정하여 합산하여 구한다.

(3) 하수처리장 계획시 고려사항

① 처리장은 건설비 및 유지관리비 등의 경제성, 유지관리의 난이도 및 확실성 등을 충분히 고려하여 정한다.
② 처리장위치는 방류수역의 물 이용상황 및 주변의 환경조건을 고려하여 정한다.
　㉠ 처리장위치는 방류수역의 이수상황 및 계획구역의 지형적 조건에 의해서 대부분 정해져 왔으나, 처리장부지의 확보는 처리장계획 또는 하수도계획전체를 좌우하는 가장 중요한 요건이 된다.
　㉡ 그러므로 처리장위치의 결정은 오수를 자연유하로 수집할 수 있어 건설비와 유지관리비가 경제적으로 되고 주변 환경과 조화되며, 침수피해가 없는 위치로서 신중히 검토하는 것이 필요하다.
③ 처리장의 부지면적은 장래 확장 및 향후의 고도처리계획 등을 예상하여 계획한다.
④ 처리시설은 계획 1일 최대오수량을 기준으로 하여 계획한다.
⑤ 처리시설은 이상수위에서도 침수되지 않는 지반고에 설치하거나 또는 방호시설을 설치한다.
⑥ 처리시설은 유지관리가 쉽고 확실하도록 계획하며, 주변의 환경조건에 대하여 충분히 고려한다.

3-2 하수관로 시설

1. 계획 하수량

(1) 분류식 하수관거

지역의 실정에 따라 계획하수량에 여유율을 둘 수 있다.
① 오수관거 : 계획시간 최대 오수량을 기준으로 계획
② 우수관거 : 계획우수량을 기준으로 계획

(2) 합류식 하수관거

① 합류관거 : 계획시간 최대 오수량+계획우수량을 기준으로 계획
② 차집관거 : 우천시 계획오수량(계획 시간 최대오수량의 3배 이상)을 기준으로 계획

하수도 계획의 기준과 규모 결정	→ 1일 최대 오수량
하수처리량의 설계기준	→ 1일 평균 오수량
하수관거의 단면 결정	→ 시간 최대 오수량

2. 유량 계산

① 유량공식

$$Q = AV$$

② Manning공식

$$V = \frac{1}{n} R^{\frac{2}{3}} I^{\frac{1}{2}}$$

③ Ganguillet-Kutter공식 : 하수관거에서 주로 쓰는 공식

$$V = \frac{23 + \frac{1}{n} + \frac{0.00155}{I}}{1 + \left(23 + \frac{0.00155}{I}\right) \frac{n}{\sqrt{R}}} \sqrt{RI}$$

여기서, V : 평균유속[m/sec] R : 경심[m],
I : 수면구배(동수구배) n : 조도계수

④ Hazen-Williams 공식 : 압송의 경우

$$V = 0.84935 \cdot C \cdot R^{0.63} \cdot I^{0.54}$$

여기서, V : 평균유속[m/sec] C : 유속계수
　　　　I : 동수경사(h/L) h : 길이 L에 대한 마찰손실수두(m)

3. 유속 및 구배

(1) 일반사항

- 관거 내에 토사 등이 침전, 정체하지 않는 유속일 것
- 하류 관거의 유속은 상류보다 크게 할 것
- 구배는 하류에 갈수록 완만하게 할 것
- 급류는 관거에 손상을 주므로 피할 것

① 유속
  ㉠ 하수관거 내의 유속이 작으면 부유물이 침전하므로 최소유속을 제한한다.
  ㉡ 유속이 느린 경우 : 관거내에 침전물이 많이 퇴적
  ㉢ 유속이 빠른 경우 : 관거의 마모와 손상이 우려되며 도달시간 단축으로 지체현상이 발생되지 않아 하수처리장의 부담 가중

[하수관의 유속]

관거	최소 유속	최대 유속	비 고
오수관거	0.6m/sec	3.0m/sec	이상적인 유속
우수관거 및 합류관거	0.8m/sec	3.0m/sec	: 1.0~1.8m/sec

② 구배(경사)
  ㉠ 평탄지에서의 구배는 관경을 mm로 표시하여 그 역수를 구배로 한다.
  　$\left(\dfrac{1}{관경\,\text{mm}}\right)$
  ㉡ 적당한 토지의 구배 : 평탄지의 1.5배(관경의 역수에 1.5배)
  ㉢ 급구배의 토지 : 평탄지의 2.0배(관경의 역수의 2배)

4. 최소 관경과 매설 위치

(1) 최소 관경

① 오수관거의 최소 관경 : 200mm
② 우수관거 및 합류관거의 최소 관경 : 250mm
③ 하수시설 중 연결관의 최소 관경 : 150mm

(2) 매설위치 및 깊이

① 관거의 최소 매설깊이는 원칙적으로 1m ┐ 해당 도로 포장두께에 0.3m를 더한 값
② 차도에서는 0.6m ─────────────┘ 이하로 하지 않을 것
③ 보도에서는 0.5m 이상으로 한다.

[최소 관경과 최소 매설 깊이]

관거의 종류	최소 관경	관거의 최소 깊이
오수관거	200mm	관거의 최소 토피 1m
우수관거 및 합류관거	250mm	차도에서는 0.6m, 보도에서는 0.5m 이상

(3) 관거가 받는 하중

하수관의 매설시 피토로부터 받는 하중의 계산공식

마스톤(Marston) 공식 : 토압계산에 가장 널리 이용되는 공식

$$W = C_1 \cdot \gamma \cdot B^2$$

여기서, W : 관이 받는 하중[ton/m]
  γ : 피토(被土)의 밀도[ton/m³]
  C_1 : 지표에서 관상단까지, 즉 피토의 깊이와 종류에 의하여 결정되는 상수
  B : 폭소[m](관의 상부 90°부분에서의 관매설을 위하여 굴착한 도랑의 폭)
  d : 관의 외경[m]
    관의 매설시 B값은 다음과 같이 되도록 굴착한다.
    $B = \dfrac{3}{2}d + 0.3\mathrm{m}$

5. 관거의 종류

(1) 철근콘크리트관

① 원심력철근콘크리트관(KS F 4403)

발명자의 이름을 따서 흄(Hume)관이라고도 한다. 재질은 철근콘크리트관과 유사하며 원심력에 의해 굳혀 강도가 뛰어나므로 하수관거용으로 가장 많이 사용되고 있다. 시공이 비교적 간단해서 굴착폭이 작아도 되기 때문에 도로폭원과 타매설 등으로 제약을 받는 경우에 사용된다. 또한, 이형관은 사용형태에 따라 T자관, Y자관, 곡관(U, V형)으로 구분되어 있다. 적합한 규격 및 형태는 매설장소의 하중조건 등에 따라 신중하게 결정해야 한다.

㉠ 흄관의 규격 : 흄관의 규격은 KS에서 그 사용 조건에 따라 보통관과 압력관으로 구별하고 있다.

ⓐ 보통관의 경우 접합형상에 따라 A형(150~1,800mm),

B형(150~1,350mm), C형(1500~3,000mm), NC형(1,500~3,000mm)으로 분류된다.
ⓑ 압력관의 경우 A형(150~1,800mm), B형(150~1,350mm), NC형(1,500~3,000mm)으로 분류된다.
㉡ 규격에 따른 특징
ⓐ A형관은 연결부의 시공에 기술을 요하고 관의 보수, 교체 또는 특수 신축접합 등을 하는 경우에 주로 이용된다.
ⓑ B형관은 고무링을 이용하여 연결하는 것으로 시공성 및 수밀성이 우수하여 일반적으로 많이 사용된다.
ⓒ C형관은 두개의 관이 서로 맞붙는 곳에 수구와 삽구가 단을 이룬 것으로 맞닿는 부분에 고무링을 채워 연결한다.
② **코아식프리스트레스트콘크리트관**(core type prestressed concrete pipe, KS F 4405)
콘크리트로 된 코아관(core pipe)주위에 PC강선을 인장시켜 줌으로써 원주방향 및 관축방향으로 압축응력을 작용하게 하여 내외압에 의해 발생되는 인장응력을 소멸시켜 상당히 큰 압력에서도 견딜 수 있게 만든 것으로 흔히 PC관으로 부른다.
㉠ 안전성은 좋으나 가격이 원심력철근콘크리트관 보다 비싸 내외압이 크게 걸리는 장소에서 주로 사용되고 있다.
㉡ 현재 KS상에서는 1~5종으로 관종을 나누고 있으며, 제작방법에 따라 원심력방식(관경 500~2,000mm, 유효길이 4.0m)과 축전압방식(관경 500~2,000mm, 유효길이 4.0m)이 규정되어 있고 접합은 소켓으로 한다.
③ **로울러전압철근콘크리트관**(VR관, KS F 4402)
로울러(roller, 원형단면의 회전봉)를 사용하여 콘크리트 표면을 접합하여 단단히 굳혀서 만든 철근콘크리트관으로 형상, 치수 및 강도는 원심력철근콘크리트관과 같다.
④ **철근콘크리트관**(KS F 4401)
거푸집에 조립철근과 콘크리트를 넣은 후 진동기 또는 이것과 동등한 효과를 얻을 수 있는 방법으로 다져서 제작한 철근콘크리트관을 말하며 KS에는 접합 형상에 따라 보통관 A형(150~600mm), 보통관 B형(700~1800mm), 외압관 C형(150~2,000mm) 으로 구분되어 있다.

(2) 제품화된 철근콘크리트 직사각형거(정사각형거 포함)

철근콘크리트 또는 프리스트레스트콘크리트에 의한 공장제품으로 운반경로 및 시공조건에 따라 측벽, 상판, 바닥판 등으로 분할해서 제조하는 것이 가능하기 때문에 제품화된 철근콘크리트 직사각형거는 현장타설 철근콘크리트관에 비하여 공사 기간이 단축된다는 이점이 있다.

(3) 도관(KS L 3028)

도관은 내산 및 내알칼리성이 뛰어나고, 마모에 강하며 이형관을 제조하기 쉽다는 장점이 있으나, 충격에 대해서 다소 약하기 때문에 취급 및 시공에 주의해야 한다.

① 접합방법으로는 공장에서 제작되는 압축조인트접합과 현장시멘트모르터접합이 있는데 수밀성을 확보하기 위해서 압축조인트접합을 사용하는 것이 바람직하다.
② KS에는 보통관(50~300mm), 두꺼운 관(100~450mm)이 규격화되어 있으나 오수관으로는 두꺼운 관이 적합하다.
③ 또한 여러 가지 각도의 곡관(30°, 45°, 60°, 90°)이나 가지관(60°, 90°)도 KS에 규격화되어 있다.
④ 한편, 국내에서는 도관의 사용실적이 많지 않으나 외국의 경우는 수질변화가 심하여 부식의 염려가 많은 400mm이하의 소형 오수관거용으로 많이 이용되고 있다.

(4) 경질염화비닐관(KS M 3404)

경질염화비닐관은 가볍고 시공성이 우수하지만 연성관이기 때문에 내경의 5% 정도를 허용변형율로 하고 있다. 일반적으로 가벼워서 다루기 쉽고 연결이 쉬워서 공기를 단축할 수 있으며 내면이 매끈하여 조도가 작다. 수명이 길고 값도 싼 편에 속해 국내외에서 사용량이 크게 늘고 있는 추세이지만 시공방법 및 재질상 파열과 처짐 등의 문제점을 가지고 있으므로 경질염화비닐관의 제조업체가 제시한 시공순서 및 방법에 따라 신중히 시공하여야 한다.

① 경질염화비닐관의 접합은 소켓접합으로 고무링에 의한 방법과 접착제에 의한 방법이 있다.
② KS에는 일반관(VG 1, 10~300mm) 및 얇은 관(VG 600mm, 소켓부착관은 660mm까지)으로 규정되어 있으나, 하수관거용으로는 얇은관을 많이 사용하고 있다.

(5) 현장타설철근콘크리트관

공장제품의 사용이 불가능한 경우, 큰 단면 및 특수한 단면을 필요로 하는 경우 및 특히 고강도를 필요로 하는 경우 등에는 현장에서 직접 타설하는 철근콘크리트관을 사용한다. 또한 원심력철근콘크리트관, 코아식프리스트레스트콘크리트관, 로울러전압철근콘크리트관 및 철근콘크리트관의 하중계산은 흙두께가 극히 적은 경우나 3m 이상의 경우는 일단 점검해야만 하며, 최근의 노면하중의 증대에 따른 관거에 대한 영향을 점검할 필요가 있다.

(6) 강화플라스틱복합관

유리섬유, 불포화폴리에틸렌수지, 골재를 주원료로 하며, 내외면은 유리섬유강화층이고, 중간층은 수지모르터복합관이다.
① 외압관과 내압관의 두종류가 있으며, 하수도용으로는 외압관을 사용한다.
② 강화플라스틱복합관은 고강도로 내식성 및 시공성이 우수하다.

(7) 폴리에틸렌(PE)관(KS M 3407)

가볍고 시공성이 우수하며, 내산·내알칼리성이 우수하다. 또한, 연성관으로 허용변형율을 안지름의 5%정도로 한다.

(8) 닥타일주철관(KS D 4311)

내압성 및 내식성에 우수하여 일반적으로 압력관으로 사용되며 처리장내의 연결관 및 송풍용관으로도 사용되고 있다.

(9) 파형강관(KS D 3590)

파형강관(KS D 3590 및 ASTM A 444)은 용융아연도금된 강판을 스파이럴형으로 제작한 강판으로서 하수관거 중 아연도금을 한 파형강관은 우수관거용으로 사용되고 있으며, 파형강관에 폴리에틸렌(PE)수지, PVC 등으로 피복하여 내식성 및 내마모성을 증가시키면 오수관거용으로 사용할 수 있다.

6. 관거의 단면 형상

① 관거의 단면 형상에는 원형, 직사각형, 마제형 및 계란형 등이 있으며 소규모 하수도에서는 원형 또는 계란형을 표준으로 한다.
② 원형이 가장 많이 사용된다. (공장에서 쉽게 대량으로 제조할 수 있고 수리학적으로 유리하다.)
③ 원형 단면은 공장 제품이므로 지하수의 침투량이 많아질 염려가 있다.
④ 관거단면에 따른 유량과 유속
  ㉠ 원형거 및 말굽형거에서 유속은 수심이 81%일 때 최대이며, 유량은 수심이 93%일 때 최대가 된다.
  ㉡ 직사각형거에서는 유속 및 유량이 모두 만류가 되기 직전에 최대이나 만류가 되면 유속 및 유량이 급격히 감소한다.
  ㉢ 계란형거에서는 유량이 감소되어도 원형거에 비해 수심 및 유속이 유지되므로 토사 및 오물 등의 침전방지에 효율적이다.
⑤ 유량이 적은 경우 원형관에 비해 계란형이 수리학적으로 유리하다.
⑥ 직사각형 단면은 시공 장소의 흙 두께, 폭원에 제한을 받는 경우에 유리하고 역학계산이 간단하다.(역학 계산의 간단여부가 하수관거 단면형상 선정에 중요한 사항

은 아니다.)
⑦ 마제형(말굽형) 하수관거는 대구경 관거에 유리하며 경제적이고 상반부의 아치작용에 의해 역학적으로 유리한 단면형상이나 현장 타설의 경우 공사기간이 길어진다.

7. 하수관거가 갖추어야 할 특성

① 관거 내면이 매끈하고 조도 계수가 작아야 한다.
② 가격이 저렴해야 한다.
③ 산·알칼리에 대한 내구성이 양호해야 한다.
④ 외압에 대한 강도가 높고 파괴에 대한 저항력이 커야 한다.
⑤ 유량의 변동에 대해서 유속의 변동이 적은 수리특성을 가진 단면형이어야 한다.
⑥ 이음 시공이 용이하고 수밀성과 신축성이 높아야 한다.

8. 하수관거의 연결

(1) 연결방식

① 소켓 연결

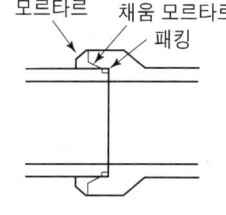 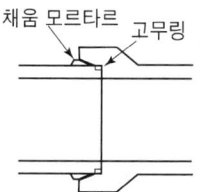

② 맞물림연결   ③ 칼라 연결

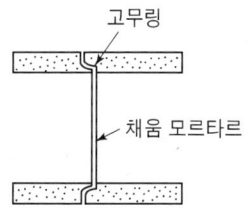 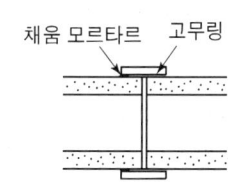

④ 맞대기연결(수밀밴드 사용) : 흄관의 칼라(collar)연결을 대체하는 방법으로서 수밀성을 보장받을 수 있는 수밀밴드 등을 사용하여 시공한다.

(2) 연결관

물받이와 하수관거를 연결하는 관을 연결관이라 하며 일반적으로 PE관이나 도기관이 이용된다.

① 연결관의 관경은 최소 150mm로 한다.
② 연결관의 경사는 1%로 한다.
③ 연결관은 본관에 가깝게 본관과 직각인 방향으로 설치하는데, 본관 연결부에서는 60°의 각도로 합류시켜 관의 흐름을 좋게 하는 것이 원칙이나, 본관의 구경이 매우 큰 경우에는 직각으로 접속시켜도 좋다.
④ 연결관의 관저가 본관의 중심선보다 아래에 오면 유수에 저항이 생겨 원하는 유량이 흐르지 않게 되고, 하수본관으로부터 하수가 역류되어 슬러지가 침적하여 연결관이 폐색될 염려가 있으므로, 연결위치는 본관의 중심선보다 위쪽으로 하여야 한다.

9. 관거의 접합

(1) 2개의 관거가 합류하는 경우의 접합

원칙적으로 수면접합 또는 관정접합으로 하며, 중심교각은 60° 이하(30~45° 이상적)로 하고, 곡선을 갖고 합류하는 경우의 곡률반경은 내경의 5배 이상으로 한다.

(2) 관거의 접합 방법

① 수면접합(수위접합)
  ㉠ 수면을 일치시키는 방식
  ㉡ 수리학적으로 가장 좋은 방법
  ㉢ 수리계산이 복잡하다.

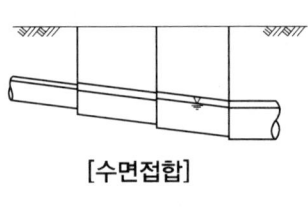
[수면접합]

② 관정접합
  ㉠ 관거의 내면 상부를 일치시키는 방식
  ㉡ 유수의 흐름은 원활하게 된다.
  ㉢ 매설깊이를 증대시킴으로서 공사비가 증대된다.
  ㉣ 펌프배수의 경우 펌프양정이 증대되어 불리하게 된다.

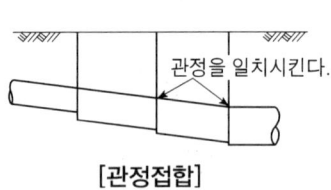
[관정접합]

③ 관중심접합
  ㉠ 관중심을 일치시키는 방법으로
  ㉡ 수면접합과 관저접합의 중간적인 방법
  ㉢ 계획하수량에 대응하는 수위를 계산할 필요가 없다.(수면접합에 준용되는 경우가 있음)

④ 관저접합
  ㉠ 관거의 내면 바닥이 일치되도록 접합하는 방법
  ㉡ 굴착깊이를 얕게 함으로 공사비용을 줄일 수 있다.
  ㉢ 수위상승을 방지하고 양정고를 줄일 수 있어 펌

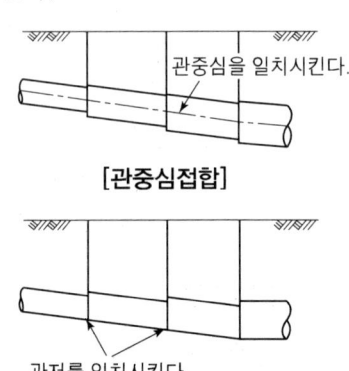
[관중심접합]

[관저접합]

프 배수지역에 적합하다.
		② 상류부에서는 동수경사선이 관정보다 높이 올라갈 우려가 있다.
		⑩ 수리학적으로 불량한 방법

	⑤ 계단접합
		㉠ 통상 대구경관거 또는 현장타설관거에 설치
		㉡ 계단의 높이는 1단당 0.3m 이내 정도가 바람직

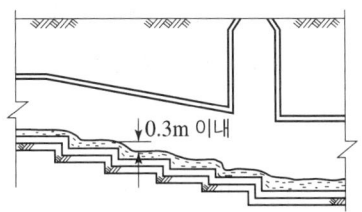
[계단접합]

	⑥ 단차접합
		㉠ 지표의 경사에 따라 적당한 간격으로 맨홀을 설치
		㉡ 맨홀 1개당 단차는 1.5m 이내로 하는 것이 바람직(단차가 0.6m 이상인 경우에는 부관(附管)을 설치)

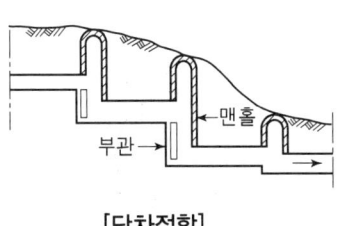
[단차접합]

10. 관거의 기초공

관거의 기초공은 관거의 종류 및 토질 등에 따라 다음사항을 고려하여 정한다.

(1) 기초공 일반

① 기초공은 사용하는 관거의 종류, 토질 지내력, 시공방법, 하중조건 및 매설조건 등에 따라 정하지만 기초공의 선택은 공사비용에 큰 영향을 미치게 되므로 관거의 내구성 및 경제성을 충분히 검토하여 적절한 방법을 선택하도록 한다.
② 관거의 기초공은 철저히 시공하는 것이 중요하며, 관거의 부등침하는 하수의 정체, 부패 및 악취를 발생시키는 원인이 될 뿐만 아니라 최악의 경우에는 관거가 파손되어 오수가 유출되거나 지하수의 침입을 초래하고, 또 관거 주변의 토사가 유입하여 유지관리면에서 큰 장해가 되거나 심하면 도로가 함몰하는 현상이 나타나기도 하므로 기초공은 특히 중요하다.
③ 관종에 따라 기초가 개략적으로 분류되지만 실제에서는 관체의 보강과 부등침하의 방지를 위하여 각각의 기초를 조합하여 시공하는 경우도 있다.
④ 지반이 양호한 경우에는 이들의 기초를 생략할 수가 있다.

(2) 강성관거의 기초공

철근콘크리트관 등의 강성관거는 조건에 따라 모래, 쇄석(또는 자갈), 콘크리트 등으로 기초를 실시하며, 필요에 따라 이들을 조합한 기초를 실시한다. 단, 지반이 양호한 경우 이들의 기초를 생략할 수 있다.

① 강성관에서 사용되는 기초공의 종류

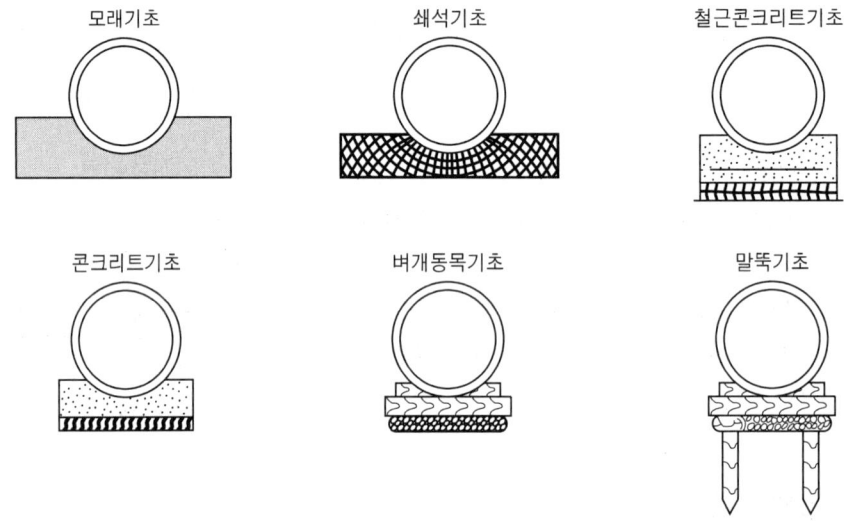

[강성관의 기초공 종류]

㉠ 벼개동목기초
ⓐ 보통지반에서 관거의 경사를 정확히 유지하고 접합을 용이하게 하기 위한 목적으로 주로 철근콘크리트관에 사용하는 매우 단순한 기초방식이다.
ⓑ 일반적으로 벼개동목기초의 구조는 관 1개에 대하여 2~3개의 받침을 놓고, 그 위에 관을 부설하여 쐐기로 안정시키는 방식이다.
ⓒ 시공시에는 횡목 설치에 유의하여야 하며 횡목을 견고하게 지반에 고정하고, 동시에 일정한 높이로 설치되도록 하여야 한다.

㉡ 모래기초 및 쇄석기초
ⓐ 지반이 연약한 경우 및 관거에 미치는 외압이 큰 경우에 채용한다.
ⓑ 모래 또는 쇄석 등을 관거외주(下部)에 밀착되도록 견고히 관거를 지지한다.
ⓒ 이 기초가 관거에 접하는 폭(또는 받침각)에 의해 관거의 보강효과는 다르며, 받침각이 클수록 내하력이 증가한다. 이 경우에 주의할 점은 필요한 받침각을 확보하는 것이고 그러기 위해서는 시공상의 받침각을 크게 할 필요가 있다.
ⓓ 또 관거하단의 기초두께는 최소 100mm~200mm 또는 관거외경의 0.2~0.25배로 하는 것이 바람직하다.

ⓔ 관거의 매설지반이 암반인 경우의 기초두께는 이 범위보다 다소 두껍게 하는 것이 안전하다.
ⓒ 콘크리트기초 및 철근콘크리트 기초
ⓐ 지반이 연약한 경우 및 관거에 미치는 외압이 큰 경우에 채용한다.
ⓑ 관거의 저부를 콘크리트로 둘러싸는 것으로 외압하중에 의한 관거의 변형을 충분히 보호할 수 있어야 한다. 이 경우에도 받침각이 클수록 내하중은 증가한다.
ⓒ 또한 최소 기초두께는 2)모래기초 및 쇄석기초에 따른다.
ⓓ 콘크리트+모래기초
ⓐ 극연약지반에서 지지층이 매우 깊고 동목받침이 비경제적인 경우, 굴착면 바닥에 콘크리트를 타설해 상부하중을 바닥으로 분산시켜 지반침하를 방지하는 방법이다.
ⓑ 이 경우 콘크리트기초 위에 직접 관을 설치하면 관저부가 저받침이 되어 하중이 집중하게 되므로 상판에는 앞에서 기술한 모래기초 등을 하도록 한다.

② 연성관거의 기초공

경질염화비닐관, 이중벽폴리에틸렌관 등의 연성관거는 자유받침의 모래기초를 원칙으로 하며, 조건에 따라 말뚝기초 등을 설치한다.

㉠ 연성관에서 사용되는 기초공의 종류는 모래기초, 벼개동목기초, 포기초, 배드시트기초, 소일시멘트 기초 등이 있다. 경질염화비닐관 등의 연성관에서도 강성관의 기초와 마찬가지로 관체의 보강 혹은 관거의 침하방지를 주목적으로 하는데, 연성관의 기초공은 원칙적으로 자유받침의 모래기초로 한다.

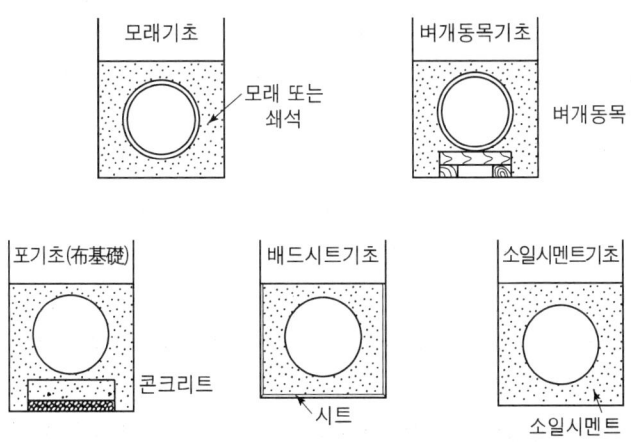

[연성관의 기초공 종류(시공받침각 360°)]

ⓒ 관체의 보강을 주목적으로 한 기초
  지반의 조건에 따라서 관체측부 흙의 수동저항력을 확보하기 위해 소일 시멘트(Soil Cement)기초, 베드토목섬유(Bed Geotextile)기초 등을 이용하기도 한다.
ⓒ 관거의 부등침하방지를 주목적으로 한 기초
  극히 연약한 지방에서 부등침하가 우려되는 경우에는 말뚝기초 및 콘크리트+모래기초 등과 강성관거의 기초공의 기초공을 병용할 수 있지만 동목, 콘크리트+모래기초와 관체 사이에 충분한 모래를 깔아 틈이 없게 할 필요가 있다.

말뚝기초는 극연약지반으로 거의 지내력을 기대할 수 없는 경우에 사용되며, 사다리동목의 밑을 말뚝으로 받치는 형태이다.

11. 관정부식

관정부식의 원인물질은 황화수소(H_2S) 또는 황(S) 화합물이다.

(1) 부식 과정 : 최소유속보다 적을 경우 일어난다.

① 하수 내 유기물 등이 혐기성 상태에서 분해되어 생성되는 황화수소(H_2S)(용존산소 결핍으로 박테리아가 황산염을 환원시키기 때문에)가 발생된다.
② 하수관 내의 공기 중으로 솟아오르면 호기성 미생물에 의해서 SO_2나 SO_3가 된다.
③ 이들이 관정부(管頂部)의 물방울에 녹아서 황산(H_2SO_4)이 된다.
④ 이 황산이 콘크리트관에 함유된 철(Fe), 칼슘(Ca), 알루미늄(Al) 등과 반응하여 황산염이 되어 콘크리트관을 부식 파괴하는 현상을 관정부식이라 한다.

(2) 관정부식의 방지대책

① 하수의 유속을 증가시켜 하수관 내 유기물질의 퇴적을 방지한다.
② 용존산소 농도를 증가시켜 하수 내 생성된 황화물질을 변화시킨다.
③ 하수관 내를 호기성 상태로 유지하여 황화수소(H_2S)의 발생을 방지한다.
④ 하수관내에 염소 등의 소독제를 주입하여 관내의 미생물을 제거, 황화합물의 변환 메카니즘을 파괴해 버린다.
⑤ 콘크리트관 내부를 PVC나 기타물질로 피복하고 이음부분은 합성수지를 사용하여 내산성이 있게 한다.

12. 하수관거의 부대 시설

(1) 역사이펀

하수관거가 철도, 지하철 등의 지하매설물을 횡단하여야 하는 경우 평면교차로 접합할 수 없어 그 밑으로 통과해야 하는 구조

① **역사이펀 고려 사항**
  ㉠ 역사이펀의 구조는 장해물의 양측에 수직으로 역사이펀실을 설치하고, 이것을 수평 또는 하류로 하향 경사의 역사이펀 관거로 연결한다. 또한 지반의 강약에 따라 말뚝기초 등의 적당한 기초공을 설치한다.
  ㉡ 역사이펀실에는 역사이펀 관거내에 토사나 슬러지가 퇴적하는 것을 방지하기 위하여 수문설비 및 깊이 0.5m 정도의 이토실을 설치하고, 역사이펀실의 깊이가 5m 이상인 경우에는 중간에 배수펌프를 설치할 수 있는 설치대를 둔다.
  ㉢ 역사이펀 관거는 일반적으로 복수로 하고, 호안, 기타 구조물의 하중 및 그들의 부등침하에 대한 영향을 받지 않도록 한다. 또한 설치위치는 교대, 교각 등의 바로 밑은 피한다.
  ㉣ 역사이펀 관거의 유입구와 유출구는 손실수두를 적게 하기 위하여 종모양(bell mouth)으로 하고, 관거내의 유속은 상류측 관거내의 유속을 20~30% 증가시킨 것으로 한다.
  ㉤ 역사이펀 관거의 흙두께는 계획하상고, 계획준설면 또는 현재의 하저최심부로부터 중요도에 따라 1m 이상으로 하며 하천관리자와 협의한다.
  ㉥ 하천, 철도, 상수도, 가스 및 전선케이블, 통신케이블 등의 매설관 밑을 역사이펀으로 횡단하는 경우에는 관리자와 충분히 협의한 후 필요한 방호시설을 한다.
  ㉦ 하저를 역사이펀하는 경우로서 상류에 우수토실이 없을 때에는 역사이펀 상류측에 재해방지를 위한 비상 방류관거를 설치하는 것이 좋다.
  ㉧ 역사이펀에는 호안 및 기타 눈에 띄기 쉬운 곳에 표식을 설치하여 역사이펀 관거의 크기 및 매설깊이 등을 명확히 표시하는 것이 좋다.

② **역사이펀 손실수두**

$$h_L = i \cdot L + \beta \cdot \frac{V^2}{2g} + \alpha$$

여기서, i : 동수경사 L : 관길이(m)
  β : 계수 V : 유속(m/sec)
  g : 중력가속도(9.8m/sec²) α : 여유량(m)

(2) 맨 홀

하수관거의 청소, 점검, 장해물의 제거, 보수를 위한 기계 및 사람의 출입을 가능하게 하는 시설

① 맨홀의 설치장소
- ㉠ 관거의 기점
- ㉡ 관거의 방향, 경사, 관경이 변화하는 장소
- ㉢ 단차(段差)가 발생하는 장소
- ㉣ 관거가 합류하는 장소
- ㉤ 관거의 유지관리상 필요한 장소

② 관거 직선부에서의 맨홀의 최대 간격
- ㉠ 600mm 이하 관 : 75m
- ㉡ 600mm 초과 1000mm 이하 관 : 100m
- ㉢ 1000mm 초과 1500mm 이하 관 : 150m
- ㉣ 1650mm 이상 관 : 200m

③ 관거 곡선부 맨홀의 최대 간격
현장여건에 따라 곡률반경을 고려하여 맨홀을 설치한다.

④ 맨홀부속물
- ㉠ 인버트(invert)
  유지관리를 위해 작업원이 작업을 할 때 맨홀내에 퇴적물이 쌓이게 되면 상당히 불편하고 하수가 원활하게 흐르지 못하며 부패시 악취를 발생시킨다. 이를 방지하기 위해서는 바닥에 인버트를 설치하여 하수의 흐름을 원활히 하고 유지관리가 편리하도록 하는 것이 필요하다.
  - ⓐ 인버트는 하류관거의 관경 및 경사와 동일하게 한다.
  - ⓑ 인버트의 발디딤부는 10~20%의 횡단경사를 둔다.
  - ⓒ 인버트의 폭은 하류측 폭을 상류까지 같은 넓이로 연장한다.
  - ⓓ 상류관과 인버트 저부는 3~10 cm 정도의 단차를 두는 것이 바람직하다.
- ㉡ 발디딤부
  발디딤부는 맨홀내부로 출입을 위해 만든 시설로서 편리성과 안전성이 충분히 고려되어야 하며, 유지관리시 안전 등을 위하여 하수흐름방향과 직각이 되도록 한다.
  - ⓐ 발디딤부는 부식이 발생하지 않는 재질을 사용한다.
  - ⓑ 발디딤부는 이용하기에 편리하도록 설치하여야 한다.
- ㉢ 맨홀뚜껑
  맨홀뚜껑은 유지관리의 편리성 및 안전성을 고려하여 설치한다.

(3) 우수토실

우수토실은 합류식에서 우수유출량의 전량을 처리장으로 보내 처리하는 것은 관거 및 처리장시설의 증대를 초래하는 등 비경제적이기 때문에 오수로 취급하는 하수량(우천시 계획오수량) 이상의 우수는 바로 또는 관거에 의하여 하천이나 해역 및 호소 등으로 방류시키기 위하여 관거의 도중에 설치되는 시설을 말한다.

① 우수토실을 설치하는 위치는 차집관거의 배치, 방류수면 및 방류지역의 주변환경 등을 고려하여 선정한다.
② 우수토실에서 우수월류량은 계획하수량에서 우천시 계획오수량을 뺀 양으로 한다.
   우수월류량 = 계획하수량 – 우천시 계획오수량
③ 우수월류위어의 위어길이를 계산 식은 다음과 같다.

$$L = \frac{Q}{1.8 H^{3/2}}$$

여기서, L : 위어(weir)길이(m)
　　　　Q : 우수월류량(m³/s)
　　　　H : 월류수심(m)(위어길이간의 평균값)

유입관거에서 월류가 시작될 때의 수심은 수리특성곡선에서 구하며, 이 수심을 표준으로 하여 위어높이를 정한다.

④ 우수토실에는 출입구 및 진입도로 등을 만들어 항상 월류위어 또는 오수유출관거의 상태를 점검할 수 있도록 유지관리 방안을 수립한다. 출입구는 맨홀의 출입구와 같이 지름 60cm 정도의 원형으로 하는 것이 좋고, 위치는 오수유출구와 월류위어가 동시에 보이는 장소로 한다
⑤ 우수토실의 오수유출관거에는 소정의 유량 이상은 흐르지 않도록 한다. 오수유출관거는 우천시 우수토실의 수위가 상승하면 일반적으로 압력관거가 될 위험성이 있으므로 오리피스(orifice), 밸브류, 수문 등의 적당한 방법으로 유량을 조절하는 것이 바람직하다.
⑥ 우수토실은 위어형 이외에 수직오리피스, 기계식 수동수문 및 자동식수문, 볼텍스밸브류 등을 사용할 수 있다.
⑦ 우수토실이 안전하게 제기능을 유지하도록 적절하게 정하고 이상을 통보하는 적절한 감시 설비를 설치한다. 우수토실의 이상은 청천시 오수가 공공수역에 유출되어 생태환경에 심각한 영향을 끼친다. 따라서 조기에 확인하고 대응할 필요가 있으므로 경고 내용을 장외로 통보한다.

(4) 물받이

공공하수도로서의 물받이는 오수받이, 빗물받이 및 집수받이 등이 있는데 배제방식에 따라 적절히 선정하여 배치한다. 개인하수도시설인 배수설비의 물받이와 구분된다.

① 오수받이

오수받이는 공공도로상에 설치하는 것을 원칙으로 하되 목적 및 기능을 고려하여 차도, 보도 또는 공공도로와 사유지의 경계부근에 설치하고 유지관리상 지장이 없는 장소에 설치한다.

[오수받이 형상 및 구조]

㉠ 형상 및 재질은 원형 및 각형의 콘크리트 또는 철근콘크리트제, 플라스틱제가 있다.
㉡ 플라스틱제 오수받이는 품질이 확보되는 경우 콘크리트제 1~3호 오수받이 형상 및 치수를 적용할 수 있다.
㉢ 오수받이의 규격은 내경 300~700 mm 정도로서 원활한 하수의 흐름과 유지관리 관점에서 계획 한다.
㉣ 오수받이의 저부에는 인버트를 반드시 설치한다.
㉤ 오수받이의 뚜껑은 밀폐형으로 하고, 외뚜껑은 주철제(ductile 포함), 철근콘크리트제 및 그 외의 견고하고 내구성이 있는 재료로 만들어진 뚜껑으로 한다.
㉥ 우수받이의 높이조절재(입상관) 및 오수 유출·입관 연결부는 수밀성을 가져야 한다

② 빗물받이(우수받이)

㉠ 빗물받이 설치

ⓐ 빗물받이는 도로옆의 물이 모이기 쉬운 장소나 L형 측구의 유하방향 하단부에 반드시 설치한다. 단, 횡단보도, 버스정류장 및 가옥의 출입구 앞에는 가급적 설치하지 않는 것이 좋다.
ⓑ 빗물받이의 설치위치는 보·차도 구분이 있는 경우에는 그 경계로 하고, 보·차도 구분이 없는 경우에는 도로와 사유지의 경계에 설치한다.
ⓒ 노면배수용 빗물받이 간격은 대략 10~30 m 정도로 하나 되도록 도로폭 및 경사별 설치기준을 고려하여 적당한 간격으로 설치하되, 상습침수지역에 대해서는 이보다 좁은 간격으로 설치할 수 있다.
ⓓ 빗물받이는 협잡물 및 토사의 유입을 저감할 수 있는 방안을 고려하여야 한다.
• 협잡물 및 토사 등의 유입감소를 위한 방안의 수립이 필요하다.
• 빗물받이 청소가 용이하도록 빗물받이 구조형식이 요구된다.
• 도로포장시 원활한 노면배수에 대한 고려가 필요하며, 도로보수공사 등으로 인한 노면경사 변화에 따른 대응방안 수립이 요구된다.

ⓔ 빗물받이에 악취발산을 방지하는 방안을 적극적으로 고려한다. 건물의 배수시설에서 공공하수도로 방류된 오수는 혐기성상태에서 황화수소를 생성하고 이때에 발생된 황화수소는 도로상의 빗물받이 등에서 주변으로 발산되어 사람의 후각에 불쾌한 악취로 감지되므로 빗물받이입구 악취방지시설이나 연결부 악취방지시설을 설치하기도 한다.

ⓛ 오수받이 형상 및 구조
　　ⓐ 형상 및 재질은 원형 및 각형의 콘크리트 또는 철근콘크리트제, 플라스틱제가 있다. 빗물받이는 종경사 10%일때를 표준형상으로 한다.
　　ⓑ 플라스틱제 오수받이는 품질이 확보되는 경우 콘크리트제 1~3호 오수받이 형상 및 치수를 적용할 수 있다.
　　ⓒ 오수받이의 규격은 내폭 30~50cm, 깊이 80~100cm 정도로 한다.
　　ⓓ 빗물받이의 저부에는 깊이 15 cm 이상의 이토실을 반드시 설치한다.
　　ⓔ 빗물받이의 뚜껑은 강제, 주철제(덕타일 포함), 철근콘크리트제 및 그외의 견고하고 내구성이 있는 재질로 한다.
　　ⓕ 빗물받이는 표준형 이외에 협잡물 및 토사유입을 막기 위한 침사조(혹은 여과조) 및 토사받이 등을 설치한 개량형 빗물받이를 설치할 수 있다

③ **집수받이**
집수받이는 개거와 암거를 접속하는 경우 및 횡단하수구 등에 설치한다.

(5) 토 구

토구란 하수도 시설로부터 하수를 공공수역에 방류하는 시설로써 토구를 설치하기 위해서는 호안의 일부를 파괴 및 개조하거나 혹은 하천, 항만 등에 돌출시켜 축조하는 경우도 있어 토구의 설치미비에 의하여 유수를 저해하거나 하상을 침식하여 호안 등에 위해를 줄 수도 있으므로 다른 구조물에 해를 주지 않도록 충분히 주의한다.

(6) 측 구

도로시설의 보전, 교통안전, 유지보수 등을 위하여 도로에 설치하는 배수시설의 일종으로 배수시설에는 측구(側溝), 집수정 및 도수로(導水路) 등이 있다. 측구는 일반적으로 L자형과 U자형이 사용되며, 길어깨(도로를 보호하고 비상시 이용하기 위해 차도에 접속하여 설치하는 도로의 부분)에 붙여서 측구를 설치하는 경우에는 교통안전을 위하여 윗면이 열린 측구를 설치해서는 안 된다.

13. 우수조정지 계획

(1) 우수조정지의 위치

① 하수관거의 유하능력이 부족한 곳
② 하류지역의 펌프장능력이 부족한 곳
③ 방류수로의 통수능력이 부족한 곳

(2) 우수조정지의 구조 형식

① 댐식(제방 높이 15m 미만) : 흙댐 또는 콘크리트 댐에 의해서 우수를 저류하는 형식으로 방류(조절) 방식으로는 자연 방류식이 일반적이다.
② 굴착식 : 평탄지를 굴착하여 우수를 저류하는 형식으로 방류(조절) 방식으로는 자연방류식 펌프배수와 게이트조작에 의한 배수가 있다.
③ 지하식
　㉠ 저류식(관내 저류 포함) : 일시적으로 지하의 저류탱크 관거 등에 우수를 저류하고 우수 조정지로서 기능을 갖도록 하는 것으로 저류 수심이 크게 되므로 방류(조절) 방식은 펌프에 의한 배수가 일반적이다.
　㉡ 현지 저류식 : 공원, 교정, 건물, 사이, 지붕 등을 이용하여 우수를 저류하는 시설로서 보통 현지에 내린 비만을 대상으로 하기 때문에 관거의 상류측에 설치하며 방류(조절) 방식은 자연 방류식이 일반적이다.

(3) 우수방류방식

우수의 방류방식은 자연유하를 원칙으로 한다.

(4) 계획강우의 확률년수

우수조정지의 조절용량을 정하기 위한 계획강우의 확률년수는 다음 사항을 고려하여 정하며, 10~30년을 원칙으로 하지만, 최근의 도시의 재개발 및 국지성 집중호우에 대한 방재적인 면을 고려하여 확률년수를 보다 크게 취하는 것이 필요하다.(저류지와 유수지를 포함한 우수조정지의 확률년수는 30년 이상, 댐식은 하류에 도시가 형성되어 있고 굴착식에 비해 높은 안전도가 필요하므로 확률년수를 30~50년 범위)
① 해당지역에서 하수도의 우수배제계획과의 조정
② 우수조정지의 구조형식에 따른 재해방지에 필요한 안전도

(5) 유입우수량의 산정

우수조정지에서 각 시간마다의 유입우수량은 장시간 강우자료에 의한 강우강도곡선에

서 작성된 연평균 강우량도(hyetograph)를 기초로 하여 산정하는 방법과 빈도별, 지속 시간별 확률강우량에 의한 강우강도식을 산정하여 시설물별 임계지속시간에 대한 유입수문곡선을 구하는 방법 중 적정한 방안을 선택하여 산정한다.

(6) 여수토구

① 여수토구는 확률년수 100년 강우의 최대우수유출량의 1.44배 이상의 유량을 방류시킬 수 있는 것으로 한다.

② 계획홍수위는 댐의 천단고(天端高)를 초과하여서는 안된다. 댐의 안전확보를 위하여 댐 본체의 월류는 이상 우천시에서도 절대로 방지할 필요가 있기 때문에 여수토구를 설치한다.

3-3 하수처리장 시설

1. 계획 하수량

시설	하수량	계획하수량		비고
		분류식 하수도	합류식 하수도	
1차 침전지까지	처리시설 (소독설비 포함)	계획 1일 최대 오수량	계획 1일 최대 오수량	합류식에서는 우수침전지를 고려한다.
	처리장 내 연결관거	계획시간 최대 오수량 (Q)	우천시 계획오수량 ($3Q$ 이상)	
2차 처리	처리시설	계획 1일 최대 오수량	계획 1일 최대 오수량	
	처리장 내 연결관거	계획시간 최대 오수량	계획시간 최대 오수량	
고도처리 및 3차 처리	처리시설	계획 1일 최대 오수량	계획 1일 최대 오수량	
	처리장 내 연결관거	계획시간 최대 오수량	계획시간 최대 오수량	

※ 고도처리시설의 경우, 계획하수량은 겨울철(12, 1, 2, 3월)의 계획1일최대오수량을 기준으로 한다. 단 관광지 등과 같이 계절별 유입하수량의 변동폭이 큰 경우는 예외로 한다.

2. 하수처리

(1) 하수처리장 부지선정
① 홍수로 인한 침수 위험이 없어야 한다.
② 상수도 수원 등에 오염되지 않는 곳을 선택한다.
③ 시가지를 피하고 주변 환경이 악화되지 않도록 계획하여야 한다.
④ 오수 또는 폐수가 하수처리장까지 가급적 자연유하식으로 유입하고 또한 자연유하로 방류하는 곳이 많아야 한다.

(2) 하수처리방법 선정 기준(고려사항)
① 유입하수량과 수질
② 처리수의 목표수질
③ 처리장의 입지조건
④ 방류수역의 현재 및 장래 이용상황
⑤ 건설비 및 유지관리비 등 경제성
⑥ 유지관리의 용이성
⑦ 법규 등에 의한 규제
⑧ 처리수의 재이용계획

3. 하수처리 방법의 종류

(1) 예비 처리
굵은 부유물, 부상 고형물, 유지(油脂)의 제거와 분리를 위해 하수를 고체와 액체로 분리하는 과정

(2) 1차 처리
① 미세한 부유물질을 주로 침전(물리적 방법)으로 제거하는 과정
② 수중의 부유물질 제거를 목적으로 둔다.
③ 스크린, 분쇄기, 침사지, 침전지 등으로 이루어지고 물리적 처리이다.

(3) 2차 처리
하수 중에 남아 있는 BOD, 콜로이드성 고형물을 주로 미생물에 의해 제거하는 생물학적인 방법

(4) 3차 처리(고도처리)
난분해성 유기물, 부유물질, 인 및 질소와 같은 부영양화 유발물질들이 제거대상이 된다.

하수고도처리에서 인(P) 제거 방법
① 응집제첨가 활성슬러지법
② 정석탈인법
③ Anaerobic Oxic법(혐기 호기 조합법)
④ Anaerobic Anoxic Oxic법(혐기 무산소 호기 조합법)
⑤ 생물학적 탈인
⑥ Sidestream 공정
⑦ Phostrip법

하수고도처리에서 질소(N)와 인(P) 동시 제거 방법
① 혐기 무산소 호기 조합법(Anaerobic Anoxic Process ; A^2/O Process)
② SBR(Sequencing Batch Reactor)
③ UCT(University of Cape Town)법
④ VIP(Virginia Initiative Plant)법
⑤ 수정 Phostrip법
⑥ 수정 Bardenpho법

4. 물리적 처리 시설

(1) 물리적 처리
고액분리의 목적으로 수중의 부유 물질과 콜로이드 물질의 제거를 위한 처리로 침전, 여과, 흡착 등이 이용된다.
① 스크린 ② 침사지 ③ 침전지 ④ 부상 ⑤ 여과
⑥ 건조 ⑦ 증발 ⑧ 동결 ⑨ 원심분리

(2) 스크린(screen)
하수처리의 첫 처리단계로서 하수처리장으로 유입되는 하수에서 비교적 큰 부유물을 제거하는 방법
① 스크린 종목
  ㉠ 조목 스크린 : 50mm 이상 - 침사지 앞에 설치
  ㉡ 중 스크린 : 25~50mm 이상
  ㉢ 세목 스크린 : 25mm 미만 - 침사지 뒤에 설치
② 스크린 고려 사항
  ㉠ 침사지 앞에는 세목 스크린, 침사지 뒤에는 미세목 스크린을 설치하는 것을 원칙으로 하며, 대형 하수처리장 또는 합류식인 경우와 같이 대형협잡물이 발생하는 경우는 조목 스크린으로 추가로 설치한다.
  ㉡ 스크린 전후의 수위차 1.0m 이상에 대하여 충분한 강도를 가지는 것을 사용한다.
  ㉢ 협잡물 제거장치는 오수용 및 우수용으로 구분하며, 스크린은 협잡물의 양 및 성상 등에 따라 적절한 방식을 사용한다.
  ㉣ 인양장치는 기종(조목, 세목 및 미세목), 스크린 협잡물의 양, 그 형상, 스크린을 통과하는 하수량 등에 따라 큰 차가 있으며, 또 사용조건이 특히 나쁘므로 사용 재료, 강도 등 여유를 보고 능력을 결정하도록 하는 것이 안전하다.
  ㉤ 스크린에서 인양된 협잡물은 컨베이어 등으로 한 곳에 수집하여 조기에 처분한다.
  ㉥ 소규모 처리시설에서 발생하는 협잡물은 협잡물 버킷으로 직접 수집하여 조기에 처분한다.

(3) 분쇄기
유입하수 내의 고형물질을 파쇄시키는 장치

(4) 하수침사지
① 침사지 내 유속은 0.30m/sec를 표준으로 한다.
   (유속이 너무 느리면 미세한 유기물까지 침전하고, 빠르면 침전된 토사가 부상하게

된다.)
② 침사지 내의 체류시간은 30~60sec를 표준으로 하고 있다.
③ 수면적 부하 $\left[L_s = \dfrac{Q}{(B \cdot L)}\right]$
- 오수용 침사지 : 1,800m³/m² · day 이하
- 우수용 침사지 : 3,600m³/m² · day 이하

(5) 유량조정조

유입하수의 유량과 수질의 변동을 흡수해서 균등화함으로써 충격부하에 대비하며, 처리시설의 처리효율을 높이고, 처리수량의 향상을 도모할 목적으로 설치하는 시설

(6) 침전지

① 침전지 설계기준
　㉠ 최초 침전지 : 최초 침전지는 1차 처리 및 생물학적 처리를 위한 예비처리의 역할을 수행하며, 오수 중 비중이 비교적 큰 SS를 침전시킨다.
　㉡ 최종 침전지 : 최종 침전지는 생물학적 처리에 의해 발생되는 슬러지와 처리수를 분해하는 것을 주목적으로 한다.
　　ⓐ 표면부하율 = 20~30m³/m² · d

$$L_s = \dfrac{Q}{A}$$

　　　여기서, L_s : 수면적부하율[m³/m² · day]　　Q : 유입수량[m³/day]
　　　　　　 A : 침전지면적[m²] ($A = B \times L$)

　　ⓑ 고형물 부하율 = 150~170kg/m² · d
　　ⓒ 침전시간 = 3~5시간

② 침전이론 및 관계식
　㉠ Stokes 침강이론 :

$$V_s = \dfrac{g(\rho_s - \rho)d^2}{18\mu}$$

　　여기서, V_s : 입자의 침강속도[cm/sec]　　g : 중력가속도[980cm/sec²]
　　　　　　 ρ_s : 입자의 밀도[g/cm³]　　　　 ρ : 액체의 밀도[g/cm³]
　　　　　　 d : 입자의 직경[cm]　　　　　　 μ : 액체의 점성계수[g/cm · sec]

　㉡ 표면적 부하와 침전 처리효율 및 체류시간
　　ⓐ 침전지에서 침강입자가 완전히 제거(침강)될 수 있는 조건

$$V_s \geq \frac{Q}{A}$$

여기서, V_s : 입자의 침강속도[m/day]

$\frac{Q}{A}$: 침전지 내에서의 표면적 부하[m³/m² · day]

 **표면적 부하＝수면적 부하＝표면침전율**

$$L_s = \frac{\text{유입수량[m}^3\text{/day]}}{\text{표면적[m}^2\text{]}} = \frac{Q}{A} = \frac{H}{t}$$

※ 표면부하율
- 분류식 : 35~70m³/m² · d
- 합류식 : 25~50m³/m² · d

ⓑ 침전지에서 100% 제거될 수 있는 입자의 침강속도 : V_0

$$V_0 = \frac{Q}{A}$$

ⓒ 침강속도가 V_0 보다 적은 입자의 침전 제거효율 : E

$$E = \frac{V_s}{V_0} = \frac{V_s}{Q/A}$$

ⓓ 체류시간(t)

$$t = \frac{V}{Q}$$

여기서, t : 체류시간[day] V : [m³] Q : 유입유량[m³/day]

ⓔ 월류부하[m³/m · day]

$$\text{월류부하} = \frac{Q}{L}$$

여기서, Q : 유입수량[m³/day] L : 월류 위어(weir)의 길이[m]

ⓕ 유효수심 : 2.5~4m를 표준으로 한다.
ⓖ 침전시간 : 일반적으로 2~4시간으로 한다.

5. 화학적 처리 시설

용해성 유기 및 무기 물질의 처리를 주체로 하는 것으로 중화, 소독(살균), 산화, 환원, 응집, 이온교환, 경수의 연수화, 전기투석법, 추출, 전기분해 등이 있다.

(1) 중화(pH 조절)

산과 염기가 반응하여 염(鹽)과 물을 생성하게 하는 반응으로 pH를 조정하는 공정

(2) 산화와 환원

원자 또는 원자단이 전자를 상실하는 반응을 산화, 전자를 받게 되는 반응을 환원이라 한다.

(3) 화학적 응집

(4) 이온 교환

(5) 연수화

(6) 염소처리

(7) 흡착

6. 생물학적 처리 시설

(1) 호기성 처리

① 산소가 풍부한 상태로 하고 호기성 미생물의 증식작용에 의하여 오수 중의 유기물을 보다 저분자의 유기물로 분해하여 무기화하고자 하는 것
② 생물의 에너지 효율이 좋기 때문에 널리 사용된다.
③ 호기성 처리로는 활성 슬러지법, 살수여상법, 회전원판법, 산화지법 등이 있다.

(2) 혐기성 처리

① 무산소의 상태에서 혐기성 미생물의 작용에 의하여 오수 중의 유기물을 보다 저분자의 유기물로 분해하여 무기화하고자 하는 것
② 최종 산물 : 메탄(CH_4), 암모니아(NH_3) 황화수소(H_2S)
③ 슬러지 발생량이 적다.
④ 혐기성 처리로는 혐기성 소화법, Imhoff조, 부패조, 혐기성 산화지 등이 있다.

(3) 임의성(통성혐기성) 처리

호기성과 혐기성의 중간으로서 살수여상이나 산화지 등에서 산소가 부족하면 임의성 (통성혐기성)이 된다.

7. 생물학적 처리를 위한 운영조건

① **영양물질** : BOD:N:P의 농도비가 100:5:1이 되도록 조절한다.
② **용존산소**
　㉠ 반응조 내의 DO를 최저 0.5~2mg/l 유지해야 한다.
　㉡ 폭기조는 통산 2mg/l로 유지해야 한다.
③ **pH** : 생물학적 처리에 사용되는 미생물의 활동은 pH6.5~8.5(최적 pH6.8~7.2)에서 활발하다.
④ **수온** : 20~40℃
⑤ **독성 물질** : 유독물질이 포함되어서는 안 된다.

8. 미생물의 성장과 먹이의 관계

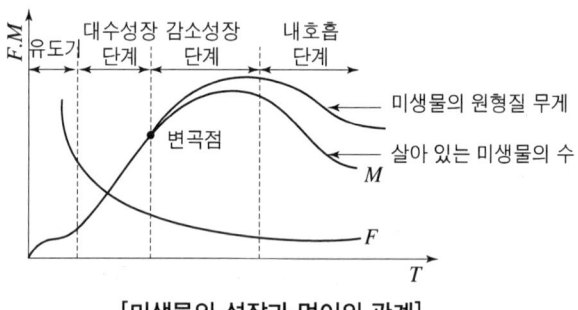

[미생물의 성장과 먹이의 관계]

① **유도기** : 수중에서 미생물과 유기물이 상호적응하는 시기
② **대수성장단계**
　㉠ 유도기에서 새 환경에 대한 적응이 끝나면 세포는 대수적으로 증가
　㉡ 침전지에서 침전성이 나쁘므로 수처리에 이용되지 않고 BOD 제거율이 낮다.
③ **감소성장단계**
　㉠ 미생물의 수가 점차로 증가하여 양분이 모자라게 되면 미생물의 번식률이 사망률과 같게 될 때까지 번식률은 감소된다.
　㉡ 그 결과로 살아 있는 미생물의 무게 보다 원형질의 전체 무게가 더 크게 된다.
　㉢ 이때 미생물이 서로 엉키는 floc이 형성되기 시작하므로 점차 침전성이 좋아지고 수처리에 이용되는 단계이다.
④ **내호흡단계(내생성장단계)**
　미생물의 증식은 정지되고, 합성된 세포를 이용(자산화)하여 생존하며, 최후에는 거의 사멸하게 된다.

9. 활성 슬러지법

(1) 개 념

하수에 공기를 불어넣고 교반시키면 각종의 미생물이 하수중의 유기물을 이용하여 증식하고 응집성의 플록을 형성한다. 이것이 활성슬러지라 불리는 것인데 세균류, 원생동물, 후생동물 등의 미생물 및 비생물성의 무기물과 유기물 등으로 구성되며, 활성 슬러지법은 우리나라 하수종말처리장에 가장 많이 이용되고 있는 처리방법이다.

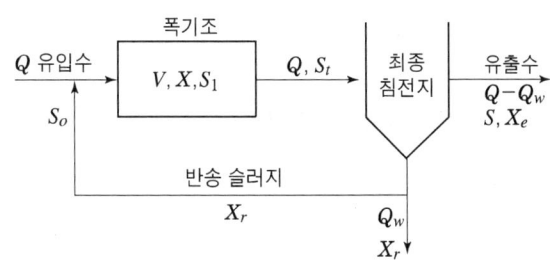

[활성슬러지의 주요 계통도]

(2) 활성슬러지법의 종류

① 표준활성슬러지법
② 점감포기법(step aeration)
③ 순산소활성슬러지법
④ 장기포기법
⑤ 산화구법
⑥ 회분식활성슬러지법(SBR)
⑦ 혐기-호기활성슬러지법
⑧ 호기성여상법
⑨ 접촉산화법
⑩ 회전생물막법(RBC)

10. 활성 슬러지법 기본 공식

(1) BOD 용적부하

폭기조 $1m^3$에 대한 1일 유입하수의 BOD량[$kgBOD/m^3 \cdot day$]으로 $0.3kg/m^3 \cdot d$ 정도를 표준으로 한다.

→ 합성 슬러지법의 설계나 유지관리의 기본적 지표

$$\text{BOD 용적부하}[kgBOD/m^3 \cdot day]$$
$$= \frac{1일\ BOD\ 유입량[kgBOD/day]}{폭기조\ 용적[m^3]}$$
$$= \frac{BOD\ 농도[kg/m^3] \times 유입하수량[m^3/day]}{폭기조\ 용적[m^3]}$$
$$= \frac{BOD \cdot Q}{V} = \frac{BOD \cdot Q}{Q \cdot t} = \frac{BOD}{t}$$

여기서, Q : 유입하수량$[m^3/day]$　　V : 폭기조의 용적$[m^3]$　　t : 폭기시간$[day]$

(2) BOD 슬러지 부하(MLSS 부하, F/M비)

폭기조 내 슬러지(MLSS) 1kg당 1일에 가해지는 BOD 무게 → F/M비로 나타내기도 한다.

$$\text{BOD 슬러지 부하}[kgBOD/kgMLSS \cdot day]$$
$$= \frac{1일\ BOD\ 유입량[kgBOD/day]}{MLSS\ 농도[kg]}$$
$$= \frac{BOD\ 농도[kg/m^3] \times 유입하수량[m^3/day]}{MLSS 농도[kg/m^3] \times 폭기조\ 용적[m^3]}$$
$$= \frac{BOD \cdot Q}{MLSS \cdot V} = \frac{BOD \cdot Q}{MLSS \cdot Q \cdot t} = \frac{BOD}{MLSS \cdot t}$$

(3) MLSS와 MLVSS

폭기조내의 미생물(활성 슬러지)농도를 나타내는 지표로 보통 MLSS를 많이 사용한다.
① MLSS(Mixed Liquor Suspended Solids) : 혼합액 부유고형물
② MLVSS(Mixed Liquor Volatile Suspended Solids) : 혼합액 휘발성 부유고형물

(4) 폭기시간 및 체류시간

폭기시간은 원폐수가 폭기조 내에 머무르는 시간을 뜻한다.

$$\text{폭기시간}\ t[hr] = \frac{폭기조의\ 용적}{유입수량} = \frac{V[m^3]}{Q[m^3/day]} \times 24[hr]$$
$$\text{체류시간}\ t'[hr] = \frac{폭기조의용적}{유입수량(1+반송비)} = \frac{V}{Q(1+r)} = \frac{t}{1+r}$$

여기서, Q : 유입하수량$[m^3/day]$　　V : 폭기조의 용적$[m^3]$
　　　　t : 폭기시간　　　　　　　　r : 반송비(Q_r/Q)
　　　　Q_r : 반송 슬러지량

(5) 슬러지 일령

최종 침전지에서 분리된 고형물은 일부는 폐기되고, 일부는 반송되어 슬러지는 폭기시간보다는 긴 체류시간 동안 폭기조 내에 체류하게 되는 기간

$$SRT = \frac{V \cdot X}{SS \cdot Q} = \frac{X \cdot t}{SS} = \frac{V \cdot t}{X_r \cdot Q_w + (Q - Q_w)X_e} = \frac{X \cdot t}{SS} \text{ (반송 슬러지 고려)}$$

여기서, V : 폭기조 용적[m³]
 t : 폭기시간[day]
 X : 폭기조 내의 부유물(MLSS) 농도[mg/l]
 X_r : 반송 슬러지의 SS 농도[mg/l]
 SS : 폭기조 유입 부유물 농도[mg/l]
 Q_w : 잉여 슬러지량[m³/day]
 Q : 유입 하수량[m³/day]
 X_e : 유출수 내의 SS 농도[mg/l] : 유출수의 SS농도 값은 매우 낮아 무시될 수 있다.

(6) 고형물 체류시간(SRT)

세포 체류시간으로서 폭기조 내에 미생물이 머무르는 시간

$$SRT = \frac{V \cdot X}{Q_W \cdot X_W + (Q - Q_W)X_e} \fallingdotseq \frac{V \cdot X}{Q_W \cdot X_W}$$

여기서, V : 폭기조 용적[m³] X : 폭기조 내의 부유물 농도[mg/l]
 X_W : 잉여 슬러지농도[mg/l] X_e : 유출수 내수의 SS농도[mg/l]
 Q : 원폐수의 유량[m³/day] Q_W : 잉여 슬러지량[m³/day]

(7) 슬러지 용량(Sludge Volume, SV)

폭기조의 혼합액(MLSS)을 1l 실린더에 30분간 침강시켰을 때 침전된(가라앉은) 후 슬러지의 부피[ml]

$$SV = \frac{30분\ 후침전된\ 슬러지의\ 부피[ml]}{폭기조\ 혼합액의\ 양[ml]} \times 100 [mg/l]$$

$$= \frac{30분\ 후침전된\ 슬러지의\ 부피[ml]}{폭기조\ 혼합액의\ 양[ml]} \times 100 [\%]$$

(8) 슬러지 용량지표(Sludge Volume Index, SVI)

슬러지 용량지표와 슬러지 밀도지표는 폭기조를 나온 활성 슬러지의 침강성과 팽화(bulking) 여부를 체크하기 위한 측정값으로 폭기조의 운전상태를 파악할 수 있는 자료가 된다.

① 슬러지의 침강 농축성을 나타내는 지표
② 폭기조 내 혼합액 1l를 30분간 침전시킨후 1g의 MLSS가 점유하는 침전 슬러지의 부피[ml]
③ SVI는 슬러지 팽화 발생여부를 확인하는 지표
④ SVI가 50~150일 때 침전성은 양호, 200 이상이면 슬러지 팽화 발생
⑤ SVI가 작을수록 농축성이 좋다.

$$SVI = \frac{30분침강\ 후\ 슬러지\ 부피[ml/l]}{MLSS농도[mg/l]} \times 1,000$$
$$= \frac{SV[ml/l] \times 1,000}{MLSS[mg/l]} = \frac{SV[\%] \times 10^4}{MLSS[mg/l]}$$

(9) 슬러지 밀도지표(Sludge Density Index, SDI)

① 침전 슬러지량 100ml 중에 포함되는 MLSS를 그램(gram)수로 나타낸 것으로 SVI의 역수이다.
② 슬러지 침강성 판단과 슬러지 반송률 결정에 사용
③ 최적 SDI는 0.83~1.76이면 침강성이 좋으며, 최소한 0.7 이상이어야 한다.

$$SDI = \frac{100}{SVI} = \frac{MLSS[mg/l]}{SV[ml/l] \times 10} = \frac{MLSS[mg/l]}{SV[\%] \times 100}$$

(10) 슬러지 반송

폭기조 내의 MLSS 농도를 일정하게 유지하기 위해서는 침강 슬러지의 일부를 다시 폭기조에 반송

$$r = \frac{X}{X_r - X} \qquad r[\%] = \frac{100 \times SV[\%]}{100 - SV[\%]} \qquad X_r = \frac{1}{SVI}[mg/l]$$

여기서, r : 슬러지 반송비
X : 폭기조의 MLSS농도
X_r : 반송슬러지 농도

(11) F/M비

① BOD 슬러지 부하[kgBOD/kgMLSS·day]를 F/M비로 사용
② MLSS 대신에 MLVSS를 사용하기도 한다.[kgBOD/kgMLVSS·day].

$$F/M = \frac{BOD \cdot Q}{MLVSS \cdot V}$$

>  **ppm(parts per million)**
> ① 농도를 나타내는 단위로 백만분의 1을 나타내며, 보통 무게와 부피비를 나타낸다.
> 즉, 물 1kg을 mg으로 환산하면 $1kg \times \frac{1,000g}{1kg} \times \frac{1,000mg}{1g} = 1,000,000mg$ 이다.
> 여기에 어떤 물질이 1mg 포함되어 있다면 이것이 곧 1ppm이다.
> ② 보통 용질의 무게는 mg, 용액의 무게는 kg을 사용하므로
> $$ppm = \frac{용질의\ 무게(kg)}{용액의\ 무게(kg)} \times 1,000,000 = \frac{용질의\ 무게(mg)}{용액의\ 무게(kg)}$$
> ③ %농도와 ppm의 관계
> $1\% = \frac{x}{1,000,000} \times 100$ 에서 $x = 10,000ppm$
> 즉, 1% = 10,000ppm의 관계가 있다.

11. 폭기조

(1) 산기식 폭기조

폭기조 내에 산기관이나 산기판을 설치하고 조 내의 수중으로 공기를 분출시키는 방식

(2) 기계식 폭기조

폭기조의 수면을 기계적으로 교반하여 폭기조 내의 혼합액과 대기 중의 공기를 접촉시켜 폭기조 내의 액체에 산소를 공급하고 또한 선회류(Spiral Flow)를 일으켜 폭기조를 혼합시키는 것

12. 폭기조 운영의 문제점

(1) 슬러지 팽화(sludge bulking) 현상

일반적으로 사상형 미생물(rotifer)의 과도한 성장으로 인하여 폭기조 내에서 쉽게 고액분리되지 않는 활성 슬러지가 침전지로 넘어가 잘 침전되지 않고 부풀어 오르는 현상
[원인]
① 충격부하(shock load)로 인한 유기물의 과도한 부하(F/M비 상승)
② 용존산소 부족, 낮은 pH
③ 영양분의 불균형(탄소화합물에 비해 N, P 부족), 낮은 SRT(고형물 체류시간), 운전 미숙

(2) 슬러지 부상 현상

[원인]
① 유입하수중의 질소성분이 충분한 폭기에 의해 질산호된 후 최종침전지에서 용존산소가 부족하면 탈질화 현상이 일어나며 이 때 발생하는 질소(N_2)기포가 슬러지를 부상시키는 현상
② 슬러지가 침전지에 너무 오래 머물러 있기 때문에 발생

(3) 플록(floc) 해체

활성슬러지 플록이 침전지에서 미세하게 분산되면서 잘 침전하지 않고 상등액과 함께 유실되는 현상
[원인]
① 과다 폭기 : 공기로 인해 유기물 등이 서로 부딪쳐 깨지기 때문
② 독성물질 유입 : 독성물질로 인해 호기성 세균이 플록을 제대로 형성하지 못한다.

(4) 사상균 벌킹

하수처리 시 사상균이 번성하면 슬러지량이 늘어나고 슬러지 침강을 방해하며 슬러지 벌킹이 일어난다.
벌킹(고액분리장애)이란 비포화상태 되도록 물을 가하여 균일하게 혼합하면 입자간에 모관력 및 겉보기 점착력이 작용하여 입자간격이 건조시 보다 커져 부피가 증가하는 현상으로 슬러지의 경우 잘 침전되지 않고 부풀어 오르는 현상을 말한다.
[사상균 벌킹을 유발하는 운전조건]
① 용존산소(DO)의 저하
② 낮은 pH
③ 영양염류(질소, 인)의 결핍
④ 낮은 SRT(슬러지 체류시간)
⑤ 충격부하로 인한 유기물의 과도한 부하
⑥ F/M비 상승
⑦ 운전 미숙

13. 활성슬러지법의 변법

(1) 표준 활성슬러지법

① 가장 일반적으로 이용되고 있는 처리 방법
② 유입수를 폭기조 내에서 일정 시간 폭기하여 활성슬러지와 혼합시킨 후 혼합액을

최종 침전지로 이송해서 활성슬러지를 침전 분리한다.
③ 폭기조의 MLSS 농도는 1,500~2,500mg/l를 표준으로 한다.
④ 폭기시간은 6~8시간을 표준으로 한다.
⑤ F/M비는 0.2~0.4를 표준으로 한다.
⑥ 슬러지 반송률은 20~50% 정도 된다.
⑦ SRT(고형물 체류시간)는 3~6일 정도로 한다.
⑧ 산기식 폭기조의 유효수심은 4~6m를 표준하며, 심층식은 10m를 표준으로 한다.
⑨ 포기방식은 전면포기식, 선회류식, 미세기포 분사식, 수중교반식 등이 있다.
⑩ 여유고는 표준식은 80cm 정도를, 심층식은 100cm 정도를 표준으로 한다.
⑪ 표면부하율 20~30m^3/m^2·d로 하되 SRT가 길고 MLSS 농도가 높은 고도처리의 경우 표면부하율은 15~25m^3/m^2·d로 할 수 있다.

(2) 계단식 폭기법
① 반송 슬러지를 폭기조의 유입구에 전량 반송하지만 유입수는 폭기조의 길이에 걸쳐 골고루 하수를 분할해서 유입시키는 방법
② 폭기 시간이 짧다.

(3) 접촉 안정법

(4) 장시간 폭기법(장기폭기법, 전산화법)
BOD-SS부하를 아주 작게, 포기시간을 길게 하여 내생호흡상으로 유지되도록 하는 활성슬러지 변법으로 슬러지 생산량이 매우 적어 잉여 슬러지 배출량을 최대한 줄일 수 있다.

(5) 수정식 폭기조

(6) 크라우스(Kraus) 공법

(7) 산화구법
수심이 얕은 탱크에 혼합기를 설치하여 혼합·순환시켜 생물학적 반응이 일어나게 하여 질소 및 인을 제거한다.

(8) 순산소식 활성 슬러지법

(9) 연속회분식 활성 슬러지법(SBR)

(10) 점감식 포기법
표준 활성 슬러지 공정의 단점인 유입부 부근에서의 산소 부족 현상을 보완하기 위하여

유입부에 많은 산기기를 설치하고 포기조의 말단부에는 작은 수의 산기기를 설치하여 산소요구량의 변화에 대응하도록 한 변법이다.

(11) 장기포기법

장기포기법은 활성슬러지법의 변법으로 플러그흐름 형태의 반응조에 HRT와 SRT를 길게 유지하고 동시에 MLSS농도를 높게 유지하면서 오수를 처리하는 방법으로 특징은 다음과 같다.
① 활성슬러지가 자산화되기 때문에 잉여슬러지의 발생량은 표준활성슬러지법에 비해 적다.
② 과잉 포기로 인하여 슬러지의 분산이 야기되거나 슬러지의 활성도가 저하되는 경우가 있다.
③ 질산화가 진행되면서 pH의 저하가 발생한다.

14. 기타 생물학적 처리법

(1) 살수여상법

살수여상법은 보통 도시하수의 2차 처리를 위하여 사용되며, 최초 침전지의 유출수를 미생물 점막으로 덮인 여재(濾材) 위에 뿌려서 미생물막과 폐수 중의 유기물을 접촉시켜 처리하는 방법이다.

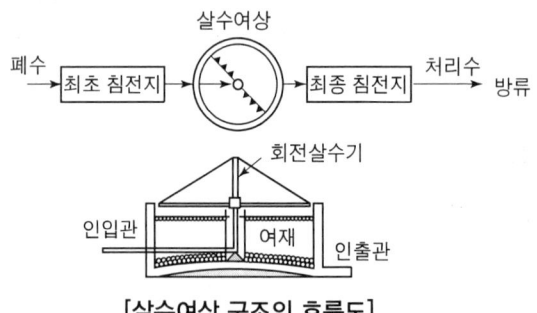

[살수여상 구조의 흐름도]

[살수여상에 관련된 기본공식]

① BOD 용적부하[kgBOD/m³ · day] = $\dfrac{1일\ BOD\ 유입량\ [kgBOD/day]}{여상유효용적\ [m^3]}$

$= \dfrac{BOD 농도\ [kg/m^3] \times 유입하수량\ [m^3/day]}{여상유효용적\ [m^3]}$

$= \dfrac{BOD \cdot Q}{V} = \dfrac{BOD \cdot Q}{A \cdot H}$

② BOD 면적부하[kgBOD/m² · day] = $\dfrac{1일\ BOD\ 유입량\ [kgBOD/day]}{여상면적\ [m^2]}$

= $\dfrac{BOD\ 농도\ [kg/m^3] \times 유입하수량\ [m^3/day]}{여상면적\ [m^2]}$

= $\dfrac{BOD \cdot Q}{A}$

③ 수리학적 부하[m³/m² · day] = $\dfrac{유입수량\ [m^3/day]}{여상면적\ [m^2]} = \dfrac{Q}{A}$

(2) 회전원판법(회전 생물막접촉기, RBC)

폐수면보다 약간 높게 설치된 수평회전축에 여러 개의 원판을 수직으로 고정하여 회전시키는 구조를 가지며, 원판표면에는 미생물 점막이 형성되어 이 미생물막이 폐수조 내의 용존 유기물질을 섭취, 분해하여 제거한다.

① 장점
  ㉠ 별도의 폭기장치와 슬러지 반송이 필요 없고, 유지비가 적게 들며, 관리가 용이하다.
  ㉡ 다단식을 취하므로 BOD 부하변동에 강하다.
  ㉢ 고농도로부터 저농도 폐수까지 처리가 가능하다.
  ㉣ 슬러지 발생량이 적다.
  ㉤ 질소와 인의 제거가 가능하며, pH 변화에 비교적 잘 적응한다.

② 단점
  ㉠ 정화기구가 복잡하여 미생물량을 인위적으로 제어할 수 없다.
  ㉡ 폐수의 성상에 따라 거리 효율이 크게 좌우된다.

(3) 산화지법

① 얕은 연못에서 박테리아(bacteria)와 조류(algae) 사이의 공생관계에 의해 유기물을 분해, 처리하며 이 연못을 산화지(oxidation pond), 늪(lagoon) 또는 안정지(stabilization pond)라 한다.
② 산화지법은 자연정화기능을 이용한 에너지 절약형 처리방법(폭기시설이 필요없음)이다.
③ 햇빛을 받아 광합성작용에 의한 조류, 박테리아에 의해 자연적으로 정화된다.
④ 악취가 발생할 우려가 있다.

(4) 접촉산화법(접촉폭기법, 침지여상법, 고정상식 활성오니법)

① 접촉산화법 일반사항
  ㉠ 접촉산화법은 회전원판법이나 살수여상법 등과 같이 생물막을 이용하여 유기성

폐수를 처리하는 방법의 하나로써 폭기조 내에 접촉여재를 충전하여 폐수와 여재표면에 생성된 생물막을 접촉시키면서 폭기를 함으로써 폐수 중의 유기물을 제거시키는 방법이다.
ⓛ 충전재로는 쇄석, 코크스, 연화, 대나무 등을 사용하였으나 최근에는 플라스틱 여재가 개발되어 많이 사용되고 있다.
ⓒ 접촉산화법은 호기성처리의 2차 처리장치로 사용되지만 우리나라에서는 생활하수의 고도처리(활성오니 처리수를 재처리) 등에 사용한다.

② 장점
㉠ 유지관리가 용이하다.
㉡ 단위 장치 용적에 대한 생물성 슬러지 보유량이 많고, 생물상이 다양하다.
㉢ 생분해성 또는 생분해 속도가 낮은 기질을 효율적으로 제거할 수 있다.
㉣ 수온의 변화량, 충격 부하 등의 운전 조건의 급변에 강하다.
㉤ 호기성, 혐기성의 양 작용을 동시에 기대할 수 있다.
㉥ 먹이연쇄를 매기로 한 분해작용으로 인해 슬러지 발생량이 적다.
㉦ 저농도 폐수를 효율적으로 처리할 수 있다. 그 때문에 유독한 성질 등으로서 순치가 용이하다.
㉧ 소규모 폐수처리 시설로서 아주 적당하다.
㉨ 처리수의 청정도가 높다.
㉩ 최종침전지는 꼭 필요하지 않다.
㉪ 기능, 구조에 있어서 다양한 방식이 있으며, 목적에 따라 선택할 수 있다.

③ 단점
㉠ 창치의 기능을 운전조작과 유지관리에 의해 보조할 수 있는 여지가 적다.
㉡ 생물성 슬러지량의 조절을 임으로 또는 용이하게 행하기 어렵다.
㉢ 생물막이 과도하게 축적하고, 탈락 등의 문제가 일어날 수 있다.
㉣ 대형 생물의 작용으로 생물막이 일시에 대량으로 탈락 유출하여 처리수질의 악화를 초래할 수 있다.
㉤ 처리에 요하는 에너지가 약간 많다.

(5) 생물막법

생물막법은 대기, 하수 및 생물막의 상호 접촉양식에 따라 살수여상법, 회전원판법, 접촉산화법 및 침적여과형의 호기성여상법으로 분류된다. 생물막에서는 통상의 미생물류에 비하여 증식속도가 작은 원생동물이나 미소후생동물도 안정적으로 증식할 수 있기 때문에 생물막법은 활성슬러지법에 비하여 다양한 생물종이 생물막을 구성하게 된다.

① 호기성 여상법
  ㉠ 호기성여상법은 3~5mm 정도의 여재를 충전한 여상의 상부에 오수를 유하시켜 여상의 하부로 부터 호기성 생물처리에 필요한 공기를 불어넣는 것이며, 오수중의 부유물은 여재사이에 포획되고 용해성 유기물은 여재 표면에서 증식한 생물막에서 처리된다.
  ㉡ 운전관리는 공기량의 조정과 역세척 만으로 이루어진다.

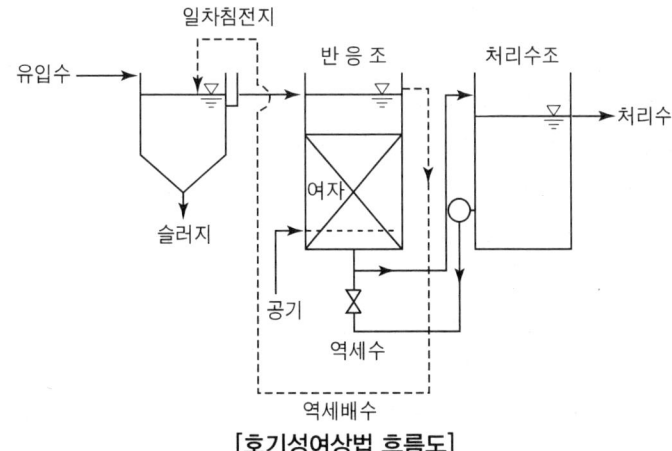
[호기성여상법 흐름도]

② 살수여상법, 회전원판법 및 접촉산화법
  ㉠ 살수여상법, 회전원판법 및 접촉산화법은 아래 그림의 처리계통도와 같이 일차침전지, 반응조 및 이차침전지로 구성되며, 반응조내의 여재 등과 같은 접촉제의 표면에 주로 미생물로 구성된 생물막을 만들어 오수를 접촉시키는 것으로 오수중의 유기물을 분해·처리하는 것이다.

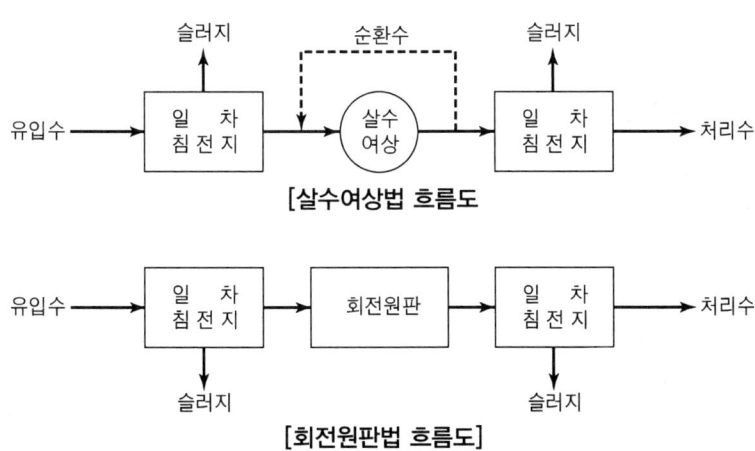
[살수여상법 흐름도]

[회전원판법 흐름도]

[접촉산화법 흐름도]

ⓒ 세 가지 처리법은 설계 및 운전관리 인자가 각각 다르지만 같은 호기성 처리인 활성슬러지법과 비교한 경우 공통적으로 다음과 같은 특징을 가지고 있다.
ⓐ 반응조내의 생물량을 조절할 필요가 없으며 슬러지 반송을 필요로 하지 않기 때문에 운전 조작이 비교적 간단하다.
ⓑ 활성슬러지법에서의 벌킹현상처럼 이차침전지 등으로부터 일시적 또는 다량의 슬러지 유출에 따른 처리수 수질악화가 발생하지 않는다.
ⓒ 반응조를 다단화함으로써 반응효율, 처리의 안전성의 향상이 도모된다.

③ 생물막법에서의 공통적 문제점
㉠ 활성슬러지법과 비교하면 이차침전지로부터 미세한 SS가 유출되기 쉽고 그에 따라 처리수의 투시도의 저하와 수질악화를 일으킬 수 있다.
㉡ 처리과정에서 질산화 반응이 진행되기 쉽고 그에 따라 처리수의 pH가 낮아지게 되거나 BOD가 높게 유출될 수 있다.
㉢ 생물막법은 운전관리 조작이 간단하지만 한편으로는 운전조작의 유연성에 결점이 있으며 문제가 발생할 경우에 운전방법의 변경 등 적절한 대처가 곤란하다.

15. 슬 러 지

(1) 정 의

하수처리 과정에서 발생하는 액상 부유 물질의 총칭

(2) 슬러지 처리 목표

① 안정화(유기물 제거)
② 살균(안전화)
③ 부피 감량화
④ 처분의 확실성

16. 슬러지 처리

(1) 슬러지 처리 계통 : 슬러지 농축 → 소화 → 개량 → 탈수 → 최종처분

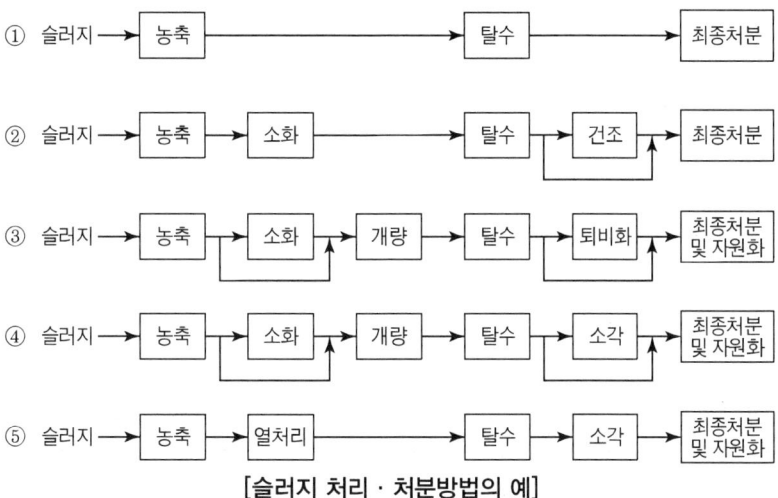

[슬러지 처리·처분방법의 예]

(2) 농 축

슬러지 농축의 역할은 수처리시설에서 발생한 저농도 슬러지를 농축한 다음 슬러지소화나 슬러지탈수를 효과적으로 기능하게 하는데 있다. 따라서 슬러지를 농축시키면 슬러지 부피가 감소되면서 다음 시설의 용적부하가 감소되고 처리효율이 증가한다.

[고형물 농도와 슬러지 부피와의 관계식]

$$\frac{V_1}{V_2} = \frac{TS_2}{TS_1}$$

여기서, V_1, V_2 : 농축 전·후 슬러지 부피
TS_1, TS_2 : 농축 전·후 고형물 농도

중력식 농축조
중력식 농축조의 형상과 수는 다음 사항을 고려하여 정한다.
① 형상은 원칙적으로 원형으로 한다.
② 슬러지 제거기(sludge scraper)를 설치할 경우 탱크바닥의 기울기는 5/100 이상이 좋다.
③ 슬러지 제거기를 설치하지 않을 경우 탱크바닥의 중앙에 호퍼를 설치하되 호퍼측벽의 기울기는 수평에 대하여 60° 이상으로 한다.
④ 농축조의 수는 원칙적으로 2조 이상으로 한다.

(3) 소화(안정화)

소화는 슬러지의 양을 감소시키며, 슬러지의 탈수성과 건조성이 향상될 수 있도록 실시하는 공정으로 호기성 소화법, 혐기성 소화법 등이 있다.

① 혐기성 소화

혐기성 소화는 하수슬러지를 감량화, 안정화하는 것으로 소화과정, 목적, 영향인자 및 운전시 주의사항은 다음과 같다.
  ㉠ 혐기성 소화는 혐기성균의 활동에 의해 슬러지가 분해되어 안정화되는 것이다.
  ㉡ 소화 목적은 슬러지의 안정화, 부피 및 무게의 감소, 병원균 사멸 등을 들 수 있다.
  ㉢ 공정 영향인자에는 체류시간, 온도, 영양염류, pH, 독성물질, 알칼리도 등이 있다.
  ㉣ 혐기성 소화공정을 적절하게 운전 및 관리하기 위해서는 유입슬러지의 상태 및 주입량, 소화조내의 슬러지 성상, 거품 등을 지속적으로 파악하여 이상사태가 발생하면 신속하고 적절한 조치를 취할 수 있도록 하여야 한다.

② 호기성 소화와 혐기성 소화 비교

구 분	호 기 성	혐 기 성
BOD	상등액의 BOD가 낮다.	상등액의 BOD가 높다.
냄새	냄새가 없다.	냄새가 많이 난다.
비료	비료 가치가 크다.	비료 가치가 작다.
시설비	시설비가 적게 든다.	시설비가 많이 든다.
운전	운전이 쉽다.	운전이 까다롭다.
규모	공장이나 소규모에 좋다.	대규모 시설에 적합하다.
적용	2차 슬러지에 적응이 가능하다.	1차 슬러지에 보다 적합하다.
질소	산화되어 NO_3로 방출	NH_3-N으로 방출
기타	저온시 효율 저하, 상징수의 수질 양호	

③ 혐기성 소화 특징
  ㉠ 슬러지 양이 감소된다.
  ㉡ 슬러지를 분해하여 안정화 시킨다.
  ㉢ 부산물로 유용한 메탄가스가 생산된다.(이용가치가 있는 부산물)
  ㉣ 병원균을 사멸 할 수 있어 위생적이다.
  ㉤ 동력 시설 없이 연속적인 처리가 가능하다.
  ㉥ 유지관리비가 적게 소요된다.
  ㉦ 낮은 pH는 중금속의 용해도를 높이는 등 다른 영향 인자의 상승 작용으로 혐기성

반응을 저해한다.
④ 혐기성 소화로의 소화가스 발생량 저하원인
  ㉠ 소화 슬러지의 과잉배출
  ㉡ 소화 가스의 누출
  ㉢ 조내 온도의 하강
  ㉣ 과다한 산 생성
  ㉤ 저농도 슬러지 유입
⑤ 소화가스 발생량 저하 대책
  ㉠ 과잉배출의 경우는 배출량을 조절한다.
  ㉡ 가스누출은 위험하므로 수리한다.
  ㉢ 저온일 때는 온도를 소정치까지 높인다. 가온시간이 정상인데 온도가 떨어지는 경우는 보일러를 점검한다.
  ㉣ 과다한 산은 과부하, 공장폐수의 영향일 수도 있으므로, 부하조정 또는 배출 원인의 감시가 필요하다.
  ㉤ 저농도의 경우는 슬러지 농도를 높이도록 노력한다.
  ㉥ 조용량감소는 스컴 및 토사 퇴적이 원인이므로 준설하고 슬러지농도를 높이도록 한다.

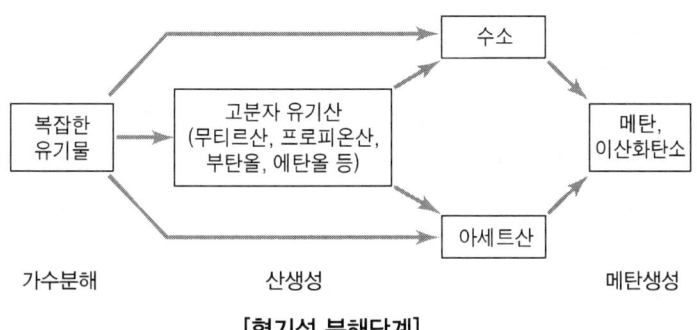

[혐기성 분해단계]

⑥ 혐기성 소화법과 비교한 호기성 소화법의 장·단점
  ㉠ 장점 ⓐ 최초시공비 절감
         ⓑ 악취발생 감소
         ⓒ 운전용이
         ⓓ 상징수의 수질 양호
  ㉡ 단점 ⓐ 소화슬러지의 탈수불량
         ⓑ 포기에 드는 동력비 과다
         ⓒ 유기물 감소율 저조

ⓓ 건설부지 과다
ⓔ 저온시의 효율 저하
ⓕ 가치있는 부산물이 생성되지 않음.

⑦ 혐기성 소화법의 장·단점
  ㉠ 장점 ⓐ 병원균을 사멸할 수 있어 위생적
         ⓑ 동력 시설 없이 연속적인 처리 가능
         ⓒ 부산물로 유용한 메탄가스 생산됨
         ⓓ 유지 관리비가 적게 소요
  ㉡ 단점 ⓐ 온도, pH의 영향을 쉽게 받는다.
         ⓑ 호기성 처리보다 분해속도가 느리다.

⑧ 혐기성 소화처리법에 비해 호기성 소화처리법의 특징

장 점	단 점
• 초기 투자비가 적다. • 처리수의 수질이 양호하다. • 소화 슬러지에서 악취가 나지 않는다. • 운전이 용이하다.	• 에너지 소비가 크다. • 소화 슬러지의 탈수성이 불량하다. • 저온시 효율이 저하된다. • CH_4 등의 가치 있는 부산물이 생성되지는 않는다. • 고농도의 슬러지 처리에 부적합하다.

⑨ 혐기성 소화조의 소화효율이 낮은 원인
  ㉠ 낮은 유기물 함량 : 유기물의 함량이 낮아 충분한 산 생성 반응과 메탄 생성 반응이 일어나지 않는다.
  ㉡ 소화조내 온도의 저하 : 소화조 내 정상적인 운전 온도는 35℃ 정도이며 이보다 온도가 저하되면 미생물의 활성이 떨어져 소화 효율이 저하된다.
     ⓐ 온도 저하의 원인은 농도가 낮은 슬러지를 대량으로 급속히 투입하게 되는 경우에 조내 온도가 급격히 저하된다.
     ⓑ 온도계의 작동 불량이거나 교반불량이 원인일 수도 있다.
     ⓒ 슬러지가 온수 코일에 부착되어 두터운 절연층을 형성하여 열의 전도를 방해하는 경우도 있다.
  ㉢ 가스발생량의 저하 : 어떠한 이유로 메탄 형성이 저조하고 산 형성이 왕성하면 조 내 유기산이 축적되어 pH가 저하되게 되고 pH가 저하되면 메탄 형성 미생물에 독성을 준다.
  ㉣ 상등수 악화
     ⓐ 상등수의 BOD, SS가 비정상적으로 높은 경우의 원인은 소화가스 발생량의 저하 원인과 마찬가지로 저농도 슬러지가 유입되거나, 소화슬러지 과잉배출, 조 내 온도저하, 과도한 산 생성 등이 원인이 될 수 있다.

ⓑ 과다 교반이 원인이 될 수 있다.
ⓜ pH저하
    ⓐ 유기물의 과부하로 인한 소화의 불균형이나 온도의 급 저하 또는 교반 부족 등이 원인이다.
    ⓑ 독성물질 유입이 원인이다.
ⓗ 알칼리도 부족 : 하수의 질산화시 알칼리도의 소비 등으로 인해 알칼리도가 부족한 경우가 많으며 이로 인해 소화에 문제가 나타난다.

수중의 질소화합물 질산화 진행과정
단백질 → Amino acid → 암모니아성 질소(NH_3-N) → 아질산성 질소(NO_2-N) → 질산성(NO_3-N)

알칼리도
(1) 알칼리도 정의
   수계에 산이 유입될 때 이를 중화시킬 수 있는 능력을 $CaCO_3$의 농도(mg/L)로 환산한 값으로서 유발물질로는 수산화물(OH^-), 중탄산염(HCO_3^-), 탄산염(CO_3^{2-}) 등이 있다.
(2) 알칼리도의 이용
   ① 응집제 투입시 적정 pH 유지 및 응집효과를 촉진하는데 이용한다.
   ② 부식 제어에 관련되는 중요한 변수인 랑겔리어 포화지수(LI) 계산에 이용한다.
   ③ 물의 연수화를 위한 석회 및 소다회 lthdyfid을 계산하는데 이용한다.
   ④ 슬러지의 완충용량 계산분야에 이용한다.
   ⑤ 생물학적 처리방법에 있어서 예비조작분야에 이용한다.

⑩ 혐기성 소화조의 낮은 소화효율 개선방안
  ㉠ 낮은 유기물 함량
    ⓐ 주로 합류식으로 되어 있는 하수도를 분류식으로 교체하거나 최대한 개선하여 하수에 모래나 흙 등의 이물질이 들어가지 않도록 한다.
    ⓑ 하수 처리장에서는 슬러지를 농축하여 소화조로 유입시킨다.
       슬러지를 소화시키기 전에 농축시킬 경우 장점은 다음과 같다.
       • 가열에 필요한 에너지를 감소시킨다.
       • 알칼리도의 농도가 높아져 소화과정이 보다 안정하다.
       • 미생물의 양분이 되는 유기물의 농도가 높게 된다.
       • 식종미생물의 유출을 감소시킨다.
       • 혼합효과를 최대로 발휘하게 한다.

- 소화과정을 더 잘 조절할 수 있다.
- 상징수의 양을 감소시킨다.

ⓛ 소화조내 온도의 저하
ⓐ 농도가 낮은 슬러지를 대량으로 급속히 투입하게 되는 경우 : 슬러지 주입은 전체 슬러지 계통의 인발 및 주입 시간표를 작성하여 조금씩 나누어 여러 차례에 걸쳐 투입하여 이러한 증상을 호전시킬 수 있다.
ⓑ 온도계의 작동 불량이거나 교반불량 : 검사 후 수리한다.
ⓒ 슬러지가 온수 코일에 부착되어 두터운 절연층을 형성하여 열의 전도를 방해하는 경우 : 필요시 청소하여 정상적인 가동이 되도록 한다.

ⓒ 가스발생량의 저하
ⓐ 투입횟수, 1회 투입량 등을 재검토하여 적정량의 슬러지가 균등하게 투입되도록 조정하여야 한다.
ⓑ 또한, pH를 높이기 위해 알칼리(보통 '석회')를 투입하는 것도 필요하다.

ⓔ 상등수 악화
ⓐ 저농도 슬러지가 유입되거나, 소화슬러지 과잉배출, 조 내 온도저하, 과도한 산 생성 등이 원인인 경우 : 소화가스량 저하시 대책과 동일하다.
ⓑ 과다 교반이 원인인 경우 : 교반회수를 조정한다.

ⓜ pH저하
ⓐ 유기물의 과부하로 인한 소화의 불균형이나 온도의 급 저하 또는 교반 부족 등이 원인인 경우 : 온도 유지를 위한 점검·조절과 교반강도 및 교반회수를 조정한다.
ⓑ 독성물질 유입이 원인인 경우 : 배출원을 규제하고 소ㅗ하슬러지 대체방법을 강구한다.
ⓗ 알칼리도 부족 : 소화조의 적정 알칼리도인 2,000mg/L~5,000mg/L 정도로 한다.

(4) 생하수 내 질소

생하수 내에서 질소는 주로 유기성 질소 화합물과 NH_3로 존재한다.

(5) Imhoff 탱크

부유물의 침전과 침전물의 혐기성 소화가 한 탱크 내에서 이루어지는 처리시설로서, 상부에서 침전이 진행(물리적 방법)되고 하부에서는 슬러지의 혐기성 소화(생물학적 방법)가 동시에 이루어진다.

(6) 개 량

슬러지의 특성을 개선하는 처리로 탈수성이 증가하도록 하는 단계
① 세정
② 약품 첨가
③ 열처리
④ 동결법

(7) 탈 수

슬러지의 부피를 감소시키고 취급이 용이하도록 만들 목적으로 슬러지의 함수율을 감소시키는 과정

① 기계적인 탈수 방법
    ㉠ 진공여과법(belt filter형, drum filter형)
    ㉡ 원심탈수법
    ㉢ 가압탈수법

② 탈수성
    ㉠ 가압탈수법(70%) > ㉡ 벨트 프레스(75%) > ㉢ 진공여과법(80%) > ㉣ 원심탈수법(85%)

(8) 최종처분

① 매립 처분
② 퇴비화
③ 소각재 이용
    ㉠ 부패성이 없다.
    ㉡ 타처리 방법에 비하여 소요부지 면적이 적다.
    ㉢ 위생적으로 안정하다.
    ㉣ 슬러지 용적이 $\frac{1}{50} \sim \frac{1}{100}$ 로 감소한다.
④ 해양투기

(9) 계획 슬러지량

① 계획 슬러지량은 계획1일 최대 오수량을 기준
② 함수율과 슬러지 부피의 관계

$$\frac{V_1}{V_2} = \frac{100 - W_2}{100 - W_1}$$

여기서, V_1, V_2 : 슬러지의 부피 W_1, W_2 : 슬러지의 함수율(%)

③ 슬러지 용적(V)

$$V = \frac{슬러지\ 중량}{비중} \times \frac{100}{100 - 수분함량(\%)}$$
$$= \frac{하수량 \times 제거된\ 부유물\ 농도}{비중} \times \frac{100}{100 - 수분함량(\%)}$$

17. 슬러지 수송관 설계

① 관은 스테인리스, 주철관 등 견고하고 내식성 및 내구성이 있는 것을 사용한다.
② 배수관은 동수경사선 이하로 한다.
③ 배관은 가능한 한 직선으로 한다.
④ 필요한 곳에는 제수밸브, 이토밸브, 공기밸브 등의 안전설비를 설치한다.

18. 정수장 배출수 처리 시설

(1) 정 의

① 정수 처리 과정에서 발생되는 슬러지를 적절하게 처리 및 처분하기 위한 시설
② 정수장 배출수에는 침전슬러지와 여과지 세척에 의한 배출수로 나누어진다.

(2) 배출수 처리 과정

조정 → 농축 → 탈수 → 건조 → 처분(반출)

3-4 펌프장 시설

1. 하수도 펌프장별 계획

(1) 하수도 펌프 계획

하수배제 방식	펌프장의 종류	계획하수량
분류식	중계 펌프장, 소규모 펌프장, 유입·방류 펌프장	계획시간 최대 오수량
	빗물 펌프장	계획우수량
합류식	중계 펌프장, 소규모 펌프장, 유입·방류 펌프장	우천시 계획오수량
	빗물 펌프장	계획하수량-우천시 계획오수량

(2) 펌프 설치대수

계획오수량과 계획우수량에 대하여 각각 2~6대를 표준으로 한다.

설치대수 \ 펌프능력	case	소	중	대
2대	1	–	$1/2 \cdot Q \times 2$대	–
3대	1	$1/4 \cdot Q \times 2$대	–	$2/4 \cdot Q \times 1$대
	2	$1/6 \cdot Q \times 1$대	$2/6 \cdot Q \times 1$대	$3/6 \cdot Q \times 1$대
4대	1	$1/8 \cdot Q \times 2$대	$2/8 \cdot Q \times 1$대	$4/8 \cdot Q \times 1$대
	2	$1/8 \cdot Q \times 1$대	$2/8 \cdot Q \times 2$대	$3/8 \cdot Q \times 1$대
5대	1	$1/10 \cdot Q \times 2$대	$2/10 \cdot Q \times 2$대	$4/10 \cdot Q \times 1$대
	2	$1/13 \cdot Q \times 1$대	$2/13 \cdot Q \times 2$대	$4/13 \cdot Q \times 2$대

[주] 1. 계획오수량을 Q로 한다.
　　 2. case 1, 2를 유입수량의 변동폭 등에 의해 선택한다.

2. 펌프의 종류

- 원심력 펌프 ┬ 터빈 펌프(turbine pump)
　　　　　　└ 와류 펌프(볼류트 펌프 : volute pump)
- 사류 펌프 : 전양정 3~12m, 펌프구경 400mm 이상
- 축류 펌프 : 전양정 5m 이하, 펌프구경 400mm 이상
- ※ 원심펌프 : 전양정 4m 이상, 펌프구경 80mm 이상
    원심사류펌프 : 전양정 5~20m, 펌프구경 300mm 이상

(1) 원심력 펌프

① 전양정이 4m 이상인 경우 적합
② 상하수도용으로 많이 사용
③ 일반적으로 효율이 높고 적용 범위가 넓다.
④ 고양정이며 토출유량이 작다. : 송수, 배수 펌프

(2) 축류 펌프

① 회전수를 높게 할 수 있어 사류 펌프보다 소형으로 된다.
② 전양정이 5m 이하인 경우에는 축류 펌프가 경제적으로 유리하다.
③ 저양정으로 토출유량이 크다. : 도수 펌프
④ 비교회전도(N_s)가 1,100~2,000 정도이다.

(3) 사류 펌프

① 원심력 펌프와 축류 펌프의 중간형으로 양정은 3~5m 정도이다.
② 중양정 및 저양정에 적합하다.
③ 광범위한 양정변화(수위변화 클 때)에 대해서도 양수 가능하다.
④ 토사유입에 손상이 적은 구조 : 취수펌프 주로 사용
⑤ 비교회전도(N_s)가 700~1200 정도이다.

(4) 스크루 펌프

유지관리가 간단하여 하수도에 사용되는 펌프로 저양정에 적합한 펌프

3. 펌프 선택시 고려 사항

① 배출량이 많고 비교적 고양정이며 효율이 높을 것
② 양정의 변동이 용이하고 효율의 저하 및 운동력의 증감에 변화가 적을 것
③ 모래와 이토 또는 주방 쓰레기가 혼입된 하수를 양수할 수 있을 것
④ 수질로부터 화학작용을 받아도 부식 등으로 인한 효율의 저하가 적을 것
⑤ 펌프 내부의 검사 청소에 편리한 구조일 것
⑥ 형상이 적어서 기초나 건물 면적이 좁은 곳에 사용할 수 있을 것
⑦ 구조가 간단해서 취급이 간편 할 것
⑧ 고장이나 파손 등이 적고 운전이 확실하며 효율이 높고 수명이 길 것
⑨ 고장이 생길 경우 수리 · 수선이 쉬울 것
⑩ 펌프 선정시 펌프의 특성과 효율 및 동력을 고려한다.

펌프의 선정

펌프의 형식은 표준특성을 고려해서 다음 사항에 따라서 정한다.
① 펌프는 계획조건에 가장 적합한 표준특성을 가지도록 비교회전도를 정하여야 한다.
② 펌프는 흡입실양정 및 토출량을 고려하여 전양정에 따라 다음 표를 표준으로 한다.

[전양정에 대한 펌프의 형식]

전양정(m)	형 식	펌프구경(mm)
5 이하	축류펌프	400 이상
3~12	사류펌프	400 이상
5~20	원심 사류 펌프	300 이상
4 이상	원심펌프	80 이상

③ 침수될 우려가 있는 곳이나 흡입실양정이 큰 경우에는 입축형 혹은 수중형으로 한다.
④ 펌프는 내부에서 막힘이 없고, 부식 및 마모가 적으며, 분해하여 청소하기 쉬운 구조로 한다.
⑤ 펌프는 그 효율이 다음 표에서 지시하는 값 이상의 것으로 한다.

[펌프의 효율]
- 입축축류펌프

구경(mm)	400	500	600	700	800	900	1000
효율(%)	70	72	75	76	77	78	79
구경(mm)	1,200	1,350	1,500	1,650	1,800	2,000	
효율(%)	80	80	81	81	83	83	

- 입축사류펌프

구경(mm)	400	450	500	600	700	800	900
효율(%)	72	74	75	78	79	80	81
구경(mm)	1,000	1,200	1,350	1,500	1,650	1,800	2,000
효율(%)	82	83	83.5	84	84	84	85

- 수중펌프

구경(mm)	300	400	500
효율(%)	70	73	74

4. 펌프의 흡입관

① 충분한 흡입수두를 가져야 한다.
② 흡임관은 가능한 수직으로 설치하며, 관의 길이는 짧게, 관의 직경은 크게 한다.
③ 흡입관에는 공기가 혼입되지 않도록 한다.
④ 펌프 한 대에 하나의 흡입관을 설치한다.

5. 펌프의 양수량 조정방법

① 토출밸브의 개폐정도를 변경하는 방법이다.

② 펌프의 회전수를 변경하는 방법이다.
③ 펌프의 운전대수를 증감하는 방법이다.

6. 펌프의 구경

① 펌프의 크기는 흡입구경과 토출구경의 크기로 표시
② 펌프 흡입구의 유속은 1.5~3m/sec를 표준
    ㉠ 펌프의 회전수가 클 경우 : 유속을 크게
    ㉡ 펌프의 회전수가 작을 때 : 유속을 작게
③ 펌프의 흡입구경은 토출량과 흡입구의 유속에 따라 결정

$$D = 146\sqrt{\frac{Q}{V}}$$

여기서, D : 펌프의 흡입구경[mm] Q : 펌프의 토출유량[m³/min]
       V : 흡입구의 유속[m/sec]

7. 펌프의 양정

양정 : 펌프가 물을 올릴 수 있는 높이
① **전양정** : 손실수두와 관 내의 유속에 의한 마찰손실수두와의 총합
② **실양정** : 전양정에서 모든 손실수를 뺀 것

$$H = h_a + \sum h_f + h_0$$

여기서, H : 전양정[m] h_a : 실양정[m] (배출수위와 흡입수위와의 차)
      $\sum h_f$: 관로의 손실수두 합(pump, 관, valve)
      h_0 : 관로 말단의 잔류속도수두$\left(\frac{V^2}{2g}\right)$[m]

8. 펌프의 축동력

축동력 : 펌프의 운전에 필요한 동력

$$P_S = \frac{1,000\,QH_p}{75\eta} = \frac{13.33\,QH_P}{\eta}\,[\text{HP}]$$

$$P_S = \frac{1,000\,QH_p}{102\eta} = \frac{9.8\,QH_P}{\eta}\,[\text{kW}]$$

여기서, P_S : 펌프의 축동력[HP] 또는 [kW] Q : 양수량[m³/sec]
       H_p : 펌프의 전양정[m] η : 펌프의 효율[%]

$$P_S = \frac{1}{60 \times 10^{-3} \cdot \eta} \rho g Q H = 0.163 \frac{r \times Q \times H}{\eta}$$

여기서, P_S : 펌프의 축동력[kW] Q : 펌프의 토출량[m³/min]
　　　　H : 펌프의 전양정[m]　　　η : 펌프의 효율[소수]
　　　　ρ : 양정하는 물의 밀도[kg/m³](단, 하수의 경우는 1000kg/m³)
　　　　g : 중력가속도[9.8m/s²]

9. 비교회전도(비속도)

① 펌프의 성능이 최고가 되는 상태를 나타내기 위한 회전수
② 각각 치수가 다른, 기하학적으로 닮은 impeller가 유량 1m³/min을 1m 양수하는 데 필요한 회전수

$$N_S = N \frac{Q^{1/2}}{H^{3/4}}$$

여기서, N_S : 비교회전도[rpm]　　N : 펌프의 회전수[rpm]
　　　　Q : 최고 효율점의 양수량[m³/min](양흡입의 경우에는 1/2로 한다.)
　　　　H : 최고 효율점의 전양정[m](다단 펌프의 경우는 1단에 해당하는 양정)

③ 비교회전도가 크다.
　㉠ 펌프가 많이 회전한다.
　㉡ 양정이 낮은 펌프
　㉢ 대수량
　㉣ 축류펌프
　㉤ 토출량과 전양정이 동일하면 회전속도가 클수록 N_S가 크고, 따라서 소형으로 되며 일반적으로 가격이 저렴하게 된다.
④ 비교회전도가 작다
　㉠ 펌프가 적게 회전한다.
　㉡ 양정이 높은 펌프
　㉢ 소수량
　㉣ 원심펌프

펌프를 운전하는 전동기 출력

$$P = \frac{P_S(1+\alpha)}{\eta_o}$$

여기서, P : 전동기 출력[kW], P_S : 펌프의 축동력[kW]
　　　　α : 여유율, η : 전달효율[직결의 경우 1.0]

10. 펌프 특성 곡선(펌프 성능 곡선)

펌프의 회전속도를 일정하게 고정하고 토출관의 밸브를 조절하여 펌프 용량을 변화시킬 때 나타나는 양정(H), 효율(η), 축동력(p)이 펌프용량(Q)의 변화에 따라 변하는 관계(축동력 요구량)를 각기의 최대 효율점에 대한 비율로 나타낸(입력과 출력) 곡선

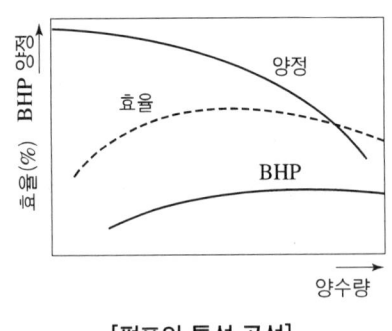

[펌프의 특성 곡선]

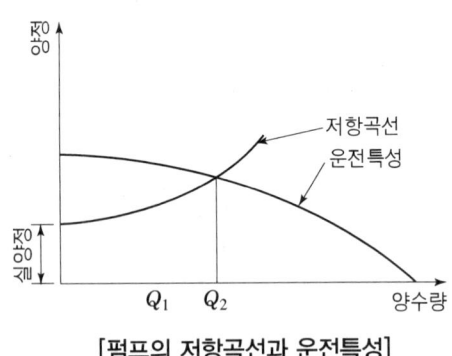

[펌프의 저항곡선과 운전특성]

운전점(operating point)
실제로 펌프가 운전되고 있는 상태를 표시하는 점으로서 양정곡선과 저항곡선과의 교점이 된다.

11. 펌프 운전 특성

(1) 직렬운전

① 양정의 변화가 크고 양수량의 변화가 작은 경우에 펌프의 직렬연결이 된다.
② **특성이 서로 같은 펌프를 직렬운전하는 경우** : 총합 특성곡선은 단독 운전할 때의 양정을 2배로 하면 구해진다.
③ **특성이 서로 다른 펌프를 직렬운전하는 경우** : 각 펌프의 최대 양수량이 사용 수량보다 반드시 커야 한다.

(2) 병렬운전

① 양정의 변화가 작고 양수량의 변화가 큰 경우이다.
② **특성이 서로 같은 펌프를 병렬운전하는 경우** : 종합특성은 양수량을 2배로 함으로써 구할 수 있다.

12. 펌프의 공동현상

(1) 정 의

공동현상(Cavitation)이란 펌프의 임펠러 입구에서 가장 압력이 저하하게 되는데, 이 때의 압력이 포화증기압 이하가 되었을 때 그 부분의 물이 증발하여 공동(空洞)을 발생하든가 흡입관으로부터 공기가 혼입해서 공동이 발생하는 현상을 말한다.

(2) 공동현상의 방지법

① 펌프의 설치 위치를 되도록 낮게 하고, 흡입양정을 작게 한다.
② 흡입관은 되도록 짧은 것이 좋으며 부득이할 때는 흡입관을 크게 하여 손실을 감소시킨다.
③ 흡입측에서 펌프의 토출량을 감소시키는 일은 절대로 피한다.
④ 총양정의 규정에 있어서 적합하도록 계획한다.
⑤ 양정 변화가 클 때는 상용의 최저 양정에 대하여도 공동현상이 생기지 않도록 충분히 주의해야 한다.
⑥ 공동현상을 피할 수 없을 때는 임펠러 재질을 cavitation 파손에 강한 것을 사용한다.
⑦ 펌프의 공동현상을 방지하려면 펌프의 회전수를 낮게 해야 한다.
⑧ 가용 유효 흡입수두를 필요 유효 흡입수두 보다 크게하여 손실수두를 줄인다.

(3) 공동현상 발생 방지를 위한 대책

① 펌프의 설치위치를 가능한 한 낮추어 가용유효흡입수두(hsv)를 크게 한다.
② 흡입관의 손실을 가능한 한 작게 하여 가용유효흡입수두(hsv)를 크게 한다.
③ 펌프의 회전속도를 낮게 선정하여 필요유효흡입수두(Hsv)를 작게 한다.
④ 운전점이 변동하여 양정이 낮아지는 경우에는 토출량이 과다하게 되므로, 이것을 고려하여 충분한 hsv를 주거나 밸브를 닫아서 과대토출량이 되지 않도록 한다. 또한 펌프계획상 전양정에 여유가 너무 많으면 실제 운전시에 과대토출량으로 운전되어서 캐비테이션이 발생할 우려가 있으므로 주의를 요한다.
⑤ 동일한 토출량과 동일한 회전속도이면, 일반적으로 양쪽흡입펌프가 한쪽흡입펌프보다 캐비테이션 현상에서 유리하다.
⑥ 악조건에서 운전하는 경우에 임펠러의 침식을 피하기 위하여 캐비테이션에 강한 재료를 사용한다.
⑦ 흡입측 밸브를 완전히 개방하고 펌프를 운전한다.

13. 펌프의 수격작용

(1) 정 의
펌프의 관수로에서 정전에 의하여 펌프가 급정지하는 경우 관로유속의 급격한 변화에 따라 관 내 압력이 급상승이나 급하강하는 현상

(2) 수격작용의 대책
① 펌프의 급정지를 피할 것
② 관 내 유속을 저하시킬 것
③ 펌프의 토출구 부근에 공기 밸브를 설치할 것
④ 펌프의 토출구에 완만히 닫을 수 있는 역지밸브를 설치하여 압력상승을 적게 할 것
⑤ 펌프의 설치 위치를 낮게 하고 흡입양정을 작게 할 것
⑥ 압력저하에 따른 부압 방지 대책
   ㉠ 정부 양방향의 압력변화에 대응하기 위해 토출측 관로에 압력조정 수조(Surge Tank)를 설치할 것
   ㉡ 펌프에 플라이휠(Fly Wheel)을 붙여 펌프의 관성을 증가시켜 급격한 압력강하를 완화할 것
   ㉢ 압력수조(Air-Chamber)를 설치할 것

무료 동영상과 함께하는 **토목산업기사 필기**

2020

2020년 6월 6일 시행
2020년 8월 22일 시행
2020년 9월 CBT 시행

무료 동영상과 함께하는
토목산업기사 필기

토목산업기사

2020년 6월 6일 시행

2023 개정된 출제기준에 의거하여 불필요한 문제는 삭제하고 3과목으로 정리함

제1과목 구조설계(응용역학+철근콘크리트 및 강구조)

1. 응용역학(역학적인 개념 및 건설 구조물의 해석)

001 지름이 D인 원목을 직사각형 단면으로 제재하고자 한다. 휨모멘트에 대한 저항을 크게 하기 위해 최대 단면계수를 갖는 직사각형 단면을 얻으려면 적당한 폭 b는?

① $b = \dfrac{1}{2}D$ ② $b = \dfrac{1}{\sqrt{3}}D$

③ $b = \dfrac{\sqrt{3}}{2}D$ ④ $b = \sqrt{\dfrac{2}{3}}D$

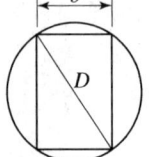

해설 지름 d인 원형 단면에서 최대 단면계수를 갖는 직사각형 단면의 b

$b = \dfrac{1}{\sqrt{3}}d$

[참고] 지름 d인 원형 단면에서 최대 단면계수를 갖는 직사각형 단면의 b

$b = \sqrt{\dfrac{1}{3}}d,\ h = \sqrt{\dfrac{2}{3}}d$

해답 ②

002 아래 그림에서 지점 C의 반력이 영(零)이 되기 위해 B점에 작용시킬 집중하중 (P)의 크기는?

① 8kN
② 10kN
③ 12kN
④ 14kN

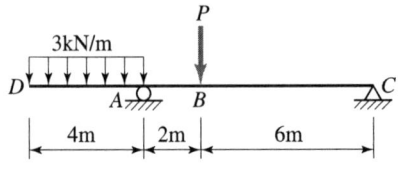

해설 $\sum M_A = 0(↷)$

$-(3 \times 4) \times 2 + P \times 2 - V_C \times 8 = -(3 \times 4) \times 2 + P \times 2 - 0 \times 8$에서

$P = 12\text{kN}$

해답 ③

003

정사각형(한 변의 길이 h)의 균일한 단면을 가진 길이 L의 기둥이 견딜 수 있는 축방향 하중을 P로 할 때 다음 중 옳은 것은? (단, EI는 일정하다.)

① P는 E에 비례, h^3에 비례, L에 반비례한다.
② P는 E에 비례, h^4에 비례, L^2에 비례한다.
③ P는 E에 비례, h^4에 비례, L에 비례한다.
④ P는 E에 비례, h^4에 비례, L^2에 반비례한다.

해설

좌굴하중 $P_b = \dfrac{\pi^2 EI}{l_k^2} = \dfrac{n\pi^2 EI}{l^2} = \dfrac{n\pi^2 E \dfrac{h^4}{12}}{l^2}$ 에서

$P_b \propto E \propto h^4 \propto \dfrac{1}{l^2}$

해답 ④

004

지름이 6cm, 길이가 100cm의 둥근막대가 인장력을 받아서 0.5cm 늘어나고 동시에 지름이 0.006cm 만큼 줄었을 때 이 재료의 푸아송 비(ν)는?

① 0.2　　② 0.5
③ 2.0　　④ 5.0

해설

포와송비 $\nu = \dfrac{\beta}{\epsilon} = \dfrac{-\Delta d/d}{\Delta l/l} = -\dfrac{\Delta dl}{\Delta ld} = -\dfrac{0.006 \times 100}{0.5 \times 6} = 0.2$

해답 ①

005

아래 그림에서 단면적이 A인 임의의 부재단면이 있다. 도심축으로부터 y_1 떨어진 축을 기준으로 한 단면 2차 모멘트의 크기가 I_{x1}일 때, 도심축으로부터 $3y_1$ 떨어진 축을 기준으로 한 단면 2차 모멘트의 크기는?

① $I_{x1} + 2Ay_1^2$
② $I_{x1} + 3Ay_1^2$
③ $I_{x1} + 4Ay_1^2$
④ $I_{x1} + 8Ay_1^2$

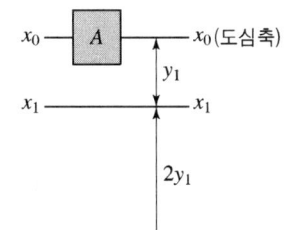

해설

$3y_1$ 떨어진 축을 기준으로 한 단면2차모멘트는 평행축 정리 $I_x = I_{도심} + A \cdot y^2$으로 구한다.

① $I_{x1} = I_{x0} + Ay_1^2$에서 $I_{x0} = I_{x1} - Ay_1^2$
② $I_{x2} = I_{x0} + A(3y_1)^2 = I_{x1} - Ay_1^2 + A(3y_1)^2 = I_{x1} - Ay_1^2 + 9Ay_1^2 = I_{x1} + 8Ay_1^2$

해답 ④

006 그림과 같은 단순보의 B지점에 모멘트가 50kN·m가 작용할 때 C점의 휨모멘트는?

① -20kN·m
② -20kN·m
③ -30kN·m
④ -30kN·m

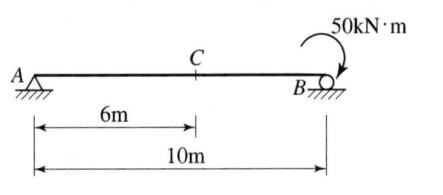

해설 ① A지점의 반력 $R_A = \dfrac{M}{l} = \dfrac{50}{10} = 5$kN($\downarrow$)

② C점에서의 휨모멘트 $M_C = R_A \times 6 = -5 \times 6 = -30$kN·m

해답 ③

007 지름 D인 원형 단면보에 휨모멘트 M이 작용할 때 최대 휨응력은?

① $\dfrac{6M}{\pi D^3}$
② $\dfrac{16M}{\pi D^3}$
③ $\dfrac{32M}{\pi D^3}$
④ $\dfrac{64M}{\pi D^3}$

해설 최대 휨응력

$$\sigma_{max} = \dfrac{M}{Z} = \dfrac{M}{\dfrac{\pi D^3}{32}} = \dfrac{32M}{\pi D^3}$$

해답 ③

008 그림과 같은 단면에서 직사각형 단면의 최대 전단응력은 원형단면의 최대 전단응력의 몇 배인가? (단, 두 단면적과 작용하는 전단력의 크기는 동일하다.)

① 5/6배
② 7/6배
③ 8/7배
④ 9/8배

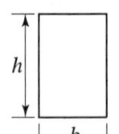 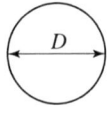

해설 ① 구형단면 τ_{max}(중앙)$= \dfrac{3}{2}\dfrac{S}{A}$

② 원형단면 τ_{max}(중앙)$= \dfrac{4}{3}\dfrac{S}{A}$

③ 단면적과 전단력의 크기가 동일하므로

$$\dfrac{\text{직사각형 단면의 최대 전단응력}}{\text{원형 단면의 최대 전단응력}} = \dfrac{\dfrac{3}{2}\dfrac{S}{A}}{\dfrac{4}{3}\dfrac{S}{A}} = \dfrac{3 \times 3}{2 \times 4} = \dfrac{9}{8}$$

해답 ④

009

그림에서 C점에 얼마의 힘(P)으로 당겼더니 부재 BC에 200kN의 장력이 발생하였다면 AC에 발생하는 장력은?

① 86.6kN
② 115.5kN
③ 346.4kN
④ 400.0kN

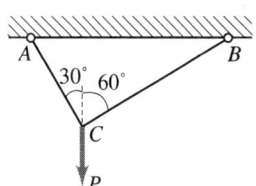

해설 끈 AC와 BC 모두를 자른 후 두 끈 모두에 인장력이 작용한다고 가정하고 라미의 정리를 이용해 AC와 BC에 작용되는 힘을 구한다.

$$\frac{AC}{\sin 120°} = \frac{P}{\sin 90°} = \frac{BC}{\sin 150°}$$

$$\frac{AC}{\sin 120°} = \frac{P}{\sin 90°} = \frac{200}{\sin 150°}$$ 에서 $AC = \frac{200}{\sin 150°} \sin 120° = 346.4 \text{kN}$

해답 ③

010

"여러 힘이 작용할 때 임의의 한 점에 대한 모멘트의 합은 그 점에 대한 합력의 모멘트와 같다."라는 것은 무슨 정리인가?

① Lami의 정리
② Castigliano의 정리
③ Varignon의 정리
④ Mohr의 정리

해설 바리뇽의 정리의 정의는 '여러 개의 평면력들의 1점에 대한 모멘트의 합은 이들 평면력의 합력이 동일점에 대한 모멘트와 같다'이다.

해답 ③

011

단순보에 아래 그림과 같이 집중하중 P와 등분포하중 w가 작용할 때 중앙점에서의 휨모멘트는?

① $\dfrac{Pl}{4} + \dfrac{wl^2}{4}$
② $\dfrac{Pl}{4} + \dfrac{wl^2}{8}$
③ $\dfrac{Pl}{8} + \dfrac{wl^2}{8}$
④ $\dfrac{Pl}{4} + \dfrac{wl^2}{2}$

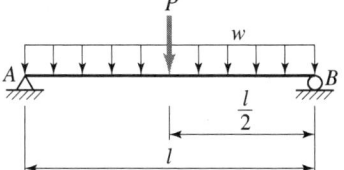

해설
① 집중하중이 중앙에 작용하는 단순보의 중앙점의 휨모멘트는 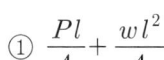 $\dfrac{Pl}{4}$이다.

② 등분포하중이 만재된 단순보의 중앙점인 중앙점의 휨모멘트는 $\dfrac{wl^2}{8}$이다.

③ 집중하중이 중앙에 작용하면서 동시에 등분포하중이 만재된 단순보의 중앙점의 휨모멘트는 $M_{중앙} = \dfrac{Pl}{4} + \dfrac{wl^2}{8}$

해답 ②

012

다음과 같은 단순보에서 최대 휨응력은? (단, 단면은 폭 300mm, 높이 400mm 의 직사각형이다.)

① 15MPa
② 18MPa
③ 22MPa
④ 26MPa

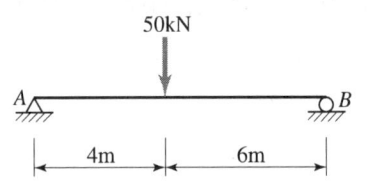

해설
① A지점 반력
$$V_A = \frac{50 \times 6}{10} = 30\text{kN}(\uparrow)$$
② 최대 휨모멘트
50kN의 수직하중 작용점에서 발생하므로
$$M_{\max} = V_A \times 4 = 30 \times 4 = 120\text{kN} \cdot \text{m}$$
③ 최대 휨응력
$$\sigma_{\max} = \frac{M_{\max}}{Z} = \frac{M_{\max}}{\frac{b \cdot h^2}{6}} = \frac{120,000,000\text{N} \cdot \text{mm}}{\frac{300 \times 400^2}{6}} = 15\text{MPa}$$

해답 ①

013

그림과 같은 단면 도형의 x, y축에 대한 단면 상승 모멘트(I_{xy})는?

① $\dfrac{bh^3}{3}$
② $\dfrac{b^3 h}{3}$
③ $\dfrac{b^2 h^2}{4}$
④ $\dfrac{bh^3 + b^3 h}{3}$

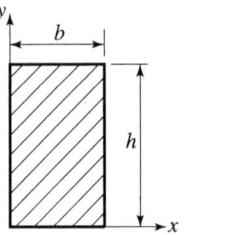

해설 직사각형 도형의 밑변을 지나는 두 축에 대한 단면 상승 모멘트
$$I_{xy} = A \cdot x_o \cdot y_o = (b \cdot h) \cdot \frac{b}{2} \cdot \frac{h}{2} = \frac{b^2 h^2}{4}$$

해답 ③

014

어떤 재료의 탄성 계수(E)가 210000MPa, 푸아송 비(ν)가 0.25, 전단변형율(γ)이 0.1이라면 전단응력(τ)은?

① 8400MPa
② 4200MPa
③ 2400MPa
④ 1680MPa

해설
① $G = \dfrac{E}{2(1+\nu)} = \dfrac{210000}{2 \times (1+0.25)} = 84000\text{MPa}$
② $\tau = G \cdot r = 84000 \times 0.1 = 8400\text{MPa}$

해답 ①

015

아래 그림에서 A점으로부터 합력(R)의 작용위치(C점)까지의 거리(x)는?

① 0.8m
② 0.6m
③ 0.4m
④ 0.2m

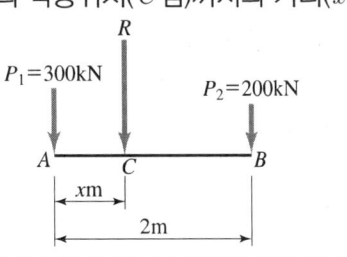

해설 바리농의 정리에 의해 구할 수 있다.
$R = -300 - 200 = -500\text{kN} = 500\text{kN}(\downarrow)$
$M_A(\curvearrowright \oplus) = 200 \times 2 = 500 \times x$에서 $x = 0.8\text{m}$

해답 ①

016

반지름 r인 원형단면의 단주에서 핵 반경 e는?

① $\dfrac{r}{2}$
② $\dfrac{r}{3}$
③ $\dfrac{r}{4}$
④ $\dfrac{r}{5}$

해설

핵반경 $k_o = e = \dfrac{Z}{A} = \dfrac{\dfrac{\pi D^3}{32}}{\dfrac{\pi D^2}{4}} = \dfrac{D}{8} = \dfrac{r}{4}$

해답 ③

2. 철근콘크리트 및 강구조

017

$b = 300\text{mm}$, $d = 500\text{mm}$인 단철근 직사각형 보에서 균형철근비(ρ_b)가 0.0285일 때, 이 보를 균형철근비로 설계한다면 철근량(A_s)은?

① 2820mm^2
② 3210mm^2
③ 4225mm^2
④ 4275mm^2

해설 $A_s = \rho_b bd = 0.0285 \times 300 \times 500 = 4275\text{mm}^2$

해답 ④

018
프리스트레스트 콘크리트에서 콘크리트의 건조수축변형률이 19×10^{-5}일 때 긴장재 인장응력의 감소량은? (단, 긴장재의 탄성계수는 2.0×10^5 MPa이다.)

① 38MPa
② 41MPa
③ 42MPa
④ 45MPa

해설 $\Delta f_p = E_p \epsilon_{sh} = 2 \times 10^5 \times 19 \times 10^{-5} = 38$ MPa

해답 ①

019
$M_u = 170$ kN·m의 계수모멘트를 받는 단철근 직사각형 보에서 필요한 철근량 (A_s)은 약 얼마인가? (단, 보의 폭은 300m, 유효깊이는 450mm, $f_{ck} = 28$ MPa, $f_y = 400$ MPa이고, $\phi = 0.85$를 적용한다.)

① 1100mm²
② 1200mm²
③ 1300mm²
④ 1400mm²

해설
① $M_u = M_d = \phi M_n = \phi 0.85 f_{ck} ab \left(d - \dfrac{a}{2}\right)$

$170,000,000 = 0.85 \times 0.85 \times 28 \times a \times 300 \times \left(450 - \dfrac{a}{2}\right)$ 에서 $a = 68$ mm

② $M_u = \phi A_s f_y \left(d - \dfrac{a}{2}\right)$ 에서 $A_s = \dfrac{M_u}{\phi f_y \left(d - \dfrac{a}{2}\right)} = \dfrac{170,000,000}{0.85 \times 400 \times \left(450 - \dfrac{68}{2}\right)}$

$= 1,202 \text{mm}^2 \fallingdotseq 1,200 \text{mm}^2$

해답 ②

020
강도설계법에서 사용되는 강도감소계수에 대한 설명으로 틀린 것은?

① 인장지배단면에 대한 강도감소계수는 0.85이다.
② 전단력에 대한 강도감소계수는 0.75이다.
③ 무근콘크리트의 휨모멘트에 대한 강도감소계수는 0.55이다.
④ 압축지배단면 중 나선철근으로 보강된 철근콘크리트 부재의 강도 감소계수는 0.65이다.

해설 압축지배단면 중 나선철근으로 보강된 철근콘크리트 부재의 강도 감소계수는 0.70이다.

해답 ④

021

그림과 같은 리벳 이음에서 허용 전단응력이 70MPa이고, 허용 지압응력이 150MPa일 때 이 리벳의 강도는? (단, 리벳 지름(d)은 22mm, 철판 두께(t)는 12mm이다.)

① 26.6kN
② 30.4kN
③ 39.6kN
④ 42.2kN

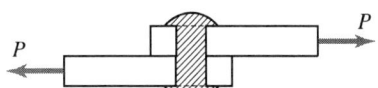

해설 ① 허용전단강도(P_s)
1면 전단이므로
$$P_s = v_{sa} \times A = v_{sa} \times \frac{\pi d^2}{4} = 70 \times \frac{\pi \times 22^2}{4} = 26,609\text{N} = 26.6\text{kN}$$
② 허용지압강도(P_b)
$$P_b = f_{ba} \times A_b = f_b \times dt = 150 \times 22 \times 12 = 39,600\text{N} = 39.6\text{kN}$$
③ 리벳 값(리벳강도, P_n)
허용전단강도(P_s)와 허용지압강도(P_b) 중 작은 값인 26.6kN이다.

해답 ①

022

강도설계법에서 설계기준압축강도(f_{ck})가 35MPa인 경우 계수 β_1의 값은? (단, 등가직사각형 응력블록의 깊이 $a = \beta_1 c$이다.)

① 0.795
② 0.800
③ 0.823
④ 0.850

해설 콘크리트의 등가압축응력깊이의 비
$f_{ck} = 35\text{MPa}$로 40MPa 이하이므로 $\beta_1 = 0.80$

해답 ②

023

처짐을 계산하지 않는 경우 단순 지지로 길이 l인 1방향 슬래브의 최소 두께(h)로 옳은 것은? (단, 보통콘크리트($m_c = 2300\text{kg/m}^3$)와 설계기준항복 강도 400MPa의 철근을 사용한 부재이다.)

① $\dfrac{l}{20}$
② $\dfrac{l}{24}$
③ $\dfrac{l}{28}$
④ $\dfrac{l}{34}$

해설 처짐을 계산하지 않는 경우 단순지지된 1방향 슬래브의 최소 두께
$$h = \frac{l}{20}$$

해답 ①

024

아래 그림과 같은 강도설계법에 의해 설계된 복철근보에서 콘크리트의 최대변형률이 0.0033에 도달했을 때 압축철근이 항복하는 경우의 변형률(ϵ_s')은?

① 0.85×0.0033

② $\dfrac{1}{3} \times 0.0033$

③ $0.0033 \left(\dfrac{c+d}{c} \right)$

④ $0.0033 \left(\dfrac{c-d'}{c} \right)$

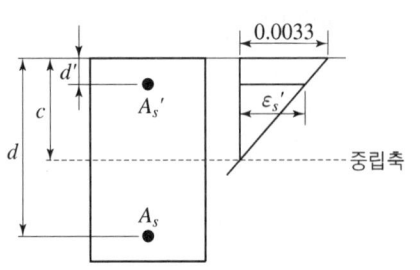

해설 복철근 직사각형보에서 콘크리트 변형률이 0.0033에 도달할 때 압축철근이 항복하기 위한 압축철근의 변형률(ϵ_s')

$\epsilon_c : \epsilon_s' = c : c - d'$, $0.0033 : \epsilon_s' = c : c - d'$

$\epsilon_s' = 0.0033 \dfrac{c - d'}{c}$

해답 ④

025

전단철근에 대한 설명으로 틀린 것은?

① 철근콘크리트 부재의 경우 주인장 철근에 45° 이상의 각도로 설치되는 스트럽을 전단철근으로 사용할 수 있다.
② 철근콘크리트 부재의 경우 주인장 철근에 30° 이상의 각도로 구부린 굽힘철근을 전단철근으로 사용할 수 있다.
③ 전단철근의 설계기준항복강도는 500MPa를 초과할 수 없다.
④ 전단철근으로 사용하는 스터럽과 기타 철근 또는 철선은 콘크리트 압축연단부터 거리 $d/2$ 만큼 연장하여야 한다.

해설 전단철근으로 사용하는 스터럽과 기타 철근 또는 철선은 콘크리트 압축연단부터 거리 d 만큼 연장하여야 한다.

해답 ④

026

아래 그림과 같은 맞대기 용접의 용접부에 생기는 인장응력은?

① 141MPa
② 180MPa
③ 200MPa
④ 223MPa

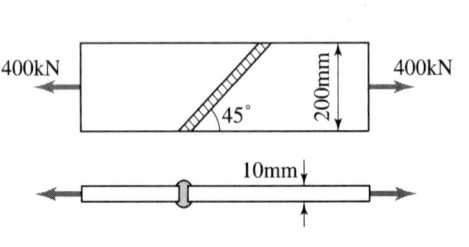

해설 $f = \dfrac{P}{\sum al} = \dfrac{400{,}000\text{N}}{10 \times 200} = 200\text{MPa}$

해답 ③

027 PS강재에 요구되는 일반적인 성질로 틀린 것은?

① 인장강도가 클 것
② 릴랙세이션이 작을 것
③ 늘음과 인성이 없을 것
④ 응력부식에 대한 저항성이 클 것

해설 PS강재의 경우 높은 연성과 인성이 있어야 한다.

[참고] **PS강재 품질 요구 조건**
① 고인장강도를 가져야 한다.
② 항복비가 커야 한다.
③ 릴랙세이션(Relaxation)이 작아야 한다.
④ 직선성(신직성)이 좋아야 한다.
⑤ 높은 연성과 인성이 있어야 한다.
⑥ 피로강도가 커야 한다.
⑦ 콘크리트와의 부착강도가 커야 한다.
⑧ 응력부식에 대한 저항성이 커야 한다.

해답 ③

028 프리스트레스트 콘크리트 부재의 제작과정 중 프리텐션 공법에서 필요하지 않는 것은?

① 콘크리트 치기 작업
② PS강재에 인장력을 주는 작업
③ PS강재에 준 인장력을 콘크리트 부재에 전달시키는 작업
④ PS강재와 콘크리트를 부착시키는 그라우팅 작업

해설 포스트 텐션 방식에서의 시스 속에 그라우팅을 하는 부착식과 시스 속을 그라우팅 하지 않는 미부착식이 있으며, 프리텐션에서는 그라우팅 작업이 필요하지 않다.

해답 ④

029 옹벽의 안정조건에 대한 설명으로 틀린 것은?

① 활동에 대한 저항력은 옹벽에 작용하는 수평력의 1.5배 이상이어야 한다.
② 지반에 유발되는 최대 지반반력이 지반의 허용지지력의 1.5배 이상이어야 한다.
③ 전도에 대한 저항휨모멘트는 횡토압에 의한 전도휨모멘트의 2.0배 이상이어야 한다.
④ 전도 및 지반지지력에 대한 안정조건은 만족하지만, 활동에 대한 안정조건만을 만족하지 못할 경우에는 활동방지벽 혹은 횡방향 앵커 등을 설치하여 활동저항력을 증대시킬 수 있다.

해설 지반의 허용지지력은 지반에 유발되는 최대 지반반력의 1.0배 이상이어야 한다. 즉 지반에 유발되는 최대 지반반력이 지반의 허용지지력을 초과하지 않아야 한다.

해답 ②

030

상부철근(정착길이 아래 300mm를 초과되게 굳지 않은 콘크리트를 친 수평철근)으로 사용되는 인장 이형철근의 정착길이를 구하려고 한다. f_{ck}=21MPa, f_y=300MPa을 사용한다면 상부철근으로서의 보정계수만을 사용할 때 정착길이는 얼마 이상이어야 하는가? (단, D29 철근으로 공칭지름은 28.6mm, 공칭단면적은 642mm²이고, 보통중량콘크리트이다.)

① 1461mm
② 1123mm
③ 987mm
④ 865mm

해설 ① 철근배근 위치계수(상부철근) $\alpha=1.3$
② 인장 이형철근 및 이형철선의 정착길이
$l_d = l_{db} \times 보정계수 = \dfrac{0.6 d_b f_y}{\lambda \sqrt{f_{ck}}} \times 보정계수 = \dfrac{0.6 \times 28.6 \times 300}{1.0 \times \sqrt{21}} \times 1.3$
$= 1460.4\text{mm} \geq 300\text{mm}$

해답 ①

031

최소철근량 보다 많고 균형철근량 보다 적은 인장철근량을 가진 철근콘크리트 보가 휨에 의해 파괴되는 경우에 대한 설명으로 옳은 것은?

① 연성파괴를 한다.
② 취성파괴를 한다.
③ 사용철근량이 균형철근량 보다 적은 경우는 보로서 의미가 없다.
④ 중립축이 인장 측으로 내려오면서 철근이 먼저 항복한다.

해설 인장부 철근이 먼저 항복점(파괴)에 도달하고 그 이후 상당한 변형을 수반하면서 사전 붕괴 징후를 보이며 점진적으로 콘크리트가 파괴되는 형태인 연성파괴(인장파괴)는 과소철근보에서 일어난다. 반면, 콘크리트가 먼저 갑작스럽게 파괴되고, 사전 징후 없이 갑자기 파괴되는 형태인 취성파괴(압축파괴)는 과다철근보에서 일어난다.

해답 ①

032

보통중량골재를 사용한 콘크리트의 단위질량을 2300kg/m³으로 할 때 콘크리트의 탄성계수를 구하는 식은? (단, f_{cu} : 재령 28일에서 콘크리트의 평균압축강도이다.)

① $E_c = 8,500 \sqrt[3]{f_{cu}}$
② $E_c = 8,500 \sqrt{f_{cu}}$
③ $E_c = 10,000 \sqrt[3]{f_{cu}}$
④ $E_c = 10,000 \sqrt{f_{cu}}$

해설 $m_c = 2,300\text{kg/m}^3$일 경우 콘크리트구조설계기준에 따른 콘크리트 탄성계수
$E_c = 8,500 \sqrt[3]{f_{cu}}$ (MPa)

해답 ①

033 철근콘크리트가 하나의 구조체로서 성립하는 이유로서 틀린 것은?

① 콘크리트 속에 묻힌 철근은 녹슬지 않는다.
② 철근과 콘크리트 사이의 부착강도가 크다.
③ 철근과 콘크리트의 열에 대한 팽창계수는 거의 비슷하다.
④ 철근과 콘크리트의 탄성계수는 거의 비슷하다.

해설 철근과 콘크리트의 탄성계수는 비슷하지 않으며 철근콘크리트 일체식 구조체로 성립하는 이유에도 해당하지 않는다.

해답 ④

034 깊은보(Deep beam)에 대한 설명으로 옳은 것은?

① 순경간(l_n)이 부재 깊이의 3배 이하이거나 하중이 받침부로부터 부재 깊이의 3배 거리 이내에 작용하는 보
② 순경간(l_n)이 부재 깊이의 4배 이하이거나 하중이 받침부로부터 부재 깊이의 2배 거리 이내에 작용하는 보
③ 순경간(l_n)이 부재 깊이의 5배 이하이거나 하중이 받침부로부터 부재 깊이의 4배 거리 이내에 작용하는 보
④ 순경간(l_n)이 부재 깊이의 6배 이하이거나 하중이 받침부로부터 부재 깊이의 3배 거리 이내에 작용하는 보

해설 깊은 보는 한쪽 면이 하중을 받고 반대쪽 면이 지지되어 하중과 받침부 사이에 압축대가 형성되는 구조요소로서 다음 중 하나에 해당하는 부재를 말한다.
① 순경간 l_n이 부재 깊이의 4배 이하인 부재
② 받침부 내면에서(받침부로부터) 부재 깊이의 2배 이하인 위치에 집중하중이 작용하는 경우는 집중하중과 받침부 사이의 구간

해답 ②

035 강도설계법에서 콘크리트가 부담하는 공칭전단강도를 구하는 식은? (단, 전단력과 휨모멘트만을 받는 부재이다.)

① $V_c = \dfrac{1}{6}\lambda\sqrt{f_{ck}}\,b_w d$
② $V_c = \dfrac{1}{2}\lambda\sqrt{f_{ck}}\,b_w d$
③ $V_c = \dfrac{2}{3}\lambda\sqrt{f_{ck}}\,b_w d$
④ $V_c = 3.5\lambda\sqrt{f_{ck}}\,b_w d$

해설 콘크리트가 부담하는 공칭전단강도
$V_c = \dfrac{1}{6}\lambda\sqrt{f_{ck}}\,b_w d\,(\text{N})$

해답 ①

제2과목 측량 및 토질(측량학+토질 및 기초)

1. 측량학(측량학 일반, 기준점 측량, 응용 측량)

036 수준측량의 오차 최소화 방법으로 틀린 것은?

① 표척의 영점오차는 기계의 설치 횟수를 짝수로 세워 오차를 최소화 한다.
② 시차는 망원경의 접안경 및 대물경을 명확히 조절한다.
③ 눈금오차는 기준자와 비교하여 보정값을 정하고 온도에 대한 온도보정도 실시한다.
④ 표척 기울기에 대한 오차는 표척을 앞뒤로 흔들 때의 최대값을 읽음으로 최소화 한다.

해설 표척 기울기에 대한 오차는 표척을 앞뒤로 흔들 때의 최소값을 읽음으로 최소화 한다.

해답 ④

037 매개변수(A)가 90m인 클로소이드 곡선에서 곡선길이(L)가 30m일 때 곡선의 반지름(R)은?

① 120m   ② 150m
③ 270m   ④ 300m

해설 클로소이드의 매개변수 $A^2 = RL$에서 $R = \dfrac{A^2}{L} = \dfrac{90^2}{30} = 270\text{m}$

여기서, A : 매개변수(m), R : 곡선반경(m), L : 곡선장(m)

해답 ③

038 원곡선의 설치에서 교각이 35°, 원곡선 반지름이 500m일 때 도로 기점으로부터 곡선시점까지의 거리가 315.45m이면 도로 기점으로부터 곡선종점까지의 거리는?

① 593.38m   ② 596.88m
③ 620.88m   ④ 625.36m

해설 곡선 종점은 곡선 시점에 곡선장을 더하여 구하므로
$EC = BC + CL = BC + \dfrac{\pi}{180}RI = 315.45 + \dfrac{\pi}{180} \times 500 \times 35° = 620.88\text{m}$

해답 ③

039 어느 측선의 방위가 S60°W이고, 측선길이가 200m일 때 경거는?

① 173.2m
② 100m
③ -100m
④ -173.20m

해설 경거 $D = -S \cdot \sin 60° = -200 \times \sin 60° = -173.2$m

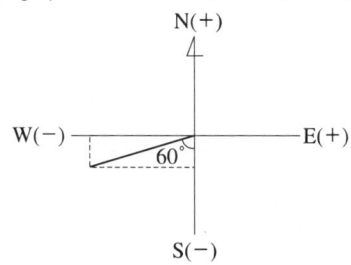

해답 ④

040 측선 AB를 기준으로 하여 C방향의 협각을 관측하였더니 257°36′37″이었다. 그런데 B점에 편위가 있어 그림과 같이 실제 관측한 점이 B'이었다면 정확한 협각은? (단, $BB' = 20$cm, $\angle B'BA = 150°$, $AB' = 2$km)

① 257°36′17″
② 257°36′27″
③ 257°36′37″
④ 257°36′47″

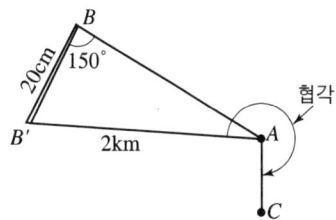

해설 ① 사인법칙에 의해
$$\frac{2000}{\sin 150°} = \frac{0.2}{\sin \theta}$$ 에서 $\theta = 0°0′10.31″ ≒ 10$
② 정확한 협각 = 257°36′37″ - 10″ = 257°36′27″

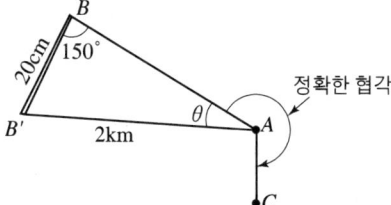

해답 ②

041

폐합 트래버스측량을 실시하여 각 측선의 경거, 위거를 계산한 결과, 측선34의 자료가 없었다. 측선34의 방위각은? (단, 폐합오차는 없는 것으로 가정한다.)

측선	위거(m) N	위거(m) S	경거(m) N	경거(m) S
12		2.33		8.55
23	17.87			7.03
34				
41		30.19	5.97	

① 64°10′44″
② 33°15′50″
③ 244°10′44″
④ 115°49′14″

해설 ① 위거의 합(E_L)이 '0'이 되어야 하므로
34 측선의 위거 = (2.33 + 30.19) − 17.87 = 14.65
② 경거의 합(E_D)이 '0'이 되어야 하므로
34 측선의 경거 = (8.55 + 7.03) − 5.97 = 9.61
③ 34 측선의 방위의 각

$\overline{34}$의 방위의 각 = $\tan^{-1}\left(\dfrac{E_D}{E_L}\right)$ = $\tan^{-1}\left(\dfrac{9.61}{14.65}\right)$ = 33°15′50″

④ 위거 +, 경거 +이므로 측선은 1상한에 있다.
$\overline{34}$의 방위각 = 33°15′50″

해답 ②

042

갑, 을 두 사람이 A, B 두 점간의 고저차를 구하기 위하여 왕복 수준 측량한 결과가 갑은 38.994m±0.008m, 을은 39.003m±0.004m 일 때, 두 점간 고저차의 최확값은?

① 38.995m
② 38.999m
③ 39.001m
④ 39.003m

해설 ① 경중률
경중률은 오차의 제곱에 반비례하므로
$P_A : P_B = \dfrac{1}{m_A^2} : \dfrac{1}{m_B^2} = \dfrac{1}{0.008^2} : \dfrac{1}{0.004^2} = \dfrac{1}{8^2} : \dfrac{1}{4^2} = \dfrac{1}{4} : 1 = 1 : 4$

② 2점간의 고저차에 대한 최확값
최확값 = $\dfrac{[Pl]}{[P]} = \dfrac{P_A l_A + P_B l_B}{P_A + P_B} = \dfrac{1 \times 38.994 + 4 \times 39.003}{1+4} = 39.001\text{m}$

해답 ③

043 수심 H인 하천에서 수면으로부터 수심이 $0.2H$, $0.4H$, $0.6H$, $0.8H$인 지점의 유속이 각각 0.562m/s, 0.497m/s, 0.429m/s, 0.364m/s일 때 평균유속을 구한 것이 0.463m/s이었다면 평균유속을 구한 방법으로 옳은 것은?

① 1점법
② 2점법
③ 3점법
④ 4점법

해설
① 1점법 $V_m = V_{0.6} = 0.429\text{m/s}$

② 2점법 $V_m = \dfrac{1}{2}(V_{0.2} + V_{0.8}) = \dfrac{1}{2}(0.562 + 0.364) = 0.463\text{m/s}$

③ 3점법 $V_m = \dfrac{1}{4}(V_{0.2} + 2V_{0.6} + V_{0.8}) = \dfrac{1}{4}(0.562 + 2 \times 0.429 + 0.364) = 0.446\text{m/s}$

④ 4점법 $V_m = \dfrac{1}{5}\left[(V_{0.2} + V_{0.4} + V_{0.6} + V_{0.8}) + \dfrac{1}{2}\left(V_{0.2} + \dfrac{V_{0.8}}{2}\right)\right]$
$= \dfrac{1}{5}\left[(0.562 + 0.497 + 0.429 + 0.364) + \dfrac{1}{2} \times \left(0.562 + \dfrac{0.364}{2}\right)\right]$
$= 0.4448\text{m/s}$

여기서, V_m : 평균유속
$V_{0.2}$: 수심 $0.2H$ 되는 곳의 유속
$V_{0.6}$: 수심 $0.6H$ 되는 곳의 유속
$V_{0.8}$: 수심 $0.8H$ 되는 곳의 유속

해답 ②

044 노선측량에서 노선선정을 할 때 가장 중요한 요소는?

① 곡선의 대소(大小)
② 수송량 및 경제성
③ 곡선설치의 난이도
④ 공사기일

해설 수송량과 경제성이 가장 중요한 고려 사항이다.

해답 ②

045 하천의 종단측량에서 4km 왕복측량에 대한 허용오차가 C라고 하면 8km 왕복측량의 허용오차는?

① $\dfrac{C}{2}$
② $\sqrt{2}\,C$
③ $2C$
④ $4C$

 $\dfrac{\sqrt{8}}{C} = \dfrac{\sqrt{16}}{x}$ 에서 $x = \dfrac{C\sqrt{16}}{\sqrt{8}} = \sqrt{2}\,C$

해답 ②

046

50m에 대해 20mm 늘어나 있는 줄자로 정사각형의 토지를 측량한 결과, 면적이 62500m²이었다면 실제 면적은?

① 62450m² ② 62475m²
③ 62525m² ④ 62550m²

해설 ① 한 변의 길이
정사각형 지역이므로 $L = \sqrt{62500} = 250\text{m}$
② 실제 길이
표준척 보정(자의 특성값 보정, 정수 보정)에 의해
$L_0 = L \pm C_0 = L\left(1 \pm \dfrac{\Delta l}{l}\right) = 250 \times \left(1 + \dfrac{0.02}{50}\right) = 250.1\text{m}$
③ 실제 면적
$A_0 = L_0^2 = 250.1^2 = 62550\text{m}^2$

해답 ④

047

삼각점을 선점할 때의 유의사항에 대한 설명으로 틀린 것은?

① 정삼각형에 가깝도록 할 것
② 영구 보존할 수 있는 지점을 택할 것
③ 지반은 가급적 연약한 곳으로 선정할 것
④ 후속작업에 편리한 지점일 것

해설 습지와 같은 연약지반인 곳은 피해야 한다.

해답 ③

048

측량결과 그림과 같은 지역의 면적은?

① 66m²
② 80m²
③ 132m²
④ 160m²

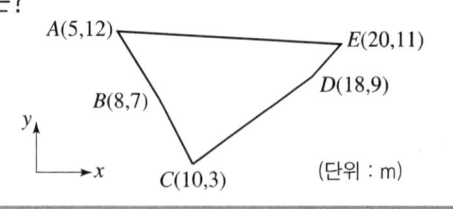

해설 ① 배면적
$2A = [5 \times 11 + 8 \times 12 + 10 \times 7 + 18 \times 3 + 20 \times 9]$
$\quad\quad - [5 \times 7 + 8 \times 3 + 10 \times 9 + 18 \times 11 + 20 \times 12]$
$\quad = -132\text{m}^2$
② 면적 $A = 66\text{m}^2$

해답 ①

049

삼각점으로부터 출발하여 다른 삼각점에 결합시키는 형태로써 측량결과의 검사가 가능하며 높은 정확도의 다각측량이 가능한 트래버스의 형태는?

① 결합 트래버스 ② 개방 트래버스
③ 폐합 트래버스 ④ 기지 트래버스

해설 결합 트래버스는 2개의 기지점을 사용하기 때문에 트래버스 측량 중에서 가장 정확도가(신뢰성이) 높다.

해답 ①

050

최소 제곱법의 원리를 이용하여 처리할 수 있는 오차는?

① 정오차 ② 우연오차
③ 착오   ④ 물리적 오차

해설 부정오차(우연오차)는 오차 원인이 불분명하여 주의하여도 제거할 수 없기 때문에 최소자승법이나 Gauss의 오차론에 의해 처리한다. 일반적으로 측정 횟수의 제곱근에 비례하여 보정한다.

해답 ②

051

경사가 일정한 경사지에서 두 점간의 경사거리를 관측하여 150m를 얻었다. 두 점간의 고저차가 20m이었다면 수평거리는?

① 148.3m ② 148.5m
③ 148.7m ④ 148.9m

해설 $D = \sqrt{L^2 - H^2} = \sqrt{150^2 - 20^2} = 148.7\text{m}$

[참고] 경사면이 일정할 경우 거리를 측정하여 수평거리로 환산하는 방법

$$D = L\cos\theta = L - \frac{H^2}{2L}$$
$$= 150 - \frac{20^2}{2 \times 150}$$
$$= 148.7\text{m}$$

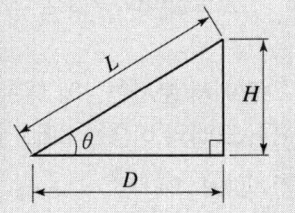

해답 ③

052

지형을 보다 자세하게 표현하기 위해 다양한 크기의 삼각망을 이용하여 수치지형을 표현하는 모델은?

① TIN   ② DEM
③ DSM   ④ DTM

해설 TIN(Triangulated Irregular Network)은 지형자료를 벡터형태로 나타내는 자료 모델이며, 지형표면을 서로 연결된 삼각형 면의 집합으로 나타낸다. TIN은 다양한 경로로부터 수집된 표고 자료를 가진 점(선은 점의 연속)인 질량점(mass point)으로부터 생성된다.

해답 ①

053

그림과 같이 원곡선을 설치할 때 교점(P)에 장애물이 있어 $\angle ACD = 150°$, $\angle CDB = 90°$ 및 CD의 거리 400m를 관측하였다. C점으로부터 곡선시점(A)까지의 거리는? (단, 곡선의 반지름은 500m이다.)

① 404.15m
② 425.88m
③ 453.15m
④ 461.88m

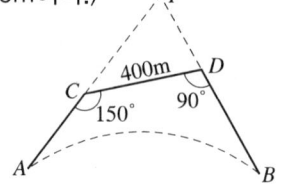

해설 ① 교각
$I = (180° - 150°) + (180° - 90°) = 120°$
② 접선장
$TL = R \cdot \tan\dfrac{I}{2} = 500 \times \tan\dfrac{120°}{2} = 866.03\text{m}$
③ CP의 거리
$\dfrac{CP}{\sin 90°} = \dfrac{400}{\sin 60°}$ 에서 $CP = 461.88\text{m}$
④ C점으로부터 곡선 시점 A까지의 거리
$AC = TL - CP = 866.03 - 461.88 = 404.15\text{m}$

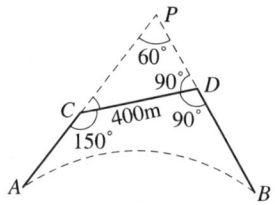

해답 ①

2. 토질 및 기초(토질역학, 기초공학)

054

그림에서 분사현상에 대한 안전율은 얼마인가?
(단, 모래의 비중은 2.65, 간극비는 0.60이다.)

① 1.01
② 1.55
③ 1.86
④ 2.44

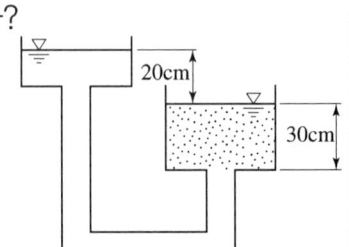

해설 $F_s = \dfrac{i_c}{i} = \dfrac{\dfrac{G_s - 1}{1 + e}}{\dfrac{h}{L}} = \dfrac{\dfrac{2.65 - 1}{1 + 0.6}}{\dfrac{20}{30}} = 1.55$

해답 ②

055
흙 속에서의 물의 흐름 중 연직유효응력의 증가를 가져오는 것은?

① 정수압상태 ② 상향흐름
③ 하향흐름 ④ 수평흐름

해설
① 상향침투시 유효응력은 침투수압만큼 감소하고 간극수압은 침투수압만큼 증가한다.
② 하향침투시 유효응력은 침투수압만큼 증가하고 간극수압은 침투수압만큼 감소한다.

해답 ③

056
채취된 시료의 교란정도는 면적비를 계산하여 통상 면적비가 몇 % 보다 작으면 여잉토의 혼입이 불가능한 것으로 보고 흐트러지지 않는 시료로 간주하는가?

① 10% ② 13%
③ 15% ④ 20%

해설 면적비가 10% 이하이면 불교란 시료로 본다.
$$A_r = \frac{D_o^2 - D_e^2}{D_e^2} \times 100$$

해답 ①

057
아래 기호를 이용하여 현장밀도시험의 결과로부터 건조밀도(ρ_b)를 구하는 식으로 옳은 것은?

ρ_b : 흙의 건조밀도(g/cm³)
V : 시험구멍의 부피(cm³)
m : 시험구멍에서 파낸 흙의 습윤 질량(g)
w : 시험구멍에서 파낸 흙의 함수비(%)

① $\rho_b = \dfrac{1}{V} \times \left(\dfrac{m}{1+\dfrac{w}{100}}\right)$ ② $\rho_b = m \times \left(\dfrac{V}{1+\dfrac{w}{100}}\right)$

③ $\rho_b = \dfrac{1}{m} \times \left(\dfrac{V}{1+\dfrac{w}{100}}\right)$ ④ $\rho_b = V \times \left(\dfrac{m}{1+\dfrac{m}{100}}\right)$

해설
① 습윤단위중량
$$\gamma_t = \frac{W}{V}$$
여기서, γ_t : 습윤단위중량, W : 시험구멍에서 파낸 흙의 습윤 중량

② 건조단위중량

$$\gamma_d = \frac{\gamma_t}{1+\frac{w}{100}}$$

여기서, γ_d : 건조단위중량

③ 건조 질량

$$m_s = \frac{m}{1+\frac{w}{100}}$$

여기서, m_s : 시험구멍에서 파낸 흙의 건조 질량, m : 습윤 질량

④ 습윤 밀도

$$\rho_t = \frac{m}{V}$$

여기서, ρ_t : 습윤 밀도

⑤ 건조 밀도

$$\rho_b = \frac{m_s}{V} = \frac{\rho_s}{1+\frac{w}{100}} = \frac{\frac{m}{V}}{1+\frac{w}{100}} = \frac{1}{V} \times \left(\frac{m}{1+\frac{w}{100}}\right)$$

해답 ①

058 점토 덩어리는 재차 물을 흡수하면 고체 – 반고체 –소성 – 액성의 단계를 거치지 않고 물을 흡착함과 동시에 흙 입자 간의 결합력이 감소되어 액성상태로 붕괴한다. 이러한 현상을 무엇이라 하는가?

① 비화작용(Slaking)　　② 팽창작용(Bulking)
③ 수화작용(Hydration)　　④ 윤활작용(Lubrication)

해설 비화작용(Slaking)은 점토가 물을 흡수하여 고체–반고체–소성–액성의 단계를 거치지 않고 갑자기 붕괴(물을 흡착함과 동시에 흙 입자 간의 결합력이 감소되어 액성상태로 붕괴)되는 현상을 말한다.

해답 ①

059 Sand Drain 공법에서 U_v(연직방향의 압밀도)=0.9, U_h(수평방향의 압밀도)=0.15인 경우, 수직 및 수평방향을 고려한 압밀도(U_{vh})는 얼마인가?

① 99.15%　　② 96.85%
③ 94.5%　　④ 91.5%

해설 수평, 연직방향 투수를 고려한 전체적인 평균압밀도
$U_{vh} = 1-(1-U_h)\cdot(1-U_v) = 1-(1-0.15)\times(1-0.9) = 0.915 = 91.5\%$
여기서, U_h : 수평방향의 평균압밀도, U_v : 연직방향의 평균압밀도

해답 ④

060 평균 기온에 따른 동결지수가 520℃·days였다. 이 지방의 정수(C)가 4일 때 동결깊이는? (단, 데라다 공식을 이용한다.)

① 130.2cm ② 102.4cm
③ 91.2cm   ④ 22.8cm

해설 $Z = C\sqrt{F} = 4 \times \sqrt{520} = 91.2\text{cm}$

여기서, Z : 동결심도(cm)
C : 지역에 따른 상수(3~5)
F : 동결지수(℃·days)

해답 ③

061 비교란 점토($\phi=0$)에 대한 일축압축강도(q_u)가 36kN/m²이고 이 흙을 되비빔을 했을 때의 일축압축강도(q_{ur})가 12kN/m²이었다. 이 흙의 점착력(c_u)과 예민비(S_t)는 얼마인가?

① $c_u = 24\text{kN/m}^2$, $S_t = 0.3$
② $c_u = 24\text{kN/m}^2$, $S_t = 3.0$
③ $c_u = 18\text{kN/m}^2$, $S_t = 0.3$
④ $c_u = 18\text{kN/m}^2$, $S_t = 3.0$

해설 ① 일축압축강도

$$q_u = 2c_u \tan\left(45° + \frac{\phi}{2}\right)$$

$\phi = 0$인 점토의 일축압축강도는 $q_u = 2c_u$이므로

$$c_u = \frac{q_u}{2} = \frac{36}{2} = 18\text{kN/m}^2$$

② 점토의 예민비

$$S_t = \frac{q_u}{q_{ur}} = \frac{36}{12} = 3$$

여기서, q_u : 자연상태의 일축압축강도
q_{ur} : 흐트러진 상태의 일축압축강도

해답 ④

062 다음 기초의 형식 중 얕은 기초인 것은?

① 확대기초
② 우물통 기초
③ 공기 케이슨 기초
④ 철근콘크리트 말뚝기초

해설 얕은 기초의 종류
① 독립 푸팅(확대) 기초   ② 복합 푸팅(확대) 기초
③ 캔틸레버 푸팅(확대) 기초 ④ 연속 푸팅(확대) 기초
⑤ 전면 기초

해답 ①

063 말뚝기초의 지지력에 관한 설명으로 틀린 것은?

① 부마찰력은 아래 방향으로 작용한다.
② 말뚝선단부의 지지력과 말뚝주변 마찰력의 합이 말뚝의 지지력이 된다.
③ 점성토 지반에는 동역학적 지지력 공식이 잘 맞는다.
④ 재하시험 결과를 이용하는 것이 신뢰도가 큰 편이다.

해설 점성토 지반에는 정역학적 지지력 공식이 잘 맞는다.

해답 ③

064 10개의 무리 말뚝기초에 있어서 효율이 0.8, 단항으로 계산한 말뚝 1개의 허용 지지력이 100kN일 때 군항의 허용지지력은?

① 500kN
② 800kN
③ 1000kN
④ 1250kN

해설 군항의 허용지지력 $Q_{ag} = E \cdot N \cdot Q_a = 0.8 \times 10 \times 100 = 800 \text{kN}$

해답 ②

065 수직 응력이 60kN/m²이고 흙의 내부 마찰각이 45°일 때 모래의 전단강도는? (단, 점착력(c)은 0이다.)

① 24kN/m²
② 36kN/m²
③ 48kN/m²
④ 60kN/m²

해설 모래의 전단강도
$\tau_f = c + \sigma' \tan\phi = 0 + 60 \times \tan 45° = 60 \text{t/m}^2$

해답 ④

066 풍화작용에 의하여 분해되어 원 위치에서 이동하지 않고 모암의 광물질을 덮고 있는 상태의 흙은?

① 호성토(Lacustrine soil)
② 충적토(Alluvial soil)
③ 빙적토(Glacial soil)
④ 잔적토(Residual soil)

해설 잔적토는 풍화작용에 의해 생성된 흙이 운반되지 않고 원래의 암반 상에 남아 토층을 형성하고 있는 흙을 말하며 잔류토라고도 한다.

해답 ④

067

아래 그림의 투수층에서 피에조미터를 꽂은 두 지점 사이의 동수경사(i)는 얼마인가? (단, 두 지점간의 수평거리는 50m이다.)

① 0.063
② 0.079
③ 0.126
④ 0.162

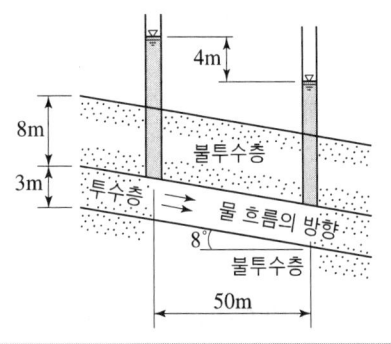

해설 ① 이동경로(L)

$$L = \frac{50\text{m}}{\cos 8°}$$

② 동수경사(i)

$$i = \frac{수두차}{이동거리} = \frac{\Delta h}{L} = \frac{4}{\frac{50}{\cos 8°}} = \frac{4 \times \cos 8°}{50} = 0.079$$

해답 ②

068

실내다짐시험 결과 최대건조단위중량이 15.6kN/m³이고, 다짐도가 95%일 때 현장의 건조단위중량은 얼마인가?

① 13.62kN/m³
② 14.82kN/m³
③ 16.01kN/m³
④ 17.43kN/m³

해설 $U = \frac{\gamma_d}{\gamma_{d\max}} \times 100(\%)$ 에서 $\gamma_d = \frac{U\gamma_{\max}}{100} = \frac{95 \times 15.6}{100} = 14.82\text{kN/m}^3$

해답 ②

069

주동토압계수를 K_a, 수동토압계수를 K_p, 정지토압계수를 K_o라 할 때 토압계수 크기의 비교로 옳은 것은?

① $K_o > K_p > K_a$
② $K_o > K_a > K_p$
③ $K_p > K_o > K_a$
④ $K_a > K_o > K_p$

해설 토압계수의 크기 비교

수동토압계수(K_p) > 정지토압계수(K_o) > 주동토압계수(K_a)

해답 ③

070 흙의 다짐에 대한 설명으로 틀린 것은?

① 건조밀도-함수비 곡선에서 최적함수비와 최대건조밀도를 구할 수 있다.
② 사질토는 점성토에 비해 흙의 건조밀도-함수비 곡선의 경사가 완만하다.
③ 최대건조밀도는 사질토일수록 크고, 점성토일수록 작다.
④ 모래질 흙은 진동 또는 진동을 동반하는 다짐방법이 유효하다.

해설 사질토는 점성토에 비해 흙의 건조밀도-함수비 곡선의 경사가 급하다.

해답 ②

071 포화점토의 비압밀 비배수 시험에 대한 설명으로 틀린 것은?

① 시공 직후의 안정 해석에 적용된다.
② 구속압력을 증대시키면 유효응력은 커진다.
③ 구속압력을 증대한 만큼 간극수압은 증대한다.
④ 구속압력의 크기에 관계없이 전단강도는 일정하다.

해설 비배수 상태이므로 구속압력을 증대시키면 증가된 만큼 과잉간극수압이 생겨 유효응력은 변화가 없게 된다.

해답 ②

제3과목 수자원설계(수리학+상하수도공학)

1. 수리학

072 동수경사선에 관한 설명으로 옳지 않은 것은?

① 항상 에너지선과 평행하다.
② 개수로 수면이 동수경사선이 된다.
③ 에너지선보다 속도수두만큼 아래에 있다.
④ 압력수두와 위치수두의 합을 연결한 선이다.

해설 ① 동수경사선은 기준 수평면에서 $\left(Z+\dfrac{P}{w}\right)$의 점들을 연결한 선으로 동수 경사선은 에너지선보다 유속수두만큼 아래에 위치한다.
② 정류 중에서 어느 단면에서나 유속과 수심이 변하지 않는 등류(등속정류)에서는 에너지선과 동수경사선이 경사선이 항상 평행하게 되는 흐름이다.

해답 ①

073

원통형의 용기에 깊이 1.5m까지는 비중이 1.35인 액체를 넣고 그 위에 2.5m의 깊이로 비중이 0.95인 액체를 넣었을 때, 밑바닥이 받는 총 압력은? (단, 물의 단위중량은 9.81kN/m³이며, 밑바닥의 지름은 2m이다.)

① 125.5kN
② 135.6kN
③ 145.5kN
④ 155.6kN

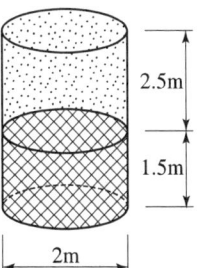

해설 원통형의 용기의 밑바닥이 받는 총 압력(전수압)
① $w_1 h_1 = (0.95 \times 9.81) \times 2.5 = 23.299 \text{kN/m}^2$
② $w_2 h_2 = (1.35 \times 9.81) \times 1.5 = 19.865 \text{kN/m}^2$
③ $P = w'hA = (w_1 h_1 + w_2 h_2)A = (23.299 + 19.865) \times \dfrac{\pi \times 2^2}{4} = 135.6 \text{kN}$

해답 ②

074

관의 단면적이 4m²인 관수로에서 물이 정지하고 있을 때 압력을 측정하니 500kPa이었고 물을 흐르게 했을 때 압력을 측정하니 420kPa이었다면, 이때 유속(V)은? (단, 물의 단위중량은 9.81kN/m³이다.)

① 10.05m/s
② 11.16m/s
③ 12.65m/s
④ 15.22m/s

해설 $\dfrac{P_1}{w} + \dfrac{V_1^2}{2g} = \dfrac{P_2}{w} + \dfrac{V_2^2}{2g}$ 에서 $\dfrac{500}{9.81} + 0 = \dfrac{420}{9.81} + \dfrac{V_2^2}{2 \times 9.8}$ 에서

$V_2 = \sqrt{\left(\dfrac{500}{9.81} - \dfrac{420}{9.81}\right) \times (2 \times 9.8)} = 12.64 \text{m/s}$

해답 ③

075

경심에 대한 설명으로 옳은 것은?

① 물이 흐르는 수로
② 물이 차서 흐르는 횡단면적
③ 유수단면적을 윤변으로 나눈 값
④ 횡단면적과 물이 접촉하는 수로벽면 및 바닥길이

해설 **경심**(동수반경, 수리반경)

$R = \dfrac{A}{P}$
여기서, R : 경심(동수반경, 수리반경), A : 통수단면적, P : 윤변(유적)

해답 ③

076

관망 문제해석에서 손실수두를 유량의 함수로 표시하여 사용할 경우 지름 D인 원형단면관에 대하여 $h_L = kQ^2$으로 표시할 수 있다. 관의 특성 제원에 따라 결정되는 상수 k의 값은? (단, f는 마찰손실계수, L은 관의 길이이며 다른 손실은 무시한다.)

① $\dfrac{0.0827f \cdot L}{D^3}$ ② $\dfrac{0.0827L \cdot D}{f}$

③ $\dfrac{0.0827f \cdot D}{L^2}$ ④ $\dfrac{0.0827f \cdot L}{D^5}$

해설 마찰손실수두 공식

$h_L = kV^n = kQ^2 = f\dfrac{L}{D}\dfrac{V^2}{2g} = f\dfrac{L}{D}\left(\dfrac{Q}{A}\right)^2 \dfrac{1}{2g} = f\dfrac{L}{D}Q^2\left(\dfrac{4}{\pi D^2}\right)^2 \dfrac{1}{2 \times 9.8}$ 에서

$k = f\dfrac{L}{D}\left(\dfrac{4}{\pi D^2}\right)^2 \dfrac{1}{2 \times 9.8} = \dfrac{0.0827fL}{D^5}$

해답 ④

077

수면경사가 1/500인 직사각형 수로에 유량이 50m³/s로 흐를 때 수리상 유리한 단면의 수심(h)은? (단, Manning 공식을 이용하며, $n = 0.023$)

① 0.8m ② 1.1m
③ 2.0m ④ 3.1m

해설 ① 직사각형 단면 수로의 수리학상 유리한 단면 조건

$h = \dfrac{B}{2}$에서 $B = 2h$

$R_{max} = \dfrac{h}{2}\ \left(R = \dfrac{A}{P} = \dfrac{2h \times h}{h + 2h + h} = \dfrac{h}{2}\right)$

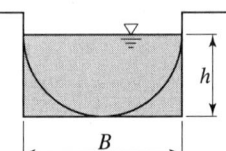

② 면적 $A = Bh = 2h \times h = 2h^2$

③ 유속 $V = \dfrac{1}{n}R^{\frac{2}{3}}I^{\frac{1}{2}} = \dfrac{1}{0.023} \times \left(\dfrac{h}{2}\right)^{\frac{2}{3}} \times \left(\dfrac{1}{500}\right)^{\frac{1}{2}}$ [m/sec]

④ 유량공식

$Q = AV = 2h^2 \times \dfrac{1}{0.023} \times \left(\dfrac{h}{2}\right)^{\frac{2}{3}} \times \left(\dfrac{1}{500}\right)^{\frac{1}{2}} = 2.45h^{\frac{8}{3}} = 50$에서 $h^{\frac{8}{3}} = 20.408$

$h = 3.1m$

해답 ④

078

지름 7cm의 연직관에 높이 1m만큼 모래를 넣었다. 이 모래위에 물을 20cm만큼 일정하게 유지하여 투수량(透水量) $Q=5.0$L/h를 얻었다. 모래의 투수계수(k)를 구한 값은?

① 6.495m/h
② 649.5m/h
③ 1.083m/h
④ 108.3m/h

해설 모래의 투수계수

$Q = kiA$ 에서

$$k = \frac{Q}{iA} = \frac{5\text{L/hr} \times 10^{-3}\text{m}^3/\text{L}}{\frac{1.2}{1} \times \frac{\pi \times 0.07^2}{4}} = 1.083\text{m/h}$$

해답 ③

079

위어에 있어서 수맥의 수축에 대한 일반적인 설명으로 옳지 않은 것은?

① 정수축은 광정위어에서 생기는 수축현상이다.
② 연직수축이란 면수축과 정수축을 합한 것이다.
③ 단수축은 위어의 측벽에 의해 월류폭이 수축하는 현상이다.
④ 면수축은 물의 위치에너지가 운동에너지로 변화하기 때문에 생긴다.

해설
① 정수축(마루부 수축)은 위어 마루부의 날카로움 때문에 일어나는 수축하는 현상이다.
② 연직수축 = 정수축 + 면수축
③ 단수축은 위어의 측면의 날카로움 때문에 월류폭이 수축하는 현상이다.
④ 면수축은 위어의 상류 약 $2h$ 되는 곳에서부터 위어까지 계속적으로 수면강하가 일어나 축소되는 것으로 물이 위어 마루부에 접근함에 따라 유속이 가속됨으로써 위치에너지가 운동에너지로 변하기 때문에 발생한다.

해답 ①

080

폭 20m인 직사각형 단면수로에 30.6m³/s의 유량이 0.8m의 수심으로 흐를 때 Froude 수(㉠)와 흐름 상태(㉡)는?

① ㉠ : 0.683, ㉡ : 상류
② ㉠ : 0.683, ㉡ : 사류
③ ㉠ : 1.464, ㉡ : 상류
④ ㉠ : 1.464, ㉡ : 사류

해설
① 유속 $V = \dfrac{Q}{A} = \dfrac{30.6}{20 \times 0.8} = 1.9125\text{m/sec}$

② 프루드수 $F_r = \dfrac{\alpha V}{\sqrt{gh}} = \dfrac{1 \times 1.9125}{\sqrt{9.8 \times 0.8}} = 0.683 < 1$ 이므로 상류이다.

해답 ①

081

물이 흐르고 있는 벤추리미터(Venturi meter)의 관부와 수축부에 수은을 넣은 U자형 액주계를 연결하여 수은주의 높이차 $h_m = 10 \text{cm}$를 읽었다. 관부와 수축부의 압력수두의 차는? (단, 수은의 비중은 13.6이다.)

① 1.26m　　② 1.36m
③ 12.35m　　④ 13.35m

해설 $H = \dfrac{P_1 - P_2}{w} = \dfrac{(w' - w)h}{w} = \dfrac{(13.6 - 1) \times 0.1}{1} = 1.26\text{m}$

해답 ①

082

밑면적 A, 높이 H인 원주형 물체의 흘수가 h라면 물체의 단위중량 w_m은? (단, 물의 단위중량은 w_o이다.)

① $w_m = w_o \times \dfrac{H}{h}$　　② $w_m = w_o \times \dfrac{h}{H}$

③ $w_m = w_o \times \dfrac{H-h}{h}$　　④ $w_m = w_o \times \dfrac{H-h}{H}$

해설
① 물체의 자중
$W = w_m V = w_m \times A \times H$
② 부력
$B = w_o V' = w_o \times A \times h$
여기서, B : 부력, w_o : 물의 단위중량, V' : 수중 부분의 체적
③ $W = B$
$w_m \times A \times H = w_o \times A \times h$에서 $w_m = w_o \times \dfrac{h}{H}$

해답 ②

083

모세관 현상에 대한 설명으로 옳지 않은 것은?

① 모세관의 상승높이는 액체의 단위중량에 비례한다.
② 모세관의 상승높이는 모세관의 지름에 반비례한다.
③ 모세관의 상승여부는 액체의 응집력과 액체와 관 벽의 부착력에 의해 좌우된다.
④ 액체의 응집력이 관 벽과의 부착력보다 크면 관 내액체의 높이는 관 밖보다 낮아진다.

해설 모관 상승 높이 $h = \dfrac{4T\cos\theta}{wD}$에서
모세관 상승고 h는 단위 중량 w에 반비례한다.

해답 ①

084 한계 수심에 관한 설명으로 옳은 것은?

① 유량이 최소이다.
② 비에너지가 최소이다.
③ Reynolds 수가 1이다.
④ Froude 수가 1보다 크다.

해설 ① 한계수심에서는 유량(Q)이 최대가 된다.
② 유량이 일정할 때 비에너지가 최소가 되는 수심이 한계수심이다.

해답 ②

085 물의 성질에 대한 설명으로 옳지 않은 것은?

① 물의 점성계수는 수온이 높을수록 그 값이 커진다.
② 공기에 접촉하는 물의 표면장력은 온도가 상승하면 감소한다.
③ 내부마찰력이 큰 것은 내부마찰력이 작은 것보다 그 점성계수의 값이 크다.
④ 압력이 증가하면 물의 압축계수(C_W)는 감소하고 체적탄성계수(E_W)는 증가한다.

해설 물의 점성계수는 수온이 높을수록 작아진다.

해답 ①

086 수두(水頭)가 2m인 오리피스에서의 유량은? (단, 오리피스의 지름 10cm, 유량계수 0.76)

① $0.017\text{m}^3/\text{s}$
② $0.027\text{m}^3/\text{s}$
③ $0.037\text{m}^3/\text{s}$
④ $0.047\text{m}^3/\text{s}$

해설 유출수의 유량

$$Q = CA\sqrt{2gh} = 0.76 \times \frac{\pi \times 0.1^2}{4} \times \sqrt{2 \times 9.8 \times 2} = 0.037\text{m}^3/\text{s}$$

해답 ③

087 개수로 내의 한 단면에 있어서 평균유속을 V, 수심을 h라 할 때, 비에너지를 표시한 것은?

① $H_e = h + \left(\dfrac{Q}{A}\right)$
② $H_e = \dfrac{V^2}{2g} + \dfrac{Q}{A}$
③ $H_e = h + \alpha\dfrac{V^2}{2g}$
④ $H_e = \dfrac{h}{b} + \alpha 2gV^2$

해설 비에너지

$$H_e = h + \alpha\frac{V^2}{2g} = h + \frac{\alpha}{2g}\left(\frac{Q}{A}\right)^2$$

해답 ③

088 어느 하천에서 H_m 되는 곳까지 양수하려고 한다. 양수량을 $Q(\text{m}^3/\text{sec})$, 모든 손실수두의 합을 $\sum h_e$, 펌프와 모터의 효율을 각각 η_1, η_2라 할 때, 펌프의 동력을 구하는 식은?

① $\dfrac{9.8Q(H+\sum h_e)}{75\eta_1\eta_2}$ [kW]
② $\dfrac{9.8Q(H+\sum h_e)}{\eta_1\eta_2}$ [kW]
③ $\dfrac{13.33Q(H+\sum h_e)}{75\eta_1\eta_2}$ [kW]
④ $\dfrac{13.33Q(H+\sum h_e)}{\eta_1\eta_2}$ [kW]

해설 $E = 9.8\dfrac{QH}{\eta} = 9.8\dfrac{Q(H+\sum h_e)}{\eta_1\eta_2}$ (kW)

[참고] $E = \dfrac{1000}{75}\dfrac{QH}{\eta} = 13.33\dfrac{Q(H+\sum h_L)}{\eta_1\eta_2}$ [HP]

해답 ②

089 단위시간에 있어서 속도변화가 V_1에서 V_2로 되며 이 때 질량 m인 유체의 밀도를 ρ라 할 때 운동량 방정식은? (단, Q : 유량, w : 유체의 단위중량, g : 중력가속도)

① $F = \dfrac{wQ}{\rho}(V_2 - V_1)$
② $F = wQ(V_2 - V_1)$
③ $F = \dfrac{Qg}{w}(V_2 - V_1)$
④ $F = \dfrac{w}{g}Q(V_2 - V_1)$

해설 운동량 방정식

$F\Delta t = m(V_2 - V_1) = \dfrac{w}{g}Q(V_2 - V_1)$

해답 ④

090 다음 중 베르누이의 정리를 응용한 것이 아닌 것은?

① Pitot tube
② Venturimeter
③ Pascal의 원리
④ Torricelli의 정리

해설 베르누이 방정식 응용
① 토리첼리의 정리(Torricelli's theorem) : 이론유속
② 피토관(Pitot tube) : 유속
③ 벤투리미터(venturimeter)
④ 오리피스

해답 ③

2. 상하수도공학(상수도계획, 하수도계획)

091 상수 원수의 수질을 검사한 결과가 다음과 같을 때, 경도(hardness)를 $CaCO_3$ 농도로 표시하면 몇 mg/L인가? (단, 분자량은 Ca : 40, Cl : 35.5, HCO_3 : 61, Mg : 24, Na : 23, SO_4 : 96, $CaCO_3$: 100)

Na^+ : 71mg/L	Ca^{++} : 98mg/L
Mg^{++} : 22mg/L	Cl^- : 89mg/L
HCO_3^- : 317mg/L	SO_4^{-2} : 25mg/L

① 336.7mg/L ② 340.1mg/L
③ 352.5mg/L ④ 370.4mg/L

해설 경도(hardness)는 칼슘과 마그네슘으로 이루어지므로 경도를 $CaCO_3$ 농도로 표시하면

① Ca^{++} 1당량 = $\frac{40}{2}$ = 20

② Mg^{++} 1당량 = $\frac{24}{2}$ = 12

③ $CaCO_3$ 1당량 = $\frac{100}{2}$ = 50

④ Ca^{++} 당량수 = $\frac{98mg/L}{20}$ = 4.9mg/L

⑤ Mg^{++} 당량수 = $\frac{22mg/L}{12}$ = 1.833mg/L

⑥ 경도 농도 = Ca^{++} 당량수 + Mg^{++} 당량수 = 4.9 + 1.833 = 6.733mg/L

⑦ 경도를 $CaCO_3$ 농도로 표시 = 경도 농도 × $CaCO_3$ 1당량
　　　　　　　　　　　　 = 6.733 × 50 = 336.65mg/L

해답 ①

092 우수조정지를 설치하는 목적으로 옳지 않은 것은?

① 유달시간의 증대　② 유출계수의 증대
③ 첨두유량의 감소　④ 시가지의 침수방지

해설 우수조정지 설치 목적
① 유달시간의 증대
② 유출계수의 감소
③ 첨두유량의 감소
④ 시가지의 침수방지

해답 ②

093 다음의 소독방법 중 발암물질인 THM 발생 가능성이 가장 높은 것은?

① 염소소독
② 오존소독
③ 자외선소독
④ 이산화염소소독

해설 폐수처리나 정수처리과정에서 가장 많이 사용되는 살균제인 염소는 염소의 사용으로 발암물질인 트리할로메탄(THM)의 생성은 불가피하여 트리할로메탄을 총량으로 규제하고 있다.

해답 ①

094 관로의 접합방법에 관한 설명으로 옳지 않은 것은?

① 관정접합 : 유수는 원활한 흐름이 되지만 굴착깊이가 증가되어 공사비가 증대된다.
② 관중심접합 : 수면접합과 관저접합의 중간적인 방법이나 보통 수면접합에 준용된다.
③ 수면접합 : 수리학적으로 대개 계획수위를 일치시켜 접합시키는 것으로서 양호한 방법이다.
④ 관저접합 : 수위상승을 방지하고 양정고를 줄일 수 있으나 굴착깊이가 증가되어 공사비가 증대된다.

해설 관저접합
① 관거의 내면 바닥이 일치되도록 접합하는 방법
② 굴착깊이를 얕게 함으로 공사비용을 줄일 수 있다.
③ 수위상승을 방지하고 양정고를 줄일 수 있어 펌프 배수지역에 적합하다.
④ 상류부에서는 동수경사선이 관정보다 높이 올라갈 우려가 있다.
⑤ 수리학적으로 불량한 방법

해답 ④

095 수두 60m의 수압을 가진 수압관의 내경이 1000mm일 때, 강관의 최소 두께는? (단, 관의 허용응력 σ_{ta}=1300kgf/cm²이다.)

① 0.12cm
② 0.15cm
③ 0.23cm
④ 0.30cm

해설 ① $p = wh = 0.001 \text{kg/cm}^3 \times 6000 \text{cm} = 6 \text{kg/cm}^2$
② 관의 두께 $t = \dfrac{pD}{2\sigma_{ta}} = \dfrac{6 \times 100}{2 \times 1300} = 0.23 \text{cm}$

여기서, t : 관의 두께(cm, mm)　　p : 관내 수압(kg/cm², MPa)
　　　　D : 관의 내경(cm, mm)　　σ_{ta} : 관의 허용인장응력(kg/cm², MPa)

해답 ③

096
하수처리 과정 중 3차 처리의 주 제거 대상이 되는 것은?

① 발암물질　　② 부유물질
③ 영양염류　　④ 유기물질

해설 3차 처리(고도처리)는 난분해성 유기물, 부유물질, 인 및 질소와 같은 부영양화 유발물질들이 제거대상이 된다.

해답 ③

097
하수도계획의 자연적 조건에 관한 조사 중 하천 및 수계현황에 관하여 조사하여야 하는 사항에 포함되는 것은?

① 지질도　　② 지형도
③ 지하수위와 지반침하상황　　④ 하천 및 수로의 종·횡단면도

해설 하수도계획의 자연적 조건 중 지역 연혁 및 개황 조사 사항
① 지역연혁
② 위치, 면적, 지세
③ 지형도, 지질도 및 토질조사자료
④ 지하수위 및 지반침하상황 등

해답 ④

098
염소요구량(A), 필요 잔류염소량(B), 염소주입량(C)과의 관계로 옳은 것은?

① $A = B + C$　　② $C = A + B$
③ $A = B - C$　　④ $C = A \times B$

해설 ① 염소요구량 농도 = 염소주입량 농도 - 잔류염소농도
② 염소주입량(C) = 염소요구량(A) + 잔류염소량(B)

해답 ②

099
계획1일평균급수량이 400L, 시간최대급수량이 25L일 때 계획1일최대급수량이 500L라면 계획 첨두율은?

① 1.2　　② 1.25
③ 1.50　　④ 20.0

해설 계획 첨두율 = $\dfrac{\text{계획1일 최대 급수량}}{\text{계획1일 평균 급수량}} = \dfrac{500}{400} = 1.25$

해답 ②

100 찌꺼기(슬러지)처리에 관한 일반적인 내용으로 옳지 않은 것은?

① 호기성 소화는 찌꺼기(슬러지)의 소화방법이 아니다.
② 하수 찌꺼기(슬러지)는 매우 높은 함수율과 부패성을 갖고 있다.
③ 찌꺼기(슬러지)의 기계탈수 종류로는 가압탈수기, 원심탈수기, 벨트프레스 탈수기 등이 있다.
④ 찌꺼기(슬러지)의 농축은 찌꺼기(슬러지)의 부피 감소 과정으로 찌꺼기(슬러지) 소화의 전단계 공정이다.

해설 찌꺼기(슬러지)의 처리 방법 중 생물학적 처리시설에는 호기성 처리와 혐기성 처리, 임의성(통성혐기성) 처리가 있다.

해답 ①

101 다음과 같은 수질을 가진 공장폐수를 생물학적 처리 중심으로 처리하는 경우 어떤 순서로 조합하는 것이 가장 적정한가?

- 공장폐수 수질 : pH 3.0
- SS : 3000mg/L
- BOD : 300mg/L
- COD : 900mg/L
- 질소 : 40mg/L
- 인 : 8mg/L

① 중화 → 침전 → 생물학적 처리
② 침전 → 생물학적 처리 → 중화
③ Screening → 생물학적 처리 → 침전
④ 생물학적 처리 → Screening → 중화

해설 공장폐수의 생물학적 처리 중심으로 처리하는 경우의 순서 조합
중화 → 침전 → 생물학적 처리

해답 ①

102 오수관로 설계 시 계획시간최대오수량에 대한 최소유속(㉠)과 최대유속(㉡)으로 옳은 것은?

① ㉠ : 0.1m/s, ㉡ : 0.5m/s
② ㉠ : 0.6m/s, ㉡ : 0.8m/s
③ ㉠ : 0.1m/s, ㉡ : 1.0m/s
④ ㉠ : 0.6m/s, ㉡ : 3.0m/s

해설 하수관의 유속

관거	최소 유속	최대 유속	비 고
오수관거	0.6m/sec	3.0m/sec	이상적인 유속 : 1.0~1.8m/sec
우수관거 및 합류관거	0.8m/sec	3.0m/sec	

해답 ④

103. 송수관로를 계획할 때에 고려 사항에 대한 설명으로 옳지 않은 것은?

① 가급적 단거리가 되어야 한다.
② 이상수압을 받지 않도록 한다.
③ 송수방식은 반드시 자연유하식으로 해야 한다.
④ 관로의 수평 및 연직방향의 급격한 굴곡은 피한다.

해설 송수방식의 선정에는 취수원에서 정수장까지의 고저 관계, 계획도수량, 노선의 입지조건, 건설비, 유지관리비 등을 종합적으로 비교·검토하여 바람직한 방식을 결정하되 자연유하식이나 펌프압송식 또는 병합식을 결정한다.

해답 ③

104. 취수장에서부터 가정에 이르는 상수도계통을 올바르게 나열한 것은?

① 취수시설 → 정수시설 → 도수시설 → 송수시설 → 배수시설 → 급수시설
② 취수시설 → 도수시설 → 송수시설 → 정수시설 → 배수시설 → 급수시설
③ 취수시설 → 도수시설 → 정수시설 → 송수시설 → 배수시설 → 급수시설
④ 취수시설 → 도수시설 → 송수시설 → 배수시설 → 정수시설 → 급수시설

해설 상수도 시설 계통 : 수원(집수) → 취수 → 도수 → 정수 → 송수 → 배수 → 급수

해답 ③

105. 송수시설의 계획송수량의 원칙적 기준이 되는 것은?

① 계획1일평균급수량
② 계획1일최대급수량
③ 계획시간평균급수량
④ 계획시간최대급수량

해설 계획송수량은 계획 1일 최대급수량을 기준으로 한다. 또한 누수 등의 손실량을 고려하여 10% 여유수량으로 증가시킨다.

해답 ②

106. 가정하수, 공장폐수 및 우수를 혼합해서 수송하는 하수관로는?

① 우수관로(storm sewer)
② 가정하수관로(sanitary sewer)
③ 분류식 하수관로(separate sewer)
④ 합류식 하수관로(combined sewer)

해설 ① 분류식 하수도(위생적 관점에서 유리함) : 오수관과 우수관으로 각각 분리하여 배제
② 합류식 하수도(경제적 관점에서 유리함) : 하수와 우수를 동일 관거에 의하여 배제

해답 ④

107 하수도시설의 계획우수량 산정 시 고려사항 및 이에 대한 설명으로 옳은 것은?

① 도달시간 : 유입시간과 유하시간을 합한 것이다.
② 우수유출량의 산정식 : Hazen-Williams 식에 의한다.
③ 확률년수 : 원칙적으로 20년을 원칙으로 하되, 이를 넘지 않도록 한다.
④ 하상계수 : 토지이용도별 기초계수로 지역의 총괄계수를 구하는 것이 원칙이다.

해설
① 유달시간이란 어떤 지점의 강우가 하류의 계획대상이 되는 어떤 지점까지 도달하는데 필요한 시간을 말하며, 유입시간과 유하시간의 합으로 나타낸다.
유달시간(T) = 유입시간(t_1) + 유하시간(t_2)
② 우수유출량의 산정은 합리식에 의한다.
③ 우리나라 계획 우수량은 우수 배제계획에서 확률 연수는 하수관거의 경우 10~30년, 빗물펌프장의 경우 30~50년을 원칙으로 하며, 지역의 특성 또는 방재상 필요성에 따라 이보다 크게 또는 작게 정할 수 있다.
④ 유출계수는 토지이용도별 기초계수로 지역의 총괄계수를 구하는 것이 원칙이다.

해답 ①

108 수원의 구비조건으로 옳지 않은 것은?

① 수질이 양호해야 한다.
② 최대갈수기에도 계획수량의 확보가 가능해야 한다.
③ 오염 회피를 위하여 도심에서 멀리 떨어진 곳일수록 좋다.
④ 수리권의 획득이 용이하고, 건설비 및 유지관리가 경제적이어야 한다.

해설 수돗물 소비지에서 가까운 곳에 위치해야 한다.(건설비와 운영비면에서 경제적이라는 뜻이다.) 이밖에 계절적 수량·수질의 변동이 적은 곳, 가능하면 주위에 오염원이 없는 곳, 연간 수량 변동이 적은 곳, 취수 및 관리가 용이한 곳이 좋다.

해답 ③

109 하천이나 호소 또는 연안부의 모래·자갈층에 함유되는 지하수로 대체로 양호한 수질을 얻을 수 있어 그대로 수원으로 사용되기도 하는 것은?

① 복류수   ② 심층수
③ 용천수   ④ 천층수

해설 복류수
① 하천이나 호소의 바닥 또는 변두리의 자갈, 모래층에 함유되어 있는 물
② 광물질(Fe, Mn) 함유량이 적고 부유물질 함량이 적다.
③ 수질이 양호하여 침전과정을 생략할 수 있다.

해답 ①

110 수리학적 체류시간이 4시간, 유효수심이 3.5m인 침전지의 표면부하율은?

① $8.75\text{m}^3/\text{m}^2 \cdot \text{day}$
② $17.5\text{m}^3/\text{m}^2 \cdot \text{day}$
③ $21.0\text{m}^3/\text{m}^2 \cdot \text{day}$
④ $24.5\text{m}^3/\text{m}^2 \cdot \text{day}$

해설 **표면적 부하**(수면적 부하, 표면침전율)

$$L_s = \frac{\text{유입수량}(\text{m}^3/\text{day})}{\text{표면적}(\text{m}^2)} = \frac{Q}{A} = \frac{H}{t} = \frac{3.5\text{m}}{4\text{hr} \times \frac{1}{24}\text{day/hr}} = 21\text{m}^3/\text{m}^2 \cdot \text{day}$$

해답 ③

2020년 8월 22일 시행

2023 개정된 출제기준에 의거하여 불필요한 문제는 삭제하고 3과목으로 정리함

제1과목 구조설계(응용역학+철근콘크리트 및 강구조)

1. 응용역학(역학적인 개념 및 건설 구조물의 해석)

001 $P=120$kN의 무게를 매달은 그림과 같은 구조물에서 T_1이 받는 힘은?

① 103.9kN(인장)
② 103.9kN(압축)
③ 60kN(인장)
④ 60kN(압축)

해설 두 부재 모두 자른 후 두 부재 모두 인장력이 작용한다고 가정하고 라미의 정리를 이용해 T_1이 받는 힘을 구한다.

$$\frac{T_1(\text{인장})}{\sin 60°} = \frac{120\text{kN}}{\sin 90°}$$

$$T_1 = \frac{120\text{kN}}{\sin 90°} \times \sin 60° = 103.9\text{kN (인장)}$$

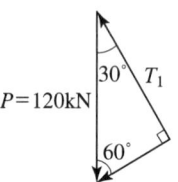

해답 ①

002 다음 중 단면계수의 단위로서 옳은 것은?

① cm
② cm^2
③ cm^3
④ cm^4

해설 단면계수는 도심축에 대한 단면 2차모멘트를 도심축에서 구하고자 하는 곳까지의 거리로 나누므로 단위(차원)는 cm^3 또는 m^{3}으로 단면1차모멘트와 같다.

해답 ③

003 아래 그림에서 연행 하중으로 인한 A점의 최대 수직반력(V_A)은?

① 60kN
② 50kN
③ 30kN
④ 10kN

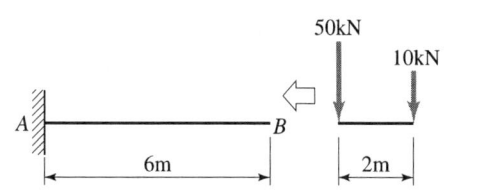

해설 A지점의 최대 수직반력은 수직 연행 하중이 모두 캔틸레버보에 작용할 때 연행 하중의 합과 같다.
$V_A = 50 + 10 = 60 \text{kN}(\uparrow)$

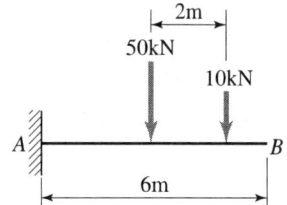

해답 ①

004 그림과 같은 게르버 보의 A점의 전단력은?

① 40kN
② 60kN
③ 120kN
④ 240kN

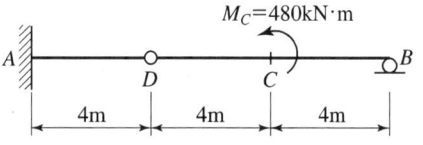

해설 ① D지점의 반력
단순보 구간에서
$R_D = \dfrac{M}{L} = \dfrac{480}{8} = 60 \text{kN}(\uparrow)$

② A지점의 반력
캔틸레버보 구간에서
$R_A = 60 \text{kN}(\uparrow)$

③ A지점의 전단력
캔틸레버보 구간에서
$S_A = R_A = 60 \text{kN}$

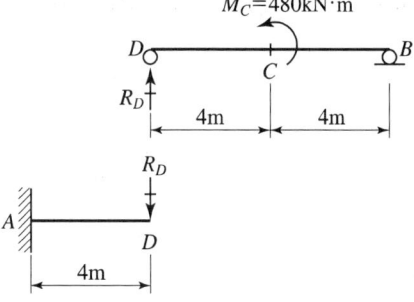

해답 ②

005 지름이 D인 원형 단면의 도심 축에 대한 단면 2차 극모멘트는?

① $\dfrac{\pi D^4}{64}$
② $\dfrac{\pi D^4}{32}$
③ $\dfrac{\pi D^4}{4}$
④ $\dfrac{\pi D^4}{2}$

해설 단면 2차극모멘트(극관성 모멘트)는 평행축 정리에 의해서 $I_p = I_P + A\rho^2 = I_x + I_y$
의 식에 따라 단면 2차 극모멘트 I_p의 값을 구한다.

$$I_P = I_x + I_y = \frac{\pi D^4}{64} + \frac{\pi D^4}{64} = \frac{\pi D^4}{32}$$

해답 ②

006 다음 단순보에서 지점 반력을 계산한 값은?

① $R_A = 10\text{kN}, \quad R_B = 10\text{kN}$
② $R_A = 14\text{kN}, \quad R_B = 6\text{kN}$
③ $R_A = 1\text{kN}, \quad R_B = 19\text{kN}$
④ $R_A = 19\text{kN}, \quad R_B = 1\text{kN}$

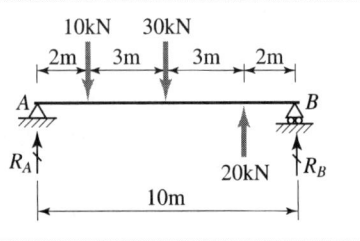

해설 ① $\Sigma H = 0$
$H_A = 0$
② $\Sigma M_B = 0$
$V_A \times 10 - 10 \times 8 - 30 \times 5 + 20 \times 2 = 0$에서
$V_A = 19\text{kN}(\uparrow)$
③ $\Sigma V = 0$
$V_A + V_B - 10 - 30 + 20 = 0$에서
$R_B = V_B = 1\text{kN}(\uparrow)$

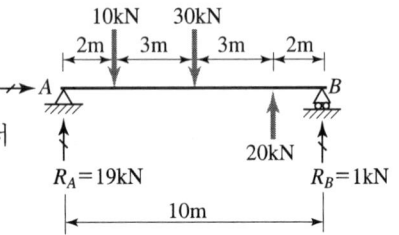

해답 ④

007 아래 그림과 같은 캔틸레버 보에서 C점의 휨모멘트는?

① $-\dfrac{wL^2}{8}$
② $-\dfrac{5wL^2}{12}$
③ $-\dfrac{5wL^2}{24}$
④ $-\dfrac{5wL^2}{48}$

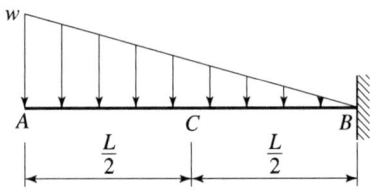

해설

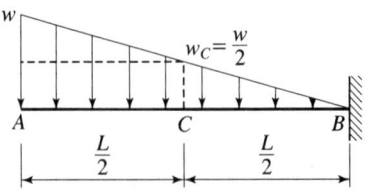

① C점의 등분포하중 크기

$w : L = w_c : \dfrac{L}{2}$ 에서 $w_c = \dfrac{w}{2}$

② C점의 휨모멘트

$M_C = -\left(\dfrac{w}{2} \times \dfrac{L}{2}\right) \times \dfrac{L}{4} - \left(\dfrac{1}{2} \times \dfrac{w}{2} \times \dfrac{L}{2}\right) \times \left(\dfrac{2}{3} \times \dfrac{L}{2}\right) = -\dfrac{5wL^2}{48}$

해답 ④

008

아래 그림과 같은 단면에서 도심의 위치($\bar{y}$)는?

① 2.21cm
② 2.64cm
③ 2.96cm
④ 3.21cm

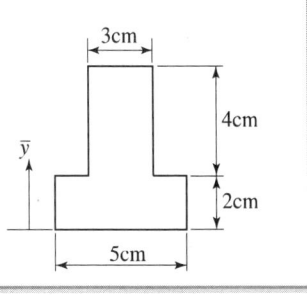

해설 문제의 도형을 기본 도형인 직사각형 세 개로 나누어 x축의 단면1차모멘트에 대한 바리뇽의 정리를 이용해 도심 $\bar{y}$값을 구한다.

$1 \times 2 \times 1 + 3 \times 6 \times 3 + 1 \times 2 \times 1$
$= (1 \times 2 + 3 \times 6 + 1 \times 2) \times \bar{y}$ 에서
$\bar{y} = \dfrac{1 \times 2 \times 1 + 3 \times 6 \times 3 + 1 \times 2 \times 1}{1 \times 2 + 3 \times 6 + 1 \times 2}$
$= 2.64 \text{cm}$

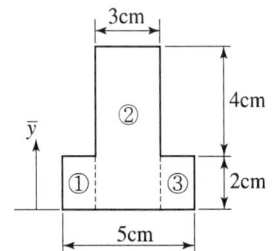

해답 ②

009

양단이 고정되어 있는 길이 10m의 강(鋼)이 15℃에서 40℃로 온도가 상승할 때 응력은? (단, $E = 2.1 \times 10^5$MPa, 선팽창계수 $\alpha = 0.00001/℃$)

① 47.5MPa
② 50.0MPa
③ 52.5MPa
④ 53.8MPa

해설 $\sigma = E\epsilon = E\alpha\Delta t = 2.1 \times 10^5 \times 0.00001 \times (40 - 15) = 52.5 \text{MPa}$

해답 ③

010

그림과 같은 역계에서 합력 R의 위치 x의 값은?

① 6cm
② 8cm
③ 10cm
④ 12cm

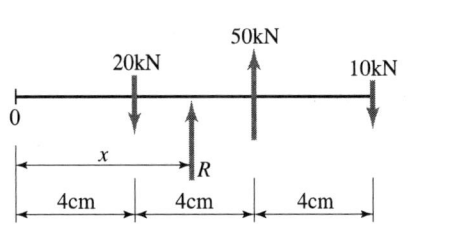

해설 먼저 수직력의 합력을 구한 후 바리뇽의 정리를 이용해 합력 R의 위치를 구한다.
① 합력 : $R = -20 + 50 - 10 = +20 \text{kN}(\downarrow)$
② 바리뇽의 정리에 의하면 $20x = -20 \times 4 + 50 \times 8 - 10 \times 12$
    $x = 10 \text{cm}$

해답 ③

011

그림과 같은 30° 경사진 언덕에서 40kN의 물체를 밀어 올릴 때 필요한 힘 P는 최소 얼마 이상이어야 하는가? (단, 마찰 계수는 0.3이다.)

① 20.0kN
② 30.4kN
③ 34.6kN
④ 35.0kN

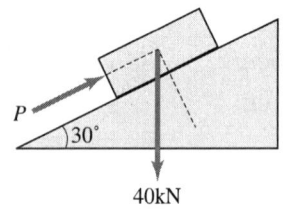

해설 경사진 언덕에서 40kN의 물체를 밀어 올리기 위해서는 밀려 올라가지 않으려는 방향으로 발생되는 마찰력과 물체가 경사면을 따라 내려가려는 힘의 합보다 더 큰 힘으로 밀어 올려야 올라간다.

① 경사면에 수직한 힘
  $N = 40 \times \cos 30° = 34.64$kN
② 경사면 아래로 내려가려는 힘
  (경사면에 수평한 힘)
  $F = 40 \times \sin 30° = 20$kN
③ 마찰력 = 마찰계수 × 수직력 = $0.3 \times 34.64 = 10.392$kN
④ 물체를 밀어 올리는 힘(P) > 경사면을 내려가려는 힘
  $P \geq 20 + 10.392 = 30.4$kN

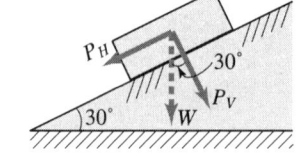

해답 ②

012

기둥의 해석 및 단주와 장주의 구분에 사용되는 세장비에 대한 설명으로 옳은 것은?

① 기둥 단면의 최소 폭을 부재의 길이로 나눈 값이다.
② 기둥 단면의 단면 2차 모멘트를 부재의 길이로 나눈 값이다.
③ 기둥 부재의 길이를 단면의 최소회전반경으로 나눈 값이다.
④ 기둥 단면의 길이를 단면 2차 모멘트로 나눈 값이다.

해설 세장비 공식

$$\lambda = \frac{l}{r_{min}}$$

여기서, λ : 세장비, l : 부재길이, r_{min} : 최소 회전반경 = $\sqrt{\dfrac{I_{min}}{A}}$, A : 면적

I_{min} : 최소 단면 2차 모멘트

(구형일 경우 $\dfrac{bh^3}{12}$에서 h를 짧은변 쪽으로 잡아 I를 구한다.)

해답 ③

013

1방향 편심을 갖는 한 변이 30cm인 정4각형 단주에서 100kN의 편심하중이 작용할 때, 단면에 인장력이 생기지 않기 위한 편심(e)의 한계는 기둥의 중심에서 얼마가 떨어진 곳인가?

① 5.0cm
② 6.7cm
③ 7.7cm
④ 8.0cm

해설 정사각형이므로 인장응력이 생기지 않기 위한 편심인 핵거리는

$$x = \frac{b}{6} = \frac{30}{6} = 5\text{cm}$$

[참고] 핵거리(x)
① 구형 : $\left(\frac{h}{6}, \frac{b}{6}\right)$　② 원형 : $\frac{d}{8}$　③ 삼각형 : $\left(\frac{b}{8}, \frac{h}{6}, \frac{h}{12}\right)$

해답 ①

014

지름 200mm의 통나무에 자중과 하중에 의한 9kN·m의 외력 모멘트가 작용한다면 최대 휨응력은?

① 11.5MPa
② 15.4MPa
③ 20.0MPa
④ 21.9MPa

해설 ① 단면계수

$$Z = \frac{I}{y_1} = \frac{\frac{\pi D^4}{64}}{\frac{D}{2}} = \frac{\pi D^3}{32} = \frac{\pi \times 200^3}{32} = 785,398.1634 \text{mm}^3$$

② 최대 휨응력

$$\sigma_{max} = \frac{M_{max}}{Z_{min}} = \frac{9,000,000}{785,398.1634} = 11.5\text{MPa}$$

해답 ①

015

단면이 150mm×150mm인 정사각형이고, 길이 1m인 강재에 120kN의 압축력을 가했더니 1mm가 줄어들었다. 이 강재의 탄성계수는?

① 5333.3MPa
② 5333.3kPa
③ 8333.3MPa
④ 8333.3kPa

해설 강재의 탄성계수

$$E = \frac{\sigma}{\epsilon} = \frac{\frac{P}{A}}{\frac{\Delta l}{l}} = \frac{Pl}{A\Delta l} = \frac{120,000 \times 1000}{(150 \times 150) \times 1} = 5333.3\text{MPa}$$

해답 ①

016 그림에서 최대 전단응력은?

① $\tau = \dfrac{3wL}{2bh}$

② $\tau = \dfrac{2wL}{3bh}$

③ $\tau = \dfrac{4wL}{3bh}$

④ $\tau = \dfrac{3wL}{4bh}$

해설 ① 최대 전단력 $S_{max} = V_A = \dfrac{wL}{2}$

② 최대 전단응력 $\tau_{max} = \dfrac{3}{2} \dfrac{S_{max}}{A} = \dfrac{3}{2} \times \dfrac{wL/2}{bh} = \dfrac{3wL}{4bh}$

해답 ④

2. 철근콘크리트 및 강구조

017 강도설계법으로 부재를 설계할 때 사용하중에 하중계수를 곱한 하중을 무엇이라고 하는가?

① 작용하중　　　② 기준하중
③ 지속하중　　　④ 계수하중

해설 **계수하중** = 하중계수 × 사용하중

해답 ④

018 그림과 같은 단철근 직사각형 단면보에서 등가직사각형 응력블록의 깊이(a)는? (단, f_{ck} = 28MPa, f_y = 350MPa이다.)

① 42mm
② 49mm
③ 52mm
④ 59mm

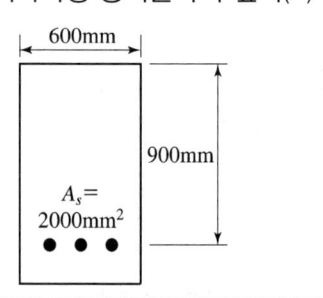

해설 등가직사각형 응력블록의 깊이

$a = \dfrac{A_s f_y}{0.85 f_{ck} b} = \dfrac{2,000 \times 350}{0.85 \times 28 \times 600} = 49.02\text{mm}$

해답 ②

019

강도감소계수(ϕ)에 대한 설명으로 틀린 것은?

① 설계 및 시공상의 오차를 고려한 값이다.
② 하중의 종류와 조합에 따라 값이 달라진다.
③ 인장지배단면에 대한 강도감소계수는 0.85이다.
④ 전단력과 비틀림모멘트에 대한 강도감소계수는 0.75이다.

해설 하중의 종류와 조합에 따라 값이 달라지는 것은 하중계수이다.

해답 ②

020

철근콘크리트 부재에서 전단철근으로 사용할 수 없는 것은?

① 주인장 철근에 45°의 각도로 구부린 굽힘철근
② 주인장 철근에 45°의 각도로 설치되는 스터럽
③ 주인장 철근에 30°의 각도로 구부린 굽힘철근
④ 주인장 철근에 30°의 각도로 설치되는 스터럽

해설 전단철근의 종류
1. 스터럽
   ① 수직스터럽 : 주철근에 직각 방향으로 배치한 스터럽
   ② 경사스터럽 : 주철근에 45° 이상의 경사로 배치한 스터럽
2. 굽힘철근(절곡철근) : 주철근을 30° 이상의 경사로 구부린 철근
3. 전단철근의 병용 : 전단응력이 크게 작용되는 지점 부근에서 사용된다.
   ① 수직스터럽과 굽힘철근의 병용
   ② 경사스터럽과 굽힘철근의 병용
   ③ 수직스터럽과 경사스터럽을 굽힘철근과 병용
4. 용접철망 : 부재의 축에 직각으로 배치
5. 나선철근
6. 원형 띠철근
7. 후프철근

해답 ④

021

일단 정착의 포스트텐션 부재에서 정착부 활동량이 3mm 생겼다. PS 강재의 길이가 40m, 초기 인장응력이 1000MPa일 때 PS 강재의 프리스트레스의 감소량(Δf_p)은? (단, PS 강재의 탄성계수=2.0×10^5MPa이다.)

① 15MPa ② 30MPa
③ 45MPa ④ 60MPa

 $\Delta f_p = E_s \epsilon = E_s \dfrac{\Delta l}{l} = 2 \times 10^5 \times \dfrac{3}{40,000} = 15\text{MPa}$

해답 ①

022

옹벽의 설계에 대한 일반적인 설명으로 틀린 것은?

① 활동에 대한 저항력은 옹벽에 작용하는 수평력의 1.5배 이상이어야 한다.
② 전도에 대한 저항휨모멘트는 횡토압에 의한 전도모멘트의 2.0배 이상이어야 한다.
③ 캔틸레버식 옹벽의 전면벽은 저판에 지지된 캔틸레버로 설계할 수 있다.
④ 뒷부벽은 직사각형보로 설계하여야 한다.

해설 부벽식옹벽의 구조해석
① 앞부벽 : 직사각형보로 설계
② 뒷부벽 : T형보의 복부로 설계
③ 전면벽 : 3변 지지된 2방향 슬래브로 설계할 수 있다.
④ 저판 : 정확한 방법이 사용되지 않는 한 뒷부벽 또는 앞부벽 간의 거리를 경간으로 가정하여 고정보 또는 연속보로 설계할 수 있다.

해답 ④

023

그림과 같은 경간 8m인 직사각형 단순보에 등분포하중(자중포함) $w=30\text{kN/m}$가 작용하며 PS 강재는 단면 도심에 배치되어 있다. 부재의 연단에 인장응력이 발생하지 않게 하려 할 때, PS 강재에 도입되어야 할 최소한의 긴장력(P)은?

① 1800kN
② 2400kN
③ 3600kN
④ 3100kN

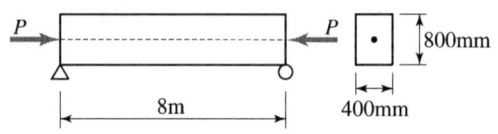

해설
$f_{하연} = \dfrac{P}{A} - \dfrac{M}{Z} = 0$에서

$P = \dfrac{AM}{Z} = \dfrac{bh \times \left(\dfrac{wl^2}{8}\right)}{\dfrac{bh^2}{6}} = \dfrac{3wl^2}{4h} = \dfrac{3 \times 30 \times 8^2}{4 \times 0.8} = 1,800\text{kN}$

해답 ①

024

강도설계법에 의한 나선철근 압축부재의 공칭축강도(P_n)의 값은? (단, $A_g=160000\text{mm}^2$, $A_{st}=6\text{-D32}=4765\text{mm}^2$, $f_{ck}=22\text{MPa}$, $f_y=350\text{MPa}$이다.)

① 3567kN
② 3885kN
③ 4428kN
④ 4967kN

해설 나선철근 단주의 공칭 축강도
$$P_n = 0.85 \cdot [0.85 f_{ck}(A_g - A_{st}) + f_y \cdot A_{st}]$$
$$= 0.85 \times [0.85 \times 22 \times (160,000 - 4,765) + 350 \times 4,765]$$
$$= 3885047.8 \text{N} = 3885 \text{kN}$$

해답 ②

025
상하 기둥 연결부에서 단면치수가 변하는 경우에 배치되는 구부린 주철근을 무엇이라 하는가?
① 옵셋굽힘철근　　② 종방향 철근
③ 횡방향 철근　　④ 연결철근

해설 기둥 연결부에서 단면 치수가 변하는 경우 관련 규정에 따라 옵셋굽힘철근을 배치하여야 한다.

해답 ①

026
전단철근이 부담하는 전단력(V_s)이 200kN일 때, D13 철근을 사용하여 수직스터럽으로 전단 보강하는 경우 배치간격은 최대 얼마 이하로 하여야 하는가? (단, D13의 단면적은 127mm², f_{ck}=28MPa, f_y=400MPa, b_w=400mm, d=600mm, 보통중량콘크리트이다.)

① 600mm　　② 300mm
③ 255mm　　④ 175mm

해설 ① 스터럽의 간격
$$V_s = \frac{V_u}{\phi} - V_c = 200\text{kN} < \left(\frac{\lambda\sqrt{f_{ck}}}{3}\right)b_w d = \left(\frac{1.0 \times \sqrt{28}}{3}\right) \times 400 \times 600 \times 10^{-3}$$
$$= 423.3\text{kN} 이므로$$

전단철근의 간격(s)
㉠ $\dfrac{d}{2} = \dfrac{600}{2} = 300\text{mm}$ 이하
㉡ 600mm 이하
㉢ 여기서 간격 s는 최솟값인 300mm 이하로 한다.
② 스터럽간격
$$s = \frac{A_v f_y d}{V_s} = \frac{(2 \times 127) \times 400 \times 600}{200,000} = 304.8\text{mm} 이하$$
③ 스터럽의 간격은
$s = 304.8\text{mm} \leq 300\text{mm}$ 이하여야 하므로 $s = 300\text{mm}$ 이하

해답 ②

027 콘크리트 구조설계기준에 따른 '단면의 유효깊이'를 설명하는 것은?

① 콘크리트의 압축연단에서부터 최외단 인장철근의 도심까지의 거리
② 콘크리트의 압축연단에서부터 다단 배근된 인장철근 중 최외단 철근 도심까지의 거리
③ 콘크리트의 압축연단에서부터 모든 인장철근군의 도심까지의 거리
④ 콘크리트의 압축연단에서부터 모든 철근군의 도심까지의 거리

해설 단면의 유효깊이란 콘크리트의 압축연단에서부터 모든 인장철근군의 도심까지의 거리를 말한다.

해답 ③

028 $P=400$kN의 인장력이 작용하는 판 두께 10mm인 철판에 $\phi 19$mm인 리벳을 사용하여 접합할 때 소요 리벳 수는? (단, 허용전단응력(τ_a)은 75MPa, 허용지압응력(σ_a)은 150MPa이다.)

① 15개
② 17개
③ 19개
④ 21개

해설 ① 허용전단강도(P_s)

1면 전단이므로 $P_s = v_{sa} \times A = \tau_a \times \dfrac{\pi d^2}{4} = 75 \times \dfrac{\pi \times 19^2}{4}$
$= 21,264.7\text{N} = 21.265\text{kN}$

② 허용지압강도(P_b)
 ㉠ 두께는 10mm이다.
 ㉡ $P_b = \sigma_a \times A_b = \sigma_a \times d \times t = 150 \times 19 \times 10 = 28,500\text{N} = 28.5\text{kN}$

③ 리벳 값(리벳강도, P_n)
허용전단강도(P_s)와 허용지압강도(P_b) 중 작은 값인 21.265kN이다.

④ 리벳 수
$n = \dfrac{P}{P_n} = \dfrac{400}{21.265} = 18.8 = 19$개

해답 ③

029 강도설계법에서 단철근 직사각형 보의 균형철근비(ρ_b)는? (단, $f_{ck}=25$MPa, $f_y=400$MPa이다.)

① 0.026
② 0.030
③ 0.033
④ 0.036

해설 ① $f_{ck} = 25$MPa로 40MPa 이하이므로 $\beta_1 = 0.80$

② $\rho_b = 0.85 \dfrac{f_{ck}}{f_y} \beta_1 \dfrac{\epsilon_{cu}}{\epsilon_{cu} + \dfrac{f_y}{200,000}} = \dfrac{0.85 \times 25 \times 0.80}{400} \times \dfrac{0.0033}{0.0033 + \dfrac{400}{200,000}}$

$= 0.02646$

해답 ①

030 프리스트레스의 손실 중 시간의 경과에 의해 발생하는 것은?

① 정착단의 활동
② 콘크리트의 탄성수축
③ 강재 응력의 릴랙세이션
④ 포스트텐션 긴장재와 덕트 사이의 마찰

해설 **프리스트레스 손실 원인**
1. 프리스트레스 도입시 : 즉시 손실
  ① 콘크리트의 탄성변형(수축)
  ② PS강재와 덕트(시스) 사이의 마찰(포스트텐션 방식에만 해당)
  ③ 정착단의 활동
2. 프리스트레스 도입후 : 시간적 손실
  ① 콘크리트의 건조수축
  ② 콘크리트의 크리프
  ③ PS강재의 리랙세이션(Relaxation)

해답 ③

031 그림에 나타난 단철근 직사각형 보가 공칭 휨강도(M_n)에 도달할 때 압축 측 콘크리트가 부담하는 압축력은 약 얼마인가? (단, 철근 D22 4본의 단면적은 1548mm², $f_{ck} = 28$MPa, $f_y = 350$MPa이다.)

① 542kN
② 637kN
③ 724kN
④ 833kN

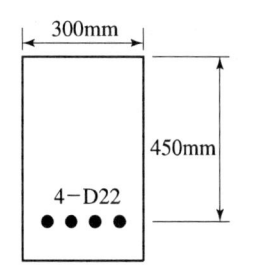

해설 $M_n = CZ = TZ$이므로
$C = T = A_s f_y = 1548 \times 350 = 541,800$N $= 541.8$kN

해답 ①

032
철근콘크리트 1방향 슬래브에 대한 설명으로 틀린 것은?

① 슬래브의 두께는 최소 50mm 이상으로 하여야 한다.
② 슬래브의 정모멘트 철근 및 부모멘트 철근의 중심 간격은 위험단면에서는 슬래브두께의 2배 이하여야 하고, 또한 300mm 이하로 하여야 한다.
③ 4변에 의해 지지되는 2방향 슬래브 중에서 단변에 대한 장변의 비가 2배를 넘으면 1방향 슬래브로서 해석한다.
④ 1방향 슬래브에서는 정모멘트 철근 및 부모멘트 철근에 직각방향으로 수축·온도철근을 배치하여야 한다.

해설 1방향 슬래브의 두께는 최소 100mm 이상으로 하여야 한다.

해답 ①

033
프리스트레스하지 않는 현장치기 콘크리트에서 옥외의 공기나 흙에 직접 접하지 않는 콘크리트 벽체에서 D35 초과하는 철근의 최소 피복 두께는 얼마인가?

① 20mm
② 40mm
③ 50mm
④ 60mm

해설 옥외의 공기나 흙에 직접 접하지 않는 콘크리트(슬래브, 벽체, 장선)
① D35 초과하는 철근 : 40mm
② D35 이하인 철근 : 20mm

해답 ②

034
리벳의 허용강도를 결정하는 방법으로 옳은 것은?

① 전단강도와 압축강도로 각각 결정한다.
② 전단강도와 압축강도의 평균값으로 결정한다.
③ 전단강도와 지압강도 중 큰 값으로 한다.
④ 전단강도와 지압강도 중 작은 값으로 한다.

해설 리벳 값(리벳강도, P_n)은 허용전단강도(P_s)와 허용지압강도(P_b) 중 작은 값으로 한다.

해답 ④

035
콘크리트구조 강도설계법에서 콘크리트의 설계기준압축강도(f_{ck})가 45MPa일 때 β_1의 값은? (단, β_1은 $a = \beta_1 c$에서 사용되는 계수이다.)

① 0.714
② 0.800
③ 0.747
④ 0.761

해설 콘크리트의 등가압축응력깊이의 비
f_{ck} = 45MPa로 50MPa 이하이므로 $\beta_1 = 0.80$

해답 ②

036
아래 그림과 같은 강판에서 순폭은? (단, 강판에서의 구멍지름(d)은 25mm이다.)

① 150mm
② 175mm
③ 204mm
④ 225mm

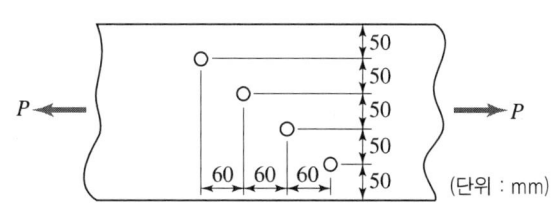

해설 폭은 모든 구멍이 연결될 때 가장 작은 값인 순폭이 되므로
$$b_n = b - d - 3w = b - d - 3\left(d - \frac{P^2}{4g}\right) = (5 \times 50) - 25 - 3 \times \left(25 - \frac{60^2}{4 \times 50}\right)$$
$$= 204\text{mm}$$

해답 ③

제2과목 측량 및 토질(측량학+토질 및 기초)

1. 측량학(측량학 일반, 기준점 측량, 응용 측량)

037
완화곡선에 대한 설명으로 옳지 않은 것은?

① 완화곡선의 반지름(R)은 시점에서 무한대이다.
② 완화곡선의 접선은 시점에서 직선에 접한다.
③ 완화곡선의 종점에 있는 캔트(cant)는 원곡선의 캔트(cant)와 같다.
④ 완화곡선의 길이(L)는 도로폭에 따라 결정된다.

해설 완화곡선의 길이는 차량의 속도와 캔트 등 여러 요소에 의해 결정된다.
$$L = \frac{N}{1,000} \cdot C = \frac{N}{1,000} \cdot \frac{SV^2}{R \cdot g} = \frac{V \cdot C}{r}$$
여기서, C : Cant N : 완화곡선 정수(300~800)
S : 궤간(레일간격) V : 차량 속도
R : 곡선반경 g : 중력가속도
r : 캔트의 시간적 변화율

해답 ④

038

교호수준측량에서 A점의 표고가 60.00m일 때, $a_1=0.75$m, $b_1=0.55$m, $a_2=1.45$m, $b_2=1.24$m이면 B점의 표고는?

① 60.205m
② 60.210m
③ 60.215m
④ 60.200m

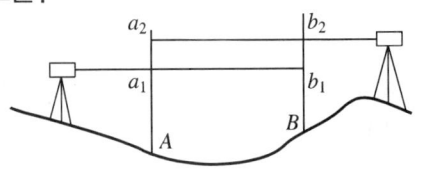

해설
① A점과 B점의 표고차
$$H=\frac{1}{2}[(a_1-b_1)+(a_2-b_2)]=\frac{1}{2}[(0.75-0.55)+(1.45-1.24)]=0.205\text{m}$$
② B점의 지반고
$H_B=H_A+H=60.00+0.205=60.205\text{m}$

해답 ①

039

기지점 A로부터 기지점 B에 결합하는 트래버스측량을 실시하여 X좌표의 결합오차 +0.15m, Y좌표의 결합오차 +0.20m를 얻었다면 이 측량의 결합비는? (단, 전체 노선 거리는 2750m이다.)

① 1/18330
② 1/13750
③ 1/12000
④ 1/11000

해설
① 폐합오차
$E=\sqrt{\Delta L^2+\Delta D^2}=\sqrt{0.15^2+0.20^2}$
② 폐합비(정도)
$$R=\frac{E}{\sum l}=\frac{\sqrt{\Delta L^2+\Delta D^2}}{\sum l}=\frac{\sqrt{0.15^2+0.20^2}}{2750}=\frac{1}{11,000}$$

해답 ④

040

폐합 트래버스측량에서 각 관측의 정밀도가 거리 관측의 정밀도보다 높을 때 오차를 배분하는 방법으로 옳은 것은?

① 해당 측선 길이에 비례하여 배분한다.
② 해당 측선 길이에 반비례하여 배분한다.
③ 해당 측선의 위거와 경거의 크기에 비례하여 배분한다.
④ 해당 측선의 위거와 경거의 크기에 반비례하여 배분한다.

해설 트랜싯 법칙은 각관측의 정밀도가 거리관측의 정밀도보다 높을 때 조정하는 방법으로 각 변의 위거, 경거의 크기에 비례하여 폐합 오차를 배분한다.

해답 ③

041 축척 1 : 5000 지형도(30cm×30cm)를 기초로 하여 축척이 1 : 50000인 지형도(30cm×30cm)를 제작하기 위해 필요한 축척 1 : 5000 지형도의 수는?

① 50장
② 100장
③ 150장
④ 200장

해설 지도 한 장의 면적은 축척분모수의 제곱에 비례하므로
$$\frac{50,000^2}{5,000^2} = 100장$$

해답 ②

042 우리나라의 노선측량에서 고속도로에 주로 이용되는 완화곡선은?

① 렘니스케이트 곡선
② 클로소이드 곡선
③ 2차 포물선
④ 3차 포물선

해설 완화곡선
① 3차 포물선(cubic spiral) : 철도에서 주로 사용한다.
② 클로소이드(clothoid) : 고속도로 IC에서 주로 사용한다.
③ 렘니스케이트(lemniscate) : 시가지 지하철에서 주로 사용한다.

해답 ②

043 축척 1 : 50000 지도상에서 4cm²인 영역의 지상에서 실제면적은?

① 1km²
② 2km²
③ 100km²
④ 200km²

해설 $\left(\frac{1}{m}\right)^2 = \frac{도상면적(A_o)}{실제\ 면적(A)}$에서
$A = A_0 \times 50,000^2 = 4 \times 50,000^2 = 1 \times 10^{10} cm^2 = 1km^2$

해답 ①

044 노선의 횡단측량에서 No.1+15m 측점의 절토단면적이 100m², No.2 측점의 절토단면적이 40m²일 때 두 측점 사이의 절토량은? (단, 중심말뚝간격=20m)

① 350m³
② 700m³
③ 1,200m³
④ 1,400m³

해설 양단면평균법에 의해
$V = \frac{1}{2}(A_1 + A_2) \cdot l = \frac{1}{2}(100 + 40) \times (20 - 5) = 350m^3$

해답 ①

045 수준측량에서 전시와 후시의 시준거리를 같게 하여 소거할 수 있는 오차는?

① 표척 눈금의 오독으로 발생하는 오차
② 표척을 연직방향으로 세우지 않아 발생하는 오차
③ 시준축이 기포관축과 평행하지 않기 때문에 발생하는 오차
④ 시차(조준의 불완전)에 의해 발생하는 오차

해설 전시와 후시의 거리를 같게 하는 것은 기계오차와 자연적 오차를 소거할 수 있기 때문이다.
① 레벨조정의 불안정으로 생기는 오차(가장 큰 영향을 주는 오차) 소거(시준축 오차 : 기포관축≠시준선)
② 자연적 오차 소거
  ㉠ 구차 : 지구의 곡률에 의한 오차이다.
  ㉡ 기차 : 광선의 굴절에 의한 오차이다.
  ㉢ 양차 : 구차와 기차의 합을 말한다.
③ 조준나사 작동에 의한 오차 소거

해답 ③

046 그림과 같이 A점에서 편심점 B'점을 시준하여 $T_{B'}$를 관측했을 때 B점의 방향각 T_B를 구하기 위한 보정량 x의 크기를 구하는 식으로 옳은 것은?

① $\rho'' \dfrac{e\sin\phi}{S}$ ② $\rho'' \dfrac{e\cos\phi}{S}$

③ $\rho'' \dfrac{S\sin\phi}{e}$ ④ $\rho'' \dfrac{S\cos\phi}{e}$

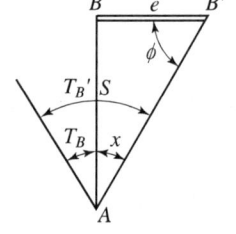

해설 B점의 방향각 T_B를 구하기 위한 보정량은 비례식에 의해 구할 수 있다.
$\dfrac{e}{\sin x} = \dfrac{S}{\sin\phi}$ 에서 $x = \sin^{-} \dfrac{e\sin\phi}{S} = \rho'' \dfrac{e\sin\phi}{S}$

해답 ①

047 측선 $\overline{AB}$의 관측거리가 100m일 때, 다음 중 B점의 $X(N)$좌표 값이 가장 큰 경우는? (단, A의 좌표 $X_A=0$m, $Y_A=0$m)

① $\overline{AB}$의 방위각(α) = 30°   ② $\overline{AB}$의 방위각(α) = 60°
③ $\overline{AB}$의 방위각(α) = 90°   ④ $\overline{AB}$의 방위각(α) = 120°

해설 B점의 X좌표(합위거) 구하는 식 $X_B = X_A + l_{AB}\cos\alpha_{AB}$에서 $\cos\alpha_{AB}$ 값이 1이 되는 $\alpha_{AB} = 0°$에 가까울수록 X_B좌표 값이 커지므로 문제에서 $\alpha_{AB} = 30°$가 0°에 가장 가까워 값이 가장 크다.

해답 ①

048
등고선의 성질에 대한 설명으로 틀린 것은?

① 등고선은 도면 내·외에서 반드시 폐합한다.
② 최대경사 방향은 등고선과 직각방향으로 교차한다.
③ 등고선은 급경사지에서는 간격이 넓어지며, 완경사지에서는 간격이 좁아진다.
④ 등고선은 경사가 같은 곳에서는 간격이 같다.

해설 등고선은 경사가 급한 곳에서는 같은 높이 차에 따른 수평거리가 짧으므로 간격이 좁고 완만한 경사에서는 같은 높이 차에 따른 수평거리가 상대적으로 길므로 간격이 넓다.

해답 ③

049
수준측량 장비인 레벨의 기포관이 구비해야할 조건으로 가장 거리가 먼 것은?

① 유리관 질은 오랜 시간이 흘러도 내부 액체의 영향을 받지 않을 것
② 유리관의 곡률반지름이 중앙부위로갈수록 작아질 것
③ 동일 경사에 대하여 기포의 이동이 동일할 것
④ 기포의 이동이 민감할 것

해설 기포관 내면의 곡률반경이 모든 점에서 균일해야 한다.

[참고] **기포관의 구비 조건**
① 유리관 질은 장시일 변치 말아야 하며, 오랜 시간이 흘러도 내부 액체의 영향을 받지 않아야 한다.
② 기포관 내면의 곡률반경이 모든 점에서 균일해야 한다.
③ 기포의 이동이 민감해야 한다.
④ 액체는 표면장력과 점착력이 작아야 한다.
⑤ 곡률반경이 커야 한다.
⑥ 동일 경사에 대하여 기포의 이동이 동일하여야 한다.

해답 ②

050
거리측량의 허용정밀도를 $\frac{1}{10^5}$ 이라 할 때, 반지름 몇 km까지 평면으로 볼 수 있는가? (단, 지구반지름 $r=6400$km이다.)

① 11km ② 22km
③ 35km ④ 70km

해설 ① 평면으로 간주할 수 있는 거리(직경)

$$\frac{1}{10^5} = \frac{D^2}{12R^2} \text{에서 } D = \sqrt{\frac{12R^2}{m}} = \sqrt{\frac{12 \times 6400^2}{10^5}} = 70\text{km}$$

② 평면으로 간주할 수 있는 반지름
$$R = \frac{D}{2} = \frac{70}{2} = 35\text{km}$$

해답 ③

051

곡선반지름 200m인 단곡선을 설치하기 위하여 그림과 같이 교각 I를 관측할 수 없어 $\angle AA'B'$, $\angle BB'A$의 두 각을 관측하여 각각 141°40′과 90°20′의 값을 얻었다. 교각 I는? (단, A : 곡선시점, B : 곡선종점)

① 38°20′
② 38°40′
③ 89°40′
④ 128°00′

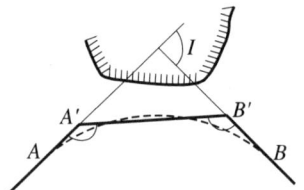

해설 $I = (180° - \angle AA'B') + (180° - \angle BB'A) = (180° - 141°40′) + (180° - 90°20′)$
     $= 128°00′$

해답 ④

052

교점($I.P.$)의 위치가 기점으로부터 200.12m, 곡선반지름 200m, 교각 45°00′인 단곡선의 시단현의 길이는? (단, 측점간 거리는 20m로 한다.)

① 2.72m
② 2.84m
③ 17.16m
④ 17.28m

해설 ① 접선장
$$TL = R \cdot \tan\frac{I}{2} = 200 \times \tan\frac{45°00′}{2} = 82.8427\text{m}$$
② 곡선시점
$BC = $ 교점($I.P.$)까지의 추가 거리 $- TL = 200.12 - 82.84 = 117.28\text{m}$
③ 시단현 길이(l_1)
$l_1 = $ 앞 말뚝값 $- BC = 120 - 117.28 = 2.72\text{m}$

해답 ①

053

다음 중 기하학적 측지학에 속하지 않는 것은?

① 측지학적 3차원 위치의 결정
② 면적 및 체적의 산정
③ 길이 및 시(時)의 결정
④ 지구의 극운동과 자전 운동

해설 **1. 기하학적 측지학**
① 길이 및 시간의 결정
② 수평위치의 결정
③ 높이의 결정
④ 측지학의 3차원 위치결정

⑤ 천문측량　　　　　　⑥ 위성측지
⑦ 하해측지　　　　　　⑧ 면적 및 체적의 산정
⑨ 지도 제작(지도학)　　⑩ 사진측량
2. 물리학적 측지학
① 지구의 형상 해석　　② 중력 측정
③ 지자기의 측정　　　　④ 탄성파의 측정
⑤ 지구의 극운동 및 자전운동　⑥ 지각변동 및 균형
⑦ 지구의 열측정　　　　⑧ 대륙의 부동
⑨ 해양의 조류　　　　　⑩ 지구의 조석측량

해답 ④

2. 토질 및 기초(토질역학, 기초공학)

054 말뚝의 재하시험 시 연약점토 지반인 경우는 말뚝 타입 후 소정의 시간이 경과한 후 말뚝재하시험을 한다. 그 이유로 옳은 것은?

① 부 마찰력이 생겼기 때문이다.
② 타입 된 말뚝에 의해 흙이 팽창되었기 때문이다.
③ 타입 시 말뚝 주변의 흙이 교란되었기 때문이다.
④ 주면 마찰력이 너무 크게 작용하였기 때문이다.

해설　말뚝 타입시 말뚝 주위의 점토지반은 교란이 되어 강도가 작아지게 된다. 그러나 점토는 시간이 경과되면서 강도가 회복되는 딕소트로피(thixotrophy) 현상이 일어나기 때문에 말뚝 재하시험은 말뚝 타입 후 20여 일이 지난 후 실시한다.

해답 ③

055 그림과 같은 파괴 포락선 중 완전 포화된 점성토에 대해 비압밀비배수 삼축압축(UU) 시험을 했을 때 생기는 파괴포락선은 어느 것인가?

① 가
② 나
③ 다
④ 라

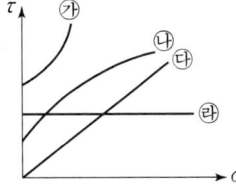

해설　완전포화된 점토의 비압밀 비배수 시험을 실시하면 $\phi=0$인 파괴포락선이 그려진다.

해답 ④

056
도로의 평판 재하 시험(KS F 2310)에서 변위계 지지대의 지지 다리 위치는 재하판 및 지지력 장치의 지지점에서 몇 m 이상 떨어져 설치하여야 하는가?

① 0.25m ② 0.50m
③ 0.75m ④ 1.00m

해설
① 변위계 지지대는 재하판의 침하량을 측정하는 장치로서, 변위계 부착 장치를 갖춘 길이 3m 이상의 지지보와 그지지 다리로 구성된다.
② 지지 다리의 위치를 재하판 및 지지력 자치의 지지점(자동차 또는 트레일러의 경우는 그 차륜)에서 1m 이상 떨어져 설치할 수 있는 것으로 한다.

해답 ④

057
두께 6m의 점토층에서 시료를 채취하여 압밀시험한 결과 하중강도가 200kN/m²에서 400kN/m²으로 증가되고 간극비는 2.0에서 1.8로 감소하였다. 이 시료의 압축계수(a_v)는?

① $0.001 \text{m}^2/\text{kN}$ ② $0.003 \text{m}^2/\text{kN}$
③ $0.006 \text{m}^2/\text{kN}$ ④ $0.008 \text{m}^2/\text{kN}$

해설
$$a_v = \frac{\Delta e}{\Delta \sigma'} = \frac{e_1 - e_2}{\sigma_2' - \sigma_1'} = \frac{2.0 - 1.8}{400 - 200} = 0.001 \text{m}^2/\text{kN}$$

해답 ①

058
어떤 퇴적지반의 수평방향 투수계수가 4.0×10^{-3}cm/s, 수직방향 투수계수가 3.0×10^{-3}cm/s일 때 이 지반의 등가 등방성 투수계수는 얼마인가?

① 3.46×10^{-3}cm/s ② 5.0×10^{-3}cm/s
③ 6.0×10^{-3}cm/s ④ 6.93×10^{-3}cm/s

해설
$$k' = \sqrt{k_h \cdot k_v} = \sqrt{4.0 \times 10^{-3} \times 3.0 \times 10^{-3}} = 3.46 \times 10^{-3} \text{cm/s}$$

해답 ①

059
말뚝기초에서 부주면마찰력(negative skin friction)에 대한 설명으로 틀린 것은?

① 지하수위 저하로 지반이 침하될 때 발생한다.
② 지반이 압밀진행중인 연약점토 지반인 경우에 발생한다.
③ 발생이 예상되면 대책으로 말뚝주면에 역청 등으로 코팅하는 것이 좋다.
④ 말뚝주면에 상방향으로 작용하는 마찰력이다.

해설 연약지반에 말뚝을 타입한 다음, 성토와 같은 하중을 작용시켰을 때 말뚝 주위 지반의 침하량이 말뚝의 침하량보다 상대적으로 클 때 주면 마찰력이 하향으로 발생하여 하중역할을 하게 된다. 이러한 (-)의 주면 마찰력을 부마찰력이라 한다.

해답 ④

060 흙의 다짐에너지에 대한 설명으로 틀린 것은?

① 다짐에너지는 램머(Rammer)의 중량에 비례한다.
② 다짐에너지는 램머(Rammer)의 낙하고에 비례한다.
③ 다짐에너지는 시료의 체적에 비례한다.
④ 다짐에너지는 타격수에 비례한다.

해설 다짐에너지는 시료의 체적에 반비례한다.

$$E_c = \frac{W_R \cdot H \cdot N_B \cdot N_L}{V} (\text{kg} \cdot \text{cm/cm}^3)$$

여기서, W_R : Rammer 무게(kg) N_B : 다짐횟수(타격수)
N_L : 다짐층수 H : 낙하고(cm)
V : Mold의 체적(cm³)

해답 ③

061 흙의 다짐 특성에 대한 설명으로 옳은 것은?

① 다짐에 의하여 흙의 밀도와 압축성은 증가된다.
② 세립토가 조립토에 비하여 최대건조밀도가 큰 편이다.
③ 점성토를 최적함수비보다 습윤측으로 다지면 이산구조를 가진다.
④ 세립토는 조립토에 비하여 다짐 곡선의 기울기가 급하다.

해설 ① 다짐에 의하여 흙의 밀도는 증가되고 압축성은 감소된다.
② 세립토가 조립토에 비하여 최대건조밀도가 작은 편이다.
③ 점토는 최적함수비보다 습윤측에서 다지면 분산구조(입자가 서로 평행)가 되고, 건조측에서 다지면 면모구조(입자가 엉성하게 엉김)가 된다.
④ 세립토는 조립토에 비하여 다짐 곡선의 기울기가 완만하다.

해답 ③

062 주동토압을 P_A, 정지토압을 P_o, 수동토압을 P_P라 할 때 크기의 비교로 옳은 것은?

① $P_A > P_o > P_P$
② $P_P > P_A > P_o$
③ $P_o > P_A > P_P$
④ $P_P > P_o > P_A$

해설 토압의 크기 비교
수동토압(P_P) > 정지토압(P_o) > 주동토압(P_A)

해답 ④

063 통일분류법에서 실트질자갈을 표시하는 기호는?

① GW
② GP
③ GM
④ GC

해설
① 조립토의 제1문자인 자갈은 G
② 제2문자인 실트는 M
③ 시트질자갈은 GM으로 표시

해답 ③

064 흙 속의 물이 얼어서 빙층(ice lens)이 형성되기 때문에 지표면이 떠오르는 현상은?

① 연화현상
② 동상현상
③ 분사현상
④ 다일러턴시

해설
① **연화현상**이란 동결된 지반이 녹게 되면 흙의 함수비가 증가한다. 이때 배수가 불량한 지반이면 수분이 그대로 잔류하여 흙의 컨시스턴시가 변하여 지반이 연약화되어 강도가 떨어지는 현상을 말한다.
② **동상현상**이란 지반 내의 물이 결빙되면 지반 내에 렌즈형의 얼음층(ice lens)이 생성되면서 이로 인하여 지표가 융기하게 되는 현상을 말한다.
③ **분사현상**이란 물의 상향 침투시 침투수압에 의해 동수경사가 점점 커져 한계동수경사보다 커지면 흙 입자가 물과 함께 위로 솟구쳐 오르는 현상을 말한다.
④ **다일러턴시**란 전단 과정 중에 체적이 팽창하거나 감소하는 등 체적이 변하는 현상을 말한다.

해답 ②

065 포화점토에 대해 베인전단시험을 실시하였다. 베인의 지름과 높이는 각각 75mm와 150mm이고 시험 중 사용한 최대 회전 모멘트는 30N · m이다. 점성토의 비배수 전단강도(c_u)는?

① 1.62N/m^2
② 1.94N/m^2
③ 16.2kN/m^2
④ 19.4kN/m^2

해설 베인전단 시험에 의한 점착력(전단강도)
$$S = c_u = \frac{T}{\pi \cdot D^2 \cdot \left(\frac{H}{2} + \frac{D}{6}\right)} = \frac{30}{\pi \times 0.075^2 \times \left(\frac{0.15}{2} + \frac{0.075}{6}\right)}$$
$$= 19402 \text{N/m}^2 = 19.4 \text{kN/m}^2$$

해답 ④

066
연약지반 개량공법에서 Sand Drain 공법과 비교한 Paper Drain 공법의 특징이 아닌 것은?

① 공사비가 비싸다.
② 시공속도가 빠르다.
③ 타입 시 주변 지반 교란이 적다.
④ Drain 단면이 깊이 방향에 대해 일정하다.

해설 Sand Drain 공법에 비해 Paper Drain 공법은 얕은 심도에서 공사비가 저렴하다. **해답** ①

067
2면 직접전단시험에서 전단력이 300N, 시료의 단면적이 10cm²일 때의 전단응력은?

① $75kN/m^2$
② $150kN/m^2$
③ $300kN/m^2$
④ $600kN/m^2$

해설 2면전단이므로
$$\tau = \frac{S}{2A} = \frac{0.3}{2 \times (10 \times 10^{-4})} = 150kN/m^2$$
해답 ②

068
흙의 연경도에 대한 설명 중 틀린 것은?

① 소성지수는 액성한계와 소성한계의 차로 표시된다.
② 수축한계 시험에서 수은을 이용하여 건조토의 무게를 정한다.
③ 흙의 액성한계·소성한계 시험은 425μm체를 통과한 시료를 사용한다.
④ 소성한계는 시료를 실 모양으로 늘렸을 때, 시료가 3mm의 굵기에서 끊어질 때의 함수비를 말한다.

해설 노건조 시료의 체적을 구하기 위하여 수은을 사용한다. **해답** ②

069
사질토 지반에 있어서 강성기초의 접지압 분포에 대한 설명으로 옳은 것은?

① 기초 밑면에서의 응력은 불규칙하다.
② 기초의 중앙부에서 최대 응력이 발생한다.
③ 기초의 밑면에서는 어느 부분이나 응력이 동일하다.
④ 기초의 모서리 부분에서 최대 응력이 발생한다.

해설 사질토지반에 축조된 강성기초의 접지압은 중앙부에서 최대이다.

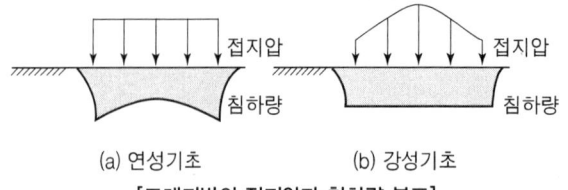

[모래지반의 접지압과 침하량 분포]

해답 ②

070 흙의 투수계수에 대한 설명으로 틀린 것은?

① 투수계수는 온도와는 관계가 없다.
② 투수계수는 물의 점성과 관계가 있다.
③ 흙의 투수계수는 보통 Darcy 법칙에 의하여 정해진다.
④ 모래의 투수계수는 간극비나 흙의 형상과 관계가 있다.

해설 $K = D_s^2 \cdot \dfrac{\gamma_w}{\eta} \cdot \dfrac{e^3}{1+e} \cdot C$에서 온도가 높으면 물의 점성계수($\eta$)가 감소하여 투수계수는 증가한다.

해답 ①

071 어느 모래층의 간극률이 20%, 비중이 2.65이다. 이 모래의 한계 동수경사는?

① 1.28　　② 1.32
③ 1.38　　④ 1.42

해설
① $e = \dfrac{n}{100-n} = \dfrac{20}{100-20} = 0.25$
② $i_c = \dfrac{G_s - 1}{1+e} = \dfrac{(2.65-1)}{1+0.25} = 1.32$

해답 ②

072 흙의 전단강도에 대한 설명으로 틀린 것은?

① 흙의 전단강도와 압축강도는 밀접한 관계에 있다.
② 흙의 전단강도는 입자간의 내부마찰각과 점착력으로부터 주어진다.
③ 외력이 증가하면 전단응력에 의해서 내부의 어느 면을 따라 활동이 일어나 파괴된다.
④ 일반적으로 사질토는 내부마찰각이 작고 점성토는 점착력이 작다.

해설 일반적으로 사질토는 내부마찰각이 크고 점성토는 점착력이 크다.

해답 ④

제3과목 수자원설계(수리학+상하수도공학)

1. 수리학

073 물의 체적탄성계수 $E = 2 \times 10^4 \text{kg/cm}^2$일 때 물의 체적을 1% 감소시키기 위해 가해야할 압력은?

① $2 \times 10 \text{kg/m}^2$
② $2 \times 10 \text{kg/cm}^2$
③ $2 \times 10^2 \text{kg/m}^2$
④ $2 \times 10^2 \text{kg/cm}^2$

해설 체적탄성계수 식 $E = \dfrac{\Delta P}{\dfrac{\Delta V}{V}} = \dfrac{\Delta P}{0.01} = 2 \times 10^4 \text{kg/cm}^2$에서

$\Delta P = 2 \times 10^2 \text{kg/cm}^2$

해답 ④

074 유량 Q, 유속 V, 단면적 A, 도심거리 h_G라 할 때 충력치(M)의 값은? (단, 충력치는 비력이라고도 하며, η : 운동량 보정계수, g : 중력가속도, W : 물의 중량, w : 물의 단위중량)

① $\eta \dfrac{Q}{g} + Wh_G A$
② $\eta \dfrac{Q}{g} V + h_g A$
③ $\eta \dfrac{gV}{Q} + h_G A$
④ $\eta \dfrac{Q}{g} V + \dfrac{1}{2} w^2$

해설 $M = \eta \dfrac{Q}{g} V + h_G A = \text{const}$ 여기서, M : 충력치(비력)

해답 ②

075 $10\text{m}^3/\text{sec}$의 유량을 흐르게 할 수리학적으로 가장 유리한 직사각형 개수로 단면을 설계 할 때 개수로의 폭은? (단, Manning 공식을 이용하며, 수로경사 $i = 0.001$, 조도계수 $n = 0.020$이다.)

① 2.66m
② 3.16m
③ 3.66m
④ 4.16m

해설 직사각형 단면의 수리학상 유리한 단면은 $b = 2h$이므로
① 경심

$$R = \dfrac{A}{P} = \dfrac{bh}{b+2h} = \dfrac{b \dfrac{b}{2}}{b + 2 \times \dfrac{b}{2}} = \dfrac{b}{4}$$

② 유량
$$Q = AV = (bh)\left(\frac{1}{n}R^{2/3}I^{1/2}\right) = \left(b \times \frac{b}{2}\right)\left[\frac{1}{0.02} \times \left(\frac{b}{4}\right)^{2/3} \times 0.001^{1/2}\right]$$
$$= 10\mathrm{m}^3/\mathrm{sec} \text{에서}$$
$$b = 3.66\mathrm{m}$$

해답 ③

076 투수 계수 0.5m/sec, 제외지 수위 6m, 제내지 수위 2m, 침투수가 통하는 길이 50m일 때 하천 제방 단면 1m당 누수량은?

① $0.16\mathrm{m}^3/\mathrm{sec}$ ② $0.32\mathrm{m}^3/\mathrm{sec}$
③ $0.96\mathrm{m}^3/\mathrm{sec}$ ④ $1.28\mathrm{m}^3/\mathrm{sec}$

해설 하천 제방 단면 1m당 누수량
$$Q = \frac{k(h_1^2 - h_2^2)}{2l} = \frac{0.5(6^2 - 2^2)}{2 \times 50} = 0.16\mathrm{m}^3/\mathrm{sec}$$

해답 ①

077 사이펀의 이론 중 동수경사선에서 정점부까지의 이론적 높이(㉠)와 실제 설계 시 적용하는 높이의 범위(㉡)로 옳은 것은?

① ㉠ : 7.0m, ㉡ : 5.6~6.0m ② ㉠ : 8.0m, ㉡ : 6.4~6.8m
③ ㉠ : 9.0m, ㉡ : 6.5~7.0m ④ ㉠ : 10.3m, ㉡ : 8.0~8.5m

해설 사이펀의 이론 중 동수경사선에서 정점부까지의 이론적 높이는 1기압의 수두로서 10.33m이며, 실제 설계 시 적용하는 높이는 8.0~8.5m이다.

해답 ④

078 수로폭 4m, 수심 1.5m인 직사각형 단면에서 유량이 24m³/sec일 때 Froude 수(F_r)는?

① 0.74 ② 0.85
③ 1.04 ④ 1.08

해설 ① 유속 $V = \dfrac{Q}{A} = \dfrac{24}{4 \times 1.5} = 4\mathrm{m/sec}$

② 후르드수 $F_r = \dfrac{V}{\sqrt{gh}} = \dfrac{4}{\sqrt{9.8 \times 1.5}} = 1.04$

해답 ①

079 수축단면에 관한 설명으로 옳은 것은?

① 오리피스의 유출수맥에서 발생한다.
② 상류에서 사류로 변화할 때 발생한다.
③ 사류에서 상류로 변화할 때 발생한다.
④ 수축단면에서의 유속을 오리피스의 평균유속이라 한다.

해설 수축 단면 일반
① 수축 단면이란 오리피스의 유출수맥 중에서 최소로 축소된 단면을 말한다.
② 수축단면은 수맥의 단면적이 가장 작은 부분이다.
③ 수축단면은 오리피스 직경의 1/2 떨어진 지점에서 발생한다.

해답 ①

080 지름 D인 관을 배관할 때 마찰 손실이 elbow에 의한 손실과 같도록 직선 관을 배관한다면 직선 관의 길이는? (단, 관의 마찰손실계수 $f=0.025$, elbow에 의한 미소손실계수 $K=0.9$)

① $4D$ ② $8D$
③ $36D$ ④ $42D$

해설 ① 마찰손실수두
$$h_L = f\frac{l}{D}\frac{V^2}{2g} = 0.025 \times \frac{l}{D} \times \frac{V^2}{2g}$$
② 미소손실수두
$$h_f = \Sigma f_f \frac{V^2}{2g} = K\frac{V^2}{2g} = 0.9 \times \frac{V^2}{2g}$$
③ 마찰 손실이 elbow에 의한 손실과 같아야 하므로
$$0.025 \times \frac{l}{D} \times \frac{V^2}{2g} = 0.9 \times \frac{V^2}{2g} \text{ 에서 } l = \frac{0.9}{0.025}D = 36D$$

해답 ③

081 관내에 유속 V로 물이 흐르고 있을 때 밸브 등의 급격한 폐쇄 등에 의하여 유속이 줄어들면 이에 따라 관내에 압력 변화가 생기는데 이것을 무엇이라 하는가?

① 정압 ② 수격압
③ 동압력 ④ 정체압력

해설 관수로에 물이 흐르고 있을 때 밸브를 급히 잠그면 유속이 '0'이 되면서 수압이 현저히 상승하게 되고 물이 역류하면서 관 벽에 충격을 주는 압력을 수격압이라 하며 이러한 작용을 수격작용이라 한다.

해답 ②

082

그림과 같은 폭 2m의 직사각형 판에 작용하는 수압 분포도는 삼각형 분포도를 얻었는데, 이 물체에 작용하는 전수압(㉠)과 작용점의 위치(㉡)로 옳은 것은? (단, 물의 단위중량은 9.81kN/m³이며, 작용의 위치는 수면을 기준으로 한다.)

① ㉠ : 100.25kN, ㉡ : 1.7m
② ㉠ : 145.25kN, ㉡ : 3.3m
③ ㉠ : 200.25kN, ㉡ : 1.7m
④ ㉠ : 245.25kN, ㉡ : 3.3m

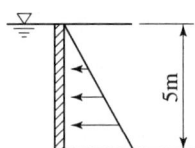

해설 ① 직사각형 판에 작용하는 전수압

$$P = wh_G A = 9.81 \times \frac{5}{2} \times (2 \times 5) = 245.25 \text{kN}$$

② 전수압의 중심 위치

$$h_c = h_G + \frac{I_G}{h_G A} = \frac{5}{2} + \frac{\frac{2 \times 5^3}{12}}{\frac{5}{2} \times (2 \times 5)} = 3.3 \text{m}$$

해답 ④

083

그림과 같은 작은 오리피스에서 유속은? (단, 유속계수 $C_v = 0.90$이다.)

① 8.9m/s
② 9.9m/s
③ 12.6m/s
④ 14.0m/s

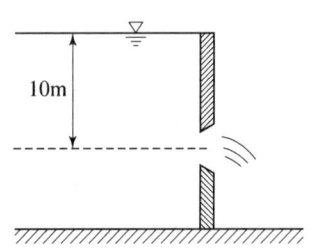

해설 $v = C_v \sqrt{2gH} = 0.9 \times \sqrt{2 \times 9.8 \times 10} = 12.6 \text{m/s}$

해답 ③

084

모세관 현상에서 모세관고(h)와 관의 지름(D)의 관계로 옳은 것은?

① h는 D에 비례한다.
② h는 D^2에 비례한다.
③ h는 D^{-1}에 비례한다.
④ h는 D^{-2}에 비례한다.

해설 모관 상승고 $h = \dfrac{4T\cos\theta}{wD}$ 에서 $h \propto \dfrac{1}{d}$

h는 관 직경 d의 -1승에 비례한다.

해답 ③

085

뉴턴 유체(Newtonian fluid)에 대한 설명으로 옳은 것은?

① 물이나 공기 등 보통의 유체는 비뉴턴 유체이다.
② 각 변형률 $\left(\dfrac{dv}{dy}\right)$의 크기에 따라 선형으로 점도가 변한다.
③ 전단응력(τ)과 각 변형률 $\left(\dfrac{dv}{dy}\right)$의 관계는 원점을 지나는 직선이다.
④ 유체가 압력의 변화에 따라 밀도의 변화를 무시할 수 없는 상태가 된 유체를 의미한다.

해설 ① **점성응력**(전단응력, 내부마찰력)

$$\tau = \mu \dfrac{dv}{dy}$$

여기서, μ : 점성계수, $\dfrac{dv}{dy}$: 속도의 변화율(속도계수, 속도 기울기)

② **뉴턴 유체**(Newtonian fluid)란 위 점성응력식을 만족하는 유체로 전단응력과 속도구배와 정비례하는 관계를 갖는 유체를 말한다.

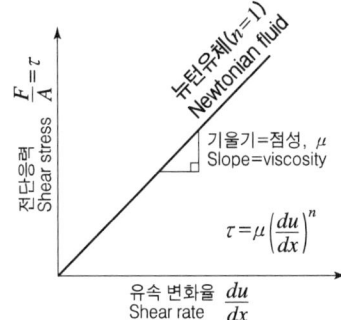

해답 ③

086

베르누이 정리를 압력의 항으로 표시할 때, 동압력(dynamic pressure) 항에 해당되는 것은?

① P
② $\dfrac{1}{2}\rho V^2$
③ $\rho g z$
④ $\dfrac{V^2}{2g}$

해설 정체압(P_t) = 동압력 + 정압력 = $\dfrac{\rho V^2}{2} + P$에서 $\dfrac{\rho V^2}{2}$는 동압력 P는 정압력이다.

해답 ②

087
집중호우로 인한 홍수 발생 시 지표수의 흐름은?

① 등류이고, 정상류이다.
② 등류이고, 비정상류이다.
③ 부등류이고, 정상류이다.
④ 부등류이고, 비정상류이다.

해설 홍수 시 하천(지표수)의 흐름은 부등류이고, 비정상류이다.

해답 ④

088
수면 아래 20m 지점의 수압으로 옳은 것은? (단, 물의 단위중량은 9.81kN/m³이다.)

① 0.1MPa
② 0.2MPa
③ 1.0MPa
④ 20MPa

해설 $P = wh = 9.81 \times 20 = 196.2 \text{kN/m}^2 = 0.1962 \text{N/mm}^2 = 0.1962 \text{MPa}$

해답 ②

089
Chezy 공식의 평균유속계수 C와 Manning 공식의 조도계수 n 사이의 관계는?

① $C = n \cdot R^{1/3}$
② $C = n \cdot R^{1/6}$
③ $C = \dfrac{1}{n} \cdot R^{1/3}$
④ $C = \dfrac{1}{n} \cdot R^{1/6}$

해설
① Chézy 공식 $V = C\sqrt{RI}\,(\text{m/sec})$
② Manning 공식 $V = \dfrac{1}{n} R^{\frac{2}{3}} I^{\frac{1}{2}}\,(\text{m/sec})$
③ $V = C\sqrt{RI} = \dfrac{1}{n} R^{\frac{2}{3}} I^{\frac{1}{2}}$ 에서 $C = \dfrac{R^{\frac{2}{3}} I^{\frac{1}{2}}}{n\sqrt{RI}} = \dfrac{1}{n} R^{\frac{2}{3}-\frac{1}{2}} = \dfrac{1}{n} R^{\frac{1}{6}}$

해답 ④

090
보통 정도의 정밀도를 필요로 하는 관수로 계산에서 마찰 이외의 손실을 무시할 수 있는 L/D의 값으로 옳은 것은? (단, L : 관의 길이, D : 관의 지름)

① 500 이상
② 1000 이상
③ 2000 이상
④ 3000 이상

해설 관의 길이가 아주 길면 마찰손실수두만 가지고 설계할 수 있으며, 이때의 관의 직경에 대한 길이의 비는 $\dfrac{L}{D} > 3,000$이다.

해답 ④

091
레이놀즈의 실험으로 얻은 Reynolds 수에 의해서 구별할 수 있는 흐름은?

① 층류와 난류
② 정류와 부정류
③ 상류와 사류
④ 등류와 부등류

해설 레이놀즈수(Reynold수)는 흐름이 층류인지 난류인지를 구별하는 기준값으로 쓰인다.

$$R_e = \frac{VD}{\nu}$$

여기서, V : 유속, D : 관경, ν : 동점성계수
① $R_e < 2,000$: 층류
② $2,000 < R_e < 4,000$: 천이영역, 불안정층류(층류와 난류가 공존한다.)
③ $R_e > 4,000$: 난류

해답 ①

2. 상하수도공학(상수도계획, 하수도계획)

092
취수시설 중 취수탑에 대한 설명으로 틀린 것은?

① 큰 수위변동에 대응할 수 있다.
② 지하수를 취수하기 위한 탑 모양의 구조물이다.
③ 유량이 안정된 하천에서 대량으로 취수할 때 유리하다.
④ 취수구를 상하에 설치하여 수위에 따라 좋은 수질을 선택하여 취수할 수 있다.

해설 취수탑은 하천수와 호소, 저수지수를 취수하기 위한 시설이다.

해답 ②

093
도수관에 설치되는 공기밸브에 대한 설명으로 틀린 것은?

① 공기밸브에는 보수용의 제수밸브를 설치한다.
② 매설관에 설치하는 공기밸브에는 밸브실을 설치한다.
③ 관로의 종단도상에서 상향 돌출부의 상단에 설치한다.
④ 제수밸브의 중간에 상향 돌출부가 없는 경우 낮은 쪽의 제수밸브 바로 뒤에 설치한다.

해설 공기 밸브(air valve)
관 내 공기를 자동적으로 배제 또는 흡입하는 시설로 배수본관의 돌출부(凸部, 철부)에 설치
① 공기밸브에는 보수용의 제수밸브를 설치한다.

② 매설관에 설치하는 공기밸브에는 밸브실을 설치하며, 밸브실의 구조는 견고하고 밸브를 관리하기 용이한 구조로 한다.
③ 관로의 종단도상에서 상향 돌출부의 상단에 설치해야 하지만 제수밸브의 중간에 상향 돌출부가 없는 경우에는 높은 쪽의 제수밸브 바로 앞에 설치한다.
④ 관경 400mm 이상의 관에는 반드시 급속공기밸브 또는 쌍구공기밸브를 설치하고, 관경 350mm 이하의 관에 대해서는 급속공기밸브 또는 단구공기밸브를 설치한다.
⑤ 한랭지에서는 적절한 동결방지대책을 강구한다.

해답 ④

094 오수관로 설계 시 기준이 되는 수량은?
① 계획오수량
② 계획1일최대오수량
③ 계획1일평균오수량
④ 계획시간최대오수량

해설 **계획하수량**
1. 분류식
   ① 오수관거 : 계획시간 최대 오수량
   ② 우수관거 : 계획 우수량
2. 합류식
   ① 합류관거 : 계획시간 최대 오수량+계획우수량
   ② 차집관거 : 우천시 계획오수량(계획시간 최대 오수량의 3배 이상)

해답 ④

095 함수율 98%인 슬러지를 농축하여 함수율 96%로 낮추었다. 이 때 슬러지의 부피감소율은? (단, 슬러지 비중은 1.0으로 가정한다.)
① 40%
② 50%
③ 60%
④ 70%

해설 $\dfrac{V_2}{V_1} = \dfrac{100 - W_1}{100 - W_2}$ $\dfrac{V_2}{V_1} = \dfrac{100 - 98}{100 - 96} = 0.5 = 50\%$

여기서, V_1, V_2 : 슬러지의 부피
       W_1, W_2 : 슬러지의 함수율(%)

해답 ②

096 유역면적 100ha, 유출계수 0.6, 강우강도 2mm/min인 지역의 합리식에 의한 우수량은?
① 2m³/s
② 3.3m³/s
③ 20m³/s
④ 33m³/s

해설 **합리식에 의한 우수량**

$$Q = \frac{1}{360} CIA = \frac{1}{360} \times 0.6 \times (2 \times 60) \times 100 = 20 \text{m}^3/\text{s}$$

해답 ③

097 완속여과 방식으로 제거할 수 없는 물질은?

① 냄새　　　　　　　　　② 맛
③ 색도　　　　　　　　　④ 철

해설 완속여과로는 색도를 제거할 수 없으며, 색도가 높을 경우에는 색도를 제거하기 위하여 응집침전처리, 활성탄처리 또는 오존처리를 한다.

[참고] **완속여과 방식으로 제거할 수 있는 물질**
① 수중의 부유물질　② 용해성 물질　③ 암모니아성 질소　④ 세균
⑤ 망간　　　　　　⑥ 냄새　　　　　⑦ 맛　　　　　　　　⑧ 철
⑨ 합성세제　　　　⑩ 페놀 등

해답 ③

098 저수조식(탱크식) 급수방식의 적용이 바람직한 경우로 옳지 않은 것은?

① 일시에 많은 수량을 사용할 경우
② 상시 일정한 급수량을 필요로 하는 경우
③ 배수관의 수압이 소요압력에 비해 부족할 경우
④ 역류에 의하여 배수관의 수질을 오염시킬 우려가 없는 경우

해설 저수조식 급수방식은 급수관으로부터 수돗물을 일단 저수조에 받아서 급수하는 방식으로, 약품을 사용하는 공장 등으로부터 역류에 의하여 배수관의 수질을 오염시킬 우려가 있는 경우에 적합하다.

[참고] **저수조식 급수방식** : 급수관으로부터 수돗물을 일단 저수조에 받아서 급수
① 배수관의 수압이 낮아 직접 급수가 불가능할 경우
② 일시에 많은 수량 또는 항상 일정한 수량을 필요로 하는 경우
③ 급수관의 고장에 따른 단수나 감수 시에도 어느 정도의 급수를 지속시킬 필요가 있을 경우
④ 배수관 수압이 과대하여 급수장치에 고장을 일으킬 염려가 있을 경우
⑤ 약품을 사용하는 공장 등으로부터 역류에 의하여 배수관의 수질을 오염시킬 우려가 있는 경우

해답 ④

099 활성슬러지법에 의한 폐수처리시 BOD 제거 기능에 대하여 가장 영향이 작은 것은?

① pH
② 온도
③ 대장균수
④ BOD 농도

해설 활성슬러지법에 의한 폐수처리시 BOD 제거에 영향 요인
① pH ② 온도 ③ DO 농도 ④ BOD 농도 등

해답 ③

100 호소의 부영양화에 관한 설명으로 틀린 것은?

① 수심이 얕은 호소에서도 발생할 수 있다.
② 수심에 따른 수온 변화가 가장 큰 원인이다.
③ 수표면에 조류가 많이 번식하여 깊은 곳에서는 DO 농도가 낮다.
④ 부영양화를 방지하기 위해서는 질소와 인 성분의 유입을 차단해야 한다.

해설 부영양화의 가장 큰 원인은 질소(N)와 인(P)의 증가 및 유입이므로 부영양화를 방지하기 위해서는 질소와 인 성분의 유입을 차단해야 한다.

해답 ②

101 취수지점의 선정 시 고려하여야 할 사항으로 옳지 않은 것은?

① 구조상의 안정을 확보할 수 있어야 한다.
② 강 하구로서 염수의 혼합이 충분하여야 한다.
③ 장래에도 양호한 수질을 확보할 수 있어야 한다.
④ 계획취수량을 안정적으로 취수할 수 있어야 한다.

해설 강 하구로서 염수의 혼합이 없어야 한다.

해답 ②

102 강우강도 $I = \dfrac{3500}{t+10}$ mm/hr, 유역면적 2.0km², 유입시간 5분, 유출계수 0.7, 하수관내 유속 1m/s일 때 관 길이 600m인 하수관에 유출되는 우수량은?

① 27.2m³/s
② 54.4m³/s
③ 272.2m³/s
④ 544.4m³/s

해설 ① 유달시간(T) = 유입시간(t_1) + 유하시간(t_2) = $t_1 + \dfrac{L}{v} = 5 + \dfrac{600}{1 \times 60}$

$$= 15[\min] \Rightarrow 강우지속시간(t)$$

② $I = \dfrac{3,500}{t(분)+10} = \dfrac{3,500}{15+10} = 140\mathrm{mm/hr}$

③ $Q = \dfrac{1}{3.6}CIA = \dfrac{1}{3.6} \times 0.7 \times 140 \times 2 = 54.4\mathrm{m^3/sec}$

해답 ②

103 정수처리에 관한 설명으로 옳지 않은 것은?

① 부유물질의 제거는 일반적으로 스크린을 이용한다.
② 세균의 제거에는 침전과 여과를 통해 거의 이루어지며 소독을 통해 완전히 처리된다.
③ 용해성물질 중에서 일부는 흡착제로 사용되는 활성탄이나 제오라이트 등으로 제거한다.
④ 용해성물질은 일반적인 여과와 침전으로 제거되지 않으므로 이를 불용해성으로 변화시켜 제거한다.

해설 고액분리의 목적으로 수중의 부유 물질과 콜로이드 물질의 제거를 위한 처리로 침전, 여과, 흡착 등이 이용된다.

해답 ①

104 하수도설계기준의 관로시설 설계기준에 따른 관로의 최소관경으로 옳은 것은?

① 오수관로 200mm, 우수관로 및 합류관로 250mm
② 오수관로 200mm, 우수관로 및 합류관로 400mm
③ 오수관로 300mm, 우수관로 및 합류관로 350mm
④ 오수관로 350mm, 우수관로 및 합류관로 400mm

해설 최소 관경
① 오수관거의 최소 관경 : 200mm
② 우수관거 및 합류관거의 최소 관경 : 250mm
③ 하수시설 중 연결관의 최소 관경 : 150mm

해답 ①

105 도시하수가 하천으로 유입할 때 하천 내에서 발생하는 변화로 틀린 것은?

① DO의 증가
② BOD의 증가
③ COD의 증가
④ 부유물의 증가

해설 도시하수의 하천으로 유입 시 변화
① DO의 감소
② BOD의 증가
③ COD의 증가
④ 부유물의 증가

해답 ①

106 첨두율에 관한 설명으로 옳은 것은?

① 실제 하수량을 평균 하수량으로 나눈 값이다.
② 평균 하수량을 최대 하수량으로 나눈 값이다.
③ 지선 하수관로보다 간선 하수관로가 첨두율이 크다.
④ 인구가 많은 대도시일수록 첨두율이 커진다.

해설 첨두율(peaking factor) : 하수량의 평균유량에 대한 비 $\left(\dfrac{\text{실시간 하수량}}{\text{평균 하수량}}\right)$

① 첨두율은 소구경일수록 크고 대구경일수록 작다.
② 첨두율은 인구수가 적을수록 크고 인구수가 많을수록 작다.

해답 ①

107 정수장에서 배수지로 공급하는 시설로 옳은 것은?

① 급수시설   ② 도수시설
③ 배수시설   ④ 송수시설

해설 송수시설이란 정수장에서 정수된 물을 배수지까지 수송하는 시설을 말한다.

해답 ④

108 급속여과에 대한 설명으로 틀린 것은?

① 여과속도는 120~150m/d를 표준으로 한다.
② 여과지 1지의 여과면적은 250m^2 이상으로 한다.
③ 급속여과지의 형식에는 중력식과 압력식이 있다.
④ 탁질의 제거가 완속여과보다 우수하여 탁한 원수의 여과에 적합하다.

해설 여과지 1지의 여과면적은 150m^2 이하로 한다.

해답 ②

109 유효수심이 3.2m, 체류시간이 2.7시간인 침전지의 수면적 부하는?

① $11.19\text{m}^3/\text{m}^2 \cdot \text{d}$ ② $20.25\text{m}^3/\text{m}^2 \cdot \text{d}$
③ $28.44\text{m}^3/\text{m}^2 \cdot \text{d}$ ④ $31.22\text{m}^3/\text{m}^2 \cdot \text{d}$

해설 $L_s = \dfrac{\text{유입수량}(\text{m}^3/\text{day})}{\text{표면적}(\text{m}^2)} = \dfrac{Q}{A} = \dfrac{H}{t} = \dfrac{3.2}{2.7 \times \dfrac{1}{24}} = 28.44\text{m}^3/\text{m}^2 \cdot \text{d}$

여기서, L_s : 수면적부하율[$\text{m}^3/\text{m}^2 \cdot \text{day}$]
Q : 유입수량[m^3/day]
A : 침전지면적[m^2]($A = B \times L$)

해답 ③

110 하수의 배수계통(排水系統)으로 옳지 않은 것은?

① 방사식　　　　　② 연결식
③ 직각식　　　　　④ 차집식

해설 하수관거 배치방식
① 직각식 또는 수직식　② 차집식
③ 선형식(선상식)　　　④ 방사식
⑤ 집중식　　　　　　　⑥ 평행 또는 고저단식

해답 ②

111 송수관을 자연유하식으로 설계할 때, 평균유속의 허용최대한계는?

① 1.5m/s　　　　　② 2.5m/s
③ 3.0m/s　　　　　④ 5.0m/s

해설 송수관의 유속은 도수관의 유속에 준하며, 도수관의 평균유속의 최대 및 최소 한도 : 자연유하식인 경우에는 허용 최대한도를 3.0m/s로 하고, 도수관의 평균 유속 최소 한도는 원수를 수송하므로 모래입자 등의 침전을 방지하기 위하여 0.3m/sec 이상으로 한다.

해답 ③

토목산업기사

2020년 9월 CBT 시행

2023 개정된 출제기준에 의거하여 불필요한 문제는 삭제하고 3과목으로 정리함

제1과목 구조설계(응용역학+철근콘크리트 및 강구조)

1. 응용역학(역학적인 개념 및 건설 구조물의 해석)

001 일반적인 보에서 휨모멘트에 의해 최대 휨응력이 발생되는 위치는 다음 어느 곳인가?

① 부재의 중립축에서 발생
② 부재의 상단에서만 발생
③ 부재의 하단에서만 발생
④ 부재의 상·하단에서 발생

해설 휨응력 분포도

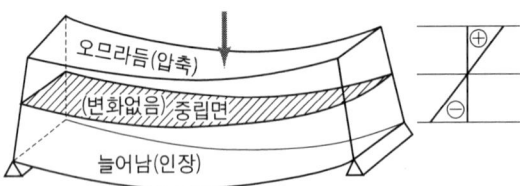

부재의 상단과 하단에서 휨모멘트에 의한 최대 휨응력이 발생한다.

해답 ④

002 그림과 같이 $a \times 2a$의 단면을 갖는 기둥에 편심거리 $\dfrac{a}{2}$ 만큼 떨어져서 P가 작용할 때 기둥에 발생할 수 있는 최대 압축응력은?
(단, 기둥은 단주이다.)

① $\dfrac{4P}{7a^2}$
② $\dfrac{7P}{8a^2}$
③ $\dfrac{13P}{2a^2}$
④ $\dfrac{5P}{4a^2}$

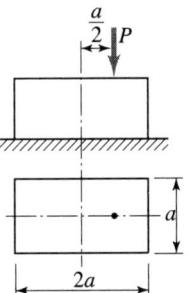

해설
$$\sigma_{max} = \frac{P}{A} + \frac{M}{I}y = \frac{P}{a \times 2a} + \frac{P \times \frac{a}{2}}{\frac{a \times (2a)^3}{12}} \times a = \frac{5P}{4a^2} (압축)$$

해답 ④

003

30cm×50cm인 단면의 보에 60kN의 전단력이 작용할 때 이 단면에 일어나는 최대 전단응력은?

① 0.3MPa ② 0.6MPa
③ 0.9MPa ④ 1.2MPa

해설
$$\tau_{max} = 1.5 \times \frac{S}{A} = 1.5 \times \frac{60000}{300 \times 500} = 0.6\text{MPa}$$

해답 ②

004

그림과 같은 연속보에서 B점의 지점 반력은?

① 50kN
② 26.7kN
③ 15kN
④ 10kN

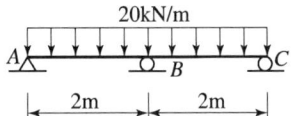

해설

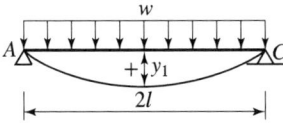

$$y_1 = \frac{5w(2l)^4}{384EI} = \frac{5wl^4}{24EI} \qquad y_2 = -\frac{R_B(2l)^3}{48EI} = -\frac{R_B l^3}{6EI}$$

$y_B = y_1 + y_2 = 0$

$y_B = \frac{5wl^4}{24EI} + \left(-\frac{R_B l^3}{6EI}\right) = 0$에서 $R_B = \frac{5wl}{4} = \frac{5 \times 20 \times 2}{4} = 50\text{kN}(\uparrow)$

해답 ①

005

기둥의 해석 및 단주와 장주의 구분에 사용되는 세장비에 대한 설명으로 옳은 것은?

① 기둥 단면의 최소 폭을 부재의 길이로 나눈 값이다.
② 기둥 단면의 단면 2차 모멘트를 부재의 길이로 나눈 값이다.
③ 기둥 부재의 길이를 단면의 최소회전반경으로 나눈 값이다.
④ 기둥 단면의 길이를 단면 2차 모멘트로 나눈 값이다.

해설 세장비 : λ

$$\lambda = \frac{l}{r_{\min}}$$

여기서, l : 부재길이, $r_{\min}$: 최소 회전반경 $= \sqrt{\dfrac{I_{\min}}{A}}$, A : 면적

$I_{\min}$: 최소 단면 2차 모멘트(구형일 경우 $\dfrac{bh^3}{12}$ 에서 h를 짧은변 쪽으로 잡아 I를 구한다.)

해답 ③

006
동일 평면상에 한 점에 여러 개의 힘이 작용하고 있을 때, 여러 개의 힘의 어떤 점에 대한 모멘트의 합은 그 합력의 동일 점에 대한 모멘트와 같다는 것은 다음 중 어떤 정리인가?

① Mohr의 정리
② Lami의 정리
③ Castigliano의 정리
④ Varignon의 정리

해설 바리논의 정리는 여러 개의 평면력들의 1점에 대한 모멘트의 합은 이들 평면력의 합력이 그 점에 대한 모멘트와 같다는 것이다.

해답 ④

007
푸아송비(Poisson's)가 0.2일 때 푸아송수는?

① 2
② 3
③ 5
④ 6

해설 $\nu = -\dfrac{1}{m}$ 에서 $m = -\dfrac{1}{\nu} = -\dfrac{1}{0.2} = 5$

여기서, ν : 포와송비
m : 포와송수
$-$: 세로변형과 가로변형이 늘어남과 줄어듦이 반대방향이라는 것

해답 ③

008
아래 그림과 같은 단순보의 양 지점에 같은 크기의 휨모멘트(M)가 작용할 때 A점의 처짐각은? (단, R_A는 지점 A에서 발생하는 수직반력이다.)

① $\dfrac{R_A l}{2EI}$
② $\dfrac{R_A l}{3EI}$
③ $\dfrac{Ml}{2EI}$
④ $\dfrac{Ml}{3EI}$

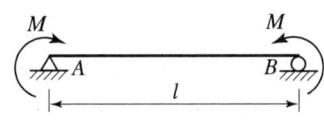

해설 $\theta_A = \dfrac{l}{6EI}(2M_A + M_B) = \dfrac{l}{6EI}(2M + M) = \dfrac{Ml}{2EI}$

해답 ③

009

아래 그림과 같은 삼각형에서 $x-x$축에 대한 단면 2차 모멘트는?

① 2592cm^4
② 2845cm^4
③ 3114cm^4
④ 3426cm^4

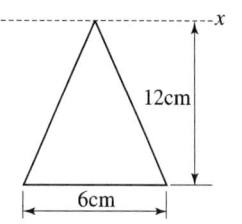

해설
$$I_X = \frac{bh^3}{4} = \frac{6 \times 12^3}{4} = 2,592\text{cm}^4$$

해답 ①

010

다음 삼각형(ABC) 단면에서 y축으로부터 도심까지의 거리는?

① $\dfrac{2a+b}{3}$ ② $\dfrac{a+2b}{2}$
③ $\dfrac{2a+b}{2}$ ④ $\dfrac{a+2b}{3}$

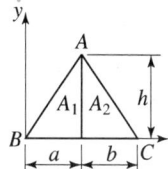

해설 $G_y = A \cdot x_0 = A_1 x_1 + A_2 x_2$ 에서

$$x_0 = \frac{(A_1 x_1 + A_2 x_2)}{A} = \frac{A_1 \times \frac{2a}{3} + A_2 \times \left(a+\frac{b}{3}\right)}{A_1 + A_2} = \frac{\frac{2a}{3}A_1 + aA_2 + \frac{b}{3}A_2}{A_1 + A_2} = \frac{2a+b}{3}$$

[별해]

$x_0 = \dfrac{\frac{2a}{3}A_1 + aA_2 + \frac{b}{3}A_2}{A_1 + A_2}$ 에서 $a=6$, $b=4$, $A_1=10$, $A_2=12$로 가정하면

$$x_0 = \frac{\frac{2 \times 6}{3} \times 10 + 6 \times 12 + \frac{4}{3} \times 12}{10 + 12} = 5.818$$

이와 가장 유사한 것이 $x_0 = \dfrac{2a+b}{3} = \dfrac{2 \times 6 + 4}{3} = 5.333$

해답 ①

011

변형률이 0.015일 때 응력이 120MPa이면 탄성계수(E)는?

① $6 \times 10^3 \text{MPa}$ ② $7 \times 10^3 \text{MPa}$
③ $8 \times 10^3 \text{MPa}$ ④ $9 \times 10^3 \text{MPa}$

해설
$$\tan\theta = E = \frac{\sigma}{\epsilon} = \frac{120}{0.015} = 8 \times 10^3 \text{MPa}$$

해답 ③

012 다음 보에서 반력 R_A는?

① 20kN(↓)
② 20kN(↑)
③ 80kN(↓)
④ 80kN(↑)

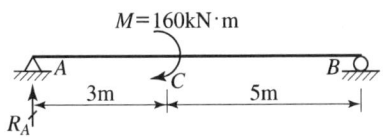

해설 $R_A = -\dfrac{M}{l} = -\dfrac{160}{8} = -20\text{kN} = 20\text{kN}(\downarrow)$

해답 ①

013 아래 그림과 같은 단순보에서 최대 휨모멘트는?

① 13.8kN·m
② 10.56kN·m
③ 12.6kN·m
④ 12kN·m

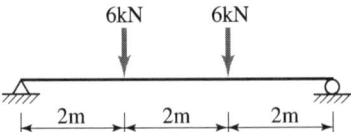

해설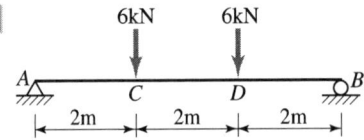

동일한 크기의 두 집중하중이 단순보에 대칭으로 작용하고 있는 경우 최대 휨모멘트는 CD구간에 동일한 크기로 작용된다.
① 대칭이므로 $V_A = V_B = 6\text{kN}(\uparrow)$
② CD구간의 휨모멘트
$M_C = M_{CD} = V_A \times 2 = 6 \times 2 = 12\text{kN·m}$

해답 ④

014 그림과 같은 구조물에서 부재 AB가 받는 힘의 크기는?

① 3kN
② 6kN
③ 12kN
④ 18kN

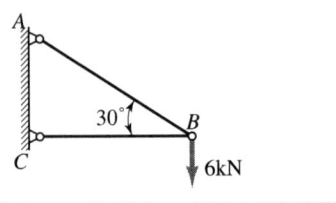

해설 $\dfrac{AB}{\sin 90°} = \dfrac{6\text{kN}}{\sin 30°}$ 에서

$AB = \dfrac{6\text{kN}}{\sin 30°} \times \sin 90°$
$\quad = 12\text{kN}(인장)$

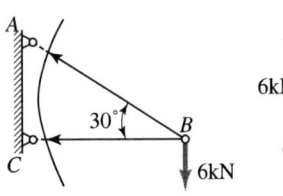
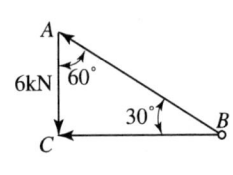

해답 ③

015 다음 설명 중 옳지 않은 것은?

① 도심축에 대한 단면 1차 모멘트는 0(零)이다.
② 주축은 서로 45° 혹은 90°를 이룬다.
③ 단면 1차 모멘트는 단면의 도심을 구할 때 사용된다.
④ 단면 2차 모멘트의 부호는 항상 (+)이다.

해설 주축은 주단면 2차 모멘트가 일어나는 축으로 서로 직교한다.
① I_{max} 축   ② I_{min} 축   ③ 대칭축

해답 ③

2. 철근콘크리트 및 강구조

016 경간이 6m, 폭 300mm, 유효깊이 500mm인 단철근 직사각형 단순보가 전단철근 없이 지지할 수 있는 최대 전단강도 V_u는? (단, 자중의 영향은 무시하며 f_{ck} = 21MPa)

① 35.0kN   ② 43.0kN
③ 55.0kN   ④ 65.0kN

해설 ① $V_c = \dfrac{1}{6}\sqrt{f_{ck}}\,b_w \cdot d = \dfrac{1}{6} \times \sqrt{21} \times 300 \times 500 = 114{,}564\text{N} = 114.56\text{kN}$

② $V_u = \dfrac{1}{2}\phi \cdot V_c = 0.5 \times 0.75 \times 114.56 = 42.96\text{kN}$

해답 ②

017 나선철근으로 둘러싸인 압축부재의 축방향 주철근의 최소 개수는?

① 4개   ② 6개
③ 7개   ④ 8개

해설 **압축부재의 철근량 제한**

구 분	띠철근 기둥	나선철근 기둥
축방향 철근비 ρ_g	1~8% (0.01~0.08)	
축방향철근의 최소 개수	직사각형 단면 : 4개 원형 단면 : 4개 삼각형 단면 : 3개	6개 (원형)
축방향 철근 지름	16mm 이상	

해답 ②

018 단면 형상은 T형보이지만 설계 계산은 직사각형보와 같이 하는 경우는?

① $b_w \le t$
② $b_w > t$
③ $a \le t$
④ $a > t$

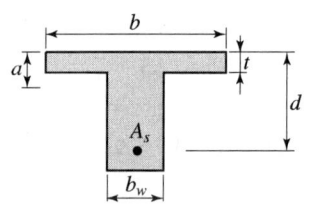

해설

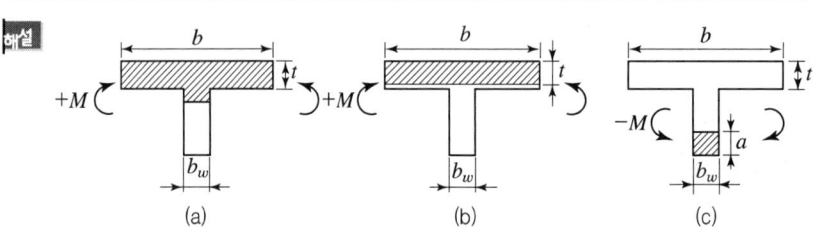

[T형 단면의 판정]

(a)번 그림($a > t$) : 정의 모멘트를 받고 있는 경우, T형보로 설계
(b)번 그림($a \le t$) : 정의 모멘트를 받고 있는 경우, 폭을 b로 하는 직사각형보로 설계
(c)번 그림 : 부의 모멘트를 받고 있는 경우, 폭을 b_w로 하는 직사각형보로 설계

해답 ③

019 단철근 직사각형보를 균형보로 설계할 때 콘크리트의 압축측 연단에서 중립축까지의 거리가 250mm이고, 콘크리트 설계기준압축강도(f_{ck})가 38MPa이라면, 등가응력 직사각형의 깊이(a)는?

① 156mm
② 174mm
③ 200mm
④ 213mm

해설 ① 콘크리트의 등가압축응력깊이의 비
$f_{ck} = 38$MPa로 40MPa 이하이므로 $\beta_1 = 0.80$
② $a = \beta_1 c = 0.80 \times 250 = 200$mm

해답 ③

020 강도설계법의 기본 가정 중 옳지 않은 것은?

① 휨응력 계산에서 콘크리트의 인장강도는 무시한다.
② 콘크리트의 압축응력 분포도는 사각형, 사다리꼴, 포물선 또는 기타 다른 형상으로 가정할 수 있다.
③ 철근과 콘크리트의 변형률은 중립축으로부터의 거리에 비례한다.
④ 콘크리트와 철근이 모두 후크(Hooke)의 법칙을 따른다고 가정한다.

해설 **강도설계법 설계가정**
① 변형률은 중립축으로부터의 거리에 비례한다.(훅크의 법칙 성립)
② 압축측 연단에서의 콘크리트의 최대 변형률은 0.003이다.
③ 콘크리트의 인장강도는 무시한다.
④ 항복강도 f_y 이하에서 철근의 응력은 그 변형률의 E_s배로 본다. 항복강도에 해당하는 변형률보다 더 큰 변형률에 대하여도 철근의 응력은 변형률에 관계없이 항복강도와 같다고 가정한다.
  $f_s \leq f_y$일 때 $f_s = \epsilon_s E_s$
  $f_s > f_y$일 때 $f_s = f_y$
⑤ 콘크리트의 압축응력 분포와 콘크리트의 변형률 사이의 관계는 직사각형, 사다리꼴, 포물선형 또는 기타 어떤 형상으로도 가정이 가능하며 강도의 예측에서 광범위한 실험의 결과와 실질적으로 일치하는 형상이어야 한다.
⑥ 직사각형으로 가정할 경우 구조설계기준에서는 $0.85f_{ck}$로 균등하게 압축연단으로부터 $a = \beta_1 c$까지 등분포된 형태로 가정해서 설계하고 있다.

해답 ④

021 복철근 단면으로 설계하는 이유에 대한 설명으로 틀린 것은?
① 처짐을 억제하여야 할 경우
② 연성을 극소화시켜야 할 경우
③ 정(+), 부(-) 모멘트가 한 단면에서 반복되는 경우
④ 보의 높이가 제한되어 단철근 단면으로는 설계모멘트를 감당할 수 없을 경우

해설 **복철근보를 사용하는 이유**
① 단면의 치수(특히 유효높이)가 제한되어 설계모멘트가 외력에 의한 작용모멘트를 견딜 수 없는 경우($M_d < M_u$)
  ㉠ 복철근보로 함으로써 저항모멘트의 증가로 보강성을 증대
  ㉡ 취성을 줄인다.
  ㉢ 연성을 키워준다.
② 정(+)·부(-)의 휨모멘트를 교대로 받는 경우
  ㉠ 정모멘트는 단철근보로도 충분하나
  ㉡ 부의 휨모멘트 작용시 복철근보로 하여 부의 휨모멘트 작용시 압축철근이 인장철근의 역할을 하도록 하여야 한다.
③ 보의 강성을 증대시키기 위해
④ 연성을 키우기 위해
⑤ 처짐을 작게 해야 하는 경우
⑥ 건조수축과 크리프의 영향을 감소시키기 위해
⑦ 비틀림모멘트를 받을 때

해답 ②

022

사용 고정하중(D)과 활하중(L)을 작용시켜서 단면에서 구한 휨모멘트는 각각 M_D = 10kN·m, M_L = 20kN·m이었다. 주어진 단면에 대해서 현행 콘크리트구조기준에 의거, 최대 소요강도를 구하면?

① 33kN·m
② 39.6kN·m
③ 40.8kN·m
④ 44kN·m

해설 $M_U = 1.2M_D + 1.6M_L$와 $M_U = 1.4M_D$ 둘 중 큰 값으로 하므로
① $M_U = 1.2M_D + 1.6M_L = 1.2 \times 10 + 1.6 \times 20 = 44$kN·m
② $M_U = 1.4M_D = 1.4 \times 10 = 14$kN·m
③ 둘 중 큰 값인 44kN·m을 한다.

해답 ④

023

단면의 폭 400mm, 보의 유효깊이 600mm, 콘크리트의 설계기준강도 25MPa로 설계된 전단철근이 있는 보가 있다. 이 보의 콘크리트가 받을 수 있는 전단력(V_c)은?

① 50kN
② 100kN
③ 150kN
④ 200kN

해설 $V_c = \dfrac{\sqrt{f_{ck}}}{6} b_w \cdot d = \dfrac{\sqrt{25}}{6} \times 400 \times 600 = 200{,}000\text{N} = 200\text{kN}$

해답 ④

024

옹벽의 안정조건 중 활동에 대한 안정에 관한 설명으로 옳은 것은?

① 활동에 대한 저항력은 옹벽에 작용하는 수평력의 1.5배 이상이어야 한다.
② 전도에 대한 저항 휨모멘트는 횡토압에 의한 전도모멘트의 1.5배 이상이어야 한다.
③ 옹벽에 작용하는 수평력은 활동에 대한 저항력의 2.0배 이상이어야 한다.
④ 횡토압에 의한 전도모멘트는 전도에 대한 저항 휨모멘트의 2.0배 이상이어야 한다.

해설 활동에 대한 안정 조건
안전율 $F_s = \dfrac{H_r}{H} = \dfrac{f(\sum W)}{H} \geq 1.5$

해답 ①

025
다음 그림과 같이 용접이음을 했을 경우 전단응력은?

① 78.9MPa
② 67.5MPa
③ 57.5MPa
④ 45.9MPa

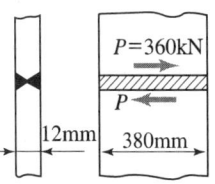

해설 $\nu = \dfrac{P}{\sum a \cdot l} = \dfrac{360,000}{12 \times 380} = 78.95\text{MPa}$

해답 ①

026
압축측 연단의 콘크리트 변형률이 0.003에 도달할 때, 최외단 인장철근의 순인장변형률이 0.005 이상인 단면의 강도감소계수는? (단, $f_y \leq 400$MPa이다.)

① 0.85
② 0.75
③ 0.70
④ 0.65

해설 $\epsilon_t \geq 0.005$인 경우 단, $f_y \leq 400$MPa이므로 인장지배단면으로 $\phi = 0.85$이다.

해답 ①

027
표준갈고리를 갖는 인장 이형철근의 정착길이(l_{dh})에 대한 설명으로 옳은 것은?
(단, d_b : 철근의 공칭지름)

① 정착길이(l_{dh})는 항상 $8d_b$ 이상 또한 150mm 이상이어야 한다.
② 정착길이(l_{dh})는 항상 $8d_b$ 이상 또한 300mm 이상이어야 한다.
③ 정착길이(l_{dh})는 항상 $16d_b$ 이상 또한 150mm 이상이어야 한다.
④ 정착길이(l_{dh})는 항상 $16d_b$ 이상 또한 300mm 이상이어야 한다.

해설 단부에 표준갈고리가 있는 인장 이형철근의 정착길이

$l_d = l_{hb} \times$ 보정계수 $= \dfrac{0.24 \beta d_b f_y}{\lambda \sqrt{f_{ck}}} \times$ 보정계수 $\geq 8d_b$ 또한 150mm

해답 ①

028
PS 강재에 요구되는 성질이 아닌 것은?

① 인장강도가 클 것
② 릴랙세이션이 적을 것
③ 취성이 좋을 것
④ 응력 부식에 대한 저항성이 클 것

해설 **PS강재 품질 요구 조건**
① 고인장강도를 가져야 한다.
② 항복비가 커야 한다. 항복비 = $\dfrac{\text{항복응력}}{\text{인장강도}} \times 100(\%) \geqq 80\%$
③ 릴랙세이션(Relaxation)이 작아야 한다.
④ 직선성(신직성)이 좋아야 한다.
⑤ 높은 연성과 인성이 있어야 한다.
⑥ 피로강도가 커야 한다.
⑦ 콘크리트와의 부착강도가 커야 한다.
⑧ 응력부식에 대한 저항성이 커야 한다.

해답 ③

029 철근콘크리트의 1방향 슬래브에 대한 설명으로 틀린 것은?

① 마주보는 두 변에만 지지되는 슬래브는 1방향 슬래브로 설계하여야 한다.
② 4변이 지지되고 장변의 길이가 단변의 길이의 2배를 초과하는 경우 1방향 슬래브로 해석한다.
③ 슬래브의 두께는 최소 50mm 이상으로 하여야 한다.
④ 슬래브의 정모멘트 철근 및 부모멘트 철근의 중심간격은 위험단면에서는 슬래브 두께의 2배 이하이어야 하고, 또한 300mm 이하로 하여야 한다.

해설 1방향 슬래브의 두께는 최소 100mm 이상이라야 한다.

해답 ③

030 다음과 같은 단면을 갖는 프리텐션 보에 초기 긴장력 $P_i = 250 \text{kN}$이 작용할 때, 콘크리트 탄성변형에 의한 프리스트레스 감소량은? (단, $n = 7$이고, 보의 자중은 무시한다.)

① 24.3MPa
② 29.5MPa
③ 34.3MPa
④ 38.1MPa

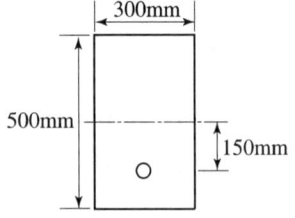

해설
$$\Delta f_p = n \cdot f_c = n\left(\dfrac{P}{A_c} + \dfrac{P \cdot e}{I}e\right)$$
$$= 7 \times \left(\dfrac{250{,}000}{300 \times 500} + \dfrac{250{,}000 \times 150}{\dfrac{300 \times 500^3}{12}} \times 150\right) = 24.3\text{MPa}$$

해답 ①

031

그림과 같은 단순보에서 자중을 포함하여 계수하중이 30kN/m 작용하고 있다. 이 보의 위험단면에서 전단력은?

① 90kN
② 115kN
③ 120kN
④ 135kN

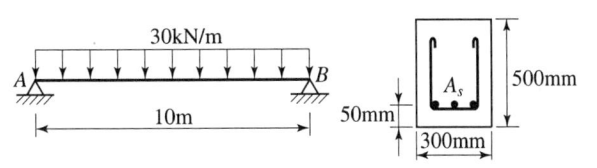

해설 위험단면의 전단력

$$V = R_A - w \cdot d = \frac{30 \times 10}{2} - 30 \times 0.5 = 135 \text{kN}$$

해답 ④

032

일반 콘크리트에서 인장철근 D22(공칭직경 : 22.2mm)를 정착시키는 데 필요한 기본 정착길이(l_{db})는? (단, f_{ck} = 28MPa, f_y = 400MPa이다.)

① 300mm
② 765mm
③ 1007mm
④ 1204mm

해설 기본 정착길이

$$l_{db} = \frac{0.6 d_b \cdot f_y}{\sqrt{f_{ck}}} = \frac{0.6 \times 22.2 \times 400}{\sqrt{28}} = 1{,}007 \text{mm}$$

해답 ③

033

프리스트레스의 감소 원인이 아닌 것은?

① 콘크리트의 건조수축과 크리프
② PS 강재의 항복강도
③ 콘크리트의 탄성변형
④ PS 강재의 미끄러짐과 마찰

해설 프리스트레스 손실 원인
① 프리스트레스 도입시 : 즉시 손실
 ㉠ 콘크리트의 탄성변형(수축)
 ㉡ PS강재와 시스 사이의 마찰(포스트텐션 방식에만 해당)
 ㉢ 정착단의 활동
② 프리스트레스 도입후 : 시간적 손실
 ㉠ 콘크리트의 건조수축
 ㉡ 콘크리트의 크리프
 ㉢ PS강재의 리랙세이션(Relaxation)

해답 ②

034
아래 그림과 같은 단철근 직사각형보에서 등가직사각형 응력블록의 깊이(a)는? (단, $A_s = 3176mm^2$, $f_{ck} = 28MPa$, $f_y = 400MPa$)

① 133mm
② 167mm
③ 214mm
④ 256mm

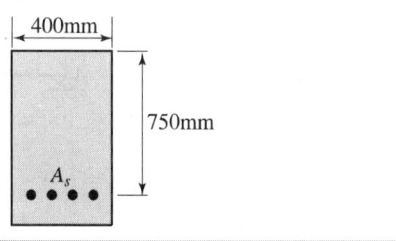

해설 $a = \dfrac{A_s f_y}{0.85 f_{ck} b} = \dfrac{3176 \times 400}{0.85 \times 28 \times 400} = 133.44mm$

해답 ①

제2과목 측량 및 토질(측량학+토질 및 기초)

1. 측량학(측량학 일반, 기준점 측량, 응용 측량)

035
노선측량의 순서로 옳은 것은?

① 도상 계획 – 예측 – 실측 – 공사 측량
② 예측 – 도상 계획 – 실측 – 공사 측량
③ 도상 계획 – 실측 – 예측 – 공사 측량
④ 예측 – 공사 측량 – 도상 계획 – 실측

해설 노선측량 순서
① 도상 계획 – 예측 – 실측 – 공사 측량
② 지형측량 → 중심선측량 → 종횡단측량 → 용지측량 → 시공측량

해답 ①

036
축척 1 : 1,000에서의 면적을 관측하였더니 도상면적이 $3cm^2$이었다. 그런데 이 도면 전체가 가로, 세로 모두 1%씩 수축되어 있었다면 실제면적은?

① $29.4m^2$ ② $30.6m^2$
③ $294m^2$ ④ $306m^2$

해설 실제면적 = 부정면적 × $(1 \pm \alpha^2)$
$= (3 \times 1{,}000^2) \times (1 + 0.01^2) = 3{,}060.300 cm^2 = 306m^2$

해답 ④

037 두 점간의 고저차를 레벨에 의하여 직접 관측할 때 정확도를 향상시키는 방법이 아닌 것은?

① 표척을 수직으로 유지한다.
② 전시와 후시의 거리를 가능한 한 같게 한다.
③ 최소 가시거리가 허용되는 한 시준거리를 짧게 한다.
④ 기계가 침하되거나 교통에 방해가 되지 않는 견고한 지반을 택한다.

해설 직접수준측량의 시준거리
① 아주 높은 정확도의 수준측량 : 40m
② 보통 정확도의 수준측량 : 50~60m
③ 그 외의 수준측량 : 5~120m
④ 시준거리가 너무 길면 측량을 빠르게 할 수 있으나 오차가 생길 염려가 있다.
⑤ 시준거리를 너무 짧게 하면 기계를 세우는 횟수가 많아져 오차가 생기게 된다.
⑥ 수준측량에서 가장 적당한 시준거리는 60m이다.

해답 ③

038 측선 AB를 기선으로 삼각측량을 실시한 결과가 다음과 같을 때 측선 AC의 방위각은?

- A의 좌표(200.000m, 224.210m), B의 좌표(100.000m, 100.000m)
- $\angle A = 37°51'41''$, $\angle B = 41°41'38''$, $\angle C = 100°26'41''$

① $0°58'33''$
② $76°41'55''$
③ $180°58'33''$
④ $193°18'05''$

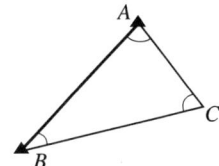

해설 ① AB의 거리
$$AB = \sqrt{(X_B - X_A)^2 + (Y_B - Y_A)^2}$$
$$= \sqrt{(100-200)^2 + (100-224.21)^2}$$
$$= 159.46 \text{m}$$

② AC의 거리
$$\frac{AC}{\sin 41°41'38''} = \frac{159.46}{\sin 100°26'41''} \text{에서}$$
$$AC = \frac{159.46}{\sin 100°26'41''} \times \sin 41°41'38'' = 107.85 \text{m}$$

③ BA의 방위
$$\tan \theta_{BA} = \frac{Y_A - Y_B}{X_A - X_B} \text{에서}$$

$$\theta_{BA}=\tan^{-1}\frac{Y_A-Y_B}{X_A-X_B}=\tan^{-1}\frac{224.21-100}{200-100}=51°09'46''$$

④ BA의 방위각
합위거 합경거 부호가 모두 '+'로 1상한이므로
$\alpha_{BA}=\theta_{BA}=51°9'46.33''$

⑤ AC의 방위각
$\alpha_{AC}=\alpha_{BA}+180°-\angle A=51°09'46''+180°-37°51'41''=193°18'05''$

해답 ④

039
GPS 위성의 기하학적 배치상태에 따른 정밀도 저하율을 뜻하는 것은?
① 다중경로(multipath) ② DOP
③ A/S ④ 사이클 슬립(cycle slip)

해설 GPS도 후방교회법과 마찬가지로 기준점의 배치가 정확도에 영향을 주게 되므로 GPS의 측위 정확도의 영향을 표시하는 계수로 정밀도 저하율(DOP)이 사용된다.

해답 ②

040
도로 기점으로부터 교점까지의 거리가 850.15m이고, 접선장이 125.15m일 때 시단현의 길이는? (단, 중심말뚝 간격은 20m이다.)
① 5.15m ② 10.15m
③ 15.00m ④ 20.00m

해설 ① BC=교점(IP)까지의 추가 거리 $-TL=850.15-125.15=725$m
② 시단현 길이(l_1)=앞 말뚝값$-BC=740-725=15$m

해답 ③

041
원곡선 설치에 이용되는 식으로 틀린 것은? (단, R : 곡선 반지름, I : 교각[단위 : 도°])

① 접선길이 $T.L.=R\tan\frac{I}{2}$ ② 곡선길이 $C.L.=\frac{\pi}{180°}RI$

③ 중앙종거 $M=R\left(\cos\frac{I}{2}-1\right)$ ④ 외할 $E=R\left(\sec\frac{I}{2}-1\right)$

해설 중앙종거(M)
$M=R\left(1-\cos\frac{I}{2}\right)$

해답 ③

042

A, B 두 사람이 어느 2점간의 고저측량을 하여 다음과 같은 결과를 얻었다면 2점간의 고저차에 대한 최확값은?

- A의 관측값 : 38.65±0.03m
- B의 관측값 : 38.58±0.02m

① 38.58m
② 38.60m
③ 38.62m
④ 38.63m

해설 ① 경중률은 오차의 제곱에 반비례한다.

$$P_A : P_B = \frac{1}{m_A{}^2} : \frac{1}{m_B{}^2} = \frac{1}{0.03^2} : \frac{1}{0.02^2} = \frac{1}{3^2} : \frac{1}{2^2} = \frac{1}{9} : \frac{1}{4} = 4 : 9$$

② 최확값 $= \frac{[Pl]}{[P]} = \frac{P_A l_A + P_B l_B}{P_A + P_B} = \frac{4 \times 38.65 + 9 \times 38.58}{4 + 9} = 38.60\text{m}$

해답 ②

043

수준측량에서 사용되는 용어에 대한 설명으로 틀린 것은?

① 전시란 표고를 구하려는 점에 세운 표척의 눈금을 읽는 것을 말한다.
② 후시란 미지점에 세운 표척의 눈금을 읽는 것을 말한다.
③ 이기점이란 전시와 후시의 연결점이다.
④ 중간점이란 전시만을 취하는 점이다.

해설 후시(B.S)란 알고 있는 점(기지점)에 세운 표척의 읽음 값을 말한다.

해답 ②

044

그림과 같은 지형도에서 저수지(빗금친 부분)의 집수면적을 나타내는 경계선으로 가장 적합한 것은?

① ①과 ③ 사이
② ①과 ② 사이
③ ②와 ③ 사이
④ ④와 ⑤ 사이

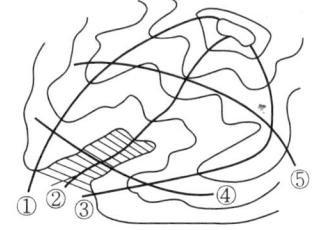

해설 지표면의 가장 높은 곳을 연결한 ⊥선(능선, 분수선)을 경계로 집수면적을 나타낼 수 있으므로, 빗금친 부분의 저수지의 경우 저수지 외곽부 능선이 집수면적의 경계선이 된다. 그러므로 ①과 ③사이가 된다.

해답 ①

045 정확도가 가장 높으나 조정이 복잡하고 시간과 비용이 많이 요구되는 삼각망은?

① 단열 삼각망　　② 개방형 삼각망
③ 유심 삼각망　　④ 사변형 삼각망

해설 사변형 삼각망은 조건식의 수가 가장 많아, 시간과 비용이 많이 들며 가장 정밀도가 높아 시가지와 같은 정밀을 요하는 골조측량에 주로 이용한다.
① 조정이 복잡하고 시간과 비용이 많이 든다.
② 조건식의 수가 가장 많아 정도가 가장 높다.
③ 기선삼각망에 이용된다.

해답 ④

046 종단면도를 이용하여 유토곡선(mass curve)을 작성하는 목적과 가장 거리가 먼 것은?

① 토량의 배분　　② 교통로 확보
③ 토공장비의 선정　　④ 토량의 운반거리 산출

해설 **유토곡선(mass curve)의 작성 목적**
① 토량 배분
② 평균운반거리 산출
③ 토공기계의 결정

해답 ②

047 트래버스 측량에서 각 관측 결과가 허용오차 이내일 경우 오차 처리 방법으로 옳은 것은?

① 각 관측 정확도가 같을 때는 각의 크기에 관계없이 등분배한다.
② 각 관측 경중률에 관계없이 등분배한다.
③ 변 길이에 비례하여 배분한다.
④ 각의 크기에 비례하여 배분한다.

해설 각의 크기에 비례하여 배분하는 방법은 없다.

해답 ①

048 하천 단면의 유속 측정에서 수면으로부터의 깊이가 $0.2h$, $0.4h$, $0.6h$, $0.8h$인 지점의 유속이 각각 0.562m/s, 0.512m/s, 0.497m/s, 0.364m/s일 때 평균유속이 0.480m/s이었다. 이 평균유속을 구한 방법은? (단, h : 하천의 수심)

① 1점법　　② 2점법
③ 3점법　　④ 4점법

해설 3점법

$$V_m = \frac{1}{4}(V_{0.2} + 2V_{0.6} + V_{0.8}) = \frac{1}{4} \times (0.562 + 2 \times 0.497 + 0.364) = 0.480 \text{m/s}$$

해답 ③

049 종단 및 횡단측량에 대한 설명으로 옳은 것은?

① 종단도의 종축척과 횡축척은 일반적으로 같게 한다.
② 일반적으로 횡단측량은 종단측량보다 높은 정확도가 요구된다.
③ 노선의 경사도 형태를 알려면 종단도를 보면 된다.
④ 노선의 횡단측량을 종단측량보다 먼저 실시하여 횡단도를 작성한다.

해설
① 종단면도의 축척은 종 1/100, 횡 1/1,000~1/10,000로 한다.
② 종단측량 실시 후 종단 측점을 중심으로 횡단측량을 실시한다.
③ 횡단측량보다 종단측량이 보다 높은 정확도가 요구된다.
④ 종단면도에서 지반고, 계획고 등의 구배(경사)를 파악할 수 있다.

해답 ③

050 다각측량에서 경거·위거를 계산해야 하는 이유로서 거리가 먼 것은?

① 오차 및 정밀도 계산
② 좌표 계산
③ 오차배분
④ 표고 계산

해설 위거와 경거를 이용하여 좌표(합위거와 합경거)를 계산한 후 이를 이용하여 트래버스의 오차와 정밀도 계산은 물론 거리 및 방위와 방위각을 계산할 수 있고, 트랜싯법칙을 이용하여 위거와 경거의 오차를 배분 조정할 수 있다.

해답 ④

051 1 : 50,000 지형도에서 표고 521.6m인 A점과 표고 317.3m인 B점 사이에 주곡선의 개수는?

① 7개
② 11개
③ 21개
④ 41개

해설
① $\frac{1}{50,000}$ 지형도에서 주곡선의 간격은 20m

② 표고 317.3m 이전 표고 300m, 521.6m 이전 표고 520m이므로

$$\frac{520 - 300}{20} = 11개$$

[별해]

$$\frac{521.6 - 317.3}{20} + 1 = 11.215 = 11개$$

해답 ②

2. 토질 및 기초(토질역학, 기초공학)

052 말뚝의 허용지지력을 구하는 Sander의 공식은? (단, R_a : 허용지지력, S : 관입량,, W_H : 해머의 중량, H : 낙하고)

① $R_a = \dfrac{W_H \cdot H}{8S}$ ② $R_a = \dfrac{W_H \cdot H}{4S}$

③ $R_a = \dfrac{W_H \cdot S}{4H}$ ④ $R_a = \dfrac{W_H \cdot H}{8+S}$

해설 Sander 공식

① 극한지지력 : $R_u = \dfrac{W_h h}{S}$

② 허용지지력 : $R_a = \dfrac{R_u}{F_s}(F_s = 8) = \dfrac{W_h h}{8S}$

해답 ①

053 동해(凍害)는 흙의 종류에 따라 그 정도가 다르다. 다음 중 가장 동해가 심한 것은?

① Colloid ② 점토
③ Silt ④ 굵은 모래

해설 동상이 심하게 발생하는 순서 : 실트 > 점토 > 모래 > 자갈

해답 ③

054 그림과 같은 모래지반의 토질실험 결과 내부마찰각 $\phi = 30°$, 점착력 $c = 0$일 때 깊이 4m 되는 A점에서의 전단강도는? (단, 물의 단위중량은 9.81kN/m³이다.)

① 12.3kN/m^2
② 16.9kN/m^2
③ 21.3kN/m^2
④ 27.7kN/m^2

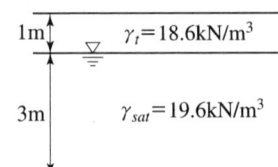

해설 ① 유효응력 $\sigma = 18.6 \times 1 + (19.6 - 9.81) \times 3 = 47.97\text{kN/m}^2$
② 전단강도 $\tau = c + \sigma\tan\phi = 0 + 47.97\tan30° = 27.7\text{kN/m}^2$

해답 ④

055
말뚝의 부마찰력에 대한 설명으로 틀린 것은?

① 말뚝이 연약지반을 관통하여 견고한 지반에 박혔을 때 발생한다.
② 지반에 성토나 하중을 가할 때 발생한다.
③ 지하수위 저하로 발생한다.
④ 말뚝의 타입 시 항상 발생하며 그 방향은 상향이다.

해설 주면마찰력은 보통 상향으로 작용하여 지지력에 가산되었으나 말뚝 주위의 지반이 말뚝보다 더 많이 침하하게 되면 주면마찰력이 하향으로 발생하여 하중역할을 하게 되는 주면마찰력을 부마찰력이라 하며, 부마찰력 발생시 말뚝의 지지력이 감소한다. **해답 ④**

056
압밀계수(c_v)의 단위로서 옳은 것은?

① cm/sec
② cm^2/kg
③ kg/cm
④ cm^2/sec

해설 압밀계수(C_v)

$C_v = \dfrac{T \cdot d^2}{t}$ 이므로 단위는 cm^2/sec이다. **해답 ④**

057
일축압축강도가 32kN/m^2, 흙의 단위중량이 16kN/m^3이고, $\phi = 0$인 점토지반을 연직 굴착할 때 한계고는?

① 2.3m
② 3.2m
③ 4.0m
④ 5.2m

해설 직립사면의 한계고

$H_c = \dfrac{2q_u}{r_t} = \dfrac{2 \times 32}{16} = 4m$ **해답 ③**

058
정지토압 P_o, 주동토압 P_a, 수동토압 P_p의 크기 순서가 올바른 것은?

① $P_a < P_o < P_p$
② $P_o < P_p < P_a$
③ $P_o < P_a < P_p$
④ $P_p < P_o < P_a$

해설 토압의 크기 순서
수동토압(P_p) > 정지토압(P_o) > 주동토압(P_a) **해답 ①**

059
내부마찰각 $\phi = 0°$인 점토에 대하여 일축압축시험을 하여 일축압축강도 $q_u = 320\text{kN/m}^2$을 얻었다면 점착력 c는?

① 120kN/m^2
② 160kN/m^2
③ 220kN/m^2
④ 640kN/m^2

해설 $\phi = 0$인 점토의 일축압축강도 $q_u = 2c$에서
$$c = \frac{q_u}{2} = \frac{320}{2} = 160\text{kN/m}^2$$

해답 ②

060
분사현상(quick sand action)에 관한 그림이 아래와 같을 때 수두차 h를 최소 얼마 이상으로 하면 모래시료에 분사 현상이 발생하겠는가? (단, 모래의 비중 2.60, 간극률 50%)

① 6cm
② 12cm
③ 24cm
④ 30cm

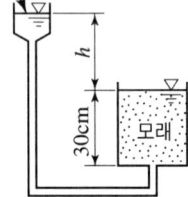

해설
① 공극비 : $e = \dfrac{n}{100-n} = \dfrac{50}{100-50} = 1$

② 한계동수경사 : $i_c = \dfrac{G_s - 1}{1+e} = \dfrac{2.6-1}{1+1} = 0.8$

③ 동수경사 : $i = \dfrac{h}{L} = \dfrac{h}{30}$

④ 수두차 : 분사현상이 일어날 조건
$$F_s = \frac{i_c}{i} = \frac{0.8}{\dfrac{h}{30}} = \frac{0.8 \times 30}{h} \leq 1 \text{에서 } h \geq 24\text{cm}$$

해답 ③

061
흙에 대한 일반적인 설명으로 틀린 것은?

① 점성토가 교란되면 전단강도가 작아진다.
② 점성토가 교란되면 투수성이 커진다.
③ 불교란시료의 일축압축강도와 교란시료의 일축압축강도와의 비를 예민비라 한다.
④ 교란된 흙이 시간경과에 따라 강도가 회복되는 현상을 딕소트로피(thixotropy) 현상이라 한다.

해설 포화된 점성토 지반에 모래말뚝 등을 지중에 설치하면 주변 지만을 밀게 되어 교란이 일어나게 되고 교란 전보다 조밀하게 되어 투수성이 저하되어 수평방향의 압밀계수가 감소하게 된다.
① 교란 전 : 수평방향 압밀계수 > 연직방향 압밀계수
② 교란 후 : 수평방향 압밀계수 ≒ 연직방향 압밀계수

해답 ②

062
모래의 내부마찰각 ϕ와 N치와의 관계를 나타낸 Dunham의 식 $\phi = \sqrt{12N} + C$ 에서 상수 C의 값이 가장 큰 경우는?

① 토립자가 모나고 입도분포가 좋을 때
② 토립자가 모나고 균일한 입경일 때
③ 토립자가 둥글고 입도분포가 좋을 때
④ 토립자가 둥글고 균일한 입경일 때

해설 N, ϕ의 관계(Dunham 공식)
① 토립자가 모나고 입도가 양호 : $\phi = \sqrt{12N} + 25$
② 토립자가 모나고 입도가 불량 : $\phi = \sqrt{12N} + 20$
   토립자가 둥글고 입도가 양호 : $\phi = \sqrt{12N} + 20$
③ 토립자가 둥글고 입도가 불량 : $\phi = \sqrt{12N} + 15$

해답 ①

063
흙의 입도시험에서 얻어지는 유효입경(有效粒徑 : D_{10})이란?

① 10mm체 통과분을 말한다.
② 입도분포곡선에서 10% 통과 백분율을 말한다.
③ 입도분포곡선에서 10% 통과 백분율에 대응하는 입경을 말한다.
④ 10번체 통과 백분율을 말한다.

해설 유효입경(D_{10})은 통과중량 백분율 10%에 해당되는 입자의 지름을 말한다.

해답 ③

064
포화도 75%, 함수비 25%, 비중 2.70일 때 간극비는?

① 0.9 ② 8.1
③ 0.08 ④ 1.8

해설 $S \cdot e = w \cdot G_s$ 에서 $e = \dfrac{w \cdot G_s}{S} = \dfrac{25 \times 2.70}{75} = 0.9$

해답 ①

065

표준관입시험에 관한 설명으로 틀린 것은?

① 해머의 질량은 63.5kg이다.
② 낙하고는 85cm이다.
③ 표준관입시험용 샘플러를 지반에 30cm 박아 넣는 데 필요한 타격횟수를 N값이라고 한다.
④ 표준관입시험값 N은 개략적인 기초 지지력 측정에 이용되고 있다.

해설 지름 5.1cm, 길이 81cm의 중공식 샘플러를 드릴로드(drill rod)에 연결시켜 시추공 속에 넣고 처음 15cm는 교란되지 않은 원지반에 도달하도록 관입시킨 후 $(63.5±0.5)$kg의 해머를 $(760±10)$mm의 높이에서 자유낙하시켜 지반에 sampler를 300mm 관입시키는데 필요한 타격횟수 N치를 구한다.

해답 ②

066

유선망의 특징에 관한 다음 설명 중 옳지 않은 것은?

① 각 유로의 침투수량은 같다.
② 유선과 등수두선은 서로 직교한다.
③ 유선망으로 되는 사각형은 이론상으로 정사각형이다.
④ 침투속도 및 동수경사는 유선망의 폭에 비례한다.

해설 침투속도 및 동수구배는 유선망 폭에 반비례한다.

해답 ④

067

말뚝의 평균지름이 140cm, 관입깊이 15m일 때 군말뚝의 영향을 고려하지 않아도 되는 말뚝의 최소 간격은?

① 약 3m
② 약 5m
③ 약 7m
④ 약 9m

해설 $D = 1.5\sqrt{\gamma L} = 1.5 \times \sqrt{0.7 \times 15} = 4.86\text{m} ≒ 5\text{m}$

해답 ②

068

여러 종류의 흙을 같은 조건으로 다짐시험을 하였을 경우 일반적으로 최적함수비가 가장 작은 흙은?

① GW
② ML
③ SP
④ CH

해설 조립토인 입도분포가 양호한 자갈 GW가 가장 최적함수비가 작다.

[참고] 통일분류법에 사용되는 기호

흙의 종류		제1문자	흙의 특성	제2문자	
조립토	자갈	G	입도분포 양호, 세립분 5% 이하	W	
	모래	S	입도분포 불량, 세립분 5% 이하	P	
세립토	실트	M	세립분 12% 이상, A선 아래에 위치, 소성지수 4 이하	M	조립토
	점토	C	세립분 12% 이상, A선 위에 위치, 소성지수 7 이상	C	
	유기질의 실트 및 점토	O	압축성 낮음, $w_L \leq 50$	L	세립토
유기질토	이탄	Pt	압축성 높음, $w_L \geq 50$	H	

해답 ①

069

아래 그림과 같은 수중지반에서 Z 지점의 유효연직응력은?
(단, 물의 단위중량은 9.81kN/m³이다.)

① 20kN/m²
② 40kN/m²
③ 90kN/m²
④ 140kN/m²

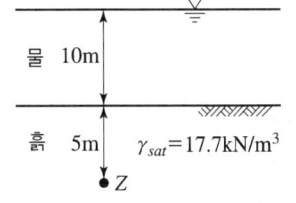

해설 유효응력

$\sigma' = r_{sub} h_2 = (17.7 - 9.81) \times 5 = 39.45 \text{kN/m}^2$

[별해] ① 전응력 : $\sigma = r_w h_1 + r_{sat} h_2 = 9.81 \times 10 + 17.7 \times 5 = 186.6 \text{kN/m}^2$

② 공극수압 : $u = r_w (h_1 + h_2) = 9.81 \times (10 + 5) = 147.15 \text{kN/m}^2$

③ 유효응력 : $\sigma' = \sigma - u = 186.6 - 147.15 = 39.45 \text{kN/m}^2$

해답 ②

070

충분히 다진 현장에서 모래치환법에 의해 현장밀도 실험을 한 결과 구멍에서 파낸 흙과 무게가 1536g, 함수비가 15%이었고 구멍에 채워진 단위중량이 1.70g/cm³인 표준모래의 무게가 1411g이었다. 이 현장이 95% 다짐도가 된 상태가 되려면 이 흙의 실내실험실에서 구한 최대 건조단위 중량($\gamma_{d\max}$)은?

① 1.69g/cm³
② 1.79g/cm³
③ 1.85g/cm³
④ 1.93g/cm³

해설 ① 표준모래 단위중량 $\gamma_t = \dfrac{W}{V}$ 에서 $V = \dfrac{W}{\gamma_t} = \dfrac{1,411}{1.7} = 30 \text{cm}^3$

② 젖은 흙의 단위중량 $\gamma_t = \dfrac{W}{V} = \dfrac{1,536}{830} = 1.85 \text{g/cm}^3$

③ $r_d = \dfrac{r_t}{1+\dfrac{w}{100}} = \dfrac{1.85}{1+\dfrac{15}{100}} = 1.61\text{g/cm}^3$

④ 다짐도 $C_d = \dfrac{\text{현장의 } \gamma_d}{\text{실내 다짐시험에 의한 }\gamma_{d\max}} \times 100(\%)$

$95 = \dfrac{1.61}{r_{d\max}} \times 100(\%)$ 에서 $r_{d\max} = 1.69\text{g/cm}^3$

해답 ①

제3과목 수자원설계(수리학+상하수도공학)

1. 수리학

071 그림과 같은 피토관에서 A점의 유속을 구하는 식으로 옳은 것은?

① $V = \sqrt{2gh_1}$
② $V = \sqrt{2gh_2}$
③ $V = \sqrt{2gh_3}$
④ $V = \sqrt{2g(h_1+h_2)}$

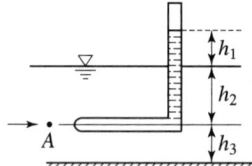

해설 피토관은 베르누이 정리를 이용하여 유속을 측정하는 기구이다.
$V = \sqrt{2gh_1}$

해답 ①

072 관수로의 마찰손실수두에 관한 설명으로 틀린 것은?

① 관의 조도에 반비례한다.
② 관수로의 길이에 정비례한다.
③ 층류에서는 레이놀즈수에 반비례한다.
④ 관내의 직경에 반비례한다.

해설 ① $f = \dfrac{124.5n^2}{D^{\frac{1}{3}}}$

② $h_L = f\dfrac{l}{D}\dfrac{V^2}{2g} = \dfrac{124.5n^2}{D^{\frac{1}{3}}}\dfrac{l}{D}\dfrac{V^2}{2g}$ 에서 $h_L \propto n^2$

해답 ①

073

직사각형 단면의 개수로에 흐르는 한계유속을 표시한 것은? (단, V_c : 한계유속, h_c : 한계수심, α : 에너지보정계수)

① $V_c = \left(\dfrac{gh_c}{\alpha}\right)^{1/2}$ ② $V_c = \left(\dfrac{\alpha h_c}{g}\right)^{1/2}$

③ $V_c = \left(\dfrac{\alpha h_c^2}{g}\right)^{1/3}$ ④ $V_c = \left(\dfrac{gh_c^2}{\alpha}\right)^{1/3}$

해설 $V_c = \left(\dfrac{g \cdot h_c}{\alpha}\right)^{\frac{1}{2}}$

해답 ①

074

폭 3m인 직사각형 단면 수로에서 최소 비에너지가 2m일 때 발생할 수 있는 최대유량은?

① $9.83 \text{m}^3/\text{s}$ ② $11.7 \text{m}^3/\text{s}$
③ $13.3 \text{m}^3/\text{s}$ ④ $14.4 \text{m}^3/\text{s}$

해설
① $h_c = \dfrac{2}{3}H_e = \dfrac{2}{3} \times 2 = 1.33\text{m}$

② $h_c = \left(\dfrac{\alpha Q^2}{gb^2}\right)^{\frac{1}{3}}$

$1.33 = \left(\dfrac{Q^2}{9.8 \times 3^2}\right)^{\frac{1}{3}}$ 에서 $Q = Q_{\max} = 14.4 \text{m}^3/\text{sec}$

해답 ④

075

모세관 현상에 의하여 상승한 액체기둥은 어떤 힘들이 평형을 이루어서 정지상태를 유지하고 있는가?

① 부착력에 의한 상방향의 힘과 중력에 의한 하방향의 힘
② 표면장력에 의한 상방향의 힘과 중력에 의한 하방향의 힘
③ 표면장력에 의한 상방향의 힘과 응집력에 의한 하방향의 힘
④ 응집력에 의한 상방향의 힘과 부착력에 의한 하방향의 힘

해설 모세관 현상에 의하여 상승한 액체기둥은 표면장력에 의한 상방향의 힘과 중력에 의한 하방향의 힘에 의해 평형을 이루어 정지상태를 유지하게 된다.

해답 ②

076

관수로에 물이 흐르고 있을 때 유속을 구하기 위하여 적용할 수 있는 식은?

① Torricelli 정리
② 파스칼의 원리
③ 운동량 방정식
④ 물의 연속방정식

해설 관수로에 물을 흐를 때 유속은 연속방정식(질량보존의 법칙에서 유도)으로 구할 수 있다.
$Q = A_1 V_1 = A_2 V_2$

해답 ④

077

그림과 같은 원형관에 물이 흐를 경우 1, 2, 3 단면에 대한 설명으로 옳은 것은? (단, $D_1 = 30\text{cm}$, $D_2 = 10\text{cm}$, $D_3 = 20\text{cm}$이며 에너지손실은 없다고 가정한다.)

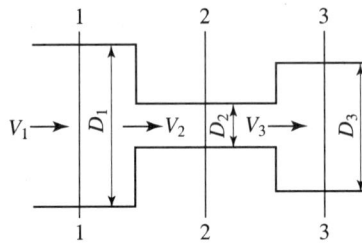

① 유속은 $V_2 > V_3 > V_1$이 되며 압력은 1단면 > 3단면 > 2단면이다.
② 유속은 $V_1 > V_3 > V_2$이 되며 압력은 2단면 > 3단면 > 1단면이다.
③ 유속은 $V_2 < V_3 < V_1$이 되며 압력은 3단면 > 1단면 > 2단면이다.
④ 1, 2, 3단면의 유속과 압력은 같다.

해설 ① 유속은 $V_2 > V_3 > V_1$
② 압력은 1단면 > 3단면 > 2단면

해답 ①

078

그림에서 곡면 AB에 작용하는 전수압의 수평분력은? (단, 곡면의 폭은 1m이고, γ는 물의 단위중량임.)

① $4.7\gamma\,\text{m}^3$
② $3.5\gamma\,\text{m}^3$
③ $3\gamma\,\text{m}^3$
④ $1.5\gamma\,\text{m}^3$

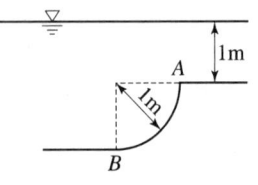

해설 $P_H = w h_G A = \gamma \times \left(1 + \dfrac{1}{2}\right) \times (1 \times 1) = 1.5\gamma\,\text{m}^3$

해답 ④

079
유체의 흐름이 일정한 방향이 아니고 무작위하게 3차원 방향으로 이동하면서 흐르는 흐름은?

① 층류
② 난류
③ 정상류
④ 등류

해설 ① **층류** : 유체입자가 흐름방향에 수직한 속도성분을 갖지 않고 서로 층을 이루면서 흐르는 흐름
② **난류** : 유체입자가 상하좌우로 불규칙하게 뒤섞여 흐트러지면서(무작위하게 3차원 방향으로 이동하면서) 흐르는 흐름

해답 ②

080
직각 삼각위어(weir)에서 월류 수심이 1m이면 유량은? (단, 유량계수 $C=0.59$ 이다.)

① $1.0 m^3/s$
② $1.4 m^3/s$
③ $1.8 m^3/s$
④ $2.2 m^3/s$

해설 $Q = \dfrac{8}{15} C \tan \dfrac{\theta}{2} \sqrt{2g} \, h^{\frac{5}{2}} = \dfrac{8}{15} \times 0.59 \times \tan \dfrac{90°}{2} \sqrt{2 \times 9.8} \times 1^{\frac{5}{2}} = 1.4 m^3/s$

해답 ②

081
그림과 같은 병렬관수로에서 $d_1 : d_2 = 3 : 1$, $l_1 : l_2 = 1 : 3$이며, $f_1 = f_2$일 때 $\dfrac{V_1}{V_2}$는?

① $\dfrac{1}{2}$
② 1
③ 2
④ 3

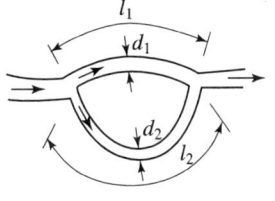

해설 ① 병렬 관수로의 손실수두는 서로 같으므로
$h_L = f_1 \dfrac{l_1}{D_1} \dfrac{V_1^2}{2g} = f_2 \dfrac{l_2}{D_2} \dfrac{V_2^2}{2g}$

② $\dfrac{V_1^2}{V_2^2} = \dfrac{l_2 D_1}{l_1 D_2} = \dfrac{3 \times 3}{1 \times 1} = 9$에서 $\dfrac{V_1}{V_2} = 3$

해답 ④

082 물의 밀도 ρ, 점성계수 μ, 그리고 동점성계수 ν 사이의 관계식으로 옳은 것은?

① $\rho = \dfrac{\nu}{\mu}$
② $\rho = \dfrac{\mu}{(\nu-1)}$
③ $\nu = \dfrac{\mu}{\rho}$
④ $\nu = \dfrac{\rho}{\mu}$

해설 동점성계수(ν, 1stokes = 1cm²/sec)
$\nu = \dfrac{\mu}{\rho}$
여기서, μ : 점성계수, ρ : 밀도

해답 ③

---

083 안지름 0.5m, 두께 20mm의 수압관이 15N/cm²의 압력을 받고 있을 때, 관벽에 작용하는 인장응력은?

① 46.8N/cm²
② 93.7N/cm²
③ 140.6N/cm²
④ 187.5N/cm²

해설 원환응력
$\sigma = \dfrac{p\,d}{2\,t} = \dfrac{15 \times 0.5}{2 \times 0.02} = 187.5 \text{N/cm}^2$

해답 ④

---

084 사다리꼴 수로에서 수리학상 가장 경제적인 단면의 조건은? (단, R : 동수반경, B : 수면폭, H : 수심)

① $R = 2H$
② $B = 2H$
③ $R = H/2$
④ $B = H$

해설 수리학상 유리한 직사각형 단면수로
$h = \dfrac{B}{2}$, $R_{max} = \dfrac{h}{2}$

해답 ③

---

085 유속 20m/s, 수평면과의 각 60°로 사출된 분수가 도달하는 최대 연직높이는? (단, 공기 및 기타 저항은 무시한다.)

① 12.3m
② 13.3m
③ 14.3m
④ 15.3m

해설 $H = \dfrac{V^2}{2g}\sin^2\theta = \dfrac{20^2}{2 \times 9.8}(\sin 60°)^2 = 15.3\text{m}$

해답 ④

086

양쪽의 수위가 다른 저수지를 벽으로 차단하고 있는 상태에서 벽의 오리피스를 통하여 ①에서 ②로 물이 흐르고 있을 때 하류측에서의 유속은?

① $\sqrt{2gz_1}$
② $\sqrt{2gz_2}$
③ $\sqrt{2g(z_1 - z_2)}$
④ $\sqrt{2g(z_1 + z_2)}$

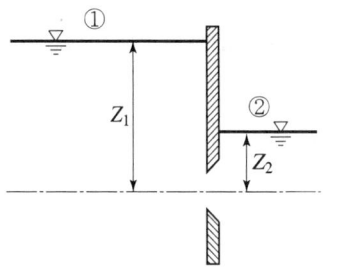

해설 $V = \sqrt{2gH} = \sqrt{2g(z_1 - z_2)}$

해답 ③

087

그림과 같은 역사이펀의 A, B, C, D점에서 압력수두를 각각 P_A, P_B, P_C, P_D라 할 때 다음 사항 중 옳지 않은 것은? (단, 점선은 동수경사선으로 가정한다.)

① $P_C > P_D$
② $P_B < 0$
③ $P_C > 0$
④ $P_A = 0$

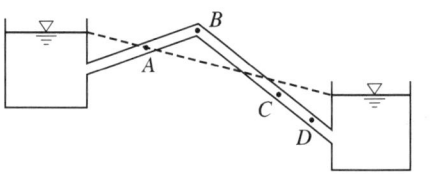

해설 $P_C < P_D$

해답 ①

088

그림과 같은 콘크리트 케이슨이 바다 물에 떠 있을 때 흘수는? (단, 콘크리트 비중은 2.4이며, 바닷물의 비중은 1.025이다.)

① $x = 2.35$m
② $x = 2.55$m
③ $x = 2.75$m
④ $x = 2.95$m

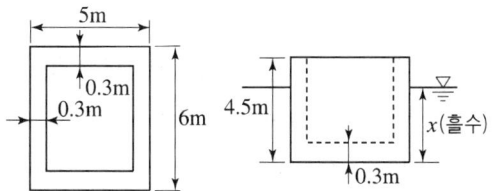

해설 $W = B$
$w_{케이슨} V_{케이슨} = w' V'$
$2.4 \times (5 \times 6 \times 4.5 - 4.4 \times 5.4 \times 4.2) = 1.025 \times (5 \times 6 \times x)$
$x = 2.75$m

해답 ③

2. 상하수도공학(상수도계획, 하수도계획)

089 상수의 소독방법 중 염소살균과 오존살균에 대한 설명으로 옳지 않은 것은?
① 오존의 살균력은 염소보다 우수하다.
② 오존살균은 배오존처리설비가 필요하다.
③ 오존살균은 염소살균에 비하여 잔류성이 강하다.
④ 염소살균은 발암물질인 트리할로메탄(THM)을 생성시킬 가능성이 있다.

해설 오존(O_3)살균은 잔류효과가 없어 비경제적이다.

해답 ③

090 하수관에서는 95% 가량 차서 흐를 때가 가득 차서 흐를 때보다 유량이 10% 가량 더 많고 이때가 최대 유량이라고 한다면 직경 200mm, 관저 기울기 0.005인 하수관로의 최대 유량은? (단, Manning 공식을 사용하고, $n=0.013$)
① $91.8 m^3/h$
② $83.5 m^3/h$
③ $76.4 m^3/h$
④ $71.2 m^3/h$

해설 ① 유속
$$V = \frac{1}{n}R^{\frac{2}{3}}I^{\frac{1}{2}} = \frac{1}{0.013} \times \left(\frac{1}{4} \times 0.2\right)^{\frac{2}{3}} \times (0.005)^{\frac{1}{2}} = 0.738 \, m/sec$$
② 유량
$$Q = AV = \frac{3.14 \times 0.2^2}{4} \times 0.738 = 0.0232 \, m^3/sec = 83.47 \, (m^3/hr)$$
③ 하수관로의 최대 유량
$$Q_0 = Q(1+0.1) = 83.47(1+0.1) = 91.81 \, (m^3/hr)$$

해답 ①

091 하수처리장 계획 시 고려할 사항으로 옳지 않은 것은?
① 처리시설은 계획시간 최대오수량을 기준으로 하여 계획한다.
② 처리장의 부지면적은 확장 및 향후 고도처리계획 등을 예상하여 계획한다.
③ 처리장 위치는 방류수역의 물 이용상황 및 주변의 환경조건을 고려하여 정한다.
④ 처리시설은 이상수위에서도 침수되지 않는 지반고에 설치하거나 방호시설을 설치한다.

해설 하수처리장 계획시 고려사항
① 처리장은 건설비 및 유지관리비 등의 경제성, 유지관리의 난이도 및 확실성 등을

충분히 고려하여 정한다.
② 처리장위치는 방류수역의 물 이용상황 및 주변의 환경조건을 고려하여 정한다. 처리장위치는 방류수역의 이수상황 및 계획구역의 지형적 조건에 의해서 대부분 정해져 왔으나, 처리장부지의 확보는 처리장계획 또는 하수도계획전체를 좌우하는 가장 중요한 요건이 된다. 그러므로 처리장위치의 결정은 오수를 자연유하로 수집할 수 있어 건설비와 유지관리비가 경제적으로 되고 주변 환경과 조화되며, 침수피해가 없는 위치로서 신중히 검토하는 것이 필요하다.
③ 처리장의 부지면적은 장래 확장 및 향후의 고도처리계획 등을 예상하여 계획한다.
④ 처리시설은 계획 1일 최대오수량을 기준으로 하여 계획한다.
⑤ 처리시설은 이상수위에서도 침수되지 않는 지반고에 설치하거나 또는 방호시설을 설치한다.
⑥ 처리시설은 유지관리가 쉽고 확실하도록 계획하며, 주변의 환경조건에 대하여 충분히 고려한다.

해답 ①

092 하수관거시설 중 연결관에 대한 설명으로 옳지 않은 것은?

① 연결관의 경사는 1% 이상으로 한다.
② 연결관의 최소관경은 150mm로 한다.
③ 연결위치는 본관의 중심선보다 아래로 한다.
④ 본관 연결부는 본관에 대하여 60° 또는 90°로 한다.

해설 연결관
물받이와 하수관거를 연결하는 관을 연결관이라 하며 일반적으로 PE관이나 도기관이 이용된다.
① 연결관의 관경은 최소 150mm로 한다.
② 연결관의 경사는 1% 이상으로 한다.
③ 연결관은 본관에 가깝게 본관과 직각인 방향으로 설치하는데, 본관 연결부에서는 60°의 각도로 합류시켜 관내의 흐름을 좋게 하는 것이 원칙이나, 본관의 구경이 매우 큰 경우에는 직각으로 접속시켜도 좋다.
④ 연결관의 관저가 본관의 중심선보다 아래에 오면 유수에 저항이 생겨 원하는 유량이 흐르지 않게 되고, 하수본관으로부터 하수가 역류되어 슬러지가 침적하여 연결관이 폐색될 염려가 있으므로, 연결위치는 본관의 중심선보다 위쪽으로 하여야 한다.

해답 ③

093 계획취수량의 기준이 되는 것은?

① 계획시간 최대배수량
② 계획1일 평균배수량
③ 계획시간 최대급수량
④ 계획1일 최대급수량

해설 **계획 취수량**
① 계획 1일 최대급수량을 기준으로 하며, 기타 필요한 작업용수를 포함한 손실수량 등을 고려한다.
② 지하수의 침투나 누수 등을 고려하여 계획 1일 최대급수량의 10%정도 증가된 수량으로 결정한다.

해답 ④

094
계획1일 평균급수량이 400L, 시간최대급수량이 25L일 때, 계획1일 최대급수량이 500L일 경우에 계획첨두율은?
① 1.50
② 1.25
③ 1.2
④ 20.0

해설 계획 1일 최대급수량 = 계획 1일평균급수량 × 계획첨두율

계획 첨두율 = $\dfrac{\text{계획 1일 최대급수량}}{\text{계획 1일 평균급수량}} = \dfrac{500}{400} = 1.25$

해답 ②

095
하천에 오수가 유입될 때 하천의 자정작용 중 최초의 분해지대에서 BOD가 감소하는 주원인은?
① 유기물의 침전
② 탁도의 증가
③ 온도의 변화
④ 미생물의 번식

해설 **자정작용**
① 생활하수나 공장폐수로 인해 수질이 악화된 하천이나 호소가 상당 기간이 지남에 따라 수질이 서서히 양호해져서 원래의 상태로 회복되는 현상
② 하천 등의 자정작용은 미생물 등에 의한 생물학적 자정작용이 주역할을 한다.

해답 ④

096
도수관에 설치되는 공기밸브에 대한 설명 중 틀린 것은?
① 관로의 종단도 상에서 상향돌출부의 상단에 설치한다.
② 관로 중 제수밸브 사이에 공기밸브를 설치할 경우 낮은 쪽 제수밸브 바로 위에 설치한다.
③ 매설관에 설치하는 공기밸브에는 밸브실을 설치한다.
④ 공기밸브에는 보수용의 제수밸브를 설치한다.

해설 **공기밸브의 설치**는 다음 각 항에 적합하게 설치한다.
① 관로의 종단도상에서 상향 돌출부의 상단에 설치해야 하지만 제수밸브의 중간에 상향 돌출부가 없는 경우에는 높은 쪽의 제수밸브 바로 앞에 설치한다.
② 관경 400mm 이상의 관에는 반드시 급속공기밸브 또는 쌍구공기밸브를 설치하

고, 관경 350mm 이하의 관에 대해서는 급속공기밸브 또는 단구공기밸브를 설치한다.
③ 공기밸브에는 보수용의 제수밸브를 설치한다.
④ 매설관에 설치하는 공기밸브에는 밸브실을 설치하며, 밸브실의 구조는 견고하고 밸브를 관리하기 용이한 구조로 한다.
⑤ 한랭지에서는 적절한 동결방지대책을 강구한다.

해답 ②

097

활성슬러지법에 의하여 폐수를 처리할 경우 폭기조 혼합액의 MLSS가 2000mg/L이고, 이것을 30분간 정체시킨 침전슬러지량이 시료의 30%라면 슬러지지표(SVI)는?

① 50
② 100
③ 150
④ 200

해설
$$SVI = \frac{SV[\%] \times 10^4}{MLSS[\text{mg}/l]} = \frac{30 \times 10^4}{2000} = 150$$

해답 ③

098

취수원의 성층현상에 관한 설명으로 틀린 것은?
① 수심에 따른 수온 변화가 가장 큰 원인이다.
② 수온의 변화에 따른 물의 밀도 변화가 근본 원인이다.
③ 여름철에 두드러진 현상이다.
④ 영양염류의 유입이 원인이다.

해설 ① 성층현상은 수온 변화가 가장 큰 원인인데, 이는 수온의 변화에 따른 물의 밀도 변화가 근본원인 때문이다.
② 영양염류는 부영양화의 원인이다.

해답 ④

099

하수관거에서 관정부식(crown corrosion)의 주된 원인 물질은?
① 황화합물
② 질소화합물
③ 철화합물
④ 인화합물

해설 관정부식 과정 : 최소유속보다 적을 경우 일어난다.
① 하수 내 유기물 등이 혐기성 상태에서 분해되어 생성되는 황화수소(H_2S)가(용존산소 결핍으로 박테리아가 황산염을 환원시키기 때문에 황화수소 발생)
② 하수관 내의 공기 중으로 솟아오르면 호기성 미생물에 의해서 SO_2나 SO_3가 된다.
③ 이들이 관정부(管頂部)의 물방울에 녹아서 황산(H_2SO_4)이 된다.
④ 이 황산이 콘크리트관에 함유된 철(Fe), 칼슘(Ca), 알루미늄(Al) 등과 반응하여 황산염이 되어 콘크리트관을 부식 파괴하는 현상을 관정부식이라 한다.

해답 ①

100. 수원의 구비요건으로 틀린 것은?

① 수질이 좋아야 한다.
② 수량이 풍부하여야 한다.
③ 정수장보다 가능한 한 낮은 곳에 위치하여야 한다.
④ 상수 소비지에서 가까운 곳에 위치하는 것이 좋다.

해설 **수원의 구비요건**(수원 선정시 고려 사항)
① 수질 양호
② 수량 풍부
③ 가능하면 주위에 오염원이 없어야 한다.
④ 소비지로부터 가까운 곳에 위치
⑤ 계절적 수량·수질의 변동이 적은 곳
⑥ 가능하면 자연유하식을 이용할 수 있는 곳(가능한 한 높은 곳에 위치해야 한다.)
⑦ 연간 수량 변동이 적은 곳
⑧ 취수 및 관리가 용이할 것

해답 ③

101. 계획우수량의 고려 사항에 관한 설명으로 틀린 것은?

① 우수유출량의 산정을 위한 합리식에서 I는 관거의 동수경사를 나타낸다.
② 하수관거의 확률년수는 10~30년을 원칙으로 한다.
③ 유달시간은 유입시간과 유하시간을 합한 것이다.
④ 총 유하시간은 관거 구간마다의 거리와 계획유량에 대한 유속으로부터 구한 구간 당 유하시간을 합계하여 구한다.

해설 **우수유출량의 산정식**(합리식)

$$Q = \frac{1}{360} C \cdot I \cdot A \text{ 또는 } Q = \frac{1}{3.6} C \cdot I \cdot A$$

여기서, Q : 최대 계획우수유출량[m³/sec]
C : 유출계수[무차원]
I : 유달시간(T) 내의 평균 강우강도[mm/hr]
A : 배수면적[ha] 또는 [km²]

해답 ①

102. 상수 원수의 냄새·맛 제거에 이용되는 일반적인 방법이 아닌 것은?

① 오존 처리
② 입상활성탄 처리
③ 폭기(aeration)
④ 마이크로스트레이너(microstrainer)

해설 ① 맛과 냄새 제거는 맛과 냄새의 종류에 따라 폭기, 염소처리, 분말 또는 입상활성탄처리, 오존처리 및 오존·입상활성탄 처리를 한다.
② 여과로 조류를 제거하는 방법 중 그물눈이 작은 그물망을 친 마이크로스트레이너로 조류를 기계적으로 여과하여 제거하는 방법이 있다.

해답 ④

103 송수관의 유속에 대하여 ( )에 알맞은 수로 짝지어진 것은?

자연유하식인 경우에는 허용최대한도를 ( )m/s로 하고, 송수관의 평균유속의 최소한도는 ( )m/s로 한다.

① 3.0, 0.3
② 3.0, 0.6
③ 6.0, 0.3
④ 6.0, 0.6

해설 **관의 평균유속**
① 도·송수관의 평균유속의 최대한도 : 자연유하식인 경우에는 허용 최대한도를 3.0m/s로 하고, 펌프가압식인 경우에는 경제적인 관경에 대한 유속으로 한다.
② 도수관의 평균유속의 최소한도 : 원수를 수송하므로 모래입자 등의 침전을 방지하기 위하여 0.3m/sec 이상으로 한다.
③ 송수관의 평균유속의 최소한도 : 도수관의 유속에 준한다.

해답 ①

104 고도정수처리가 아닌 일반정수처리 공정에서 잘 제거되지 않는 물질은?

① 세균
② 탁도
③ 질산성 질소
④ 암모니아성 질소

해설 ① 암모니아성 질소와 질산성질소는 용해성 성분으로 불용해성 성분(탁질, 조류, 일반세균, 대장균군)을 제거하는 일반적인 여과방식(완속여과방식, 급속여과방식 및 막여과방식)으로는 충분히 제거할 수 없기 때문에 필요에 따라 고도정수처리 등의 특수처리방식을 추가하는 것을 고려해야 한다.
② 암모니아가 많으면 가까운 시일에 오염이 되었다는 뜻이고, 질산성 질소가 높을수록 오염된지 오랜시간이 경과되었다는 것을 의미한다.

해답 ③

105 슬러지의 혐기성 소화에 대한 설명으로 옳지 않은 것은?

① 온도, pH의 영향을 쉽게 받는다.
② 호기성 처리보다 분해속도가 느리다.
③ 호기성 처리에 비해 유지비가 경제적이다.
④ 정상적인 소화 시 가장 많이 발생되는 가스는 CO_2이다.

해설 **혐기성 소화법의 장점**
① 병원균을 사멸할 수 있어 위생적
② 동력 시설 없이 연속적인 처리 가능
③ 부산물로 유용한 메탄가스 생산됨
④ 유지 관리비가 적게 소요
혐기성 소화법의 단점
① 온도, pH의 영향을 쉽게 받는다.
② 호기성 처리보다 분해속도가 느리다.

해답 ④

106
하수량 40000m³/d, BOD 농도 300mg/L인 하수를 체류시간 6시간의 활성슬러지 방식인 폭기조에서 처리하여고 한다. 폭기조를 2개조 운영하려고 할 경우 1개조의 폭기조 용적은?

① 2500m³ ② 3500m³
③ 5000m³ ④ 7000m³

해설 ① 폭기조 용적
$t = \dfrac{V}{Q}$ 에서 $V = Q \cdot t = \left(40000 \times \dfrac{1}{24}\right) \times 6 = 10,000\text{m}^3$
② 1개조의 폭기조 용적
$\dfrac{10,000}{2} = 5,000\text{m}^3$

해답 ③

107
펌프장 설계 시 검토하여야 할 비정상 현상으로 아래에서 설명하고 있는 것은?

만관 내에 흐르고 있는 물의 속도가 급격히 변화하여 압력변화가 발생하는 현상이다. 이에 의한 압력상승 및 압력강하의 크기는 유속의 변화 정도, 관로 상황, 유속, 펌프의 성능 등에 따라 다르지만, 펌프, 밸브, 배관 등에 이상압력이 걸려 진동, 소음을 유발하고, 펌프 및 전동기가 역회전하는 경우도 있으므로 충분한 검토가 필요하다.

① 서징(surging) ② 캐비테이션(cavitation)
③ 수격작용(water hammer) ④ 팽화현상(bulking)

해설 수격작용이란 펌프의 관수로에서 정전에 의하여 펌프가 급정지하는 경우 관로유속의 급격한 변화에 따라 관 내 압력이 급상승이나 급하강하는 현상을 말한다.

해답 ③

108 Ripple법에 의하여 저수지 용량을 결정하려고 한다. 그림에서 필요저수용량을 표시한 구간은? (단, 직선 $\overline{AB}$, $\overline{CD}$는 $\overline{OX}$에 평행하고 누가수량차는 E가 F보다 크다.)

① ㄱ
② ㄴ
③ ㄷ
④ ㄹ

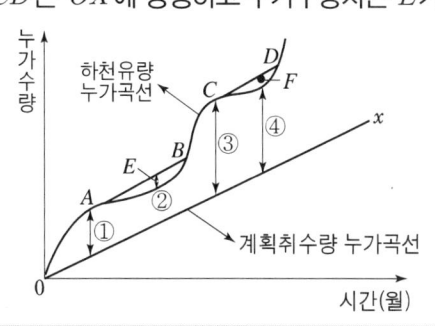

해설 가뭄 기간으로 A점에서 OX직선에 평행하게 AB직선을 긋고 여기서 최대 세로길이 E(ㄴ)를 구할 수 있다. 이 E(ㄴ)가 구하는 부족수량(필요저수용량)이다.

해답 ②

무료 동영상과 함께하는 **토목산업기사 필기**

2021

2021년 3월 CBT 시행
2021년 5월 CBT 시행
2021년 9월 CBT 시행

무료 동영상과 함께하는
토목산업기사 필기

토목산업기사

2021년 3월 CBT 시행

2023 개정된 출제기준에 의거하여 불필요한 문제는 삭제하고 3과목으로 정리함

제1과목 구조설계(응용역학+철근콘크리트 및 강구조)

1. 응용역학(역학적인 개념 및 건설 구조물의 해석)

001 단면의 성질 중에서 폭 b, 높이가 h인 직사각형 단면의 단면1차모멘트 및 단면2차모멘트에 대한 설명으로 잘못된 것은?

① 단면의 도심축을 지나는 단면1차모멘트는 0이다.

② 도심축에 대한 단면2차모멘트 $\dfrac{bh^3}{12}$ 이다.

③ 직사각형 단면의 밑변축에 대한 단면1차모멘트는 $\dfrac{bh^2}{6}$ 이다.

④ 직사각형 단면의 밑변축에 대한 단면2차모멘트는 $\dfrac{bh^3}{3}$ 이다.

해설 $G_x = (b \times h) \times \dfrac{h}{2} = \dfrac{bh^2}{2}$

해답 ③

002 그림과 같은 등분포하중에서 최대 휨모멘트가 생기는 위치에서 휨응력이 120MPa라고 하면 단면계수는?

① 350cm³   ② 400cm³
③ 450cm³   ④ 500cm³

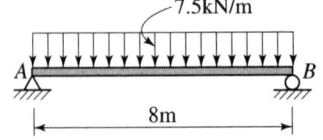

해설
① $M_{\max} = M_{중앙} = \dfrac{wl^2}{8} = \dfrac{7.5 \times 8^2}{8} = 60\text{kN} \cdot \text{m} = 60 \times 10^7 \text{N} \cdot \text{mm}$

② $\sigma_{\max} = \dfrac{M_{\max}}{Z}$ 에서 $Z = \dfrac{M_{\max}}{\sigma_{\max}}$ $Z = \dfrac{6 \times 10^7}{120} = 500,000\text{mm}^3 = 500\text{cm}^3$

해답 ④

003

평면응력을 받는 요소가 다음과 같이 응력을 받고 있다. 최대 주응력을 구하면?

① 64MPa
② 164MPa
③ 360MPa
④ 136MPa

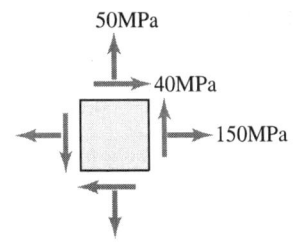

해설
$$\sigma_{max} = \frac{\sigma_x + \sigma_y}{2} + \sqrt{\left(\frac{\sigma_x - \sigma_y}{2}\right)^2 + \tau_{xy}^2} = \frac{150+50}{2} + \sqrt{\left(\frac{150-50}{2}\right)^2 + 40^2}$$
$$= 164\text{MPa}$$

해답 ②

004

그림과 같은 단면의 도심축($x-x$축)에 대한 단면2차 모멘트는?

① 15,004cm^4
② 14,004cm^4
③ 13,004cm^4
④ 12,004cm^4

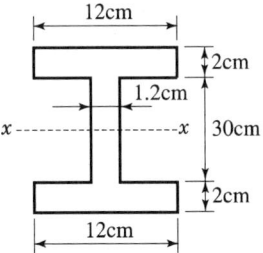

해설
$$I_x = \frac{1}{12}(BH^3 - bh^3) = \frac{1}{12}[12 \times 34^3 - 10.8 \times 30^3] = 15{,}004\text{cm}^4$$

해답 ①

005

폭이 300mm, 높이가 500mm인 직사각형 단면의 단순보에 전단력 60kN이 작용할 때 이 보에 발생하는 최대전단응력은?

① 0.2MPa
② 0.4MPa
③ 0.5MPa
④ 0.6MPa

해설
$$\tau_{max} = 1.5 \times \frac{S}{A} = 1.5 \times \frac{60000}{300 \times 500} = 0.6\text{MPa}$$

해답 ④

006 그림과 같은 캔틸레버보에서 휨모멘트에 의한 탄성변형에너지는? (단, EI는 일정하다.)

① $\dfrac{w^2 l^5}{40EI}$ ② $\dfrac{w^2 l^5}{96EI}$
③ $\dfrac{w^2 l^5}{240EI}$ ④ $\dfrac{w^2 l^5}{384EI}$

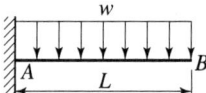

해설 등분포하중이 만재된 EI값이 일정한 캔틸레버보에 저장되는 탄성 에너지
$\dfrac{W^2 l^5}{40EI}$

해답 ①

007 다음 부정정보에서 지점 B의 수직반력은 얼마인가? (단, EI는 일정함)

① $\dfrac{M}{l}(\uparrow)$ ② $1.3\dfrac{M}{l}(\uparrow)$
③ $1.4\dfrac{M}{l}(\uparrow)$ ④ $1.5\dfrac{M}{l}(\uparrow)$

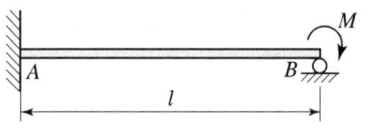

해설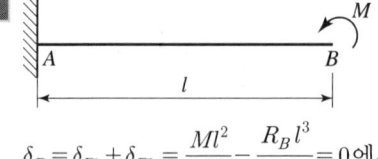

$\delta_B = \delta_{B1} + \delta_{B2} = \dfrac{Ml^2}{2EI} - \dfrac{R_B l^3}{3EI} = 0$ 에서

$R_B = \dfrac{3}{2}\dfrac{M}{l}(\uparrow)$

해답 ④

008 아래 그림과 같은 단순보에서 지점 B의 반력은?

① 34kN($\uparrow$)
② 42kN($\uparrow$)
③ 50kN($\uparrow$)
④ 60kN($\uparrow$)

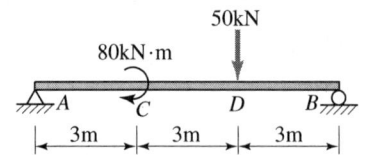

해설 $\Sigma M_A = 0$
$-V_B \times 9 + 50 \times 6 + 80 = 0$ 에서 $V_B = 42\text{kN}(\uparrow)$

해답 ②

009

동일한 재료 및 단면을 사용한 다음 기둥 중 좌굴하중이 가장 작은 기둥은?

① 양단고정의 길이가 $2L$인 기둥
② 양단힌지의 길이가 L인 기둥
③ 일단자유 타단고정의 길이가 $0.5L$인 기둥
④ 일단힌지 타단고정의 길이가 $1.5L$인 기둥

해설 좌굴하중 $P_b = \dfrac{\pi^2 EI}{l_k^2} = \dfrac{n\pi^2 EI}{l^2}$ 에서 $P_b \propto \dfrac{n}{l^2}$ 이므로

① $P_{b①} \propto \dfrac{4}{(2L)^2} = \dfrac{1}{L^2}$ ② $P_{b②} \propto \dfrac{1}{L^2}$

③ $P_{b③} \propto \dfrac{1/4}{\left(\dfrac{1}{2}L\right)^2} = \dfrac{1}{L^2}$ ④ $P_{b④} \propto \dfrac{2}{(1.5L)^2} = \dfrac{1}{1.125L^2}$

해답 ④

010

다음 그림과 같은 단순보에서 전단력이 0이 되는 점은 A점에서 얼마만큼 떨어진 곳인가?

① 3.2m
② 3.5m
③ 4.2m
④ 4.5m

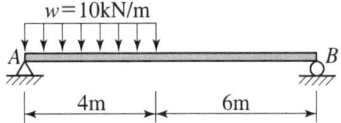

해설
① $\sum M_B = 0$
$V_A \times 10 - (10 \times 4) \times 8 = 0$ 에서 $V_A = 32\text{kN}(\uparrow)$
② 전단력이 '0'이 되는 위치가 A점으로부터 우측으로 x위치라고 하면
$S_x = 32 - 10x = 0$ 에서 $x = 3.2\text{m}$

해답 ①

011

단면이 10cm×10cm인 정사각형이고, 길이 1m인 강재에 100kN의 압축력을 가했더니 길이가 0.1cm 줄어들었다. 이 강재의 탄성계수는?

① 100,000MPa
② 1,000,000MPa
③ 500,000MPa
④ 5,000,000MPa

해설 강재의 탄성계수

$E = \dfrac{\sigma}{\epsilon} = \dfrac{\dfrac{P}{A}}{\dfrac{\Delta l}{l}} = \dfrac{Pl}{A\Delta l} = \dfrac{100000 \times 100000}{(100 \times 100) \times 1} = 1,000,000\text{MPa}$

해답 ②

012

오일러 좌굴하중 $P_{cr} = \dfrac{\pi^2 EI}{L^2}$를 유도할 때 가정사항 중 틀린 것은?

① 하중은 부재축과 나란하다.
② 부재는 초기 결함이 없다.
③ 양단이 핀 연결된 기둥이다.
④ 부재는 비선형 탄성재료로 되어 있다.

해설 오일러 공식 적용을 위한 가정
① 하중은 부재축과 나란하다.
② 부재는 초기 결함이 없다.
③ 부재는 선형 탄성재료로 되어 있다.
④ 양단이 핀 연결된 기둥이다.

해답 ④

013

지름 10cm, 길이 25cm인 재료에 축방향으로 인장력을 작용시켰더니 지름은 9.98cm로, 길이는 25.2cm로 변하였다. 이 재료의 푸아송(Poisson)의 비는?

① 0.25
② 0.45
③ 0.50
④ 0.75

해설
$$\nu = \dfrac{\varepsilon_{\text{가로}}}{\varepsilon_{\text{세로}}} = \dfrac{\dfrac{\Delta d}{d}}{\dfrac{\Delta l}{l}} = \dfrac{\Delta d \cdot l}{\Delta l \cdot d} = \dfrac{0.02 \times 25}{0.2 \times 10} = 0.25$$

해답 ①

014

그림과 같이 부재의 자유단이 옆의 벽과 1mm 떨어져 있다. 부재의 온도가 현재보다 20°C 상승할 때 부재 내에 생기는 열응력의 크기는? (단, $E = 2,000$MPa, $\alpha = 10^{-5}/°C$)

① 0.1MPa
② 0.2MPa
③ 0.3MPa
④ 0.4MPa

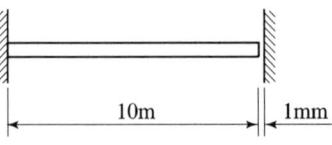

해설
① $\Delta l = l \cdot \alpha \cdot \Delta t = 1000 \times 10^{-5} \times 20 = 0.2\text{cm} = 2\text{mm}$
  1mm의 간격이 있으므로 $\Delta l = 2 - 1 = 1\text{mm}$
② $\sigma = E \cdot \epsilon = 2,000 \times \dfrac{0.1}{1,000} = 0.2\text{MPa}$

해답 ②

2. 철근콘크리트 및 강구조

015 PSC에서 프리텐션방식의 장점이 아닌 것은?

① PS강재를 곡선으로 배치하기 쉽다.
② 정착장치가 필요하지 않다.
③ 제품의 품질에 대한 신뢰도가 높다.
④ 대량 제조가 가능하다.

해설 포스트텐션방식이 긴장재의 곡선 배치가 쉽다.

해답 ①

016 아래 그림과 같은 단철근 직사각형 보에서 필요한 최소 철근량($A_{s,\min}$)으로 옳은 것은?
(단, $f_{ck}=28\text{MPa}$, $f_y=400\text{MPa}$)

① 1364mm^2
② 2397mm^2
③ 2582mm^2
④ 3468mm^2

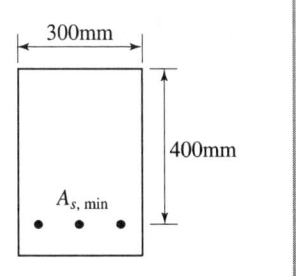

해설 ① 최소허용변형률
$f_y=400\text{MPa}$이므로 최소허용변형률은 $\epsilon_{a,\min}=0.004$이다.
② 최대철근비
$$\rho_{\max}=0.85\frac{f_{ck}}{f_y}\beta_1\frac{0.0033}{0.0033+\epsilon_{a,\min}}$$
③ 최대철근량
$$A_{s\max}=\rho_{\max}bd=0.85\frac{f_{ck}}{f_y}\beta_1\frac{0.0033}{0.0033+\epsilon_{a,\min}}bd$$
$$=0.85\times\frac{28}{400}\times 0.80\times\frac{0.0033}{0.0033+0.004}\times 300\times 400$$
$$=2{,}582\,\text{mm}^2$$

[참고] **최소허용변형률**
휨부재의 최소허용변형률은 철근 항복변형률의 2배로 한다.

철근의 설계기준 항복강도	휨부재 허용값	
	최소 허용변형률($\epsilon_{a,\min}$)	해당 철근비($\rho_{\max}$)
300MPa	0.004	$0.658\rho_b$
350MPa	0.004	$0.692\rho_b$
400MPa	0.004	$0.726\rho_b$
500MPa	$0.005(2\epsilon_y)$	$0.699\rho_b$
600MPa	$0.006(2\epsilon_y)$	$0.677\rho_b$

해답 ③

017 철근콘크리트부재에 고정하중 30kN/m, 활하중 50kN/m가 작용한다면 소요강도(U)는?

① 73kN/m
② 116kN/m
③ 127kN/m
④ 155kN/m

해설 ① $w_u = 1.2w_D + 1.6w_L = 1.2 \times 30 + 1.6 \times 50 = 116$kN/m
② $w_u = 1.4w_D = 1.4 \times 30 = 42$kN/m
둘 중 큰 값 $w_u = 116$kN/m

해답 ②

018 강도설계법으로 부재를 설계할 때 사용하중에 하중계수를 곱한 하중을 무엇이라고 하는가?

① 하중조합
② 고정하중
③ 활하중
④ 계수하중

해설 사용하중에 하중계수를 곱한 하중은 계수하중이다.

해답 ④

019 철근콘크리트보에서 스터럽을 배근하는 이유로 가장 중요한 것은?

① 보에 작용하는 사인장응력에 의한 균열을 방지하기 위하여
② 주철근 상호의 위치를 정확하게 확보하기 위하여
③ 콘크리트의 부착을 좋게 하기 위하여
④ 압축을 받는 쪽의 좌굴을 방지하기 위하여

해설 스터럽(전단철근의 일종)은 보에 작용하는 사인장응력에 의한 균열을 방지하기 위하여 배근한다.

해답 ①

020 인장이형철근의 정착길이는 기본장착길이에 보정계수를 곱하여 산정한다. 이때 보정계수 중 철근배치 위치계수(α)의 값으로 옳은 것은? (단, 상부철근으로서 정착길이 또는 겹침이음부 아래 300mm를 초과되게 굳지 않은 콘크리트를 친 수평철근인 경우)

① 1.2
② 1.3
③ 1.4
④ 1.5

해설 철근배치 위치계수(α)
① 상부철근 : 1.3 ② 기타철근 : 1.0

해답 ②

021

대칭 T형보에서 경간이 12m이고, 양쪽 슬래브의 중심간격이 1,800mm, 플랜지의 두께 120mm, 복부의 폭 300mm일 때 플랜지의 유효폭은 얼마인가?

① 1,800mm   ② 2,000mm
③ 2,220mm   ④ 2,600mm

해설 대칭 T형보이므로
① $8t_1 + 8t_2 + b_w = 8 \times 120 + 8 \times 120 + 300 = 2,220 \text{mm}$
② 보 경간의 $1/4 = \dfrac{12,000}{4} = 3,000 \text{mm}$
③ 양 슬래브 중심간 거리 = 1,800mm
셋 중 가장 작은 값인 1,800mm를 유효폭으로 결정한다.

해답 ①

022

경간이 12m인 캔틸레버보에서 처짐을 계산하지 않는 경우 보의 최소 두께로서 옳은 것은? (단, 보통중량콘크리트를 사용한 경우로서 $f_{ck}=28$MPa, $f_y=400$MPa이다.)

① 580mm   ② 750mm
③ 1,200mm   ④ 1,500mm

해설 $h = \dfrac{l}{8} = \dfrac{12,000}{8} = 1,500 \text{mm}$

해답 ④

023

콘크리트의 설계기준강도 $f_{ck}=35$MPa, 콘크리트의 압축강도 $f_c=8$MPa일 때 콘크리트의 탄성변형에 의한 PS강재의 프리스트레스 감소량은? (단, n은 7)

① 40MPa   ② 48MPa
③ 56MPa   ④ 64MPa

해설 $\Delta f_P = n f_{ci} = 7 \times 8 = 56 \text{MPa}$

해답 ③

024

강도설계법에서 $f_{ck}=35$MPa인 경우 β_1의 값은?

① 0.795   ② 0.80
③ 0.823   ④ 0.85

해설 $f_{ck} = 35$MPa로 40MPa 이하이므로 $\beta_1 = 0.80$

해답 ②

025

그림과 같은 직사각형 단면에서 등가직사각형 응력블록의 깊이(a)는? (단, $f_{ck}=21$MPa, $f_y=400$MPa)

① 107mm
② 112mm
③ 118mm
④ 125mm

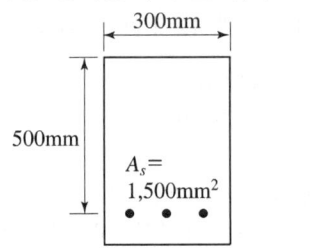

해설 $a = \dfrac{A_s f_y}{0.85 f_{ck} b} = \dfrac{1,500 \times 400}{0.85 \times 21 \times 300} = 112\text{mm}$

해답 ②

026

아래에서 설명하고 있는 프리스트레스트 콘크리트의 개념은?

> 콘크리트에 프리스트레스를 도입하면 콘크리트가 탄성체로 전환된다는 생각으로서, 가장 널리 통용되고 있는 PSC의 기본적인 개념이다.

① 내력모멘트의 개념
② 외력모멘트의 개념
③ 균등질 보의 개념
④ 하중평형의 개념

해설 균등질보개념은 콘크리트에 프리스트레스트를 도입하면 콘크리트가 탄성 재료로 전환된다고 생각으로 전단면 유효 응력으로 설계하는 개념이다.

해답 ③

027

직사각형 보에서 계수전단력 $V_u=70$kN을 전단철근 없이 지지하고자 할 경우 필요한 최소 유효깊이 d는 약 얼마인가? (단, $b_w=400$mm, $f_{ck}=20$MPa, $f_y=350$MPa)

① 426mm
② 587mm
③ 627mm
④ 751mm

해설 전단철근을 사용하지 않아도 되는 경우는 $\dfrac{1}{2}\phi \cdot V_c > V_u$

$\dfrac{1}{2}\phi \cdot \left(\dfrac{\sqrt{f_{ck}}}{6}\right) b_w \cdot d = V_u$ 에서

$d = \dfrac{2V_u}{\phi \cdot (\sqrt{f_{ck}}/6) \cdot b_w} = \dfrac{2 \times 70,000}{0.75 \times (\sqrt{20}/6) \times 400} = 626.1\text{mm}$

해답 ③

028 $b_w=300$mm, $d=700$mm인 단철근 직사각형 보에서 균형철근량을 구하면? (단, $f_{ck}=21$MPa, $f_y=240$MPa)

① 11,219mm² ② 10,219mm²
③ 9,163mm²   ④ 9,134mm²

해설 ① $f_{ck}=21$MPa로 50MPa 이하이므로 $\beta_1=0.80$

② $A_{sb}=\rho_b(b_w d)=\dfrac{0.85 f_{ck}\beta_1}{f_y}\cdot\dfrac{\epsilon_{cu}}{\epsilon_{cu}+\dfrac{f_y}{200,000}}(b_w d)$

$=\dfrac{0.85\times 21\times 0.80}{240}\cdot\dfrac{0.0033}{0.0033+\dfrac{240}{200,000}}(300\times 700)=9{,}163\text{mm}^2$

해답 ③

---

029 콘크리트의 부착에 관한 설명 중 틀린 것은?

① 이형철근은 원형철근보다 부착강도가 크다.
② 약간 녹슨 철근은 부착강도가 현저히 떨어진다.
③ 콘크리트강도가 커지면 부착강도가 커진다.
④ 같은 철근량을 가질 경우 굵은 철근보다 가는 것을 여러 개 쓰는 것이 부착에 좋다.

해설 약간 슨 녹은 부착강도를 높인다.

해답 ②

---

030 $f_{ck}=24$MPa, $f_y=400$MPa일 때 인장을 받는 이형철근 D32($d_b=31.8$mm, $A_b=794.2$mm²)의 기본정착길이 l_{db}는?

① 1,275mm   ② 1,326mm
③ 1,558mm   ④ 1,742mm

해설 $l_{db}=\dfrac{0.6 d_b\cdot f_y}{\sqrt{f_{ck}}}=\dfrac{0.6\times 31.8\times 400}{\sqrt{24}}=1{,}557.88\text{mm}\fallingdotseq 1{,}558\text{mm}$

해답 ③

---

031 PS강재에 요구되는 일반적인 성질로 틀린 것은?

① 인장강도가 클 것   ② 항복비가 클 것
③ 직선성이 좋을 것   ④ 릴랙세이션(Relaxation)이 클 것

해설 PS강재는 릴랙세이션(Relaxation)이 작아야 한다.

해답 ④

032 철근콘크리트부재에서 전단철근으로 부재축에 직각인 스터럽을 사용할 때 최대 간격은 얼마이어야 하는가? (단, d는 부재의 유효깊이이며, V_s가 $(\sqrt{f_{ck}}/3)b_w d$를 초과하지 않는 경우)

① d와 400mm 중 최솟값 이하 ② d와 600mm 중 최솟값 이하
③ $0.5d$와 400mm 중 최솟값 이하 ④ $0.5d$와 600mm 중 최솟값 이하

해설 철근콘크리트부재에서 $V_s \leq \frac{1}{3}\lambda\sqrt{f_{ck}}\,b_w d$[N]인 경우 수직 스터럽의 최대간격은 수직스터럽의 간격은 $0.5d$ 이하, 600mm 이하이다.

해답 ④

제2과목 측량 및 토질(측량학+토질 및 기초)

1. 측량학(측량학 일반, 기준점 측량, 응용 측량)

033 도로설계에 있어서 캔트(cant)의 크기가 C인 곡선의 반지름과 설계속도를 모두 2배로 증가시키면 새로운 캔트의 크기는?

① $2C$ ② $4C$
③ $\dfrac{C}{2}$ ④ $\dfrac{C}{4}$

해설 $C = \dfrac{S \cdot V^2}{gR}$에서 V와 R이 모두 2배로 늘어나면
$C' = \dfrac{2^2}{2} = 2$이므로 캔트는 2배로 되어 $C' = 2C$가 된다.

해답 ①

034 축척 1:1,000의 지형도를 이용하여 축척 1:5,000 지형도를 제작하려고 한다. 1:5,000 지형도 1장의 제작을 위해서는 1:1,000 지형도 몇 장이 필요한가?

① 5매   ② 10매
③ 20매   ④ 25매

해설 $\dfrac{5000^2}{1000^2} = 25$매

해답 ④

035

다음 표는 폐합트래버스 위거, 경거의 계산결과이다. 면적을 구하기 위한 CD 측선의 배횡거는?

측선	위거(m)	경거(m)
AB	+67.21	+89.35
BC	-42.12	+23.45
CD	-69.11	-45.22
DA	+44.02	-67.58

① 360.15m ② 311.23m
③ 202.15m ④ 180.38m

해설 ① AB측선의 배횡거는 AB측선의 경거와 같으므로
　　AB측선의 배횡거 = 89.35
② BC측선의 배횡거 = 89.35+89.35+23.45 = 202.15m
③ CD측선의 배횡거 = 202.15+23.45-45.22 = 180.38m

해답 ④

036

매개변수 A = 60m인 클로소이드의 곡선길이가 30m일 때 종점에서의 곡선반지름은?

① 60m   ② 90m
③ 120m   ④ 150m

해설 $A^2 = RL$에서 $R = \dfrac{A^2}{L} = \dfrac{60^2}{30} = 120\text{m}$

여기서, A : 매개변수(m), R : 곡선반경(m), L : 곡선장(m)

해답 ③

037

하천측량 중 유속의 관측을 위하여 2점법을 사용할 때 필요한 유속은?

① 수면에서 수심의 20%와 60%인 곳의 유속
② 수면에서 수심의 20%와 80%인 곳의 유속
③ 수면에서 수심의 40%와 60%인 곳의 유속
④ 수면에서 수심의 40%와 80%인 곳의 유속

해설 2점법에 의한 평균유속 공식

$$V = \dfrac{1}{2}(V_{0.2} + V_{0.8})$$

여기서, $V_{0.2}$: 수심 $0.2H$되는 곳의 유속
　　　　$V_{0.8}$: 수심 $0.8H$되는 곳의 유속

해답 ②

038 그림과 같은 지역의 토공량은? (단, 각 구역의 크기는 동일하다.)

① 600m³
② 1,200m³
③ 1,300m³
④ 2,600m³

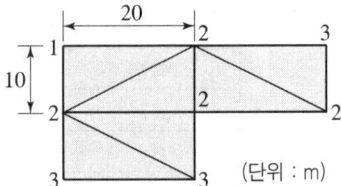

해설 $V = \dfrac{a}{3}(\sum h_1 + 2\sum h_2 + \cdots\cdots + 5\sum h_5 + 6\sum h_6)$

$= \dfrac{\frac{1}{2} \times 20 \times 10}{3} \times [3 + 1 + 3 + 2 \times (2+3) + 3 \times 2 + 4 \times (2+2)]$

$= 1,300\text{m}^3$

해답 ③

039 어떤 경사진 터널 내에서 수준측량을 실시하여 그림과 같은 결과를 얻었다. $a=$ 1.15m, $b=$1.56m, 경사거리(S)=31.69m, 연직각 $\alpha=+17°47'$일 때 두 측점 간의 고저차는?

① 5.3m
② 8.04m
③ 10.09m
④ 12.43m

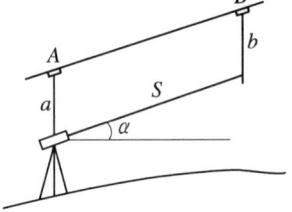

해설 $H = H_B - H_A = b + S \cdot \sin\alpha - a = 1.56 + 31.69\sin 17°47' - 1.15 = 10.09\,\text{m}$

해답 ③

040 표고 236.42m의 평탄지에서 거리 500m를 평균해면상의 값으로 보정하려고 할 때 보정량은? (단, 지구반지름은 6,370km로 한다.)

① -1.656cm
② -1.756cm
③ -1.856cm
④ -1.956cm

해설 **평균해수면에 대한 보정**(표고보정)
$C = \dfrac{LH}{R} = \dfrac{500 \times 236.42}{6370000} = 0.01856\text{m} = 1.856\text{cm}$
평균해수면에 대한 보정은 항상 (-)이므로 -1.856cm이다.

해답 ③

041

축척 1 : 600으로 평판측량을 할 때 앨리데이드의 외심거리 24mm에 의하여 생기는 외심오차는?

① 0.04mm
② 0.08mm
③ 0.4mm
④ 0.8mm

 $e = q \cdot M$ 에서 $q = \dfrac{e}{M} = \dfrac{24}{600} = 0.04$mm

해답 ①

042

다음 중 트래버스측량의 일반적인 순서로 옳은 것은?

① 선점 – 조표 – 수평각 및 거리관측 – 답사 – 계산
② 선점 – 조표 – 답사 – 수평각 및 거리관측 – 계산
③ 답사 – 선점 – 조표 – 수평각 및 거리관측 – 계산
④ 답사 – 조표 – 선점 – 수평각 및 거리관측 – 계산

 트래버스 측량의 작업순서는 다음과 같다.
계획 → 답사 → 선점 → 조표 → 관측 → 계산 및 조정 → 측점전개

해답 ③

043

삼각점 C에 기계를 세울 수 없어 B에 기계를 설치하여 $T' = 31°15'40''$를 얻었다면 T는?
(단, $e = 2.5$m, $\phi = 295°20'$, $S_1 = 1.5$km, $S_2 = 2.0$km)

① $31°14'45''$
② $31°13'54''$
③ $30°14'45''$
④ $30°07'42''$

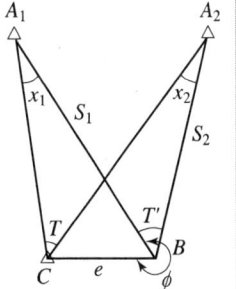

해설 ① x_1의 계산($\triangle A_1 CB$ 이용)

$$\dfrac{e}{\sin x_1} = \dfrac{S_1}{\sin(360 - \phi)}$$

$$\dfrac{2.5}{\sin x_1} = \dfrac{1,500}{\sin(360 - 295°20')} \text{에서 } x_1 = 0°05'11''$$

② x_2의 계산($\triangle A_2 CB$ 이용)

$$\dfrac{e}{\sin x_2} = \dfrac{S_2}{\sin(360 - \phi + T')}$$

$$\dfrac{2.5}{\sin x_2} = \dfrac{2,000}{\sin(360 - 295°20' + 31°15'40'')} \text{에서 } x_2 = 0°04'16''$$

③ $T + x_1 = T'' + x_2$에서
$T = T' + x_2 - x_1 = 31°15'40'' + 0°4'16'' - 0°5'11'' = 31°14'45''$

해답 ①

044 지형도의 등고선간격을 결정하는 데 고려하여야 할 사항과 거리가 먼 것은?

① 지형
② 축척
③ 측량목적
④ 측량거리

해설 **등고선의 간격**은 지형이나 축척, 측량 목적 등에 따라 다음 사항을 고려하여 결정한다.
① 간격은 축척의 분모수의 $\frac{1}{2,000}$ 정도로 한다.
② 간격을 좁게 취하면 지형을 정밀하게 표시할 수 있으나, 소축척에서는 지형이 너무 밀집되어 확실한 도면을 나타내기가 어렵다.
③ 지형의 변화가 많거나 완경사지 : 간격을 좁게
④ 지형의 변화가 작거나 급경사시 : 간격을 넓게
⑤ 구조물의 설계나 토공량 산출 : 간격을 좁게 잡아 정확한 값을 얻어야 한다.
⑥ 저수지 측량, 노선의 예측 : 간격을 넓게

해답 ④

045 토지의 면적계산에 사용되는 심프슨의 제1법칙은 그림과 같은 포물선 AMB의 면적(빗금 친 부분)을 사각형 $ABCD$ 면적의 얼마로 보고 유도한 공식인가?

① 1/2
② 2/3
③ 3/4
④ 3/8

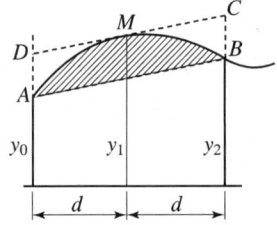

해설 심프슨의 제1법칙은 위 그림의 포물선 AMB의 면적을 사각형 $ABCD$ 면적의 2/3로 보고 유도한 공식이다.

해답 ②

046 500m의 거리를 50m의 줄자로 관측하였다. 줄자의 1회 관측에 의한 오차가 ±0.01m라면 전체 거리 관측값의 오차는?

① ±0.03m
② ±0.05m
③ ±0.08m
④ ±0.10m

해설
① 측정횟수 $n = \frac{500}{50} = 10$
② 우연오차는 측정횟수(n)의 제곱근에 비례하므로
$E_2 = \pm e\sqrt{n} = \pm 0.01 \times \sqrt{10} = \pm 0.03mm$

해답 ①

047 수준측량용어 중 지반고를 구하려고 할 때 기지점에 세운 표척의 읽음을 의미하는 것은?

① 전시
② 후시
③ 표고
④ 기계고

해설 후시란 알고 있는 점(기지점)에 표척을 세워 읽는 값이다.

해답 ②

048 노선측량에서 노선을 선정할 때 유의해야 할 사항으로 옳지 않은 것은?

① 배수가 잘 되는 곳으로 한다.
② 노선 선정 시 가급적 직선이 좋다.
③ 절토 및 성토의 운반거리를 가급적 짧게 한다.
④ 가급적 성토구간이 길고 토공량이 많아야 한다.

해설 가급적 절토나 성토 구간이 짧고 토공량을 적게 하여 경제적으로 하여야 한다.

해답 ④

049 우리나라의 노선측량에서 고속도로에 주로 이용되는 완화곡선은?

① 클로소이드곡선
② 렘니스케이트곡선
③ 2차 포물선
④ 3차 포물선

해설
① 3차 포물선(cubic spiral) : 철도에서 주로 사용한다.
② 클로소이드(clothoid) : 고속도로 IC에서 주로 사용한다.
③ 렘니스케이트(lemniscate) : 시가지 지하철에서 주로 사용한다.

해답 ①

2. 토질 및 기초(토질역학, 기초공학)

050 흙의 분류방법 중 통일분류법에 대한 설명으로 틀린 것은?

① #200(0.075mm)체 통과율이 50%보다 작으면 조립토이다.
② 조립토 중 #4(4.75mm)체 통과율이 50%보다 작으면 자갈이다.
③ 세립토에서 압축성의 높고 낮음을 분류할 때 사용하는 기준은 액성한계 35%이다.
④ 세립토를 여러 가지로 세분하는 데는 액성한계와 소성지수의 관계 및 범위를 나타내는 소성도표가 사용된다.

해설 세립토 구분은 액성한계 50%를 기준으로 분류한다.
① $w_L > 50\%$: H(고압축성)
② $w_L \leq 50\%$: L(저압축성)

해답 ③

051
접지압의 분포가 기초의 중앙 부분에 최대응력이 발생하는 기초형식과 지반은 어느 것인가?
① 연성기초, 점성지반
② 연성기초, 사질지반
③ 강성기초, 점성지반
④ 강성기초, 사질지반

해설

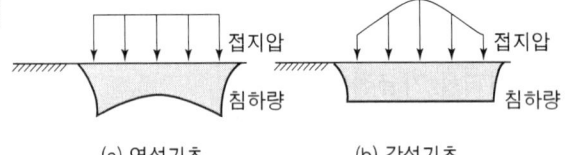

(a) 연성기초 (b) 강성기초
[모래지반의 접지압과 침하량 분포]

해답 ④

052
흙댐에서 상류측이 가장 위험하게 되는 경우는?
① 수위가 점차 상승할 때이다.
② 댐의 수위가 중간 정도 되었을 때이다.
③ 수위가 갑자기 내려갔을 때이다.
④ 댐 내의 흐름이 정상침투일 때이다.

해설 흙댐의 안정
① 상류측 사면이 가장 위험할 때
   ㉠ 시공 직후, ㉡ 수위 급강하시
② 하류측 사면이 가장 위험할 때
   ㉠ 시공 직후, ㉡ 정상 침투시

해답 ③

053
다음 중 직접기초에 속하는 것은?
① 후팅기초
② 말뚝기초
③ 피어기초
④ 케이슨기초

해설 얕은 기초의 종류 : 독립 푸팅 기초, 복합 푸팅 기초, 캔틸레버 푸팅 기초, 연속 푸팅 기초, 전면 기초

해답 ①

054

다음 중 흙의 투수계수에 영향을 미치는 요소가 아닌 것은?

① 흙의 입경
② 침투액의 점성
③ 흙의 포화도
④ 흙의 비중

해설 포화도 100%일 때 투수계수는 최대가 되며, 다음의 투수계수 공식에 의해 투수계수에 영향을 미치는 요소를 알 수 있다.

$$K = D_s^2 \cdot \frac{\gamma_w}{\eta} \cdot \frac{e^3}{1+e} \cdot C$$

여기서, D_s : 흙입자의 입경(보통 D_{10}), γ_w : 물의 단위중량 (g/cm³)
η : 물의 점성계수(g/cm · sec), e : 공극비
C : 합성형상계수(composite shape factor), K : 투수계수(cm/sec)

해답 ④

055

연약점토지반에 말뚝재하시험을 하는 경우 말뚝을 타입한 후 20여 일이 지난 다음 재하시험을 하는 이유는?

① 말뚝 주위 흙이 압축되었기 때문
② 주면마찰력이 작용하기 때문
③ 부마찰력이 생겼기 때문
④ 타입 시 말뚝 주변의 흙이 교란되었기 때문

해설 말뚝 타입시 말뚝 주위의 점토지반은 교란되기 때문에 시간이 경과되어 점토가 강도가 회복(딕소트로피 현상)되기를 기다리기 위해서 말뚝 재하시험은 말뚝 타입 후 20여 일이 지난 후 실시한다.

해답 ④

056

점토의 예민비(sensitivity ratio)를 구하는 데 사용되는 시험방법은?

① 일축압축시험
② 삼축압축시험
③ 직접전단시험
④ 베인전단시험

해설 점토의 예민비는 일축압축시험을 통해 구한다.

$$S_t = \frac{q_u}{q_{ur}}$$

여기서, q_u : 자연상태의 일축압축강도
q_{ur} : 흐트러진 상태의 일축압축강도

해답 ①

057 점토지반에 과거에 시공된 성토제방이 이미 안정된 상태에서 홍수에 대비하기 위해 급속히 성토시공을 하고자 한다. 안정검토를 위해 지반의 강도정수를 구할 때 가장 적합한 시험방법은?

① 직접전단시험   ② 압밀배수시험
③ 압밀비배수시험   ④ 비압밀비배수시험

해설 이미 안정된 과거에 시공된 성토제방에 급속히 성토시공을 하고자 하는 경우는 사전압밀(Pre-loading) 후 급격한 재하시의 안정해석하는 압밀 비배수시험(CU-test)이 적합하다.

해답 ③

058 4m×6m 크기의 직사각형 기초에 100kN/m²의 등분포하중이 작용할 때 기초 아래 5m 깊이에서의 지중응력증가량을 2:1분포법으로 구한 값은?

① 14.2kN/m²   ② 18.2kN/m²
③ 24.2kN/m²   ④ 28.2kN/m²

해설 $\Delta\sigma_z = \dfrac{q_s \cdot B \cdot L}{(B+z)\cdot(L+z)} = \dfrac{100\times 4\times 6}{(4+5)\times(6+5)} = 24.2\text{kN/m}^2$

해답 ③

059 비중이 2.65, 간극률이 40%인 모래지반의 한계 동수경사는?

① 0.99   ② 1.18
③ 1.59   ④ 1.89

해설 ① $e = \dfrac{n}{100-n} = \dfrac{40}{100-40} = 0.67$

② $i_c = \dfrac{G_s - 1}{1+e} = \dfrac{(2.65-1)}{1+0.67} = 0.99$

해답 ①

060 그림과 같은 옹벽에 작용하는 전체 주동토압을 구하면?

① 81.5kN/m
② 72.5kN/m
③ 65.5kN/m
④ 57.2kN/m

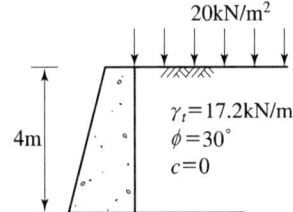

해설 ① 주동토압계수
$$K_a = \tan^2\left(45° - \frac{\phi}{2}\right) = \tan^2\left(45° - \frac{30°}{2}\right) = \frac{1}{3}$$
② 주동토압
$$P_a = \frac{1}{2}\gamma H^2 K_A + qHK_A = \frac{1}{2} \times 17.2 \times 4^2 \times \frac{1}{3} + 20 \times 4 \times \frac{1}{3} = 72.5\text{kN/m}$$

해답 ②

061
실내다짐시험결과 최대건조단위무게가 15.6kN/m³이고, 다짐도가 95%일 때 현장 건조단위무게는 얼마인가?

① 13.6kN/m³
② 14.8kN/m³
③ 16.0kN/m³
④ 16.4kN/m³

해설
$$C_d = \frac{\text{현장 } \gamma_d}{\text{실내다짐시험 } \gamma_{d\max}} \times 100(\%)$$

$95 = \frac{\gamma_d}{15.6} \times 100$에서 $\gamma_d = 14.8\text{kN/m}^3$

해답 ②

062
모래지반에 30cm×30cm크기로 재하시험을 한 결과 200kN/m²의 극한지지력을 얻었다. 3m×3m의 기초를 설치할 때 기대되는 극한지지력은?

① 1,000kN/m²
② 1,500kN/m²
③ 2,000kN/m²
④ 3,000kN/m²

해설 지지력은 모래지반일 때 재하판 폭에 비례
$$q_{u(\text{기초})} = q_{u(\text{재하판})} \cdot \frac{B_{(\text{기초})}}{B_{(\text{재하판})}} = 200 \times \frac{3}{0.3} = 2,000\text{kN/m}^2$$

해답 ③

063
양면배수조건일 때 일정한 양의 압밀침하가 발생하는 데 10년이 걸린다면 일면배수조건일 때 같은 침하가 발생되는 데 몇 년이나 걸리겠는가?

① 5년
② 10년
③ 30년
④ 40년

해설 압밀시간(t)은 배수거리의 제곱(H^2)에 비례하므로
$$t_1 : t_2 = H^2 : \left(\frac{H}{2}\right)^2$$
$t_1 : 10 = H^2 : \left(\frac{H}{2}\right)^2$에서 $t_1 = 40$년

해답 ④

064 점토지반에서 N치로 추정할 수 있는 사항이 아닌 것은?

① 상대밀도
② 컨시스턴시
③ 일축압축강도
④ 기초지반의 허용지지력

해설 점토지반에서 N치로 추정할 수 있는 사항
① 연경도(컨시스턴시)
② 일축압축강도
③ 점착력
④ 파괴에 대한 극한지지력
⑤ 파괴에 대한 허용지지력

해답 ①

065 다음 중에서 사운딩(sounding)이 아닌 것은?

① 표준관입시험(standard penetration test)
② 일축압축시험(unconfined compression test)
③ 원추관입시험(cone penetrometer test)
④ 베인시험(vane test)

해설 사운딩(Sounding) 종류
① 정적 사운딩(점성토에 유효)
  ㉠ 휴대용 원추관입시험   ㉡ 화란식 원추관입시험
  ㉢ 스웨덴식 관입시험   ㉣ 이스키미터 시험
  ㉤ 베인(Vane)전단시험
② 동적 사운딩(조립토에 유효)
  ㉠ 동적 원추관입시험   ㉡ 표준관입시험(SPT)

해답 ②

066 1m³의 포화점토를 채취하여 습윤단위무게와 함수비를 측정한 결과 각각 16.48kN/m³와 60%였다. 이 포화점토의 비중은 얼마인가? (단, 물의 단위중량은 9.81kN/m³이다.)

① 2.14
② 2.84
③ 1.58
④ 1.31

해설 ① $e = \dfrac{G_s \cdot w}{S} = \dfrac{G_s \times 0.6}{1} = 0.6 G_s$

② $\gamma_{sat} = \dfrac{G_s + e}{1+e} \gamma_w = \dfrac{G_s + 0.6 G_s}{1 + 0.6 G_s} \times 9.81 = 16.48 \text{kN/m}^3$ 에서 $G_s = 2.84$

해답 ②

067
흐트러진 흙을 자연상태의 흙과 비교하였을 때 잘못된 설명은?

① 투수성이 크다. ② 간극이 크다.
③ 전단강도가 크다. ④ 압축성이 크다.

해설 흐트러진 흙은 전단강도가 작아진다.

해답 ③

068
다음 중 흙의 다짐에 대한 설명으로 틀린 것은?

① 흙이 조립토에 가까울수록 최적함수비는 크다.
② 다짐에너지를 증가시키면 최적함수비는 감소한다.
③ 동일한 흙에서 다짐에너지가 클수록 다짐효과는 증대한다.
④ 최대건조단위중량은 사질토에서 크고 점성토일수록 작다.

해설 흙이 조립토에 가까울수록 최적함수비는 감소한다.

해답 ①

069
투수계수에 관한 설명으로 잘못된 것은?

① 투수계수는 수두차에 반비례한다.
② 수온이 상승하면 투수계수는 증가한다.
③ 투수계수는 일반적으로 흙의 입자가 작을수록 작은 값을 나타낸다.
④ 같은 종류의 흙에서 간극비가 증가하면 투수계수는 작아진다.

해설 간극비(e)가 증가하면 투수계수(K)는 커진다.

$$K = D_s^2 \cdot \frac{\gamma_w}{\eta} \cdot \frac{e^3}{1+e} \cdot C$$

해답 ④

제3과목 수자원설계(수리학+상하수도공학)

1. 수리학

070 폭 7.0m의 수로 중간에 폭 2.5m의 직사각형 위어를 설치하였더니 월류수심이 0.35m이었다면 이때 월류량은? (단, $C=0.63$이며, 접근유속은 무시한다.)

① $0.401\text{m}^3/\text{s}$
② $0.439\text{m}^3/\text{s}$
③ $0.963\text{m}^3/\text{s}$
④ $1.444\text{m}^3/\text{s}$

해설 $Q = \dfrac{2}{3} Cb\sqrt{2g}\, h^{\frac{3}{2}} = \dfrac{2}{3} \times 0.63 \times 2.5 \times \sqrt{2 \times 9.8} \times 0.35^{\frac{3}{2}} = 0.963\text{m}^3/\text{s}$

해답 ③

071 압력을 P, 물의 단위무게를 W_o라 할 때, P/W_o의 단위는?

① 시간
② 길이
③ 질량
④ 중량

해설 $\dfrac{P}{W_o} = \dfrac{\text{t/m}^2}{\text{t/m}^3} = \text{m}$

해답 ②

072 그림과 같이 원관이 중심축에 수평하게 놓여 있고 계기압력이 각각 0.18MPa, 0.2MPa일 때 유량은? (단, 물의 단위중량은 9.81kN/m³이다.)

① 203L/s
② 223L/s
③ 243L/s
④ 263L/s

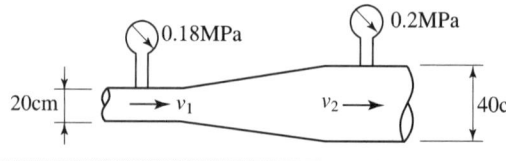

해설
① $A_1 = \dfrac{\pi \times 0.2^2}{4} = 0.031\text{m}^2$

② $A_2 = \dfrac{\pi \times 0.4^2}{4} = 0.126\text{m}^2$

③ $H = \dfrac{\Delta P}{w} = \dfrac{0.2 - 0.18}{9.81 \times 10^6} = 2039\text{mm} = 2.04\text{m}$

④ $Q = \dfrac{A_1 A_2}{\sqrt{A_2^2 - A_1^2}} \sqrt{2gH} = \dfrac{0.031 \times 0.126}{\sqrt{0.126^2 - 0.031^2}} \times \sqrt{2 \times 9.8 \times 2.04}$
$= 0.2022\text{m}^3/\text{s} = 202.2\text{L/s}$

해답 ①

073 수조 1과 수조 2를 단면적 A인 완전 수중 오리피스 2개로 연결하였다. 수조 1로부터 지속적으로 일정한 유량의 물을 수조 2로 송수할 때 두 수조의 수면차(H)는? (단, 오리피스의 유량계수는 C이고, 접근유속수두(h_a)는 무시한다.)

① $H = \left(\dfrac{Q}{A\sqrt{2g}}\right)^2$ ② $H = \left(\dfrac{Q}{2A\sqrt{2g}}\right)^2$

③ $H = \left(\dfrac{Q}{2CA\sqrt{2g}}\right)^2$ ④ $H = \left(\dfrac{Q}{CA\sqrt{2g}}\right)^2$

해설 $Q = C(2A)\sqrt{2gH}$ 에서 $H = \left(\dfrac{Q}{2CA\sqrt{2g}}\right)^2$

해답 ③

074 지름 1m인 원형관에 물이 가득 차서 흐른다면 이때의 경심은?

① 0.25m   ② 0.5m
③ 1.0m   ④ 2.0m

해설 $R = \dfrac{A}{P} = \dfrac{D}{4} = \dfrac{1}{4} = 0.25\,\text{m}$

해답 ①

075 개수로에서 중력가속도를 g, 수심을 h로 표시할 때 장파(長波)의 전파속도는?

① $\sqrt{gh}$ ② gh

③ $\sqrt{\dfrac{h}{g}}$ ④ $\dfrac{h}{g}$

해설 장파의 전달 속도 $= \sqrt{gh}$

해답 ①

076 개수로를 따라 흐르는 한계류에 대한 설명으로 옳지 않은 것은?

① 주어진 유량에 대하여 비에너지(specific energy)가 최소이다.
② 주어진 비에너지에 대하여 유량이 최대이다.
③ 프루드(Froude)수는 1이다.
④ 일정한 유량에 대한 비력(specific force)이 최대이다.

해설 한계류
① 유량이 일정할 때 비에너지(specific energy)가 최소이다.
② 비에너지가 일정할 때 유량이 최대이다.
③ 프루드(Froude)수가 1이다.

해답 ④

077
물의 점성계수의 단위는 g/cm·s이다. 동점성계수의 단위는?
① cm^3/s
② cm/s^2
③ s/cm^2
④ cm^2/s

해설 동점성계수의 단위는 $1\text{stokes} = 1cm^2/\sec$이다.

해답 ④

078
정상적인 흐름에서 한 유선상의 유체입자에 대하여 그 속도수두 $\dfrac{V^2}{2g}$, 압력수두 $\dfrac{P}{w_o}$, 위치수두 Z라면 동수경사로 옳은 것은?

① $\dfrac{V^2}{2g} + \dfrac{P}{w_o}$
② $\dfrac{V^2}{2g} + Z + \dfrac{P}{w_o}$
③ $\dfrac{V^2}{2g} + Z$
④ $\dfrac{P}{w_o} + Z$

해설 동수경사선은 기준수평면에서 $\left(Z + \dfrac{P}{w}\right)$의 점들을 연결한 선을 말한다.

해답 ④

079
원관 내 흐름이 포물선형 유속분포를 가질 때 관 중심선 상에서 유속이 V_o, 전단응력이 τ_o, 관 벽면에서 전단응력이 τ_s, 관내의 평균유속이 V_m, 관 중심선에서 y만큼 떨어져 있는 곳의 유속이 V, 전단응력이 τ라 할 때 옳지 않은 것은?

① $V_o > V$
② $V_o = 2V_m$
③ $\tau_s = 2\tau_o$
④ $\tau_s > \tau$

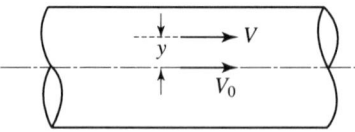

해설 전단응력의 크기 순서 : $\tau_s > \tau > \tau_o$

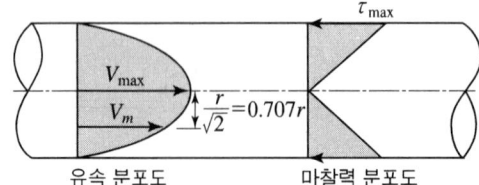

유속 분포도   마찰력 분포도

해답 ③

080

2m×2m×2m인 고가수조에 관로를 통해 유입되는 물의 유입량이 0.15L/s일 때 만수가 되기까지 걸리는 시간은? (단, 현재 고가수조의 수심은 0.5m이다.)

① 5시간 20분
② 8시간 22분
③ 10시간 5분
④ 11시간 7분

해설 만수가 되기까지 걸리는 시간 $= \dfrac{2 \times 2 \times 1.5}{0.15 \text{L/s} \times 10^{-3} \text{m}^3/\text{L}} = 40{,}000$초 $\fallingdotseq 11$시간7분

해답 ④

081

개수로흐름에서 수심이 1m, 유속이 3m/s이라면 흐름의 상태는?

① 사류(射流)
② 난류(亂流)
③ 층류(層流)
④ 상류(常流)

해설 $F_r = \dfrac{V}{\sqrt{gh}} = \dfrac{3}{\sqrt{9.8 \times 1}} = 0.96 < 1$이므로 흐름은 상류이다.

해답 ④

082

그림에서 판 AB에 가해지는 힘 F는? (단, ρ는 밀도)

① $Q\dfrac{V_1^2}{2g}$
② $\rho Q V_1$
③ $\rho Q V_1^2$
④ $\rho Q V_2$

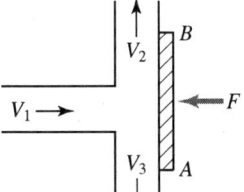

해설 $P = P_x = \dfrac{w}{g} Q(V_1 - V_2) = \dfrac{w}{g} Q(V_1 - 0) = \dfrac{w}{g} Q V_1 = \rho Q V_1 = \dfrac{w}{g} A V_1^2 = \rho A V_1^2$

해답 ②

083

도수(Hydraulic jump)현상에 관한 설명으로 옳지 않은 것은?

① 역적 – 운동량방정식으로부터 유도할 수 있다.
② 상류에서 사류로 급변할 경우 발생한다.
③ 도수로 인한 에너지손실이 발생한다.
④ 파상도수와 완전도수는 Froude수로 구분한다.

해설 도수란 사류에서 상류로 변할 때 불연속적으로 수면이 뛰는 현상이다.

해답 ②

084
그림과 같이 물속에 잠긴 원판에 작용하는 전수압은? (단, 무게 1kg=9.8N)

① 92.3kN
② 184.7kN
③ 369.3kN
④ 738.5kN

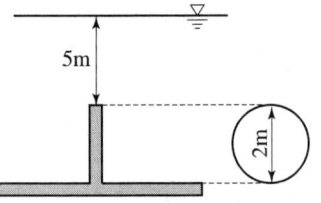

해설 $P_H = w h_G A = 9800 \times \left(5 + \dfrac{2}{2}\right) \times \dfrac{\pi \times 2^2}{4} = 184,726\text{N} = 184.7\text{kN}$

해답 ②

085
부체가 물 위에 떠 있을 때 부체의 중심(G)과 부심(C)의 거리($\overline{CG}$)를 e, 부심(C)과 경심(M)의 거리($\overline{CM}$)를 a, 경심(M)에서 중심(G)까지의 거리($\overline{MG}$)를 b라 할 때 부체의 안정조건은?

① $a > e$
② $a < b$
③ $b < e$
④ $b > e$

해설 부체의 안정은 $\overline{MG}(h) > 0$, $\dfrac{I_X}{V} > \overline{GC}$, $\overline{CM} > \overline{CG}$일 때 이므로 $a > e$이다.

해답 ①

086
물의 흐름에서 단면과 유속 등 유동특성이 시간에 따라 변하지 않는 흐름은?

① 층류
② 난류
③ 정상류
④ 부정류

해설 정상류는 시간에 따라 유동특성(유량, 속도, 압력, 밀도, 유적 등)이 변하지 않는 흐름이다.

해답 ③

087
레이놀즈(Reynolds)수가 1,000인 관에 대한 마찰손실계수 f의 값은?

① 0.016
② 0.022
③ 0.032
④ 0.064

해설 $f = \dfrac{64}{R_e} = \dfrac{64}{1,000} = 0.064$

해답 ④

2. 상하수도공학(상수도계획, 하수도계획)

088 1일 정수량이 10,000m³/d인 정수장에서 염소소독을 위하여 100kg/d를 주입한 후 잔류염소 농도를 측정하였을 때, 0.2mg/L였다면 염소요구량 농도는?

① 0.8mg/L ② 1.2mg/L
③ 9.8mg/L ④ 10.2mg/L

해설
① 염소주입량 = $\dfrac{100\text{kg/d}}{10,000\text{m}^3/\text{d}} \times 10^6 \text{mg/kg} \times 10^{-3} \text{m}^3/\text{L} = 10\text{mg/L}$

② 염소요구량 농도 = 염소주입량 농도 - 잔류염소량 농도
= 10 - 0.2 = 9.8mg/L

해답 ③

089 저수지의 유효용량을 유량누가곡선도표를 이용하여 도식적으로 구하는 방법은?

① Sherman법 ② Ripple법
③ Kutter법   ④ 도식적분법

해설 유량누가곡선도표에 의한 방법(Ripple법)은 매월 또는 매분기마다 하천유량 및 계획취수량을 누가하고 각각의 유량누가곡선도표를 작성하여 비교하여 저수지의 유효용량을 도식적으로 구하는 방법이다.

해답 ②

090 상수처리를 위한 침전지의 침전효율을 나타내는 지표인 표면부하율에 대한 설명으로 옳지 않은 것은?

① 표면부하율은 침전지에 유입할 유량을 침전지의 표면적으로 나눈 값이다.
② 표면부하율은 이상적인 침전지에서 유입구의 최상단으로부터 유입되어 유출구 쪽에서 침전지 바닥에 침강되는 플록의 침강속도를 뜻한다.
③ 표면부하율은 일반적으로 mm/min과 같이 속도의 차원을 가진다.
④ 제거의 기준이 되는 표면부하율은 이론적으로 침전지의 수심에 직접적인 관계가 있다.

해설 표면부하율은 침전지의 수심에 직접적인 관계가 없다.

$L_s = \dfrac{Q}{A}$

여기서, L_s : 수면적부하율 [m³/m² · day]
Q : 유입수량 [m³/day]
A : 침전지면적 [m²] ($A = B \times L$)

해답 ④

091 배수관 내에 큰 수격작용이 일어날 경우에 배수관의 손상을 방지하기 위하여 설치하는 것으로, 큰 수격작용이 일어나기 쉬운 곳에 설치하여 첨두압력을 긴급 방출함으로써 관로나 펌프를 보호하는 것은?

① 공기밸브
② 안전밸브
③ 역지밸브
④ 감압밸브

해설 안전 밸브는 관수로 내에 이상 수압이 발생하였을 때 관의 파열을 막기 위하여 자동적으로 물을 배출하여 관로의 안전을 도모하기 위한 밸브이다.

해답 ②

092 하수배제방식 중 분류식과 합류식에 관한 설명으로 틀린 것은?

① 분류식은 관거오접에 대한 철저한 감시가 필요하다.
② 우천 시 합류식이 분류식보다 처리장으로 토사 유입이 적다.
③ 합류식이 분류식에 비해 시공이 용이하다.
④ 분류식은 우천 시 오수를 수역으로 방류하는 일이 없으므로 수질오염 방지상 유리하다.

해설 합류식은 우천시에 처리장으로 다량의 토사가 유입하여 장기간에 걸쳐 수로바닥, 침전시 및 슬러지 소화조 등에 퇴적한다.

해답 ②

093 하수처리시설의 침사지에 대한 설명으로 옳지 않은 것은?

① 평균유속은 1.5m/s를 표준으로 한다.
② 체류시간은 30~60초를 표준으로 한다.
③ 수심은 유효수심에 모래퇴적부의 깊이를 더한 것으로 한다.
④ 오수침사지의 경우 표면부하율은 1,800m³/m² · d 정도로 한다.

해설 침사지 내 유속은 0.30m/sec를 표준으로 한다.

해답 ①

094 도시하수가 하천으로 유입할 때 하천 내에서 발생하는 변화로 틀린 것은?

① 부유물의 증가
② COD의 증가
③ BOD의 증가
④ DO의 증가

해설 도시하수 유입시 하천의 변화
① SS(부유물질)
② COD 증가
③ BOD 증가
④ DO 감소

해답 ④

095 펌프의 공동현상을 방지하는 방법 중 옳지 않은 것은?

① 펌프의 설치위치를 가능한 한 낮춘다.
② 흡입관의 손실을 가능한 한 작게 한다.
③ 펌프의 회전속도를 낮게 선정한다.
④ 가용유효 흡입수두를 필요유효 흡입수두보다 작게 한다.

해설 펌프가 공동현상에 대해 안전하기 위해서는 시설상으로부터 이용 가능한 유효 흡입수두(H_{sv})가 펌프가 필요로 하는 유효흡입수두(h_{sv})보다 커야 한다.

해답 ④

096 어느 도시의 1인 1일 BOD 배출량이 평균 50g이고, 이 도시의 인구 40,000명이라고 할 때 하수처리장으로 유입되는 BOD 부하량은?

① 800kg/d
② 2,000kg/d
③ 2,800kg/d
④ 3,000kg/d

해설 유입 BOD 부하량 = 1인 1일 BOD 평균 배출량 × 도시 인구수
= 0.05kg/인·day × 40,000인 = 2,000kg/d

해답 ②

097 펌프의 특성곡선은 펌프의 토출유량과 무엇의 관계를 나타낸 그래프인가?

① 양정, 비속도, 수격압력
② 양정, 효율, 축동력
③ 양정, 손실수두, 수격압력
④ 양정, 효율, 공동현상

해설 펌프 특성 곡선(펌프 성능 곡선)은 양정(H), 효율(η), 축동력(p)이 펌프용량(Q)의 변화에 따라 변하는 관계(축동력 요구량)를 각기의 최대 효율점에 대한 비율로 나타낸(입력과 출력) 곡선이다.

해답 ②

098 ( ) 안에 들어갈 수치가 순서대로 바르게 짝지어진 것은?

침전이나 퇴적방지를 위하여 설정하는 최소허용유속은 도수관에서는 ( )m/s, 우수관에서는 ( )m/s, 오수관에서는 ( )m/s를 적용한다.

① 0.3, 0.3, 0.3
② 0.3, 0.6, 0.6
③ 0.3, 0.8, 0.6
④ 0.6, 0.8, 3.0

해설 침전이나 퇴적방지를 위하여 설정하는 최소허용유속은 도수관이 0.3m/s, 우수관이 0.8m/s, 오수관이 0.6m/s이다.

해답 ③

099
수원을 선택할 때 갖추어야 할 구비요건에 해당되지 않는 것은?
① 수량이 풍부하여야 한다.
② 수질이 좋아야 한다.
③ 가능한 한 낮은 곳에 위치하여야 한다.
④ 상수 소비지에서 가까운 곳에 위치하여야 한다.

해설 수원은 자연유하식을 이용할 수 있도록 가능한 한 높은 곳에 위치하는 것이 좋다. 해답 ③

100
Jar-test의 시험 목적으로 옳은 것은?
① 응집제 주입량 결정
② 염소주입량 결정
③ 염소접촉시간 결정
④ 총 수처리시간의 결정

해설 자 테스트(jar test) 실험을 통하여 응집제 주입량의 적정량을 결정한다. 해답 ①

101
상수의 공급과정으로 옳은 것은?
① 취수 → 도수 → 정수 → 송수 → 배수 → 급수
② 취수 → 도수 → 정수 → 배수 → 송수 → 급수
③ 취수 → 송수 → 도수 → 정수 → 배수 → 급수
④ 취수 → 송수 → 배수 → 정수 → 도수 → 급수

해설 **상수도 시설 계통** : 수원 → 취수 → 도수 → 정수 → 송수 → 배수 → 급수 해답 ①

102
하수관거접합에 관한 설명으로 옳지 않은 것은?
① 2개의 관거가 합류하는 경우 두 관의 중심교각은 가급적 60° 이하로 한다.
② 지표의 경사가 급한 경우에는 원칙적으로 단차접합 또는 계단접합으로 한다.
③ 2개의 관거가 합류하는 경우의 접합방법은 관저접합을 원칙으로 한다.
④ 접속관거의 계획수위를 일치시켜 접속하는 방법을 수면접합이라 한다.

해설 2개의 관거가 합류하는 경우의 접합방법은 수면접합 또는 관정접합을 원칙으로 한다. 해답 ③

103
하수처리방법 중 생물학적 처리방법이 아닌 것은?

① 산화구법　　② 표준활성슬러지법
③ 접촉산화법　　④ 중화처리법

해설 중화처리법은 화학적 처리방법 중 하나이다.

해답 ④

104
유역면적 100ha, 유출계수 0.6, 강우강도 2mm/min인 지역의 합리식에 의한 우수량은?

① $20\text{m}^3/\text{s}$　　② $2\text{m}^3/\text{s}$
③ $33\text{m}^3/\text{s}$　　④ $3.3\text{m}^3/\text{s}$

해설 $Q = \dfrac{1}{360}CIA = \dfrac{1}{360} \times 0.6 \times (2 \times 60) \times 100 = 20\text{m}^3/\text{s}$

해답 ①

105
관거별 계획하수량에 대한 설명으로 옳은 것은?

① 우수관거는 계획우수량으로 한다.
② 오수관거는 계획 1일 최대오수량으로 한다.
③ 차집관거에서는 청천 시 계획오수량으로 한다.
④ 합류식 관거는 계획 1일 최대오수량에 계획우수량을 합한 것으로 한다.

해설 **계획 하수량**
① 분류식
　㉠ 오수관거 : 계획시간 최대 오수량
　㉡ 우수관거 : 계획 우수량
② 합류식
　㉠ 합류관거 : 계획시간 최대 오수량+계획우수량
　㉡ 차집관거 : 우천시 계획오수량(계획시간 최대 오수량의 3배 이상)

해답 ①

106
혐기성 소화에 의한 슬러지처리법에서 발생되는 가스성분 중 가장 많은 양을 차지하는 것은? (단, 혐기성 소화가 정상적으로 일정하게 유지될 때로 가정한다.)

① 탄산가스　　② 메탄가스
③ 유화수소　　④ 황화수소

해설 혐기성 소화에서는 유용한 부산물인 메탄가스가 생산된다.

해답 ②

107 급속여과지가 완속여과지에 비해 좋은 점이 아닌 것은?

① 많은 수량을 단기간에 처리할 수 있다.
② 부지면적을 적게 차지한다.
③ 원수 수질변화에 대처할 수 있다.
④ 시설이 단순하다.

해설 ① 완속여과방식은 유지관리가 간단하고 고도의 기술을 요구하지 않는다.
② 급속여과지는 운전과 관리에 고도의 기술이 필요하다.

해답 ④

2021년 5월 CBT 시행

2023 개정된 출제기준에 의거하여 불필요한 문제는 삭제하고 3과목으로 정리함

제1과목 구조설계(응용역학+철근콘크리트 및 강구조)

1. 응용역학(역학적인 개념 및 건설 구조물의 해석)

001 다음 중 단면1차모멘트의 단위로서 옳은 것은?

① cm
② cm^2
③ cm^3
④ cm^4

해설 단면 1차 모멘트의 단위는 cm^3이다.

해답 ③

002 그림과 같은 음영 부분의 y축 도심은 얼마인가?

① x축에서 위로 5.43cm
② x축에서 위로 8.33cm
③ x축에서 위로 10.26cm
④ x축에서 위로 11.67cm

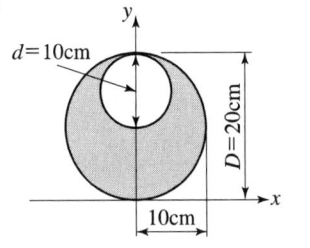

해설 $(\pi \times 10^2 - \pi \times 5^2) \times y = (\pi \times 10^2) \times 10 - (\pi \times 5^2) \times 15$ 에서

$$y = \frac{\Sigma A \cdot y}{\Sigma A} = \frac{(\pi \times 10^2) \times 10 - (\pi \times 5^2) \times 15}{(\pi \times 10^2 - \pi \times 5^2)} = 8.33cm$$

해답 ②

003 지름 d의 원형 단면인 장주가 있다. 길이가 4m일 때 세장비를 100으로 하려면 적당한 지름 d는?

① 8cm
② 10cm
③ 16cm
④ 18cm

해설 $\lambda = \dfrac{l}{r_{min}} = \dfrac{400}{D/4} = 100$ 에서 $D = 16cm$

해답 ③

004 다음 그림에서 힘들의 합력 R의 위치(x)는 몇 m인가?

① 4.5m
② 4.75m
③ 5.0m
④ 5.25m

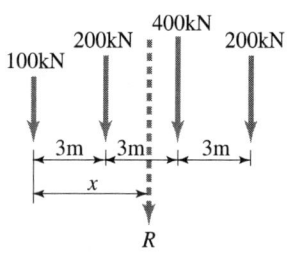

해설
① 합력 $R = 100 + 200 + 300 + 200 = 800\text{kN}(\downarrow)$
② 바리뇽의 정리에 의하면
$800 \times x = 200 \times 3 + 300 \times 6 + 200 \times 9$에서
$x = \dfrac{200 \times 3 + 300 \times 6 + 200 \times 9}{800} = \dfrac{4800}{800} = 5.25\text{m}$

해답 ④

005 단순보의 전 구간에 등분포하중이 작용할 때 지점의 반력이 20kN이었다. 등분포하중의 크기는? (단, 지간은 10m이다.)

① 1kN/m
② 3kN/m
③ 2kN/m
④ 4kN/m

해설 등분포하중이 만재된 단순보의 반력은 $\dfrac{wl}{2}$이므로
$\dfrac{w \times 10}{2} = 20\text{kN}$에서 $w = 4\text{kN/m}$

해답 ④

006 아래 그림과 같이 C점에 5kN이 수직으로 작용할 때 부재 AC의 부재력은?

① 3.04kN
② 3.12kN
③ 3.54kN
④ 3.84kN

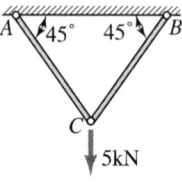

해설 $\dfrac{AC}{\sin 135°} = \dfrac{5}{\sin 90°} = \dfrac{BC}{\sin 135°}$에서 $AC = BC = \dfrac{5}{\sin 90°} \sin 135° = 3.54\text{kN}$

해답 ③

007
다음 그림과 같은 보에서 A점의 수직반력은?

① 15kN ② 18kN
③ 20kN ④ 23kN

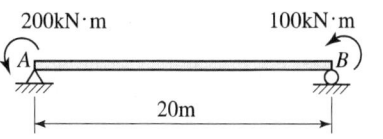

해설 평형조건식 이용
$\sum M_B = 0$, $V_A \times 20 - 200 - 100 = 0$에서 $V_A = 15$kN

해답 ①

008
탄성계수 $E = 2 \times 10^5$ MPa이고 푸아송비 $\nu = 0.3$일 때 전단탄성계수 G는?

① 76,923MPa ② 75,137MPa
③ 73,456MPa ④ 71,020MPa

해설 $G = \dfrac{E}{2(1+\nu)} = \dfrac{2 \times 10^5}{2(1+0.3)} = 76,923.1$ MPa

해답 ①

009
다음 단순보에서 B점의 반력(R_B)은?

① 90kN ② 135kN
③ 180kN ④ 215kN

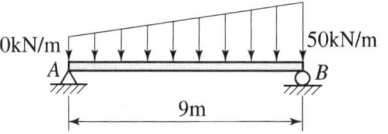

해설 $\sum M_A = 0$

$-V_B \times 9 + 20 \times 9 \times 4.5 + \dfrac{1}{2} \times (50-20) \times 9 \times \dfrac{2}{3} \times 9 = 0$에서 $V_A = 180$kN

해답 ③

010
그림 (A)와 같은 장주가 100kN의 하중에 견딜 수 있다면 그림 (B)의 장주가 견딜 수 있는 하중의 크기는? (단, 기둥은 등질, 등단면이다.)

① 25kN
② 200kN
③ 400kN
④ 800kN

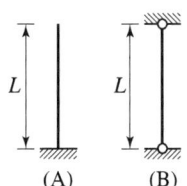

해설 ① $n_a : n_b = \dfrac{1}{4} : 1 = 1 : 4$이므로
장주 (B)가 장주 (A)가 받는 하중의 4배 하중을 받을 수 있다.
② $P_{(B)} = 4P_{(A)} = 4 \times 100 = 400$kN

해답 ③

011

그림과 같은 단순보에 등분포하중이 작용할 때 이 보의 단면에 발생하는 최대 휨응력은?

① $\dfrac{3wl^2}{64bh^2}$ ② $\dfrac{23wl^2}{64bh^2}$

③ $\dfrac{25wl^2}{64bh^2}$ ④ $\dfrac{27wl^2}{64bh^2}$

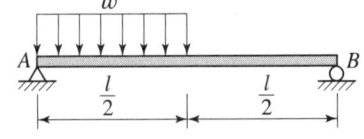
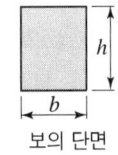

보의 단면

해설

① $R_A = \dfrac{w \times \dfrac{l}{2} \times \dfrac{3l}{4}}{l} = \dfrac{3wl}{8}(\uparrow)$

② 최대휨모멘트 발생 위치(A지점으로부터)

$\dfrac{3wl}{8} - w \times x = 0$에서 $x = \dfrac{3l}{8}$

③ $M_{max} = \dfrac{3wl}{8} \times \dfrac{3l}{8} - w \times \dfrac{3l}{8} \times \dfrac{3l}{16} = \dfrac{9wl^2}{64} - \dfrac{9wl^2}{128} = \dfrac{9wl^2}{128}$

④ $\sigma_{max} = \dfrac{M_{max}}{Z_{min}} = \dfrac{6M_{max}}{b \cdot h^2} = \dfrac{6 \times \dfrac{9wl^2}{128}}{bh^2} = \dfrac{54wl^2}{128bh^2} = \dfrac{27wl^2}{64bh^2}$

해답 ④

012

지름 10cm, 길이 100cm인 재료에 인장력을 작용시켰을 때 지름은 9.98cm, 길이는 100.4cm가 되었다. 이 재료의 푸아송비(ν)는?

① 0.3   ② 0.5
③ 0.7   ④ 0.9

해설

$\nu = \dfrac{\varepsilon_{가로}}{\varepsilon_{세로}} = \dfrac{\dfrac{\Delta d}{d}}{\dfrac{\Delta l}{l}} = \dfrac{\Delta d \cdot l}{\Delta l \cdot d} = \dfrac{0.02 \times 100}{0.4 \times 10} = 0.5$

해답 ②

013

30cm×40cm인 단면의 보에 90kN의 전단력이 작용할 때 이 단면에 일어나는 최대 전단응력은?

① 1.025MPa   ② 1.125MPa
③ 1.225MPa   ④ 1.325MPa

해설

$\tau_{max} = 1.5 \times \dfrac{S}{A} = 1.5 \times \dfrac{90000}{300 \times 400} = 1.125$MPa

해답 ②

2. 철근콘크리트 및 강구조

014 표준갈고리를 갖는 인장이형철근의 기본정착길이(l_{hb})를 구하는 식으로 옳은 것은? (단, 보통중량콘크리트를 사용하고 도막되지 않은 철근을 사용하며, d_b는 철근의 공칭직경이다.)

① $\dfrac{0.9 d_b f_y}{\sqrt{f_{ck}}}$
② $\dfrac{0.6 d_b f_y}{\sqrt{f_{ck}}}$
③ $\dfrac{0.24 d_b f_y}{\sqrt{f_{ck}}}$
④ $\dfrac{0.19 d_b f_y}{\sqrt{f_{ck}}}$

해설 표준 갈고리의 기본정착길이 : l_{hb}(철근의 설계기준항복강도가 400MPa인 경우)

$l_{hb} = \dfrac{0.24 \beta d_b f_y}{\lambda \sqrt{f_{ck}}}$ 에서 보통중량콘크리트이므로

β(철근도막계수)= 1.0, λ(경량콘크리트계수)= 1.0으로 보면,

$l_{hb} = \dfrac{0.24 d_b f_y}{\sqrt{f_{ck}}}$

해답 ③

015 위험 단면에서 1방향 슬래브의 정모멘트 철근 및 부모멘트 철근의 중심간격규정으로 옳은 것은?

① 슬래브두께의 2배 이하이어야 하고, 또한 300mm 이하로 하여야 한다.
② 슬래브두께의 2배 이하이어야 하고, 또한 400mm 이하로 하여야 한다.
③ 슬래브두께의 3배 이하이어야 하고, 또한 300mm 이하로 하여야 한다.
④ 슬래브두께의 3배 이하이어야 하고, 또한 400mm 이하로 하여야 한다.

해설 주철근(정철근, 부철근)의 간격
 ① 최대 휨모멘트가 일어나는 단면에서는 슬래브 두께의 2배 이하, 300mm 이하
 ② 그 밖의 단면에서는 슬래브 두께의 3배 이하, 450mm 이하

해답 ①

016 강도설계법에서 콘크리트의 설계기준압축강도(f_{ck})가 45MPa일 때 β_1의 값은? (단, β_1은 $a = \beta_1 c$에서 사용되는 계수)

① 0.714
② 0.800
③ 0.747
④ 0.761

해설 f_{ck}=45MPa로 50MPa 이하이므로 $\beta_1 = 0.80$

해답 ②

017

그림과 같은 전단력 $P=300\text{kN}$이 작용하는 부재를 용접이음하고자 할 때 생기는 전단응력은?

① 96.4MPa ② 78.1MPa
③ 109.2MPa ④ 84.3MPa

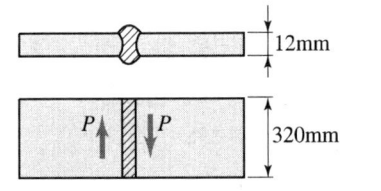

해설 $f = \dfrac{P}{\sum al} = \dfrac{300,000N}{12 \times 320} = 78.125\text{MPa}$

해답 ②

018

옹벽의 구조해석에서 앞부벽의 설계에 대한 설명으로 옳은 것은?

① 3변 지지된 2방향 슬래브로 설계하여야 한다.
② 저판에 지지된 캔틸레버보로 설계하여야 한다.
③ T형보로 설계하여야 한다.
④ 직사각형 보로 설계하여야 한다.

해설 부벽식옹벽에서 앞부벽은 직사각형보로 설계한다.

해답 ④

019

단철근 직사각형 보에서 $f_y = 400\text{MPa}$, $f_{ck} = 28\text{MPa}$일 때 강도설계법에 의한 균형철근비(ρ_b)는?

① 0.0432 ② 0.0384
③ 0.0296 ④ 0.0242

해설 ① $f_{ck} = 28\text{MPa}$로 50MPa 이하이므로 $\beta_1 = 0.80$

② $\rho_b = \dfrac{0.85 f_{ck} \beta_1}{f_y} \cdot \dfrac{\epsilon_{cu}}{\epsilon_{cu} + \dfrac{f_y}{200,000}} = \dfrac{0.85 \times 28 \times 0.80}{400} \cdot \dfrac{0.0033}{0.0033 + \dfrac{400}{200,000}}$

$= 0.0296$

해답 ③

020

아래 그림과 같은 강판에서 순폭은? (단, 강판에서의 구멍지름(d)은 25mm이다.)

① 150mm
② 175mm
③ 204mm
④ 225mm

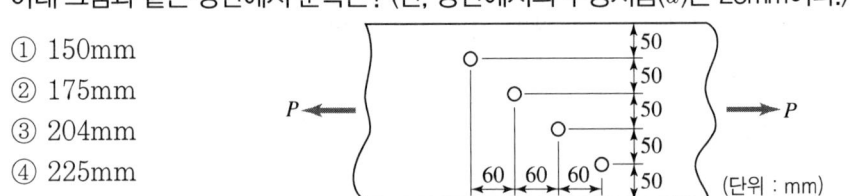

해설 순폭은 모든 구멍이 연결될 때의 폭이므로
$$b_n = b - d - 3w = b - d - 3\left(d - \frac{P^2}{4g}\right) = (5 \times 50) - 25 - 3 \times \left(25 - \frac{60^2}{4 \times 50}\right)$$
$$= 204\,\text{mm}$$

해답 ③

021

보의 유효높이 600mm, 복부의 폭 320mm, 플랜지의 두께 130mm, 양쪽의 슬래브의 중심 간 거리 2.5m, 보의 경간 10.4m로 설계된 대칭 T형보가 있다. 이 보의 플랜지의 유효폭은?

① 2,080mm
② 2,400mm
③ 2,500mm
④ 2,600mm

해설 대칭 T형보이므로
① $8t_1 + 8t_2 + b_w = 8 \times 130 + 8 \times 130 + 320 = 2,400\,\text{mm}$
② 보 경간의 $1/4 = \dfrac{10,400}{4} = 2,600\,\text{mm}$
③ 양 슬래브 중심간 거리 $= 2,500\,\text{mm}$
셋 중 가장 작은 값인 2,400mm를 유효폭으로 결정한다.

해답 ②

022

다음 중 스터럽을 쓰는 이유로 옳은 것은?

① 보의 강성(剛性)을 높이고, 사인장응력을 받게 하기 위해서
② 콘크리트의 탄성을 높이기 위하여
③ 콘크리트가 옆으로 튀어나오는 것을 방지하기 위하여
④ 철근의 조립을 위하여

해설 스터럽은 전단철근의 일종으로 보에 작용하는 사인장응력에 저항하며 보의 강성도 높여준다.

해답 ①

023

정착구와 커플러의 위치에서 프리스트레스 도입 직후 포스트텐션 긴장재의 응력은 얼마 이하로 하여야 하는가? (단, f_{pu} : 긴장재의 설계기준 인장강도)

① $0.4f_{pu}$
② $0.5f_{pu}$
③ $0.6f_{pu}$
④ $0.7f_{pu}$

해설 프리스트레스 도입 직후 긴장재
① 일반위치 : $0.74f_{pu}$와 $0.82f_{py}$ 중 작은값 이하
② 정착구와 커플러의 위치 : $0.70f_{pu}$ 이하

해답 ④

024
강도설계법에서 사용하는 용어 중 아래에서 설명하는 것은?

> 강도설계법에서 부재를 설계할 때 사용하중에 하중계수를 곱한 하중

① 계수하중　　　② 공칭하중
③ 고정하중　　　④ 강도감소계수

해설 계수하중 = 하중계수 × 사용하중

해답 ①

025
철근콘크리트부재에 전단철근으로 부재축에 직각으로 배치된 수직스터럽을 사용하였다. 이때 스터럽의 간격에 대한 기준으로서 옳은 것은?
(단, $V_s \leq (\sqrt{f_{ck}}/3)b_w d$ 인 경우)

① $0.8d$ 이상이어야 하고, 또한 600mm 이상이어야 한다.
② 50mm 이하이어야 한다.
③ $0.5d$ 이하이어야 하고, 또한 600mm 이하로 하여야 한다.
④ 600mm 이상이어야 한다.

해설 철근콘크리트부재에서 $V_s \leq \dfrac{1}{3}\lambda\sqrt{f_{ck}}\,b_w d\,[\text{N}]$ 인 경우 수직 스터럽의 최대간격은 수직스터럽의 간격은 $0.5d$ 이하, 600mm 이하이다.

해답 ③

026
그림과 같은 T형보에서 f_{ck}=21MPa, f_y=400MPa, A_s=3,212mm²일 때 공칭휨강도(M_n)는?

① 463.7kN·m
② 521.6kN·m
③ 578.4kN·m
④ 613.5kN·m

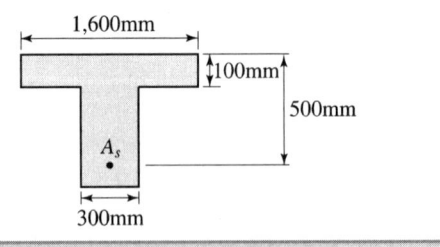

해설
① T형보의 판정
$$a = \frac{A_s f_y}{0.85 f_{ck} b} = \frac{3,212 \times 400}{0.85 \times 21 \times 1,600} = 45\text{mm} < t_f = 180\text{mm} \text{이므로}$$
단철근 직사각형보로 설계
② 공칭 휨 강도
$$M_n = A_s f_y \left(d - \frac{a}{2}\right) = 3,212 \times 400 \times \left(500 - \frac{45}{2}\right)$$
$$= 613.492 \times 10^6 \text{N} \cdot \text{mm} = 613.5 \text{kN} \cdot \text{m}$$

해답 ④

027 PSC에서 콘크리트의 응력해석에서 균열발생 전 해석상의 가정으로 옳지 않은 것은?

① 콘크리트와 PS강재 및 보강철근을 탄성체로 본다.
② RC에 적용되는 강도이론을 그대로 적용한다.
③ 콘크리트의 전단면을 유효하다고 본다.
④ 단면의 변형률은 중립축에서의 거리에 비례한다고 본다.

해설 균열발생전의 콘크리트단면 응력의 해석시 콘크리트의 전단면은 유효하다고 가정하기 때문에 인장측 콘크리트를 무시하고 계산하는 RC의 강도이론을 그대로 적용한 것으로 볼 수 없다.

해답 ②

028 다음 그림과 같은 PSC단순보에 프리스트레스 힘(P)을 4,000kN 작용했을 때 프리스트레스에 의한 상향력은?

① 40kN/m
② 64kN/m
③ 80kN/m
④ 400kN/m

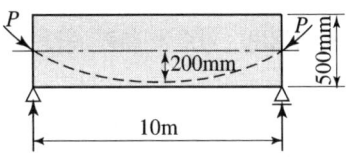

해설 $u = \dfrac{8Ps}{l^2} = \dfrac{8 \times 4,000 \times 0.2}{10^2} = 64\text{kN/m}$

해답 ②

029 아래 그림과 같은 단철근 직사각형 보의 압축연단에서 중립축까지의 거리(c)는? (단, $f_{ck} = 21\text{MPa}$, $f_y = 400\text{MPa}$, $A_s = 2,500\text{mm}^2$)

① 140.1mm
② 151.4mm
③ 157.2mm
④ 164.8mm

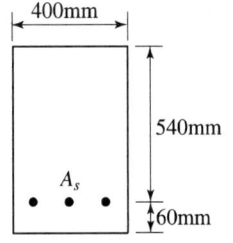

해설 ① $a = \dfrac{A_s f_y}{0.85 f_{ck} b} = \dfrac{2,500 \times 400}{0.85 \times 21 \times 400} = 140.056\text{mm}$

② $c = \dfrac{a}{\beta_1} = \dfrac{140.056}{0.85} = 164.8\text{mm}$

해답 ④

030. 전체 깊이가 900mm를 초과하는 휨부재복부의 양 측면에 부재축방향으로 배근하는 철근의 명칭은?

① 배력철근 ② 표피철근
③ 피복철근 ④ 연결철근

해설 보나 장선의 깊이 h가 900mm를 초과하면, 종방향 표피철근을 인장연단으로부터 $\frac{h}{2}$ 지점까지 부재 양쪽 측면을 따라 균일하게 배치하여야 한다.

해답 ②

제2과목 측량 및 토질(측량학+토질 및 기초)

1. 측량학(측량학 일반, 기준점 측량, 응용 측량)

031. 교호수준측량의 결과가 그림과 같을 때 A점의 표고가 55.423m라면 B점의 표고는?

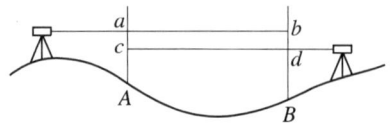

$a = 2.665\text{m}$, $b = 3.965\text{m}$, $c = 0.530\text{m}$, $d = 1.816\text{m}$

① 52.930m ② 53.281m
③ 54.130m ④ 54.137m

해설 ① A점과 B점의 표고차
$$H = \frac{1}{2}(a-b) + (c-d) = \frac{1}{2}(2.665-3.965) + (0.530-1.816) = -1.293\text{m}$$
② B점의 지반고
$H_B = H_A + H = 55.423 - 1.293 = 54.130\text{m}$

해답 ③

032

수준측량에서 전시와 후시의 시준거리를 같게 하여 소거할 수 있는 기계오차로 가장 적합한 것은?

① 거리의 부등에서 생기는 시준선의 대기 중 굴절에서 생긴 오차
② 기포관축과 시준선이 평행하지 않기 때문에 생긴 오차
③ 온도변화에 따른 기포관의 수축팽창에 의한 오차
④ 지구의 곡률에 의해서 생긴 오차

해설 전시와 후시의 거리를 같게 하는 것은 기계오차와 자연적 오차를 소거할 수 있기 때문이다.
① 레벨조정의 불안정으로 생기는 오차(가장 큰 영향을 주는 오차) 소거(시준축 오차 : 기포관축 ≠ 시준선)
② 자연적 오차 소거
 ㉠ 구차 : 지구의 곡률에 의한 오차이다.
 ㉡ 기차 : 광선의 굴절에 의한 오차이다.
 ㉢ 양차 : 구차와 기차의 합을 말한다.
③ 조준나사 작동에 의한 오차 소거

해답 ②

033

축척 1:5,000 지형도(30cm×30cm)를 기초로 하여 축척이 1:50,000인 지형도(30cm×30cm)를 제작하기 위해 필요한 축척 1:5,000 지형도의 매수는?

① 50매
② 100매
③ 150매
④ 200매

해설 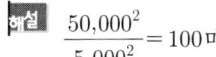 $\dfrac{50,000^2}{5,000^2} = 100$ 매

해답 ②

034

삼각점의 기준점성과표가 제공하지 않는 성과는?

① 직각좌표
② 경위도
③ 중력
④ 표고

해설 삼각점 성과표에는 경·위도, 평면직각좌표, 표고, 진북 방위각 및 인접 삼각점에 대한 방향각과 거리 등이 기재되어 있다.

해답 ③

035 클로소이드에 대한 설명으로 옳은 것은?

① 설계속도에 대한 교통량 산정 곡선이다.
② 주로 고속도로에 사용되는 완화곡선이다.
③ 도로단면에 대한 캔트의 크기를 결정하기 위한 곡선이다.
④ 곡선길이에 대한 확폭량 결정을 위한 곡선이다.

해설 클로소이드(clothoid) 곡선은 고속도로 IC에서 주로 사용한다.

해답 ②

036 삼각형 3변의 길이가 25.0m, 40.8m, 50.6m일 때 면적은?

① 431.87m^2
② 495.25m^2
③ 505.49m^2
④ 551.27m^2

해설
① $S = \dfrac{1}{2}(25 + 40.8 + 50.6) = 58.2\text{m}$
② $A = \sqrt{58.2 \times (58.2 - 25) \times (58.2 - 40.8) \times (58.2 - 50.6)} = 505.49\text{m}^2$

해답 ③

037 노선의 횡단측량에서 No.1+15m 측점의 절토단면적이 100m², No.2 측점의 절토단면적이 40m²일 때 두 측점 사이의 절토량은? (단, 중심말뚝간격=20m)

① 350m^3
② 700m^3
③ $1,200\text{m}^3$
④ $1,400\text{m}^3$

해설 $V = \dfrac{1}{2}(A_1 + A_2) \cdot l = \dfrac{1}{2}(100 + 40) \times (20 - 5) = 350\text{m}^3$

해답 ①

038 원곡선을 설치하기 위한 노선측량에서 그림과 같이 장애물로 인하여 임의의 점 C, D에서 관측한 결과가 ∠ACD=140°, ∠BDC=120°, $\overline{CD}$=350m이었다면 $\overline{AC}$의 거리는? (단, 곡선반지름 R=500m, A=곡선시점)

① 288.1m
② 288.8m
③ 296.2m
④ 297.8m

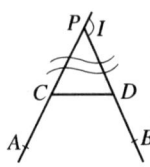

해설 ① ∠PCD = 180° − ∠ACD = 180° − 140° = 40°
∠CDP = 180° − ∠BDA = 180° − 120° = 60°
∠CPD = 180° − ∠PCD − ∠CDP = 180° − 40° − 60° = 80°

② 교각 $I = 180° - \angle CPD = 180° - 80° = 100°$

③ △CPD에서 sin 법칙을 적용하면

$\dfrac{350}{\sin 80°} = \dfrac{CP}{\sin 60°}$ 에서

$CP = \dfrac{350 \times \sin 60°}{\sin 80°} = 307.785\text{m}$

④ $T.L = R \tan \dfrac{I}{2} = 500 \times \tan \dfrac{100°}{2} = 595.877\text{m}$

⑤ $\overline{AC} = T.L - CP = 595.877 - 307.785 = 288.092\text{m}$

해답 ①

039 측지학에 대한 설명으로 틀린 것은?

① 평면위치의 결정이란 기준타원체의 법선이 타원체 표면과 만나는 점의 좌표, 즉 경도 및 위도를 정하는 것이다.
② 높이의 결정은 평균해수면을 기준으로 하는 것으로 직접 수준측량 또는 간접 수준측량에 의해 결정한다.
③ 천체의 고도, 방위각 및 시각을 관측하여 관측지점의 지리학적 경위도 및 방위를 구하는 것을 천문측량이라 한다.
④ 지상으로부터 발사 또는 방사된 전자파를 인공위성으로 흡수하여 해석함으로써 지구자원 및 환경을 해결할 수 있는 것을 위성측량이라 한다.

해설 GPS(Global Positioning System ; 위성측위시스템)는 NNSS의 발전형으로 인공위성을 이용한 세계위치 결정체계로 정확한 위치를 알고 있는 위성에서 발사한 전파를 수신하여 관측점까지 소요시간을 관측함으로써 관측점의 위치를 구하는 체계이다.

해답 ④

040 표는 도로중심선을 따라 20m 간격으로 종단측량을 실시한 결과이다. No.1의 계획고를 52m로 하고, -2%의 기울기로 설계한다면 No.5에서의 성토고 또는 절토고는?

측점	No.1	No.2	No.3	No.4	No.5
지반고(m)	54.50	54.75	53.30	53.12	52.18

① 성토고 1.78m
② 성토고 2.18m
③ 절토고 1.78m
④ 절토고 2.18m

해설
① No.5의 계획고 $= 52 - (5-1) \times 20 \times \dfrac{2}{100} = 50.4\text{m}$

② No.5의 지반고가 계획고보다 더 높으므로 절토량이다.
No.5의 절토량 = No.5의 지반고 − No.5의 계획고
$= 52.18\text{m} - 50.4\text{m} = 1.78\text{m}$ (절토고)

해답 ③

041

클로소이드 매개변수 $A=60\text{m}$이고 곡선길이 $L=50\text{m}$인 클로소이드의 곡률반지름 R은?

① 41.7m ② 54.8m
③ 72.0m ④ 100.0m

해설 $A^2 = RL$에서 $R = \dfrac{A^2}{L} = \dfrac{60^2}{50} = 72\text{m}$

해답 ③

042

그림은 편각법에 의한 트래버스측량결과이다. DE측선의 방위각은? (단, $\angle A = 48°50'40''$, $\angle B = 43°30'30''$, $\angle C = 46°50'00''$, $\angle D = 60°12'45''$)

① 139°11'10''
② 96°31'10''
③ 92°21'10''
④ 105°43'55''

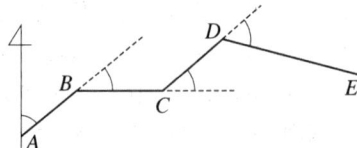

해설
① AB측선의 방위각
  $\alpha_{AB} = 48°50'40''$
② BC측선의 방위각
  $\alpha_{BC} = \alpha_{AB} + \angle B = 48°50'40'' + 43°30'30'' = 92°21'10''$
③ CD측선의 방위각
  $\alpha_{CD} = \alpha_{BC} - \angle C = 92°21'10'' - 46°50'00'' = 45°31'10''$
④ DE측선의 방위각
  $\alpha_{DE} = \alpha_{CD} - \angle D = 45°31'10'' + 60°12'45'' = 105°43'55''$

해답 ④

043

폐합트래버스에서 전 측선의 길이가 900m이고 폐합비가 1/9,000일 때 도상 폐합오차는? (단, 도면의 축척 1:500)

① 0.2mm ② 0.3mm
③ 0.4mm ④ 0.5mm

해설 ① 폐합오차
  폐합비(정도) $= \dfrac{1}{9,000} = \dfrac{\Delta l}{\Sigma l} = \dfrac{\Delta l}{900}$에서 $\Delta l = 0.1\text{m}$
② 도상폐합오차 $= \dfrac{0.1}{500} = 0.0002\text{m} = 0.2\text{mm}$

해답 ①

044
수애선을 나타내는 수위로서 어느 기간 동안의 수위 중 이것보다 높은 수위와 낮은 수위의 관측 수가 같은 수위는?

① 평수위 ② 평균수위
③ 지정수위 ④ 평균최고수위

해설 수애선은 육지와 물과의 경계선을 말하는 것으로 평수위에 의해 정해진다.

해답 ①

045
도상에 표고를 숫자로 나타내는 방법으로 하천, 항만, 해안측량 등에서 수심측량을 하여 고저를 나타내는 경우에 주로 사용되는 것은?

① 음영법 ② 등고선법
③ 영선법 ④ 점고법

해설 점고법은 지표상 어느 점의 표고 또는 수심을 직접 수치로 표시하는 방법으로 산정의 높이나 하천, 연안, 항만 등의 수심을 나타내는데 이용된다.

해답 ④

046
트래버스측량의 종류 중 가장 정확도가 높은 방법은?

① 폐합트래버스 ② 개방트래버스
③ 결합트래버스 ④ 종합트래버스

해설 결합 트래버스는 2개의 기지점을 사용하기 때문에 트래버스 측량 중에서 가장 정확도가 높다.

해답 ③

2. 토질 및 기초(토질역학, 기초공학)

047
다짐에너지(energy)에 관한 설명 중 틀린 것은?

① 다짐에너지는 램머(Rammer)의 중량에 비례한다.
② 다짐에너지는 다짐층수에 반비례한다.
③ 다짐에너지는 시료의 부피에 반비례한다.
④ 다짐에너지는 다짐횟수에 비례한다.

해설 $E_c = \dfrac{W_R \cdot H \cdot N_B \cdot N_L}{V}[\text{kg} \cdot \text{cm}/\text{cm}^3]$

여기서, W_R : Rammer 무게(kg), N_B : 다짐횟수
N_L : 다짐층수, H : 낙하고(cm), V : Mold의 체적(cm³)

해답 ②

048
Rod의 끝에 설치한 저항체를 땅속에 삽입하여 관입, 회전, 인발 등의 저항으로 토층의 성질을 탐사하는 것을 무엇이라 하는가?

① Sounding ② Sampling
③ Boring   ④ Wash boring

해설 사운딩(Sounding)이란 Rod 선단에 설치한 저항체를 지중에 넣어 관입, 인발 및 회전 등에 대한 저항치로부터 지반의 특성을 파악하는 지반조사 방법이다.

해답 ①

049
아래 그림과 같은 옹벽에 작용하는 전 주동토압은 얼마인가?

① 162kN/m
② 172kN/m
③ 182kN/m
④ 192kN/m

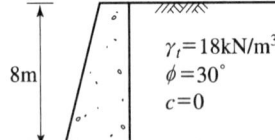

$\gamma_t = 18\text{kN/m}^3$
$\phi = 30°$
$c = 0$

8m

해설
① $K_a = \tan^2\left(45° - \dfrac{\phi}{2}\right) = \tan^2\left(45° - \dfrac{30°}{2}\right) = \dfrac{1}{3}$

② $P_a = \dfrac{1}{2}\gamma H^2 K_A P_a = \dfrac{1}{2} \times 18 \times 8^2 \times \dfrac{1}{3} = 192\text{kN/m}$

해답 ④

050
예민비가 큰 점토란?

① 입자모양이 둥근 점토
② 흙을 다시 이겼을 때 강도가 크게 증가하는 점토
③ 입자가 가늘고 긴 형태의 점토
④ 흙을 다시 이겼을 때 강도가 크게 감소하는 점토

해설 예민비가 큰 점토는 흙을 다시 이겼을 때 강도가 감소한다.

해답 ④

051
유선망에 대한 설명으로 틀린 것은?

① 유선망은 유선과 등수두선(等水頭線)으로 구성되어 있다.
② 유로를 흐르는 침투수량은 같다.
③ 유선과 등수두선은 서로 직교한다.
④ 침투속도 및 동수구배는 유선망의 폭에 비례한다.

해설 침투속도 및 동수구배는 유선망 폭에 반비례한다.

해답 ④

052

도로의 평판재하시험에서 1.25mm 침하량에 해당하는 하중강도가 0.25MPa일 때 지지력계수(K)는?

① 2MPa
② 2.5MPa
③ 3MPa
④ 3.5MPa

해설 $K = \dfrac{q}{y} = \dfrac{0.25}{0.125} = 2\text{MPa}$

해답 ①

053

주동토압을 P_a, 수동토압을 P_p, 정지토압을 P_o라고 할 때 크기의 순서는?

① $P_a > P_p > P_o$
② $P_p > P_o > P_a$
③ $P_p > P_a > P_o$
④ $P_o > P_a > P_p$

해설 토압의 크기 : 수동토압(P_p) > 정지토압(P_o) > 주동토압(P_a)

해답 ②

054

간극비(void ratio)가 0.25인 모래의 간극률(porosity)은 얼마인가?

① 20%
② 25%
③ 30%
④ 35%

해설 $n = \dfrac{e}{1+e} \times 100 = \dfrac{0.25}{1+0.25} \times 100 = 20\%$

해답 ①

055

다음 그림에서 $X-X$ 단면에 작용하는 유효응력은?

① 41.8kN/m²
② 51.4kN/m²
③ 62.4kN/m²
④ 70.7kN/m²

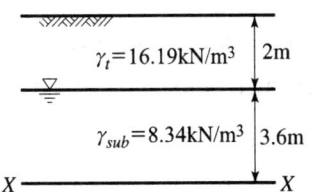

해설 $\bar{\sigma} = \gamma_t h_1 + \gamma_{sub} h_2 = 16.19 \times 2 + 8.34 \times 3.6 = 62.4\text{kN/m}^2$

해답 ③

056 다음 중 점성토지반의 개량공법으로 적합하지 않은 것은?

① 샌드드레인공법 ② 치환공법
③ 바이브로플로테이션공법 ④ 프리로딩공법

해설 바이브로플로테이션공법은 사질토지반의 개량공법의 일종이다.

해답 ③

057 통일분류법에서 실트질자갈을 표시하는 약호는?

① GW ② GP
③ GM ④ GC

해설 조립토의 제1문자인 자갈은 G, 제2문자인 실트는 M이므로 GM으로 표시한다.

해답 ③

058 피어기초의 수직공을 굴착하는 공법 중에서 기계에 의한 굴착공법이 아닌 것은?

① benoto공법 ② chicago공법
③ calwelde공법 ④ reverse circulation공법

해설 ① chicago공법은 인력 굴착공법의 일종이다.
② 기계굴착 공법
  ㉠ Benoto 공법(All casing 공법)
  ㉡ Earth drill 공법(Calwelde 공법)
  ㉢ RCD 공법(Reverse Circulation Drill 공법, 역순환 공법)

해답 ②

059 어떤 시료에 대하여 일축압축시험을 실시한 결과 일축압축강도가 30kN/m²이었다. 이 흙의 점착력은? (단, 이 시료는 $\phi=0°$인 점성토이다.)

① 10kN/m^2 ② 15kN/m^2
③ 20kN/m^2 ④ 25kN/m^2

해설 $q_u = 2c\tan\left(45° + \dfrac{\phi}{2}\right) = 2c\tan\left(45° + \dfrac{0}{2}\right) = 30$에서 $c = 15\text{kN/m}^2$

해답 ②

060 다음 중 동상(凍上)현상이 가장 잘 일어날 수 있는 흙은?

① 자갈　　　　　　② 모래
③ 실트　　　　　　④ 점토

해설 동상 받기 쉬운 흙은 실트이다.

해답 ③

061 아래의 Terzaghi의 극한지지력공식에 대한 설명으로 틀린 것은?

$$q_{ult} = \alpha c N_c + \beta B \gamma_1 N_\gamma + D_f \gamma_2 N_q$$

① N_c, N_γ, N_q는 지지력계수로서 흙의 점착력으로부터 정해진다.
② 식 중 α, β는 형상계수이며, 기초의 모양에 따라 정해진다.
③ 연속기초에서 $\alpha = 1.0$이고, 원형기초에서 $\alpha = 1.3$의 값을 가진다.
④ B는 기초폭이고, D_f는 근입깊이이다.

해설 지지력계수인 N_c, N_γ, N_q는 ϕ의 함수로 점착력과는 관계없다.

해답 ①

062 포화점토지반에 대해 베인전단시험을 실시하였다. 베인의 직경은 6cm, 높이는 12cm, 흙이 전단파괴될 때 작용시킨 회전모멘트는 1.8kN·cm일 때 점착력 (c_u)은?

① 1.3MPa　　　　　② 2.3MPa
③ 3.2MPa　　　　　④ 4.2MPa

해설 $S = c_u = \dfrac{T}{\pi \cdot D^2 \cdot \left(\dfrac{H}{2} + \dfrac{D}{6}\right)} = \dfrac{18000\text{N} \cdot \text{mm}}{\pi \times 6^2 \times \left(\dfrac{120}{2} + \dfrac{60}{6}\right)} = 2.3\text{MPa}$

해답 ②

063 두께 5m의 점토층이 있다. 압축 전의 간극비가 1.32, 압축 후의 간극비가 1.10으로 되었다면 이 토층의 압밀침하량은 약 얼마인가?

① 68cm　　　　　　② 58cm
③ 52cm　　　　　　④ 47cm

해설 $\Delta H = \dfrac{e_1 - e_2}{1 + e_1} H = \dfrac{1.32 - 1.10}{1 + 1.32} \times 500 = 47.4\text{cm}$

해답 ④

064 사면의 경사각을 70°로 굴착하고 있다. 흙의 점착력 15kN/m², 단위체적중량을 18kN/m³으로 한다면 이 사면의 한계고는? (단, 사면의 경사각이 70°일 때 안정계수는 4.8이다.)

① 2.0m
② 4.0m
③ 6.0m
④ 8.0m

해설 $H_c = \dfrac{N_s \cdot c}{r_t} = \dfrac{4.8 \times 15}{18} = 4.0 \text{m}$

해답 ②

065 점착력이 큰 지반에 강성의 기초가 놓여 있을 때 기초 바닥의 응력상태를 설명한 것 중 옳은 것은?

① 기초 밑 전체가 일정하다.
② 기초 중앙에서 최대응력이 발생한다.
③ 기초 모서리 부분에서 최대응력이 발생한다.
④ 점착력으로 인해 기초 바닥에 응력이 발생하지 않는다.

해설 점토지반에 축조된 강성기초의 접지압은 기초 모서리 부분에서 최대이다.

해답 ③

066 간극률 50%, 비중 2.50인 흙에 있어서 한계동수경사는?

① 1.25
② 1.50
③ 0.50
④ 0.75

해설 ① $e = \dfrac{n}{100-n} = \dfrac{50}{100-50} = 1$

② $i_c = \dfrac{G_s - 1}{1+e} = \dfrac{(2.50-1)}{1+1} = 0.75$

해답 ④

제3과목 수자원설계(수리학+상하수도공학)

1. 수리학

067 그림과 같은 사다리꼴 인공수로의 유적(A)과 경심(R)은?

① $A = 27\text{m}^2$, $R = 2.64\text{m}$
② $A = 27\text{m}^2$, $R = 1.86\text{m}$
③ $A = 18\text{m}^2$, $R = 1.86\text{m}$
④ $A = 18\text{m}^2$, $R = 2.64\text{m}$

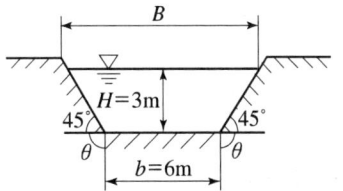

해설
① $A = \dfrac{6 + (3+6+3)}{2} \times 3 = 27\text{m}^2$

② $R = \dfrac{A}{P} = \dfrac{27}{\sqrt{3^2+3^2} + 6 + \sqrt{3^2+3^2}} = 1.86\text{m}$

해답 ②

068 수심 h가 폭 b에 비해서 매우 작아 $R ≒ h$가 될 때 Chézy 평균유속계수 C는? (단, Manning의 평균유속공식 사용)

① $C = \dfrac{1}{n}h^{\frac{1}{3}}$
② $C = \dfrac{1}{n}h^{\frac{1}{4}}$
③ $C = \dfrac{1}{n}h^{\frac{1}{5}}$
④ $C = \dfrac{1}{n}h^{\frac{1}{6}}$

해설
$C = \dfrac{1}{n}R^{\frac{1}{6}} = \dfrac{1}{n}h^{\frac{1}{6}}$

해답 ④

069 관내의 흐름에서 레이놀즈수(Reynolds number)에 대한 설명으로 옳지 않은 것은?

① 레이놀즈수는 물의 동점성계수에 비례한다.
② 레이놀즈수가 2,000보다 작으면 층류이다.
③ 레이놀즈수가 4,000보다 크면 난류이다.
④ 레이놀즈수는 관의 내경에 비례한다.

해설 **Reynolds 수**

$R_e = \dfrac{VD}{\nu}$ 여기서, V : 유속, D : 관경, ν : 동점성계수

① $R_e < 2,000$: 관수로의 층류
② $2,000 < R_e < 4,000$: 천이 영역, 불안정 층류(층류와 난류가 공존)
③ $R_e > 4,000$: 관수로의 난류

해답 ①

070
삼각위어(weir)에서 $\theta = 60°$일 때 월류수심은? (단, Q : 유량, C : 유량계수, H : 위어높이)

① $\left(\dfrac{Q}{1.36C}\right)^{\frac{2}{5}}$
② $\left(\dfrac{Q}{1.36C}\right)^{\frac{5}{2}}$
③ $1.36CH^{\frac{5}{2}}$
④ $1.36CH^{\frac{2}{5}}$

해설 $Q = \dfrac{8}{15}C\sqrt{2g}\tan\dfrac{\theta}{2}H^{5/2} = \dfrac{8}{15}C\sqrt{2 \times 9.8}\tan\dfrac{60°}{2}H^{5/2}$에서

$H^{5/2} = \dfrac{Q}{1.36C}$

$\therefore H = \left(\dfrac{Q}{1.36C}\right)^{\frac{2}{5}}$

해답 ①

071
유체에서 1차원 흐름에 대한 설명으로 옳은 것은?
① 면만으로는 정의될 수 없고 하나의 체적요소의 공간으로 정의되는 흐름
② 여러 개의 유선으로 이루어지는 유동면으로 정의되는 흐름
③ 유동특성이 1개의 유선을 따라서만 변화하는 흐름
④ 유동특성이 여러 개의 유선을 따라서 변화하는 흐름

해설 유체에서 유동특성이 1개의 유선을 따라서만 변화하는 흐름을 1차원 흐름이라 한다.

해답 ③

072
초속 20m/s, 수평과의 각 45°로 사출된 분수가 도달하는 최대연직높이는? (단, 공기 및 기타 저항은 무시한다.)

① 10.2m
② 11.6m
③ 15.3m
④ 16.8m

해설 $H = \dfrac{V^2}{2g}\sin^2\theta = \dfrac{20^2}{2 \times 9.8}(\sin 45°)^2 = 10.2\text{m}$

해답 ①

073

비에너지(specific energy)에 관한 설명으로 옳지 않은 것은?

① 한계류인 경우 비에너지는 최대가 된다.
② 상류인 경우 수심의 증가에 따라 비에너지가 증가한다.
③ 사류인 경우 수심의 감소에 따라 비에너지가 증가한다.
④ 어느 수로단면의 수로바닥을 기준으로 하여 측정한 단위무게의 물이 가지는 흐름의 에너지이다.

해설 한계류인 경우 유량이 일정할 때 비에너지는 최소가 된다.

해답 ①

074

오리피스에서 지름이 1cm, 수축단면(vena contracta)의 지름이 0.8cm이고, 유속계수(C_v)가 0.9일 때 유량계수(C)는?

① 0.584
② 0.720
③ 0.576
④ 0.812

해설
① 수축계수 $C_a = \dfrac{a}{A} = \dfrac{d^2}{D^2} = \dfrac{0.8^2}{1^2} = 0.64$
② 유량계수 $C = C_a \cdot C_v = 0.64 \times 0.9 = 0.576$

해답 ③

075

최적수리단면(수리학적으로 가장 유리한 단면)에 대한 설명으로 틀린 것은?

① 동수반경(경심)이 최소일 때 유량이 최대가 된다.
② 수로의 경사, 조도계수, 단면이 일정할 때 최대유량을 통수시키게 하는 가장 경제적인 단면이다.
③ 최적수리단면에서는 직사각형 수로단면이나 사다리꼴 수로단면이나 모두 동수반경이 수심의 절반이 된다.
④ 기하학적으로는 반원단면이 최적수리단면이나 시공상의 이유로 직사각형단면 또는 사다리꼴단면이 주로 사용된다.

해설 수리상 유리한 단면은 경심(동수반경)이 최대이거나, 윤변이 최소일 때 성립한다.

해답 ①

076

A저수지에서 1km 떨어진 B저수지에 유량 8m³/s를 송수한다. 저수지의 수면차를 10m로 하기 위한 관의 지름은? (단, 마찰손실만을 고려하고, 마찰손실 계수 $f=0.03$이다.)

① 2.15m ② 1.92m
③ 1.74m ④ 1.52m

해설
① $V = \dfrac{Q}{A} = \dfrac{8}{\dfrac{\pi \cdot D^2}{4}} = \dfrac{10.186}{D^2}$

② $h_L = f\dfrac{l}{D}\dfrac{V^2}{2g}$ $10 = 0.03 \times \dfrac{1,000}{D} \times \dfrac{\left(\dfrac{10.186}{D^2}\right)^2}{2 \times 9.8}$ 에서 $D^5 = 15.88$

∴ $D = 1.74$m

해답 ③

077

개수로의 흐름이 사류일 때를 나타내는 것은? (단, h: 수심, h_c: 한계수심, F_r: Froude수)

① $h < h_c,\ F_r < 1$ ② $h < h_c,\ F_r > 1$
③ $h > h_c,\ F_r < 1$ ④ $h > h_c,\ F_r > 1$

해설 사류는 $F_r > 1$, $h < h_c$, $V > V_c$, $I > I_c$일 때 해당한다.

해답 ②

078

2개의 수조를 연결하는 길이 1m의 수평관 속에 모래가 가득 차 있다. 양수조의 수위차는 0.5m이고, 투수계수가 0.01cm/s이면 모래를 통과할 때의 평균유속은?

① 0.05cm/s
② 0.0025cm/s
③ 0.005cm/s
④ 0.0075cm/s

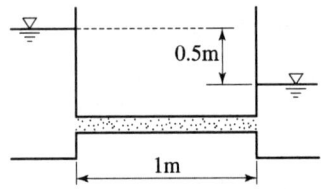

해설 $V = ki = k\dfrac{\Delta h}{l} = 0.01 \times \dfrac{50}{100} = 0.005$ cm/s

해답 ③

079 관로상의 유량조절밸브나 펌프의 급조작으로 유수의 운동에너지가 압력에너지로 변환되어 관벽에 큰 압력이 작용하게 되는 현상은?

① 난류현상 ② 수격작용
③ 공동현상 ④ 도수현상

해설 관수로에 물이 흐르고 있을 때 밸브를 급히 잠그면 유속이 0이 되면서 수압이 현저히 상승하게 되고 물이 역류하면서 관벽에 충격을 주는 작용을 수격작용이라 한다. 해답 ②

080 흐름의 상태를 나타낸 것 중 옳지 않은 것은? (단, t=시간, l=공간, v=유속)

① $\frac{\partial v}{\partial t}=0$(정상류)   ② $\frac{\partial v}{\partial t}\neq 0$(부정류)
③ $\frac{\partial v}{\partial l}=0$, $\frac{\partial v}{\partial t}=0$(정상등류)   ④ $\frac{\partial v}{\partial t}\neq 0$, $\frac{\partial v}{\partial l}\neq 0$(정상부등류)

해설 정상부등류는 $\frac{\partial v}{\partial l}\neq 0$이어야 한다. 해답 ④

081 임의로 정한 수평기준면으로부터 유선상의 해당 지점까지의 연직거리를 의미하는 것은?

① 기준수두 ② 위치수두
③ 압력수두 ④ 속도수두

해설 위치수두는 임의의 기준수평면에서 유선상의 해당 지점까지의 연직거리를 말한다. 해답 ②

082 그림과 같은 직사각형 평면이 연직으로 서 있을 때 그 중심의 수심을 H_G라 하면 압력의 중심위치(작용점)를 a, b, H_G로 표현한 것으로 옳은 것은?

① $H_G+\frac{1}{H_G ab}$ ② $H_G+\frac{ab^2}{12}$
③ $H_G+\frac{b}{12H_G}$ ④ $H_G+\frac{b^2}{12H_G}$

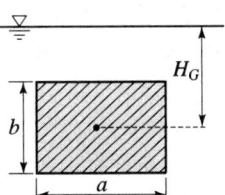

해설 $h_C=h_G+\frac{I_X}{h_G A}=H_G+\frac{\frac{ab^3}{12}}{H_G ab}=H_G+\frac{b^2}{12H_G}$ 해답 ④

083 밑면이 7.5m×3m이고, 깊이가 4m인 빈 상자의 무게가 $4×10^5$N이다. 이 상자를 물속에 완전히 가라앉히기 위하여 상자에 넣어야 할 최소추가무게는? (단, 물의 단위무게=9,800N/m³)

① 340,000N
② 375,500N
③ 400,000N
④ 482,200N

해설 $W+P>B$
$4×10^5+P>7.5×3×4×9,800$에서 $P>482,000$N

해답 ④

084 물의 성질에 대한 설명으로 옳지 않은 것은?

① 물의 점성계수는 수온이 높을수록 작아진다.
② 동점성계수는 수온에 따라 변하며 온도가 낮을수록 그 값은 크다.
③ 물은 일정한 체적을 갖고 있으나 온도와 압력의 변화에 따라 어느 정도 팽창 또는 수축을 한다.
④ 물의 단위중량은 0℃에서 최대이고, 밀도는 4℃에서 최대이다.

해설 물의 밀도와 단위중량은 3.98℃(약 4℃)에서 최대이며 온도의 증감시 값이 작아진다.

해답 ④

2. 상하수도공학(상수도계획, 하수도계획)

085 분류식 하수관거 계통과 비교하여 합류식 하수관거 계통의 특징에 대한 설명으로 옳지 않은 것은?

① 검사 및 관리가 비교적 용이하다.
② 청천 시 관내에 오염물이 침전되기 쉽다.
③ 하수처리장에서 오수 처리비용이 많이 소요된다.
④ 오수와 우수를 별개의 관거 계통으로 건설하는 것보다 건설비용이 크게 소요된다.

해설 합류식의 경우 하수와 우수를 동일 관거에서 처리하므로 분류식보다 건설비가 적게 소요된다.

해답 ④

086

오수관거 및 우수관거의 최소관경에 대한 표준으로 옳은 것은?

① 오수관거 100mm, 우수관거 150mm
② 오수관거 150mm, 우수관거 100mm
③ 오수관거 200mm, 우수관거 250mm
④ 오수관거 250mm, 우수관거 200mm

해설
① 오수관거의 최소 관경 : 200mm
② 우수관거 및 합류관거의 최소 관경 : 250mm
③ 하수시설 중 연결관의 최소 관경 : 150mm

해답 ③

087

다음과 같은 조건에서의 급속여과지 면적은?

[조건] ㉠ 계획급수인구 : 5,000인
㉡ 1인 1일 최대급수율 : 200L
㉢ 여과속도 : 120m/일

① 5.0m²
② 8.33m²
③ 12.5m²
④ 14.58m²

해설
$$A = \frac{Q}{V} = \frac{200\text{L/인}\cdot\text{day} \times 5{,}000\text{인} \times 10^{-3}\text{m}^3/\text{L}}{120\text{m/day}} = 8.33\text{m}^2$$

해답 ②

088

활성슬러지 공법으로 하수를 처리할 때 포기량을 결정하기 위한 조건으로서 가장 중요한 것은?

① 하수의 중금속 농도
② 하수의 BOD 농도
③ 하수의 탁도
④ 하수의 pH

해설 포기법은 혼합액의 산소요구량을 일정량 유지하기 위해 용존산소(DO)량을 높이고자 하는 것으로, BOD(생물학적 산소요구량) 농도에 따라 용존산소(DO)량을 정하게 된다.

해답 ②

089

계획취수량의 기준이 되는 수량으로 옳은 것은?

① 계획 1일 평균급수량
② 계획 1일 최대급수량
③ 계획시간 최대급수량
④ 계획 1일 1인 평균급수량

해설 계획취수량은 계획 1일 최대급수량을 기준으로 하며, 기타 필요한 작업용수를 포함한 손실수량 등을 고려한다.

해답 ②

090 저수지나 배수지의 용량을 구할 때 사용하는 방법으로 옳은 것은?

① 리플법(Ripple's Method)
② 합리식 방식(Rational Method)
③ 랜니법(Ranney Method)
④ 하디-크로스법(Hardy-Cross Method)

해설 **유출량 누가곡선법**(Ripple's method)은 하천의 유출량 누가곡선을 그려서 저수지의 용량을 산출하는 방법이다.

해답 ①

091 지반고가 50m인 지역에 하수관을 매설하려고 한다. 하수관의 지름이 300mm일 때, 최소흙두께를 고려한 관로 시점부의 관저고(관 하단부의 표고)는?

① 49.7m ② 49.5m
③ 49.0m ④ 48.7m

해설 관로 시점부의 관저고(관 하단부의 표고)
= 지반고 − (관거의 최소 흙두께 + 하수관 지름)
= 50 − (1 + 0.3) = 48.7m

해답 ④

092 상수도 배수시설에 대한 설명으로 옳은 것은?

① 계획배수량은 해당 배수구역의 계획 1일 최대급수량을 의미한다.
② 소규모의 수도 및 배수량이 적은 지역에서는 소화용수량은 무시한다.
③ 배수지에서의 배수는 펌프가압식을 원칙으로 한다.
④ 대용량 배수지 설치보다 다수의 배수지를 분산시키는 편이 안정급수 관점에서 효과적이다.

해설 ① 계획배수량은 원칙적으로 해당 배수구역의 계획시간최대배수량으로 한다.
② 소규모 상수도에서는 소화용수량의 일반배수량에 대한 비율이 크고 화재시에 소화용수를 사용한 경우에 일반급수에 지장을 주지 않아야 하므로 계획급수인구가 50,000명 이하의 소도시에서는 소화용수량을 가산해야 한다.
③ 배수방식은 배수지 등과 배수구역의 표고에 따라 자연유하식과 펌프가압식 및 병용식으로 나누어진다.
④ 지역의 특성, 배수관망의 구성 등을 고려하여 복수의 배수지를 분산 배치하거나 배수지간의 상호융통이 가능하도록 할 필요가 있다.

해답 ④

093 생물학적 처리에 주요한 역할을 하는 미생물은?

① 균류
② 박테리아
③ 원생동물
④ 조류

해설 생물학적 처리에는 박테리아가 주요한 역할을 한다.

해답 ②

094 계획우수량 산정의 고려사항으로 틀린 것은?

① 최대계획우수유출량의 산정은 합리식에 의하는 것을 원칙으로 한다.
② 유출계수는 토지이용도별 기초유출계수로부터 총괄유출계수를 구하는 것을 원칙으로 한다.
③ 하수관거의 확률연수는 10~30년, 빗물펌프장의 확률연수는 30~50년을 원칙으로 한다.
④ 최상류관거의 끝으로부터 하류관거의 어떤 지점까지의 거리를 계획유량에 대응한 유속으로 나눈 것을 유달시간으로 한다.

해설 유달시간(T)은 강우로 인한 유수가 그 유역 내의 가장 먼 지점으로부터 유역출구까지 도달하는데 소요되는 시간(min)이다.
유달시간(T) = 유입시간(t_1)+유하시간(t_2)
① 유입시간(t_1) : 유역의 가장 먼 곳에 내린 우수가 하수관거의 입구에 유입하기까지의 시간(min)
② 유하시간(t_2) : 하수관거 내에 유입된 우수가 계획 대상지점까지 흘러가는데 소요되는 시간(min)

해답 ④

095 합리식에서 사용하는 강우강도 공식에 관한 설명으로 틀린 것은?

① Talbot형 공식, Sherman형 공식 등이 이에 속한다.
② 공식 중의 정수(상수)는 지표형태에 따라 결정된다.
③ 강우지속기간의 증가에 따라 강우강도는 감소한다.
④ 임의의 지속기간에 대한 강우강도를 구하는 데 사용된다.

해설 합리식에서의 정수는 재현 기간과 지역 특성에 따라 달라진다.

해답 ②

096
성공적인 하수슬러지 퇴비화를 위한 조사사항으로 거리가 먼 것은?

① 함유된 중금속 성분 조사
② 수요량 및 용도 조사
③ CO_2 발생량 조사
④ 슬러지처리 공정에서의 첨가물 조사

해설 성공적인 하수슬러지 퇴비화를 위한 조사 항목
① 함유된 중금속 성분 조사
② 지역 특성을 고려한 수요량 예측 및 용도 조사
③ 슬러지처리 공정에서의 첨가물 조사
④ 퇴비화 시설 입지조건 조사(처리장이나 수요처와의 위치 관계, 주변 환경 등이 경제성에 큰 영향을 미치기 때문)

해답 ③

097
완속여과와 급속여과에 대한 설명으로 옳지 않은 것은?

① 완속여과는 모래층과 모래층 표면에 증식하는 미생물막에 의해 수중의 불순물을 포착하여 산화분해하는 정수방법이다.
② 급속여과는 원수 중의 현탁물질을 약품침전시킨 후 분리하는 방법이다.
③ 완속여과는 유입수의 수질이 비교적 양호한 경우에 사용할 수 있다.
④ 대규모 처리 시에는 급속여과가 적당하나 완속여과에 비해 넓은 시설면적이 필요하다.

해설 완속여과지는 여과지의 면적이 넓은 반면, 급속여과지는 여과지의 면적이 작으므로 협소한 장소에도 시공 가능하다.

해답 ④

098
펌프의 비교회전도(N_s)에 대한 설명으로 옳지 않은 것은?

① N_s가 클수록 높은 곳까지 양정할 수 있다.
② N_s가 클수록 유량은 많고 양정은 작은 펌프이다.
③ 유량과 양정이 동일하면 회전수가 클수록 N_s가 커진다.
④ N_s가 같으면 펌프의 크기에 관계없이 대체로 형식과 특성이 같다.

해설 N_s가 클수록 양정이 낮은 펌프이다.

해답 ①

099

Manning 공식의 조도계수 $n=0.012$, 동수경사가 $1/1,000$이고, 관경이 250mm일 때 유량은?

① $142 m^3/hr$
② $92 m^3/hr$
③ $73 m^3/hr$
④ $53 m^3/hr$

해설

① $V = \dfrac{1}{n} R^{\frac{2}{3}} I^{\frac{1}{2}} = \dfrac{1}{0.012} \times \left(\dfrac{0.25}{4}\right)^{\frac{2}{3}} \times \left(\dfrac{1}{1,000}\right)^{\frac{1}{2}} = 0.415 \, m/sec$

② $Q = AV = \dfrac{\pi \times 0.25^2}{4} \times 0.415 = 0.02037 \, m^3/sec = 73.3 \, m^3/hr$

해답 ③

100

배수관에서 분기하여 각 수요자에게 먹는 물을 공급하는 것을 목적으로 하는 시설은?

① 도수시설
② 취수시설
③ 급수시설
④ 배수시설

해설 급수설비라 함은 일반 수요자에게 원수나 정수를 공급하기 위하여 설치한 배수관으로부터 분기하여 설치된 급수를 위해 필요한 기구를 말한다.

해답 ③

101

집수매거(infiltration galleries)에 대한 설명으로 옳은 것은?

① 복류수를 취수하기 위하여 지중(地中)에 매설한 유공관거 설비
② 관로의 수두를 감소시키기 위한 설비
③ 배수지의 유입수 수위 조절과 양수를 위한 설비
④ 피압지하수를 취수하기 위하여 지하의 매수층까지 삽입한 관거 설비

해설 집수매거는 복류수를 취수하기 위하여 지중에 매설한 유공관거 설비이다.

해답 ①

102

생활하수 내에서 존재하는 질소의 주요 형태는?

① N_2와 NO_3
② N_2와 NH_3
③ 유기성 질소화합물과 N_2
④ 유기성 질소화합물과 NH_3

해설 생하수 내에서 존재하는 질소는 주로 유기성 질소 화합물과 NH_3 형태로 존재한다.

해답 ④

103 상수도 정수처리의 응집-침전에 관한 설명으로 옳은 것은?

① 플록형성지 내의 교반강도는 하류로 갈수록 점차 증가시키는 것이 바람직하다.
② Jar Tester는 종침강속도(terminal velocity)를 구하는 기기이다.
③ 고분자응집제는 응집속도는 크나 pH에 의한 영향을 크게 받는다.
④ 침전지의 침전효율을 나타내는 기본적인 지표로는 표면부하율(surface loading)이 있다.

해설 표면적 부하율은 침전지의 침전효율을 나타내는 기본적인 지표이다. **해답 ④**

104 상수원 선정 시 고려사항으로 옳지 않은 것은?

① 계획취수량은 평수기에 확보 가능한 수량으로 한다.
② 수리권이 확보될 수 있어야 한다.
③ 건설비 및 유지관리비가 저렴하여야 한다.
④ 장래 수도시설의 확장이 가능한 곳이 바람직하다.

해설 계획취수량은 최대갈수시에도 계획취수량의 확보가 가능해야 한다. **해답 ①**

토목산업기사

2021년 9월 CBT 시행

2023 개정된 출제기준에 의거하여 불필요한 문제는 삭제하고 3과목으로 정리함

제1과목 구조설계(응용역학+철근콘크리트 및 강구조)

1. 응용역학(역학적인 개념 및 건설 구조물의 해석)

001 양단이 고정되어 있는 길이 10m의 강(鋼)이 15℃에서 40℃로 온도가 상승할 때 응력은? (단, $E=2.1\times10^5$MPa, 선팽창계수 $\alpha=0.00001/℃$)

① 47.5MPa   ② 50MPa
③ 52.5MPa   ④ 53.8MPa

해설 $\sigma = E\epsilon = E\alpha\Delta t = 2.1\times10^5\times0.00001\times(40-15) = 52.5$MPa

해답 ③

002 반지름 R, 길이 l인 원형 단면 기둥의 세장비는?

① $\dfrac{l}{2R}$ ② $\dfrac{l}{R}$
③ $\dfrac{2l}{R}$ ④ $\dfrac{3l}{R}$

해설 $\lambda = \dfrac{l}{r_{\min}} = \dfrac{l}{D/4} = \dfrac{l}{2R/4} = \dfrac{2l}{R}$

해답 ③

003 직사각형 단면인 단순보의 단면계수가 2,000m³이고 2×10^6kN·m의 휨모멘트가 작용할 때 이 보의 최대 휨응력은?

① 0.5MPa   ② 0.7MPa
③ 0.85MPa   ④ 1MPa

해설 ① $M_{\max} = 2\times10^6$kN·m $= 2\times10^{12}$kN·mm
② $\sigma_{\max} = \dfrac{M_{\max}}{Z_{\min}} = \dfrac{2\times10^{12}}{2000\times10^9} = 1$MPa

해답 ④

004 아래의 표에서 설명하는 것은?

나란한 여러 힘이 작용할 때 임의의 한 점에 대한 모멘트의 합은 그 점에 대한 합력의 모멘트와 같다.

① 바리뇽의 정리 ② 베티의 정리
③ 중첩의 원리   ④ 모어원의 정리

해설 "나란한 여러 힘이 작용할 때 임의의 한 점에 대한 모멘트의 합은 그 점에 대한 합력의 모멘트와 같다."는 바리뇽의 정리에 대한 내용이다.

해답 ①

005 다음 그림의 캔틸레버보에서 최대 휨모멘트는 얼마인가?

① $-\dfrac{1}{6}ql^2$ ② $-\dfrac{1}{2}ql^2$

③ $-\dfrac{1}{3}ql^2$ ④ $-\dfrac{5}{6}ql^2$

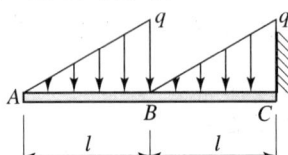

해설 문제에서 최대휨모멘트는 고정단인 C점에서 생긴다.

$M_A = -\left(\dfrac{1}{2} \times q \times l\right) \times \left(\dfrac{l}{3}+l\right) - \left(\dfrac{1}{2} \times q \times l\right) \times \left(\dfrac{l}{3}\right) = -\dfrac{ql^2}{6} - \dfrac{ql^2}{2} - \dfrac{ql^2}{6}$

$= -\dfrac{5ql^2}{6}$

해답 ④

006 그림과 같은 게르버보의 C점에서의 휨모멘트값은?

① -6.4 kN·m
② -8.0 kN·m
③ -9.6 kN·m
④ -14.4 kN·m

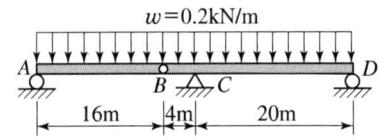

해설 ① 단순보 구간에서 $R_B = \dfrac{0.2 \times 16}{2} = 1.6$ kN

② 내민보 구간에서 $M_C = -1.6 \times 4 - 0.2 \times 4 \times 2 = -8$ kN·m

해답 ②

007

반지름이 r인 원형 단면의 단주에서 도심에서의 핵거리 e는?

① $\dfrac{r}{2}$ ② $\dfrac{r}{4}$

③ $\dfrac{r}{6}$ ④ $\dfrac{r}{8}$

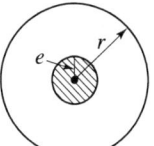

해설 $x = \dfrac{D}{8} = \dfrac{2r}{8} = \dfrac{r}{4}$

해답 ②

008

아래 그림과 같이 60°의 각도를 이루는 두 힘 P_1, P_2가 작용할 때 합력 R의 크기는?

① 7kN
② 8kN
③ 9kN
④ 10kN

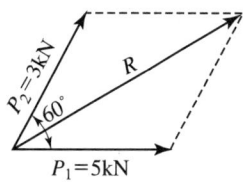

해설 $R = \sqrt{P_1^2 + P_2^2 + 2P_1 \cdot P_2 \cos\alpha} = \sqrt{5^2 + 3^2 + 2 \times 5 \times 3 \times \cos 60°} = 7\text{kN}$

해답 ①

009

다음 중 단면1차모멘트와 같은 차원을 갖는 것은?

① 단면2차모멘트 ② 회전반경
③ 단면상승모멘트 ④ 단면계수

해설 단면계수의 단위(차원)는 cm^3 또는 m^3으로 단면1차모멘트와 같다.

해답 ④

010

다음 그림과 같은 구조물에서 지점 A에서의 수직반력의 크기는?

① 20kN
② 25kN
③ 30kN
④ 35kN

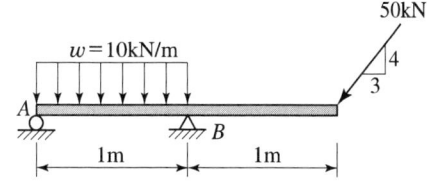

해설 $\sum M_B = 0$에서

$V_A \times 1 - 10 \times 1 \times \dfrac{1}{2} + \left(50 \times \dfrac{4}{5}\right) \times 1 = 0$에서 $V_A = -35\text{kN} = 35\text{kN}(\downarrow)$

해답 ④

011

단면적 1000mm²인 원형 단면의 봉이 20kN의 인장력을 받을 때 변형률(ϵ)은?
(단, 탄성계수(E)=2×10⁵MPa)

① 0.0001 ② 0.0002
③ 0.0003 ④ 0.0004

해설 응력 기본식 $\sigma = E \cdot \epsilon$

$\dfrac{P}{A} = E \cdot \epsilon$ 에서 $\epsilon = \dfrac{P}{E \cdot A} = \dfrac{20,000}{(2 \times 10^5) \times 1000} = 0.0001$

해답 ①

012

다음 그림과 같은 단순보의 중앙에 집중하중이 작용할 때 단면에 생기는 최대 전단응력은 얼마인가?

① 0.10MPa
② 0.15MPa
③ 0.20MPa
④ 0.25MPa

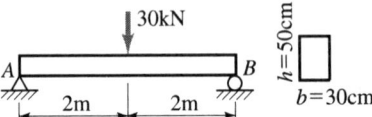

해설
① $S_{max} = V_A = \dfrac{P}{2} = \dfrac{30}{2} = 15\text{kN}$

② $\tau_{max} = \dfrac{3}{2} \dfrac{S_{max}}{A} = \dfrac{3}{2} \times \dfrac{15,000}{300 \times 500} = 0.15\text{MPa}$

해답 ②

013

그림에서 음영된 삼각형 단면의 X축에 대한 단면2차모멘트는 얼마인가?

① $\dfrac{bh^3}{4}$ ② $\dfrac{bh^3}{5}$

③ $\dfrac{bh^3}{6}$ ④ $\dfrac{bh^3}{8}$

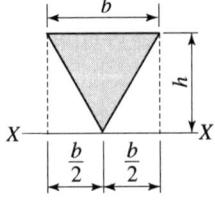

해설 $I_X = \dfrac{bh^3}{4}$

해답 ①

2. 철근콘크리트 및 강구조

014 다음 중에서 프리스트레스 감소의 원인으로 거리가 먼 것은?

① 콘크리트의 건조수축과 크리프 ② 콘크리트의 탄성변형
③ PS강재의 릴랙세이션 ④ PS강재의 항복점강도

해설 프리스트레스 손실 원인
① 프리스트레스 도입시 : 즉시 손실
  ㉠ 콘크리트의 탄성변형(수축)
  ㉡ PS강재와 덕트(시스) 사이의 마찰(포스트텐션 방식에만 해당)
  ㉢ 정착단의 활동
② 프리스트레스 도입 후 : 시간적 손실
  ㉠ 콘크리트의 건조수축
  ㉡ 콘크리트의 크리프
  ㉢ PS강재의 리랙세이션(Relaxation)

해답 ④

015 그림과 같은 인장을 받은 표준갈고리에서 정착길이란 어느 것을 말하는가?

① A
② B
③ C
④ D

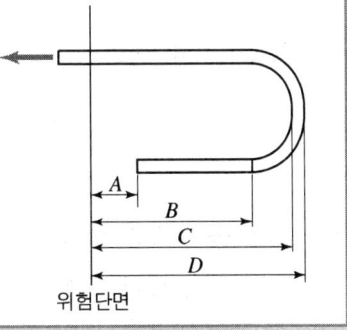

해설 정착길이는 구부러진 부분 바깥면부터 위험단면까지의 길이이므로 D이다.

해답 ④

016 강도설계법에서 휨모멘트 또는 휨모멘트와 축력을 동시에 받는 부재의 콘크리트 압축연단의 극한변형률은 얼마로 가정하는가? (단, f_{ck}는 40MPa 이하인 경우이다.)

① 0.0011 ② 0.0022
③ 0.0033 ④ 0.0044

해설 콘크리트의 압축연단에서 최대 변형률은 ϵ_{cu}로 가정하며, f_{ck}가 40MPa 이하인 경우 ϵ_{cu}는 0.0033이다.

해답 ③

017
강도설계에서 $f_{ck}=24$MPa, $f_y=280$MPa를 사용하는 직사각형 단철근보의 균형철근비는?

① 0.028
② 0.034
③ 0.041
④ 0.056

해설
① $f_{ck}=24$MPa로 50MPa 이하이므로 $\beta_1=0.80$
② $\rho_b = \dfrac{0.85 f_{ck}\beta_1}{f_y} \cdot \dfrac{\epsilon_{cu}}{\epsilon_{cu}+\dfrac{f_y}{200,000}} = \dfrac{0.85\times 24\times 0.80}{280} \cdot \dfrac{0.0033}{0.0033+\dfrac{280}{200,000}}$
$= 0.041$

해답 ③

018
나선철근으로 보강된 철근콘크리트부재의 강도감소계수(ϕ)는 얼마인가? (단, 압축지배 단면인 경우)

① 0.80
② 0.75
③ 0.70
④ 0.65

해설 압축지배단면의 강도감소계수(ϕ)
① 나선철근으로 보강된 철근콘크리트 부재 : 0.70
② 그 외의 철근콘크리트 부재 : 0.65

해답 ③

019
다음 중 강도설계법의 장·단점을 설명한 것으로 틀린 것은?

① 파괴에 대한 안전도의 확보가 허용응력설계법보다 확실하다.
② 하중계수에 의하여 하중의 특성을 설계에 반영할 수 있다.
③ 서로 다른 재료의 특성을 설계에 합리적으로 반영할 수 있다.
④ 사용성 확보를 위해서 별도로 검토해야 하는 등 설계과정이 다소 복잡하다.

해설 강도설계법은 서로 다른 재료의 특징을 설계에 합리적으로 반영하기 어렵다.

해답 ③

020
보의 단면이 300×500mm인 직사각형이고, 1개당 100mm²의 단면적을 가지는 PS강선 6개를 강선군의 도심과 부재단면의 도심축이 일치하도록 배치된 프리텐션 PC보가 있다. 강선의 초기 긴장력이 1,000MPa일 때 콘크리트의 탄성변형에 의한 프리스트레스의 감소량은? (단, $n=6$)

① 42MPa
② 36MPa
③ 30MPa
④ 24MPa

해설
$$\Delta f_P = n f_{ci} = n \frac{P_i}{A_c} = n \frac{f_{pi} n A_{ps}}{A_c} = 6 \times \frac{1,000 \times 6 \times 100}{300 \times 500} = 24\text{MPa}$$

해답 ④

021
보에 작용하는 계수전단력 $V_u = 50\text{kN}$을 콘크리트만으로 지지할 경우 필요한 유효깊이 d의 최소값은 약 얼마인가? (단, $b_w = 350\text{mm}$, $f_{ck} = 22\text{MPa}$, $f_y = 400\text{MPa}$)

① 326mm ② 488mm
③ 532mm ④ 550mm

해설 전단철근을 사용하지 않아도 되는 경우는 $\frac{1}{2}\phi \cdot V_c > V_u$ 일 때 이므로

$\frac{1}{2}\phi \cdot (\sqrt{f_{ck}}/6) b_w \cdot d = V_u$ 에서

$$d = \frac{2V_u}{\phi \cdot (\sqrt{f_{ck}}/6) \cdot b_w} = \frac{2 \times 50,000}{0.75 \times (\sqrt{22}/6) \times 350} = 487.3\text{mm}$$

해답 ②

022
아래에서 설명하는 철근은?

> 보의 주철근을 둘러싸고 이에 직각되게 또는 경사지게 배치한 복부보강근으로서 전단력 및 비틀림모멘트에 저항하도록 배치한 보강철근

① 주철근 ② 온도철근
③ 배력철근 ④ 스터럽

해설 수직 및 경사 스터럽에 대한 설명이다.

해답 ④

023
강도설계법으로 보를 설계할 때 고정하중과 활하중이 각각 80kN/m, 100kN/m 이라면 하중계수 및 하중조합을 고려한 설계하중은?

① 180kN/m ② 214kN/m
③ 256kN/m ④ 282kN/m

해설
① $w_u = 1.2 w_D + 1.6 w_L = 1.2 \times 80 + 1.6 \times 100 = 256\text{kN/m}$
② $w_u = 1.4 w_D = 1.4 \times 80 = 112\text{kN/m}$
둘 중 큰 값 $w_u = 256\text{kN/m}$

해답 ③

024 다음은 프리스트레스트 콘크리트에서 프리텐션방식과 포스트텐션방식의 장점을 열거한 것이다. 옳지 않은 것은?

① 프리텐션방식은 일반적으로 공장에서 제조되므로 제품의 품질에 대한 신뢰도가 높다.
② 프리텐션방식은 PS강재를 곡선으로 배치하기가 쉬워서 대형 부재의 제작에도 적합하다.
③ 프리텐션방식은 같은 모양과 치수의 프리캐스트부재를 대량으로 제조할 수 있다.
④ 포스트텐션방식은 프리캐스트 PSC부재의 결합과 조립에 편리하게 이용된다.

해설 포스트텐션(Post-tension)방식이 긴장재의 곡선 배치가 쉽다.

해답 ②

025 그림과 같이 인장력을 받는 두 강판을 볼트로 연결할 경우 발생할 수 있는 파괴모드(failure mode)가 아닌 것은?

① 볼트의 전단파괴
② 볼트의 인장파괴
③ 볼트의 지압파괴
④ 강판의 지압파괴

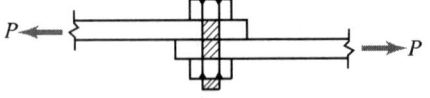

해설 접합된 강판의 파괴 모드

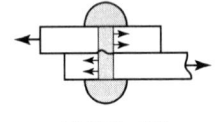 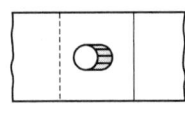 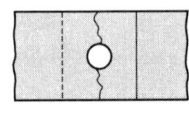
(a) 전단 파괴 　　 (b) 지압 파괴(압괴) 　　 (c) 모재의 인장 파괴

해답 ②

026 그림과 같은 리벳이음에서 허용전단응력이 70MPa이고 허용지압응력이 150MPa일 때 이 리벳의 강도는? (단, 리벳지름 $d=22$mm, 철판두께 $t=12$mm)

① 26.6kN
② 30.4kN
③ 39.6kN
④ 42.2kN

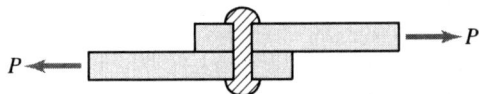

해설 ① 허용전단강도(P_s)

1면 전단이므로 $P_s = v_{sa} \times A = v_{sa} \times \dfrac{\pi d^2}{4} = 70 \times \dfrac{\pi \times 22^2}{4} = 26.609\text{N} = 26.6\text{kN}$

② 허용지압강도(P_b)

$P_b = f_{ba} \times A_b = f_b \times dt = 150 \times 22 \times 12 = 39,600\text{N} = 39.6\text{kN}$

③ 리벳 값(리벳강도 ; P_n)

둘 중 작은 값인 26.6kN이다.

해답 ①

027

아래 그림과 같은 T형보에 정모멘트가 작용할 때 다음 설명 중 옳은 것은? (단, $f_{ck}=24$MPa, $f_y=400$MPa, $A_s=5,000\text{mm}^2$)

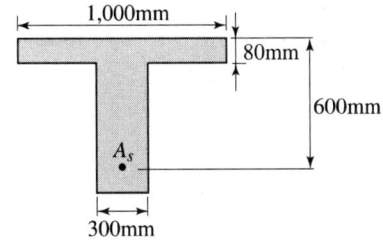

① 등가직사각형 응력블록의 깊이(a)가 80mm인 복철근보로 설계한다.
② 폭이 1,000mm인 직사각형 보로 설계한다.
③ 폭이 300mm인 직사각형 보로 설계한다.
④ T형보로 설계한다.

해설 $a = \dfrac{A_s f_y}{0.85 f_{ck} b} = \dfrac{5,000 \times 400}{0.85 \times 24 \times 1,000} = 98\text{mm} > t_f = 80\text{mm}$ 이므로 T형보로 설계

해답 ④

028

$b_w=400$mm, $d=600$mm인 단철근 직사각형 보에 $A_s=3,320\text{m}^2$인 철근을 일렬로 배치했을 때 직사각형 응력블록의 깊이(a)는? (단, $f_{ck}=21$MPa, $f_y=400$MPa)

① 186mm
② 194mm
③ 201mm
④ 213mm

해설 $a = \dfrac{A_s f_y}{0.85 f_{ck} b} = \dfrac{3,320 \times 400}{0.85 \times 28 \times 400} = 186\text{mm}$

해답 ①

029 아래 그림과 같은 띠철근기둥에서 띠철근으로 D10(공칭지름 9.5mm) 및 축방향 철근으로 D32(공칭지름 31.8mm)의 철근을 사용할 때 띠철근의 최대 수직간격은?

① 450mm
② 456mm
③ 500mm
④ 509mm

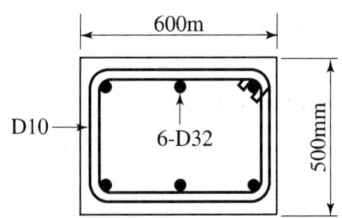

해설 띠철근의 수직 간격
① 단면 최소 치수 이하=500mm 이하
② 축방향 철근 지름의 16배 이하=31.8×16=808.8mm 이하
③ 띠철근 지름의 48배 이하=9.5×48=456mm 이하
이 중 가장 작은 값인 456mm 이하

해답 ②

030 철근콘크리트부재설계에서 강도감소계수(ϕ)를 사용하는 이유에 해당하지 않는 것은?

① 설계방정식을 적용 중 계산오차 및 오류에 대비한 여유
② 재료강도와 치수가 변동할 수 있으므로 부재의 강도저하확률에 대비
③ 부정확한 설계방정식에 대비한 여유
④ 구조물에서 차지하는 부재의 중요도 등을 반영

해설 강도감소계수를 사용하는 이유
① 재료 품질의 변동으로 인한 부재의 강도저하확률에 대비
② 구조 및 부재의 중요도 등을 반영
③ 설계 계산의 불확실량에 대비한 여유
④ 시공상 단면 치수 오차(시공 기술 등에 관련된 다소 불리한 오차)에 따른 강도저하확률에 대비
⑤ 시험 오차에서 오는 재료차에 대비

해답 ①

031 경간 $l=10$m인 대칭 T형보에서 양쪽 슬래브의 중심간격 2,100mm, 플랜지의 두께 $t=100$mm, 플랜지가 있는 부재의 복부폭 $b_w=400$mm일 때 플랜지의 유효폭은 얼마인가?

① 2,000mm
② 2,100mm
③ 2,300mm
④ 2,500mm

해설 대칭 T형보이므로
① $8t_1 + 8t_2 + b_w = 8 \times 100 + 8 \times 100 + 400 = 2{,}000\text{mm}$
② 보 경간의 $1/4 = \dfrac{10{,}000}{4} = 2{,}500\text{mm}$
③ 양 슬래브 중심간 거리 $= 2{,}100\text{mm}$
셋 중 가장 작은 값인 $2{,}000\text{mm}$를 유효폭으로 결정한다.

해답 ①

032

아래 그림과 같은 단순보에서 등가직사각형 응력블록의 깊이(a)가 152.94mm 이었다면 최외단 인장철근의 순인장변형률(ϵ_t)은? (단, $f_{ck} = 28\text{MPa}$, $f_y = 400\text{MPa}$)

① 0.0035
② 0.004
③ 0.0045
④ 0.005

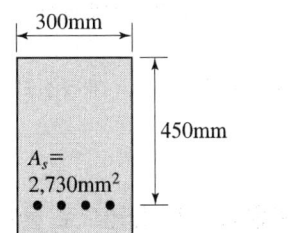

해설
① $a = 152.94\text{mm}$
② $f_{ck} = 28\text{MPa}$로 40MPa 이하이므로 $\beta_1 = 0.80$
③ $c = \dfrac{a}{\beta_1} = \dfrac{152.94}{0.80} = 191.175\text{mm}$
④ $0.0033 : \epsilon_t = c : d - c$ 에서
$\epsilon_t = 0.0033 \dfrac{d-c}{c} = 0.0033 \times \dfrac{450 - 191.175}{191.175} = 0.0045 < 0.005$ 로
변화구간단면이다.

해답 ③

제2과목 측량 및 토질(측량학+토질 및 기초)

1. 측량학(측량학 일반, 기준점 측량, 응용 측량)

033 등고선의 특성에 대한 설명으로 틀린 것은?

① 등고선은 분수선과 직교하고 계곡선과는 평행하다.
② 동굴이나 절벽에서는 교차할 수 있다.
③ 동일 등고선 상의 모든 점은 표고가 같다.
④ 등고선은 도면 내외에서 폐합하는 폐곡선이다.

해설 등고선은 능선 또는 계곡선과 직각으로 만난다.

해답 ①

034 수준측량에 관한 설명으로 옳지 않은 것은?

① 전·후시의 표척 간 거리는 등거리로 하는 것이 좋다.
② 왕복관측을 대신하여 2대의 기계로 동일 표척을 관측하는 것이 좋다.
③ 왕복관측 도중에 관측자를 바꾸지 않는 것이 좋다.
④ 표척을 앞뒤로 서서히 움직여 최소눈금을 읽는 것이 좋다.

해설 수준측량은 반드시 왕복측량을 하는 것을 원칙으로 하며, 동일한 기계를 사용하지 않을 경우 기계 자체로 인한 오차를 보정할 수 없다.

해답 ②

035 B.M.에서 P점까지의 고저를 관측하는데 10km인 A코스, 12km인 B코스로 각각 수준측량하여 A코스의 결과 표고는 62.324m, B코스의 결과 표고는 62.341m이었다. P점 표고의 최확값은?

① 62.341m ② 62.338m
③ 62.332m ④ 62.324m

해설 ① 직접수준측량의 경우 경중률은 거리에 반비례 $\left(P \propto \dfrac{1}{L}\right)$ 하므로

$$P_A : P_B = \dfrac{1}{10} : \dfrac{1}{12} = 12 : 10 = 6 : 5$$

② 두 점간 고저차의 최확값

$$H = \dfrac{[P \cdot H]}{[P]} = \dfrac{6 \times 62.324 + 5 \times 62.341}{6+5} = 62.332\text{m}$$

해답 ③

036

토적곡선(mass curve)을 작성하는 목적으로 옳지 않은 것은?

① 토량의 운반거리 산출
② 토공기계 선정
③ 토량의 배분
④ 중심선 설치

해설 토적곡선 작성 목적(구할 수 있는 사항)
① 토량 분배
② 운반토량 산출
③ 평균운반거리 산출
④ 운반거리에 의한 토공기계 선정
⑤ 시공 방법의 산출
⑥ 토취장, 토사장의 위치 결정

해답 ④

037

삼각측량을 통해 단일삼각망의 내각을 측정하여 다음과 같은 각을 얻었다. 각 내각의 최확값은?

- $\angle A = 32°13'29''$
- $\angle B = 55°32'19''$
- $\angle C = 92°14'30''$

① $\angle A=32°13'24''$, $\angle B=55°32'12''$, $\angle C=92°14'24''$
② $\angle A=32°13'23''$, $\angle B=55°32'12''$, $\angle C=92°14'25''$
③ $\angle A=32°13'23''$, $\angle B=55°32'13''$, $\angle C=92°14'24''$
④ $\angle A=32°13'24''$, $\angle B=55°32'13''$, $\angle C=92°14'23''$

해설 ① 각오차 $w = \angle A + \angle B + \angle C - 180° = 0°0'18''$

② 조정량 $= -\dfrac{W}{3} = -\dfrac{18''}{3} = -6''$

각 각에 $-6''$씩 조정한다.

③ $\angle A = 32°13'29'' - 6'' = 32°13'23''$
$\angle B = 55°32'19'' - 6 = 55°32'13''$
$\angle C = 92°14'30'' - 6'' = 92°14'24''$

해답 ③

038

축척 1:50,000 지형도에서 A점에서 B점까지의 도상거리가 50mm이고, A점의 표고가 200m, B점의 표고가 10m라고 할 때 이 사면의 경사는?

① 1/18.4
② 1/20.5
③ 1/22.3
④ 1/13.2

 ① A점과 B점의 표고차 $h = 200 - 10 = 190$m

② 1/50,000 실제길이는 $D = l \times m = 0.05 \times 50,000 = 2,500$m

③ 경사도 $= \dfrac{h}{D} = \dfrac{190}{2,500} = \dfrac{1}{13.2}$

해답 ④

039 교점(I.P)는 도로의 기점에서 187.94m의 위치에 있고 곡선반지름 250m, 교각 43°57′20″인 단곡선의 접선길이는?

① 87.046m   ② 100.894m
③ 287.834m   ④ 350.447m

해설 $T.L = R\tan\dfrac{I}{2} = 250 \times \tan\dfrac{43°57′20″}{2} = 100.894\text{m}$

해답 ②

040 노선의 완화곡선으로써 3차 포물선이 주로 사용되는 곳은?

① 고속도로   ② 일반철도
③ 시가지전철   ④ 일반도로

해설 완화곡선
① 3차 포물선 : 철도에서 주로 사용한다.
② 클로소이드 : 고속도로 IC에서 주로 사용한다.
③ 렘니스케이트 : 시가지 지하철에서 주로 사용한다.

해답 ②

041 터널의 양 끝단의 기준점 A, B를 포함해서 트래버스측량 및 수준측량을 실시한 결과가 아래와 같을 때 AB 간의 경사거리는?

- 기준점 A의 (X, Y, H)
  (330,123.45m, 250,243.89m, 100.12m)
- 기준점 B의 (X, Y, H)
  (330,342.12m, 250,567.34m, 120.08m)

① 290.94m   ② 390.94m
③ 490.94m   ④ 590.94m

해설 ① AB의 수평거리
$D_{AB} = \sqrt{(X_B - X_A)^2 + (Y_B - Y_A)^2}$
$= \sqrt{(330,342.12 - 330,123.45)^2 + (250,567.34 - 250,243.89)^2}$
$= 390.43\text{m}$
② A점과 B점 간의 표고차
$h = 120.08 - 100.12 = 19.96\text{m}$
③ AB 간의 경사거리
$L_{AB} = \sqrt{D_{AB}^2 + h^2} = \sqrt{390.43^2 + 19.96^2} = 390.94\text{m}$

해답 ②

042

장애물로 인하여 P, Q점에서 관측이 불가능하여 간접측량한 결과 $AB=225.85$m이었다면 이때 PQ의 거리는? (단, $\angle PAB=79°36'$, $\angle QAB=35°31'$, $\angle PBA=34°17'$, $\angle QBA=82°05'$)

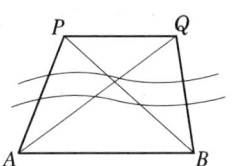

① 179.46m
② 177.98m
③ 178.65m
④ 180.61m

해설

① AP거리
 ㉠ $\angle BPA = 180° - 79°36' - 34°17' = 66°07'$
 ㉡ $\dfrac{AP}{\sin 34°17'} = \dfrac{AB}{\sin 66°07'}$ 에서 $AP = \dfrac{225.85 \times \sin 34°17'}{\sin 66°07'} = 139.132$m

② AQ의 거리
 ㉠ $\angle AQB = 180° - 35°31' - 82°05' = 62°24'$
 ㉡ $\dfrac{AQ}{\sin 82°05'} = \dfrac{AB}{\sin 66°24'}$ 에서 $BQ = \dfrac{225.85 \times \sin 82°05'}{\sin 62°24'} = 252.42$m

③ PQ의 거리
 ㉠ $\angle PAQ = 79°36' - 35°31' = 44°05'$
 ㉡ $PQ = \sqrt{AP^2 + AQ^2 - 2 \cdot AP \cdot AQ \cdot \cos \angle PAQ}$
  $= \sqrt{139.132^2 + 252.42^2 - 2 \times 139.13 \times 252.42 \times \cos 44°05'}$
  $= 180.6$m

해답 ④

043

지오이드에 대한 설명으로 옳은 것은?

① 육지 및 해저의 굴곡을 평균값으로 정한 면이다.
② 평균해수면을 육지 내부까지 연장했을 때의 가상적인 곡면이다.
③ 육지와 해양의 지평면을 말한다.
④ 회전타원체와 같을 것으로 지구형상이 되는 곡면이다.

해설 지오이드는 평균해수면을 육지 내부까지 연장하여 지구를 둘러싼 가상 곡면을 말한다.

해답 ②

044

하천측량을 실시할 경우 수애선의 기준이 되는 것은?

① 고수위
② 평수위
③ 갈수위
④ 홍수위

해설 수애선은 육지와 물과의 경계선을 말하는 것으로 평수위에 의해 정해진다.

해답 ②

045 도로의 노선측량에서 종단면도에 나타나지 않는 항목은?

① 각 관측점에서의 계획고
② 각 관측점의 기점으로부터의 누적거리
③ 지반고와 계획고에 대한 성토, 절토량
④ 각 관측점의 지반고

해설 종단면도 기입사항은 다음과 같다.
① 측점
② 거리 및 누가 거리
③ 지반고 및 계획고
④ 성토고 및 절토고
⑤ 계획선의 구배

해답 ③

046 시간과 경비가 많이 들고 조건식수가 많아 조정이 복잡하지만 정확도가 높은 삼각망은?

① 단열삼각망
② 유심삼각망
③ 사변형삼각망
④ 단삼각형

해설 사변형 삼각망
① 조정이 복잡하고 시간과 비용이 많이 든다.
② 조건식의 수가 가장 많아 정도가 가장 높다.
③ 기선삼각망에 이용된다.
④ 지천의 합류점이나 분류점에서 위치를 정확히 결정 할 때 사용한다.

해답 ③

047 그림과 같은 지역의 면적은?

① 246.5m^2
② 268.4m^2
③ 275.2m^2
④ 288.9m^2

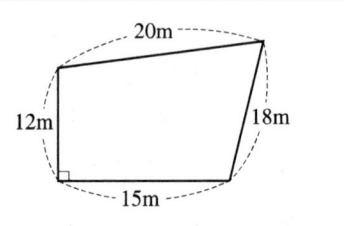

해설
① 삼사법에 의해 $A_1 = \dfrac{1}{2}(12 \times 15) = 90\text{m}^2$
② 삼변법에 의해
  ㉠ $a = \sqrt{12^2 + 15^2} = 19.21\text{m}$
  ㉡ $s = \dfrac{19.21 + 18 + 20}{2} = 28.6\text{m}$
  ㉢ $A_2 = \sqrt{s(s-a)(s-b)(s-c)}$
    $= \sqrt{(28.6)(28.6-19.2)(28.6-18)(28.6-20)} = 156.5$
③ $A = A_1 + A_2 = 246.5\text{m}^2$

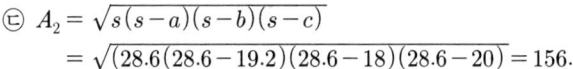

해답 ①

048 유속측량장소의 선정 시 고려하여야 할 사항으로 옳지 않은 것은?

① 가급적 수위의 변화가 뚜렷한 곳이어야 한다.
② 직류부로서 흐름과 하상경사가 일정하여야 한다.
③ 수위변화에 횡단형상이 급변하지 않아야 한다.
④ 관측장소의 상·하류의 유로가 일정한 단면을 갖고 있으며 관측이 편리하여야 한다.

해설 관측 시 교각이나 기타 구조물에 의하여 수위에 영향을 받지 않아야 한다.   **해답** ①

049 도로와 철도의 노선 선정 시 고려해야 할 사항에 대한 설명으로 옳지 않은 것은?

① 성토를 절토보다 많게 해야 한다.
② 가급적 급경사노선은 피하는 것이 좋다.
③ 기존 시설물의 이전비용 등을 고려한다.
④ 건설비·유지비가 적게 드는 노선이어야 한다.

해설 가능한 한 절토량과 성토량을 같게 하여 경제적으로 하여야 한다.   **해답** ①

050 1회 관측에서 ±3mm의 우연오차가 발생하였다. 10회 관측하였을 때의 우연오차는?

① ±3.3mm   ② ±0.3mm
③ ±9.5mm   ④ ±30.2mm

해설 $E_2 = \pm e\sqrt{n} = \pm 3 \times \sqrt{10} = \pm 9.5\text{mm}$ **해답** ③

2. 토질 및 기초(토질역학, 기초공학)

051 다음의 토질시험 중 투수계수를 구하는 시험이 아닌 것은?

① 다짐시험   ② 변수두 투수시험
③ 압밀시험   ④ 정수두 투수시험

해설 투수계수 구하는 시험은 정수위투수 시험, 변수위투수 시험, 압밀 시험이 있다.   **해답** ①

052
미세한 모래와 실트가 작은 아치를 형성한 고리모양의 구조로써 간극비가 크고, 보통의 정적하중을 지탱할 수 있으나 무거운 하중 또는 충격하중을 받으면 흙구조가 부서지고 큰 침하가 발생되는 흙의 구조는?

① 면모구조　　② 벌집구조
③ 분산구조　　④ 단립구조

해설 봉소구조(벌집구조)는 흙 입자가 서로 접촉 위치를 지키려는 힘에 의해 아치(arch)를 형성하한 고리모양의 구조로서 충격과 진동에 약하다.

해답 ②

053
압밀에 걸리는 시간을 구하는데 관계가 없는 것은?

① 배수층의 길이　　② 압밀계수
③ 유효응력　　　　④ 시간계수

해설
$$t = \frac{T \cdot d^2}{C_v}$$
여기서, t : 압밀시간, d : 배수거리, T : 시간계수, C_v : 압밀계수

해답 ③

054
다음 중 얕은 기초는?

① Footing기초　　② 말뚝기초
③ Caisson기초　　④ Pier기초

해설 **얕은 기초의 종류** : 독립 푸팅 기초, 복합 푸팅 기초, 캔틸레버 푸팅 기초, 연속 푸팅 기초, 전면 기초

해답 ①

055
유선망을 작도하는 주된 목적은?

① 침하량의 결정　　② 전단강도의 결정
③ 침투수량의 결정　④ 지지력의 결정

해설 **유선망 작도 목적**
① 침투 수량을 알 수 있다.
② 임의의 점에 작용하는 간극수압을 알 수 있다.
③ 동수경사의 결정이 가능하다.
④ 파이핑(piping)에 대한 안전 검토를 할 수 있다.

해답 ③

056
절편법에 의한 사면의 안정해석 시 가장 먼저 결정되어야 할 사항은?

① 가상활동면
② 절편의 중량
③ 활동면상의 점착력
④ 활동면상의 내부마찰각

해설 절편법(분할법)은 먼저 임의의 가상 활동면을 가정하여, 활동면의 흙을 여러 개의 절편으로 나누어 각 절편에 작용하는 힘을 구하여 절편에 대한 안전율을 결정하는 방법이다.

해답 ①

057
다음 중 지지력이 약한 지반에서 가장 적합한 기초형식은?

① 독립확대기초
② 전면기초
③ 복합확대기초
④ 연속확대기초

해설 전면기초는 모든 기둥이나 받침을 하나의 연속된 확대기초로 지지하도록 만든 기초로 기초 지반이 연약한 경우에 가장 적합한 기초형식이다.

해답 ②

058
랭킨토압론의 가정으로 틀린 것은?

① 흙은 비압축성이고 균질이다.
② 지표면은 무한히 넓다.
③ 흙은 입자 간의 마찰에 의하여 평형조건을 유지한다.
④ 토압은 지표면에 수직으로 작용한다.

해설 토압은 지표면에 평행하게 작용한다.

해답 ④

059
점토지반에서 직경 30cm의 평판재하시험결과 $300kN/m^2$의 압력이 작용할 때 침하량이 5mm라면 직경 1.5m의 실제 기초에 $300kN/m^2$의 하중이 작용할 때 침하량의 크기는?

① 2mm
② 5mm
③ 14mm
④ 25mm

해설 점토지반의 침하량은 재하판 폭에 비례

$$S_{(기초)} = S_{(재하판)} \cdot \frac{B_{(기초)}}{B_{(재하판)}} = 5 \times \frac{1.5}{0.3} = 25\,mm$$

해답 ④

060 흙을 다지면 기대되는 효과로 거리가 먼 것은?

① 강도 증가
② 투수성 감소
③ 과도한 침하 방지
④ 함수비 감소

해설 다짐 효과
① 흙의 전단강도를 증가시켜 사면 안정성을 개선한다.
② 부착력이 증대하고 투수성이 감소한다.
③ 압축성이 감소되므로 지반의 침하가 감소한다.
④ 지반의 흡수성이 감소한다.
⑤ 상대밀도가 증가하므로 단위중량이 증대된다.
⑥ 동상, 팽창, 수축 등을 감소시킨다.

해답 ④

061 흙의 일축압축시험에 관한 설명 중 틀린 것은?

① 내부마찰각이 적은 점토질의 흙에 주로 적용된다.
② 축방향으로만 압축하여 흙을 파괴시키는 것이므로 $\sigma_3 = 0$일 때의 삼축압축시험이라고 할 수 있다.
③ 압밀비배수(CU)시험조건이므로 시험이 비교적 간단하다.
④ 흙의 내부마찰각 ϕ는 공시체 파괴면과 최대주응력면 사이에 이루는 각 θ를 측정하여 구한다.

해설 일축압축시험은 $\sigma_3 = 0$인 상태의 삼축압축시험으로 UU-test(비압밀비배수시험) 조건이다.

해답 ③

062 다음 그림에서 점토 중앙단면에 작용하는 유효압력은? (단, 물의 단위중량은 9.81kN/m³이다.)

① 12kN/m²
② 25kN/m²
③ 28kN/m²
④ 44kN/m²

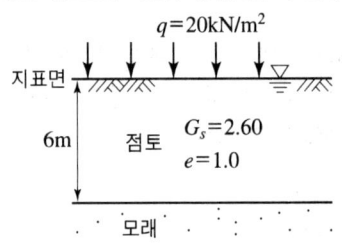

해설
① $\gamma_{sat} = \dfrac{G_s + e}{1+e}\gamma_w = \dfrac{2.6+1.0}{1+1.0} \times 9.81 = 17.658\,\text{kN/m}^3$

② $\bar{\sigma} = q + \gamma_{sub}\,h_{점토\ 중앙단면} = 20 + (17.658 - 9.81) \times \dfrac{6}{2} = 43.544\,\text{kN/m}^2$

해답 ④

063 얕은기초의 근입심도를 깊게 하면 일반적으로 기초지반의 지지력은?

① 증가한다.
② 감소한다.
③ 변화가 없다.
④ 증가할 수도 있고, 감소할 수도 있다.

해설 극한지지력은 근입깊이 D_f가 깊어지면 증가한다.

해답 ①

064 전단시험법 중 간극수압을 측정하여 유효응력으로 정리하면 압밀배수시험(CD-test)과 거의 같은 전단상수를 얻을 수 있는 시험법은?

① 비압밀비배수시험(UU-test)
② 직접전단시험
③ 압밀비배수시험(CU-test)
④ 일축압축시험(q_u-test)

해설 압밀 비배수 전단시험(CU-test 또는 $\overline{CU}$-test)은 시간이 너무 많이 소요되는 압밀 배수 전단시험(CD-test)대신 거의 같은 전단상수 값을 얻을 수 있기 때문에 대체가 가능하다.

해답 ③

065 그림과 같은 지반에서 깊이 5m 지점에서의 전단강도는? (단, 내부마찰은 35°, 점착력은 0, γ_w는 9.81kN/m³이다.)

① 31kN/m²
② 37kN/m²
③ 44kN/m²
④ 62kN/m²

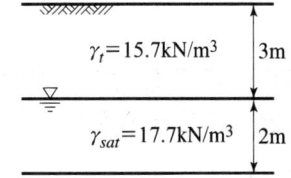

γ_t=15.7kN/m³, 3m
γ_{sat}=17.7kN/m³, 2m

해설 ① $\sigma' = r_t h_1 + r_{sub} h_2 = 15.7 \times 3 + (17.7 - 9.81) \times 2 = 62.88 \text{kN/m}^2$
② $\tau_f = c + \sigma' \tan\phi = 0 + 62.88 \times \tan 35° = 44 \text{kN/m}^2$

해답 ③

066 어떤 흙의 습윤단위중량(γ_t)은 20kN/m³이고, 함수비는 18%이다. 이 흙의 건조단위중량(γ_d)은?

① 16.26kN/m³
② 16.95kN/m³
③ 17.67kN/m³
④ 18.58kN/m³

해설 $\gamma_d = \dfrac{\gamma_t}{1+\dfrac{w}{100}} = \dfrac{20}{1+\dfrac{18}{100}} = 16.95 \text{kN/m}^3$

해답 ②

067 흙의 다짐에 대한 설명으로 틀린 것은?

① 사질토의 최대건조단위중량은 점성토의 최대건조단위중량보다 크다.
② 점성토의 최적함수비는 사질토의 최적함수비보다 크다.
③ 영공기 간극곡선은 다짐곡선과 교차할 수 없고 항상 다짐곡선의 우측에만 위치한다.
④ 유기질성분을 많이 포함할수록 흙의 최대건조단위중량과 최적함수비는 감소한다.

해설 유기질성분을 많이 포함할수록 흙의 최대건조단위중량은 감소하고 최적함수비는 증가한다.

해답 ④

068 동수경사(i)의 차원은?

① 무차원이다.
② 길이의 차원을 갖는다.
③ 속도의 차원을 갖는다.
④ 면적과 같은 차원이다.

해설 $i = \dfrac{수두차}{이동거리} = \dfrac{\Delta h}{L}$ 이므로 단위가 없어, 무차원이다.

해답 ①

069 rod에 붙인 어떤 저항체를 지중에 넣어 타격관입, 인발 및 회전할 때의 저항으로 흙의 전단강도 등을 측정하는 원위치시험을 무엇이라 하는가?

① 보링(boring)
② 사운딩(sounding)
③ 시료채취(sampling)
④ 비파괴시험(NDT)

해설 사운딩(Sounding)이란 Rod 선단에 설치한 저항체를 지중에 넣어 관입, 인발 및 회전 등에 대한 저항치로부터 지반의 특성을 파악하는 지반조사 방법이다.

해답 ②

070 다음 시험 중 흐트러진 시료를 이용한 시험은?

① 전단강도시험
② 압밀시험
③ 투수시험
④ 애터버그한계시험

해설 애터버그한계시험은 No.40체 통과한 시료(교란시료)를 사용하여 실시한다.

해답 ④

제3과목 수자원설계(수리학+상하수도공학)

1. 수리학

071 초속 V_o의 사출수가 도달하는 수평 최대거리는?

① 최대연직높이의 1.2배이다.
② 최대연직높이의 1.5배이다.
③ 최대연직높이의 2.0배이다.
④ 최대연직높이의 3.0배이다.

해설 수평 최대거리는 최대 연직높이의 2배이다.

해답 ③

072 관망의 유량을 계산하는 방법인 Hardy-Cross의 방법에서 가정조건이 아닌 것은?

① 분기점에서 유입하는 유량은 그 점에서 정지하지 않고 전부 유출한다.
② 각 폐합관에서 시계방향 또는 반시계방향으로 흐르는 관로의 손실수두의 합은 0이다.
③ 합류점에 유입하는 유량은 그 점에서 정지하지 않고 전부 유출한다.
④ 보정유량 ΔQ는 크기와 상관없이 균등하게 배분하여 유량을 결정한다.

해설 Hardy Cross 계산법 가정 조건
① 각 분기점 또는 합류점에 유입하는 유량은 그 점에서 정지하지 않고 전부 유출한다. 이 조건은 $\Sigma Q=0$ 조건인 연속방정식을 의미한다.
② 각 폐합관에서 손실수두의 합은 흐름의 방향에 관계없이 0이다.
③ 손실은 마찰손실만 고려한다.(관의 각 부분에서 발생되는 미소손실은 무시한다)

해답 ④

073 다음 설명 중 옳지 않은 것은?

① 유선이란 임의순간에 각 점의 속도벡터에 접하는 곡선이다.
② 유관이란 개방된 곡선을 통과하는 유선으로 이루어진 평면을 말한다.
③ 흐름이 층류일 때 뉴턴의 점성법칙을 적용할 수 있다.
④ 정상류란 한 점에서 흐름의 특성이 시간에 따라 변하지 않는 흐름이다.

해설 유관이란 유체 내부에 한 개의 폐곡선을 생각하여 그 곡선상의 각 점에서 유선을 그리면 유선은 일종의 경계면을 형성하는 하나의 가상적인 관을 말한다.

해답 ②

074
그림과 같이 단면적이 A_1, A_2인 두 관이 연결되어 있고 관내 두 점의 수두차가 H일 때 유량을 계산하는 식은?

① $Q = \dfrac{A_1 - A_2}{\sqrt{A_1^2 - A_2^2}} \sqrt{2gH}$

② $Q = \dfrac{A_1 \cdot A_2}{\sqrt{A_1^2 + A_2^2}} \sqrt{2gH}$

③ $Q = \dfrac{A_1 - A_2}{\sqrt{A_1^2 + A_2^2}} \sqrt{2gH}$

④ $Q = \dfrac{A_1 \cdot A_2}{\sqrt{A_1^2 - A_2^2}} \sqrt{2gH}$

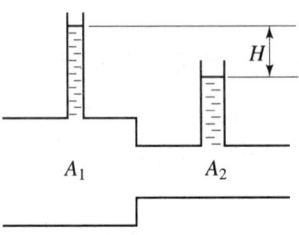

해설 $Q = \dfrac{A_1 A_2}{\sqrt{A_1^2 - A_2^2}} \sqrt{2gH}$

해답 ④

075
동수경사선(hydraulic grade line)에 대한 설명으로 옳은 것은?

① 위치수두를 연결한 선이다.
② 속도수두와 위치수두를 합해 연결한 선이다.
③ 압력수두와 위치수두를 합해 연결한 선이다.
④ 전수두를 연결한 선이다.

해설 동수경사선(수두경사선)은 기준수평면에서 $\left(Z(\text{위치수두}) + \dfrac{P}{w}(\text{압력수두})\right)$의 점들을 연결한 선이다.

해답 ③

076
그림과 같은 수중 오리피스에서 오리피스단면적이 30cm^2일 때 유출량은? (단, 유량계수 $C = 0.6$)

① 13.7L/s
② 12.5L/s
③ 10.2L/s
④ 8.0L/s

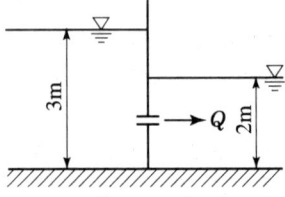

해설 $Q = Ca\sqrt{2gh} = 0.6 \times 30 \times \sqrt{2 \times 980 \times (300 - 200)} = 7{,}969\text{cm}^3/\text{s} = 8.0\text{L/s}$

해답 ④

077

길이 130m인 관로에서 양단의 압력수두차가 8m가 되도록 하고 0.3m³/s의 물을 송수하기 위한 관의 직경은? (단, 관로의 마찰손실계수는 0.03이다)

① 43.0cm
② 32.5cm
③ 30.3cm
④ 25.4cm

해설

① $V = \dfrac{Q}{A} = \dfrac{0.3}{\dfrac{\pi \cdot D^2}{4}} = \dfrac{0.382}{D^2}$

② $h_L = f \dfrac{l}{D} \dfrac{V^2}{2g}$

$8 = 0.03 \times \dfrac{130}{D} \times \dfrac{\left(\dfrac{0.382}{D^2}\right)^2}{2 \times 9.8}$ 에서 $D^5 = 0.00363$ ∴ $D = 0.325\text{m} = 32.5\text{cm}$

해답 ②

078

유체 내부 임의의 점(x, y, z)에서의 시간 t에 대한 속도성분을 각각 u, v, w로 표시할 때 정류이며 비압축성인 유체에 대한 연속방정식으로 옳은 것은? (단, ρ는 유체의 밀도이다.)

① $\dfrac{\partial u}{\partial x} + \dfrac{\partial v}{\partial y} + \dfrac{\partial w}{\partial z} = 0$

② $\dfrac{\partial \rho u}{\partial x} + \dfrac{\partial \rho v}{\partial y} + \dfrac{\partial \rho w}{\partial z} = 0$

③ $\dfrac{\partial \rho}{\partial t} + \rho\left(\dfrac{\partial u}{\partial x} + \dfrac{\partial v}{\partial y} + \dfrac{\partial w}{\partial z}\right) = 0$

④ $\dfrac{\partial \rho}{\partial t} + \dfrac{\partial(\rho u)}{\partial x} + \dfrac{\partial(\rho v)}{\partial y} + \dfrac{\partial(\rho w)}{\partial z} = 0$

해설 압축성 유체일 때 정류의 연속방정식

$\dfrac{\partial \rho}{\partial t} = 0$ 이므로 $\dfrac{\partial(\rho u)}{\partial x} + \dfrac{\partial(\rho v)}{\partial y} + \dfrac{\partial(\rho w)}{\partial z} = 0$

해답 ①

079

물의 점성계수(coefficient of viscosity)에 대한 설명 중 옳은 것은?

① 수온에는 관계없이 점성계수는 일정하다.
② 점성계수와 동점성계수는 반비례한다.
③ 수온이 낮을수록 점성계수는 크다.
④ 4℃에서의 점성계수가 가장 크다.

해설 점성은 물체가 외력에 대해 계속해서 연속적으로 저항하는 성질로서 수온이 낮을수록 크다.

해답 ③

080 한계류에 대한 설명으로 옳은 것은?

① 유속의 허용한계를 초과하는 흐름
② 유속과 장파의 전파속도의 크기가 동일한 흐름
③ 유속이 빠르고 수심이 작은 흐름
④ 동압력이 정압력보다 큰 흐름

해설 한계류는 유속과 장파의 전파속도의 크기가 동일한 흐름이다.

해답 ②

081 원형 관수로의 흐름에서 레이놀즈수(Re)를 유량 Q, 지름 d 및 동점성계수 ν의 함수로 표시한 것으로 옳은 것은?

① $Re = \dfrac{4Q}{\pi d \nu}$
② $Re = \dfrac{Q}{4\pi d \nu}$
③ $Re = \dfrac{\pi \nu}{Qd}$
④ $Re = \dfrac{\pi d}{\nu Q}$

해설
① $V = \dfrac{Q}{A} = \dfrac{Q}{\dfrac{\pi \cdot d^2}{4}} = \dfrac{4Q}{\pi d^2}$
② $Re = \dfrac{Vd}{\nu} = \dfrac{\dfrac{4Q}{\pi d^2} \times d}{\nu} = \dfrac{4Q}{\pi d \nu}$

해답 ①

082 개수로의 흐름에서 등류의 흐름일 때 옳은 것은?

① 유속은 점점 빨라진다.
② 유속은 점점 늦어진다.
③ 유속은 일정하게 유지된다.
④ 유속은 0이다.

해설 등류란 정류 중에서 어느 단면에서나 유속과 수심이 변하지 않는 흐름을 말한다.

해답 ③

083 오리피스에서 유출되는 실제 유량을 계산하기 위한 수축계수 C_a로 옳은 것은? (단, a_0 : 수축단면의 단면적, a : 오리피스의 단면적, V : 실제 유속, V_0 : 이론 유속)

① $\dfrac{a}{a_0}$
② $\dfrac{V_0}{V}$
③ $\dfrac{a_0}{a}$
④ $\dfrac{V}{V_0}$

해설 **수축계수** $C_a = \dfrac{a_o}{a}$

해답 ③

084

콘크리트 직사각형 수로폭이 8m, 수심이 6m일 때 Chézy의 공식에서 유속계수 (C)의 값은? (단, Manning의 조도계수 $n=0.014$이다.)

① 79
② 83
③ 87
④ 92

 해설
① $R = \dfrac{A}{P} = \dfrac{8 \times 6}{6+8+6} = 2.4\text{m}$

② $C = \dfrac{1}{n} R^{\frac{1}{6}} = \dfrac{1}{0.014} \times 2.4^{\frac{1}{6}} = 83$

해답 ②

085

수압 98kPa(1kg/cm²)을 압력수두로 환산한 값으로 옳은 것은?

① 1m
② 10m
③ 100m
④ 1,000m

 해설
압력수두 $= \dfrac{P}{w} = \dfrac{10\text{t/m}^2}{1\text{t/m}^3} = 10\text{m}$

해답 ②

086

부체(浮體)가 불안정해지는 조건에 대한 설명으로 옳은 것은?

① 부양면에 대한 단면 1차 모멘트가 클수록
② 부양면에 대한 단면 1차 모멘트가 작을수록
③ 부양면에 대한 단면 2차 모멘트가 클수록
④ 부양면에 대한 단면 2차 모멘트가 작을수록

해설 부체의 불안정 조건

$\overline{MG}(h) < 0, \ \dfrac{I_X}{V} < \overline{GC}, \ \overline{CM} < \overline{CG}$

해답 ④

087

개수로의 수면기울기가 1/1,200이고 경심 0.85m, Chezy의 유속계수 56일 때 평균유속은?

① 1.19m/s
② 1.29m/s
③ 1.39m/s
④ 1.49m/s

 해설
$V = C\sqrt{RI} = 56 \times \sqrt{0.85 \times \dfrac{1}{1,200}} = 1.49\text{m/s}$

해답 ④

2. 상하수도공학(상수도계획, 하수도계획)

088 하천이나 호소에서 부영양화(eutrophication)의 주된 원인물질은?
① 질소 및 인　　② 탄소 및 유황
③ 중금속　　　　④ 염소 및 질산화물

해설 부영양화는 질소(N)와 인(P)으로 인해 발생한다.　　해답 ①

089 관거접합방법 중 다른 방법에 비해 흐름은 원활하나 하류의 굴착깊이가 커지는 접합방법은?
① 관정접합　　② 수면접합
③ 관중심접합　　④ 관저접합

해설 관정접합은 관거의 내면 상부를 일치시키는 방식으로 매설깊이를 증대시킴으로서 공사비가 증대된다.　　해답 ①

090 도수시설에 관한 설명으로 옳지 않은 것은?
① 수로의 형식은 관수로식과 개수로식이 있지만, 펌프가압식에서는 관수로식을 채택한다.
② 도수관의 노선은 관로가 항상 동수경사선 이하가 되도록 설정하고 항상 정압이 되도록 계획한다.
③ 자연유하식 도수관인 경우에는 평균유속의 최소 한계를 0.3m/s로 한다.
④ 수질오염의 관점으로는 개수로가 관수로보다 더 유리하다.

해설 오염될 확률은 개방되어 있는 개수로가 관수로보다 높다.　　해답 ④

091 유량이 1,000m³/day이고 BOD가 100mg/L인 폐수를 유효용량 200m³인 포기조에서 처리할 경우 BOD용적부하는?
① 0.5kg/m³·day　　② 5.0kg/m³·day
③ 10.0kg/m³·day　　④ 12.5kg/m³·day

해설 ① BOD 용적 부하(kgBOD/m³·d)
$$= \frac{1일\ BOD\ 유입량(kgBOD/d)}{폭기조용적(m^3)} = \frac{하수량 \times 하수의\ BOD}{폭기조\ 부피}$$

$$= \frac{1{,}000\text{m}^3/\text{day} \times 100\text{mg/L}}{200\text{m}^3} = 500\text{mg}/(\text{L} \cdot \text{day})$$

② $500\text{mg}/(\text{L} \cdot \text{day}) \times 10^{-6}\text{kg/mg} \times 10^3\text{L/m}^3 = 0.5\text{kg}/(\text{m}^3 \cdot \text{day})$

해답 ①

092

슬러지의 안정화목적으로 거리가 먼 것은?

① 병원균의 감소
② 함수율의 감소
③ 악취의 제거
④ 부패 억제, 감소 또는 제거

해설 함수율의 감소는 슬러지의 부피를 감소시켜 취급이 용이하도록 하기 위함이다.

해답 ②

093

유역면적 2km², 유출계수 0.6인 어느 지역에서 2시간 동안에 70mm의 호우가 내렸다. 합리식에 의한 이 지역의 우수유출량은?

① 10.5m³/s
② 11.7m³/s
③ 42.0m³/s
④ 70.0m³/s

해설 $Q = \frac{1}{3.6} CIA = \frac{1}{3.6} \times 0.6 \times \frac{70}{2} \times 2 = 11.7\text{m}^3/\text{s}$

해답 ②

094

다음 중 완속여과지에 비하여 급속여과지의 장점이 아닌 것은?

① 여과속도가 빠르다.
② 부지면적이 적게 소요된다.
③ 원수가 고농도의 현탁물일 때 유리하다.
④ 주로 미생물에 의한 제거효과가 뚜렷하다.

해설 급속여과지에 비해 완속여과지의 경우 미생물에 의한 제거효과가 뚜렷하다.

해답 ④

095

상수를 처리한 후에 치아의 충치를 예방하기 위해 주입할 수 있으며 원수 중에 과량으로 존재하면 반상치(반점치) 등을 일으키므로 제거하여야 하는 물질은?

① 염소
② 불소
③ 산소
④ 비소

해설 불소는 상수도에 적당량을 함유하면 충치를 예방할 수 있으나, 다량이 함유되면 반상치(반점치)를 일으킨다.

해답 ②

096
우수관거 및 합류관거의 최소관경(A)과 관거의 최소흙두께(B)로 옳게 짝지어진 것은?

① $A=200mm$, $B=0.5m$
② $A=250mm$, $B=1m$
③ $A=200mm$, $B=1m$
④ $A=250mm$, $B=0.5m$

해설 관거의 최소흙두께는 원칙적으로 1m로 하며, 우수관거 및 합류관거의 최소 관경은 250mm이고, 오수관거의 최소 관경은 200mm이다.

해답 ②

097
그림과 같은 활성슬러지변법은?

① 계단식 폭기법
② 장기폭기법
③ 접촉안정법
④ 산화구법

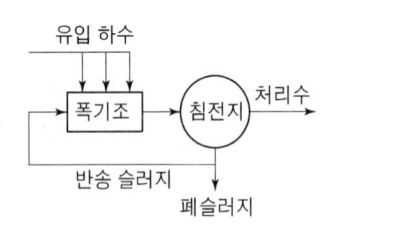

해설 그림은 계단식 폭기법에 해당한다.

해답 ①

098
분류식과 합류식 하수배제방식의 특징으로 틀린 것은?

① 일반적으로 합류식의 관경이 분류식보다 크다.
② 분류식은 우수관과 오수관으로 구분된다.
③ 합류식은 초기 우수의 일부를 처리장으로 운송하여 처리한다.
④ 분류식은 완전한 우수처리가 가능하다.

해설 분류식은 우수 초기에 오염도가 비교적 큰 노면배수가 우수관거를 통해 공공수역으로 직접 방류되는 등 완전한 우수처리가 어려워 하천을 오염시킨다.

해답 ④

099
다음 중 BOD값이 크게 나타나는 경우는?

① 영양염류가 풍부한 경우
② DO농도가 큰 경우
③ 유기물질이 많은 경우
④ 미생물이 활성화되어 있는 경우

해설 **생물화학적 산소요구량**(BOD)은 수중의 미생물이 호기성 상태에서 유기물을 분해하여 안정화시키는 데 요구되는 산소량으로 유기물질이 많은 경우 BOD값이 커진다.

해답 ③

100 계획취수량의 결정에 대한 설명으로 옳은 것은?

① 계획 1일 평균급수량에 10% 정도 증가된 수량으로 결정한다.
② 계획 1일 최대급수량에 10% 정도 증가된 수량으로 결정한다.
③ 계획 1일 평균급수량에 30% 정도 증가된 수량으로 결정한다.
④ 계획 1일 최대급수량에 30% 정도 증가된 수량으로 결정한다.

해설 계획취수량은 지하수의 침투나 누수 등을 고려하여 계획 1일 최대급수량의 10%정도 증가된 수량으로 결정한다.

해답 ②

101 관거별 계획하수량을 결정할 때 고려하여야 할 사항으로 틀린 것은?

① 오수관거는 계획시간 최대오수량으로 한다.
② 우수관거는 계획우수량으로 한다.
③ 합류식 관거는 계획 1일 최대오수량에 계획우수량을 합한 것으로 한다.
④ 차집관거는 우천시 계획오수량으로 한다.

해설 합류식 관거의 계획하수량은 계획시간 최대 오수량에 계획우수량을 합한 것으로 한다.

해답 ③

102 펌프에 연결된 관로에서 압력강하에 따른 부압 발생을 방지하기 위한 방법이 아닌 것은?

① 펌프에 플라이휠(fly-wheel)을 붙여 펌프의 관성을 증가시켜 급격한 압력강하를 완화한다.
② 펌프토출측 관로에 조압수조(conventional surge tank)를 설치한다.
③ 압력수조(air-chamber)를 설치한다.
④ 관내 유속을 크게 한다.

해설 부압 발생의 방지법
① 펌프에 플라이휠(fly-wheel)을 붙인다.
② 토출측 관로에 표준형 조압수조(conventional surge tank)를 설치한다.
③ 토출측 관로에 한방향형 조압수조(one-way surge tank)를 설치한다.
④ 압력수조(air-chamber)를 설치한다.

해답 ④

103 하수관거의 길이가 1.8km인 하수관거 내에서 우수가 1.5m/s의 유속으로 흐르고 유입시간이 8분일 때 유달시간은?

① 18분   ② 20분
③ 28분   ④ 38분

해설 유달시간(T)=유입시간(t_1)+유하시간(t_2)=$t_1+\dfrac{L}{v}$=$8+\dfrac{1,800}{1.5\times 60}$=$28\min$

해답 ③

104 파괴점염소처리(또는 불연속점염소처리)에 대한 설명 중 틀린 것은?

① 염소를 주입하여 생성된 클로라민을 모두 파괴하고 유리잔류염소로 소독하는 방법이다.
② 파괴점(breakpoint)은 염소요구량이 소비되고 나서 유리잔류염소가 존재하기 시작하는 점을 말한다.
③ 유리잔류염소는 살균력이 강하여 소독효과를 충분히 달성할 수가 있다.
④ 파괴점염소소독을 할 경우 THM 등의 소독부산물 생성을 방지할 수 있다.

해설 염소 사용 시 발암물질인 트리할로메탄(THM)의 생성은 불가피하기 때문에 트리할로메탄을 총량으로 규제하고 있다.

해답 ④

105 취수시설 중 취수탑에 대한 설명으로 틀린 것은?

① 큰 수위변동에 대응할 수 있다.
② 지하수를 취수하기 위한 탑모양의 구조물이다.
③ 취수구를 상하에 설치하여 수위에 따라 좋은 수질을 선택하여 취수할 수 있다.
④ 유량이 안정된 하천에서 대량으로 취수할 때 유리하다.

해설 취수탑은 하천수 및 호소, 저수지수를 취수하기 위한 시설이다.

해답 ②

106 BOD가 94.8mg/L인 오수 5m³/h를 유량이 50m³/h인 하천에 방류한 결과 BOD가 14.1mg/L가 되었다. 오수가 유입되기 이전의 하천BOD는?

① 2.0mg/L   ② 4.0mg/L
③ 6.0mg/L   ④ 8.0mg/L

해설 $C_m = \dfrac{Q_1 C_1 + Q_2 C_2}{Q_1 + Q_2} = \dfrac{94.8 \times 5 + C_2 \times 50}{5 + 50} = 14.1 \text{mg/L}$ 에서
$C_2 = 6.0 \text{mg/L}$

해답 ③

107. 송수관을 자연유하식으로 설계할 때 평균유속의 허용최대한계는?

① 1.5m/s ② 2.5m/s
③ 3.0m/s ④ 5.0m/s

해설 도·송수관의 평균유속의 최대한도는 자연유하식인 경우 허용 최대한도를 3.0m/s로 하고, 펌프가압식인 경우는 경제적인 관경에 대한 유속으로 한다.

해답 ③

무료 동영상과 함께하는 **토목산업기사 필기**

2022

2022년 3월 CBT 시행
2022년 5월 CBT 시행
2022년 9월 CBT 시행

무료 동영상과 함께하는
토목산업기사 필기

토목산업기사

2022년 3월 CBT 시행

2023 개정된 출제기준에 의거하여 불필요한 문제는 삭제하고 3과목으로 정리함

제1과목 구조설계(응용역학+철근콘크리트 및 강구조)

1. 응용역학(역학적인 개념 및 건설 구조물의 해석)

001 그림과 같은 구조물에서 BC 부재가 받는 힘은 얼마인가?

① 18kN
② 24kN
③ 37.5kN
④ 50kN

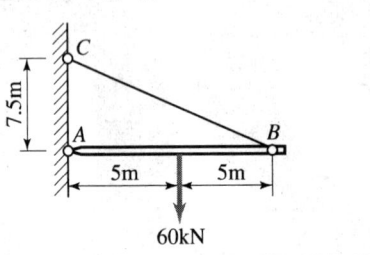

해설 힌지에서의 모멘트는 '0'이므로

$M_A = 60 \times 5 - V_{BC} \times 10$

$\quad = 60 \times 5 - T_{BC} \times \dfrac{7.5}{\sqrt{7.5^2 + 10^2}} \times 10$

$\quad = 0$ 에서

$T_{BC} = 50\text{kN}(인장)$

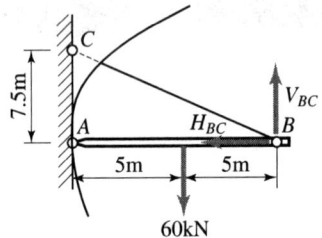

해답 ④

002 다음 중 단면계수의 단위로서 옳은 것은?

① cm
② cm^2
③ cm^3
④ cm^4

해설 단면계수의 단위차원은 L^3이므로 cm^3이다.

해답 ③

003

그림과 같이 반원의 도심을 지나는 X축에 대한 단면2차모멘트의 값은?

① 4.89cm^4
② 6.89cm^4
③ 8.89cm^4
④ 10.89cm^4

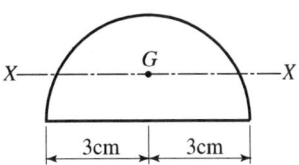

해설
① 반원의 도심
$$y = \frac{4r}{3\pi}$$

② 반원 밑면에 대한 단면2차모멘트
$$I_{밑면} = I_{원형도심} \cdot \frac{1}{2} = \frac{\pi \cdot (2r)^4}{64} \times \frac{1}{2} = \frac{\pi \cdot r^4}{8}$$

③ 반원 도심축에 대한 단면2차모멘트
$$I_X = I_{밑면} - A \cdot y^2 = \frac{\pi \cdot r^4}{8} - \frac{\pi \cdot r^2}{2} \times \left(\frac{4r}{3\pi}\right)^2 = \frac{\pi \times 3^4}{8} - \frac{\pi \times 3^2}{2} \times \left(\frac{4 \times 3}{3 \times \pi}\right)^2$$
$$= 8.89 \text{cm}^4$$

해답 ③

004

직경 3cm의 강봉을 70kN로 잡아당길 때 막대기의 직경이 줄어드는 양은? (단, 푸아송비 $\nu = \frac{1}{4}$, 탄성계수 $E = 2 \times 10^5 \text{MPa}$)

① 0.003715cm
② 0.004715cm
③ 0.0003715cm
④ 0.004715cm

해설
① $\sigma = E \cdot \varepsilon_{세로}$에서 $\varepsilon_{세로} = \frac{\sigma}{E}$

② 푸아송비
$$\nu = \frac{\varepsilon_{가로}}{\varepsilon_{세로}} = \frac{\frac{\Delta_d}{d}}{\frac{\sigma}{E}} = \frac{\Delta_d \cdot E}{d \cdot \sigma} \text{에서}$$

$$\Delta_d = \frac{d \cdot \sigma \cdot \nu}{E} = \frac{30 \times \frac{70000}{\pi \times 30^2} \times \frac{1}{4}}{2 \times 10^5} = 0.003715 \text{mm} = 0.0003715 \text{cm}$$

해답 ③

005 그림과 같은 사각형 단면을 가지는 기둥의 핵 면적은?

① $\dfrac{bh}{9}$

② $\dfrac{bh}{18}$

③ $\dfrac{bh}{16}$

④ $\dfrac{bh}{36}$

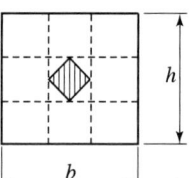

해설 ① 핵거리
$x = \dfrac{h}{6}$, $y = \dfrac{b}{6}$
② 핵폭
$2x = \dfrac{h}{3}$, $2y = \dfrac{b}{3}$
③ 핵면적
$\dfrac{h}{3} \times \dfrac{b}{3} \times \dfrac{1}{2} = \dfrac{bh}{18}$

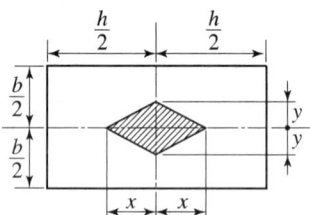

해답 ②

006 길이 6m인 단순보에 그림과 같이 집중하중 70kN, 20kN이 작용할 때 최대 휨모멘트는 얼마인가?

① 105kN · m
② 80kN · m
③ 75kN · m
④ 70kN · m

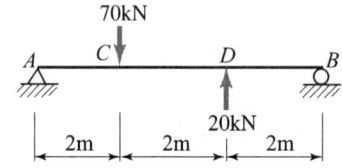

해설 ① 반력
㉠ $\sum M_B = 0$ ⊕
$V_A \times 6 - 70 \times 4 + 20 \times 2 = 0$에서
$V_A = 40\text{kN}(\uparrow)$
㉡ $\sum V = 0(\uparrow +)$
$V_A - 70 + 20 + V_B = 0$에서
$V_B = 10\text{kN}(\uparrow)$
② 최대 휨모멘트
단순보에 집중하중이 작용하는 경우
최대 휨모멘트는 대부분 최대의 집중하중 아래에서 생긴다.
$M_{\max} = M_C = V_A \times 2 = 40 \times 2 = 80\text{kN} \cdot \text{m}$

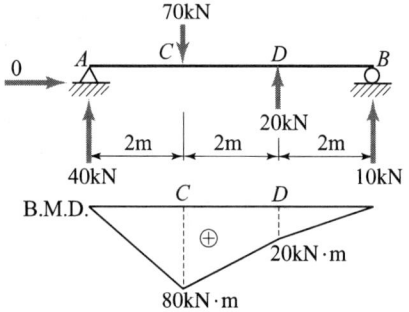

해답 ②

007

지름 2cm, 길이 1m, 탄성계수 1000MPa의 철선에 무게 0.1kN의 물건을 매달았을 때 철선의 늘어나는 양은?

① 0.32mm
② 0.73mm
③ 1.07mm
④ 1.34mm

해설
$$\Delta_l = \frac{P \cdot l}{A \cdot E} = \frac{100 \times 1000}{\frac{\pi \times 20^2}{4} \times 1000} = 0.32\text{mm}$$

해답 ①

008

다음과 같은 단순보에 모멘트하중이 작용할 때 지점 B에서의 수직반력은? [단, (−)는 하향]

① 50kN
② −50kN
③ 100kN
④ −100kN

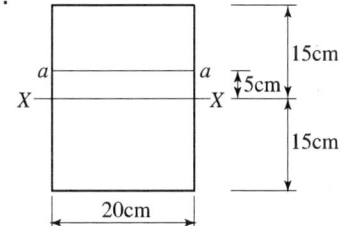

해설
$\sum M_A = 0 \curvearrowright$
$100 + 200 - V_B \times 6 = 0$ 에서
$V_B = 50\text{kN}(\uparrow)$

해답 ①

009

그림과 같은 직사각형 단면에 전단력 $S = 45\text{kN}$이 작용할 때 중립축에서 5cm 떨어진 $a-a$면에서의 전단응력은?

① 0.7MPa
② 0.8MPa
③ 0.9MPa
④ 1.0MPa

해설
① a-a단면 절단 단면1차모멘트
 $G = 20 \times 10 \times 10 = 2{,}000\text{cm}^3 = 2 \times 10^6 \text{mm}^3$
② a-a단면 전단응력
$$\tau_{aa} = \frac{SG}{Ib} = \frac{45{,}000 \times 2 \times 10^6}{\frac{200 \times 300^3}{12} \times 200} = 1\text{MPa}$$

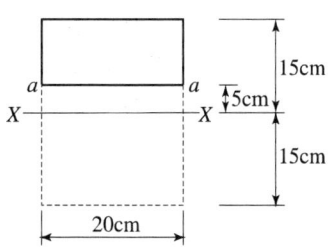

해답 ④

010 탄성계수 E와 전단탄성계수 G의 관계를 옳게 표시한 식은? (단, ν는 Poisson's 비, m은 Poisson's수이다.)

① $E = \dfrac{G}{2(1+\nu)}$
② $E = 2(1+\nu)G$
③ $E = \dfrac{2G}{1+m}$
④ $E = 0.5(1+m)G$

해설 $G = \dfrac{E}{2(1+\nu)}$ 에서 $E = 2(1+\nu)G$

해답 ②

011 다음 중 지점(support)의 종류에 해당되지 않는 것은?

① 이동지점
② 자유지점
③ 회전지점
④ 고정지점

해설 지점과 반력
① 이동지점(roller support) : 수직반력만 발생
② 회전지점(hinged support) : 수직반력과 수평반력 발생
③ 고정지점(fixed support) : 수직반력과 수평반력 및 휨모멘트 반력 발생

해답 ②

012 그림 (A)와 같은 장주가 100kN의 하중에 견딜 수 있다면 (B)의 장주가 견딜 수 있는 하중의 크기는? (단, 기둥은 등질, 등단면이다.)

① 25kN
② 200kN
③ 400kN
④ 800kN

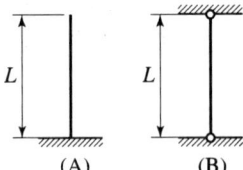

해설 ① 내력

$n_a : n_b = \dfrac{1}{4} : 1 = 1 : 4$ 이므로

장주 B가 장주 A가 받는 하중의 4배 하중을 받을 수 있다.

② $P_{(B)} = 4P_{(A)} = 4 \times 100 = 400\text{kN}$

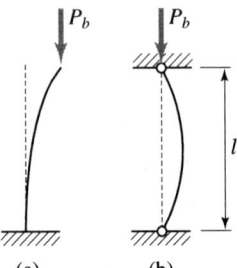

해답 ③

013

반지름 r인 원형 단면 보에 휨모멘트 M이 작용할 때 최대 휨응력은?

① $\dfrac{64M}{\pi r^3}$ ② $\dfrac{32M}{\pi r^3}$

③ $\dfrac{4M}{\pi r^3}$ ④ $\dfrac{M}{\pi r^3}$

해설
$$\sigma_{\max} = \dfrac{M_{\max}}{Z_{\min}} = \dfrac{M}{\dfrac{\pi D^3}{32}} = \dfrac{M}{\dfrac{\pi(2r)^3}{32}} = \dfrac{4M}{\pi r^3}$$

해답 ③

2. 철근콘크리트 및 강구조

014

그림과 같은 단철근 직사각형 단면보에서 등가직사각형 응력블록의 깊이(a)는? (단, $f_y = 350$MPa, $f_{ck} = 28$MPa)

① 42mm
② 49mm
③ 52mm
④ 59mm

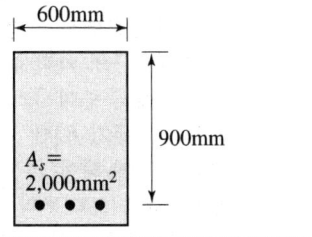

해설
$$a = \dfrac{A_s f_y}{0.85 f_{ck} b} = \dfrac{2{,}000 \times 350}{0.85 \times 28 \times 600} = 49\text{mm}$$

해답 ②

015

그림과 같은 독립확대기초에서 전단에 대한 위험단면의 둘레길이는 얼마인가? (단, 2방향 작용에 의하여 펀칭전단이 발생하는 경우)

① 1600mm
② 2800mm
③ 3600mm
④ 4800mm

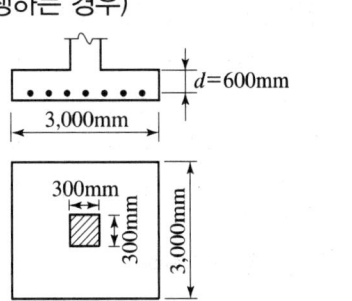

해설 4주변장의 합 : b'
$b' = 4B = 4(t+d) = 4 \times (300 + 600) = 3{,}600\text{mm}$

해답 ③

016 복철근 단면으로 설계해야 할 경우를 설명한 것으로 틀린 것은?

① 구조물의 연성을 극대화시킬 필요가 있을 때
② 정(+), 부(-) 모멘트를 번갈아가며 받을 때
③ 처짐을 극소화시켜야 할 때
④ 균형보 개념으로 계산된 보의 유효깊이가 실제 설계된 보의 유효깊이보다 작을 때

해설 복철근보를 사용하는 이유
① 단면의 치수(특히 유효높이)가 제한되어 설계모멘트가 외력에 의한 작용모멘트를 견딜 수 없는 경우($M_d < M_u$)
  ㉠ 복철근보로 함으로써 저항모멘트의 증가로 보강성을 증대
  ㉡ 취성을 줄인다.
  ㉢ 연성을 키워준다.
② 정(+)·부(-)의 휨모멘트를 교대로 받는 경우
  ㉠ 정모멘트는 단철근보로도 충분하나
  ㉡ 부의 휨모멘트 작용 시 복철근보로 하여 부의 휨모멘트 작용 시 압축철근이 인장철근의 역할을 하도록 하여야 한다.
③ 보의 강성을 증대시키기 위해
④ 연성을 키우기 위해
⑤ 처짐을 작게 해야 하는 경우
⑥ 건조수축과 크리프의 영향을 감소시키기 위해
⑦ 비틀림모멘트를 받을 때

압축철근 사용 효과
① 지속하중에 의한 장기처짐(총처짐)을 감소시킨다.
② 연성을 증가시켜 모멘트 재분배가 가능하게 한다.
③ 철근의 조립을 쉽게 할 수 있다.

해답 ④

017 다음 철근 중 철근콘크리트 부재의 전단철근으로 사용할 수 없는 것은?

① 주인장 철근에 45°의 각도로 설치되는 스터럽
② 주인장 철근에 30°의 각도로 설치되는 스터럽
③ 주인장 철근에 30°의 각도로 구부린 굽힘철근
④ 주인장 철근에 45°의 각도로 구부린 굽힘철근

해설 전단철근의 종류
① 스터럽
  ㉠ 수직 스터럽 : 주철근에 직각 방향으로 배치한 스터럽
  ㉡ 경사 스터럽 : 주철근에 45° 이상의 경사로 배치한 스터럽
② 굽힘철근(절곡철근) : 주철근을 30° 이상의 경사로 구부린 철근

③ 전단철근의 병용 : 전단응력이 크게 작용되는 지점 부근에서 사용된다.
　㉠ 수직 스터럽과 굽힘철근의 병용
　㉡ 경사 스터럽과 굽힘철근의 병용
　㉢ 수직 스터럽과 경사 스터럽을 굽힘철근과 병용
④ 용접철망 : 부재의 축에 직각으로 배치
⑤ 나선철근
⑥ 원형 띠철근
⑦ 후프 철근

해답 ②

018

f_{ck} = 27MPa, f_y = 400MPa로 만들어지는 보에서 인장이형철근으로 D29(공칭지름 28.6mm)를 사용한다면 기본정착길이는? (단, 사용한 콘크리트는 보통중량 콘크리트이다.)

① 1321mm　　② 1387mm
③ 1423mm　　④ 1486mm

해설
$$l_{db} = \frac{0.6\, d_b f_y}{\lambda \sqrt{f_{ck}}} = \frac{0.6 \times 28.6 \times 400}{1 \times \sqrt{27}} = 1,321\,\text{mm}$$

해답 ①

019

전체 깊이가 900mm를 초과하는 휨부재 복부의 양 측면에 부재 축방향으로 배치하는 철근은?

① 수직 스터럽　　② 표피철근
③ 배력철근　　　④ 옵셋굽힘철근

해설 보나 장선의 깊이 h가 900mm를 초과하면, 종방향 표피철근을 인장연단으로부터 $h/2$ 지점까지 부재 양쪽 측면을 따라 균일하게 배치하여야 한다.

해답 ②

020

철근의 이음에 대한 설명으로 틀린 것은?

① 이음이 부재의 한 단면에 집중되도록 하는 것이 좋다.
② 철근은 이어대지 않는 것을 원칙으로 한다.
③ 최대 인장응력이 작용하는 곳에서는 이음을 하지 않는 것이 좋다.
④ D35를 초과하는 철근은 겹침이음할 수 없다.

해설 ① 철근이음은 한 단면에 집중되지 않게 해야 한다.
② 최대 인장응력이 일어나는 곳(최대 휨모멘트 발생지점=위험단면)은 이음을 두지 않아야 한다.

해답 ①

021 강도설계법에서의 기본 가정을 설명한 것으로 틀린 것은?

① 철근과 콘크리트의 변형률은 중립축으로부터의 거리에 비례한다.
② 항복강도 f_y 이하에서의 철근의 응력은 그 변형률의 E_s 배로 한다.
③ 콘크리트의 인장강도는 휨계산에서 무시한다.
④ 콘크리트의 응력은 변형률에 탄성계수 E_c를 곱한 것으로 한다.

해설 강도설계법 설계가정
① 변형률은 중립축으로부터의 거리에 비례한다. 깊은보 설계시 비선형 변형률 분포를 고려하여야 하며, 이때 대신 스트럿-타이 모델을 적용할 수 있다.
② 휨모멘트 또는 휨모멘트와 축력을 동시에 받는 부재의 콘크리트 압축연단의 극한변형률은 콘크리트의 설계기준압축강도가 40MPa 이하인 경우에는 0.0033으로 가정하며, 40MPa을 초과하는 경우에는 매 10MPa의 강도 증가에 대하여 0.0001씩 감소시킨다. 콘크리트의 설계기준압축강도가 90MPa을 초과하는 경우에는 성능실험을 통한 조사연구에 의하여 콘크리트 압축연단의 극한변형률을 선정하고 근거를 명시하여야 한다.
③ 콘크리트의 인장강도는 철근콘크리트 부재 단면의 축강도와 휨강도 계산에서 무시할 수 있다.
④ $f_s \leq f_y$ 일 때 $f_s = \varepsilon_s E_s$, $f_s > f_y$ 일 때 $f_s = f_y$
⑤ 콘크리트의 압축응력 분포와 콘크리트의 변형률 사이의 관계는 직사각형, 사다리꼴, 포물선형 또는 강도의 예측에서 광범위한 실험의 결과와 실질적으로 일치하는 어떤 형상으로도 가정할 수 있다.
⑥ 포물선-직선 형상의 응력-변형률 관계에 의하여 콘크리트에 작용하는 압축응력의 평균값은 $\alpha(0.85f_{ck})$로, 압축연단으로부터 합력의 작용위치는 중립축 깊이 c에 대한 β의 비율로 나타낸다.

해답 ④

022 그림과 같은 지간 6m인 단순보의 직사각형 단면에 계수하중 $w=30$kN/m이 작용한다. 하연의 콘크리트 응력이 0이 될 때 PS강재에 작용하는 긴장력은? (단, PS강재는 단면의 도심에 위치함.)

① 1654kN
② 1957kN
③ 2025kN
④ 3152kN

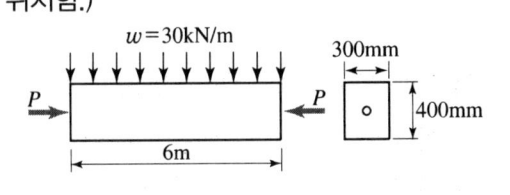

해설
$$f_{c하연} = \frac{P}{A} - \frac{M}{I} y$$

$$y = \frac{P}{0.3 \times 0.4} - \frac{\frac{30 \times 6^2}{8}}{\frac{0.3 \times 0.4^3}{12}} \times 0.2 = 0 \text{에서 } P = 2,025\text{kN}$$

해답 ③

023 길이 10m의 PS강선을 인장대에서 긴장 정착할 때 인장력의 감소량은 얼마인가? (단, 프리텐션 방식을 사용하며 긴장장치의 활동량은 $\Delta l = 3$mm이고, 긴장재의 단면적 $A_p = 5$mm^2, $E_p = 2.0 \times 10^5$MPa이다.)

① 200N   ② 300N
③ 400N   ④ 500N

해설 $\Delta f_p = \dfrac{\Delta P}{A_p} = E_p \varepsilon = E_p \dfrac{\Delta l}{l}$ 에서

$\Delta P = E_p \dfrac{\Delta l}{l} A_p = 2.0 \times 10^5 \times \dfrac{3}{10,000} \times 5 = 300$N

해답 ②

---

024 다음 필릿 용접의 전단응력은 얼마인가?

① 67.7MPa
② 70.7MPa
③ 72.7MPa
④ 75.7MPa

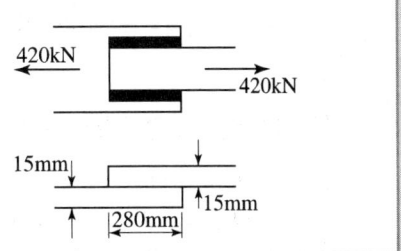

해설 $v = \dfrac{P}{\sum al} = \dfrac{P}{0.707 s \times 2l} = \dfrac{420,000}{0.707 \times 15 \times 2 \times 280} = 70.7$MPa

해답 ②

---

025 전단설계에서 계수전단력이 87kN이고 이때 이를 지지할 철근콘크리트 보의 설계전단강도 $\phi V_c = 120$kN이라면 전단설계에 필요한 사항으로 옳은 것은?

① 실험에 의하여 보강의 필요 유무를 결정한다.
② 전단철근 보강이 필요 없다.
③ 최소전단철근만 보강한다.
④ 보 단면을 재설계한다.

해설 $\dfrac{1}{2}\phi V_c = 60$kN $< V_u = 87$kN $\leq \phi V_c = 120$kN 이므로
최소전단철근 규정을 적용하여야 한다.

해답 ③

026. 다음 프리스트레스의 손실 원인 중 프리스트레스 도입 후 시간의 경과에 따라 생기는 것은?

① 마찰
② 정착단의 활동
③ 콘크리트의 탄성수축
④ 콘크리트의 크리프

해설 프리스트레스 손실 원인
① 프리스트레스 도입 시 : 즉시 손실
  ㉠ 콘크리트의 탄성변형(수축)
  ㉡ PS 강재와 시스 사이의 마찰(포스트텐션 방식에만 해당)
  ㉢ 정착단의 활동
② 프리스트레스 도입 후 : 시간적 손실
  ㉠ 콘크리트의 건조수축
  ㉡ 콘크리트의 크리프
  ㉢ PS 강재의 릴랙세이션(relaxation)

해답 ④

027. 강도설계법에서 강도감소계수(ϕ)를 사용하는 목적으로 틀린 것은?

① 구조 해석할 때의 가정 및 계산의 단순화로 인해 야기될지 모르는 초과하중의 영향에 대비하기 위해서
② 재료 강도와 치수가 변동할 수 있으므로 부재의 강도 저하 확률에 대비한 여유를 위해서
③ 부정확한 설계 방정식에 대비한 여유를 위해서
④ 주어진 하중조건에 대한 부재의 연성도와 소요 신뢰도를 반영하기 위해서

해설 초과하중의 영향에 대비하기 위해서는 하중계수를 사용한다.

해답 ①

028. 고정하중 10kN/m, 활하중 20kN/m의 등분포하중을 받는 경간 10m의 단순지지보에서 하중계수와 하중조합을 고려한 계수모멘트는?

① 325kN·m
② 430kN·m
③ 485kN·m
④ 550kN·m

해설 ① 계수하중
  ㉠ $w_u = 1.2w_D + 1.6w_L = 1.2 \times 10 + 1.6 \times 20 = 44\text{kN/m}$
  ㉡ $w_u = 1.4 \times 10 = 14\text{kN/m}$
  ㉢ 둘 중 큰 값인 44kN/m를 계수하중으로 한다.
② 계수모멘트
$$M_u = \frac{w_u l^2}{8} = \frac{44 \times 10^2}{8} = 550\text{kN} \cdot \text{m}$$

해답 ④

029

그림에 나타난 직사각형 단철근 보에서 전단철근이 부담하는 전단력(V_s)은 약 얼마인가? [단, 철근 D13을 수직 스터럽(stirrup)으로 사용하며, 스터럽 간격은 200mm이다. 철근 D13 1본의 단면적은 127mm², $f_{ck}=28$MPa, $f_y=350$MPa]

① 125kN
② 150kN
③ 200kN
④ 250kN

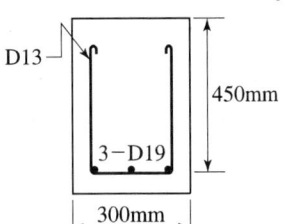

해설 전단철근이 부담하는 전단강도

$$V_s = nA_v f_y = \frac{d}{s} A_v f_u = \frac{450}{200} \times (2 \times 127) \times 350 = 200,025\text{N} = 200\text{kN}$$

해답 ③

030

아래 그림과 같은 단철근 직사각형 보의 균형철근비 ρ_b의 값은? (단, $f_{ck}=$ 21MPa, $f_y=280$MPa이다.)

① 0.0358
② 0.0437
③ 0.0524
④ 0.0614

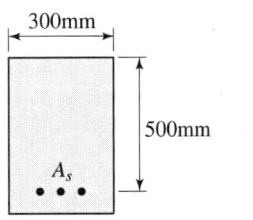

해설
① $f_{ck} = 21\text{MPa} < 50\text{MPa}$이므로 $\beta_1 = 0.80$
② $f_{ck} = 21\text{MPa} < 40\text{MPa}$이므로 $\epsilon_{cu} = 0.0033$
③ 단철근 직사각형보의 균형철근비(ρ_b)

$$\rho_b = \eta 0.85 \frac{f_{ck}}{f_y} \beta_1 \frac{\epsilon_{cu}}{\epsilon_{cu} + \frac{f_y}{200000}} = 1 \times 0.85 \times \frac{21}{280} \times 0.80 \times \frac{0.0033}{0.0033 + \frac{280}{200000}}$$

$$= 0.0358$$

해답 ①

031

강도설계법에서 보에 대한 등가직사각형 응력블록의 깊이 $a = \beta_1 c$에서 f_{ck}가 38MPa일 경우 β_1의 값은?

① 0.717
② 0.766
③ 0.80
④ 0.815

해설 $f_{ck} = 38\text{MPa} < 50\text{MPa}$이므로 $\beta_1 = 0.80$

해답 ③

032
위험단면에서 1방향 슬래브의 정모멘트 철근 및 부모멘트 철근의 중심 간격 규정으로 옳은 것은?

① 슬래브 두께의 2배 이하이어야 하고, 또한 300mm 이하로 하여야 한다.
② 슬래브 두께의 2배 이하이어야 하고, 또한 400mm 이하로 하여야 한다.
③ 슬래브 두께의 3배 이하이어야 하고, 또한 300mm 이하로 하여야 한다.
④ 슬래브 두께의 3배 이하이어야 하고, 또한 400mm 이하로 하여야 한다.

해설 슬래브
① 주철근(정철근, 부철근) 중심간격
  ㉠ 최대 휨모멘트 발생 단면 : 슬래브 두께의 2배 이하, 300mm 이하
  ㉡ 기타 단면 : 슬래브 두께의 3배 이하, 450mm 이하
② 수축 및 온도철근(배력 철근) : 슬래브 두께의 5배 이하, 450mm 이하

해답 ①

033
아래 그림과 같은 강판에서 순폭은? [단, 강판에서의 구멍 지름(d)은 25mm이다.] (단위 : mm)

① 150mm
② 175mm
③ 204mm
④ 225mm

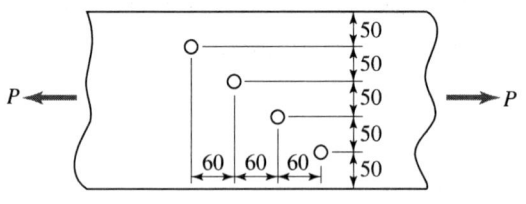

해설
① $w = d' - \dfrac{p^2}{4g} = 25 - \dfrac{60^2}{4 \times 50} = 7$
② 순폭
  $b_n = b_g - d' - 3w = (5 \times 50) - 25 - 3 \times 7$
  $= 204\text{mm}$

해답 ③

제2과목 측량 및 토질(측량학+토질 및 기초)

1. 측량학(측량학 일반, 기준점 측량, 응용 측량)

034 반지름 35km 이내 지역을 평면으로 가정하여 측량했을 경우 거리관측값의 정밀도는? (단, 지구 반지름은 6,370km이다.)

① 약 $\dfrac{1}{10^4}$ ② 약 $\dfrac{1}{10^5}$

③ 약 $\dfrac{1}{10^6}$ ④ 약 $\dfrac{1}{10^7}$

해설 $\dfrac{d-D}{D} = \dfrac{D^2}{12r^2} = \dfrac{(2\times 35)^2}{12\times 6,370^2} = \dfrac{1}{99,372} ≒ \dfrac{1}{100,000}$

해답 ②

035 노선의 길이가 2.5km인 결합 트래버스 측량에서 폐합비를 1/2,500로 제한할 때 허용되는 최대 폐합차는?

① 0.2m ② 0.4m
③ 0.5m ④ 1.0m

해설 $\dfrac{1}{2500} = \dfrac{\Delta l}{\sum l} = \dfrac{\Delta l}{2,500}$ 에서 $\Delta l = 1\text{m}$

해답 ④

036 수준측량에서 담장 PQ가 있어, P점에서 표척을 QP방향으로 거꾸로 세워 아래 그림과 같은 결과를 얻었다. A점의 표고 $H_A = 51.25\text{m}$일 때 B점의 표고는?

① 50.32m
② 52.18m
③ 53.30m
④ 55.36m

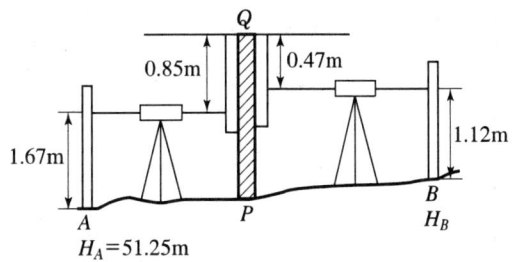

해설 $H_B = 51.25 + 1.67 + 0.85 - 0.47 - 1.12 = 52.18\text{m}$

해답 ②

037

클로소이드의 기본식은 $A^2 = R \cdot L$을 사용한다. 이때 매개변수(parameter) A값을 A^2으로 쓰는 이유는?

① 클로소이드의 나선형을 2차 곡선 형태로 구성하기 위하여
② 도로에서의 완화곡선(클로소이드)은 2차원이기 때문에
③ 양 변의 차원(dimension)을 일치시키기 위하여
④ A값의 단위가 2차원이기 때문에

해설 클로소이드의 기본식에서 매개변수 A값을 A^2으로 쓰는 이유는 우측변의 차원(dimension)이 거리^{2}이므로 이와 단위를 일치시키기 위한 것이다. 즉, 양 변의 차원을 일치시키기 위해서 A^2을 쓰는 것이다.

해답 ③

038

한 변이 36m인 정삼각형($\triangle ABC$)의 면적을 BC변에 평행한 선($\overline{de}$)으로 면적비 $m : n = 1 : 1$로 분할하기 위한 $\overline{Ad}$ 의 거리는?

① 18.0m
② 21.0m
③ 25.5m
④ 27.5m

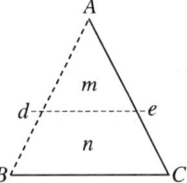

해설 $Ad = AB\sqrt{\dfrac{m}{m+n}} = 36 \times \sqrt{\dfrac{1}{1+1}} = 25.5\text{m}$

해답 ③

039

어떤 노선을 수준측량하여 기고식 야장을 작성하였다. 측점 1, 2, 3, 4의 지반고 값으로 틀린 것은?

(단위 : m)

측점	후시	전시 이기점	전시 중간점	기계고	지반고
0	3.121			126.688	123.567
1			2.586		
2	2.428	4.065			
3			0.664		
4		2.321			

① 측점 1 : 124.102m
② 측점 2 : 122.623m
③ 측점 3 : 124.384m
④ 측점 4 : 122.730m

해설 ① $H_1 = 126.688 - 2.586 = 124.102\text{m}$
② $H_2 = 126.688 - 4.065 = 122.623\text{m}$
③ 2점 기계고 $= 122.623 + 2.428 = 125.051\text{m}$
④ $H_3 = 125.051 - 0.664 = 124.387\text{m}$
⑤ $H_4 = 125.051 - 2.321 = 122.730\text{m}$

측점	후시	전시		기계고	지반고
		이기점	중간점		
0	3.121			126.688	123.567
1			2.586		124.102
2	2.428	4.065		125.051	122.623
3			0.664		124.387
4		2.321			122.730

해답 ③

040

평야지대의 어느 한 측점에서 중간 장애물이 없는 21km 떨어진 어떤 측점을 시준할 때 어떤 측점에 세울 측표의 최소 높이는 얼마 이상이어야 하는가? (단, 기차는 무시하고, 지구 곡률 반지름은 6,370km이다.)

① 5m ② 15m
③ 25m ④ 35m

해설 구차 $e_1 = +\dfrac{D^2}{2R} = \dfrac{21^2}{2 \times 6,370} = 0.035\text{km} = 35\text{m}$

해답 ④

041

트래버스 측량을 한 전체 연장이 2.5km이고 위거오차가 +0.48m, 경거오차가 −0.36m이었다면 폐합비는?

① 1/1,167 ② 1/2,167
③ 1/3,167 ④ 1/4,167

해설 폐합비 $R = \dfrac{E}{\sum l} = \dfrac{\sqrt{\Delta L^2 + \Delta D^2}}{\sum l} = \dfrac{\sqrt{0.48^2 + (-0.36)^2}}{2,500} = \dfrac{1}{4,167}$

해답 ④

042

지형측량 방법 중 기준점 측량에 해당되지 않는 것은?

① 수준측량 ② 삼각측량
③ 트래버스측량 ④ 스타디아측량

해설 스타디아 측량(stadia surveying)은 스타디아선 사이에 끼인 표척의 길이와 연직각을 읽어서 표척까지의 거리 및 기계점과 표척 사이의 고저차를 간접적으로 측정하는 매우 간단한 방법으로 정밀도가 낮아 정밀도를 필요로 하지 않는 경우에 평판측량과 함께 사용하면 대단히 능률적이나, 정밀을 필요로 하는 측량에서는 적당하지 않다.

해답 ④

043 사변형 삼각망은 보통 어느 측량에 사용되는가?

① 하천조사측량을 하기 위한 골조측량
② 광대한 지역의 지형도를 작성하기 위한 골조측량
③ 복잡한 지형측량을 하기 위한 골조측량
④ 시가지와 같은 정밀을 필요로 하는 골조측량

해설 조건식의 수가 가장 많아, 시간과 비용이 많이 들며 가장 정밀도가 높아 시가지와 같은 정밀을 요하는 골조측량에 주로 이용한다.

해답 ④

044 축적이 1 : 25,000인 지형도 1매를 1 : 5,000 축적으로 재편집할 때 제작되는 지형도의 매수는?

① 25매 ② 20매
③ 15매 ④ 10매

해설 지형도 매수 $= \dfrac{25{,}000^2}{5{,}000^2} = 25$매

해답 ①

045 캔트(cant)의 크기가 C인 곡선에서 곡선반지름과 설계속도를 모두 2배로 하면 새로운 캔트의 크기는?

① $\dfrac{1}{2}C$ ② $2C$
③ $4C$ ④ $8C$

해설 캔트
$C = \dfrac{SV^2}{Rg}$ 에서

R과 V를 모두 2배로 하면 $\dfrac{V^2}{R} = \dfrac{2^2}{2} = 2$로서 캔트는 2배가 된다.

해답 ②

046
노선 중심선에 따른 횡단측량 결과, 1km+360m 지점은 흙깎기 면적 15m²으로 계산되었다. 양단면평균법을 사용한 두 지점간의 토량은?

① 흙깎기 토량 49.4m³
② 흙깎기 토량 494m³
③ 흙쌓기 토량 350m³
④ 흙쌓기 토량 494m³

해설 양단면평균법
흙쌓기 토량을 '+', 흙깎기 토량을 '−'로 하면,
$V = \frac{1}{2}(A_1 + A_2) \cdot l = \frac{1}{2} \times [50 + (-15)] \times 20 = 350\text{m}^3$

해답 ③

047
교점(I.P.)의 위치가 기점으로부터 추가거리 325.18m이고, 곡선반지름(R) 200m, 교각(I) 41°00′인 단곡선을 편각법으로 설치하고자 할 때, 곡선시점(B.C.)의 위치는? (단, 중심말뚝 간격은 20m이다.)

① No.3+14.777m
② No.4+5.223m
③ No.12+10.403m
④ No.13+9.596m

해설 ① 접선길이
$\text{TL} = R \cdot \tan\frac{I}{2} = 200 \times \tan\frac{41°}{2} = 74.777\text{m}$

② 곡선시점
B.C. = I.P. − T.L. = 325.18 − 74.777 = 250.403m

③ B.C. 측점번호 = NO.12+10.403m

해답 ③

048
$R=80$m, $L=20$m인 클로소이드의 종점 좌표를 단위클로소이드 표에서 찾아보니 $x=0.499219$, $y=0.020810$이었다면 실제 X, Y좌표는?

① $X=19.969$m, $Y=0.832$m
② $X=9.984$m, $Y=0.416$m
③ $X=39.936$m, $Y=1.665$m
④ $X=798.750$m, $Y=33.296$m

해설 ① $A^2 = RL$에서 $A = \sqrt{RL} = \sqrt{80 \times 20} = 40$
② $X = xA = 0.499219 \times 40 = 19.969$m
③ $Y = yA = 0.020810 \times 40 = 0.832$m

해답 ①

049 하천측량에서 평균유속을 구하기 위한 방법에 대한 설명으로 옳지 않은 것은? (단, 수면에서 수심의 20%, 40%, 60%, 80% 되는 곳의 유속을 각각 $V_{0.2}$, $V_{0.4}$, $V_{0.6}$, $V_{0.8}$이라 한다.)

① 1점법은 $V_{0.6}$을 평균유속으로 취하는 방법이다.
② 2점법은 $V_{0.2}$, $V_{0.6}$을 산술평균하여 평균유속으로 취하는 방법이다.
③ 3점법은 $\frac{1}{4}(V_{0.2}+V_{0.6}+V_{0.8})$로 계산하여 평균유속으로 취하는 방법이다.
④ 4점법은 $\frac{1}{5}\left[(V_{0.2}+V_{0.4}+V_{0.6}+V_{0.8})+\frac{1}{2}\left(V_{0.2}+\frac{V_{0.8}}{2}\right)\right]$로 계산하여 평균유속으로 취하는 방법이다.

해설 평균유속 계산 방법
① 1점법
$V_m = V_{0.6}$
② 2점법
$V = \frac{1}{2}(V_{0.2}+V_{0.8})$
③ 3점법
$V_m = \frac{1}{4}(V_{0.2}+2V_{0.6}+V_{0.8})$
여기서, V_m : 평균유속
$V_{0.2}$: 수심 $0.2H$ 되는 곳의 유속
$V_{0.6}$: 수심 $0.6H$ 되는 곳의 유속
$V_{0.8}$: 수심 $0.8H$ 되는 곳의 유속
④ 4점법
$V_m = \frac{1}{5}\left[(V_{0.2}+V_{0.4}+V_{0.6}+V_{0.8})+\frac{1}{2}\left(V_{0.2}+\frac{V_{0.8}}{2}\right)\right]$
여기서, $V_{0.4}$: 수심 $0.4H$ 되는 곳의 유속

해답 ②

050 방대한 지역의 측량에 적합하며 동일 측점수에 대하여 포괄면적이 가장 넓은 삼각망은?

① 유심 삼각망
② 사변형 삼각망
③ 단열 삼각망
④ 복합 삼각망

해설 유심 삼각망 : 넓은 지역의 측량에 이용
① 동일 측점에 비해 포함면적이 가장 넓다.
② 넓은 지역에 적합하다.

해답 ①

2. 토질 및 기초(토질역학, 기초공학)

051 어떤 점토 사면에 있어서 안정계수가 4이고, 단위중량이 1.5t/m³, 점착력이 0.15kg/cm²일 때 한계고는?
① 4m   ② 2.3m
③ 2.5m   ④ 5m

해설 한계고 $H_c = \dfrac{N_s \cdot c}{r_t} = \dfrac{4 \times 1.5\text{t/m}^2}{1.5\text{t/m}^3} = 4\text{m}$

해답 ①

052 흙의 건조단위중량이 1.60g/cm³이고 비중이 2.64인 흙의 간극비는?
① 0.42   ② 0.60
③ 0.65   ④ 0.64

해설 $e = \dfrac{G_s \cdot \gamma_w}{\gamma_d} - 1 = \dfrac{2.64 \times 1}{1.6} - 1 = 0.65$

해답 ③

053 다음의 흙 중에서 2차 압밀량이 가장 큰 흙은?
① 모래   ② 점토
③ Silt   ④ 유기질토

해설 유기질토는 동식물의 사체의 부식물이 많이 함유된 흙으로 함수량이 크고 고압축성인 경우가 많아 유기물 함량이 많은 경우 2차 압밀이 문제가 된다. 일반적으로 흙의 유기물 함량이 2~4% 정도가 되면 공학적 성질에 문제를 일으킨다.

해답 ④

054 다음 중 얕은 기초는?
① Footing 기초   ② 말뚝기초
③ Caisson 기초   ④ Pier 기초

해설 ① 얕은 기초(직접 기초)란 $\dfrac{D_f}{B} \leq 1$인 기초를 말하며 독립 푸팅, 복합 푸팅, 캔틸레버 푸팅, 연속 푸팅, 전면 기초(Mat 기초)가 있다.
② 깊은 기초란 $\dfrac{D_f}{B} > 1$인 기초를 말하며 말뚝 기초, 피어 기초, 케이슨 기초가 있다.

해답 ①

055

주동토압계수를 K_A, 수동토압계수를 K_p, 정지토압계수를 K_o라 할 때 그 크기의 순서로 옳은 것은?

① $K_A > K_o > K_p$
② $K_p > K_o > K_A$
③ $K_o > K_A > K_p$
④ $K_o > K_p > K_A$

해설 ① 토압의 크기 순서
　　　수동토압(P_p) > 정지토압(P_o) > 주동토압(P_a)
② 토압계수의 크기 순서
　　　수동토압계수(K_p) > 정지토압계수(K_o) > 주동토압계수(K_a)

해답 ②

056

다음 투수층에서 피에조미터를 꽂은 두 지점 사이의 동수경사(i)는 얼마인가? (단, 두 지점간의 수평거리는 50m이다.)

① 0.063
② 0.079
③ 0.126
④ 0.162

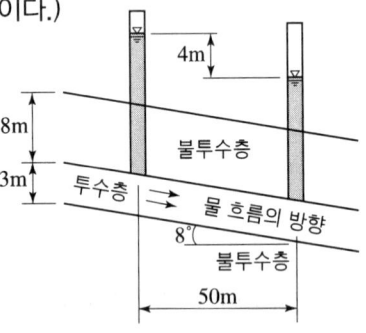

해설 ① 물의 이동거리　　$L = \dfrac{50}{\cos 8°} = 50.49\text{m}$

② 동수경사　　$i = \dfrac{\Delta h}{L} = \dfrac{4}{50.49} = 0.079$

해답 ②

057

도로지반의 평판재하실험에서 1.25mm 침하될 때 하중강도가 0.25MPa일 때 지지력계수 K는?

① 0.2MPa
② 2MPa
③ 0.1MPa
④ 1MPa

해설 지반반력계수

$K = \dfrac{q}{y} = \dfrac{0.25}{0.125} = 2\text{MPa}$

여기서, K : 지지력 계수[MPa]
　　　　q : 침하량 y[cm]일 때의 하중강도[MPa]
　　　　y : 침하량(콘크리트 포장인 경우 0.125cm가 표준)

해답 ②

058 평판재하 시험이 끝나는 조건에 대한 설명으로 잘못된 것은?

① 침하량이 15mm에 달할 때
② 하중강도가 현장에서 예상되는 최대 접지압을 초과할 때
③ 하중강도가 그 지반의 항복점을 넘을 때
④ 완전히 침하가 멈출 때

해설 평판재하시험 종료 조건
① 침하량이 15mm에 달한 경우
② 하중강도가 그 지반의 항복점을 넘는 경우
③ 하중강도가 현장에서 예상되는 최대접지 압력을 초과하는 경우

해답 ④

059 현장에서 채취한 흐트러지지 않은 포화 점토시료에 대해 일축압축강도 $q_u = 0.08$MPa의 값을 얻었다. 이 흙의 점착력은?

① 0.02MPa ② 0.025MPa
③ 0.03MPa ④ 0.04MPa

해설 $q_u = 2c \tan\left(45° + \dfrac{\phi}{2}\right)$ 에서

$$c = \frac{q_u}{2\tan\left(45° + \dfrac{\phi}{2}\right)} = \frac{0.08}{2 \times \tan\left(45° + \dfrac{0°}{2}\right)} = 0.04 \text{MPa}$$

[참고] $\phi = 0$인 점토의 일축압축강도는 $q_u = 2c$이다.

해답 ④

060 전단응력을 증가시키는 외적 요인이 아닌 것은?

① 간극수압의 증가 ② 지진, 발파의 충격
③ 인장응력에 의한 균열의 발생 ④ 함수량 증가에 의한 단위중량 증가

해설

전단응력 증대 원인	전단강도 감소 원인
① 외력 작용	① 흡수에 의한 점토지반 팽창
② 함수비 증가로 흙의 단위중량 증가	② 간극수압 증가
③ 굴착으로 인한 균열 발생	③ 흙 다짐 불충분
④ 인장응력에 의한 인장균열 발생	④ 수축, 팽창, 인장으로 인한 미세 균열
⑤ 지진, 폭파 등으로 인한 진동	⑤ 불안정한 흙 속에 발생하는 변형
⑥ 자연 또는 인공에 의해 지하공동 형성	⑥ 동결된 흙이나 아이스렌즈의 융해
⑦ 균열 내의 물 유입으로 수압 증가	⑦ 느슨한 사질토의 진동

해답 ①

061

다음 그림과 같은 sampler에서 면적비는 얼마인가? (단, $D_s=7.2$cm, $D_e=7.0$cm, $D_w=7.5$cm)

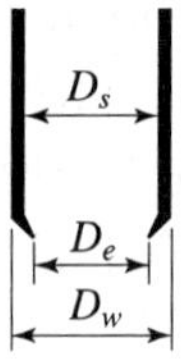

① 5.9%
② 12.7%
③ 5.8%
④ 14.8%

해설 $A_r = \dfrac{D_0^2 - D_e^2}{D_e^2} \times 100 = \dfrac{7.5^2 - 7.0^2}{7.0^2} \times 100 = 14.8\%$

여기서, D_0 : 샘플러의 외경
  D_e : 샘플러의 내경

해답 ④

062

어떤 점성토에 수직응력 4MPa를 가하여 전단시켰다. 전단면상의 공극수압이 1MPa이고 유효응력에 대한 점착력, 내부마찰각이 각각 0.02MPa, 20°이면 전단강도는?

① 0.64MPa
② 1.04MPa
③ 1.11MPa
④ 1.84MPa

해설 $\tau_f = c + \sigma' \tan\phi = 0.02 + (4-1) \times \tan 20° = 1.11$MPa

여기서, τ_f : 전단강도
  c : 흙의 점착력(cohesion of soil)
  σ' : 유효수직응력
  ϕ : 흙의 내부마찰각(angle of internal friction)

해답 ③

063

함수비 20%의 자연상태의 흙 2,400g을 함수비 25%로 하고자 한다면 추가해야 할 물의 양은?

① 100g
② 120g
③ 400g
④ 500g

해설 함수비가 변화함에 따라 물의 중량 W_w와 전체중량 W는 변하지만 흙 입자만의 중량 W_s는 변하지 않는다.

① 흙 입자만의 중량
$W_s = \dfrac{W}{1+\dfrac{w}{100}} = \dfrac{2,400}{1+\dfrac{20}{100}} = 2,000$g

② 함수비 20%일 때의 물의 중량
$W_{w(20\%)} = W - W_s = 2,400 - 2,000 = 400g$

③ 함수비 25%일 때의 물의 중량
함수비가 변해도 흙 입자만의 중량 W_s는 변하지 않으므로
함수비 $w = \dfrac{W_w}{W_s} \times 100 = \dfrac{W_w}{2,000} \times 100 = 25\%$에서
$W_{w(25\%)} = \dfrac{25}{100} \times 2,000 = 500g$

④ 가해야 할 물의 양
가해야 할 물의 양 = $W_{w(25\%)} - W_{w(20\%)} = 500 - 400 = 100g$

해답 ①

064

어느 흙댐의 동수구배가 0.8, 흙의 비중이 2.65, 함수비 40%인 포화토인 경우 분사현상에 대한 안전율은?

① 0.8
② 1.0
③ 1.2
④ 1.4

해설 ① 간극비(e)
$S \cdot e = w \cdot G_s$에서
$e = \dfrac{w \cdot G_s}{S} = \dfrac{40 \times 2.65}{100} = 1.06$

② 한계동수경사(i_c)
$i_c = \dfrac{\gamma_{sub}}{\gamma_w} = \dfrac{G_s - 1}{1 + e} = \dfrac{2.65 - 1}{1 + 1.06} = 0.8$

③ 안전율
$F_s = \dfrac{i_c}{i} = \dfrac{0.8}{0.8} = 1$

해답 ②

065

그림과 같이 2개층으로 구성된 지반에 대해 수평방향으로 등가투수계수는?

① 3.89×10^{-4} cm/sec
② 7.78×10^{-4} cm/sec
③ 1.57×10^{-3} cm/sec
④ 3.14×10^{-3} cm/sec

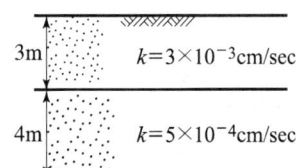

해설 **수평방향 평균투수계수(K_h)**
$K_h = \dfrac{1}{H}(K_1 \cdot H_1 + K_2 \cdot H_2) = \dfrac{1}{700}(3 \times 10^{-3} \times 300 + 5 \times 10^{-4} \times 400)$
$= 1.57 \times 10^{-3}$ cm/sec

해답 ③

066 다음 중 점성토 지반의 개량공법으로 부적당한 것은?

① 치환 공법
② Sand drain 공법
③ 바이브로 플로테이션 공법
④ 다짐모래말뚝 공법

해설 **점성토 지반 개량공법** : 치환, 압밀, 탈수에 의한다.
① 치환공법 : ㉠ 기계적 굴착치환 ㉡ 폭파치환 ㉢ 강제치환 ㉣ 동치환 공법
② 강제 압밀공법 : ㉠ Preloading 공법(여성토 공법) ㉡ 압성토 공법
③ 탈수공법 : ㉠ Sand Drain Method ㉡ Paper Drain Method
④ 배수공법 : ㉠ Well Point Method ㉡ Deep Well Method
⑤ 고결공법 : ㉠ 생석회말뚝공법 ㉡ 소결공법 ㉢ 전기침투압(강제배수공법의 일종) ㉣ 전기화학·용융공법
⑥ JSP(Jumbo Special Pile)

사질토 지반 개량공법 : 진동, 충격에 의한다.
① 진동다짐공법[바이브로 플로테이션(Vibroflotation) 공법]
② 다짐말뚝공법
③ 폭파다짐공법
④ 전기충격공법
⑤ 약액주입
⑥ 동압밀공법(동다짐공법)
⑦ 다짐 모래 말뚝 공법(Compozer 공법)

해답 ③

067 다짐에 대한 설명으로 틀린 것은?

① 조립토는 세립토보다 최적함수비가 작다.
② 조립토는 세립토보다 최대건조밀도가 높다.
③ 조립토는 세립토보다 다짐곡선의 기울기가 급하다.
④ 다짐에너지가 클수록 최대건조밀도는 낮아진다.

해설 다짐에너지를 크게 할수록 최적함수비는 감소하고 최대건조단위중량은 증가한다.

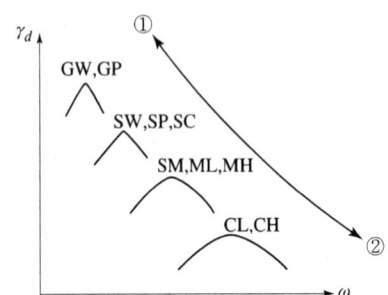

①방향일수록	조립토 양입도 다짐에너지가 커진다. 다짐곡선의 기울기가 급해진다. 최대건조단위중량이 증가한다. 최적함수비가 감소한다.
②방향일수록	세립토 빈입도 다짐에너지가 작아진다. 다짐곡선의 기울기가 완만해진다. 최대건조단위중량이 감소한다. 최적함수비가 증가한다.

해답 ④

068
10개의 무리말뚝 기초에 있어서 효율이 0.8, 단항으로 계산한 말뚝 1개의 허용지지력이 100kN일 때 군항의 허용지지력은?

① 500kN   ② 800kN
③ 1000kN ④ 1250kN

해설 군항의 허용지지력
$R_{ag} = ENR_a = 0.8 \times 10 \times 100 = 800\text{kN}$

해답 ②

069
다음 중 얕은 기초의 지지력에 영향을 미치지 않는 것은?

① 지반의 경사   ② 기초의 깊이
③ 기초의 두께   ④ 기초의 형상

해설 얕은 기초는 구조물의 하중을 기초가 놓이는 지반 상에 전달하는 것으로 기초가 직접 하중에 저항하지 않으므로 기초의 두께가 기초의 지지력에 영향을 미치지는 않는다.

해답 ③

제3과목 수자원설계(수리학+상하수도공학)

1. 수리학

070
유량 14.13m³/s를 송수하기 위하여 안지름 3m의 주철관 980m를 설치할 경우, 적당한 관로의 경사는? (단, $f=0.03$)

① 1/600   ② 1/490
③ 1/200   ④ 1/100

해설
$Q = A \cdot V = A \cdot C\sqrt{RI} = \dfrac{\pi \cdot D^2}{4} \cdot \sqrt{\dfrac{8g}{f}} \sqrt{\dfrac{D}{4} \cdot I}$

$14.13 = \dfrac{\pi \times 3^2}{4} \times \sqrt{\dfrac{8 \times 9.8}{0.03}} \sqrt{\dfrac{3}{4} \cdot I}$ 에서

$I = 0.002038747637 ≒ \dfrac{1}{490}$

해답 ②

071
정류에 대한 설명으로 옳지 않은 것은?

① 어느 단면에서 지속적으로 유속이 균일해야 한다.
② 흐름의 상태가 시간에 관계없이 일정하다.
③ 유선과 유적선이 일치한다.
④ 유선에 따라 유속이 일정하게 변한다.

해설 정류(정상류)는 시간에 따라 유동특성(유량, 속도, 압력, 밀도, 유적 등)이 변하지 않는 흐름을 말한다.

해답 ④

072
유관(stream tube)에 대한 설명으로 옳은 것은?

① 한 개의 유선(流線)으로 이루어지는 관을 말한다.
② 어떤 폐곡선(閉曲線)을 통과하는 여러 개의 유선으로 이루어지는 관을 말한다.
③ 개방된 곡선을 통과하는 유선으로 이루어지는 평면을 말한다.
④ 임의의 여러 유선으로 이루어지는 유동체를 말한다.

해설 유관(stream tube)은 유체 내부에 한 개의 폐곡선을 생각하여 그 곡선상의 각 점에서 유선을 그리면 유선은 일종의 경계면을 형성하여 하나의 관 모양이 되며 이러한 가상적인 관을 말한다.

해답 ②

073
그림과 같이 직경 8cm 분류가 35m/s의 속도로 관의 벽면에 부딪힌 후 최초의 흐름 방향에서 150° 수평방향 변화를 하였다. 관의 벽면이 최초의 흐름 방향으로 10m/s의 속도로 이동할 때, 관벽면에 작용하는 힘은? (단, 무게 1kg=9.8N)

① 3.6kN
② 5.4kN
③ 6.1kN
④ 8.5kN

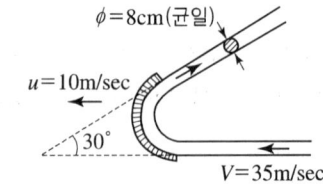

해설 물이 벽에 가한 힘

① $P_x = \dfrac{w}{g} Q(V_{1x} - V_{2x}) = \dfrac{1}{9.8} \times \left(\dfrac{\pi \times 0.08^2}{4} \times (35-10) \right) \times [25 - (-25\cos 30°)]$
$= 0.598 \text{tf}$

② $P_y = \dfrac{w}{g} Q(V_{1y} - V_{2y}) = \dfrac{1}{9.8} \times \left(\dfrac{\pi \times 0.08^2}{4} \times (35-10) \right) \times [0 - (-25\sin 30°)]$
$= 0.160 \text{tf}$

③ $P = \sqrt{P_x^2 + P_y^2} = \sqrt{0.598^2 + 0.160^2} = 0.619 \text{kg} \times \dfrac{9.8\text{N}}{1\text{kg}} = 6.1\text{kN}$

해답 ③

074 다음의 비력(M)곡선에서 한계수심을 나타내는 것은?

① h_1
② h_2
③ h_3
④ $h_3 - h_1$

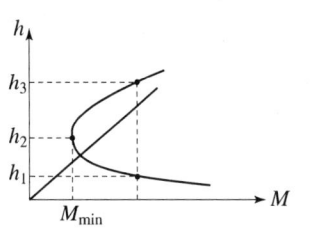

해설 한계수심 $h_c = h_2$

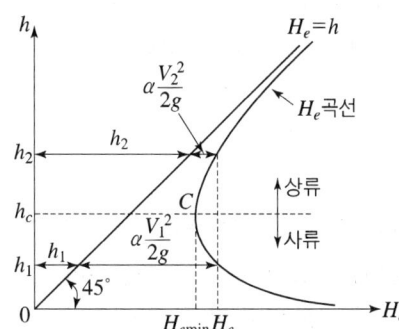

해답 ②

075 다음 중 사류의 조건이 아닌 것은? (단, h_c : 한계수심, V_c : 한계유속, I_c : 한계경사, F_r : Froude Number, h : 수심, V : 유속, I : 경사)

① $F_r > 1$
② $h < h_c$
③ $V > V_c$
④ $I < I_c$

해설

상 류	한계류	사 류
$F_r < 1$	$F_r = 1$	$F_r > 1$
$h > h_c$	$h = h_c$	$h < h_c$
$V < V_c$	$V = V_c$	$V > V_c$
$I < I_c$	$I = I_c$	$I > I_c$

해답 ④

076 수면 아래 30m 지점의 압력을 수은주 높이로 표시한 것으로 옳은 것은? (단, 수은의 비중=13.596)

① 0.285m
② 2.21m
③ 22.1m
④ 28.5m

해설 $P = wh$이므로
$1 \times 30 = 13.596 \times h$에서 $h = 2.21\text{m}$

해답 ②

077
내경 2cm의 관 내를 수온 20℃의 물이 25cm/s의 유속으로 흐를 때 흐름의 상태는? (단, 20℃의 동점성 계수는 0.01cm²/s이다.)

① 사류 ② 상류
③ 층류 ④ 난류

해설 $R_e = \dfrac{V \cdot D}{\nu} = \dfrac{25 \times 2}{0.01} = 5,000 > 4,000$ 이므로 난류이다.

[참고] • $R_e < 2,000$: 층류($R_{ec} = 2,000$)
  • $2,000 < R_e < 4,000$: 천이영역, 불안정층류(층류와 난류가 공존한다.)
  • $R_e > 4,000$: 난류

해답 ④

078
도수(跳水)에 관한 설명으로 옳지 않은 것은?

① 상류에서 사류로 변화될 때 발생된다.
② 사류에서 상류로 변화될 때 발생된다.
③ 도수 전후의 충력치(비력)는 동일하다.
④ 도수로 인해 때로는 막대한 에너지 손실도 유발된다.

해설 도수란 사류에서 상류로 변할 때 불연속적으로 수면이 뛰는 현상으로 도수 후에는 유속은 느려지고 물의 깊이가 갑자기 증가하며 에너지의 급격한 손실이 있다.

해답 ①

079
절대속도 U[m/s]로 움직이고 있는 판에 같은 방향으로 절대속도 V[m/s]의 분류가 흘러 판에 충돌하는 힘을 계산하는 식으로 옳은 것은? (단, w_0는 물의 단위중량, A는 통수 단면적)

① $F = \dfrac{w_0}{g} A(V-U)^2$ ② $F = \dfrac{w_0}{g} A(V+U)^2$

③ $F = \dfrac{w_0}{g} A(V-U)$ ④ $F = \dfrac{w_0}{g} A(V+U)$

해설 판이 수맥과 같은 방향으로 U속도로 움직이는 경우 판에 작용하는 충격력

① $P_x = \dfrac{w}{g} Q(V_1 - V_2) = \dfrac{w}{g} Q[(V-U)-0]$
  $= \dfrac{w}{g} Q(V-U) = \dfrac{w}{g} A(V-U)^2$

② $P_y = 0$

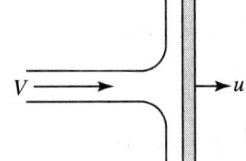

해답 ①

080
층류와 난류를 구분할 수 있는 것은?
① Reynolds수
② 한계구배
③ 한계수심
④ Mach수

해설 층류와 난류를 구분하는 것은 레이놀드수이다.
① $R_e < 2,000$: 층류 ($R_{ec} = 2,000$)
② $2,000 < R_e < 4,000$: 천이영역, 불안정층류(층류와 난류가 공존한다.)
③ $R_e > 4,000$: 난류

해답 ①

081
오리피스에서 유출되는 실제유량은 $Q = C_a \cdot C_v \cdot A \cdot V$로 표현한다. 이 때 수축계수 C_a는? (단, A_O는 수맥의 최소 단면적, A는 오리피스의 단면적, V는 실제유속, V_o는 이론유속)

① $C_a = \dfrac{A_o}{A}$
② $C_a = \dfrac{V_o}{V}$
③ $C_a = \dfrac{A}{A_O}$
④ $C_a = \dfrac{V}{V_O}$

해설 수축계수(C_a)

$C_a = \dfrac{A_o}{A}$ (여기서, A : orifice의 단면적, A_o : 수축단면의 단면적)

해답 ①

082
부체의 경심(M), 부심(C), 무게중심(G)에 대하여 부체가 안정되기 위한 조건은?
① $\overline{MG} > 0$
② $\overline{MG} = 0$
③ $\overline{MG} < 0$
④ $\overline{MG} = \overline{CG}$

해설 부체의 안정 조건식

$\overline{MG}(h) = \dfrac{I_X}{V} - \overline{GC}$

① 안 정 : $\overline{MG}(h) > 0$, $\dfrac{I_X}{V} > \overline{GC}$

② 불안정 : $\overline{MG}(h) < 0$, $\dfrac{I_X}{V} < \overline{GC}$

③ 중 립 : $\overline{MG}(h) = 0$, $\dfrac{I_X}{V} = \overline{GC}$

여기서, V : 부체의 수중부분의 체적, I_X : 최소 단면 2차 모멘트
$\overline{MG}$: 경심고, $\overline{GC}$: 중심과 부심 사이의 거리

해답 ①

083
수면의 높이가 일정한 저수지의 일부에 길이 30m의 월류 위어를 만들어 40m³/s의 물을 취수하기 위한 위어 마루부로부터의 상류측 수심(H)은? (단, $C=1.0$이고, 접근 유속은 무시한다.)

① 0.70m
② 0.75m
③ 0.80m
④ 0.85m

해설 월류수심 h에 비해 위어 정부의 폭 l이 대단히 넓은 위어이므로 광정위어이다.
$$Q = 1.7\,C\,b\,H^{\frac{3}{2}}$$
$$40 = 1.7 \times 1.0 \times 30 \times H^{\frac{3}{2}}$$에서 $H = 0.85\text{m}$

해답 ④

084
물의 성질에 대한 설명으로 옳지 않은 것은?

① 압력이 증가하면 물의 압축계수(C_w)는 감소하고 체적탄성계수(E_w)는 증가한다.
② 내부마찰력이 큰 것은 내부마찰력이 작은 것보다 그 점성계수의 값이 크다.
③ 물의 점성계수는 수온(℃)이 높을수록 그 값이 커진다.
④ 공기에 접촉하는 액체의 표면장력은 온도가 상승하면 감소한다.

해설 점성계수(μ 1poise=1go/cm·sec)는 물체가 외력에 대해 계속해서 연속적으로 저항하는 성질로서 수온이 증가하면 감소한다.

해답 ③

085
그림과 같은 불투수층에 도달하는 집수암거의 집수량은? (단, 투수계수는 k, 암거의 길이는 l이며 양쪽 측면에서 유입됨.)

① $\dfrac{kl}{R}(h_0^2 - h_w^2)$

② $\dfrac{kl}{2R}(h_0^2 - h_w^2)$

③ $\dfrac{\pi k(h_0^2 - h_w^2)}{2.3 \log R}$

④ $\dfrac{2\pi k(h_0^2 - h_w^2)}{2.3 \log R}$

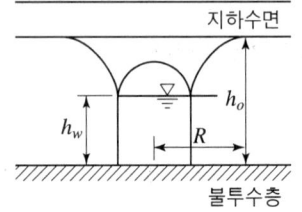

해설 암거 전체에 대한 유량
$$Q = \dfrac{kl}{R}(h_o^2 - h_w^2)$$
여기서, l : 암거의 길이

해답 ①

086 수리학적으로 유리한 단면에 관한 설명 중 옳지 않은 것은?

① 동수반지름(경심)을 최대로 하는 단면이다.
② 일정한 단면적에 최대 유량을 흐르게 하는 단면이다.
③ 가장 유리한 단면은 직각 이등변삼각형이다.
④ 직사각형 수로에서는 수로 폭이 수심의 2배인 단면이다.

해설 수리학상 유리한 단면
① 수리학적으로 유리한 단면의 특성
  ㉠ 일정한 단면적에 대하여 최대 유량이 흐르는 수로의 단면을 수리상 유리한 단면이라 한다.(주어진 유량에 대하여 단면적을 최소로 하는 단면)
  ㉡ 반원에 외접하는 단면(반원에 내접하는 단면)이 수리상 가장 유리한 단면이다.
  ㉢ 최대 유량이 흐르는 조건 : 경심(동수반경)이 최대이거나, 윤변이 최소일 때 성립한다.
② 직사각형 단면 수로
  $h = \dfrac{B}{2}$, $R_{max} = \dfrac{h}{2}$
③ 사다리꼴 단면 수로
  $l = \dfrac{B}{2}$, $R_{max} = \dfrac{h}{2}$
  가장 경제적인 제형 단면은 $\theta = 60°$로 정육각형의 절반일 때이다.
④ 원형 단면 수로
  Q_{max} 일 때 수심은 $h = 0.94D$
  여기서, D : 관로 지름

해답 ③

087 Darcy-Weisbach의 마찰손실 공식에 대한 다음 설명 중 틀린 것은?

① 마찰손실수두는 관경에 반비례한다.
② 마찰손실수두는 관의 조도에 반비례한다.
③ 마찰손실수두는 물의 점성에 반비례한다.
④ 마찰손실수두는 관의 길이에 반비례한다.

해설 ① 마찰손실수두(Darcy-weisbach 공식) : 관수로의 최대손실
  $$h_L = f \dfrac{l}{D} \dfrac{V^2}{2g}$$
  여기서, f : 마찰손실계수, V : 평균유속, $\dfrac{V^2}{2g}$: 유속수두
② 난류의 경우 $f = \phi''\left(\dfrac{1}{R_e}, \dfrac{e}{D}\right)$ 이므로
  마찰손실수두(h_L)는 관의 조도와 비례관계이다.

여기서, $\dfrac{e}{D}$: 상대조도(relative roughness : 관직경과 관벽 요철과의 상대적 크기)
  D : 관의 지름
  e : 조도(관벽의 요철의 높이차를 말한다.)

해답 ②

088 모세관 현상에 의해서 물이 관내로 올라가는 높이(h)와 관의 직경(D)과의 관계로 옳은 것은?
  ① $h \propto D2$
  ② $h \propto D$
  ③ $h \propto 1/D$
  ④ $h \propto 1/D2$

해설 모세관 높이
  $h = \dfrac{4T\cos\theta}{wd}$ 에서 $h \propto \dfrac{1}{d}$

해답 ③

2. 상하수도공학(상수도계획, 하수도계획)

089 응집제로서 가격이 저렴하고 탁도, 세균, 조류 등의 거의 모든 현탁성 물질 또는 부유물의 제거에 유효하며, 무독성 때문에 대량으로 주입할 수 있으며 부식성이 없는 결정을 갖는 응집제는?
  ① 황산알루미늄
  ② 암모늄 명반
  ③ 황산 제1철
  ④ 폴리염화 알루미늄

해설 황산알루미늄[황산반토 : $Al_2(SO_4)_3 \cdot 18H_2O$]은 저렴, 무독성 때문에 대량 첨가가 가능하고 거의 모든 수질에 적합하다.

해답 ①

090 하수도의 구성에 대한 설명으로 옳지 않은 것은?
  ① 배제방식은 합류식과 분류식으로 대별할 수 있다.
  ② 처리시설은 물리적, 생물학적, 화학적 시설로 대별할 수 있다.
  ③ 방류시설은 자연유하와 펌프시설에 의한 강제유하로 구분할 수 있다.
  ④ 슬러지 처리방법에는 침전, 여과, 소독 등이 주로 사용된다.

해설 ① 슬러지 처리 계통
  슬러지 농축 → 소화 → 개량 → 탈수 → 소각(건조) → 최종 처분
  ② 침전, 여과, 소독 등은 정수 처리방법이다.

해답 ④

091

염소소독에 대한 설명으로 옳지 않은 것은?

① 유리잔류염소란 염소를 물에 주입하여 가수분해된 차아염소산(HOCl)을 말한다.
② 결합잔류염소는 유리염소보다 소독효과가 우수하다.
③ 차아염소산(HOCl)은 낮은 pH에서 많이 발생하고 살균력은 차아염소산이온(OCl^-)보다 강하다.
④ 결합잔류염소란 유기성 질소화합물을 포함한 물에 염소를 주입할 때 발생되는 클로라민을 말한다.

해설 **결합잔류염소** : 대표적인 형태가 클로라민(chloramine)이다.
① 살균 후 냄새와 맛을 나타내지 않는다.
② 살균에 지속성이 있다.
③ 유리잔류염소에 비해 살균력이 약하다.

해답 ②

092

우리나라 하수도 계획의 목표년도는 원칙적으로 몇 년을 기준으로 하는가?

① 20년 ② 15년
③ 10년 ④ 5년

해설 하수도 계획의 목표년도는 원칙적으로 20년으로 한다.

해답 ①

093

유입하수량 10000m^3/day, 유입 BOD농도 120mg/L, 폭기조 내 MLSS농도 2000mg/L, BOD부하 0.5kgBOD/kgMISS · day일 때 폭기조의 용적은?

① 240m^3 ② 600m^3
③ 1000m^3 ④ 1200m^3

해설 BOD 슬러지 부하[kgBOD/kgMLSS · day]

$$= \frac{\text{BOD 농도}[kg/m^3] \times \text{유입 하수량}[m^3/day]}{\text{MLSS 농도}[kg/m^3] \times \text{폭기조 용적}[m^3]} \text{에서}$$

폭기조 용적[m^3]

$$= \frac{\text{BOD 농도}[kg/m^3] \times \text{유입 하수량}[m^3/day]}{\text{MLSS 농도}[kg/m^3] \times \text{BOD 슬러지 부하}[kgBOD/kgMLSS \cdot day]}$$

$$= \frac{\left(120mg/L \times \frac{1kg}{1,000,000mg} \times \frac{1,000L}{1m^3}\right) \times 10,000}{\left(2,000mg/L \times \frac{1kg}{1,000,000mg} \times \frac{1,000L}{1m^3}\right) \times 0.5}$$

$$= 1,200m^3$$

해답 ④

094

배수면적 0.35km², 강우강도 $I = \dfrac{5200}{t+40}$ mm/h, 유입시간 7분, 유출계수 $C=$ 0.7, 하수관내 유속 1m/s, 하수관 길이 500m인 경우 우수관의 통수 단면적은? (단, t의 단위는 [분]이고, 계획우수량은 합리식에 의함.)

① 8.5m²
② 6.4m²
③ 5.1m²
④ 4.2m²

해설 ① 유달시간

$$\text{유달시간}(t) = \text{유입시간}(t_1) + \text{유하시간}(t_2) = 7 + \dfrac{500\text{m}}{(1 \times 60)\text{m/min}} = 15.33\text{분}$$

② 강우강도

$$I = \dfrac{5200}{t+40} = \dfrac{5200}{15.33+40} = 93.98\text{mm/hr}$$

③ 우수유출량의 산정식(합리식)

$$Q = \dfrac{1}{3.6} C \cdot I \cdot A = \dfrac{1}{3.6} \times 0.7 \times 93.98 \times 0.35 = 6.4\text{m}^3/\text{sec}$$

여기서, Q : 최대 계획우수유출량[m³/sec]
　　　　C : 유출계수[무차원]
　　　　I : 유달시간(T) 내의 평균 강우강도[mm/hr]
　　　　A : 배수면적[km²]

해답 ②

095

하수배제 방식에 대한 설명으로 옳은 것은?

① 합류식 하수배제 방식은 강우 초기에 도로 위의 오염물질이 직접 하천으로 유입된다.
② 합류식 하수관거는 청천시(晴天時) 관거 내 퇴적량이 분류식 하수관거에 비하여 많다.
③ 분류식 하수관거는 관거 내의 검사가 편리하고 환기가 잘 되는 이점이 있다.
④ 분류식 하수관거에서는 우천 시 일정한 유량 이상이 되면 오수가 월류한다.

해설 ① 분류식 하수관거는 우수 초기에 오염도가 비교적 큰 노면배수가 우수관거를 통해 공공수역으로 직접 방류되어 하천을 오염시킨다.
② 합류식 하수관거는 우천 시에 처리장으로 다량의 토사가 유입하여 장기간에 걸쳐 수로 바닥, 침전 시 및 슬러지 소화조 등에 퇴적한다.(퇴적량은 합류식이 분류식 보다 많다.)
③ 합류식이 분류식에 비해 청소 검사 등이 유리하다.
④ 합류식 하수관거에서는 강우 시 계획오수량의 일정 배율 이상의 것은 우수토실 또는 펌프장으로부터 하천 등 공공수역에 직접 방류된다.

해답 ②

096 펌프에 대한 설명으로 옳지 않은 것은?

① 펌프는 가능한 한 최고효율점 부근에서 운전하도록 대수 및 용량을 정한다.
② 펌프의 설치대수는 유지관리상 편리하도록 될 수 있는 대로 적게 하고 동일 용량의 것으로 한다.
③ 과잉운전방지와 과잉운전에 따른 에너지소비량이 절감될 수 있도록 한다.
④ 펌프의 용량이 작을수록 효율이 높으므로 가능한 한 소용량의 것으로 한다.

해설 펌프의 용량이 클수록 효율이 높다.

해답 ④

097 수원의 구비조건으로 옳지 않은 것은?

① 수질이 좋아야 한다.
② 가능한 한 높은 곳에 위치한 것이 좋다.
③ 계절적으로 수량 변동이 큰 것이 유리하다.
④ 소비지로부터 가까운 곳에 위치하여야 한다.

해설 수원의 구비요건(수원 선정 시 고려 사항)
① 수질 양호
② 수량 풍부
③ 가능하면 주위에 오염원이 없어야 한다.
④ 소비지로부터 가까운 곳에 위치
⑤ 계절적 수량·수질의 변동이 적은 곳
⑥ 가능하면 자연유하식을 이용할 수 있는 곳(가능한 한 높은 곳에 위치해야 한다.)
⑦ 연간 수량 변동이 적은 곳
⑧ 취수 및 관리가 용이할 것

해답 ③

098 펌프와 부속설비의 설치에 관한 설명으로 옳지 않은 것은?

① 펌프의 흡입관은 공기가 갇히지 않도록 배관한다.
② 필요에 따라 축봉용, 냉각용, 윤활용 등의 급수설비를 설치한다.
③ 펌프의 운전상태를 알기 위하여 펌프 흡입측에는 압력계를, 토출측에는 진공계를 설치한다.
④ 흡상식 펌프에서 풋밸브(foot valve)를 설치하지 않을 경우에는 마중물용의 진공펌프를 설치한다.

해설 펌프의 운전상태를 알기 위하여 펌프의 흡입측에는 진공계 또는 연성계(compound gauge), 토출측에는 압력계를 보기 쉬운 위치에 부착해야 한다.

해답 ③

099 상수의 도수방식에 관한 설명으로 옳지 않은 것은?

① 도수방식은 지형과 지세 등에 따라 자연유하식, 펌프가압식 및 병용식이 있다.
② 도수방식은 취수시설과 정수시설간의 표고, 노선의 입지조건 등을 종합적으로 고려하여 결정한다.
③ 수로의 형식은 관수로식과 개수로식이 있지만, 펌프가압식에서는 개수로식을 택한다.
④ 자연유하식은 지형과 지세가 비교적 평탄하고 시점과 종점간의 유효낙차가 충분한 경우에 주로 이용된다.

해설 펌프 압송식은 관수로에만 이용할 수 있고, 수압으로 인한 누수의 위험이 존재한다. **해답** ③

100 상수도 계통도의 순서로 옳은 것은?

① 집수 및 취수 → 도수 → 정수 → 송수 → 배수 → 급수
② 집수 및 취수 → 배수 → 정수 → 송수 → 도수 → 급수
③ 집수 및 취수 → 도수 → 정수 → 급수 → 배수 → 송수
④ 집수 및 취수 → 배수 → 정수 → 급수 → 도수 → 송수

해설 상수도 시설 계통 : 수원(집수) → 취수 → 도수 → 정수 → 송수 → 배수 → 급수 **해답** ①

101 활성슬러지법에서 MLSS에 대한 설명으로 옳은 것은?

① 방류수 중의 부유물질
② 폐수 중의 부유물질
③ 폭기조 중의 부유물질
④ 반송슬러지 중의 부유물질

해설 MLSS(Mixed Liquor Suspended Solids) : 혼합액 부유고형물(폭기조 내 부유물질) **해답** ③

102 정수장 급속여과지에서 여과모래의 유효경이 0.45~0.7mm의 범위인 경우에 모래층의 표준 두께는?

① 1~5cm
② 10~20cm
③ 40~50cm
④ 60~70cm

해설 급속여과 유효경에 따른 모래층 두께
① 여과모래 유효경 0.4~0.7mm의 범위인 경우 : 모래층 두께 60~70cm 표준
② 여과모래 유효경 0.4~1.0mm의 범위인 경우 : 모래층 두께 60~120cm 표준 **해답** ④

103 하수관거의 관정부식(crown corrosion)의 주된 원인물질은?

① N 화합물 ② S 화합물
③ Ca 화합물 ④ Fe 화합물

해설 ① 하수 내 유기물(S화합물, 황화합물) 등이 혐기성 상태에서 분해되어 생성되는 황화수소(H_2S)가 하수관 내의 공기 중으로 솟아오르면 호기성 미생물에 의해서 SO_2나 SO_3가 된다. (용존산소 결핍으로 박테리아가 황산염을 환원시키기 때문에 황화수소 발생)
② 이들이 관정부(管頂部)의 물방울에 녹아서 황산(H_2SO_4)이 된다. 이 황산이 콘크리트관에 함유된 철(Fe), 칼슘(Ca), 알루미늄(Al) 등과 반응하여 황산염이 되어 콘크리트관을 부식 파괴하는 현상을 관정부식이라 한다.

해답 ②

104 토압 계산 시 널리 사용되는 마스톤(Marston) 공식에서 관이 받는 하중(W), 매설토의 깊이와 종류에 의하여 결정되는 상수(C), 매설토의 단위중량(γ), 폭요소(B)와의 관계식으로 옳은 것은? (단, B : 폭요소로서 관의 상부 90° 부분에서의 관매설을 위하여 굴토한 도랑의 폭)

① $W = C\gamma B$ ② $W = \dfrac{C\gamma}{B}$
③ $W = C\gamma B^2$ ④ $W = \dfrac{CB}{\gamma}$

해설 마스톤(Marston) 공식 : 토압 계산에 가장 널리 이용되는 공식
$W = C_1 \cdot \gamma \cdot B^2$
여기서, W : 관이 받는 하중[ton/m]
γ : 피토(被土)의 밀도[ton/m³]
C_1 : 지표에서 관 상단까지, 즉 피토의 깊이와 종류에 의하여 결정되는 상수
B : 폭요소[m](관의 상부 90° 부분에서의 관 매설을 위하여 굴착한 도랑의 폭)
d : 관의 외경[m]

해답 ③

105 슬러지 부피지수(SVI)가 150인 활성슬러지법에 의한 처리조건에서 슬러지 밀도지표(SDI)는?

① 0.67 ② 6.67
③ 66.67 ④ 666.67

해설 $SDI = \dfrac{100}{SVI} = \dfrac{100}{150} = 0.67$

해답 ①

106 상수관망의 해석에 사용되는 방법과 가장 밀접한 관련이 있는 것은?
① 뉴톤 법칙 ② 토리첼리의 정리
③ 하디 크로스법 ④ 베르누이 정리

해설 배수관망의 해석
① 등치관법 : 수지상식이나 격자식의 예비 계산 시 좋다.
② Hardy-cross법[반복근사해법, 시산법(try and error method)] : 격자식 같은 관망이 복잡한 경우에 사용

해답 ③

107 상수도 시설 중 침사지에 대한 설명으로 옳지 않은 것은?
① 침사지의 길이는 폭의 3~8배를 표준으로 한다.
② 침사지 내에서의 평균유속은 10~20cm/s를 표준으로 한다.
③ 침사지의 위치는 가능한 한 취수구에 가까워야 한다.
④ 유입 및 유출구에는 제수밸브 혹은 슬루스 게이트를 설치한다.

해설 ① 상수도 시설 중 침사지 내 평균유속은 2~7cm/s를 표준으로 한다.
② 하수도 시설 중 침사지의 평균유속은 0.30m/s를 표준으로 한다.

해답 ②

108 오수관거 설계 시 계획시간 최대오수량에 대한 최소 및 최대 유속은?
① 최소 : 0.6m/s, 최대 : 3.0m/s ② 최소 : 0.6m/s, 최대 : 5.0m/s
③ 최소 : 0.8m/s, 최대 : 3.0m/s ④ 최소 : 0.8m/s, 최대 : 5.0m/s

해설 하수관의 유속

관 거	최소 유속	최대 유속	비 고
오수관거	0.6m/sec	3.0m/sec	이상적인 유속 : 1.0~1.8m/sec
우수관거 및 합류관거	0.8m/sec	3.0m/sec	

해답 ①

2022년 5월 CBT 시행

2023 개정된 출제기준에 의거하여 불필요한 문제는 삭제하고 3과목으로 정리함

제1과목 구조설계(응용역학+철근콘크리트 및 강구조)

1. 응용역학(역학적인 개념 및 건설 구조물의 해석)

001 길이 10m, 지름 30mm의 철근이 5mm 늘어나기 위해서는 얼마의 하중이 필요한가? (단, $E=2\times10^5$MPa)

① 51.5kN ② 62.2kN
③ 70.7kN ④ 81.3kN

 $P = \dfrac{E \cdot A \cdot \Delta l}{l} = \dfrac{2\times10^5 \times \dfrac{\pi \times 30^2}{4} \times 5}{10000} = 70685.8\text{N} = 70.7\text{kN}$

해답 ③

002 구조계산에서 자동차나 열차의 바퀴와 같은 차륜하중은 어떤 형태의 하중으로 계산하는가?

① 집중하중 ② 등분포하중
③ 모멘트하중 ④ 등변분포하중

해설 구조계산에서 자동차나 열차의 바퀴와 같은 차륜하중은 집중하중으로 계산한다. **해답 ①**

003 지름이 D이고 길이가 $50D$인 원형 단면으로 된 기둥의 세장비를 구하면?

① 200 ② 150
③ 100 ④ 50

해설 $\lambda = \dfrac{l}{r_{\min}} = \dfrac{l}{D/4} = \dfrac{50D}{D/4} = 200$

해답 ①

004 그림과 같은 직사각형 단면의 단면계수는?

① 800cm³
② 1,000cm³
③ 1,200cm³
④ 1,400cm³

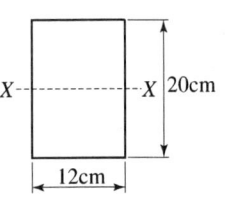

해설 $Z_X = \dfrac{bh^2}{6} = \dfrac{12 \times 20^2}{6} = 800\text{cm}^3$

해답 ①

005 그림과 같은 내민보에서 지점 A에 발생하는 수직반력은?

① 150kN
② 200kN
③ 250kN
④ 300kN

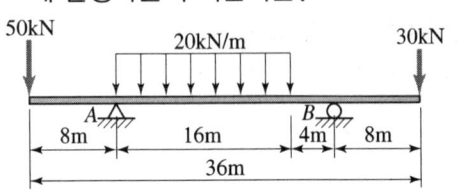

해설 $\sum M_B = 0 (\curvearrowright)$
$V_A \times 20 - 50 \times 28 - (20 \times 16) \times (8+4) + 30 \times 8 = 0$
$V_A = 250\text{kN}(\uparrow)$

해답 ③

006 재료의 역학적 성질 중 탄성계수를 E, 전단탄성계수를 G, 푸아송수를 m이라 할 때 각 성질의 상호관계식으로 옳은 것은?

① $G = \dfrac{m}{2E(m+1)}$
② $G = \dfrac{mE}{2(m+1)}$
③ $G = \dfrac{E}{2(m-1)}$
④ $G = \dfrac{E}{2(m+1)}$

해설 **탄성계수와 전단탄성계수의 관계**

$G = \dfrac{E}{2(1+\nu)} = \dfrac{E}{2\left(1+\dfrac{1}{m}\right)} = \dfrac{mE}{2(m+1)}$

해답 ②

007
반지름 r 원형 단면 보에 휨모멘트 M이 작용할 때 최대 휨응력은?

① $\dfrac{4M}{\pi r^3}$ ② $\dfrac{8M}{\pi r^3}$

③ $\dfrac{16M}{\pi r^3}$ ④ $\dfrac{64M}{\pi r^3}$

해설
$$\sigma_{\max} = \dfrac{M}{Z} = \dfrac{M}{\dfrac{\pi \cdot (2r)^3}{32}} = \dfrac{4M}{\pi \cdot r^3}$$

해답 ①

008
그림과 같은 단순보에 발생하는 최대 전단응력($\tau_{\max}$)은?

① $\dfrac{4wL}{9bh}$ ② $\dfrac{wL}{2bh}$

③ $\dfrac{9wL}{16bh}$ ④ $\dfrac{3wL}{4bh}$

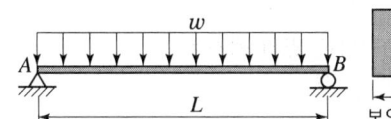 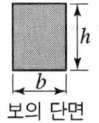

보의 단면

해설
① 최대 전단력
$$S_{\max} = V_A = \dfrac{wL}{2}$$
② 최대 전단응력
$$\tau_{\max} = \dfrac{3}{2} \dfrac{S_{\max}}{A} = \dfrac{3}{2} \times \dfrac{wL/2}{bh} = \dfrac{3wL}{4bh}$$

해답 ④

009
그림과 같은 단순보에 연행하중이 작용할 경우 절대최대휨모멘트는 얼마인가?

① $65.0 \text{kN} \cdot \text{m}$
② $70.4 \text{kN} \cdot \text{m}$
③ $80.4 \text{kN} \cdot \text{m}$
④ $88.2 \text{kN} \cdot \text{m}$

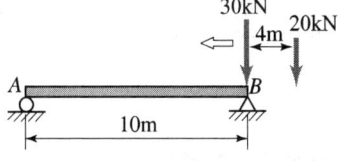

해설
① 합력 $R = 30 + 20 = 50 \text{kN}$
② 합력의 작용점
$$x = \dfrac{20 \times 4}{50} = 1.6 \text{m}$$
③ 이등분점
$$\bar{x} = \dfrac{x}{2} = \dfrac{1.6}{2} = 0.8 \text{m}$$

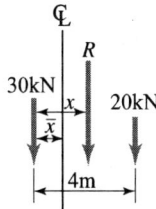

④ 하중재하(이등분점과 보의 중앙점을 일치)
⑤ 합력과 가장 가까운 하중 30kN의 작용점에서 절대 최대 휨모멘트가 생긴다.
$\sum M_B = 0$
$V_A \times 10 - 30 \times 5.8 - 20 \times (5-3.2) = 0$
$V_A = 21\text{kN}(\uparrow)$
⑥ $M_{\text{abs} \cdot \text{max}} = M_{30\text{kN}} = 21 \times 4.2 = 88.2\text{kN} \cdot \text{m}$

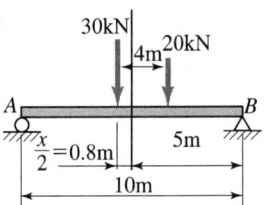

해답 ④

010

지름이 D인 원형 단면의 기둥에서 핵(core)의 직경은?

① $\dfrac{D}{2}$
② $\dfrac{D}{3}$
③ $\dfrac{D}{4}$
④ $\dfrac{D}{6}$

해설 ① 원형 단면의 핵거리
$x = \dfrac{D}{8}$

② 원형 단면의 핵폭(핵직경) $= 2x = \dfrac{D}{4}$

해답 ③

011

직경 50mm, 길이 2m의 봉이 힘을 받아 길이가 2mm 늘어나고, 직경은 0.015m가 줄어들었다면, 이 봉의 푸아송비는 얼마인가?

① 0.24
② 0.26
③ 0.28
④ 0.30

해설 $\nu = \dfrac{\varepsilon_{\text{가로}}}{\varepsilon_{\text{세로}}} = \dfrac{\dfrac{\Delta d}{d}}{\dfrac{\Delta l}{l}} = \dfrac{\Delta d \cdot l}{\Delta l \cdot d} = \dfrac{0.015 \times 2000}{2 \times 50} = 0.3$

해답 ④

012

다음 도형에서 x축에 대한 단면2차모멘트는?

① 376cm^4
② 432cm^4
③ 484cm^4
④ 538cm^4

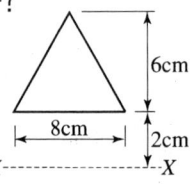

해설 $I_X = I_{\text{도심}} + A \cdot y^2 = \dfrac{8 \times 6^3}{36} + \left(\dfrac{1}{2} \times 8 \times 6\right) \times \left(\dfrac{6}{3} + 2\right)^2 = 432\text{cm}^4$

해답 ②

2. 철근콘크리트 및 강구조

013 다음 그림에서 인장력 $P=400\text{kN}$이 작용할 때 용접이음부의 응력은 얼마인가?

① 96.2MPa
② 101.2MPa
③ 105.3MPa
④ 108.6MPa

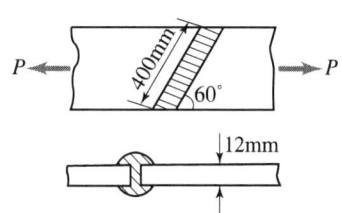

해설 $f = \dfrac{P}{\sum al} = \dfrac{400,000}{12 \times 400 \sin 60°} = 96.2\text{MPa}$

해답 ①

014 다음 중 유효깊이의 정의로 옳은 것은?

① 콘크리트의 인장 연단부터 모든 인장철근군의 도심까지 거리
② 콘크리트의 압축 연단부터 모든 인장철근군의 도심까지 거리
③ 콘크리트의 인장 연단부터 최외단 인장철근의 도심까지의 거리
④ 콘크리트의 압축 연단부터 최외단 인장철근의 도심까지 거리

해설 유효깊이란 콘크리트의 압축측 연단으로부터 모든 인장철근군의 도심까지의 거리를 말한다.

해답 ②

015 프리스트레스트 콘크리트에서 강재의 프리스트레스 도입 시 발생되는 즉시 손실에 해당되지 않는 것은?

① 정착장치의 활동에 의한 손실
② PS 강재와 긴장 덕트의 마찰에 의한 손실
③ PS 강재의 릴랙세이션 손실
④ 콘크리트의 탄성 수축에 의한 손실

해설 **프리스트레스 손실 원인**
① 프리스트레스 도입 시 : 즉시 손실
  ㉠ 콘크리트의 탄성변형(수축)
  ㉡ PS 강재와 시스 사이의 마찰(포스트텐션 방식에만 해당)
  ㉢ 정착단의 활동
② 프리스트레스 도입 후 : 시간적 손실
  ㉠ 콘크리트의 건조수축
  ㉡ 콘크리트의 크리프
  ㉢ PS 강재의 릴랙세이션(relaxation)

해답 ③

016

$b_w=250mm$, $d=500mm$, 압축연단에서 중립축까지의 거리$(c)=200mm$, $f_{ck}=24MPa$의 단철근 직사각형 균형보에서 콘크리트의 공칭 휨강도(M_n)는?

① 305.8kN·m
② 342.7kN·m
③ 364.3kN·m
④ 423.3kN·m

해설 ① 콘크리트의 등가압축응력깊이의 비 β_1은 $f_{ck}=24MPa<50MPa$이므로
$\beta_1=0.80$
② $a=\beta_1 c=0.80\times 200=160mm$
③ $M_n=\eta 0.85 f_{ck}ab\left(d-\dfrac{a}{2}\right)=1\times 0.85\times 24\times 160\times 250\times \left(500-\dfrac{160}{2}\right)$
$=342,720,000N\cdot mm=342.7kN\cdot m$

해답 ②

017

휨 부재에서 철근의 정착에 대한 위험단면에 해당되지 않는 것은?

① 지간 내의 최대 응력점
② 인장철근이 끝난 점
③ 인장철근의 절곡점
④ 지점에서 d만큼 떨어진 점

해설 **정착에 대한 위험단면(휨철근)**
① 지간 내의 최대 응력점
② 지간 내에서의 인장철근이 절단되는 점
③ 지지점
④ 지간 내에서의 인장철근이 끝나는 점
⑤ 모멘트 부호가 바뀌는 반곡점
⑥ 지간 내에서의 인장철근이 절곡되는 점

해답 ④

018

나선철근과 띠철근 기둥에서 축방향 철근의 순간격에 대한 설명으로 옳은 것은?

① 25mm 이상, 또한 철근 공칭지름의 0.5배 이상으로 하여야 한다.
② 30mm 이상, 또한 철근 공칭지름의 1배 이상으로 하여야 한다.
③ 40mm 이상, 또한 철근 공칭지름의 1.5배 이상으로 하여야 한다.
④ 50mm 이상, 또한 철근 공칭지름의 2.5배 이상으로 하여야 한다.

해설 **축방향(종방향) 철근의 순간격**
① 40mm 이상
② 축방향(종방향) 철근 지름의 1.5배 이상
③ 굵은 골재 최대 치수의 4/3배 이상

해답 ③

019
아래 표와 같은 하중을 받는 지간 5m의 단순보를 설계할 때 계수휨모멘트(M_u)는? (단, 하중계수와 하중조합을 고려할 것.)

- 자중을 포함한 고정하중(D) : 20kN/m
- 활하중(L) : 30kN/m

① 225kN · m
② 307kN · m
③ 342kN · m
④ 387kN · m

해설 ① 계수하중
$w_u = 1.2 w_D + 1.6 w_L$ 와 $w_u = 1.4 w_D$ 둘 중 큰 값
$w_u = 1.2 \times 20 + 1.6 \times 30 = 72 \text{kN/m}$
$w_u = 1.4 \times 20 = 28 \text{kN/m}$
둘 중 큰 값인 72kN/m로 한다.

② $M_u = \dfrac{w_u l^2}{8} = \dfrac{72 \times 5^2}{8} = 225 \text{kN} \cdot \text{m}$

해답 ①

020
이형철근이 인장을 받을 때 기본 정착길이(l_{db})를 구하는 식으로 옳은 것은? (단, 보통중량 콘크리트이고, d_s는 철근의 공칭지름)

① $\dfrac{0.6 d_s f_s}{\sqrt{f_{ck}}}$
② $0.6 d_s f_s \sqrt{f_{ck}}$
③ $\dfrac{0.25 d_s f_s}{\sqrt{f_{ck}}}$
④ $0.25 d_s f_s \sqrt{f_{ck}}$

해설 인장 이형철근 및 이형철선의 기본 정착길이
$l_{db} = \dfrac{0.6 d_b f_y}{\lambda \sqrt{f_{ck}}} = \dfrac{0.6 d_b f_y}{1.0 \sqrt{f_{ck}}} = \dfrac{0.6 d_b f_y}{\sqrt{f_{ck}}}$

해답 ①

021
용접변형(distortion)을 방지하기 위한 방법 중 틀린 것은?
① 용접길이를 가능하면 적게 설계한다.
② 용접변형이 작게 되는 이음을 선택한다.
③ 용접금속중량을 충분히 크게 하고, 용접속도를 천천히 한다.
④ 대칭용접이 되도록 용접 시 용접 순서를 선택한다.

해설 **용접부 변형 방지책**
용접부 변형을 방지하기 위한 방법은 변형의 원인을 정확하게 파악하고 있다면 쉽

게 여러 가지 대안이 제시될 수 있다.
① 용접길이를 가능하면 적게 실시한다.
② 용접변형이 작게 되는 이음을 선택한다.
③ 열 분포를 고르게 하기 위해 용접 순서를 조절(후퇴법, 대칭법 등)한다.
④ 이음의 모양이 가능한 한 용접부 단면이 대칭이 되도록 한다.
⑤ 용접속도가 느리면 그만큼 용융금속의 응고가 늦어지기 때문에 많은 용융금속이 발생하므로 가능한 용접속도를 빠르게 한다.
⑥ 이음의 크기가 요구되는 강도 이상이 되지 않도록 하여 용착량이 과다하지 않도록 설계한다.

해답 ③

022

그림과 같은 단순 PSC보에서 지간 중앙의 절곡점에서 상향력(U)와 외력(P)이 비기기 위한 PS강선 프리스트레스힘(F)의 크기는 얼마인가? (단, 손실은 무시한다.)

① 30kN
② 50kN
③ 70kN
④ 100kN

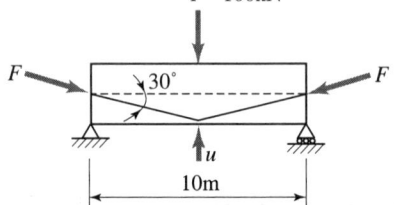

해설 상향력

$U = 2P\sin\theta$ 에서

$P = \dfrac{U}{2\sin\theta} = \dfrac{100}{2 \times \sin 30°} = 100\text{kN}$

해답 ④

023

철근콘크리트 부재에 사용할 수 있는 전단철근에 대한 설명으로 틀린 것은?

① 주인장 철근에 30° 이상의 각도로 설치되는 스터럽은 전단철근으로 사용할 수 있다.
② 주인장 철근에 30° 이상의 각도로 구부린 굽힘철근은 전단철근으로 사용할 수 있다.
③ 스터럽과 굽힘철근의 조합은 전단철근으로 사용할 수 있다.
④ 전단철근의 설계기준항복강도는 500MPa를 초과할 수 없다.

해설 전단철근의 종류
① 스터럽
  ㉠ 수직 스터럽 : 주철근에 직각 방향으로 배치한 스터럽
  ㉡ 경사 스터럽 : 주철근에 45° 이상의 경사로 배치한 스터럽
② 굽힘철근(절곡철근) : 주철근을 30° 이상의 경사로 구부린 철근
③ 전단철근의 병용 : 전단응력이 크게 작용되는 지점 부근에서 사용된다.

⊙ 수직 스터럽과 굽힘철근의 병용
⊙ 경사 스터럽과 굽힘철근의 병용
⊙ 수직 스터럽과 경사 스터럽을 굽힘철근과 병용
④ 용접철망 : 부재의 축에 직각으로 배치
⑤ 나선철근
⑥ 원형 띠철근
⑦ 후프 철근

해답 ①

024 PS 강재가 지녀야 할 일반적인 성질로 틀린 것은?

① 적당한 연성과 인성이 있어야 한다.
② 어느 정도의 피로강도를 가져야 한다.
③ 직선성이 좋아야 한다.
④ 항복비가 작아야 한다.

해설 PS 강재 품질 요구 조건
① 고인장강도를 가져야 한다.
② 항복비가 커야 한다. 항복비 = $\dfrac{\text{항복응력}}{\text{인장강도}} \times 100(\%) \geq 80\%$
③ 릴랙세이션(relaxation)이 작아야 한다.
④ 직선성(신직성)이 좋아야 한다.
⑤ 높은 연성과 인성이 있어야 한다.
⑥ 피로강도가 커야 한다.
⑦ 콘크리트와의 부착강도가 커야 한다.
⑧ 응력 부식에 대한 저항성이 커야 한다.

해답 ④

025 강도설계법의 가정으로 틀린 것은?

① 철근과 콘크리트의 변형률은 중립축으로부터의 거리에 비례한다.
② 압축측 연단에서 콘크리트의 극한 변형률은 0.003으로 가정한다.
③ 휨응력 계산에서 콘크리트의 인장강도는 무시한다.
④ 극한강도 상태에서 콘크리트의 응력은 그 변형률에 비례한다.

해설 강도설계법 설계가정
① 변형률은 중립축으로부터의 거리에 비례한다. 깊은보 설계시 비선형 변형률 분포를 고려하여야 하며, 이때 대신 스트럿–타이 모델을 적용할 수 있다.
② 휨모멘트 또는 휨모멘트와 축력을 동시에 받는 부재의 콘크리트 압축연단의 극한변형률은 콘크리트의 설계기준압축강도가 40MPa 이하인 경우에는 0.0033으로 가정하며, 40MPa을 초과하는 경우에는 매 10MPa의 강도 증가에 대하여 0.0001씩 감소시킨다. 콘크리트의 설계기준압축강도가 90MPa을 초과하는 경

우에는 성능실험을 통한 조사연구에 의하여 콘크리트 압축연단의 극한변형률을 선정하고 근거를 명시하여야 한다.
③ 콘크리트의 인장강도는 철근콘크리트 부재 단면의 축강도와 휨강도 계산에서 무시할 수 있다.
④ $f_s \leq f_y$일 때 $f_s = \varepsilon_s E_s$, $f_s > f_y$일 때 $f_s = f_y$
⑤ 콘크리트의 압축응력 분포와 콘크리트의 변형률 사이의 관계는 직사각형, 사다리꼴, 포물선형 또는 강도의 예측에서 광범위한 실험의 결과와 실질적으로 일치하는 어떤 형상으로도 가정할 수 있다.
⑥ 포물선-직선 형상의 응력-변형률 관계에 의하여 콘크리트에 작용하는 압축응력의 평균값은 $\alpha(0.85f_{ck})$로, 압축연단으로부터 합력의 작용위치는 중립축 깊이 c에 대한 β의 비율로 나타낸다.

해답 ④

026

아래 그림과 같은 보에 D13(1본 단면적 127mm²) 철근으로 수직 스터럽을 250mm의 간격으로 설치하였다면, 전단철근에 의한 전단강도(V_s)는?
(단, f_{ck} = 28MPa, f_u = 400MPa)

① 164.8kN
② 186.3kN
③ 208.6kN
④ 223.5kN

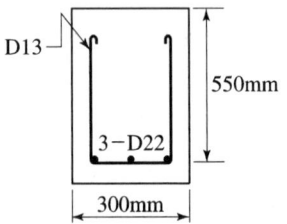

해설 전단철근이 부담하는 전단강도
$V_s = nA_v f_y = \dfrac{d}{s} A_v f_y = \dfrac{550}{250} \times (2 \times 127) \times 400 = 223,520\text{N} = 223.5\text{kN}$

해답 ④

027

단철근 직사각형 보에서 f_{ck} = 28MPa, f_y = 400MPa일 때 균형철근비(ρ_b)는 약 얼마인가?

① 0.02572
② 0.02964
③ 0.04317
④ 0.05243

해설 ① $f_{ck} = 28\text{MPa} < 40\text{MPa}$이므로 $\epsilon_{cu} = 0.0033$
② 콘크리트의 등가압축응력깊이의 비
   $f_{ck} = 28\text{MPa} < 50\text{MPa}$이므로 $\beta_1 = 0.80$
③ 단철근 직사각형보의 균형철근비
$\rho_b = \eta 0.85 \dfrac{f_{ck}}{f_y} \beta_1 \dfrac{\epsilon_{cu}}{\epsilon_{cu} + \dfrac{f_y}{200000}} = 1 \times 0.85 \times \dfrac{28}{400} \times 0.80 \times \dfrac{0.0033}{0.0033 + \dfrac{400}{200000}}$
$= 0.02964$

해답 ②

028

휨부재 단면에서 인장철근에 대한 최소 철근량을 규정한 이유로 옳은 것은?

① 부재의 취성파괴를 유도하기 위하여
② 부재의 급작스런 파괴를 방지하기 위하여
③ 사용 철근량을 줄이기 위하여
④ 콘크리트 단면을 최소화하기 위하여

해설 최소 철근비 이상으로 규정하는 이유는 인장부 콘크리트의 취성파괴를 막기 위해서 이다.

해답 ②

029

그림과 같은 직사각형 보에서 압축상단에서 중립축까지의 거리(c)는 얼마인가? (단, 철근 D22 4본의 단면적은 1548mm², f_{ck}=35MPa, f_y=350MPa이다.)

① 60.7mm
② 71.4mm
③ 75.9mm
④ 80.9mm

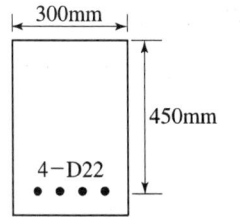

해설 ① 등가직사각형 응력분포의 깊이 : a
$$a = \frac{A_s f_y}{\eta 0.85 f_{ck} b} = \frac{1,548 \times 350}{1 \times 0.85 \times 35 \times 300} = 60.7\text{mm}$$
② 콘크리트의 등가압축응력 깊이의 비
$f_{ck} = 35\text{MPa} < 50\text{MPa}$이므로 $\beta_1 = 0.80$
③ $a = \beta_1 c$에서 $c = \frac{a}{\beta_1} = \frac{60.7}{0.80} = 75.9\text{mm}$

해답 ③

030

폭 300mm, 유효깊이는 500mm의 단철근 직사각형 보에서 콘크리트의 설계전단강도(ϕV_c)는? (단, f_{ck}=28MPa이고 전단과 휨만을 받는 부재이다.)

① 75.4kN
② 89.3kN
③ 99.2kN
④ 113.1kN

해설 **콘크리트가 부담하는 설계전단강도**
$$\phi V_c = \phi \frac{1}{6} \lambda \sqrt{f_{ck}} \, b_w d [\text{N}] = 0.75 \times \frac{1}{6} \times 1 \times \sqrt{28} \times 300 \times 500 = 99,216\text{N} = 99.2\text{kN}$$

해답 ③

제2과목 측량 및 토질(측량학+토질 및 기초)

1. 측량학(측량학 일반, 기준점 측량, 응용 측량)

031 하천의 연직선 내의 평균유속을 구할 때 3점법을 사용하는 경우, 평균유속(V_m)을 구하는 식은? (단, V_n : 수면으로부터 수심의 n에 해당되는 지점의 관측유속)

① $V_m = \dfrac{1}{2}(V_{0.2} + V_{0.8})$ ② $V_m = \dfrac{1}{3}(V_{0.2} + V_{0.6} + V_{0.8})$

③ $V_m = \dfrac{1}{4}(V_{0.2} + V_{0.6} + 2V_{0.8})$ ④ $V_m = \dfrac{1}{4}(V_{0.2} + 2V_{0.6} + V_{0.8})$

해설 3점법
$$V_m = \dfrac{1}{4}(V_{0.2} + 2V_{0.6} + V_{0.8})$$

해답 ④

032 토공작업을 수반하는 종단면도에서 계획선을 넣을 때 고려하여야 할 사항으로 옳지 않은 것은?

① 계획선은 될 수 있는 한 요구에 맞게 한다.
② 절토는 성토로 이용할 수 있도록 운반거리를 고려하여야 한다.
③ 경사와 곡선을 병설해야 하고 단조로움을 피하기 위하여 가능한 한 많이 설치한다.
④ 절토량과 성토량은 거의 같게 한다.

해설 토공의 계획선을 결정할 때 경사와 곡선은 가급적 피해야 한다.

해답 ③

033 측량에서 관측된 값에 포함되어 있는 오차를 조정하기 위해 최소제곱법을 이용하게 되는데, 이를 통하여 처리되는 오차는?

① 과실   ② 정오차
③ 우연오차   ④ 기계적 오차

해설 **정오차** : 누차, 정차, 자연적 오차, 상차
① 일어나는 원인이 명확
② 일정한 방향, 일정한 양의 오차 발생
③ 항상 같은 방향, 같은 크기로 발생
④ 간단히 조정 가능

⑤ 측정횟수(n)에 비례
$E = e \cdot n$

부정오차 : 우연오차, 우차, 추차, 확률오차
① 발생 원인이 분명하지 않음
② 예측 불가능, 처리방법 불확실
③ 불규칙한 성질, 발향이 일정치 않음
④ 완전히 조정 불가능, 통계학 처리(최소자승법, 오차론)로 소거
⑤ 측정횟수(n)의 제곱근에 비례
$E = \pm e \cdot \sqrt{n}$

해답 ③

034
축척 1 : 1,000의 도면에서 면적을 측정한 결과 5cm²이었다. 이 도면이 전체적으로 1% 신장되어 있었다면 실제면적은?

① 510m²
② 505m²
③ 495m²
④ 490m²

해설 $A_o = A(1-\varepsilon)^2 = (5 \times 1000^2) \times (1-0.01)^2 = 4,900,500 \text{cm}^2 = 490\text{m}^2$

해답 ④

035
축척 1 : 2,500의 도면에 등고선 간격을 2m로 할 때 육안으로 식별할 수 있는 등고선과 등고선 사이의 최소 거리가 0.4mm라 하면 등고선으로 표시할 수 있는 최대 경사각은?

① 52.1°
② 63.4°
③ 72.8°
④ 81.6°

해설 $\tan\theta = \dfrac{h}{D}$ 에서

$\theta = \tan^{-1}\dfrac{h}{D} = \tan^{-1}\dfrac{2}{2,500 \times 0.4 \times 10^{-3}} = 63.4°$

해답 ②

036
체적 계산에 있어서 양 단면의 면적이 $A_1 = 80\text{m}^2$, $A_2 = 40\text{m}^2$, 중간 단면적 $A_m = 70\text{m}^2$이다. A_1, A_2 단면 사이의 거리가 30m이면 체적은? (단, 각주 공식 사용)

① 2,000m³
② 2,060m³
③ 2,460m³
④ 2,640m³

해설 각주 공식(prismoidal formula)
$V = \dfrac{l}{6}(A_1 + 4A_m + A_2) = \dfrac{30}{6} \times (80 + 4 \times 70 + 40) = 2,000\text{m}^3$

해답 ①

037 타원체에 관한 설명으로 옳은 것은?

① 어느 지역의 측량좌표계의 기준이 되는 지구타원체를 준거타원체(또는 기준타원체)라 한다.
② 실제 지구와 가장 가까운 회전타원체를 지구타원체라 하며, 실제 지구의 모양과 같이 굴곡이 있는 곡면이다.
③ 타원의 주축을 중심으로 회전하여 생긴 지구물리학적 형상을 회전타원체라 한다.
④ 준거타원체는 지오이드와 일치한다.

해설
① 부피와 모양이 지구의 모양을 비교적 실제와 가깝게 나타낸 회전 타원체를 지구 타원체라 하며, 지구타원체는 굴곡이 없이 매끈한 면이다.
② 어느 지역의 측량좌표계의 기준이 되는 지구타원체를 준거타원체(또는 기준타원체)라고 하며, 준거타원체는 지오이드와 거의 일치한다.

해답 ①

038 노선측량에서 평면곡선으로 공통접선의 반대방향에 반지름(R)의 중심을 갖는 곡선 형태는?

① 복심곡선
② 포물선곡선
③ 반향곡선
④ 횡단곡선

해설 원곡선
① 단곡선(simple curve)
② 복심곡선(compound curve) : 반지름이 다른 2개의 원곡선이 1개의 공통접선을 갖고 접선의 같은 쪽에서 연결
③ 반향곡선(reverse curve) : 반지름이 다른 2개의 원곡선이 1개의 공통접선의 양쪽에서 서로 곡선 중심을 가지고 연결
④ 배향곡선(hairpin curve) : 반향곡선을 연속시킨 형태로 산지에서 기울기를 낮추기 위해 사용

해답 ③

039 삼각망 중 조건식이 가장 많고 가장 높은 정확도를 얻을 수 있는 것은?

① 단열 삼각망
② 사변형 삼각망
③ 유심 다각망
④ 트래버스망

해설 사변형 삼각망은 조건식의 수가 가장 많아, 시간과 비용이 많이 들며 가장 정밀도가 높아 시가지와 같은 정밀을 요하는 골조 측량에 주로 이용한다.

해답 ②

040

우리나라의 축척 1 : 50,000 지형도에 있어서 등고선의 주곡선 간격은?

① 5m ② 10m
③ 20m ④ 100m

해설 등고선 종류

등고선 종류	기 호	$\frac{1}{10,000}$	$\frac{1}{25,000}$	$\frac{1}{50,000}$
계곡선	굵은 실선(———)	25m	50m	100m
주곡선	가는 실선(———)	5m	10m	20m
간곡선	가는 파선(------)	2.5m	5m	10m
조곡선	가는 점선(······)	1.25m	2.5m	5m

해답 ③

041

교각 $I=90°$, 곡선반지름 $R=200$m인 단곡선에서 노선기점으로부터 교점까지의 거리가 520m일 때 노선기점으로부터 곡선시점까지의 거리는?

① 280m ② 320m
③ 390m ④ 420m

해설
① 접선길이 $TL = R \cdot \tan\frac{I}{2} = 200 \times \tan\frac{90°}{2} = 200$m
② 곡선시점(B.C.) = I.P. − T.L. = 520 − 200 = 320m

해답 ②

042

트래버스 측량에서 발생된 폐합오차를 조정하는 방법 중의 하나인 컴퍼스 법칙(compass rule)의 오차배분 방법에 대한 설명으로 옳은 것은?

① 트래버스 내각의 크기에 비례하여 배분한다.
② 트래버스 외각의 크기에 비례하여 배분한다.
③ 각 변의 위·경거에 비례하여 배분한다.
④ 각 변의 측선 길이에 비례하여 배분한다.

해설 폐합오차의 조정
① 컴퍼스 법칙
  ㉠ 각 관측과 거리 관측의 정밀도가 비슷할 때 조정하는 방법
  ㉡ 각 측선길이에 비례하여 폐합오차를 배분
② 트랜싯 법칙
  ㉠ 각 관측의 정밀도가 거리 관측의 정밀도보다 높을 때 조정하는 방법
  ㉡ 위거, 경거의 크기에 비례하여 폐합오차를 배분

해답 ④

043

방위각 260°의 역방위는 얼마인가?

① N80°E
② N80°W
③ S80°E
④ S80°W

해설 ① 역방위각 260° − 180° = 80°
② 방위 N80°E

해답 ①

044

그림과 같은 터널의 천장에 대한 수준측량 결과에서 C점의 지반고는? (단, b_1 = 2.324m, f_1 = 3.246m, b_2 = 2.787m, f_2 = 2.938, A점 지반고 = 32.243m)

① 31.170m
② 32.088m
③ 33.316m
④ 37.964m

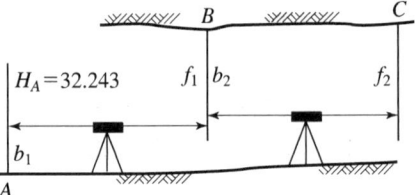

해설 $H_C = 32.243 + 2.324 + 3.246 - 2.787 + 2.938 = 37.964$m

해답 ④

045

아래와 같은 수준측량 성과에서 측점4의 지반고는? (단위 : m)

측점	후시	기계고	전시 이기점	전시 중간점	지반고
1	1.500				100
2				2.300	
3	1.200		2.600		
4			1.400		
계					

① 98.7m
② 98.9m
③ 100.1m
④ 100.3m

해설 ① 1측점 기계고 = 100 + 1.5 = 101.5m
② 3측점 지반고 = 101.5 − 2.6 = 98.9m
③ 3측점 기계고 = 98.9 + 1.2 = 100.1m
④ 4측점 지반고 = 100.1 − 1.4 = 98.7m

해답 ①

046 삼각측량을 위한 삼각점의 위치 선정에 있어서 피해야 할 장소로서 중요도가 가장 적은 것은?

① 편심관측을 하여야 하는 곳
② 나무를 벌목하여야 하는 곳
③ 습지와 같은 연약지반인 곳
④ 측표의 높이를 높게 설치하여야 되는 곳

해설 편심관측장소도 가급적 피하는 것이 좋으나 피치 못할 경우에는 가능하다.

해답 ①

047 그림과 같은 결합 트래버스의 관측오차를 구하는 공식은?
(단, $[\alpha] = \alpha_1 + \alpha_2 + \cdots + \alpha_{n-1} + \alpha_n$이다.)

① $(W_a - W_b) + [\alpha] - 180°(n+1)$
② $(W_a - W_b) + [\alpha] - 180°(n-1)$
③ $(W_a - W_b) + [\alpha] - 180°(n-2)$
④ $(W_a - W_b) + [\alpha] - 180°(n-3)$

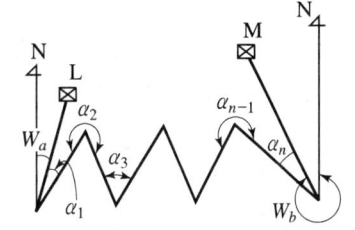

해설 ① $W_a > W_b$인 경우 : $E = W_a - W_b + [\alpha] - 180°(n+1)$
② $W_a ⊃ EW_b$인 경우 : $E = W_a - W_b + [\alpha] - 180°(n-1)$
③ $W_a < W_b$인 경우 : $E = W_a - W_b + [\alpha] - 180°(n-3)$

해답 ④

048 캔트(cant) 계산에서 속도 및 반지름이 모두 2배로 증가하면 캔트는?

① 1/2로 감소한다.
② 2배로 증가한다.
③ 4배로 증가한다.
④ 8배로 증가한다.

해설 캔트 $C = \dfrac{SV^2}{Rg}$에서 $C \propto \dfrac{V^2}{R} = \dfrac{2^2}{2} = 2$배

해답 ②

2. 토질 및 기초(토질역학, 기초공학)

049 다음은 지하수 흐름의 기본 방정식인 Laplace 방정식을 유도하기 위한 기본 가정이다. 틀린 것은?

① 물의 흐름은 Darcy의 법칙을 따른다.
② 흙과 물은 압축성이다.
③ 흙은 포화되어 있고 모세관 현상은 무시한다.
④ 흙은 등방성이고 균질하다.

해설 유선망의 기본 가정에서 흙이나 물은 비압축성이고 물이 흐르는 동안 압축이나 팽창은 생기지 않는다.

해답 ②

050 압밀 비배수 전단시험에 대한 설명으로 옳은 것은?

① 시험 중 간극수를 자유로 출입시킨다.
② 시험 중 전응력을 구할 수 없다.
③ 시험 전 압밀할 때 비배수로 한다.
④ 간극수압을 측정하면 압밀배수와 같은 전단강도 값을 얻을 수 있다.

해설 압밀 비배수 전단시험(Consolidated Undrain test, CU-test 또는 $\overline{CU}$-test)
① 시료에 구속압력(σ_3)을 가하고 간극수압이 0이 될 때까지 압밀시킨 후 비배수 상태에서 축차응력($\sigma_1 - \sigma_3$)을 가하여 전단시키는 시험
② 간극수압계를 이용하여 공극수압을 측정하고 이를 통해 유효응력으로 전단강도 정수를 결정한다.
③ 삼축압축시험의 가장 일반적인 시험방법
④ 압밀 배수 전단시험에서 구한 전단강도정수와 거의 동일하므로 $\overline{CU}$-test로 대체 가능하다.

해답 ④

051 다음 중에서 정지토압 P_o, 주동토압 P_A, 수동토압 P_p의 크기 순서가 옳은 것은?

① $P_p < P_o < P_A$ ② $P_o < P_A < P_p$
③ $P_o < P_p < P_A$ ④ $P_A < P_o < P_p$

해설 토압의 크기 순서
수동토압(P_P) > 정지토압(P_o) > 주동토압(P_A)

해답 ④

052

다음 그림과 같은 모래지반에서 $X-X$ 단면의 전단강도는? (단, $\phi=30°$, $c=0$)

① 15.6kN/m^2
② 21.4kN/m^2
③ 31.2kN/m^2
④ 42.7kN/m^2

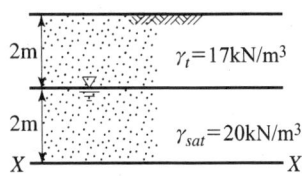

해설
① 유효응력
$$\sigma' = r_t h_1 + r_{sub} h_2 = r_t h_1 + (r_{sat} - r_w)h_2 = 17 \times 2 + (20-10) \times 2 = 54\text{kN/m}^2$$
② 전단강도
$\tau_f = c + \sigma' \tan\phi$ 에서 $c=0$, $\phi \neq 0$이므로
$\tau = \sigma' \tan\phi = 54 \times \tan 30° = 31.2\text{kN/m}^2$

해답 ③

053

다음의 연약지반 처리공법에서 일시적인 공법은?

① 웰 포인트 공법
② 치환 공법
③ 컴포저 공법
④ 샌드 드레인 공법

해설 일시적 지반 개량 공법
① 웰 포인트(Well point) 공법　② Deep well 공법(깊은 우물 공법)
③ 대기압 공법(진공압밀공법)　④ 동결 공법

해답 ①

054

선행압밀하중은 다음 중 어느 곡선에서 구하는가?

① 압밀하중($\log p$) – 간극비(e) 곡선
② 압밀하중(p) – 간극비(e) 곡선
③ 압밀시간($\sqrt{t}$) – 압밀침하량(d) 곡선
④ 압밀시간($\log t$) – 압밀침하량(d) 곡선

해설 압밀곡선으로부터 구할 수 있는 요소

구분 \ 곡선	시간–침하량 곡선	하중–간극비 곡선
공통	① 압축계수 ② 체적변화계수	① 압축계수 ② 체적변화계수
차이점	① 압밀계수 ② 투수계수 ③ 1차 압밀비 ④ 압밀시간 산정 ⑤ 각 하중 단계마다 작성	① 압축지수 ② 선행압밀하중 ③ 압밀 침하량 산정 ④ 전 하중 단계에서 작성

해답 ①

055

다음 점토질 흙 위에 강성이 큰 사각형 독립 기초가 놓여졌을 때 기초 바닥 면에서의 응력의 상태를 설명한 것 중 옳은 것은?

① 기초 밑면에서의 응력은 일정하다.
② 기초의 중앙부분에서 최대 응력이 발생한다.
③ 기초의 모서리 부분에서 최대 응력이 발생한다.
④ 기초 밑면에서의 응력은 점토질과 모래질의 흙 모두 동일하다.

해설 점토지반
① 연성기초
  ㉠ 접지압 : 일정
  ㉡ 침하량 : 기초 중앙부에서 최대
② 강성기초
  ㉠ 접지압 : 양단부에서 최대
  ㉡ 침하량 : 일정

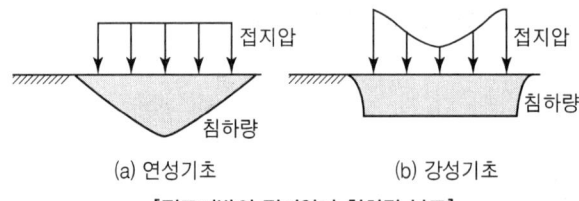

(a) 연성기초　　　　(b) 강성기초
[점토지반의 접지압과 침하량 분포]

해답 ③

056

토층 두께 20m의 견고한 점토지반 위에 설치된 건축물의 침하량을 관측한 결과 완성 후 어떤 기간이 경과하여 그 침하량은 5.5cm에 달한 후 침하는 정지되었다. 이 점토 지반 내에서 건축물에 의해 증가되는 평균압력이 0.6kg/cm²이라면 이 점토층의 체적압축계수(m_c)는?

① $4.58 \times 10^{-3} \text{cm}^2/\text{kg}$
② $3.25 \times 10^{-3} \text{cm}^2/\text{kg}$
③ $2.15 \times 10^{-2} \text{cm}^2/\text{kg}$
④ $1.15 \times 10^{-2} \text{cm}^2/\text{kg}$

해설 ① 체적 변화
$$\frac{\Delta V}{V_o} = \frac{\Delta H}{H_o} = \frac{5.5}{2,000} = 2.75 \times 10^{-3}$$
② 체적변화율계수
$$m_o = \frac{\frac{\Delta V}{V_o}}{\Delta \sigma'} = \frac{2.75 \times 10^{-3}}{0.6} = 4.58 \times 10^{-3} \text{cm}^2/\text{kg}$$

해답 ①

057

흙이 동상작용을 받았다면 이 흙은 동상작용을 받기 전에 비해 함수비는?

① 증가한다.   ② 감소한다.
③ 동일하다.   ④ 증가할 때도 있고 감소할 때도 있다.

해설 **흙의 동상과 연화**
① 흙의 동상현상은 대기의 온도가 0℃ 이하로 내려가면 지표면의 물이 얼기 시작하여 추위가 계속되면 땅 속의 물도 얼기 시작하면서 땅이 얼어 지표면이 부풀어 오르는 현상을 말한다.
② 흙의 연화현상은 동결된 지반이 기온이 상승하면 아이스 렌즈(ice lens)가 녹기 시작하며, 녹은 물이 적절하게 배수되지 않으면 녹은 흙의 함수비는 얼기 전보다 훨씬 증가하여 지반이 연약해지고 강도가 떨어지는 현상을 말한다.

해답 ①

058

체적이 19.65cm³인 포화토의 무게가 36g이다. 이 흙이 건조되었을 때 체적과 무게는 각각 13.50cm³과 25g이었다. 이 흙의 수축한계는 얼마인가?

① 7.4%   ② 13.4%
③ 19.4%   ④ 25.4%

해설 ① 함수비(w)
$$w = \frac{W_w}{W_s} \times 100 = \frac{W - W_s}{W_s} \times 100 = \frac{36 - 25}{25} \times 100 = 44\%$$
② 수축한계(w_s)
$$w_s = w - \Delta w = w - \left[\frac{(V - V_0)}{W_s} \cdot \gamma_w \times 100\right] = 44 - \left[\frac{(19.65 - 13.5)}{25} \times 1 \times 100\right]$$
$$= 19.4\%$$

해답 ③

059

다음 중 표준관입 시험으로 구할 수 없는 것은?

① 사질토의 투수계수   ② 점성토의 비배수점착력
③ 점성토의 일축압축강도   ④ 사질토의 내부마찰각

해설 N 값의 이용

모래 지반	점토 지반
① 상대밀도	① 연경도(컨시스턴시)
② 내부마찰각	② 일축압축강도
③ 침하에 대한 허용지지력	③ 점착력
④ 지지력계수	④ 파괴에 대한 극한지지력
⑤ 탄성계수	⑤ 파괴에 대한 허용지지력

해답 ①

060 원주상의 공시체에 수직응력이 0.1MPa, 수평응력이 0.05MPa일 때 공시체의 각도 30° 경사면에 작용하는 전단응력은?

① 0.017MPa ② 0.022MPa
③ 0.035MPa ④ 0.043MPa

해설 전단응력 $\tau_f = \dfrac{\sigma_1 - \sigma_3}{2} \sin 2\theta = \dfrac{0.1 - 0.05}{2} \times \sin(2 \times 30°) = 0.022 \text{MPa}$

해답 ②

061 5m×10m의 장방형 기초 위에 $q=6\text{t/m}^2$의 등분포하중이 작용할 때 지표면 아래 5m에서의 증가 유효수직응력을 2 : 1분포법으로 구한 값은?

① 1t/m^2 ② 2t/m^2
③ 3t/m^2 ④ 4t/m^2

해설 $\Delta \sigma_z = \dfrac{Q}{(B+z) \cdot (L+z)} = \dfrac{q_s \cdot B \cdot L}{(B+z) \cdot (L+z)} = \dfrac{6 \times 5 \times 10}{(5+5) \times (10+5)} = 2\text{t/m}^2$

해답 ②

062 통일분류법에 의한 흙의 분류에서 조립토와 세립토를 구분할 때 기준이 되는 체의 호칭번호와 통과율로 옳은 것은?

① No.4(4.75mm)체, 35% ② No.10(2mm)체, 50%
③ No.200(0.075mm)체, 35% ④ No.200(0.075mm)체, 50%

해설 통일분류법에 의한 조립토와 세립토 구분
 ① No.200체(0.075mm) 통과율 50% 미만 : 조립토
 ② No.200체(0.075mm) 통과율 50% 이상 : 세립토

해답 ④

063 Terzaghi의 극한지지력 공식에 대한 다음 설명 중 틀린 것은?

① 사질지반은 기초폭이 클수록 지지력은 증가한다.
② 기초 부분에 지하수위가 상승하면 지지력은 증가한다.
③ 기초 바닥 위쪽의 흙은 등가의 상재하중으로 대치하여 식을 유도하였다.
④ 점토지반에서 기초폭은 지지력에 큰 영향을 끼치지 않는다.

해설 지하수위의 영향
 ① 기초 하중면 아래쪽의 경우 기초 폭보다 깊으면 지지력에 영향이 없다.
 ② 기초 하중면 위에 있는 경우 지하수위 아래쪽 흙의 밀도를 고려하여 평균밀도를 사용하며, 기초 부분에 지하수위가 상승하면 지지력은 감소한다.

해답 ②

064 다음 중 사면의 안정 해석 방법이 아닌 것은?

① 마찰원법
② 비숍(Bishop)의 방법
③ 펠레니우스(Fellenius) 방법
④ 카사그란데(Casagrande)의 방법

해설 사면의 안정 해석 방법
① 질량법(mass procedure)
  ㉠ $\Phi_u = 0$ 해석법
  ㉡ 마찰원법
② 절편법(slice method, 분할법)
  ㉠ Fellenius의 간편법
  ㉡ Bishop의 간편법
  ㉢ Janbu의 간편법
  ㉣ Spencer 방법

해답 ④

065 어느 모래층의 간극률이 20%, 비중이 2.65이다. 이 모래의 한계 동수경사는?

① 1.32
② 1.38
③ 1.42
④ 1.48

해설
① 공극비
$$e = \frac{V_v}{V_s} = \frac{n}{100-n} = \frac{20}{100-20} = 0.25$$
② 한계동수경사
$$i_c = \frac{\gamma_{sub}}{\gamma_w} = \frac{G_s - 1}{1+e} = \frac{2.65-1}{1+0.25} = 1.32$$

해답 ①

066 표준관입 시험에 대한 아래 표의 설명에서 ( )에 적합한 것은?

질량 63.5±0.5kg의 드라이브 해머를 76±1cm 자유낙하시키고 보링로드 머리부에 부착한 노킹 블록을 타격하여 보링로드 앞 끝에 부착한 표준관입 시험용 샘플러를 지반에 ( )mm 박아넣는 데 필요한 타격횟수를 N값이라고 한다.

① 200
② 250
③ 300
④ 350

해설 표준관입시험(SPT)은 지름 5.1cm, 길이 81cm의 중공식 샘플러를 드릴 로드(drill rod)에 연결시켜 시추공 속에 넣고 처음 15cm는 교란되지 않은 원지반에 도달하도록 관입시킨 후 (63.5±0.5)kg의 해머를 (760±10)mm의 높이에서 자유낙하시켜 지반에 sampler를 300mm 관입시키는 데 필요한 타격횟수 N치를 구한다.

해답 ③

067 그림과 같은 다짐곡선을 보고 다음 설명 중 틀린 것은?

① A는 일반적으로 사질토이다.
② B는 일반적으로 점성토이다.
③ C는 과잉 간극 수압곡선이다.
④ D는 최적함수비를 나타낸다.

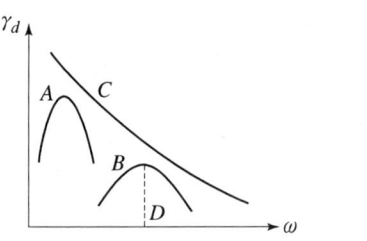

해설 C는 영공극곡선이다.

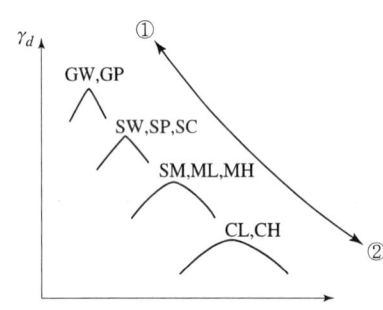

①방향일수록	조립토 양입도 다짐에너지가 커진다. 다짐곡선의 기울기가 급해진다. 최대건조단위중량이 증가한다. 최적함수비가 감소한다.
②방향일수록	세립토 빈입도 다짐에너지가 작아진다. 다짐곡선의 기울기가 완만해진다. 최대건조단위중량이 감소한다. 최적함수비가 증가한다.

해답 ③

068 흙의 다짐시험에서 다짐에너지를 증가시킬 때 일어나는 변화로 옳은 것은?

① 최적함수비와 최대건조밀도가 모두 증가한다.
② 최적함수비와 최대건조밀도가 모두 감소한다.
③ 최적함수비가 증가하고 최대건조밀도는 감소한다.
④ 최적함수비는 감소하고 최대건조밀도는 증가한다.

해설 다짐에너지가 커지면, 다짐곡선의 기울기가 급해지고, 최대건조단위중량이 증가하며, 최적함수비는 감소한다.

해답 ④

제3과목 수자원설계(수리학+상하수도공학)

1. 수리학

069 유체의 기본 성질에 대한 설명으로 틀린 것은?
① 압축률과 체적탄성계수는 비례관계에 있다.
② 압력변화와 체적변화율의 비를 체적탄성계수라 한다.
③ 액체와 기체의 경계면에 작용하는 분자 인력을 표면장력이라 한다.
④ 액체 내부에서 유체분자가 상대적인 운동을 할 때, 이에 저항하는 전단력이 작용한다. 이 성질을 점성이라 한다.

해설 압축률과 체적탄성계수는 반비례 관계에 있다.
$$E = \frac{\Delta P}{\frac{\Delta V}{V}} = \frac{1}{C}$$
여기서, E : 체적탄성계수
C : 압축률

해답 ①

070 그림과 같은 사다리꼴 수로에 등류가 흐를 때 유량은? (단, 조도계수 $n = 0.013$, 수로경사 $i = \frac{1}{1000}$, 측벽의 경사 = 1 : 1이며, Manning 공식 이용)

① 16.21m³/s
② 18.16m³/s
③ 20.04m³/s
④ 22.16m³/s

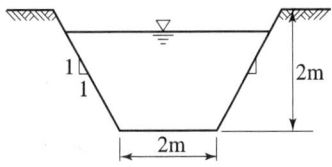

해설 Manning의 평균유속공식이 $V = \frac{1}{n} R^{\frac{2}{3}} I^{\frac{1}{2}}$ [m/sec]이므로

$Q = AV = A \frac{1}{n} R^{\frac{2}{3}} I^{\frac{1}{2}}$

① $A = \frac{2 + (2 + 2 \times 2)}{2} \times 2 = 8\text{m}^2$

② $R = \frac{A}{P} = \frac{8}{2 + 2 \times \sqrt{2^2 + 2^2}} = 1.045$

③ $Q = AV = A \frac{1}{n} R^{\frac{2}{3}} I^{\frac{1}{2}} = 8 \times \frac{1}{0.013} \times 1.045^{\frac{2}{3}} \times \left(\frac{1}{1,000}\right)^{\frac{1}{2}} = 20.04\text{m}^3/\text{sec}$

해답 ③

071 그림에서 (a), (b) 바닥이 받는 총수압을 각각 P_a, P_b라 표시할 때 두 총수압의 관계로 옳은 것은? (단, 바닥 및 상면의 단면적은 그림과 같고, (a), (b)의 높이는 같다.)

① $P_a = 2P_b$
② $P_a = P_b$
③ $2P_a = P_b$
④ $4P_a = P_b$

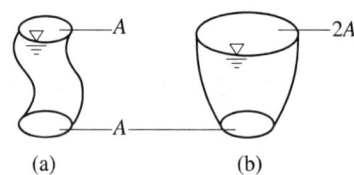

해설 수압은 수심에 비례하므로, (a)와 (b)의 수심이 동일하기 때문에 $P_a = P_b$이다. 해답 ②

072 그림과 같이 불투수층까지 미치는 암거에서의 용수량(湧水量) Q는? (단, 투수계수 $k = 0.009$m/s)

① $0.36\text{m}^3/\text{s}$
② $0.72\text{m}^3/\text{s}$
③ $36\text{m}^3/\text{s}$
④ $72\text{m}^3/\text{s}$

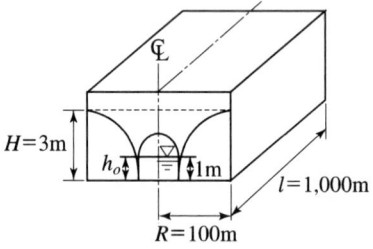

해설 양쪽 측면에서 용수가 유입되므로
$$Q = \frac{kl}{R}(H^2 - h_o^2) = \frac{0.009 \times 1,000}{100} \times (3^2 - 1^2) = 0.72\text{m}^3/\text{sec}$$
해답 ②

073 그림과 같은 오리피스에서 유출되는 유량은? (단, 이론 유량을 계산한다.)

① $0.12\text{m}^3/\text{s}$
② $0.22\text{m}^3/\text{s}$
③ $0.32\text{m}^3/\text{s}$
④ $0.42\text{m}^3/\text{s}$

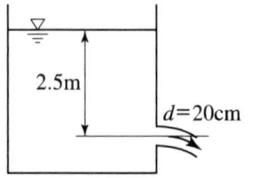

해설 이론 유량
$$Q = AV_r = A\sqrt{2gh} = \frac{\pi \times 0.2^2}{4} \times \sqrt{2 \times 9.8 \times 2.5} = 0.22\text{m}^3/\text{sec}$$

[참고] **실제 유량**
$$Q = CAV_r = C_aC_lA\sqrt{2gh} = CA\sqrt{2gh}$$

해답 ②

074

그림은 두 개의 수조를 연결하는 등단면 단일 관수로이다. 관의 유속을 나타낸 식은? (단, f : 마찰손실계수, f_o = 1.0, f_e = 0.5, $\frac{L}{D}$ < 3000)

① $V = \sqrt{2gH}$

② $V = \sqrt{\frac{2gH}{f} \cdot \left(\frac{L}{D}\right)}$

③ $V = \sqrt{\frac{2gH}{1.5 + f\left(\frac{L}{D}\right)}}$

④ $V = \sqrt{\frac{2gH}{1.0 + f\left(\frac{L}{D}\right)}}$

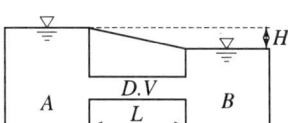

해설 두 수조를 연결하는 등단면 단일 관수로 평균유속

$$V = \sqrt{\frac{2gH}{f_e + f\frac{l}{D} + f_o}} = \sqrt{\frac{2gH}{0.5 + f\frac{l}{D} + 1.0}} = \sqrt{\frac{2gH}{1.5 + f\frac{l}{D}}}$$

해답 ③

075

Darcy의 법칙을 층류에만 적용하여야 하는 이유는?

① 유속과 손실수두가 비례하기 때문이다.
② 지하수 흐름은 항상 층류이기 때문이다.
③ 투수계수의 물리적 특성 때문이다.
④ 레이놀즈수가 크기 때문이다.

해설 Darcy의 법칙은 지하수의 유속(V)은 동수경사$\left(i = \frac{\Delta h}{\Delta l}\right)$에 비례한다는 법칙으로 지하수에 적용시킬 때는 유속과 손실수두가 비례하는 층류 흐름에서 가장 잘 일치한다.

해답 ①

076

지름 100cm의 원형 단면 관수로에 물이 만수되어 흐를 때의 동수반경(hydraulic radius)은?

① 50cm
② 75cm
③ 25cm
④ 20cm

해설 $R = \frac{A}{P} = \frac{D}{4} = \frac{100}{4} = 25$cm

해답 ③

077
그림과 같은 완전 수중 오리피스에서 유속을 구하려고 할 때 사용되는 수두는?

① $H_2 - H_1$
② $H_1 - H_o$
③ $H_2 - H_0$
④ $H_1 + \dfrac{H_2}{2}$

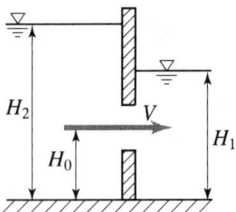

해설 $Q = AV = A\sqrt{2gh}$ 에서 $h = H_2 - H_1$

해답 ①

078
개수로의 특성에 대한 설명으로 옳지 않은 것은?

① 배수곡선은 완경사 흐름의 하천에서 장애물에 의해 발생한다.
② 상류에서 사류로 바뀔 때 한계수심이 생기는 단면을 지배단면이라 한다.
③ 사류에서 상류로 바뀌어도 흐름의 에너지선은 변하지 않는다.
④ 한계수심으로 흐를 때의 경사를 한계경사라 한다.

해설 도수란 사류에서 상류로 변할 때 불연속적으로 수면이 뛰는 현상으로 도수 후에는 유속은 느려지고 물의 깊이가 갑자기 증가하며 에너지의 급격한 손실이 있다.

해답 ③

079
유체의 연속방정식에 대한 설명으로 옳은 것은?

① 뉴턴(Newton)의 제2법칙을 만족시키는 방정식이다.
② 에너지와 일의 관계를 나타내는 방정식이다.
③ 유선 상 두 점간의 단위체적당의 운동량에 관한 방정식이다.
④ 질량 보존의 법칙을 만족시키는 방정식이다.

해설 연속방정식은 질량 보존의 법칙에서 유도된 방정식이다.

해답 ④

080
베르누이 정리를 압력의 항으로 표시할 때, 동압력(dynamic pressure) 항에 해당되는 것은?

① P
② $\rho g z$
③ $\dfrac{1}{2}\rho V^2$
④ $\dfrac{V^2}{2g}$

해설 동압력 $= \dfrac{\rho V^2}{2}$

해답 ③

081 유량이 일정한 직사각형 수로의 흐름에서 한계류일 경우, 한계수심(y_c)과 최소 비에너지($E_{\min}$)의 관계로 적절한 것은?

① $y_c = E_{\min}$
② $y_c = \dfrac{1}{2} E_{\min}$
③ $y_c = \dfrac{\sqrt{3}}{2} E_{\min}$
④ $y_c = \dfrac{2}{3} E_{\min}$

해설 $h_c = \dfrac{2}{3} H_e$ 이므로 $y_c = \dfrac{2}{3} E_{\min}$

해답 ④

082 에너지선과 동수경사선이 항상 평행하게 되는 흐름은?

① 등류
② 부등류
③ 난류
④ 상류

해설 등류(등속정류)는 정류 중에서 어느 단면에서나 유속과 수심이 변하지 않는 흐름으로 에너지선과 동수경사선이 항상 평행하게 된다.

해답 ①

083 부체의 안정성을 판단할 때 관계가 없는 것은?

① 경심(metacenter)
② 수심(water depth)
③ 부심(center of buoyancy)
④ 무게중심(center of gravity)

해설 ① 부체의 안정 조건식

$$\overline{MG}(h) = \dfrac{I_X}{V} - \overline{GC}$$

㉠ 안 정 : $\overline{MG}(h) > 0$, $\dfrac{I_X}{V} > \overline{GC}$

㉡ 불안정 : $\overline{MG}(h) < 0$, $\dfrac{I_X}{V} < \overline{GC}$

㉢ 중 립 : $\overline{MG}(h) = 0$, $\dfrac{I_X}{V} = \overline{GC}$

여기서, V : 부체의 수중부분의 체적, I_X : 최소 단면 2차 모멘트,
$\overline{MG}$: 경심고, $\overline{GC}$: 중심과 부심 사이의 거리

② 수심과 부체의 안정성과는 관계가 없다.

해답 ②

084 직사각형 단면수로에서 폭 $B=2m$, 수심 $H=6m$이고 유량 $Q=10m^3/s$일 때 Froude수와 흐름의 종류는?

① 0.217, 사류 ② 0.109, 사류
③ 0.217, 상류 ④ 0.109, 상류

해설 푸르너 수

$$F_r = \frac{V}{\sqrt{gh}} = \frac{\frac{Q}{A}}{\sqrt{gh}} = \frac{\frac{10}{2\times 6}}{\sqrt{9.8\times 6}} = 0.109 < 1$$ 이므로 상류이다.

[참고] ① $F_r < 1$: 상류
② $F_r = 1$: 한계류(한계수심, 한계유속)
③ $F_r > 1$: 사류

해답 ④

085 레이놀즈수가 1500인 관수로 흐름에 대한 마찰손실계수 f의 값은?

① 0.030 ② 0.043
③ 0.054 ④ 0.066

해설 ① $R_e = 1,500 < 2,000$이므로 층류이다.
② 층류에서의 마찰손실계수
$$f = \frac{64}{R_e} = \frac{64}{1,500} = 0.043$$

[참고] **Reynold수** : 점성력에 대한 관성력
$$R_e = \frac{VD}{\nu}$$ (여기서, V : 유속, D : 관경, ν : 동점성계수)
① $R_e < 2,000$: 층류($R_{ec} = 2,000$)
② $2,000 < R_e < 4,000$: 천이영역, 불안정층류(층류와 난류가 공존한다.)
③ $R_e > 4,000$: 난류

해답 ②

086 어떤 액체의 밀도가 $1.0\times 10^{-5} N\cdot s^2/cm^4$이라면 이 액체의 단위 중량은?

① $9.8\times 10^{-3} N/cm^3$ ② $1.02\times 10^{-3} N/cm^3$
③ $1.02 N/cm^3$ ④ $9.8 N/cm^3$

해설 $w = \rho g = 1.0\times 10^{-5} N\cdot sec^2/cm^4 \times 980 cm/sec^2 = 9.8\times 10^{-3} N/cm^3$

해답 ①

087 폭 1.2m인 양단수축 직사각형 위어 정상부로부터의 평균수심이 42cm일 때 Francis의 공식으로 계산한 유량은? (단, 접근유속은 무시한다.)

[참고 : Francis의 공식]
$$Q = 1.84(b - nh/10)h^{3/2}$$

① $0.427\text{m}^3/\text{s}$ ② $0.462\text{m}^3/\text{s}$
③ $0.504\text{m}^3/\text{s}$ ④ $0.559\text{m}^3/\text{s}$

해설 Francis 공식(미국, 1883년)
① 양단수축이므로 $n = 2$
② $Q = 1.84 b_o h^{\frac{3}{2}} = 1.84(b - 0.1nh)h^{\frac{3}{2}} = 1.84 \times (1.2 - 0.1 \times 2 \times 0.42) \times 0.42^{\frac{3}{2}}$
  $= 0.559\text{m}^3/\text{sec}$

해답 ④

088 그림과 같이 수평으로 놓은 원형관의 안지름이 A에서 50cm이고 B에서 25cm로 축소되었다가 다시 C에서 50cm로 되었다. 물이 340 l/s의 유량으로 흐를 때 A와 B의 압력차($P_A - P_B$)는? (단, 에너지 손실은 무시한다.)

① 0.225N/cm^2
② 2.25N/cm^2
③ 22.5N/cm^2
④ 225N/cm^2

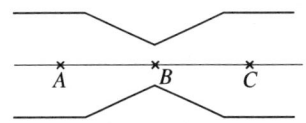

해설 ① 유량
  $Q = 340 l/\text{sec} = 340{,}000\text{cm}^3/\text{sec}$
② 연속방정식
  $Q = A_A V_A = A_B V_B$
  $340{,}000 = \dfrac{\pi \times 50^2}{4} \times V_A = \dfrac{\pi \times 25^2}{4} \times V_B$에서
  $V_A = 173.16\text{cm/sec}$
  $V_B = 692.64\text{cm/sec}$
③ 베르누이 정리
  에너지 손실은 무시하므로
  $H_t = \dfrac{V_A^2}{2g} + \dfrac{P_A}{w} + Z_A = \dfrac{V_B^2}{2g} + \dfrac{P_B}{w} + Z_B$
  $= \dfrac{173.16^2}{2 \times 980} + \dfrac{P_A}{1\text{g/cm}^3} + 0 = \dfrac{692.64^2}{2 \times 980} + \dfrac{P_B}{1\text{g/cm}^3} + 0$
  $P_A - P_B = 229.47\text{g/cm}^2 = 0.22947\text{kg/cm}^2 \times 9.8\text{N/kg} = 2.25\text{N/cm}^2$

해답 ②

2. 상하수도공학(상수도계획, 하수도계획)

089 지름이 0.2m, 길이 50m의 주철관으로 하수유량 2.4m³/min을 15m의 높이까지 양수하기 위한 펌프의 축동력은? (단, 전체 손실수두는 1.0m이고, 펌프의 효율은 85%)

① 9.9kW　　② 7.4kW
③ 6.3kW　　④ 5.4kW

해설 ① 하수유량
$$Q = 2.4\text{m}^3/\text{min} \times \frac{1\text{min}}{60\text{sec}} = 0.04\text{m}^3/\text{sec}$$

② 전양정 : 손실수두와 관 내의 유속에 의한 마찰손실수두와의 총합
$$H = h_a + \Sigma h_f + h_0 = 15 + 1 = 16\text{m}$$
여기서, H : 전양정[m]
h_a : 실양정[m] (배출수위와 흡입수위와의 차)
Σh_f : 관로의 손실수두 합(pump, 관, valve)
h_0 : 관로 말단의 잔류속도수두 $\left(\frac{V^2}{2g}\right)$[m]

③ 축동력 : 펌프의 운전에 필요한 동력
$$P_S = \frac{1,000 Q H_p}{102 \eta} = \frac{9.8 Q H_P}{\eta} = \frac{9.8 \times 0.04 \times 16}{0.85} = 7.4\text{kW}$$
여기서, P_S : 펌프의 축동력[HP] 또는 [kW]
Q : 양수량[m³/sec]
H_p : 펌프의 전양정[m]
η_p : 펌프의 효율[%]

해답 ②

090 계획취수량의 결정에 대한 설명으로 옳은 것은?
① 계획 1일 평균급수량에 10% 정도 증가된 수량으로 결정한다.
② 계획 1일 최대급수량에 10% 정도 증가된 수량으로 결정한다.
③ 계획 1일 평균급수량에 30% 정도 증가된 수량으로 결정한다.
④ 계획 1일 최대급수량에 30% 정도 증가된 수량으로 결정한다.

해설 계획 취수량
① 계획 1일 최대급수량을 기준으로 하며, 기타 필요한 작업용수를 포함한 손실수량 등을 고려한다.
② 지하수의 침투나 누수 등을 고려하여 계획 1일 최대급수량의 10% 정도 증가된 수량으로 결정한다.

해답 ②

091

2000ton/d의 하수를 처리할 수 있는 원형 방사류식 침전지에서 체류시간은?
(단, 평균수심 3m, 직경 8m)

① 1.6hr
② 1.7hr
③ 1.8hr
④ 1.9hr

해설 체류시간

$$t = \frac{V}{Q} = \frac{\frac{\pi D^2}{4} \cdot h}{Q} = \frac{\frac{\pi \times 8^2}{4} \times 3}{2000} = 0.075 \text{day} \times 24 = 1.8 \text{hr}$$

해답 ③

092

공동현상(cavitation)의 방지책에 대한 설명으로 옳지 않은 것은?

① 펌프 회전수를 높여 준다.
② 손실수두를 작게 한다.
③ 펌프의 설치위치를 낮게 한다.
④ 흡입관의 손실을 작게 한다.

해설 공동현상의 방지법
① 펌프의 설치위치를 되도록 낮게 하고, 흡입양정을 작게 한다.
② 흡입관은 되도록 짧은 것이 좋으며 부득이할 때는 흡입관을 크게 하여 손실을 감소시킨다.
③ 흡입측에서 펌프의 토출량을 감소시키는 일은 절대로 피한다.
④ 총 양정의 규정에 있어서 적합하도록 계획한다.
⑤ 양정 변화가 클 때는 상용의 최저 양정에 대하여도 공동현상이 생기지 않도록 충분히 주의해야 한다.
⑥ 공동현상을 피할 수 없을 때는 임펠러 재질을 cavitation 파손에 강한 것을 사용한다.
⑦ 펌프의 공동현상을 방지하려면 펌프의 회전수를 낮게 해야 한다.
⑧ 가용 유효 흡입수두를 필요 유효 흡입수두보다 크게 하여 손실수두를 줄인다.

해답 ①

093

상수도에서 펌프가압으로 배수할 경우에 펌프의 급정지, 급기동 등으로 수격작용이 일어날 경우 배수관의 손상을 방지하기 위하여 설치하는 밸브는?

① 안전밸브
② 배수밸브
③ 가압밸브
④ 자동지밸브

해설 안전밸브(safety valve)는 관수로 내에 이상수압이 발생하였을 때 관의 파열을 막기 위하여 자동적으로 물을 배출하여 관로의 안전을 도모하기 위한 밸브이다.

해답 ①

094 하수관거의 각 관거별 계획하수량 산정 기준으로 옳지 않은 것은?

① 우수관거는 계획우수량으로 한다.
② 차집관거는 우천 시 계획우수량으로 한다.
③ 오수관거는 계획시간 최대오수량으로 한다.
④ 합류식 관거는 계획시간 최대오수량에 계획우수량을 합한 것으로 한다.

해설 계획하수량
① 분류식
　㉠ 오수관거 : 계획시간 최대오수량
　㉡ 우수관거 : 계획우수량
② 합류식
　㉠ 합류관거 : 계획시간 최대오수량 + 계획우수량
　㉡ 차집관거 : 우천 시 계획오수량(계획시간 최대오수량의 3배 이상)
　　우천 시 계획오수량 산정 시 생활오수량 외에 우천 시 오수관거에 유입되는 빗물의 양과 지하수의 침입량을 측정하여 합산하여 구한다.

해답 ②

095 어느 도시의 인구가 500000명이고, 1인당 폐수발생량이 300L/d, 1인당 배출 BOD가 60g/d인 경우, 발생 폐수의 BOD 농도는?

① 150mg/L
② 200mg/L
③ 250mg/L
④ 300mg/L

해설 BOD 총량 = BOD 농도 × 유량에서

$$\text{BOD 농도} = \frac{\text{BOD 총량}}{\text{유량}} = \frac{\text{1인당 배출 BOD}}{\text{1인당 폐수발생량}} = \frac{60\text{g/day}}{300\text{L/d} \times \frac{1\text{m}^3}{1000\text{L}}} = 200\text{mg/L}$$

해답 ②

096 하수펌프장 시설이 필요한 경우로 가장 거리가 먼 것은?

① 방류하수의 수위가 방류수면의 수위보다 항상 낮은 경우
② 종말처리장의 방류구 수면을 방류하는 하해(河海)의 고수위보다 높게 할 경우
③ 저지대에서 자연유하식을 취하면 공사비의 증대와 공사의 위험이 따르는 경우
④ 관거의 매설깊이가 낮고 유량 조정이 필요 없는 경우

해설 하수펌프장은 자연유하식으로 수송할 수 없는 경우와 관거의 매설깊이가 깊고 유량 조절이 필요한 경우에 사용된다.

해답 ④

097 다음 중 상수의 일반적인 정수과정 순서로서 옳은 것은?

① 침전 → 응집 → 소독 → 여과
② 침전 → 여과 → 응집 → 소독
③ 응집 → 여과 → 침전 → 소독
④ 응집 → 침전 → 여과 → 소독

해설 정수 : 원수의 수질을 사용목적에 적합하게 개선하는 과정(가장 핵심 공정)

① 급속여과 : 착수정 → 혼화지 → 응집지 → 약품침전 → 급속여과 → 소독 → 정수지

② 완속여과 : 착수정 → 보통침전 → 완속여과 → 소독 → 정수지

해답 ④

098 급속여과에 대한 설명 중 틀린 것은?

① 탁질의 제거가 완속여과보다 우수하여 탁한 원수의 여과에 적합하다.
② 여과속도는 120~150m/d를 표준으로 한다.
③ 여과지 1지의 여과면적은 250m^2 이상으로 한다.
④ 급속여과지의 형식에는 중력식과 압력식이 있다.

해설 급속여과지 1지의 여과면적은 150m^2 이하로 한다.

해답 ③

099 수원의 구비조건으로 옳지 않은 것은?

① 수질이 양호해야 한다.
② 최대 갈수기에도 계획수량의 확보가 가능해야 한다.
③ 오염 회피를 위하여 도심에서 멀리 떨어진 곳일수록 좋다.
④ 수리권의 획득이 용이하고, 건설비 및 유지관리가 경제적이어야 한다.

해설 **수원의 구비요건**(수원 선정 시 고려 사항)
① 수질 양호
② 수량 풍부
③ 가능하면 주위에 오염원이 없어야 한다.
④ 소비지로부터 가까운 곳에 위치
⑤ 계절적 수량 · 수질의 변동이 적은 곳
⑥ 가능하면 자연유하식을 이용할 수 있는 곳(가능한 한 높은 곳에 위치해야 한다.)
⑦ 연간 수량 변동이 적은 곳
⑧ 취수 및 관리가 용이할 것.

해답 ③

100 함수율 99%인 침전 슬러지를 농축하여 함수율 94%로 만들었다. 원 슬러지(함수율 99%)의 유입량이 1500m³/d일 때 농축 후 슬러지의 양은? (단, 농축 전후 슬러지의 비중은 모두 1.0으로 가정)

① 200m³/d　　② 250m³/d
③ 750m³/d　　④ 960m³/d

해설 함수율과 슬러지 부피의 관계

$$\frac{V_1}{V_2} = \frac{100 - W_2}{100 - W_1}$$

$$\frac{1,500}{V_2} = \frac{100 - 94}{100 - 99} \text{에서} \quad V_2 = 250\text{m}^3/\text{day}$$

해답 ②

---

101 다음의 정수처리 공정별 설명으로 틀린 것은?

① 침전지는 응집된 플록을 침전시키는 시설이다.
② 여과지는 침전지에서 처리된 물을 여재를 통하여 여과하는 시설이다.
③ 플록 형성지는 플록 형성을 위해 응집제를 주입하는 시설이다.
④ 소독의 주목적은 미생물의 사멸이다.

해설 ① 플록 형성지는 침전성이 양호한 플록을 형성하기 위한 시설로 혼화지와 침전지 사이에 위치하고 침전지에 붙여서 설치하며, 플록 형성은 응집된 미소플록을 크게 성장시키는 것이다.
② 플록 형성을 위해 응집제를 주입하는 시설은 혼화지이다. 일반적인 처리에서 혼화지에 응집제를 주입한 다음 여과지까지 유로가 길어서 플록이 성장할 경우에는 여과지 직전에 응집제를 주입하여 혼화한다.

해답 ③

---

102 우수관과 오수관의 최소유속을 비교한 설명으로 옳은 것은?

① 우수관의 최소유속이 오수관의 최소유속보다 크다.
② 오수관의 최소유속이 우수관의 최소유속보다 크다.
③ 세척방법에 따라 최소유속은 달라진다.
④ 최소유속에는 차이가 없다.

해설 하수관의 유속

관 거	최소 유속	최대 유속	비 고
오수관거	0.6m/sec	3.0m/sec	이상적인 유속 : 1.0~1.8m/sec
우수관거 및 합류관거	0.8m/sec	3.0m/sec	

해답 ①

103
합류식 하수배제 방식과 분류식 하수배제 방식에 대한 설명으로 옳지 않은 것은?

① 합류식은 우천 시 일정량 이상이 되면 월류현상이 발생한다.
② 분류식은 오수를 오수관으로 처분하므로 방류수역의 오염을 줄일 수 있다.
③ 도시의 여건상 분류식 채용이 어려우면 합류식으로 한다.
④ 합류식은 강우 발생 시 오수가 우수에 의해 희석되므로 하수처리장 운영에 도움이 된다.

해설 합류식은 하수처리장으로 유입되는 오수부하량이 크므로 처리비용이 많이 소요된다.

해답 ④

104
총인구 20000명인 어느 도시의 급수인구는 18600명이며 일년간 총 급수량이 1860000톤이었다. 급수보급률과 1인 1일당 평균급수량(L)으로 옳은 것은?

① 93%, 274L
② 93%, 295L
③ 107%, 274L
④ 107%, 295L

해설
① 급수보급률[%] = $\dfrac{\text{급수인구}}{\text{급수구역 내 총인구}} \times 100 = \dfrac{18,600}{20,000} \times 100 = 93\%$

② 1인 1일당 평균급수량 = $\dfrac{\text{1일당 총급수량}}{\text{급수인구}} = \dfrac{\frac{\text{1년간 총급수량}}{365일}}{\text{급수인구}} = \dfrac{\frac{1,860,000\text{ton}}{365\text{day}}}{18,600\text{인}}$

= 0.274ton

③ $\dfrac{0.274\text{ton}}{1\text{t/m}^3} = 0.274\text{m}^3 \times \dfrac{1,000\text{L}}{1\text{m}^3} = 274\text{L}$

해답 ①

105
집수매거(infiltration galleries)의 유출단에서 매거내 평균유속의 최대 기준은?

① 0.5m/s
② 1m/s
③ 1.5m/s
④ 2m/s

해설 집수매거의 경사 및 유속
① 집수매거는 수평 또는 흐름방향으로 향하여 완경사로 하고 집수매거의 유출단에서 매거 내의 평균유속은 1m/s 이하로 한다.
② 전체적으로 균형 있게 취수하기 위하여 집수매거의 경사는 될 수 있으면 수평 또는 1/500 이하의 완경사로 하는 것이 좋다.
③ 또한 집수매거 내의 유속은 집수매거의 크기와 집수개구부에서의 유입속도 등과의 관계로부터 집수매거의 유출단에서 평균유속은 1m/s 이하로 한다.

해답 ②

106
송수관에 대한 설명으로 옳은 것은?

① 배수지에서 수도계량기까지의 관　② 취수장과 정수장 사이의 관
③ 배수지에서 주도로까지의 관　　　④ 정수장과 배수지 사이의 관

해설 송수는 정수된 물을 배수지까지 수송하는 과정을 말하므로, 정수관은 정수장과 배수지 사이의 관이다.

해답 ④

107
계획 1일 최대 오수량과 계획 1일 평균 오수량 사이에는 일정한 관계가 있다. 계획 1일 평균 오수량은 대체로 계획 1일 최대 오수량의 몇 %를 표준으로 하는가?

① 45~60%　　　　② 60~75%
③ 70~80%　　　　④ 80~90%

해설 계획 1일 평균 오수량 = 계획 1일 최대 오수량 × 70~80%
　① 중소도시 : 70%
　② 대도시, 공업도시 : 80%

해답 ③

108
하수처리방법의 선정 기준과 가장 거리가 먼 것은?

① 유입하수의 수량 및 수질부하　② 수질환경기준 설정 현황
③ 처리장 입지조건　　　　　　　④ 불명수 유입량

해설 하수처리방법의 선정 기준(고려사항)
　① 유입하수의 수량 및 수질부하
　② 처리수의 목표 수질 및 수질환경기준 설정 현황
　③ 처리장 입지조건, 건설비, 유지관리비, 운전의 난이도
　④ 방류수역의 현재 및 장래 이용 상황
　⑤ 법규 등에 의한 규제

해답 ④

토목산업기사

2022년 9월 CBT 시행

2023 개정된 출제기준에 의거하여 불필요한 문제는 삭제하고 3과목으로 정리함

제1과목 구조설계(응용역학+철근콘크리트 및 강구조)

1. 응용역학(역학적인 개념 및 건설 구조물의 해석)

001 그림과 같은 내민보에서 C점의 전단력(V_C)과 휨모멘트(M_C)는 각각 얼마인가?

① $V_C = P$, $M_C = -\dfrac{PL}{2}$

② $V_C = -P$, $M_C = -\dfrac{PL}{2}$

③ $V_C = 2P$, $M_C = PL$

④ $V_C = -P$, $M_C = \dfrac{PL}{2}$

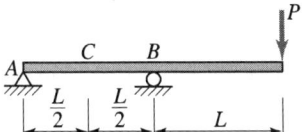

해설
① $\sum M_B = 0 (+)$
$V_A \times L + P \times L = 0$
$V_A = -P = P(\downarrow)$

② $M_C = V_A \times \dfrac{L}{2} = -P \times \dfrac{L}{2} = -\dfrac{PL}{2}$

해답 ②

002 일단고정 타단자유로 된 장주의 좌굴하중이 100kN일 때 양단힌지이고 기타 조건은 같은 장주의 좌굴하중은?

① 25kN   ② 200kN
③ 400kN   ④ 1600kN

해설 강도(내력)
① 일단고정 타단자유 장주 : $n = \dfrac{1}{4}$
② 양단힌지 장주 : $n = 1$
③ 양단힌지의 장주가 일단고정 타단자유 장주보다 같은 조건에서는 4배의 하중을 더 받을 수 있으므로 $4 \times 100\text{kN} = 400\text{kN}$의 하중을 받을 수 있다.

해답 ③

003

그림과 같이 네 개의 힘이 평형 상태에 있다면 A점에 작용하는 힘 P와 AB 사이의 거리 x는?

① $P=0.4$kN, $x=2.5$m
② $P=0.4$kN, $x=3.6$m
③ $P=0.5$kN, $x=2.5$m
④ $P=0.5$kN, $x=3.2$m

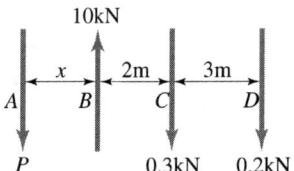

해설 힘이 평형상태이므로
① $\sum V = 0(\uparrow +)$
   $-P+10-0.3-0.2=0$
   $P=0.5$kN$(\downarrow)$
② $\sum M_B = 0(\curvearrowright)$
   $-P\times x+0.3\times 2+0.2\times 5=-0.5\times x+0.3\times 2+0.2\times 5=0$에서
   $x=3.2$m(B점으로부터 좌측)

해답 ④

004

그림에서 지점 C의 반력이 영(零)이 되기 위해 B점에 작용시킬 집중하중의 크기는?

① 80kN   ② 100kN
③ 120kN ④ 140kN

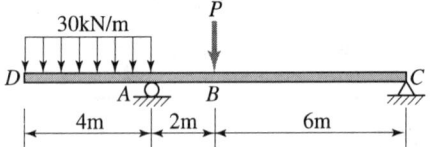

해설 $\sum M_A = 0(\curvearrowright)$
$-(30\times 4)\times 2+P\times 2-V_C\times 8=-(30\times 4)\times 2+P\times 2-0\times 8$에서
$P=120$kN

해답 ③

005

경간 10m, 폭 20cm, 높이 30cm인 직사각형 단면의 단순보에서 전 경간에 등분포하중 $w=20$kN/m가 작용할 때 최대 전단응력은?

① 2.5MPa   ② 3.0MPa
③ 3.5MPa   ④ 4.0MPa

해설 ① 최대 전단력
$$S_{\max} = V_A = \frac{wL}{2} = \frac{20\times 10}{2} = 100\text{kN}$$
② 최대 전단응력
$$\tau_{\max} = \frac{3}{2}\frac{S_{\max}}{A} = \frac{3}{2}\times\frac{100,000}{200\times 300} = 2.5\text{MPa}$$

해답 ①

006

다음과 같은 단순보에서 최대 휨응력은? (단, 단면은 폭 40cm, 높이 50cm의 직사각형이다.)

① 7.2MPa
② 8.7MPa
③ 13.5MPa
④ 15.0MPa

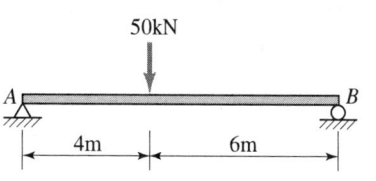

해설
① $V_A = \dfrac{50 \times 6}{10} = 30\text{kN}(\uparrow)$
② $M_{max} = V_A \times 4 = 30 \times 4 = 120\text{kN} \cdot \text{m}$
③ $\sigma_{max} = \dfrac{M_{max}}{Z} = \dfrac{M_{max}}{\dfrac{b \cdot h^2}{6}} = \dfrac{120{,}000{,}000}{\dfrac{4000 \times 500^2}{6}} = 7.2\text{MPa}$

해답 ①

007

$P = 120\text{kN}$의 무게를 매단 그림과 같은 구조물에서 T_1이 받는 힘은?

① 103.9kN(인장)
② 103.9kN(압축)
③ 60kN(인장)
④ 60kN(압축)

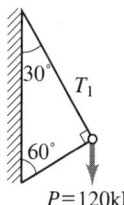

해설
$\dfrac{T_1(\text{인장})}{\sin 60°} = \dfrac{120\text{kN}}{\sin 90°}$

$T_1 = \dfrac{120\text{kN}}{\sin 90°} \times \sin 60° = 103.9\text{kN}(\text{인장})$

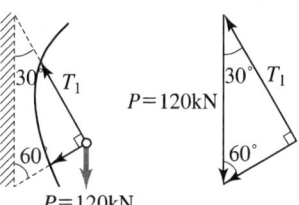

해답 ①

008

"여러 힘의 모멘트는 그 합력의 모멘트와 같다."라는 것은 무슨 원리인가?

① 가상(假想)일의 원리
② 모멘트 분배법
③ Varignon의 원리
④ 모어(Mohr)의 정리

해설 바리논의 정리 : 여러 개의 평면력들의 1점에 대한 모멘트의 합은 이들 평면력의 합력이 그 점에 대한 모멘트와 같다.

해답 ③

009 단면적 $A=20\text{cm}^2$, 길이 $L=100\text{cm}$인 강봉에 인장력 $P=80\text{kN}$를 가하였더니 길이가 1cm 늘어났다. 이 강봉의 푸아송수 $m=3$이라면 전단탄성계수 G는?

① 1500MPa ② 4500MPa
③ 7500MPa ④ 9500MPa

해설 ① 탄성계수
$$E = \frac{PL}{A\,\Delta L} = \frac{80,000 \times 1000}{2000 \times 10} = 4000\text{MPa}$$
② 전단탄성계수
$$G = \frac{mE}{2(m+1)} = \frac{3 \times 4000}{2 \times (3+1)} = 1500\text{MPa}$$

해답 ①

010 다음 그림과 같이 직교좌표계 위에 있는 사다리꼴 도형 OABC 도심의 좌표 $(\bar{x}, \bar{y})$는? (단, 좌표의 단위는 cm)

① (2.54, 3.46)
② (2.77, 3.31)
③ (3.34, 3.21)
④ (3.54, 2.74)

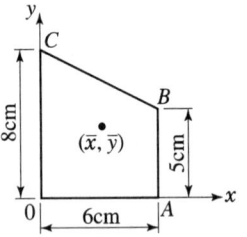

해설
① $\bar{x} = \dfrac{G_y}{A} = \dfrac{\left(\dfrac{1}{2} \times 3 \times 6\right) \times \dfrac{6}{3} + (5 \times 6) \times 3}{\dfrac{1}{2} \times 3 \times 6 + 5 \times 6} = 2.77\text{cm}$

② $\bar{y} = \dfrac{G_x}{A} = \dfrac{\left(\dfrac{1}{2} \times 3 \times 6\right) \times \left(\dfrac{3}{3} + 5\right) + (5 \times 6) \times 2.5}{\dfrac{1}{2} \times 3 \times 6 + 5 \times 6}$
$= 3.31\text{cm}$

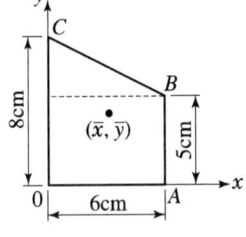

해답 ②

011 폭 12cm, 높이 20cm인 직사각형 단면의 최소 회전반지름 r은?

① 5.81cm ② 3.46cm
③ 6.92cm ④ 7.35cm

해설 $r_{\min} = \sqrt{\dfrac{I_{\min}}{A}} = \sqrt{\dfrac{\dfrac{20 \times 12^3}{12}}{20 \times 12}} = 3.464\text{cm}$

해답 ②

012

다음 인장부재의 변위를 구하는 식으로 옳은 것은? (단, 단면적은 A, 탄성계수는 E)

① $\dfrac{PL}{EA}$ ② $\dfrac{2PL}{EA}$

③ $\dfrac{3PL}{EA}$ ④ $\dfrac{4PL}{EA}$

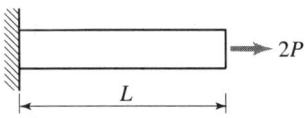

해설 기본식 $\Delta L = \dfrac{PL}{EA}$ 에서 $\Delta L = \dfrac{(2P)L}{EA} = \dfrac{2PL}{EA}$

해답 ②

013

그림과 같은 단주에서 편심거리 e에 $P=300$kN가 작용할 때 단면에 인장력이 생기지 않기 위한 e의 한계는?

① 3.3cm   ② 5cm
③ 6.7cm   ④ 10cm

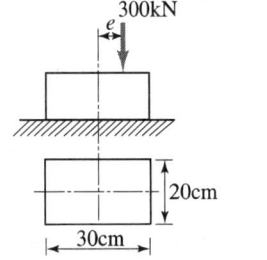

해설 $\sigma = \dfrac{P}{A} - \dfrac{M}{I}y = \dfrac{300{,}000}{200 \times 300} - \dfrac{300{,}000 \times e}{\dfrac{20 \times 30^3}{12}} \times \dfrac{300}{2} = 0$ 에서

$e = 50\text{mm} = 5\text{cm}$

해답 ②

2. 철근콘크리트 및 강구조

014

다음 중 '피복두께'에 대한 설명으로 적합한 것은?

① 콘크리트 표면과 그에 가장 가까이 배치된 주철근 표면 사이의 콘크리트 두께
② 콘크리트 표면과 그에 가장 가까이 배치된 부철근 표면 사이의 콘크리트 두께
③ 콘크리트 표면과 그에 가장 가까이 배치된 가외철근 표면 사이의 콘크리트 두께
④ 콘크리트 표면과 그에 가장 가까이 배치된 철근 표면 사이의 콘크리트 두께

해설 철근의 피복두께(덮개)란 콘크리트 표면과 그에 가장 가까이 배근된 철근 표면 사이의 콘크리트 두께를 말한다.

해답 ④

015 강도설계법에서 1방향 슬래브(slab)의 구조세목에 관한 사항 중 틀린 것은?

① 1방향 슬래브의 두께는 최소 100mm 이상이어야 한다.
② 슬래브의 정모멘트 철근 및 부모멘트 철근의 중심 간격은 위험단면에서는 슬래브 두께의 2배 이하이어야 하고, 또한 300mm 이하로 하여야 한다.
③ 슬래브의 정모멘트 철근 및 부모멘트 철근의 중심 간격은 위험단면 이외의 단면에서는 슬래브 두께의 3배 이하이어야 하고, 또한 600mm 이하로 하여야 한다.
④ 1방향 슬래브에서는 정모멘트 철근 및 부모멘트 철근에 직각방향으로 수축·온도철근을 배치하여야 한다.

해설 슬래브
① 주철근(정철근, 부철근) 중심간격
  ㉠ 최대 휨모멘트 발생 단면 : 슬래브 두께의 2배 이하, 300mm 이하
  ㉡ 기타 단면 : 슬래브 두께의 3배 이하, 450mm 이하
② 수축 및 온도철근(배력 철근) : 슬래브 두께의 5배 이하, 450mm 이하

해답 ③

016 철근의 간격제한에 대한 설명으로 틀린 것은?

① 동일 평면에서 평행한 철근 사이의 수평 순간격은 25mm 이상, 철근의 공칭지름 이상으로 하여야 한다.
② 상단과 하단에 2단 이상으로 배치된 경우 상하 철근은 동일 연직면 내에 배치되어야 하고, 이때 상하 철근의 순간격은 25mm 이상으로 하여야 한다.
③ 나선철근 또는 띠철근이 배근된 압축부재에서 축방향 철근의 순간격은 40mm 이상, 또한 철근 공칭지름의 1.5배 이상으로 하여야 한다.
④ 벽체 또는 슬래브에서 휨 주철근의 간격은 벽체나 슬래브 두께의 5배 이하로 하여야 하고, 또한 800mm 이하로 하여야 한다.

해설 벽체 또는 슬래브에서 휨 주철근의 간격은 벽체나 슬래브 두께의 3배 이하로 하여야 하고, 또한 450mm 이하로 하여야 한다.

해답 ④

017 강도설계법으로 철근콘크리트 부재의 설계 시에 사용되는 강도감소계수가 잘못된 것은?

① 인장지배단면 : 0.85
② 전단력을 받는 부재 : 0.70
③ 무근 콘크리트의 휨모멘트 : 0.55
④ 압축지배 단면 중 나선 철근으로 보강된 철근콘크리트 부재 : 0.70

해설 강도감소계수(ϕ)

부재 또는 하중의 종류		ϕ
① 인장지배단면		0.85
② 전단력과 비틀림모멘트		0.75
③ 압축지배단면	나선철근으로 보강된 철근콘크리트 부재	0.70
	그 외의 철근콘크리트 부재	0.65
④ 콘크리트의 지압력(포스트텐션 정착부나 스트럿-타이 모델은 제외)		0.65
⑤ 포스트텐션 정착구역		0.85
⑥ 스트럿-타이 모델과 그 모델에서	스트럿, 절점부 및 지압부	0.75
	타이	0.85
⑦ 긴장재 묻힘길이가 정착길이보다 작은 프리텐션 부재의 휨 단면	부재의 단부에서 전달길이 단부까지	0.75
⑧ 무근 콘크리트의 휨모멘트, 압축력, 전단력, 지압력		0.55

해답 ②

018

$f_{ck}=24$MPa, $f_y=300$MPa, $b_w=400$mm, $d=500$mm인 직사각형 철근콘크리트보에서 콘크리트가 부담하는 공칭전단강도(V_c)는 얼마인가?

① 105.7kN ② 110.1kN
③ 142.7kN ④ 163.3kN

해설 $V_c = \frac{1}{6}\lambda\sqrt{f_{ck}}b_w d = \frac{1}{6}\times 1 \times \sqrt{24}\times 400 \times 500 = 163,299\text{N} = 163.3\text{kN}$

해답 ④

019

다음 중 용접이음을 한 경우 용접부의 결함을 나타내는 용어가 아닌 것은?

① 언더컷(undercut) ② 필릿(fillet)
③ 크랙(crack) ④ 오버랩(overlap)

해설 필릿(fillet)은 용접의 일종이다.

해답 ②

020

보통 강재의 용접에서 용접봉을 사용할 경우 용접자세에 대하여 적당한 것은?

① 상향 용접자세 ② 하향 용접자세
③ 횡방향 용접자세 ④ 눈높이와 같은 자세

해설 용접봉을 사용한 보통강재 용접 시 용접자세는 작업 편의와 안정상 하향자세가 좋다.

해답 ②

021
보의 휨파괴에 대한 설명 중 틀린 것은?

① 과소철근보는 철근이 먼저 항복하게 되지만 철근은 연성이 크기 때문에 파괴는 단계적으로 일어난다.
② 과다철근보는 철근량이 많기 때문에 더욱 느린 속도로 파괴되고 위험예측이 가능하다.
③ 인장철근이 항복강도 f_y에 도달함과 동시에 콘크리트도 극한변형률에 도달하여 파괴되는 보를 균형철근보라 한다.
④ 인장으로 인한 파괴 시 중립축은 위로 이동한다.

해설 **취성파괴**(압축파괴)
① 과보강보
② 과다철근보
③ 압축지배단면
④ $\rho > \rho_{max}$: 압축측 콘크리트의 취성파괴가 일어난다.
⑤ $\rho < \rho_{min}$: 인장측 콘크리트의 취성파괴가 일어난다.
⑥ 콘크리트가 먼저 갑작스럽게 파괴되는 형태
⑦ 사전 징후 없이 갑자기 파괴되는 형태

해답 ②

022
f_{ck}=24MPa, f_y=300MPa일 때 다음 그림과 같은 보의 균형 철근량은?

① 5254mm^2
② 5842mm^2
③ 6732mm^2
④ 7254mm^2

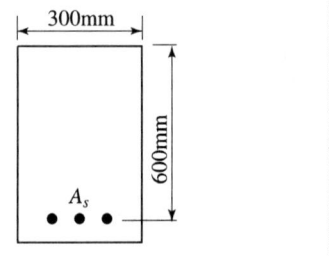

해설 ① $f_{ck} = 24\text{MPa} < 40\text{MPa}$이므로 $\epsilon_{cu} = 0.0033$
② 콘크리트의 등가압축응력깊이의 비
   $f_{ck} = 24\text{MPa} \leq 50\text{MPa}$이므로 $\beta_1 = 0.80$
③ 단철근 직사각형보의 균형철근비(ρ_b)

$$\rho_b = \eta 0.85 \frac{f_{ck}}{f_y} \beta_1 \frac{\epsilon_{cu}}{\epsilon_u + \frac{f_y}{200000}} = 1 \times 0.85 \times \frac{24}{300} \times 0.80 \times \frac{0.0033}{0.0033 + \frac{300}{200000}}$$

$= 0.0374$

④ 균형철근량
$A_{sb} = \rho_b \cdot b_w \cdot d = 0.0374 \times 300 \times 600 = 6,732\text{mm}^2$

해답 ③

023

단면이 300×500mm이고, 150mm²의 PS 강선 6개를 강선군의 도심과 부재 단면의 도심축이 일치하도록 배치된 프리텐션 PC 부재가 있다. 강선의 초기 긴장력이 1000MPa일 때 콘크리트의 탄성변형에 의한 프리스트레스의 감소량은? (단, $n=6$)

① 36MPa
② 30MPa
③ 6MPa
④ 4.8MPa

해설 프리텐션 부재의 탄선변형에 의한 프리스트레스 감소량(손실량)

$$\Delta f_{Pe} = n \cdot f_c = n \cdot \frac{P_p}{A_g} = n \cdot \frac{f_p \cdot (N \cdot A_p)}{A_g}$$
$$= 6 \times \frac{1{,}000 \times (6 \times 150)}{300 \times 500} = 36\text{MPa}$$

해답 ①

024

다음 그림과 같은 직사각형 단철근 보에서 강도설계법을 사용할 때 콘크리트의 등가직사각형 응력블록의 깊이(a)는 얼마인가?
(단, $f_{ck}=21$MPa, $f_y=300$MPa)

① 84mm
② 102mm
③ 153mm
④ 200mm

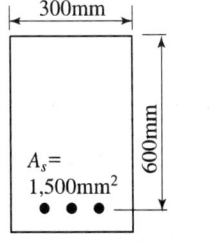

해설
$$a = \frac{A_s f_y}{0.85 f_{ck} b} = \frac{1{,}500 \times 300}{0.85 \times 21 \times 300} = 84\text{mm}$$

해답 ①

025

깊은 보는 주로 어느 작용에 의하여 전단력에 저항하는가?

① 장부작용(dowel action)
② 골재 맞물림(aggregate interaction)
③ 전단마찰(shear friction)
④ 아치작용(arch action)

해설 깊은 보는 아치작용에 의해 전단력에 저항하므로 이를 고려하여 스트럿-타이 모델을 이용 설계한다.

해답 ④

026
PSC 부재의 프리스트레스 감소 원인 중 프리스트레스를 도입한 후 시간의 경과에 의해 발생하는 것은?

① PS 강재의 릴랙세이션으로 인한 손실
② PS 강재와 쉬스의 마찰로 인한 손실
③ 정착장치의 활동으로 인한 손실
④ 콘크리트의 탄성변형으로 인한 손실

해설 프리스트레스 손실 원인
① 프리스트레스 도입 시 : 즉시 손실
　㉠ 콘크리트의 탄성변형(수축)
　㉡ PS 강재와 시스 사이의 마찰(포스트텐션 방식에만 해당)
　㉢ 정착단의 활동
② 프리스트레스 도입 후 : 시간적 손실
　㉠ 콘크리트의 건조수축
　㉡ 콘크리트의 크리프
　㉢ PS 강재의 릴랙세이션(relaxation)

해답 ①

027
복철근 단면으로 설계해야 할 경우를 설명한 것으로 틀린 것은?

① 경제성을 우선적으로 고려해야 할 경우
② 정(+), 부(−)의 모멘트를 번갈아 받는 구조의 경우
③ 처짐의 증가를 방지해야 할 경우
④ 구조상의 사정으로 보의 높이가 제한을 받는 경우

해설 복철근보를 사용하는 이유
① 단면의 치수(특히 유효높이)가 제한되어 설계모멘트가 외력에 의한 작용모멘트를 견딜 수 없는 경우($M_d < M_u$)
　㉠ 복철근보로 함으로써 저항모멘트의 증가로 보강성을 증대
　㉡ 취성을 줄인다.
　㉢ 연성을 키워준다.
② 정(+)·부(−)의 휨모멘트를 교대로 받는 경우
　㉠ 정모멘트는 단철근보로도 충분하나
　㉡ 부의 휨모멘트 작용 시 복철근보로 하여 부의 휨모멘트 작용 시 압축철근이 인장철근의 역할을 하도록 하여야 한다.
③ 보의 강성을 증대시키기 위해
④ 연성을 키우기 위해
⑤ 처짐을 작게 해야 하는 경우
⑥ 건조수축과 크리프의 영향을 감소시키기 위해
⑦ 비틀림모멘트를 받을 때

해답 ①

028

$b_w = 300\text{mm}$, $d = 500\text{mm}$이고, $A_s = 3\text{-}D25(=1520\text{mm}^2)$가 1열로 배치된 단철근 직사각형 단면의 설계휨강도(ϕM_a)는? (단, $f_{ck} = 24\text{MPa}$, $f_y = 400\text{MPa}$이고, 이 단면은 인장지배단면이다.)

① 207.9kN·m ② 232.7kN·m
③ 256.2kN·m ④ 294.8kN·m

해설 ① 등가직사각형 응력분포의 깊이
$$a = \frac{A_s f_y}{\eta 0.85 f_{ck} b} = \frac{1,520 \times 400}{1 \times 0.85 \times 24 \times 300} = 99.35\text{mm}$$
② 콘크리트의 등가압축응력깊이의 비
$f_{ck} = 24\text{MPa} \leq 50\text{MPa}$이므로 $\beta_1 = 0.80$
③ 중립축깊이
$a = \beta_1 c$에서 $c = \dfrac{a}{\beta_1} = \dfrac{99.35}{0.80} = 124.1875\text{mm}$
④ $f_{ck} = 24\text{MPa} < 40\text{MPa}$이므로 $\varepsilon_{cu} = 0.0033$
⑤ 최외단 인장측 철근의 변형량
$\dfrac{\varepsilon_t + 0.0033}{d} = \dfrac{0.0033}{c}$에서
$\varepsilon_t = \dfrac{0.0033}{c}d - 0.003 = \dfrac{0.0033}{124.1875} \times 500 - 0.0033 = 0.0010$
⑤ 강도감소계수
$\varepsilon_t = 0.0010 > 0.005$이므로 인장지배단면이므로 $\phi = 0.85$
⑥ 설계휨강도
$$M_d = \phi M_n = \phi A_s f_y \left(d - \frac{a}{2}\right) = 0.85 \times 1,520 \times 400 \times \left(500 - \frac{99.35}{2}\right)$$
$= 232,727,960\text{N·mm} = 232.7\text{kN·m}$

해답 ②

029

D-25(공칭직경 : 25.4mm)를 사용하는 압축이형철근의 기본정착길이는? (단, $f_{ck} = 30\text{MPa}$, $f_y = 400\text{MPa}$이다.)

① 413mm ② 447mm
③ 464mm ④ 487mm

해설 압축이형철근의 기본정착길이 : l_{db}

$l_{db} = \dfrac{0.25 d_b f_y}{\lambda \sqrt{f_{ck}}} \geq 0.043 d_b f_y$

① $l_{db} = \dfrac{0.25 d_b f_y}{\lambda \sqrt{f_{ck}}} = \dfrac{0.25 \times 25.4 \times 400}{1 \times \sqrt{30}} = 464\text{mm}$

② $0.043\,d_b f_y = 0.043 \times 25.4 \times 400 = 437\text{mm}$
③ 압축이형철근의 기본정착길이는 둘 중 큰 값인 464mm로 한다.

해답 ③

030
그림과 같이 경간 20m인 PSC 보가 프리스트레스힘(P) 1000kN을 받고 있을 때 중앙 단면에서의 상향력(U)을 구하면?

① 30kN
② 40kN
③ 50kN
④ 60kN

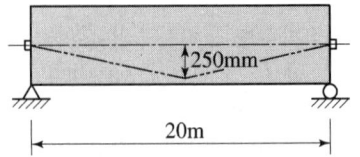

해설 $U = 2P\sin\theta = 2 \times 1,000 \times \sin\theta = 2 \times 1,000 \times \dfrac{0.25}{\sqrt{0.25^2 + 10^2}} = 50\text{kN}$

해답 ③

031
다음 중 일반적인 철근의 정착 방법 종류가 아닌 것은?

① 묻힘길이에 의한 정착
② 갈고리에 의한 정착
③ 약품에 의한 정착
④ 철근의 가로 방향에 T형이 되도록 철근을 용접해 붙이는 정착

해설 철근의 정착방법
① 묻힘길이(매입길이)에 의한 방법
② 표준 갈고리에 의한 방법 : 압축철근의 정착에는 유효하지 않다.
③ 확대머리 이형철근 및 기계적 인장 정착
④ 이들을 조합하는 방법

해답 ③

제2과목 측량 및 토질(측량학+토질 및 기초)

1. 측량학(측량학 일반, 기준점 측량, 응용 측량)

032 그림에서 B점의 지반고는?
(단, $H_A = 39.695$m)

① 39.405m   ② 39.985m
③ 42.985m   ④ 46.305m

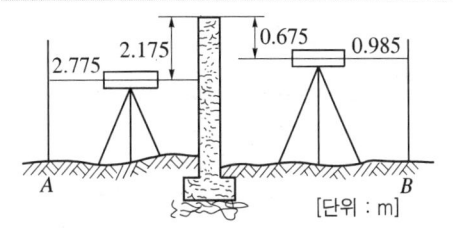

해설 $H_B = 39.695 + 2.775 + 2.175 - 0.675 - 0.985 = 42.985$m

해답 ③

033 완화곡선 중 주로 고속도로에 사용되는 것은?

① 3차 포물선   ② 클로소이드(clothoid) 곡선
③ 반파장 사인(sine) 체감곡선   ④ 렘니스케이트(lemniscate) 곡선

해설 완화곡선
① 3차 포물선(cubic spiral) : 곡률반경이 경거에 반비례하는 곡선으로 주로 철도에 이용
② 클로소이드(clothoid) : 고속도로 IC
③ 렘니스케이트(lemniscate) : 시가지 지하철

해답 ②

034 기초 터파기 공사를 하기 위해 가로, 세로, 깊이를 줄자로 관측하여 다음과 같은 결과를 얻었다. 토공량과 여기에 포함된 오차는?

가로 40 ± 0.05m, 세로 20 ± 0.03m, 깊이 15 ± 0.02m

① $6,000 \pm 28.4$m^3 ② $6,000 \pm 48.9$m^3
③ $12,000 \pm 28.4$m^3 ④ $12,000 \pm 48.9$m^3

해설 ① 토공량 $V = 40 \times 20 \times 15 = 12,000$m^3
② 가로 $a \pm m_a$, 세로 $b \pm m_b$, 높이 $h \pm m_h$라고 하면,
$$M = \pm \sqrt{(bh)^2 \cdot m_a^2 + (ah)^2 \cdot m_b^2 + (ab)^2 \cdot m_h^2}$$
$$= \pm \sqrt{(20 \times 15)^2 \times 0.05^2 + (40 \times 15)^2 \times 0.03^2 + (40 \times 20)^2 \times 0.02^2} = \pm 28.4 \text{m}^3$$
③ 토공량과 오차 : $12,000 \pm 28.4$m^3

해답 ③

035
수준측량에서 전시와 후시의 거리를 같게 하여도 제거되지 않는 오차는?

① 시준선과 기포관축이 평행하지 않을 때 생기는 오차
② 표척 눈금의 읽음오차
③ 광선의 굴절오차
④ 지구곡률 오차

해설 전시와 후시 거리를 같게 함으로써 제거되는 오차
① 시준축 오차 소거 : 기포관축 ≠ 시준선(레벨 조정의 불안정으로 생기는 오차 소거)
② 자연적 오차 소거
  ㉠ 구차 : 지구의 곡률에 의한 오차
  ㉡ 기차 : 광선의 굴절에 의한 오차
  ㉢ 양차 : 구차와 기차의 합
③ 조준나사 작동에 의한 오차 소거

해답 ②

036
축척 1 : 1,200 지형도 상에서 면적을 측정하는데 축척을 1 : 1,000으로 잘못 알고 면적을 산출한 결과 12,000m²를 얻었다면 정확한 면적은?

① 8,333m²
② 12,368m²
③ 15,806m²
④ 17,280m²

해설 $\dfrac{A_1}{A_2} = \dfrac{m_1^2}{m_2^2}$

$\dfrac{A_1}{12,000} = \dfrac{1,200^2}{1,000^2}$ 에서 $A_1 = \dfrac{1,200^2}{1,000^2} \times 12,000 = 17,280\text{m}^2$

해답 ④

037
지형도를 작성할 때 지형 표현을 위한 원칙과 거리가 먼 것은?

① 기복을 알기 쉽게 할 것.
② 표현을 간결하게 할 것.
③ 정량적 계획을 엄밀하게 할 것.
④ 기호 및 도식을 많이 넣어 세밀하게 할 것.

해설 지형도를 작성할 때 기복을 알기 쉽게 하고 표현을 간결하게 하는 것이 원칙이므로 기호 및 도식은 가급적 적게 넣어야 한다.

해답 ④

038 경중률에 대한 설명으로 틀린 것은?

① 관측횟수에 비례한다. ② 관측거리에 반비례한다.
③ 관측값의 오차에 비례한다. ④ 사용기계의 정밀도에 비례한다.

해설 **경중률**(P : 무게)

$$P \propto n(측정횟수) \propto \frac{1}{L(거리)}[직접수준측량] \propto \frac{1}{L^2}[간접수준측량]$$

$$\propto \frac{1}{m(오차)^2} \propto h2[정밀도]$$

해답 ③

039 평균유속 관측방법 중 3점법을 사용하기 위한 관측 유속으로 짝지어진 것은? (단, h는 전체 수심)

① 수면에서 $0.1h$, $0.4h$, $0.9h$ 지점의 유속
② 수면에서 $0.1h$, $0.4h$, $0.8h$ 지점의 유속
③ 수면에서 $0.2h$, $0.4h$, $0.8h$ 지점의 유속
④ 수면에서 $0.2h$, $0.6h$, $0.8h$ 지점의 유속

해설 **3점법**

$$V_m = \frac{1}{4}(V_{0.2} + 2V_{0.6} + V_{0.8})$$

여기서, V_m : 평균유속
　　　　$V_{0.2}$: 수심 $0.2H$ 되는 곳의 유속
　　　　$V_{0.6}$: 수심 $0.6H$ 되는 곳의 유속
　　　　$V_{0.8}$: 수심 $0.8H$ 되는 곳의 유속

해답 ④

040 폐합다각측량에서 각 관측보다 거리 관측 정밀도가 높을 때 오차를 배분하는 방법으로 옳은 것은?

① 해당 측선 길이에 비례하여 배분한다.
② 해당 측선 길이에 반비례하여 배분한다.
③ 해당 측선의 위·경거의 크기에 비례하여 배분한다.
④ 해당 측선의 위·경거의 크기에 반비례하여 배분한다.

해설 **트랜싯 법칙**
① 각 관측의 정밀도가 거리 관측의 정밀도보다 높을 때 조정하는 방법
② 위거, 경거의 크기에 비례하여 폐합오차를 배분

해답 ③

041

A점에서 출발하여 다시 A점에 되돌아오는 다각측량을 실시하여 위거오차 20cm, 경거오차 30cm가 발생하였다. 전 측선길이가 800m일 때 다각측량의 정밀도는?

① $\dfrac{1}{1,000}$ ② $\dfrac{1}{1,730}$
③ $\dfrac{1}{2,220}$ ④ $\dfrac{1}{2,630}$

해설 정밀도 = 폐합비

$$R = \frac{E}{\sum l} = \frac{\sqrt{\Delta L^2 + \Delta D^2}}{\sum l} = \frac{\sqrt{0.2^2 + 0.3^2}}{800} = \frac{1}{2,218.8} \fallingdotseq \frac{1}{2,220}$$

해답 ③

042

그림과 같이 A점에서 B점에 대하여 장애물이 있어 시준을 못하고 B'점을 시준하였다. 이때 B점의 방향각 T_B를 구하기 위한 보정각(x)을 구하는 식으로 옳은 것은? (단, $e < 1.0$m, $\rho = 206,265\,''$, $S = 4$km)

① $x = \rho \dfrac{e}{S} \sin\phi$ ② $x = \rho \dfrac{e}{S} \cos\phi$
③ $x = \rho \dfrac{S}{e} \sin\phi$ ④ $x = \rho \dfrac{S}{e} \cos\phi$

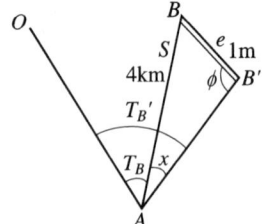

해설 $\dfrac{\sin x}{e} = \dfrac{\sin\phi}{S}$ 에서 $x = \rho \dfrac{e}{S} \sin\phi$

해답 ①

043

철도에 완화곡선을 설치하고자 할 때 캔트(cant)의 크기 결정과 직접적인 관계가 없는 것은?

① 레일간격   ② 곡선반지름
③ 원곡선의 교각   ④ 주행속도

해설 캔트

$$C = \frac{SV^2}{Rg}$$

여기서, C : 캔트, S : 궤간(레일간격), V : 차량속도,
R : 곡선반경, g : 중력가속도

해답 ③

044 원곡선에서 장현 L과 그 중앙종거 M을 관측하여 반지름 R을 구하는 식으로 옳은 것은?

① $\dfrac{L^2}{8M}$ ② $\dfrac{L^2}{4M}$

③ $\dfrac{L^2}{2M}$ ④ $\dfrac{L^2}{M}$

해설 중앙종거와 곡률반경의 관계

$$R = \dfrac{L^2}{8M}$$

① 중앙종거(M) $M = R\left(1 - \cos\dfrac{I}{2}\right)$

② 장현 $L = 2R \cdot \sin\dfrac{I}{2}$

해답 ①

045 교점(I.P)의 위치가 기점으로부터 143.25m, 곡선반지름 150m, 교각 58°14′24″인 단곡선을 설치한다면 곡선시점의 위치는? (단, 중심말뚝 간격 20m)

① No.2 + 3.25   ② No.2 + 19.69
③ No.3 + 9.69   ④ No.4 + 3.56

해설 ① 접선길이

$$TL = R \cdot \tan\dfrac{I}{2} = 150 \times \tan\dfrac{58°14′24″}{2} = 83.56\text{m}$$

② 곡선시점
  B.C = I.P. − T.L. = 143.25 − 83.56 = 59.69m

③ B.C. 측점번호 = No.$\dfrac{40}{2}$ + 19.69 = No.20 + 19.69m

해답 ②

046 어떤 측선의 길이를 3군으로 나누어 관측하여 표와 같은 결과를 얻었을 때 측선 길이의 최확값은?

관측군	관측값[m]	측정횟수
Ⅰ	100.350	2
Ⅱ	100.340	5
Ⅲ	100.353	3

① 100.344m   ② 100.346m
③ 100.348m   ④ 100.350m

해설 ① 경중률(P : 무게)
$P \propto n$(측정횟수)이므로
$P_1 : P_2 : P_3 = n_1 : n_2 : n_3 = 2 : 5 : 3$
② 최확값
$$L_o = \frac{P_1 L_1 + P_2 L_2 + P_3 L_3}{P_1 + P_2 + P_3} = \frac{2 \times 100.350 + 5 \times 100.340 + 3 \times 100.353}{2 + 5 + 3}$$
$= 100.346\text{m}$

해답 ②

047
삼각측량에서 B점의 좌표 $X_B = 50.000$m, $Y_B = 200.000$m, BC의 길이 25.478m, BC의 방위각 77°11′56″일 때 C점의 좌표는?

① $X_C = 55.645$m, $Y_C = 175.155$m
② $X_C = 55.645$m, $Y_C = 224.845$m
③ $X_C = 74.845$m, $Y_C = 194.355$m
④ $X_C = 74.845$m, $Y_C = 205.645$m

해설 ① $X_C = X_B + l_{BC} \cos \alpha_{BC} = 50 + 25.478 \times \cos 77°11′56″ = 55.645\text{m}$
② $Y_C = Y_B + l_{BC} \sin \alpha_{BC} = 200 + 25.478 \times \sin 77°11′56″ = 224.845\text{m}$

해답 ②

048
등고선에 관한 설명으로 틀린 것은?

① 간곡선은 계곡선보다 가는 실선으로 나타낸다.
② 주곡선 간격이 10m이면 간곡선 간격은 5m이다.
③ 계곡선은 주곡선보다 굵은 실선으로 나타낸다.
④ 계곡선 간격은 주곡선 간격의 5배이다.

해설 등고선 종류

등고선 종류	기 호	$\frac{1}{10,000}$	$\frac{1}{25,000}$	$\frac{1}{50,000}$
계 곡 선	굵은 실선(———)	25m	50m	100m
주 곡 선	가는 실선(———)	5m	10m	20m
간 곡 선	가는 파선(- - - - -)	2.5m	5m	10m
조 곡 선	가는 점선(⋯⋯⋯)	1.25m	2.5m	5m

해답 ①

2. 토질 및 기초(토질역학, 기초공학)

049 흙의 투수계수에 관한 설명으로 틀린 것은?

① 흙의 투수계수는 흙 유효입경의 제곱에 비례한다.
② 흙의 투수계수는 물의 점성계수에 비례한다.
③ 흙의 투수계수는 물의 단위중량에 비례한다.
④ 흙의 투수계수는 형상계수에 따라 변화한다.

해설 흙의 투수계수와 물의 점성계수는 반비례한다.

$$K = D_s^2 \cdot \frac{\gamma_w}{\eta} \cdot \frac{e^3}{1+e} \cdot C$$

여기서, D_s : 흙입자의 입경(보통 D_{10})
γ_w : 물의 단위중량[g/cm³]
η : 물의 점성계수[g/cm·sec]
e : 공극비
C : 합성형상계수(composite shape factor)
K : 투수계수[cm/sec]

해답 ②

050 어떤 퇴적지반의 수평방향의 투수계수가 4.0×10^{-3}cm/s이고, 수직방향의 투수계수가 3.0×10^{-3}cm/s일 때 등가투수계수는 얼마인가?

① 3.46×10^{-3}cm/s
② 5.0×10^{-3}cm/s
③ 6.0×10^{-3}cm/s
④ 6.93×10^{-3}cm/s

해설 등가등방성 투수계수(K')

$$K' = \sqrt{K_h \cdot K_z} = \sqrt{4.0 \times 10^{-3} \times 3.0 \times 10^{-3}} = 3.46 \times 10^{-3} \text{cm/s}$$

해답 ①

051 어떤 흙의 중량이 450g이고 함수비가 20%인 경우 이 흙을 완전히 건조시켰을 때 중량은 얼마인가?

① 360g   ② 425g
③ 400g   ④ 375g

해설 $W_s = \dfrac{W}{1+w} = \dfrac{450}{1+0.2} = 375$g

해답 ④

052

어떤 흙의 비중이 2.65, 간극률이 36%일 때 다음 중 분사현상이 일어나지 않을 동수경사는?

① 1.9
② 1.2
③ 1.1
④ 0.9

해설 ① 공극비(e)

$$e = \frac{V_v}{V_s} = \frac{n}{100-n} = \frac{36}{100-36} = 0.5625$$

② 분사현상이 일어나지 않을 조건

$$i < i_c = \frac{\gamma_{sub}}{\gamma_w} = \frac{G_s - 1}{1+e} = \frac{2.65-1}{1+0.5625} = 1.056$$

③ 위 조건을 만족하는 동수경사 i는 4번 0.9이다.

해답 ④

053

현장 토질조사를 위하여 베인 테스트(vane test)를 행하는 경우가 종종 있다. 이 시험은 다음 중 어느 경우에 많이 쓰이는가?

① 연약한 점토의 점착력을 알기 위해서
② 모래질 흙의 다짐도를 측정하기 위해서
③ 모래질 흙의 내부마찰각을 알기 위해서
④ 모래질 흙의 투수계수를 측정하기 위해서

해설 베인 시험은 극히 연약한 점토층에서 시료를 채취하지 않고 원위치에서 전단강도(점착력)를 측정한다.

해답 ①

054

유효입경이 0.1mm이고 통과백분율 80%에 대응하는 입경이 0.5mm, 60%에 대응하는 입경이 0.4mm, 40%에 대응하는 입경이 0.3mm, 20%에 대응하는 입경이 0.2mm일 때 이 흙의 균등계수는?

① 2
② 3
③ 4
④ 5

해설 ① 유효입경(D_{10})
  통과중량 백분율 10%에 해당되는 입자의 지름 $D_{10} = 0.1\text{mm}$
② 통과중량 백분율 60%에 해당되는 입자의 지름 $D_{60} = 0.4\text{mm}$
③ 균등계수(C_u)
  입도분포가 좋고 나쁜 정도를 나타내는 계수

$$C_u = \frac{D_{60}}{D_{10}} = \frac{0.4}{0.1} = 4$$

해답 ③

055 흙의 다짐 시험에 대한 설명으로 옳은 것은?

① 다짐에너지가 크면 최적함수비가 크다.
② 다짐에너지와 관계없이 최대건조단위중량은 일정하다.
③ 다짐에너지와 관계없이 최적함수비는 일정하다.
④ 몰드 속에 있는 흙의 함수비는 다짐에너지에 거의 영향을 받지 않는다.

해설 ① 다짐에너지가 커지면, 다짐곡선의 기울기가 급해지고, 최대건조단위중량이 증가하며, 최적함수비는 감소한다.
② 몰드 속에 있는 흙의 함수비는 다짐에너지에 거의 영향을 받지 않는다.

해답 ④

056 연약지반에 말뚝을 시공한 후, 부의 주면마찰력이 발생되면 말뚝의 지지력은?

① 증가된다.
② 감소된다.
③ 변함이 없다.
④ 증가할 수도 있고 감소할 수도 있다.

해설 주면마찰력은 보통 상향으로 작용하여 지지력에 가산되었으나 말뚝 주위의 지반이 말뚝보다 더 많이 침하하게 되면 주면마찰력이 하향으로 발생하여 하중 역할을 하게 되는 주면마찰력을 부마찰력이라 하며, 부마찰력 발생 시 말뚝의 지지력이 감소한다.

해답 ②

057 말뚝의 분류 중 지지상태에 따른 분류에 속하지 않는 것은?

① 다짐 말뚝
② 마찰 말뚝
③ Pedestal 말뚝
④ 선단 지지 말뚝

해설 **지지방법에 의한 분류**(지지력 전달상태에 따른 분류)
① 선단지지 말뚝 ② 마찰말뚝 ③ 하부지반지지 말뚝

[참고] **현장 콘크리트 말뚝**(cast-in-place concrete pile)
 [타격] ① Franky pile ② Pedestal pile ③ Raymond pile
 [굴착] ① 베노트 공법 ② 이스 드릴 공법 ③ 역순환 공법

해답 ③

058 단위중량이 $16kN/m^3$인 연약지반($\phi=0°$)에서 연직으로 2m까지 보강 없이 절취할 수 있다고 한다. 이 점토지반의 점착력은?

① $4kN/m^2$
② $8kN/m^2$
③ $14kN/m^2$
④ $18kN/m^2$

해설 한계고 $H_c = 2Z_c = \dfrac{4c}{\gamma}\tan\left(45° + \dfrac{\phi}{2}\right) = \dfrac{4c}{16}\times\tan\left(45° + \dfrac{0°}{2}\right) = 2\text{m}$ 에서

$c = 8\text{kN/m}^2$

해답 ②

059
지표면이 수평이고 옹벽의 뒷면과 흙과의 마찰각이 0인 연직옹벽에서 Coulomb의 토압과 Rankine의 토압은 어떻게 되는가?

① Coulomb의 토압은 항상 Rankine의 토압보다 크다.
② Coulomb의 토압은 Rankine의 토압보다 클 때도 있고, 작을 때도 있다.
③ Coulomb의 토압과 Rankine의 토압은 같다.
④ Coulomb의 토압은 항상 Rankine의 토압보다 작다.

해설 연직옹벽에서 지표면의 경사각과 옹벽 배면과 흙과의 마찰각이 같은 경우는 Coulomb의 토압과 Rankine의 토압은 같다.

해답 ③

060
다음 중 표준관입시험으로부터 추정하기 어려운 항목은?

① 극한지지력　　　　② 상대밀도
③ 점성토의 연경도　　④ 투수성

해설 N값의 이용

모래 지반	점토 지반
① 상대밀도	① 연경도(컨시스턴시)
② 내부마찰각	② 일축압축강도
③ 침하에 대한 허용지지력	③ 점착력
④ 지지력계수	④ 파괴에 대한 극한지지력
⑤ 탄성계수	⑤ 파괴에 대한 허용지지력

해답 ④

061
어떤 점토의 액성한계 값이 40%이다. 이 점토의 불교란 상태의 압축지수 C_c를 Skempton 공식으로 구하면 얼마인가?

① 0.27　　　　② 0.29
③ 0.36　　　　④ 0.40

해설 불교란 시료이므로
$C_c = 0.009(W_L - 10) = 0.009 \times (40 - 10) = 0.27$

[참고] 교란된 시료　$C_c = 0.007(W_L - 10)$

해답 ①

062

지표면에 집중하중이 작용할 때, 연직응력에 관한 다음 사항 중 옳은 것은? (단, Boussinesq 이론을 사용, E는 Young계수이다.)

① E에 무관하다. ② E에 정비례한다.
③ E의 제곱에 정비례한다. ④ E의 제곱에 반비례한다.

해설 ① 집중하중에 의한 응력 증가
ⓐ 연직응력 증가량($\Delta \sigma_z$)
$$\Delta \sigma_z = \frac{3 \cdot Q \cdot Z^3}{2 \cdot \pi \cdot R^5} = \frac{Q}{z^2} \cdot I \quad (\text{여기서}, R = \sqrt{r^2 + z^2})$$
ⓑ 영향계수(I)
$$I = \frac{3 \cdot z^5}{2 \cdot \pi \cdot R^5}$$
② 집중하중에 의한 연직응력과 E와는 무관하다.

해답 ①

063

어떤 흙의 최대 및 최소 건조단위중량이 18kN/m³과 16kN/m³이다. 현장에서 이 흙의 상대밀도(relative density)가 60%라면 이 시료의 현장 상대다짐도(relative compaction)는?

① 82% ② 87%
③ 91% ④ 95%

해설 ① 현장의 건조단위중량
상대밀도(사질토의 다짐 정도 표시)
$$D_r = \frac{\gamma_{d\max}}{\gamma_d} \frac{\gamma_d - \gamma_{d\min}}{\gamma_{d\max} - \gamma_{d\min}} \times 100 = \frac{18}{\gamma_d} \times \frac{\gamma_d - 16}{18 - 16} \times 100 = 60 \text{에서}$$
$(18\gamma_d - 16 \times 18) \times 100 = (18\gamma_d - 16\gamma_d) \times 60$
$1800\gamma_d - 2880 = 120\gamma_d$
$1680\gamma_d = 2880$
$\gamma_d = 17.14 \text{kN/m}^3$

② 다짐도(C_d)
$$C_d = \frac{\text{현장의 } \gamma_d}{\text{실내 다짐시험에 의한 } \gamma_{d\max}} \times 100[\%] = \frac{17.14}{18} \times 100 = 95.2\%$$

해답 ④

064 흙댐에서 수위가 급강하한 경우 사면안정해석을 위한 강도정수 값을 구하기 위하여 어떠한 조건의 삼축압축시험을 하여야 하는가?

① Quick 시험 ② CD 시험
③ CU 시험   ④ UU 시험

해설 압밀 비배수(CU-test)
① 성토 하중으로 어느 정도 압밀된 후 급속한 파괴가 예상되는 경우
② 기존의 제방, 흙 댐에서 수위가 급강하할 때의 안정해석하는 경우
③ 사전압밀(pre-loading) 후 급격한 재하 시의 안정해석하는 경우

해답 ③

065 자연상태 흙의 일축압축강도가 0.5kg/cm²이고 이 흙을 교란시켜 일축압축강도 시험을 하니 강도가 0.1kg/cm²이었다. 이 흙의 예민비는 얼마인가?

① 50   ② 10
③ 5   ④ 1

해설 $S_t = \dfrac{q_u}{q_{ur}} = \dfrac{0.5}{0.1} = 5$

여기서, q_u : 자연상태의 일축압축강도
       q_{ur} : 흐트러진 상태의 일축압축강도

해답 ③

066 직경 30cm의 평판을 이용하여 점토 위에서 평판재하 시험을 실시하고 극한지지력 150kN/m²를 얻었다고 할 때 직경이 2m인 원형 기초의 총 허용하중을 구하면? (단, 안전율은 3을 적용한다.)

① 83kN   ② 157kN
③ 242kN   ④ 326kN

해설 ① 허용지지력 $q_a = \dfrac{q_u}{F_s} = \dfrac{150}{3} = 50 \text{kN/m}^2$

② 총 허용하중 $Q_a = q_a \cdot A = q_a \cdot \dfrac{\pi D^2}{4} = 50 \times \dfrac{\pi \times 2^2}{4} = 157.1 \text{kN}$

해답 ②

067

어떤 점토시료를 일축압축 시험한 결과 수평면과 파괴면이 이루는 각이 48°였다. 점토 시료의 내부마찰각은?

① 3°
② 6°
③ 18°
④ 30°

해설 파괴면과 최대 주응력면이 이루는 각은 θ이다.

$\theta = 45° + \dfrac{\phi}{2} = 48°$에서 $\phi = 6°$

해답 ②

068

20kN의 무게를 가진 낙추로서 낙하고 2m로 말뚝을 박을 때 최종적으로 1회 타격당 말뚝의 침하량이 20mm였다. Sander 공식에 의하면 이 때 말뚝의 허용지지력은?

① 100kN
② 200kN
③ 670kN
④ 250kN

해설 Sander 공식

① 극한지지력 $R_u = \dfrac{W_h h}{S}$

② 허용지지력 $R_a = \dfrac{R_u}{F_s}(F_s = 8) = \dfrac{W_h h}{8S} = \dfrac{20 \times 2000}{8 \times 20} = 250\text{kN}$

해답 ④

제3과목 수자원설계(수리학+상하수도공학)

1. 수리학

069

직경 20cm인 원형 오리피스로 0.1m³/s의 유량을 유출시키려 할 때 필요한 수심(오리피스 중심으로부터 수면까지의 높이)은? (단, 유량계수 $c = 0.6$)

① 1.24m
② 1.44m
③ 1.56m
④ 2.00m

해설 $Q = CAV_r = C_a C_v A\sqrt{2gh} = CA\sqrt{2gh}$

$0.1 = 0.6 \times \dfrac{\pi \times 0.2^2}{4} \times \sqrt{2 \times 9.8 \times h}$ 에서 $h = 1.44\text{m}$

해답 ②

070

등류의 마찰속도 u_*를 구하는 공식으로 옳은 것은? (단, H : 수심, I : 수면경사, g : 중력가속도)

① $u_* = \sqrt{gHI}$ ② $u_* = gHI$
③ $u_* = gH^2I$ ④ $u_* = gHI^2$

해설 **마찰속도**(전단속도)

$$U_* = \sqrt{\frac{\tau}{\rho}} = V\sqrt{\frac{f}{8}} = \sqrt{gRI}$$

여기서, 등류(등속정류)는 정류 중에서 어느 단면에서나 유속과 수심이 변하지 않는 흐름이므로, $R = H$이다. 고로, $U_* = \sqrt{gHI}$

해답 ①

071

2초에 10m를 흐르는 물의 속도수두는?

① 1.18m   ② 1.28m
③ 1.38m   ④ 1.48m

해설 ① 속도 $v = \dfrac{L}{t} = \dfrac{10}{2} = 5\text{m/sec}$

② 속도수두 $\dfrac{v^2}{2g} = \dfrac{5^2}{2 \times 9.8} = 1.28\text{m}$

해답 ②

072

그림과 같이 지름 3m, 길이 8m인 수문에 작용하는 수평분력의 작용점까지 수심 (h_c)은?

① 2.00m   ② 2.12m
③ 2.34m   ④ 2.43m

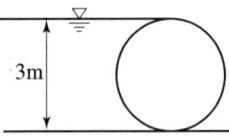

해설 ① 수평분력 : P_H

$$P_H = w h_G A = 1 \times \frac{3}{2} \times (3 \times 8) = 36\text{ton}$$

여기서, A : 연직투영면적($A'B' \times b$)
h_G : 연직투영면적의 도심까지 거리

② 수면으로부터 전수압 작용위치까지의 깊이(h_C)

$$h_C = h_G + \frac{I_X}{h_G A} = \frac{3}{2} + \frac{\dfrac{8 \times 3^3}{12}}{\dfrac{3}{2} \times (3 \times 8)} = 2.00\text{m}$$

여기서, I_G : 물체 단면의 중립축에 대한 단면2차모멘트

해답 ①

073

개수로에 대한 설명으로 옳은 것은?

① 동수경사선과 에너지경사선은 항상 평행하다.
② 에너지경사선은 자유수면과 일치한다.
③ 동수경사선은 에너지경사선과 항상 일치한다.
④ 동수경사선과 자유수면은 일치한다.

해설 ① 동수경사선(수두경사선)은 기준수평면에서 $\left(Z+\dfrac{P}{w}\right)$의 점들을 연결한 선이다.
② 개수로는 유수 표면이 대기와 접하는 자유수면을 가지는 흐름으로, 중력에 의해 흐름이 발생하며 압력의 영향을 받지 않으므로, 개수로의 동수경사선은 자유수면과 일치하게 된다.

해답 ④

074

유량 147.6L/s를 송수하기 위하여 내경 0.4m의 관을 700m 설치하였을 때의 관로 경사는? (단, 조도계수 $n=0.012$, Manning 공식 적용)

① $\dfrac{3}{700}$ ② $\dfrac{2}{700}$
③ $\dfrac{3}{500}$ ④ $\dfrac{2}{500}$

해설
$$Q=AV=A\dfrac{1}{n}R^{\frac{2}{3}}I^{\frac{1}{2}}$$

$0.1476=\dfrac{\pi\times 0.4^2}{4}\times\dfrac{1}{0.012}\times\left(\dfrac{0.4}{4}\right)^{\frac{2}{3}}\times I^{\frac{1}{2}}$ 에서

$I=0.00428 ≒ \dfrac{3}{700}$

해답 ①

075

레이놀즈수가 갖는 물리적인 의미는?

① 점성력에 대한 중력의 비(중력/점성력)
② 관성력에 대한 중력의 비(중력/관성력)
③ 점성력에 대한 관성력의 비(관성력/점성력)
④ 관성력에 대한 점성력의 비(점성력/관성력)

해설 레이놀즈수는 흐르는 유체입자의 점성을 나타내는 것으로 점성력에 대한 관성력의 비로 나타낸다.
레이놀즈수=관성력/점성력

해답 ③

076 정수압의 성질에 대한 설명으로 옳지 않은 것은?

① 정수압은 수중의 가상면에 항상 직각방향으로 존재한다.
② 대기압을 압력의 기준(0)으로 잡은 정수압은 반드시 절대압력으로 표시된다.
③ 정수압의 강도는 단위면적에 작용하는 압력의 크기로 표시한다.
④ 정수 중의 한 점에 작용하는 수압의 크기는 모든 방향에서 같은 크기를 갖는다.

해설 **정수압강도**
① 수면에서 h 깊이의 정수압강도
  ㉠ 계기압력 : 대기압을 기준($p_a=0$)으로 한 압력
    $p = wh$
  ㉡ 절대압력
    절대압력 = 계기압력 + 대기압력
    $p = p_a + wh$
② 표준 대기압 : 공기층의 무게에 의하여 지구표면이 받는 압력
  ㉠ 1기압은 0℃에서 $1cm^2$당 76cm의 수은기둥의 무게와 같다.
  ㉡ 1기압(표준대기압) = 76cmHg = 13.5951 × 76 = 1033.23g/cm²
    = 10.33t/m² = 10.33t/m² = 1.013 × 10⁵N/m²
    = 1.013bar = 1,013milibar

해답 ②

077 관망 문제해석에서 손실수두를 유량의 함수로 표시하여 사용할 경우 지름 D인 원형 단면 관에 대하여 $h_L = kQ^2$으로 표시할 수 있다. 관의 특성 제원에 따라 결정되는 상수 k의 값은? (단, f는 마찰손실계수이고, l은 관의 길이이며 다른 손실은 무시함.)

① $\dfrac{0.0827f \cdot l}{D^3}$ ② $\dfrac{0.0827l \cdot D}{f}$

③ $\dfrac{0.0827f \cdot l}{D^5}$ ④ $\dfrac{0.0827f \cdot D}{l^2}$

해설 $h_L = kV^n = kQ^2 = f\dfrac{l}{D}\dfrac{V^2}{2g} = f\dfrac{l}{D}\left(\dfrac{Q}{A}\right)^2\dfrac{1}{2g} = f\dfrac{l}{D}Q^2\left(\dfrac{4}{\pi D^2}\right)^2\dfrac{1}{2\times 9.8}$ 에서

$k = f\dfrac{l}{D}\left(\dfrac{4}{\pi D^2}\right)^2\dfrac{1}{2\times 9.8} = \dfrac{0.0827fl}{D^5}$

해답 ③

078

지름이 20cm인 A관에서 지름이 10cm인 B관으로 축소되었다가 다시 지름이 15cm인 C관으로 단면이 변화되었다. B관의 평균유속이 3m/s일 때 A관과 C관의 유속은? (단, 유체는 비압축성이며, 에너지 손실은 무시한다.)

① A관의 $V_A = 0.75$m/s, C관의 $V_C = 2.00$m/s
② A관의 $V_A = 1.50$m/s, C관의 $V_C = 1.33$m/s
③ A관의 $V_A = 0.75$m/s, C관의 $V_C = 1.33$m/s
④ A관의 $V_A = 1.50$m/s, C관의 $V_C = 0.75$m/s

해설 $Q = A_A V_A = A_B V_B = A_C V_C$ 이므로

$$\frac{\pi 0.2^2}{4} V_A = \frac{\pi 0.1^2}{4} \times 3 = \frac{\pi 0.15^2}{4} V_C$$ 에서

$V_A = 0.75$ m/sec
$V_C = 1.33$ m/sec

해답 ③

079

한계 프루드수(Froude number)를 사용하여 구분할 수 있는 흐름 특성은?

① 등류와 부등류
② 정류와 부정류
③ 층류와 난류
④ 상류와 사류

해설 Froude number(푸르너 수, 후루드수)에 의한 상류와 사류의 판정

$$F_r = \frac{V}{\sqrt{gh}}$$

여기서, V : 물의 유속, $\sqrt{gh}$: 장파의 전달속도
① $F_r < 1$: 상류
② $F_r = 1$: 한계류(한계수심, 한계유속)
③ $F_r > 1$: 사류

해답 ④

080

대수층의 두께 2m, 폭 1.2m이고 지하수 흐름의 상·하류 두 점 사이의 수두차는 1.5m, 두 점 사이의 평균거리 300m, 지하수 유량이 2.4m³/d일 때 투수계수는?

① 200m/d
② 225m/d
③ 267m/d
④ 360m/d

해설 $Q = Av = Aki = Ak\frac{\Delta h}{L}$

$2.4 = (2 \times 1.2) \times k \times \frac{1.5}{300}$ 에서 $k = 200$ m/day

해답 ①

081

단면적 2.5cm², 길이 1.5m인 강철봉이 공기중에서 무게가 28N이었다면 물(비중=1.0) 속에서 강철봉의 무게는?

① 2.37N
② 2.43N
③ 23.72N
④ 24.32N

해설 물체가 물 속에 잠겨 있을 때

$$W' = W - B = W - w_o V' = 28\text{N} - 1\text{t/m}^3 \times \left(\frac{2.5}{10000} \times 1.5\right) \times \frac{1000\text{kg}}{1\text{t}} \times \frac{9.8\text{N}}{1\text{kg}}$$

$$= 24.325\text{N}$$

여기서, W' : 물 속 물체의 무게
W : 물체의 무게
B : 부력

해답 ④

082

한계수심 h_c와 비에너지 h_e와의 관계로 옳은 것은? (단, 광폭 직사각형 단면인 경우)

① $h_c = \dfrac{1}{2} h_e$
② $h_c = \dfrac{1}{3} h_e$
③ $h_c = \dfrac{2}{3} h_e$
④ $h_c = 2 h_e$

해설 한계수심 $h_c = \dfrac{2}{3} H_e$

해답 ③

083

다음 설명 중 옳지 않은 것은?

① 베르누이 정리는 에너지 보존의 법칙을 의미한다.
② 연속 방정식은 질량보존의 법칙을 의미한다.
③ 부정류(unsteady flow)란 시간에 대한 변화가 없는 흐름이다.
④ Darcy 법칙의 적용은 레이놀즈수에 대한 제한을 받는다.

해설 시간에 따른 분류

① 정류(정상류) : 시간에 따라 유동특성(유량, 속도, 압력, 밀도, 유적 등)이 변하지 않는 흐름

$$\frac{\partial Q}{\partial t} = 0, \ \frac{\partial v}{\partial t} = 0, \ \frac{\partial \rho}{\partial t} = 0$$

② 부정류 : 시간에 따라 유동특성(유량, 속도, 압력, 밀도, 유적 등)이 변하는 흐름

$$\frac{\partial Q}{\partial t} \neq 0, \ \frac{\partial v}{\partial t} \neq 0, \ \frac{\partial \rho}{\partial t} \neq 0$$

해답 ③

084

물의 성질에 대한 설명으로 옳지 않은 것은? (단, C_w : 물의 압축률, E_w : 물의 체적탄성률, 0℃에서의 일정한 수온 상태)

① 물의 압축률이란 압력변화에 대한 부피의 감소율을 단위부피당으로 나타낸 것이다.
② 기압이 증가함에 따라 E_w는 감소하고 C_w는 증가한다.
③ C_w와 E_w의 상관식은 $C_w = 1/E_w$이다.
④ E_w는 C_w 값보다 대단히 크다.

해설 체적탄성계수(E)

$$E = \frac{\Delta P}{\frac{\Delta V}{V}} = \frac{1}{C}$$ 에서

압력증가량이 커지면 체적탄성계수(E)는 증가하고 압축률(C)은 감소한다.
여기서, C : 압축률(압축계수 cm^2/kg, cm^2/g)
  ΔP : 압력의 변화량($P_2 - P_1$)
  ΔV : 체적의 변화량($V_2 - V_1$)

해답 ②

085

뉴턴 유체(Newtonian fluid)에 대한 설명으로 옳은 것은?

① 전단속도$\left(\dfrac{dv}{dy}\right)$의 크기에 따라 선형으로 점도가 변한다.
② 전단응력(τ)과 전단속도$\left(\dfrac{dv}{dy}\right)$의 관계는 원점을 지나는 직선이다.
③ 물이나 공기 등 보통의 유체는 비뉴턴 유체이다.
④ 유체가 압력의 변화에 따라 밀도의 변화를 무시할 수 없는 상태가 된 유체를 의미한다.

해설 ① 전단응력(내부마찰력 : 단위면적당 마찰력의 크기 g/cm^2, kg/cm^2)

$$\tau = \mu \frac{dv}{dy}$$

여기서, μ : 점성계수
  $\dfrac{dv}{dy}$: 속도의 변화율(속도계수)

② 뉴턴 유체(Newtonian fluid)란 전단응력과 속도구배와 정비례하는 관계를 갖는 유체를 말한다.

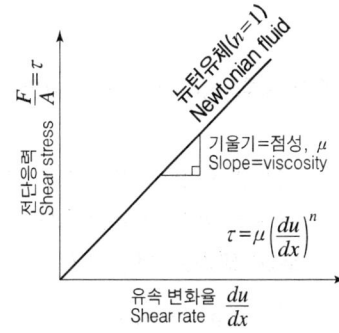

해답 ②

086
지름 20cm, 길이가 100m인 관수로 흐름에서 손실수두가 0.2m라면 유속은? (단, 마찰손실계수 $f = 0.03$이다.)

① 0.61m/s ② 0.57m/s
③ 0.51m/s ④ 0.48m/s

해설 Chézy의 평균유속공식

$$V = C\sqrt{RI} = \sqrt{\frac{8g}{f}}\sqrt{\frac{D}{4}\cdot\frac{\Delta h}{L}} = \sqrt{\frac{8\times 9.8}{0.03}}\times\sqrt{\frac{0.2}{4}\times\frac{0.2}{100}} = 0.51\text{m/sec}$$

해답 ③

087
4각 위어 유량(Q)과 수심(h)의 관계가 $Q \propto h^{3/2}$일 때, 3각 위어의 유량(Q)과 수심(h)의 관계로 옳은 것은?

① $Q \propto h^{1/2}$ ② $Q \propto h^{3/2}$
③ $Q \propto h^2$ ④ $Q \propto h^{5/2}$

해설 위어 유량

① 예연 위어(구형 위어)
$$Q = \frac{2}{3}Cb\sqrt{2g}\,h^{\frac{3}{2}}$$
접근유속을 고려하면
$$Q = \frac{2}{3}Cb\sqrt{2g}\left[(h+h_a)^{\frac{3}{2}} - h_a^{\frac{3}{2}}\right]$$

② 삼각위어
$$Q = \frac{4}{15}C\cdot 2h\tan\frac{\theta}{2}\cdot\sqrt{2g}\,h^{\frac{3}{2}} = \frac{8}{15}C\tan\frac{\theta}{2}\sqrt{2g}\,h^{\frac{5}{2}}$$

③ 사각위어의 경우 $Q \propto h^{\frac{3}{2}}$, 삼각위어의 경우는 $Q \propto h^{\frac{5}{2}}$이다.

해답 ④

2. 상하수도공학(상수도계획, 하수도계획)

088
펌프의 임펠러 입구에서 정압이 그 수온에 상당하는 포화증기압 이하가 되면 그 부분의 물이 증발해서 공동이 생기거나 흡입관으로부터 공기가 흡입되어 공동이 생기는 현상은?

① Characteristic curves ② Specific speed
③ Positive head ④ Cavitation

해설 펌프의 임펠러 입구에서 가장 압력이 저하하게 되는데, 이때의 압력이 포화증기압 이하가 되었을 때 그 부분의 물이 증발하여 공동(空洞)을 발생하든가 흡입관으로부터 공기가 혼입해서 공동이 발생하는 현상을 공동현상(cavitation)이라고 한다. 해답 ④

089 상수의 응집침전에서 응집제의 주입률을 시험하는 시험법은?

① Sedimentation test ② Column test
③ Water quality test ④ Jar test

해설 응집제 주입량은 실험실에서 원수에 대한 자 테스트(jar test) 실험을 통하여 적정 주입량을 결정한다. 해답 ④

090 활성슬러지법 중 아래와 같은 특징을 갖는 방법은?

• 일차 침전지를 생략하고, 유기물 부하를 낮게 하여 잉여슬러지의 발생을 제한하는 방법으로 잉여슬러지의 발생량이 표준활성슬러지법에 비해 적다.
• 질산화가 진행되면서 pH의 저하가 발생한다.

① 계단식 포기법 ② 심층 포기법
③ 장기 포기법 ④ 산화구법

해설 장기 포기법은 활성슬러지법의 변법으로 플러그 흐름 형태의 반응조에 HRT와 SRT를 길게 유지하고 동시에 MLSS 농도를 높게 유지하면서 오수를 처리하는 방법으로 특징은 다음과 같다.
① 활성슬러지가 자산화되기 때문에 잉여슬러지의 발생량은 표준활성슬러지법에 비해 적다.
② 과잉 포기로 인하여 슬러지의 분산이 야기되거나 슬러지의 활성도가 저하되는 경우가 있다.
③ 질산화가 진행되면서 pH의 저하가 발생한다. 해답 ③

091 하천의 자정작용 중에서 가장 큰 작용을 하는 것은?

① 침전 ② 투과
③ 화학적 작용 ④ 생물학적 작용

해설 자정작용
① 생활하수나 공장폐수로 인해 수질이 악화된 하천이나 호소가 상당기간이 지남에 따라 수질이 서서히 양호해져서 원래의 상태로 회복되는 현상
② 하천 등의 자정작용은 미생물 등에 의한 생물학적 자정작용이 주 역할을 한다. 해답 ④

092. 하수처리장 부지 선정에 관한 설명으로 옳지 않은 것은?

① 홍수로 인한 침수 위험이 없어야 한다.
② 방류수가 충분히 희석, 혼합되어야 하며 상수도 수원 등에 오염되지 않는 곳을 선택한다.
③ 처리장의 부지는 장래 확장을 고려해서 넓게 하며 주거 및 상업지구에 인접한 곳이어야 한다.
④ 오수 또는 폐수가 하수처리장까지 가급적 자연유하식으로 유입하고 또한 자연유하로 방류하는 곳이 좋다.

해설 처리장 위치는 방류수역의 이수상황 및 계획구역의 지형적 조건에 의해서 대부분 정해져 왔으나, 처리장 부지의 확보는 처리장 계획 또는 하수도 계획 전체를 좌우하는 가장 중요한 요건이 된다. 그러므로 처리장 위치의 결정은 오수를 자연유하로 수집할 수 있어 건설비와 유지관리비가 경제적으로 되고 주변 환경과 조화되며, 침수피해가 없는 위치이어야 하므로 주거 및 상업지구에 인접한 곳은 적당하지 않다. **해답 ③**

093. Talbot 공식의 a(분자상수) 값이 1800, b(분모상수) 값이 15일 때, 지속시간 15분에 대한 강우강도는?

① 2.64mm/h
② 9.92mm/h
③ 10.67mm/h
④ 60.00mm/h

해설 강우강도(Talbot형)
$$I = \frac{a}{t+b} = \frac{1800}{15+15} = 60\,\mathrm{mm/hr}$$
해답 ④

094. 하수관거가 갖추어야 할 특성에 대한 설명으로 옳지 않은 것은?

① 외압에 대한 강도가 충분하고 파괴에 대한 저항이 커야 한다.
② 유량의 변동에 대해서 유속의 변동이 큰 수리특성을 지닌 단면형이 좋다.
③ 산 및 알칼리의 부식성에 대해서 강해야 한다.
④ 이음의 시공이 용이하고, 그 수밀성과 신축성이 높아야 한다.

해설 **하수관거가 갖추어야 할 특성**
① 관거 내면이 매끈하고 조도 계수가 작아야 한다.
② 가격이 저렴해야 한다.
③ 산·알칼리에 대한 내구성이 양호해야 한다.
④ 외압에 대한 강도가 높고 파괴에 대한 저항력이 커야 한다.
⑤ 유량의 변동에 대해서 유속의 변동이 적은 수리특성을 가진 단면형이어야 한다.
⑥ 이음 시공이 용이하고 수밀성과 신축성이 높아야 한다. **해답 ②**

095 우수조정지를 설치하는 위치로서 적절하지 않은 것은?

① 오수발생량이 많은 곳
② 하류관거 유하능력이 부족한 곳
③ 방류수로 유하능력이 부족한 곳
④ 하류지역 펌프장 능력이 부족한 곳

해설 우수조정지의 위치
① 하수관거의 유하능력이 부족한 곳
② 하류지역의 펌프장 능력이 부족한 곳
③ 방류수로의 통수능력이 부족한 곳

해답 ①

096 5000m³/d의 화학 침전 처리수를 여과지에서 여과속도 5m³/m²·h로 여과하고 있다. 역세척은 1일 8회, 1회 역세척 시간은 15분일 경우 1지에 소요되는 이론적인 여과면적은? (단, 여과지 수는 5지이다.)

① 8.333m²
② 9.091m²
③ 20.647m²
④ 41.667m²

해설 ① 총 여과면적

$$A = \frac{Q}{V} = \frac{5000\text{m}^3/\text{day}}{5\text{m/hr} \times \frac{24\text{hr}}{1\text{day}}}[\text{m}^2]$$

여기서, Q : 계획정수량[m³/day], V : 여과속도[m/day]
A : 총 여과면적[m²]

② 1개(지)의 여과지 면적[m²]

$$a = \frac{A}{N} = \frac{5000\text{m}^3/\text{day}}{5\text{m/hr} \times \frac{24\text{hr}}{1\text{day}} \times 5}[\text{m}^2]$$

여기서, A : 총 여과지 면적[m²], a : 1지 여과지 면적[m²]
N : 여과지 개수(지수)(단, 예비지 불포함)

③ 역세척에 따른 효율 고려
㉠ 역세척 1일 8회, 1회 역세척 시간 15분이므로 총 역세척 시간은

$$8 \times 15 = 120분 \times \frac{1}{60 \times 24}$$

㉡ 역세척에 따른 효율 $= \frac{120}{60 \times 24}$

㉢ 효율을 고려한 1개(지)의 여과지 면적

$$\frac{\frac{5000\text{m}^3/\text{day}}{5\text{m/hr} \times \frac{24\text{hr}}{1\text{day}} \times 5}}{1 - \left(\frac{120}{60 \times 24}\right)} = 9.091[\text{m}^2]$$

해답 ②

097 다음 중 맛과 냄새의 제거에 주로 사용되는 것은?

① PAC(고분자 응집제) ② 황산반토
③ 활성탄 ④ $CuSO_4$

해설 맛과 냄새 제거는 맛과 냄새의 종류에 따라 폭기, 염소처리, 분말 또는 입상활성탄 처리, 오존처리 및 오존·입상활성탄 처리를 하며, 활성탄 처리가 맛과 냄새의 제거에 주로 사용된다.

해답 ③

098 하수관거의 유속 및 경사에 대한 설명으로 옳지 않은 것은?

① 유속은 일반적으로 하류로 유하함에 따라 점차 크게 한다.
② 경사는 하류로 감에 따라 점차 작아지도록 한다.
③ 유속이 느리면 관거의 바닥에 오물이 침전하여 세척비 등 유지관리비가 많이 든다.
④ 유속이 빠르면 관거 손상의 우려가 작아지므로 내용년수가 길어진다.

해설 유속이 빠른 경우 관거의 마모와 손상이 우려되며 도달시간 단축으로 지체현상이 발생되지 않아 하수처리장의 부담이 가중된다.

해답 ④

099 급수방식을 직결식과 저수조식으로 구분할 때, 저수조식의 적용이 바람직한 경우가 아닌 것은?

① 일시에 다량의 물을 사용하거나 사용수량의 변동이 클 경우
② 배수관의 수압이 급수장치의 사용수량에 대하여 충분한 경우
③ 배수관의 압력변동에 관계없이 상시 일정한 수량과 압력을 필요로 하는 경우
④ 재해 시나 사고 등에 의한 수도의 단수나 감수 시에도 물을 반드시 확보해야 할 경우

해설 **저수조식 급수방식** : 급수관으로부터 수돗물을 일단 저수조에 받아서 급수
① 배수관의 수압이 낮아 직접 급수가 불가능할 경우
② 일시에 많은 수량 또는 항상 일정한 수량을 필요로 하는 경우
③ 급수관의 고장에 따른 단수나 감수 시에도 어느 정도의 급수를 지속시킬 필요가 있을 경우
④ 배수관 수압이 과대하여 급수장치에 고장을 일으킬 염려가 있을 경우
⑤ 약품을 사용하는 공장 등으로부터 역류에 의하여 배수관의 수질을 오염시킬 우려가 있는 경우

해답 ②

100 분류식 하수관거 계통(separated system)의 특징에 대한 설명으로 옳지 않은 것은?

① 오수는 처리장으로 도달, 처리된다.
② 우수관과 오수관이 잘못 연결될 가능성이 있다.
③ 관거매설비가 큰 것이 단점이다.
④ 강우 시 오수가 처리되지 않은 채 방류되는 단점이 있다.

해설 합류식 하수관거의 경우 강우 시 미처리 오수 일부가 하천 등 공공수역에 방류되는 문제점이 있으며, 이에 대한 대책은 다음과 같다.
① 실시간으로 제어하는 방법
② 스월 조절조(swirl regulator) 설치
③ 우수체수지 설치

해답 ④

101 취수시설을 선정할 때 수원(水源)이 하천, 호소, 댐(저수지)인 경우에 적용할 수 있으며 보통 대량 취수에 적합하고 비교적 안정된 취수가 가능한 것은?

① 취수탑   ② 깊은 우물
③ 취수틀   ④ 취수관거

해설 취수탑
① 연간의 수위 변화가 크거나 또는 적당한 깊이에서의 취수가 요구될 때 사용
② 여러 개의 취수구를 설치하여 수위의 변화에 대응
③ 여러 수위에서 취수가 가능
④ 취수탑은 수심이 적어도 2m 정도가 되지 않으면 설치하기가 어렵다.
⑤ 건설비가 많이 소요되는 단점이 있다.

해답 ①

102 슬러지 반송비가 0.4, 반송슬러지의 농도가 1%일 때 포기조 내의 MLSS 농도는?

① 1234mg/L   ② 2857mg/L
③ 3325mg/L   ④ 4023mg/L

해설 ① %농도와 ppm의 관계

$$1\% = \frac{x}{1,000,000} \times 100 \text{에서 } x = 10,000\text{ppm}$$

즉, 1% = 10,000ppm 의 관계가 있으므로,
반송슬러지 농도 X_r = 1% = 10,000ppm = 10,000mg/L

② 슬러지 반송
폭기조 내의 MLSS 농도를 일정하게 유지하기 위해서는 침강 슬러지의 일부를

다시 폭기조에 반송

$r = \dfrac{X}{X_r - X} = \dfrac{X}{10,000 - X} = 0.4$에서

$X = 0.4(10,000 - X) \quad X = 4,000 - 0.4X \quad 1.4X = 4,000$

$X = 2,857.14 \text{mg/L}$

여기서, X : 폭기조의 MLSS 농도, X_r : 반송 슬러지 농도

[참고] 유입수의 SS농도(SS)가 있을 경우

$r = \dfrac{X - SS}{X_r - X}$

해답 ②

103

하천에 오염원 투여 시 시간 또는 거리에 따른 오염지표(BOD, DO, N)와 미생물의 변화 4단계(Whipple의 4단계)의 순서로 옳은 것은?

| ㉠ 분해지대 | ㉡ 활발한 분해지대(부패지대) |
| ㉢ 회복지대 | ㉣ 정수지대(청수지대) |

① ㉠ - ㉡ - ㉢ - ㉣
② ㉠ - ㉢ - ㉡ - ㉣
③ ㉡ - ㉠ - ㉢ - ㉣
④ ㉡ - ㉢ - ㉠ - ㉣

해설 **하천의 자정단계**(Whipple의 4단계)
분해지대 → 활발한 분해지대 → 회복지대 → 정수지대
① 분해지대 : 물이 오염되면서 최초의 분해지대에서 시작되는 단계이다.
　㉠ 세균의 수가 증가한다.(미생물의 번식으로 BOD가 감소하게 된다.)
　㉡ 유기물을 많이 함유하는 슬러지의 침전이 많아진다.
　㉢ 용존산소의 양이 크게 줄어든다.
　㉣ pH가 감소하면서 탄산가스 양이 많아진다.
② 활발한 분해지대 : 호기성 미생물의 활발에 의해 용존산소가 없게 되어 부패상태에 도달하게 된다.
③ 회복지대 : 물리적으로 물이 깨끗해져 분해물이 없어지고 용존산소가 증가
④ 정수지대 : 마치 오염되지 않은 자연수처럼 보이며, 용존산소가 풍부하다.

해답 ①

104

펌프에 대한 설명으로 틀린 것은?
① 수격현상은 펌프의 급정지 시 발생한다.
② 손실수두가 작을수록 실양정은 전양정과 비슷해진다.
③ 비속도(비교회전도)가 클수록 같은 시간에 많은 물을 송수할 수 있다.
④ 흡입구경은 토출량과 흡입구의 유속에 의해 결정된다.

해설 ① 수격현상은 관수로에서 정전에 의하여 펌프가 급정지하는 경우 관로유속의 급격한 변화에 따라 관 내 압력이 급상승이나 급하강하는 현상이다.
② 실양정은 전양정에서 모든 손실수두를 뺀 것이므로 손실수두가 작을수록 실양정은 전양정과 비슷해진다.
③ 토출량과 전양정이 동일하면 회전속도가 클수록 N_s가 크고, 따라서 소형으로 되며 일반적으로 가격이 저렴하게 된다.
④ 펌프의 흡입구경은 토출량과 흡입구의 유속에 따라 결정

$$D = 146\sqrt{\frac{Q}{V}}$$

여기서, D : 펌프의 흡입구경[mm]
Q : 펌프의 토출유량[m³/min]
V : 흡입구의 유속[m/sec]

해답 ③

105 계획오수량 산정방법에 대한 설명으로 틀린 것은?

① 생활오수량의 1인 1일 최대오수량은 상수도계획상의 1인 1일 최대급수량을 감안하여 결정한다.
② 지하수량은 1인 1일 평균오수량의 5~10%로 한다.
③ 계획시간 최대오수량은 계획 1일 최대오수량의 1시간당 수량의 1.3~1.8배를 표준으로 한다.
④ 합류식에서 우천 시 계획오수량은 원칙적으로 계획시간 최대오수량의 3배 이상으로 한다.

해설 지하수량 = 1인 1일 최대오수량의 10~20%

해답 ②

106 처리수량이 5000m³/d인 정수장에서 8mg/L의 농도로 염소를 주입하였다. 잔류염소농도가 0.3mg/L이었다면 염소요구량은? (단, 염소의 순도는 75%이다.)

① 38.5kg/d
② 51.3kg/d
③ 63.3kg/d
④ 69.5kg/d

해설 ① 염소요구(량) 농도 = 염소주입량 농도 - 잔류염소농도
$= 8 - 0.3 = 7.7\text{mg/L} = 7.7\text{g/m}^3$

② 염소요구량 = 염소요구 농도 × 유량 × $\frac{1}{순도}$ = $7.7 \times 5,000 \times \frac{1}{0.75}$
$= 51,333.33\text{g/day} = 51.33\text{kg/day}$

해답 ②

107 계획급수량에 대한 설명으로 옳지 않은 것은?

① 계획 1일 평균급수량은 계획 1일 최대급수량의 50%이다.
② 계획 1일 최대급수량은 계획 1일 평균급수량 × 계획첨두율로 나타낼 수 있다.
③ 계획 1일 평균급수량은 계획 1일 평균급수량 × 계획급수인구로 나타낼 수 있다.
④ 계획 1일 최대급수량을 구하기 위한 첨두율은 소규모의 도시일수록 급수량의 변동폭이 커서 값이 커진다.

해설 계획 1일 평균급수량

① 계획 1일 평균급수량 = $\dfrac{1년간\ 총\ 급수량}{365}$
  = 계획 1인 1일 평균급수량 × 급수인구 × 보급률
② 재정계획(財政計劃)에 필요한 수량 : 약품, 전력사용량의 산정, 유지관리비, 상수도요금의 산정 등
③ 계획 1일 최대급수량의 70~85%를 표준
④ 계획 1일 평균급수량
  = 계획 1일 최대급수량 × [0.7(중소도시), 0.8(대도시, 공업도시)]
  = 계획 1일 최대급수량 × 계획부하율
⑤ 계획 1일 평균급수량은 계획 1일 평균 사용수량을 기반으로 산출된다.

해답 ①

무료 동영상과 함께하는 **토목산업기사 필기**

2023

2023년 3월 CBT 시행
2023년 5월 CBT 시행
2023년 9월 CBT 시행

무료 동영상과 함께하는
토목산업기사 필기

토목산업기사

2023년 3월 CBT 시행

본 문제는 복원 기출문제입니다. 실제 문제와 다를 수 있으니 양해바랍니다.

제1과목 구조설계

001 기둥에서 단면의 핵이란 단주(短柱)에서 인장응력이 발생되지 않도록 재하되는 편심거리로 정의된다. 반지름 20cm인 원형 단면의 핵은 중심에서 얼마인가?

① 2.5cm
② 4cm
③ 5cm
④ 7.5cm

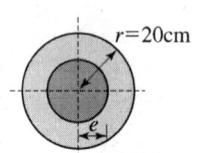

해설 $e = \dfrac{D}{8} = \dfrac{r}{4} = \dfrac{20}{4} = 5\text{cm}$

해답 ③

002 다음 단순보에서 지점 반력을 계산한 값은?

① $R_A = 10\text{kN}, \ R_B = 10\text{kN}$
② $R_A = 19\text{kN}, \ R_B = 1\text{kN}$
③ $R_A = 14\text{kN}, \ R_B = 6\text{kN}$
④ $R_A = 1\text{kN}, \ R_B = 19\text{kN}$

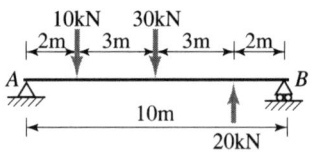

해설 ① $\Sigma H = 0 : H_A = 0$
② $\Sigma M_B = 0$
$V_A \times 10 - 10 \times 8 - 30 \times 5 + 20 \times 2 = 0$
∴ $V_A = 19\text{kN}(\uparrow)$
③ $R_A = V_A = 19\text{kN}(\uparrow)$
④ $\Sigma V = 0 \quad V_A + V_B - 10 - 30 + 20 = 0$
$R_B = V_B = 1\text{kN}(\uparrow)$

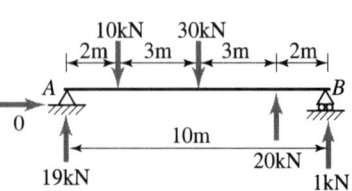

해답 ②

003

정사각형의 중앙에 지름 20cm의 원이 있는 그림과 같은 도형에서 x축에 대한 단면2차모멘트를 구한 값은?

① 205.479cm^4
② 215.479cm^4
③ 225.479cm^4
④ 235.479cm^4

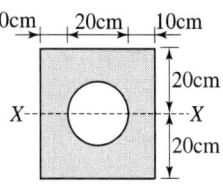

해설 $I_x = \dfrac{bh^3}{12} - \dfrac{\pi D^4}{64} = \dfrac{40 \times 40^3}{12} - \dfrac{\pi 20^4}{64} = 205,479 \text{cm}^4$

해답 ①

004

지름 D인 원형 단면에 전단력 S가 작용할 때 최대 전단응력의 값은?

① $\dfrac{4S}{3\pi D^2}$ ② $\dfrac{2S}{3\pi D^2}$
③ $\dfrac{16S}{3\pi D^2}$ ④ $\dfrac{3S}{3\pi D^2}$

해설 $\tau_{\max} = \dfrac{4}{3} \cdot \dfrac{V_{\max}}{A} = \dfrac{4}{3} \cdot \dfrac{S}{\dfrac{\pi D^2}{4}} = \dfrac{16S}{3\pi D^2}$

해답 ③

005

그림과 같이 ABC의 중앙점에 100kN의 하중을 달았을 때 정지하였다면 장력 T의 값은 몇 kN인가?

① 100
② 86.6
③ 50
④ 150

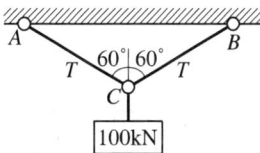

해설 $T = 100\text{kN}$

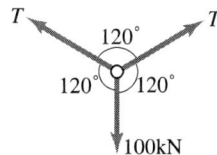

해답 ①

006 다음 그림에서와 같은 평행력(平行力)에 있어서 P_1, P_2, P_3, P_4의 합력의 위치는 O점에서 얼마의 거리에 있겠는가?

① 4.8m
② 5.4m
③ 5.8m
④ 6.0m

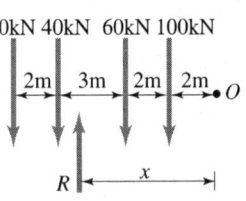

해설 ① 합력 : $R = -80 - 40 + 60 - 100 = -160\text{kN} = 160\text{kN}(\downarrow)$
② $M_O = -160 \times x = -80 \times 9 - 40 \times 7 + 60 \times 4 - 100 \times 2$ 에서 $x = 6\text{m}$

해답 ④

007 그림에서 (A)의 장주(長柱)가 40kN에 견딜 수 있다면 (B)의 장주가 견딜 수 있는 하중은?

① 40kN
② 80kN
③ 160kN
④ 640kN

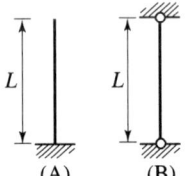

해설 ① 일단고정 타단자유 $\dfrac{1}{K^2} = \dfrac{1}{2.0^2} = \dfrac{1}{4}$

② 양단힌지 $\dfrac{1}{K^2} = \dfrac{1}{1.0^2} = 1$

③ 좌굴하중의 비율은 강성도의 비율과 비례하므로
$\dfrac{1}{4} : 1 = 1 : 4 = 40\text{kN} : P$ $P = 160\text{kN}$

해답 ③

008 그림과 같은 직사각형 단면의 보가 휨모멘트 $M_{\max} = 45\text{kN} \cdot \text{m}$를 받을 때 상단에서 떨어진 $a-a$의 단면에서의 휨응력은?

① 9.23MPa
② 10MPa
③ 11.26MPa
④ 12.14MPa

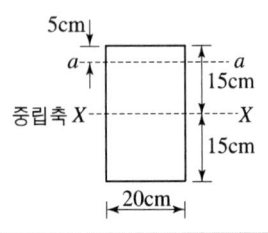

해설 $\sigma_{a-a} = \dfrac{M}{I} \cdot y = \dfrac{45 \times 10^6}{\dfrac{200 \times 300^3}{12}} \cdot (150 - 50) = 10\text{MPa}$

해답 ②

009 단면이 300mm²인 강봉이 그림과 같이 힘을 받을 때 강봉이 늘어난 길이는?
(단, $E = 2.0 \times 10^5$ MPa)

① 1.13cm
② 1.42cm
③ 1.68cm
④ 1.76cm

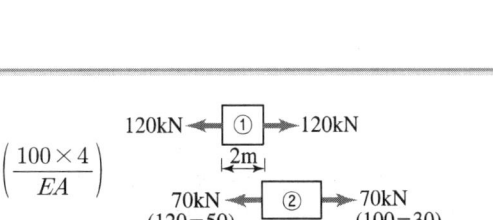

해설 $\Delta L = \Delta L_1 + \Delta L_2 + \Delta L_3$

$= +\left(\dfrac{120 \times 2}{EA}\right) + \left(\dfrac{70 \times 3}{EA}\right) + \left(\dfrac{100 \times 4}{EA}\right)$

$= \dfrac{850}{EA} = \left(\dfrac{850 \times 10^6}{2.0 \times 10^5 \times 300}\right)$

$= 14.16 \text{mm} = 1.42 \text{cm}$

해답 ②

---

010 다음과 같은 단순보에서 A점 반력(R_A)으로 옳은 것은?

① 5kN(↓)
② 20kN(↓)
③ 5kN(↑)
④ 20kN(↑)

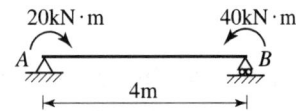

해설 ① $\Sigma H = 0$ 에서 $H_A = 0$
② $\Sigma M_B = 0$ 에서
  $V_A \times 4 + 20 - 40 = 0$
  ∴ $V_A = 5\text{kN}(↑)$
③ $R_A = V_A = 5\text{kN}(↑)$

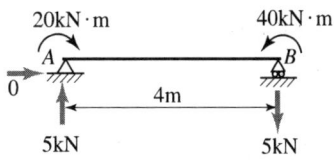

해답 ③

---

011 옹벽의 설계에 대한 일반적인 설명으로 틀린 것은?

① 활동에 대한 저항력은 옹벽에 작용하는 수평력의 1.5배 이상이어야 한다.
② 전도에 대한 저항휨모멘트는 횡토압에 의한 전도모멘트의 2.0배 이상이어야 한다.
③ 캔딜레버식 옹벽의 전면벽은 저판에 지지된 캔틸레버로 설계할 수 있다.
④ 뒷부벽은 직사각형보로 설계하여야 한다.

해설 뒷부벽은 T형보의 복부로 설계한다.

해답 ④

012

강도 설계법으로 그림과 같은 단철근 T형단면 설계할 때의 설명 중 옳은 것은?
(단, $f_{ck}=21$MPa, $f_y=400$MPa, $A_s=6000$mm²이다.)

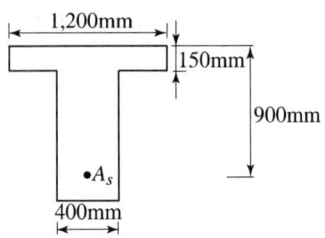

① 폭이 1200mm인 직사각형 단면보로 계산한다.
② 폭이 400m인 직사각형 단면보로 계산한다.
③ T형 단면보로 계산한다.
④ T형 단면보나 직사각형 단면보나 상관없이 같은 값이 나온다.

해설
$$a = \frac{A_s f_y}{0.85 f_{ck} b} = \frac{6000 \times 4000}{0.85 \times 21 \times 1200} = 112.04\text{mm} < t_f = 150\text{mm}$$
이므로 폭이 1200mm인 직사각형 단면보로 계산한다.

해답 ①

013

경간이 8m인 캔틸레버 보에서 처짐을 계산하지 않는 경우 보의 최소 두께로서 옳은 것은?(단, 보통중량 콘크리트를 사용한 경우로서 $f_{ck}=28$MPa, $f_y=400$MPa이다.)

① 1000mm   ② 800mm
③ 600mm   ④ 500mm

해설 처짐 계산을 하지 않는 경우 캔틸레버 보의 최소두께
$$h = \frac{l}{8} = \frac{8000}{8} = 1000\text{mm}$$

해답 ①

014

휨부재에서 $f_{ck}=28$MPa, $f_y=400$MPa일 때 인장철근 D29(공칭지름 28.6mm, 공칭단면적 642mm²)의 기본정착길이(l_{db})는 약 얼마인가?

① 1200mm   ② 1250mm
③ 1300mm   ④ 1350mm

해설 인장철근의 기본정착길이
$$l_{db} = \frac{0.6 d_b f_y}{\lambda \sqrt{f_{ck}}} = \frac{0.6 \times 28.6 \times 400}{1.0 \sqrt{28}} = 1297.17\text{mm} \fallingdotseq 1300\text{mm}$$

해답 ③

015

단면이 300×500mm이고, 100mm²의 PS 강선 6개를 강선군의 도심과 부재단면의 도심축이 일치하도록 배치된 프리텐션 PSC 보가 있다. 강선의 초기 긴장력이 1000MPa일 때 콘크리트의 탄성변형에 의한 프리스트레스의 감소량은? (단, $n=6$)

① 42MPa
② 36MPa
③ 30MPa
④ 24MPa

해설
$$\Delta f_p = nf_c = n\left(\frac{F_p A_p N}{A_g}\right) = 6\left(\frac{1000 \times 100 \times 6}{300 \times 500}\right) = 24\text{N}\cdot\text{mm}^2 = 24\text{MPa}$$

해답 ④

016

철근콘크리트의 전단철근에 관한 다음 설명 중 틀린 것은?

① $0.2\left(1-\dfrac{f_{ck}}{250}\right)f_{ck}b_w d \geq V_s > \dfrac{1}{3}\sqrt{f_{ck}}b_w d$ 인 경우에 수직 스터럽의 간격은 $\dfrac{d}{5}$ 이하, 또 200mm 이하로 한다.

② $V_S \leq \dfrac{1}{3}\sqrt{f_{ck}}b_w d$의 경우에 수직 스터럽의 간격은 $\dfrac{d}{2}$ 이하, 또 600mm 이하로 한다.

③ $\dfrac{1}{2}\phi V_c < V_u \leq \phi V_c$의 구간에 최소전단철근을 배치한다.

④ 전단설계 $V_u \leq \phi V_n$의 관계식에 기초한다.

해설
① 보통중량콘크리트의 경량콘크리트계수 $\lambda = 1.0$
② $0.2\left(1-\dfrac{f_{ck}}{250}\right)f_{ck}b_w d \geq V_s > \dfrac{1}{3}\sqrt{f_{ck}b_w d}$의 경우 수직 스터럽의 간격은 $d/4$, 300mm 이하로 한다.

해답 ①

017

다음 그림은 필렛(Fillet) 용접한 것이다. 목두께 a를 표시한 것으로 옳은 것은?

① $a = S_2 \times 0.707$
② $a = S_1 \times 0.707$
③ $a = S_2 \times 0.606$
④ $a = S_1 \times 0.606$

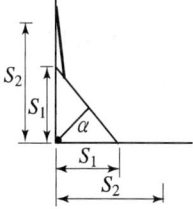

해설 $a = S_1 \sin 45° = 0.707 S_1$

해답 ②

018 철근콘크리트 부재를 설계할 때 철근의 설계기준항복강도 f_y는 다음 어느 값을 초과하지 않아야 하는가?

① 400MPa 　　② 500MPa
③ 550MPa 　　④ 600MPa

해설 철근콘크리트 부재를 설계할 때 철근의 설계기준항복강도 f_y는 600MPa를 초과할 수 없다.

해답 ④

019 그림에 나타난 직사각형 단철근보의 공칭 전단강도 V_n을 계산하면? (단, 철근 D10을 수직스터럽(stirrup)으로 사용하며, 스터럽 간격은 200mm, 철근 D10 1본의 단면적은 71mm², f_{ck}=28MPa, f_y=350MPa이다.)

① 119kN
② 176kN
③ 231kN
④ 287kN

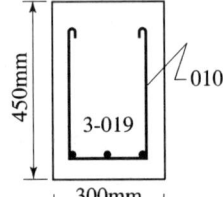

해설
$$V_n = V_c + V_s = \left(\frac{\lambda\sqrt{f_{ck}}}{6}\right)b_w d + \frac{A_v f_y d}{s}$$
$$= \left(\frac{1.0\sqrt{28}}{6}\right) \times 300 \times 450 + \frac{(2 \times 71) \times 350 \times 450}{200} = 230,883,809\text{N} \fallingdotseq 231\text{kN}$$

해답 ③

020 아래의 표에서 설명하고 있는 프리스트레스트 콘크리트의 개념은?

콘크리트에 프리스트레스를 도입하면 콘크리트가 탄성체로 전환된다는 생각으로서, 가장 널리 통용되고 있는 PSC의 기본적이 개념이다.

① 내력 모멘트의 개념　　② 외력 모멘트의 개념
③ 균등질 보의 개념　　　④ 하중 평형의 개념

해답 ③

제2과목 측량 및 토질

021 지형도 제작에 주로 사용되는 측량방법으로 가장 거리가 먼 것은?
① 항공사진측량에 의한 방법
② GPS측량에 의한 방법
③ 토털스테이션을 이용한 방법
④ 시거측량에 의한 방법

해설 시거측량은 과거의 지형측량에 이용되었으나 지금은 거의 사용하지 않는다. 해답 ④

022 하천측량의 고저측량에 해당되지 않는 것은?
① 종단측량
② 유량관측
③ 횡단관측
④ 심천측량

해설 하천 측량의 고저측량에는 종단측량, 횡단측량, 심천측량 등이 있다. 해답 ②

023 2점간의 거리를 관측한 결과가 아래의 표와 같을 때 최확값은?

구분	관측값	측정횟수
A	150.18m	3
B	150.25m	3
C	150.22m	5
D	150.20m	4

① 150.18m
② 150.21m
③ 150.23m
④ 150.25m

해설 ① $P \propto n$ $P_A : P_B : P_C : P_D = 3 : 3 : 5 : 4$
② 최확값 $= \dfrac{P \cdot L}{P} = 150 + \dfrac{0.18 \times 3 + 0.25 \times 3 + 0.22 \times 5 + 0.20 \times 4}{3+3+5+4} = 150.213\text{m}$ 해답 ②

024 수준측량에서 도로의 종단측량과 같이 중간시가 많은 경우에 현장에서 주로 사용하는 야장기입법은?
① 기고식
② 고차식
③ 승강식
④ 회귀식

해설 수준측량에서 중간시가 많을 경우에는 기고식 야장이 좋다. 해답 ①

025 삼각측량의 선점을 위한 고려사항으로 옳지 않은 것은?

① 삼각점은 측량구역 내에서 한 쪽에 편중되지 않도록 고른 밀도로 배치하는 것이 좋다.
② 배치는 정삼각형의 형태로 하는 것이 좋다.
③ 삼각점은 발견이 쉽고 견고한 지점, 항공사진에 판별될 수 있는 위치에 선정하는 것이 좋다.
④ 측점의 수는 될 수 있는 대로 많게 하고 이동이 편리한 구조로 설치하는 것이 좋다.

해설 측점의 수는 될 수 있는 한 적게 하여 오차를 줄이고 견고하게 설치한다.

해답 ④

026 각 점의 좌표가 표와 같을 때 △ABC의 면적은?

점명	X(m)	Y(m)
A	7	5
B	8	10
C	3	3

① 9m^2　　② 12m^2
③ 15m^2　　④ 18m^2

해설 $\begin{pmatrix} 7 & 8 & 3 & 7 \\ 5 & 10 & 3 & 5 \end{pmatrix}$

① $2A = (7 \times 10 + 8 \times 3 + 3 \times 5) - (8 \times 5 + 3 \times 10 + 7 \times 3) = 18\text{m}^2$
② $A = 9\text{m}^2$

해답 ①

027 면적 1km^{2}인 지역이 도상면적 16cm^{2}의 도면으로 제작되었을 경우 이 도면의 축적은?

① $\dfrac{1}{2,500}$　　② $\dfrac{1}{6,250}$
③ $\dfrac{1}{25,000}$　　④ $\dfrac{1}{62,500}$

해설 면적비 = (축적비)^2

$\dfrac{\frac{16}{100^2}}{10^6} = \left(\dfrac{1}{m}\right)^2$ 에서 $\dfrac{1}{m} = \sqrt{\dfrac{0.04^2}{1000^2}} = \dfrac{1}{25,000}$

해답 ③

028

산지에서 동일한 각관측의 정확도로 폐합트래버스를 관측한 결과 관측점수가 11개이고 촉각오차는 1′15″이었다면 어떻게 처리해야 하는가? (단, 산지의 오차한계는 $\pm 90″\sqrt{n}$을 적용한다.)

① 오차가 1′ 이상이므로 재측하여야 한다.
② 관측각의 크기에 반비례하여 배분한다.
③ 관측각의 크기에 비례하여 배분한다.
④ 관측각의 크기에 상관없이 등분하여 배분한다.

해설 산지의 오차한계=$\pm 90″\sqrt{11} = \pm 298″ \geq$ 측각오차 1′15″(75″)이고 동일한 정확도로 관측되었으므로 관측각의 크기에 상관없이 등배분한다.

해답 ④

029

축척 1 : 25000 지형도에서 어느 산정으로부터 산 밑까지의 수평거리가 5.6cm이고 산정의 표고가 335.75m, 산 밑의 표고가 102.50m이었다면 경사는?

① $\dfrac{1}{3}$
② $\dfrac{1}{4}$
③ $\dfrac{1}{6}$
④ $\dfrac{1}{7}$

해설
① 수평거리 = 25,000 × 5.6cm = 1400m
② 경사도 = $\dfrac{H}{D} = \dfrac{(335.75 - 102.50)}{1400} = \dfrac{1}{6}$

해답 ③

030

노선측량의 완화곡선에 대한 설명 중 옳지 않은 것은?

① 완화곡선의 접선은 시점에서 원호에, 종점에서 직선에 접한다.
② 완화곡선의 반지름은 시점에서 무한대, 종점에서 원곡선 R로 된다.
③ 클로소이드의 조합형식에는 S형, 복합형, 기본형 등이 있다.
④ 모든 클로소이드들은 닮은꼴이며, 클로소이드 요소는 길이의 단위를 가진 것과 단위가 없는 것이 있다.

해설 완화곡선의 접점은 시점에서 직선에 종점에서 원호에 접한다.

해답 ①

031
다음 중 사질지반의 개량공법에 속하지 않는 것은?

① 다짐말뚝 공법
② 다짐모래말뚝 공법
③ 생석회말뚝 공법
④ 폭파다짐 공법

해설 생석회말뚝 공법은 점토지반에 적용하는 개량공법이다.

해답 ③

032
모래 등과 같은 점성이 없는 흙의 전단강도 특성에 대한 설명 중 잘못된 것은?

① 조밀한 모래는 변형의 증가에 따라 간극비가 계속 감소하는 경향을 나타낸다.
② 느슨한 모래의 전단과정에서는 응력의 피크(peak)점이 없이 계속 응력이 증가하여 최대 전단응력에 도달한다.
③ 조밀한 모래의 전단과정에서는 전단응력의 피크(peak)점이 나타난다.
④ 느슨한 모래의 전단과정에서는 전단파괴될 때까지 체적이 계속 감소한다.

해설 조밀한 모래는 초기 간극비가 감소할 수 있으나 점차 체적이 팽창하게 되며 이러한 현상을 Dilatancy현상이라 한다.

해답 ①

033
다음 그림에서 점토 중앙 단면에 작용하는 유효압력은?

① 12kN/m^2
② 25kN/m^2
③ 28kN/m^2
④ 44kN/m^2

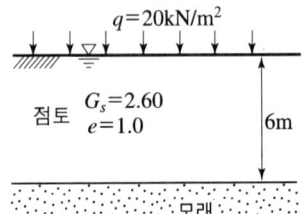

해설
① 포화단위중량 : $\gamma_{sat} = \dfrac{G_s + e}{1 + e}\gamma_w = \dfrac{2.60 + 1.0}{1 + 1.0} \times 10 = 18\text{kN/m}^3$

② 수중단위중량 : $\gamma_{sub} = \gamma_{sat} - \gamma_w = 18 - 10 = 8\text{kN/m}^3$

③ 유효압력 : 점토 중앙단면까지의 깊이는 3m이므로
$\sigma' = q + \gamma_{sub} \cdot z = 20 + 8 \times 3 = 44\text{kN/m}^2$

해답 ④

034
다음의 기초형식 중 직접기초가 아닌 것은?

① 말뚝기초
② 독립기초
③ 연속기초
④ 전면기초

해설 말뚝기초는 기초의 일종이다.

해답 ①

035 어떤 흙의 직접전단 시험에서 수직하중이 50kg일 때 전단력이 23kg이었다. 수직응력(σ)과 전단응력(τ)은 얼마인가? (단, 공시체의 단면적은 20cm²이다.)

① $\sigma = 1.5 \text{kg/cm}^2$, $\tau = 0.90 \text{kg/cm}^2$
② $\sigma = 2.0 \text{kg/cm}^2$, $\tau = 0.05 \text{kg/cm}^2$
③ $\sigma = 2.5 \text{kg/cm}^2$, $\tau = 1.15 \text{kg/cm}^2$
④ $\sigma = 1.0 \text{kg/cm}^2$, $\tau = 0.65 \text{kg/cm}^2$

해설 ① 수직응력 $\sigma = \dfrac{N}{A} = \dfrac{50}{20} = 2.5 \text{kg/cm}^2$

② 전단응력 $\gamma = \dfrac{S}{A} = \dfrac{23}{20} = 1.15 \text{kg/cm}^2$

해답 ②

---

036 포화점토에 대해 베인전단실험을 실시하였다. 베인의 직경과 높이는 각각 7.5cm와 15cm이고 시험 중 사용한 최대회전모멘트는 300kg·cm이다. 점성토의 비배수전단 강도(C_u)는?

① 1.94kg/cm^2
② 1.62t/m^2
③ 1.94t/m^2
④ 1.62kg/cm^2

해설 $S = c_u = \dfrac{T}{\pi \cdot D^2 \cdot \left(\dfrac{H}{2} + \dfrac{D}{6}\right)} = \dfrac{300}{\pi \cdot 7.5^2 \times \left(\dfrac{15}{2} + \dfrac{7.5}{6}\right)} = 0.194 \text{kg/cm}^2 = 1.94 \text{t/m}^2$

해답 ③

---

037 포화도가 100%인 시료의 체적이 1,000cm³이었다. 노건조 후에 무게를 측정한 결과 물의 무게(W_w)가 400g이었다면 이 시료의 간극률(n)은 얼마인가?

① 15%
② 20%
③ 40%
④ 60%

해설 ① 물의 체적 : $\gamma_w = \dfrac{W_w}{V_w} = 1 \text{g/cm}^3$이므로 $V_w = \dfrac{W_w}{R_w} = \dfrac{400}{1} = 400 \text{cm}^3$

② 공극의 체적 : 포화도 $S = 100\%$이므로 $S = \dfrac{V_w}{V_v} \times 100$에서 $V_w = V_v = 400 \text{cm}^3$

③ 간극률 : $n = \dfrac{V_v}{V} \times 100 = \dfrac{400}{1000} \times 100 = 40\%$

해답 ③

038 흙의 다짐에서 최적함수비는?

① 다짐에너지가 커질수록 커진다.
② 다짐에너지가 커질수록 작아진다.
③ 다짐에너지와 상관없이 일정하다.
④ 다짐에너지와 상관없이 클 때도 있고 작을 때도 있다.

해설 다짐에너지를 증가시키면 최대건조단위중량은 커지고 최적 함수비는 작아진다. **해답** ②

039 어떤 점토지반($\phi = 0$)을 연직으로 굴착하였더니 높이 5m에서 파괴되었다. 이 흙의 단위중량이 18kN/m³이라면 이 흙의 점착력은?

① 22.5kN/m^2
② 20kN/m^2
③ 18kN/m^2
④ 14.5kN/m^2

해설 $H_c = 2Z_0 = \dfrac{4c}{\gamma_t} \cdot \tan\left(45° + \dfrac{\phi}{2}\right)$에서

$c = \dfrac{\gamma_t \cdot H_c}{4\tan\left(45° + \dfrac{\phi}{2}\right)} = \dfrac{18 \times 5}{4\tan\left(45° + \dfrac{0}{2}\right)} = 22.5\text{kN/m}^2$ **해답** ①

040 아래 표의 Terzaghi의 극한 지지력 공식에 대한 설명으로 틀린 것은?

$$q_u = \alpha \cdot c \cdot N_c + \beta \cdot \gamma_1 \cdot B \cdot N_r + \gamma_2 \cdot D_f \cdot N_q$$

① α, β는 기초 형상계수이다.
② 원형기초에서는 B는 원의 직경이다.
③ 정사각형 기초에서 α의 값은 1.3이다.
④ N_c, N_r, N_q는 지지력 계수로서 흙의 점착력에 의해 결정된다.

해설 N_c, N_r, N_q는 내부마찰각에 의해 구해지는 지지력계수이며, 흙의 점착력과는 관계가 없다. **해답** ④

제3과목 수자원설계

041 길이 100m의 관에서 양단의 압력 수두차가 20m인 조건에서 0.5m³/s 를 송수하기 위한 관경은? (단, 마찰손실계수 $f=0.03$)

① 21.5cm
② 23.5cm
③ 29.5m
④ 31.5m

해설
$$Q = AV = \frac{\pi \cdot D^2}{4} \times \sqrt{\frac{2gh}{1 + f\frac{l}{D} + 0.5}}$$

$$0.5 = \frac{\pi \cdot D^2}{4} \times \sqrt{\frac{2 \times 9.8 \times 20}{0.03\frac{100}{D}}} = 0.785 D^2 \times \sqrt{130.6 D}$$

$D^{5/2} = 0.0557$
$D = 0.315 \text{m} = 31.5 \text{cm}$

해답 ④

042 수리학적으로 유리한 단면의 조건으로 옳은 것은?

① 경심(R)이 최소이어야 한다.
② 윤변(P)이 최대가 되어야 한다.
③ 경심(R)과 윤변(P)의 곱이 최대가 되어야 한다.
④ 경심(R)이 최대가 되거나 윤변이 최소가 되어야 한다.

해답 ④

043 유체 내부 임의의 점(x, y, z)에서의 시간 t에 대한 속도성분을 각각 u, v, w로 표시하면, 정류이며 비압축성인 유체에 대한 연속방정식으로 옳은 것은?

① $\dfrac{\partial u}{\partial x} + \dfrac{\partial v}{\partial y} + \dfrac{\partial w}{\partial z} = 0$

② $\dfrac{\partial \rho u}{\partial x} + \dfrac{\partial \rho v}{\partial y} + \dfrac{\partial \rho w}{\partial z} = 0$

③ $\dfrac{\partial \rho}{\partial t} + p\left(\dfrac{\partial u}{\partial x} + \dfrac{\partial v}{\partial y} + \dfrac{\partial w}{\partial z}\right) = 0$

④ $\dfrac{\partial \rho}{\partial t} + \dfrac{\partial (\rho u)}{\partial x} + \dfrac{\partial (\rho v)}{\partial y} + \dfrac{\partial (\rho w)}{\partial z} = 0$

해설 정류는 시간에 따른 변화가 없으며, 비압축성은 압력에 변화가 없다.

해답 ①

044
지름이 D인 관수로에서 만관으로 흐를 때 경심 R은?
① 0
② $D/2$
③ $D/4$
④ $2D$

해설 $R = \dfrac{A}{P} = \dfrac{\pi D^2/4}{\pi D} = \dfrac{D}{4}$

해답 ③

045
개수로에서 한계수심에 대한 설명으로 옳은 것은?
① 최대 비에너지에 대한 수심이다.
② 최소 비에너지에 대한 수심이다.
③ 상류 흐름에 대한 수심이다.
④ 사류 흐름에 대한 수심이다.

해설 한계수심은 최소 에너지비일 때의 수심이다.

해답 ②

046
면적이 A인 평판(平板)이 수면으로부터 h가 되는 깊이에 수평으로 놓여있을 경우 이 면에 작용하는 전수압은? (단, 물의 단위 중량은 w이다)
① $P = whA$
② $P = wh^2 A$
③ $P = \dfrac{1}{2} wh^2 A$
④ $P = \dfrac{1}{2} whA$

해설 $P = w h_G A = w \times h \times A$

해답 ①

047
개수로에서 도수가 발생하게 될 때 도수 전의 수심이 0.5m, 유속이 7m/s이면 도수 후의 수심(h)은?
① 0.5
② 1.0
③ 1.5
④ 2.0m

해설
① $Fr_1 = \dfrac{V_1}{\sqrt{gh_1}} = \dfrac{7}{\sqrt{9.8 \times 0.5}} = 3.16$
② $h_2 = \dfrac{h_1}{2}(-1 + \sqrt{1 + 8Fr_1^2}) = \dfrac{0.5}{2}(-1 + \sqrt{1 + 8 \times 3.16^2}) = 2.0 \text{m}$

해답 ④

048

그림과 같은 배의 무게가 882kN일 때 이 배가 운항하는데 필요한 최소수심은?
(단, 물의 비중=1, 무게 1kg=9.8N)

① 1.2m
② 1.5cm
③ 1.8m
④ 2.0m

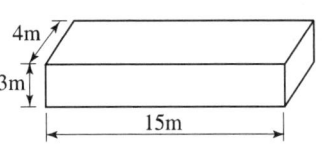

해설
① 배 무게 $W = 882\text{kN} \times \dfrac{1\text{kg}}{0.098\text{kN}} = 90000\text{kg} = 90\text{t}$

② 배의 단위중량 $W = w \cdot V$
$\quad 90t = W \times (3 \times 4 \times 15)$ 에서 $W = 0.5\text{t/m}^3$

③ $W = B$
$\quad W \cdot V = V^1 \cdot W^1$
$\quad 0.5 \times 3 \times 4 \times 15 = 1 \times 4 \times 15 \times h \qquad h = 1.5\text{m}$

해답 ②

049

물의 성질에 대한 설명으로 옳지 않은 것은?

① 물의 점성계수는 수온이 높을수록 작아진다.
② 동점성계수는 수온에 따라 변하며 온도가 낮을수록 그 값은 크다.
③ 물은 일정한 체적을 갖고 있으나 온도와 압력의 변화에 따라 어느 정도 팽창 또는 수축을 한다.
④ 물의 단위중량은 0℃에서 최대이고 밀도는 4℃에서 최대이다.

해설 수온이 4℃일 때 물의 밀도와 단위 중량이 최대가 된다.

해답 ④

050

후르드(Froude)수와 한계경사 및 흐름의 상태 중 상류일 조건으로 옳은 것은?
(단, Fr : 후르드수, I : 수면경사, I_c : 한계경사, V : 유속, V_c : 한계유속, y : 수심, y_c : 한계수심)

① $V > V_c$
② $Fr > 1$
③ $I < I_c$
④ $y < y_c$

해설 상류조건
① $Fr < 1$ ② $I < I_C$

해답 ③

051
도수관로 매설 깊이는 관종에 따라 다르지만 일반적으로 관경 1000mm 이상은 얼마 이상으로 하여야 하는가?

① 90cm   ② 100cm
③ 150cm ④ 200cm

해설 관경 1000mm 이상의 경우 도수관로의 매설깊이는 150cm 이상으로 하여야 한다.   **해답** ③

052
도시하수가 하천으로 유입할 때 하천 내에서 발생하는 변화로서 틀린 것은?

① 부유물질의 증가   ② COD의 증가
③ BOD의 증가   ④ Do의 증가

해설 도시하수 유입시 하천의 변화
① SS(부유물질)   ② COD 증가
③ BOD 증가   ④ DO 감소   **해답** ④

053
지름 300mm, 길이 100m인 주철관을 사용하여 0.15m³/sec의 물을 20m 높이로 양수하기 위한 펌프의 소요동력은 얼마인가? (단, 펌프의 효율은 70%이다)

① 21kW   ② 42kW
③ 60kW   ④ 86kW

해설 $P_s = \dfrac{9.8\,QH}{\eta} = \dfrac{9.8 \times 0.15 \times 20}{0.70} = 42[\text{kW}]$ **해답** ②

054
유량 10m³/sec, BOD 30mg/L인 하천에 유량 300m³/day, BOD 100mg/L인 하수가 유입되고 있다. 하류의 완전 혼합지점에서 BOD 농도는 얼마인가?

① 10mg/L   ② 20mg/L
③ 30mg/L   ④ 40mg/L

해설 $C_m = \dfrac{Q_1 C_1 + Q_2 C_2}{Q_1 + Q_2} = \dfrac{(10 \times 60 \times 60 \times 24) + 300 \times 100}{(10 \times 60 \times 60 \times 24) + 300} = 30.02[\text{mg/L}]$ **해답** ③

055 하수관의 접합방법 중 유수의 흐름은 원활하지만 굴착깊이가 증가되어 공사비가 증대되고 펌프배수 지역에서는 양정이 높게 되는 단점이 있는 방법은 어느 것인가?

① 관중심 접합
② 관저 접합
③ 관정 접합
④ 수면 접합

해답 ③

056 분류식 하수관거 계통과 비교하여 합류식 하수관거 계통의 특징에 대한 설명으로 다음 중 옳지 않은 것은?

① 검사 및 관리가 비교적 용이하다.
② 청천시 관내에 오염물이 침전되기 쉽다.
③ 하수처리장에서 오수 처리비용이 이 소요된다.
④ 오수와 우수를 별개의 관거계통으로 건설하는 것보다 건설비용이 크게 소요된다.

해설 합류식 하수관거는 오수와 우수를 1개의 관거 계통으로 건설하는 것으로 건설비용이 적게 소요된다.

해답 ④

057 슬러지 농축조에서 함수율 98%인 생슬러지를 투입하여 함수율 96%의 농축 슬러지를 얻었다면 농축 슬러지의 부피는 얼마인가? (단, 생슬러지의 부피는 V로 가정한다.)

① $\dfrac{1}{2}V$
② $\dfrac{1}{3}V$
③ $\dfrac{1}{4}V$
④ $\dfrac{1}{5}V$

해설 $\dfrac{V_1}{V_2} = \dfrac{100-W_2}{100-W_1} = \dfrac{100-96}{100-98} = 2$에서 $V_2 = \dfrac{1}{2}V_1$

해답 ①

058 계획취수량의 기준이 되는 수량으로서 다음 중 옳은 것은?

① 계획 1일 평균급수량
② 계획 1일 최대급수량
③ 계획 시간 최대급수량
④ 계획 1일 1인 평균급수량

해설 계획취수량은 계획 1일 최대급수량을 기준으로 한다.

해답 ②

059 어떤 도시의 총인구가 5만 명, 급수인구는 4만 명일 때 1년간 총수급량이 200만 m³이었다. 이 도시의 급수보급률(%)과 1인 1일 평균급수량(m³/인·일)은 얼마인가?

① 125%, 0.110m³/인·일
② 125%, 0.137m³/인·일
③ 80%, 0.110m³/인·일
④ 80%, 0.137m³/인·일

해설 ① 급수보급률 = $\dfrac{\text{급수인구}}{\text{총인구}} \times 100\% = \dfrac{40000}{50000} \times 100\% = 80\%$

② 1인 1일 평균 급수량 = $\dfrac{\text{1년간 총급수량}}{365\text{일}} \div \text{급수인구}$

$= \dfrac{2000000\text{m}^3}{365\text{일}} \div 40000\text{인} \fallingdotseq 0.137\text{m}^3/\text{인}\cdot\text{일}$

해답 ④

060 침전지에서 침전효율을 크게 하기 위한 조건으로서 다음 중 옳은 것은?

① 유량을 적게하거나 표면적을 크게 한다.
② 유량을 많게하거나 표면적을 크게 한다.
③ 유량을 적게하거나 표면적을 적게 한다.
④ 유량을 많게하거나 표면적을 적게 한다.

해설 침전지의 침전효율(E) 증대방법

침전효율(E) = $\dfrac{V_s}{V_0} = \dfrac{V_s}{Q/A} = \dfrac{V_s A}{Q}$ 이므로 유량(Q)을 적게 하거나 표면적(A)을 크게 한다.

해답 ①

토목산업기사

2023년 5월 CBT 시행

본 문제는 복원 기출문제입니다. 실제 문제와 다를 수 있으니 양해바랍니다.

제1과목 구조설계

001 다음 그림과 같은 구조물에서 부재 AB가 받는 힘은 약 얼마인가?

① 2.00kN
② 2.15kN
③ 2.35kN
④ 2.83kN

해설 $\dfrac{2}{\sin 45°} = \dfrac{F_{AB}}{\sin 90°}$
$F_{AB} = 2.83\text{kN}(\text{인장})$

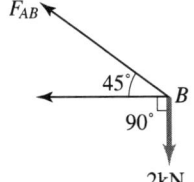
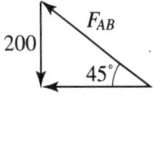

해답 ④

002 그림과 같은 단주에서 편심하중이 작용할 때 발생하는 최대인장응력은? (단, 편심거리는 $e = 100$mm)

① 3MPa
② 5MPa
③ 7MPa
④ 9MPa

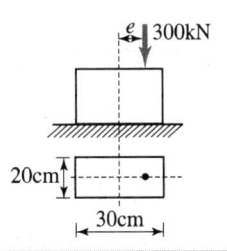

해설 휨인장 $\sigma_{\min} = -\dfrac{P}{A} + \dfrac{M_{\max}}{Z} = \dfrac{300 \times 10^3}{200 \times 300} + \dfrac{300 \times 10^3 \times 100}{\dfrac{200 \times 300^2}{6}} = 5\text{MPa}$

해답 ②

003
아래 그림과 같은 보의 단면에 발생하는 최대 휨응력은?

① 15MPa
② 20MPa
③ 25MPa
④ 30MPa

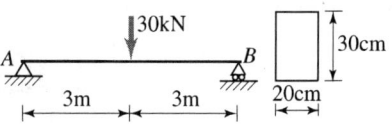

해설

① $M_{max} = \dfrac{PL}{4}$

② $\sigma_{max} = \dfrac{M_{max}}{Z} = \dfrac{\dfrac{(30 \times 10^3) \times (6000)}{4}}{\dfrac{200 \times 300^2}{6}} = 15\text{MPa}$

해답 ①

004
단순보에 있어서 원형 단면에 분포되는 최대 전단응력은 평균 전단응력($\dfrac{V}{A}$)의 몇 배가 되는가?

① 1.0배
② $\dfrac{4}{3}$ 배
③ $\dfrac{2}{3}$ 배
④ 1.5배

해설 원형단면 $\tau_{max} = \dfrac{4}{4} \cdot \dfrac{V_{max}}{A}$

해답 ②

005
중심축 하중을 받는 장주에서 좌굴하중은 Euler 공식 $P_{cr} = n \cdot \dfrac{\pi^2 EI}{L^2}$ 로 구한다. 여기서 n은 기둥의 지지상태에 따르는 계수인데 n 값이 틀린 것은?

① 일단 고정, 일단 자유단일 때 $n = \dfrac{1}{4}$
② 일단 고정, 일단 힌지일 때 $n = 3$
③ 양단 고정일 때 $n = 4$
④ 양단 힌지일 때 $n = 1$

해설 일단 고정, 일단 힌지일 때 $n = 2$

해답 ②

006

그림과 같은 내민보에서 A지점에서 5m 떨어진 C지점의 전단력 V_C와 휨모멘트 M_C는?

① $V_C = -14\text{kN}$, $M_C = -170\text{kN} \cdot \text{m}$
② $V_C = -18\text{kN}$, $M_C = -240\text{kN} \cdot \text{m}$
③ $V_C = +14\text{kN}$, $M_C = -240\text{kN} \cdot \text{m}$
④ $V_C = +18\text{kN}$, $M_C = -170\text{kN} \cdot \text{m}$

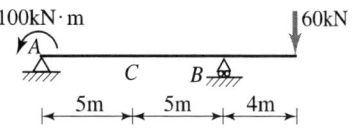

해설 ① $\Sigma M_B = 0$ 에서
 $V_A \times 10 - 100 + 60 \times 4 = 0$
 $V_A = -14\text{kN} = 14\text{kN}(\downarrow)$
② $V_C = -14\text{kN}$
③ $M_C = -14 \times 5 - 100 = -170\text{kN} \cdot \text{m}$

해답 ①

007

그림과 같은 보에서 C점의 전단력은?

① -5kN
② 5kN
③ -10kN
④ 10kN

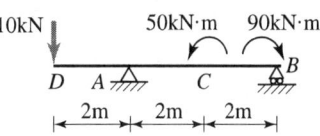

해설 ① $\Sigma M_B = 0$ 에서
 $-10 \times 6 + V_A = +5\text{kN}(\uparrow)$
② $V_C = -10 + 5 = -5\text{kN}$

해답 ①

008

다음 그림에서 지점 A의 반력이 0이 되기 위해 C에 작용시킬 집중하중 P의 크기는?

① 120kN
② 160kN
③ 200kN
④ 240kN

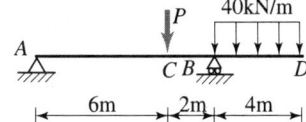

해설 $\Sigma M_B = 0$
 $V_A \times 8 - P \times 2 + 40 \times 4 \times 4 = 128\text{cm}^3$ $P = 160\text{kN}$

해답 ②

009

그림과 같은 단면의 x축에 대한 단면1차모멘트는 얼마인가?

① 128cm^3
② 138cm^3
③ 148cm^3
④ 158cm^3

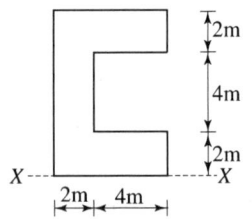

해설

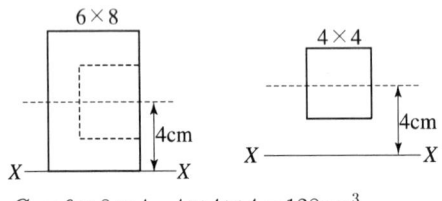

$G_x = 6 \times 8 \times 4 - 4 \times 4 \times 4 = 128\text{cm}^3$

해답 ①

010

길이 1m 지름 1.5cm 강봉을 80kN으로 당길 때 이 강봉은 얼마나 늘어나겠는가? (단, 2.1×10^5MPa)

① 2.2mm
② 2.6mm
③ 2.8mm
④ 3.1mm

해설

① $\sigma = E \cdot \epsilon$에서 $n\dfrac{P}{A} = E \cdot \dfrac{\Delta L}{L}$

② $\Delta L = \dfrac{P \cdot L}{E \cdot A} = \dfrac{80000 \times 1000}{(2.1 \times 10^5) \times \left(\dfrac{\pi \times 15^2}{4}\right)} = 2.15\text{mm}$

해답 ①

011

PSC에서 프리텐션 방식의 장점이 아닌 것은?

① PS 강재를 곡선으로 배치하기 쉽다.
② 정착장치가 필요하지 않다.
③ 제품의 품질에 대한 신뢰도가 높다.
④ 대량 제조가 가능하다.

해설 프리텐션 방식은 먼저 긴장하므로 곡선배치가 어렵다.

해답 ①

012 강도설계법에서 계수하중 U를 사용하여 구조물 설계시 안전을 도모하는 이유와 가장 거리가 먼 것은?

① 구조해석 할 때의 가정으로 인한 것을 보완하기 위하여
② 하중의 변경에 대비하기 위하여
③ 활하중 작용시의 충격 흡수를 위하여
④ 예상하지 않은 초과 하중 때문에

해설 활하중(L)에 의한 충격(I)을 고려하는 경우는 L 대신 $(L+I)$를 사용
- **하중계수를 고려하는 이유**
  ① 하중의 공칭값과 실제 하중 사이의 차이 보완
  ② 사용하중을 초과하는 하중에 대비
  ③ 하중을 작용외력으로 변환시키는 해석상의 불확실성 대비
  ④ 구조해석의 단순화가정으로 발생되는 초과요인 대비

해답 ③

---

013 아래 그림과 같은 판형에서 stiffener(보강재)의 사용목적은?

① web plate의 좌굴을 방지하기 위하여
② flange angle의 간격을 넓게 하기 위하여
③ flange의 강성을 보강하기 위하여
④ 보 전체의 비틀림에 대한 강도를 크게 하기 위하여

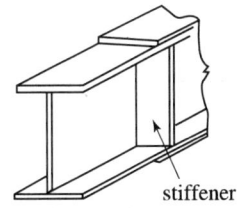

해설 판형에서 보강재는 복부판의 좌굴 방지를 위해 사용한다.

해답 ①

---

014 다음 중 전단철근에 대한 설명으로 틀린 것은?

① 철근콘크리트 부재의 경우 주인장 철근에 45° 이상의 각도로 설치되는 스터럽을 전단철근으로 사용할 수 있다.
② 철근콘크리트 부재의 경우 주인장 철근에 30° 이상의 각도로 구부린 굽힘철근을 전단철근으로 사용할 수 있다.
③ 전단철근의 설계기준항복강도는 500MPa를 초과할 수 없다.
④ 전단철근으로 사용하는 스터럽과 기타 철근 또는 철선은 콘크리트 압축연단으로부터 거리 $d/2$만큼 연장하여야 한다.

해설 전단철근으로 사용하는 스터럽과 기타 철근 또는 철선은 콘크리트 압축연단으로부터 거리 d만큼 연장하여야 한다.

해답 ④

015. 옹벽설계시의 안정 조건이 아닌 것은?

① 전도에 대한 안정
② 지반 지지력에 안정
③ 활동에 대한 안정
④ 마찰력에 대한 안정

해설 옹벽의 안정조건 3가지
① 전도에 대한 안전
② 활동에 대한 안정
③ 지반 지지력에 대한 안정

해답 ④

016. 압축이형철근의 정착에 대한 설명으로 틀린 것은?

① 정착길이는 기본정착길이에 작용 가능한 모든 보정계수를 곱하여 구한다.
② 정착길이는 항상 200mm 이상이어야 한다.
③ 해석결과 요구되는 철근량을 초과하여 배근한 경우 보정계수는 (소요 A_s/배근 A_s)이다.
④ 표준 갈고리를 갖는 압축이형철근의 보정계수는 0.80이다.

해설 표준갈고리는 압축에 유효하지 않으므로 압축이형철근에 사용하지 않는다.

해답 ④

017. 아래 그림과 같은 단면의 보에서 해당 지속 하중에 대한 탄성 처짐이 30mm이었다면 크리프 및 건조 수축에 따른 처짐을 고려한 최종 전체 처짐을 고려한 최종 전체 처짐량은 몇 mm인가? (단, 하중 재하 기간은 10년으로 $\xi = 2.0$이다.)

① 42.6mm
② 54.7mm
③ 67.5mm
④ 78.3mm

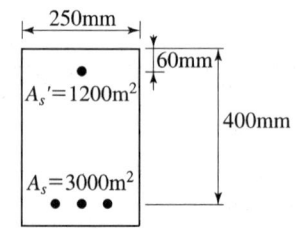

해설 총처짐량 = 탄성처짐 + 장기처짐 = 탄성처짐 $\times \dfrac{\xi}{1+50\rho'}$

$= 30 + 30 \times \dfrac{2}{1 + 50 \times \dfrac{1200}{250 \times 400}} = 67.5\text{mm}$

해답 ③

018

대칭 T형보에서 플랜지 두께(t)는 100mm, 복부폭(b_w)은 400mm, 보의 경간이 6m이고 슬래브의 중심간 거리가 3m일 때 플랜지 유효폭은 얼마인가?

① 1000mm
② 1500mm
③ 2000mm
④ 3000mm

해설 대형 T형보의 유효폭
① $16t_f + b_w = 16 \times 100 + 400 = 2,000\text{mm}$
② 양쪽 슬래브 중심간 거리 = 3,000mm
③ 보의 경간의 $\dfrac{1}{4} = \dfrac{6000}{4} = 1500\text{mm}$
④ 이 중 작은 값인 1500mm를 유효폭으로 한다.

해답 ②

019

다음 그림의 고장력 볼트 마찰이음에서 필요한 볼트수는 몇 개인가? (단, 볼트는 M24(=ϕ24mm), F10T를 사용하며, 마찰이음의 허용력은 56kN이다.)

① 5개
② 6개
③ 7개
④ 8개

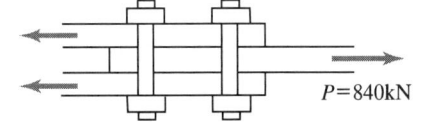
P=840kN

해설 2면 마찰이므로 $n = \dfrac{P}{2\rho_a} = \dfrac{840}{2 \times 56} = 7.5 ≒ 8$개

해답 ④

020

콘크리트 설계기준강도가 24MPa, 철근의 항복강도가 300MPa로 설계된 지간 5m인 단순지지 1방향슬래브가 있다. 처짐을 계산하지 않는 경우의 최소 두께는?

① 200mm
② 215mm
③ 250mm
④ 500mm

해설 ① 보통중량 콘크리트이며 f_y가 400MPa인 경우 1방향 슬래브에서 처짐을 계산하지 않는 경우의 최소두께 $t = \dfrac{l}{20} \geq 100\text{mm}$ $t = \dfrac{5000}{20} = 250\text{mm}$

② 철근의 항복강도(f_y)가 300MPa이므로 보정계수 $\left(0.43 + \dfrac{f_y}{700}\right)$를 곱해야 한다.
$t = 250 \times \left(0.43 + \dfrac{300}{700}\right) = 214.64\text{mm} ≒ 215\text{mm}$

해답 ②

제2과목 측량 및 토질

021 토공량을 계산하기 위해 대상구역을 사각형으로 분할하여 각 교점에 대한 성토고를 계산한 결과 그림과 같다면 성토량은?

① $54.5m^3$
② $55.5m^3$
③ $58.5m^3$
④ $60m^3$

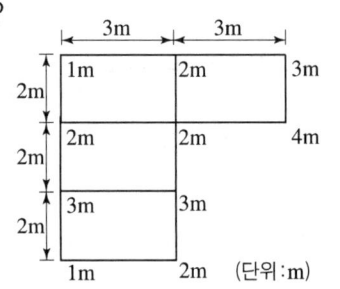

해설
① $\sum h_1 = 1+3+4+2+1 = 11$
② $2\sum h_2 = 2(2+3+3+2) = 20$
③ $3\sum h_3 = 3 \times 2 = 6$
④ $4\sum h_4 = 0$
⑤ $V = \dfrac{a}{4}(\sum h_1 + 2\sum h_2 + 3\sum h_3 + 4\sum h_4) = \dfrac{2 \times 3}{4}(11+20+6) = 55.5m^3$

해답 ②

022 GPS 측량으로 측량의 표고를 구하였더니 89.123m이었다. 이 지점의 지오이드 높이가 40.150m라면 실제표고(정표고)는?

① 129.273m
② 48.973m
③ 69.048m
④ 89.123m

해설 높이의 기준은 지오이드이므로 정표고는 $89.123 - 40.150 = 48.973m$

해답 ②

023 하천측량에 관한 설명으로 옳지 않은 것은?

① 홍수 유속의 측정에 알맞은 것은 막대기 부자이다.
② 심천측량을 하여 지형을 표시하는 방법에는 점고법이 이용된다.
③ 횡단측량은 1km마다의 거리표를 기준으로 하며 우안을 기준으로 한다.
④ 무제부에서의 측량범위는 홍수가 영향을 주는 구역보다 약간 넓게 한다.

해설 횡단측량은 200m마다 양안에 설치한 거리표를 기준으로 실시한다.

해답 ③

024 측지학 및 측지측량에 대한 설명 중 옳지 않은 것은?

① 측지학이란 지구 내부의 특성, 지구의 형상, 지구 표면의 상호위치 관계를 정하는 학문이다.
② 기하학적 측지학에는 천문측량, 위성측지, 높이결정 등이 있다.
③ 지오이드는 평균해수면으로 위치에너지가 1인면이다.
④ 측지측량이란 지구의 곡률을 고려하는 측량으로서 거리허용오차를 $1/10^6$로 했을 경우 반지름 11km 이내를 평면으로 취급한다.

해설 지오이드는 평균 해수면으로 높이가 0이므로 위치에너지가 '0'이다.

해답 ③

025 노선측량, 하천측량, 철도측량 등에 많이 사용하며 동일한 도달거리에 대하여 측점 수가 가장 적으므로 측량이 간단하고 경제적이나 정확도가 낮은 삼각망은?

① 사변형 삼각망
② 유심 삼각망
③ 기선 삼각망
④ 단열 삼각망

해설 정확도 순서
사변형 삼각망 > 유심 삼각망 > 단열 삼각망

해답 ④

026 다각측량에서 A점의 좌표가 (100, 200)이고 측선 AB의 방위각이 240°, 길이가 100m일 때 B점의 좌표는? (단, 좌표의 단위는 m이다.)

① (−50, 113.4)
② (50, 113.4)
③ (−50, 13.4)
④ (50, −113.4)

해설
① $\overline{AB}$의 위거 $L_{AB} = l \times \cos$방위각 $= -50$
　$\overline{AB}$의 경거 $D_{AB} = l \times \sin$방위각 $= -86.6$
② $X_B = X_A + L_{AB} = 100 + (-50) = 50\text{m}$
　$Y_B = Y_A + D_{AB} = 200 + 86.6 = 113.4\text{m}$

해답 ②

027 지형측량에서 등고선 간의 최단거리를 잇는 선이 의미하는 것은?

① 분수선
② 등경사선
③ 최대경사선
④ 경사변환선

해답 ③

028
구면삼각형에 대한 설명으로 옳지 않은 것은?
① 구면삼각형은 좁은 지역을 측량할 때 고려한다.
② 구면삼각형 내각의 합은 180°를 넘는다.
③ 구과량은 구면삼각형의 면적에 비례한다.
④ 구과량은 평면삼각형 내각의 합과 구면삼각형 내각의 합에 대한 차이다.

해설 구면 삼각형은 지구의 곡률을 고려해야 하는 넓은 지역에서 사용하며, 구면 삼각형의 내각의 합은 180°가 넘는다.

해답 ①

029
축척 1:25000 지형도상에서 면적을 측정한 결과가 84cm²이었을 때 실제면적은?
① 6.25km²
② 5.25km²
③ 4.25km²
④ 3.25km²

해설 $A = A_0 \times 25,000^2 = 84 \times 25,000^2 = 5.25 \times 10^{10} \text{cm}^2 = 5.25 \text{km}^2$

해답 ②

030
교호수준측량을 실시하여 A점 근처에 레벨을 세우고 A점을 관측하여 1.57m, 강 건너편 B점을 관측하여 2.15m를 얻고 B점 근처에 레벨을 세워 B점의 관측값 1.25m, A점의 관측값 0.69m를 얻었다. A점의 지반고가 100m라면 B점의 지반고는?
① 98.86m
② 99.43m
③ 100.57m
④ 101.14m

해설 $h = \frac{1}{2}(a_1 - b_1) + (a_2 - b_2) = -0.570\text{m}$
∴ $H_B = H_A + h = 99.430\text{m}$

해답 ②

031
지반의 전단파괴 종류에 속하지 않는 것은?
① 극한전단파괴
② 전반전단파괴
③ 국부전단파괴
④ 관입전단파괴

해설 전단파괴 종류
① 전반전단파괴 ② 국부전단파괴 ③ 펀칭전단파괴(관입전단파괴)

해답 ①

032

간극률 50%, 비중이 2.50인 흙에 있어서 한계동수경사는?

① 1.25 ② 1.50
③ 0.50 ④ 0.75

해설
① 공극비 $e = \dfrac{n}{100-n} = \dfrac{50}{100-50} = 1.0$

② 한계동수경사 $i_e = \dfrac{G_s - 1}{1+e} = \dfrac{2.5-1}{1+1.0} = 0.75$

해답 ④

033

흐트러지지 않는 시료의 정규압밀점토의 압축지수(C_c)값은? (단, 액성한계는 45%이다.)

① 0.25 ② 0.27
③ 0.30 ④ 0.315

해설 Terzaghi와 Peak의 경험식
$C_c = 0.009(w_L - 10) = 0.009 \times (45 - 10) = 0.315$

해답 ④

034

아래 그림에서 점토 중앙 단면에 작용하는 유효응력은 얼마인가?

① 12.5kN/m²
② 23.7kN/m²
③ 32.5kN/m²
④ 40.6kN/m²

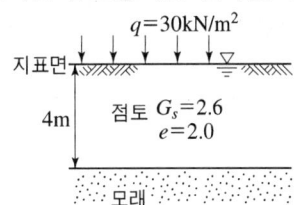

해설
① 포화단위중량
$\gamma_{sat} = \dfrac{G_s + e}{1+e}\gamma_w = \dfrac{2.60 + 2.0}{1+2.0} \times 10 = 15.3\,\text{kN/m}^3$

② 수중단위중량
$\gamma_{sub} = \dfrac{G_s - 1}{1+e}\gamma_w = \dfrac{2.60 - 1}{1+2.0} \times 10 = 5.3\,\text{kN/m}^3$

$\gamma_{sub} = \gamma_{sat} - \gamma_w = 15.3 - 10 = 5.3\,\text{kN/m}^3$

③ 유효압력
점토 중앙단면까지의 깊이는 2m이므로
$\sigma' = q + \gamma_{sub} \cdot z = 30 + 5.3 \times 2 = 40.6\,\text{kN/m}^2$

해답 ④

035

높이 6m의 옹벽이 그림과 같이 수중 속에 있다 이 옹벽에 작용하는 전 주동토압은 얼마인가?

① 48kN/m
② 228kN/m
③ 108kN/m
④ 288kN/m

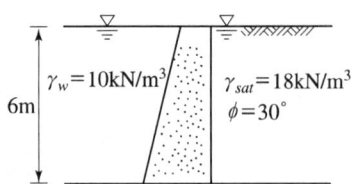

해설

① 주동토압계수 $K_A = \dfrac{1-\sin30°}{1+\sin30°} = \dfrac{1}{3}$

② 전주동토압 $P_A = \dfrac{1}{2} \cdot K_A \cdot \gamma_{sub} \cdot H^2 = \dfrac{1}{2} \times \dfrac{1}{3} \times 8 \times 6^2 = 48\text{kN/m}$

해답 ①

036

현장도로 토공에서 모래치환에 의한 흙의 단위무게 시험을 했다 파낸 구멍의 부피가 1,980cm³이었고 이 구멍에서 파낸 흙무게가 3,420g이었다. 이 흙의 토질 실험결과 함수비가 10%, 비중이 2.7, 최대 건조단위무게가 1.65g/cm³이었을 때 이 현장의 다짐도는?

① 약 85%
② 약 87%
③ 약 91%
④ 약 95%

해설

① 습윤단위중량 $\gamma_t = \dfrac{W}{V} = \dfrac{3,420}{1,980} = 1.727\text{g/cm}^3$

② 건조단위중량 $\gamma_d = \dfrac{\gamma_t}{1+\dfrac{w}{100}} = \dfrac{1,727}{1+\dfrac{10}{100}} = 1.57\text{g/cm}^3$

③ 다짐도 $R = \dfrac{\text{현장의 } r_d}{\text{실내다짐시험에 의한 } r_{dmax}} \times 100 = \dfrac{1.57}{1.65} \times 100 = 95.15\%$

해답 ④

037

직경 60mm, 폰이 20mm인 점토시료의 습윤중량이 250g, 건조로에서 건조시킨 후의 중량이 20g이었다. 함수비는?

① 20%
② 25%
③ 30%
④ 40%

해설

① 물의 중량 $W_w = 250 - 200 = 50\text{g}$

② 함수비 $w = \dfrac{W_w}{W_s} \times 100 = \dfrac{50}{200} \times 100 = 25\%$

해답 ②

038

두께 2m의 포화 점토층의 상하가 모래층으로 되어있을 때 이 점토층이 최종 침하량의 90%의 침하가 일으킬 때까지 걸리는 시간은? (단, 압밀계수(c_v)는 $1.0 \times 10^{-5} \text{cm}^2/\text{sec}$, 시간계수($T_{90}$)는 0.848이다.)

① $0.788 \times 10^9 \text{sec}$
② $0.197 \times 10^9 \text{sec}$
③ $3.392 \times 10^9 \text{sec}$
④ $0.848 \times 10^9 \text{sec}$

해설 ① 배수거리 양면배수이므로
$$d = \frac{200}{2}\text{cm} = 100\text{cm}$$
② 압밀도 90%에 대한 시간계수
$$T_{90} = 0.848$$
③ 압밀도 90%에 대한 압밀시간
$$T_{90} = \frac{T_{90} \cdot d^2}{C_v} = \frac{0.848 \times 100^2}{1.0 \times 10^{-5}} = 0.848 \times 10^9 \text{sec}$$

해답 ④

039

다짐에 관한 다음 사항 중 옳지 않은 것은?

① 최대건조단위중량은 사질토에서 크고 점성토일수록 작다.
② 다짐에너지가 클수록 최적함수비는 커진다.
③ 양입도에서는 빈입도보다 최대건조단위중량이 크다.
④ 다짐에 영향을 주는 것은 토질, 함수비, 다짐방법 및 에너지 등이다.

해설 다짐에너지를 증가시키면, 최대건조단위중량은 커지고 최적함수비는 작아진다.

해답 ②

040

직접전단시험에서 수직응력이 1MPa일 때 전단저항이 0.5MPa이었고, 수직응력을 2MPa로 증가하였더니 전단저항이 0.7MPa이었다. 이 흙의 점착력 값은?

① 0.2MPa
② 0.3MPa
③ 0.5MPa
④ 0.7MPa

해설 전단강도
$\tau = c' + ' \cdot \tan\phi$
$5 = c + 0.1\tan\phi$ ⋯⋯⋯⋯⋯⋯ ⓐ식
$7 = c + 0.2\tan\phi$ ⋯⋯⋯⋯⋯⋯ ⓑ식
연립방정식을 풀면 즉, 식ⓐ에 2를 곱하여 식 ⓑ를 빼면
ⓐ식-ⓑ식에서 $c = 0.3\text{MPa}$

해답 ②

제3과목 수자원설계

041 폭이 4m, 수심 2m인 직사각형 수로에 등류가 흐르고 있을 때 조도계수 $n = 0.02$라면 Chezy의 평균유속계수 C는?

① 0.05
② 0.5
③ 5
④ 50

해설 $C = \dfrac{1}{n} \cdot R^{1/6} = \dfrac{1}{0.02} \times \left(\dfrac{4 \times 2}{4 + 2 \times 2}\right)^{1/6} = 50^{1/6}$

해답 ④

042 관수로에서 최대유속이 $V_{\max}$이고 평균유속이 V_m이라고 하면, 최대유속 $V_{\max}$와 평균유속 V_m의 관계에 가장 가까운 것은? (단, 층류로 흐르는 경우)

① 평균유속 V_m은 최대유속 $V_{\max}$의 1/2이다.
② 평균유속 V_m은 최대유속 $V_{\max}$의 1/3이다.
③ 평균유속 V_m은 최대유속 $V_{\max}$의 1/4이다.
④ 평균유속 V_m은 최대유속 $V_{\max}$의 1/6이다.

해설 $V_m = \dfrac{1}{2} V_{\max}$

해답 ①

043 힘의 차원을 MLT계로 표시한 것으로 옳은 것은?

① $[\text{MLT}^{-2}]$
② $[\text{MLT}^{-1}]$
③ $[\text{ML}^{-2}\text{T}^2]$
④ $[\text{ML}^{-1}\text{T}^{-2}]$

해설 힘의 차원 $[\text{MLT}^2]$

해답 ①

044 개수로의 흐름을 상류(常流)와 사류(射流)로 구분할 때 기준으로 사용할 수 없는 것은?

① 후루드 수(Froude Number)
② 한계유속(critical celocity)
③ 한계수심(critical depth)
④ 렝놀즈 수(Reynolds number)

해설 레이놀드 수는 관로에서의 층류와 난류를 구분하는 기준이 된다.

해답 ④

045 그림과 같이 물이 수문의 최상단까지 차있을 때, 높이 6m, 폭 1m의 수문에 작용하는 전수압의 작용점(h_c)은?

① 3m
② 3.5m
③ 4m
④ 4.3m

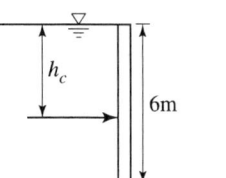

해설 $h_c = h_G + \dfrac{I_G}{h_G A} = \dfrac{6}{2} + \dfrac{1 \times 6^3/12}{3 \times 6 \times 1} = 4\text{m}$

해답 ③

046 물이 흐르는 동일한 직경의 관로에서 두 단면의 위치수두가 각각 50cm 및 20cm, 압력이 각각 1.2kg/cm² 및 0.9kg/cm²일 때 두 단면 사이의 손실수두는? (단, 무게 1kg=9.8N, 기타 조건은 동일하다.)

① 5.5m
② 3.3m
③ 2.0m
④ 1.2m

해설 $\dfrac{P_1}{w} + \dfrac{V_1^2}{2g} + Z_1 = \dfrac{P_2}{w} + \dfrac{V_2^2}{2g} + Z_2 + h_L$에서 $h_L = 3.3\text{m}$

해답 ②

047 내경 15cm의 관에 10℃의 물이 유속 3.2m/s로 흐르고 있을 때 흐름의 상태는? (단, 10℃ 물의 동점성계수 $\nu = 0.0131\text{cm}^2/\text{s}$이다.)

① 층류
② 한계류
③ 난류
④ 부정류

해설 $R_e = \dfrac{V \cdot D}{\nu} = \dfrac{3.2 \times 0.15}{0.0131 \times 10^{-4}} = 366412 > 2000$이므로 난류이다.

해답 ③

048 그림과 같은 오리피스를 통과하는 유량은? (단, 오리피스 단면적 $A = 0.2\text{m}^2$, 손실계수 $C = 0.78$이다.)

① 0.36m³/s
② 0.46m³/s
③ 0.56m³/s
④ 0.66m³/s

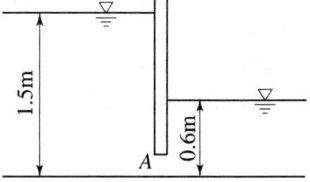

해설 $Q = CAV = 0.78 \times 0.2 \times \sqrt{2 \times 9.8 \times (1.5 - 0.6)} = 0.655\text{m}^3/\text{sec}$

해답 ④

049
두 개의 평행한 평판 사이에 점성유체가 흐를 때 전단응력에 대한 설명으로 옳은 것은?

① 전 단면에 걸쳐 일정하다.
② 포물선분포의 형상을 갖는다.
③ 벽면에서는 0이고, 중심까지 직선적으로 변화한다.
④ 중심에서는 0이고, 중심으로부터의 거리에 비례하여 증가한다.

해설 전단응력은 중심에서는 0이고 벽면으로 갈수록 직선분포로 증가한다.

해답 ④

050
물에 대한 성질을 설명한 것 중 틀린 것은?

① 물의 밀도는 4℃에서 가장 크며 4℃보다 작거나 높아지면 밀도는 점점 감소한다.
② 물의 압축률(C_w)과 체적탄성계수(E_w)는 서로 역수의 관계가 있다.
③ 물의 점성계수는 수온(℃)이 높을수록 그 값이 커지고 수온이 낮을수록 작아진다.
④ 물은 특별한 경우를 제외하고는 일반적으로 비압축성 유체로 취급한다.

해설 물의 점성은 온도가 올라가면 작아지고, 온도가 내려가면 커진다.

해답 ③

051
배수관망 계산시 Hardy Corss방법의 사용에서 바탕이 되는 가정 사항이 아닌 것은?

① 마찰 이외의 손실은 고려하지 않는다.
② 각 폐합관로 내에서의 손실수두 합은 0(zero)이다.
③ 관의 교차점에서 유량은 정지하지 않고 모두 유출된다.
④ 관의 교차점에서의 수압은 관의 지름에 비례한다.

해설 배수관망 계산시 Hardy Corss방법의 기본 가정
① 마찰 이외의 손실은 고려하지 않는다.
② 각 폐합관로 내에서의 손실수두 합은 0(zero)이다.
③ 관의 교차점에서 유량은 정지하지 않고 모두 유출된다.

해답 ④

052

취수구를 상하에 설치하여 수위에 따라 양호한 수질을 선택 및 취수할 수 있으며, 수심이 일정 이상 되는 지점에 설치하면 연간 안정적인 취수가 가능한 시설은?

① 취수보 ② 취수탑
③ 취수문 ④ 취수관거

해설 취수탑은 취수구를 상하에 설치하여 수위에 따라 양호한 수질의 물을 선택 취수가 가능하며, 수심이 일정이상 되는 지점에 설치하면 연간 안정적인 취수가 가능한 시설

해답 ②

053

하천이나 호소에서 부영양화(Eutrophication)의 주된 원인물질은 다음 중 어느 것인가?

① 질소 및 인 ② 탄소 및 유황
③ 중금속 ④ 염소 및 질산화물

해설 부여양화의 주된 원인물질은 질소(N)은 인(P)이다.

해답 ①

054

활성슬러지 공정의 2차 침전지를 설계하는데 다음과 같은 기준을 사용하였다. 이 침전지의 수리학적 체류시간은 얼마인가? (단, 유입수량 : 5000m³/day, 표면부하율 : 30m³/m² · day, 수심 : 5.4m)

① 2.8hr ② 3.5hr
③ 4.3hr ④ 5.2hr

해설 표면부하율 $= \dfrac{Q}{A} = \dfrac{h}{t}$ 에서

체류시간 $t = \dfrac{h}{Q/A} = \dfrac{5.4\text{m}}{30\text{m/day}} = 0.18\text{day} = 4.32\text{hr}$

해답 ③

055

분류식 하수배제 방식에 대한 다음 설명 중 옳지 않은 것은?

① 강우시의 오수처리에 유리하다.
② 합류식보다 관거의 부설비가 많이 소요된다.
③ 분류식은 오수관과 우수관을 별도로 설치한다.
④ 합류식보다 우수처리 비용이 많이 소요된다.

해설 분류식 하수배제 방식은 오수와 우수를 2개의 배수계통으로 각각 배제하므로 합류식보다 우수처리 비용이 저렴하다.

해답 ④

056 용존산소(DO)에 대한 설명으로 다음 중 옳지 않은 것은?

① 오염된 물은 용존산소량이 적다.
② BOD가 큰 물은 용존산소량도 많다.
③ 용존산소량이 적은 물은 혐기성 분해가 일어나기 쉽다.
④ 용존산소량이 극히 적은 물은 어류의 생존에 적합하지 않다.

해설 BOD가 큰 물은 용존산소량(DO)이 적다.

해답 ②

057 배수면적이 $0.05km^2$, 하수관거의 길이 480m, 유입시간이 4min, 유출계수 $C=0.6$, 재현기간 7년에 대한 강우강도 $I=3250/(t+18.2)$mm/hr, 하수관내 유속이 27m/min일 때 이 하수관거내의 우수량은 얼마인가? (단, 강우지속시간 t의 단위 : min)

① $0.68m^3/sec$
② $2.45m^3/sec$
③ $3.65m^3/sec$
④ $6.77m^3/sec$

해설 ① 유달시간(T)=유입시간(t_1) + 유하시간(t_2)=$t_1 + \dfrac{L}{v} = 4 + \dfrac{480}{27}$
$= 21.78[min] \Rightarrow$ 강우지속시간(t)

② 강우강도
$I = \dfrac{3250}{t+18.2} = \dfrac{3250}{21.78+18.2} = 81.29[mm/hr]$

③ $Q = \dfrac{1}{3.6} CIA = \dfrac{1}{3.6} \times 0.6 \times 81.29 \times 0.05 = 0.68[m^3/sec]$

해답 ①

058 급수인구 추정방법에서 등비급수법에 해당되는 공식은? (단, P_n : n년 후 추정인구, P_o : 현재인구, n : 경과년수, a, b : 상수, K : 포화인구, r : 연평균 인구증가율)

① $P_n = P_o + rn^a$
② $P_n = \dfrac{K}{1+e^{(a-b^n)}}$
③ $P_n = P_o + rn$
④ $P_n = P_o(1+r)^n$

해설 등비급수법
$P_n = P_o(1+r)^n$
여기서, P_n : n년 후 추정인구 P_o : 현재인구
  n : 경과년수 r : 연평균 인구증가율

해답 ④

059 우수조정지에 대한 설명으로서 다음 중 옳지 않은 것은?

① 하수관거의 유하능력이 부족한 곳에 설치한다.
② 용량은 방류하천의 유하능력을 고려하여 결정한다.
③ 합류식 하수도에만 설치한다.
④ 우천시의 우수를 저장하여 침수를 방지할 수 있다.

해설 우수조정지(유수지)는 합류식과 분류식 하수도에 설치하는 우수유출량 조절시설이며 하수관거 및 방류수역의 유하능력이 부족한 곳에 설치한다.

해답 ③

060 하수의 소독방법 선정시 고려사항으로서 다음 중 틀린 것은?

① 소독방법은 방류수역의 이수특성, 경제성, 효율성을 종합적으로 검토하여 선정한다.
② 염소계 소독방법 이외의 방법을 선정할 경우에는 THM 문제를 해소할 수 있는 대책을 강구하여야 한다.
③ 오존 소독방법을 선정할 경우에는 잔여오존 해소대책 및 경제성 비교에 신중을 기하여야 한다.
④ 자외선 소독방법을 선정할 경우에는 처리장의 시설용량을 감안하여 시설비 및 유지관리비가 적게 소요되는 방식을 채택하여야 한다.

해설 염소계 소독시 발암물질인 THM이 생성되므로 해소대책이 필요하다.

해답 ②

토목산업기사

2023년 9월 CBT 시행

본 문제는 복원 기출문제입니다. 실제 문제와 다를 수 있으니 양해바랍니다.

제1과목 구조설계

001 다음 중 힘의 3요소가 아닌 것은?
① 크기
② 방향
③ 작용점
④ 모멘트

해설 힘의 3요소

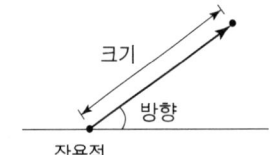

해답 ④

002 단면적이 1000mm²인 강봉이 그림과 같은 힘을 받을 때 이 강봉의 늘어난 길이는? (단, $E=2.0\times10^5$MPa)

① 0.05cm
② 0.04cm
③ 003cm
④ 0.02cm

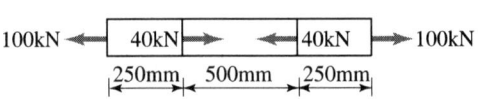

해설 $\Delta L = \Delta L_1 + \Delta L_2 + \Delta L3$
$= \dfrac{100\times 250}{EA} + \dfrac{60\times 500}{EA}$
$\quad + \dfrac{100\times 250}{EA}$
$= \dfrac{80000}{EA} = \dfrac{80000}{2.0\times 10^5}$
$= 0.4\text{mm} = 0.04\text{cm}$

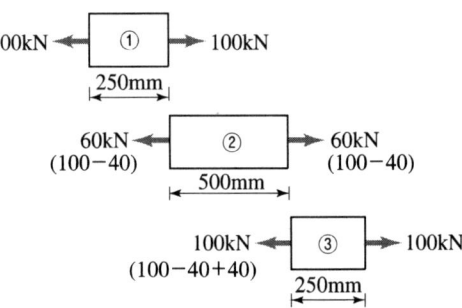

해답 ②

003 직경 20mm, 길이 2m인 봉에 200kN의 인장력을 작용시켰더니 길이가 2.08m, 직경이 19.8mm로 되었다면 포아송비는 얼마인가?

① 0.5 ② 2
③ 0.25 ④ 4

해설
$$\nu = \frac{\epsilon'}{\epsilon} = \frac{\frac{\Delta D}{D}}{\frac{\Delta L}{L}} = \frac{L \cdot \Delta D}{D \cdot \Delta L} = \frac{200 \times 0.02}{2 \times 8} = 0.25$$

해답 ③

004 그림과 같은 단순보에서 최대 휨모멘트가 발생하는 위치는? (단, A점으로부터의 거리 X로 나타낸다.)

① 6m
② 7m
③ 8m
④ 9m

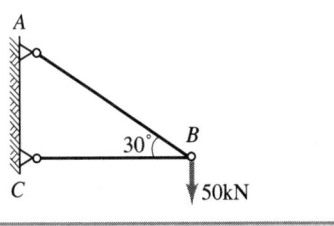

해설
① $\sum M_B = 0$
   $V_A \times 10 - 50 \times 10 \times 5 - 1500 = 0$
   $V_A = 400\text{kN}(\uparrow)$
② $S_x = 400 - 50 \times x = 0$
   $x = 8\text{m}$

해답 ③

005 다음 그림과 같은 AB부재의 부재력은?

① 43kN
② 50kN
③ 75kN
④ 100kN

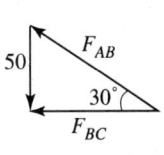

해설
$\dfrac{50}{\sin 30°} = \dfrac{F_{AB}}{\sin 90°}$
$F_{AC} = 100\text{kN}(\text{인장})$

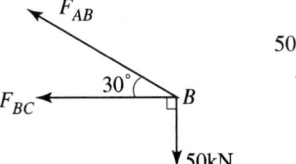

해답 ④

006

단면이 300mm×300mm인 정사각형 단면의 보에 18kN의 전단력이 작용할 때 이 단면에 작용하는 최대전단응력은?

① 0.15MPa ④ 0.3MPa
③ 0.45MPa ④ 0.6MPa

해설 $\tau_{max} = \dfrac{3}{2} \cdot \dfrac{V_{max}}{A} = \dfrac{3}{2} \times \dfrac{18000}{300 \times 300} = 0.3\text{MPa}$

해답 ②

007

그림과 같이 2차 포물선 OAB가 이루는 면적의 y축으로부터 도심 위치는?

① 30cm
② 31cm
③ 32cm
④ 33cm

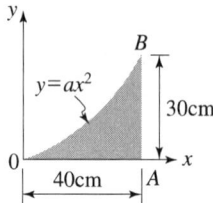

해설 $\bar{x} = \dfrac{3b}{4} = \dfrac{3 \times 40}{4} = 30\text{cm}$

해답 ①

008

장주의 좌굴하중(P)을 나타내는 아래의 식에서 양단고정인 장주인 경우 n값으로 옳은 것은? (단, E : 탄성계수, A : 단면적, λ : 세장비)

$$P = \dfrac{\eta \pi^2 EA}{\lambda^2}$$

① 4 ② 2
③ 1 ④ $\dfrac{1}{4}$

해설

지지 상태	양단힌지	1단고정 1단힌지	양단고정	1단고정 1단자유
좌굴 강도	$n=1$	$n=2$	$n=4$	$n=\dfrac{1}{4}$

해답 ①

009

단면이 원형(지름 D)인 보에 휨모멘트 M이 작용할 때 이 보에 작용하는 최대 휨응력은?

① $\dfrac{12M}{\pi D^3}$ ② $\dfrac{16M}{\pi D^3}$
③ $\dfrac{32M}{\pi D^3}$ ④ $\dfrac{64M}{\pi D^3}$

해설 $\sigma_{\max} = \dfrac{M}{Z} = \dfrac{M}{\dfrac{\pi D^3}{32}} = \dfrac{32M}{\pi D^3}$

해답 ③

010

반지름이 r인 원형단면의 단주에서 도심에서의 핵거리 e는?

① $\dfrac{r}{2}$ ② $\dfrac{r}{4}$
③ $\dfrac{r}{6}$ ④ $\dfrac{r}{8}$

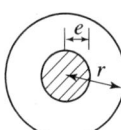

해설 $k_o = e = \dfrac{Z}{A} = \dfrac{\dfrac{\pi D^3}{32}}{\dfrac{\pi D^2}{4}} = \dfrac{D}{8} = \dfrac{r}{4}$

해답 ②

011

강도설계법에서 $f_{ck} = 21\text{MPa}$, $f_y = 300\text{MPa}$일 때 다음 그림과 같은 보의 등가 직사각형 응력블록의 깊이 a는? (단, $A_s = 2400\text{mm}^2$이다.)

① 264mm
② 248mm
③ 144mm
④ 127mm

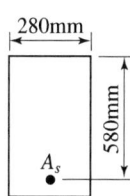

해설 $a = \dfrac{A_s f_y}{0.85 f_{ck} b} = \dfrac{2400 \times 300}{0.85 \times 21 \times 280} \fallingdotseq 144\text{mm}$

해답 ③

012 프리스트레스의 손실원인 중 프리스트레스 도입 후에 시간의 경과에 따라 생기는 것은?

① 콘크리트의 탄성변형 ② 정착단의 활동
③ 콘크리트의 크리프 ④ PS강재와 쉬스 사이의 마찰

해설 **즉시손실**(프리스트레스 도입 시 생기는 손실)
① 콘크리트 탄성변형에 의한 손실
② 정착단 활동에 의한 손실
③ PS 강재와 시스 사이의 마찰에 의한 손실
시간적 손실(프리스트레스 도입 후 생기는 손실)
① 콘크리트의 건조수축
② 콘크리트 크리프
③ PS 강재의 릴랙세이션

해답 ①

013 강도설계법에서 강도감소계수에 관한 규정 중 틀린 것은?

① 인장지배단면 : 0.85
② 나선철근으로 보강된 철근콘크리트 부재의 압축지배 단면 : 0.70
③ 전단력 : 0.75
④ 콘크리트의 지압력 : 0.70

해설 콘크리트의 지압력에 대한 강도감소계수는 0.65이다.

해답 ④

014 아래 그림과 같은 맞대기 용접의 용접부에 생기는 인장응력은?

① 180MPa
② 141MPa
③ 200MPa
④ 223MPa

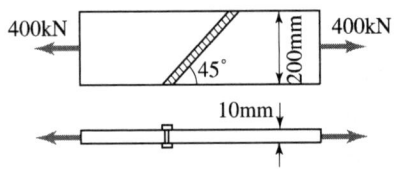

해설 $v = \dfrac{P}{\Sigma al} = \dfrac{400 \times 10^3}{10 \times 200} = 200\text{N/mm}^2 = 200\text{MPa}$

해답 ④

015

아래 그림과 같이 경간 $L=9m$인 연속 슬래브에서 빗금친 반T형보의 유효폭(b)은?

① 900mm
② 1050mm
③ 1100mm
④ 1200mm

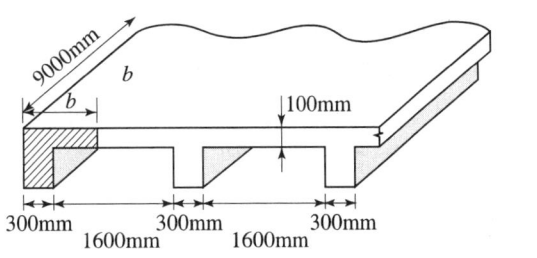

해설 반T형 비대칭T형 단면의 유효폭
① $6t_f + b_w = 6 \times 100 + 400 = 1,000mm$
② 인접 보와의 내면간 거리 $+ b_w = 1,600 + 300 = 3,000mm$
③ 보의 경간의 $\frac{1}{12} + b_w = \frac{9,000}{12} + 300 = 1,050mm$
④ 이 중 작은 값인 1,500mm를 유효폭으로 한다.

해답 ②

016

D-25(공칭직경 : 25.4mm)를 사용하는 압축이형철근의 기본정착길이는?
(단, $f_{ck}=27MPa$, $f_y=400MPa$이다)

① 357mm
② 489mm
③ 745mm
④ 1174mm

해설
$l_{bd} = \frac{0.25 d_b f_y}{\lambda \sqrt{f_{ck}}} = \frac{0.25 \times 25.4 \times 400}{\sqrt{27}} \fallingdotseq 489mm$
$\geq 0.043 d_b f_y = 0.043 \times 25.5 \times 400 \times 438.6mm$ 이므로
기본정착길이는 489mm이다.

해답 ②

017

강도설계법에 의한 기본가정으로 틀린 것은?
① 압축측 콘크리트 변형률은 등가깊이 $\alpha = \beta_1 c$까지 직사각형 분포이다.
② 콘크리트 압축연단 최대 변형률은 0.003으로 한다.
③ 콘크리트의 인장강도는 휨계산에서 무시한다.
④ 항복강도 f_y 이하에서의 철근 응력은 그 변형률의 E_s배를 취한다.

 변형률 선도는 중립축으로부터의 수직거리에 비례한다.

해답 ①

018 전단철근으로 사용될 수 있는 것이 아닌 것은?

① 스터럽과 굽힘철근의 조합
② 부재축에 직각인 스터럽
③ 부재의 축에 직각으로 배치된 용접철망
④ 주인장 철근에 15°의 각도로 구부린 굽힘철근

해설 전단 철근의 종류
① 부재축에 직각인 스터럽
② 부재축에 직각으로 배치한 용접철망
③ 나선철근, 원형 띠철근 또는 후프철근
④ 주인장 철근에 45° 이상의 각도로 설치되는 스터럽
⑤ 주인장 철근에 30° 이상의 각도로 구부린 굽힘 철근
⑥ 스터럽과 굽힘철근의 병용

해답 ④

019 옹벽의 안정조건에 대한 설명으로 틀린 것은?

① 활동에 대한 저항력은 옹벽에 작용하는 수평력의 1.5배 이상이어야 한다.
② 지반에 유발되는 최대 지반반력이 지반의 허용지지력의 1.5배 이상이어야 한다.
③ 전도 및 지반지지력에 대한 안정조건은 만족하지만 활동에 대한 안정조건만을 만족하지 못할 경우에는 활동방지벽 혹은 횡방향 앵커 등을 설치하여 활동저항력을 증대시킬 수 있다.
④ 전도에 대한 저항휨모멘트는 횡토압에 의한 전도휨모멘트의 2.0배 이상이어야 한다.

해설 지반에 유발되는 최대 지반반력이 지반의 허용지지력 이하라야 한다.
$q_{max} \leq q_a$

해답 ②

020 인장부재의 볼트 연결부를 설계할 때 고려되지 않는 항목은?

① 지압응력
② 볼트의 전단응력
③ 부재의 항복응력
④ 부재의 좌굴응력

해설 좌굴은 압축을 받는 경우에 고려하며 인장부재의 볼트 연결부에서 좌굴응력에 대해 검토할 필요는 없다.

해답 ④

제2과목 측량 및 토질

021 삼각측량을 통해 삼각망의 내각을 측정하니 각각 다음과 같은 각도를 얻었다면 각 내각의 최확값은? ($\angle A = 32°13'29''$, $\angle B = 55°32'19''$, $\angle C = 92°14'30''$)

① $\angle A = 32°13'24''$, $\angle B = 55°32'12''$, $\angle C = 92°14'24''$
② $\angle A = 32°13'23''$, $\angle B = 55°32'12''$, $\angle C = 92°14'25''$
③ $\angle A = 32°13'23''$, $\angle B = 55°32'13''$, $\angle C = 92°14'24''$
④ $\angle A = 32°13'24''$, $\angle B = 55°32'12''$, $\angle C = 92°14'23''$

해설 ① 측각오차 $w = \angle A + \angle B + \angle C - 180° = 0°0'18''$
② 조정량 $= -\dfrac{W}{3} = -6''$ 각각에 $-6''$씩 조정한다.
③ $\angle A = 32°13'29'' - 6'' = 32°13'23''$
  $\angle B = 55°32'19'' - 6 = 55°32'13''$
  $\angle C = 92°14'30'' - 6'' = 92°14'24''$

해답 ③

022 곡선반지름 $R = 250\text{m}$, 곡선길이 $L = 40\text{m}$인 클로소이드에서 매개변수 A는?

① 20m ② 50m
③ 100m ④ 120m

해설 $A^2 = R \cdot L$에서 $A = \sqrt{250 \times 40} = 100\text{m}$

해답 ③

023 교호수준측량의 결과가 그림과 같을 때 A점의 표고가 55.423m라면 B점의 표고는?

① 52.930m
② 54.130m
③ 54.132m
④ 54.137m

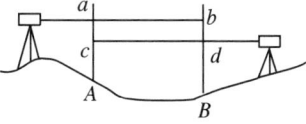

해설 ① $h = \dfrac{1}{2}(a-b) + (c-d) = -1.293\text{m}$
② $H_B = H_A + h = 55.423 - 1.293 = 54.130\text{m}$

해답 ②

024 양수표의 설치장소로 적합하지 않은 곳은?

① 상·하류 최소 300m 정도 곡선인 장소
② 교각이나 기타 구조물에 의한 수위변동이 없는 장소
③ 홍수시 유실 또는 이동이 없는 장소
④ 지천의 합류점에서 상당히 상류에 위치한 장소

해설 양수표의 설치장소는 상·하류 100m 정도 직선인 장소이어야 한다.

해답 ①

025 그림과 같은 지역의 면적은?

① 246.5m²
② 268.4m²
③ 275.2m²
④ 288.9m²

해설
① $A_1 = \dfrac{1}{2}(12 \times 15) = 90\text{m}^2$

② $A_2 = \sqrt{s(s-a)(s-b)(s-c)}$

  ㉠ $a = \sqrt{12^2 + 15^2} = 19.21\text{m}$
  ㉡ $s = \dfrac{19.21 + 18 + 20}{2} = 28.6\text{m}$
  ㉢ $A_2 = \sqrt{(28.6(28.6-19.2)(28.6-18)(28.6-20)} = 156.5$

③ $A = A_1 + A_2 = 246.5\text{m}^2$

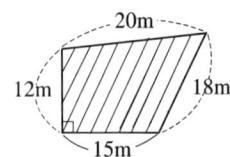

해답 ①

026 캔트(C)인 원곡선에서 곡선반지름을 3배로 하면 변화된 캔트(C')는?

① $\dfrac{C}{9}$ ② $\dfrac{C}{3}$
③ $3C$ ④ $9C$

해설 $C = \dfrac{SV^2}{gR}$에서 $C \propto \dfrac{1}{R}$ 이므로 $C' = \dfrac{C}{3}$

해답 ②

027

어떤 측선의 배횡거를 구하는 방법으로 옳은 것은?

① 전 측선의 배횡거+전 측선의 경거+그 측선의 경거
② 전 측선의 횡거+전 측선의 경거+그 측선의 횡거
③ 전 측선의 횡거+전 측선의 경거+그 측선의 경거
④ 전 측선의 배횡거+전 측선의 경거+그 측선의 횡거

해답 ①

028

삼각점에서 행해지는 모든 각관측 및 조정에 대한 설명으로 옳지 않은 것은?

① 한 측점의 둘레에 있는 모든 각을 합한 것은 360°가 되어야 한다.
② 삼각망 중 어느 1변의 길이는 계산순서에 관계없이 동일해야 한다.
③ 삼각형 내각의 합은 180°가 되어야 한다.
④ 각 관측방법은 단측법을 사용하여 최대한 정확히 한다.

 삼각측량은 정밀한 각관측법이나 반복법을 사용한다.

해답 ④

029

축척 1 : 10000 지형도 상에서 주곡선 1개 간격의 두 점 A점과 B점 사이에 수평거리 2.0cm인 도로를 설계하려 할 때 도로의 경사는?

① 2.5%   ② 5%
③ 15%   ④ 20%

 ① 1/10,000 지형도의 주곡선 간격 $h = 5$m
② 1/10,000 실제길이 $D = 0.02 \times 10000 = 200$m
③ 경사도 $= \dfrac{h}{D} = \dfrac{5}{200} = 2.5\%$

해답 ①

030

수준측량에 대한 설명으로 옳지 않은 것은?

① 측량은 전시로 시작하여 후시로 종료하게 된다.
② 표척을 전후로 기울여 최소읽음값을 관측한다.
③ 수준측량은 왕복측량을 원칙으로 한다.
④ 이기점(turning point)은 중요하므로 1mm 단위가지 읽도록 한다.

 수준측량은 후시로 시작하여 전시로 종료하게 된다.

해답 ①

031
어떤 흙의 전단시험결과 $c=0.18$MPa, $\phi=35°$, 토립자에 작용하는 수직응력 $\sigma=0.36$MPa일 때 전단강도는?

① 0.489MPa ② 0.432MPa
③ 0.633MPa ④ 0.386MPa

해설 $\tau = c + \sigma \cdot \tan\phi = 0.18 + 0.36 \times \tan 35° = 0.432$MPa

해답 ②

032
입도시험결과 균등계수가 6이고, 입자가 둥근 모래흙의 강도시험 결과 내부마찰각이 32°이었다. 이 모래지반의 N치는 대략 얼마나 되겠는가? (단, Dunham의 식 사용)

① 12 ② 18
③ 24 ④ 30

해설 모래의 양입도 조건
① 균등계수 $C_u > 6$
② 곡률계수 $C_g = 1 \sim 3$

Dunham 공식
균등계수가 6이므로 입도분포가 나쁜 모래지반이며 입자가 둥근 경우이므로
$\phi = \sqrt{12N} + 15$
$32 = \sqrt{12N} + 15$
$\sqrt{12N} = 17 \quad N = 24$

해답 ③

033
말뚝의 직경이 50cm, 지중에 관입된 말뚝의 길이가 10cm인 경우 무리말뚝의 영향을 고려하지 않아도 되는 말뚝의 최소간격은?

① 2.37m ② 2.75m
③ 3.35m ④ 3.75m

해설 ① 말뚝의 반지름
$r = \dfrac{50}{2}$cm $= 0.25$
② 무리말뚝의 최대중심간격
$D_0 = 1.5\sqrt{r \cdot L} = 1.5\sqrt{0.25 \cdot 10} = 2.37$m

해답 ①

034

모래 치환법에 의한 현장 흙의 단위무게 실험결과가 아래와 같다. 현장 흙의 건조단위 중량은?

- 실험구멍에서 파낸 흙의 무게 1,600g
- 실험구멍에서 파낸 흙의 함수비 20%
- 실험구멍에서 채운 표준모래의 무게 1,350g
- 실험구멍에서 채운 표준모래의 단위중량 1.35g/cm³

① 0.93g/cm³ ② 1.13g/cm³
③ 1.33g/cm³ ④ 1.53g/cm³

해설

① 구멍의 부피 $V = \dfrac{W_{sand}}{\gamma_{sand}} = \dfrac{1,350}{1.35} = 1,000 \text{cm}^3$

② 습윤단위중량 $\gamma_t = \dfrac{W}{V} = \dfrac{1,600}{1,000} = 1.6 \text{g/cm}^3$

③ 현장의 건조단위중량 $\gamma_d = \dfrac{\gamma_t}{1+\dfrac{w}{100}} = \dfrac{1.6}{1+\dfrac{20}{100}} = 1.33 \text{g/cm}^3$

해답 ③

035

사질토 지반에서 직경 30cm의 평판 재하시험결과 300kN/m²의 압력이 작용할 때 침하량이 5mm라면 직경 1.5m의 실제 기초에 300kN/m²의 하중이 작용할 때 침하량의 크기는?

① 28mm ② 50m
③ 14mm ④ 25mm

해설 기초의 침하량

$S_{(기초)} = S_{(재하)} \cdot \left[\dfrac{2B_{(기초)}}{B_{(기초)} + B_{(기초)}} \right]^2 = 5 \times \left[\dfrac{2 \times 1.5}{1.5 + 0.3} \right]^2 = 13.89 \text{mm}$

해답 ③

036

부피 10cm³의 시료가 있다. 젖은 흙의 무게가 180g인데 노건조 후 무게를 측정하니 140g이었다. 이 흙의 간극비는? (단, 이 흙의 비중은 2.65이다.)

① 1.472 ② 0.893
③ 0.627 ④ 0.470

해설

① 건조단위중량 $\gamma_d = \dfrac{W_s}{V} = \dfrac{140}{100} = 1.4 \text{g/cm}^3$

② 공극비 $e = \dfrac{G_s \cdot \gamma_w}{\gamma_d} - 1 = \dfrac{2.65 \times 1}{1.4} - 1 = 0.893$

해답 ②

037

연약점토지반에서(내부마찰각이 0°임)의 단위중량이 16kN/m³, 점착력이 20kN/m²이다. 이 지반을 연직으로 2m 굴착하였을 때 연직사면의 안전율은?

① 1.5
② 2.0
③ 2.5
④ 3.0

해설 ① 한계고

$$H_c = 2Z_0 = \frac{4c}{\gamma_t} \cdot \tan\left(45° + \frac{\phi}{2}\right) = \frac{4 \times 20}{16} \tan\left(45° + \frac{0°}{2}\right) = 5\text{m}$$

② 안전율

$$F_s = \frac{H_c}{H} = \frac{5}{2} = 2.5$$

해답 ③

038

다음 그림에 보인 바와 같이 지하수위면은 지표면 아래 2.0m의 깊이에 있고 흙의 단위중량은 지하수위면 위에서 19kN/m³, 지하수위면 아래에서 20kN/m³ 이다. 요소 A가 받는 연직유효응력은?

① 198kN/m²
② 190kN/m²
③ 138kN/m²
④ 130kN/m²

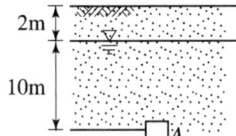

해설 ① 전응력

$$\sigma = \gamma_t \cdot h_1 + \gamma_{sat} \cdot h_2 = 19 \times 2 + 20 \times 10 = 238\text{kN/m}^2$$

② 간극수압(중립응력)

$$u = \gamma_w \cdot h_2 = 10 \times 10 = 100\text{kN/m}^2$$

③ 연직유효응력

$$\sigma' = \sigma - u = 238 - 100 = 138\text{kN/m}^2$$

해답 ③

039

점성토 지반에 있어서 강성기초의 접지압 분포에 관한 다음 설명 중 옳은 것은?

① 기초의 모서리 부분에서 최대응력이 발생한다.
② 기초의 중앙부에서 최대 응력이 발생한다.
③ 기초의 밑면 부분에서는 어느 부분이나 동일하다.
④ 기초의 모서리 및 중앙부에서 최대응력이 발생한다.

해설 점토의 지반의 강성초기는 접지압 분포가 기초 모서리에서 최대이다.

해답 ①

040 그림에서 주동토압의 크기를 구한 값은? (단, 흙의 단위중량은 18kN/m³이고 내부마찰각은 30°이다.)

① 56kN/m
② 108kN/m
③ 158kN/m
④ 236kN/m

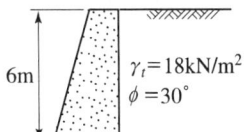

해설
① 주동토압계수 $K_A = \dfrac{1-\sin 30°}{1+\sin 30°} = \dfrac{1}{3}$

② 전주동토압 $P_A = \cdot K_A \cdot \gamma \cdot H^2 = \dfrac{1}{2} \times \dfrac{1}{3} \times 18 \times 6^2 = 108 \text{kN/m}$

해답 ②

제3과목 수자원설계

041 체적이 10m³인 물체가 물속에 잠겨있다. 물속에서의 물체가 무게가 13t이었다면 물체의 비중은?

① 2.6   ② 2.3
③ 1.6   ④ 1.6

해설
$wV + M = w'V' + M'$
$w \times 10 + 0 = 1 \times 10 + 13$
$w = \dfrac{23}{10} = 2.3 \text{t/m}^3$

해답 ②

042 수심이 3m, 유속이 2m/s인 개수로의 비에너지 값은? (단, 에너지 보정계수는 1.1)이다.

① 1.22m   ② 2.22m
③ 3.22m   ④ 4.22m

해설 $He = h + \dfrac{aV^2}{2g} = 3 + \dfrac{1.1 \times 2^2}{2 \times 9.8} = 3.22 \text{m}$

해답 ③

043
직사각형 위어(weir)로 유량을 측정할 때 수두 H를 측정함에 있어 1%의 오차가 생길 경우, 유량에 생기는 오차는?

① 0.5% ② 1.0%
③ 1.5% ④ 2.5%

해설 직사각형 위어
$$\frac{dQ}{Q} = 1.5\%$$

해답 ③

044
Manning의 평균유속공식 중 마찰손실계수 f로 옳은 것은? (단, g : 중력가속도, C : Chezy의 평균유속계수, n : Manning의 조도계수, D : 관의 지름)

① $f = \dfrac{8g}{C}$ ② $f = \dfrac{124.5n^2}{D^{1/3}}$

③ $f = \dfrac{124.5n}{D^3}$ ④ $f = \sqrt{\dfrac{C}{8g}}$

해설 $f = \dfrac{124.5n^2}{D^{1/3}}$

해답 ②

045
층류에서 속도 분포는 포물선을 그리게 된다. 이때 전단응력의 분포형태는?

① 포물선 ② 쌍곡선
③ 직선 ④ 반원

해설 전단응력은 직선분포, 유속은 포물선 분포를 갖는다.

해답 ③

046
도수(Hydraulic jump)현상에 관한 설명으로 옳지 않은 것은?

① 운동량 방정식으로부터 유도할 수 있다.
② 상류에서 사류로 급변할 경우 발생한다.
③ 도수로 인한 에너지 손실이 발생한다.
④ 파상도수와 완전도수는 Froude 수로 구분한다.

해설 도수는 사류의 흐름이 상류의 흐름으로 변화할 때 수면이 튀면서 불연속면이 발생하는 현상을 말한다.

해답 ②

047 정상적인 흐름 내의 1개의 유선상의 유체입자에 대하여 그 속도수두 $\dfrac{V^2}{2g}$, 압력수두 $\dfrac{P}{w_o}$, 위치수두 Z에 대하여 동수경사로 옳은 것은?

① $\dfrac{V^2}{2g} + \dfrac{P}{w_o}$
② $\dfrac{V^2}{2g} + Z + \dfrac{P}{w_o}$
③ $\dfrac{V^2}{2g} + Z$
④ $\dfrac{P}{w_o} + Z$

해설 동수경사 = 위치수두 + 압력수두 = $Z + \dfrac{P}{w_o}$

해답 ④

048 단위시간에 있어서 속도변화가 V_1에서 V_2로 되며 이때 질량 m인 유체의 밀도를 ρ라 할 때 운동량 방정식은? (단, Q : 유량, w : 유체의 단위중량, g : 중력가속도)

① $F = \dfrac{wQ}{\rho}(V_2 - V_1)$
② $F = wQ(V_2 - V_1)$
③ $F = \dfrac{Qg}{w}(V_1 - V_2)$
④ $F = \dfrac{w}{g}Q(V_2 - V_1)$

해설 $F = m \cdot \Delta V = \dfrac{w}{g}Q(V_2 - V_1)$

해답 ④

049 내경 2cm의 관내를 수온 20℃의 물이 25cm/s의 유속을 갖고 흐를 때 이 흐름의 상태는? (단, 20℃일 때의 물의 동점성계수 $\nu = 0.01\text{cm}^2/\text{s}$)

① 층류
② 난류
③ 상류
④ 불완전 층류

해설 $Re = \dfrac{V \cdot D}{\nu} = \dfrac{25 \times 2}{0.01} = 5000 > 4000$이므로 난류이다.

해답 ②

050 면적이 A인 평판이 수면으로부터 h가 되는 깊이에 수평으로 놓여있을 경우 이 평판에 작용하는 전수압 P는? (단, 물의 단위중량은 w이다.)

① $P = whA$
② $P = wh^2A$
③ $P = w^2hA$
④ $P = whA^2$

해설 $P = wh_G A = w \cdot h \cdot A$

해답 ①

051 합류식 관거에서의 계획하수량으로 옳은 것은?

① 계획시간 최대오수량
② 계획오수량
③ 계획평균오수량
④ 계획시간 최대오수량 + 계획우수량

해설 합류식 하수관거의 계획하수량 = 계획 시간 최대오수량 + 계획 우수량

해답 ④

052 그림에서 간선하수거 DA의 길이는 600m이고 유역내 가장 먼 지점 E에서 간선하수거의 입구까지 우수가 유하하는데 걸리는 시간은 5분이다. 간선하수거 내 유속이 1m/s라면 유달 시간은?

① 5분
② 11분
③ 15분
④ 20분

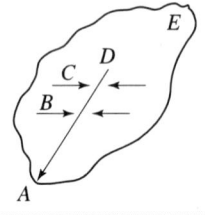

해설 유달시간 T = 유입시간(t_1) + 유하시간(t_2)
$= t_1 + \dfrac{L(\text{하수관거 길이})}{v(\text{유속})} = 5\text{min} + \dfrac{600\text{m}}{1 \times 60\text{m/min}}$
$= 15\text{min}$

해답 ③

053 하천을 수원으로 하는 경우에 하천에 직접 설치할 수 있는 취수시설과 가장 거리가 먼 것은?

① 취수탑
② 취수틀
③ 집수매거
④ 취수문

해설 하천수의 취수시설은 취수관, 취수문, 취수탑, 취수보(취수언), 취수틀 등이 있으며, 집수매거는 복류수(지하수)의 취수시설이다.

해답 ③

054

상수도 배수시설에 대한 설명으로 옳은 것은?

① 계획배수량은 해당 배수구역의 계획 1일 최대급수량을 의미한다.
② 소규모의 수도 및 배수량이 적은 지역에서는 소화용수량은 무시한다.
③ 배수지에서 배수는 펌프가압식을 원칙으로 한다.
④ 대용량 배수지 설치보다 다수의 배수지를 분산시키는 편이 안정급수 관점에서 효과적이다.

해설
① 계획배수량은 계획 시간 최대배수량(급수량)을 원칙으로 한다.
② 소화 용수량은 소규모 수도 및 수량 배수지역에서 배수지 용량에 인구별로 추가한다.
③ 배수방식은 건설비 및 유지관리비 등의 경제성을 고려하여 자연유하식을 원칙으로 한다.
④ 배수지의 배치는 대용량보다 여러 배수지의 분산 설치가 안정적 급수에 효과적이다.

해답 ④

055

정수시설의 계획정수량을 결정하는 기준이 되는 것은?

① 계획 시간 최대급수량
② 계획 1일 최대급수량
③ 계획 시간 평균급수량
④ 계획 1일 평균급수량

해설 정수시설은 계획정수량, 계획 1일 최대급수량을 기준으로 결정한다.

해답 ②

056

MLSS 2000mg/L의 포기조 혼합액을 매스실린더에 1L를 정확히 취한 뒤 30분간 정치하였다. 이때 계면위치가 320mL를 가리켰다면 이 슬러지의 SVI는?

① 160mL/g
② 260mL/g
③ 440mL/g
④ 640mL/g

해설 슬러지 용적 지수

$$SVI = \frac{SV[\text{mL/L}] \times 10^3}{MLSS \text{농도}[\text{mg/L}]} = \frac{320 \times 10^3}{2000} = 160[\text{mL/g}]$$

해답 ①

057

상수도에서 맛, 냄새의 주된 원인에 해당하는 것은?

① pH
② 온도
③ 용존산소
④ 조류(Algae)

해답 ④

058 상수도에서 관수로의 관경설계시 일반적으로 가장 많이 사용되는 공식은?

① Horton 공식 ② Manning 공식
③ Kutter 공식 ④ Hazen-Willams공식

해설 상수도관경(D) 설계는
Hazen-Williams 공식 $v = 0.84935 CR^{0063} I^{0.54} = 0.35464 CD^{0.63} I^{0.54}$ 이 가장 널리 사용된다.

해답 ④

059 취수장에서부터 가정에 이르는 상수도 계통을 옳게 나열한 것은?

① 취수시설-정수시설-도수시설-송수시설-배수시설-급수시설
② 취수시설-도수시설-송수시설-정수시설-배수시설-급수시설
③ 취수시설-도수시설-정수시설-송수시설-배수시설-급수시설
④ 취수시설-도수시설-송수시설-배수시설-정수시설-급수시설

해설 **상수도 계통** : 수원 → 취수시설 → 도수시설 → 정수시설 → 송수시설 → 배수시설 → 급수시설

해답 ③

060 상수도 펌프장에서 펌프를 병렬로 연결시켜 사용하여야 하는 경우는?

① 양정이 낮은 경우
② 양정이 대단히 큰 경우
③ 양수량의 변화가 작고 양정의 변화가 큰 경우
④ 양수량의 변화가 크고 양정의 변화가 작은 경우

해설 펌프의 병렬운전시 단독운전시보다 양수량이 최대 2배로 증가하며, 양수량(Q)의 변화가 크고, 양정(H)의 변화가 적은 경우에 실시한다.

해답 ④

무료 동영상과 함께하는 **토목산업기사 필기**

2024

2024년 2월 CBT 시행
2024년 5월 CBT 시행
2024년 7월 CBT 시행

무료 동영상과 함께하는
토목산업기사 필기

토목산업기사

2024년 2월 CBT 시행

본 문제는 복원 기출문제입니다. 실제 문제와 다를 수 있으니 양해바랍니다.

제1과목 구조설계

001 다음 그림에서 힘들의 합력 R의 위치(x)는 몇 m인가?

① $5\dfrac{2}{3}$ ② $5\dfrac{1}{3}$

③ $4\dfrac{2}{3}$ ④ $4\dfrac{1}{3}$

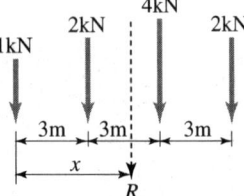

해설 $(1+2+4+2) \cdot x = 2 \times 3 + 4 \times 6 + 2 \times 9$

$x = \dfrac{2 \times 3 + 4 \times 6 + 2 \times 9}{1+2+4+2} = \dfrac{48}{9} = \dfrac{16}{3} = 5\dfrac{1}{3}$

해답 ②

002 지름 D, 길이 l인 원형 기둥의 세장비는?

① $\dfrac{4l}{D}$ ② $\dfrac{8l}{D}$

③ $\dfrac{40}{l}$ ④ $\dfrac{80}{l}$

해설 $\lambda = \dfrac{l}{r_{\min}} = \dfrac{l}{\dfrac{D}{4}} = \dfrac{4l}{D}$

해답 ①

003 양단이 고정되어 있는 지름 3cm 강봉을 처음 10℃에서 25℃까지 가열하였을 때 온도응력은? (단, 탄성계수는 2×10^5MPa, 선팽창계수는 1.2×10^{-5}이다.)

① 28MPa ② 36MPa
③ 42MPa ④ 48MPa

해설 $\sigma_t = E \cdot \epsilon = E \cdot \alpha \cdot \Delta T = 2 \times 10^5 \times 1.2 \times 10^{-5} \times (25-10) = 36$MPa

해답 ②

004

직사각형 단면인 단순보의 단면계수가 2000m³이고, 2×10^6 kN·m의 휨모멘트가 작용할 때 이 보의 최대 휨응력은?

① 500kN/m² ② 700kN/m²
③ 850kN/m² ④ 1000kN/m²

해설 ① $M_{\max} = 2000000$ kN·m
② $\sigma_{\max} = \dfrac{M_{\max}}{Z_{\min}} = \dfrac{2000000}{2000} = 1000$ kN/m²

해답 ④

005

그림과 같은 단면의 도심거리 Y를 구한 값으로 옳은 것은?

① 50cm
② 40cm
③ 30cm
④ 20cm

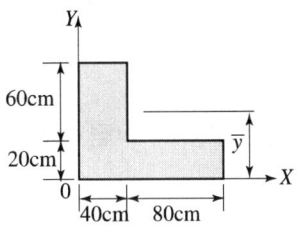

해설 $G_X = G_{X①} + G_{X②}$
$(40 \times 80 + 80 \times 20) \cdot Y$
$= (40 \times 80) \times 40 + (80 \times 20) \times 10$ 에서
$Y = \dfrac{(40 \times 80) \times 40 + (80 \times 20) \times 10}{(40 \times 80 + 80 \times 20)} = 30$ cm

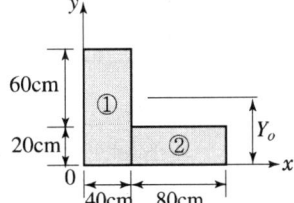

해답 ③

006

길이 10m, 지름 5mm의 강선을 10mm 늘리려 한다면 필요한 힘은? (단, $E = 2.0 \times 10^5$ MPa)

① 2.2kN ② 3.1kN
③ 3.9kN ④ 4.5kN

해설 $E = \dfrac{\sigma}{\epsilon} = \dfrac{\dfrac{P}{A}}{\dfrac{\Delta l}{l}} = \dfrac{Pl}{A\Delta l}$ 에서

$P = \dfrac{EA\Delta l}{l} = \dfrac{2 \times 10^5 \times \dfrac{\pi \times 5^2}{4} \times 10}{10000} = 3926.99$ N $= 3.9$ kN

해답 ③

007 그림과 같이 중량 3kN인 물체가 끈에 매달려 지지되어 있을 때, 끈 AB와 BC에 작용되는 힘은?

① $AB = 2.45\text{kN}$, $BC = 1.80\text{kN}$
② $AB = 2.60\text{kN}$, $BC = 1.50\text{kN}$
③ $AB = 2.75\text{kN}$, $BC = 2.40\text{kN}$
④ $AB = 2.30\text{kN}$, $BC = 2.10\text{kN}$

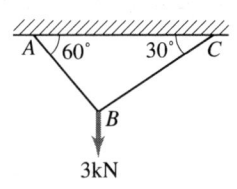

해설 $\dfrac{AB}{\sin 120°} = \dfrac{3}{\sin 90°} = \dfrac{BC}{\sin 150°}$ 에서

① $AB = \dfrac{3}{\sin 90°} \sin 120° = 2.6\text{kN}$

② $BC = \dfrac{3}{\sin 90°} \sin 150° = 1.5\text{kN}$

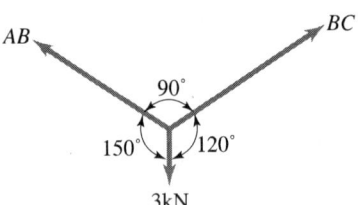

해답 ②

008 그림과 같은 보에서 D점의 전단력은?

① $+28\text{kN}$
② -28kN
③ $+32\text{kN}$
④ -32kN

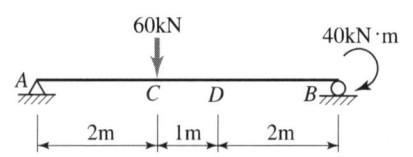

해설 ① $\sum M_A = 0$
$-R_B \times 5 + 40 + 60 \times 2 = 0$
$R_B = 32\text{kN}(\uparrow)$
② $S_D = -32\text{kN}$

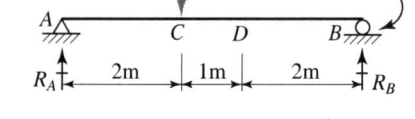

해답 ④

009 그림과 같은 게르버보의 C점에서 전단력의 절대값 크기는?

① 0kN ② 0.5kN
③ 1kN ④ 2kN

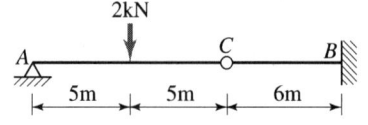

해설 ① $R_C = \dfrac{2}{2} = 1\text{kN}$
② $S_C = -1\text{kN}$
$|S_C| = 1\text{kN}$

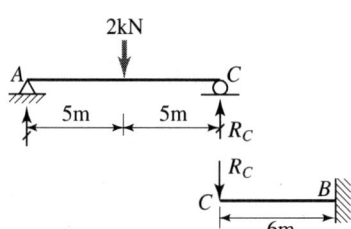

해답 ③

010

그림 (A)의 양단힌지 기둥의 탄성좌굴하중이 100kN이었다면, 그림 (B)기둥의 좌굴하중은?

① 25kN
② 100kN
③ 200kN
④ 400kN

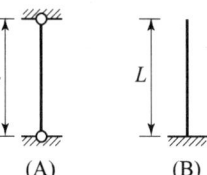

해설 $P_b = \dfrac{n\pi^2 EI}{l^2}$에서 기둥의 길이, 재질, 강성이 동일하므로

$P_b \propto n$

$P_{b(A)} : P_{b(B)} = n_{(A)} : n_{(B)}$

$100 : P_{b(B)} = 1 : \dfrac{1}{4}$

$P_{b(B)} = \dfrac{1}{4} \times 100 = 25\text{kN}$

해답 ①

011

일반 콘크리트에서 인장철근 D19(공칭직경 : 19.1mm)를 정착시키는데 필요한 기본 정착길이(l_{db})는? (단, f_{ck}=21MPa, f_y=300MPa이다.)

① 542mm
② 751mm
③ 987mm
④ 1125mm

해설 기본정착길이

$l_{db} = \dfrac{0.6 d_b \cdot f_y}{\sqrt{f_{ck}}} = \dfrac{0.6 \times 19.1 \times 300}{\sqrt{21}} = 750.2\text{mm} \fallingdotseq 751\text{mm}$

해답 ②

012

프리스트레스트콘크리트에서 콘크리트의 건조수축 변형률이 19×10^{-5}일 때 긴장재의 인장응력 감소는 얼마인가? (단, 긴장재의 탄성계수(E_{ps})=2.0×10^5 MPa)

① 38MPa
② 41MPa
③ 42MPa
④ 45MPa

해설 $\Delta f_p = E_p \cdot \epsilon_{cs} = 200{,}000 \times 19 \times 10^{-5} = 38\text{MPa}$

해답 ①

013

직사각형 단면의 철근 콘크리트 보에 전단력과 휨만이 작용할 때 콘크리트가 받을 수 있는 설계 전단강도(ϕV_c)는 약 얼마인가? (단, b_w=300mm, d=500mm, f_{ck}=28MPa)

① 99.2kN　　　　② 124.1kN
③ 132.3kN　　　④ 143.5kN

해설
$V_d = \phi V_c = \phi(\sqrt{f_{ck}}/6)b_w \cdot d$
$= 0.75 \times (\sqrt{28}/6) \times 300 \times 500 = 99215.67\text{N} = 99.2\text{kN}$

해답 ①

014

지간 6m인 그림과 같은 단순보에 계수하중 w=30kN/m(자중포함)가 작용하고 있다. PS강재를 단면도심에 배치할 때 보의 하면에서 0.5MPa의 압축응력을 받을 수 있도록 한다면 PS강재에 얼마의 긴장력이 작용되어야 하는가?

① 1875kN
② 2085kN
③ 2325kN
④ 2883kN

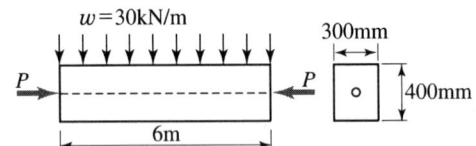

해설
① $M = \dfrac{w \cdot l^2}{8} = \dfrac{30 \times 6^2}{8} = 135\text{kNm}$

② $f_{c하연} = \dfrac{P}{A} - \dfrac{M}{I}y = \dfrac{P}{300 \times 400} - \dfrac{135 \times 10^6}{\dfrac{300 \times 400^3}{12}} \times 200 = 0.5\text{MPa}$ 에서

$P = 2,085,000\text{N} = 2,085\text{kN}$ (압축을 +로 인장을 −로 함)

해답 ②

015

철근콘크리트 보에 스터럽을 배근하는 가장 주된 이유는?
① 보에 작용하는 전단 응력에 의한 균열을 막기 위하여
② 콘크리트와 철근의 부착을 잘 되게 하기 위하여
③ 압축측의 좌굴을 방지하기 위하여
④ 인장철근의 응력을 분포시키기 위하여

해설 스터럽은 전단보강철근이다.

해답 ①

016

강도설계법에서 $f_{ck}=30$MPa일 때 등가높이 $a = \beta_1 c$ 중에서 β_1의 값은?

① 0.836
② 0.85
③ 0.822
④ 0.864

해설 $\beta_1 = 0.85 - (f_{ck} - 28)0.007 = 0.85 - (30-28)0.007 = 0.836$

해답 ①

017

강도감소계수(ϕ)에 대한 설명으로 틀린 것은?

① 인장지배단면의 경우 0.85를 적용한다.
② 비틀림 모멘트의 경우 0.75를 적용한다.
③ 띠철근으로 보강된 철근콘크리트 부재의 압축지배단면의 경우 0.70을 적용한다.
④ 포스트텐션 정착구역의 경우 0.85를 적용한다.

해설 ① 띠철근으로 보강된 철근콘크리트 부재의 압축지배단면의 경우 0.65를 적용한다.
② **강도감소계수(ϕ)**

부재 또는 하중의 종류		ϕ
① 인장지배단면		0.85
② 전단력과 비틀림모멘트		0.75
③ 압축지배단면	나선철근으로 보강된 철근콘크리트 부재	0.70
	그 외의 철근콘크리트 부재	0.65
④ 콘크리트의 지압력(포스트텐션 정착부나 스트럿-타이 모델은 제외)		0.65
⑤ 포스트텐션 정착구역		0.85
⑥ 스트럿-타이 모델과 그 모델에서 스트럿, 타이, 절점부 및 지압부		0.75
⑦ 긴장재 묻힘길이가 정착길이보다 작은 프리텐션 부재의 휨 단면	부재의 단부에서 전달길이 단부까지	0.75
⑧ 무근 콘크리트의 휨부재		0.55

해답 ③

018

강도설계법에서휨모멘트 또는 휨모멘트와 축력을 동시에 받는 부재의 콘크리트 압축연단의 극한변형률은 얼마로 가정하는가?

① 0.001
② 0.002
③ 0.003
④ 0.004

해설 강도설계법의 경우 압축측 연단에서의 콘크리트의 최대 변형률은 0.003으로 가정한다.

해답 ③

019

아래 표의 조건과 같은 단철근 직사각형보의 공칭모멘트강도(M_n)는?

$b_n = 300\text{mm}, \ d = 600\text{mm}, \ A_s = 1200\text{mm}^2, \ f_{ck} = 27\text{MPa}, \ f_y = 300\text{MPa}$

① 206.6kN·m
② 214.1kN·m
③ 227.4kN·m
④ 301.2kN·m

해설
① $a = \dfrac{A_s f_y}{0.85 f_{ck} b} = \dfrac{1200 \times 300}{0.85 \times 27 \times 300} = 52.29\text{mm}$

② $M_n = A_s f_y \left(d - \dfrac{a}{2}\right) = 1200 \times 300 \times \left(600 - \dfrac{52.29}{2}\right)$
　 $= 206,587,800\text{N·mm} = 206.6\text{kN·m}$

해답 ①

020

D13철근을 U형 스터럽으로 가공하여 300mm 간격으로 부재축에 직각이 되게 설치한 전단 철근의 강도(V_s)는? (단, $f_y = 400\text{MPa}, \ d = 600\text{mm}$, D13철근의 단면적은 127mm²)

① 101.6kN
② 203.2kN
③ 406.4kN
④ 812.8kN

해설 전단철근의 전단강도

$V_s = \dfrac{A_v \cdot f_y \cdot d}{s} = \dfrac{(2 \times 127) \times 400 \times 600}{300} = 203,200\text{N} = 203.2\text{kN}$

해답 ②

제2과목 측량 및 토질

021

100m²의 정사각형 토지면적을 0.1m²까지 정확하게 구하기 위하여 필요하고도 충분한 한 변의 측정거리는 몇 mm까지 측정하여야 하겠는가?

① 1mm
② 3mm
③ 5mm
④ 7mm

해설
① $l = \sqrt{A} = \sqrt{100} = 10\text{m}$
② $\dfrac{\Delta A}{A} = 2\dfrac{\Delta l}{l}$ 에서 $\Delta l = \dfrac{l \cdot \Delta A}{2A} = \dfrac{10 \times 0.1}{2 \times 100} = 0.005\text{m} = 5\text{mm}$

해답 ③

022

수준측량에서 전시와 후시를 등거리로 취하는 이유와 거리가 먼 것은?

① 표척기울음 오차를 줄이기 위해   ② 시준선 오차를 없애기 위해
③ 대기굴절 오차를 없애기 위해   ④ 지구곡률 오차를 없애기 위해

해설 전시와 후시 거리를 같게 함으로써 제거되는 오차
① 시준축 오차 소거 : 기포관축≠시준선(레벨조정의 불안정으로 생기는 오차 소거)
전시와 후시거리를 같게 취하는 가장 중요한 이유이다.
② 자연적 오차 소거
　㉠ 구차 : 지구의 곡률에 의한 오차
　㉡ 기차 : 광선의 굴절에 의한 오차
　㉢ 양차 : 구차와 기차의 합
③ 조준나사 작동에 의한 오차 소거

해답 ①

023

지형측량에서 등고선에 대한 설명 중 옳은 것은?

① 계곡선은 가는 실선으로 나타낸다.
② 간곡선은 가는 파선으로 나타낸다.
③ 축척 1/25000 지도에서 주곡선의 간격은 5m이다.
④ 축척 1/10000 지도에서 조곡선의 간격은 2.5m이다.

해설 등고선 종류

등고선 종류	기 호	$\dfrac{1}{10,000}$	$\dfrac{1}{25,000}$	$\dfrac{1}{50,000}$
계 곡 선	굵은 실선(―――)	25m	50m	100m
주 곡 선	가는 실선(―――)	5m	10m	20m
간 곡 선	가는 파선(-------)	2.5m	5m	10m
조 곡 선	가는 점선(………)	1.25m	2.5m	5m

해답 ②

024

반지름 500m인 단곡선에서 시단현 15m에 대한 편각은?

① 0°51′34″   ② 1°4′27″
③ 1°13′33″   ④ 1°17′42″

해설 ① 시단현(l_1) = BC점부터 BC 다음 말뚝까지의 거리
　　$l_1 = 15\text{m}$
② 시단편각
　　$\delta_1 = \dfrac{l_1}{R} \times \dfrac{90°}{\pi} = \dfrac{15}{500} \times \dfrac{90°}{\pi} = 0°51′34″$

해답 ①

025

트래버스 측량에서 거리의 총합이 1250m, 위거오차 −0.12m, 경거오차 +0.23m 일 때 폐합비는?

① $\dfrac{1}{4970}$ ② $\dfrac{1}{4810}$
③ $\dfrac{1}{4370}$ ④ $\dfrac{1}{3970}$

해설 ① 폐합오차
$$E = \sqrt{\Delta L^2 + \Delta D^2} = \sqrt{(-0.12)^2 + (0.23)^2} = \pm 0.26\text{m}$$
여기서, ΔL : 위거 오차
ΔD : 경거 오차
② 폐합비
$$R = \dfrac{E}{\sum l} = \dfrac{0.26}{1250} = \dfrac{1}{4808} \fallingdotseq \dfrac{1}{4810}$$
여기서, $\sum l$: 총 거리

해답 ②

026

그림과 같은 표고를 갖는 지형을 평탄하게 정지작업을 한다면 이 지역의 평균표고는? (단, 분할된 구역의 면적은 모두 동일하다.)

① 10.218m
② 10.916m
③ 10.188m
④ 10.175m

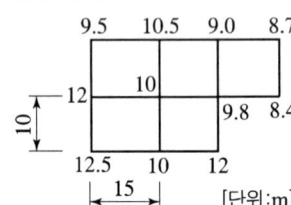

해설 ① 면적
$$A = 15 \times 10 = 150\text{m}^2$$
② 토량
$$V_o = \dfrac{A}{4}(\sum h_1 + 2\sum h_2 + 3\sum h_3 + 4\sum h_4)$$
$$= \dfrac{150}{4}[(9.5 + 8.7 + 8.4 + 12 + 12.5)$$
$$\quad + 2 \times (10.5 + 9 + 10 + 12) + 3 \times 9.8 + 4 \times 10]$$
$$= 7631.25\text{m}^3$$
③ 평균표고
$$h = \dfrac{V_o}{5A} = \dfrac{7631.25}{5 \times 150} = 10.175\text{m}$$

해답 ④

027
도상에 표고를 숫자로 나타내는 방법으로 하천, 항만, 해안측량 등에서 수심측량을 하여 고저를 나타내는 경우에 주로 사용되는 것은?

① 음영법
② 등고선법
③ 영선법
④ 점고법

해설 점고법
① 임의 점의 표고를 도상에 숫자로 표시
② 하천, 항만, 해양 등의 심천을 나타내는 경우에 사용
③ 택지조성공사, 대단위 신도시 등 넓은 지형 정지공사의 토량 산정에 적합

해답 ④

028
단곡선 설치에서 교각 $I=50°$, 반지름 $R=350m$일 때 곡선길이(C.L.)는?

① 305.433m
② 268.116m
③ 224.976m
④ 150.000m

해설 $CL = \dfrac{\pi}{180°} \cdot R \cdot I = \dfrac{\pi}{180°} \times 350 \times 50° = 305.433m$

해답 ①

029
방위각 100°에 대한 역방위는?

① S 80° W
② N 60° W
③ N 80° W
④ S 60° W

해설
① 역방위각 $= 100° + 180° = 280°$
② 역방위 $= 360° - 280° = 80°$ (4상한) ∴ N 80° W

해답 ③

030
A와 B 두 사람이 같은 측점을 수준 측량한 표고가 67.236m±9mm와 67.249m±14mm를 각각 얻었다면 최확값은?

① 67.236m
② 67.240m
③ 67.243m
④ 67.249m

해설 ① **경중률** : 오차의 제곱에 반비례하므로
$$P_1 : P_2 = \dfrac{1}{m_1^2} : \dfrac{1}{m_2^2} = \dfrac{1}{0.009^2} : \dfrac{1}{0.014^2} = \dfrac{1}{81} : \dfrac{1}{196}$$

② **최확치** $= \dfrac{P_1 H_1 + P_2 H_2}{P_1 + P_2} = \dfrac{\dfrac{1}{81} \times 67.236 + \dfrac{1}{196} \times 67.249}{\dfrac{1}{81} + \dfrac{1}{196}} = 67.240m$

해답 ②

031

그림에서 모관수에 의해 $A-A$면까지 완전히 포화되었다고 가정하면 $B-B$면에서의 유효응력은 얼마인가? (단, $\gamma_w = 10 \text{kN/m}^3$이다.)

① 63kN/m^2
② 72kN/m^2
③ 82kN/m^2
④ 122kN/m^2

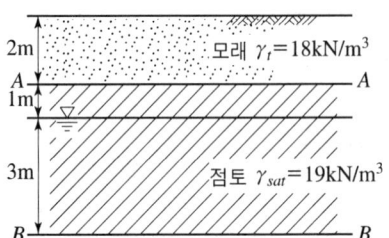

해설

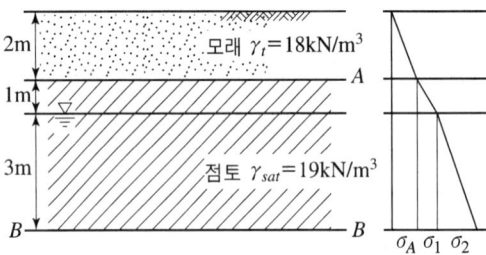

$B-B$면에서의 유효응력
$$\sigma' = \sigma_A + \sigma_1 + \sigma_2 = r_t \cdot h_A + r_{sat} \cdot h_1 + r_{sub} \cdot h_A$$
$$= r_t \cdot h_A + r_{sat} \cdot h_1 + (r_{sat} - r_w) \cdot h_A$$
$$= 18 \times 2 + 19 \times 1 + (19 - 10) \times 3$$
$$= 82 \text{kN/m}^2$$

해답 ③

032

모래의 내부마찰각 ϕ와 N치와의 관계를 나타낸 Dunham의 식 $\phi = \sqrt{12N} + C$에서 상수 C의 값이 가장 큰 경우는?

① 토립자가 모나고 입도분포가 좋을 때
② 토립자가 모나고 균일한 입경일 때
③ 토립자가 둥글고 입도분포가 좋을 때
④ 토립자가 둥글고 균일한 입경일 때

해설 N, ϕ의 관계 (Dunham 공식)
 ① 토립자가 모나고 입도가 양호 : $\phi = \sqrt{12N} + 25$
 ② 토립자가 모나고 입도가 불량 : $\phi = \sqrt{12N} + 20$
   토립자가 둥글고 입도가 양호 : $\phi = \sqrt{12N} + 20$
 ③ 토립자가 둥글고 입도가 불량 : $\phi = \sqrt{12N} + 15$
   토립자가 모나고 입도분포가 양호한 경우 C값이 25로 가장 크다.

해답 ①

033 점토질 지반에 있어서 강성기초의 접지압 분포에 관한 다음 설명 가운데 옳은 것은?

① 기초의 중앙 부분에서 최대의 응력이 발생한다.
② 기초의 모서리 부분에서 최대의 응력이 발생한다.
③ 기초부분의 응력은 어느 부분이나 동일하다.
④ 기초 밑면에서의 응력은 토질에 관계없이 일정하다.

해설 점토지반
① 연성기초 ㉠ 접지압 : 일정
          ㉡ 침하량 : 기초 중앙부에서 최대
② 강성기초 ㉠ 접지압 : 양단부에서 최대
          ㉡ 침하량 : 일정

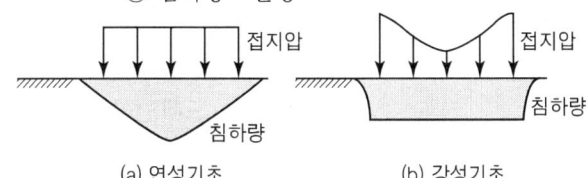

[점토지반의 접지압과 침하량 분포]
(a) 연성기초   (b) 강성기초

해답 ②

---

034 어떤 모래지반에서 단위시간에 흙속을 통과하는 물의 부피를 구하는 공식 $q = kiA = vA$에 의해 물의 유출속도 $v = 2\text{cm/sec}$를 얻었다. 이 흙에서의 실제 침투속도 v_s는? (단, 간극률이 40%인 모래지반이다.)

① 0.8cm/sec ② 3.2cm/sec
③ 5.0cm/sec ④ 7.6cm/sec

해설 $v_s = \dfrac{v}{\dfrac{n}{100}} = \dfrac{2}{0.4} = 5.0\text{cm/sec}$

해답 ③

---

035 어느 흙에 대하여 직접 전단시험을 하여 수직응력이 30MPa일 때 20MPa의 전단강도를 얻었다. 이 흙의 점착력이 10MPa이면 내부마찰각은 약 얼마인가?

① 15° ② 18°
③ 21° ④ 24°

해설 $\tau_f = c + \sigma' \tan\phi = 10 + 30 \times \tan\phi = 20$에서
$\phi = 18.4°$

해답 ②

036 점토의 예민비(銳敏比)를 알기위해 행하는 시험은?

① 직접전단시험 ② 삼축압축시험
③ 일축압축시험 ④ 표준관입시험

해설 예민비(예민비가 클수록 흙을 다시 이겼을 때 강도 변화가 큰 점토이다.)

$$S_t = \frac{q_u}{q_{ur}}$$

여기서, q_u : 자연상태의 일축압축강도
q_{ur} : 흐트러진 상태의 일축압축강도

해답 ③

037 다음의 지반 개량공법 중에서 점성토 지반에 사용하지 않는 것은?

① 샌드 드레인공법 ② 바이브로 플로테이션공법
③ 프리로딩공법 ④ 페이퍼 드레인공법

해설 **진동다짐공법**(바이브로 플로테이션(Vibroflotation) 공법)은 진동과 충격에 의한 사질토 지반 개량공법이다.

해답 ②

038 흙의 다짐에 관한 설명 중 틀린 것은?

① 사질토는 흙의 건조밀도-함수비 곡선의 경사가 완만하다.
② 최대 건조밀도는 사질토가 크고, 점성토가 작다.
③ 모래질 흙은 진동 또는 진동을 동반하는 다짐방법이 유효하다.
④ 건조밀도-함수비곡선에서 최적함수비와 최대건조밀도를 구할 수 있다.

해설 ① 사질토는 흙의 건조밀도-함수비 곡선의 경사가 급하다.
② 흙의 종류에 따른 다짐곡선의 성질

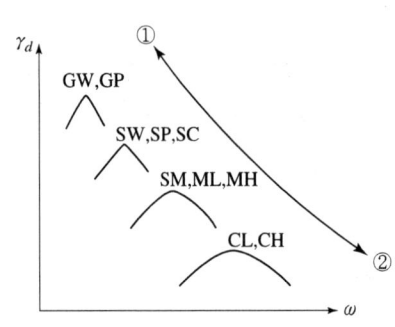

① 방향 일수록	조립토 양입도	다짐에너지가 커진다. 다짐곡선의 기울기가 급해진다. 최대건조단위중량이 증가한다. 최적함수비가 감소한다.
② 방향 일수록	세립토 빈입도	다짐에너지가 작아진다. 다짐곡선의 기울기가 완만해진다. 최대건조단위중량이 감소한다. 최적함수비가 증가한다.

해답 ①

039

무게 1kN인 해머로 2m 높이에서 말뚝을 박았더니 침하량이 20mm이었다. 이 말뚝의 허용 지지력을 Sander공식으로 구한 값은? (단, 안전율 $F_s=8$을 적용한다.)

① 12.5kN ② 25kN
③ 50kN   ④ 100kN

해설 Sander 공식

① 극한지지력 $R_u = \dfrac{W_h\, h}{S} = \dfrac{1 \times 2}{0.02} = 100\text{kN}$

② 허용지지력 $R_a = \dfrac{R_u}{F_s} = \dfrac{100}{8} = 12.5\text{kN}$

해답 ①

040

다음 그림에서 느슨한 모래의 전단거동 특성으로 옳은 것은?

① ①
② ②
③ ③
④ ④

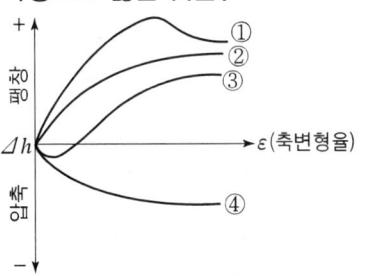

해설 사질토의 전단특성

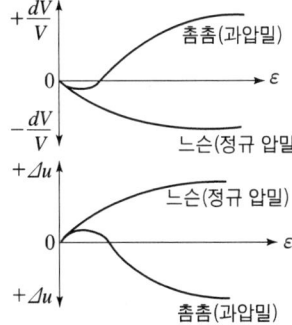

[체적변화 및 간극수압의 변화]

해답 ④

제3과목 수자원설계

041 반지름 a인 관수로에 물이 가득 차서 흐를 때, 경심 R는?

① $\dfrac{a}{4}$ ② $\dfrac{a}{3}$

③ $\dfrac{a}{2}$ ④ a

해설 원형 관수로의 경심(동수반경, 수리반경 ; R)
$R = \dfrac{A}{P} = \dfrac{D}{4} = \dfrac{2a}{4} = \dfrac{a}{2}$

해답 ③

042 수리학적으로 유리한 단면에 대한 설명으로 옳은 것은?

① 유수 단면적이 일정할 때 윤변과 경심이 최대가 되는 단면이다.
② 유수 단면적이 일정할 때 윤변과 경심이 최소가 되는 단면이다.
③ 유수 단면적이 일정할 때 윤변이 최소이거나 경심이 최대인 단면이다.
④ 유수 단면적이 일정할 때 윤변이 최대이거나 경심이 최소인 단면이다.

해설 수리학적으로 유리한 단면의 특성
① 일정한 단면적에 대하여 최대유량이 흐르는 수로의 단면을 수리상 유리한 단면이라 한다. (주어진 유량에 대하여 단면적을 최소로 하는 단면)
② 반원에 외접하는 단면(반원에 내접하는 단면)이 수리상 가장 유리한 단면이다.
③ 최대유량이 흐르는 조건
④ 경심(동수반경)이 최대이거나, 윤변이 최소일 때 성립한다.

해답 ③

043 부력에 대한 설명으로 옳지 않은 것은?

① 부력은 수심에 비례하는 압력을 받는다.
② 부체가 배제할 물의 무게와 같은 부력을 받는다.
③ 부력은 고체의 수중부분 부피와 같은 부피의 물 무게와 같다.
④ 유체에 떠 있는 물체는 그 자신의 무게와 같은 만큼의 유체를 배제한다.

해설 부력(B)은 물체가 수중에 있을 때 물체가 받는 연직상향 분력의 힘으로 수중 부분 부피만큼의 물의 무게로 나타내며 수심과는 관련이 없다.
$B = w' V'$
여기서, B : 부력, w' : 물의 단위중량, V' : 수중부분의 체적

해답 ①

044 관수로 내의 손실수두에 관한 설명으로 옳지 않은 것은?

① 마찰이외의 손실수두를 무시할 수 있는 것은 $l/D > 3000$일 때이다. (여기서 l : 길이, D : 관경)
② 관수로내의 모든 손실수두는 유속 수두에 비례한다.
③ 관수로의 입구손실계수(f_i)와 출구손실계수(f_o)는 일반적으로 각각 0.5, 1.0으로 본다.
④ 마찰손실수두는 모든 손실수두 가운데 가장 큰 것으로 마찰손실계수에 유속수두를 곱한 것이다.

해설 마찰손실수두(Darcy-weisbach 공식) : 관수로의 최대손실

$$h_L = f \frac{l}{D} \frac{V^2}{2g}$$

여기서, f : 마찰손실계수, V : 평균유속, $\frac{V^2}{2g}$: 유속수두

해답 ④

045 단면적이 200cm²인 90° 굽어진 관(1/4 원의 형태)을 따라 유량 $Q = 0.05$m³/sec의 물이 흐르고 있다. 이 굽어진 면에 작용하는 힘(P)은? (단, 무게 1kg=9.8N)

① 157N
② 177N
③ 1570N
④ 1770N

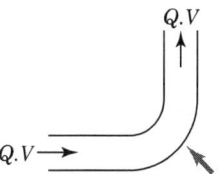

해설
① $V = \dfrac{Q}{A} = \dfrac{0.05}{0.02} = 2.5$m/sec

② $P_x = \dfrac{w}{g}Q(V_1 - V_2) = \dfrac{w}{g}Q(V - V\cos\theta) = \dfrac{w}{g}AV^2(1-\cos\theta)$
   $= \dfrac{1}{9.8} \times 0.02 \times 2.5^2(1-\cos 90°) = 0.0128\text{t} = 12.8\text{kg} = 125.44\text{N}$

③ $P_y = \dfrac{w}{g}Q(V_1 - V_2) = \dfrac{w}{g}Q(0 - V\sin\theta) = -\dfrac{w}{g}AV^2\sin\theta$
   $= -\dfrac{1}{9.8} \times 0.02 \times 2.5^2 \times \sin 90° = 0.012755\text{t} = 12.755\text{kg} \times \dfrac{9.8}{1}\dfrac{\text{N}}{\text{kg}} = 125\text{N}$

④ $P = \sqrt{P_x^2 + P_y^2} = \sqrt{125.44^2 + 125^2} = 177\text{N}$

해답 ②

046 단위 폭에 대하여 유량 1m³/sec가 흐르는 직사각형 단면수로의 최소 비에너지 값은? (단, $\alpha = 1.1$이다.)

① 0.48m ② 0.72m
③ 0.57m ④ 0.81m

해설 ① 한계수심
$$h_c = \left(\frac{\alpha Q^2}{gb^2}\right)^{\frac{1}{3}} = \left(\frac{1.1 \times 1^2}{9.8 \times 1^2}\right)^{\frac{1}{3}} = 0.48238\text{m}$$
② 비에너지
$$h_c = \frac{2}{3}H_e \text{에서 } H_e = \frac{3}{2}h_c = \frac{3}{2} \times 0.48238 = 0.72\text{m}$$

해답 ②

047 물의 점성계수(粘性係數)에 대한 설명 중 옳은 것은?
① 점성계수와 동점성계수는 반비례한다.
② 수온이 낮을수록 점성계수는 크다.
③ 4℃에서의 점성계수가 가장 크다.
④ 수온에는 관계없이 점성계수는 일정하다.

해설 점성계수(μ, 1poise = 1go/cm · sec)는 물체가 외력에 대해 계속해서 연속적으로 저항하는 성질로서 수온이 증가하면 감소한다.
① 동점성계수(ν, 1stokes = 1cm²/sec)는 점성계수를 밀도로 나눈 값이다.
$$\nu = \frac{\mu}{\rho} \text{ (여기서, } \mu: \text{점성계수, } \rho: \text{밀도)}$$
② 물의 단위중량이 3.98℃(약 4℃)에서 최대이며 온도의 증감시 값이 작아진다.

해답 ②

048 레이놀즈의 실험장치(Reynolds 수)에 의해서 구별할 수 있는 흐름은?
① 층류와 난류 ② 정류와 부정류
③ 상류와 사류 ④ 등류와 부등류

해설 Reynold수(점성력에 대한 관성력)에 의한 층류와 난류의 판정
$$R_e = \frac{VD}{\nu}$$
여기서, V : 유속, D : 관경, ν : 동점성계수
① $R_e < 2,000$: 층류($R_{ec} = 2,000$)
② $2,000 < R_e < 4,000$: 천이영역, 불안정층류(층류와 난류가 공존한다.)
③ $R_e > 4,000$: 난류

해답 ①

049

안지름이 0.1m인 관에서 관마찰손실수두가 속도수두와 같을 때 관의 길이는? (단, $f=0.03$이다.)

① 1.33m ② 2.33m
③ 3.33m ④ 4.33m

해설

① $h_L = \dfrac{V^2}{2g}$

여기서, h_L : 마찰손실수두

② $h_L = f\dfrac{l}{D}\dfrac{V^2}{2g}$

$\dfrac{h_L}{\dfrac{V^2}{2g}} = 1 = f\dfrac{l}{D}$ 에서 $l = \dfrac{D}{f} = \dfrac{0.1}{0.03} = 3.33\text{m}$

해답 ③

050

수심에 대한 측정오차(%)가 같을 때 사각형위어 : 삼각형위어 : 오리피스의 유량오차(%) 비는?

① 2 : 1 : 3 ② 1 : 3 : 5
③ 2 : 3 : 5 ④ 3 : 5 : 1

해설 유량오차 : 수심 측정 오류

① 사각형 위어

$Q = \dfrac{2}{3}Cb\sqrt{2g}\,h^{\frac{3}{2}}$ $\dfrac{dQ}{Q} = \dfrac{3}{2}\dfrac{dh}{h}$

② 삼각형 위어

$Q = \dfrac{8}{15}C\tan\dfrac{\theta}{2}\sqrt{2g}\,h^{\frac{5}{2}}$ $\dfrac{dQ}{Q} = \dfrac{5}{2}\dfrac{dh}{h}$

③ 오리피스

$Q = CA\sqrt{2gh}$ $\dfrac{dQ}{Q} = \dfrac{1}{2}\dfrac{dh}{h}$

④ 유량오차 비

사각형위어 : 삼각형위어 : 오리피스 $= \dfrac{3}{2} : \dfrac{5}{2} : \dfrac{1}{2} = 3 : 5 : 1$

해답 ④

051 수원의 구비요건으로 옳지 않은 것은?

① 수질이 좋아야 한다.
② 수량이 풍부해야 한다.
③ 가능한 한 낮은 곳에 위치하여야 한다.
④ 상수소비지에서 가까운 곳에 위치하여야 한다.

해설 수원선정시 고려 사항
① 수질이 좋아야 한다.
② 수량이 풍부하여야 한다.
③ 가능한 한 정수장이나 도시보다 높은 곳에 위치하여야 한다.
④ 상수 소비지에서 가까운 곳에 위치하는 것이 좋다.

해답 ③

052 급수방식에 대한 설명으로 옳지 않은 것은?

① 급수방식에는 직결식, 저수조식 및 직결·저수조 병용식이 있다.
② 직결식에는 직결직압식과 직결가압식이 있다.
③ 급수관으로부터 수돗물을 일단 저수조에 받아서 급수하는 방식을 저수조식이라 한다.
④ 수도의 단수 시에도 물을 반드시 확보해야 하는 경우는 직결식을 적용하는 것이 바람직하다.

해설 급수방식
① 직결식 급수방식
  ㉠ 직결식(직결 직압식) : 배수관의 압력으로 직접 급수
  ㉡ 가압식(직결 가압식) : 급수관의 도중에 직결급수용 가압펌프설비(가압급수설비)를 설치하여 급수
  ㉢ 배수관의 최소동수압 : 3층 건물은 200kPa(약 2kgf/cm^2), 4층 건물은 250kPa(약 2.5kgf/cm^2), 5층 건물은 300kPa(약 3kgf/cm^2)이 필요하다.
② 저수조식 급수방식 : 급수관으로부터 수돗물을 일단 저수조에 받아서 급수
  ㉠ 배수관의 수압이 낮아 직접 급수가 불가능할 경우
  ㉡ 일시에 많은 수량 또는 항상 일정한 수량을 필요로 하는 경우
  ㉢ 급수관의 고장에 따른 단수나 감수 시에도 어느 정도의 급수를 지속시킬 필요가 있을 경우
  ㉣ 배수관 수압이 과대하여 급수장치에 고장을 일으킬 염려가 있을 경우
  ㉤ 약품을 사용하는 공장 등으로부터 역류에 의하여 배수관의 수질을 오염시킬 우려가 있는 경우
③ 직결·저수조 병용식

해답 ④

053 하수도 시설계획에서 오수관거, 우수관거 및 합류관거의 이상적인 유속 범위는?

① 0.1~0.3m/sec ② 0.3~0.8m/sec
③ 1.0~1.8m/sec ④ 3.0~4.0m/sec

해설 하수관의 유속

관거	최소유속	최대유속	비고
오수관거	0.6m/sec	3.0m/sec	이상적인 유속 : 1.0~1.8m/sec
우수관거 및 합류관거	0.8m/sec	3.0m/sec	

해답 ③

054 하천에 오수가 유입될 경우 최초의 분해지대에서 BOD가 감소하는 원인은?

① 미생물의 번식 ② 유기물질의 침전
③ 온도의 변화 ④ 탁도의 증가

해설 하천의 자정단계(Whipple의 4단계)
분해지대 → 활발한 분해지대 → 회복지대 → 정수지대
① 분해지대 : 물이 오염되면서 최초의 분해지대에서 시작되는 단계이다.
 ㉠ 세균의 수가 증가한다.(미생물의 번식으로 BOD가 감소하게 된다.)
 ㉡ 유기물을 많이 함유하는 슬러지의 침전이 많아진다.
 ㉢ 용존산소의 양이 크게 줄어든다.
 ㉣ pH가 감소하면서 탄산가스 양이 많아진다.
② 활발한 분해지대 : 호기성미생물의 활발에 의해 용존산소가 없게 되어 부패상태에 도달하게 된다.
③ 회복지대 : 물리적으로 물이 깨끗해져 분해물이 없어지고 용존산소가 증가
④ 정수지대 : 마치 오염되지 않은 자연수처럼 보이며, 용존산소가 풍부하다.

해답 ①

055 표준활성슬러지법의 공정도로 옳은 것은?

① 1차침전지 → 소독조 → 침사지 → 2차침전지 → 포기조 → 방류
② 침사지 → 1차침전지 → 2차침전지 → 소독조 → 포기조 → 방류
③ 포기조 → 1차침전지 → 침사지 → 2차침전지 → 소독조 → 방류
④ 침사지 → 1차침전지 → 포기조 → 2차침전지 → 소독조 → 방류

해설 표준활성슬러지법의 공정도
침사지 → 1차침전지 → 포기조 → 2차침전지 → 소독조 → 방류

해답 ④

056

강우강도 $I=4000/(t+30)$mm/hr [t : 분], 유역면적 5km², 유입시간 420초, 유출계수 0.8, 하수관거 길이 1km, 관내유속 1.2m/sec인 경우의 최대우수유출량을 합리식에 의해 구하면?

① 873m³/sec
② 87.3m³/sec
③ 873m³/hr
④ 87.3m³/hr

해설
① $t = t_1 + \dfrac{l}{v} = \dfrac{420}{60} + \dfrac{1000}{1.2 \times \dfrac{60 \text{ sec}}{1 \text{ min}}} = 20.9$분

② $I = \dfrac{4000}{t+30} = \dfrac{4000}{20.9+30} = 78.585$mm/hr

③ $Q = \dfrac{1}{3.6} C \cdot I \cdot A = \dfrac{1}{3.6} \times 0.8 \times 78.585 \times 5 = 87.3$m³/sec

해답 ②

057

하수관거의 길이가 1.8km인 하수관 내에 하수가 2m/sec로 이동시 유달 시간은? (단, 유입시간은 5분이다.)

① 10분
② 15분
③ 20분
④ 25분

해설 유달시간(T)=유입시간(t_1)+유하시간(t_2)
$= t_1 + \dfrac{L}{v} = 5 + \dfrac{1800}{2 \times \dfrac{60 \text{ sec}}{1 \text{ min}}} = 20$분

해답 ③

058

1000m³/day 유량의 오수가 침전지에 유입되고 있다. 이 침전지에서 10m/day 이상의 침전속도를 갖는 입자를 100% 제거하려 한다면 이 침전지의 부피는? (단, 침전지의 계획 유효수심은 3m이다.)

① 100m³
② 200m³
③ 300m³
④ 400m³

해설
① 침전지에서 100% 제거될 수 있는 입자의 침강속도
$V_0 = \dfrac{Q}{A}$에서 $A = \dfrac{Q}{V_0} = \dfrac{1000}{10} = 100$m²

② 침전지의 부피
$V = A \cdot h_o = 100 \times 3 = 300$m³

해답 ③

059 펌프의 비교회전도(Ns)에 대한 설명으로 옳지 않은 것은?

① Ns가 클수록 높은 곳까지 양정할 수 있다.
② Ns가 클수록 유량은 많고 양정은 작은 펌프이다.
③ 유량과 양정이 동일하면 회전수가 클수록 Ns가 커진다.
④ Ns가 같으면 펌프의 크기에 관계없이 대체로 형식과 특성이 같다.

해설 비교회전도가 크다.
① 펌프가 많이 회전한다.
② 양정이 낮은 펌프
③ 대수량
④ 축류펌프
⑤ 토출량과 전양정이 동일하면 회전속도가 클수록 Ns가 크고, 따라서 소형으로 되며 일반적으로 가격이 저렴하게 된다.

해답 ①

060 합류식 하수관거의 설계시 사용하는 유량은?

① 계획우수량 + 계획시간 최대오수량의 3배
② 계획우수량 + 계획시간 최대오수량
③ 계획시간 최대오수량의 3배
④ 계획1일 최대오수량

해설 계획 하수량
① 분류식
 ㉠ 오수관거 : 계획시간 최대 오수량
 ㉡ 우수관거 : 계획 우수량
② 합류식
 ㉠ 합류관거 : 계획시간 최대 오수량+계획우수량
 ㉡ 차집관거 : 우천시 계획오수량(계획시간 최대 오수량의 3배 이상)
  우천시 계획오수량 산정시 생활 오수량 외에 우천시 오수관거에 유입되는 빗물의 양과 지하수의 침입량을 측정하여 합산하여 구한다.

해답 ②

토목산업기사

2024년 5월 CBT 시행

본 문제는 복원 기출문제입니다. 실제 문제와 다를 수 있으니 양해바랍니다.

제1과목 구조설계

001 다음 보에서 $D \sim B$구간의 전단력은?

① 7.8kN
② -36.5kN
③ -42.2kN
④ 50.5kN

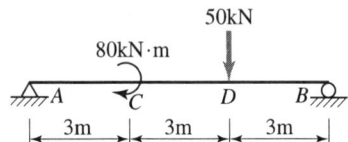

해설
① $R_A = \dfrac{50 \times 3 - 80}{9} = \dfrac{70}{9}(\uparrow)$
② $R_B = \dfrac{50 \times 6 + 80}{9} = \dfrac{380}{9}(\uparrow)$
③ $S_{DB} = -R_B = -\dfrac{380}{9} = -42.2\text{kN}$

해답 ③

002 길이 1.5m, 지름 3cm의 원형단면을 가진 1단고정, 타단 자유인 기둥의 좌굴하중을 Euler의 공식으로 구하면? (단, $E = 2.1 \times 10^5$MPa)

① 9.15kN
② 7.85kN
③ 8.26kN
④ 6.97kN

해설
① 1단 고정, 타단 자유이므로
$n = \dfrac{1}{4}$
② 좌굴하중
$P_b = \dfrac{n \cdot \pi^2 \cdot E \cdot I}{l^2} = \dfrac{\dfrac{1}{4} \times \pi^2 \times 2.1 \times 10^5 \times \dfrac{\pi \times 30^4}{64}}{(1500)^2} = 9156.5\text{N} = 9.15\text{kN}$

해답 ①

003
다음 그림과 같은 구조물에서 이 보의 단면이 받는 최대전단응력의 크기는?

① 1.0MPa
② 1.5MPa
③ 2.0MPa
④ 2.5MPa

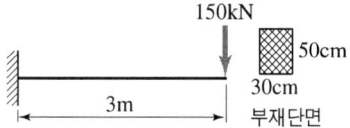

해설
① $S_{\max} = 150\text{kN}$
② $\tau_{\max(중앙)} = \frac{3}{2}\frac{S}{A} = \frac{3}{2} \times \frac{150000}{300 \times 500} = 1.5\text{MPa}$

해답 ②

004
포아송비(Poisson's ratio)가 0.2일 때 포아송수는?

① 2
② 3
③ 5
④ 8

해설
$\nu = -\frac{1}{m}$ 에서 $m = -\frac{1}{\nu} = -\frac{1}{0.2} = -5$
여기서, ν : 포아송비, m : 포아송수

해답 ③

005
다음 그림의 캔틸레버에서 A점의 휨 모멘트는?

① $-\frac{wl^2}{8}$
② $-\frac{2wl^2}{8}$
③ $-\frac{3wl^2}{4}$
④ $-\frac{3wl^2}{8}$

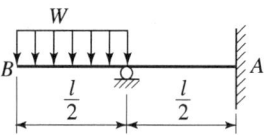

해설
$M_A = -w \times \frac{l}{2} \times \frac{3l}{4} = -\frac{3wl^2}{8}$

해답 ④

006
밑변 6cm, 높이 12cm인 삼각형의 밑변에 대한 단면 2차 모멘트의 값은?

① 216cm^4
② 288cm^4
③ 864cm^4
④ 1728cm^4

해설
$I_x = \frac{bh^3}{12} = \frac{6 \times 12^3}{12} = 864\text{cm}^4$

해답 ③

007
아래 그림과 같은 부정정 보에서 C점에 작용하는 휨 모멘트는?

① $\dfrac{1}{16}wl^2$ ② $\dfrac{1}{12}wl^2$

③ $\dfrac{3}{32}wl^2$ ④ $\dfrac{5}{24}wl^2$

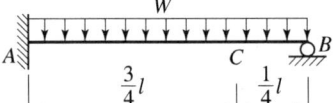

해설 ① $R_B = \dfrac{3wl}{8}(\uparrow)$

② $M_C = R_B \times \dfrac{l}{4} - w \times \dfrac{l}{4} \times \dfrac{l}{8} = \dfrac{3wl}{8} \times \dfrac{l}{4} - w \times \dfrac{l}{4} \times \dfrac{l}{8} = \dfrac{3wl^2}{32} - \dfrac{wl^2}{32} = \dfrac{wl^2}{16}$

해답 ①

008
힘의 3요소에 대한 설명으로 옳은 것은?

① 벡터량으로 표시한다.
② 스칼라량으로 표시한다.
③ 벡터량과 스칼라량으로 표시한다.
④ 벡터량과 스칼라량으로 표시할 수 없다.

해설 ① **벡터량**
　　㉠ 크기와 방향을 갖는 물리량
　　㉡ 변위, 힘, 무게, 속도, 가속도, 모멘트, 운동량, 충격량, 전기장, 자기장 등
② **스칼라량**
　　㉠ 크기만 갖는 물리량
　　㉡ 길이, 시간, 질량, 속력, 일, 에너지, 면적, 부피, 시간, 온도 등

해답 ①

009
그림과 같이 무게 10kN의 물체가 두 부재 AC 및 BC로서 지지되어 있을 때 각 부재에 작용하는 장력 T는?

① 6.96kN
② 7.07kN
③ 7.96kN
④ 8.07kN

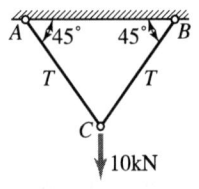

해설 $\dfrac{T}{\sin 135°} = \dfrac{10\text{kN}}{\sin 90°}$ 에서

$T = \dfrac{10\text{kN}}{\sin 90°} \times \sin 135° = 7.07\text{kN}$

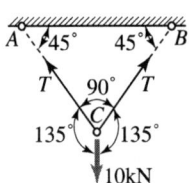

해답 ②

010

직경 D인 원형 단면의 단면계수는?

① $\dfrac{\pi D^3}{16}$ ② $\dfrac{\pi D}{16}$

③ $\dfrac{\pi D}{32}$ ④ $\dfrac{\pi D^3}{32}$

해설

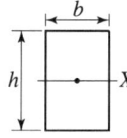 $Z_x = \dfrac{bh^2}{6}$

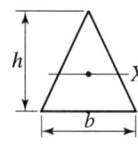 $Z_{x1} = \dfrac{bh^2}{24}$ $Z_{x2} = \dfrac{bh^2}{12}$

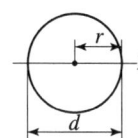 $Z_x = \dfrac{\pi d^3}{32}$

해답 ④

011

슬래브의 설계에서 직접설계법을 사용하고자 할 때 제한사항으로 틀린 것은?

① 각 방향으로 3경간 이상 연속되어야 한다.
② 슬래브 판들은 단변 경간에 대한 장변 경간의 비가 2 이하인 직사각형이어야 한다.
③ 연속한 기둥 중심선을 기준으로 기둥의 어긋남은 그 방향 경간의 10% 이하이어야 한다.
④ 모든 하중은 모멘트하중으로서 슬래브판 전체에 등분포되어야 하며, 활하중은 고정하중의 1/2 이상이어야 한다.

해설 직접설계법 적용 조건

① 각 방향으로 3경간 이상이 연속되어야 한다.
② 슬래브판들은 단변 경간에 대한 장변 경간의 비가 2 이하인 직사각형이어야 한다.
③ 각 방향으로 연속한 받침부 중심 간 경간 길이의 차이는 긴 경간의 1/3 이하이어야 한다.
④ 연속한 기둥 중심선으로부터 기둥의 어긋남은 그 방향 경간의 최대 10% 이하이어야 한다.
⑤ 모든 하중은 슬래브판 전체에 등분포 된 연직하중이어야 하며, 활하중은 고정하중의 2배 이하이어야 한다.

해답 ④

012

강도 설계에 의한 나선철근 기둥의 설계 축하중강도(ϕP_n)는 얼마인가? (단, 기둥의 A_g=200000mm², A_{st}=6-D35=5700mm², f_{ck}=21MPa, f_y=300MPa, 압축지배단면이다.)

① 2957kN
② 3000kN
③ 3081kN
④ 3201kN

해설 중심 축하중강도

$$\phi P_n = \alpha\phi[0.85 f_{ck}(A_g - A_{st}) + f_y A_{st}]$$
$$= 0.85 \times 0.7 \times [0.85 \times 21 \times (200000 - 5700) + 300 \times 5700]$$
$$= 3,081,062\text{N} = 3,081\text{kN}$$

여기서, α : 수정 계수(시공상의 오차, 예상치 못한 편심하중 등을 고려)
      나선 철근 : $\alpha = 0.85$
      띠 철근 : $\alpha = 0.80$
   ϕ : 강도감소계수
      나선 철근 : $\phi = 0.70$
      띠 철근 : $\phi = 0.65$

해답 ③

013

PSC의 해석의 기본개념 중 아래의 표에서 설명하는 개념은?

> 프리스트레싱의 작용과 부재에 작용하는 하중을 비기도록 하자는데 목적을 둔 개념으로 등가하중의 개념이라고도 한다.

① 균등질 보의 개념
② 내력 모멘트의 개념
③ 하중평형의 개념
④ 변형률의 개념

해설
① **균등질보개념**(응력개념법, 기본개념법)은 콘크리트에 프리스트레스트를 도입하면 콘크리트가 탄성 재료로 전환된다고 생각으로 전단면 유효 응력으로 설계하는 개념이다.
② **강도개념**(내력모멘트개념, C-선 개념)은 PSC보를 RC보처럼 생각하여 콘크리트는 압축력을 받고 긴장재는 인장력을 받게 하여 두 힘의 우력모멘트로 외력에 의한 휨모멘트에 저항시킨다는 개념이다.
③ **하중평형개념**(Load Balancing Concept)은 등가하중개념으로 포물선 또는 직선 절곡으로 배치된 PS강재에 의해 생긴 상향력이 보에 상향으로 작용하는 하중과 같다고 간주하는 개념이다.

해답 ③

014
고정하중(D)과 활하중(L)이 작용하는 경우 소요강도(U)를 얻는 일반적인 식은?

① $1.2D+1.8L$ ② $1.2D+1.6L$
③ $1.4D+1.8L$ ④ $1.4D+1.6L$

해설 소요강도는 $U=1.2D+1.6L$와 $U=1.4D$ 둘 중 큰 값으로 하는 데 일반적으로 $U=1.2D+1.6L$의 식이 사용된다.

해답 ②

015
전단을 받는 철근콘크리트 보의 단면의 설계에 기본이 되는 것은? (단, V_u : 단면의 계수전단력, V_c : 콘크리트가 부담하는 공칭전단강도, V_s : 전단철근이 부담하는 공칭전단강도, ϕ : 강도감소계수)

① $V_u \geq \phi(V_c+V_s)$ ② $V_u \leq \phi(V_c+V_s)$
③ $V_s \geq \phi(V_c+V_u)$ ④ $V_s \leq \phi(V_c+V_u)$

해설 설계원칙
$V_d = \phi V_n = \phi(V_c+V_s) \geq V_u$

해답 ②

016
강도설계법의 기본가정에 대한 설명으로 틀린 것은?

① 콘크리트의 응력은 변형률에 비례한다고 본다.
② 콘크리트의 인장 강도는 휨계산에서 무시한다.
③ 항복강도 f_y 이하에서 철근의 응력은 그 변형률의 E_s 배로 본다.
④ 압축 측 연단에서 콘크리트의 극한 변형률은 0.003으로 본다.

해설 강도설계법 설계가정
① 변형률은 중립축으로부터의 거리에 비례한다 (훅크의 법칙 성립)
② 압축측 연단에서의 콘크리트의 최대 변형률은 0.003이다.
③ 콘크리트의 인장강도는 무시한다.
④ $f_s \leq f_y$일 때 $f_s = \epsilon_s E_s$
   $f_s > f_y$일 때 $f_s = f_y$
⑤ 콘크리트의 압축응력 분포와 콘크리트의 변형률 사이의 관계는 직사각형, 사다리꼴, 포물선형 또는 기타 어떤 형상으로도 가정이 가능하며 강도의 예측에서 광범위한 실험의 결과와 실질적으로 일치하는 형상이어야 한다.
⑥ 직사각형으로 가정할 경우 구조설계기준에서는 $0.85f_{ck}$로 균등하게 압축연단으로부터 $a=\beta_1 c$까지 등분포된 형태로 가정해서 설계하고 있다.

해답 ①

017

유효프리스트레스응력을 결정하기 위하여 고려하여야하는 프리스트레스의 손실원인이 아닌 것은?

① 포스트텐션의 긴장재와 덕트 사이의 마찰
② 정착장치의 활동
③ 콘크리트의 탄성수축
④ 콘크리트 응력의 릴랙세이션

해설 프리스트레스 손실 원인 : 유효프리스트레스응력 결정 시 고려
① 프리스트레스 도입 시 : 즉시 손실
  ㉠ 콘크리트의 탄성변형(수축)
  ㉡ PS강재와 시스 사이의 마찰(포스트텐션 방식에만 해당)
  ㉢ 정착단의 활동
② 프리스트레스 도입 후 : 시간적 손실
  ㉠ 콘크리트의 건조수축
  ㉡ 콘크리트의 크리프
  ㉢ PS강재의 리래세이션(Relaxation)

해답 ④

018

보의 길이 $l=35m$, 활동량 $\Delta l=5mm$, 긴장재의 탄성계수 $E_{pa}=200000MPa$ 일 때 프리스트레스 강소량 Δf_p는?

① 12.5MPa ② 21.4MPa
③ 28.6MPa ④ 36.8MPa

해설 ① 정착단의 변형률 : 일단 정착이므로 $\epsilon = \dfrac{\Delta l}{l} = \dfrac{5}{35000}$
② 정착장치의 활동에 의한 손실
$$\Delta f_{Pe} = \epsilon \cdot E_P = \dfrac{5}{35000} \times 200000 = 28.6 MPa$$

해답 ③

019

다음 그림과 같이 용접이음을 했을 경우 전단응력은?

① 78.9MPa
② 67.5MPa
③ 57.5MPa
④ 45.9MPa

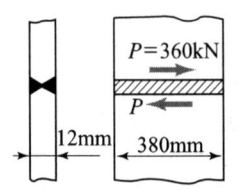

해설 $v = \dfrac{P}{\sum al} = \dfrac{360000}{12 \times 380} = 78.9 MPa$

해답 ①

020

그림과 같은 T형 단면의 보에서 등가직사각형 응력블록의 깊이(a)는? (단, $f_{ck}=28\text{MPa}$, $f_y=400\text{MPa}$, $A_s=3855\text{mm}^2$)

① 81mm
② 98mm
③ 108mm
④ 116mm

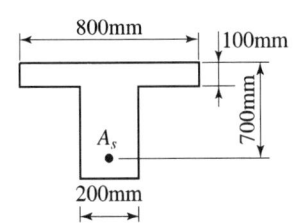

해설 T형보의 판별

$$a = \frac{A_s f_y}{0.85 f_{ck} b} = \frac{3,855 \times 400}{0.85 \times 28 \times 800} = 81\text{mm} \ < \ t_f = 100\text{mm} \text{ 이므로}$$

폭을 800mm로 하는 단철근 직사각형보로 계산하므로 등가직사각형깊이 $a = 81\text{mm}$이다.

해답 ①

제2과목 측량 및 토질

021

기하학적 측지학의 3차원 위치 결정 요소로 옳은 것은?

① 위도, 경도, 높이
② 위도, 경도, 방향각
③ 위도, 경도, 자오선 수차
④ 위도, 경도, 진북 방위각

해설 측지학의 3차원 위치결정 : 위도, 경도, 높이

해답 ①

022

삼각측량의 목적으로 가장 적합한 것은?

① 각 삼각형의 면적을 도출하기 위함이다.
② 미지점의 좌표 및 위치를 알기 위함이다.
③ 세부측량을 실시하기 위한 보조점을 만들기 위함이다.
④ sin법칙을 이용하여 각 점간의 거리를 산출하기 위함이다.

해설 삼각측량은 기준점의 위치를 정밀하게 결정하는 측량법이다.

해답 ②

023

그림과 같은 3개의 각 x_1, x_2, x_3를 같은 정밀도로 측정한 결과, $x_1 = 31°38'18''$, $x_2 = 33°04'31''$, $x_3 = 64°42'34''$이었다면 ∠AOB의 보정된 값은?

① 31°38'13''
② 31°38'15''
③ 31°38'18''
④ 31°38'23''

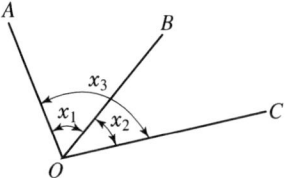

해설
① 오차
$$e = (x_1 + x_2) - x_3$$
$$= (31°38'18'' + 33°04'31'') - 64°42'34'' = 15''$$
② 보정량
$$\theta = \frac{e}{3} = \frac{15''}{3} = 5''$$
③ x_1과 x_2는 (-)보정, x_3는 (+)보정해야 하므로
∠AOB = x_1 = 31°38'18'' - 5'' = 31°38'13''

해답 ①

024

교호수준측량으로 소거할 수 있는 오차가 아닌 것은?

① 시준축 오차
② 관측자의 과실
③ 기차에 의한 오차
④ 구차에 의한 오차

해설
① 교호수준측량은 중앙에 기계를 세울 수 없을 때 전시와 후시의 거리를 같게 하는 효과를 주기위한 측량방법이다.
② 전시와 후시 거리를 같게 함으로써 제거되는 오차
  ㉠ 시준축 오차 소거 : 기포관축≠시준선(레벨조정의 불안정으로 생기는 오차 소거)
  ㉡ 자연적 오차 소거 : 구차, 기차
  ㉢ 조준나사 작동에 의한 오차 소거

해답 ②

025

축척 1 : 1000의 지형도를 이용하여 축척 1 : 5000 지형도를 제작하려고 한다. 1 : 5000 지형도 1장의 제작을 위해서는 1 : 1000 지형도 몇 장이 필요한가?

① 25매
② 20매
③ 10매
④ 5매

해설 $\dfrac{5000^2}{1000^2} = 25$ 매

해답 ①

026

수위관측소의 설치장소 선정시 고려하여야 할 사항에 대한 설명으로 옳지 않은 것은?

① 수위가 교각이나 기타구조물에 의한 영향을 받지 않는 장소일 것
② 홍수 때는 관측소가 유실, 이동 및 파손될 염려가 없는 장소일 것
③ 잔류, 역류 및 저수가 풍부한 장소일 것
④ 하상과 하안이 안전하고 퇴적이 생기지 않는 장소일 것

해설 **양수표(수위관측소) 설치**
① 세굴이나 퇴적이 생기지 않는 장소
② 상·하류 약 100m 정도의 직선인 장소
③ 수위가 교각이나 기타 구조물에 의한 영향을 받지 않는 장소
④ 홍수시 유실이나 이동 또는 파손되지 않는 장소
⑤ 평상시는 물론 홍수시에도 용이하게 양수량을 관측할 수 있는 장소
⑥ 지천의 합류점에서는 불규칙한 수위변화가 없는 장소
⑦ 어떤 갈수시에도 양수표가 노출되지 않는 장소
⑧ 잔류 및 역류가 없는 장소

해답 ③

027

면적이 8100m² 인 정4각형의 토지를 1 : 3000 축척으로 도면을 작성할 때, 도면에서의 한 변의 길이는?

① 3cm
② 5cm
③ 10cm
④ 15cm

해설
① $a = \dfrac{8100 \times 10^4}{3000^2} = 9\text{cm}^2$
② $l = \sqrt{a} = \sqrt{9} = 3\text{cm}$

해답 ①

028

$\overline{AB}$측선의 방위각이 50°30′이고 그림과 같이 트래버스 측량을 한 결과, $\overline{CD}$측선의 방위각은?

① 131°00′
② 141°00′
③ 151°00′
④ 161°00′

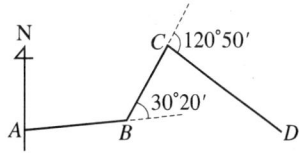

해설
① $\alpha_{BC} = \alpha_{AB} - 30°20′ = 50°30′ - 30°20′ = 20°10′$
② $\alpha_{CD} = \alpha_{BC} + 120°50′ = 20°10′ + 120°50′ = 141°$

해답 ②

029
지자기측량을 위한 관측의 요소가 아닌 것은?

① 편각
② 복각
③ 자오선수차
④ 수평분력

해설 지자기 3요소
① 편각 : 자북선과 진북선이 이루는 각(지자기의 방향과 자오선과의 각)
② 복각 : 자북선과 수평분력이 이루는 각(지자기의 방향과 수평면과의 각)
③ 수평분력 : 전자장의 수평성분(수평면 내에서의 자기장의 크기)
여기서, F : 전자장
H : 수평분력(X : 진북방향성분, Y : 동서방향성분)
Z : 연직분력
D : 편각
I : 복각

해답 ③

030
반지름 150m의 단곡선을 설치하기 위하여 교각을 측정한 값이 57° 36′일 때 접선장($T.L$)과 곡선장($C.L$)은?

① 접선장=82.46m, 곡선장=150.80m
② 접선장=82.46m, 곡선장=75.40m
③ 접선장=236.36m, 곡선장=75.40m
④ 접선장=236.36m, 곡선장=150.80m

해설 ① 접선길이
$$TL = R \cdot \tan\frac{I}{2} = 150 \times \tan\frac{57°36'}{2} = 82.463\text{m}$$
② 곡선길이
$$CL = \frac{\pi}{180°} \cdot R \cdot I = \frac{\pi}{180°} \times 150 \times 57°36' = 150.796\text{m}$$

해답 ①

031
어떤 모래층에서 수두가 3m일 때 한계동수경사가 1.0이었다. 모래층의 두께가 최소 얼마를 초과하면 분사현상이 일어나지 않겠는가?

① 1.5m
② 3.0m
③ 4.5m
④ 6.0m

해설 분사현상이 일어나지 않을 조건
$$i = \frac{h}{L} < i_c \qquad \frac{3}{L} < 1.0 \qquad L > 3\text{m}$$

해답 ②

032 점토지반의 단기간 안정을 검토하는 경우에 알맞은 시험법은?

① 비압밀 비배수 전단시험
② 압밀 배수 전단시험
③ 압밀 급속 전단시험
④ 압밀 비배수 전단시험

해설 배수방법에 따른 적용의 예

배수방법	적 용
비압밀 비배수 (UU-test)	① 점토지반이 시공 중 또는 성토한 후 급속한 파괴가 예상되는 경우 ② 압밀이나 함수비의 변화가 없이 급속한 파괴가 예상되는 경우 ③ 재하속도가 과잉공극수압의 소산속도보다 빠른 경우 ④ 즉각적인 함수비의 변화, 체적의 변화가 없는 경우 ⑤ 점토지반의 단기적 안정해석하는 경우
압밀 비배수 (CU-test)	① 성토 하중으로 어느 정도 압밀된 후 급속한 파괴가 예상되는 경우 ② 기존의 제방, 흙 댐에서 수위가 급강하할 때의 안정해석하는 경우 ③ 사전압밀(Pre-loading) 후 급격한 재하시의 안정해석하는 경우
압밀 배수 (CD-test)	① 성토 하중에 의하여 압밀이 서서히 진행되고 파괴도 극히 완만하게 진행될 때 ② 공극수압의 측정이 곤란한 경우 ③ 점토지반의 장기적 안정해석하는 경우 ④ 흙 댐의 정상류에 의한 장기적인 공극수압을 산정하는 경우 ⑤ 과압밀점토의 굴착이나 자연사면의 장기적 안정해석하는 경우 ⑥ 투수계수가 큰 모래지반의 사면 안정해석하는 경우

해답 ①

033 두께 10m의 점토층 상·하에 모래층이 있다. 점토층의 평균압밀계수가 0.11cm²/min일 때 최종 침하량의 50%의 침하가 일어나는데 며칠이 걸리겠는가? (단, 시간계수는 0.197을 적용한다.)

① 996일
② 448일
③ 311일
④ 224일

해설 log t 법

$$C_v = \frac{T_{50} \cdot d^2}{t_{50}} = \frac{0.197 d^2}{t_{50}}$$ 에서

$$t_{50} = \frac{0.197 d^2}{C_v} = \frac{0.197 \times \left(\frac{1000}{2}\right)^2}{0.11} = 447,727 \text{min} \times \frac{1}{60 \times 24} = 311 \text{day}$$

여기서, T_{50} : 압밀도 50%에 해당되는 시간계수($T_{50} = 0.197$)
t_{50} : 압밀도 50%에 소요되는 압밀시간

해답 ③

034

어떤 흙의 최대 및 최소 건조단위중량이 18kN/m³과 16kN/m³이다. 현장에서 이 흙의 상대밀도(relative density)가 60%라면 이 시료의 현장 상대다짐도(relative compaction)는?

① 82% ② 87%
③ 91% ④ 95%

해설 ① 상대밀도 : 사질토의 다짐 정도를 표시

$$D_r = \frac{e_{max} - e}{e_{max} - e_{min}} \times 100 = \frac{\gamma_{dmax}}{\gamma_d} \cdot \frac{\gamma_d - \gamma_{dmin}}{\gamma_{dmax} - \gamma_{dmin}} \times 100$$

$$= \frac{18}{\gamma_d} \cdot \frac{\gamma_d - 16}{18 - 16} \times 100 = 60 \text{에서}$$

$$\gamma_d - 16 = 0.067\gamma_d \quad (1 - 0.067)\gamma_d = 16 \quad \gamma_d = 17.15 \text{kN/m}^3$$

② 상대 다짐도

$$U = \frac{\gamma_d}{\gamma_{dmax}} \times 100 = \frac{17.15}{18} \times 100 = 95.3\%$$

해답 ④

035

사질지반에 40cm×40cm 재하판으로 재하시험한 결과 160kN/m³의 극한지지력을 얻었다. 2m×2m의 기초를 설치하면 이론상 지지력은 얼마나 되겠는가?

① 160tkN/m² ② 320kN/m²
③ 400kN/m²   ④ 800kN/m²

해설 지지력은 모래지반일 때 재하판 폭에 비례하므로

$$q_{u(기초)} = q_{u(재하판)} \cdot \frac{B_{(기초)}}{B_{(재하판)}} = 160 \times \frac{2000}{400} = 800 \text{kN/m}^2$$

해답 ④

036

현장 습윤단위 중량(γ_t)이 17kN/m³, 내부마찰각(ϕ)이 10°, 점착력(c)이 0.015MPa인 지반에서 연직으로 굴착 가능한 깊이는?

① 0.4m ② 2.7m
③ 3.5m ④ 4.2m

해설 ① 점착력 $c = 0.015 \text{N/mm}^2 = 15 \text{kN/m}^2$

② 직립사면의 한계고

$$H_c = 2Z_c = \frac{2q_u}{r_t} = \frac{4c}{r_t}\tan\left(45° + \frac{\Phi}{2}\right) = \frac{4 \times 15}{17}\tan\left(45° + \frac{10°}{2}\right) = 4.2\text{m}$$

해답 ④

037

어떤 모래지반의 입도시험 결과 토질입자가 둥글고 입도가 균등한 경우 이 흙의 내부마찰각은? (단, 이 모래지반의 N값은 24이고, Dunham식을 사용)

① 32° ② 30°
③ 28° ④ 26°

해설 ① 토립자가 둥글고 입도가 균등(불량)하므로
$\phi = \sqrt{12N} + 15 = \sqrt{12 \times 24} + 15 = 32°$

[참고] N, ϕ의 관계(Dunham 공식)
① 토립자가 모나고 입도가 양호 : $\phi = \sqrt{12N} + 25$
② 토립자가 모나고 입도가 불량 : $\phi = \sqrt{12N} + 20$
   토립자가 둥글고 입도가 양호 : $\phi = \sqrt{12N} + 20$
③ 토립자가 둥글고 입도가 불량 : $\phi = \sqrt{12N} + 15$

해답 ①

038

흙의 입경가적곡선에 대한 설명으로 틀린 것은?

① 입경가적곡선에서 균등한 입경의 흙은 완만한 구배를 나타낸다.
② 균등 계수가 증가되면 입도분포도 넓어진다.
③ 임경가적곡선에서 통과백분율 10%에 대응하는 입경을 유효입경이라 한다.
④ 입도가 양호한 흙의 곡률계수는 1~3사이에 있다.

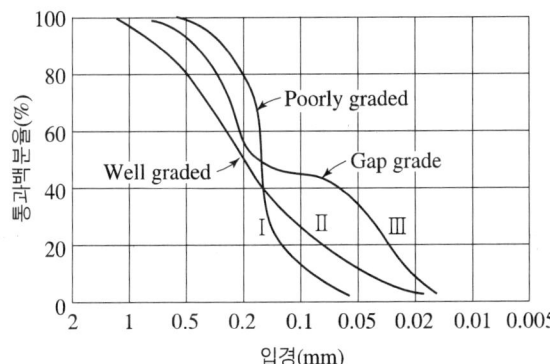

① 곡선 Ⅰ : 대부분의 입자가 거의 균등하여 입도분포가 불량하다.
   (빈입도, Poorly graded)
② 곡선 Ⅱ : 흙 입자가 크고 작은 것이 고루 섞여 있어 입도분포가 양호하다.
   (양입도, Well graded)
③ 곡선 Ⅲ : 2종류 이상의 흙들이 섞여 있어 균등계수는 크지만 곡률계수가 만족되지 않아 빈입도이다. (Gap graded)

해답 ①

039 다음 그림에서 흙속 6cm 깊이에서의 유효응력은? (단, 포화된 흙의 $\gamma_{sat}=$ 19kN/m³, $\gamma_w=$ 10kN/m³이다.)

① 1.58kN/m²
② 1.10kN/m²
③ 1.04kN/m²
④ 0.54kN/m²

해설 ① 전응력 $\sigma = \gamma_w h_1 + \gamma_{sat} h_2$
② 공극수압 $u = \gamma_w (h_1 + h_2)$
③ 유효응력 $\sigma' = \sigma - u = \gamma_{sub} h_2 = (19-10) \times 0.06 = 0.54\text{kN/m}^2$

해답 ④

040 포화된 점토시료에 대해 삼축압축시험으로 얻어진 점착력, 내부마찰각은 각각 0.02MPa, 20°이다. 전단파괴시 연직응력 4MPa, 간극수압 1MPa이면 전단강도는 얼마인가?

① 0.55MPa
② 1.11MPa
③ 1.66MPa
④ 2.21MPa

해설 $\tau_f = c + \sigma' \tan\phi = 0.02 + (4-1) \times \tan 20° = 1.11\text{MPa}$

해답 ②

제3과목   수자원설계

041 직사각형 단면수로에 물이 흐를 경우 한계수심(h_c)과 비에너지(H_e)의 관계식으로 옳은 것은?

① $h_c = \dfrac{2}{3} H_e$
② $h_c = \dfrac{3}{4} H_e$
③ $h_c = \dfrac{4}{5} H_e$
④ $h_c = \dfrac{5}{6} H_e$

해설 한계수심
$h_c = \dfrac{2}{3} H_e$

해답 ①

042 다음 중 차원이 틀리게 표시된 것은?

① 점성계수 $\mu = [ML^{-1}T^{-1}]$ ② 운동량 $M = [MLT^{-1}]$
③ 표면장력 $T = [MT^{-1}]$ ④ 에너지 $E = [ML^2T^{-2}]$

해설 주요 차원

물리량	공학단위	LMT계	LFT계
속도	m/sec	$[LT^{-1}]$	$[LT^{-1}]$
가속도	m/sec^2	$[LT^{-2}]$	$[LT^{-2}]$
단위중량	t/m^3	$[ML^{-2}T^{-2}]$	$[FL^{-3}]$
점성계수	g·sec/cm^2	$[ML^{-1}T^{-1}]$	$[FL^{-2}T]$
동점성계수	cm^2/sec	$[L^{-2}T^{-1}]$	$[L^2T^{-1}]$
운동량	kg·sec	$[MLT^{-1}]$	$[FT]$
표면장력	g/cm	$[MT^{-2}]$	$[FL^{-1}]$
에너지	kg·m	$[ML^2T^{-2}]$	$[FL]$
탄성계수	kg/cm^2	$[ML^{-1}T^{-2}]$	$[FL^{-2}]$

해답 ③

043 수리학의 완전 유체(完全流體)에 대한 설명으로 옳은 것은?

① 불순물이 포함되어 있지 않은 유체를 말한다.
② 온도가 변해도 밀도가 변하지 않는 유체를 말한다.
③ 비압축성이고 동시에 비점성인 유체이다.
④ 자연계에 존재하는 물을 말한다.

해설 완전 유체(이상 유체)는 비압축성, 비점성 유체이다.

해답 ③

044 하천수를 펌프로 양수하여 이용하고자 한다. 유량 Q(m^3/sec), 양정 H(m), 모든 손실수두의 합을 Σh_L(m), 그리고 펌프의 효율을 η라 할 때, 소요동력(kW)를 결정하는 식은?

① $13.33Q(H+\Sigma h_L)\eta$ ② $9.8Q(H+\Sigma h_L)\eta$
③ $\dfrac{13.33Q(H+\Sigma h_L)}{\eta}$ ④ $\dfrac{9.8Q(H+\Sigma h_L)}{\eta}$

해설 펌프의 동력

$$E = 9.8\frac{Q(H+\Sigma h_L)}{\eta}[\text{kW}] = \frac{1,000}{75}\frac{Q(H+\Sigma h_L)}{\eta}[\text{HP}]$$

여기서, Q : 양수량(m^3/sec), H_p : 펌프의 전양정($H+\Sigma h_L$, m)
 η : 펌프의 효율(%)

해답 ④

045
직사각형 위어(weir)의 월류수심의 측정에 2%의 오차가 있다면 유량에는 몇 %의 오차가 발생하는가? (단, 유량계산은 프란시스(Francis)공식을 사용하고 월류시 단면수축은 없는 것으로 가정한다.)

① 1% ② 2%
③ 3% ④ 4%

해설 ① Francis 공식(미국, 1883년)

$$Q = 1.84 b_o h^{\frac{3}{2}}$$

② $\dfrac{dQ}{Q} = \dfrac{3}{2} \dfrac{dh}{h} = \dfrac{3}{2} \times 2\% = 3\%$

해답 ③

046
부체가 수면에 의해 절단되는 면에서 최심부까지의 수심을 무엇이라 하는가?

① 부심 ② 흘수
③ 부력 ④ 부양면

해설 ① **부심**(C) : 부체가 배제한 물의 무게 중심(배수용적의 중심)
② **경심**(M) : 부체의 중심선과 부력의 작용선과의 교점
③ **경심고** : 중심에서 경심까지의 거리($\overline{MG}$)
④ **부양면** : 부체가 수면에 의해 절단되는 가상면
⑤ **흘수** : 부양면에서 물체의 최하단까지의 깊이

해답 ②

047
10m/s로 움직이는 수직 평판에 동일한 방향으로 25m/s로 분류가 충돌하고 있을 때 평판에 미치는 힘은? (단, 분류의 지름은 10mm이다.)

① 11.76N ② 17.67N
③ 27.44N ④ 31.36N

해설 움직이는 판에 작용하는 충격력

① $P_x = \dfrac{w}{g} Q(V_1 - V_2) = \dfrac{w}{g} Q((V-u) - 0)$

$= \dfrac{w}{g} Q(V-u) = \dfrac{w}{g} A(V-u)^2$

$= \dfrac{1}{9.8} \times \dfrac{\pi \times 0.01^2}{4} \times (25-10)^2 = 0.0018 \text{ton} = 1.8 \text{kg}$

② $P_y = 0$

③ $P = P_x = 1.8 \text{kg} \times 9.8 \text{N/kg} = 17.67 \text{N}$

해답 ②

048 동일한 단면과 수로 경사에 대하여 최대 유량이 흐르는 조건으로 옳은 것은?

① 윤변이 최대이거나 경심이 최소일 때
② 수심이 최대이거나 수로폭이 최소일 때
③ 수심이 최소이거나 경심이 최대일 때
④ 윤변이 최소이거나 경심이 최대일 때

해설 수리학적으로 유리한 단면의 특성
① 일정한 단면적에 대하여 최대유량이 흐르는 수로의 단면을 수리상 유리한 단면이라 한다. (주어진 유량에 대하여 단면을 최소로 하는 단면)
② 반원에 외접하는 단면(반원에 내접하는 단면)이 수리상 가장 유리한 단면이다.
③ 최대유량이 흐르는 조건
④ 경심(동수반경)이 최대이거나, 윤변이 최소일 때 성립한다.

해답 ④

049 베르누이 정리에 대한 설명으로 옳지 않은 것은?

① $Z + \dfrac{P}{w} + \dfrac{V^2}{2g}$의 수두가 일정하다.
② 정류의 흐름을 말하며, 두 단면에서의 에너지 관계가 일정함을 말한다.
③ 동수경사선이 에너지선보다 위에 있다.
④ 동수경사선과 에너지선을 설명할 수 있다.

해설 ① **에너지선** : 기준수평면에서 $\left(Z + \dfrac{P}{w} + \dfrac{V^2}{2g}\right)$의 점들을 연결한 선이다.

② **동수경사선**(수두경사선) : 준수평면에서 $\left(Z + \dfrac{P}{w}\right)$의 점들을 연결한 선이다.

③ 에너지선이 동수경사선보다 속도수두만큼 더 위에 있다.

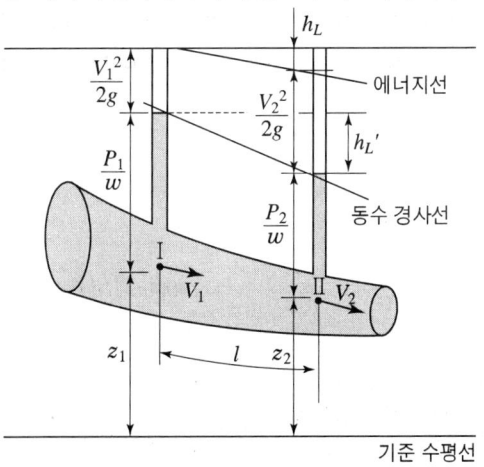

해답 ③

050

지름이 각각 10cm와 20cm인 관이 서로 연결되어 있다. 20cm인 관에서의 유속이 2m/s일 때 10cm관에서의 유속은?

① 0.8m/sec ② 8m/sec
③ 0.6m/sec ④ 6m/sec

해설 연속방정식(1차원 흐름)
$Q_1 = Q_2$, $A_1 v_1 = A_2 v_2$
$\dfrac{\pi \times 10^2}{4} \times v_1 = \dfrac{\pi \times 20^2}{4} \times 2$ 에서 $v_1 = 8\text{m/sec}$

해답 ②

051

자연유하식 도수관의 허용 최대 평균유속은?

① 0.3m/s ② 1.0m/s
③ 3.0m/s ④ 10.0m/s

해설 관의 평균유속
① 도·송수관의 평균유속의 최대한도 : 자연유하식인 경우에는 허용 최대한도를 3.0m/s로 하고, 펌프가압식인 경우에는 경제적인 관경에 대한 유속으로 한다.
② 도수관의 평균유속의 최소한도 : 원수를 수송하므로 모래입자 등의 침전을 방지하기 위하여 0.3m/sec 이상으로 한다.
③ 송수관의 평균유속의 최소한도 : 도수관의 유속에 준한다.

해답 ③

052

상수원수에 포함된 암모니아성 질소를 양이온 교환법에 의하여 제거하려고 한다. 양이온 교환수지의 암모니아 이온교환 능력이 1000g당량/m³일 때 암모니아성 질소가 5ppm, 유량이 10000m³/day인 원수를 처리하기 위한 양이온 교환수지의 용적(m³/day)은? (단, 암모니아 이온(NH_4^+)의 분자량은 18이다.)

① 1.5m³/day ② 2.8m³/day
③ 3.2m³/day ④ 4.0m³/day

해설 ① 발생하는 NH_4^+ 양
$= 5\text{mg/L} \times 100\dfrac{0}{1}\dfrac{\text{L}}{\text{m}^3} \times \dfrac{1\text{eg}}{18\text{g}(NH_4)} \times \dfrac{1}{1000}\dfrac{\text{g}}{\text{mg}} \times 10000\text{m}^3/\text{day}$
$= 2,777.8 \text{eg/day}$
② 처리능력 $= 1000\text{g당량}/\text{m}^3 = 1000\text{eg}/\text{m}^3$
③ 양이온 교환수지 용적 $= \dfrac{\text{발생하는}NH_4^+\text{양}}{\text{처리능력}} = \dfrac{2777.8}{1000} = 2.8\text{m}^3/\text{day}$

해답 ②

053

호기성 소화가 혐기성 소화에 비하여 좋은 점에 대한 설명으로 옳지 않은 것은?
① 최초 공사비 절감
② 상징수의 수질 양호
③ 악취발생 감소
④ 소화슬러지의 탈수 우수

해설
① 호기성 소화법 장점
  ㉠ 최초시공비 절감   ㉡ 악취발생 감소
  ㉢ 운전용이   ㉣ 상징수의 수질 양호
② 호기성 소화법 단점
  ㉠ 소화슬러지의 탈수불량 ㉡ 포기에 드는 동력비 과다
  ㉢ 유기물 감소율 저조   ㉣ 건설부지 과다
  ㉤ 저온시의 효율 저하   ㉥ 가치있는 부산물이 생성되지 않음.

해답 ④

054

여과지에서 처리되는 수량이 1500m³/day이고 여과지 면적이 200m²일 경우 여과속도는?
① 3.5m/day
② 7.5m/day
③ 15.5m/day
④ 30.5m/day

해설 $v = \dfrac{Q}{A} = \dfrac{1500}{200} = 7.5\,\text{m/day}$

해답 ②

055

강우강도 $I = \dfrac{280}{\sqrt{t}+0.28}$ mm/hr, 배수면적이 15000m², 유출계수가 0.7인 지역에 강우지속시간 t가 5분일 때 유출량 Q은?
① 0.325m³/day
② 0.65m³/day
③ 3.25m³/day
④ 6.5m³/day

해설
① 강우강도
$I = \dfrac{280}{\sqrt{t}+0.28} = \dfrac{280}{\sqrt{5}+0.28} = 111.285\,\text{mm/hr}$
② 우수유출량의 산정식(합리식)
$Q = \dfrac{1}{3.6} C \cdot I \cdot A = \dfrac{1}{3.6} \times 0.7 \times 111.285 \times 0.015 = 0.325\,\text{m}^3/\text{sec}$
여기서, Q : 최대 계획우수유출량[m³/sec]
  C : 유출계수[무차원]
  I : 유달시간(T) 내의 평균 강우강도[mm/hr]
  A : 배수면적[km²]

해답 ①

056 정수시설의 설계기준이 되는 계획정수량의 기준이 되는 것은?

① 계획1일최소급수량
② 계획1일평균급수량
③ 계획1일최대급수량
④ 계획시간최대급수량

해설 계획급수량과 수도시설의 규모계획

계획급수량 종류	연평균 1일 사용 수량에 대한 비율(%)	수도구조물의 명칭
1일 평균급수량	100	수원지, 저수지, 유역면적의 결정
1일 최대급수량	150	취수, 도·송수, 정수(여과지 면적), 배수시설 중 송수관구경이나 배수지의 결정
시간 최대급수량	225	배수본관의 구경결정(배수시설의 기준)

해답 ③

057 ( )안에 적당한 용어가 순서대로 나열된 것은?

펌프를 선정하려면 먼저 필요한 ( ), ( )를(을) 결정한 다음, 특성곡선을 이용하여 ( )를(을) 정하고 가장 적당한 형식을 선정한다.

① 토출량, 전양정, 회전수
② 구경, 양정, 회전수
③ 동수두, 정수두, 토출량
④ 전양정, 회전수, 동수두

해설 펌프를 선정하려면 먼저 필요한 토출량과 전양정을 결정한 다음, 특성곡선을 이용하여 회전수를 정하고 가장 적당한 형식을 선정한다.

해답 ①

058 계획1일평균오수량은 계획1일최대오수량의 약 몇 %를 표준으로 하는가?

① 70~80%
② 40~50%
③ 30~40%
④ 10~20%

해설 ① 계획 1일 평균 오수량 = 계획 1일 최대 오수량 × 70~80%
② 계획시간 최대 오수량 = $\dfrac{\text{계획 1인 1일 최대오수량} \times \text{계획인구}}{24}$ × 증가배수(1.3~1.8)
③ 합류식에서 우천시 계획오수량 = 계획시간 최대 오수량 × 3배 이상

해답 ①

059 하수도계획의 목표연도는 원칙적으로 몇 년을 기준으로 하는가?

① 5년 ② 10년
③ 20년 ④ 30년

해설 하수도계획의 목표년도는 원칙적으로 20년으로 한다.

해답 ③

060 취수지점의 선정에 고려하여야 할 사항으로 옳지 않은 것은?

① 계획취수량을 안정적으로 취수할 수 있어야 한다.
② 강 하구로서 염수의 혼합이 충분하여야 한다.
③ 장래에도 양호한 수질을 확보할 수 있어야 한다.
④ 구조상의 안정을 확보할 수 있어야 한다.

해설 **취수지점의 선정**
① 취수시설을 완전하게 축조할 수 있도록 좋은 지질을 가진 곳
② 흐름이 완만하고, 바닥의 변동이나 유심의 이동이 일어나지 않는 곳
③ 하수 및 폐수의 유입이 없어야 하고, 바닷물의 역류에 의한 영향이 없는 곳
④ 추운지방에서는 결빙의 염려가 없는 지점
⑤ 선로에 가까이 한 지점은 피한다.
⑥ 호소나 저수지에서 취수할 때에는 바람이나 흐름에 의하여 호소나 저수지 바닥의 침전물이 교란될 가능성이 적은 지점이어야 하며 부유물이나 조류가 유입되지 않는 곳

[참고] 수원의 종류에 따른 취수지점을 선정하기 위해서는 다음에 열거된 각 항목을 비교 조사한다.
① 수원으로서의 구비요건을 갖추어야 한다.
② 수리권 확보가 가능한 곳이어야 한다.
③ 상수도시설의 건설 및 유지관리가 용이하며 안전하고 확실해야 한다.
④ 상수도시설의 건설비 및 유지관리비가 가능한 저렴해야 한다.
⑤ 장래의 확장을 고려할 때 유리한 곳이어야 한다.
⑥ 상수원보호구역의 지정, 수질의 오염방지 및 관리에 무리가 없는 지점이어야 한다.

해답 ②

토목산업기사

2024년 7월 CBT 시행

본 문제는 복원 기출문제입니다. 실제 문제와 다를 수 있으니 양해바랍니다.

제1과목 구조설계

001 다음과 같은 부재에 발생할 수 있는 최대 전단응력은?

① 0.75MPa
② 0.80MPa
③ 0.85MPa
④ 0.90MPa

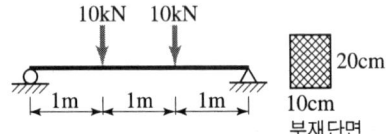

해설 ① 최대전단력 $S = 10$ kN

② 구형단면 τ_{max}(중앙) $= \dfrac{3}{2}\dfrac{S}{A} = \dfrac{3}{2} \times \dfrac{10000}{100 \times 200} = 0.75$ MPa

해답 ①

002 다음 그림과 같은 봉(捧)이 천장에 매달려 B, C, D점에서 하중을 받고 있다 전구간의 축강도 EA가 일정할 때 이같은 하중 하에서 BC구간이 늘어나는 길이는?

① $-\dfrac{2PL}{3EA}$
② $-\dfrac{PL}{3EA}$
③ $-\dfrac{3PL}{2EA}$
④ 0

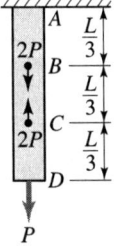

해설 ① 기본식

$$\Delta l = \dfrac{P \cdot l}{A \cdot E}$$

② BC 구간이 늘어나는 길이

$$\Delta l_{BC} = \dfrac{(P-2P) \cdot L/3}{A \cdot E} = -\dfrac{PL}{3EA}$$

해답 ②

003

단면이 10cm×10cm인 정사각형이고, 길이 1m인 강재에 100kN의 압축력을 가했더니 1mm가 줄어들었다. 이 강재의 탄성계수는?

① 5,000MPa
② 10,000MPa
③ 15,000MPa
④ 20,000MPa

해설

$$E = \frac{\sigma}{\epsilon} = \frac{\frac{P}{A}}{\frac{\Delta l}{l}} = \frac{Pl}{A\Delta l} = \frac{100000 \times 1000}{(100 \times 100) \times 1} = 10,000\text{MPa}$$

해답 ②

004

그림과 같은 단순보에 등분포 하중이 작용할 때 이 보의 단면에 발생하는 최대 휨응력은?

① $\dfrac{3wl^2}{64bh^2}$

② $\dfrac{23wl^2}{64bh^2}$

③ $\dfrac{25wl^2}{64bh^2}$

④ $\dfrac{27wl^2}{64bh^2}$

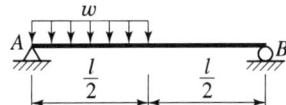

보의 단면

해설

① $R_A = \dfrac{w \times \dfrac{l}{2} \times \dfrac{3l}{4}}{l} = \dfrac{3wl}{8}(\uparrow)$

② 최대휨모멘트 발생 위치(A지점으로부터)

$\dfrac{3wl}{8} - w \times x = 0$에서 $x = \dfrac{3l}{8}$

③ 최대휨모멘트

$M_{\max} = \dfrac{3wl}{8} \times \dfrac{3l}{8} - w \times \dfrac{3l}{8} \times \dfrac{3l}{16} = \dfrac{9wl^2}{64} - \dfrac{9wl^2}{128} = \dfrac{9wl^2}{128}$

④ 최대 휨응력

$\sigma_{\max} = \dfrac{M_{\max}}{Z_{\min}} = \dfrac{6M_{\max}}{b \cdot h^2} = \dfrac{6 \times \dfrac{9wl^2}{128}}{bh^2} = \dfrac{54wl^2}{128bh^2} = \dfrac{27wl^2}{64bh^2}$

해답 ④

005

그림과 같은 음영 부분의 단면적 A인 단면에서 도심 y를 구한 값은?

① $\dfrac{5D}{12}$ ② $\dfrac{6D}{12}$

③ $\dfrac{7D}{12}$ ④ $\dfrac{8D}{12}$

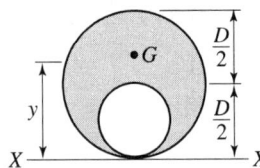

해설

$$y = \dfrac{\dfrac{\pi D^2}{4} \times \dfrac{D}{2} - \dfrac{\pi \left(\dfrac{D}{2}\right)^2}{4} \times \dfrac{D}{4}}{\dfrac{\pi D^2}{4} - \dfrac{\pi \left(\dfrac{D}{2}\right)^2}{4}} = \dfrac{7}{12}D$$

해답 ③

006

어떤 재료의 탄성계수가 E, 프와송비가 ν일 때 이 재료의 전단 탄성계수 G는?

① $G = \dfrac{E}{1+\nu}$ ② $G = \dfrac{E}{2(1+\nu)}$

③ $G = \dfrac{E}{1-\nu}$ ④ $G = \dfrac{E}{2(1-\nu)}$

해설 탄성계수와 전단탄성계수의 관계

$$G = \dfrac{E}{2(1+\nu)} = \dfrac{E}{2\left(1+\dfrac{1}{m}\right)} = \dfrac{mE}{2(m+1)}$$

해답 ②

007

1방향 편심을 갖는 한 변이 30cm인 정4각형 단주에서 1000kN의 편심하중이 작용할 때, 단면에 인장력이 생기지 않기 위한 편심(e)의 한계는 기둥의 중심에서 얼마가 떨어진 곳인가?

① 5.0cm ② 6.7cm
③ 7.7cm ④ 8.0cm

해설 정사각형이므로 인장응력이 생기지 않기 위한 편심인 핵거리는

$$x = \dfrac{b}{6} = \dfrac{30}{6} = 5\text{cm}$$

※ **핵거리**(x)

① 구형 : $\left(\dfrac{h}{6}, \dfrac{b}{6}\right)$ ② 원형 : $\dfrac{d}{8}$ ③ 삼각형 : $\left(\dfrac{b}{8}, \dfrac{h}{6}, \dfrac{h}{12}\right)$

해답 ①

008

재질과 단면적과 길이가 같은 장주에서 양단활절 기둥의 좌굴하중과 양단고정 기둥의 좌굴하중과의 비는?

① 1 : 16 ② 1 : 8
③ 1 : 4   ④ 1 : 2

해설 좌굴하중(P_b)

$P_b = \dfrac{\pi^2 EI}{l_k^2} = \dfrac{n\pi^2 EI}{l^2}$ 에서 재질과 단면적과 길이가 같으므로

$P_b \propto n$

$P_{b(양단활절)} : P_{b(양단고정)} = n_{(양단활절)} : n_{(양단고정)} = 1 : 4$

해답 ③

009

그림과 같은 보에서 C점의 휨모멘트는?

① 10kN·m
② −10kN·m
③ 20kN·m
④ −20kN·m

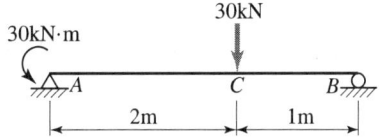

해설 ① $\Sigma M_A = 0$

$-R_B \times 3 + 30 \times 2 - 30 = 0$ 에서 $R_B = 10\text{kN}(\uparrow)$

② $M_C = R_B \times 1 = 10 \times 1 = 10\text{kN·m}$

해답 ①

010

다음 그림과 같은 단순보에서 지점 A로부터 2m되는 C단면에서 발생하는 최대 전단응력은 얼마인가? (단, 이 보의 단면은 폭 100mm, 높이 200mm의 직사각형 단면이다.)

① 0.350MPa
② 0.475MPa
③ 0.525MPa
④ 0.600MPa

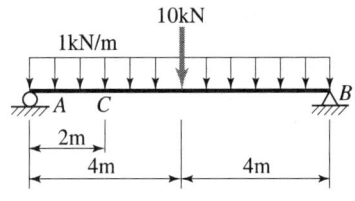

해설 ① $R_A = \dfrac{1000 \times 8 + 10000}{2} = 9000\text{N}(\uparrow)$

② $S_C = 9000 - 1000 \times 2 = 7000\text{N}$

③ 구형단면

$\tau_{\max}(중앙) = \dfrac{3}{2} \dfrac{S_C}{A} = \dfrac{3}{2} \times \dfrac{7000}{100 \times 200} = 0.525\text{MPa}$

해답 ③

011

강도설계법에서 그림과 같은 T형보의 사선 친 플랜지 단면에 작용하는 압축력과 균형을 이루는 가상 압축철근의 단면적은 얼마인가? (단, $f_{ck}=21$MPa, $f_y=380$MPa임.)

① 2011mm^2
② 2349mm^2
③ 4021mm^2
④ 3525mm^2

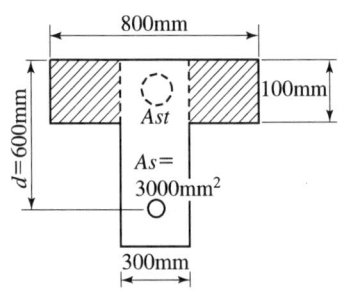

해설 $A_{sf} = \dfrac{0.85 f_{ck} t(b-b_w)}{f_y} = \dfrac{0.85 \times 21 \times 100 \times (800-300)}{380} = 2,348.7\text{mm}^2$

해답 ②

012

$f_{ck}=21$MPa, $f_y=300$MPa일 때 강도설계법으로 인장을 받는 이형철근($D32 : d_b=31.8$mm, $A_b=794.2\text{mm}^2$)의 기본정착길이 l_{ab}를 구한 값은?

① 1249mm
② 574mm
③ 762mm
④ 1000mm

해설 인장 이형철근 및 이형철선의 기본정착길이

$l_{db} = \dfrac{0.6\ d_b f_y}{\lambda \sqrt{f_{ck}}} = \dfrac{0.6 \times 31.8 \times 300}{1 \times \sqrt{21}} = 1,249\text{mm}$

해답 ①

013

그림에 나타난 직사각형 단철근 보가 공칭 휨강도 M_n에 도달할 때 압축 측 콘크리트가 부담하는 압축력(C)은? (단, 철근 $D22$ 4본의 단면적은 1548mm^2, $f_{ck}=28$MPa, $f_y=350$MPa이다.)

① 542kN
② 637kN
③ 724kN
④ 833kN

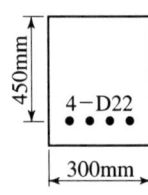

해설 ① 등가직사각형 응력분포의 깊이

$a = \dfrac{A_s f_y}{0.85 f_{ck} b} = \dfrac{1548 \times 350}{0.85 \times 28 \times 300} = 75.88\text{mm}$

② $C = 0.85 f_{ck} ab = 0.85 \times 28 \times 75.88 \times 300 = 541,783\text{N} = 542\text{kN}$

해답 ①

014
옹벽에서 활동에 대한 저항력은 옹벽에 작용하는 수평력의 최소 몇 배 이상이어야 옹벽이 안정하다고 보는가?

① 1.5배 ② 1.8배
③ 2.0배 ④ 2.5배

해설 옹벽의 안정조건
① 전도에 대한 안정 조건
　㉠ 반드시 옹벽에 작용하는 모든 외력의 합력이 저판의 중앙 1/3안에 들어와야 한다.
　㉡ 합력이 중앙 1/3 이내에 들어오지 않을 경우 전도에 대해 불안정하게 된다.
　안전율 $F_S = \dfrac{M_r}{M_o} = \dfrac{\sum Wx}{Hy} \geq 2.0$
② 활동에 대한 안정 조건
　안전율 $F_S = \dfrac{H_r}{H} = \dfrac{f(\sum W)}{H} \geq 1.5$
③ 지반 지지력(침하)에 대한 안정 조건
　$F_S = \dfrac{q_a}{q_{\max}} \geq 1.0$

해답 ①

015
철근 콘크리트 보의 사인장 응력은 중립축과 약 몇 도의 각을 이루고 작용하는가?

① 15° ② 30°
③ 45° ④ 60°

해설 철근 콘크리트 보의 사인장 응력은 중립축과 약 45°의 각을 이루며 작용한다.

해답 ③

016
슬래브의 전단에 대한 위험단면을 설명한 것으로 옳은 것은?

① 2방향 슬래브의 전단에 대한 위험단면은 지점으로부터 d만큼 떨어진 주변
② 2방향 슬래브의 전단에 대한 위험단면은 지점으로부터 $2d$만큼 떨어진 주변
③ 1방향 슬래브의 전단에 대한 위험단면은 지점으로부터 d만큼 떨어진 주변
④ 1방향 슬래브의 전단에 대한 위험단면은 지점으로부터 $d/2$만큼 떨어진 주변

해설 전단에 대한 위험 단면
① 1방향 슬래브 : 지점으로부터 d만큼 떨어진 곳
② 2방향 슬래브 : 지지면 둘레에서 d(유효 깊이)/2만큼 떨어진 주변

해답 ③

017
콘크리트의 블리딩(bleeding)과 레이턴스(laitance)에 대한 설명 중에서 옳지 않은 것은?

① 블리딩은 콘크리트 속의 물입자가 모세관 현상으로 인하여 표면으로 상승하는 것을 말한다.
② 레이턴스란 블리딩으로 인하여 콘크리트 표면에 얇게 형성된 막을 말한다.
③ 블리딩은 골재나 철근 하부에 공극을 만들고, 이 공극 때문에 골재와 시멘트, 수평철근과 콘크리트의 부착이 약해진다.
④ 레이턴스는 콘크리트 강도에 양향을 주지 않기 때문에 수평시공 이음을 할 때 제거하지 않아도 된다.

해설 콘크리트를 이어 쳐 수평시공이음을 할 경우에는 구 콘크리트 표면의 레이턴스, 품질이 나쁜 콘크리트, 꽉 달라붙지 않은 골재알 등을 완전히 제거하고 충분히 흡수시켜야 한다.

해답 ④

018
PSC보의 휨 강도 계산 시 긴장재의 응력 f_{ps}의 계산은 강재 및 콘크리트의 응력-변형률 관계로부터 정확히 계산할 수도 있으나 시방서에서는 f_{ps}를 계산하기 위한 근사적 방법을 제시하고 있는데 그 이유는 무엇인가?

① PSC 구조물은 균열에 취약하므로 균열을 방지하기 위함이다.
② PSC보를 과보강 PSC보로부터 저보강 PSC보의 파괴상태로 유도하기 위함이다.
③ PS강재의 응력은 항복응력 도달 이후에도 파괴 시까지 점진적으로 증가하기 때문이다.
④ PSC구조물은 강재가 항복한 이후 파괴까지 도달함에 있어 강도의 증가량이 거의 없기 때문이다.

해설 **프리스트레스트콘크리트 보의 휨 강도 계산**
① 프리스트레스트콘크리트 휨부재의 설계휨강도는 평형 및 변형률 적합조건에 기초하여 긴장재의 응력-변형률 특성을 사용한 일반 해석에 의해 계산할 수 있다.
② 공칭강도를 발휘할 때 긴장재의 인장응력 f_{ps}는 변형률 적합조건을 기초로 하여 계산하여야 한다. 다만, 더 정확하게 f_{ps}를 계산하지 않는 경우에 긴장재의 유효 프리스트레스 f_{pe}의 값이 $0.5f_{pu}$(긴장재의 설계기준인장강도의 0.5배) 이상이면 근사식으로 f_{ps}를 구할 수 있는데 그 이유는 PS 강재의 응력은 항복응력 도달 이후에도 파괴 시까지 점진적으로 증가하기 때문이다.

해답 ③

019
아래 조건에서 슬래브와 보가 일체로 타설된 대칭 T형보의 유효 폭은 얼마인가?

- 플랜지 두께=100mm
- 슬래브 중심간 거리=1600mm
- 복부 폭=300mm
- 보의 경간=6.0m

① 1500mm ② 1600mm
③ 1900mm ④ 2000mm

해설 대칭 T형보의 유효폭
① $8t_1 + 8t_2 + b_w = 8 \times 100 + 8 \times 100 + 300 = 1,900\text{mm}$
② 보경간의 $\frac{1}{4} = \frac{6000}{4} = 1,500\text{mm}$
③ 양슬래브 중심간 거리 = 1,600mm
④ 셋 중 가장 작은 값인 1,500mm를 유효폭으로 한다.

해답 ①

020
다음 띠철근 기둥이 받을 수 있는 최대 설계 축하중강도($\phi P_{n(\max)}$)는 얼마인가? (단, f_{ck}=20MPa, f_y=300MPa, A_{st}=4000mm² 이며 단주임)

① 2655kN
② 2406kN
③ 2157kN
④ 2003kN

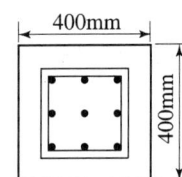

해설 중심 축하중을 받는 경우
$P_u \leq P_{d\max} = \phi P_{n\max} = \alpha \phi [0.85 f_{ck}(A_g - A_{st}) + f_y A_{st}]$
$= 0.80 \times 0.65 \times [0.85 \times 20 \times (400 \times 400 - 4000) + 300 \times 4000]$
$= 2,003,040\text{N} = 2,003\text{kN}$

해답 ④

제2과목 측량 및 토질

021 직사각형의 면적을 구하기 위해 거리를 관측한 결과, 가로=50±0.01m, 세로=100.00±0.02m이었다면 면적과 발생오차는?

① $5000 \pm 1.41\text{m}^2$
② $5000 \pm 0.02\text{m}^2$
③ $5000 \pm 0.0141\text{m}^2$
④ $5000 \pm 0.0002\text{m}^2$

해설 ① 면적 = $50 \times 100 = 5,000\text{m}^2$
② 면적 오차 = $\pm \sqrt{(y \cdot m_1)^2 + (x \cdot m_2)^2}$
= $\pm \sqrt{(50 \times 0.02)^2 + (100 \times 0.01)^2} = 1.41\text{m}^2$
③ $5,000 \pm 1.41\text{m}^2$

해답 ①

022 하폭이 큰 하천의 홍수시 표면유속 측정에 가장 적합한 방법은?

① 표면부자에 의한 측정
② 수중부자에 의한 측정
③ 막대부자에 의한 측정
④ 유속계에 의한 측정

해설 홍수시에는 표면부자를 사용하여 표면유속을 측정한다.

해답 ①

023 B.M.의 표고가 98.760m일 때, B점의 지반고는? (단, 단위 : m)

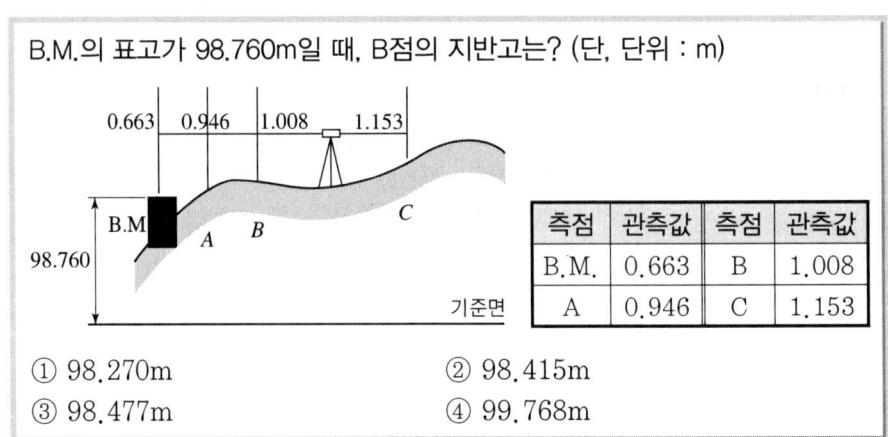

① 98.270m
② 98.415m
③ 98.477m
④ 99.768m

해설 $H_B = 98.760 + 0.663 - 1.008 = 98.415\text{m}$

해답 ②

024

매개변수(A)가 90m인 클로소이드 곡선상의 시점에서 곡선길이(L)가 30m일 때 곡선의 반지름(R)은?

① 120m ② 150m
③ 270m ④ 300m

해설 $A^2 = RL$에서 $R = \dfrac{A^2}{L} = \dfrac{90^2}{30} = 270\text{m}$

※ **클로소이드 곡선** : 곡율($\dfrac{1}{R}$)이 곡선장에 비례하는 곡선

$A^2 = RL$ [여기서, A : 매개변수(m), R : 곡선반경(m), L : 곡선장(m)]

해답 ③

025

유심삼각망에 관한 설명으로 옳은 것은?

① 삼각망 중 가장 정밀도가 높다.
② 대규모 농지, 단지 등 방대한 지역의 측량에 적합하다.
③ 기선을 확대하기 위한 기선삼각망측량에 주로 사용된다.
④ 하천, 철도, 도로와 같이 측량 구역의 폭이 좁고 긴 지형에 적합하다.

해설 유심 삼각망은 동일 측점에 비해 포함 면적이 가장 넓어 넓은 지역에 적합하다.

해답 ②

026

그림과 같이 원곡선을 설치하고자 할 때 교점(P)에 장애물이 있어 $\angle ACD = 150°$, $\angle CDB = 90°$ 및 CD의 거리 400m를 관측하였다. C점으로부터 곡선 시점 A까지의 거리는? (단, 곡선의 반지름은 500m로 한다.)

① 404.15m
② 425.88m
③ 453.15m
④ 461.88m

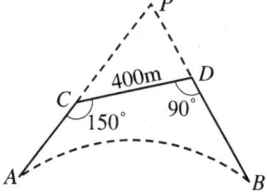

해설 ① 교각
$I = (180° - 150°) + (180° - 90°) = 120°$

② 접선길이
$TL = R \cdot \tan \dfrac{I}{2} = 500 \times \tan \dfrac{120°}{2} = 866.03\text{m}$

③ $\dfrac{CP}{\sin 90°} = \dfrac{400}{\sin 60°}$에서 $CP = 461.88\text{m}$

④ $AC = TL - CP = 866.03 - 461.88 = 404.15\text{m}$

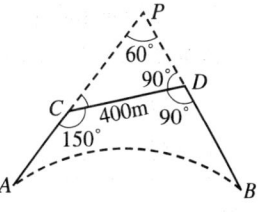

해답 ①

027

축척이 1/5000인 도면상에서 택지개발지구의 면적을 구하였더니 34.98cm² 이었다면 실면적은?

① 1749m²
② 87450m²
③ 174900m²
④ 8745000m²

해설 $A = am^2 = 34.98 \times 5000^2 = 874,500,000 \text{cm}^2 = 87,450 \text{m}^2$

해답 ②

028

도로설계에 있어서 곡선의 반지름과 설계속도가 모두 2배가 되면 캔트(cant)의 크기는 몇 배가 되는가?

① 2배
② 4배
③ 6배
④ 8배

해설 캔트

$C = \dfrac{SV^2}{Rg}$ 에서 V와 R이 모두 2배가 되면

캔트 C는 $\dfrac{V^2}{R}$ 배, 즉 $\dfrac{2^2}{2} = 2$배가 된다.

해답 ①

029

등고선에 대한 설명으로 틀린 것은?

① 등고선은 능선 또는 계곡선과 직교한다.
② 등고선은 최대경사선 방향과 직교한다.
③ 등고선은 지표의 경사가 급할수록 간격이 좁다.
④ 등고선은 어떤 경우라도 서로 교차하지 않는다.

해설 높이가 다른 등고선은 동굴이나 절벽을 제외하고는 교차하지 않는다.

해답 ④

030

트래버스측량에서는 각 관측의 정밀도와 거리 관측의 정밀도가 균형을 이루어야 한다. 거리 100m에 대한 관측 오차가 ±2mm일 때 각 관측 오차는?

① ±2″
② ±4″
③ ±6″
④ ±8″

해설 $\dfrac{\Delta l}{l} = \dfrac{\Delta \theta}{\rho}$ $\dfrac{\pm 0.002}{100} = \dfrac{\Delta \theta}{206265″}$ 에서 $\Delta \theta = \pm 4″$

해답 ②

031

사질토의 정수위 투수시험을 하여 다음의 결과를 얻었다. 이 흙의 투수계수는? (단, 시료의 단면적은 78.54cm², 수두차는 15cm, 투수량은 400cm³, 투수시간은 3분, 시료의 길이는 12cm이다.)

① 3.15×10^{-3} cm/sec
② 2.26×10^{-2} cm/sec
③ 1.78×10^{-2} cm/sec
④ 1.36×10^{-1} cm/sec

해설 $K = \dfrac{Q \cdot L}{A \cdot h \cdot t} = \dfrac{400 \times 12}{78.54 \times 15 \times (3 \times 60)} = 2.26 \times 10^{-2}$ cm/sec

해답 ②

032

다음 중 흙의 전단강도를 감소시키는 요인이 아닌 것은?

① 공극수압의 증가
② 수분증가에 의한 점토의 팽창
③ 수축 팽창 등으로 인하여 생긴 미세한 균열
④ 함수비 감소에 따른 흙의 단위중량 감소

해설 ① 함수비가 감소할 경우 전단강도는 일반적으로 증가한다.
② **전단강도 감소 요인**
  ㉠ 수분증가에 의한 점토의 팽창 : 일반 점토보다는 몬모릴로나이트(montmorillonite) 점토광물이 많이 함유된 점토는 팽상청이 크게 되어 swelling, slaking과 같은 현상이 발생된다.
  ㉡ 수축 팽창, 인장으로 인해 생기는 미세한 균열 : 균열이 생겨 강도가 감소하게 되며, 지하수 유입경로가 생성됨에 따라 세굴이나 풍화가 급속하게 진행된다.
  ㉢ 예민한 흙 속의 변형 및 진행성 파괴 : 전단저항이 발휘되는 상태가 부분적으로 다르게 되면 취약부 등의 결함이 있는 경우 취약부에 응력이 집중되어 최대강도를 지나 잔류강동에 이르게 되며 이와 같은 현상이 인근지반으로 발달하여 파괴된다.
  ㉣ 공극수압 증가 : 강우가 지속되거나 강우 후 시간이 경과하면 상류측에서 지하수 유입등으로 지하수면이 위로 상승하게 되며, 공극수압이 (+)공극수압이 발생되게 되므로 사면 안정성은 급격히 저하된다.
  ㉤ 동결 및 융해
  ㉥ 흙다짐 불량
  ㉦ 느슨한 토립자의 이동
  ㉧ 결합재의 결합력 둔화, 용탈

해답 ④

033 유선망의 특징에 관한 다음 설명 중 옳지 않은 것은?

① 각 유로의 침투수량은 같다.
② 유선과 등수두선은 서로 직교한다.
③ 유선망으로 되는 사각형은 이론상으로 정사각형이다.
④ 침투속도 및 동수경사는 유선망의 폭에 비례한다.

해설 유선망 특성
① 각 유로의 침투유량은 같다.
② 각 등수두면 간의 손실수두는 같다.
③ 유선과 등수두선은 서로 직교한다.
④ 유선망으로 되는 사각형은 이론상 정사각형이므로 유선망의 폭과 길이는 같다.
⑤ 침투속도 및 동수구배는 유선망 폭에 반비례한다.

해답 ④

034 현장 다짐도 90%란 무엇을 의미하는가?

① 실내다짐 최대건조 밀도에 대한 90% 밀도를 말한다.
② 롤러로 다진 최대밀도에 대한 90% 밀도를 말한다.
③ 현장함수비의 90% 함수비에 대한 다짐밀도를 말한다.
④ 포화도가 90%인 때의 다짐밀도를 말한다.

해설 다짐도(C_d)란 다짐의 정도를 말하며, 보통 90~95%의 다짐도가 요구된다.

$$C_d = \frac{\text{현장의 } \gamma_d}{\text{실내 다짐시험에 의한 } \gamma_{d\max}} \times 100\,(\%)$$

해답 ①

035 말뚝기초에서 부마찰력(Negative skin friction)에 대한 설명으로 옳지 않은 것은?

① 지하수위 저하로 지반이 침하할 때 발생한다.
② 지반이 압밀진행중인 연약점토 지반인 경우에 발생한다.
③ 발생이 예상되면 대책으로 말뚝주면에 역청 등으로 코팅하는 것이 좋다.
④ 말뚝주면에 상방향으로 작용하는 마찰력이다.

해설 주면마찰력은 보통 상향으로 작용하여 지지력에 가산되었으나 말뚝 주위의 지반이 말뚝보다 더 많이 침하하게 되면 주면마찰력이 하향으로 발생하여 하중역할을 하게 되는 주면마찰력을 부마찰력이라 하며, 부마찰력 발생시 말뚝의 지지력이 감소한다.

해답 ④

036 얕은 기초의 극한 지지력을 결정하는 Terzaghi의 이론에서 하중 Q가 점차 증가하여 기초가 아래로 침하랄 때 다음 설명 중 옳지 않은 것은?

① Ⅰ의 △ACD구역은 탄성영역이다.
② Ⅱ의 △CDE구역은 방사방향의 전단영역이다.
③ Ⅲ의 △CEG구역은 Rankine의 주동영역이다.
④ 원호 DE와 FD는 대수 나선형의 곡선이다.

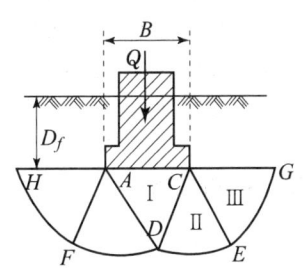

해설 Terzaghi의 기초 파괴 형상(전반전단파괴)

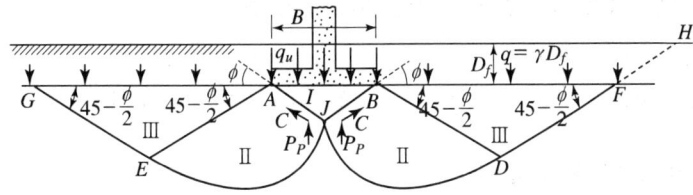

① 영역 Ⅰ
  ㉠ 기초 바로 밑 삼각형 영역 ABJ
  ㉡ 탄성영역(흙쐐기 이론)
  ㉢ 직선 AJ, BJ는 수평선과 ϕ의 각도를 이룬다.
② 영역 Ⅱ
  ㉠ 원호 JE, JD는 대수나선 원호이다.
  ㉡ 과도영역 또는 방사전단영역
③ 영역 Ⅲ
  ㉠ Rankine의 수동 영역
  ㉡ 흙의 선형 전단파괴 영역
  ㉢ EG, DF는 직선이다.
④ 파괴 순서
  Ⅰ → Ⅱ → Ⅲ
⑤ 영역 Ⅲ에서의 수평선과의 각은 $45° - \dfrac{\phi}{2}$이다.
⑥ FH선상의 전단강도는 무시한다.

해답 ③

037 Rankine의 주동토압계수에 관한 설명 중 틀린 것은?

① 주동토압계수는 내부마찰각이 크면 작아진다.
② 주동토압계수는 내부마찰각크기와 관계가 없다.
③ 주동토압계수는 수동토압계수보다 작다.
④ 정지토압계수는 주동토압계수보다 크고 수동토압계수보다 작다.

해설 주동토압계수

$$K_a = \frac{1-\sin\phi}{1+\sin\phi} = \tan^2\left(45° - \frac{\phi}{2}\right)$$

해답 ②

038 점성토 개량 공법 중 이용도가 가장 낮은 공법은?

① Paper-drain 공법　　② Pre-loading 공법
③ Sand-drain 공법　　④ Soil-cement 공법

해설 주요 연약지반 개량공법
① **점성토 지반 개량공법** : 치환, 압밀, 탈수에 의한다.
　㉠ 치환공법 : 기계적 굴착치환, 폭파치환, 강제치환, 동치환 공법
　㉡ 강제 압밀공법 : Prelooding 공법(여성토 공법), 압성토 공법
　㉢ 탈수공법 : Sand Drain Method, Paper Drain Method
　㉣ 배수공법 : Well Point Method, Deep Well Method
　㉤ 고결공법 : 생석회말뚝공법, 소결공법, 전기침투압(강제배수공법의 일종), 전기화학·용융공법
　㉥ JSP(Jumbo Special Pile) : 연약지반 개량공법으로 초고압의 제트를 이용하여 연약지반의 내력을 증가시키는 지반고결제의 주입공법이며, Double Rod선단에 Jetting Nozzle을 장착하여 시멘트주입재를 분사하면서 회전하게하여 지반을 강화시키는 공법이다.
② **사질토 지반 개량공법** : 진동, 충격에 의한다.
　㉠ 진동다짐공법(바이브로 플로테이션(Vibroflotation) 공법)
　㉡ 다짐말뚝공법
　㉢ 폭파다짐공법
　㉣ 전기충격공법
　㉤ 약액주입
　㉥ 동압밀공법(동다짐공법)
　㉦ 다짐 모래 말뚝 공법(Compozer 공법)
③ 소일네일링 시공은 비탈면이나 굴착면이 자립할 수 있는 높이까지 굴착과 동시에 숏크리트로 표면을 보호하고 굴착배면에 타입 또는 천공 등의 방법으로 보강재(강철봉)를 박아 넣어 보강토체를 형성하는 공법이다.

해답 ④

039 포화점토의 일축압축 시험 결과 자연상태 점토의 일축압축 강도와 흐트러진 상태의 일축압축 강도가 각각 0.18MPa, 0.04MPa였다. 이 점토의 예민비는?

① 0.72
② 0.22
③ 4.5
④ 6.4

해설
$$S_t = \frac{q_u}{q_{ur}} = \frac{0.18}{0.04} = 4.5$$

여기서, q_u : 자연상태의 일축압축강도
q_{ur} : 흐트러진 상태의 일축압축강도

해답 ③

040 다음의 유효응력에 관한 설명 중 옳은 것은?

① 전응력은 일정하고 간극수압이 증가된다면, 흙의 체적은 감소하고 강도는 증가된다.
② 유효응력은 전응력에 간극수압을 더한 값이다.
③ 토립자의 접촉면을 통해 전달되는 응력을 유효응력이라 한다.
④ 공학적 성질이 동일한 2종류 흙의 유효응력이 동일하면 공학적 거동이 다르다.

해설 흙입자가 부담하는 응력으로 흙입자의 접촉점에서 발생하는 단위면적당 작용하는 힘을 유효응력이라 한다.

해답 ③

제3과목 수자원설계

041 안지름 200mm의 관에 대한 조도계수 $n = 0.012$일 때, 마찰손실계수(f)는?

① 0.0255
② 0.0307
③ 0.0410
④ 0.0442

해설 Manning 식
$$f = 124.5 n^2 D^{-\frac{1}{3}} = 124.5 \times 0.012^2 \times 0.2^{-\frac{1}{3}} = 0.0307$$

해답 ②

042 부체에 관한 설명 중 틀린 것은?

① 수면으로부터 부체의 최심부(가장 깊은 곳)까지의 수심을 흘수라 한다.
② 경심은 부력의 작용선과 물체의 중심선의 교점이다.
③ 수중에 있는 물체는 그 물체가 배제한 배수량만큼 가벼워진다.
④ 수면에 떠 있는 물체의 경우 경심이 중심보다 위에 있을 때는 불안정한 상태이다.

해설 부체의 안정조건
① 경심(M)이 중심(G)보다 위에 있으면 부체는 안정하다.[그림 (a)]
② 경심(M)이 중심(G)보다 아래에 있으면 부체는 불안정하다.[그림 (b)]
③ 경심(M)과 중심(G)이 일치하면 부체는 중립상태이다.[그림 (c)]

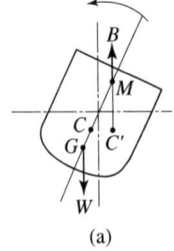
(a)
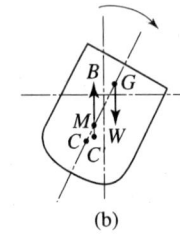
(b)
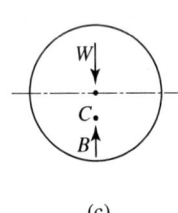
(c)

해답 ④

043 원형 오리피스의 지름을 d라 할 때 수축단면(venacontracta)의 위치는?

① 오리피스로부터 $\dfrac{d}{2}$ 정도의 위치에서 발생한다.
② 오리피스로부터 $\dfrac{d}{3}$ 정도의 위치에서 발생한다.
③ 오리피스로부터 $\dfrac{d}{4}$ 정도의 위치에서 발생한다.
④ 오리피스로부터 $\dfrac{d}{5}$ 정도의 위치에서 발생한다.

해설 원형 오리피스의 수축단면은 오리피스로부터 $\dfrac{d}{2}$ 정도의 위치에서 발생한다.

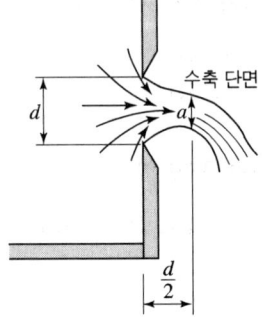

해답 ①

044

흐르는 유체에 대한 내부마찰력(전단응력)의 크기를 규정하는 뉴턴의 점성식에 영향을 주는 요소로만 짝지어진 것은?

① 점성계수, 속도경사
② 온도, 점성계수
③ 압력, 속도, 동점성계수
④ 각 변형률, 동점성계수

해설 전단응력(내부마찰력 ; 단위면적당 마찰력의 크기 g/cm², kg/cm²)

$$\tau = \mu \frac{dv}{dy}$$

여기서, μ : 점성계수, $\frac{dv}{dy}$: 속도의 변화율(속도계수)

해답 ①

045

물의 흐름에서 단면과 유속 등 유동특성이 시간에 따라 변하지 않는 흐름은?

① 층류
② 난류
③ 정류
④ 등류

해설 흐름의 종류
① 시간에 따른 분류
 ㉠ 정류(정상류) : 시간에 따라 유동특성(유량, 속도, 압력, 밀도, 유적 등)이 변하지 않는 흐름
 ㉡ 부정류 : 시간에 따라 유동특성(유량, 속도, 압력, 밀도, 유적 등)이 변하는 흐름
② 공간에 따른 분류
 ㉠ 등류(등속정류) : 정류 중에서 어느 단면에서나 유속과 수심이 변하지 않는 흐름
 ㉡ 부등류 : 정류 중에서 수류의 단면에 따라 유속과 수심이 변하는 흐름
③ 층류와 난류
 ㉠ 층류 : 유체입자가 흐름방향에 수직한 속도성분을 갖지 않고 서로 층을 이루면서 흐르는 흐름
 ㉡ 난류 : 유체입자가 상하좌우로 불규칙하게 뒤섞여 흐트러지면서 흐르는 흐름

해답 ③

046

지름이 800mm인 원관 내에 1.20m/sec의 유속으로 물이 흐르고 있다. 관길이 600m에 대한 마찰손실수두는? (단, 마찰손실계수(f)는 0.04)

① 2.2m
② 2.6m
③ 3.0m
④ 3.4m

해설 $h_L = f \frac{l}{D} \frac{V^2}{2g} = 0.04 \times \frac{600}{0.8} \times \frac{1.2^2}{2 \times 9.8} = 2.2\text{m}$

해답 ①

047

수로폭 4m, 수심 1.5m인 직사각형 수로에서 유량 24m³/sec가 흐를 때 후르드수(Froude number)와 흐름의 상태는?

① 1.04, 사류　　② 1.04, 상류
③ 0.74, 사류　　④ 0.74, 상류

해설 ① 유속
$$V = \frac{Q}{A} = \frac{24}{4 \times 1.5} = 4\text{m/sec}$$
② 후르드수
$$F_r = \frac{V}{\sqrt{gh}} = \frac{4}{\sqrt{9.8 \times 1.5}} = 1.04 > 1 \text{이므로 사류이다.}$$

※ 상류와 사류 판정
　① $F_r < 1$: 상류
　② $F_r = 1$: 한계류(한계수심, 한계유속)
　③ $F_r > 1$: 사류

해답 ①

048

폭이 2m이고 수심이 1m인 직사각형 단면수로에서 수리반경(경심)은?

① 0.3m　　② 0.5m
③ 1m　　　④ 2m

해설 **경심**(동수반경, 수리반경 ; R)
$$R = \frac{A}{P} = \frac{2 \times 1}{1 + 2 + 1} = 0.5\text{m}$$
여기서, A : 유수 단면적(통수 단면적, 관에 물이 흐르는 면적)

해답 ②

049

폭 10m인 직사각형 단면수로에 유량 16m³/sec가 수심 80cm로 흐를 때 비에너지는? (단, 에너지 보정계수 $\alpha = 1.1$)

① 0.82m　　② 1.02m
③ 1.52m　　④ 2.02m

해설 ① 유속
$$V = \frac{Q}{A} = \frac{16}{10 \times 0.8} = 2\text{m/sec}$$
② 비에너지(H_e) : 수로바닥을 기준으로 한 단위무게의 물이 가지는 흐름의 에너지
$$H_e = h + \alpha \frac{V^2}{2g} = 0.8 + 1.1 \times \frac{2^2}{2 \times 9.8} = 1.02\text{m}$$

해답 ②

050 도수에 대한 설명으로 틀린 것은?

① 도수란 흐름이 사류에서 상류로 변화할 때 수면이 불연속적으로 상승하는 현상을 말한다.
② 도수 전후의 수심에 대한 비는 흐름의 후르드수만의 함수로 표현할 수 있다.
③ 도수 전후의 비력은 같다.($M_1 = M_2$)
④ 도수 전후에 구조물이 없는 경우 비에너지는 같다.($E_1 = E_2$)

해설 ① 도수란 사류에서 상류로 변할 때 불연속적으로 수면이 뛰는 현상으로 도수 후에는 유속은 느려지고 물의 깊이가 갑자기 증가하며 에너지의 급격한 손실이 있다.
② **도수에 의한 에너지 손실**
$$\Delta H_e = \frac{(h_2 - h_1)^3}{4h_1 h_2}$$

해답 ④

---

051 도시하수가 하천으로 직접 유입되는 경우에 일어나는 현상으로 옳지 않은 것은?

① BOD의 증가　　　② SS의 증가
③ DO의 증가　　　④ 세균수의 증가

해설 하천에 하수가 유입되는 경우
① BOD 증가　　② SS 증가
③ DO 감소　　　④ 세균수 증가

해답 ③

---

052 완속여과와 급속여과에 대한 설명으로 옳지 않은 것은?

① 완속여과는 모래층과 모래층 표면에 증식하는 미생물막에 의해 수중의 불순물을 포착하여 산화분해하는 정수방법이다.
② 급속여과는 원수 중의 현탁물질을 약품침전 시킨 후 분리하는 방법이다.
③ 완속여과는 유입수의 수질이 비교적 양호한 경우에 사용할 수 있다.
④ 대규모 처리시에는 급속여과가 적당하나 완속여과에 비해 시설면적이 매우 넓다.

해설 ① 완속여과(slow sand filtration)의 경우 여과지의 면적이 넓어 대규모에 적합하나, 건설비가 많이 든다.
② 급속여과(rapid sand filtration)의 경우 여과지의 면적이 작으므로 협소한 장소에도 시공 가능하며, 건설비도 적게 든다.

해답 ④

053
집수매거(infiltration galleries)에 대한 설명으로 옳은 것은?

① 복류수를 취수하기 위하여 지중(지중)에 매설한 유공관거 설비
② 관로의 수두를 감소시키기 위한 설비
③ 배수지의 유입수 수위조절과 양수를 위한 설비
④ 피압지하수를 취수하기 위하여 지하의 대수층까지 삽입한 관거설비

해설 집수매거는 하천부지의 하상 밑이나 구하천 부지 등의 땅속에 매설하여 집수기능을 갖는 관거이며 복류수나 자유수면을 갖는 지하수(자유지하수)를 취수하는 시설이다. **해답 ①**

054
하수처리장의 계획에 있어서 처리시설은 일반적으로 무엇을 기준으로 계획하는가?

① 계획 1일 최대 오수량
② 계획 1일 평균 오수량
③ 계획 1시간 최대 오수량
④ 계획 1시간 평균 오수량

해설 계획 1일 최대 오수량은 하수처리 시설의 처리용량을 결정하는 기준이 된다. **해답 ①**

055
현재 인구가 20만명이고 연평균 인구증가율이 4.5%인 도시의 10년 후 추정 인구는? (단, 등비급수법에 의한다.)

① 324,571명
② 310,594명
③ 290,000명
④ 226,202명

해설 $P_n = P_0(1+r)^n = 200000 \times (1+0.045)^{10} = 310{,}594$명 **해답 ②**

056
오수관거에서 계획하수량에 대하여 부유물 침전 등을 막기 위해 규정된 최소 유속은?

① 3.0m/sec
② 1.2m/sec
③ 0.6m/sec
④ 0.2m/sec

해설 하수관의 유속

관거	최소 유속	최대 유속	비 고
오수관거	0.6m/sec	3.0m/sec	이상적인 유속 : 1.0~1.8m/sec
우수관거 및 합류관거	0.8m/sec	3.0m/sec	

해답 ③

057
송수시설의 계획송수량의 원칙적 기준이 되는 것은?

① 계획1일평균급수량 ② 계획1일최대급수량
③ 계획시간평균급수량 ④ 계획시간최대급수량

해설 계획 도·송수량
① 계획도수량 : 계획취수량을 기준으로 한다.(계획취수량은 계획1일 최대급수량을 기준)
② 계획송수량 : 계획 1일 최대급수량을 기준으로 한다. 송수는 관수로로 하는 것을 원칙으로 하되 저수로로 할 경우에는 터널 또는 수밀성의 암거로 한다.

해답 ②

058
최종 침전지의 용량이 5m×25m×2m이고, 하수처리장의 유입유량이 650m³/day라고 하면 침전지의 체류시간은? (단, 슬러지의 반송류은 60%임)

① 3.57시간 ② 4.48시간
③ 5.77시간 ④ 6.59시간

해설 체류시간

$$t = \frac{폭기조의용적}{유입수량(1+반송비)} = \frac{V}{Q(1+r)} = \frac{5 \times 25 \times 2}{\left(650 \times \frac{1}{24}\right) \times (1+0.6)} = 5.77\,hr$$

해답 ③

059
염소소독과 비교한 자외선소독의 장점이 아닌 것은?

① 인체에 위해성이 없다. ② 잔류효과가 크다.
③ 화학적 부작용이 적어 안전하다. ④ 접촉시간이 짧다.

해설 자외선 소독법은 약품을 주입하지 않는 자연 친화적 소독법이다.
① **장점**
 ㉠ 인체에 위해성이 없다.
 ㉡ 화학적 부작용이 적어 안전하다.
 ㉢ 접촉시간이 짧다.
② **단점**
 ㉠ 잔류 효과가 없어 일반화 되어 있지 않다.
 ㉡ 고가이며, 소독의 성공 여부를 즉시 측정할 수 없다.

해답 ②

060 펌프의 특성곡선은 펌프의 토출유량과 무엇과의 관계를 나타낸 그래프인가?

① 양정, 비속도, 수격압력
② 양정, 효율, 축동력
③ 양정, 손실수두, 수격압력
④ 양정, 효율, 공동현상

해설 펌프 특성 곡선(펌프 성능 곡선)은 펌프의 회전속도를 일정하게 고정하고 토출관의 밸브를 조절하여 펌프 용량을 변화시킬 때 나타나는 양정(H), 효율(η), 축동력(p)이 펌프용량(Q)의 변화에 따라 변하는 관계(축동력 요구량)를 각기의 최대 효율점에 대한 비율로 나타낸(입력과 출력) 곡선이다.

해답 ②

약력

- 현) ENG엔지니어링(대한토목연구회 협약사) 토목대표강사
- 현) 광주대학교 산업인력교육원 교수요원
- 현) 광주대학교 특강강사, 목포해양대학교 특강강사
- 현) 대한토목학회 광주전남지회 간사
- 현) 신한국건축토목학원 대표강사
- 현) 한솔아카데미 동영상 강사
- 현) 성안당 동영상 강사
- 현) 라카데미 동영상강사
- 현) 광주서울고시학원 토목전담강사
- 전) 광주건축토목학원 토목원장
- 전) 대광건축토목기술학원 대표강사
- 전) 연합고시학원 토목전담강사 외

저서

- 손에 잡히는 토목설계(한솔아카데미, 2007, 2008, 2009, 2011)
- 손에 잡히는 응용역학(한솔아카데미, 2007, 2008, 2009, 2010, 2011)
- Zero선언 응용역학(성안당, 2009, 2010, 2011)
- Zero선언 측량학(성안당, 2009, 2010, 2011)
- Zero선언 수리학(성안당, 2009, 2010, 2011)
- Zero선언 철근콘크리트 및 강구조(성안당, 2009, 2010, 2011)
- Zero선언 상하수도공학(성안당, 2009, 2010, 2011)
- Zero선언 콘크리트 기사·산업기사(성안당, 2009)
- Zero선언 토목기사 실기(성안당, 2009)
- 재건축 재개발 시대적 트렌드(성안당, 2009, 2010)
- 총정리 응용역학(기공사, 1990)

토목산업기사 필기

초판2쇄 발행	2011년 7월 15일
개정2판 발행	2012년 3월 5일
개정3판 발행	2013년 1월 25일
개정4판 발행	2014년 1월 25일
개정5판 발행	2015년 2월 15일
개정6판 발행	2016년 4월 10일
개정7판 발행	2017년 1월 25일
개정8판 발행	2018년 1월 30일
개정9판 발행	2021년 3월 10일
개정10판 발행	2022년 1월 15일
개정11판 발행	2023년 1월 30일
개정12판 발행	2024년 1월 30일
개정13판 발행	2025년 2월 20일

우수회원인증

닉네임	
신청일	

필히 (**파랑, 빨강**)볼펜 사용, **화이트** 사용 금지

지은이 ▪ 손영선
펴낸이 ▪ 홍세진
펴낸곳 ▪ 세진북스

주소 ▪ (우)10207 경기도 고양시 일산서구 산율길 56(구산동 145-1)
전화 ▪ 031-924-3092
팩스 ▪ 031-924-3093
홈페이지 ▪ http://www.sejinbooks.kr

출판등록 ▪ 제 315-2008-042호(2008.12.9)
ISBN ▪ 979-11-5745-704-5 13530

값 ▪ 40,000원

- 이 책의 출판권은 도서출판 세진북스가 가지고 있습니다.
- 이 책의 일부 또는 전체에 대한 무단 복제와 전재를 금합니다.

세진북스에는 당신과 나
그리고 우리의 미래가 있습니다.